大学公共数学系列

U0186625

高等数学
学习指南
（第二版）

（下册）

湛少锋 桂晓风
王孝礼 黄正华 编著

WUHAN UNIVERSITY PRESS

武汉大学出版社

图书在版编目(CIP)数据

高等数学学习指南.下册/湛少锋等编著.—2 版.—武汉：武汉大学
出版社,2022.8(2024.7 重印)
大学公共数学系列
ISBN 978-7-307-23226-6

Ⅰ.高⋯ Ⅱ.湛⋯ Ⅲ.高等数学—高等学校—教学参考资料
Ⅳ.O13

中国版本图书馆 CIP 数据核字(2022)第 132814 号

责任编辑:谢文涛   责任校对:李孟潇   版式设计:马 佳

出版发行:**武汉大学出版社** （430072 武昌 珞珈山）
      （电子邮箱:cbs22@ whu.edu.cn 网址:www.wdp.com.cn）
印刷:武汉中科兴业印务有限公司
开本:720×1000 1/16 印张:29 字数:518 千字 插页:1
版次:2013 年 3 月第 1 版 2022 年 8 月第 2 版
   2024 年 7 月第 2 版第 3 次印刷
ISBN 978-7-307-23226-6   定价:52.00 元

第二版前言

辅导教材《高等数学学习指南》自 2012 年 10 月出版以来，在近十年的使用过程中，我们认真广泛地收集了许多相关专家和广大任课教师以及上课学生对该教辅编写的意见与建议，同时随着武汉大学数学与统计学院齐民友主编的教材《高等数学》第二版的出版，以及全国研究生入学考试的逐年推进，有许多知识内容需要更新，这些给了我们这次修订该教辅的推力。

在保持原有特色不变的前提下，本次修订结合新形势下现代化课程建设精神以及编者在教学实践中的新的体会，充分尊重认真考虑相关专家和广大任课教师以及上课学生的意见与建议，努力使本书成为提高学生课后进一步深化知识学习效力的好帮手。为此，我们对部分章节的习题及解答进行了调整、删减和改写。对于"考研真题解析"部分的例题进行了修改更新。对"教材习题全解"的部分错误进行了修正，删除了部分难度超出教学基本要求的习题及解析。

本次修订工作得到武汉大学数学与统计学院、武汉大学出版社高度重视，给予修订工作全方位支持。同时，修订工作也得到了武汉大学数学与统计学院广大同仁和专家以及学生们的大力协助，在大家认真使用本书后，对修订工作提供了宝贵的建议，对于他们的无私奉献，诚恳指教为修订工作无私的奉献。对此，我们一并表示衷心感谢！

本次修订由武汉大学数学与统计学院湛少锋（第 4，5，6，13 章）、桂晓风（第 3，11，12 章）、王孝礼（第 2，9，10 章）、黄正华（第 1，7，8 章）完成。对于辅导书中难免存在不妥甚至错误之处，敬请专家、同仁、广大读者批评指正。你们的诚恳指教是本辅导教材进一步完善的源泉。

编　者
2022 年 4 月 10 日
于珞珈山

第一版前言

"高等数学"课程是理工科各专业学生必修的一门重要基础理论课，也是硕士研究生入学考试的重点科目，而《高等数学学习指南》则是一本为理工科学生学习"高等数学"课程精心编写的同步学习指导书。

为了帮助理工科学生更好地学习"高等数学"，解决学习过程中可能遇到的困难，加深对基本概念的理解，掌握基本理论、基本方法、基本技巧与规律，把握数学思想，提高数学思维和运用数学知识的能力，我们依据齐民友教授主持，胡新启、湛少锋、黄明、杨丽华、桂晓风编写的《高等数学》（第二版）（上册、下册）教材，结合数十年来的教学体会与经验以及教材编写的指导思想，编写了《高等数学学习指南》（上册、下册）。本教材既可作为"高等数学"课程的习题课教材，也可作为高等院校师生"高等数学"课程的教学参考书以及准备报考非数学类硕士研究生的学生复习用书。

本教材以章为序，其划分和标题与配套教材一致，每章由"主要内容"（基本概念、基本思想、重要结论、主要方法），"典型例题分析"（主要题型、解题分析、基本技巧），"教材习题全解"，"考研真题解析"四大板块构成。通过这四大板块意在使学生学到探讨理论问题、应用问题的基本数学思想和方法以及运用途径与规律；提高学生计算、推理论证和应变的能力。如果我们所做的这些工作能为广大学生带来有益的帮助，达到预期的效果，那就是我们全体编者最大的心愿。

本教材分上、下两册出版，共13章。第4，5，6，13章由湛少锋编写；第3，11，12章由桂晓风编写；第2，9，10章由王孝礼编写；第1，7，8章由黄正华编写。全书由湛少锋统稿。

本书的编写自始至终得到武汉大学数学与统计学院和武汉大学出版社的大力支持，武汉大学数学与统计学院樊启斌教授对本书的编写给予了很大的帮助。另外，本书在编写中参阅了大量高等数学教材、辅导教材和研究生考试复习应试教材，这里恕不一一指明出处和作者，在此，我们一并深表感谢。还要特别指出的是，在编写过程中，由湛少锋、胡新启、黄明、桂晓风、杨丽华老师编写，武汉大学出版社出版的《高等数学学习与提高》（上册、下册），为我们的编写提供了很好的借鉴。

由于编者水平有限，加之时间紧迫，书中难免有不妥甚至错误之处，敬请广大读者和各位同仁批评指正，使本书在教学实践中不断完善起来。

编　者

2012 年 8 月于武汉大学

目　录

第 8 章　向量代数与空间解析几何

1. 向量的概念及其代数运算

■　向量的概念

向量的定义　既有大小又有方向的量称为向量,记为 $\overrightarrow{M_1M_2}$(其中 M_1 是起点,M_2 是终点),或简记为 a.

向量的模(长度)　向量的大小称为向量的模,记为 $|\overrightarrow{M_1M_2}|$ 或 $|a|$.

单位向量　模为 1 的向量称为单位向量. 与 a 同向的单位向量以 e_a 表示.

$e_a = \dfrac{1}{|a|}a$,或 $a = |a|e_a$.

负向量　与向量 a 大小相等、方向相反的向量称为 a 的负向量,记为 $-a$.

零向量　模为零的向量称为零向量(方向任意),记为 $\mathbf{0}$.

向量的投影　向量 a 在向量 b 上的投影记为 $\mathrm{Prj}_b\, a$,满足

$$\mathrm{Prj}_b\, a = |a|\cos(\widehat{a,b}).$$

投影是一个数量,可以是正数、负数或零,此时两向量的夹角分别为锐角、钝角、直角.

向量 $a = (a_x, a_y, a_z)$ 的坐标即为向量在三个坐标轴上的投影:

$$a_x = \mathrm{Prj}_x\, a, \quad a_y = \mathrm{Prj}_y\, a, \quad a_z = \mathrm{Prj}_z\, a.$$

■　向量的运算及运算律

向量的数量积(点积、内积)　向量的数量积是一个数量,记为 $a \cdot b$,满足

$$a \cdot b = |a||b|\cos(\widehat{a,b}).$$

向量的向量积(叉积、外积)　向量的向量积是一个向量,记为 $\boldsymbol{a} \times \boldsymbol{b}$,满足

① $\boldsymbol{a} \times \boldsymbol{b}$ 的大小: $|\boldsymbol{a} \times \boldsymbol{b}| = |\boldsymbol{a}||\boldsymbol{b}|\sin(\widehat{\boldsymbol{a},\boldsymbol{b}})$;

② $\boldsymbol{a} \times \boldsymbol{b}$ 的方向: $\boldsymbol{a},\boldsymbol{b},\boldsymbol{a} \times \boldsymbol{b}$ 满足右手规则(即 $\boldsymbol{a} \times \boldsymbol{b}$ 垂直于 $\boldsymbol{a},\boldsymbol{b}$ 所在的平面).

设 $\boldsymbol{a} = (a_x, a_y, a_z)$, $\boldsymbol{b} = (b_x, b_y, b_z)$,则

$$\boldsymbol{a} \cdot \boldsymbol{b} = a_x b_x + a_y b_y + a_z b_z,$$

$$\boldsymbol{a} \times \boldsymbol{b} = \begin{vmatrix} \boldsymbol{i} & \boldsymbol{j} & \boldsymbol{k} \\ a_x & a_y & a_z \\ b_x & b_y & b_z \end{vmatrix}.$$

向量的混合积　设 $\boldsymbol{a} = (a_x, a_y, a_z)$, $\boldsymbol{b} = (b_x, b_y, b_z)$, $\boldsymbol{c} = (c_x, c_y, c_z)$,它们的混合积记为 $[\boldsymbol{a},\boldsymbol{b},\boldsymbol{c}]$,满足

$$[\boldsymbol{a},\boldsymbol{b},\boldsymbol{c}] = (\boldsymbol{a} \times \boldsymbol{b}) \cdot \boldsymbol{c} = \begin{vmatrix} a_x & a_y & a_z \\ b_x & b_y & b_z \\ c_x & c_y & c_z \end{vmatrix}.$$

■ 向量的数量积、向量积、混合积在几何上的应用

(1) 数量积在几何上的应用

向量 $\boldsymbol{a},\boldsymbol{b}$ 垂直的充分必要条件是 $\boldsymbol{a} \cdot \boldsymbol{b} = 0$,即

$$a_x b_x + a_y b_y + a_z b_z = 0.$$

向量 $\boldsymbol{a},\boldsymbol{b}$ 的夹角

$$(\widehat{\boldsymbol{a},\boldsymbol{b}}) = \arccos \frac{\boldsymbol{a} \cdot \boldsymbol{b}}{|\boldsymbol{a}||\boldsymbol{b}|} = \arccos(\boldsymbol{e}_a, \boldsymbol{e}_b),$$

其中,$\boldsymbol{e}_a, \boldsymbol{e}_b$ 分别是与向量 $\boldsymbol{a},\boldsymbol{b}$ 同方向的单位向量.

(2) 向量积在几何上的应用

以 $\boldsymbol{a}$ 与 $\boldsymbol{b}$ 为邻边的平行四边形的面积为 $|\boldsymbol{a} \times \boldsymbol{b}|$.

既与 $\boldsymbol{a}$ 垂直又与 $\boldsymbol{b}$ 垂直的向量为 $k(\boldsymbol{a} \times \boldsymbol{b})$.

向量 $\boldsymbol{a}$ 与 $\boldsymbol{b}$ 共线的充分必要条件是 $\boldsymbol{a} \times \boldsymbol{b} = \boldsymbol{0}$,即

$$\frac{a_x}{b_x} = \frac{a_y}{b_y} = \frac{a_z}{b_z}.$$

当 b_x, b_y, b_z 中有一个或两个为零时,上式应理解为它对应的分子也为零.

(3) 混合积在几何上的应用

以 $\boldsymbol{a},\boldsymbol{b},\boldsymbol{c}$ 为棱的平行六面体的体积是 $|[\boldsymbol{a},\boldsymbol{b},\boldsymbol{c}]|$. 以 $\boldsymbol{a},\boldsymbol{b},\boldsymbol{c}$ 为棱形成的四面体的体积是 $\frac{1}{6}|[\boldsymbol{a},\boldsymbol{b},\boldsymbol{c}]|$.

设 $\boldsymbol{a},\boldsymbol{b},\boldsymbol{c}$ 都不是零向量,则 $\boldsymbol{a},\boldsymbol{b},\boldsymbol{c}$ 共面的充分必要条件是 $[\boldsymbol{a},\boldsymbol{b},\boldsymbol{c}] = 0$.

2. 空间平面与直线

■ 平面方程的常见形式

类型名称	方　程	说　明
点法式	$A(x-x_0)+B(y-y_0)+C(z-z_0)=0$	(A,B,C) 是法向量，(x_0,y_0,z_0) 是平面上的一个点
一般式	$Ax+By+Cz+D=0$	(A,B,C) 是法向量
三点式	$\begin{vmatrix} x-a_1 & y-b_1 & z-c_1 \\ a_2-a_1 & b_2-b_1 & c_2-c_1 \\ a_3-a_1 & b_3-b_1 & c_3-c_1 \end{vmatrix}=0$	平面过三点 (a_i,b_i,c_i)，$i=1,2,3$
截距式	$\dfrac{x}{a}+\dfrac{y}{b}+\dfrac{z}{c}=1$	a,b,c 是平面在三个坐标轴上的截距

■ 空间直线方程的常见形式

类型名称	方　程	说　明
一般式	$\begin{cases} A_1x+B_1y+C_1z+D_1=0, \\ A_2x+B_2y+C_2z+D_2=0 \end{cases}$	直线是两个平面的交线
对称式	$\dfrac{x-x_0}{m}=\dfrac{y-y_0}{n}=\dfrac{z-z_0}{p}$	(m,n,p) 为方向向量. 当 m,n,p 有一个或两个为零时，应理解为它对应的分子也为零
参数式	$\begin{cases} x=x_0+mt, \\ y=y_0+nt, \\ z=z_0+pt \end{cases}$	t 为参数
两点式	$\dfrac{x-a_1}{a_2-a_1}=\dfrac{y-b_1}{b_2-b_1}=\dfrac{z-c_1}{c_2-c_1}$	直线过两点 (a_i,b_i,c_i)，$i=1,2$

■ 点、线、面间的关系

点 (x_0,y_0,z_0) 到平面 $Ax+By+Cz+D=0$ 的距离为

$$d=\left|\frac{Ax_0+By_0+Cz_0+D}{\sqrt{A^2+B^2+C^2}}\right|.$$

点 $P_1(x_1,y_1,z_1)$ 到直线 $\dfrac{x-x_0}{m}=\dfrac{y-y_0}{n}=\dfrac{z-z_0}{p}$ 的距离为

$$d=\frac{|\overrightarrow{P_1P_0}\times s|}{|s|},$$

其中，$P_0(x_0,y_0,z_0)$ 是直线上的点，$s=(m,n,p)$ 为直线的方向向量.

两平面的夹角　平面的夹角体现为两个法向量的夹角.

两直线的夹角　直线的夹角体现为两个方向向量的夹角.

直线与平面的夹角　设直线 l 的方向向量为 $s=(m,n,p)$，平面 π 的法向量为 $n=(A,B,C)$，则两者的夹角 $\varphi=\left|\dfrac{\pi}{2}-(\widehat{s,n})\right|$，且

$$\sin\varphi=|\cos(\widehat{n,s})|=\left|\frac{n\cdot s}{|n||s|}\right|\frac{|mA+nB+pC|}{\sqrt{m^2+n^2+p^2}\cdot\sqrt{A^2+B^2+C^2}}.$$

平面束方程　过直线

$$\begin{cases}A_1x+B_1y+C_1z+D_1=0,\\A_2x+B_2y+C_2z+D_2=0\end{cases}$$

的平面束方程为

$$A_1x+B_1y+C_1z+D_1+\lambda(A_2x+B_2y+C_2z+D_2)=0.$$

3. 空间曲线与曲面

■ **空间曲面方程**

一般方程：$F(x,y,z)=0.$

参数方程：$\begin{cases}x=x(u,v),\\y=y(u,v),\\z=z(u,v),\end{cases}$ 其中 u,v 是独立的参变量.

■ **空间曲线方程**

一般方程：$\begin{cases}F(x,y,z)=0,\\G(x,y,z)=0.\end{cases}$

参数方程：$\begin{cases}x=x(t),\\y=y(t),\\z=z(t),\end{cases}$ t 是参变量.

■ **旋转曲面**

曲线 l：$\begin{cases}f(x,y)=0,\\z=0\end{cases}$ 绕 x 轴旋转所生成的旋转曲面方程为

$$f(x, \pm\sqrt{y^2+z^2})=0,$$

绕 y 轴旋转所生成的旋转曲面方程为

$$f(\pm\sqrt{x^2+z^2}, y)=0.$$

其他的情形有类似的结果.

■ **空间曲线在坐标面上的投影曲线的方程**

空间曲线 l：$\begin{cases}F(x,y,z)=0,\\G(x,y,z)=0\end{cases}$ 从方程组中消去 z 得关于 xOy 平面的投

影柱面 $H(x,y)=0$，l 在 xOy 平面上的投影曲线为

$$\begin{cases}H(x,y)=0,\\z=0.\end{cases}$$

类似地，可以得到曲线 l 在其他坐标面上的投影方程.

二、典型例题分析

【例1】 判断下列命题是否正确，并说明理由：

(1) 若 $\boldsymbol{a}\cdot\boldsymbol{b}=0$，则 $\boldsymbol{a}=\boldsymbol{0}$ 或者 $\boldsymbol{b}=\boldsymbol{0}$；

(2) 若 $\boldsymbol{a}\times\boldsymbol{b}=\boldsymbol{0}$，则 $\boldsymbol{a}=\boldsymbol{0}$ 或者 $\boldsymbol{b}=\boldsymbol{0}$；

(3) 若 $\boldsymbol{a}\cdot\boldsymbol{c}=\boldsymbol{b}\cdot\boldsymbol{c}$，且 $\boldsymbol{c}\neq\boldsymbol{0}$，则 $\boldsymbol{a}=\boldsymbol{b}$；

(4) 若 $\boldsymbol{a}\times\boldsymbol{c}=\boldsymbol{b}\times\boldsymbol{c}$，且 $\boldsymbol{c}\neq\boldsymbol{0}$，则 $\boldsymbol{a}=\boldsymbol{b}$；

(5) $(\boldsymbol{a}+\boldsymbol{b})\times(\boldsymbol{a}-\boldsymbol{b})=\boldsymbol{a}\times\boldsymbol{a}-\boldsymbol{b}\times\boldsymbol{b}$；

(6) $\boldsymbol{a}\times\boldsymbol{b}-\boldsymbol{c}\times\boldsymbol{a}=\boldsymbol{a}\times(\boldsymbol{b}-\boldsymbol{c})$.

解 (1) 此命题错误. $\boldsymbol{a}\cdot\boldsymbol{b}=0$ 成立的充要条件是 $\boldsymbol{a}\perp\boldsymbol{b}$. 两个非零向量的数量积可能等于零. 例如：对 $\boldsymbol{a}=(1,0,0)$，$\boldsymbol{b}=(0,1,0)$，有 $\boldsymbol{a}\cdot\boldsymbol{b}=0$.

(2) 此命题错误. $\boldsymbol{a}\times\boldsymbol{b}=\boldsymbol{0}$ 成立的充要条件是 $\boldsymbol{a}\;/\!/\;\boldsymbol{b}$.

(3) 此命题错误. $\boldsymbol{a}\cdot\boldsymbol{c}=\boldsymbol{b}\cdot\boldsymbol{c}$ 等价于 $(\boldsymbol{a}-\boldsymbol{b})\cdot\boldsymbol{c}=0$，如第(1)题的原因，不能得到 $\boldsymbol{a}-\boldsymbol{b}=\boldsymbol{0}$ 即 $\boldsymbol{a}=\boldsymbol{b}$.

(4) 此命题错误. $\boldsymbol{a}\times\boldsymbol{c}=\boldsymbol{b}\times\boldsymbol{c}$ 等价于 $(\boldsymbol{a}-\boldsymbol{b})\times\boldsymbol{c}=\boldsymbol{0}$，如第(2)题的原因，不能得到 $\boldsymbol{a}-\boldsymbol{b}=\boldsymbol{0}$ 即 $\boldsymbol{a}=\boldsymbol{b}$.

(5) 此命题错误. 事实上，

$$(a + b) \times (a - b) = a \times a - a \times b + b \times a - b \times b,$$

或进一步等于 $-2a \times b$. 注意 $a \times b = -b \times a$, $a \times a = 0$, $b \times b = 0$.

（6）此命题错误. 错误原因同上：向量积不满足交换律.

【例2】 已知向量 a, b, c 两两垂直，且 $|a| = 1$, $|b| = 2$, $|c| = 3$. 设 $s = a + b + c$，求 s 的长度以及 s 与 a, b, c 的夹角.

解 由于

$$|s|^2 = s \cdot s = (a + b + c) \cdot (a + b + c)$$
$$= a \cdot a + b \cdot b + c \cdot c + 2a \cdot b + 2b \cdot c + 2a \cdot c,$$

其中, $a \cdot a = |a|^2 = 1$, $b \cdot b = |b|^2 = 4$, $c \cdot c = |c|^2 = 9$，又 a, b, c 两两垂直，有 $a \cdot b = b \cdot c = a \cdot c = 0$，所以 $|s|^2 = 1 + 4 + 9 = 14$，得 $|s| = \sqrt{14}$.

由于

$$\cos(\widehat{s, a}) = \frac{s \cdot a}{|s||a|} = \frac{(a + b + c) \cdot a}{\sqrt{14}} = \frac{a \cdot a}{\sqrt{14}} = \frac{1}{\sqrt{14}},$$

故 $(\widehat{s, a}) = \arccos \dfrac{1}{\sqrt{14}}$. 同理得 $(\widehat{s, b}) = \arccos \dfrac{2}{\sqrt{14}}$, $(\widehat{s, c}) = \arccos \dfrac{3}{\sqrt{14}}$.

【例3】 已知向量 $\overrightarrow{AB} = (-3, 0, 4)$, $\overrightarrow{AC} = (5, -2, -14)$，求 $\angle BAC$ 角平分线上的单位向量.

解 由于 $e_{\overrightarrow{AB}} = \dfrac{1}{5}(-3, 0, 4)$, $e_{\overrightarrow{AC}} = \dfrac{1}{15}(5, -2, -14)$，且

$$e_{\overrightarrow{AB}} + e_{\overrightarrow{AC}} = -\frac{2}{15}(2, 1, 1),$$

故向量 $a = (2, 1, 1)$ 为 $\angle BAC$ 角平分线方向的向量，所求单位向量为

$$\pm e_a = \pm \frac{1}{\sqrt{6}}(2, 1, 1).$$

【例4】 证明：直线 $l_1: \dfrac{x-1}{3} = \dfrac{y-2}{8} = \dfrac{z-3}{1}$ 和 $l_2: \dfrac{x-1}{4} = \dfrac{y-2}{7} = \dfrac{z-3}{3}$ 相交，并求它们夹角的平分线 l 的方程.

解 两直线都经过点 $P(1, 2, 3)$，方向向量分别为 $s_1 = (3, 8, 1)$, $s_2 = (4, 7, 3)$, s_1 与 s_2 不平行，故两直线相交.

由于 $|s_1| = |s_2| = \sqrt{74}$，于是角平分线所在的方向向量可能为

$$s_1 + s_2 = (7, 15, 4) \quad \text{或} \quad s_1 - s_2 = (-1, 1, -2).$$

注意到 $s_1 \cdot s_2 = 12 + 56 + 3 > 0$，知 s_1, s_2 的夹角为锐角，故两直线的夹角取为 $(\widehat{s_1, s_2})$，从而 $s_1 + s_2$ 是所求角分线 l 的方向向量，得 l 的方程为

$$\frac{x-1}{7} = \frac{y-2}{15} = \frac{z-3}{4}.$$

【例 5】　确定常数 a，使直线 $l_1: \dfrac{x-1}{1} = \dfrac{y+2}{2} = \dfrac{z-1}{a}$ 垂直于平面 π_1：$3x + 6y + 3z + 25 = 0$，并求此时直线 l_1 在平面 $\pi_2: x - y + z - 2 = 0$ 上的投影直线 l_2 的方程.

解　直线 l_1 的方向向量为 $s = (1, 2, a)$，平面 π_1 的法向量为 $n_1 = (3, 6, 3)$. 由已知条件得 $s \parallel n_1$，即 $\dfrac{1}{3} = \dfrac{2}{6} = \dfrac{a}{3}$，故 $a = 1$.

投影直线 l_2 的求法这里给出以下三种.

方法 1　先求过直线 l_1 且与平面 π_2 垂直的平面 π 的方程，平面 π 与 π_2 的交线即为所求曲线. 记平面 π_2, π 的法向量分别为 n_2, n，则 $n \perp s$，$n \perp n_2$. 由于

$$s \times n_2 = \begin{vmatrix} \boldsymbol{i} & \boldsymbol{j} & \boldsymbol{k} \\ 1 & 2 & 1 \\ 1 & -1 & 1 \end{vmatrix} = 3\boldsymbol{i} - 3\boldsymbol{k},$$

可取 $n = (1, 0, -1)$. 又直线 l_1 过点 $P(1, -2, 1)$，则点 P 也在平面 π 上，从而得平面 π 的点法式方程：

$$1 \cdot (x-1) + 0 \cdot (y+2) + (-1) \cdot (z-1) = 0,$$

即 $x - z = 0$. 故所求投影直线 l_2 的方程为

$$\begin{cases} x - z = 0, \\ x - y + z - 2 = 0. \end{cases}$$

方法 2　直线 l_1 的一般方程为

$$\begin{cases} \dfrac{x-1}{1} = \dfrac{y+2}{2}, \\ \dfrac{y+2}{2} = \dfrac{z-1}{1}, \end{cases} \quad 即 \begin{cases} 2x - y - 4 = 0, \\ y - 2z + 4 = 0. \end{cases}$$

过 l_1 的平面束为 $2x - y - 4 + \lambda(y - 2z + 4) = 0$，即

$$2x + (\lambda - 1)y - 2\lambda z + (4\lambda - 4) = 0.$$

要使平面束中的平面 π 与平面 π_2 垂直，则 λ 须满足 $2 \cdot 1 - (\lambda - 1) - 2\lambda = 0$，即 $\lambda = 1$. 于是得投影直线 l_2 的方程为

$$\begin{cases} x - z = 0, \\ x - y + z - 2 = 0. \end{cases}$$

方法 3 在直线 l_1 上取一点 $M(2,0,2)$,求其在平面 π_2 上的投影点 N.

过点 M 且垂直于平面 π_2 的直线方程为 $\dfrac{x-2}{1}=\dfrac{y}{-1}=\dfrac{z-2}{1}$,由

$$\begin{cases} \dfrac{x-2}{1}=\dfrac{y}{-1}=\dfrac{z-2}{1}, \\ x-y+z-2=0, \end{cases}$$

得交点 $N\left(\dfrac{4}{3},\dfrac{2}{3},\dfrac{4}{3}\right)$. 再联立直线 l_1 与平面 π_2 的方程,得直线 l_1 与平面 π_2 的交点为 $Q\left(\dfrac{1}{3},-\dfrac{4}{3},\dfrac{1}{3}\right)$. 于是过点 Q,N 的直线即为所求投影直线 l_2:

$$\frac{x-\dfrac{4}{3}}{1}=\frac{y-\dfrac{2}{3}}{2}=\frac{z-\dfrac{4}{3}}{1}.$$

【例 6】 求直线 $l_1:\dfrac{x-9}{4}=\dfrac{y+2}{-3}=\dfrac{z}{1}$ 与直线 $l_2:\dfrac{x}{-2}=\dfrac{y+7}{9}=\dfrac{z-2}{2}$ 的公垂线 l 的方程.

解法 1(一般式) 记所求公垂线为 l. 过直线 l_1 和 l 作平面 π_1,过直线 l_2 和 l 作平面 π_2,平面 π_1 与 π_2 的交线即为公垂线 l.

直线 l_1 和 l_2 的方向向量分别为 $s_1=(4,-3,1)$,$s_2=(-2,9,2)$. 由于

$$s_1\times s_2=\begin{vmatrix} i & j & k \\ 4 & -3 & 1 \\ -2 & 9 & 2 \end{vmatrix}=-15i-10j+30k,$$

可取公垂线 l 的方向向量为 $s=(3,2,-6)$.

平面 π_1 过直线 l_1 和 l,则其法向量为

$$n_1=s_1\times s=\begin{vmatrix} i & j & k \\ 4 & -3 & 1 \\ 3 & 2 & -6 \end{vmatrix}=16i+27j+17k.$$

直线 l_1 过 $P(9,-2,0)$,则 π_1 也过该点. 得 π_1 的点法式方程为

$$16(x-9)+27(y+2)+17(z-0)=0,$$

即 $16x+27y+17z-90=0$.

同理可得过直线 l_2 和 l 的平面 π_2 的方程:

$$58x+6y+31z-20=0.$$

于是平面 π_1 与 π_2 的交线即为所求公垂线 l,其方程为

$$\begin{cases} 16x+27y+17z-90=0, \\ 58x+6y+31z-20=0. \end{cases}$$

解法 2（点向式）　沿用解法 1 中的结果，求出直线 l_2 与平面 π_1 的交点，即直线 l 与 l_2 的垂足. 由

$$\begin{cases} \dfrac{x}{-2} = \dfrac{y+7}{9} = \dfrac{z-2}{2}, \\ 16x + 27y + 17z - 90 = 0, \end{cases}$$

解得交点为 $(-2,2,4)$，得公垂线 l 的点向式方程：

$$\frac{x+2}{3} = \frac{y-2}{2} = \frac{z-4}{-6}.$$

解法 3（两点式）　设公垂线 l 与直线 l_1，l_2 的交点分别为 $M(x_1,y_1,z_1)$，$N(x_2,y_2,z_2)$，则 M,N 分别满足 l_1,l_2 的（参数）方程，故

$$\begin{cases} x_1 = 9 + 4t, \quad y_1 = -2 - 3t, \quad z_1 = t, \\ x_2 = -2\lambda, \quad y_2 = -7 + 9\lambda, \quad z_2 = 2 + 2\lambda. \end{cases}$$

从而 $\overrightarrow{MN} = (-2\lambda - 4t - 9, 9\lambda + 3t - 5, 2\lambda - t + 2)$. 又 $\overrightarrow{MN} \perp l_1$，$\overrightarrow{MN} \perp l_2$，所以

$$\begin{cases} 4(-2\lambda - 4t - 9) - 3(9\lambda + 3t - 5) + (2\lambda - t + 2) = 0, \\ -2(-2\lambda - 4t - 9) + 9(9\lambda + 3t - 5) + 2(2\lambda - t + 2) = 0, \end{cases}$$

即 $\begin{cases} 33\lambda + 26t + 19 = 0, \\ 89\lambda + 33t - 23 = 0, \end{cases}$　解得 $t = 2$，$\lambda = 1$. 从而 M,N 的坐标分别为 $(1,4,-2)$，$(-2,2,4)$，且 $\overrightarrow{MN} = (-3,-2,6)$. 得公垂线 l 的方程为

$$\frac{x-1}{3} = \frac{y-4}{2} = \frac{z+2}{-6}.$$

【例 7】　问：两直线 $l_1: \dfrac{x+1}{2} = \dfrac{y-1}{1} = \dfrac{z}{-3}$ 和 $l_2: \begin{cases} x = 4t + 2, \\ y = -t + 3, \\ z = 2t - 4 \end{cases}$，是否相交？如相交，求其交点；如不相交，求其距离 d.

解　直线 l_1 过点 $P(-1,1,0)$，方向向量为 $\boldsymbol{s}_1 = (2,1,-3)$；直线 l_2 过点 $Q(2,3,-4)$，方向向量为 $\boldsymbol{s}_2 = (4,-1,2)$. 因为

$$[\overrightarrow{PQ}, \boldsymbol{s}_1, \boldsymbol{s}_2] = \begin{vmatrix} 3 & 2 & -4 \\ 2 & 1 & -3 \\ 4 & -1 & 2 \end{vmatrix} = -11 \neq 0,$$

所以 l_1, l_2 是异面直线. 下面求距离 d.

方法 1　过直线 l_1 作平面 π 与直线 l_2 平行，则 l_2 上任意一点到 π 的距离都等于所求距离 d. 由于

$$s_1 \times s_2 = \begin{vmatrix} i & j & k \\ 2 & 1 & -3 \\ 4 & -1 & 2 \end{vmatrix} = -i - 16j - 6k,$$

取平面 π 的法向量为 $n = (1, 16, 6)$. 又平面 π 经过直线 l_1 上的点 $P(-1, 1, 0)$, 故平面 π 的方程为

$$1 \cdot (x+1) + 16 \cdot (y-1) + 6 \cdot (z-0) = 0,$$

即 $x + 16y + 6z - 15 = 0$. 直线 l_2 上的一点 $Q(2, 3, -4)$ 到平面 π 的距离即为所求:

$$d = \frac{|2 + 16 \times 3 + 6 \times (-4) - 15|}{\sqrt{1^2 + 16^2 + 6^2}} = \frac{11}{\sqrt{293}}.$$

方法 2 设公垂线的方向向量为 s, 则 l_1, l_2 上任意两点构成的向量在 s 上投影的绝对值即为所求异面直线距离. 由于

$$s_1 \times s_2 = \begin{vmatrix} i & j & k \\ 2 & 1 & -3 \\ 4 & -1 & 2 \end{vmatrix} = -i - 16j - 6k,$$

取 $s = (1, 16, 6)$. 又点 P, Q 分别是直线 l_1, l_2 上的点, $\overrightarrow{PQ} = (3, 2, -4)$, 故

$$d = |\mathrm{Prj}_s \overrightarrow{PQ}| = \left| \frac{\overrightarrow{PQ} \times s}{|s|} \right| = \left| \frac{3 \times 1 + 2 \times 16 - 4 \times 6}{\sqrt{1^2 + 16^2 + 6^2}} \right| = \frac{11}{\sqrt{293}}.$$

【例8】 求过点 $P(-1, 2, -3)$ 且平行于平面 $\pi: 6x - 2y - 3z + 10 = 0$, 又与直线 $l_1: \dfrac{x-1}{3} = \dfrac{y+1}{2} = \dfrac{z-3}{-5}$ 相交的直线 l_2 的方程.

解法1(直线的一般方程) 过点 P 作与平面 π 平行的平面 π_1, 则 π_1 的方程为

$$6(x+1) - 2(y-2) - 3(z+3) = 0,$$

即 $6x - 2y - 3z + 1 = 0$.

直线 l_1 过点 $Q(1, -1, 3)$, 方向向量为 $s = (3, 2, -5)$. 由于

$$\overrightarrow{PQ} \times s = \begin{vmatrix} i & j & k \\ 2 & -3 & 6 \\ 3 & 2 & -5 \end{vmatrix} = 3i + 28j + 13k,$$

则过点 P 及直线 l_1 的平面 π_2 的方程为

$$3(x+1) + 28(y-2) + 13(z+3) = 0,$$

即 $3x + 28y + 13z - 14 = 0$.

所求直线 l_2 即在平面 π_1 内, 也在平面 π_2 内, 得直线 l_2 的一般方程为

$$\begin{cases} 6x - 2y - 3z + 1 = 0, \\ 3x + 28y + 13z - 14 = 0. \end{cases}$$

解法 2（直线的两点式方程）　如解法 1，过点 P 且与平面 π 平行的平面 π_1 为 $6x - 2y - 3z + 1 = 0$. 由

$$\begin{cases} 6x - 2y - 3z + 1 = 0, \\ \dfrac{x-1}{3} = \dfrac{y+1}{2} = \dfrac{z-3}{-5}, \end{cases}$$

解得平面 π_1 与直线 l_1 的交点为 $Q(1, -1, 3)$. 注意此交点 Q 也是直线 l_1 与待求直线 l_2 的交点，得过点 P, Q 的直线 l_2 的两点式方程

$$\frac{x+1}{1+1} = \frac{y-2}{-1-2} = \frac{z+3}{3+3},$$

即 $\dfrac{x+1}{2} = \dfrac{y-2}{-3} = \dfrac{z+3}{6}$.

解法 3　设直线 l_1 与待求直线 l_2 的交点为 $M(x_0, y_0, z_0)$，则

$$\frac{x_0-1}{3} = \frac{y_0+1}{2} = \frac{z_0-3}{-5}. \qquad ①$$

又向量 $\overrightarrow{PM}$ 平行于平面 π，则 $\overrightarrow{PM}$ 垂直于平面 π 的法向量 $\boldsymbol{n} = (6, -2, -3)$，故 $6(x_0+1) - 2(y_0-2) - 3(z_0+3) = 0$，即

$$6x_0 - 2y_0 - 3z_0 + 1 = 0. \qquad ②$$

联立 ① 和 ② 式，解得 $(x_0, y_0, z_0) = (1, -1, 3)$. 得过点 P, M 的直线 l_2 的两点式方程

$$\frac{x+1}{1+1} = \frac{y-2}{-1-2} = \frac{z+3}{3+3},$$

即 $\dfrac{x+1}{2} = \dfrac{y-2}{-3} = \dfrac{z+3}{6}$.

【例 9】　直线 l 与直线 $l_1: \dfrac{x+3}{2} = \dfrac{y-5}{3} = \dfrac{z}{1}$ 及 $l_2: \dfrac{x-10}{5} = \dfrac{y+7}{4} = \dfrac{z}{1}$ 都相交，且与直线 $l_3: \dfrac{x+2}{8} = \dfrac{y-1}{7} = \dfrac{z-3}{1}$ 平行，求直线 l.

解　设直线 l 与 l_1 相交于点 $M(x_0, y_0, z_0)$，则 (x_0, y_0, z_0) 满足 l_1 的参数方程，故 $x_0 = 2t - 3, y_0 = 3t + 5, z_0 = t$.

所求直线 l 与 l_3 平行，故 l 的方向向量为 $\boldsymbol{s} = (8, 7, 1)$.

直线 l_2 过点 $P(10, -7, 0)$，其方向向量为 $\boldsymbol{s}_2 = (5, 4, 1)$.

直线 l 与 l_2 相交，则向量 $\overrightarrow{PM}, \boldsymbol{s}, \boldsymbol{s}_2$ 共面. 得

$$\begin{vmatrix} x_0-10 & y_0+7 & z_0 \\ 8 & 7 & 1 \\ 5 & 4 & 1 \end{vmatrix} = \begin{vmatrix} 2t-13 & 3t+12 & t \\ 8 & 7 & 1 \\ 5 & 4 & 1 \end{vmatrix} = -6t-75=0,$$

故 $t=-\dfrac{25}{2}$. 从而 $(x_0,y_0,z_0)=\left(-28,-\dfrac{65}{2},-\dfrac{25}{2}\right)$. 于是所求直线 l 的方程为

$$\frac{x+28}{8}=\frac{y+\dfrac{65}{2}}{7}=\frac{z+\dfrac{25}{2}}{1}.$$

【例10】 求顶点在 $(0,1,0)$、母线与 z 轴正向夹角保持 $\dfrac{\pi}{6}$ 的锥面方程.

解 设 $P(x,y,z)$ 为所求锥面上的任一点,锥面顶点 $(0,1,0)$ 用 A 表示,则 $(\widehat{\overrightarrow{AP},\boldsymbol{k}})$ 为 $\dfrac{\pi}{6}$ 或 $\dfrac{5\pi}{6}$,于是有 $\cos(\widehat{\overrightarrow{AP},\boldsymbol{k}})=\pm\dfrac{\sqrt{3}}{2}$. 又

$$\cos(\widehat{\overrightarrow{AP},\boldsymbol{k}})=\frac{\overrightarrow{AP}\cdot\boldsymbol{k}}{|\overrightarrow{AP}||\boldsymbol{k}|}=\frac{(x,y-1,z)\cdot(0,0,1)}{\sqrt{x^2+(y-1)^2+z^2}}$$
$$=\frac{z}{\sqrt{x^2+(y-1)^2+z^2}},$$

所以 $\dfrac{z^2}{x^2+(y-1)^2+z^2}=\dfrac{3}{4}$. 故所求的锥面方程为 $z^2=3x^2+3(y-1)^2$.

【例11】 平面 π 通过球面 $x^2+y^2+z^2=4(x-2y-2z)$ 的中心,且垂直于直线 $l:\begin{cases} y+z=0, \\ x=0. \end{cases}$ 求该平面与球面的交线在 xOy 坐标面上的投影.

解 球面方程的标准形式为 $(x-2)^2+(y+4)^2+(z+4)^2=36$,故球心在点 $M(2,-4,-4)$. 由

$$\begin{vmatrix} \boldsymbol{i} & \boldsymbol{j} & \boldsymbol{k} \\ 0 & 1 & 1 \\ 1 & 0 & 0 \end{vmatrix}=\boldsymbol{j}-\boldsymbol{k},$$

知直线 l 的方向向量为 $\boldsymbol{s}=(0,1,-1)$. 故平面 π 的方程为
$$(y+4)-(z+4)=0,$$
即 $y-z=0$. 平面与球面的交线为
$$C:\begin{cases} (x-2)^2+(y+4)^2+(z+4)^2=36, \\ y-z=0. \end{cases}$$
从方程中消去 z,得过曲线 C 且母线平行于 z 轴的柱面方程

$$(x-2)^2 + 2(y+4)^2 = 36.$$

故所求的投影曲线方程为

$$\begin{cases} (x-2)^2 + 2(y+4)^2 = 36, \\ z = 0. \end{cases}$$

三、教材习题全解

习题 8-1

══ A　类 ══

1. 设 A, B, C 为三角形的三个顶点，求 $\overrightarrow{AB} + \overrightarrow{BC} + \overrightarrow{CA}$.

解　如图 8-1，设 $\overrightarrow{AB} = \boldsymbol{a}$，$\overrightarrow{BC} = \boldsymbol{b}$，则

$$\overrightarrow{AC} = \overrightarrow{AB} + \overrightarrow{BC} = \boldsymbol{a} + \boldsymbol{b}, \quad \overrightarrow{CA} = -(\boldsymbol{a} + \boldsymbol{b}),$$

于是

$$\overrightarrow{AB} + \overrightarrow{BC} + \overrightarrow{CA} = (\boldsymbol{a} + \boldsymbol{b}) + [-(\boldsymbol{a} + \boldsymbol{b})] = \boldsymbol{0}.$$

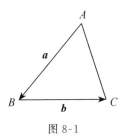

图 8-1

2. 已知 $\triangle ABC$ 中 $\overrightarrow{AB} = \boldsymbol{a}$，$\overrightarrow{BC} = \boldsymbol{b}$. 若 D 是 AC 的中点，试用 $\boldsymbol{a}, \boldsymbol{b}$ 表示 $\overrightarrow{CD}$ 和 $\overrightarrow{BD}$.

解　如图 8-2，$\overrightarrow{AC} = \overrightarrow{AB} + \overrightarrow{BC} = \boldsymbol{a} + \boldsymbol{b}$，$\overrightarrow{CA} = -(\boldsymbol{a} + \boldsymbol{b})$，于是

$$\overrightarrow{CD} = \frac{1}{2}\overrightarrow{CA} = -\frac{1}{2}(\boldsymbol{a} + \boldsymbol{b}),$$

$$\overrightarrow{BD} = \overrightarrow{BA} + \overrightarrow{AD} = -\boldsymbol{a} + \frac{1}{2}(\boldsymbol{b} + \boldsymbol{a})$$

$$= \frac{1}{2}(\boldsymbol{b} - \boldsymbol{a}).$$

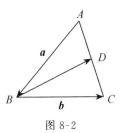

图 8-2

3. 已给正六边形 $ABCDEF$（字母顺序按逆时针方向），记 $\overrightarrow{AB} = \boldsymbol{a}$，$\overrightarrow{AE} = \boldsymbol{b}$，试用向量 $\boldsymbol{a}, \boldsymbol{b}$ 表示向量 $\overrightarrow{AC}, \overrightarrow{AD}, \overrightarrow{AF}$ 和 $\overrightarrow{CB}$.

解　如图 8-3，

$$\overrightarrow{AD} = \overrightarrow{AB} + \overrightarrow{BD} = \boldsymbol{a} + \boldsymbol{b}.$$

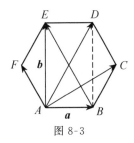

图 8-3

而 $\overrightarrow{BC} = \dfrac{1}{2}\overrightarrow{AD}$，所以 $\overrightarrow{BC} = \dfrac{1}{2}(\boldsymbol{a}+\boldsymbol{b})$，从而

$$\overrightarrow{AC} = \overrightarrow{AB} + \overrightarrow{BC} = \boldsymbol{a} + \frac{1}{2}(\boldsymbol{a}+\boldsymbol{b}) = \frac{3}{2}\boldsymbol{a} + \frac{1}{2}\boldsymbol{b},$$

$$\overrightarrow{CB} = -\overrightarrow{BC} = -\frac{1}{2}\boldsymbol{a} - \frac{1}{2}\boldsymbol{b},$$

$$\overrightarrow{AF} = \frac{1}{2}\overrightarrow{BE} = \frac{1}{2}(\overrightarrow{BA} + \overrightarrow{AE}) = \frac{1}{2}\boldsymbol{b} - \frac{1}{2}\boldsymbol{a}.$$

4. 设 $\boldsymbol{u} = \boldsymbol{a} + \boldsymbol{b} - 2\boldsymbol{c}$，$\boldsymbol{v} = -\boldsymbol{a} - 3\boldsymbol{b} + \boldsymbol{c}$，试用 $\boldsymbol{a}, \boldsymbol{b}, \boldsymbol{c}$ 表示 $2\boldsymbol{u} - 3\boldsymbol{v}$.

解 $2\boldsymbol{u} - 3\boldsymbol{v} = 2(\boldsymbol{a} + \boldsymbol{b} - 2\boldsymbol{c}) - 3(-\boldsymbol{a} - 3\boldsymbol{b} + \boldsymbol{c}) = 5\boldsymbol{a} + 11\boldsymbol{b} - 7\boldsymbol{c}.$

=== **B** 类 ===

1. 将 $\triangle ABC$ 的 BC 边五等分，设分点依次为 D_1, D_2, D_3, D_4，再将各分点与点 A 连接. 试以 $\overrightarrow{AB} = \boldsymbol{c}$，$\overrightarrow{BC} = \boldsymbol{a}$ 表示向量 $\overrightarrow{D_1A}$，$\overrightarrow{D_2A}$，$\overrightarrow{D_3A}$ 和 $\overrightarrow{D_4A}$.

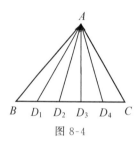

图 8-4

解 如图 8-4，

$$\overrightarrow{D_1A} = \overrightarrow{D_1B} + \overrightarrow{BA} = -\left(\boldsymbol{c} + \frac{1}{5}\boldsymbol{a}\right),$$

$$\overrightarrow{D_2A} = \overrightarrow{D_2B} + \overrightarrow{BA} = -\left(\boldsymbol{c} + \frac{2}{5}\boldsymbol{a}\right),$$

$$\overrightarrow{D_3A} = \overrightarrow{D_3B} + \overrightarrow{BA} = -\left(\boldsymbol{c} + \frac{3}{5}\boldsymbol{a}\right),$$

$$\overrightarrow{D_4A} = \overrightarrow{D_4B} + \overrightarrow{BA} = -\left(\boldsymbol{c} + \frac{4}{5}\boldsymbol{a}\right).$$

2. 试证明：

(1) 两向量 $\boldsymbol{a}, \boldsymbol{b}$ 共线的充分必要条件是存在不全为零的数 k_1, k_2 使得 $k_1\boldsymbol{a} + k_2\boldsymbol{b} = \boldsymbol{0}$；

(2) 三向量 $\boldsymbol{a}, \boldsymbol{b}, \boldsymbol{c}$ 共面的充分必要条件是存在不全为零的数 k_1, k_2, k_3，使得

$$k_1\boldsymbol{a} + k_2\boldsymbol{b} + k_3\boldsymbol{c} = \boldsymbol{0}.$$

证 (1) 必要性. 设 $\boldsymbol{a}, \boldsymbol{b}$ 共线. 若 $\boldsymbol{a} \neq \boldsymbol{0}$，则 $|\boldsymbol{a}| \neq 0$，因而存在非负实数 m 使得

$$|\boldsymbol{b}| = m|\boldsymbol{a}|.$$

当 $\boldsymbol{a}, \boldsymbol{b}$ 同向时，可取 $k_1 = m$，$k_2 = -1$，使得 $k_1\boldsymbol{a} + k_2\boldsymbol{b} = \boldsymbol{0}$. 当 $\boldsymbol{a}, \boldsymbol{b}$ 反向时，可取 $k_1 = m$，$k_2 = 1$，使得 $k_1\boldsymbol{a} + k_2\boldsymbol{b} = \boldsymbol{0}$. 若 $\boldsymbol{a} = \boldsymbol{0}$，则有 $1 \cdot \boldsymbol{a} + 0 \cdot \boldsymbol{b} = \boldsymbol{0}$.

充分性. 若存在不全为零的数 k_1, k_2 使得 $k_1\boldsymbol{a} + k_2\boldsymbol{b} = \boldsymbol{0}$，不妨设 $k_1 \neq 0$，则有 $\boldsymbol{a} = -\dfrac{k_2}{k_1}\boldsymbol{b}$，故 $\boldsymbol{a}, \boldsymbol{b}$ 共线.

(2) 若 $\boldsymbol{a}, \boldsymbol{b}, \boldsymbol{c}$ 共面，且其中两向量共线，如 $\boldsymbol{a}, \boldsymbol{b}$ 共线，则由(1)知存在不全为零的数 k_1, k_2，使得 $k_1\boldsymbol{a} + k_2\boldsymbol{b} = \boldsymbol{0}$ 成立，因此有 $k_1, k_2, 0$ 不全为零，使得 $k_1\boldsymbol{a} + k_2\boldsymbol{b} + 0\boldsymbol{c} = \boldsymbol{0}$. 反之亦然.

若 $\boldsymbol{a}, \boldsymbol{b}, \boldsymbol{c}$ 共面，但无两向量共线，如图 8-5，设 $\overrightarrow{OA} = \boldsymbol{a}$，$\overrightarrow{OB} = \boldsymbol{b}$，$\overrightarrow{OC} = \boldsymbol{c}$，过 C 点

作直线与 OB 平行，交 $\overrightarrow{OA}$ 所在直线于点 D，则 $\overrightarrow{OC} = \overrightarrow{OD} + \overrightarrow{DC} = k_1 \overrightarrow{OA} + k_2 \overrightarrow{OB}$，即

$$k_1 \overrightarrow{OA} + k_2 \overrightarrow{OB} - \overrightarrow{OC} = \boldsymbol{0}.$$

故存在不全为零的数 $k_1, k_2, -1$，使得

$$k_1 \boldsymbol{a} + k_2 \boldsymbol{b} - \boldsymbol{c} = \boldsymbol{0}.$$

反之，若存在不全为零的数 k_1, k_2, k_3，使得

$k_1 \boldsymbol{a} + k_2 \boldsymbol{b} + k_3 \boldsymbol{c} = \boldsymbol{0}$，不妨设 $k_3 \neq 0$，则

$$c = -\frac{k_1}{k_3}\boldsymbol{a} - \frac{k_2}{k_3}\boldsymbol{b}.$$

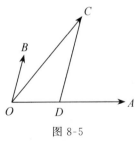

图 8-5

这说明，$\boldsymbol{c}$ 是以 $-\dfrac{k_1}{k_3}\boldsymbol{a}, \dfrac{k_2}{k_3}\boldsymbol{b}$ 为邻边的平行四边形的

对角线，故 $\boldsymbol{a}, \boldsymbol{b}, \boldsymbol{c}$ 共面.

习题 8-2

══ A　类 ══

1. 在空间直角坐标系中，指出下列各点在哪个卦限：

$$A(1, -2, 3), B(2, 3, -4), C(2, -3, -4), D(-2, -3, 1).$$

解　由空间直角坐标系各个卦限中点的符号知，A, B, C, D 分别位于第四、五、八、三卦限.

2. 设长方体的各棱与坐标轴平行. 已知长方体的两个顶点的坐标，试写出余下 6 个顶点的坐标：

(1) $(1, 1, 2), (3, 4, 5)$；　　　　(2) $(4, 3, 0), (1, 6, -4)$.

解　(1) 由于长方体的各棱与坐标轴平行，它的各面就都与坐标平面平行，横、纵、竖坐标相同的点各有 4 个. 因此，长方体的 8 个顶点中，先考虑竖坐标相同的点，即同为 2 或同为 5 的点各有 4 个，形如 $(*, *, 2), (*, *, 5)$，其中横坐标只能从 1, 3 这两个数字中选取，各有 2 个，形如

$$(1, *, 2), (3, *, 2), (1, *, 5), (3, *, 5).$$

上面坐标中纵坐标只能从 1, 4 这两个数字中选取，于是得到

$(1, 1, 2), (1, 4, 2), (3, 1, 2), (3, 4, 2), (1, 1, 5), (1, 4, 5), (3, 1, 5), (3, 4, 5)$，

其中，$(1, 4, 2)(3, 1, 2), (3, 4, 2), (1, 1, 5), (1, 4, 5), (3, 1, 5)$ 即为所求.

(2) 类似于 (1)，可求得余下 6 个顶点的坐标为 $(4, 6, 0), (1, 6, 0), (1, 3, 0), (1, 3, -4), (4, 3, -4), (4, 6, -4)$.

3. 证明：以点 $A(4, 1, 9), B(10, -1, 6), C(2, 4, 3)$ 为顶点的三角形是等腰直角三角形.

证　因为

$$|\overrightarrow{AB}| = \sqrt{(4-10)^2 + (-1-1)^2 + (9-6)^2} = \sqrt{49} = 7,$$

$$|\overrightarrow{BC}| = \sqrt{(2-10)^2 + (4+1)^2 + (3-6)^2} = \sqrt{98},$$

$$|\overrightarrow{AC}| = \sqrt{(4-2)^2 + (4-1)^2 + (9-3)^2} = \sqrt{49} = 7,$$

所以 $|\overrightarrow{AC}| = |\overrightarrow{AB}|$,且 $|\overrightarrow{AB}|^2 + |\overrightarrow{AC}|^2 = |\overrightarrow{BC}|^2$. 故 $\triangle ABC$ 是等腰直角三角形.

4. 求点 (a,b,c) 关于

(1) 各坐标面; (2) 各坐标轴; (3) 坐标原点

的对称点的坐标.

解 分别由点关于平面对称、关于直线对称、关于某定点对称的意义,可得

(1) 关于 xOy 面、yOz 面和 zOx 面的对称点分别是 $(a,b,-c),(-a,b,c),(a,-b,c)$;

(2) 关于 x 轴、y 轴和 z 轴的对称点分别是 $(a,-b,-c),(-a,b,-c),(-a,-b,c)$;

(3) 关于原点的对称点是 $(-a,-b,-c)$.

5. 过点 $P(a,b,c)$ 分别作各坐标面和各坐标轴的垂线,写出各垂足的坐标,进而求出点 P 到各坐标面和各坐标轴的距离.

解 由空间直角坐标系下点的坐标的概念,可求得点 $P(a,b,c)$ 到 xOy 面的垂足为 $(a,b,0)$,距离为 $d = |c|$;到 yOz 面的垂足为 $(0,b,c)$,距离为 $d = |a|$;到 zOx 面的垂足为 $(a,0,c)$,距离为 $d = |b|$.

点 $P(a,b,c)$ 到 x 轴的垂足为 $(a,0,0)$,距离为 $d = \sqrt{b^2+c^2}$;到 y 轴的垂足为 $(0,b,0)$,距离为 $d = \sqrt{a^2+c^2}$;到 z 轴的垂足为 $(0,0,c)$,距离为 $d = \sqrt{a^2+b^2}$.

6. 已知两点 $M_1(4,\sqrt{2},1)$ 和 $M_2(3,0,2)$,计算向量 $\overrightarrow{M_1M_2}$ 的模、方向余弦和方向角.

解 由 $\overrightarrow{M_1M_2} = (3-4,0-\sqrt{2},2-1) = (-1,-\sqrt{2},1)$,得

$$|\overrightarrow{M_1M_2}| = \sqrt{(-1)^2 + (-\sqrt{2})^2 + 1^2} = 2,$$

且 $\cos\alpha = \dfrac{-1}{|\overrightarrow{M_1M_2}|} = -\dfrac{1}{2}$,$\cos\beta = \dfrac{-\sqrt{2}}{|\overrightarrow{M_1M_2}|} = -\dfrac{\sqrt{2}}{2}$,$\cos\gamma = \dfrac{1}{|\overrightarrow{M_1M_2}|} = \dfrac{1}{2}$. 从而

$$\alpha = \frac{2\pi}{3}, \quad \beta = \frac{3\pi}{4}, \quad \gamma = \frac{\pi}{3}.$$

7. 已知向量 $\overrightarrow{OP}$ 与各坐标轴成相等的锐角,且 $|\overrightarrow{OP}| = 2\sqrt{3}$,求 $\overrightarrow{OP}$ 的坐标.

解 设向量 $\overrightarrow{OP} = (x,y,z)$,且向量 $\overrightarrow{OP}$ 的三个方向角均为锐角 α,则 $3\cos^2\alpha = 1$,即 $\cos\alpha = \dfrac{1}{\sqrt{3}}$. 于是 $\dfrac{1}{\sqrt{3}} = \dfrac{x}{2\sqrt{3}} = \dfrac{y}{2\sqrt{3}} = \dfrac{z}{2\sqrt{3}}$. 从而 $x=2$,$y=2$,$z=2$. 故 $\overrightarrow{OP} = (2,2,2)$.

8. 设 $\boldsymbol{a} = 3\boldsymbol{i} + 5\boldsymbol{j} + 8\boldsymbol{k}$,$\boldsymbol{b} = 2\boldsymbol{i} - 4\boldsymbol{j} - 7\boldsymbol{k}$,$\boldsymbol{c} = 5\boldsymbol{i} + \boldsymbol{j} - 4\boldsymbol{k}$. 求向量 $\boldsymbol{l} = 4\boldsymbol{a} + 3\boldsymbol{b} - \boldsymbol{c}$ 在 x 轴上的投影以及在 y 轴上的投影向量.

解 由于

$$\boldsymbol{l} = 4(3\boldsymbol{i}+5\boldsymbol{j}+8\boldsymbol{k}) + 3(2\boldsymbol{i}-4\boldsymbol{j}-7\boldsymbol{k}) - (5\boldsymbol{i}+\boldsymbol{j}-4\boldsymbol{k}) = 13\boldsymbol{i}+7\boldsymbol{j}+15\boldsymbol{k},$$

则 l 在 x 轴上的投影为 13，在 y 轴上的投影向量为 $7\boldsymbol{j}$.

$$=\!=\!\textbf{B}\quad \textbf{类}=\!=\!=$$

1. 已知点 $A(3,-1,2),B(1,2,-4),C(-1,1,2)$，试求点 D，使得以 A,B,C,D 为顶点的四边形为平行四边形.

解　如图 8-6，设平行四边形为 $ABCD$，D 点的坐标为 (x,y,z). 由于 $\overrightarrow{AB}=\overrightarrow{DC}$，即有

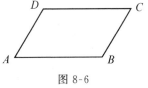

图 8-6

$$(-1-x,1-y,2-z)=(-2,3,-6),$$

则 $x=1,y=-2,z=8$. 故 D 点的坐标为 $(1,-2,8)$.

类似地，若设平行四边形为 $ACDB$，由于 $\overrightarrow{AC}=\overrightarrow{DB}$，可得 D 点的坐标为 $(5,0,-4)$；若设平行四边形为 $ACBD$，由于 $\overrightarrow{AC}=\overrightarrow{BD}$，可得 D 点的坐标为 $(-3,4,-4)$.

可以验证本题有且仅有以上三解.

2. 已知点 $A(1,1,1),B(0,-1,-1),C(-3,5,-6)$，且 AD 是 $\triangle ABC$ 的顶角 A 的角平分线，D 在 BC 边上. 试求 D 的坐标.

解　如图 8-7，AD 是 $\triangle ABC$ 的顶角 A 的角平分线，设 D 点的坐标为 (x,y,z)，则 $\overrightarrow{BD}=(x,y+1,z+1),\overrightarrow{AB}=(-1,-2,-2),\overrightarrow{AC}=(-4,4,-7)$. 于是

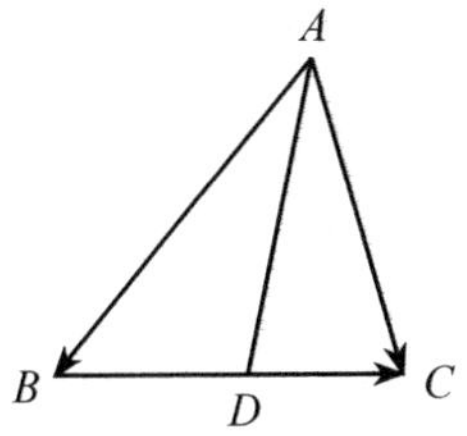

$$|\overrightarrow{AB}|=\sqrt{(-1)^2+(-2)^2+(-2)^2}=3,$$

$$|\overrightarrow{AC}|=\sqrt{(-4)^2+4^2+7^2}=9.$$

由于 $\dfrac{|\overrightarrow{BD}|}{|\overrightarrow{DC}|}=\dfrac{|\overrightarrow{AB}|}{|\overrightarrow{AC}|}=\dfrac{1}{3}$，得 $\dfrac{|\overrightarrow{BD}|}{|\overrightarrow{BC}|}=\dfrac{1}{4}$，即

$$\overrightarrow{BD}=\frac{1}{4}\overrightarrow{BC}，\text{所以}$$

图 8-7

$$(x,y+1,z+1)=\frac{1}{4}(-3,6,-5).$$

可解得 $x=-\dfrac{3}{4},y=\dfrac{1}{2},z=-\dfrac{9}{4}$. 故 D 点的坐标为 $\left(-\dfrac{3}{4},\dfrac{1}{2},-\dfrac{9}{4}\right)$.

3. 设 $\boldsymbol{a}$ 的方向角 $\alpha=\dfrac{\pi}{4}$，$\beta=\dfrac{\pi}{3}$，且 $|\boldsymbol{a}|=3$，求 $\boldsymbol{a}$ 的坐标表示.

解　设 $\boldsymbol{a}=(a_x,a_y,a_z)$，则

$$a_x=|\boldsymbol{a}|\cos\alpha=3\cos\frac{\pi}{4}=\frac{3\sqrt{2}}{2},\quad a_y=|\boldsymbol{a}|\cos\beta=3\cos\frac{\pi}{3}=\frac{3}{2}.$$

由 $\cos^2\alpha+\cos^2\beta+\cos^2\gamma=1$，得 $\cos^2\gamma=1-(\cos^2\alpha+\cos^2\beta)=\dfrac{1}{4}$，即 $\cos\gamma=\pm\dfrac{1}{2}$. 所以

$$a_z=|\boldsymbol{a}|\cos\gamma=3\cos\gamma=\pm\frac{3}{2}.$$

故 $\boldsymbol{a}=\left(\dfrac{3\sqrt{2}}{2},\dfrac{3}{2},\dfrac{3}{2}\right)$ 或 $\left(\dfrac{3\sqrt{2}}{2},\dfrac{3}{2},-\dfrac{3}{2}\right)$.

4. 设 $a = (-2, y, 1)$，$b = (x, -6, 2)$. 问 x, y 为何值时，$a \parallel b$?

解 由于 $a \parallel b \Leftrightarrow a = \lambda b$，$\lambda$ 为实数，因此有

$$\begin{cases} -2 = \lambda x, \\ y = \lambda \cdot (-6), \\ 1 = \lambda \cdot 2. \end{cases}$$

解得 $x = -4$，$y = -3$.

5. 已知三个非零向量 a, b, c 中任意两个向量都不平行，但 $a + b$ 平行于 c，$b + c$ 平行于 a. 求证：$a + b + c = 0$.

证 由 $a + b = \lambda_1 c$，$b + c = \lambda_2 a$，得 $a + b + c = (1 + \lambda_1)c$，$a + b + c = (1 + \lambda_2)a$，从而

$$(1 + \lambda_2)a = (1 + \lambda_1)c.$$

若 $1 + \lambda_2 \neq 0$，则 $a = \dfrac{1 + \lambda_1}{1 + \lambda_2}c$，即 a 平行于 c，与题设矛盾. 故 $1 + \lambda_2 = 0$，从而

$$a + b + c = 0.$$

6. 设向量的方向余弦分别满足：

(1) $\cos\gamma = 0$；　　　(2) $\cos\alpha = 1$；　　　(3) $\cos\alpha = \cos\gamma = 0$，

问：这些向量与坐标轴或坐标面的关系如何？

解 (1) 由 $\cos\gamma = 0$，得 $\gamma = \dfrac{\pi}{2}$，可知向量垂直于 z 轴，平行于 xOy 面.

(2) 由 $\cos\alpha = 1$，得 $\alpha = 0$，可知向量方向与 x 轴正向一致，垂直于 yOz 面.

(3) 由 $\cos\alpha = \cos\gamma = 0$，得 $\alpha = \gamma = \dfrac{\pi}{2}$，可知向量平行于 y 轴，垂直于 zOx 面.

7. 设 $a = i + j + k$，$b = i - 2j + k$，$c = -2i + j + 2k$. 试用单位向量 e_a, e_b, e_c 表示向量 i, j, k.

解 由 $a = i + j + k$，$b = i - 2j + k$，$c = -2i + j + 2k$，可求得

$$i = \frac{5}{12}a + \frac{1}{12}b - \frac{1}{4}c, \quad j = \frac{1}{3}(a - b), \quad k = \frac{1}{4}(a + b + c).$$

又 $|a| = \sqrt{3}$，$|b| = \sqrt{6}$，$|c| = 3$，故 $a = \sqrt{3}e_a$，$b = \sqrt{6}e_b$，$c = 3e_c$. 从而

$$i = \frac{5\sqrt{3}}{12}e_a + \frac{\sqrt{6}}{12}e_b - \frac{3}{4}e_c, \quad j = \frac{\sqrt{3}}{3}e_a - \frac{\sqrt{6}}{3}e_b, \quad k = \frac{\sqrt{3}}{4}e_a + \frac{\sqrt{6}}{4}e_b + \frac{3}{4}e_c.$$

习题 8-3

== A 类 ==

1. 设 $a = 3i - j - 2k$，$b = i + 2j - k$，求

(1) $a \cdot b$；　　(2) $a \times b$；　　(3) $\mathrm{Prj}_a b$；　　(4) $\mathrm{Prj}_b a$；　　(5) $\cos(\widehat{a, b})$.

解　(1)　$\boldsymbol{a} \cdot \boldsymbol{b} = 3 \times 1 + (-1) \times 2 + (-2) \times (-1) = 3.$

(2)　$\boldsymbol{a} \times \boldsymbol{b} = \begin{vmatrix} \boldsymbol{i} & \boldsymbol{j} & \boldsymbol{k} \\ 3 & -1 & -2 \\ 1 & 2 & -1 \end{vmatrix} = 5\boldsymbol{i} + \boldsymbol{j} + 7\boldsymbol{k}.$

(3)　$\text{Prj}_{\boldsymbol{a}} \boldsymbol{b} = \dfrac{\boldsymbol{a} \cdot \boldsymbol{b}}{|\boldsymbol{a}|} = \dfrac{3}{\sqrt{14}}.$

(4)　$\text{Prj}_{\boldsymbol{b}} \boldsymbol{a} = \dfrac{\boldsymbol{a} \cdot \boldsymbol{b}}{|\boldsymbol{b}|} = \dfrac{3}{\sqrt{6}}.$

(5)　$\cos(\widehat{\boldsymbol{a},\boldsymbol{b}}) = \dfrac{\boldsymbol{a} \cdot \boldsymbol{b}}{|\boldsymbol{a}||\boldsymbol{b}|} = \dfrac{3}{\sqrt{3^2 + (-1)^2 + (-2)^2}\ \sqrt{1^2 + 2^2 + (-1)^2}} = \dfrac{3}{2\sqrt{21}}.$

2. 设 $\boldsymbol{a} = 2\boldsymbol{i} - 3\boldsymbol{j} + \boldsymbol{k}$，$\boldsymbol{b} = \boldsymbol{i} - \boldsymbol{j} + 3\boldsymbol{k}$，$\boldsymbol{c} = \boldsymbol{i} - 2\boldsymbol{j}$. 求

(1)　$(\boldsymbol{a} \times \boldsymbol{b}) \cdot \boldsymbol{c}$；　　　　　　(2)　$(\boldsymbol{a} \times \boldsymbol{b}) \times \boldsymbol{c}$；

(3)　$\boldsymbol{a} \times (\boldsymbol{b} \times \boldsymbol{c})$；　　　　　　(4)　$(\boldsymbol{a} \cdot \boldsymbol{b})\boldsymbol{c} - (\boldsymbol{a} \cdot \boldsymbol{c})\boldsymbol{b}$.

解　(1)　$(\boldsymbol{a} \times \boldsymbol{b}) \cdot \boldsymbol{c} = \begin{vmatrix} \boldsymbol{i} & \boldsymbol{j} & \boldsymbol{k} \\ 2 & -3 & 1 \\ 1 & -1 & 3 \end{vmatrix} \cdot (1,-2,0) = (-8,-5,1) \cdot (1,-2,0)$

$$= -8 + 10 + 0 = 2.$$

(2)　由(1)，得

$$(\boldsymbol{a} \times \boldsymbol{b}) \times \boldsymbol{c} = (-8,-5,1) \times (1,-2,0) = \begin{vmatrix} \boldsymbol{i} & \boldsymbol{j} & \boldsymbol{k} \\ -8 & -5 & 1 \\ 1 & -2 & 0 \end{vmatrix} = 2\boldsymbol{i} + \boldsymbol{j} + 21\boldsymbol{k}.$$

(3)　$\boldsymbol{a} \times (\boldsymbol{b} \times \boldsymbol{c}) = (2,-3,1) \times \begin{vmatrix} \boldsymbol{i} & \boldsymbol{j} & \boldsymbol{k} \\ 1 & -1 & 3 \\ 1 & -2 & 0 \end{vmatrix} = (2,-3,1) \times (6,3,-1)$

$$= 8\boldsymbol{j} + 24\boldsymbol{k}.$$

(4)　$(\boldsymbol{a} \cdot \boldsymbol{b})\boldsymbol{c} - (\boldsymbol{a} \cdot \boldsymbol{c})\boldsymbol{b} = (2+3+3)(\boldsymbol{i}-2\boldsymbol{j}) - (2+6+0)(\boldsymbol{i}-\boldsymbol{j}+3\boldsymbol{k})$

$$= 8\boldsymbol{i} - 16\boldsymbol{j} - 8\boldsymbol{i} + 8\boldsymbol{j} - 24\boldsymbol{k} = -8\boldsymbol{j} - 24\boldsymbol{k}.$$

3. 已知三点 $A(1,-1,2)$，$B(5,-6,2)$，$C(1,3,-1)$，求

(1)　同时与 $\overrightarrow{AB}$ 及 $\overrightarrow{AC}$ 垂直的单位向量；

(2)　$\triangle ABC$ 的面积；

(3)　从顶点 B 到边 AC 的高的长度.

解　(1)　由 $\overrightarrow{AB} = (4,-5,0)$，$\overrightarrow{AC} = (0,4,-3)$，得

$$\overrightarrow{AB} \times \overrightarrow{AC} = \begin{vmatrix} \boldsymbol{i} & \boldsymbol{j} & \boldsymbol{k} \\ 4 & -5 & 0 \\ 0 & 4 & -2 \end{vmatrix} = 15\boldsymbol{i} + 12\boldsymbol{j} + 16\boldsymbol{k}.$$

记同时与 $\overrightarrow{AB}$ 及 $\overrightarrow{AC}$ 垂直的单位向量为 $\boldsymbol{e}_a$，则

$$e_a = \frac{\overrightarrow{AB} \times \overrightarrow{AC}}{|\overrightarrow{AB} \times \overrightarrow{AC}|} = \pm \frac{15i + 12j + 16k}{\sqrt{15^2 + 12^2 + 16^2}} = \pm \frac{1}{25}(15i + 12j + 16k).$$

(2) $S_{\triangle ABC} = \frac{1}{2}|\overrightarrow{AB} \times \overrightarrow{AC}| = \frac{25}{2}.$

(3) 设所求高度为 h. 由 $S_{\triangle ABC} = \frac{1}{2}|\overrightarrow{AC}| \cdot h$, 得

$$h = \frac{2S_{\triangle ABC}}{|\overrightarrow{AC}|} = \frac{25}{\sqrt{0^2 + 4^2 + (-3)^2}} = 5.$$

4. 判断下列向量是否垂直:

(1) $a = (2,4,-1)$ 与 $b = (2,-1,0)$;

(2) $(a \cdot b)c - (a \cdot c)b$ 与 a;

(3) a 与 $b - \frac{a \cdot b}{|a|^2}a$.

解 (1) 因

$$a \cdot b = (2,4,-1) \cdot (2,-1,0) = 2 \times 2 + 4 \times (-1) + (-1) \times 0 = 0,$$

故两向量垂直.

(2) 因

$$[(a \cdot b)c - (a \cdot c)b] \cdot a = [(a \cdot b)c] \cdot a - [(a \cdot c)b] \cdot a$$
$$= (a \cdot b)(c \cdot a) - (a \cdot c)(b \cdot a)$$
$$= 0,$$

故两向量垂直.

(3) 因

$$a \cdot \left(b - \frac{a \cdot b}{|a|^2}a\right) = a \cdot b - \frac{a \cdot b}{|a|^2}a^2 = a \cdot b - \frac{a \cdot b}{|a|^2}|a|^2$$
$$= a \cdot b - a \cdot b = 0,$$

故两向量垂直.

5. 设 $a = 3i + 5j - 2k$, $b = 2i + j + 9k$. 试求 λ 的值, 使得

(1) $\lambda a + b$ 与 z 轴垂直;

(2) $\lambda a + b$ 与 a 垂直, 并证明此时 $|\lambda a + b|$ 取得最小值.

解 (1) 由于

$$\lambda a + b = (3\lambda i + 5\lambda j - 2\lambda k) + (2i + j + 9k)$$
$$= (3\lambda + 2)i + (5\lambda + 1)j + (-2\lambda + 9)k$$
$$= (3\lambda + 2, 5\lambda + 1, -2\lambda + 9),$$

要使 $\lambda a + b$ 与 z 轴垂直, 只需 $(\lambda a + b) \cdot k = 0$, 即

$$(3\lambda + 2, 5\lambda + 1, -2\lambda + 9) \cdot (0,0,1) = 0,$$

亦即 $0 + 0 + (-2\lambda + 9) \times 1 = 0$. 故 $\lambda = \frac{9}{2}$.

（2）要使 $\lambda \boldsymbol{a} + \boldsymbol{b}$ 与 $\boldsymbol{a}$ 垂直，只需 $(\lambda \boldsymbol{a} + \boldsymbol{b}) \cdot \boldsymbol{a} = 0$，即 $\lambda \boldsymbol{a}^2 + \boldsymbol{a} \cdot \boldsymbol{b} = 0$，所以

$$\lambda = -\frac{\boldsymbol{a} \cdot \boldsymbol{b}}{|\boldsymbol{a}|^2} = -\frac{3 \times 2 + 5 \times 1 + (-2) \times 9}{[\sqrt{3^2 + 5^2 + (-2)^2}]^2} = \frac{7}{38}.$$

故 $\lambda = \dfrac{7}{38}$ 时，$\lambda \boldsymbol{a} + \boldsymbol{b}$ 与 $\boldsymbol{a}$ 垂直.

考虑

$$|\lambda \boldsymbol{a} + \boldsymbol{b}| = \sqrt{(3\lambda + 2)^2 + (5\lambda + 1)^2 + (-2\lambda + 9)^2} = \sqrt{38\lambda^2 - 14\lambda + 86},$$

因为 $\sqrt{38\lambda^2 - 14\lambda + 86}$ 与 $38\lambda^2 - 14\lambda + 86$ 同时取得最小值，而 $\lambda = \dfrac{-14}{-2 \times 38} = \dfrac{7}{38}$ 时，

$38\lambda^2 - 14\lambda + 86$ 取得最小值，故 $\lambda = \dfrac{7}{38}$ 时，$|\lambda \boldsymbol{a} + \boldsymbol{b}|$ 取得最小值.

6. 证明平行四边形法则：$2(|\boldsymbol{a}|^2 + |\boldsymbol{b}|^2) = |\boldsymbol{a} + \boldsymbol{b}|^2 + |\boldsymbol{a} - \boldsymbol{b}|^2$，并说明这一法则的几何意义.

证　$|\boldsymbol{a} + \boldsymbol{b}|^2 + |\boldsymbol{a} - \boldsymbol{b}|^2 = (\boldsymbol{a} + \boldsymbol{b})^2 + (\boldsymbol{a} - \boldsymbol{b})^2$

$$= \boldsymbol{a}^2 + 2\boldsymbol{a} \cdot \boldsymbol{b} + \boldsymbol{b}^2 + \boldsymbol{a}^2 - 2\boldsymbol{a} \cdot \boldsymbol{b} + \boldsymbol{b}^2$$

$$= 2(\boldsymbol{a}^2 + \boldsymbol{b}^2) = 2(|\boldsymbol{a}|^2 + |\boldsymbol{b}|^2).$$

其几何意义是：平行四边形的对角线的平方和等于相邻两边平方和的两倍.

7. 试证明：$(\boldsymbol{a} \times \boldsymbol{b}) \cdot \boldsymbol{c} = (\boldsymbol{b} \times \boldsymbol{c}) \cdot \boldsymbol{a} = (\boldsymbol{c} \times \boldsymbol{a}) \cdot \boldsymbol{b}$.

证　设 $\boldsymbol{a} = (a_x, a_y, a_z)$，$\boldsymbol{b} = (b_x, b_y, b_z)$，$\boldsymbol{c} = (c_x, c_y, c_z)$，则

$$(\boldsymbol{a} \times \boldsymbol{b}) \cdot \boldsymbol{c} = \begin{vmatrix} a_x & a_y & a_z \\ b_x & b_y & b_z \\ c_x & c_y & c_z \end{vmatrix} = -\begin{vmatrix} b_x & b_y & b_z \\ a_x & a_y & a_z \\ c_x & c_y & c_z \end{vmatrix} = \begin{vmatrix} b_x & b_y & b_z \\ c_x & c_y & c_z \\ a_x & a_y & a_z \end{vmatrix} = (\boldsymbol{b} \times \boldsymbol{c}) \cdot \boldsymbol{a}$$

$$= -\begin{vmatrix} c_x & c_y & c_z \\ b_x & b_y & b_z \\ a_x & a_y & a_z \end{vmatrix} = \begin{vmatrix} c_x & c_y & c_z \\ a_x & a_y & a_z \\ b_x & b_y & b_z \end{vmatrix} = (\boldsymbol{c} \times \boldsymbol{a}) \cdot \boldsymbol{b}.$$

══ **B 类** ══

1. 已知 $\boldsymbol{a}, \boldsymbol{b}$ 的夹角为 $\theta = \dfrac{\pi}{3}$，$|\boldsymbol{a}| = 3$，$|\boldsymbol{b}| = 6$，求 $|(\boldsymbol{a} - \boldsymbol{b}) \times (\boldsymbol{a} + \boldsymbol{b})|$.

解　注意到 $\boldsymbol{a} \times \boldsymbol{a} = \boldsymbol{0}$，$\boldsymbol{b} \times \boldsymbol{b} = \boldsymbol{0}$，以及 $\boldsymbol{b} \times \boldsymbol{a} = -\boldsymbol{a} \times \boldsymbol{b}$，得

$$|(\boldsymbol{a} - \boldsymbol{b}) \times (\boldsymbol{a} + \boldsymbol{b})| = |\boldsymbol{a} \times \boldsymbol{a} + \boldsymbol{a} \times \boldsymbol{b} - \boldsymbol{b} \times \boldsymbol{a} - \boldsymbol{b} \times \boldsymbol{b}|$$

$$= |\boldsymbol{a} \times \boldsymbol{b} - \boldsymbol{b} \times \boldsymbol{a}| = |2(\boldsymbol{a} \times \boldsymbol{b})| = 2|\boldsymbol{a} \times \boldsymbol{b}|$$

$$= 2|\boldsymbol{a}||\boldsymbol{b}|\sin\theta = 18\sqrt{3}.$$

2. 已知 $\boldsymbol{a} = (3, -1, 2)$，$\boldsymbol{b} = (1, 2, -1)$，求

（1）$\sin(\widehat{\boldsymbol{a}, \boldsymbol{b}})$；　　　　（2）$(\boldsymbol{a} + \boldsymbol{b}) \times (\boldsymbol{a} - \boldsymbol{b})$.

解　（1）$\boldsymbol{a} \times \boldsymbol{b} = \begin{vmatrix} \boldsymbol{i} & \boldsymbol{j} & \boldsymbol{k} \\ 3 & -1 & 2 \\ 1 & 2 & -1 \end{vmatrix} = -3\boldsymbol{i} + 5\boldsymbol{j} + 7\boldsymbol{k} = (-3, 5, 7)$，于是

$$\sin(\hat{a,b}) = \frac{|a \times b|}{|a| \cdot |b|} = \frac{\sqrt{(-3)^2 + 5^2 + 7^2}}{\sqrt{3^2 + (-1)^2 + 2^2} \ \sqrt{1^2 + 2^2 + (-1)^2}}$$

$$= \sqrt{\frac{83}{84}}.$$

(2) $a + b = (4,1,1)$, $a - b = (2,-3,3)$, 于是

$$(a + b) \times (a - b) = \begin{vmatrix} i & j & k \\ 4 & 1 & 1 \\ 2 & -3 & 3 \end{vmatrix} = 6i - 10j - 14k$$

$$= (6, -10, -14).$$

3. 已知 4 点 $A(2,1,0)$, $B(1,2,3)$, $C(-1,5,6)$, $D(3,-1,4)$, 求四面体 $ABCD$ 的体积 V.

解 $V = \frac{1}{6} |[\overrightarrow{AB}, \overrightarrow{AC}, \overrightarrow{AD}]| = \frac{1}{6} |(\overrightarrow{AB} \times \overrightarrow{AC}) \cdot \overrightarrow{AD}|$

$$= \frac{1}{6} \left| \begin{vmatrix} -1 & 1 & 3 \\ -3 & 4 & 6 \\ 1 & -2 & 4 \end{vmatrix} \right| = \frac{2}{3}.$$

4. 设向量 a, b, c 满足 $a + b + c = \mathbf{0}$. 证明:

(1) $a \cdot b + b \cdot c + c \cdot a = -\frac{1}{2}(|a|^2 + |b|^2 + |c|^2)$;

(2) $a \times b = b \times c = c \times a$.

证 (1) 由 $a + b + c = \mathbf{0}$, 知 $(a + b + c)^2 = 0$, 即

$$a^2 + b^2 + c^2 + 2(a \cdot b + b \cdot c + c \cdot a) = 0,$$

故 $a \cdot b + b \cdot c + c \cdot a = -\frac{1}{2}(|a|^2 + |b|^2 + |c|^2)$.

(2) 由 $a + b + c = \mathbf{0}$, 知 $a \times (a + b + c) = \mathbf{0}$, 即 $a \times b + a \times c = \mathbf{0}$, 所以

$$a \times b = -a \times c = c \times a.$$

类似地, 有 $b \times (a + b + c) = \mathbf{0}$, 即 $b \times a + b \times c = \mathbf{0}$, 所以

$$b \times c = -b \times a = a \times b.$$

故 $a \times b = b \times c = c \times a$.

5. 试证明:

(1) $|a \times b|^2 + (a \cdot b)^2 = |a|^2 |b|^2$;

(2) $(a + b) \times (b + c) \cdot (c + a) = 2(a \times b) \cdot c$;

(3) $a \times (b \times c) = (a \cdot c)b - (a \cdot b)c$.

证 (1) 因

$$a \cdot b = |a| \cdot |b| \cos\theta, \quad |a \times b| = |a| \cdot |b| \sin\theta,$$

将两式平方再相加, 得

$$(a \cdot b)^2 + |a \times b|^2 = |a|^2|b|^2(\cos^2\theta + \sin^2\theta) = |a|^2|b|^2.$$

（2）　$(a+b) \times (b+c) \cdot (c+a) = (a \times b + a \times c + b \times c) \cdot (c+a)$

$$= (a \times b) \cdot c + (b \times c) \cdot a$$

$$= 2(a \times b) \cdot c.$$

（3）　由教材 p.22 例题 3.8 的二重向量积公式：$(a \times b) \times c = (a \cdot c)b - (b \cdot c)a$，得

$$a \times (b \times c) = -(b \times c) \times a = -[(b \cdot a)c - (c \cdot a)b] = (a \cdot c)b - (a \cdot b)c.$$

    6. 用向量法证明：

（1）　直径所对的圆周角是直角；

（2）　三角形的三条高交于一点.

    证　（1）　如图 8-8，AB 是 $\odot O$ 的直径，C 是圆周上任一点，记 $\overrightarrow{AC} = a$，$\overrightarrow{CB} = b$，$\overrightarrow{OC} = d$，$\overrightarrow{AO} = \overrightarrow{OB} = c$，则

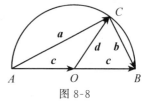

图 8-8

$$a = c + d, \quad b = -d + c.$$

由于 $|c| = |d| = \dfrac{1}{2}|\overrightarrow{AB}|$，知

$$a \cdot b = c^2 - d^2 = |c|^2 - |d|^2 = 0,$$

故 $a \perp b$，即直径 AB 所对的圆周角是直角.

    （2）　如图 8-9，在 $\triangle ABC$ 中，记

$$\overrightarrow{AC} = b, \quad \overrightarrow{BC} = a, \quad \overrightarrow{BA} = c.$$

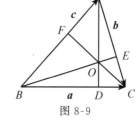

图 8-9

设高线 BE, CF 相交于 O，连 AO，于是

$$0 = \overrightarrow{BO} \cdot b = (-c + \overrightarrow{AO}) \cdot b = -c \cdot b + \overrightarrow{AO} \cdot b,$$

$$0 = \overrightarrow{CO} \cdot c = (-b + \overrightarrow{AO}) \cdot c = -b \cdot c + \overrightarrow{AO} \cdot c.$$

两式相加得

$$\overrightarrow{AO} \cdot (b + c) = 0, \quad 即 \overrightarrow{AO} \cdot a = 0.$$

故 $\overrightarrow{AO} \perp a$，$AO$ 是 $\triangle ABC$ 中 BC 边的高，高线 BE, CF, AO 相交于点 O.

习题 8-4

══ A 类 ══

1. 是否存在满足下列条件的平面？ 如果存在，是否唯一？

（1）　过一已知点且与一已知直线平行；

（2）　过一已知点且与一已知直线垂直；

（3）　过一已知点且与一已知平面平行；

（4）　过一已知点且与一已知平面垂直；

（5）　过两已知点且与一已知直线平行；

（6）　过两已知点且与一已知直线垂直；

(7) 过两已知点且与一已知平面平行;

(8) 过两已知点且与一已知平面垂直.

解 (1) 存在但不唯一,有无穷多个这样的平面.

(2) 由立体几何知识,这样的平面存在且唯一.

(3) 由立体几何知识,这样的平面存在且唯一.

(4) 存在但不唯一,有无穷多个这样的平面.

(5) 存在,并且仅当两已知点连线与已知直线不平行时唯一. 当两已知点连线与已知直线平行时则有无穷多个这样的平面.

(6) 仅当两已知点连线与已知直线垂直时存在且唯一.

(7) 仅当两已知点连线与已知直线平行时存在且唯一.

(8) 存在,并且仅当两已知点连线与已知平面不垂直时唯一. 当两已知点连线与已知平面垂直时,有无穷多个这样的平面.

2. 指出下列平面位置的特点并作图:

(1) $x + y + z = 0$;　　　(2) $x + y + z = 1$;　　　(3) $x + y = 0$;

(4) $x + y = 1$;　　　(5) $x = 0$;　　　(6) $3x = 1$.

解 (1) 过原点,法向量的三个方向角相等.

(2) 法向量的三个方向角相等,截距相等且等于 1.

(3) 过原点,平行于 z 轴.

(4) 平行于 z 轴.

(5) 为 yOz 平面.

(6) 平行于 yOz 平面.

3. 求满足下列条件的平面方程:

(1) 过点 $A(2,9,-6)$ 且与向量 $\overrightarrow{OA}$ 垂直;

(2) 过点 $(3,0,-1)$ 且与平面 $3x - 7y + 5z - 12 = 0$ 平行;

(3) 过点 $(1,0,-1)$ 且同时平行于向量 $\boldsymbol{a} = 2\boldsymbol{i} + \boldsymbol{j} + \boldsymbol{k}$ 和 $\boldsymbol{b} = \boldsymbol{i} - \boldsymbol{j}$;

(4) 过点 $(1,1,1)$ 和点 $(0,1,-1)$ 且与平面 $x + y + z = 0$ 相垂直;

(5) 过点 $(1,1,1)$ 且与平面 $x - y + z = 7$ 与 $3x + 2y - 12z + 5 = 0$ 相垂直;

(6) 过点 $(1,1,-1)$, $(-2,-2,2)$ 和 $(1,-1,2)$;

(7) 过点 $(-3,1,-2)$ 和 z 轴;

(8) 过点 $(4,0,-2)$, $(5,1,7)$ 且平行于 x 轴;

(9) 与坐标轴的截距相同且过点 $(6,2,-4)$;

(10) 平面 $x - 2y + 2z + 21 = 0$ 与平面 $7x + 24z - 5 = 0$ 之间的两面角的平分面.

解 (1) 法向量 $\boldsymbol{n} = (2,9,-6)$, 由平面的点法式方程, 得所求方程为
$$2(x - 2) + 9(y - 9) - 6(z + 6) = 0,$$
即 $2x + 9y - 6z - 121 = 0$.

(2) 由于平行平面的法向量相同, 故法向量 $\boldsymbol{n} = (3,-7,5)$, 所求方程为

$$3(x-3)-7(y-0)+5(z+1)=0,$$

即 $3x-7y+5z-4=0$.

(3) 法向量 $\boldsymbol{n}=\boldsymbol{a}\times\boldsymbol{b}=\begin{vmatrix} \boldsymbol{i} & \boldsymbol{j} & \boldsymbol{k} \\ 2 & 1 & 1 \\ 1 & -1 & 0 \end{vmatrix}=\boldsymbol{i}+\boldsymbol{j}-3\boldsymbol{k}$，所求方程为

$$1\cdot(x-1)+1\cdot(y-0)-3\cdot(z+1)=0,$$

即 $x+y-3z-4=0$.

(4) 平面 $x+y+z=0$ 的法向量 $\boldsymbol{n}_1=(1,1,1)$，过点$(1,1,1)$ 和点$(0,1,-1)$ 的直线的方向向量

$$\boldsymbol{s}=(1-0,1-1,1-(-1))=(1,0,2).$$

设所求平面的法向量为 $\boldsymbol{n}$，由于 $\boldsymbol{n}\perp\boldsymbol{n}_1$，$\boldsymbol{n}\perp\boldsymbol{s}$，故

$$\boldsymbol{n}=\boldsymbol{n}_1\times\boldsymbol{s}=\begin{vmatrix} \boldsymbol{i} & \boldsymbol{j} & \boldsymbol{k} \\ 1 & 1 & 1 \\ 1 & 0 & 2 \end{vmatrix}=2\boldsymbol{i}-\boldsymbol{j}-\boldsymbol{k},$$

所求方程为 $2(x-0)-(y-1)-(z+1)=0$，即 $2x-y-z=0$.

(5) 由条件，所求平面的法向量 $\boldsymbol{n}$ 与平面 $x-y+z=7$ 与 $3x+2y-12z+5=0$ 的法向量均垂直，因此

$$\boldsymbol{n}=\boldsymbol{n}_1\times\boldsymbol{n}_2=\begin{vmatrix} \boldsymbol{i} & \boldsymbol{j} & \boldsymbol{k} \\ 1 & -1 & 1 \\ 3 & 2 & -12 \end{vmatrix}=10\boldsymbol{i}+15\boldsymbol{j}+5\boldsymbol{k}.$$

取 $\boldsymbol{n}=(2,3,1)$，所求方程为 $2(x-1)+3(y-1)+(z-1)=0$，即

$$2x+3y+z-6=0.$$

(6) 依次记三点为 A,B,C，则 $\overrightarrow{AB}=(-3,-3,3)$，$\overrightarrow{AC}=(0,-2,3)$，

$$\boldsymbol{n}=\overrightarrow{AB}\times\overrightarrow{AC}=\begin{vmatrix} \boldsymbol{i} & \boldsymbol{j} & \boldsymbol{k} \\ -3 & -3 & 3 \\ 0 & -2 & 3 \end{vmatrix}=(-3,9,6).$$

取 $\boldsymbol{n}=(1,-3,-2)$，所求方程为

$$(x-1)-3(y-1)-2(z+1)=0,$$

即 $x-3y-2z=0$. 或者直接使用平面的三点式方程求得.

(7) 平面过 z 轴，故设所求平面方程为 $Ax+By=0$. 将点$(-3,1,-2)$ 代入方程，得

$$-3A+B=0,$$

即 $B=3A$. 代入方程 $Ax+By=0$，得所求平面方程：$x+3y=0$.

(8) 记两已知点为 $M_1(4,0,-2)$，$M_2(5,1,7)$，于是$\overrightarrow{M_1M_2}=(1,1,9)$. 由 $\boldsymbol{n}\perp\overrightarrow{M_1M_2}$，$\boldsymbol{n}\perp\boldsymbol{i}$，得

$$\boldsymbol{n}=\overrightarrow{M_1M_2}\times\boldsymbol{i}=\begin{vmatrix} \boldsymbol{i} & \boldsymbol{j} & \boldsymbol{k} \\ 1 & 1 & 9 \\ 1 & 0 & 0 \end{vmatrix}=(0,9,-1).$$

故所求方程为 $9(y-0)-(z+2)=0$，即 $9y-z-2=0$.

（9）设所求平面方程为 $\dfrac{x}{a}+\dfrac{y}{a}+\dfrac{z}{a}=1$. 将点 $(6,2,-4)$ 代入方程，得

$$\frac{6}{a}+\frac{2}{a}-\frac{4}{a}=1,$$

解得 $a=4$. 故所求方程为 $\dfrac{x}{4}+\dfrac{y}{4}+\dfrac{z}{4}=1$，即 $x+y+z=4$.

（10）**方法 1** 设 $P(x,y,z)$ 为两面角的平分面上任意一点，它到两面角的两个半平面的距离相等，于是有

$$\frac{|x-2y+2z+21|}{\sqrt{1^2+(-2)^2+2^2}}=\frac{|7x+24z-5|}{\sqrt{7^2+0^2+24^2}},$$

即 $\dfrac{1}{3}(x-2y-2z+21)=\pm\dfrac{1}{25}(7x+24z-5)$. 故所求方程为

$$2x-25y-11z+270=0 \quad \text{或} \quad 46x-50y+122z+510=0.$$

方法 2 两已知平面的法向量分别为 $\boldsymbol{n}_1=(1,-2,2)$，$\boldsymbol{n}_2=(7,0,24)$. 其同方向的单位向量分别为 $\boldsymbol{e}_{\boldsymbol{n}_1}=\left(\dfrac{1}{3},-\dfrac{2}{3},\dfrac{2}{3}\right)$，$\boldsymbol{e}_{\boldsymbol{n}_2}=\left(\dfrac{7}{25},0,\dfrac{24}{25}\right)$，于是

$$\boldsymbol{e}_{\boldsymbol{n}_1}+\boldsymbol{e}_{\boldsymbol{n}_2}=\frac{1}{75}(46,-50,122), \quad \boldsymbol{e}_{\boldsymbol{n}_1}-\boldsymbol{e}_{\boldsymbol{n}_2}=-\frac{2}{75}(2,-25,-11),$$

故所求平分面的法向量可取为 $\boldsymbol{n}=(46,-50,122)$ 或 $\boldsymbol{n}=(2,-25,-11)$，易得所求平分面的方程为

$$46x-50y+122z+510=0 \quad \text{或} \quad 2x-25y-11z+270=0.$$

4. 求平面 $2x-y+2z+3=0$ 与各坐标面的夹角的余弦.

解 该平面及各坐标平面的法向量依次为 $\boldsymbol{n}=(2,-1,2)$，$\boldsymbol{i}=(1,0,0)$，$\boldsymbol{j}=(0,1,0)$，$\boldsymbol{k}=(0,0,1)$. 与 xOy 坐标面的夹角 γ 的余弦为

$$\cos\gamma=\cos(\widehat{\boldsymbol{n},\boldsymbol{k}})=\frac{|2\times0+(-1)\times0+2\times1|}{\sqrt{2^2+(-2)^2+1^2}\cdot1}=\frac{2}{3}.$$

类似地，可求得与 yOz 坐标面、zOx 坐标面的夹角 α,β 的余弦：

$$\cos\alpha=\cos(\widehat{\boldsymbol{n},\boldsymbol{i}})=\frac{2}{3}, \quad \cos\beta=\cos(\widehat{\boldsymbol{n},\boldsymbol{j}})=\frac{1}{3}.$$

5. 判别下列各组平面的相互关系：

（1）$2x-3y+5z-7=0$ 与 $2x-3y+5z-1=0$；

（2）$2x-3y+5z-7=0$ 与 $4x-6y+10z-14=0$；

（3）$2x-5y+z=0$ 与 $x-2z+3=0$；

（4）$2x+5y-2z+2=0$ 与 $x-3z+1=0$.

解 （1）由于 $\dfrac{2}{2}=\dfrac{-3}{-3}=\dfrac{5}{5}\neq\dfrac{-7}{-1}$，故这两个平面平行但不重合.

(2) 由于 $\dfrac{2}{4} = \dfrac{-3}{-6} = \dfrac{5}{10} = \dfrac{-7}{-14}$，故这两个平面重合.

(3) 由于 $2 \times 1 + 5 \times 0 + 1 \times (-2) = 0$，故这两个平面垂直.

(4) 由于 $\dfrac{2}{1} \neq \dfrac{5}{0} \neq \dfrac{-2}{-3}$，且 $2 \times 1 + 5 \times 0 + (-2) \times (-3) = 8 \neq 0$，故这两个平面相交但不垂直.

6. 求两平面 $2x - y + z - 6 = 0$ 及 $4x - 2y + 2z + 7 = 0$ 之间的距离.

解　这两个平面平行. 在第一个平面上任取一点 $P(x_0, y_0, z_0)$，该点到第二个平面的距离即两平面间的距离. 注意到点 P 满足 $2x_0 - y_0 + z_0 - 6 = 0$，得点 P 到第二个平面的距离为

$$d = \frac{|4x_0 - 2y_0 + 2z_0 + 7|}{\sqrt{2^2 + (-1)^2 + 1^2}} = \frac{|12 + 7|}{2\sqrt{6}} = \frac{19}{2\sqrt{6}}.$$

===== **B 类** =====

1. 判别点 $(2, -1, 1)$ 与原点是在平面 $5x + 3y + z - 18 = 0$ 的同侧还是异侧.

解　设有两点 $(x_1, y_1, z_1), (x_2, y_2, z_2)$，对平面 $Ax + By + Cz + D = 0$，若

$$Ax_1 + By_1 + Cz_1 + D \quad 与 \quad Ax_2 + By_2 + Cz_2 + D$$

异号，则这两点位于平面的异侧；若是同号，则位于平面的同侧.

现将 $(2, -1, 1)$ 与 $(0, 0, 0)$ 分别代入 $5x + 3y + z - 18 = 0$，得

$$5 \times 2 + 3 \times (-1) + 1 \times 1 - 18 = -10 < 0,$$
$$5 \times 0 + 3 \times 0 + 1 \times 0 - 18 = -18 < 0,$$

故点 $(2, -1, 1)$ 与原点在平面 $5x + 3y + z - 18 = 0$ 的同侧.

2. 在平面 $x + y + z - 1 = 0$ 与三个坐标面所围成的四面体内求一点，使它到四面体的 4 个面的距离相等.

解　设所求四面体内的点为 (x_0, y_0, z_0)，则该点应在第一卦限，由条件有

$$\frac{|x_0 + y_0 + z_0 - 1|}{\sqrt{1^2 + 1^2 + 1^2}} = x_0 = y_0 = z_0.$$

从而，有 $|3x_0 - 1| = \sqrt{3}x_0$. 又该点与坐标原点 O 位于平面 $x + y + z - 1 = 0$ 的同侧，因此 $3x_0 - 1 < 0$，于是有

$$3x_0 - 1 = -\sqrt{3}x_0.$$

解得 $x_0 = \dfrac{3 - \sqrt{3}}{6}$. 因此 $y_0 = \dfrac{3 - \sqrt{3}}{6}, z_0 = \dfrac{3 - \sqrt{3}}{6}$. 故所求点为 $\left(\dfrac{3 - \sqrt{3}}{6}, \dfrac{3 - \sqrt{3}}{6}, \dfrac{3 - \sqrt{3}}{6} \right)$.

3. 在 y 轴上求一点，使它到平面 $x + 2y - 2z - 2 = 0$ 的距离为 4.

解　设所求的 y 轴上一点为 $(0, y_0, 0)$，由条件有

$$\frac{|0 + 2y_0 + 0 - 2|}{\sqrt{1^2 + 2^2 + (-2)^2}} = 4.$$

解得 $y_0 = 7$ 或 $y_0 = -5$. 故所求点为 $(0,7,0)$ 和 $(0,-5,0)$.

4. 若平面 π 到两平行平面 $\pi_1: Ax + By + Cz + D_1 = 0$, $\pi_2: Ax + By + Cz + D_2 = 0$ 的距离相等，求它的方程.

解 设平面 π 上任一点为 $M_0(x_0, y_0, z_0)$，则 $M_0(x_0, y_0, z_0)$ 到两平行平面 $\pi_1: Ax + By + Cz + D_1 = 0$, $\pi_2: Ax + By + Cz + D_2 = 0$ 的距离相等，因此有

$$\frac{|Ax_0 + By_0 + Cz_0 + D_1|}{\sqrt{A^2 + B^2 + C^2}} = \frac{|Ax_0 + By_0 + Cz_0 + D_2|}{\sqrt{A^2 + B^2 + C^2}},$$

即

$$Ax_0 + By_0 + Cz_0 + D_1 = \pm(Ax_0 + By_0 + Cz_0 + D_2).$$

可得 $D_1 = D_2$ (舍去，因为此时平面 π_1, π_2 重合)，以及

$$2(Ax_0 + By_0 + Cz_0) = -(D_1 + D_2),$$

即 $Ax_0 + By_0 + Cz_0 + \dfrac{1}{2}(D_1 + D_2) = 0$. 故平面 π 的方程为

$$Ax + By + Cz + \frac{1}{2}(D_1 + D_2) = 0.$$

习题 8-5

=== **A 类** ===

1. 写出下列直线的对称式方程及参数方程：

(1) $\begin{cases} x - y + z = 1, \\ 2x + y + z = 4; \end{cases}$ (2) $\begin{cases} 2x + 5z + 3 = 0, \\ x - 3y + z + 2 = 0. \end{cases}$

解 (1) 在方程组 $\begin{cases} x - y + z = 1, \\ 2x + y + z = 4 \end{cases}$ 中令 $x = 0$，解方程组，得 $z = \dfrac{5}{2}$, $y = \dfrac{3}{2}$, 于是得直线上一点 $\left(0, \dfrac{3}{2}, \dfrac{5}{2}\right)$. 由于此直线的方向向量 s 与直线的一般式方程中的两平面的法向量 n_1, n_2 都垂直，所以

$$s = n_1 \times n_2 = \begin{vmatrix} i & j & k \\ 1 & -1 & 1 \\ 2 & 1 & 1 \end{vmatrix} = (-2, 1, 3).$$

故所求直线的对称式方程为

$$\frac{x}{-2} = \frac{y - \dfrac{3}{2}}{1} = \frac{z - \dfrac{5}{2}}{3}.$$

在上式中令比等于 t，可得直线的参数方程：

$$\begin{cases} x = -2t, \\ y = t + \dfrac{3}{2}, \\ z = 3t + \dfrac{5}{2}. \end{cases}$$

（2）在方程组 $\begin{cases} 2x + 5z + 3 = 0, \\ x - 3y + z + 2 = 0 \end{cases}$ 中令 $z = -1$，解方程组，得 $x = 1$，$y = \dfrac{2}{3}$，于

是得直线上一点 $\left(1, \dfrac{2}{3}, -1\right)$. 由于此直线的方向向量 s 与直线的一般式方程中的两平面

的法向量 n_1, n_2 都垂直，所以

$$s = n_1 \times n_2 = \begin{vmatrix} i & j & k \\ 2 & 0 & 5 \\ 1 & -3 & 1 \end{vmatrix} = (15, 3, -6).$$

取 $s = (5, 1, -2)$，故所求直线的对称式方程为

$$\frac{x-1}{5} = \frac{y - \dfrac{2}{3}}{1} = \frac{z-1}{-2}.$$

在上式中令比等于 t，可得直线的参数方程：

$$\begin{cases} x = 5t + 1, \\ y = t + \dfrac{2}{3}, \\ z = -2t - 1. \end{cases}$$

2. 求满足下列条件的直线方程：

（1）过两点 $(1, 2, 3), (0, 2, -1)$；

（2）过点 $(2, 3, 4)$ 且平行于直线 $\dfrac{x-1}{2} = \dfrac{y}{1} = \dfrac{z-2}{3}$；

（3）过点 $(0, 2, 4)$ 且同时平行于平面 $x + 2z = 1$ 与 $y - 3z = 2$；

（4）过点 $(2, -3, 1)$ 且垂直于平面 $2x + 3y + z + 1 = 0$；

（5）过点 $(0, 1, 2)$ 且与直线 $\dfrac{x-1}{2} = \dfrac{y}{1} = \dfrac{z-2}{3}$ 垂直相交.

解　（1）过两点 $(1, 2, 3), (0, 2, -1)$ 的直线的方向向量

$$s = (1 - 0, 2 - 2, 3 - (-1)) = (1, 0, 4),$$

故所求直线方程为 $\dfrac{x-1}{1} = \dfrac{y-2}{0} = \dfrac{z-3}{4}$.

（2）所求直线的方向向量 $s = (2, 1, 3)$，又直线过点 $(2, 3, 4)$，故所求直线方程为

$$\frac{x-2}{2} = \frac{y-3}{1} = \frac{z-4}{3}.$$

（3）此直线的方向向量 s 与两平面的法向量 n_1, n_2 都垂直，所以

$$s = n_1 \times n_2 = \begin{vmatrix} i & j & k \\ 1 & 0 & 2 \\ 0 & 1 & -3 \end{vmatrix} = (-2, 3, 1),$$

故所求直线方程为 $\dfrac{x}{-2} = \dfrac{y-2}{3} = \dfrac{z-4}{1}$.

（4）所求直线的方向向量 $s = (2, 3, 1)$，又直线过点 $(2, -3, 1)$，故所求直线方程为

$$\frac{x-2}{2}=\frac{y+3}{3}=\frac{z-1}{1}.$$

(5) **方法 1(两点式)** 先求垂足. 记已知点为 P, 已知直线为 l.

过点 P 作平面 π_1 垂直于直线 l. 取直线 l 的方向向量 $\boldsymbol{s}_1=(2,1,3)$ 作为 π_1 的法向量, 得 π_1 的方程为 $2x+(y-1)+3(z-2)=0$, 即

$$2x+y+3z-7=0.$$

直线 l 的参数方程为

$$\begin{cases} x=1+2t, \\ y=t, \\ z=2+3t. \end{cases}$$

将其代入 π_1 的方程, 可解得 $t=-\dfrac{1}{14}$. 从而直线 l 与 π_1 的交点为 $N\left(\dfrac{6}{7},-\dfrac{1}{14},\dfrac{25}{14}\right)$. 过点 P 和点 N 得所求直线方程为

$$\frac{x}{4}=\frac{y-1}{-5}=\frac{z-2}{-1}.$$

方法 2(一般式) 仍用 π_1 表示过点 P 垂直于直线 l 的平面, 设 π_2 为过点 P 且过直线 l 的平面, 则所求直线为平面 π_1 与 π_2 的交线.

由直线 l 过点 $(1,0,2)$ 及 $(3,1,5)$, 得平面 π_2 的三点式方程

$$\begin{vmatrix} x-0 & y-1 & z-2 \\ 1-0 & 0-1 & 2-2 \\ 3-0 & 1-1 & 5-2 \end{vmatrix}=0, \quad \text{即} \ x+y-z+1=0.$$

故所求直线为

$$\begin{cases} x+y-z+1=0, \\ 2x+y+3z-7=0. \end{cases}$$

3. 求下列投影点的坐标:

(1) 点 $(-1,2,0)$ 在平面 $x+2y-z+1=0$ 上的投影点;

(2) $(2,3,1)$ 在直线 $\dfrac{x+7}{1}=\dfrac{y+2}{2}=\dfrac{z+2}{3}$ 上的投影点.

解 (1) 设所求点为 $P(a,b,c)$, 则点 P 与已知点 $(-1,2,0)$ 构成的向量与平面的法向量平行, 又点 P 在已知平面上, 故

$$\begin{cases} \dfrac{a+1}{1}=\dfrac{b-2}{2}=\dfrac{c-0}{-1}, \\ a+2b-c+1=0. \end{cases}$$

解得 $a=-\dfrac{5}{3}$, $b=\dfrac{2}{3}$, $c=\dfrac{2}{3}$, 即所求投影点为 $\left(-\dfrac{5}{3},\dfrac{2}{3},\dfrac{2}{3}\right)$.

(2) 记已知直线为 l, 其方向向量 $\boldsymbol{s}=(1,2,3)$, 则过点 $(-1,2,0)$ 且垂直于直线 l 的平面 π 的方程为

$$(x-2)+2(y-3)+3(z-1)=0,$$

即 $x + 2y + 3z - 11 = 0$. 所求投影点为平面 π 与直线 l 的交点. 将直线的参数方程

$$\begin{cases} x = t - 7, \\ y = 2t - 2, \\ z = 3t - 2 \end{cases}$$

代入平面 π 的方程, 可解得 $t = 2$, 进而 $x = -5, y = 2, z = 4$. 故所求投影点为 $(-5, 2, 4)$.

4. 求下列投影直线的方程:

(1) 直线 $\begin{cases} 2x - 4y + z = 0, \\ 3x - y - 2z - 9 = 0 \end{cases}$ 在三个坐标面上的投影直线;

(2) 直线 $\begin{cases} 4x - y + 3z - 1 = 0, \\ x + 5y - z + 2 = 0 \end{cases}$ 在平面 $2x - y + 5z - 3 = 0$ 上的投影直线.

解　(1) 从方程组 $\begin{cases} 2x - 4y + z = 0, \\ 3x - y - 2z - 9 = 0 \end{cases}$ 中消去 z 得已知直线向 xOy 平面的投影平面的方程 $7x - 9y - 9 = 0$. 将它与 $z = 0$ 联立:

$$\begin{cases} 7x - 9y = 9, \\ z = 0, \end{cases}$$

即为所给直线在 xOy 坐标面上的投影直线.

类似地, 从方程组 $\begin{cases} 2x - 4y + z = 0, \\ 3x - y - 2z - 9 = 0 \end{cases}$ 中消去 y 或 x 可分别得到所给直线在 zOx 及 yOz 坐标面上的投影直线

$$\begin{cases} 10x - 9z = 36, \\ y = 0 \end{cases} \quad 及 \quad \begin{cases} 10y - 7z = 18, \\ x = 0. \end{cases}$$

(2) 设已知直线为 l, 则过直线 l 的平面束方程为 $4x - y + 3z - 1 + \lambda(x + 5y - z + 2) = 0$, 即

$$(4 + \lambda)x - (1 - 5\lambda)y + (3 - \lambda)z + 2\lambda - 1 = 0.$$

设平面 π: $2x - y + 5z - 3 = 0$ 的法向量为 $\boldsymbol{n}_1$, 平面束中与平面 π 垂直的平面的法向量为 $\boldsymbol{n}_2$, 则 $\boldsymbol{n}_1 \perp \boldsymbol{n}_2$, $\boldsymbol{n}_1 \cdot \boldsymbol{n}_2 = 0$, 即

$$2(4 + \lambda) + (1 - 5\lambda) + 5(3 - \lambda) = 0.$$

解得 $\lambda = 3$. 于是过直线 l 且垂直于平面 π 的平面为 $7x + 14y + 5 = 0$, 所求投影直线为

$$\begin{cases} 7x + 14y + 5 = 0, \\ 2x - y + 5z - 3 = 0. \end{cases}$$

5. 问两直线 l_1: $\dfrac{x - 4}{-2} = \dfrac{y + 3}{2} = \dfrac{z - 5}{-3}$ 与 l_2: $\dfrac{x}{1} = \dfrac{y - 1}{-4} = \dfrac{z + 1}{3}$ 是否相交? 若相交, 试求它们的交点.

解　由条件, l_1, l_2 的方向向量分别为 $\boldsymbol{s}_1 = (-2, 2, -3)$, $\boldsymbol{s}_2 = (1, -4, 3)$. 又 l_1 过点 $M_1(4, -3, 5)$, l_2 过点 $M_2(0, 1, -1)$, 可作向量 $\overrightarrow{M_1 M_2} = (-4, 4, -6)$. 由于

$$\begin{vmatrix} -2 & 2 & -3 \\ 1 & -4 & 3 \\ -4 & 4 & -6 \end{vmatrix} = 0,$$

且 $(-2):2:(-3) \neq 1:(-4):3$，故 l_1, l_2 相交.

联立 l_1, l_2 的方程，由

$$\begin{cases} \dfrac{x-4}{-2} = \dfrac{y+3}{2}, \\[2mm] \dfrac{x}{1} = \dfrac{y-1}{-4}, \end{cases}$$

解得 $x = 0, y = 1$. 回代到 l_1 或 l_2 的方程中得 $z = -1$. 故 l_1, l_2 的交点坐标为 $(0,1,-1)$.

6. 求直线 $\begin{cases} 5x-3y+3z-9=0 \\ 3x-2y+z-1=0 \end{cases}$ 与 $\begin{cases} 2x+2y-z+23=0, \\ 3x+8y+z-18=0 \end{cases}$ 之间的夹角.

解 记两已知直线的方向向量分别为 s_1, s_2，则

$$s_1 = \begin{vmatrix} i & j & k \\ 5 & -3 & 3 \\ 3 & -2 & 1 \end{vmatrix} = (3,4,-1),$$

$$s_2 = \begin{vmatrix} i & j & k \\ 2 & 2 & -1 \\ 3 & 8 & 1 \end{vmatrix} = (10,-5,10) = 5(2,-1,2).$$

取 $s_2 = (2,-1,2)$，得两直线间夹角 φ 的余弦为

$$\cos\varphi = \cos(\widehat{s_1,s_2}) = \frac{|3 \times 2 + 4 \times (-1) + (-1) \times 2|}{\sqrt{3^2+4^2+(-1)^2} \cdot \sqrt{2^2+(-1)^2+2^2}} = 0.$$

故所求夹角 $\varphi = \dfrac{\pi}{2}$.

7. 求直线 $\dfrac{x-1}{2} = \dfrac{y-1}{-1} = \dfrac{z+1}{2}$ 与平面 $x-y+2z=5$ 之间的夹角.

解 已知直线的方向向量为 $s = (2,-1,2)$，已知平面的法向量为 $n = (1,-1,2)$. 对所求夹角 φ，有

$$\sin\varphi = |\cos(\widehat{s,n})| = \frac{|2 \times 1 + (-1) \times (-1) + 2 \times 2|}{\sqrt{2^2+(-1)^2+2^2} \cdot \sqrt{1^2+(-1)^2+2^2}} = \frac{7}{3\sqrt{6}}.$$

故 $\varphi = \arcsin\dfrac{7}{3\sqrt{6}}$.

8. 设 M_0 是直线 l 外的一点，M 是直线 l 上的任意一点，且直线 l 的方向向量为 s. 证明：点 M_0 到直线 l 的距离为 $d = \dfrac{|\overrightarrow{M_0M} \times s|}{|s|}$. 由此计算：

(1) 点 $M_0(3,-4,4)$ 到直线 $\dfrac{x-4}{2} = \dfrac{y-5}{-2} = \dfrac{z-2}{1}$ 的距离；

（2）点 $M_0(3,-1,2)$ 到直线 $\begin{cases} x+y-z+1=0, \\ 2x-y+z-4=0 \end{cases}$ 的距离.

证 如图 8-10，设 $\boldsymbol{s}=\overrightarrow{MN}$，$|\overrightarrow{M_0P}|=d$，则

$$d = \left| \, |\overrightarrow{M_0M}| \sin(\widehat{\overrightarrow{M_0M},\boldsymbol{s}}) \, \right| = \frac{|\overrightarrow{M_0M}\times\boldsymbol{s}|}{|\boldsymbol{s}|}.$$

（1）取 M 为 $(4,5,2)$，$\boldsymbol{s}=(2,-2,1)$，则
$\overrightarrow{M_0M}=(1,9,-2)$，

$$\overrightarrow{M_0M}\times\boldsymbol{s} = \begin{vmatrix} \boldsymbol{i} & \boldsymbol{j} & \boldsymbol{k} \\ 1 & 9 & -2 \\ 2 & -2 & 1 \end{vmatrix} = (5,-5,-20)$$

$$= 5(1,1,4),$$

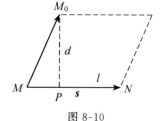

图 8-10

得所求距离为 $d=\dfrac{15\sqrt{2}}{3}=5\sqrt{2}$.

（2）类似于（1），用所证得的点到直线的距离公式求得 $d=\dfrac{3}{2}\sqrt{2}$.

9. 证明：直线 $l_1:\begin{cases} 2x-y-3=0, \\ 2x-z-2=0 \end{cases}$ 与直线 $l_2:\dfrac{x-2}{1}=\dfrac{y-1}{2}=\dfrac{z+1}{2}$ 平行，并求它们之间的距离.

证 直线 l_1 的方向向量

$$\boldsymbol{s}_1 = \begin{vmatrix} \boldsymbol{i} & \boldsymbol{j} & \boldsymbol{k} \\ 2 & -1 & 0 \\ 2 & 0 & -1 \end{vmatrix} = (1,2,2),$$

直线 l_2 的方向向量 $\boldsymbol{s}_2=(1,2,2)$，故 $l_1 \parallel l_2$.

在 l_1 上任取一点 M_0，则点 M_0 到直线 l_2 的距离就是 l_1 与 l_2 之间的距离. 在 l_1 上取点 $M_0(0,-3,-2)$，在 l_2 上取一点 $M(2,1,-1)$，有 $\overrightarrow{M_0M}=(2,4,1)$，$\overrightarrow{M_0M}\times\boldsymbol{s}=(6,-3,0)$. 利用第 8 题所得到的点到直线的距离公式，得 l_1,l_2 之间的距离为

$$d = \frac{|\overrightarrow{M_0M}\times\boldsymbol{s}|}{|\boldsymbol{s}|} = \frac{3\sqrt{5}}{3} = \sqrt{5}.$$

$$=\!=\!=\ \textbf{B}\quad\textbf{类}\ =\!=\!=$$

1. 设直线 l_1 在过三点 $P_0(0,0,0)$，$P_1(2,2,0)$，$P_2(0,1,-2)$ 的平面上，且与直线 $l_2:$
$\dfrac{x+1}{3}=\dfrac{y-1}{2}=2z$ 垂直相交. 求直线 l_1 的方程.

解 过三点 $P_0(0,0,0)$，$P_1(2,2,0)$，$P_2(0,1,-2)$ 的平面 π 的方程为

$$\begin{vmatrix} x-0 & y-0 & z-0 \\ 2-0 & 2-0 & 0-0 \\ 0-0 & 1-0 & -2-0 \end{vmatrix} = 0,$$

即 $2x-2y-z=0$. 平面 π 与直线 l_2 的交点即为直线 l_1 与 l_2 的交点. 下面给出直线 l_1 的点法式方程.

平面 π 的法向量 $\boldsymbol{n}=(2,-2,-1)$, l_2 的方向向量为 $\boldsymbol{s}_2=\left(3,2,\dfrac{1}{2}\right)$, 则 l_1 的方向向量为

$$\boldsymbol{s}_1=\boldsymbol{n}\times\boldsymbol{s}_2=(2,-2,-1)\times\left(3,2,\dfrac{1}{2}\right)=(1,-4,10).$$

由 $\begin{cases}\dfrac{x+1}{3}=\dfrac{y-1}{2}=2z,\\ 2x-2y-z=0,\end{cases}$ 得直线 l_2 与平面 π 的交点 $\left(7,\dfrac{19}{3},\dfrac{4}{3}\right)$, 故直线 l_1 的方程为

$$\frac{x-7}{1}=\frac{y-\dfrac{19}{3}}{-4}=\frac{z-\dfrac{4}{3}}{10}.$$

2. 求过点 $A(-3,5,-9)$ 且与两直线 $l_1:\begin{cases}y=3x+5,\\z=2x-3,\end{cases}$ $l_2:\begin{cases}y=4x-7,\\z=5x+10\end{cases}$ 相交的直线方程.

解法 1 由直线 l 过点 $A(-3,5,-9)$ 且与直线 l_1 相交, 知 l 必在由点 A 与直线 l_1 确定的平面 π_1 上. 同理, l 也必在由点 A 与直线 l_2 确定的平面 π_2 上. l_1 的对称式方程为

$$x=\frac{y-5}{3}=\frac{z+3}{2},$$

$M_1(0,5,-3)\in\pi$, $A(-3,5,-9)\in\pi$, $\overrightarrow{M_1A}=(-3,0,-6)$, 直线 l_1 的方向向量为 $\boldsymbol{s}_1=(1,3,2)$, 故 π_1 的法向量为

$$\boldsymbol{n}_1=\overrightarrow{M_1A}\times\boldsymbol{s}_1=(-3,0,-6)\times(1,3,2)=9(2,0,-1),$$

π_1 的方程为 $2(x-0)+0(y-5)-(z+3)=0$, 即

$$2x-z-3=0.$$

同理, 可求得由点 A 与直线 l_2 确定的平面 π_2 的方程:

$$34x-y-6z+53=0.$$

故所求直线 l 的方程为 $\begin{cases}2x-z-3=0,\\34x-y-6z+53=0.\end{cases}$

解法 2 由解法 1 知 π_1 的法向量 $\boldsymbol{n}_1=(2,0,-1)$, π_2 的法向量 $\boldsymbol{n}_2=(34,-1,-6)$, 故所求直线 l 的方向向量为

$$\boldsymbol{n}_1\times\boldsymbol{n}_2=(2,0,-1)\times(34,-1,-6)=(-1,-22,-2),$$

所求直线 l 的方程为 $\dfrac{x+3}{1}=\dfrac{y-5}{22}=\dfrac{z+9}{2}$.

3. 求点 $(3,-1,-1)$ 关于平面 $6x+2y-9z+96=0$ 的对称点的坐标.

解法 1 设所求坐标为 (a,b,c). 记已知点为 P, 已知平面为 π. 过点 P 作平面 π 的垂线 l, 其方程为

$$\frac{x-3}{6}=\frac{y+1}{2}=\frac{z+1}{-9}=t.$$

代入平面 π 的方程，得 $36t+18+4t-2+81t+9+96=0$，解得 $t=-1$. 从而由

$$\frac{x-3}{6}=\frac{y+1}{2}=\frac{z+1}{-9}=-1,$$

求得点 P 在平面 π 的投影点为 $(-3,-3,8)$. 由中点公式，有

$$\frac{3+a}{2}=-3,\quad \frac{-1+b}{2}=-3,\quad \frac{-1+c}{2}=8,$$

由此求得对称点的坐标为 $(-9,-5,17)$.

解法 2　记所求点为 $Q(a,b,c)$，已知点为 P. 则 $\overrightarrow{PQ}$ 平行于已知平面的法向量，即

$$\frac{a-3}{6}=\frac{b+1}{2}=\frac{c+1}{-9}\overset{\triangle}{=}t,$$

则 $a=3+6t,\,b=-1+2t,\,c=-1-9t$. 又点 P,Q 到平面 $6x+2y-9z+96=0$ 等距，有

$$|6\times 3+2\times(-1)-9\times(-1)+96|$$
$$=|6\times(3+6t)+2\times(-1+2t)-9\times(-1-9t)+96|,$$

即 $121=|121+121t|$，解得 $t=-2$ 或 $t=0$. 故 $(a,b,c)=(-9,-5,17)$ ($t=0$ 对应于点 P，舍去).

4. 已知入射光线的路径为 $l:\dfrac{x-1}{4}=\dfrac{y-1}{3}=\dfrac{z-2}{1}$，求该光线经平面 $\pi:x+2y+5z+17=0$ 反射后的反射光线方程.

解　求直线 l 与平面 π 的交点. 令 $\dfrac{x-1}{4}=\dfrac{y-1}{3}=\dfrac{z-2}{1}=t$. 代入平面 π 的方程，得

$$4t+1+6t+2+5t+10+17=0,$$

解得 $t=-2$. 故 l 与 π 的交点为 $M_1(-7,-5,0)$.

再过直线 l 上一点 $(1,1,2)$ 作平面 π 的垂线 l_1，则 l_1 的方程为

$$\frac{x-1}{1}=\frac{y-1}{2}=\frac{z-2}{5}.$$

同理，可求得直线 l_1 与平面 π 的交点为 $(0,-1,-3)$.

设 $(1,1,2)$ 关于平面 π 的对称点为 $M_2(x_2,y_2,z_2)$，由中点公式，有

$$\begin{cases}\dfrac{1+x_2}{2}=0,\\[2mm]\dfrac{1+y_2}{2}=-1,\\[2mm]\dfrac{2+z_2}{2}=-3,\end{cases}$$

解得 M_2 的坐标为 $(-1,-3,-8)$. 于是反射直线的方向向量为 $s_2=\overrightarrow{M_1M_2}=(6,2,-8)$ $=2(3,1,-4)$，反射线方程为 $\dfrac{x+7}{3}=\dfrac{y+5}{1}=\dfrac{z}{-4}$.

5. 证明直线 $l_1:\dfrac{x-3}{4}=\dfrac{y-3}{1}=\dfrac{z+1}{-1}$ 和 $l_2:\begin{cases}x=-2(z+2),\\ y=0\end{cases}$ 是两条异面直线，

并求 l_1, l_2 之间的距离及公垂线的方程.

证 如图 8-11，直线 l_1 的方向向量为 $s_1 = (4,1,-1)$，l_2 的方向向量为 $s_2 = (2,0,-1)$. l_1 过点 $P_1(3,3,-1)$，l_2 过点 $P_2(0,0,-2)$，则向量 $\overrightarrow{P_1P_2} = (-3,-3,-1)$.

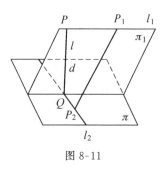

图 8-11

由于

$$\left[s_1, s_2, \overrightarrow{P_1P_2}\right] = \begin{vmatrix} 4 & 1 & -1 \\ 2 & 0 & -1 \\ -3 & -3 & -1 \end{vmatrix}$$
$$= -1 \neq 0,$$

故 l_1 和 l_2 是两条异面直线.

过 l_2 可作唯一平面 π 与 l_1 平行，它的法向量 n 与 s_1, s_2 都垂直，故可取

$$n = s_1 \times s_2.$$

又过 l_1 可作唯一的平面 π_1 与 π 垂直. 设 π_1 与 l_2 交于点 Q，过点 Q 作直线 l 垂直于 π（l 在 π_1 上），交 l_1 于点 P，则 PQ 就是 l_1, l_2 的公垂线的长，亦即 l_1 与 l_2 间的距离 d. 显然，PQ 正是向量 $\overrightarrow{P_1P_2}$ 在 π 的法向量 n 上的投影的长，故 l_1, l_2 之间的距离为

$$d = \left|\mathrm{Prj}_n \overrightarrow{P_1P_2}\right| = \left|\overrightarrow{P_1P_2} \cdot e_n\right| = \left|\overrightarrow{P_1P_2} \cdot \frac{s_1 \times s_2}{|s_1 \times s_2|}\right|$$

$$= \frac{\left|\left[s_1, s_2, \overrightarrow{P_1P_2}\right]\right|}{|s_1 \times s_2|} = \frac{|-1|}{3} = \frac{1}{3}.$$

设公垂线 l 的方向向量为 s，则 $s = s_1 \times s_2$. 平面 π_1 就是由公垂线 l 与直线 l_1 所确定的平面. 类似地，可作出由公垂线 l 与直线 l_2 所确定的平面 π_2. 则 π_1, π_2 的交线即为公垂线 l. 平面 π_1 的法向量

$$n_1 = s \times s_1 = (-1,2,-2) \times (4,1,-1) = (0,-9,-9),$$

平面 π_2 的法向量

$$n_2 = s \times s_2 = (-1,2,-2) \times (2,0,-1) = (-2,-5,-4).$$

$P_1(3,3,-1)$ 在 π_1 上，则 π_1 的方程为 $0(x-3) - 9(y-3) - 9(z+1) = 0$，即

$$y + z - 2 = 0.$$

类似地，可求得 π_2 的方程为 $2x + 5y + 4z + 8 = 0$. 故公垂线 l 的方程为

$$\begin{cases} y + z - 2 = 0, \\ 2x + 5y + 4z + 8 = 0. \end{cases}$$

习题 8-6

=== **A 类** ===

1. 指出下列方程在平面解析几何与空间解析几何中分别表示什么几何图形：

(1) $x - y = 1$;　　　　　　　　(2) $x^2 - 2y^2 = 1$;

(3)　$x^2 - 2y = 1$;　　　　　　(4)　$2x^2 + y^2 = 1$.

解　如下表所列:

方　　　程	在平面解析几何中表示	在空间解析几何中表示
$x - y = 1$	直线	平面
$x^2 - 2y^2 = 1$	双曲线	双曲柱面
$x^2 - 2y = 1$	抛物线	抛物柱面
$2x^2 + y^2 = 1$	椭圆	椭圆柱面

2. 求下列柱面的方程:

(1)　准线为 $\begin{cases} y^2 = 2z, \\ x = 0, \end{cases}$ 母线平行于 x 轴;

(2)　准线为 $\begin{cases} 7 - 2z = x^2 + y^2, \\ 2x + 2y + 2z = 1, \end{cases}$ 母线平行于 z 轴;

(3)　准线为 $\begin{cases} x^2 + y^2 - 2z^2 = 1, \\ 2x^2 + 2y^2 + z^2 = 2, \end{cases}$ 母线平行于直线 $x = y = z$.

解　(1)　柱面方程为 $y^2 = 2z$.

(2)　由方程组 $\begin{cases} 7 - 2z = x^2 + y^2, \\ 2x + 2y + 2z = 1 \end{cases}$ 消去 z, 得所求柱面方程 $x^2 + y^2 - 2x - 2y = 6$, 即

$$(x - 1)^2 + (y - 1)^2 = 8.$$

(3)　设柱面 Σ 上任一点 $M(x, y, z)$, 过点 M 的母线与准线交于点 $P(x_0, y_0, z_0)$, 则柱面 Σ 的母线方程可表示为 $\dfrac{x - x_0}{1} = \dfrac{y - y_0}{1} = \dfrac{z - z_0}{1} = t$. 将其代入准线方程, 有

$$\begin{cases} (x - t)^2 + (y - t)^2 - 2(z - t)^2 = 1, \\ 2(x - t)^2 + 2(y - t)^2 + (z - t)^2 = 2. \end{cases}$$

消去 t, 得柱面 Σ 的方程为 $x^2 + y^2 + 2z^2 - 2xz - 2yz - 1 = 0$.

3. 写出下列曲线绕指定轴旋转所生成的旋转曲面的方程:

(1)　xOz 平面上的抛物线 $z^2 = 5x$ 绕 x 轴旋转;

(2)　xOy 平面上的双曲线 $4x^2 - 9y^2 = 36$ 绕 y 轴旋转;

(3)　xOy 平面上的圆 $(x - 2)^2 + y^2 = 1$ 绕 y 轴旋转;

(4)　yOz 平面上的直线 $2y - 3z + 1 = 0$ 绕 z 轴旋转.

解　(1)　将方程 $z^2 = 5x$ 中 z 改写成 $\pm \sqrt{y^2 + z^2}$ 而 x 保持不变, 得旋转曲面的方程为 $y^2 + z^2 = 5x$.

(2)　将方程 $4x^2 - 9y^2 = 36$ 中 x 改写成 $\pm \sqrt{x^2 + z^2}$ 而 y 保持不变, 得旋转曲面的方程为 $4x^2 - 9y^2 + 4z^2 = 36$.

(3)　方程 $(x - 2)^2 + y^2 = 1$ 即为 $x^2 - 4x + y^2 + 4 = 1$, 其绕 y 轴旋转所得的旋转

曲面方程为 $x^2 + y^2 + z^2 + 3 = 4(\pm\sqrt{x^2 + z^2})$，即

$$(x^2 + y^2 + z^2 + 3)^2 = 16(x^2 + z^2).$$

(4) 所求旋转曲面的方程为 $2(\pm\sqrt{x^2 + y^2}) = 3z - 1$，即

$$4(x^2 + y^2) = (3z - 1)^2.$$

4. 指出下列方程所表示的曲面哪些是旋转曲面，这些旋转曲面是怎样形成的：

(1) $x + y^2 + z^2 = 1$;　　　　　　(2) $x^2 + y + z = 1$;

(3) $x^2 - \dfrac{y^2}{4} + z^2 = 1$;　　　　　(4) $x^2 + y^2 - z^2 - 2z = 1$.

解 (1) 是旋转抛物面，由 zOx 平面上抛物线 $x = 1 - z^2$ 绕 x 轴旋转一周而成；也可看成是 xOy 平面上抛物线 $x = 1 - y^2$ 绕 x 轴旋转一周而成.

(2) 不是.

(3) 是单叶旋转双曲面，由 xOy 平面上双曲线 $x^2 - \dfrac{y^2}{4} = 1$ 绕 y 轴旋转一周；也可看成是 yOz 平面上双曲线 $-\dfrac{y^2}{4} + z^2 = 1$ 绕 y 轴旋转一周.

(4) 是圆锥面，由 yOz 平面上直线 $y = z + 1$ 绕 z 轴旋转一周，或 zOx 平面上直线 $x = z + 1$ 绕 z 轴旋转一周.

5. 写出满足下列条件的点的轨迹方程，它们分别表示什么曲面？

(1) 动点到坐标原点的距离等于它到平面 $z = 4$ 的距离；

(2) 动点到坐标原点的距离等于它到点 $(2,3,4)$ 的距离的一半；

(3) 动点到点 $(0,0,3)$ 的距离等于它到 y 轴的距离；

(4) 动点到 z 轴的距离等于它到 xOy 平面的距离的两倍.

解 设动点为 (x,y,z).

(1) 由条件知 $\sqrt{x^2 + y^2 + z^2} = |z - 4|$，即动点的轨迹为 $x^2 + y^2 + 8z = 16$，它表示以 z 轴为旋转轴的旋转抛物面.

(2) 由条件知 $\sqrt{x^2 + y^2 + z^2} = \dfrac{1}{2}\sqrt{(x-2)^2 + (y-3)^2 + (z-4)^2}$，即

$$3(x^2 + y^2 + z^2) + 4x + 6y + 8z = 29,$$

故动点的轨迹为

$$\left(x + \frac{2}{3}\right)^2 + (y+1)^2 + \left(z + \frac{4}{3}\right)^2 = \frac{116}{9},$$

它表示以点 $\left(-\dfrac{2}{3}, -1, -\dfrac{4}{3}\right)$ 为圆心、半径为 $\dfrac{2}{3}\sqrt{29}$ 的球面.

(3) 由条件知 $\sqrt{x^2 + y^2 + (z-3)^2} = \sqrt{x^2 + z^2}$，即动点的轨迹为 $y^2 = 6z - 9$，它表示母线平行于 x 轴的抛物柱面.

(4) 由条件知 $\sqrt{x^2 + y^2 + (z-z)^2} = 2|z|$，即动点的轨迹为 $x^2 + y^2 - 4z^2 = 0$，它表示顶点在坐标原点、旋转轴为 z 轴的圆锥面.

6.画出下列方程所表示的曲面(简图):

(1) $x^2 - ax + y^2 = 0$；　　(2) $-\dfrac{x^2}{4} + \dfrac{y^2}{9} = 1$；　　(3) $\dfrac{x^2}{9} + \dfrac{y^2}{4} = 1$；

(4) $y^2 - z = 0$；　　　　(5) $z = 1 + x^2 + y^2$；　　(6) $z = 2 - \sqrt{x^2 + y^2}$.

解 (1) 圆柱面,如图 8-12 所示.

(2) 双曲柱面,如图 8-13 所示.

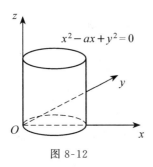

图 8-12

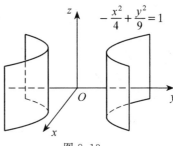

图 8-13

(3) 椭圆柱面,如图 8-14 所示.

(4) 抛物柱面,如图 8-15 所示.

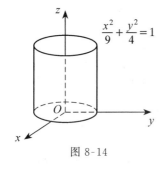

图 8-14

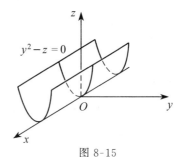

图 8-15

(5) 旋转抛物面,如图 8-16 所示.

(6) 圆锥面,如图 8-17 所示.

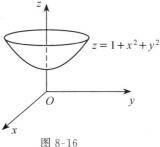

图 8-16

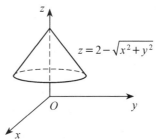

图 8-17

══ **B 类** ══

1. 求对称轴为 $x = \dfrac{y}{2} = \dfrac{z}{3}$，直截面是半径为 2 的圆周的柱面方程.

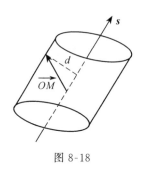

图 8-18

解 对称轴 $x = \dfrac{y}{2} = \dfrac{z}{3}$ 过原点 O，设 $M(x, y, z)$ 为所求柱面上任一点，则 M 到对称轴 $x = \dfrac{y}{2} = \dfrac{z}{3}$ 的距离 d 等于柱面的直截面半径，即 $d = 2$. 而

$$d = \frac{|\overrightarrow{OM} \times s|}{|s|},$$

如图 8-18，其中 s 为直线 $x = \dfrac{y}{2} = \dfrac{z}{3}$ 的方向向量，即 $s = (1, 2, 3)$. 又

$$\overrightarrow{OM} \times s = \begin{vmatrix} i & j & k \\ x & y & z \\ 1 & 2 & 3 \end{vmatrix} = (3y - 2z, z - 3x, 2x - y),$$

因此有

$$\frac{\sqrt{(3y - 2z)^2 + (z - 3x)^2 + (2x - y)^2}}{\sqrt{1^2 + 2^2 + 3^2}} = 2.$$

整理，得 $(3y - 2z)^2 + (z - 3x)^2 + (2x - y)^2 = 56$，此即为所求的柱面方程.

2. 求直线 $l: \dfrac{x-1}{1} = \dfrac{y+1}{-1} = \dfrac{z-1}{2}$ 绕另一直线 $l_0: \dfrac{x}{1} = \dfrac{y}{-1} = \dfrac{z-1}{2}$ 旋转所形成的旋转曲面的方程.

解 由条件 $l /\!/ l_0$，知 l 上点 $M_1(1, -1, 1)$ 到 l_0 的距离 d 是 l 与 l_0 之间的距离. 由于 $M_0(0, 0, -1)$ 是 l_0 上一定点，$s = (1, -1, 2)$ 是直线 l 的方向向量，$\overrightarrow{M_0 M_1} = (1, -1, 0)$，得

$$\overrightarrow{M_0 M} \times s = \begin{vmatrix} i & j & k \\ 1 & -1 & 0 \\ 1 & -1 & 2 \end{vmatrix} = (-2, -2, 0),$$

从而 $d = \dfrac{|\overrightarrow{M_0 M} \times s|}{|s|} = \dfrac{2\sqrt{2}}{\sqrt{6}} = \dfrac{2}{\sqrt{3}}$.

设旋转曲面上任一点为 $M(x, y, z)$，则 $\overrightarrow{M_0 M_1} = (x, y, z-1)$，

$$\overrightarrow{M_0 M} \times s = \begin{vmatrix} i & j & k \\ x & y & z-1 \\ 1 & -1 & 2 \end{vmatrix} = (2y + z - 1, z - 2x - 1, -x - y).$$

又点 M 到旋转轴 l_0 的距离应等于 d，于是

$$\frac{\sqrt{(2y+z-1)^2+(z-2x-1)^2+(x+y)^2}}{\sqrt{6}}=\frac{2}{\sqrt{3}}.$$

整理，得 $(2y+z-1)^2+(z-2x-1)^2+(x+y)^2=8$，此即为所求旋转曲面的方程.

3. 证明：$f\left(\dfrac{y}{m}-\dfrac{z}{n},\dfrac{z}{n}-\dfrac{x}{l},\dfrac{x}{l}-\dfrac{y}{m}\right)=0$（其中 l,m,n 均不为0）表示母线平行于

直线 $\dfrac{x}{l}=\dfrac{y}{m}=\dfrac{z}{n}$ 的柱面.

证　设 $M_0(x_0,y_0,z_0)$ 为曲面上任一点，则过这点且与已知直线平行的直线方程为

$$\frac{x-x_0}{l}=\frac{y-y_0}{m}=\frac{z-z_0}{n},\qquad\text{①}$$

且有

$$f\left(\frac{y_0}{m}-\frac{z_0}{n},\frac{z_0}{n}-\frac{x_0}{l},\frac{x_0}{l}-\frac{y_0}{m}\right)=0.\qquad\text{②}$$

由 ① 可得

$$\frac{x_0}{l}-\frac{y_0}{m}=\frac{x}{l}-\frac{y}{m},\quad\frac{y_0}{m}-\frac{z_0}{n}=\frac{y}{m}-\frac{z}{n},\quad\frac{z_0}{n}-\frac{x_0}{l}=\frac{z}{n}-\frac{x}{l}.$$

代入 ②，即得

$$f\left(\frac{y}{m}-\frac{z}{n},\frac{z}{n}-\frac{x}{l},\frac{x}{l}-\frac{y}{m}\right)=0.$$

这说明，直线 ① 上的点均在曲面上，即原方程表示的曲面为平行于直线 $\dfrac{x}{l}=\dfrac{y}{m}=\dfrac{z}{n}$ 的

柱面.

习题 8-7

== A　类 ==

1. 画出下列曲线在第一卦限内的图形：

(1) $\begin{cases}z=\sqrt{1-x^2-y^2},\\y=x;\end{cases}$ 　　　(2) $\begin{cases}z=x^2+y^2,\\x+y=1;\end{cases}$

(3) $\begin{cases}z=\sqrt{x^2+y^2},\\x=1;\end{cases}$ 　　　(4) $\begin{cases}x^2+y^2=1,\\x^2+z^2=1.\end{cases}$

解　(1) $\Gamma:\begin{cases}z=\sqrt{1-x^2-y^2},\\y=x\end{cases}$ 在第一卦限内的图形如图 8-19 所示.

(2) $\Gamma:\begin{cases}z=x^2+y^2,\\x+y=1\end{cases}$ 在第一卦限内的图形如图 8-20 所示.

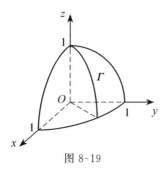

图 8-19

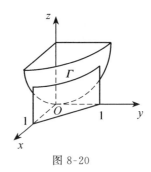

图 8-20

(3) Γ: $\begin{cases} z = \sqrt{x^2 + y^2}, \\ x = 1 \end{cases}$ 在第一卦限内的图形如图 8-21 所示.

(4) Γ: $\begin{cases} x^2 + y^2 = 1, \\ x^2 + z^2 = 1 \end{cases}$ 在第一卦限内的图形如图 8-22 所示.

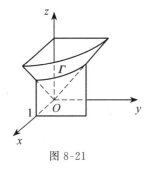

图 8-21

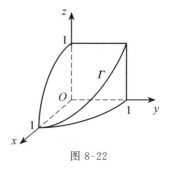

图 8-22

2. 把下列曲线方程转换成母线平行于坐标轴的柱面的交线方程:

(1) $\begin{cases} 2x^2 + y^2 + z^2 = 16, \\ x^2 - y^2 + z^2 = 0; \end{cases}$ (2) $\begin{cases} 2y^2 + z^2 + 4x - 4z = 0, \\ y^2 + 3z^2 - 8x - 12z = 0. \end{cases}$

解 (1) 消去 x,得 $3y^2 - z^2 = 16$,这是母线平行于 x 轴的双曲柱面. 再消去 y,得 $3x^2 + 2z^2 = 16$,这是母线平行于 y 轴的椭圆柱面. 故所求柱面的交线方程为

$$\begin{cases} 3x^2 + 2z^2 = 16, \\ 3y^2 - z^2 = 16. \end{cases}$$

(2) 消去 z,得 $5y^2 + 20x = 0$,即 $y^2 + 4x = 0$,这是母线平行于 z 轴的抛物柱面. 再消去 x,得 $y^2 + z^2 - 4z = 0$,这是母线平行于 x 轴的圆柱面. 故所求柱面的交线方程为

$$\begin{cases} y^2 + z^2 - 4z = 0, \\ y^2 + 4x = 0. \end{cases}$$

3. 求下列曲线在 xOy 面上的投影曲线的方程:

(1) $\begin{cases} x^2 + y^2 + z^2 = 1, \\ x + z = 1; \end{cases}$ (2) $\begin{cases} z = x^2 + y^2, \\ x + y + z = 1. \end{cases}$

解 （1）将 $z = 1 - x$ 代入方程 $x^2 + y^2 + z^2 = 1$，得投影柱面

$$2x^2 + y^2 - 2x = 0,$$

即 $4\left(x - \dfrac{1}{2}\right)^2 + 2y^2 = 1$，这是椭圆柱面．故所求投影曲线的方程为

$$\begin{cases} 4\left(x - \dfrac{1}{2}\right)^2 + 2y^2 = 1, \\ z = 0. \end{cases}$$

（2）消去 z，得投影柱面 $x^2 + y^2 + x + y - 1 = 0$．与 $z = 0$ 联立，得所求投影曲线的方程为 $\begin{cases} x^2 + y^2 + x + y - 1 = 0, \\ z = 0, \end{cases}$ 即

$$\begin{cases} \left(x + \dfrac{1}{2}\right)^2 + \left(y + \dfrac{1}{2}\right)^2 = \dfrac{3}{2}, \\ z = 0. \end{cases}$$

4．求曲线 $\begin{cases} y^2 + z^2 - 2x = 0, \\ z = 3 \end{cases}$ 在 xOy 面上的投影曲线的方程，并指出原曲线是什么曲线．

解 将 $z = 3$ 代入方程 $y^2 + z^2 - 2x = 0$，得投影柱面 $y^2 = 2x - 9$．再与 $z = 0$ 联立，得所求投影曲线的方程为

$$\begin{cases} y^2 = 2x - 9, \\ z = 0. \end{cases}$$

可见，原曲线是位于平面 $z = 3$ 上的抛物线．

5．将下列曲线的一般方程转化为参数方程：

（1）$\begin{cases} x^2 + y^2 + z^2 = 1, \\ x + y = 0; \end{cases}$ 　　　　（2）$\begin{cases} z = \sqrt{4 - x^2 - y^2}, \\ (x - 1)^2 + y^2 = 1; \end{cases}$

（3）$\begin{cases} x^2 + y^2 + z^2 = 4, \\ x^2 + y^2 = 1. \end{cases}$

解 （1）曲线为空间圆．令 $z = \sin t$，则 $x^2 + y^2 = \cos^2 t$．又 $x = -y$，于是 $x^2 = y^2 = \dfrac{1}{2}\cos^2 t$．故所求参数方程为

$$\begin{cases} x = \dfrac{\sqrt{2}}{2}\cos t, \\ y = -\dfrac{\sqrt{2}}{2}\cos t, \quad (0 \leqslant t < 2\pi). \\ z = \sin t \end{cases}$$

（2）曲线为圆柱面与上半球面的交线，它在 xOy 平面的投影是圆

$$\begin{cases} (x - 1)^2 + y^2 = 1, \\ z = 0. \end{cases}$$

令 $x - 1 = \cos t$，$y = \sin t$，代入原方程得 $z = \sqrt{4 - (2 + 2\cos t)} = 2\sin\dfrac{t}{2}$. 故所求参数方程为

$$
\begin{cases}
x = 1 + \cos t, \\
y = \sin t, \\
z = 2\sin\dfrac{t}{2}
\end{cases}
\quad (0 \leqslant t < 2\pi).
$$

（3）曲线为圆柱面与球面的交线(有两条). 令 $x = \cos t$，$y = \sin t$，代入原方程得 $z = \pm\sqrt{4 - 1} = \pm\sqrt{3}$. 故所求参数方程为

$$
\begin{cases}
x = \cos t, \\
y = \sin t, \quad (0 \leqslant t < 2\pi) \\
z = \sqrt{3}
\end{cases}
\quad \text{与} \quad
\begin{cases}
x = \cos t, \\
y = \sin t, \quad (0 \leqslant t < 2\pi). \\
z = -\sqrt{3}
\end{cases}
$$

6. 求下列曲面所围成的立体在 xOy 面上的投影：

（1）$x^2 + y^2 + z^2 = R^2$，$x^2 + y^2 + (z - R)^2 = R^2$；

（2）$z = \sqrt{x^2 + y^2 - 1}$，$x^2 + y^2 = 4$ 与 $z = 0$.

解（1）曲面 $x^2 + y^2 + z^2 = R^2$ 与 $x^2 + y^2 + (z - R)^2 = R^2$ 的交线为

$$
\begin{cases}
x^2 + y^2 + z^2 = R^2, \\
x^2 + y^2 + (z - R)^2 = R^2,
\end{cases}
$$

即 $\begin{cases} x^2 + y^2 = \dfrac{3}{4}R^2, \\ z = \dfrac{R}{2}. \end{cases}$ 它在 xOy 面上的投影为 $\begin{cases} x^2 + y^2 = \dfrac{3}{4}R^2, \\ z = 0. \end{cases}$ 故这两个曲面所围立

体在 xOy 面上的投影为区域 $\left\{(x, y)\,\middle|\, x^2 + y^2 \leqslant \dfrac{3}{2}R^2\right\}$.

（2）曲面所围成的立体在 xOy 面上的投影 D 的边界曲线分别为

$$
\begin{cases}
x^2 + y^2 = 4, \\
z = 0
\end{cases}
\quad \text{与} \quad
\begin{cases}
z = \sqrt{x^2 + y^2 - 1}, \\
z = 0,
\end{cases}
$$

即 $\begin{cases} x^2 + y^2 = 4, \\ z = 0 \end{cases}$ 与 $\begin{cases} x^2 + y^2 = 1, \\ z = 0. \end{cases}$ 故投影区域为 $D = \{(x, y) \mid 1 \leqslant x^2 + y^2 \leqslant 4\}$.

===== **B 类** =====

1. 求空间曲线 $\begin{cases} x^2 + y^2 = a^2, \\ z = x^2 - y^2 \end{cases}$ 的参数方程.

解 令 $x = a\cos t$，$y = a\sin t$ $(0 \leqslant t < 2\pi)$，代入原方程得 $z = a^2\cos^2 t - a^2\sin^2 t = a^2\cos 2t$. 故所求参数方程为

$$
\begin{cases}
x = a\cos t, \\
y = a\sin t, \quad (0 \leqslant t < 2\pi). \\
z = a^2\cos 2t
\end{cases}
$$

2. 已知空间曲线 $\begin{cases} x = a\cos^2 t, \\ y = a\sin^2 t, \quad (0 \leqslant t < \pi). \\ z = a\sin 2t \end{cases}$

(1) 求证它在一个平面上，且求所在平面的方程.

(2) 求此空间曲线的一般方程.

解 (1) 设 $M(x,y,z)$ 为此空间曲线上任一点，则 $M(x,y,z)$ 的坐标满足

$$x + y = a\cos^2 t + a\sin^2 t = a,$$

即满足平面方程 $x + y = a$. 故曲线在平面 $x + y = a$ 上.

(2) 由曲线的参数方程消去 t，得曲线的一般方程：

$$\begin{cases} x + y = a, \\ (x - y)^2 + z^2 = a^2. \end{cases}$$

3. 求下列曲线在三个坐标面上的投影曲线的方程：

(1) $\begin{cases} x^2 + y^2 = 1, \\ y^2 + z^2 = 1; \end{cases}$ 　(2) $\begin{cases} z = \sqrt{a^2 - x^2 - y^2}, \\ x^2 + y^2 = ax; \end{cases}$ 　(3) $\begin{cases} x = \cos\theta, \\ y = \sin\theta, \\ z = 2\theta. \end{cases}$

解 (1) 曲线对 yOz 面的投影柱面为 $y^2 + z^2 = 1$，故曲线在 yOz 面的投影曲线的方程为

$$\begin{cases} y^2 + z^2 = 1, \\ x = 0. \end{cases}$$

由曲线的参数方程消去 y，得 $x^2 - z^2 = 0$，它就是曲线对 zOx 面的投影柱面，故曲线在 zOx 面的投影曲线的方程为

$$\begin{cases} x^2 - z^2 = 0, \\ y = 0. \end{cases}$$

曲线对 xOy 面的投影柱面为 $x^2 + y^2 = 1$，故曲线在 xOy 面的投影曲线的方程为

$$\begin{cases} x^2 + y^2 = 1, \\ z = 0. \end{cases}$$

(2) 由方程 $\begin{cases} z = \sqrt{a^2 - x^2 - y^2}, \\ x^2 + y^2 = ax \end{cases}$，消去 x，得

$$z = \sqrt{a^2 - \left(\frac{a}{2} \pm \sqrt{\frac{a^2}{4} - y^2} \right)^2 - y^2} = \sqrt{\frac{a^2}{2} \mp a\sqrt{\frac{a^2}{4} - y^2}}.$$

化简得 $\left(z^2 - \dfrac{a^2}{2} \right)^2 = a^2 \left(\dfrac{a^2}{4} - y^2 \right)$. 故 yOz 面上的投影曲线的方程为

$$\begin{cases} \left(z^2 - \dfrac{a^2}{2} \right)^2 = a^2 \left(\dfrac{a^2}{4} - y^2 \right), \\ x = 0. \end{cases}$$

由曲线的参数方程消去 y，得 $z = \sqrt{a^2 - ax}$，它就是曲线对 zOx 面的投影柱面，故

曲线在 zOx 面的投影曲线的方程为

$$\begin{cases} z = \sqrt{a^2 - ax}, \\ y = 0. \end{cases}$$

曲线对 xOy 面的投影柱面为 $x^2 + y^2 = ax$，故曲线在 xOy 面的投影曲线的方程为

$$\begin{cases} x^2 + y^2 = ax, \\ z = 0. \end{cases}$$

（3）曲线为螺旋线. 由 $x = \cos\theta$，$y = \sin\theta$ 消去 θ，得 $x^2 + y^2 = 1$，此即曲线对 xOy 面的投影柱面，故曲线在 xOy 面的投影曲线的方程为

$$\begin{cases} x^2 + y^2 = 1, \\ z = 0. \end{cases}$$

将 $z = 2\theta$ 代入 $x = \cos\theta$，得 $x = \cos\dfrac{z}{2}$，此即曲线对 zOx 面的投影柱面，故曲线在 zOx 面的投影曲线的方程为

$$\begin{cases} x = \cos\dfrac{z}{2}, \\ y = 0. \end{cases}$$

类似地，可得曲线在 yOz 面的投影曲线的方程为

$$\begin{cases} y = \sin\dfrac{z}{2}, \\ x = 0. \end{cases}$$

4. 求曲线 $\begin{cases} x^2 + y^2 = R^2, \\ z = 0 \end{cases}$ 在平面 $x + y + z = 1$ 上的投影曲线的方程.

解　先求曲线对平面 $x + y + z = 1$ 的投影柱面，此柱面以此投影曲线为准线，母线垂直于平面 $x + y + z = 1$.

设此柱面 Σ 上任一点为 $M(x,y,z)$，过点 M 的母线与准线交于点 $P(x_0, y_0, 0)$，则柱面 Σ 的母线方程可表示为 $\dfrac{x - x_0}{1} = \dfrac{y - y_0}{1} = \dfrac{z - z_0}{1} = t$，或

$$\begin{cases} x = x_0 + t, \\ y = y_0 + t, \\ z = t. \end{cases}$$

由于 $x_0^2 + y_0^2 = R^2$，故

$$\begin{cases} (x - t)^2 + (y - t)^2 = R^2, \\ z = t. \end{cases}$$

消去 t，得柱面 Σ 的方程为 $(x - z)^2 + (y - z)^2 = R^2$. 故所求投影曲线的方程为

$$\begin{cases} (x - z)^2 + (y - z)^2 = R^2, \\ x + y + z = 1. \end{cases}$$

5. 求下列曲面所围成的立体在三个坐标面上的投影：

(1) $z = x^2 + y^2$ 与 $z = 2 - x^2 - y^2$；

(2) $y = \sqrt{x}$，$y = 0$，$z = 0$ 与 $x + z = \dfrac{\pi}{2}$．

解　(1) $z = x^2 + y^2$ 与 $z = 2 - x^2 - y^2$ 的交线是一圆周：
$$\begin{cases} x^2 + y^2 = 1, \\ z = 1. \end{cases}$$

它在 xOy 面的投影曲线为 $\begin{cases} x^2 + y^2 = 1, \\ z = 0, \end{cases}$ 且为所设立体在 xOy 面投影的边界，故立体

在 xOy 面的投影为 $\{(x,y) \mid x^2 + y^2 \leqslant 1\}$．

类似地，可求得立体在 yOz 面与 zOx 面的投影分别为
$$\{(y,z) \mid -1 \leqslant y \leqslant 1,\ y^2 \leqslant z \leqslant 2 - y^2\},$$
$$\{(x,z) \mid -1 \leqslant x \leqslant 1,\ x^2 \leqslant z \leqslant 2 - x^2\}.$$

(2) 所设立体在 xOy 面投影的边界分别为 $\begin{cases} y = \sqrt{x}, \\ z = 0, \end{cases} \begin{cases} x = \dfrac{\pi}{2}, \\ z = 0 \end{cases}$ 与 x 轴，故立体在

xOy 面的投影为 $\left\{(x,y) \,\middle|\, 0 \leqslant x \leqslant \dfrac{\pi}{2},\ 0 \leqslant y \leqslant \sqrt{x}\right\}$．

类似地，可求得立体在 yOz 面与 zOx 面的投影分别为
$$\left\{(y,z) \,\middle|\, 0 \leqslant y \leqslant \sqrt{\dfrac{\pi}{2}},\ 0 \leqslant z \leqslant \dfrac{\pi}{2} - y^2\right\},$$
$$\left\{(x,z) \,\middle|\, 0 \leqslant x \leqslant \dfrac{\pi}{2},\ 0 \leqslant z \leqslant \dfrac{\pi}{2} - x\right\}.$$

习题 8-8

=== **A　类** ===

1. 画出下列方程所表示的二次曲面的图形：

(1) $x^2 + y^2 + z^2 = 2x$；　　　　(2) $x^2 + 4y^2 + 9z^2 = 1$；

(3) $3x^2 + 4y^2 - z^2 = 12$；　　　(4) $2x^2 + y^2 - 8z^2 + 8 = 0$；

(5) $4x = 2y^2 + z^2 + 16$；　　　　(6) $z = x^2 - y^2$；

(7) $z^2 = x^2 + 4y^2$．

解　(1) 球面，如图 8-23 所示．

(2) 椭球面，如图 8-24 所示．

(3) 单叶双曲面，如图 8-25 所示．

(4) 双叶双曲面，如图 8-26 所示．

(5) 椭圆抛物面，如图 8-27 所示．

(6) 双曲抛物面，如图 8-28 所示．

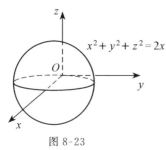

图 8-23

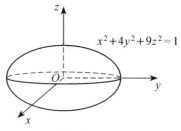

图 8-24

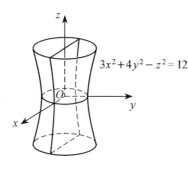

图 8-25

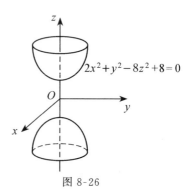

图 8-26

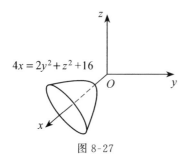

图 8-27

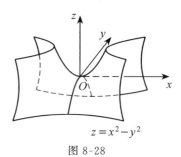

图 8-28

（7）椭圆锥面，如图 8-29 所示．

2. 画出下列各曲面所围成的立体的图形：

（1）$x = 0$，$y = 0$，$z = 0$，$x = 2$，$y = 1$，$3x + 4y + 2z - 12 = 0$；

（2）$x = 0$，$z = 0$，$x = 1$，$y = 2$，$z = \dfrac{y}{4}$；

（3）$z = \sqrt{x^2 + y^2}$，$z = 2 - x^2 - y^2$；

（4）$x = 0$，$y = 0$，$z = 0$，$x^2 + y^2 = 1$，$y^2 + z^2 = 1$（在第一卦限内）；

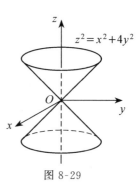

图 8-29

(5) $y = x^2$, $x + y + z = 1$, $z = 0$.

解　(1)　所围成的立体图形如图 8-30 所示.

(2)　所围成的立体图形如图 8-31 所示.

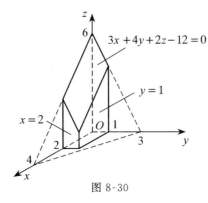

图 8-30

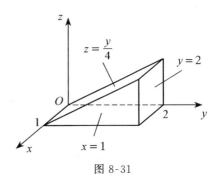

图 8-31

(3)　所围成的立体图形如图 8-32 所示.

(4)　所围成的立体图形如图 8-33 所示.

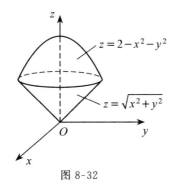

图 8-32

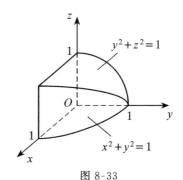

图 8-33

(5)　所围成的立体图形如图 8-34 所示.

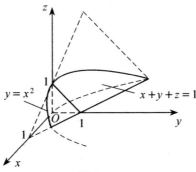

图 8-34

══════ **B 类** ══════

1. 证明：曲面 $z = xy$ 是双曲抛物面.

证 作变换

$$\begin{cases} x = x'\cos\dfrac{\pi}{4} - y'\sin\dfrac{\pi}{4}, \\ y = x'\sin\dfrac{\pi}{4} + y'\cos\dfrac{\pi}{4}, \\ z = z', \end{cases}$$

也就是将坐标系绕 z 轴逆时针旋转 $45°$，则

$$z = xy = \left(x'\cos\frac{\pi}{4} - y'\sin\frac{\pi}{4}\right)\left(x'\sin\frac{\pi}{4} + y'\cos\frac{\pi}{4}\right) = \frac{1}{2}(x')^2 - \frac{1}{2}(y')^2.$$

故曲面 $z = xy$ 是双曲抛物面.

2. 画出下列各曲面所围成的立体的图形：

(1) $z = xy$, $x + y = 1$, $z = 0$;

(2) $z = 0$, $x + y - z = 0$, $x - y - z = 0$, $x = 1$;

(3) $2x = y^2 + z^2$, $x = y^2$, $x = 1$;

(4) $2y^2 = x$, $\dfrac{x}{4} + \dfrac{y}{2} + \dfrac{z}{2} = 1$, $z = 0$;

(5) $4z = x^2 + y^2 + z^2$, $x = y^2$, $x = 1$, $z = 0$.

解 (1) 所围成的立体图形如图 8-35 所示.

(2) 所围成的立体图形如图 8-36 所示.

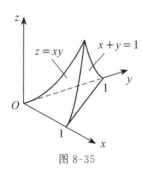

图 8-35

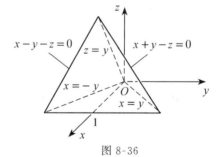

图 8-36

(3) 由对称性，作出立体位于 $z \geqslant 0$ 部分的图形，如图 8-37 所示.

(4) 所围成的立体图形如图 8-38 所示.

(5) 所围成的立体图形如图 8-39 所示.

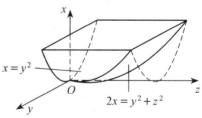

图 8-37

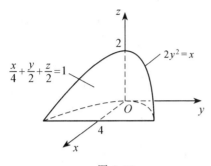

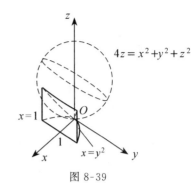

图 8-38　　　　　　　　　　　　　图 8-39

总习题八

1. 设 $a \neq 0$, 试问:

(1) 若 $a \cdot b = a \cdot c$, 能否推知 $b = c$?

(2) 若 $a \times b = a \times c$, 能否推知 $b = c$?

(3) 若 $a \cdot b = a \cdot c$, $a \times b = a \times c$, 能否推知 $b = c$?

解　(1) 不能. 因为
$$a \cdot b = a \cdot c \Rightarrow |a| \mathrm{Prj}_a b = |a| \mathrm{Prj}_a c \Rightarrow \mathrm{Prj}_a b = \mathrm{Prj}_a c,$$
不能推知 $b = c$.

(2) 不能. 若 $|a \times b| = |a \times c|$, 则有 $|a| \cdot |b| \cdot \sin\theta_1 = |a| \cdot |c| \cdot \sin\theta_2$, 从而
$$|b| \cdot \sin\theta_1 = |c| \cdot \sin\theta_2.$$
但可能有 $|b| \neq |c|$, 自然 $b \neq c$.

(3) 能. 因为
$$a \cdot b = a \cdot c \Rightarrow a \cdot (b - c) = 0 \Rightarrow a \perp (b - c),$$
$$a \times b = a \times c \Rightarrow a \times (b - c) = 0 \Rightarrow a /\!/ (b - c),$$
又 $a \neq 0$, 故 $b - c = 0$.

2. 以向量 a 与 b 为边作平行四边形, 试用 a 与 b 表示 a 边上的高向量.

解　如图 8-40, $h = a' + b$, 而 $|a'| = \mathrm{Prj}_a b = |b| \cos(\widehat{a, b})$, 因此
$$h = a' + b = -(\mathrm{Prj}_a b) e_a + b$$
$$= -\frac{a \cdot b}{|a|} \cdot \frac{a}{|a|} + b$$
$$= -\frac{a \cdot b}{|a|^2} a + b.$$

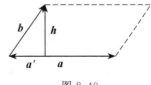

图 8-40

故高向量为 $\pm\left(-\dfrac{a \cdot b}{|a|^2} a + b\right)$.

3. 在边长为 1 的立方体中，设 OM 为对角线，OA 为棱. 求 $\overrightarrow{OA}$ 在 $\overrightarrow{OM}$ 上的投影.

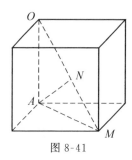

图 8-41

解 如图 8-41，$\triangle AMO$ 中，$OA \perp AM$，作 $AN \perp OM$ 交 OM 于 N，则

$$|\overrightarrow{AM}| = \sqrt{2}, \quad |\overrightarrow{OM}| = \sqrt{3},$$

$$|\overrightarrow{ON}| \cdot |\overrightarrow{OM}| = |\overrightarrow{OA}|^2 = 1,$$

于是 $|\overrightarrow{ON}| = \dfrac{1}{|\overrightarrow{OM}|} = \dfrac{1}{\sqrt{3}} = \dfrac{\sqrt{3}}{3}$，故

$$\text{Prj}_{OM} \overrightarrow{OA} = |\overrightarrow{ON}| = \dfrac{\sqrt{3}}{3}.$$

4. 已知向量 a, b, c 两两垂直，且 $|a| = 1$，$|b| = 2$，$|c| = 3$，求 $a + b + c$ 的模及它与 b 的夹角.

解 由条件知，

$$(a + b + c)^2 = a^2 + b^2 + c^2 + 2(a \cdot b + a \cdot c + b \cdot c)$$
$$= a^2 + b^2 + c^2 = 1 + 4 + 9 = 14,$$

于是 $|a + b + c| = \sqrt{14}$. 因此

$$\cos\theta = \cos\langle a + b \overset{\frown}{+} c, b\rangle = \frac{(a + b + c) \cdot b}{|a + b + c||b|} = \frac{b^2}{|a + b + c||b|} = \frac{4}{2\sqrt{14}} = \frac{\sqrt{14}}{7},$$

故所求夹角为 $\theta = \arccos \dfrac{\sqrt{14}}{7}$.

5. 设 $|a| = \sqrt{3}$，$|b| = 1$，$(\overset{\frown}{a, b}) = \dfrac{\pi}{6}$，计算：

（1）$a + b$ 与 $a - b$ 之间的夹角；

（2）以 $a + 2b$ 和 $a - b$ 为邻边的平行四边形的面积.

解 （1）由于

$$(a + b)^2 = a^2 + b^2 + 2a \cdot b = 3 + 1 + 2 \times \sqrt{3} \times 1 \times \frac{\sqrt{3}}{2} = 7,$$

得 $|a + b| = \sqrt{7}$. 又由

$$(a - b)^2 = a^2 + b^2 - 2a \cdot b = 3 + 1 - 2 \times \sqrt{3} \times 1 \times \frac{\sqrt{3}}{2} = 1,$$

得 $|a - b| = 1$. 故

$$\cos(a + b, a - b) = \frac{(a + b) \cdot (a - b)}{|a + b||a - b|} = \frac{a^2 - b^2}{|a + b||a - b|} = \frac{3 - 1}{\sqrt{7} \times 1} = \frac{2}{\sqrt{7}},$$

即所求夹角为 $\theta = (a + b, a - b) = \arccos \dfrac{2}{\sqrt{7}}$.

（2）平行四边形的面积为

$$S_{\square} = |(a + 2b) \times (a - 3b)| = |0 - 3(a \times b) - 2(a \times b) + 0| = 5|a \times b|$$

$$= 5|a| \cdot |b| \cdot \sin(\overset{\frown}{a, b}) = 5 \times \sqrt{3} \times 1 \times \frac{1}{2} = \frac{5\sqrt{3}}{2}.$$

6. 设 $(a+3b)\perp(7a-5b)$，$(a-4b)\perp(7a-2b)$，求 $(\widehat{a,b})$.

解　由条件知 $\begin{cases}(a+3b)\cdot(7a-5b)=0,\\(a-4b)\cdot(7a-2b)=0,\end{cases}$ 即

$$\begin{cases}7a^2+16a\cdot b-15b^2=0,\\7a^2-30a\cdot b+8b^2=0.\end{cases}$$

两式相减得 $46a\cdot b-23b^2=0$，即 $b^2=2a\cdot b$. 代回到第二式得

$$7a^2-15b^2+8b^2=0,$$

故 $a^2=b^2$，$|a|=|b|$. 显然 $a\neq \boldsymbol{0}$，因此

$$\cos(\widehat{a,b})=\frac{a\cdot b}{|a||b|}=\frac{\frac{1}{2}b^2}{|b|^2}=\frac{1}{2},$$

故 $(\widehat{a,b})=\dfrac{\pi}{3}$.

7. 设向量 $a=2i+3j+4k$，$b=3i-j-k$.

(1) 求 $\mathrm{Prj}_b\,a$.

(2) 若 $|c|=3$，求向量 c，使得由三向量 a,b,c 所构成的平行六面体的体积最大.

解　(1) $\mathrm{Prj}_b\,a=\dfrac{a\cdot b}{|b|}=\dfrac{2\times3+3\times(-1)+4\times(-1)}{\sqrt{3^2+(-1)^2+(-1)^2}}=-\dfrac{1}{\sqrt{11}}$.

(2) 设 $c=(c_1,c_2,c_3)$. 由三向量 a,b,c 所构成的平行六面体的体积为

$$V=|[a,b,c]|=\left||a\times b|\cdot|c|\cdot\cos\varphi\right|\quad(\varphi=(\widehat{a\times b,c})),$$

而

$$a\times b=\begin{vmatrix}i&j&k\\2&3&4\\3&-1&-1\end{vmatrix}=i+14j-11k.$$

欲使 V 取得最大值，需 $|\cos\varphi|=1$，即 $\varphi=0$ 或 $\varphi=\pi$，也即 $c\parallel a\times b$，因此有

$$\frac{c_1}{1}=\frac{c_2}{14}=\frac{c_3}{-11}=t.$$

由已知，$3=|c|=\sqrt{t^2+(14t)^2+(-11t)^2}=|t|\sqrt{318}$，得 $t=\pm\dfrac{3}{\sqrt{318}}$. 故

$$c=\pm\left(\frac{3}{\sqrt{318}},\frac{42}{\sqrt{318}},-\frac{33}{\sqrt{318}}\right).$$

8. 设 $a=(2,-3,1)$，$b=(1,-2,3)$，$c=(2,1,2)$，向量 r 满足条件：$r\perp a$，$r\perp b$，$\mathrm{Prj}_c\,r=14$. 求 r.

解　由于 $a\times b\perp a$，$a\times b\perp b$，因此由条件有 $r\parallel a\times b$. 可设 $r=t(a\times b)$，则

$$r=t\begin{vmatrix}i&j&k\\2&-3&1\\1&-2&3\end{vmatrix}=-7ti-5tj-tk=(-7t,-5t,-t).$$

于是 $14 = \text{Prj}_c \, \boldsymbol{r} = \dfrac{\boldsymbol{r} \cdot \boldsymbol{c}}{|\boldsymbol{c}|} = \dfrac{-14t - 5t - 2t}{\sqrt{2^2 + 1^2 + 2^2}}$，解得 $t = -2$，故 $\boldsymbol{r} = 14\boldsymbol{i} + 10\boldsymbol{j} + 2\boldsymbol{k}$.

9. 设 $\boldsymbol{a} = (a_x, a_y, a_z)$，$\boldsymbol{b} = (b_x, b_y, b_z)$，且 $\boldsymbol{a} \times \boldsymbol{b} \neq \boldsymbol{0}$. 证明：过点 $M_0(x_0, y_0, z_0)$ 并且以 $\boldsymbol{a} \times \boldsymbol{b}$ 为法向量的平面具有如下形式的参数方程：

$$\begin{cases} x = a_x s + b_x t + x_0, \\ y = a_y s + b_y t + y_0, \quad \text{其中 } s, t \text{ 为参数.} \\ z = a_z s + b_z t + z_0, \end{cases}$$

解 平移 $\boldsymbol{a}, \boldsymbol{b}$，使它们有公共始点 $M_0(x_0, y_0, z_0)$. 将由 $\boldsymbol{a}, \boldsymbol{b}$ 决定的平面记为 π，它过点 M_0，且以 $\boldsymbol{a} \times \boldsymbol{b}$ 为法向量. 设 $M(x, y, z)$ 是 π 上任一点，则 $\overrightarrow{M_0 M} \subseteq \pi$，而由三向量共面的充要条件，有

$$\overrightarrow{M_0 M}, \boldsymbol{a}, \boldsymbol{b} \text{ 共面} \Leftrightarrow \exists s \in \mathbf{R}, \, t \in \mathbf{R}, \text{ 使得 } \overrightarrow{M_0 M} = s\boldsymbol{a} + t\boldsymbol{b},$$

即有 $(x - x_0, y - y_0, z - z_0) = s(a_x, a_y, a_z) + t(b_x, b_y, b_z)$. 故

$$\begin{cases} x = a_x s + b_x t + x_0, \\ y = a_y s + b_y t + y_0, \\ z = a_z s + b_z t + z_0. \end{cases}$$

10. 求通过点 $A(3, 0, 0)$ 和 $B(0, 0, -1)$ 且与 xOy 面成 $\dfrac{\pi}{3}$ 角的平面方程.

解法 1 设所求平面为 π，法向量 $\boldsymbol{n} = (A, B, C)$. 由条件，$(\widehat{\boldsymbol{n}, \boldsymbol{k}}) = \dfrac{\pi}{3}$，从而有

$$\dfrac{1}{2} = \cos(\widehat{\boldsymbol{n}, \boldsymbol{k}}) = \dfrac{C}{\sqrt{A^2 + B^2 + C^2} \cdot 1}. \qquad ①$$

又向量 $\overrightarrow{AB} = (-3, 0, -1)$ 满足 $\boldsymbol{n} \perp \overrightarrow{AB}$，从而有 $(-3) \cdot A + 0 + (-1) \cdot C = 0$，即

$$C = -3A. \qquad ②$$

将 ② 代入 ①，得 $\dfrac{-3A}{\sqrt{10A^2 + B^2}} = \dfrac{1}{2}$，故 $B = \pm\sqrt{26}A$. 因此

$$\boldsymbol{n} = (A, B, C) = (A, \pm\sqrt{26}A, -3A) = A(1, \pm\sqrt{26}, -3).$$

从而可取 $\boldsymbol{n} = (1, \pm\sqrt{26}, -3)$. 由平面的点法式方程，得所求平面方程

$$(x - 3) + \sqrt{26}y - 3z = 0 \quad \text{或} \quad (x - 3) - \sqrt{26}y - 3z = 0,$$

即 $x + \sqrt{26}y - 3z - 3 = 0$ 或 $x - \sqrt{26}y - 3z - 3 = 0$.

解法 2 过 A, B 两点的直线方程为 $\dfrac{x - 3}{3} = \dfrac{y}{0} = \dfrac{z}{1}$，即 $\begin{cases} y = 0, \\ x - 3z - 3 = 0. \end{cases}$ 因此，过直线 AB 的平面束方程为

$$x - 3z - 3 + \lambda y = 0.$$

设所求平面法向量为 $\boldsymbol{n}$. 由条件 $(\widehat{\boldsymbol{n}, \boldsymbol{k}}) = \dfrac{\pi}{3}$，有

$$\dfrac{1}{2} = \cos(\widehat{\boldsymbol{n}, \boldsymbol{k}}) = \dfrac{3}{\sqrt{10 + \lambda^2} \cdot 1},$$

解得 $\lambda = \pm\sqrt{26}$. 故所求平面方程为 $x + \sqrt{26}\,y - 3z - 3 = 0$ 或 $x - \sqrt{26}\,y - 3z - 3 = 0$.

　　11. 求垂直于平面 $z = 0$, 且通过点 $(1, -1, 1)$ 到直线 $\begin{cases} y - z + 1 = 0, \\ x = 0 \end{cases}$ 的垂线的平面方程.

　　解法 1　设所求平面为 π, 法向量为 $\boldsymbol{n} = (A, B, C)$. 由已知条件可得 $\boldsymbol{k} \cdot \boldsymbol{n} = 0$, 从而 $C = 0$. 直线 $l:\begin{cases} y - z + 1 = 0, \\ x = 0 \end{cases}$ 的方向向量

$$\boldsymbol{s} = \begin{vmatrix} \boldsymbol{i} & \boldsymbol{j} & \boldsymbol{k} \\ 0 & 1 & -1 \\ 1 & 0 & 1 \end{vmatrix} = (0, -1, -1).$$

作过点 $P(1, -1, 1)$ 且以 $\boldsymbol{s} = (0, -1, -1)$ 为法向量的平面 π_1, 其方程为

$$0 \cdot (x - 1) + (-1)(y + 1) + (-1)(z - 1) = 0,$$

即 $y + z = 0$. 因此, 可求得直线 l 与平面 π_1 的交点 Q. 由

$$\begin{cases} y + z = 0, \\ y - z + 1 = 0, \\ x = 0, \end{cases}$$

得交点 $Q\left(0, -\dfrac{1}{2}, \dfrac{1}{2}\right)$. 于是向量 $\overrightarrow{PQ} = \left(-1, \dfrac{1}{2}, -\dfrac{1}{2}\right)$. 由条件, $\boldsymbol{n} \perp \overrightarrow{PQ}$, 有 $\boldsymbol{n} \cdot \overrightarrow{PQ} = 0$, 即 $-A + \dfrac{1}{2}B = 0$, $B = 2A$. 故可取 $\boldsymbol{n} = (1, 2, 0)$, 所求平面 π 的方程为

$$(x - 1) + 2(y + 1) = 0,$$

即 $x + 2y + 1 = 0$.

　　解法 2　由解法 1, 可求得过点 $P(1, -1, 1)$ 且以 $\boldsymbol{s} = (0, -1, -1)$ 为法向量的平面 π_1, 进一步可求得已知直线 l 与平面 π_1 的交点 $Q\left(0, -\dfrac{1}{2}, \dfrac{1}{2}\right)$ 及向量 $\overrightarrow{PQ} = \left(-1, \dfrac{1}{2}, -\dfrac{1}{2}\right)$. 因此, 过点 $P(1, -1, 1)$ 且垂直于已知直线的垂线方程为

$$\frac{x - 0}{-1} = \frac{y + \dfrac{1}{2}}{\dfrac{1}{2}} = \frac{z - \dfrac{1}{2}}{-\dfrac{1}{2}},$$

即 $\begin{cases} x + 2y + 1 = 0, \\ x - 2z + 1 = 0. \end{cases}$ 过此垂线的平面束方程为

$$x + 2y + 1 + \lambda(x - 2z + 1) = 0.$$

因所求平面垂直于上述平面, 所以有 $(0, 0, 1) \cdot (1 + \lambda, 2, -2\lambda) = 0$, 解得 $\lambda = 0$. 故所求平面 π 的方程为 $x + 2y + 1 = 0$.

　　解法 3　由解法 2 可求得过点 $P(1, -1, 1)$ 且以 $\boldsymbol{s} = (0, -1, -1)$ 为法向量的平面 π_1 及已知直线 l 与平面 π_1 的交点 $Q\left(0, -\dfrac{1}{2}, \dfrac{1}{2}\right)$. 设 $M(x, y, z)$ 是 π 上任一点, 则 P,

Q,M 均在所求平面 π 上. 又根据条件，k 平行于所求平面 π，因此三向量 $\overrightarrow{PQ},\overrightarrow{PM},k$ 共面，于是混合积 $[\overrightarrow{PQ},\overrightarrow{PM},k]=0$，即

$$\begin{vmatrix} x-1 & y+1 & z-1 \\ -1 & \dfrac{1}{2} & -\dfrac{1}{2} \\ 0 & 0 & 1 \end{vmatrix}=0.$$

整理得 $x+2y+1=0$，此即为所求的平面方程.

12. 求过点 $(-2,3,0)$ 且平行于平面 $x-2y-z+4=0$，又与直线 $\dfrac{x+1}{3}=\dfrac{y-3}{1}=\dfrac{z}{2}$ 相交的直线方程.

解法 1 设所求直线 l 的方程为

$$\frac{x+2}{m}=\frac{y-3}{n}=\frac{z}{p},$$

l 过点 $A(-2,3,0)$，方向向量 $s=(m,n,p)$. 又已知直线 l_1：$\dfrac{x+1}{3}=\dfrac{y-3}{1}=\dfrac{z}{2}$ 过点 $B(-1,3,0)$，方向向量 $s_1=(3,1,2)$，$\overrightarrow{AB}=(1,0,0)$. 由于 l 与 l_1 相交，故三向量 $\overrightarrow{AB},s_1$，s 共面，于是混合积 $[\overrightarrow{AB},s_1,s]=0$，即

$$\begin{vmatrix} 1 & 0 & 0 \\ 3 & 1 & 2 \\ m & n & p \end{vmatrix}=2n-p=0. \qquad\qquad ①$$

又因为直线 l 平行于已知平面 π：$x-2y-z+4=0$，s 与平面 π 的法向量 $n=(1,-2,-1)$ 垂直，故

$$0=s\cdot n=(m,n,p)\cdot(1,-2,-1)=m-2n-p. \qquad\qquad ②$$

由 ①，② 知 $p=2n$，$m=4n$. 从而得直线 l 的方程为 $\dfrac{x+2}{4}=\dfrac{y-3}{1}=\dfrac{z}{2}$.

解法 2 由条件，所求直线 l 应在过点 $A(-2,3,0)$ 且平行于已知平面 π：$x-2y-z+4=0$ 的平面 π_1 上. π_1 的法向量 $n_1=n=(1,-2,-1)$，故 π_1 的方程为

$$(x+2)-2(y-3)-z=0,$$

即 $x-2y-z+8=0$. 设直线 l 与直线 l_1 交于点 P，由

$$\begin{cases} x-2y-z+8=0, \\ \dfrac{x+1}{3}=\dfrac{y-3}{1}=\dfrac{z}{2}, \end{cases}$$

求得交点 $P(2,4,2)$. 直线 l 过点 $A(-2,3,0)$ 与 $P(2,4,2)$，取 $\overrightarrow{AP}=(4,1,2)$ 为其方向向量，于是直线 l 的方程为 $\dfrac{x+2}{4}=\dfrac{y-3}{1}=\dfrac{z}{2}$.

解法 3 写出已知直线 l_1：$\dfrac{x+1}{3}=\dfrac{y-3}{1}=\dfrac{z}{2}$ 的参数式方程：

$$\begin{cases} x = 3t - 1, \\ y = t + 3, \\ z = 2t. \end{cases}$$

可设所求直线 l 与直线 l_1 的交点为 $P(3t-1, t+3, 2t)$. 由于直线 l 过点 $A(-2,3,0)$ 且平行于已知平面 $\pi: x - 2y - z + 4 = 0$, 故 $\overrightarrow{AP} = (3t+1, t, 2t)$ 与平面 π 的法向量 $\boldsymbol{n} = (1, -2, -1)$ 垂直, 从而

$$0 = \overrightarrow{AP} \cdot \boldsymbol{n} = (3t+1, t, 2t) \cdot (1, -2, -1) = 3t + 1 - 2t - 2t = 0,$$

即 $t = 1$. 于是得 $\overrightarrow{AP} = (4, 1, 2)$, 直线 l 的方程为 $\dfrac{x+2}{4} = \dfrac{y-3}{1} = \dfrac{z}{2}$.

解法 4　由解法 2, 过点 $A(-2,3,0)$ 且平行于已知平面 $\pi: x - 2y - z + 4 = 0$ 的平面 π_1 的方程为

$$x - 2y - z + 8 = 0.$$

设过点 $A(-2,3,0)$ 和直线 $l_1: \dfrac{x+1}{3} = \dfrac{y-3}{1} = \dfrac{z}{2}$ 的平面为 π_2. 直线 l_1 过点 $B(-1,3,0)$, 方向向量 $\boldsymbol{s}_1 = (3,1,2)$, 因此 π_2 的法向量 $\boldsymbol{n}_2 = \overrightarrow{AB} \times \boldsymbol{s}_1 = (0, -2, -1)$. 故 π_2 的方程为 $-2(y-3) + z = 0$, 即

$$-2y + z + 6 = 0.$$

易知直线 l 应为平面 π_1 与平面 π_2 的交线, 故 l 的方程为

$$\begin{cases} x - 2y - z + 8 = 0, \\ -2y + z + 6 = 0. \end{cases}$$

13. 求直线 $l: \begin{cases} 2x + y + z - 4 = 0, \\ y - z - 2 = 0 \end{cases}$ 关于平面 $\pi: x + y + z + 1 = 0$ 对称的直线方程.

解　联立直线 l 和平面 π 的方程, 有

$$\begin{cases} 2x + y + z - 4 = 0, \\ y - z - 2 = 0, \\ x + y + z + 1 = 0, \end{cases}$$

解方程组得直线 l 与平面 π 的交点为 $M(5, -2, -4)$. 又可作过点 $(1,1,2)$ 且垂直于平面 π 的直线 l_1:

$$\frac{x-1}{1} = \frac{y-2}{1} = \frac{z}{1}.$$

类似地, 可求得 l_1 与平面 π 的交点 $N\left(-\dfrac{1}{3}, \dfrac{2}{3}, -\dfrac{4}{3}\right)$. 设点 $A(1,2,0)$ 关于平面 π 的对称点为 $A'(x, y, z)$, 则由中点公式, 有

$$\begin{cases} \dfrac{1+x}{2} = -\dfrac{1}{3}, \\[2mm] \dfrac{2+y}{2} = \dfrac{2}{3}, \\[2mm] \dfrac{0+z}{2} = -\dfrac{4}{3}. \end{cases}$$

求得 $A'\left(-\dfrac{5}{3},-\dfrac{2}{3},-\dfrac{-8}{3}\right)$. 于是得所求直线 l' 的方向向量

$$s_1=\overrightarrow{A'M}=\left(\dfrac{20}{3},-\dfrac{4}{3},-\dfrac{4}{3}\right)\quad\text{或}\quad s_1=(5,-1,-1).$$

易知 l' 过点 $M(5,-2,-4)$, 因此可得其方程为

$$\dfrac{x-5}{-5}=\dfrac{y+2}{1}=\dfrac{z+4}{1}.$$

14. 求直线 $l:\dfrac{x-1}{1}=\dfrac{y}{1}=\dfrac{z-1}{-1}$ 在平面 $\pi:x-y+2z-1=0$ 上的投影直线 l_0 的方程, 并求 l_0 绕 y 轴旋转一周所成的曲面的方程.

解 过直线 l 作平面 π_1 垂直于平面 π, 则 π_1 与 π 的交线即为所求的投影直线 l'.

已知平面 π 的法向量为 $n=(1,-1,2)$. 设平面 π_1 的法向量为 n_1, 则 $n_1\perp n$. 又已知直线 l 的方向向量为 $s=(1,1,-1)$, 由于直线 l 在平面 π_1 上, 有 $n_1\perp s$, 因此

$$n_1=s\times n=\begin{vmatrix} i & j & k \\ 1 & -1 & 2 \\ 1 & 1 & -1 \end{vmatrix}=-i+3j+2k.$$

又直线 l 过点 $M_0(1,0,1)$, 则平面 π_1 过点 M_0, 得平面 π_1 的方程为

$$-(x-1)+3y+2(z-1)=0,$$

即 $x-3y-2z+1=0$. 故投影直线 l_0 的方程为

$$\begin{cases} x-3y-2z+1=0, \\ x-y+2z-1=0. \end{cases}$$

(也可用平面束方法求得 l_0 的方程.)

设所求曲面上任一点为 $M(x,y,z)$, 直线 l_0 上的对应点为 $M'(x_0,y_0,z_0)$(与点 $M(x,y,z)$ 位于同一平面: $y=y_0$ 上), 因此点 $M'(x_0,y_0,z_0)$ 满足

$$\begin{cases} x_0-3y_0-2z_0+1=0, \\ x_0-y_0+2z_0-1=0. \end{cases}\qquad\qquad ①$$

从而有

$$\begin{cases} x_0=2y_0, \\ z_0=\dfrac{1}{2}(1-y_0). \end{cases}\qquad\qquad ②$$

由于点 $M(x,y,z)$ 到 y 轴的距离与点 $M'(x_0,y_0,z_0)$ 到 y 轴的距离相等, 于是有

$$x^2+z^2=x_0^2+z_0^2.\qquad\qquad ③$$

将 ② 代入 ③ 并注意到 $y=y_0$, 有

$$x^2+z^2=(2y_0)^2+\dfrac{1}{4}(1-y_0)^2=(2y)^2+\dfrac{1}{4}(1-y)^2.$$

化简得 $4x^2-17y^2+4z^2+2y-1=0$, 此即为所求的曲面方程.

15. 求柱面 $z^2=2x$ 与锥面 $z=\sqrt{x^2+y^2}$ 所围立体在三个坐标面上的投影区域.

解　由方程组 $\begin{cases} z^2 = 2x, \\ z = \sqrt{x^2 + y^2} \end{cases}$ 消去 z，可得曲线 l：$\begin{cases} z^2 = 2x, \\ z = \sqrt{x^2 + y^2} \end{cases}$ 对 xOy 面的

投影柱面

$$(x-1)^2 + y^2 = 1.$$

故该立体在 xOy 面上的投影区域为

$$\{(x,y) \mid (x-1)^2 + y^2 \leqslant 1\},$$

如图 8-42 所示.

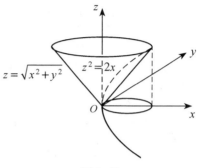

图 8-42

类似地，消去 x 可得该立体在 yOz 面上

的投影区域：

$$\left\{(y,z) \,\middle|\, \left(\frac{z^2}{2} - 1\right)^2 + y^2 \leqslant 1, z \geqslant 0\right\}.$$

柱面 $z^2 = 2x$ 与锥面 $z = \sqrt{x^2 + y^2}$ 在

zOx 面的投影分别为

$$\begin{cases} z^2 = 2x, \\ y = 0, \end{cases} \qquad \begin{cases} z = |x|, \\ y = 0. \end{cases}$$

该立体在 zOx 面上的投影区域由曲线 $\begin{cases} z^2 = 2x, \\ y = 0 \end{cases}$ 与 $\begin{cases} z = |x|, \\ y = 0 \end{cases}$，所围，即为

$$\{(x,z) \mid x \leqslant z \leqslant \sqrt{2x}\}.$$

16. 求过两球面的交线 l：$\begin{cases} x^2 + y^2 + z^2 = 5, \\ (x-2)^2 + (y-1)^2 + z^2 = 1 \end{cases}$ 的正圆柱面的方程.

解　将曲线 l 的方程改写为

$$\begin{cases} x^2 + y^2 + z^2 = 5, \\ 4x + 2y = 9. \end{cases}$$

由此方程知，l 在平面 $4x + 2y = 9$ 上. 过 l 的柱面的母线的方向向量可取为此平面的法向

量 $\boldsymbol{n} = (2,1,0)$. 将曲线 l 的方程化为参数式：

$$\begin{cases} x = t, \\ y = \dfrac{9}{2} - 2t, \\ z = \pm\sqrt{5 - t^2 - \left(\dfrac{9}{2} - 2t\right)^2}. \end{cases}$$

因此柱面的母线的参数方程为

$$\begin{cases} x = t + 2\lambda, \\ y = \dfrac{9}{2} - 2t + \lambda, \\ z = \pm\sqrt{5 - t^2 - \left(\dfrac{9}{2} - 2t\right)^2}. \end{cases}$$

消去参数 t,λ，即得柱面的方程 $20z^2 + 4(x - 2y)^2 = 19$.

17. 假设三个直角坐标面都镶上了反射镜，并将一束激光沿向量 $\boldsymbol{a} = (a_x, a_y, a_z)$ 的方向射向 xOz 平面(如图 8-43)。试用反射定律证明：反射光束的方向向量为 $\boldsymbol{b} = (a_x, -a_y, a_z)$；进而推出：入射光束经三个镜面连续反射后，最后所得的反射光束平行于入射光束。(航天工程师利用此原理，在月球上安装了反射镜面组，并从地球向镜面发射激光束，从而精确测得地球到月球的距离。)

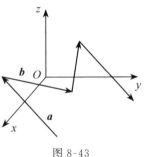

图 8-43

证 如图 8-44 建立坐标系，并使向量

$$\boldsymbol{a} = (a_x, a_y, a_z) = \overrightarrow{PO},$$

即终点位于坐标原点。则反射光束的方向向量 $\boldsymbol{b} = \overrightarrow{OP_1}$。平移 $\overrightarrow{PO}$ 于 xOz 平面下方，使

$$\overrightarrow{OP'} = \overrightarrow{PO}.$$

设 $\overrightarrow{PO}, \overrightarrow{OP'}$ 在 xOz 平面的投影向量分别为 $\overrightarrow{QO}, \overrightarrow{OQ'}$。则

$$\boldsymbol{a} = (a_x, a_y, a_z) = \overrightarrow{OP'} = \overrightarrow{OQ'} + \overrightarrow{Q'P'},$$

其中，

$$\overrightarrow{OQ'} = a_z \boldsymbol{k} + a_x \boldsymbol{i}, \quad \overrightarrow{Q'P'} = a_y \boldsymbol{j}.$$

设 $(\widehat{\overrightarrow{PO}, \overrightarrow{QO}}) = \theta$，$(\widehat{\overrightarrow{P_1O}, \overrightarrow{Q'O}}) = \theta_1$，$(\widehat{\overrightarrow{P'O}, \overrightarrow{Q'O}}) = \theta'$。由反射定律，$\theta = \theta_1$，但 $\theta = \theta'$，故

$$\theta' = \theta_1,$$

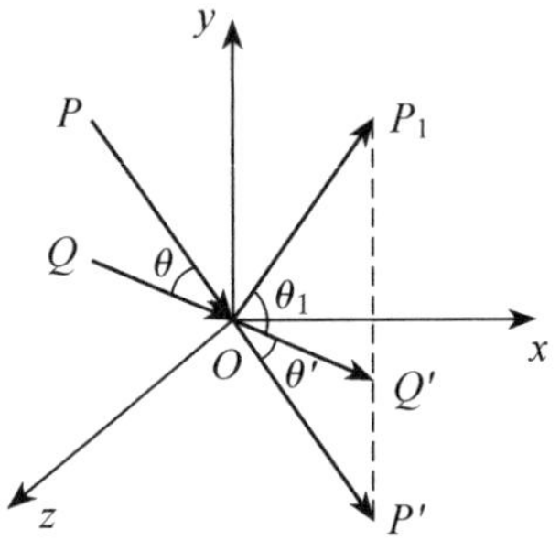

即 P', P_1 两点关于 xOz 平面对称。从而有 $\overrightarrow{Q'P_1} = -\overrightarrow{Q'P'}$。因此，

$$\overrightarrow{OP_1} = \overrightarrow{OQ'} + \overrightarrow{Q'P_1} = \overrightarrow{OQ'} - \overrightarrow{Q'P_1} = a_z \boldsymbol{k} + a_x \boldsymbol{i} - a_y \boldsymbol{j},$$

即 $\boldsymbol{b} = (a_x, -a_y, a_z)$。

进而，入射光束 a 经沿向量 $\boldsymbol{a} = (a_x, a_y, a_z)$ 的方向射向 xOz 平面，则其反射光束 b 沿向量 $\boldsymbol{b} = (a_x, -a_y, a_z)$ 射向 xOy 平面，b 的反射光束 c 沿向量 $\boldsymbol{c} = (a_x, -a_y, -a_z)$ 射向 yOz 平面，c 的反射光束 d 沿向量 $\boldsymbol{d} = (-a_x, -a_y, -a_z)$ 射出。

由于

$$\boldsymbol{d} = (-a_x, -a_y, -a_z) = (-1)\boldsymbol{a},$$

故最后所得的反射光束平行于入射光束。

图 8-44

四、考研真题解析

【例 1】 (2009 年) 椭球面 S_1 是椭圆 $\dfrac{x^2}{4} + \dfrac{y^2}{3} = 1$ 绕 x 轴旋转而成，圆锥

面 S_2 由过点 $(4,0)$ 且与椭圆 $\dfrac{x^2}{4}+\dfrac{y^2}{3}=1$ 相切的直线绕 x 轴旋转而成.

（Ⅰ）求 S_1 及 S_2 的方程；

（Ⅱ）求 S_1 及 S_2 之间的立体体积.

解　（Ⅰ）S_1 的方程为 $\dfrac{x^2}{4}+\dfrac{y^2+z^2}{3}=1$

过点 $(4,0)$ 与 $\dfrac{x^2}{4}+\dfrac{y^2}{3}=1$ 相切的直线方程为

$$y=\pm\left(\frac{1}{2}x-2\right)$$

切点为 $\left(1,\pm\dfrac{3}{2}\right)$，所以 S_2 的方程为 $y^2+z^2=\left(\dfrac{1}{2}x-2\right)^2$.

（Ⅱ）S_1 及 S_2 之间的体积等于一个底面半径为 $\dfrac{3}{2}$、高为 3 的锥体体积

$\dfrac{9}{4}\pi$ 与部分椭球体体积 V 之差，其中

$$V=\frac{3}{4}\pi\int_1^2(4-x^2)\mathrm{d}x=\frac{5}{4}\pi.$$

故所求体积为 $\dfrac{9}{4}\pi-\dfrac{5}{4}\pi=\pi$.

【例 2】　（2013 年）设直线 L 过 $A(1,0,0)$，$B(0,1,1)$ 两点，将 L 绕 z 轴旋转一周得到曲面 Σ，Σ 与平面 $z_1=0$，$z_2=2$ 所围成的立体为 Ω.

（Ⅰ）求曲面 Σ 的方程；

（Ⅱ）求 Ω 的形心坐标.

解　（Ⅰ）直线 L 的方向向量为 $\overrightarrow{AB}=\{-1,1,1\}$，则过 A 的直线 L 的方程为

$$\frac{x-1}{-1}=\frac{y}{1}=\frac{z}{1}.$$

设曲面 Σ 上的任意点为 $M(x,y,z)$，其所在的圆交于直线 L 上的点为 $M_0(x_0,y_0,z_0)$，其圆心为 $(0,0,z)$.

由 $|MT|=|M_0T|$ 得到

$$x^2+y^2=x_0^2+y_0^2.$$

又 M_0 在直线 L 上，故

$$\frac{x_0-1}{-1}=\frac{y_0}{1}=\frac{z}{1}\Rightarrow\begin{cases}x_0=1-z,\\y_0=z,\end{cases}$$

得到曲面 Σ 的方程为

$$x^2 + y^2 = (1-z)^2 + z^2 = 2z^2 - 2z + 1$$

（Ⅱ）从曲面 Σ 的方程可以看出 Ω 关于 xOz，yOz 平面对称，则其形心坐标为

$$\overline{x} = \overline{y} = 0, \quad \overline{z} = \frac{\iiint_{\Omega} z \, \mathrm{d}x \, \mathrm{d}y \, \mathrm{d}z}{\iiint_{\Omega} \mathrm{d}x \, \mathrm{d}y \, \mathrm{d}z},$$

下面用先二后一法求三重积分

$$\iiint_{\Omega} z \, \mathrm{d}x \, \mathrm{d}y \, \mathrm{d}z = \int_0^z z \, \mathrm{d}z \iint_{Dxy} \mathrm{d}x \, \mathrm{d}y = \int_0^z \pi z (\sqrt{2z^2 - 2z + 1})^2 \mathrm{d}z$$

$$= \pi \int_0^2 z(2z^2 - 2z + 1) \mathrm{d}z$$

$$= \pi \left(\frac{z^4}{2} - \frac{2z^3}{3} + \frac{z^2}{2} \right) \Big|_0^2 = \frac{14\pi}{3},$$

$$\iiint_{\Omega} \mathrm{d}x \, \mathrm{d}y \, \mathrm{d}z = \int_0^2 \mathrm{d}z \iint_{Dxy} \mathrm{d}x \, \mathrm{d}y = \int_0^2 \pi (\sqrt{2z^2 - 2z + 1})^2 \mathrm{d}z$$

$$= \pi \int_0^2 z(2z^2 - 2z + 1) \mathrm{d}z$$

$$= \pi \left(\frac{2z^3}{3} - z^2 + z \right) \Big|_0^2 = \frac{10\pi}{3}.$$

故 Ω 的形心坐标为 $\left(0, 0, \dfrac{7}{5} \right)$。

【例3】 （1998 年）设矩阵 $\begin{pmatrix} a_1 & b_1 & c_1 \\ a_2 & b_2 & c_2 \\ a_3 & b_3 & c_3 \end{pmatrix}$ 是满秩的，则直线 $\dfrac{x - a_3}{a_1 - a_2} =$

$\dfrac{x - b_3}{b_1 - b_2} = \dfrac{x - c_3}{c_1 - c_2}$ 与直线 $\dfrac{x - a_1}{a_2 - a_3} = \dfrac{x - b_1}{b_2 - b_3} = \dfrac{x - c_1}{c_2 - c_3}$ （　　）。

A. 相交于一点　　　　B. 重合　　　　C. 平行但不重合　　　　D. 异面

解 记两条直线分别为 l_1, l_2。方向向量分别为 $\boldsymbol{s}_1 = (a_1 - a_2, b_1 - b_2, c_1 - c_2)$，$\boldsymbol{s}_2 = (a_2 - a_3, b_2 - b_3, c_2 - c_3)$，直线分别过点 $P(a_3, b_3, c_3)$，$Q(a_1, b_1, c_1)$。由

$$[\overrightarrow{PQ}, \boldsymbol{s}_1, \boldsymbol{s}_2] = \begin{vmatrix} a_1 - a_3 & b_1 - b_3 & c_1 - c_3 \\ a_1 - a_2 & b_1 - b_2 & c_1 - c_2 \\ a_2 - a_3 & b_2 - b_3 & c_2 - c_3 \end{vmatrix} = 0,$$

知向量 $\overrightarrow{PQ}, s_1, s_2$ 共面, 从而直线 l_1, l_2 共面. 又矩阵 $\begin{pmatrix} a_1 & b_1 & c_1 \\ a_2 & b_2 & c_2 \\ a_3 & b_3 & c_3 \end{pmatrix}$ 是满秩的,

故

$$\begin{vmatrix} a_1 & b_1 & c_1 \\ a_2 & b_2 & c_2 \\ a_3 & b_3 & c_3 \end{vmatrix} = \begin{vmatrix} a_1 - a_2 & b_1 - b_2 & c_1 - c_2 \\ a_2 - a_3 & b_2 - b_3 & c_2 - c_3 \\ a_3 & b_3 & c_3 \end{vmatrix} \neq 0,$$

于是 $\dfrac{a_1 - a_2}{a_2 - a_3} = \dfrac{b_1 - b_2}{b_2 - b_3} = \dfrac{c_1 - c_2}{c_2 - c_3}$ 不成立. 故 s_1, s_2 不平行, 得直线 l_1, l_2 相交于一点. 故选 A.

【例 4】　(1995 年) 设有直线 $l: \begin{cases} x + 3y + 2z + 1 = 0, \\ 2x - y - 10z + 3 = 0 \end{cases}$ 及平面 $\pi: 4x - 2y + z - 2 = 0$, 则直线 l (　　).

A. 平行于 π　　　　B. 在 π 上　　　　C. 垂直于 π　　　　D. 与 π 斜交

解　直线 l 的方向向量为

$$s = \begin{vmatrix} i & j & k \\ 1 & 3 & 2 \\ 2 & -1 & -10 \end{vmatrix} = -28i + 14j - 7k,$$

而平面 π 的法向量为 $n = (4, -2, 1)$, 于是 $s \parallel n$. 故直线 l 垂直于平面 π. 故选 C.

【例 5】　(1996 年) 设一平面经过原点及点 $(6, -3, 2)$ 且与平面 $4x - y + 2z = 8$ 垂直, 则此平面方程为 _____.

解　所求平面过点 $O(0, 0, 0)$ 和点 $P(6, -3, 2)$. 设所求平面法向量为 n, 则 $n \perp \overrightarrow{OP}$. 记已知平面的法向量为 $n_1 = (4, -1, 2)$, 则 $n \perp n_1$. 由

$$\overrightarrow{OP} \times n_1 = \begin{vmatrix} i & j & k \\ 6 & -3 & 2 \\ 4 & -1 & 2 \end{vmatrix} = -4i - 4j + 6k,$$

可取 $n = (2, 2, -3)$. 故所求平面的方程为 $2x + 2y - 3z = 0$.

【例 6】　(2006 年) 点 $(2, 1, 0)$ 到平面 $3x + 4y + 5z = 0$ 的距离 $d = $ _____.

解　由点到直线的距离公式有

$$d = \frac{|3 \times 2 + 4 \times 1 + 5 \times 0|}{\sqrt{3^2 + 4^2 + 5^2}} = \sqrt{2}.$$

【例 7】 （1998 年）求直线 $l: \dfrac{x-1}{1} = \dfrac{y}{1} = \dfrac{z-1}{-1}$ 在平面 $\pi: x - y + 2z - 1 = 0$ 上的投影直线 l_0 的方程，并求 l_0 绕 y 轴旋转一周所成曲面的方程.

解 见总习题八第 14 题.

第 9 章 多元函数微分法及其应用

1. 多元函数及其连续性

■ **多元函数的定义**

设 D 是一个非空平面点集，$\mathbf{R}$ 为实数集，如果对于 D 中的每一个点 $P(x,y)$，按照某一确定的对应法则 f，在 $\mathbf{R}$ 中有唯一一个实数 z 与之对应，则称在 D 上定义了一个二元函数 f，记为

$$z = f(x,y), \quad (x,y) \in D.$$

式中 x,y 称为函数 f 的自变量，z 称为函数 f 的因变量，D 称为 f 的定义域.

一般地，n 元函数可写为

$$y = f(P) = f(x_1, x_2, \cdots, x_n), \quad P(x_1, x_2, \cdots, x_n) \in \Omega \subset \mathbf{R}^n.$$

与一元函数一样，二元及二元以上的函数也只与定义域和对应法则有关，而与自变量和因变量用什么字母表示无关.

几何上，一般来讲，二元函数的定义域是平面上的一个区域，常用图形表示出来；二元函数 $z = f(x,y)$ 的图形是一张曲面. 当 (x,y) 取遍定义域的一切点时，空间点集 $\{(x,y,z) \mid z = f(x,y), (x,y) \in D\}$ 称为函数 $z = f(x,y)$ 的图形.

■ **二元函数的极限**

设 $f(x,y)$ 是定义在 $D \subset \mathbf{R}^2$ 上的一个二元函数，$P_0(x_0, y_0)$ 是 D 的聚点. 若存在常数 A，使得 $\forall \varepsilon > 0$，$\exists \delta > 0$，当点 $P(x,y) \in \mathring{U}(P_0, \delta) \bigcap D$ 时，有

$$|f(x,y) - A| < \varepsilon$$

成立,则称 A 为函数 $f(x,y)$ 当点 $P(x,y)$ 趋近于 $P_0(x_0,y_0)$ 时的极限,记为 $\lim\limits_{P \to P_0} f(x,y)=A$ 或 $\lim\limits_{(x,y) \to (x_0,y_0)} f(x,y)=A$,也记为 $\lim\limits_{\substack{x \to x_0 \\ y \to y_0}} f(x,y)=A$. 称

此极限为二重极限. 简言之,

$$\lim_{P \to P_0} f(x,y)=A \Leftrightarrow \forall \varepsilon>0, \exists \delta>0, \text{ 当 } 0<\sqrt{(x-x_0)^2+(y-y_0)^2}<\varepsilon$$

$$\text{时,有 } |f(x,y)-A|<\varepsilon.$$

二元函数的极限要求点 $P(x,y)$ 以任何方式、任何方向、任何路径趋近于 $P_0(x_0,y_0)$ 时,均有 $f(x,y) \to A$ $(x \to x_0, y \to y_0)$.

倘若沿两条不同的路径,$\lim\limits_{\substack{x \to x_0 \\ y \to y_0}} f(x,y)$ 不相等,则可断定 $\lim\limits_{\substack{x \to x_0 \\ y \to y_0}} f(x,y)$ 不存在,这是证明二元函数极限不存在的有效方法.

一元函数的极限运算法则可相应推广到二元函数的极限运算.

■ **二元函数的连续性**

设 $z=f(x,y)$ 是定义在 $D \subset \mathbf{R}^2$ 上的二元函数,$P_0(x_0,y_0)$ 是 D 的聚点,且 $P_0(x_0,y_0) \in D$. 如果

$$\lim_{P \to P_0} f(x,y)=f(x_0,y_0),$$

则称函数 $f(x,y)$ 在点 $P_0(x_0,y_0)$ 连续,$P_0(x_0,y_0)$ 称为函数 $f(x,y)$ 的连续点;否则称 $f(x,y)$ 在 $P_0(x_0,y_0)$ 是间断的,$P_0(x_0,y_0)$ 称为函数 $f(x,y)$ 的间断点.

函数 $f(x,y)$ 在点 $P_0(x_0,y_0)$ 连续也可表述如下:

设 $z=f(x,y)$ 是定义在 $D \subset \mathbf{R}^2$ 上的二元函数,$P_0(x_0,y_0)$ 是 D 的聚点,且 $P_0(x_0,y_0) \in D$. 若在 $P_0(x_0,y_0)$ 处,自变量各自取得增量 $\Delta x = x-x_0$,$\Delta y=y-y_0$,则相应的函数取得增量

$$\Delta z=f(x_0+\Delta x,y_0+\Delta y)-f(x_0,y_0)$$

(称之为函数的全增量). 若

$$\lim_{\substack{\Delta x \to 0 \\ \Delta y \to 0}} \Delta z = \lim_{\substack{\Delta x \to 0 \\ \Delta y \to 0}} (f(x_0+\Delta x,y_0+\Delta y)-f(x_0,y_0))=0,$$

则称 $P_0(x_0,y_0)$ 为函数 $f(x,y)$ 的连续点.

如果函数 $f(x,y)$ 在 D 内的每一点都连续,则称 $f(x,y)$ 在 D 内连续,或称 $f(x,y)$ 为 D 中的连续函数.

若区域 D_1 是闭区域,则当 $f(x,y)$ 在 D_1 内的每一点都连续,且对于边界上的点 P_0 满足:$\forall \varepsilon>0, \exists \delta>0, \forall P \in U(P_0,\delta) \bigcap D_1$,有

$$|f(P)-f(P_0)|<\varepsilon,$$

则称 $f(x,y)$ 在闭区域 D_1 上是连续的.

■ **连续函数的性质**

① 多元连续函数的和、差、积、商(分母为零的点除外)仍是连续函数.

② 多元连续函数的复合函数仍是连续函数.

③ 多元初等函数在其定义区域内是连续的(定义区域是指包含在定义域内的区域).

④ **有界性定理**　有界闭区域上的多元连续函数在此闭区域上是有界的.

⑤ **最大值最小值定理**　有界闭区域上的多元连续函数在此区域上必存在最大值和最小值.

⑥ **介值定理**　有界闭区域上的二元连续函数,对于介于其最大值 M 和最小值 m 之间的任意值 μ,必存在闭区域上的一点 $P_0(x_0,y_0)$,使得 $f(x_0,y_0)=\mu$. 有界闭区域上的二元以上的连续函数也有类似结论.

2. 多元函数的微分法

■ **偏导数的定义**

设函数 $z=f(x,y)$ 在点 $P_0(x_0,y_0)$ 的某邻域内有定义,$P(x_0+\Delta x,y_0)$ 为 D 内的点. 若极限

$$\lim_{\Delta x \to 0} \frac{\Delta_x z}{\Delta x} = \lim_{\Delta x \to 0} \frac{f(x_0+\Delta x,y_0)-f(x_0,y_0)}{\Delta x}$$

存在,则称此极限为函数 $z=f(x,y)$ 在点 (x_0,y_0) 处关于变量 x 的偏导数,记为 $\dfrac{\partial z}{\partial x}\Big|_{(x_0,y_0)}$,$\dfrac{\partial f}{\partial x}\Big|_{(x_0,y_0)}$,$z'_x(x_0,y_0)$ 或 $f'_x(x_0,y_0)$ 等.

类似地,设 $P(x_0,y_0+\Delta y)$ 为 D 内的点,若极限

$$\lim_{\Delta y \to 0} \frac{\Delta_y z}{\Delta y} = \lim_{\Delta y \to 0} \frac{f(x_0,y_0+\Delta y)-f(x_0,y_0)}{\Delta y}$$

存在,则称此极限为函数 $z=f(x,y)$ 在点 (x_0,y_0) 处关于变量 y 的偏导数,记为 $\dfrac{\partial z}{\partial y}\Big|_{(x_0,y_0)}$,$\dfrac{\partial f}{\partial y}\Big|_{(x_0,y_0)}$,$z'_y(x_0,y_0)$ 或 $f'_y(x_0,y_0)$ 等.

若函数 $z=f(x,y)$ 在点 (x_0,y_0) 处关于 x,y 的偏导数都存在,则称函数在 (x_0,y_0) 处可偏导.

若函数 $z=f(x,y)$ 在区域 D 内的每一点 (x,y) 都是可偏导的,则称函数在 D 内可偏导. 这些偏导数仍是 x,y 的函数,称它们为 $f(x,y)$ 的偏导函数,

简称偏导数,记为$\dfrac{\partial z}{\partial x},\dfrac{\partial z}{\partial y};\dfrac{\partial f}{\partial x},\dfrac{\partial f}{\partial y};z'_x(x,y),z'_y(x,y);f'_x(x,y),f'_y(x,y)$等.偏导数的概念可以推广到二元以上的函数.

■ **高阶偏导数**

设$z=f(x,y)$在区域D内可偏导,其偏导数$\dfrac{\partial z}{\partial x}=f'_x(x,y),\dfrac{\partial z}{\partial y}=f'_y(x,y)$仍是二元函数.若$\dfrac{\partial z}{\partial x},\dfrac{\partial z}{\partial y}$是可偏导的,则有

$$\frac{\partial}{\partial x}\left(\frac{\partial z}{\partial x}\right)=\frac{\partial^2 z}{\partial x^2},\ \frac{\partial}{\partial y}\left(\frac{\partial z}{\partial x}\right)=\frac{\partial^2 z}{\partial x\,\partial y},\ \frac{\partial}{\partial x}\left(\frac{\partial z}{\partial y}\right)=\frac{\partial^2 z}{\partial y\,\partial x},\ \frac{\partial}{\partial y}\left(\frac{\partial z}{\partial y}\right)=\frac{\partial^2 z}{\partial y^2},$$

称$\dfrac{\partial^2 z}{\partial x^2},\dfrac{\partial^2 z}{\partial y^2}$分别为函数$z=f(x,y)$关于$x,y$的二阶偏导数,也可记为$f''_{xx}$,$f''_{yy}$或$z''_{xx},z''_{yy}$;称$\dfrac{\partial^2 z}{\partial x\,\partial y},\dfrac{\partial^2 z}{\partial y\,\partial x}$为函数$z=f(x,y)$关于$x,y$的二阶混合偏导数,可记为$f''_{xy},f''_{yx}$或$z''_{xy},z''_{yx}$.

如果函数$z=f(x,y)$的两个二阶混合偏导数$f''_{xy}(x,y)$及$f''_{yx}(x,y)$在区域D内连续,那么在该区域内这两个二阶混合偏导数必相等,即二阶混合偏导数在连续的条件下与求导的次序无关.

对于二元以上的函数,也可以类似地定义高阶偏导数.而且高阶混合偏导数在偏导数连续的条件下也与求导的次序无关.

■ **全微分**

若函数$z=f(x,y)$在其定义域的内点(x_0,y_0)的全增量可表示为

$$\Delta z=f(x_0+\Delta x,y_0+\Delta y)-f(x_0,y_0)=A\Delta x+B\Delta y+o(\rho),$$

其中,A,B是不依赖于$\Delta x,\Delta y$,而仅与点(x_0,y_0)有关的两个常数,$\rho=\sqrt{(\Delta x)^2+(\Delta y)^2}$,则称函数$z=f(x,y)$在点$(x_0,y_0)$处是可微分的,称$A\Delta x+B\Delta y$为函数$z=f(x,y)$在点$(x_0,y_0)$的全微分,记为

$$\mathrm{d}z=A\Delta x+B\Delta y.$$

全微分具有如下性质:

可微的必要条件 若函数$z=f(x,y)$在(x_0,y_0)可微,则

① $f(x,y)$在点(x_0,y_0)处连续;

② $z=f(x,y)$在点(x_0,y_0)处可偏导,且

$$\mathrm{d}z=f'_x(x_0,y_0)\mathrm{d}x+f'_y(x_0,y_0)\mathrm{d}y.$$

可微的充分条件 若函数$z=f(x,y)$在点(x_0,y_0)的某邻域内处处可偏导,且$f'_x(x,y),f'_y(x,y)$在点(x_0,y_0)处连续,则函数$z=f(x,y)$在点

(x_0, y_0) 处可微.

若函数在区域 D 内的每一点都可微,则其全微分为

$$\mathrm{d}z = f_x'(x, y)\mathrm{d}x + f_y'(x, y)\mathrm{d}y \quad \text{或} \quad \mathrm{d}z = \frac{\partial z}{\partial x}\mathrm{d}x + \frac{\partial z}{\partial y}\mathrm{d}y.$$

对于三元函数 $u = f(x, y, z)$,可类似地给出可微和全微分的概念. 若函数在区域 D 内的每一点都可微,则其全微分为

$$\mathrm{d}u = f_x'(x, y, z)\mathrm{d}x + f_y'(x, y, z)\mathrm{d}y + f_z'(x, y, z)\mathrm{d}z$$

或 $\mathrm{d}u = \dfrac{\partial u}{\partial x}\mathrm{d}x + \dfrac{\partial u}{\partial y}\mathrm{d}y + \dfrac{\partial u}{\partial z}\mathrm{d}z.$

全微分形式不变性　设 $z = f(u, v)$,$u = \varphi(x, y)$,$v = \psi(x, y)$,f, φ, ψ 有一阶连续偏导数,则

$$\mathrm{d}z = \frac{\partial f}{\partial x}\mathrm{d}x + \frac{\partial f}{\partial y}\mathrm{d}y = \frac{\partial f}{\partial u}\mathrm{d}u + \frac{\partial f}{\partial v}\mathrm{d}v,$$

即无论视 z 是自变量 u, v 的函数还是视 z 是中间变量 u, v 的函数,它的全微分形式是一样的.

■ *方向导数和梯度*

(1) 方向导数

设点 $P_0(x_0, y_0) \in \mathbf{R}^2$,$\boldsymbol{l}$ 是平面上的一非零向量,其单位向量为

$$\boldsymbol{e}_l = \cos\alpha\, \boldsymbol{i} + \cos\beta\, \boldsymbol{j}.$$

函数 $z = f(x, y)$ 在点 $P_0(x_0, y_0)$ 的某邻域内有定义,若极限

$$\lim_{t \to 0^+} \frac{f(x_0 + t\cos\alpha, y_0 + t\cos\beta) - f(x_0, y_0)}{t}$$

存在,则称此极限值为函数 $z = f(x, y)$ 在点 $P_0(x_0, y_0)$ 处沿方向 $\boldsymbol{l}$ 的方向导数,记为

$$\left.\frac{\partial f}{\partial \boldsymbol{l}}\right|_{P_0} = \lim_{t \to 0^+} \frac{f(x_0 + t\cos\alpha, y_0 + t\cos\beta) - f(x_0, y_0)}{t}.$$

方向导数存在的充分条件　设函数 $z = f(x, y)$ 在点 $P_0(x_0, y_0)$ 可微,则对于任一单位向量 $\boldsymbol{e}_l = \cos\alpha\, \boldsymbol{i} + \cos\beta\, \boldsymbol{j}$,函数 $z = f(x, y)$ 在点 $P_0(x_0, y_0)$ 沿方向 $\boldsymbol{l}$ 的方向导数存在,且

$$\left.\frac{\partial f}{\partial \boldsymbol{l}}\right|_{P_0} = f_x'(x_0, y_0)\cos\alpha + f_y'(x_0, y_0)\cos\beta.$$

(2) 梯度

设函数 $z = f(x, y)$ 在点 $P_0(x_0, y_0)$ 处可偏导,则称向量

$$f_x'(x_0, y_0)\boldsymbol{i} + f_y'(x_0, y_0)\boldsymbol{j}$$

为函数 $z=f(x,y)$ 在点 $P_0(x_0,y_0)$ 处的梯度，记为 $\mathbf{grad}\,f(x_0,y_0)$，即

$$\mathbf{grad}\,f(x_0,y_0)=f'_x(x_0,y_0)\mathbf{i}+f'_y(x_0,y_0)\mathbf{j}.$$

（3）方向导数与梯度的关系

函数在一点的梯度是个向量，它的方向是函数在这点的方向导数取得最大值的方向，它的模为方向导数的最大值. 事实上，

$$\left.\frac{\partial f}{\partial l}\right|_{(x_0,y_0)}=\mathbf{grad}\,f(x_0,y_0)\cdot \mathbf{e}_l=|\mathbf{grad}\,f(x_0,y_0)|\cdot|\mathbf{e}_l|\cos\theta$$

（θ 为 $\mathbf{grad}\,f(x_0,y_0)$ 与 $\mathbf{e}_l$ 间的夹角）.

当 $\cos\theta=1$ 时，即 l 的方向与 $\mathbf{grad}\,f(x_0,y_0)$ 的方向一致时，方向导数取得最大值，其最大值为梯度的模；当 $\cos\theta=-1$ 时，即 l 的方向与梯度的方向相反时，方向导数取得最小值.

■ **多元复合函数的微分法**

设函数 $u=\varphi(x,y)$，$v=\psi(x,y)$ 在点 (x,y) 处的偏导数存在，函数 $z=f(u,v)$ 在对应点 (u,v) 处有连续偏导数，则复合函数 $z=f(\varphi(x,y),\psi(x,y))$ 在点 (x,y) 处的偏导数存在.

计算法则：链式法则；计算口诀：连线相乘，分线相加.

① 设 $z=f(u,v)$，$u=u(t)$，$v=v(t)$，则

$$\frac{\mathrm{d}z}{\mathrm{d}t}=\frac{\partial f}{\partial u}\frac{\mathrm{d}u}{\mathrm{d}t}+\frac{\partial f}{\partial v}\frac{\mathrm{d}v}{\mathrm{d}t}.$$

② 设 $z=f(u,v)$，$u=\varphi(x,y)$，$v=\psi(x,y)$，则

$$\frac{\partial z}{\partial x}=\frac{\partial f}{\partial u}\frac{\partial u}{\partial x}+\frac{\partial f}{\partial v}\frac{\partial v}{\partial x},\quad \frac{\partial z}{\partial y}=\frac{\partial f}{\partial u}\frac{\partial u}{\partial y}+\frac{\partial f}{\partial v}\frac{\partial v}{\partial y}.$$

③ 设 $z=f(u(x),v(x,y))$，则

$$\frac{\partial z}{\partial x}=\frac{\partial f}{\partial u}\frac{\mathrm{d}u}{\mathrm{d}x}+\frac{\partial f}{\partial v}\frac{\partial v}{\partial x},\quad \frac{\partial z}{\partial y}=\frac{\partial f}{\partial v}\frac{\partial v}{\partial y}.$$

④ 设 $z=f(x,v(x,y))$，则

$$\frac{\partial z}{\partial x}=\frac{\partial f}{\partial x}+\frac{\partial f}{\partial v}\frac{\partial v}{\partial x},\quad \frac{\partial z}{\partial y}=\frac{\partial f}{\partial v}\frac{\partial v}{\partial y}.$$

⑤ 设 $z=f(u(x,y),y)$，则

$$\frac{\partial z}{\partial x}=\frac{\partial f}{\partial u}\frac{\partial u}{\partial x},\quad \frac{\partial z}{\partial y}=\frac{\partial f}{\partial u}\frac{\partial u}{\partial y}+\frac{\partial f}{\partial y}.$$

■ **隐函数的微分法**

① 设二元函数 $F(x,y)$ 满足条件：

$$F(x_0,y_0)=0,\quad F'_y(x_0,y_0)\neq 0,$$

且在点 $P_0(x_0, y_0)$ 的某邻域内有连续偏导数，则方程 $F(x, y) = 0$ 在 $P_0(x_0, y_0)$ 的某一邻域中唯一确定了一个具有连续导数的函数 $y = f(x)$，它满足 $y_0 = f(x_0)$ 及 $F(x, f(x)) \equiv 0$，且

$$\frac{\mathrm{d}y}{\mathrm{d}x} = -\frac{F'_x}{F'_y}.$$

② 设三元函数 $F(x, y, z)$ 满足条件：

$$F(x_0, y_0, z_0) = 0, \quad F'_z(x_0, y_0, z_0) \neq 0,$$

且在点 (x_0, y_0, z_0) 的某邻域内，F'_x, F'_y, F'_z 存在且连续，则方程 $F(x, y, z) = 0$ 在点 (x_0, y_0, z_0) 的某邻域内唯一确定一个连续且有连续偏导数的二元隐函数 $z = f(x, y)$，满足 $F(x, y, z(x, y)) = 0$，且 $z_0 = f(x_0, y_0)$，其偏导数为

$$\frac{\partial z}{\partial x} = -\frac{F'_x}{F'_z}, \quad \frac{\partial z}{\partial y} = -\frac{F'_y}{F'_z}.$$

③ 设 $u = u(x, y)$，$v = v(x, y)$ 由方程组 $F(x, y, u, v) = 0$，$G(x, y, u, v) = 0$ 确定，在点 $P_0(x_0, y_0, u_0, v_0)$ 的某一邻域内，$F(x, y, u, v)$，$G(x, y, u, v)$ 具有一阶连续偏导数，且偏导数组成的行列式（称为雅可比行列式）

$$J = \frac{\partial(F, G)}{\partial(u, v)} = \begin{vmatrix} F'_u & F'_v \\ G'_u & G'_v \end{vmatrix}$$

在点 $P_0(x_0, y_0, u_0, v_0)$ 不等于零，则 $\dfrac{\partial u}{\partial x}, \dfrac{\partial v}{\partial x}, \dfrac{\partial u}{\partial y}, \dfrac{\partial v}{\partial y}$ 存在，且

$$\frac{\partial u}{\partial x} = -\frac{1}{J}\frac{\partial(F, G)}{\partial(x, v)}, \quad \frac{\partial u}{\partial y} = -\frac{1}{J}\frac{\partial(F, G)}{\partial(y, v)},$$

$$\frac{\partial v}{\partial x} = -\frac{1}{J}\frac{\partial(F, G)}{\partial(u, x)}, \quad \frac{\partial v}{\partial y} = -\frac{1}{J}\frac{\partial(F, G)}{\partial(u, y)}.$$

3. 多元函数微分法的应用

■ 几何应用

（1）求空间曲线的切线与法平面

参数式方程表示的曲线的切线和法平面 设空间曲线 Γ 的方程为

$$x = x(t), \quad y = y(t), \quad z = z(t), \quad \alpha \leqslant t \leqslant \beta.$$

设 $P_0(x_0, y_0, z_0)$，$P_1(x_0 + \Delta x, y_0 + \Delta y, z_0 + \Delta z)$ 为曲线 Γ 上对应于参量 $t_0, t_0 + \Delta t$ 的两个点，$x'(t_0)$，$y'(t_0)$，$z'(t_0)$ 存在且不同时为零，则曲线 Γ 在 P_0 处的切线方程为

$$\frac{x - x_0}{x'(t_0)} = \frac{y - y_0}{y'(t_0)} = \frac{z - z_0}{z'(t_0)}.$$

过点 P_0 且与其切线垂直的平面(过点 P_0 且与 P_0 处的切线垂直的所有直线都在此平面上),称为曲线 Γ 在点 P_0 处的法平面.法平面方程为

$$x'(t_0)(x-x_0)+y'(t_0)(y-y_0)+z'(t_0)(z-z_0)=0.$$

一般方程形式表示的曲线的切线和法平面方程 设曲线 Γ 的方程为

$$\begin{cases}F(x,y,z)=0,\\G(x,y,z)=0,\end{cases}$$

在点 $P_0(x_0,y_0,z_0)$ 的某邻域内,F,G 对各个变量有连续偏导数,且

$$\left.\frac{\partial(F,G)}{\partial(y,z)}\right|_{P_0},\ \left.\frac{\partial(F,G)}{\partial(z,x)}\right|_{P_0},\ \left.\frac{\partial(F,G)}{\partial(x,y)}\right|_{P_0}$$

不同时为零,则曲线在点 P_0 处的切线方程为

$$\frac{x-x_0}{\left.\frac{\partial(F,G)}{\partial(y,z)}\right|_{P_0}}=\frac{y-y_0}{\left.\frac{\partial(F,G)}{\partial(z,x)}\right|_{P_0}}=\frac{z-z_0}{\left.\frac{\partial(F,G)}{\partial(x,y)}\right|_{P_0}}.$$

相应的法平面方程为

$$\left|\begin{matrix}F'_y & F'_z\\G'_y & G'_z\end{matrix}\right|_{P_0}(x-x_0)+\left|\begin{matrix}F'_z & F'_x\\G'_z & G'_x\end{matrix}\right|_{P_0}(y-y_0)+\left|\begin{matrix}F'_x & F'_y\\G'_x & G'_y\end{matrix}\right|_{P_0}(z-z_0)=0.$$

(2) 求曲面的切平面与法线

① 若曲面 Σ 的方程为 $F(x,y,z)=0$,$P_0(x_0,y_0,z_0)$ 为曲面 Σ 上一点,设 F'_x,F'_y,F'_z 在 P_0 处连续且不同时为零,则曲面在点 P_0 处的切平面方程为

$$F'_x(P_0)(x-x_0)+F'_y(P_0)(y-y_0)+F'_z(P_0)(z-z_0)=0.$$

过点 P_0 且以法向量 $\boldsymbol{n}$ 为方向向量的直线称为曲面在 P_0 处的法线,其方程为

$$\frac{x-x_0}{F'_x(P_0)}=\frac{y-y_0}{F'_y(P_0)}=\frac{z-z_0}{F'_z(P_0)}.$$

② 若曲面方程为 $z=f(x,y)$,且 f 可微,令 $F(x,y,z)=f(x,y)-z$,则有 $F'_x=f'_x$,$F'_y=f'_y$,$F'_z=-1$.故曲面在点 $P_0(x_0,y_0,z_0)$ 处的切平面方程为

$$f'_x(P_0)(x-x_0)+f'_y(P_0)(y-y_0)-(z-z_0)=0,$$

法线方程为

$$\frac{x-x_0}{f'_x(x_0,y_0)}=\frac{y-y_0}{f'_y(x_0,y_0)}=\frac{z-z_0}{-1}.$$

③ 设曲面 Σ 的方程为

$$x=x(u,v),\ y=y(u,v),\ z=z(u,v),\quad(u,v)\in D$$

(D 为 xOy 平面内的区域),$P_0(x_0,y_0,z_0)$ 为曲面 Σ 上的一点,x,y,z 在包

含 P_0 点的某邻域内有连续的偏导数,

$$\frac{\partial(x,y)}{\partial(u,v)}\bigg|_{P_0}, \quad \frac{\partial(y,z)}{\partial(u,v)}\bigg|_{P_0}, \quad \frac{\partial(z,x)}{\partial(u,v)}\bigg|_{P_0}$$

不同时为零,则曲面 Σ 在 P_0 处的切平面方程为

$$\frac{\partial(y,z)}{\partial(u,v)}\bigg|_{P_0}(x-x_0) + \frac{\partial(z,x)}{\partial(u,v)}\bigg|_{P_0}(y-y_0) + \frac{\partial(x,y)}{\partial(u,v)}\bigg|_{P_0}(z-z_0) = 0.$$

相应地,曲面 Σ 在 P_0 处的法线方程为

$$\frac{x-x_0}{\dfrac{\partial(y,z)}{\partial(u,v)}\bigg|_{P_0}} = \frac{y-y_0}{\dfrac{\partial(z,x)}{\partial(u,v)}\bigg|_{P_0}} = \frac{z-z_0}{\dfrac{\partial(x,y)}{\partial(u,v)}\bigg|_{P_0}}.$$

■ **求多元函数的极值及最大值、最小值**

设函数 $z=f(x,y)$ 在 $P_0(x_0,y_0)$ 的某邻域 $U(P_0)$ 内有定义. 如果对于任一点 $P(x,y) \in U(P_0)$,有

$$f(x_0,y_0) \leqslant f(x,y) \quad (或 f(x_0,y_0) \geqslant f(x,y)),$$

则称函数 $f(x,y)$ 在 $P_0(x_0,y_0)$ 处取得极小值(极大值),点 $P_0(x_0,y_0)$ 称为函数 $f(x,y)$ 的极小值点(极大值点).

函数取得极值的必要条件　如果函数 $z=f(x,y)$ 在点 (x_0,y_0) 取得极值,且 $f(x,y)$ 在点 (x_0,y_0) 可偏导,则必有

$$f'_x(x_0,y_0) = 0, \quad f'_y(x_0,y_0) = 0.$$

函数取得极值的充分条件　设函数 $f(x,y)$ 在点 $P_0(x_0,y_0)$ 的邻域内存在二阶连续偏导数,且 $f'_x(x_0,y_0)=0$,$f'_y(x_0,y_0)=0$. 记

$$f''_{xx}(x_0,y_0) = A, \quad f''_{xy}(x_0,y_0) = B, \quad f''_{yy}(x_0,y_0) = C,$$

则有

① 当 $AC-B^2>0$ 时,(x_0,y_0) 是极值点,且当 $A>0$ 时,$P_0(x_0,y_0)$ 为极小值点;当 $A<0$ 时,$P_0(x_0,y_0)$ 是极大值点;

② 当 $AC-B^2<0$ 时,$P_0(x_0,y_0)$ 不是极值点;

③ 当 $AC-B^2=0$ 时,不能判定 $P_0(x_0,y_0)$ 是否为极值点.

无条件极值问题(函数中的自变量只受定义域约束的极值问题)　具有二阶连续偏导数的函数 $z=f(x,y)$ 的极值的求解步骤如下:

① 求解方程组 $f'_x(x_0,y_0)=0$,$f'_y(x_0,y_0)=0$,求出 $f(x,y)$ 在定义域内的所有驻点.

② 求出每个驻点处的二阶偏导数以及 A,B,C.

③ 定出每个驻点处 $AC - B^2$ 的符号，由充分条件来判断其是否为极值点. 若是极值点，再来讨论是极大值点，还是极小值点.

条件极值问题(函数中的自变量除受定义域约束外，还受其他条件限制的极值问题)　例如：求函数 $z = f(x, y)$ 在约束条件 $\varphi(x, y) = 0$ 下的极值，其求解方法为拉格朗日乘数法. 具体步骤如下：

① 构造拉格朗日函数

$$F(x, y, \lambda) = f(x, y) + \lambda \varphi(x, y).$$

② 求 $F(x, y, \lambda)$ 的所有可能极值点，即解方程组

$$\begin{cases} F'_x = f'_x(x_0, y_0) + \lambda \varphi'_x(x_0, y_0) = 0, \\ F'_y = f'_y(x_0, y_0) + \lambda \varphi'_y(x_0, y_0) = 0, \\ F'_\lambda = \varphi(x_0, y_0) = 0. \end{cases}$$

③ 判断所求出的可能极值点是否为目标函数的极值点.

与一元函数相类似，可以利用函数的极值来求函数的最大值和最小值. 一般方法是：将函数的所有可能极值点处的函数值与其在边界上的最大值和最小值相比较，其中最大的就是最大值，最小的就是最小值. 在通常遇到的实际问题中，如果根据问题的性质，知道函数的最大值(最小值)一定在区域内部取得，而函数在区域内只有一个驻点，那么可以肯定该驻点处的函数值就是函数在区域上的最大值(最小值).

二、典型例题分析

【例1】　设 $f\left(x + y, \dfrac{y}{x}\right) = x^2 - y^2$，求 $f(x, y)$.

解　令 $u = x + y$，$v = \dfrac{y}{x}$，解得 $x = \dfrac{u}{1 + v}$，$y = \dfrac{uv}{1 + v}$，于是

$$f(u, v) = \left(\frac{u}{1 + v}\right)^2 - \left(\frac{uv}{1 + v}\right)^2 = \frac{u^2(1 - v)}{1 + v}.$$

故 $f(x, y) = \dfrac{x^2(1 - y)}{1 + y}$ $(y \neq -1)$.

【例 2】　求下列极限:

(1) $\lim\limits_{(x,y)\to(0,0)} \dfrac{1-\cos(x^2+y^2)}{x^2 y^2 (x^2+y^2)}$;　　　　(2) $\lim\limits_{(x,y)\to(0,0)} \dfrac{\sin(x^4+y^4)}{x^2+y^2}$.

解　(1) $\lim\limits_{(x,y)\to(0,0)} \dfrac{1-\cos(x^2+y^2)}{x^2 y^2 (x^2+y^2)} = \lim\limits_{(x,y)\to(0,0)} \dfrac{(x^2+y^2)^2}{2x^2 y^2 (x^2+y^2)}$

$$= \frac{1}{2} \lim\limits_{(x,y)\to(0,0)} \left(\frac{1}{x^2} + \frac{1}{y^2} \right) = +\infty.$$

(2) 由于

$$0 \leqslant \frac{\sin(x^4+y^4)}{x^2+y^2} \leqslant \frac{x^4+y^4}{x^2+y^2} \leqslant \frac{(x^2+y^2)^2}{x^2+y^2} = x^2+y^2,$$

而 $\lim\limits_{(x,y)\to(0,0)} (x^2+y^2) = 0$, 故 $\lim\limits_{(x,y)\to(0,0)} \dfrac{\sin(x^4+y^4)}{x^2+y^2} = 0$.

【例 3】　讨论下列极限的存在性:

(1) $\lim\limits_{\substack{x\to 0 \\ y\to 0}} \dfrac{\sqrt{xy+1}-1}{x+y}$;　　　　(2) $\lim\limits_{\substack{x\to 0 \\ y\to 0}} \dfrac{\mathrm{e}^x - \mathrm{e}^y}{\sin(x+y)}$.

解　(1) 因为

$$\lim\limits_{\substack{x\to 0 \\ y=x\to 0}} \frac{\sqrt{xy+1}-1}{x+y} = \lim\limits_{x\to 0} \frac{\sqrt{1+x^2}-1}{2x} = \lim\limits_{x\to 0} \frac{x^2}{4x} = 0,$$

$$\lim\limits_{\substack{x\to 0 \\ y=x^2-x\to 0}} \frac{\sqrt{xy+1}-1}{x+y} = \lim\limits_{x\to 0} \frac{\sqrt{1+x^3-x^2}-1}{x^2} = \lim\limits_{x\to 0} \frac{x^3-x^2}{2x^2} = -\frac{1}{2},$$

故 $\lim\limits_{\substack{x\to 0 \\ y\to 0}} \dfrac{\sqrt{xy+1}-1}{x+y}$ 不存在.

(2) 因为

$$\lim\limits_{\substack{x\to 0 \\ y=x\to 0}} \frac{\mathrm{e}^x - \mathrm{e}^y}{\sin(x+y)} = 0, \quad \lim\limits_{\substack{x\to 0 \\ y=0}} \frac{\mathrm{e}^x - \mathrm{e}^y}{\sin(x+y)} = \lim\limits_{x\to 0} \frac{\mathrm{e}^x - 1}{\sin x} = 1,$$

所以 $\lim\limits_{\substack{x\to 0 \\ y\to 0}} \dfrac{\mathrm{e}^x - \mathrm{e}^y}{\sin(x+y)}$ 不存在.

【例 4】　求 $f(x,y) = \begin{cases} \dfrac{x\sin(x-2y)}{x-2y}, & x \neq 2y \\ 0, & x = 2y \end{cases}$ 的间断点.

解　易知, 间断点在直线 $x = 2y$ 上. 又

$$\lim_{\substack{x \to 0 \\ y \to 0}} f(x,y) = \lim_{\substack{x \to 0 \\ y \to 0}} x \cdot \frac{\sin(x - 2y)}{x - 2y} = 0 = f(0,0),$$

可知 $f(x,y)$ 在点 $(0,0)$ 处连续.

若 $x_0 = 2y_0 \neq 0$,则

$$\lim_{\substack{x \to x_0 \\ y \to y_0 = \frac{x_0}{2}}} f(x,y) = \lim_{x \to 2y_0} x \cdot \frac{\sin(x - 2y)}{x - 2y} = 2y_0 \neq f(x_0,y_0) = 0,$$

故所求间断点为直线 $x = 2y$ 上除 $(0,0)$ 外的其他点.

【例5】 二元函数 $f(x,y)$ 在点 (x_0,y_0) 处两个偏导数 $f_x'(x_0,y_0)$,$f_y'(x_0,y_0)$ 存在是 $f(x,y)$ 在该点连续的(   ).

A. 充分条件而非必要条件   B. 必要条件而非充分条件

C. 充分必要条件   D. 既非充分条件也非必要条件

解 正确选项为 D. 举例排除其他选项.

取 $f(x,y) = \begin{cases} \dfrac{xy}{x^2 + y^2}, & (x,y) \neq (0,0), \\ 0, & (x,y) = (0,0), \end{cases}$ 则

$$\lim_{\substack{(x,y) \to (0,0) \\ y = kx}} f(x,y) = \lim_{\substack{(x,y) \to (0,0) \\ y = kx}} \frac{x \cdot kx}{x^2 + k^2 x^2} = \frac{k}{1 + k^2}.$$

此极限随 k 的变化而变化,故 $\lim\limits_{(x,y) \to (0,0)} f(x,y)$ 不存在,因而 $f(x,y)$ 在点 $(0,0)$ 处不连续. 但是 $\dfrac{\partial f}{\partial x}\Big|_{(0,0)} = \lim\limits_{x \to 0} \dfrac{f(x,0) - f(0,0)}{x} = 0$,同理 $\dfrac{\partial f}{\partial y}\Big|_{(0,0)} = 0$,$f(x,y)$ 在 $(0,0)$ 处偏导数存在. 从而排除 A,C.

另取 $f(x,y) = \begin{cases} (x + y) \sin \dfrac{1}{x + y}, & (x,y) \neq (0,0), \\ 0, & (x,y) = (0,0), \end{cases}$ 则

$$\lim_{(x,y) \to (0,0)} f(x,y) = \lim_{(x,y) \to (0,0)} (x + y) \sin \frac{1}{x + y} = 0 = f(0,0),$$

所以,$f(x,y)$ 在点 $(0,0)$ 处连续. 但

$$\lim_{x \to 0} \frac{f(x,0) - f(0,0)}{x} = \lim_{x \to 0} \frac{x \sin \frac{1}{x} - 0}{x} = \lim_{x \to 0} \sin \frac{1}{x},$$

此极限不存在,即 $f_x'(0,0)$ 不存在. 同理 $f_y'(0,0)$ 也不存在. 排除 B.

注:对于一元函数,连续是可导的必要条件,但对于多元函数,在某点连续与偏导数存在之间无必然的关系.

【例 6】　设 $z = f\left(xy, \dfrac{x}{y}\right) + g\left(\dfrac{y}{x}\right)$，其中 f 具有二阶连续偏导数，g 具

有二阶连续导数，求 $\dfrac{\partial^2 z}{\partial x\,\partial y}$.

解　从题设条件中就可看出 $f\left(xy, \dfrac{x}{y}\right)$，$g\left(\dfrac{y}{x}\right)$ 的不同，前者有两个中间

变量，后者只有一个中间变量.

$$\frac{\partial z}{\partial x} = y f_1' + \frac{1}{y} f_2' - \frac{y}{x^2} g',$$

$$\frac{\partial^2 z}{\partial x\,\partial y} = f_1' + y\left(x f_{11}'' - \frac{x}{y^2} f_{12}''\right) - \frac{1}{y^2} f_2' + \frac{1}{y}\left(x f_{21}'' - \frac{x}{y^2} f_{22}''\right) - \frac{1}{x^2} g' - \frac{y}{x^3} g''$$

$$= f_1' - \frac{1}{y^2} f_2' + xy f_{11}'' - \frac{x}{y^3} f_{22}'' - \frac{1}{x^2} g' - \frac{y}{x^3} g''.$$

【例 7】　设 $z = f(x^2 - y^2, \mathrm{e}^{xy})$，其中 f 有二阶连续偏导数，求 $\dfrac{\partial^2 z}{\partial x^2}, \dfrac{\partial^2 z}{\partial x\,\partial y}$.

解　令 $u = x^2 - y^2$，$v = \mathrm{e}^{xy}$，$z = f(u, v)$，记 $\dfrac{\partial f}{\partial u} = f_1'$，$\dfrac{\partial f}{\partial v} = f_2'$，则

$$\frac{\partial z}{\partial x} = \frac{\partial f}{\partial u}\frac{\partial u}{\partial x} + \frac{\partial f}{\partial v}\frac{\partial v}{\partial x} = 2x f_1' + y\,\mathrm{e}^{xy} f_2',$$

$$\frac{\partial^2 z}{\partial x^2} = \frac{\partial}{\partial x}(2x f_1' + y\,\mathrm{e}^{xy} f_2')$$

$$= 2 f_1' + 2x\,\frac{\partial f_1'}{\partial x} + y^2\,\mathrm{e}^{xy} f_2' + y\,\mathrm{e}^{xy}\,\frac{\partial f_2'}{\partial x}$$

$$= 2 f_1' + y^2\,\mathrm{e}^{xy} f_2' + 2x\left(\frac{\partial f_1'}{\partial u}\frac{\partial u}{\partial x} + \frac{\partial f_1'}{\partial v}\frac{\partial v}{\partial x}\right) + y\,\mathrm{e}^{xy}\left(\frac{\partial f_2'}{\partial u}\frac{\partial u}{\partial x} + \frac{\partial f_2'}{\partial v}\frac{\partial v}{\partial x}\right)$$

$$= 2 f_1' + y^2\,\mathrm{e}^{xy} f_2' + 2x(2x f_{11}'' + y\,\mathrm{e}^{xy} f_{12}'') + y\,\mathrm{e}^{xy}(2x f_{21}'' + y\,\mathrm{e}^{xy} f_{22}'')$$

$$= 2 f_1' + y^2\,\mathrm{e}^{xy} f_2' + 4x^2 f_{11}'' + 4xy\,\mathrm{e}^{xy} f_{12}'' + y^2\,\mathrm{e}^{2xy} f_{22}'',$$

$$\frac{\partial^2 z}{\partial x\,\partial y} = \frac{\partial}{\partial y}(2x f_1' + y\,\mathrm{e}^{xy} f_2')$$

$$= 2x\,\frac{\partial f_1'}{\partial y} + y\,\mathrm{e}^{xy}\,\frac{\partial f_2'}{\partial y} + (\mathrm{e}^{xy} + xy\,\mathrm{e}^{xy}) f_2'$$

$$= 2x\left(\frac{\partial f_1'}{\partial u}\frac{\partial u}{\partial y} + \frac{\partial f_1'}{\partial v}\frac{\partial v}{\partial y}\right) + y\,\mathrm{e}^{xy}\left(\frac{\partial f_2'}{\partial u}\frac{\partial u}{\partial y} + \frac{\partial f_2'}{\partial v}\frac{\partial v}{\partial y}\right) + \mathrm{e}^{xy}(1 + xy) f_2'$$

$$= 2x(-2y f_{11}'' + x\,\mathrm{e}^{xy} f_{12}'') + y\,\mathrm{e}^{xy}(-2y f_{21}'' + x\,\mathrm{e}^{xy} f_{22}'')$$

$$\quad + \mathrm{e}^{xy}(1 + xy) f_2'$$

$$= -4xy f_{11}'' + 2(x^2 - y^2)\mathrm{e}^{xy} f_{12}'' + xy\,\mathrm{e}^{2xy} f_{22}'' + \mathrm{e}^{xy}(1 + xy) f_2'.$$

注：解此类题时，要注意到 $\dfrac{\partial f}{\partial u}=f'_1$，$\dfrac{\partial f}{\partial v}=f'_2$ 仍是 u,v 的二元函数.

【例8】 设函数 $y=y(x)$ 由方程 $\arctan\dfrac{y}{x}=\ln\sqrt{x^2+y^2}$ 所确定，求 $\dfrac{\mathrm{d}y}{\mathrm{d}x},\dfrac{\mathrm{d}^2y}{\mathrm{d}x^2}$.

解 设 $F(x,y)=\arctan\dfrac{y}{x}-\ln\sqrt{x^2+y^2}=0$，则

$$\frac{\partial F}{\partial x}=\frac{1}{1+\left(\dfrac{y}{x}\right)^2}\cdot\left(-\frac{y}{x^2}\right)-\frac{x}{x^2+y^2}=-\frac{x+y}{x^2+y^2},$$

$$\frac{\partial F}{\partial y}=\frac{1}{1+\left(\dfrac{y}{x}\right)^2}\cdot\frac{1}{x}-\frac{y}{x^2+y^2}=\frac{x-y}{x^2+y^2}.$$

于是 $\dfrac{\mathrm{d}y}{\mathrm{d}x}=-\dfrac{F'_x}{F'_y}=\dfrac{x+y}{x-y}$，

$$\frac{\mathrm{d}^2y}{\mathrm{d}x^2}=\frac{\mathrm{d}}{\mathrm{d}x}\left(\frac{\mathrm{d}y}{\mathrm{d}x}\right)=\frac{\left(1+\dfrac{\mathrm{d}y}{\mathrm{d}x}\right)(x-y)-(x+y)\left(1-\dfrac{\mathrm{d}y}{\mathrm{d}x}\right)}{(x-y)^2}$$

$$=\frac{(x-y)+(x+y)}{(x-y)^2}\cdot\frac{\mathrm{d}y}{\mathrm{d}x}+\frac{(x-y)-(x+y)}{(x-y)^2}$$

$$=\frac{2x}{(x-y)^2}\cdot\frac{x+y}{x-y}-\frac{2y}{(x-y)^2}=\frac{2(x^2+y^2)}{(x-y)^3}.$$

【例9】 设 $u=f(x,y,z)$，$\varphi(x^2,\mathrm{e}^y,z)=0$，$y=\sin x$，其中 f,φ 具有一阶连续偏导数，且 $\dfrac{\partial\varphi}{\partial z}\neq0$，求 $\dfrac{\mathrm{d}u}{\mathrm{d}x}$.

解 $\dfrac{\mathrm{d}u}{\mathrm{d}x}=f'_x+f'_y\cdot\dfrac{\mathrm{d}y}{\mathrm{d}x}+f'_z\cdot\dfrac{\mathrm{d}z}{\mathrm{d}x}$. 由 $y=\sin x$，得 $\dfrac{\mathrm{d}y}{\mathrm{d}x}=\cos x$. 将方程 $\varphi(x^2,\mathrm{e}^y,z)=0$ 两边关于 x 求导，

$$2x\cdot\varphi'_1+\mathrm{e}^y\cdot\cos x\cdot\varphi'_2+\varphi'_3\cdot\frac{\mathrm{d}z}{\mathrm{d}x}=0,$$

解得 $\dfrac{\mathrm{d}z}{\mathrm{d}x}=-\dfrac{2x\cdot\varphi'_1+\mathrm{e}^y\cos x\cdot\varphi'_2}{\varphi'_3}$. 所以

$$\frac{\mathrm{d}u}{\mathrm{d}x}=f'_x+f'_y\cdot\frac{\mathrm{d}y}{\mathrm{d}x}+f'_z\cdot\frac{\mathrm{d}z}{\mathrm{d}x}$$

$$=f'_x+\cos x\cdot f'_y-\frac{2x\cdot\varphi'_1+\mathrm{e}^y\cos x\cdot\varphi'_2}{\varphi'_3}\cdot f'_z.$$

注：在这类包含有隐函数的题的求解过程中，首先要考虑清楚变量之间的关系，区分清楚自变量和因变量.

【例 10】　求由方程 $xyz + \sqrt{x^2 + y^2 + z^2} = \sqrt{2}$ 所确定的函数 $z = z(x, y)$ 在点 $(1, 0, -1)$ 处的全微分 $\mathrm{d}z$.

解法 1　令 $F(x, y, z) = xyz + \sqrt{x^2 + y^2 + z^2} - \sqrt{2} = 0$，则

$$F'_x = yz + \frac{x}{\sqrt{x^2 + y^2 + z^2}}, \quad F'_y = xz + \frac{y}{\sqrt{x^2 + y^2 + z^2}},$$

$$F'_z = xy + \frac{z}{\sqrt{x^2 + y^2 + z^2}},$$

$$\frac{\partial z}{\partial x}\bigg|_{(1,0,-1)} = -\frac{F'_x}{F'_z}\bigg|_{(1,0,-1)} = -\frac{yz\sqrt{x^2 + y^2 + z^2} + x}{xy\sqrt{x^2 + y^2 + z^2} + z}\bigg|_{(1,0,-1)} = 1,$$

$$\frac{\partial z}{\partial y}\bigg|_{(1,0,-1)} = -\frac{F'_y}{F'_z}\bigg|_{(1,0,-1)} = -\frac{xz\sqrt{x^2 + y^2 + z^2} + y}{xy\sqrt{x^2 + y^2 + z^2} + z}\bigg|_{(1,0,-1)} = -\sqrt{2},$$

故 $\mathrm{d}z = \mathrm{d}x - \sqrt{2}\,\mathrm{d}y$.

解法 2　原方程两边求全微分，$\mathrm{d}(xyz) + \mathrm{d}(\sqrt{x^2 + y^2 + z^2}) = 0$，于是

$$yz\,\mathrm{d}x + xz\,\mathrm{d}y + xy\,\mathrm{d}z + \frac{x\,\mathrm{d}x + y\,\mathrm{d}y + z\,\mathrm{d}z}{\sqrt{x^2 + y^2 + z^2}} = 0.$$

将点 $(1, 0, -1)$ 代入，得 $-\mathrm{d}y + \dfrac{\mathrm{d}x - \mathrm{d}z}{\sqrt{2}} = 0$，故 $\mathrm{d}z = \mathrm{d}x - \sqrt{2}\,\mathrm{d}y$.

注：从上面的求解过程可以看到，对于此类题用微分的形式不变性求解比较简便.

【例 11】　设 $f(u, v)$ 具有二阶连续偏导数，且满足 $\dfrac{\partial^2 f}{\partial u^2} + \dfrac{\partial^2 f}{\partial v^2} = 1$，又

$g(x, y) = f\left(xy, \dfrac{1}{2}(x^2 - y^2)\right)$，求 $\dfrac{\partial^2 g}{\partial x^2} + \dfrac{\partial^2 g}{\partial y^2}$.

解　由一阶全微分形式不变性，得

$$\mathrm{d}g(x, y) = \mathrm{d}f\left(xy, \frac{1}{2}(x^2 - y^2)\right) = \frac{\partial f}{\partial u}\mathrm{d}(xy) + \frac{1}{2}\frac{\partial f}{\partial v}\mathrm{d}(x^2 - y^2)$$

$$= \frac{\partial f}{\partial u}(y\,\mathrm{d}x + x\,\mathrm{d}y) + \frac{\partial f}{\partial v}(x\,\mathrm{d}x - y\,\mathrm{d}y)$$

$$= \left(y \frac{\partial f}{\partial u} + x \frac{\partial f}{\partial v} \right) \mathrm{d}x + \left(x \frac{\partial f}{\partial u} - y \frac{\partial f}{\partial v} \right) \mathrm{d}y.$$

从而有 $\dfrac{\partial g}{\partial x} = y \dfrac{\partial f}{\partial u} + x \dfrac{\partial f}{\partial v}$, $\dfrac{\partial g}{\partial y} = x \dfrac{\partial f}{\partial u} - y \dfrac{\partial f}{\partial v}$,

$$\frac{\partial^2 g}{\partial x^2} = y \frac{\partial}{\partial x} \left(\frac{\partial f}{\partial u} \right) + x \frac{\partial}{\partial x} \left(\frac{\partial f}{\partial v} \right) + \frac{\partial f}{\partial v}$$

$$= y \left(y \frac{\partial^2 f}{\partial u^2} + x \frac{\partial^2 f}{\partial u \partial v} \right) + x \left(y \frac{\partial^2 f}{\partial u \partial v} + x \frac{\partial^2 f}{\partial v^2} \right) + \frac{\partial f}{\partial v}$$

$$= y^2 \frac{\partial^2 f}{\partial u^2} + 2xy \frac{\partial^2 f}{\partial u \partial v} + x^2 \frac{\partial^2 f}{\partial v^2} + \frac{\partial f}{\partial v},$$

$$\frac{\partial^2 g}{\partial y^2} = x \frac{\partial}{\partial y} \left(\frac{\partial f}{\partial u} \right) - y \frac{\partial}{\partial y} \left(\frac{\partial f}{\partial v} \right) - \frac{\partial f}{\partial v}$$

$$= x \left(x \frac{\partial^2 f}{\partial u^2} - y \frac{\partial^2 f}{\partial u \partial v} \right) - y \left(x \frac{\partial^2 f}{\partial u \partial v} - y \frac{\partial^2 f}{\partial v^2} \right) - \frac{\partial f}{\partial v}$$

$$= x^2 \frac{\partial^2 f}{\partial u^2} - 2xy \frac{\partial^2 f}{\partial u \partial v} + y^2 \frac{\partial^2 f}{\partial v^2} - \frac{\partial f}{\partial v},$$

所以 $\dfrac{\partial^2 g}{\partial x^2} + \dfrac{\partial^2 g}{\partial y^2} = (y^2 + x^2) \dfrac{\partial^2 f}{\partial u^2} + (x^2 + y^2) \dfrac{\partial^2 f}{\partial v^2} = x^2 + y^2.$

【例 12】 已知函数 $u = u(x, y)$ 满足方程

$$\frac{\partial^2 u}{\partial x^2} - \frac{\partial^2 u}{\partial y^2} + A \left(\frac{\partial u}{\partial x} + \frac{\partial u}{\partial y} \right) = 0,$$

试选择参数 α, β，利用变换 $u(x, y) = v(x, y) \mathrm{e}^{\alpha x + \beta y}$ 将原方程变形，使新方程中不出现一阶偏导数项.

解 $\dfrac{\partial u}{\partial x} = \dfrac{\partial v}{\partial x} \mathrm{e}^{\alpha x + \beta y} + v \alpha \mathrm{e}^{\alpha x + \beta y} = \left(\dfrac{\partial v}{\partial x} + \alpha v \right) \mathrm{e}^{\alpha x + \beta y}$,

$$\frac{\partial^2 u}{\partial x^2} = \left(\frac{\partial^2 v}{\partial x^2} + 2\alpha \frac{\partial v}{\partial x} + \alpha^2 v \right) \mathrm{e}^{\alpha x + \beta y},$$

$$\frac{\partial u}{\partial y} = \left(\frac{\partial v}{\partial y} + \beta v \right) \mathrm{e}^{\alpha x + \beta y},$$

$$\frac{\partial^2 u}{\partial y^2} = \left(\frac{\partial^2 v}{\partial y^2} + 2\beta \frac{\partial v}{\partial y} + \beta^2 v \right) \mathrm{e}^{\alpha x + \beta y}.$$

将以上各式代入所给方程并消去 $\mathrm{e}^{\alpha x + \beta y}$，得

$$\frac{\partial^2 v}{\partial^2 x} - \frac{\partial^2 v}{\partial^2 y} + (2\alpha + A) \frac{\partial v}{\partial x} + (-2\beta + A) \frac{\partial v}{\partial y} + (\alpha^2 - \beta^2 + A\alpha + A\beta) v = 0.$$

由题意可知，应令 $2\alpha + A = 0, -2\beta + A = 0$. 解得 $\alpha = -\dfrac{A}{2}, \beta = \dfrac{A}{2}$，此时

$$\alpha^2 - \beta^2 + A\alpha + A\beta = 0.$$

故令 $u(x,y) = v(x,y)\mathrm{e}^{\frac{A}{2}(-x+y)}$ 时，原方程变形为 $\dfrac{\partial^2 v}{\partial x^2} - \dfrac{\partial^2 v}{\partial y^2} = 0.$

【例 13】　设 $y = y(x), z = z(x)$ 是由方程 $z = xf(x+y)$ 和 $F(x,y,z) = 0$ 确定的函数，其中 f 和 F 分别具有一阶连续导数和一阶连续偏导数，求 $\dfrac{\mathrm{d}z}{\mathrm{d}x}, \dfrac{\mathrm{d}y}{\mathrm{d}x}.$

解法 1　对方程组 $\begin{cases} z = xf(x+y), \\ F(x,y,z) = 0 \end{cases}$ 两端关于 x 求偏导数，得

$$\begin{cases} \dfrac{\mathrm{d}z}{\mathrm{d}x} = f + x\left(1 + \dfrac{\mathrm{d}y}{\mathrm{d}x}f'\right), \\[3mm] \dfrac{\partial F}{\partial x} + \dfrac{\mathrm{d}y}{\mathrm{d}x}\dfrac{\partial F}{\partial y} + \dfrac{\mathrm{d}z}{\mathrm{d}x}\dfrac{\partial z}{\partial x} = 0. \end{cases}$$

整理得

$$\begin{cases} -xf'\dfrac{\mathrm{d}y}{\mathrm{d}x} + \dfrac{\mathrm{d}z}{\mathrm{d}x} = f + xf', \\[3mm] F_y'\dfrac{\mathrm{d}y}{\mathrm{d}x} + F_z'\dfrac{\mathrm{d}z}{\mathrm{d}x} = -F_x'. \end{cases}$$

当 $\begin{vmatrix} -xf' & 1 \\ F_y' & F_z' \end{vmatrix} = -xF_z'f' - F_y' \neq 0$ 时，

$$\dfrac{\mathrm{d}y}{\mathrm{d}x} = \dfrac{1}{-xF_z'f' - F_y'}\begin{vmatrix} f + xf' & 1 \\ -F_x' & F_z' \end{vmatrix} = \dfrac{(f + xf')F_z' + F_x'}{-xF_z'f' - F_y'},$$

$$\dfrac{\mathrm{d}z}{\mathrm{d}x} = \dfrac{1}{-xF_z'f' - F_y'}\begin{vmatrix} -xf' & f + xf' \\ F_y' & -F_x' \end{vmatrix} = \dfrac{(f + xf')F_y' - xF_x'f'}{xF_z'f' + F_y'}.$$

解法 2　方程组 $\begin{cases} z = xf(x+y), \\ F(x,y,z) = 0 \end{cases}$ 中的方程两边分别求微分，得

$$\begin{cases} \mathrm{d}z = f\mathrm{d}x + x(\mathrm{d}x + \mathrm{d}y)f', \\ F_x'\mathrm{d}x + F_y'\mathrm{d}y + F_z'\mathrm{d}z = 0. \end{cases}$$

整理得

$$\begin{cases} -xf'\mathrm{d}y + \mathrm{d}z = (f + xf')\mathrm{d}x, \\ F_y'\mathrm{d}y + F_z'\mathrm{d}z = -F_x'\mathrm{d}x. \end{cases}$$

当 $\begin{vmatrix} -xf' & 1 \\ F_y' & F_z' \end{vmatrix} = -xF_z'f' - F_y' \neq 0$ 时，

$$dy = \frac{1}{-xF'_zf'-F'_y} \begin{vmatrix} (f+xf')dx & 1 \\ -F'_xdx & F'_z \end{vmatrix} = \frac{(f+xf')F'_z+F'_x}{-xF'_zf'-F'_y}dx,$$

$$dz = \frac{1}{-xF'_zf'-F'_y} \begin{vmatrix} -xf' & (f+xf')dx \\ F'_y & -F'_xdx \end{vmatrix} = \frac{(f+xf')F'_y-xF'_xf'}{xF'_zf'+F'_y}dx,$$

从而

$$\frac{dy}{dx} = \frac{(f+xf')F'_z+F'_x}{-xF'_zf'-F'_y}, \quad \frac{dz}{dx} = \frac{(f+xf')F'_y-xF'_xf'}{xF'_zf'+F'_y}.$$

【例 14】 求曲线 $\begin{cases} x^2+y^2+z^2=6, \\ x+y+z=0 \end{cases}$ 在点 $M(1,-2,1)$ 处的切线及法平面方程.

解 将所给方程的两边对 x 求导并移项,得

$$\begin{cases} y\dfrac{dy}{dx}+z\dfrac{dz}{dx}=-x, \\ \dfrac{dy}{dx}+\dfrac{dz}{dx}=-1. \end{cases}$$

由此得

$$\frac{dy}{dx} = \frac{\begin{vmatrix} -x & z \\ -1 & 1 \end{vmatrix}}{\begin{vmatrix} y & z \\ 1 & 1 \end{vmatrix}} = \frac{z-x}{y-z}, \quad \frac{dz}{dx} = \frac{\begin{vmatrix} y & -x \\ 1 & -1 \end{vmatrix}}{\begin{vmatrix} y & z \\ 1 & 1 \end{vmatrix}} = \frac{x-y}{y-z},$$

$$\frac{dy}{dx}\Big|_{(1,-2,1)} = 0, \quad \frac{dz}{dx}\Big|_{(1,-2,1)} = -1.$$

从而曲线在点 M 处的切向量为 $t=(1,0,-1)$,故点 M 处的切线方程为

$$\frac{x-1}{1} = \frac{y+2}{0} = \frac{z-1}{-1},$$

法平面方程为 $(x-1)+0\cdot(y+2)-(z-1)=0$,即

$$x-z=0.$$

【例 15】 曲面 $z=x^2+y^2$ 与平面 $2x+4y-z=0$ 平行的切平面方程是 _____.

解 令 $F=x^2+y^2-z=0$,得切平面的法向量为 $\boldsymbol{n}=(2x,2y,-1)$. 又已知平面的法向量为 $\boldsymbol{n}_1=(2,4,-1)$,由题意,

$$\frac{2x}{2} = \frac{2y}{4} = \frac{-1}{-1}.$$

由此求得切点的坐标为 $(1,2,5)$，所求切平面方程为
$$2(x-1)+4(y-2)-(z-5)=0,$$
化简得 $2x+4y-z=5$.

【例 16】 求二元函数 $f(x,y)=x^2(2+y^2)+y\ln y$ 的极值.

解 $f'_x(x,y)=2x(2+y^2)$，$f'_y(x,y)=2x^2y+\ln y+1$. 令
$$\begin{cases} f'_x(x,y)=0, \\ f'_y(x,y)=0, \end{cases}$$
解得唯一驻点 $\left(0,\dfrac{1}{e}\right)$. 由于
$$A=f''_{xx}\left(0,\frac{1}{e}\right)=2(2+y^2)\Big|_{\left(0,\frac{1}{e}\right)}=2\left(2+\frac{1}{e^2}\right),$$
$$B=f''_{xy}\left(0,\frac{1}{e}\right)=4xy\Big|_{\left(0,\frac{1}{e}\right)}=0,$$
$$C=f''_{yy}\left(0,\frac{1}{e}\right)=\left(2x^2+\frac{1}{y}\right)\Big|_{\left(0,\frac{1}{e}\right)}=e,$$
所以 $B^2-AC=-2e\left(2+\dfrac{1}{e^2}\right)<0$，且 $A>0$，从而 $f\left(0,\dfrac{1}{e}\right)$ 是 $f(x,y)$ 的

极小值，极小值为 $f\left(0,\dfrac{1}{e}\right)=-\dfrac{1}{e}$.

【例 17】 在椭圆 $x^2+4y^2=4$ 上求一点，使其到直线 $2x+3y-6=0$ 的
距离最短.

解 点 (x,y) 到直线 $2x+3y-6=0$ 的距离为
$$d=\frac{1}{\sqrt{13}}|2x+3y-6|,$$
因此问题变成了求函数 d 在限制条件 $x^2+4y^2=4$ 下的极值问题.

构造拉格朗日函数
$$L(x,y,\lambda)=(2x+3y-6)^2+\lambda(x^2+4y^2-4).$$
令
$$\begin{cases} \dfrac{\partial L}{\partial x}=4(2x+3y-6)+2\lambda x=0, \\[2mm] \dfrac{\partial L}{\partial y}=6(2x+3y-6)+8\lambda y=0, \\[2mm] \dfrac{\partial L}{\partial \lambda}=x^2+4y^2-4=0. \end{cases}$$

消去 λ，解得 $x_1 = \dfrac{8}{5}$，$y_1 = \dfrac{3}{5}$；$x_2 = -\dfrac{8}{5}$，$y_2 = -\dfrac{3}{5}$. 代入距离公式，得

$$d\Big|_{(x_1,y_1)} = \frac{1}{\sqrt{13}}, \quad d\Big|_{(x_2,y_2)} = \frac{11}{\sqrt{13}}.$$

由问题的实际意义知最短距离是存在的，因此 $\left(\dfrac{8}{5}, \dfrac{3}{5}\right)$ 即为所求的点.

三、教材习题全解

习题 9-1

A 类

1. 设集合 $E = \{(x,y) \mid 1 \leqslant x^2 + y^2 \leqslant 4\}$，问点 $(1,2)$，$(2,0)$，$\left(\dfrac{1}{2}, \dfrac{3}{2}\right)$，$\left(\dfrac{2}{\sqrt{2}}, \dfrac{2}{\sqrt{2}}\right)$ 分别称为集合的什么点?

解 $(1,2)$ 为外点；$(2,0)$ 为边界点，聚点；$\left(\dfrac{1}{2}, \dfrac{3}{2}\right)$ 为内点，聚点；$\left(\dfrac{2}{\sqrt{2}}, \dfrac{2}{\sqrt{2}}\right)$ 为边界点，聚点.

2. 求下列集合的内点、外点、边界点：

(1) $E_1 = \{(x,y) \mid x^2 + y^2 \leqslant 1\}$；　　　(2) $E_2 = \{(x,y) \mid x^2 \leqslant y\}$；

(3) $E_3 = \{(x,y) \mid 1 \leqslant y \leqslant x^2 + 1\}$.

解 (1) 内点：$\{(x,y) \mid x^2 + y^2 < 1\}$；外点：$\{(x,y) \mid x^2 + y^2 > 1\}$；边界点：$\{(x,y) \mid x^2 + y^2 = 1\}$.

(2) 内点：$\{(x,y) \mid x^2 < y\}$；外点：$\{(x,y) \mid x^2 > y\}$；边界点：$\{(x,y) \mid x^2 = y\}$.

(3) 内点：$\{(x,y) \mid 1 < y < x^2 + 1\}$；外点：$\{(x,y) \mid y < 1 \text{ 或 } y > x^2 + 1\}$；边界点：$\{(x,y) \mid y = 1 \text{ 或 } y = x^2 + 1\}$.

3. 判别下列各集合是否为开集、闭集、有界集及区域，并指出各集合的聚点和边界点：

(1) $E_1 = \{(x,y) \mid 1 \leqslant x \leqslant 2, \ x \leqslant y \leqslant 3\}$；

(2) $E_2 = \left\{ (x,y) \,\middle|\, 1 \leqslant \dfrac{x^2}{4} + \dfrac{y^2}{3} < 5 \right\}$；

(3) $E_3 = \{ (x,y) \mid x^3 < y^2, 0 < x \}$；　　(4) $E_4 = \{ (x,y) \mid xy \neq 0 \}$；

(5) $E_5 = \{ (x,y) \mid xy = 0 \}$.

解　(1) E_1 为有界闭区域；聚点集为 $\{ (x,y) \mid 1 \leqslant x \leqslant 2, x \leqslant y \leqslant 3 \}$；边界点集为 $\{ (x,y) \mid x = 1, 1 \leqslant y \leqslant 3$ 或 $x = 2, x \leqslant y \leqslant 3$ 或 $y = x, 1 \leqslant x \leqslant 2$ 或 $y = 3,$ $1 \leqslant x \leqslant 2 \}$.

(2) E_2 为有界集；聚点集为 $\left\{ (x,y) \,\middle|\, 1 \leqslant \dfrac{x^2}{4} + \dfrac{y^2}{3} \leqslant 5 \right\}$；边界点集为

$$\left\{ (x,y) \,\middle|\, \dfrac{x^2}{4} + \dfrac{y^2}{3} = 1 \text{ 或 } \dfrac{x^2}{4} + \dfrac{y^2}{3} = 5 \right\}.$$

(3) E_3 为无界开区域；聚点集为 $\{ (x,y) \mid x^3 \leqslant y^2, x \geqslant 0 \}$；边界点集为

$$\{ (x,y) \mid x^3 = y^2 \}.$$

(4) E_4 为无界开集；聚点集为 $\mathbf{R}^2$；边界点集为 $\{ (x,y) \mid xy = 0 \}$.

(5) E_5 为无界闭集；聚点集和边界点集均为 $\{ (x,y) \mid xy = 0 \}$.

4. 求下列函数的定义域：

(1) $z = \sqrt{x} \ \ln \sqrt{x+y}$；　　　　　　(2) $z = \sqrt{\dfrac{1-y^2}{1-x^2}}$；

(3) $z = \dfrac{\sqrt{4x - y^2}}{\ln(1 - x^2 - y^2)}$；　　　　(4) $u = \arcsin \dfrac{z}{x^2 + y^2}$.

解　(1) 定义域为 $\begin{cases} x \geqslant 0, \\ x + y > 0. \end{cases}$

(2) 定义域为 $\begin{cases} (1-x^2)(1-y^2) \geqslant 0, \\ |x| \neq 1. \end{cases}$

(3) 定义域为 $\begin{cases} 0 < x^2 + y^2 < 1, \\ y^2 \leqslant 4x. \end{cases}$

(4) 定义域为 $\begin{cases} x^2 + y^2 \neq 0, \\ |z| \leqslant x^2 + y^2. \end{cases}$

5. 求解下列各题：

(1) 设 $f\left(x+y, \dfrac{y}{x}\right) = x^2 - y^2$，求 $f(x,y)$；

(2) 设 $f(x,y) = x^2 + y^2 - xy \arctan \dfrac{x}{y}$，求 $f(tx, ty)$；

(3) 设 $f(x,y) = \begin{cases} \dfrac{xy}{\sqrt{x^2 + y^2}}, & x^2 + y^2 \neq 0, \\ 0, & x^2 + y^2 = 0, \end{cases}$ 若 $y \neq 0$，求 $f\left(1, \dfrac{x}{y}\right)$.

解 (1) 令 $x+y=u$, $\dfrac{y}{x}=v$, 则 $x=\dfrac{u}{1+v}$, $y=\dfrac{uv}{1+v}$. 于是有

$$f(u,v)=\left(\frac{u}{1+v}\right)^2-\left(\frac{uv}{1+v}\right)^2=\frac{u^2(1-v^2)}{(1+v)^2}=\frac{u^2(1-v)}{1+v},$$

故 $f(x,y)=\dfrac{x^2(1-y)}{1+y}$.

(2) $f(tx,ty)=(tx)^2+(ty)^2-t^2xy\arctan\dfrac{tx}{ty}$

$$=t^2\left(x^2+y^2-xy\arctan\frac{x}{y}\right)=t^2f(x,y).$$

(3) 因为 $y\neq 0$, 所以

$$f\left(1,\frac{x}{y}\right)=\frac{\dfrac{x}{y}}{\sqrt{1+\dfrac{x^2}{y^2}}}=\frac{x}{\sqrt{x^2+y^2}}\operatorname{sgn}y.$$

6. 设 $z=\sqrt{y}+f(\sqrt{x}-1)$. 若当 $y=1$ 时, $z=x$, 求函数 f 和 z.

解 当 $y=1$ 时, $z=x$, 故 $x=1+f(\sqrt{x}-1)$, 即 $f(\sqrt{x}-1)=x-1$. 所以

$$z=\sqrt{y}+x-1.$$

而 $f(\sqrt{x}-1)=x-1=(\sqrt{x}+1)(\sqrt{x}-1)=(\sqrt{x}-1+2)(\sqrt{x}-1)$, 所以

$$f(x)=x(x+2).$$

7. 设 $F(x,y)=\dfrac{1}{2x}f(x-y)$, $F(1,y)=\dfrac{y^2}{2}-y+5$, 求 $F(x,y)$.

解 由 $F(x,y)=\dfrac{1}{2x}f(x-y)$, 知 $F(1,y)=\dfrac{1}{2}f(1-y)$. 又 $F(1,y)=\dfrac{y^2}{2}-y+$

5, 故 $\dfrac{1}{2}f(1-y)=\dfrac{y^2}{2}-y+5$, 从而

$$f(1-y)=y^2-2y+10=(1-y)^2+9.$$

于是有 $f(u)=u^2+9$. 所以

$$F(x,y)=\frac{1}{2x}f(x-y)=\frac{1}{2x}\left[(x-y)^2+9\right].$$

$$=\!\!=\!\!= \mathbf{B} \quad 类 =\!\!=\!\!=$$

1. 证明:闭域必为闭集. 举例说明反之不成立.

证 设 D 为闭区域, 且 P 是 D 的任一聚点, 则对任意 $\delta>0$, $U(P,\delta)$ 内含有 D 的无穷多个点.

若 $\exists\delta_0$, 使 $U(P,\delta_0)\subset D$, 则 P 是 D 的内点.

若 $\exists\delta_1$, 使 $U(P,\delta_1)\not\subset D$, 即 $U(P,\delta_1)$ 中既有属于 D 的点, 也有不属于 D 的点, 则

P 为 D 的边界点. 由闭区域的定义知, $P \in D$.

综上所述, D 的所有聚点都属于 D, 故 D 是闭集.

反之不一定成立. 例如: 对 $E = \{(x,y) \mid x^2 + y^2 = 1\}$, 因为 E 之外的所有点都不是 E 的聚点, 即 E 包含所有的聚点, 故 E 是闭集; 又 E 中没有内点, 故 E 不是闭域.

2. 试仿照 $\mathbf{R}^2$ 中点的邻域的定义, 写出 $\mathbf{R}^n$ 中点的邻域的定义.

解　设 $P_0(x_1, x_2, \cdots, x_n) \in \mathbf{R}^n$, 则 P_0 的 δ- 邻域为

$$U(P_0, \delta) = \Big\{ (y_1, y_2, \cdots, y_n) \mid \sqrt{(y_1 - x_1)^2 + \cdots + (y_n - x_n)^2} < \delta,$$

$$y_i \in \mathbf{R}, i = 1, 2, \cdots, n \Big\}.$$

3. 给 n 维空间 $\mathbf{R}^n$ 的每一个元 $\boldsymbol{x} = (x_1, x_2, \cdots, x_n)$ 赋予范数

$$\| \boldsymbol{x} \| = \sqrt{x_1^2 + x_2^2 + \cdots + x_n^2}$$

后, 称 $\mathbf{R}^n$ 为欧几里得(Euclid) 空间, 其范数 $\| \boldsymbol{x} \|$ 称为向量 $\boldsymbol{x}$ 的欧几里得长度. 试证明, 范数有下列性质:

(1) $\| \boldsymbol{x} \| \geqslant 0$;

(2) $\| \lambda \boldsymbol{x} \| = | \lambda | \| \boldsymbol{x} \|, \forall \lambda \in \mathbf{R}$;

(3) $\| \boldsymbol{x} + \boldsymbol{y} \| \leqslant \| \boldsymbol{x} \| + \| \boldsymbol{y} \|, \forall \boldsymbol{x}, \boldsymbol{y} \in \mathbf{R}^n$ (三角不等式).

解　(1) $\| \boldsymbol{x} \| = \sqrt{x_1^2 + x_2^2 + \cdots + x_n^2} \geqslant 0$.

(2) $\| \lambda \boldsymbol{x} \| = \sqrt{(\lambda x_1)^2 + (\lambda x_2)^2 + \cdots + (\lambda x_n)^2} = \sqrt{\lambda^2 (x_1^2 + x_2^2 + \cdots + x_n^2)}$

$\qquad = | \lambda | \| \boldsymbol{x} \|$.

(3) 视 $\boldsymbol{x} = (x_1, x_2, \cdots, x_n)$, $\boldsymbol{y} = (y_1, y_2, \cdots, y_n)$ 为向量, $\boldsymbol{x}, \boldsymbol{y}$ 的数量积定义为

$$\boldsymbol{x} \cdot \boldsymbol{y} = x_1 y_1 + x_2 y_2 + \cdots + x_n y_n,$$

于是 $\| \boldsymbol{x} \| = \sqrt{x_1^2 + x_2^2 + \cdots + x_n^2} = \sqrt{\boldsymbol{x} \cdot \boldsymbol{x}}$. 又 $\boldsymbol{x} \cdot \boldsymbol{y} = \| \boldsymbol{x} \| \| \boldsymbol{y} \| \cos \theta \leqslant \| \boldsymbol{x} \| \| \boldsymbol{y} \|$, 从而

$$\| \boldsymbol{x} + \boldsymbol{y} \|^2 = (\boldsymbol{x} + \boldsymbol{y}) \cdot (\boldsymbol{x} + \boldsymbol{y}) = \boldsymbol{x} \cdot \boldsymbol{x} + 2 \boldsymbol{x} \cdot \boldsymbol{y} + \boldsymbol{y} \cdot \boldsymbol{y}$$

$$\leqslant \| \boldsymbol{x} \|^2 + 2 \| \boldsymbol{x} \| \| \boldsymbol{y} \| + \| \boldsymbol{y} \|^2 = (\| \boldsymbol{x} \| + \| \boldsymbol{y} \|)^2,$$

故 $\| \boldsymbol{x} + \boldsymbol{y} \| \leqslant \| \boldsymbol{x} \| + \| \boldsymbol{y} \|, \forall \boldsymbol{x}, \boldsymbol{y} \in \mathbf{R}^n$.

习题 9-2

=== **A** 类 ===

1. 求下列函数的极限:

(1) $\displaystyle \lim_{\substack{x \to 0 \\ y \to 0}} \frac{\sin xy}{x}$;

(2) $\displaystyle \lim_{\substack{x \to 0 \\ y \to 0}} \frac{x^2 y}{x^2 + y^2}$;

(3) $\lim\limits_{\substack{x \to 0 \\ y \to 0}} \dfrac{1-\cos(x^2+y^2)}{x^2 y^2 (x^2+y^2)^2}$； (4) $\lim\limits_{\substack{x \to 0 \\ y \to 2}} \dfrac{\sin xy}{\ln(1+x)}$；

(5) $\lim\limits_{\substack{x \to 0 \\ y \to 0}} (1+xy)^{\frac{\sin x}{x^2+y^2}}$； (6) $\lim\limits_{\substack{x \to 0 \\ y \to 0}} \dfrac{xy}{\sqrt{xy+1}-1}$.

解 (1) $\lim\limits_{\substack{x \to 0 \\ y \to 0}} \dfrac{\sin xy}{x} = \lim\limits_{\substack{x \to 0 \\ y \to 0}} \dfrac{\sin xy}{xy} \cdot y = 0.$

(2) $\lim\limits_{\substack{x \to 0 \\ y \to 0}} \dfrac{x^2 y}{x^2+y^2} = \lim\limits_{\substack{x \to 0 \\ y \to 0}} \dfrac{x^2}{x^2+y^2} \cdot y = 0 \quad \left(\left| \dfrac{x^2}{x^2+y^2} \right| \leqslant 1 \right).$

(3) $\lim\limits_{\substack{x \to 0 \\ y \to 0}} \dfrac{1-\cos(x^2+y^2)}{x^2 y^2 (x^2+y^2)^2} = \lim\limits_{\substack{x \to 0 \\ y \to 0}} \dfrac{2\sin^2 \dfrac{x^2+y^2}{2}}{x^2 y^2 (x^2+y^2)^2} = \lim\limits_{\substack{x \to 0 \\ y \to 0}} \dfrac{\sin^2 \dfrac{x^2+y^2}{2}}{2\left(\dfrac{x^2+y^2}{2}\right)^2} \cdot \dfrac{1}{x^2 y^2} = \infty.$

(4) $\lim\limits_{\substack{x \to 0 \\ y \to 2}} \dfrac{\sin xy}{\ln(1+x)} = \lim\limits_{\substack{x \to 0 \\ y \to 2}} \left(\dfrac{\sin xy}{xy} \cdot \dfrac{x}{\ln(1+x)} \cdot y \right) = 2.$

(5) $\lim\limits_{\substack{x \to 0 \\ y \to 0}} (1+xy)^{\frac{\sin x}{x^2+y^2}} = \lim\limits_{\substack{x \to 0 \\ y \to 0}} \left[(1+xy)^{\frac{1}{xy}} \right]^{\frac{xy}{x^2+y^2}\sin x}.$ 由 $|xy| \leqslant \dfrac{1}{2}(x^2+y^2)$，得

$$\left| \dfrac{xy}{x^2+y^2} \sin x \right| \leqslant \dfrac{1}{2} |\sin x|,$$

而 $\lim\limits_{x \to 0} \sin x = 0$，所以 $\lim\limits_{\substack{x \to 0 \\ y \to 0}} \dfrac{xy \sin x}{x^2+y^2} = 0$，故 $\lim\limits_{\substack{x \to 0 \\ y \to 0}} (1+xy)^{\frac{\sin x}{x^2+y^2}} = \mathrm{e}^0 = 1.$

(6) $\lim\limits_{\substack{x \to 0 \\ y \to 0}} \dfrac{xy}{\sqrt{xy+1}-1} = \lim\limits_{\substack{x \to 0 \\ y \to 0}} \dfrac{xy(\sqrt{xy+1}+1)}{xy} = 2.$

2. 证明下列极限不存在：

(1) $\lim\limits_{\substack{x \to 0 \\ y \to 0}} \dfrac{x^2+y^2}{x^2 y^2 + (x-y)^2}$； (2) $\lim\limits_{\substack{x \to 0 \\ y \to 0}} (1+xy)^{\frac{1}{x+y}}$.

证 (1) 令 $y = kx \ (k \neq 1)$，则

$$\lim\limits_{\substack{x \to 0 \\ y \to 0}} \dfrac{x^2+y^2}{x^2 y^2 + (x-y)^2} = \lim\limits_{\substack{x \to 0 \\ y=kx \to 0}} \dfrac{x^2 + k^2 x^2}{k^2 x^4 + (1-k^2)x^2} = \lim\limits_{x \to 0} \dfrac{1+k^2}{k^2 x^2 + (1-k)^2} = \dfrac{1+k^2}{(1-k)^2},$$

故 $\lim\limits_{\substack{x \to 0 \\ y \to 0}} \dfrac{x^2+y^2}{x^2 y^2 + (x-y)^2}$ 不存在.

(2) $\lim\limits_{\substack{x \to 0 \\ y \to 0}} (1+xy)^{\frac{1}{x+y}} = \lim\limits_{\substack{x \to 0 \\ y \to 0}} \left[(1+xy)^{\frac{1}{xy}} \right]^{\frac{xy}{x+y}}.$ 若令 $y = x$，得

$$\lim\limits_{\substack{x \to 0 \\ y=x \to 0}} \dfrac{xy}{x+y} = \lim\limits_{x \to 0} \dfrac{x^2}{2x} = 0,$$

而若令 $y = x^2 - x$，得

$$\lim_{\substack{x \to 0 \\ y = x^2 - x \to 0}} \frac{xy}{x+y} = \lim_{x \to 0} \frac{x^2(x-1)}{x^2} = 1,$$

所以 $\lim\limits_{\substack{x \to 0 \\ y = x \to 0}} \dfrac{xy}{x+y}$ 不存在. 故 $\lim\limits_{\substack{x \to 0 \\ y \to 0}}(1+xy)^{\frac{1}{x+y}}$ 不存在.

3. 设 $f(x,y) = \begin{cases} \dfrac{\ln(1+xy)}{x}, & x \neq 0, \\ y, & x = 0. \end{cases}$ 求出函数的定义域, 并讨论函数的连续性.

解　当 $x = 0$ 时, $f(x,y) = y$ 有定义; 当 $x \neq 0$ 时, 当且仅当 $1+xy > 0$ 时 $f(x,y)$ 有定义. 故函数的定义域为 $\left\{(x,y) \,\middle|\, x > 0, y > -\dfrac{1}{x}\right\} \cup \left\{(x,y) \,\middle|\, x < 0, y < -\dfrac{1}{x}\right\} \cup \{(x,y) \mid x = 0, -\infty < y < +\infty\}.$

在 $\left\{(x,y) \,\middle|\, x > 0, y > -\dfrac{1}{x}\right\}$ 及 $\left\{(x,y) \,\middle|\, x < 0, y < -\dfrac{1}{x}\right\}$ 内, $f(x,y)$ 为初等函数, 且有定义, 故连续. 在直线 $x = 0$ 上,

$$\lim_{\substack{x \to 0 \\ y \to y_0}} f(x,y) = \lim_{\substack{x \to 0 \\ y \to y_0}} \frac{\ln(1+xy)}{x} = \lim_{\substack{x \to 0 \\ y \to y_0}} \frac{\ln(1+xy)}{xy} \cdot y = y_0 = f(0, y_0),$$

故 $f(x,y)$ 在 $\{(x,y) \mid x = 0, -\infty < y < +\infty\}$ 上连续. 综上可知 $f(x,y)$ 在其定义域内都是连续的.

=== **B** 类 ===

1. 设函数 $f(x,y)$ 在 (x_0, y_0) 的一个去心邻域内有定义, 且 $f(x,y) \geqslant 0$, $\lim\limits_{\substack{x \to 0 \\ y \to 0}} f(x,y) = A$, 证明: $A \geqslant 0$.

证　用反证法. 设 $A < 0$, 因 $\lim\limits_{\substack{x \to 0 \\ y \to 0}} f(x,y) = A$, 故对 $\varepsilon = -\dfrac{A}{2} > 0$, $\exists \delta > 0$, 当 $0 < \sqrt{(x-x_0)^2 + (y-y_0)^2} < \delta$ 时, 有 $|f(x,y) - A| < -\dfrac{A}{2}$. 由此可得

$$f(x,y) < A - \frac{A}{2} = \frac{A}{2} < 0,$$

这与条件 $f(x,y) \geqslant 0$ 相矛盾, 故 $A \geqslant 0$.

2. 讨论函数 $f(x,y) = \begin{cases} x \sin \dfrac{1}{y}, & y \neq 0, \\ 0, & y = 0 \end{cases}$ 的连续性.

解　(1) 当 $y \neq 0$ 时, $f(x,y)$ 为初等函数, 所以连续.

(2) 当 $y = 0$ 时, $f(0,0) = 0$, 而 $\lim\limits_{\substack{x \to 0 \\ y \to 0}} x \sin \dfrac{1}{y} = 0$, 所以在 $(0,0)$ 点处 $f(x,y)$ 连续.

当 $x = x_0$ (x_0 为任意不为零的实数) 时, $\lim\limits_{\substack{x=x_0 \\ y\to 0}} x\sin\dfrac{1}{y}$ 不存在,所以在 $(x_0,0)$ 点处 $f(x,y)$ 不连续. 故 $f(x,y)$ 在 $\mathbf{R}^2 - \{(x,y)\mid x\neq 0,\ y=0\}$ 上连续.

3. 证明:函数 $f(x,y) = \begin{cases} \dfrac{x^2 y}{x^4 + y^2}, & x^2 + y^2 \neq 0, \\ 0, & x^2 + y^2 = 0 \end{cases}$ 在沿过点 $(0,0)$ 的每一条射线

$x = t\cos\theta,\ y = t\sin\theta\ (0\leqslant t < +\infty)$ 连续,即 $\lim\limits_{t\to 0} f(t\cos\theta,t\sin\theta) = f(0,0)$. 但函数在 $(0,0)$ 点并不是连续的.

证 由于

$$\lim_{t\to 0} f(t\cos\theta,t\sin\theta) = \lim_{t\to 0}\frac{t\cos^2\theta\ \sin\theta}{t^2\cos^4\theta + \sin^2\theta} = 0 = f(0,0),$$

故 $f(x,y)$ 沿过 $(0,0)$ 点的每一条射线 $x = t\cos\theta,\ y = t\sin\theta\ (0\leqslant t < +\infty)$ 连续.

而当 $y = x^2$ 时,$\lim\limits_{\substack{x\to 0 \\ y=x^2\to 0}}\dfrac{x^2 y}{x^4 + y^2} = \lim\limits_{x\to 0}\dfrac{x^4}{x^4 + x^4} = \dfrac{1}{2}\neq 0$,由此可知 $\lim\limits_{\substack{x\to 0 \\ y\to 0}} f(x,y)$ 不存在,故函数 $f(x,y)$ 在 $(0,0)$ 点不连续.

4. 设函数 $f(x,y)$ 关于自变量 x 连续,又存在常数 $L > 0$,使得对于任意两点 $(x,y_1),(x,y_2)$,有 $|f(x,y_1) - f(x,y_2)|\leqslant L|y_1 - y_2|$,则函数 $f(x,y)$ 连续.

证 任意取点 (x_0,y_0),由于对给定的 y,函数关于自变量 x 连续,故对于任意给定的 $\varepsilon > 0$,$\exists\delta_1 > 0$,使得当 $|x - x_0| < \delta_1$ 时,总有

$$|f(x,y_0) - f(x_0,y_0)| < \frac{\varepsilon}{2}.$$

取 $\delta = \min\left\{\delta_1,\dfrac{\varepsilon}{2L}\right\}$,则当 $|x - x_0| < \delta$,$|y - y_0| < \delta$ 时,有

$$\begin{aligned}
|f(x,y) - f(x_0,y_0)| &= |(f(x,y) - f(x,y_0)) + (f(x,y_0) - f(x_0,y_0))| \\
&\leqslant |f(x,y) - f(x,y_0)| + |f(x,y_0) - f(x_0,y_0)| \\
&\leqslant L|y - y_0| + \frac{\varepsilon}{2} < L\delta + \frac{\varepsilon}{2}\leqslant\varepsilon,
\end{aligned}$$

故 $f(x,y)$ 在 (x_0,y_0) 处连续. 由 (x_0,y_0) 的任意性,得 $f(x,y)$ 是连续函数.

习题 9-3

══ A 类 ══

1. 求下列函数的偏导数:

(1) $z = \mathrm{e}^{xy}\sin(x^2 + y^2)$;

(2) $z = \arcsin\dfrac{y}{x}$;

(3) $z = (1 + xy)^y$;   (4) $z = \ln(x + \sqrt{x^2 + y^2})$;

(5) $u = \sin \dfrac{xy^2}{1+z}$;   (6) $u = (xy)^z$.

解 (1) $\dfrac{\partial z}{\partial x} = e^{xy}(y \sin(x^2 + y^2) + 2x \cos(x^2 + y^2))$,

$\qquad \dfrac{\partial z}{\partial y} = e^{xy}(x \sin(x^2 + y^2) + 2y \cos(x^2 + y^2))$.

(2) $\dfrac{\partial z}{\partial x} = \dfrac{-y}{|x| \sqrt{x^2 - y^2}}, \dfrac{\partial z}{\partial y} = \dfrac{1}{\sqrt{x^2 - y^2}} \operatorname{sgn} x$.

(3) $\dfrac{\partial z}{\partial x} = y^2(1 + xy)^{y-1}, \dfrac{\partial z}{\partial y} = (1 + xy)^y \left(\ln(1 + xy) + \dfrac{xy}{1 + xy} \right)$.

(4) $\dfrac{\partial z}{\partial x} = \dfrac{1}{\sqrt{x^2 + y^2}}, \dfrac{\partial z}{\partial y} = \dfrac{y}{(x + \sqrt{x^2 + y^2}) \sqrt{x^2 + y^2}}$.

(5) $\dfrac{\partial u}{\partial x} = \dfrac{y^2}{1+z} \cos \dfrac{xy^2}{1+z}, \dfrac{\partial u}{\partial y} = \dfrac{2xy}{1+z} \cos \dfrac{xy^2}{1+z}, \dfrac{\partial u}{\partial z} = -\dfrac{xy^2}{(1+z)^2} \cos \dfrac{xy^2}{1+z}$.

(6) $\dfrac{\partial u}{\partial x} = zx^{z-1}y^z, \dfrac{\partial u}{\partial y} = zy^{z-1}x^z, \dfrac{\partial u}{\partial z} = (xy)^z \ln(xy)$.

2. 求下列函数在指定点处的偏导数值：

(1) $z = \dfrac{x}{\sqrt{x^2 + y^2}}$ 在点 $(1,2)$ 处；

(2) $z = y \sin(x + y)$ 在点 $\left(\dfrac{\pi}{2}, \dfrac{\pi}{2} \right)$ 处；

(3) $z = x^2 e^y + \arctan \dfrac{y}{x}$ 在点 $(1,0)$ 处；

(4) $f(x, y, z) = \sqrt[z]{\dfrac{x}{y}}$ 在点 $(1,1,1)$ 处．

解 (1) $\dfrac{\partial z}{\partial x} \bigg|_{(1,2)} = \dfrac{y^2}{(x^2 + y^2)^{\frac{3}{2}}} \bigg|_{(1,2)} = \dfrac{4}{5\sqrt{5}} = \dfrac{4\sqrt{5}}{25}$,

$\qquad \dfrac{\partial z}{\partial y} \bigg|_{(1,2)} = \dfrac{-xy}{(x^2 + y^2)^{\frac{3}{2}}} \bigg|_{(1,2)} = -\dfrac{2}{5\sqrt{5}} = -\dfrac{2\sqrt{5}}{25}$.

(2) $\dfrac{\partial z}{\partial x} \bigg|_{(\frac{\pi}{2}, \frac{\pi}{2})} = y \cos(x + y) \bigg|_{(\frac{\pi}{2}, \frac{\pi}{2})} = -\dfrac{\pi}{2}$,

$\qquad \dfrac{\partial z}{\partial y} \bigg|_{(\frac{\pi}{2}, \frac{\pi}{2})} = (\sin(x + y) + y \cos(x + y)) \bigg|_{(\frac{\pi}{2}, \frac{\pi}{2})} = -\dfrac{\pi}{2}$.

(3) $\dfrac{\partial z}{\partial x} \bigg|_{(1,0)} = \left(2x e^y - \dfrac{y}{x^2 + y^2} \right) \bigg|_{(1,0)} = 2$,

$\qquad \dfrac{\partial z}{\partial y} \bigg|_{(1,0)} = \left(x^2 e^y + \dfrac{x}{x^2 + y^2} \right) \bigg|_{(1,0)} = 2$.

(4) $f'_x(1,1,1) = \lim\limits_{x \to 1} \dfrac{f(x,1,1) - f(1,1,1)}{x-1} = \lim\limits_{x \to 1} \dfrac{x-1}{x-1} = 1,$

$$f'_y(1,1,1) = \lim\limits_{y \to 1} \frac{f(1,y,1) - f(1,1,1)}{y-1} = \lim\limits_{y \to 1} \frac{\dfrac{1}{y} - 1}{y-1} = \lim\limits_{y \to 1} \frac{1-y}{y(y-1)} = -1.$$

因 $f(1,1,z) = 1$,所以 $f'_z(1,1,1) = 0$.

3.求函数的全微分:

(1) $z = x^2 y + \dfrac{y}{2x}$;　　　　　　　(2) $z = \dfrac{y}{\sqrt{x^2 - y^2}}$;

(3) $z = \arctan \dfrac{x+y}{x-y}$;　　　　　　(4) $u = e^{xyz}$;

(5) $u = x^{yz}$.

解 (1) $\dfrac{\partial z}{\partial x} = 2xy - \dfrac{y}{2x^2}$, $\dfrac{\partial z}{\partial y} = x^2 + \dfrac{1}{2x}$, $\mathrm{d}z = \left(2xy - \dfrac{y}{2x^2}\right)\mathrm{d}x + \left(x^2 + \dfrac{1}{2x}\right)\mathrm{d}y$.

(2) $\dfrac{\partial z}{\partial x} = -\dfrac{xy}{\sqrt{(x^2-y^2)^3}}$, $\dfrac{\partial z}{\partial x} = \dfrac{x^2}{\sqrt{(x^2-y^2)^3}}$, $\mathrm{d}z = \dfrac{1}{\sqrt{(x^2-y^2)^3}}(-xy\mathrm{d}x + x^2\mathrm{d}y)$.

(3) $\mathrm{d}z = \dfrac{x\,\mathrm{d}y - y\,\mathrm{d}x}{x^2 + y^2}$.

(4) $\mathrm{d}u = e^{xyz}(yz\,\mathrm{d}x + xz\,\mathrm{d}y + xy\,\mathrm{d}z)$.

(5) $\mathrm{d}u = yzx^{yz-1}\mathrm{d}x + zx^{yz}\ln x \,\mathrm{d}y + yx^{yz}\ln x \,\mathrm{d}z$.

4.求曲线 $\begin{cases} z = \dfrac{1}{4}(x^2 + y^2), \\ y = 4 \end{cases}$ 在点 $(2,4,5)$ 的切线关于 x 轴的倾角.

解 因为 $z'_x(x,y) = \dfrac{1}{2}x$,由偏导数的几何意义,得 $\tan\alpha = \dfrac{1}{2}x\bigg|_{(2,4,5)} = 1$.故所给曲线在点 $(2,4,5)$ 的切线关于 x 轴的倾角为 $\alpha = \dfrac{\pi}{4}$.

5.证明:函数 $z = \sqrt{x^2 + y^2}$ 在点 $(0,0)$ 处连续,但偏导数不存在.

证 因为 $\lim\limits_{\substack{x \to 0 \\ y \to 0}} \sqrt{x^2 + y^2} = 0 = z(0,0)$,所以函数在点 $(0,0)$ 处连续.而

$$z'_x(0,0) = \lim\limits_{x \to 0} \frac{z(x,0) - z(0,0)}{x} = \lim\limits_{x \to 0} \frac{|x|}{x}$$

不存在,同理 $z'_y(0,0) = \lim\limits_{y \to 0} \dfrac{|y|}{y}$ 不存在,故函数在点 $(0,0)$ 处偏导数不存在.

6.设 $f(x,y) = \begin{cases} y\sin\dfrac{1}{x^2 + y^2}, & x^2 + y^2 \neq 0, \\ 0, & x^2 + y^2 = 0, \end{cases}$ 求 $f'_x(0,0), f'_y(0,0)$.

解　$f'_x(0,0) = \lim\limits_{x \to 0} \dfrac{f(x,0) - f(0,0)}{x} = \lim\limits_{x \to 0} \dfrac{0 \cdot \sin\frac{1}{x^2}}{x} = 0$；而

$$f'_y(0,0) = \lim\limits_{y \to 0} \dfrac{f(0,y) - f(0,0)}{y} = \lim\limits_{y \to 0} \dfrac{y \sin\frac{1}{y^2}}{y} = \lim\limits_{y \to 0} \sin\frac{1}{y^2}$$

不存在.

7. 设函数 $f(x,y) = \begin{cases} \dfrac{x^2 y}{x^4 + y^2}, & x^2 + y^2 \neq 0, \\ 0, & x^2 + y^2 = 0. \end{cases}$ 讨论其在 $(0,0)$ 点处的一阶偏导数

及全微分是否存在.

解　$f'_x(0,0) = \lim\limits_{x \to 0} \dfrac{f(x,0) - f(0,0)}{x} = 0$, $f'_y(0,0) = \lim\limits_{y \to 0} \dfrac{f(0,y) - f(0,0)}{y} = 0$,

故 $f(x,y)$ 在 $(0,0)$ 点处的一阶偏导数均存在.

又 $\Delta f = f(\Delta x, \Delta y) - f(0,0) = \dfrac{(\Delta x)^2 \Delta y}{(\Delta x)^4 + (\Delta y)^2}$,

$$\lim\limits_{\rho \to 0} \dfrac{\Delta f - f'_x(0,0)\Delta x - f'_y(0,0)\Delta y}{\rho} = \lim\limits_{\rho \to 0} \dfrac{(\Delta x)^2 \Delta y}{((\Delta x)^4 + (\Delta y)^2)\sqrt{(\Delta x)^2 + (\Delta y)^2}}$$

$$= \lim\limits_{\substack{x \to 0 \\ y \to 0}} \dfrac{x^2 y}{(x^4 + x^2)\sqrt{x^2 + y^2}},$$

由于

$$\lim\limits_{\substack{x \to 0^+ \\ y = x \to 0}} \dfrac{x^2 y}{(x^4 + x^2)\sqrt{x^2 + y^2}} = \lim\limits_{x \to 0^+} \dfrac{x^3}{(x^4 + x^2)\sqrt{2x^2}} = \dfrac{1}{\sqrt{2}} \lim\limits_{x \to 0^+} \dfrac{1}{x^2 + 1} = \dfrac{1}{\sqrt{2}} \neq 0,$$

所以 $\lim\limits_{\rho \to 0} \dfrac{\Delta f - f'_x(0,0)\Delta x - f'_y(0,0)\Delta y}{\rho} \neq 0$, 故 $f(x,y)$ 在 $(0,0)$ 点处不可微.

8. 利用全微分近似计算：

(1) $\sqrt[3]{(2.02)^2 + (1.97)^2}$;　　　　(2) $1.04^{2.02}$.

解　(1) 设 $f(x,y) = \sqrt[3]{x^2 + y^2}$, $x_0 = 2$, $y_0 = 2$, $\Delta x = 0.02$, $\Delta y = -0.03$, 则

$$f'_x(x,y) = \dfrac{1}{3}(x^2 + y^2)^{-\frac{2}{3}} \cdot 2x, \quad f'_y(x,y) = \dfrac{1}{3}(x^2 + y^2)^{-\frac{2}{3}} \cdot 2y.$$

于是

$$\mathrm{d}f\Big|_{(2,2)} = f'_x(2,2)\Delta x + f'_y(2,2)\Delta y = \dfrac{1}{3} \times 0.02 - \dfrac{1}{3} \times 0.03 = -0.003\,3.$$

因此 $\sqrt[3]{(2.02)^2 + (1.97)^2} \approx f(2,2) + \mathrm{d}f\Big|_{(2,2)} = 1.996\,7$.

(2) 设 $f(x,y) = x^y$, $x_0 = 1$, $y_0 = 2$, $\Delta x = 0.04$, $\Delta y = 0.02$, 则

$$f'_x(1,2) = yx^{y-1}\Big|_{(1,2)} = 2, \quad f'_y(1,2) = x^y \ln x\Big|_{(1,2)} = 0,$$

因此 $1.04^{2.02} \approx f(1,2) + \mathrm{d}f \Big|_{(1,2)} = 1 + 2 \times 0.04 = 1.08$.

===== **B 类** =====

1. 设 $u = z^{y^x}$，求 $\dfrac{\partial u}{\partial x}, \dfrac{\partial u}{\partial y}, \dfrac{\partial u}{\partial z}$.

解 $\dfrac{\partial u}{\partial x} = z^{y^x} \ln z \cdot y^x \ln y$，$\dfrac{\partial u}{\partial y} = z^{y^x} \ln z \cdot x y^{x-1}$，$\dfrac{\partial u}{\partial z} = y^x z^{y^x - 1}$.

2. 设 $z = \arcsin \sqrt{\dfrac{x^2 - y^2}{x^2 + y^2}}$，求 $\dfrac{\partial z}{\partial x}, \dfrac{\partial z}{\partial y}$.

解
$$\frac{\partial z}{\partial x} = \frac{1}{\sqrt{1 - \dfrac{x^2 - y^2}{x^2 + y^2}}} \cdot \frac{1}{2\sqrt{\dfrac{x^2 - y^2}{x^2 + y^2}}} \cdot \frac{2x(x^2 + y^2) - 2x(x^2 - y^2)}{(x^2 + y^2)^2}$$

$$= \frac{\sqrt{2}\, x \,|\, y\,|}{(x^2 + y^2)\,\sqrt{x^2 - y^2}},$$

$$\frac{\partial z}{\partial y} = \frac{1}{\sqrt{1 - \dfrac{x^2 - y^2}{x^2 + y^2}}} \cdot \frac{1}{2\sqrt{\dfrac{x^2 - y^2}{x^2 + y^2}}} \cdot \frac{-2y(x^2 + y^2) - 2y(x^2 - y^2)}{(x^2 + y^2)^2}$$

$$= \frac{-\sqrt{2}\, x^2 y}{|\, y\,|\,(x^2 + y^2)\,\sqrt{x^2 - y^2}}.$$

3. 证明：函数 $z = \sqrt{|\,xy\,|}$ 在点 $(0,0)$ 连续，且偏导数存在，但在该点处不可微.

证 因为 $\lim\limits_{\substack{x \to 0 \\ y \to 0}} f(x,y) = \lim\limits_{\substack{x \to 0 \\ y \to 0}} \sqrt{|\,xy\,|} = 0 = f(0,0)$，所以函数在点 $(0,0)$ 连续.

由于 $f_x'(0,0) = \lim\limits_{x \to 0} \dfrac{f(x,0) - f(0,0)}{x} = 0$，同理，$f_y'(0,0) = 0$，所以函数在点 $(0,$

$0)$ 偏导数存在.

又 $\Delta f = f(\Delta x, \Delta y) - f(0,0) = \sqrt{|\,\Delta x \cdot \Delta y\,|}$，

$$\lim_{\rho \to 0} \frac{\Delta f - f_x'(0,0)\Delta x - f_y'(0,0)\Delta y}{\rho} = \lim_{\rho \to 0} \frac{\sqrt{|\,\Delta x \cdot \Delta y\,|}}{\sqrt{(\Delta x)^2 + (\Delta y)^2}},$$

而 $\lim\limits_{\substack{\Delta x \to 0 \\ \Delta y = \Delta x \to 0}} \dfrac{\sqrt{|\,\Delta x \cdot \Delta y\,|}}{\sqrt{(\Delta x)^2 + (\Delta y)^2}} = \lim\limits_{\substack{\Delta x \to 0 \\ \Delta y = \Delta x \to 0}} \dfrac{|\,\Delta x\,|}{\sqrt{2} \cdot |\,\Delta x\,|} = \dfrac{1}{\sqrt{2}} \neq 0$，所以

$$\lim_{\rho \to 0} \frac{\Delta f - f_x'(0,0)\Delta x - f_y'(0,0)\Delta y}{\rho} = \lim_{\rho \to 0} \frac{\sqrt{|\,\Delta x \cdot \Delta y\,|}}{\sqrt{(\Delta x)^2 + (\Delta y)^2}} \neq 0.$$

故函数在点 $(0,0)$ 处不可微.

4. 证明：若函数 $z = f(x,y)$ 满足不等式 $|f(x,y)| \leqslant x^2 + y^2$，则 $f(x,y)$ 在点 $(0,$

0) 处是可微的.

证　由 $|f(x,y)| \leqslant x^2+y^2$, 可得 $|f(0,0)| \leqslant (x^2+y^2)\big|_{(0,0)} = 0$, 故 $f(0,0)=0$. 又

$$\left| \frac{f(x,0)-f(0,0)}{x} \right| = \left| \frac{f(x,0)}{x} \right| \leqslant |x|,$$

所以 $f_x'(0,0) = \lim\limits_{x\to 0} \dfrac{f(x,0)-f(0,0)}{x} = 0$. 同理, $f_y'(0,0) = 0$. 而

$$\left| \frac{\Delta f - f_x'(0,0)\Delta x - f_y'(0,0)\Delta y}{\rho} \right| = \left| \frac{f(\Delta x, \Delta y)}{\sqrt{(\Delta x)^2+(\Delta y)^2}} \right| \leqslant \sqrt{(\Delta x)^2+(\Delta y)^2},$$

所以 $\lim\limits_{\rho\to 0} \dfrac{\Delta f - f_x'(0,0)\Delta x - f_y'(0,0)\Delta y}{\rho} = 0$, 故函数在点 $(0,0)$ 处是可微的.

5. 设 $f(x,y) = |x-y|\varphi(x,y)$, 其中 $\varphi(x,y)$ 在 $(0,0)$ 点的某邻域内连续. 试问

(1) $\varphi(x,y)$ 满足什么条件时, $f_x'(0,0), f_y'(0,0)$ 存在?

(2) $\varphi(x,y)$ 满足什么条件时, $f(x,y)$ 在 $(0,0)$ 点处是可微的?

解　(1) 由于

$$f_x'(0,0) = \lim_{x\to 0} \frac{f(x,0)-f(0,0)}{x} = \lim_{x\to 0} \frac{|x|\varphi(x,0)}{x} = \begin{cases} \varphi(0,0), & x\to 0^+, \\ -\varphi(0,0), & x\to 0^-, \end{cases}$$

$$f_y'(0,0) = \lim_{y\to 0} \frac{f(0,y)-f(0,0)}{y} = \lim_{y\to 0} \frac{|y|\varphi(0,y)}{y} = \begin{cases} \varphi(0,0), & y\to 0^+, \\ -\varphi(0,0), & y\to 0^-, \end{cases}$$

所以当 $\varphi(0,0) = 0$ 时, $f_x'(0,0), f_y'(0,0)$ 存在.

(2) 由上面的讨论知, 当 $\varphi(0,0) \neq 0$ 时, $f_x'(0,0), f_y'(0,0)$ 不存在, 故此时 $f(x,y)$ 在 $(0,0)$ 点处是不可微的. 当 $\varphi(0,0) = 0$ 时, 因为 $f_x'(0,0) = 0$, $f_y'(0,0) = 0$, $\varphi(x,y)$ 在 $(0,0)$ 点连续, 且

$$\left| \frac{\Delta f - f_x'(0,0)\Delta x - f_y'(0,0)\Delta y}{\rho} \right|$$

$$= \left| \frac{f(\Delta x, \Delta y)}{\sqrt{(\Delta x)^2+(\Delta y)^2}} \right| = \left| \frac{\Delta x - \Delta y}{\sqrt{(\Delta x)^2+(\Delta y)^2}} \right| |\varphi(\Delta x, \Delta y)|$$

$$\leqslant \frac{|\Delta x| + |\Delta y|}{\sqrt{(\Delta x)^2+(\Delta y)^2}} |\varphi(\Delta x, \Delta y)| \leqslant \frac{\sqrt{2}\cdot\sqrt{(\Delta x)^2+(\Delta y)^2}}{\sqrt{(\Delta x)^2+(\Delta y)^2}} |\varphi(\Delta x, \Delta y)|$$

$$= \sqrt{2}\,|\varphi(\Delta x, \Delta y)|,$$

所以 $\lim\limits_{\rho\to 0} \dfrac{\Delta f - f_x'(0,0)\Delta x - f_y'(0,0)\Delta y}{\rho} = 0$. 故当 $\varphi(0,0) = 0$ 时, $f(x,y)$ 在 $(0,0)$ 点处可微.

6. 扇形中心角为 $\alpha = \dfrac{\pi}{3}$, 半径 $R = 20$ cm. 若将中心角增加 $\dfrac{\pi}{180}$, 为使扇形面积不变, 应将半径缩短多少?

解 已知扇形面积 $S = \dfrac{1}{2}\alpha R^2$，$\alpha = \dfrac{\pi}{3}$，$R = 20$，$\Delta\alpha = \dfrac{\pi}{180}$，为使扇形面积不变，用微分近似代替函数的增量，得

$$0 = \Delta S \approx \mathrm{d}S \Big|_{(\frac{\pi}{3}, 20)} = \left(\frac{1}{2}R^2 \Delta\theta + \theta R\Delta R \right) \Big|_{(\frac{\pi}{3}, 20)} = \frac{10\pi}{9} + \frac{20\pi}{3}\Delta R,$$

所以 $\Delta R \approx -\dfrac{10\pi}{9} \times \dfrac{3}{20\pi} = -\dfrac{1}{6}$. 故应将半径缩短约 $\dfrac{1}{6}$ cm.

习题 9-4

═══ A 类 ═══

1. 求下列函数的一阶全导数或一阶偏导数，其中 f 有一阶连续的偏导数：

(1) $z = \mathrm{e}^{x^2 - 2y}$，$x = \sin t$，$y = t^3$，求 $\dfrac{\mathrm{d}z}{\mathrm{d}t}$；

(2) $z = \sqrt{u} + \sin v$，$u = \ln x$，$v = x^2$，求 $\dfrac{\mathrm{d}z}{\mathrm{d}x}$；

(3) $z = u^2 v - v^2 u$，$u = x\cos y$，$v = y\sin x$，求 $\dfrac{\partial z}{\partial x}, \dfrac{\partial z}{\partial y}$；

(4) $z = x^2 - y^2 + t$，$x = \sin t$，$y = \cos t$，求 $\dfrac{\mathrm{d}z}{\mathrm{d}t}$；

(5) $z = f(x^2 - y^2, \mathrm{e}^{xy})$，求 $\dfrac{\partial z}{\partial x}, \dfrac{\partial z}{\partial y}$；

(6) $u = f(x^2 + y^2 - z^2)$，求 $\dfrac{\partial u}{\partial x}, \dfrac{\partial u}{\partial y}, \dfrac{\partial u}{\partial z}$；

(7) $u = f\left(\dfrac{x}{y}, \dfrac{y}{z} \right)$，求 $\dfrac{\partial u}{\partial x}, \dfrac{\partial u}{\partial y}, \dfrac{\partial u}{\partial z}$；

(8) $z = x^3 f(2x + y, y\ln x)$，求 $\dfrac{\partial z}{\partial x}, \dfrac{\partial z}{\partial y}$.

解 (1) $\dfrac{\mathrm{d}z}{\mathrm{d}t} = \dfrac{\partial z}{\partial x}\dfrac{\mathrm{d}x}{\mathrm{d}t} + \dfrac{\partial z}{\partial y}\dfrac{\mathrm{d}y}{\mathrm{d}t} = \mathrm{e}^{x^2 - 2y}(2x\cos t - 2 \cdot 3t^2) = \mathrm{e}^{\sin 2t - 2t^3}(\sin 2t - 6t^2)$.

(2) $\dfrac{\mathrm{d}z}{\mathrm{d}x} = \dfrac{1}{2\sqrt{u}} \cdot \dfrac{1}{x} + \cos v \cdot 2x = \dfrac{1}{2x\sqrt{\ln x}} + 2x\cos x^2$.

(3) $\dfrac{\partial z}{\partial x} = \dfrac{\partial z}{\partial u} \cdot \dfrac{\partial u}{\partial x} + \dfrac{\partial z}{\partial v} \cdot \dfrac{\partial v}{\partial x} = (2uv - v^2)\cos y + (u^2 - 2uv)y\cos x$

$\qquad = (2xy\cos y\sin x - y^2\sin^2 x)\cos y + (x^2\cos^2 y - 2xy\cos y\sin x)y\cos x$，

$\dfrac{\partial z}{\partial y} = \dfrac{\partial z}{\partial u} \cdot \dfrac{\partial u}{\partial y} + \dfrac{\partial z}{\partial v} \cdot \dfrac{\partial v}{\partial y} = (2uv - v^2)(-x\sin y) + (u^2 - 2uv)\sin x$

$\qquad = (2xy\cos y\sin x - y^2\sin^2 x)(-x\sin y) + (x^2\cos^2 y - 2xy\cos y\sin x)\sin x$.

(4) $\dfrac{\mathrm{d}z}{\mathrm{d}t} = 2x\cos t + 2y\sin t + 1 = 2\sin 2t + 1$.

(5) $\dfrac{\partial z}{\partial x} = 2xf'_1 + y\,\mathrm{e}^{xy}f'_2$, $\dfrac{\partial z}{\partial y} = -2yf'_1 + x\,\mathrm{e}^{xy}f'_2$.

(6) $\dfrac{\partial u}{\partial x} = 2xf'$, $\dfrac{\partial u}{\partial y} = 2yf'$, $\dfrac{\partial u}{\partial z} = -2zf'$.

(7) $\dfrac{\partial u}{\partial x} = \dfrac{1}{y}f'_1$, $\dfrac{\partial u}{\partial y} = -\dfrac{x}{y^2}f'_1 + \dfrac{1}{z}f'_2$, $\dfrac{\partial u}{\partial z} = -\dfrac{y}{z^2}f'_2$.

(8) $\dfrac{\partial z}{\partial x} = 3x^2 f + x^3\left(2f'_1 + \dfrac{y}{x}f'_2\right)$, $\dfrac{\partial z}{\partial y} = x^3(f'_1 + \ln x \cdot f'_2)$.

2. 求下列函数的一阶全微分，其中 f,φ 有一阶连续偏导数：

(1) $u = \ln(\mathrm{e}^{x+y} + \mathrm{e}^{xy})$;　　　　(2) $u = \mathrm{e}^{2x}(y^2 + \tan z)$;

(3) $u = \dfrac{z}{\sqrt{x^2 + y^2}}$;　　　　　　(4) $z = \arctan\dfrac{x}{x^2 + y^2}$;

(5) $z = f(\sin x^2, x + y^2)$;　　　　(6) $u = f(x, xy, xyz)$.

解　(1)　$\mathrm{d}u = \dfrac{\mathrm{d}(\mathrm{e}^{x+y} + \mathrm{e}^{xy})}{\mathrm{e}^{x+y} + \mathrm{e}^{xy}} = \dfrac{\mathrm{e}^{x+y}(\mathrm{d}x + \mathrm{d}y) + \mathrm{e}^{xy}(y\,\mathrm{d}x + x\,\mathrm{d}y)}{\mathrm{e}^{x+y} + \mathrm{e}^{xy}}$

$\qquad\qquad = \dfrac{1}{\mathrm{e}^{x+y} + \mathrm{e}^{xy}}\,[(\mathrm{e}^{x+y} + y\,\mathrm{e}^{xy})\mathrm{d}x + (\mathrm{e}^{x+y} + x\,\mathrm{e}^{xy})\mathrm{d}y]$.

(2)　$\mathrm{d}u = (y^2 + \tan z)\mathrm{d}\,\mathrm{e}^{2x} + \mathrm{e}^{2x}\mathrm{d}(y^2 + \tan z)$

$\qquad\quad = 2(y^2 + \tan z)\mathrm{e}^{2x}\mathrm{d}x + \mathrm{e}^{2x}(2y\,\mathrm{d}y + \sec^2 z\,\mathrm{d}z)$

$\qquad\quad = \mathrm{e}^{2x}\,[2(y^2 + \tan z)\mathrm{d}x + 2y\,\mathrm{d}y + \sec^2 z\,\mathrm{d}z]$.

(3)　$\mathrm{d}u = z\mathrm{d}\dfrac{1}{\sqrt{x^2 + y^2}} + \dfrac{1}{\sqrt{x^2 + y^2}}\mathrm{d}z$

$\qquad\quad = \dfrac{-z}{2\sqrt{(x^2 + y^2)^3}}\mathrm{d}(x^2 + y^2) + \dfrac{1}{\sqrt{x^2 + y^2}}\mathrm{d}z$

$\qquad\quad = \dfrac{-z}{\sqrt{(x^2 + y^2)^3}}(x\,\mathrm{d}x + y\,\mathrm{d}y) + \dfrac{1}{\sqrt{x^2 + y^2}}\mathrm{d}z$.

(4)　$\mathrm{d}z = \dfrac{1}{1 + \left(\dfrac{x}{x^2 + y^2}\right)^2}\mathrm{d}\left(\dfrac{x}{x^2 + y^2}\right)$

$\qquad\quad = \dfrac{1}{1 + \left(\dfrac{x}{x^2 + y^2}\right)^2} \cdot \dfrac{(x^2 + y^2)\mathrm{d}x - x(2x\,\mathrm{d}x + 2y\,\mathrm{d}y)}{(x^2 + y^2)^2}$

$\qquad\quad = \dfrac{(y^2 - x^2)\mathrm{d}x - 2xy\,\mathrm{d}y}{(x^2 + y^2)^2 + x^2}$.

(5)　$\mathrm{d}z = f'_1\mathrm{d}\sin x^2 + f'_2\mathrm{d}(x + y^2) = (2x\cos x^2 \cdot f'_1 + f'_2)\mathrm{d}x + 2yf'_2\mathrm{d}y$.

(6)　$\mathrm{d}u = (f'_1 + yf'_2 + yzf'_3)\mathrm{d}x + (xf'_2 + xzf'_3)\mathrm{d}y + xyf'_3\mathrm{d}z$.

3. 引入新的变量 u,v，设 $u = \ln\sqrt{x^2 + y^2}$，$v = \arctan\dfrac{y}{x}$，变换方程式

$$(x+y)\frac{\partial z}{\partial x} - (x-y)\frac{\partial z}{\partial y} = 0.$$

解 因为

$$\frac{\partial z}{\partial x} = \frac{\partial z}{\partial u}\frac{\partial u}{\partial x} + \frac{\partial z}{\partial v}\frac{\partial v}{\partial x} = \frac{x}{x^2+y^2}\frac{\partial z}{\partial u} - \frac{y}{x^2+y^2}\frac{\partial z}{\partial v},$$

$$\frac{\partial z}{\partial y} = \frac{\partial z}{\partial u}\frac{\partial u}{\partial y} + \frac{\partial z}{\partial v}\frac{\partial v}{\partial y} = \frac{y}{x^2+y^2}\frac{\partial z}{\partial u} + \frac{x}{x^2+y^2}\frac{\partial z}{\partial v},$$

所以

$$(x+y)\frac{\partial z}{\partial x} - (x-y)\frac{\partial z}{\partial y} = (x+y)\left(\frac{x}{x^2+y^2}\frac{\partial z}{\partial u} - \frac{y}{x^2+y^2}\frac{\partial z}{\partial v}\right)$$

$$- (x-y)\left(\frac{y}{x^2+y^2}\frac{\partial z}{\partial u} + \frac{x}{x^2+y^2}\frac{\partial z}{\partial v}\right)$$

$$= \frac{\partial z}{\partial u} - \frac{\partial z}{\partial v}.$$

故引入新的变量 u,v 后，方程式 $(x+y)\dfrac{\partial z}{\partial x} - (x-y)\dfrac{\partial z}{\partial y} = 0$ 可化为 $\dfrac{\partial z}{\partial u} - \dfrac{\partial z}{\partial v} = 0$.

4. 设 $z = xy\varphi(u)$, $u = \sin\dfrac{y}{x}$, $\varphi(u)$ 可导. 证明: $x\dfrac{\partial z}{\partial x} + y\dfrac{\partial z}{\partial y} = 2xy\varphi(u)$.

解 因为

$$\frac{\partial z}{\partial x} = y\varphi(u) + xy\varphi'(u)\frac{\partial u}{\partial x} = y\varphi(u) - \frac{y^2}{x}\varphi'(u)\cos\frac{y}{x},$$

$$\frac{\partial z}{\partial y} = x\varphi(u) + xy\varphi'(u)\frac{\partial u}{\partial y} = x\varphi(u) + y\varphi'(u)\cos\frac{y}{x},$$

所以

$$x\frac{\partial z}{\partial x} + y\frac{\partial z}{\partial y} = xy\varphi(u) - y^2\varphi'(u)\cos\frac{y}{x} + xy\varphi(u) + y^2\varphi'(u)\cos\frac{y}{x} = 2xy\varphi(u).$$

5. 设 $z = e^{-x} - f(x-2y)$, $f(u)$ 可导, 且当 $y=0$ 时, $z = x^2$, 求 $\dfrac{\partial z}{\partial x}, \dfrac{\partial z}{\partial y}$.

解 由题意得 $x^2 = e^{-x} - f(x)$, 故有 $f(x) = e^{-x} - x^2$, 因此

$$z = e^{-x} - e^{2y-x} + (x-2y)^2.$$

从而 $\dfrac{\partial z}{\partial x} = -e^{-x} + e^{2y-x} + 2(x-2y)$, $\dfrac{\partial z}{\partial y} = -2e^{2y-x} - 4(x-2y)$.

6. 设 $z = \sin y + f(\sin x - \sin y)$, 求 $\sec x \dfrac{\partial z}{\partial x} + \sec y \dfrac{\partial z}{\partial y}$.

解 因为 $\dfrac{\partial z}{\partial x} = \cos x \cdot f'$, $\dfrac{\partial z}{\partial y} = \cos y - \cos y \cdot f'$, 所以

$$\sec x \frac{\partial z}{\partial x} + \sec y \frac{\partial z}{\partial y} = f' + 1 - f' = 1.$$

7. 设 $z = \dfrac{y^2}{3x} + \varphi(xy)$，求 $x^2\dfrac{\partial z}{\partial x} - xy\dfrac{\partial z}{\partial y}$.

解　因为 $\dfrac{\partial z}{\partial x} = -\dfrac{y^2}{3x^2} + y\varphi'(xy)$，$\dfrac{\partial z}{\partial y} = \dfrac{2y}{3x} + x\varphi'(xy)$，所以

$$x^2\dfrac{\partial z}{\partial x} - xy\dfrac{\partial z}{\partial y} = x^2\left(-\dfrac{y^2}{3x^2} + y\varphi'(xy)\right) - xy\left(\dfrac{2y}{3x} + x\varphi'(xy)\right) = -y^2.$$

== **B** 类 ==

1. 设 $z = f(x^2 - y^2, \cos xy)$，$x = \rho\cos\theta$，$y = \rho\sin\theta$，求 $\dfrac{\partial z}{\partial \rho}, \dfrac{\partial z}{\partial \theta}$.

解　令 $u = x^2 - y^2$，$v = \cos xy$，则

$$\dfrac{\partial z}{\partial \rho} = \dfrac{\partial f}{\partial u}\dfrac{\partial u}{\partial \rho} + \dfrac{\partial f}{\partial v}\dfrac{\partial v}{\partial \rho} = \dfrac{\partial f}{\partial u}\left(\dfrac{\partial u}{\partial x}\dfrac{\partial x}{\partial \rho} + \dfrac{\partial u}{\partial y}\dfrac{\partial y}{\partial \rho}\right) + \dfrac{\partial f}{\partial v}\left(\dfrac{\partial v}{\partial x}\dfrac{\partial x}{\partial \rho} + \dfrac{\partial v}{\partial y}\dfrac{\partial y}{\partial \rho}\right)$$

$$= (2x\cos\theta - 2y\sin\theta)f_1' + (-y\sin xy\cos\theta - x\sin xy\sin\theta)f_2'$$

$$= 2\rho\cos 2\theta \cdot f_1' - \rho\sin\left(\rho^2\dfrac{\sin 2\theta}{2}\right)\sin 2\theta \cdot f_2',$$

$$\dfrac{\partial z}{\partial \theta} = \dfrac{\partial f}{\partial u}\dfrac{\partial u}{\partial \theta} + \dfrac{\partial f}{\partial v}\dfrac{\partial v}{\partial \theta} = \dfrac{\partial f}{\partial u}\left(\dfrac{\partial u}{\partial x}\dfrac{\partial x}{\partial \theta} + \dfrac{\partial u}{\partial y}\dfrac{\partial y}{\partial \theta}\right) + \dfrac{\partial f}{\partial v}\left(\dfrac{\partial v}{\partial x}\dfrac{\partial x}{\partial \theta} + \dfrac{\partial v}{\partial y}\dfrac{\partial y}{\partial \theta}\right)$$

$$= (-2x\rho\sin\theta - 2y\rho\cos\theta)f_1' + (y\rho\sin xy\sin\theta - x\rho\sin xy\cos\theta)f_2'$$

$$= -2\rho^2\sin 2\theta \cdot f_1' - \rho^2\sin\left(\rho^2\dfrac{\sin 2\theta}{2}\right)\cos 2\theta \cdot f_2'.$$

2. 验证函数 $u(x,y) = x^n f\left(\dfrac{y}{x^2}\right)$ 满足方程 $x\dfrac{\partial u}{\partial x} + 2y\dfrac{\partial u}{\partial y} = nu$.

解　因为 $\dfrac{\partial u}{\partial x} = nx^{n-1}f + x^n\left(-\dfrac{2y}{x^3}\right)f' = nx^{n-1}f - 2x^{n-3}yf'$，$\dfrac{\partial u}{\partial y} = x^{n-2}f'$，所以

$$x\dfrac{\partial u}{\partial x} + y\dfrac{\partial u}{\partial y} = nx^n f - 2x^{n-2}yf' + 2x^{n-2}yf' = nx^n f = nu.$$

3. 设 $u = f(x,y,t)$，$x = \sin(s^2 + t^2)$，$y = e^{\frac{x}{s}}$，其中 f 有一阶连续偏导数，求 $\dfrac{\partial u}{\partial s}$，$\dfrac{\partial u}{\partial t}$.

解　$\dfrac{\partial u}{\partial s} = \dfrac{\partial f}{\partial x}\dfrac{\partial x}{\partial s} + \dfrac{\partial f}{\partial y}\left(\dfrac{\partial y}{\partial x}\dfrac{\partial x}{\partial s} + \dfrac{\partial y}{\partial s}\right)$

$$= 2s\cos(s^2 + t^2)\cdot f_x' + \left(2e^{\frac{x}{s}}\cos(s^2 + t^2) - \dfrac{x}{s^2}e^{\frac{x}{s}}\right)f_y',$$

$$\dfrac{\partial u}{\partial t} = \dfrac{\partial f}{\partial x}\dfrac{\partial x}{\partial t} + \dfrac{\partial f}{\partial y}\dfrac{\partial y}{\partial x}\dfrac{\partial x}{\partial t} + \dfrac{\partial f}{\partial t}$$

$$= 2t\cos(s^2 + t^2)\cdot f_x' + \dfrac{2t}{s}e^{\frac{x}{s}}\cos(s^2 + t^2)\cdot f_y' + f_t'.$$

4. 设 f 有一阶连续偏导数，且 $f(x,x^2)=1$，$f'_x(x,x^2)=x$，求 $f'_y(x,x^2)$.

解 方程 $f(x,x^2)=1$ 两端对 x 求导，得

$$f'_x(x,x^2)+2xf'_y(x,x^2)=0.$$

因为 $f'_x(x,y)=x$，故有 $f'_y(x,x^2)=-\dfrac{1}{2}$.

5. 设 $z=x^2f\left(1+\varphi\left(\dfrac{x}{y}\right)\right)$，$f,\varphi$ 有一阶连续偏导数，求 $\mathrm{d}z$.

解 $\mathrm{d}z=\mathrm{d}\left(x^2f\left(1+\varphi\left(\dfrac{x}{y}\right)\right)\right)=2xf\mathrm{d}x+x^2f'\mathrm{d}\left(1+\varphi\left(\dfrac{x}{y}\right)\right)$

$\qquad =2xf\mathrm{d}x+x^2f'\cdot\varphi'\mathrm{d}\left(\dfrac{x}{y}\right)=2xf\mathrm{d}x+x^2f'\cdot\varphi'\cdot\dfrac{y\,\mathrm{d}x-x\,\mathrm{d}y}{y^2}$

$\qquad =\left(2xf+\dfrac{x^2}{y}f'\cdot\varphi'\right)\mathrm{d}x-\dfrac{x^3}{y^2}f'\cdot\varphi'\mathrm{d}y.$

6. 设 $u=f(x,y)$ 是可微函数.

(1) 如果 $u=f(x,y)$ 满足方程 $x\dfrac{\partial f}{\partial x}+y\dfrac{\partial f}{\partial y}=0$，试证：$f$ 在极坐标系中只与 θ 有关.

(2) 如果 $u=f(x,y)$ 满足方程 $\dfrac{1}{x}\dfrac{\partial f}{\partial x}=\dfrac{1}{y}\dfrac{\partial f}{\partial y}$，试证：$f$ 在极坐标系中只是 ρ 的函数.

证 (1) 设 $x=\rho\cos\theta$，$y=\rho\sin\theta$，则 $u=f(x,y)=f(\rho\cos\theta,\rho\sin\theta)$，

$\dfrac{\partial u}{\partial\rho}=\dfrac{\partial f}{\partial x}\dfrac{\partial x}{\partial\rho}+\dfrac{\partial f}{\partial y}\dfrac{\partial y}{\partial\rho}=\cos\theta\dfrac{\partial f}{\partial x}+\sin\theta\dfrac{\partial f}{\partial y}=\dfrac{1}{\rho}\left(\rho\cos\theta\dfrac{\partial f}{\partial x}+\rho\sin\theta\dfrac{\partial f}{\partial y}\right)$

$\qquad =\dfrac{1}{\rho}\left(x\dfrac{\partial f}{\partial x}+y\dfrac{\partial f}{\partial y}\right)=0,$

故 f 在极坐标中只与 θ 有关.

(2) 由于

$\dfrac{\partial u}{\partial\theta}=\dfrac{\partial f}{\partial x}\dfrac{\partial x}{\partial\theta}+\dfrac{\partial f}{\partial y}\dfrac{\partial y}{\partial\theta}=-\rho\sin\theta\dfrac{\partial f}{\partial x}+\rho\cos\theta\dfrac{\partial f}{\partial y}=-y\dfrac{\partial f}{\partial x}+x\dfrac{\partial f}{\partial y}=0,$

故 f 在极坐标中只是 ρ 的函数.

7. 若函数 $f(x,y,z)$ 对任意实数 t 满足关系式 $f(tx,ty,tz)=t^kf(x,y,z)$，则称 $f(x,y,z)$ 为 k 次齐次函数. 设 $f(x,y,z)$ 可微，试证：$f(x,y,z)$ 是 k 次齐次函数的必要条件是 $x\dfrac{\partial f}{\partial x}+y\dfrac{\partial f}{\partial y}+z\dfrac{\partial f}{\partial z}=kf(x,y,z).$

证 令 $u=tx$，$v=ty$，$w=tz$，对方程式 $f(tx,ty,tz)=t^kf(x,y,z)$ 两边关于 t 求导，得 $x\dfrac{\partial f}{\partial u}+y\dfrac{\partial f}{\partial v}+z\dfrac{\partial f}{\partial w}=kt^{k-1}f.$ 令 $t=1$，则

$$x\,\frac{\partial f}{\partial x}+y\,\frac{\partial f}{\partial y}+z\,\frac{\partial f}{\partial z}=kf(x,y,z).$$

反之不一定成立. 例如: 对 $f(x,y,z)=\sqrt{(x^2+y^2+z^2)^3}$, 有

$$\frac{\partial f}{\partial x}=\frac{3}{2}\sqrt{x^2+y^2+z^2}\cdot 2x=3x\sqrt{x^2+y^2+z^2},$$

以及 $\dfrac{\partial f}{\partial y}=3y\sqrt{x^2+y^2+z^2}$, $\dfrac{\partial f}{\partial z}=3z\sqrt{x^2+y^2+z^2}$, 所以

$$x\,\frac{\partial f}{\partial x}+y\,\frac{\partial f}{\partial y}+z\,\frac{\partial f}{\partial z}=3(x^2+y^2+z^2)\sqrt{x^2+y^2+z^2}=3f(x,y,z),$$

但 $f(x,y,z)$ 不是 3 次齐次函数, 因为 $f(tx,ty,tz)=|t^3|f(x,y,z)$.

8. 设函数 $z=f(x,y)$ 在点 $(1,1)$ 处可微, 且 $f(1,1)=1$, $f_x'(1,1)=2$, $f_y'(1,1)=3$, $\varphi(x)=f(x,f(x,x))$, 求 $\dfrac{\mathrm{d}}{\mathrm{d}x}\varphi^3(x)\Big|_{x=1}$.

解　由题设, $\varphi(1)=f(1,f(1,1))=f(1,1)=1$, 于是

$$\frac{\mathrm{d}}{\mathrm{d}x}\varphi^3(x)\Big|_{x=1}=3\varphi^2(x)\,\frac{\mathrm{d}\varphi}{\mathrm{d}x}\Big|_{x=1}$$

$$=3\big[f_1'(x,f(x,x))+f_2'(x,f(x,x))(f_1'(x,x)+f_2'(x,x))\big]\Big|_{x=1}$$

$$=3[2+3\times(2+3)]=51.$$

习题 9-5

══**A　类**══

1. 求下列函数的二阶偏导数:

(1)　$z=\dfrac{x}{\sqrt{x^2+y^2}}$;

(2)　$z=\dfrac{\cos x^2}{y}$;

(3)　$z=\arctan\dfrac{y}{x}$;

(4)　$z=x^3y^2+\dfrac{x^2}{2y}$;

(5)　$z=x\ln(xy^2)$;

(6)　$u=\left(\dfrac{x}{y}\right)^z$.

解　(1)　$\dfrac{\partial z}{\partial x}=\dfrac{\sqrt{x^2+y^2}-x\cdot\dfrac{x}{\sqrt{x^2+y^2}}}{x^2+y^2}=\dfrac{y^2}{\sqrt{(x^2+y^2)^3}}$,

$$\frac{\partial z}{\partial y}=\frac{-x\cdot\dfrac{y}{\sqrt{x^2+y^2}}}{x^2+y^2}=\frac{-xy}{\sqrt{(x^2+y^2)^3}},$$

$$\frac{\partial^2 z}{\partial x^2} = \frac{-y^2 \cdot \dfrac{3}{2} \cdot \sqrt{x^2+y^2} \cdot 2x}{(x^2+y^2)^3} = \frac{-3xy^2}{\sqrt{(x^2+y^2)^5}},$$

$$\frac{\partial^2 z}{\partial x \partial y} = \frac{2y\sqrt{(x^2+y^2)^3} - y^2 \cdot \dfrac{3}{2} \cdot \sqrt{x^2+y^2} \cdot 2y}{(x^2+y^2)^3} = \frac{2x^2 y - y^3}{\sqrt{(x^2+y^2)^5}},$$

$$\frac{\partial^2 z}{\partial y^2} = \frac{-x\sqrt{(x^2+y^2)^3} + xy \cdot \dfrac{3}{2} \cdot \sqrt{x^2+y^2} \cdot 2y}{(x^2+y^2)^3} = \frac{2xy^2 - x^3}{\sqrt{(x^2+y^2)^5}}.$$

(2) $\dfrac{\partial z}{\partial x} = -\dfrac{2x}{y}\sin x^2, \dfrac{\partial z}{\partial y} = -\dfrac{\cos x^2}{y^2},$

$$\frac{\partial^2 z}{\partial x^2} = -\frac{2}{y}(\sin x^2 + x\cos x^2 \cdot 2x) = \frac{-2\sin x^2 - 4x^2 \cos x^2}{y},$$

$$\frac{\partial^2 z}{\partial x \partial y} = \frac{2x}{y^2}\sin x^2, \qquad \frac{\partial^2 z}{\partial y^2} = \frac{2}{y^3}\cos x^2.$$

(3) $\dfrac{\partial z}{\partial x} = \dfrac{1}{1+\left(\dfrac{y}{x}\right)^2} \cdot \left(-\dfrac{y}{x^2}\right) = \dfrac{-y}{x^2+y^2}, \dfrac{\partial z}{\partial y} = \dfrac{1}{1+\left(\dfrac{y}{x}\right)^2} \cdot \dfrac{1}{x} = \dfrac{x}{x^2+y^2},$

$$\frac{\partial^2 z}{\partial x^2} = \frac{2xy}{(x^2+y^2)^2}, \quad \frac{\partial^2 z}{\partial x \partial y} = \frac{-(x^2+y^2)+y \cdot 2y}{(x^2+y^2)^2} = \frac{y^2-x^2}{(x^2+y^2)^2}, \quad \frac{\partial^2 z}{\partial y^2} = \frac{-2xy}{(x^2+y^2)^2}.$$

(4) $\dfrac{\partial z}{\partial x} = 3x^2 y^2 + \dfrac{x}{y}, \dfrac{\partial z}{\partial y} = 2x^3 y - \dfrac{x^2}{2y^2},$

$$\frac{\partial^2 z}{\partial x^2} = 6xy^2 + \frac{1}{y}, \quad \frac{\partial^2 z}{\partial x \partial y} = 6x^2 y - \frac{x}{y^2}, \quad \frac{\partial^2 z}{\partial y^2} = 2x^3 + \frac{x^2}{y^3}.$$

(5) $\dfrac{\partial z}{\partial x} = \ln(xy^2)+1, \dfrac{\partial z}{\partial y} = \dfrac{2x}{y}, \dfrac{\partial^2 z}{\partial x^2} = \dfrac{1}{x}, \dfrac{\partial^2 z}{\partial x \partial y} = \dfrac{2}{y}, \dfrac{\partial^2 z}{\partial y^2} = -\dfrac{2x}{y^2}.$

(6) $\dfrac{\partial u}{\partial x} = zx^{z-1} \cdot y^{-z}, \dfrac{\partial u}{\partial y} = -zx^z \cdot y^{-z-1}, \dfrac{\partial u}{\partial z} = \left(\dfrac{x}{y}\right)^z \ln\dfrac{x}{y},$

$$\frac{\partial^2 u}{\partial x^2} = z(z-1)x^{z-2} \cdot \frac{1}{y^z}, \qquad \frac{\partial^2 u}{\partial y^2} = z(z+1)x^z \cdot \frac{1}{y^{z+2}},$$

$$\frac{\partial^2 u}{\partial z^2} = \left(\frac{x}{y}\right)^z \left(\ln\frac{x}{y}\right)^2, \qquad \frac{\partial^2 u}{\partial x \partial y} = -z^2 \cdot x^{z-1} \cdot \frac{1}{y^{z+1}},$$

$$\frac{\partial^2 u}{\partial x \partial z} = \frac{x^{z-1}}{y^z}\left(1 + z\ln\frac{x}{y}\right), \qquad \frac{\partial^2 u}{\partial y \partial z} = \frac{x^z}{y^{z+1}}\left(z\ln\frac{y}{x} - 1\right).$$

2. 设 f 具有连续的二阶偏导数,求下列函数的高阶偏导数:

(1) $z = f\left(\ln\dfrac{x}{y}, xy\right)$, 求 $\dfrac{\partial^2 z}{\partial x^2}, \dfrac{\partial^2 z}{\partial x \partial y}$;

(2) $z = f(x^2 + y^2)$, 求 $\dfrac{\partial^2 z}{\partial x^2}, \dfrac{\partial^2 z}{\partial x \partial y}, \dfrac{\partial^3 z}{\partial y^3}, \dfrac{\partial^3 z}{\partial x^2 \partial y}$;

(3)　$z = yf(x + y, x^2 y)$，求 $\dfrac{\partial^2 z}{\partial y^2}, \dfrac{\partial^2 z}{\partial x \partial y}$；

(4)　$z = f(u, x, y)$，$u = x\,\mathrm{e}^y$，求 $\dfrac{\partial^2 z}{\partial x^2}, \dfrac{\partial^2 z}{\partial x \partial y}, \dfrac{\partial^2 z}{\partial y^2}$；

(5)　$z = f(\sin x, \cos y^2, \mathrm{e}^{x+y})$，求 $\dfrac{\partial^2 z}{\partial x^2}, \dfrac{\partial^2 z}{\partial x \partial y}$；

(6)　$u = f(x^2 + y^2 + z^2)$，求 $\dfrac{\partial^2 u}{\partial x^2}, \dfrac{\partial^2 u}{\partial z^2}, \dfrac{\partial^2 u}{\partial x \partial y}, \dfrac{\partial^2 u}{\partial x \partial z}$．

解　(1)　$\dfrac{\partial z}{\partial x} = \dfrac{1}{x} f_1' + y f_2'$，$\dfrac{\partial z}{\partial y} = -\dfrac{1}{y} f_1' + x f_2'$，

$$\frac{\partial^2 z}{\partial x^2} = -\frac{1}{x^2} f_1' + \frac{1}{x^2} f_{11}'' + \frac{y}{x} f_{12}'' + \frac{y}{x} f_{21}'' + y^2 f_{22}''$$

$$= -\frac{1}{x^2} f_1' + \frac{1}{x^2} f_{11}'' + \frac{2y}{x} f_{12}'' + y^2 f_{22}'',$$

$$\frac{\partial^2 z}{\partial x \partial y} = -\frac{1}{xy} f_{11}'' + f_{12}'' + f_2' - f_{21}'' + xy f_{22}'' = -\frac{1}{xy} f_{11}'' + f_2' + xy f_{22}''.$$

(2)　$\dfrac{\partial z}{\partial x} = 2x f'$，$\dfrac{\partial z}{\partial y} = 2y f'$，

$$\frac{\partial^2 z}{\partial x^2} = 2f' + 4x^2 f'', \qquad \frac{\partial^2 z}{\partial x \partial y} = 4xy f'', \qquad \frac{\partial^2 z}{\partial y^2} = 2f' + 4y^2 f'',$$

$$\frac{\partial^3 z}{\partial y^3} = 4y f'' + 8y f'' + 8y^3 f''' = 12y f'' + 8y^3 f''', \qquad \frac{\partial^3 z}{\partial x^2 \partial y} = 4y f'' + 8x^2 y f'''.$$

(3)　$\dfrac{\partial z}{\partial x} = y(f_1' + 2xy f_2')$，$\dfrac{\partial z}{\partial y} = f + y(f_1' + x^2 f_2')$，

$$\frac{\partial^2 z}{\partial y^2} = f_1' + x^2 f_2' + f_1' + x^2 f_2' + y(f_{11}'' + x^2 f_{12}'' + x^2 f_{21}'' + x^4 f_{22}'')$$

$$= 2f_1' + 2x^2 f_2' + y f_{11}'' + 2x^2 y f_{12}'' + x^4 y f_{22}'',$$

$$\frac{\partial^2 z}{\partial x \partial y} = f_1' + 2xy f_2' + y[f_{11}'' + x^2 f_{12}'' + 2x f_2' + 2xy(f_{21}'' + x^2 f_{22}'')]$$

$$= f_1' + 4xy f_2' + y f_{11}'' + (x^2 y + 2xy^2) f_{12}'' + 2x^3 y^2 f_{22}''.$$

(4)　$\dfrac{\partial z}{\partial x} = \mathrm{e}^y f_1' + f_2'$，$\dfrac{\partial z}{\partial y} = x\,\mathrm{e}^y f_1' + f_3'$，

$$\frac{\partial^2 z}{\partial x^2} = \mathrm{e}^{2y} f_{11}'' + \mathrm{e}^y f_{12}'' + \mathrm{e}^y f_{21}'' + f_{22}'' = \mathrm{e}^{2y} f_{11}'' + 2\mathrm{e}^y f_{12}'' + f_{22}'',$$

$$\frac{\partial^2 z}{\partial y^2} = x\,\mathrm{e}^y f_1' + x\,\mathrm{e}^y (x\,\mathrm{e}^y f_{11}'' + f_{13}'') + x\,\mathrm{e}^y f_{31}'' + f_{33}''$$

$$= x\,\mathrm{e}^y f_1' + x^2 \mathrm{e}^{2y} f_{11}'' + 2x\,\mathrm{e}^y f_{13}'' + f_{33}'',$$

$$\frac{\partial^2 z}{\partial x \partial y} = \mathrm{e}^y f_1' + \mathrm{e}^y (x\,\mathrm{e}^y f_{11}'' + f_{13}'') + x\,\mathrm{e}^y f_{21}'' + f_{23}''$$

$$= \mathrm{e}^y f_1' + x\,\mathrm{e}^{2y} f_{11}'' + x\,\mathrm{e}^y f_{12}'' + \mathrm{e}^y f_{13}'' + f_{23}''.$$

(5) $\dfrac{\partial z}{\partial x} = \cos x \cdot f_1' + e^{x+y} f_3'$,

$\dfrac{\partial^2 z}{\partial x^2} = -\sin x \cdot f_1' + \cos x \, (\cos x \cdot f_{11}'' + e^{x+y} f_{13}'') + e^{x+y} f_3' + e^{x+y} (\cos x \cdot f_{31}'' + e^{x+y} f_{33}'')$

$= \cos^2 x \cdot f_{11}'' + 2e^{x+y} \cos x \cdot f_{13}'' + e^{2(x+y)} f_{33}'' - \sin x \cdot f_1' + e^{x+y} f_3'$,

$\dfrac{\partial^2 z}{\partial x \partial y} = \cos x \cdot (-2y \sin y^2 \cdot f_{12}'' + e^{x+y} f_{13}'') + e^{x+y} f_3' + e^{x+y} (-2y \sin y^2 \cdot f_{32}'' + e^{x+y} f_{33}'')$

$= -2y \cos x \, \sin y^2 \cdot f_{12}'' + e^{x+y} \cos x \cdot f_{13}'' - 2y e^{x+y} \sin y^2 \cdot f_{23}'' + e^{2(x+y)} f_{33}'' + e^{x+y} f_3'$.

(6) $\dfrac{\partial u}{\partial x} = 2xf'$, $\dfrac{\partial u}{\partial z} = 2zf'$, $\dfrac{\partial^2 u}{\partial x^2} = 4x^2 f'' + 2f'$,

$\dfrac{\partial^2 u}{\partial z^2} = 4z^2 f'' + 2f'$, $\quad \dfrac{\partial^2 u}{\partial x \partial y} = 4xyf''$, $\quad \dfrac{\partial^2 u}{\partial x \partial z} = 4xzf''$.

3. 设 $u = \sin x \, \mathrm{ch}\, y$，求 $\left(\dfrac{\partial^2 u}{\partial x^2}\right)^2 + \left(\dfrac{\partial^2 u}{\partial y^2}\right)^2$.

解 因为 $\dfrac{\partial u}{\partial x} = \cos x \, \mathrm{ch}\, y$，$\dfrac{\partial u}{\partial y} = \sin x \, \mathrm{sh}\, y$，$\dfrac{\partial^2 u}{\partial x^2} = -\sin x \, \mathrm{ch}\, y$，$\dfrac{\partial^2 u}{\partial y^2} = \sin x \, \mathrm{ch}\, y$，所以

$$\left(\dfrac{\partial^2 u}{\partial x^2}\right)^2 + \left(\dfrac{\partial^2 u}{\partial y^2}\right)^2 = \sin^2 x \, \mathrm{ch}^2 y + \sin^2 x \, \mathrm{ch}^2 y = 2\sin^2 x \, \mathrm{ch}^2 y.$$

4. 设函数 $u = \ln \sqrt{(x-a)^2 + (y-b)^2}$，证明：函数满足拉普拉斯方程式

$$\dfrac{\partial^2 u}{\partial x^2} + \dfrac{\partial^2 u}{\partial y^2} = 0.$$

证 因为 $\dfrac{\partial u}{\partial x} = \dfrac{x-a}{(x-a)^2 + (y-b)^2}$，$\dfrac{\partial u}{\partial y} = \dfrac{y-b}{(x-a)^2 + (y-b)^2}$，所以

$$\dfrac{\partial^2 u}{\partial x^2} = \dfrac{(y-b)^2 - (x-a)^2}{[(x-a)^2 + (y-b)^2]^2}, \quad \dfrac{\partial^2 u}{\partial y^2} = \dfrac{(x-a)^2 - (y-b)^2}{[(x-a)^2 + (y-b)^2]^2},$$

从而有 $\dfrac{\partial^2 u}{\partial x^2} + \dfrac{\partial^2 u}{\partial y^2} = 0$.

5. 设变换 $\begin{cases} u = x - 2y, \\ v = x + ay \end{cases}$ 可将方程 $6\dfrac{\partial^2 z}{\partial x^2} + \dfrac{\partial^2 z}{\partial x \partial y} - \dfrac{\partial^2 z}{\partial y^2} = 0$ 化为 $\dfrac{\partial^2 z}{\partial u \partial v} = 0$，求常数 a.

解 $\dfrac{\partial z}{\partial x} = \dfrac{\partial z}{\partial u} \dfrac{\partial u}{\partial x} + \dfrac{\partial z}{\partial v} \dfrac{\partial v}{\partial x} = \dfrac{\partial z}{\partial u} + \dfrac{\partial z}{\partial v}$，$\dfrac{\partial z}{\partial y} = \dfrac{\partial z}{\partial u} \dfrac{\partial u}{\partial y} + \dfrac{\partial z}{\partial v} \dfrac{\partial v}{\partial y} = -2\dfrac{\partial z}{\partial u} + a\dfrac{\partial z}{\partial v}$，

$\dfrac{\partial^2 z}{\partial x^2} = \dfrac{\partial}{\partial x}\left(\dfrac{\partial z}{\partial u} + \dfrac{\partial z}{\partial v}\right) = \dfrac{\partial^2 z}{\partial u^2} + 2\dfrac{\partial^2 z}{\partial u \partial v} + \dfrac{\partial^2 z}{\partial v^2}$，

$\dfrac{\partial^2 z}{\partial y^2} = -2\left(-2\dfrac{\partial^2 z}{\partial u^2} + a\dfrac{\partial^2 z}{\partial u \partial v}\right) + a\left(-2\dfrac{\partial^2 z}{\partial v \partial u} + a\dfrac{\partial^2 z}{\partial v^2}\right) = 4\dfrac{\partial^2 z}{\partial u^2} - 4a\dfrac{\partial^2 z}{\partial u \partial v} + a^2\dfrac{\partial^2 z}{\partial v^2}$，

$\dfrac{\partial^2 z}{\partial x \partial y} = -2\dfrac{\partial^2 z}{\partial u^2} + a\dfrac{\partial^2 z}{\partial u \partial v} - 2\dfrac{\partial^2 z}{\partial v \partial u} + a\dfrac{\partial^2 z}{\partial v^2} = -2\dfrac{\partial^2 z}{\partial u^2} + (a-2)\dfrac{\partial^2 z}{\partial u \partial v} + a\dfrac{\partial^2 z}{\partial v^2}$.

代入所给方程,原方程化为

$$(10+5a)\frac{\partial^2 z}{\partial u \partial v}+(6+a-a^2)\frac{\partial^2 z}{\partial v^2}=0.$$

由题意有 $\begin{cases} 6+a-a^2=0, \\ 10+5a \neq 0, \end{cases}$ 解之得 $a=3$.

6. 设 $z=\varphi(x+y)+y\psi(x+y)$,其中 φ,ψ 有连续的二阶偏导数. 试证:

$$\frac{\partial^2 z}{\partial x^2}-2\frac{\partial^2 z}{\partial x \partial y}+\frac{\partial^2 z}{\partial y^2}=0.$$

证　因为 $\dfrac{\partial z}{\partial x}=\varphi'+y\psi'$, $\dfrac{\partial z}{\partial y}=\varphi'+y\psi'+\psi$,

$$\frac{\partial^2 z}{\partial x^2}=\varphi''+y\psi'', \qquad \frac{\partial^2 z}{\partial y^2}=\varphi''+y\psi''+2\psi', \qquad \frac{\partial^2 z}{\partial x \partial y}=\varphi''+y\psi''+\psi',$$

故有 $\dfrac{\partial^2 z}{\partial x^2}-2\dfrac{\partial^2 z}{\partial x \partial y}+\dfrac{\partial^2 z}{\partial y^2}=\varphi''+y\psi''-2\varphi''-2y\psi''-2\psi'+\varphi''+y\psi''+2\psi'=0.$

$$===\textbf{B }\textbf{类}===$$

1. 设 $f(x,y)=\displaystyle\int_0^{xy} e^{-t^2}\,dt$,求 $f(x,y)$ 的二阶偏导数.

解　$f_x'=y\,e^{-x^2 y^2}$, $f_y'=x\,e^{-x^2 y^2}$;

$f_{xx}''=-2xy^3 e^{-x^2 y^2}$, $\quad f_{xy}''=e^{-x^2 y^2}-2x^2 y^2 e^{-x^2 y^2}$, $\quad f_{yy}''=-2x^3 y\,e^{-x^2 y^2}$.

2. 证明:函数 $u=\dfrac{1}{2a\sqrt{\pi t}}e^{-\frac{(x-b)^2}{4a^2 t}}$ 满足热传导方程 $\dfrac{\partial u}{\partial t}=a^2\dfrac{\partial^2 u}{\partial x^2}$.

证　$\dfrac{\partial u}{\partial x}=\dfrac{1}{2a\sqrt{\pi t}}e^{-\frac{(x-b)^2}{4a^2 t}}\left[-\dfrac{2(x-b)}{4a^2 t}\right]=-\dfrac{x-b}{4a^3\sqrt{\pi t^3}}e^{-\frac{(x-b)^2}{4a^2 t}}$,

$$\frac{\partial^2 u}{\partial x^2}=-\frac{1}{4a^3\sqrt{\pi t^3}}e^{-\frac{(x-b)^2}{4a^2 t}}-\frac{x-b}{4a^3\sqrt{\pi t^3}}e^{-\frac{(x-b)^2}{4a^2 t}}\cdot\frac{-2(x-b)}{4a^2 t}$$

$$=-\frac{1}{4a^3\sqrt{\pi t^3}}\left[1-\frac{(x-b)^2}{2a^2 t}\right]e^{-\frac{(x-b)^2}{4a^2 t}},$$

$$\frac{\partial u}{\partial t}=-\frac{1}{4a\sqrt{\pi t^3}}e^{-\frac{(x-b)^2}{4a^2 t}}+\frac{1}{2a\sqrt{\pi t}}e^{-\frac{(x-b)^2}{4a^2 t}}\cdot\frac{(x-b)^2}{4a^2 t^2}$$

$$=-a^2\frac{1}{4a^3\sqrt{\pi t^3}}\left[1-\frac{(x-b)^2}{2a^2 t}\right]e^{-\frac{(x-b)^2}{4a^2 t}}.$$

由以上两式即得 $\dfrac{\partial u}{\partial t}=a^2\dfrac{\partial^2 u}{\partial x^2}$.

3. 证明:若函数 $u(x,y)$ 满足拉普拉斯方程,则函数 $F=u\left(\dfrac{x}{x^2+y^2},\dfrac{y}{x^2+y^2}\right)$ 也满

足拉普拉斯方程.

证 函数 $u(x,y)$ 满足拉普拉斯方程,即有 $u''_{11}+u''_{22}=0$,又因为

$$F'_x = \frac{y^2-x^2}{(x^2+y^2)^2}u'_1 + \frac{-2xy}{(x^2+y^2)^2}u'_2, \quad F'_y = \frac{-2xy}{(x^2+y^2)^2}u'_1 + \frac{x^2-y^2}{(x^2+y^2)^2}u'_2,$$

$$F''_{xx} = \frac{(y^2-x^2)^2}{(x^2+y^2)^4}u''_{11} - 4\frac{xy(y^2-x^2)}{(x^2+y^2)^4}u''_{12} + \frac{4x^2y^2}{(x^2+y^2)^4}u''_{22}$$

$$+ \frac{2x(x^2-3y^2)}{(x^2+y^2)^4}u'_1 + \frac{2y(3x^2-y^2)}{(x^2+y^2)^4}u'_2,$$

$$F''_{yy} = \frac{4x^2y^2}{(x^2+y^2)^4}u''_{11} - 4\frac{xy(x^2-y^2)}{(x^2+y^2)^4}u''_{12} + \frac{(x^2-y^2)^2}{(x^2+y^2)^4}u''_{22}$$

$$+ \frac{2x(3y^2-x^2)}{(x^2+y^2)^4}u'_1 + \frac{2y(y^2-3x^2)}{(x^2+y^2)^4}u'_2,$$

所以有

$$F''_{xx} + F''_{yy} = \frac{x^4+2x^2y^2+y^4}{(x^2+y^2)^4}u''_{11} + \frac{x^4+2x^2y^2+y^4}{(x^2+y^2)^4}u''_{22}$$

$$= \frac{1}{(x^2+y^2)^2}(u''_{11}+u''_{22}) = 0,$$

即函数 $F = u\left(\dfrac{x}{x^2+y^2}, \dfrac{y}{x^2+y^2}\right)$ 满足拉普拉斯方程.

4. 设 $u = \dfrac{1}{2}(\varphi(x+at)-\varphi(x-at)) + \dfrac{1}{2a}\displaystyle\int_{x-at}^{x+at} f(z)\mathrm{d}z$,其中 φ 有二阶连续偏导数,f 有一阶连续偏导数. 试证:$\dfrac{\partial^2 u}{\partial t^2} = a^2 \dfrac{\partial^2 u}{\partial x^2}$.

证 因为

$$\frac{\partial u}{\partial x} = \frac{1}{2}(\varphi'(x+at)-\varphi'(x-at)) + \frac{1}{2a}(f(x+at)-f(x-at)),$$

$$\frac{\partial u}{\partial t} = \frac{1}{2}(a\varphi'(x+at)+a\varphi'(x-at)) + \frac{1}{2a}(af(x+at)+af(x-at)),$$

$$\frac{\partial^2 u}{\partial x^2} = \frac{1}{2}(\varphi''(x+at)-\varphi''(x-at)) + \frac{1}{2a}(f'(x+at)-f'(x-at)),$$

$$\frac{\partial^2 u}{\partial t^2} = \frac{1}{2}(a^2\varphi''(x+at)-a^2\varphi''(x-at)) + \frac{1}{2}(af'(x+at)-af'(x-at)),$$

由此即得 $\dfrac{\partial^2 u}{\partial t^2} = a^2 \dfrac{\partial^2 u}{\partial x^2}$.

5. 求方程 $\dfrac{\partial^2 z}{\partial x \partial y} = x+y$ 满足条件 $z'_x(x,0)=x$,$z(0,y)=y^2$ 的解 $z=z(x,y)$.

解 由 $\dfrac{\partial^2 z}{\partial x \partial y} = x+y$,可得 $\dfrac{\partial z}{\partial x} = xy + \dfrac{1}{2}y^2 + \varphi(x)$. 又由 $z'_x(x,0)=x$,得 $\varphi(x)$

$= x$. 于是 $\dfrac{\partial z}{\partial x} = xy + \dfrac{1}{2}y^2 + x$，所以

$$z = \frac{1}{2}x^2 y + \frac{1}{2}xy^2 + \frac{1}{2}x^2 + \varphi(y).$$

由 $z(0,y) = y^2$ 得 $\varphi(y) = y^2$，故 $z = \dfrac{1}{2}x^2 y + \dfrac{1}{2}xy^2 + \dfrac{1}{2}x^2 + y^2$.

6. 设 $z = xf\left(\dfrac{y}{x}\right) + 2y\varphi\left(\dfrac{x}{y}\right)$，$f,\varphi$ 有二阶连续偏导数，a,b 为常数.

(1) 求 $\dfrac{\partial^2 z}{\partial x\,\partial y}$.　　(2) 当 $f = \varphi$，且 $\dfrac{\partial^2 z}{\partial x\,\partial y}\bigg|_{x=a} = -by^2$ 时，求 $f(y)$.

解　(1) $\dfrac{\partial z}{\partial x} = -\dfrac{y}{x}f' + f + 2\varphi'$，

$$\frac{\partial^2 z}{\partial x\,\partial y} = -\frac{1}{x}f' - \frac{y}{x^2}f'' + \frac{1}{x}f' - \frac{2x}{y^2}\varphi'' = -\frac{y}{x^2}f'' - \frac{2x}{y^2}\varphi''.$$

(2) 当 $f = \varphi$，且 $\dfrac{\partial^2 z}{\partial x\,\partial y}\bigg|_{x=a} = -by^2$ 时，有 $\dfrac{y}{a^2}f''\left(\dfrac{y}{a}\right) + \dfrac{2a}{y^2}f''\left(\dfrac{a}{y}\right) = by^2$. 方程两

边同乘 y，得

$$\frac{y^2}{a^2}f''\left(\frac{y}{a}\right) + \frac{2a}{y}f''\left(\frac{a}{y}\right) = by^3.$$

分别令 $\dfrac{y}{a} = t, \dfrac{1}{t}$，得关于 $f''(t), f''\left(\dfrac{1}{t}\right)$ 的方程组：

$$\begin{cases} t^2 f''(t) + 2\,\dfrac{1}{t}f''\left(\dfrac{1}{t}\right) = ba^3 t^3, \\[2mm] \dfrac{1}{t^2}f''\left(\dfrac{1}{t}\right) + 2tf''(t) = ba^3\,\dfrac{1}{t^3}. \end{cases}$$

解此方程组可得 $f''(t) = \dfrac{2}{3}a^3 b\left(\dfrac{1}{t^4} - \dfrac{t}{2}\right)$. 积分两次得

$$f'(t) = \frac{2}{3}a^3 b\left(-\frac{1}{3t^3} - \frac{t^2}{4}\right) + C_1, \quad f(t) = \frac{2}{3}a^3 b\left(\frac{1}{6t^2} - \frac{t^3}{12}\right) + C_1 t + C_2.$$

故 $f(y) = \dfrac{1}{9}a^3 b\left(\dfrac{1}{y^2} - \dfrac{y^3}{2}\right) + C_1 y + C_2$.

7. 引入新的函数 $v(x,y) = u(x,y)\mathrm{e}^{ax+by}$，选择适当的 a,b，化简方程

$$\frac{\partial^2 u}{\partial x^2} - \frac{\partial^2 u}{\partial y^2} + 2\,\frac{\partial u}{\partial x} - 4\,\frac{\partial u}{\partial y} = 0.$$

解　由题设，$u(x,y) = \mathrm{e}^{-ax-by}v(x,y)$，于是

$$\frac{\partial u}{\partial x} = \mathrm{e}^{-ax-by}\left(\frac{\partial v}{\partial x} - av\right), \quad \frac{\partial^2 u}{\partial x^2} = \mathrm{e}^{-ax-by}\left(\frac{\partial^2 v}{\partial x^2} + a^2 v - 2a\,\frac{\partial v}{\partial x}\right),$$

$$\frac{\partial u}{\partial y} = \mathrm{e}^{-ax-by}\left(\frac{\partial v}{\partial y} - bv\right), \quad \frac{\partial^2 u}{\partial y^2} = \mathrm{e}^{-ax-by}\left(\frac{\partial^2 v}{\partial y^2} + b^2 v - 2b\,\frac{\partial v}{\partial y}\right).$$

从而

$$\frac{\partial^2 u}{\partial x^2} - \frac{\partial^2 u}{\partial y^2} + 2\frac{\partial u}{\partial x} - 4\frac{\partial u}{\partial y}$$

$$= e^{-ax-by}\left[\frac{\partial^2 v}{\partial x^2} + 2(1-a)\frac{\partial v}{\partial x} - \frac{\partial^2 v}{\partial y^2} + 2(b-2)\frac{\partial v}{\partial y} + (a^2 - b^2 - 2a + 4b)v\right].$$

取 $a=1,b=2$,可得

$$\frac{\partial^2 u}{\partial x^2} - \frac{\partial^2 u}{\partial y^2} + 2\frac{\partial u}{\partial x} - 4\frac{\partial u}{\partial y} = e^{-x-2y}\left(\frac{\partial^2 v}{\partial x^2} - \frac{\partial^2 v}{\partial y^2} - 3v\right).$$

故选取 $a=1,b=2$,可将方程$\dfrac{\partial^2 u}{\partial x^2} - \dfrac{\partial^2 u}{\partial y^2} + 2\dfrac{\partial u}{\partial x} - 4\dfrac{\partial u}{\partial y} = 0$ 化简为

$$\frac{\partial^2 v}{\partial x^2} - \frac{\partial^2 v}{\partial y^2} - 3v = 0.$$

习题 9-6

===A 类===

1. 求下列方程所确定的隐函数的导数或偏导数:

(1) $x^3 + y^3 - 3axy = 0$,求$\dfrac{dy}{dx}$;

(2) $\ln(x^2 + y^2) = x^3 y + \sin x$,求$\dfrac{dy}{dx}\bigg|_{x=0}$;

(3) $x^y = y^x \ (x \neq y)$,求$\dfrac{dy}{dx}$;

(4) $x^2 + y^2 + z^2 = e^{-(x+y+z)}$,求$\dfrac{\partial z}{\partial x},\dfrac{\partial z}{\partial y}$.

解 (1) 令 $F(x,y) = x^3 + y^3 - 3axy$,则 $F'_x = 3x^2 - 3ay$, $F'_y = 3y^2 - 3ax$,故

$$\frac{dy}{dx} = -\frac{F'_x}{F'_y} = -\frac{x^2 - ay}{y^2 - ax} \quad (y^2 - ax \neq 0).$$

(2) 当 $x=0$ 时,$y=1$($y=-1$ 时类似计算).

令 $F(x,y) = \ln(x^2 + y^2) - x^3 y - \sin x$,则

$$F'_x = \frac{2x}{x^2 + y^2} - 3x^2 y - \cos x, \quad F'_y = \frac{2y}{x^2 + y^2} - x^3,$$

$$\frac{dy}{dx} = -\frac{F'_x}{F'_y} = -\frac{\dfrac{2x}{x^2 + y^2} - 3x^2 y - \cos x}{\dfrac{2y}{x^2 + y^2} - x^3} = -\frac{2x - (3x^2 y + \cos x)(x^2 + y^2)}{2y - x^3(x^2 + y^2)},$$

故$\dfrac{dy}{dx}\bigg|_{x=0} = \dfrac{1}{2}.$

(3) 令 $F(x,y) = x^y - y^x$，则 $F'_x = yx^{y-1} - y^x \ln y$，$F'_y = x^y \ln x - xy^{x-1}$，于是

$$\frac{\mathrm{d}y}{\mathrm{d}x} = -\frac{yx^{y-1} - y^x \ln y}{x^y \ln x - xy^{x-1}} = \frac{xy \ln y - y^2}{xy \ln x - x^2}.$$

(4) 令 $F(x,y,z) = x^2 + y^2 + z^2 - \mathrm{e}^{-(x+y+z)}$，则

$$F'_x = 2x + \mathrm{e}^{-(x+y+z)}, \quad F'_y = 2y + \mathrm{e}^{-(x+y+z)}, \quad F'_z = 2z + \mathrm{e}^{-(x+y+z)}.$$

由隐函数求导公式即得

$$\frac{\partial z}{\partial x} = -\frac{2x \mathrm{e}^{x+y+z} + 1}{2z \mathrm{e}^{x+y+z} + 1}, \quad \frac{\partial z}{\partial y} = -\frac{2y \mathrm{e}^{x+y+z} + 1}{2z \mathrm{e}^{x+y+z} + 1}.$$

2. 求由下列方程组所确定的隐函数的导数或偏导数：

(1) $\begin{cases} x^2 + y^2 = \dfrac{1}{2} z^2, \\ x + y + z = 2, \end{cases}$ 求 $\dfrac{\mathrm{d}x}{\mathrm{d}z}, \dfrac{\mathrm{d}y}{\mathrm{d}z}$ 在 $z = 2$ 处的导数值；

(2) $\begin{cases} x = \mathrm{e}^u + u \sin v, \\ y = \mathrm{e}^u - u \cos v, \end{cases}$ 求 $\dfrac{\partial u}{\partial x}, \dfrac{\partial u}{\partial y}, \dfrac{\partial v}{\partial x}, \dfrac{\partial v}{\partial y}$；

(3) $\begin{cases} 2xu + y^2 v = 0, \\ yu + 3xv = 1, \end{cases}$ 求 $\dfrac{\partial u}{\partial x}, \dfrac{\partial u}{\partial y}, \dfrac{\partial v}{\partial x}, \dfrac{\partial v}{\partial y}$；

(4) $\begin{cases} x = u + v, \\ y = u^2 + v^2, \\ z = u^3 + v^3, \end{cases}$ 求 $\dfrac{\partial z}{\partial x}, \dfrac{\partial z}{\partial y}$.

解　(1) 当 $z = 2$ 时，由 $\begin{cases} x^2 + y^2 = 2, \\ x + y = 0, \end{cases}$ 得 $\begin{cases} x = 1, \\ y = -1 \end{cases}$ 及 $\begin{cases} x = -1, \\ y = 1. \end{cases}$ 方程组两边关于 z 求导，得

$$\begin{cases} 2x \dfrac{\mathrm{d}x}{\mathrm{d}z} + 2y \dfrac{\mathrm{d}y}{\mathrm{d}z} = z, \\ \dfrac{\mathrm{d}x}{\mathrm{d}z} + \dfrac{\mathrm{d}y}{\mathrm{d}z} = -1. \end{cases}$$

当 $\begin{vmatrix} 2x & 2y \\ 1 & 1 \end{vmatrix} = 2(x - y) \neq 0$，即 $x \neq y$ 时，

$$\frac{\mathrm{d}x}{\mathrm{d}z} = \frac{z + 2y}{2(x - y)}, \quad \frac{\mathrm{d}y}{\mathrm{d}z} = \frac{z + 2x}{2(y - x)}.$$

故当 $x = 1, y = -1, z = 2$ 时，$\dfrac{\mathrm{d}x}{\mathrm{d}z} = 0$，$\dfrac{\mathrm{d}y}{\mathrm{d}z} = -1$；当 $x = -1, y = 1, z = 2$ 时，$\dfrac{\mathrm{d}x}{\mathrm{d}z} = -1$，$\dfrac{\mathrm{d}y}{\mathrm{d}z} = 0$.

(2) 方程组 $\begin{cases} x = \mathrm{e}^u + u \sin v, \\ y = \mathrm{e}^u - u \cos v \end{cases}$ 两边求微分，得

$$\begin{cases} \mathrm{d}x = (\mathrm{e}^u + \sin v)\mathrm{d}u + u \cos v \, \mathrm{d}v, \\ \mathrm{d}y = (\mathrm{e}^u - \cos v)\mathrm{d}u + u \sin v \, \mathrm{d}v. \end{cases}$$

当 $\begin{vmatrix} e^u + \sin v & u\cos v \\ e^u - \cos v & u\sin v \end{vmatrix} = u\,e^u(\sin v - \cos v) + u \neq 0$ 时,

$$\mathrm{d}u = \frac{u\sin v\,\mathrm{d}x - u\cos v\,\mathrm{d}y}{u\,e^u(\sin v - \cos v) + u} = \frac{\sin v}{e^u(\sin v - \cos v) + 1}\mathrm{d}x + \frac{-\cos v}{e^u(\sin v - \cos v) + 1}\mathrm{d}y,$$

$$\mathrm{d}v = \frac{(e^u + \sin v)\mathrm{d}y - (e^u - \cos v)\mathrm{d}x}{u\,e^u(\sin v - \cos v) + u}$$

$$= \frac{e^u + \sin v}{u\,e^u(\sin v - \cos v) + u}\mathrm{d}y + \frac{\cos v - e^u}{u\,e^u(\sin v - \cos v) + u}\mathrm{d}x.$$

所以

$$\frac{\partial u}{\partial x} = \frac{\sin v}{e^u(\sin v - \cos v) + 1}, \qquad \frac{\partial u}{\partial y} = \frac{-\cos v}{e^u(\sin v - \cos v) + 1},$$

$$\frac{\partial v}{\partial x} = \frac{\cos v - e^u}{u\,e^u(\sin v - \cos v) + u}, \qquad \frac{\partial v}{\partial y} = \frac{e^u + \sin v}{u\,e^u(\sin v - \cos v) + u}.$$

(3) 方程组 $\begin{cases} 2xu + y^2v = 0, \\ yu + 3xv = 1 \end{cases}$ 两边关于 x 求偏导并整理得

$$\begin{cases} 2x\,\dfrac{\partial u}{\partial x} + y^2\,\dfrac{\partial v}{\partial x} = -2u, \\ y\,\dfrac{\partial u}{\partial x} + 3x\,\dfrac{\partial v}{\partial x} = -3v. \end{cases}$$

当 $\begin{vmatrix} 2x & y^2 \\ y & 3x \end{vmatrix} = 6x^2 - y^3 \neq 0$ 时,由隐函数求导公式即得

$$\frac{\partial u}{\partial x} = \frac{3y^2v - 6xu}{6x^2 - y^3}, \qquad \frac{\partial v}{\partial x} = \frac{2yu - 6xv}{6x^2 - y^3}.$$

类似可求得 $\dfrac{\partial u}{\partial y} = \dfrac{y^2u - 6xyu}{6x^2 - y^3}$, $\dfrac{\partial v}{\partial y} = \dfrac{2y^2v - 2xu}{6x^2 - y^3}$.

(4) 由方程组可得

$$\frac{\partial z}{\partial x} = 3u^2\,\frac{\partial u}{\partial x} + 3v^2\,\frac{\partial v}{\partial x}, \qquad \frac{\partial z}{\partial y} = 3u^2\,\frac{\partial u}{\partial y} + 3v^2\,\frac{\partial v}{\partial y}.$$

将方程组 $\begin{cases} x = u + v, \\ y = u^2 + v^2 \end{cases}$ 两边求微分,得

$$\begin{cases} \mathrm{d}x = \mathrm{d}u + \mathrm{d}v, \\ \mathrm{d}y = 2u\mathrm{d}u + 2v\mathrm{d}v. \end{cases}$$

当 $\begin{vmatrix} 1 & 1 \\ 2u & 2v \end{vmatrix} = 2(v - u) \neq 0$ 时,求得

$$\mathrm{d}u = \frac{v}{v - u}\mathrm{d}x - \frac{1}{2(v - u)}\mathrm{d}y, \qquad \mathrm{d}v = \frac{-u}{v - u}\mathrm{d}x + \frac{1}{2(v - u)}\mathrm{d}y.$$

于是有 $\dfrac{\partial u}{\partial x} = \dfrac{v}{v - u}$, $\dfrac{\partial u}{\partial y} = -\dfrac{1}{2(v - u)}$, $\dfrac{\partial v}{\partial x} = \dfrac{-u}{v - u}$, $\dfrac{\partial v}{\partial y} = \dfrac{1}{2(v - u)}$. 所以

$$\frac{\partial z}{\partial x} = 3u^2 \cdot \frac{v}{v-u} + 3v^2 \cdot \frac{-u}{v-u} = -3uv,$$

$$\frac{\partial z}{\partial y} = 3u^2 \cdot \frac{-1}{2(v-u)} + 3v^2 \cdot \frac{1}{2(v-u)} = \frac{3}{2}(u+v).$$

3. 设 $\varphi(u,v)$ 为可微函数. 证明：由方程 $\varphi(cx-az,cy-bz)=0$ 所确定的隐函数满足方程 $a\dfrac{\partial z}{\partial x} + b\dfrac{\partial z}{\partial y} = c.$

证　令 $F(x,y,z) = \varphi(cx-az,cy-bz) = 0$，则
$$F_x' = c\varphi_1', \quad F_y' = c\varphi_2', \quad F_z' = -a\varphi_1' - b\varphi_2',$$
于是有 $\dfrac{\partial z}{\partial x} = \dfrac{c\varphi_1'}{a\varphi_1'+b\varphi_2'}, \dfrac{\partial z}{\partial y} = \dfrac{c\varphi_2'}{a\varphi_1'+b\varphi_2'}.$ 故

$$a\frac{\partial z}{\partial x} + b\frac{\partial z}{\partial y} = \frac{ac\varphi_1'}{a\varphi_1'+b\varphi_2'} + \frac{bc\varphi_2'}{a\varphi_1'+b\varphi_2'} = c.$$

4. 求解下列各题：

(1) 设 $\ln\sqrt{x^2+y^2} = \arctan\dfrac{y}{x}$，求 $\dfrac{\mathrm{d}y}{\mathrm{d}x}, \dfrac{\mathrm{d}^2y}{\mathrm{d}x^2}$；

(2) 设 $xz - y\sin z = 0$，求 $\dfrac{\partial^2 z}{\partial y^2}, \dfrac{\partial^2 z}{\partial x\,\partial y}$；

(3) 设 $\mathrm{e}^z = xyz$，求 $\dfrac{\partial^2 z}{\partial x^2}, \dfrac{\partial^2 z}{\partial y^2}, \dfrac{\partial^2 z}{\partial x\,\partial y}$；

(4) 设 $z + \ln z - \displaystyle\int_y^x \mathrm{e}^{-t^2}\,\mathrm{d}t = 0$，求 $\dfrac{\partial^2 z}{\partial x\,\partial y}, \dfrac{\partial^2 z}{\partial y^2}$.

解　(1) 令 $F(x,y) = \dfrac{1}{2}\ln(x^2+y^2) - \arctan\dfrac{y}{x} = 0$，则 $F_x' = \dfrac{x+y}{x^2+y^2}$，$F_y' = \dfrac{y-x}{x^2+y^2}$. 故 $\dfrac{\mathrm{d}y}{\mathrm{d}x} = \dfrac{x+y}{x-y}$，

$$\frac{\mathrm{d}^2y}{\mathrm{d}x^2} = \frac{\mathrm{d}}{\mathrm{d}x}\left(\frac{x+y}{x-y}\right) = \frac{\left(1+\dfrac{\mathrm{d}y}{\mathrm{d}x}\right)(x-y) - \left(1-\dfrac{\mathrm{d}y}{\mathrm{d}x}\right)(x+y)}{(x-y)^2} = \frac{2(x^2+y^2)}{(x-y)^3}.$$

(2) 令 $F(x,y,z) = xz - y\sin z = 0$，则 $F_x' = z$，$F_y' = -\sin z$，$F_z' = x - y\cos z$. 故

$$\frac{\partial z}{\partial x} = \frac{z}{y\cos z - x}, \quad \frac{\partial z}{\partial y} = \frac{\sin z}{x - y\cos z},$$

$$\frac{\partial^2 z}{\partial y^2} = \frac{\partial}{\partial y}\left(\frac{\sin z}{x - y\cos z}\right) = \frac{\cos z \cdot \dfrac{\partial z}{\partial y}(x - y\cos z) - \sin z \cdot \left(-\cos z + y\sin z \cdot \dfrac{\partial z}{\partial y}\right)}{(x - y\cos z)^2}$$

$$= \frac{x\sin 2z - y\sin z\,(1+\cos^2 z)}{(x - y\cos z)^3},$$

$$\frac{\partial^2 z}{\partial x\,\partial y} = \frac{\partial}{\partial y}\left(\frac{z}{y\cos z - x}\right) = \frac{\dfrac{\partial z}{\partial y}(y\cos z - x) - z\left(\cos z - y\sin z \cdot \dfrac{\partial z}{\partial y}\right)}{(y\cos z - x)^2}$$

$$= \frac{x\sin z + zx\cos z - y\sin z\,\cos z - yz}{(y\cos z - x)^3}.$$

（3） 方程 $e^z = xyz$ 两边关于 x 求偏导数，得 $e^z \dfrac{\partial z}{\partial x} = yz + xy \dfrac{\partial z}{\partial x}$，则有

$$\frac{\partial z}{\partial x} = \frac{yz}{e^z - xy} = \frac{z}{x(z-1)},$$

$$\frac{\partial^2 z}{\partial x^2} = \frac{x(z-1)\dfrac{\partial z}{\partial x} - \left(x \dfrac{\partial z}{\partial x} + z - 1\right) z}{x^2 (z-1)^2} = \frac{z[2(z-1) - z^2]}{x^2 (z-1)^3}.$$

方程 $e^z = xyz$ 两边关于 y 求偏导数，得 $e^z \dfrac{\partial z}{\partial y} = xz + xy \dfrac{\partial z}{\partial y}$，则有 $\dfrac{\partial z}{\partial y} = \dfrac{z}{y(z-1)}$，

$$\frac{\partial^2 z}{\partial y^2} = \frac{y(z-1)\dfrac{\partial z}{\partial y} - \left(y \dfrac{\partial z}{\partial y} + z - 1\right) z}{y^2 (z-1)^2} = \frac{z[2(z-1) - z^2]}{y^2 (z-1)^3},$$

$$\frac{\partial^2 z}{\partial x \partial y} = \frac{x(z-1)\dfrac{\partial z}{\partial y} - xz \dfrac{\partial z}{\partial y}}{x^2 (z-1)^2} = \frac{-z}{xy(z-1)^3}.$$

（4） 方程 $z + \ln z - \displaystyle\int_y^x e^{-t^2} \, dt = 0$ 两端关于 y 求偏导数两次，分别有

$$\frac{\partial z}{\partial y} + \frac{1}{z} \frac{\partial z}{\partial y} + e^{-y^2} = 0, \quad \frac{\partial^2 z}{\partial y^2} + \frac{1}{z} \frac{\partial^2 z}{\partial y^2} - \frac{1}{z^2} \left(\frac{\partial z}{\partial y}\right)^2 - 2y e^{-y^2} = 0,$$

从而可得

$$\frac{\partial z}{\partial y} = \frac{-z e^{-y^2}}{1+z}, \quad \frac{\partial^2 z}{\partial y^2} = \frac{\left(\dfrac{\partial z}{\partial y}\right)^2 + 2yz^2 e^{-y^2}}{z(1+z)} = \frac{z e^{-2y^2} + 2yz(1+z)^2 e^{-y^2}}{(1+z)^3}.$$

方程 $z + \ln z - \displaystyle\int_y^x e^{-t^2} \, dt = 0$ 两端先关于 x 求偏导，再关于 y 求偏导，分别有

$$\frac{\partial z}{\partial x} + \frac{1}{z} \frac{\partial z}{\partial x} - e^{-x^2} = 0, \quad \frac{\partial^2 z}{\partial x \partial y} + \frac{1}{z} \frac{\partial^2 z}{\partial x \partial y} - \frac{1}{z^2} \left(\frac{\partial z}{\partial x}\right) \left(\frac{\partial z}{\partial y}\right) = 0,$$

于是可得

$$\frac{\partial z}{\partial x} = \frac{z e^{-x^2}}{1+z}, \quad \frac{\partial^2 z}{\partial x \partial y} = \frac{\dfrac{\partial z}{\partial x} \cdot \dfrac{\partial z}{\partial y}}{z(1+z)} = \frac{-z e^{-x^2 - y^2}}{(1+z)^3}.$$

5. 设 $z = z(x,y)$ 由方程 $F\left(x + \dfrac{z}{y}, y + \dfrac{z}{x}\right) = 0$ 确定，其中 F 有一阶连续偏导数.

证明：$x \dfrac{\partial z}{\partial x} + y \dfrac{\partial z}{\partial y} = z - xy.$

解 方程 $F\left(x + \dfrac{z}{y}, y + \dfrac{z}{x}\right) = 0$ 两端关于 x 求偏导数，得

$$F_1' \cdot \left(1 + \frac{1}{y} \frac{\partial z}{\partial x}\right) + F_2' \cdot \left(\frac{1}{x} \frac{\partial z}{\partial x} - \frac{z}{x^2}\right) = 0,$$

从而 $\dfrac{\partial z}{\partial x} = -\dfrac{F_1' - \dfrac{z}{x^2} F_2'}{\dfrac{1}{y} F_1' + \dfrac{1}{x} F_2'} = -\dfrac{y(x^2 F_1' - z F_2')}{x(x F_1' + y F_2')}.$

方程 $F\left(x+\dfrac{z}{y},y+\dfrac{z}{x}\right)=0$ 两端关于 y 求偏导数，得

$$F'_1\cdot\left(\frac{1}{y}\frac{\partial z}{\partial y}-\frac{z}{y^2}\right)+F'_2\cdot\left(1+\frac{1}{x}\frac{\partial z}{\partial y}\right)=0,$$

于是 $\dfrac{\partial z}{\partial y}=-\dfrac{-\dfrac{z}{y^2}F'_1+F'_2}{\dfrac{1}{y}F'_1+\dfrac{1}{x}F'_2}=-\dfrac{x(-zF'_1+y^2F'_2)}{y(xF'_1+yF'_2)}.$

所以

$$\begin{aligned}
x\frac{\partial z}{\partial x}+y\frac{\partial z}{\partial y}&=-\frac{y(x^2F'_1-zF'_2)}{xF'_1+yF'_2}-\frac{x(-zF'_1+y^2F'_2)}{xF'_1+yF'_2}\\
&=-\frac{(yx^2-xz)F'_1+(xy^2-yz)F'_2}{xF'_1+yF'_2}\\
&=-\frac{(xy-z)(xF'_1+yF'_2)}{xF'_1+yF'_2}=z-xy.
\end{aligned}$$

6. 设 $z=z(x,y)$ 由方程 $f(x^2+z\sin y,y^2+\cos z)=0$ 所确定，其中 f 有一阶连续偏导数，求 $\mathrm{d}z$.

解　由多元函数微分的形式不变性，对方程 $f(x^2+z\sin y,y^2+\cos z)=0$ 两端求微分，得 $f'_1\cdot(2x\,\mathrm{d}x+z\cos y\,\mathrm{d}y+\sin y\,\mathrm{d}z)+f'_2\cdot(2y\,\mathrm{d}y-\sin z\,\mathrm{d}z)=0$，整理得

$$2xf'_1\cdot\mathrm{d}x+(z\cos y\,f'_1+2yf'_2)\mathrm{d}y+(\sin y\,f'_1-\sin z\,f'_2)\mathrm{d}z=0,$$

所以 $\mathrm{d}z=\dfrac{2xf'_1\cdot\mathrm{d}x+(z\cos y\,f'_1+2yf'_2)\mathrm{d}y}{-\sin y\,f'_1+\sin z\,f'_2}.$

7. 设 $u=f(x,y,z)$ 有连续的一阶偏导数，函数 $y=y(x)$，$z=z(x)$ 分别由下列两式确定：$\mathrm{e}^{xy}-xy=2$，$\mathrm{e}^x=\displaystyle\int_0^{x-z}\frac{\sin t}{t}\mathrm{d}t$. 求 $\dfrac{\mathrm{d}u}{\mathrm{d}x}$.

解　由题意，函数 $y=y(x)$ 由方程 $\mathrm{e}^{xy}-xy=2$ 所确定，对此方程两边关于 x 求导得

$$\mathrm{e}^{xy}\left(y+x\frac{\mathrm{d}y}{\mathrm{d}x}\right)-y-x\frac{\mathrm{d}y}{\mathrm{d}x}=0,$$

从而 $\dfrac{\mathrm{d}y}{\mathrm{d}x}=\dfrac{y(1-\mathrm{e}^{xy})}{x(\mathrm{e}^{xy}-1)}=-\dfrac{y}{x}.$

函数 $z=z(x)$ 由方程 $\mathrm{e}^x=\displaystyle\int_0^{x-z}\frac{\sin t}{t}\mathrm{d}t$ 所确定，对此方程两边关于 x 求导得

$$\mathrm{e}^x=\frac{\sin(x-z)}{x-z}\left(1-\frac{\mathrm{d}z}{\mathrm{d}x}\right),$$

于是 $\dfrac{\mathrm{d}z}{\mathrm{d}x}=\dfrac{\sin(x-z)-\mathrm{e}^x(x-z)}{\sin(x-z)}.$

所以

$$\frac{\mathrm{d}u}{\mathrm{d}x}=f'_x+f'_y\cdot\frac{\mathrm{d}y}{\mathrm{d}x}+f'_z\cdot\frac{\mathrm{d}z}{\mathrm{d}x}=f'_x-\frac{y}{x}f'_y+\frac{\sin(x-z)-\mathrm{e}^x(x-z)}{\sin(x-z)}f'_z.$$

===**B** 类===

1. 设 $\begin{cases} u = f(ux^2, v+y^2), \\ v = g(2u-x, v^2y), \end{cases}$ f, g 有一阶连续偏导数，求 $\dfrac{\partial u}{\partial x}, \dfrac{\partial v}{\partial x}$.

解 方程组两边关于 x 求导，得

$$\begin{cases} \dfrac{\partial u}{\partial x} = f_1' \cdot \left(2xu + x^2 \dfrac{\partial u}{\partial x}\right) + f_2' \cdot \dfrac{\partial v}{\partial x}, \\ \dfrac{\partial v}{\partial x} = g_1' \cdot \left(-1 + 2\dfrac{\partial u}{\partial x}\right) + 2yvg_2' \cdot \dfrac{\partial v}{\partial x}, \end{cases}$$

整理得

$$\begin{cases} (1-x^2 f_1')\dfrac{\partial u}{\partial x} - f_2' \cdot \dfrac{\partial v}{\partial x} = 2xuf_1', \\ 2g_1' \cdot \dfrac{\partial u}{\partial x} + (2yvg_2'-1)\dfrac{\partial v}{\partial x} = g_1'. \end{cases}$$

当 $\begin{vmatrix} 1-x^2 f_1' & -f_2' \\ 2g_1' & 2yvg_2'-1 \end{vmatrix} \neq 0$ 时，解此关于 $\dfrac{\partial u}{\partial x}, \dfrac{\partial v}{\partial x}$ 的方程组即得

$$\dfrac{\partial u}{\partial x} = \dfrac{\begin{vmatrix} 2xuf_1' & -f_2' \\ g_1' & 2yvg_2'-1 \end{vmatrix}}{\begin{vmatrix} 1-x^2 f_1' & -f_2' \\ 2g_1' & 2yvg_2'-1 \end{vmatrix}} = \dfrac{2xuf_1' \cdot (2yvg_2'-1) + f_2' \cdot g_1'}{(1-x^2 f_1')(2yvg_2'-1) + 2f_2' \cdot g_1'},$$

$$\dfrac{\partial v}{\partial x} = \dfrac{\begin{vmatrix} 1-x^2 f_1' & 2xuf_1' \\ 2g_1' & g_1' \end{vmatrix}}{\begin{vmatrix} 1-x^2 f_1' & -f_2' \\ 2g_1' & 2yvg_2'-1 \end{vmatrix}} = \dfrac{(1-x^2 f_1')g_1' - 4xuf_1' \cdot g_1'}{(1-x^2 f_1')(2yvg_2'-1) + 2f_2' \cdot g_1'}.$$

2. 设 $u = \dfrac{x+z}{y+z}$，其中 $z = z(x,y)$ 为由方程 $z\,\mathrm{e}^z = x\,\mathrm{e}^x + y\,\mathrm{e}^y$ 所确定的函数，求 $\dfrac{\partial u}{\partial x}$，$\dfrac{\partial v}{\partial x}$.

解 方程 $z\,\mathrm{e}^z = x\,\mathrm{e}^x + y\,\mathrm{e}^y$ 两边关于 x 求导，得 $\mathrm{e}^z \dfrac{\partial z}{\partial x} + z\,\mathrm{e}^z \dfrac{\partial z}{\partial x} = \mathrm{e}^x + x\,\mathrm{e}^x$，从而

$$\dfrac{\partial z}{\partial x} = \dfrac{(1+x)\mathrm{e}^x}{(1+z)\mathrm{e}^z}.$$

方程 $z\,\mathrm{e}^z = x\,\mathrm{e}^x + y\,\mathrm{e}^y$ 两边关于 y 求导，得 $\mathrm{e}^z \dfrac{\partial z}{\partial y} + z\,\mathrm{e}^z \dfrac{\partial z}{\partial y} = \mathrm{e}^y + y\,\mathrm{e}^y$，从而

$$\dfrac{\partial z}{\partial y} = \dfrac{(1+y)\mathrm{e}^y}{(1+z)\mathrm{e}^z}.$$

所以

$$\frac{\partial u}{\partial x} = \frac{\left(1 + \dfrac{\partial z}{\partial x}\right)(y + z) - \dfrac{\partial z}{\partial x}(x + z)}{(y + z)^2} = \frac{1}{y + z} + \frac{y - x}{(y + z)^2}\frac{\partial z}{\partial x}$$

$$= \frac{1}{y + z} + \frac{(y - x)(1 + x)\mathrm{e}^x}{(y + z)^2(1 + z)\mathrm{e}^z},$$

$$\frac{\partial u}{\partial y} = \frac{(y + z)\dfrac{\partial z}{\partial y} - (x + z)\left(1 + \dfrac{\partial z}{\partial y}\right)}{(y + z)^2} = \frac{(y - x)\dfrac{\partial z}{\partial y}}{(y + z)^2} - \frac{x + z}{(y + z)^2}$$

$$= \frac{(y - x)(1 + y)\mathrm{e}^y}{(y + z)^2(1 + z)\mathrm{e}^z} - \frac{x + z}{(y + z)^2}.$$

3. 证明：由方程 $u = y + x\varphi(u)$ 所确定的函数 $u(x, y)$ 满足方程

$$\frac{\partial^2 u}{\partial x^2} = \frac{\partial}{\partial y}\left(\varphi^2(u)\frac{\partial u}{\partial y}\right).$$

证　对方程 $u = y + x\varphi(u)$ 两端分别求关于 x, y 的导数，得

$$\frac{\partial u}{\partial x} = \varphi(u) + x\varphi'(u)\frac{\partial u}{\partial x}, \qquad \frac{\partial u}{\partial y} = 1 + x\varphi'(u)\frac{\partial u}{\partial y},$$

于是求得 $\dfrac{\partial u}{\partial x} = \dfrac{\varphi(u)}{1 - x\varphi'(u)}, \dfrac{\partial u}{\partial y} = \dfrac{1}{1 - x\varphi'(u)}$. 故有 $\dfrac{\partial u}{\partial x} = \varphi(u)\dfrac{\partial u}{\partial y}$, 由此得

$$\frac{\partial^2 u}{\partial x^2} = \varphi'(u)\frac{\partial u}{\partial x} \cdot \frac{\partial u}{\partial y} + \varphi(u)\frac{\partial^2 u}{\partial x\partial y}.$$

另一方面，

$$\frac{\partial}{\partial y}\left(\varphi^2(u)\frac{\partial u}{\partial y}\right) = \frac{\partial}{\partial y}\left(\varphi(u) \cdot \frac{\partial u}{\partial x}\right) = \varphi'(u)\frac{\partial u}{\partial x}\frac{\partial u}{\partial y} + \varphi(u)\frac{\partial^2 u}{\partial x\partial y},$$

所以 $\dfrac{\partial^2 u}{\partial x^2} = \dfrac{\partial}{\partial y}\left(\varphi^2(u)\dfrac{\partial u}{\partial y}\right)$.

4. 设函数 $u(x, y)$ 由方程组 $\begin{cases} u = f(x, y, z, t), \\ g(y, z, t) = 0, \\ h(z, t) = 0 \end{cases}$ 所确定，求 $\dfrac{\partial u}{\partial x}, \dfrac{\partial u}{\partial y}$.

解　由题意知，方程组 $\begin{cases} g(y, z, t) = 0, \\ h(z, t) = 0 \end{cases}$ 确定两个一元函数 $z = z(y), t = t(y)$, 对

此方程组两边分别关于 y 求导，得

$$\begin{cases} g'_y + g'_z \cdot \dfrac{\mathrm{d}z}{\mathrm{d}y} + g'_t \cdot \dfrac{\mathrm{d}t}{\mathrm{d}y} = 0, \\[2mm] h'_z \cdot \dfrac{\mathrm{d}z}{\mathrm{d}y} + h'_t \cdot \dfrac{\mathrm{d}t}{\mathrm{d}y} = 0. \end{cases}$$

当 $\begin{vmatrix} g'_z & g'_t \\ h'_z & h'_t \end{vmatrix} \neq 0$ 时，解此关于 $\dfrac{\mathrm{d}z}{\mathrm{d}y}, \dfrac{\mathrm{d}t}{\mathrm{d}y}$ 的方程组即得

$$\frac{dz}{dy} = \frac{\begin{vmatrix} -g'_y & g'_t \\ 0 & h'_t \end{vmatrix}}{g'_z h'_t - g'_t h'_z} = \frac{-g'_y h'_t}{g'_z h'_t - g'_t h'_z}, \quad \frac{dt}{dy} = \frac{\begin{vmatrix} g'_z & -g'_y \\ h'_z & 0 \end{vmatrix}}{g'_z h'_t - g'_t h'_z} = \frac{g'_y h'_z}{g'_z h'_t - g'_t h'_z}.$$

故由所给方程组的第一个方程 $u = f(x,y,z,t)$ 即得 $\dfrac{\partial u}{\partial x} = f'_x$,

$$\frac{\partial u}{\partial y} = f'_y + f'_z \cdot \frac{dz}{dy} + f'_t \cdot \frac{dt}{dy} = f'_y - \frac{g'_y h'_t}{g'_z h'_t - g'_t h'_z} f'_z + \frac{g'_y h'_z}{g'_z h'_t - g'_t h'_z} f'_t$$

$$= f'_y + \frac{g'_y (h'_z f'_t - h'_t f'_z)}{g'_z h'_t - g'_t h'_z}.$$

5. 设 $y = f(x,t)$，而 t 是由方程 $F(x,y,t) = 0$ 确定的 x,y 的函数，f 与 F 都有一阶连续偏导数. 试证：$\dfrac{dy}{dx} = \dfrac{f'_x F'_t - f'_t F'_x}{F'_t + f'_t F'_y}$.

证 由题意知 $y = f(x,t) = f(x,t(x,y(x)))$，而 $t'_x = -\dfrac{F'_x}{F'_t}$，$t'_y = -\dfrac{F'_y}{F'_t}$. 方程 $y = f(x,t(x,y(x)))$ 两边关于 x 求导，得

$$\frac{dy}{dx} = f'_x + f'_t \cdot \left(t'_x + t'_y \cdot \frac{dy}{dx} \right).$$

将上式整理并代入 $t'_x = -\dfrac{F'_x}{F'_t}$，$t'_y = -\dfrac{F'_y}{F'_t}$，可得

$$\frac{dy}{dx} = \frac{f'_x + f'_t \cdot t'_x}{1 - f'_t \cdot t'_y} = \frac{f'_x \cdot F'_t - f'_t \cdot F'_x}{F'_t + f'_t \cdot F'_y}.$$

6. 函数 $z = z(x,y)$ 由方程 $x^2 + y^2 + z^2 = yf\left(\dfrac{z}{y}\right)$ 给出，证明：

$$(x^2 - y^2 - z^2)\frac{\partial z}{\partial x} + 2xy\frac{\partial z}{\partial y} = 2xz.$$

证 利用多元函数微分的形式不变性，对方程 $x^2 + y^2 + z^2 = yf\left(\dfrac{z}{y}\right)$ 两端求微分得

$$2x\,dx + 2y\,dy + 2z\,dz = f \cdot dy + yf' \cdot \frac{y\,dz - z\,dy}{y^2}.$$

整理得 $dz = \dfrac{-2xy\,dx + (yf - 2y^2 - zf')dy}{2yz - yf'}$. 于是可得

$$\frac{\partial z}{\partial x} = \frac{2x}{f' - 2z}, \quad \frac{\partial z}{\partial y} = \frac{yf - 2y^2 - zf'}{2yz - yf'} = \frac{2y^2 + zf' - yf}{y(f' - 2z)}.$$

所以

$$(x^2 - y^2 - z^2)\frac{\partial z}{\partial x} + 2xy\frac{\partial z}{\partial y} = \frac{2x(x^2 - y^2 - z^2) + 2x(2y^2 + zf' - yf)}{f' - 2z}$$

$$= \frac{2x(x^2 + y^2 + z^2 - yf) + 2xz(f' - 2z)}{f' - 2z}$$

$$= 2xz.$$

7. 求解下列各题:

(1) $x = u \cos v$, $y = u \sin v$, $z = uv$. 求 $\dfrac{\partial^2 z}{\partial x^2}, \dfrac{\partial^2 z}{\partial x \partial y}$;

(2) $x = u \cos \dfrac{v}{u}$, $y = u \sin \dfrac{v}{u}$, 求 $\dfrac{\partial u}{\partial x}, \dfrac{\partial u}{\partial y}, \dfrac{\partial v}{\partial x}, \dfrac{\partial v}{\partial y}$.

解 (1) 因为 $\dfrac{\partial z}{\partial x} = v \dfrac{\partial u}{\partial x} + u \dfrac{\partial v}{\partial x}$, 所以

$$\frac{\partial^2 z}{\partial x^2} = v \frac{\partial^2 u}{\partial x^2} + 2 \frac{\partial u}{\partial x} \frac{\partial v}{\partial x} + u \frac{\partial^2 v}{\partial x^2},$$

$$\frac{\partial^2 z}{\partial x \partial y} = \frac{\partial u}{\partial x} \frac{\partial v}{\partial y} + v \frac{\partial^2 u}{\partial x \partial y} + \frac{\partial v}{\partial x} \frac{\partial u}{\partial y} + u \frac{\partial^2 v}{\partial x \partial y}.$$

问题转化为先要分别求 u, v 关于 x, y 的有关偏导数. 由方程组 $\begin{cases} x = u \cos v, \\ y = u \sin v \end{cases}$ 得

$$\begin{cases} \mathrm{d}x = \cos v \, \mathrm{d}u - u \sin v \, \mathrm{d}v, \\ \mathrm{d}y = \sin v \, \mathrm{d}u + u \cos v \, \mathrm{d}v. \end{cases}$$

当 $\begin{vmatrix} \cos v & -u \sin v \\ \sin v & u \cos v \end{vmatrix} = u \neq 0$ 时,

$$\mathrm{d}u = \frac{\begin{vmatrix} \mathrm{d}x & -u \sin v \\ \mathrm{d}y & u \cos v \end{vmatrix}}{\begin{vmatrix} \cos v & -u \sin v \\ \sin v & u \cos v \end{vmatrix}} = \cos v \, \mathrm{d}x + \sin v \, \mathrm{d}y,$$

$$\mathrm{d}v = \frac{\begin{vmatrix} \cos v & \mathrm{d}x \\ \sin v & \mathrm{d}y \end{vmatrix}}{\begin{vmatrix} \cos v & -u \sin v \\ \sin v & u \cos v \end{vmatrix}} = \frac{\cos v}{u} \mathrm{d}y - \frac{\sin v}{u} \mathrm{d}x.$$

于是可得 $\dfrac{\partial u}{\partial x} = \cos v$, $\dfrac{\partial u}{\partial y} = \sin v$, $\dfrac{\partial v}{\partial x} = -\dfrac{\sin v}{u}$, $\dfrac{\partial v}{\partial y} = \dfrac{\cos v}{u}$,

$$\frac{\partial^2 u}{\partial x^2} = -\sin v \frac{\partial v}{\partial x} = \frac{\sin^2 v}{u}, \qquad \frac{\partial^2 u}{\partial x \partial y} = -\sin v \frac{\partial v}{\partial y} = \frac{\sin 2v}{2u},$$

$$\frac{\partial^2 v}{\partial x^2} = -\frac{u \cos v \dfrac{\partial v}{\partial x} - \sin v \dfrac{\partial u}{\partial x}}{u^2} = \frac{\sin 2v}{u^2},$$

$$\frac{\partial^2 v}{\partial x \partial y} = -\frac{u \cos v \dfrac{\partial v}{\partial y} - \sin v \dfrac{\partial u}{\partial y}}{u^2} = -\frac{\cos 2v}{u^2}.$$

将以上结果代入前面 $\dfrac{\partial^2 z}{\partial x^2}, \dfrac{\partial^2 z}{\partial x \partial y}$ 的表达式即得

$$\frac{\partial^2 z}{\partial x^2} = v\frac{\partial^2 u}{\partial x^2} + 2\frac{\partial u}{\partial x}\frac{\partial v}{\partial x} + u\frac{\partial^2 v}{\partial x^2} = \frac{v}{u}\sin^2 v,$$

$$\frac{\partial^2 z}{\partial x \partial y} = \frac{\partial u}{\partial x}\frac{\partial v}{\partial y} + v\frac{\partial^2 u}{\partial x \partial y} + \frac{\partial v}{\partial x}\frac{\partial u}{\partial y} + u\frac{\partial^2 v}{\partial x \partial y} = \frac{v}{2u}\sin 2v.$$

（2） 对所给等式两端微分得

$$\begin{cases} \mathrm{d}x = \cos\dfrac{v}{u}\,\mathrm{d}u - u\sin\dfrac{v}{u}\cdot\dfrac{u\,\mathrm{d}v - v\,\mathrm{d}u}{u^2}, \\[3mm] \mathrm{d}y = \sin\dfrac{v}{u}\,\mathrm{d}u + u\cos\dfrac{v}{u}\cdot\dfrac{u\,\mathrm{d}v - v\,\mathrm{d}u}{u^2}. \end{cases}$$

整理得

$$\begin{cases} \left(\cos\dfrac{v}{u} + \dfrac{v}{u}\sin\dfrac{v}{u}\right)\mathrm{d}u - \sin\dfrac{v}{u}\,\mathrm{d}v = \mathrm{d}x, \\[3mm] \left(\sin\dfrac{v}{u} - \dfrac{v}{u}\cos\dfrac{v}{u}\right)\mathrm{d}u + \cos\dfrac{v}{u}\,\mathrm{d}v = \mathrm{d}y. \end{cases}$$

解此关于 $\mathrm{d}u,\mathrm{d}v$ 的方程组即得

$$\mathrm{d}u = \frac{\begin{vmatrix} \mathrm{d}x & -\sin\dfrac{v}{u} \\[3mm] \mathrm{d}y & \cos\dfrac{v}{u} \end{vmatrix}}{\begin{vmatrix} \cos\dfrac{v}{u} + \dfrac{v}{u}\sin\dfrac{v}{u} & -\sin\dfrac{v}{u} \\[3mm] \sin\dfrac{v}{u} - \dfrac{v}{u}\cos\dfrac{v}{u} & \cos\dfrac{v}{u} \end{vmatrix}} = \cos\frac{v}{u}\,\mathrm{d}x + \sin\frac{v}{u}\,\mathrm{d}y,$$

$$\mathrm{d}v = \frac{\begin{vmatrix} \cos\dfrac{v}{u} + \dfrac{v}{u}\sin\dfrac{v}{u} & \mathrm{d}x \\[3mm] \sin\dfrac{v}{u} - \dfrac{v}{u}\cos\dfrac{v}{u} & \mathrm{d}y \end{vmatrix}}{\begin{vmatrix} \cos\dfrac{v}{u} + \dfrac{v}{u}\sin\dfrac{v}{u} & -\sin\dfrac{v}{u} \\[3mm] \sin\dfrac{v}{u} - \dfrac{v}{u}\cos\dfrac{v}{u} & \cos\dfrac{v}{u} \end{vmatrix}}$$

$$= \left(\frac{v}{u}\cos\frac{v}{u} - \sin\frac{v}{u}\right)\mathrm{d}x + \left(\cos\frac{v}{u} + \frac{v}{u}\sin\frac{v}{u}\right)\mathrm{d}y.$$

故 $\dfrac{\partial u}{\partial x} = \cos\dfrac{v}{u}, \dfrac{\partial u}{\partial y} = \sin\dfrac{v}{u}, \dfrac{\partial v}{\partial x} = \dfrac{v}{u}\cos\dfrac{v}{u} - \sin\dfrac{v}{u}, \dfrac{\partial v}{\partial y} = \cos\dfrac{v}{u} + \dfrac{v}{u}\sin\dfrac{v}{u}.$

习题 9-7

══ **A 类** ══

1. 求下列函数在指定点处沿指定方向的方向导数：

(1) $u = x^4 y^5$ 在点 $A(1,1)$ 处沿方向 $l = (\cos\alpha , \sin\alpha)$:

① 当 $\alpha = \pi$ 时；   ② 当 $\alpha = \dfrac{\pi}{2}$ 时；   ③ 当 $\alpha = \dfrac{3\pi}{2}$ 时；

(2) $z = e^{x+2y}$ 在点 $O(0,0)$ 处沿方向 $l = (2,3)$ ；

(3) $z = x^2 + y^2 + xy$ 在点 $A(1,1)$ 处沿着从点 $(1,1)$ 到点 $(4,5)$ 的方向；

(4) $z = 3x^4 + xy + y^3$ 在点 $A(1,2)$ 处沿着与 x 轴成 $135°$ 方向；

(5) $u = 3x^2 + z^2 - 2yz + 2xz$ 在点 $M(1,2,3)$ 处沿方向 $l = (6,3,2)$ ；

(6) $u = x \arctan \dfrac{y}{z}$ 在点 $M(1,2,-2)$ 处沿方向 $l = (1,1,-1)$.

解 (1) 因为 $\dfrac{\partial u}{\partial x}\Big|_{(1,1)} = 4x^3 y^5 \Big|_{(1,1)} = 4, \dfrac{\partial u}{\partial y}\Big|_{(1,1)} = 5x^4 y^4 \Big|_{(1,1)} = 5$ ，故有

① $\dfrac{\partial u}{\partial l}\Big|_{(1,1)} = 4\cos\pi + 5\sin\pi = -4$ ；

② $\dfrac{\partial u}{\partial l}\Big|_{(1,1)} = 4\cos\dfrac{\pi}{2} + 5\sin\dfrac{\pi}{2} = 5$ ；

③ $\dfrac{\partial u}{\partial l}\Big|_{(1,1)} = 4\cos\dfrac{3\pi}{2} + 5\sin\dfrac{3\pi}{2} = -5$.

(2) 因为 $\dfrac{\partial z}{\partial x} = e^{x+2y}, \dfrac{\partial z}{\partial y} = 2e^{x+2y}, l^0 = \dfrac{1}{\sqrt{13}}(2,3)$ ，所以

$$\dfrac{\partial z}{\partial l}\Big|_{(0,0)} = \left(e^{x+2y} \cdot \dfrac{2}{\sqrt{13}} + 2e^{x+2y} \cdot \dfrac{3}{\sqrt{13}}\right)\Big|_{(0,0)} = \dfrac{8}{\sqrt{13}}.$$

(3) 因为 $\dfrac{\partial z}{\partial x}\Big|_{(1,1)} = (2x+y)\Big|_{(1,1)} = 3, \dfrac{\partial z}{\partial y}\Big|_{(1,1)} = (x+2y)\Big|_{(1,1)} = 3$ ，以及 $l^0 = \dfrac{1}{5}(3,4)$ ，故

$$\dfrac{\partial z}{\partial l}\Big|_{(1,1)} = \dfrac{9}{5} + \dfrac{12}{5} = \dfrac{21}{5}.$$

(4) 因为 $\dfrac{\partial z}{\partial x}\Big|_{(1,2)} = (12x^3 + y)\Big|_{(1,2)} = 14, \dfrac{\partial z}{\partial y}\Big|_{(1,2)} = (x+3y^2)\Big|_{(1,2)} = 13$ ，故

$$\dfrac{\partial z}{\partial l}\Big|_{(1,2)} = 14\cos135° + 13\sin135° = -\dfrac{\sqrt{2}}{2}.$$

(5) 因为 $\dfrac{\partial u}{\partial x}\Big|_{(1,2,3)} = (6x+2z)\Big|_{(1,2,3)} = 12, \dfrac{\partial u}{\partial y}\Big|_{(1,2,3)} = -2z\Big|_{(1,2,3)} = -6$ ，

$\dfrac{\partial u}{\partial z}\Big|_{(1,2,3)} = (2z - 2y + 2x)\Big|_{(1,2,3)} = 4$ ，以及 $l^0 = \dfrac{1}{7}(6,3,2)$ ，故

$$\dfrac{\partial u}{\partial l}\Big|_{(1,2,3)} = 12 \times \dfrac{6}{7} - 6 \times \dfrac{3}{7} + 4 \times \dfrac{2}{7} = \dfrac{62}{7}.$$

(6) 因为 $\dfrac{\partial u}{\partial x}\Big|_{(1,2,-2)} = \arctan\dfrac{y}{z}\Big|_{(1,2,-2)} = -\dfrac{\pi}{4}, \dfrac{\partial u}{\partial y}\Big|_{(1,2,-2)} = \dfrac{xz}{y^2 + z^2}\Big|_{(1,2,-2)}$

$= -\dfrac{1}{4}, \dfrac{\partial u}{\partial z}\Big|_{(1,2,-2)} = \dfrac{-xy}{y^2 + z^2}\Big|_{(1,2,-2)} = -\dfrac{1}{4}$ ，以及 $l^0 = \dfrac{1}{\sqrt{3}}(1,1,-1)$ ，故

$$\left.\frac{\partial u}{\partial l}\right|_{(1,2,-2)} = \left(-\frac{\pi}{4}\right) \times \frac{1}{\sqrt{3}} + \left(-\frac{1}{4}\right) \times \frac{1}{\sqrt{3}} + \left(-\frac{1}{4}\right) \times \left(-\frac{1}{\sqrt{3}}\right) = -\frac{\sqrt{3}\,\pi}{12}.$$

2. 求函数在指定点处的梯度:

(1) $f(x,y) = \dfrac{1}{\sqrt{x^2+y^2}}$ 在点 $A(1,2)$ 及点 $B(3,0)$ 处;

(2) $z = x^2 y + xy^2$ 在点 $A(2,5)$ 处;

(3) $u = x^2 + 2y^2 + 3z^2 + xy + 3x - 2y - 6z$ 在点 $M_1(1,1,1)$ 及点 $M_2(2,1,1)$ 处.

解 (1) 因 $\dfrac{\partial f}{\partial x} = \dfrac{-x}{(x^2+y^2)^{\frac{3}{2}}}$,$\dfrac{\partial f}{\partial y} = \dfrac{-y}{(x^2+y^2)^{\frac{3}{2}}}$,由梯度的定义得

$$\mathbf{grad}\, f(1,2) = -\left(\frac{1}{5\sqrt{5}}, \frac{2}{5\sqrt{5}}\right), \qquad \mathbf{grad}\, f(3,0) = \left(-\frac{1}{9}, 0\right).$$

(2) 因 $\dfrac{\partial z}{\partial x} = 2xy + y^2$,$\dfrac{\partial z}{\partial y} = x^2 + 2xy$,故有 $\mathbf{grad}\, z(2,5) = (45, 24)$.

(3) 因 $\dfrac{\partial u}{\partial x} = 2x + y + 3$,$\dfrac{\partial u}{\partial y} = 4y + x - 2$,$\dfrac{\partial u}{\partial z} = 6z - 6$,故有

$$\mathbf{grad}\, u(1,1,1) = (6,3,0), \quad \mathbf{grad}\, u(2,1,1) = (8,4,0).$$

3. 试求函数 $z = 1 - \left(\dfrac{x^2}{a^2} + \dfrac{y^2}{b^2}\right)$ 在点 $A\left(\dfrac{a}{\sqrt{2}}, \dfrac{b}{\sqrt{2}}\right)$ 处,沿曲线 $\dfrac{x^2}{a^2} + \dfrac{y^2}{b^2} = 1$ 在这点的内法线方向上的方向导数.

解 曲线 $f(x,y) = \dfrac{x^2}{a^2} + \dfrac{y^2}{b^2} - 1 = 0$ 在点 (x,y) 处的法线方向为 (f'_x, f'_y),即

$\left(\dfrac{2x}{a^2}, \dfrac{2y}{b^2}\right)$,故曲线 $\dfrac{x^2}{a^2} + \dfrac{y^2}{b^2} = 1$ 在点 $A\left(\dfrac{a}{\sqrt{2}}, \dfrac{b}{\sqrt{2}}\right)$ 的内法线方向为 $\mathbf{l} = \left(-\dfrac{\sqrt{2}}{a}, -\dfrac{\sqrt{2}}{b}\right)$,此

向量单位化得 $\mathbf{l}^0 = \left(\dfrac{-b}{\sqrt{a^2+b^2}}, \dfrac{-a}{\sqrt{a^2+b^2}}\right)$. 又因为

$$\left.\frac{\partial z}{\partial x}\right|_A = -\left.\frac{2x}{a^2}\right|_A = -\frac{\sqrt{2}}{a}, \qquad \left.\frac{\partial z}{\partial y}\right|_A = -\left.\frac{2y}{b^2}\right|_A = -\frac{\sqrt{2}}{b},$$

故所求的方向导数为

$$\left.\frac{\partial z}{\partial l}\right|_A = \frac{-\sqrt{2}}{a} \cdot \frac{-b}{\sqrt{a^2+b^2}} + \frac{-\sqrt{2}}{b} \cdot \frac{-a}{\sqrt{a^2+b^2}} = \frac{\sqrt{2(a^2+b^2)}}{ab}.$$

4. 求 $u = x + y + z$ 沿球面 $x^2 + y^2 + z^2 = 1$ 上的点 $M_0(x_0, y_0, z_0)$ 处外法线方向的方向导数.

解 设 $F(x,y,z) = x^2 + y^2 + z^2 - 1 = 0$. 所给球面上点 $M_0(x_0, y_0, z_0)$ 处的外法线方向为

$$\mathbf{n} = (F'_x(M_0), F'_y(M_0), F'_z(M_0)) = (2x_0, 2y_0, 2z_0),$$

单位化得 $\boldsymbol{n}^0 = (x_0, y_0, z_0)$. 又因为 $\dfrac{\partial u}{\partial x} = 1, \dfrac{\partial u}{\partial y} = 1, \dfrac{\partial u}{\partial z} = 1$, 故

$$\frac{\partial u}{\partial \boldsymbol{n}}\bigg|_{M_0} = x_0 + y_0 + z_0.$$

5. 求函数 $u = x^2 + 2y^2 + 3z^2$ 在点 $M(1,1,1)$ 处, 沿曲线 $x = t$, $y = t^2$, $z = t^3$ 在点 $t = 1$ 处的切线的指向参数增大的方向的方向导数.

解　曲线 $x = t$, $y = t^2$, $z = t^3$ 在点 $t = 1$ 处的切线方向为 $\boldsymbol{l} = (1, 2t, 3t^2)\big|_{t=1} = (1,2,3)$. 因为

$$\frac{\partial u}{\partial x} = 2x, \quad \frac{\partial u}{\partial y} = 4y, \quad \frac{\partial u}{\partial z} = 6z, \quad \boldsymbol{l}^0 = \frac{1}{\sqrt{14}}(1,2,3),$$

故 $\dfrac{\partial u}{\partial \boldsymbol{l}}\bigg|_M = 2 \times \dfrac{1}{\sqrt{14}} + 4 \times \dfrac{2}{\sqrt{14}} + 6 \times \dfrac{3}{\sqrt{14}} = 2\sqrt{14}$.

6. 求函数 $u = x^2 + y^2 - z^2$ 在点 $M_1(1,1,0)$ 与 $M_2(0,1,1)$ 处的梯度间的夹角 θ.

解　由 $\dfrac{\partial u}{\partial x} = 2x$, $\dfrac{\partial u}{\partial y} = 2y$, $\dfrac{\partial u}{\partial z} = -2z$, 得

$$\mathbf{grad}\, u(1,1,0) = (2,2,0), \quad \mathbf{grad}\, u(0,1,1) = (0,2,-2),$$

$$|\mathbf{grad}\, u(1,1,0)| = 2\sqrt{2}, \quad |\mathbf{grad}\, u(0,1,1)| = 2\sqrt{2},$$

故 $\cos\theta = \dfrac{(2,2,0) \cdot (0,2,-2)}{2\sqrt{2} \cdot 2\sqrt{2}} = \dfrac{1}{2}$, 即有 $\theta = \dfrac{\pi}{3}$.

7. 当 a, b, c 满足什么条件时, 函数 $u = axy^2 + byz + cx^3z^2$ 在点 $M(1,2,-1)$ 处的方向导数的最大值在 z 轴的正向取到?

解　由 $\dfrac{\partial u}{\partial x} = ay^2 + 3cx^2z^2$, $\dfrac{\partial u}{\partial y} = 2axy + bz$, $\dfrac{\partial u}{\partial z} = 2cx^3z + by$, 得

$$\mathbf{grad}\, u(1,2,-1) = (4a + 3c, 4a - b, 2b - 2c).$$

因为梯度的方向即为方向导数取得最大值的方向, 故当梯度的方向与 z 轴的正向一致时, 方向导数的最大值在 z 轴的正向取到, 所以 a, b, c 应满足的条件为

$$4a + 3c = 0, \quad 4a - b = 0, \quad b > c.$$

8. 在平面上任一点 (x,y) 处的温度函数为 $T = \dfrac{100}{x^2 + y^2 + 1}$, 讨论:

① 温度在点 $A(3,2)$ 处增加最快的方向; 温度增加最快的方向是否指向原点;

② 温度在点 $A(3,2)$ 处减少最快的方向;

③ 在点 $A(3,2)$ 处求一个方向, 使得在这个方向上, 温度不增不减.

解　因为 $T'_x = \dfrac{-200x}{(x^2 + y^2 + 1)^2}$, $T'_y = \dfrac{-200y}{(x^2 + y^2 + 1)^2}$, 故

① 温度在点 $A(3,2)$ 处增加最快的方向为 $\mathbf{grad}\, u(3,2) = \left(-\dfrac{150}{49}, -\dfrac{100}{49}\right)$, 此方向

与向径 $\overrightarrow{OA}$ 平行,说明温度增加最快的方向指向原点;

② 温度在点 $A(3,2)$ 处减少最快的方向为梯度的反方向,即 $\left(\dfrac{150}{49},\dfrac{100}{49}\right)$;

③ 温度不增不减的方向为方向导数为 0 的方向,故可取此方向为 $(2,-3)$.

$$=\!=\!=\ \mathbf{B}\quad 类 =\!=\!=$$

1. 求函数 $z = \ln(x^2 + y^2)$ 在 $M_0(x_0, y_0)$ 处沿着与这点的等高线垂直方向的方向导数.

解 由 $\dfrac{\partial z}{\partial x} = \dfrac{2x}{x^2 + y^2}$,$\dfrac{\partial z}{\partial y} = \dfrac{2y}{x^2 + y^2}$,得 $\operatorname{grad} f(x_0, y_0) = \left(\dfrac{2x_0}{x_0^2 + y_0^2}, \dfrac{2y_0}{x_0^2 + y_0^2}\right)$. 与等高线垂直的方向即与梯度平行的方向,故所求的方向导数为

$$\left.\frac{\partial z}{\partial \boldsymbol{l}}\right|_{M_0} = |\operatorname{grad} f(x_0, y_0)| = \frac{2}{\sqrt{x_0^2 + y_0^2}},$$

或 $\left.\dfrac{\partial z}{\partial \boldsymbol{l}}\right|_{M_0} = -|\operatorname{grad} f(x_0, y_0)| = -\dfrac{2}{\sqrt{x_0^2 + y_0^2}}$.

2. 设 $z = x^2 + y^2$. 证明:如果 $A(a, b)$ 是等高线 $x^2 + y^2 = 9$ 上任一点,则在 $A(a, b)$ 点的梯度必垂直于等高线在此点处的切线.(此结论具有普遍性:等高线上任一点处的梯度方向即为该点处的法向量)

证 由 $z_x'(a, b) = 2a$,$z_y'(a, b) = 2b$,得 $\operatorname{grad} z(a, b) = (2a, 2b)$. 又已知曲线 $f(x, y) = 0$ 上任一点的切线方向为 $(f_y', -f_x')$,故等高线 $x^2 + y^2 = 9$ 上点 $A(a, b)$ 处的切线方向为 $\boldsymbol{l} = (2b, -2a)$,从而

$$\operatorname{grad} z(a, b) \cdot \boldsymbol{l} = 0.$$

故在 $A(a, b)$ 点的梯度必垂直于等高线在此点处的切线.

3. 设函数

$$f(x, y) = \begin{cases} \dfrac{x^5}{(y-x)^2 + x^8}, & x^2 + y^2 \neq 0, \\ 0, & x^2 + y^2 = 0. \end{cases}$$

证明:函数在点 $O(0,0)$ 处沿除 $\pm\left(\dfrac{\sqrt{2}}{2}, \dfrac{\sqrt{2}}{2}\right)$ 以外的任意方向的方向导数存在,但函数在点 $O(0,0)$ 处不连续.

证 因为当 $\theta \neq \dfrac{\pi}{4}, \dfrac{5\pi}{4}$ 时,

$$\lim_{t \to 0^+} \frac{f(t\cos\theta, t\sin\theta) - f(0,0)}{t} = \lim_{t^+ \to 0} \frac{(t\cos\theta)^5}{t\left[(t\sin\theta - t\cos\theta)^2 + (t\cos\theta)^8\right]}$$

$$= \lim_{t^+ \to 0} \frac{t^2 \cos^5\theta}{(\sin\theta - \cos\theta)^2 + t^6 \cos^8\theta} = 0,$$

所以函数在点 $O(0,0)$ 处沿除 $\pm\left(\dfrac{\sqrt{2}}{2}, \dfrac{\sqrt{2}}{2}\right)$ 以外的任意方向的方向导数存在. 又因为

$$\lim_{\substack{x \to 0 \\ y = x \to 0}} \frac{x^5}{(y-x)^2 + x^8} = \lim_{\substack{x \to 0 \\ y = x \to 0}} \frac{1}{x^3} = \infty,$$

所以 $\lim\limits_{\substack{x \to 0 \\ y \to 0}} f(x,y) = \lim\limits_{\substack{x \to 0 \\ y \to 0}} \dfrac{x^5}{(y-x)^2 + x^8}$ 不存在，故函数在点 $O(0,0)$ 处不连续.

4. 讨论函数

$$f(x,y) = \begin{cases} x + y + \dfrac{x^3 y}{x^6 + y^2}, & x^6 + y^2 \neq 0, \\ 0, & x^6 + y^2 = 0 \end{cases}$$

在 $O(0,0)$ 点处的方向导数是否存在，是否可微.

解　因为

$$\lim_{\substack{x \to 0 \\ y = kx^3 \to 0}} \left(x + y + \frac{x^3 y}{x^6 + y^2} \right) = \lim_{\substack{x \to 0 \\ y = kx^3 \to 0}} \left[x + kx^3 + \frac{kx^3}{x^6 + (kx^3)^2} \right] = \frac{k}{1 + k^2},$$

所以 $\lim\limits_{\substack{x \to 0 \\ y \to 0}} f(x,y) = \lim\limits_{\substack{x \to 0 \\ y \to 0}} \left(x + y + \dfrac{x^3 y}{x^6 + y^2} \right)$ 不存在，从而函数在点 $O(0,0)$ 处不连续，故函数在此点不可微. 又因为

$$\lim_{t^+ \to 0} \frac{f(t\cos\theta, t\sin\theta) - f(0,0)}{t} = \lim_{t^+ \to 0} \left(\cos\theta + \sin\theta + \frac{t\cos^3\theta \, \sin\theta}{t^4\cos^6\theta + \sin^2\theta} \right) = \cos\theta + \sin\theta,$$

故函数在 $O(0,0)$ 点处沿任意方向的方向导数存在.

5. 设 $f(x,y)$ 是可微函数. 已知 4 个点 $A(1,3), B(3,3), C(1,7), D(6,15)$. 若 $f(x,y)$ 在 A 点处沿 $\overrightarrow{AB}$ 方向的方向导数等于 3，沿 $\overrightarrow{AC}$ 方向的方向导数等于 26，求 $f(x,y)$ 在 A 点处沿 $\overrightarrow{AD}$ 方向的方向导数.

解　$\overrightarrow{AB} = (2,0)$，与之同向的单位向量为 $e_1^0 = (1,0)$；$\overrightarrow{AC} = (0,4)$，与之同向的单位向量为 $e_2^0 = (0,1)$. 因为 $\dfrac{\partial f}{\partial l_i}\bigg|_A = (f_x'(1,3), f_y'(1,3)) \cdot e_i^0$, $i = 1,2$，而 $\dfrac{\partial f}{\partial l_1}\bigg|_A = 3$, $\dfrac{\partial f}{\partial l_2}\bigg|_A = 26$，故

$$f_x'(1,3) = 3, \quad f_y'(1,3) = 26.$$

又 $\overrightarrow{AD} = (5,12)$，与之同向的单位向量为 $e_3^0 = \left(\dfrac{5}{13}, \dfrac{12}{13} \right)$，所以

$$\frac{\partial f}{\partial l_3}\bigg|_A = 3 \times \frac{5}{13} + 26 \times \frac{12}{13} = \frac{327}{13}.$$

习题 9-8

══ **A　类** ══

1. 求下列曲线在指定点处的切线与法平面：

(1) $x = t - \sin t$, $y = 1 - \cos t$, $z = 4\sin\dfrac{t}{2}$；在点 $M\left(\dfrac{\pi}{2} - 1, 1, 2\sqrt{2}\right)$ 处；

(2) $x = a\sin^2 t$, $y = b\sin t\cos t$, $z = c\cos^2 t$；当 $t = \dfrac{\pi}{4}$ 时；

(3) $\begin{cases} x^2 + y^2 + z^2 - 3x = 0, \\ 2x - 3y + 5z - 4 = 0; \end{cases}$ 在点 $M(1,1,1)$ 处；

(4) $\begin{cases} x^2 + y^2 + z^2 = 4a^2, \\ x^2 + y^2 = \sqrt{2}\,az; \end{cases}$ 在点 $M(a, a, \sqrt{2}\,a)$ 处$(a > 0)$；

(5) $\begin{cases} x^2 + z^2 = 10, \\ y^2 + z^2 = 10; \end{cases}$ 在点 $M(1,1,3)$ 处.

解 (1) $x'\big|_{t=\frac{\pi}{2}} = (1 - \cos t)\big|_{t=\frac{\pi}{2}} = 1$, $y'\big|_{t=\frac{\pi}{2}} = \sin t\big|_{t=\frac{\pi}{2}} = 1$, $z'\big|_{t=\frac{\pi}{2}} = 2\cos\dfrac{t}{2}\big|_{t=\frac{\pi}{2}} = \sqrt{2}$, 故在点 $M\left(\dfrac{\pi}{2} - 1, 1, 2\sqrt{2}\right)$ 处的切线方程为

$$x - \frac{\pi}{2} + 1 = y - 1 = \frac{z - 2\sqrt{2}}{\sqrt{2}},$$

在点 $M\left(\dfrac{\pi}{2} - 1, 1, 2\sqrt{2}\right)$ 处的法平面方程为 $x + y + \sqrt{2}\,z - 4 - \dfrac{\pi}{2} = 0$.

(2) $x'\big|_{t=\frac{\pi}{4}} = a\sin 2t\big|_{t=\frac{\pi}{4}} = a$, $y'\big|_{t=\frac{\pi}{4}} = b\cos 2t\big|_{t=\frac{\pi}{4}} = 0$, $z'\big|_{t=\frac{\pi}{4}} = -c\sin 2t\big|_{t=\frac{\pi}{4}} = -c$, $t = \dfrac{\pi}{4}$ 对应曲线上的点 $\left(\dfrac{a}{2}, \dfrac{b}{2}, \dfrac{c}{2}\right)$, 故所求的切线方程为

$$\frac{x - \dfrac{1}{2}a}{a} = \frac{y - \dfrac{1}{2}b}{0} = \frac{z - \dfrac{1}{2}c}{-c},$$

法平面方程为 $ax - cz + \dfrac{1}{2}(c^2 - a^2) = 0$.

(3) 令
$$\begin{cases} F(x,y,z) = x^2 + y^2 + z^2 - 3x = 0, \\ G(x,y,z) = 2x - 3y + 5z - 4 = 0, \end{cases}$$
则 $F'_x = 2x - 3$, $F'_y = 2y$, $F'_z = 2z$, $G'_x = 2$, $G'_y = -3$, $G'_z = 5$, 在点 $M(1,1,1)$ 处有

$$\begin{vmatrix} F'_y & F'_z \\ G'_y & G'_z \end{vmatrix}_{(1,1,1)} = \begin{vmatrix} 2 & 2 \\ -3 & 5 \end{vmatrix} = 16,$$

$$\begin{vmatrix} F'_z & F'_x \\ G'_z & G'_x \end{vmatrix}_{(1,1,1)} = \begin{vmatrix} 2 & -1 \\ 5 & 2 \end{vmatrix} = 9,$$

$$\begin{vmatrix} F'_x & F'_y \\ G'_x & G'_y \end{vmatrix}_{(1,1,1)} = \begin{vmatrix} -1 & 2 \\ 2 & -3 \end{vmatrix} = -1.$$

故所求切线方程为 $\dfrac{x-1}{16} = \dfrac{y-1}{9} = \dfrac{z-1}{-1}$, 法平面方程为

$$16x + 9y - z - 24 = 0.$$

（4）设

$$\begin{cases} F(x,y,z) = x^2 + y^2 + z^2 - 4a^2 = 0, \\ G(x,y,z) = x^2 + y^2 - \sqrt{2}\,az = 0, \end{cases}$$

则 $F'_x = 2x$，$F'_y = 2y$，$F'_z = 2z$，$G'_x = 2x$，$G'_y = 2y$，$G'_z = -\sqrt{2}\,a$，于是

$$\left. \begin{vmatrix} F'_y & F'_z \\ G'_y & G'_z \end{vmatrix} \right|_{(a,a,\sqrt{2}a)} = \begin{vmatrix} 2a & 2\sqrt{2}\,a \\ 2a & -2a \end{vmatrix} = -6\sqrt{2}\,a^2,$$

$$\left. \begin{vmatrix} F'_z & F'_x \\ G'_z & G'_x \end{vmatrix} \right|_{(a,a,\sqrt{2}a)} = \begin{vmatrix} 2\sqrt{2}\,a & 2a \\ -2a & 2a \end{vmatrix} = 6\sqrt{2}\,a^2,$$

$$\left. \begin{vmatrix} F'_x & F'_y \\ G'_x & G'_y \end{vmatrix} \right|_{(a,a,\sqrt{2}a)} = \begin{vmatrix} 2a & 2a \\ 2a & 2a \end{vmatrix} = 0.$$

故所求切线方程为

$$\frac{x-a}{-6\sqrt{2}\,a^2} = \frac{y-a}{6\sqrt{2}\,a^2} = \frac{z-\sqrt{2}\,a}{0},$$

即

$$\frac{x-a}{1} = \frac{y-a}{-1} = \frac{z-\sqrt{2}\,a}{0}$$

法平面方程为

$$x - a - (y - a) = 0.$$

即

$$x - y = 0.$$

（5）设

$$\begin{cases} F(x,y,z) = x^2 + z^2 - 10 = 0, \\ G(x,y,z) = y^2 + z^2 - 10 = 0, \end{cases}$$

则 $F'_x = 2x$，$F'_y = 0$，$F'_z = 2z$，$G'_x = 0$，$G'_y = 2y$，$G'_z = 2z$，于是

$$\left. \begin{vmatrix} F'_y & F'_z \\ G'_y & G'_z \end{vmatrix} \right|_{(1,1,3)} = \begin{vmatrix} 0 & 6 \\ 2 & 6 \end{vmatrix} = -12,$$

$$\left. \begin{vmatrix} F'_z & F'_x \\ G'_z & G'_x \end{vmatrix} \right|_{(1,1,3)} = \begin{vmatrix} 6 & 2 \\ 6 & 0 \end{vmatrix} = -12,$$

$$\left. \begin{vmatrix} F'_x & F'_y \\ G'_x & G'_y \end{vmatrix} \right|_{(1,1,3)} = \begin{vmatrix} 2 & 0 \\ 0 & 2 \end{vmatrix} = 4.$$

故所求切线方程为 $\dfrac{x-1}{-3} = \dfrac{y-1}{-3} = \dfrac{z-3}{1}$，法平面方程为 $3x + 3y - z - 3 = 0$.

2.求下列曲面在指定点处的切平面和法线：

（1）$e^z - z + xy = 3$，在点 $M(2,1,0)$ 处；

（2）$2^{\frac{x}{z}} + 2^{\frac{y}{z}} = 8$，在点 $M(2,2,1)$ 处；

(3) $z = x^2 + y^2$，在点 $M(1,2,5)$ 处；

(4) $z = y\,\mathrm{e}^{\frac{x}{y}}$，在点 $M(1,1,\mathrm{e})$ 处；

(5) $z = y + \ln\dfrac{x}{z}$，在点 $M(1,1,1)$ 处.

解 (1) 令 $F(x,y,z) = \mathrm{e}^z - z + xy - 3$，则
$$F'_x(2,1,0) = 1, \quad F'_y(2,1,0) = 2, \quad F'_z(2,1,0) = 0,$$
故所求的切平面方程为 $x - 2 + 2(y - 1) = 0$，即 $x + 2y - 4 = 0$，法线方程为
$$\frac{x-2}{1} = \frac{y-1}{2} = \frac{z}{0}.$$

(2) 令 $F(x,y,z) = 2^{\frac{x}{z}} + 2^{\frac{y}{z}} - 8$，则
$$F'_x(2,2,1) = \left(2^{\frac{x}{z}}\ln 2 \cdot \frac{1}{z}\right)\Big|_{(2,2,1)} = 4\ln 2,$$
$$F'_y(2,2,1) = \left(2^{\frac{y}{z}}\ln 2 \cdot \frac{1}{z}\right)\Big|_{(2,2,1)} = 4\ln 2,$$
$$F'_z(2,2,1) = \left(2^{\frac{x}{z}}\ln 2 \cdot \frac{-x}{z^2} + 2^{\frac{y}{z}}\ln 2 \cdot \frac{-y}{z^2}\right)\Big|_{(2,2,1)} = -16\ln 2,$$
故所求切平面的法向量为 $\boldsymbol{n} = (1,1,-4)$，所求切平面方程为
$$x - 2 + y - 2 - 4(z - 1) = 0,$$
即 $x + y - 4z = 0$，所求法线方程为 $\dfrac{x-2}{1} = \dfrac{y-2}{1} = \dfrac{z-1}{-4}$.

(3) 令 $F(x,y,z) = z - x^2 - y^2$，则
$$F'_x(1,2,5) = -2, \quad F'_y(1,2,5) = -4, \quad F'_z(1,2,5) = 1,$$
故所求切平面方程为 $-2(x-1) - 4(y-2) + (z-5) = 0$，即
$$2x + 4y - z - 5 = 0,$$
法线方程为 $\dfrac{x-1}{2} = \dfrac{y-2}{4} = \dfrac{z-5}{-1}$.

(4) 令 $F(x,y,z) = z - y\,\mathrm{e}^{\frac{x}{y}}$，则
$$F'_x(1,1,\mathrm{e}) = -\mathrm{e}, \quad F'_y(1,1,\mathrm{e}) = 0, \quad F'_z(1,1,\mathrm{e}) = 1,$$
故所求切平面方程为 $-\mathrm{e}(x-1) + 0(y-1) + (z-\mathrm{e}) = 0$，即
$$\mathrm{e}x - z = 0,$$
法线方程为 $\dfrac{x-1}{\mathrm{e}} = \dfrac{y-1}{0} = \dfrac{z-\mathrm{e}}{-1}$.

(5) 令 $F(x,y,z) = y + \ln\dfrac{x}{z} - z$，则
$$F'_x(1,1,1) = 1, \quad F'_y(1,1,1) = 1, \quad F'_z(1,1,1) = -2,$$
故所求切平面方程为 $x - 1 + y - 1 - 2(z - 1) = 0$，即 $x + y - 2z = 0$，法线方程为
$$\frac{x-1}{1} = \frac{y-1}{1} = \frac{z-1}{-2}.$$

3. 求曲线 $x = t$，$y = t^2$，$z = t^3$ 上一点，使曲线在该点处的切线平行于平面
$$x + 2y + z = 4.$$

解　曲线上的切线方向向量为 $\boldsymbol{s} = (x_t', y_t', z_t') = (1, 2t, 3t^2)$. 所给平面的法向量为 $\boldsymbol{n} = (1, 2, 1)$. 由题意有 $\boldsymbol{s} \cdot \boldsymbol{n} = 0$，即 $1 + 4t + 3t^2 = 0$，解之得 $t_1 = -\dfrac{1}{3}$，$t_2 = -1$. 故曲线上点 $A\left(-\dfrac{1}{3}, \dfrac{1}{9}, -\dfrac{1}{27}\right)$ 及点 $B(-1, 1, -1)$ 处的切线平行于已知平面.

4. 证明：曲线 $x = a\cos t$，$y = a\sin t$，$z = bt$ 上任一点处的切线与 Oz 轴成定角.

证　曲线上的切线方向向量为 $\boldsymbol{s} = (x_t', y_t', z_t') = (-a\sin t, a\cos t, b)$，而 Oz 轴的方向向量为 $\boldsymbol{k} = (0, 0, 1)$，由 $\boldsymbol{s} \cdot \boldsymbol{k} = b$，知
$$\cos(\widehat{\boldsymbol{s}, \boldsymbol{k}}) = \frac{b}{\sqrt{a^2 + b^2}}.$$
故所给曲线上任一点处的切线与 Oz 轴成定角.

5. 求曲面 $2x^2 + 3y^2 + z^2 = 9$ 上的一点，使该点处的切平面平行于平面
$$2x - 3y + 2z = 1.$$

解　令 $F(x, y, z) = 2x^2 + 3y^2 + z^2 - 9$，则 $F_x' = 4x$，$F_y' = 6y$，$F_z' = 2z$，故曲面的切平面的法向量为 $\boldsymbol{n} = (2x, 3y, z)$. 而所给平面的法向量为 $\boldsymbol{n}_1 = (2, -3, 2)$，由题意有
$$\frac{2x}{2} = \frac{3y}{-3} = \frac{z}{2}.$$
令 $x = -y = \dfrac{z}{2} = t$，代入曲面方程，解之得 $t = \pm 1$，故 $x = \pm 1$，$y = \mp 1$，$z = \pm 2$，即点 $(1, -1, 2)$ 及 $(-1, 1, -2)$ 处的切平面平行于已知平面.

6. 已知曲面 $z = 4 - x^2 - y^2$ 上的某点处的切平面平行于平面 $2x + 2y + z = 1$，求该点的坐标.

解　令 $F(x, y, z) = x^2 + y^2 + z - 4$，则 $F_x' = 2x$，$F_y' = 2y$，$F_z' = 1$，故曲面的切平面的法向量为 $\boldsymbol{n} = (2x, 2y, 1)$. 而所给平面的法向量为 $\boldsymbol{n}_1 = (2, 2, 1)$，由题意有
$$\frac{2x}{2} = \frac{2y}{2} = \frac{1}{1},$$
解之得 $x = 1$，$y = 1$，$z = 2$. 故点 $(1, 1, 2)$ 处的切平面平行于已知平面.

7. 求由曲线 $\begin{cases} 3x^2 + 2y^2 = 12, \\ z = 0 \end{cases}$ 绕 y 轴旋转一周所得的旋转面在点 $P(0, \sqrt{3}, \sqrt{2})$ 处的指向外侧的单位法向量.

解　旋转面方程为 $3x^2 + 2y^2 + 3z^2 = 12$. 令 $F(x, y, z) = 3x^2 + 2y^2 + 3z^2 - 12$，则
$$F_x'(0, \sqrt{3}, \sqrt{2}) = 0, \quad F_y'(0, \sqrt{3}, \sqrt{2}) = 4\sqrt{3}, \quad F_z'(0, \sqrt{3}, \sqrt{2}) = 6\sqrt{2},$$
故所得旋转面在点 $P(0, \sqrt{3}, \sqrt{2})$ 处的指向外侧的法向量为 $\boldsymbol{n} = (0, 4\sqrt{3}, 6\sqrt{2})$，与之同方向

的单位向量为 $\boldsymbol{n}^0 = \left(0, \dfrac{\sqrt{10}}{5}, \dfrac{\sqrt{15}}{5}\right)$.

8. 证明：曲面 $xyz = a^3$ $(a > 0)$ 上任一点的切平面与三坐标面所围成的四面体的体积为常数.

证 令 $F(x,y,z) = xyz - a^3$，则 $F'_x = yz$，$F'_y = xz$，$F'_z = xy$，于是曲面上任一点 $M(x_0, y_0, z_0)$ 处的切平面方程为

$$y_0 z_0 (x - x_0) + x_0 z_0 (y - y_0) + x_0 y_0 (z - z_0) = 0,$$

即 $y_0 z_0 x + x_0 z_0 y + x_0 y_0 z = 3a^3$，亦即

$$\frac{x}{\dfrac{3a^3}{y_0 z_0}} + \frac{y}{\dfrac{3a^3}{x_0 z_0}} + \frac{z}{\dfrac{3a^3}{x_0 y_0}} = 1.$$

故切平面与三坐标面所围成的四面体的体积为

$$V = \frac{1}{6} \cdot \frac{3a^3}{y_0 z_0} \cdot \frac{3a^3}{x_0 z_0} \cdot \frac{3a^3}{x_0 y_0} = \frac{9a^3}{2}.$$

9. 证明：锥面 $z = x f\left(\dfrac{y}{x}\right)$ 的所有切平面过锥面的顶点，其中 f 可微.

证 设点 (x_0, y_0, z_0) 为曲面上的任一点，即 $z_0 = x_0 f\left(\dfrac{y_0}{x_0}\right)$，而过原点 $O(0,0,0)$ 与点 (x_0, y_0, z_0) 的直线为

$$\begin{cases} x = x_0 t, \\ y = y_0 t, \\ z = z_0 t. \end{cases}$$

此直线在曲面 $z = x f\left(\dfrac{y}{x}\right)$ 上，故 $z = x f\left(\dfrac{y}{x}\right)$ 为锥面，且原点 $O(0,0,0)$ 为其顶点.

令 $F(x,y,z) = z - x f\left(\dfrac{y}{x}\right)$，则

$$F'_x = -f\left(\frac{y}{x}\right) + \frac{y}{x} f'\left(\frac{y}{x}\right), \quad F'_y = -f'\left(\frac{y}{x}\right), \quad F'_z = 1,$$

故曲面上任一点 $M(x_0, y_0, z_0)$ 处的切平面方程为

$$\left[f\left(\frac{y_0}{x_0}\right) - \frac{y_0}{x_0} f'\left(\frac{y_0}{x_0}\right)\right](x - x_0) + f'\left(\frac{y_0}{x_0}\right)(y - y_0) - (z - z_0) = 0.$$

将 $z_0 = x_0 f\left(\dfrac{y_0}{x_0}\right)$ 代入上式并整理，得切平面方程为

$$\left[f\left(\frac{y_0}{x_0}\right) - \frac{y_0}{x_0} f'\left(\frac{y_0}{x_0}\right)\right] x + f'\left(\frac{y_0}{x_0}\right) y - z = 0,$$

显然此平面过锥面顶点 $O(0,0,0)$.

═══ **B 类** ═══

1. 求曲面 $x = u e^v$，$y = v e^u$，$z = u + v$ 在点 $(u_0, v_0) = (0,0)$ 处的切平面.

解　易得 $x'_u(0,0)=1$, $x'_v(0,0)=0$, $y'_u(0,0)=0$, $y'_v(0,0)=1$, $z'_u(0,0)=1$, $z'_v(0,0)=1$. 当 $u=0$, $v=0$ 时, $x=0$, $y=0$, $z=0$, 曲面在点 $(0,0,0)$ 处的切平面的法向量为

$$n=\begin{vmatrix} i & j & k \\ x'_u & y'_u & z'_u \\ x'_v & y'_v & z'_v \end{vmatrix}_{(0,0,0)}=\begin{vmatrix} i & j & k \\ 1 & 0 & 1 \\ 0 & 1 & 1 \end{vmatrix}=-i-j+k,$$

故所求的切平面方程为 $x+y-z=0$.

2. 设直线 $l:\begin{cases} x+y+b=0, \\ x+ay-z-3=0 \end{cases}$ 在平面上, 而平面与曲面 $z=x^2+y^2$ 相切于点 $P(1,-2,5)$, 求 a,b 的值.

解　所给曲面在点 $P(1,-2,5)$ 的法向量为 $n=(2x,2y,-1)|_{(1,-2,5)}=(2,-4,-1)$, 于是可得曲面在此点处的切平面方程 $2x-4y-z-5=0$. 所给直线的方向向量为

$$s=\begin{vmatrix} i & j & k \\ 1 & 1 & 0 \\ 1 & a & -1 \end{vmatrix}=(-1,1,a-1),$$

由题意得 $s\cdot n=-2-4-(a-1)=0$, 故 $a=-5$.

又直线上的点 $(-b,0,-b-3)$ 在平面上, 代入切平面方程得

$$-2b+b+3-5=0,$$

故 $b=-2$.

3. 求曲面 $x^2+y^2+z^2=x$ 的切平面, 使它垂直于平面 $x-y-z=2$ 和 $x-y-\dfrac{1}{2}z=2$.

解　令 $F(x,y,z)=x^2+y^2+z^2-x=0$, 则 $F'_x=2x-1$, $F'_y=2y$, $F'_z=2z$, 曲面的切平面的法向量为 $n=(2x-1,2y,2z)$. 与所给两平面垂直的向量为

$$n_1=\begin{vmatrix} i & j & k \\ 1 & -1 & -1 \\ 1 & -1 & -\dfrac{1}{2} \end{vmatrix}=\left(-\dfrac{1}{2},-\dfrac{1}{2},0\right).$$

令 $\dfrac{2x-1}{1}=\dfrac{2y}{1}=\dfrac{z}{0}=t$, 代入曲面方程, 得 $\left(\dfrac{t+1}{2}\right)^2+\left(\dfrac{t}{2}\right)^2=\dfrac{t+1}{2}$, 解之得 $t=\pm\dfrac{\sqrt{2}}{2}$.

当 $t=\dfrac{\sqrt{2}}{2}$ 时, $x=\dfrac{2+\sqrt{2}}{4}$, $y=\dfrac{\sqrt{2}}{4}$, $z=0$, 故 $n=\left(\dfrac{\sqrt{2}}{2},\dfrac{\sqrt{2}}{2},0\right)$, 此时的切平面方程为 $x-\dfrac{2+\sqrt{2}}{4}+y-\dfrac{\sqrt{2}}{4}=0$, 即 $x+y-\dfrac{1+\sqrt{2}}{2}=0$.

当 $t=-\dfrac{\sqrt{2}}{2}$ 时, $x=\dfrac{2-\sqrt{2}}{4}$, $y=-\dfrac{\sqrt{2}}{4}$, $z=0$, 故 $n=\left(-\dfrac{\sqrt{2}}{2},-\dfrac{\sqrt{2}}{2},0\right)$, 此时的切平面方程为 $x-\dfrac{2-\sqrt{2}}{4}+y+\dfrac{\sqrt{2}}{4}=0$, 即 $x+y+\dfrac{\sqrt{2}-1}{2}=0$.

4. 证明:曲线 $x = a\,\mathrm{e}^t \cos t$, $y = a\,\mathrm{e}^t \sin t$, $z = a\,\mathrm{e}^t$ 与锥面 $x^2 + y^2 = z^2$ 的各母线相交的角度相同.

证 因为 $x^2 + y^2 = (a\,\mathrm{e}^t \cos t)^2 + (a\,\mathrm{e}^t \sin t)^2 = (a\,\mathrm{e}^t)^2 = z^2$,故曲线在锥面上. 由

$$x' = a\,\mathrm{e}^t(\cos t - \sin t),\quad y' = a\,\mathrm{e}^t(\cos t + \sin t),\quad z' = a\,\mathrm{e}^t,$$

得曲线上任一点处的切线的方向向量为

$$\boldsymbol{s} = a\,\mathrm{e}^t(\cos t - \sin t, \cos t + \sin t, 1) = (x - y, x + y, z).$$

设 $M(x_0, y_0, z_0)$ 为锥面上的一点,过此点的母线方程为 $\dfrac{x - x_0}{x_0} = \dfrac{y - y_0}{y_0} = \dfrac{z - z_0}{z_0}$,母线的方向向量为 $\boldsymbol{l} = (x_0, y_0, z_0)$. 由于

$$\boldsymbol{s} \cdot \boldsymbol{l} = (x_0 - y_0, x_0 + y_0, z_0) \cdot (x_0, y_0, z_0) = x_0^2 + y_0^2 + z_0^2 = 2z_0^2,$$

且 $|\boldsymbol{s}| = \sqrt{3}\,z_0$, $|\boldsymbol{l}| = \sqrt{2}\,z_0$,所以曲线在 $M(x_0, y_0, z_0)$ 处的切向量与过此点的母线的夹角余弦为

$$\cos\theta = \frac{\boldsymbol{s} \cdot \boldsymbol{l}}{|\boldsymbol{s}|\,|\boldsymbol{l}|} = \sqrt{\frac{2}{3}}.$$

由点 $M(x_0, y_0, z_0)$ 的任意性知,所给曲线与锥面的各母线相交的角度相同.

5. 设 $f(u, v)$ 为处处可微函数. 试证明:曲面 $f(ax - bz, ay - cz) = 0$ 上任一点的切平面都与一定直线平行,并指出此曲面的特征.

证 令 $F(x, y, z) = f(ax - bz, ay - cz)$,则

$$F'_x = af'_1,\quad F'_y = af'_2,\quad F'_z = -bf'_1 - cf'_2,$$

于是得曲面上任一点 (x, y, z) 处切平面的法向量为 $\boldsymbol{n} = (af'_1, af'_2, -bf'_1 - cf'_2)$. 取一方向向量为 $\boldsymbol{s} = (b, c, a)$ 的定直线,则有

$$\boldsymbol{s} \cdot \boldsymbol{n} = abf'_1 + acf'_2 - abf'_1 - acf'_2 = 0,$$

即 $\boldsymbol{n} \perp \boldsymbol{s}$,故曲面上任一点处的切平面与一定直线平行.

由柱面的特征可知,此曲面为母线平行于向量 $\boldsymbol{s} = (b, c, a)$ 的柱面.

6. 求曲面 $x = (2 - \sin\varphi)\cos\theta$, $y = (2 - \sin\varphi)\sin\theta$, $z = \cos\varphi$ 在点 $M\left(\dfrac{3\sqrt{3}}{4}, \dfrac{3}{4}, \dfrac{\sqrt{3}}{2}\right)$ 处的切平面和法线.

解 在点 $M\left(\dfrac{3\sqrt{3}}{4}, \dfrac{3}{4}, \dfrac{\sqrt{3}}{2}\right)$ 处,由 $\dfrac{y}{x} = \tan\theta = \dfrac{\sqrt{3}}{3}$, $z = \cos\varphi = \dfrac{\sqrt{3}}{2}$,可得 $\theta = \dfrac{\pi}{6}$, $\varphi = \dfrac{\pi}{6}$($\theta = \dfrac{7\pi}{6}$, $\varphi = \dfrac{11\pi}{6}$ 均不合题意). 于是可得

$$\left.\frac{\partial(y, z)}{\partial(\theta, \varphi)}\right|_M = \left.\begin{vmatrix} (2 - \sin\varphi)\cos\theta & -\cos\varphi\,\sin\theta \\ 0 & -\sin\varphi \end{vmatrix}\right|_M = -\frac{3\sqrt{3}}{8},$$

$$\left.\frac{\partial(z, x)}{\partial(\theta, \varphi)}\right|_M = \left.\begin{vmatrix} 0 & -\sin\varphi \\ (\sin\varphi - 2)\sin\theta & -\cos\varphi\,\cos\theta \end{vmatrix}\right|_M = -\frac{3}{8},$$

$$\left.\frac{\partial(x, y)}{\partial(\theta, \varphi)}\right|_M = \left.\begin{vmatrix} (\sin\varphi - 2)\sin\theta & -\cos\varphi\,\cos\theta \\ (2 - \sin\varphi)\cos\theta & -\cos\varphi\,\sin\theta \end{vmatrix}\right|_M = \frac{6\sqrt{3}}{8},$$

从而曲面在 $M\left(\dfrac{3\sqrt{3}}{4},\dfrac{3}{4},\dfrac{\sqrt{3}}{2}\right)$ 处的切平面的法向量为 $\boldsymbol{n}=(\sqrt{3},1,-2\sqrt{3})$. 故所求的切平面方程为

$$\sqrt{3}\left(x-\frac{3\sqrt{3}}{4}\right)+y-\frac{3}{4}-2\sqrt{3}\left(z-\frac{\sqrt{3}}{2}\right)=0,$$

即 $\sqrt{3}\,x+y-2\sqrt{3}\,z=0$，所求的法线方程为

$$\frac{x-\dfrac{3\sqrt{3}}{4}}{\sqrt{3}}=\frac{y-\dfrac{3}{4}}{1}=\frac{z-\dfrac{\sqrt{3}}{2}}{-2\sqrt{3}}.$$

习题 9·9

=== **A　类** ===

1. 求函数 $z=\sin 2x+\cos y$ 在 $P(0,0)$ 点处的二阶泰勒多项式.

解　因为 $z'_x=2\cos 2x$，$z'_y=-\sin y$，$z''_{xx}=-4\sin 2x$，$z''_{xy}=0$，$z''_{yy}=-\cos y$，故所给函数在 $P(0,0)$ 点处的二阶泰勒多项式为

$$z(0,0)+\left(x\frac{\partial}{\partial x}+y\frac{\partial}{\partial y}\right)z(0,0)+\frac{1}{2!}\left(x\frac{\partial}{\partial x}+y\frac{\partial}{\partial y}\right)^2z(0,0)=1+2x-\frac{1}{2}y^2.$$

2. 求函数 $z=\mathrm{e}^x\ln(1+y)$ 的三阶麦克劳林公式.

解　因为 $\dfrac{\partial z}{\partial x}=\mathrm{e}^x\ln(1+y)$，$\dfrac{\partial z}{\partial y}=\dfrac{\mathrm{e}^x}{1+y}$，$\dfrac{\partial^2 z}{\partial x^2}=\mathrm{e}^x\ln(1+y)$，

$$\frac{\partial^2 z}{\partial x\partial y}=\frac{\mathrm{e}^x}{1+y},\quad \frac{\partial^2 z}{\partial y^2}=\frac{-\mathrm{e}^x}{(1+y)^2},\quad \frac{\partial^3 z}{\partial x^3}=\mathrm{e}^x\ln(1+y),$$

$$\frac{\partial^3 z}{\partial y^3}=\frac{2\mathrm{e}^x}{(1+y)^3},\quad \frac{\partial^3 z}{\partial x^2\partial y}=\frac{\mathrm{e}^x}{1+y},\quad \frac{\partial^3 z}{\partial x\partial y^2}=\frac{-\mathrm{e}^x}{(1+y)^2},$$

故所给函数的三阶麦克劳林公式为

$$z(x,y)=z(0,0)+\left(x\frac{\partial}{\partial x}+y\frac{\partial}{\partial y}\right)z(0,0)+\frac{1}{2!}\left(x\frac{\partial}{\partial x}+y\frac{\partial}{\partial y}\right)^2z(0,0)$$

$$+\frac{1}{3!}\left(x\frac{\partial}{\partial x}+y\frac{\partial}{\partial y}\right)^3z(0,0)+\frac{1}{4!}\left(x\frac{\partial}{\partial x}+y\frac{\partial}{\partial y}\right)^4z(\theta x,\theta y)$$

$$=y+\frac{1}{2!}(2xy-y^2)+\frac{1}{3!}(3x^2y-3xy^2+2y^2)+\frac{\mathrm{e}^{\theta x}}{4!}\left[x^4\ln(1+\theta y)\right.$$

$$\left.+\frac{4x^3y}{1+\theta y}-\frac{6x^2y^2}{(1+\theta y)^2}+\frac{8xy^3}{(1+\theta y)^3}-\frac{6y^4}{(1+\theta y)^4}\right]\quad(0<\theta<1).$$

3. 求函数 $z=2x^2-xy-y^2-6x-3y+5$ 在 $A(1,-2)$ 的邻域内的泰勒展开式.

解　因为 $z(1,-2)=5$，$z'_x(1,-2)=(4x-y-6)\Big|_{(1,-2)}=0$，

$$z'_y(1,-2) = (-2y-x-3)\Big|_{(1,-2)} = 0,$$

$$z''_{xx}(1,-2) = 4, \quad z''_{xy}(1,-2) = -1, \quad z''_{yy}(1,-2) = -2,$$

$$\frac{1}{n!}\left(x\frac{\partial}{\partial x} + y\frac{\partial}{\partial y}\right)^n z(1,-2) = 0 \quad (n \geqslant 3),$$

故所求泰勒展开式为 $z(x,y) = 5 + 2(x-1)^2 - (x-1)(y+2) - (y+2)^2$.

4. 求函数 e^{x+y} 的 n 阶麦克劳林公式,并写出余项.

解 令 $u = x+y$,则有 $e^{x+y} = e^u$,当 $x=y=0$ 时,$u=0$. 由一元函数的泰勒公式,有

$$e^u = 1 + u + \frac{1}{2!}u^2 + \frac{1}{3!}u^3 + \cdots + \frac{1}{n!}u^n + \frac{e^{\theta u}}{(n+1)!}u^{n+1}, \quad 0 < \theta < 1.$$

将 $x+y = u$ 代入,得

$$e^{2x+3y} = 1 + (x+y) + \frac{1}{2!}(x+y)^2 + \frac{1}{3!}(x+y)^3 + \cdots + \frac{1}{n!}(x+y)^n$$

$$+ \frac{e^{\theta(x+y)}}{(n+1)!}(x+y)^{n+1}, \quad 0 < \theta < 1.$$

5. 利用二阶泰勒展开式求 $\sqrt{3.012^2 + 3.997^2}$ 的近似值.

解 设 $z = \sqrt{(x+3)^2 + (y+4)^2}$,利用公式

$$z(x,y) \approx z(0,0) + \left(x\frac{\partial}{\partial x} + y\frac{\partial}{\partial y}\right)z(0,0) + \frac{1}{2!}\left(x\frac{\partial}{\partial x} + y\frac{\partial}{\partial y}\right)^2 z(0,0),$$

求得 $\sqrt{3.012^2 + 3.997^2} = z(0.012, -0.003) \approx 5.005$.

习题 9-10

══A　类══

1. 求下列函数的极值:

(1) $z = x^3 - 3x - y^2$;　　　　　　　(2) $z = (x+y)(xy+1)$;

(3) $z = e^{x^2-y}(5-2x+y)$;　　　　　(4) $z = e^{2x}(x+y^2+2y)$;

(5) $z = \sin x + \cos y + \cos(x-y) \quad \left(0 \leqslant x \leqslant \frac{\pi}{2}, 0 \leqslant y \leqslant \frac{\pi}{2}\right)$.

解 (1) 解方程组 $\begin{cases} z'_x = 3x^2 - 3 = 0, \\ z'_y = -2y = 0, \end{cases}$ 求得驻点为 $(-1,0),(1,0)$. 由于

$$z''_{xx} = 6x, \quad z''_{xy} = 0, \quad z''_{yy} = -2,$$

在点 $(-1,0)$ 处,$AC - B^2 = 12 > 0$,且 $A = -6 < 0$,故 $(-1,0)$ 为极大值点,极大值为 $z(-1,0) = 2$;在点 $(1,0)$ 处,$AC - B^2 = -12 < 0$,故点 $(1,0)$ 不是极值点.

(2) 解方程组 $\begin{cases} z'_x = 2xy + y^2 + 1 = 0, \\ z'_y = 2xy + x^2 + 1 = 0, \end{cases}$ 求得驻点为 $(-1,1),(1,-1)$. 由于

$$z''_{xx} = 2y, \quad z''_{xy} = 2x + 2y, \quad z''_{yy} = 2x,$$

在点 $(-1,1)$ 处，$AC - B^2 = -4 < 0$，故点 $(-1,1)$ 不是极值点；在点 $(1,-1)$ 处，$AC - B^2 = -4 < 0$，故点 $(1,-1)$ 也不是极值点.

(3) 解方程组 $\begin{cases} z'_x = e^{x^2-y}(10x - 4x^2 + 2xy - 2) = 0, \\ z'_y = e^{x^2-y}(-4 + 2x - y) = 0, \end{cases}$ 求得驻点为 $(1,-2)$. 由于

$$z''_{xx} = e^{x^2-y}(20x^2 - 8x^3 + 4x^2y - 12x + 2y + 10),$$

$$z''_{xy} = e^{x^2-y}(4x^2 - 8x - 2xy + 2),$$

$$z''_{yy} = e^{x^2-y}(-2x + y + 3),$$

在点 $(1,-2)$ 处，$AC - B^2 = -2e^6 < 0$，故点 $(1,-2)$ 不是极值点.

(4) 解方程组 $\begin{cases} z'_x = e^{2x}(2x + 2y^2 + 4y + 1) = 0, \\ z'_y = e^{2x}(2y + 2) = 0, \end{cases}$ 求得驻点为 $\left(\dfrac{1}{2}, -1\right)$. 由于

$$z''_{xx} = e^{2x}(4x + 4y^2 + 8y + 4), \quad z''_{xy} = e^{2x}(4y + 4), \quad z''_{yy} = 2e^{2x},$$

在点 $\left(\dfrac{1}{2}, -1\right)$ 处，$AC - B^2 = 4e^2 > 0$，且 $A = 2e > 0$，故点 $\left(\dfrac{1}{2}, -1\right)$ 是极小值点，极小值为 $z\left(\dfrac{1}{2}, -1\right) = -\dfrac{1}{2}e$.

(5) 解方程组 $\begin{cases} z'_x = \cos x - \sin(x - y) = 0, \\ z'_y = -\sin y + \sin(x - y) = 0, \end{cases}$ 求得驻点为 $\left(\dfrac{\pi}{3}, \dfrac{\pi}{6}\right)$. 由于

$$z''_{xx} = -\sin x - \cos(x - y), \quad z''_{xy} = \cos(x - y), \quad z''_{yy} = -\cos y - \cos(x - y),$$

在点 $\left(\dfrac{\pi}{3}, \dfrac{\pi}{6}\right)$ 处，$AC - B^2 = \dfrac{\sqrt{3}}{2} + \dfrac{1}{4} > 0$，且 $A = -\dfrac{\sqrt{3}}{2} - \dfrac{1}{2} < 0$，故 $\left(\dfrac{\pi}{3}, \dfrac{\pi}{6}\right)$ 为极大值点，极大值为 $\dfrac{3\sqrt{3}}{2}$.

2. 求下列函数在指定区域上的最大值与最小值：

(1) $z = xy$ 在 $D = \{(x,y) \mid x \geqslant 0, y \geqslant 0, x + y \leqslant 1\}$ 上；

(2) $z = x^2 + y^2$ 在 $D = \{(x,y) \mid (x - \sqrt{2})^2 + (y - \sqrt{2})^2 \leqslant 9\}$ 上；

(3) $z = 1 + xy - x - y$ 在曲线 $y = x^2$ 与 $y = 4$ 所围的闭区域上；

(4) $z = e^{-xy}$ 在 $D = \{(x,y) \mid x^2 + 4y^2 \leqslant 1\}$ 上.

解 (1) 令 $z'_x = y = 0$，$z'_y = x = 0$，得驻点为 $(0,0)$.

在边界 $x + y = 1$ 上，$z(x, 1-x) = x(1-x)$. 令 $z' = 1 - 2x = 0$，得 $x = \dfrac{1}{2}$.

比较点 $(0,0)$，$\left(\dfrac{1}{2}, \dfrac{1}{2}\right)$ 处的函数值，得最小值为 $z(0,0) = 0$，最大值为 $z\left(\dfrac{1}{2}, \dfrac{1}{2}\right) = \dfrac{1}{4}$.

(2) 令 $z'_x = 2x = 0$，$z'_y = 2y = 0$，得驻点为 $(0,0)$；$z(0,0) = 0$.

在边界 $(x - \sqrt{2})^2 + (y - \sqrt{2})^2 = 9$ 上，令 $x = \sqrt{2} + 3\cos t$，$y = \sqrt{2} + 3\sin t$，得 $z = 13 + 6\sqrt{2}(\sin t + \cos t)$，$\dfrac{dz}{dt} = 6\sqrt{2}(\cos t - \sin t)$. 令 $\dfrac{dz}{dt} = 0$，得 $t = \dfrac{\pi}{4}$，$t = \dfrac{5\pi}{4}$.

比较 $t = \dfrac{\pi}{4}$，$t = \dfrac{5\pi}{4}$，$t = 2\pi$，$t = 0$ 时的函数值，得在圆周上的最大值为 $z = 25$，最

小值为 $z = 1$. 故在区域 D，最大值为 $z\left(\dfrac{5\sqrt{2}}{2}, \dfrac{5\sqrt{2}}{2}\right) = 25$，最小值为 $z(0,0) = 0$.

(3) 令 $z_x' = y - 1 = 0$，$z_y' = x - 1 = 0$，得驻点为 $(1,1)$.

在边界 $y = x^2$ 上，$z = 1 + x^3 - x^2 - x$，令 $z' = 3x^2 - 2x - 1 = 0$，得驻点 $x =$

$-\dfrac{2}{3}$，$x = 1$. 在边界 $y = 4$ 上，$z = 3x - 3$，$z' = 3$，无驻点.

由 $z(1,1) = 0$，$z\left(-\dfrac{2}{3}, \dfrac{4}{9}\right) = \dfrac{25}{27}$，$z(2,4) = 3$，$z(-2,4) = -9$，得在区域 D 上函

数的最大值为 $z(2,4) = 3$，最小值为 $z(-2,4) = -9$.

(4) 令 $z_x' = -y\,\mathrm{e}^{-xy} = 0$，$z_y' = -x\,\mathrm{e}^{-xy} = 0$，得驻点为 $(0,0)$；$z(0,0) = 1$.

在边界 $x^2 + 4y^2 = 1$ 上，令 $x = \cos t$，$y = \dfrac{1}{2}\sin t$，得 $z(t) = \mathrm{e}^{-\frac{1}{2}\sin t \cos t}$. 令 $z' =$

$\dfrac{1}{2}(\sin^2 t - \cos^2 t)\mathrm{e}^{-\sin t \cos t} = 0$，得驻点 $t = \dfrac{\pi}{4}$，$t = \dfrac{3\pi}{4}$，$t = \dfrac{5\pi}{4}$，$t = \dfrac{7\pi}{4}$.

由此可得在边界上函数的最大值为 $z\left(\dfrac{3\pi}{4}\right) = z\left(\dfrac{7\pi}{4}\right) = \mathrm{e}^{\frac{1}{4}}$，最小值为 $z\left(\dfrac{\pi}{4}\right) =$

$z\left(\dfrac{5\pi}{4}\right) = \mathrm{e}^{-\frac{1}{4}}$. 故可得函数在区域 D 上的最大值为 $\mathrm{e}^{\frac{1}{4}}$，最小值为 $\mathrm{e}^{-\frac{1}{4}}$.

3. 求下列方程所确定的隐函数 $z = z(x,y)$ 的极值：

(1) $x^2 + y^2 + z^2 - xz - yz + 2x + 2y + 2z - 2 = 0$；

(2) $z^2 + xyz - x^2 - xy^2 - 9 = 0$.

解 (1) 方程两边分别关于 x，y 求偏导数，得

$$\begin{cases} 2x + (2z - x - y + 2)\dfrac{\partial z}{\partial x} - z + 2 = 0, \\[2mm] 2y + (2z - x - y + 2)\dfrac{\partial z}{\partial y} - z + 2 = 0. \end{cases} \qquad ①$$

令 $\begin{cases} \dfrac{\partial z}{\partial x} = 0, \\[2mm] \dfrac{\partial z}{\partial y} = 0, \end{cases}$ 得 $x = y = \dfrac{z - 2}{2}$. 代入原方程，可得 $z_1 = -4 - 2\sqrt{6}$，$z_2 = 2\sqrt{6} - 4$.

当 $z_1 = -4 - 2\sqrt{6}$ 时，$x = y = -3 - \sqrt{6}$；当 $z_2 = 2\sqrt{6} - 4$ 时，$x = y = \sqrt{6} - 3$.

对方程组 ① 两边分别关于 x，y 求偏导数，得

$$\begin{cases} 2 + \left(2\dfrac{\partial z}{\partial x} - 2\right)\dfrac{\partial z}{\partial x} + (2z - x - y + 2)\dfrac{\partial^2 z}{\partial x^2} = 0, \\[3mm] 2\dfrac{\partial z}{\partial x}\dfrac{\partial z}{\partial y} + (2z - x - y + 2)\dfrac{\partial^2 z}{\partial x \partial y} - \dfrac{\partial z}{\partial x} - \dfrac{\partial z}{\partial y} = 0, \\[3mm] 2 + \left(2\dfrac{\partial z}{\partial y} - 2\right)\dfrac{\partial z}{\partial y} + (2z - x - y + 2)\dfrac{\partial^2 z}{\partial y^2} = 0. \end{cases}$$

当 $z_1 = -4 - 2\sqrt{6}$ 时，$x = y = -3 - \sqrt{6}$，可得

$$\frac{\partial^2 z}{\partial x^2} = \frac{-2}{2z - x - y + 2} = \frac{1}{\sqrt{6}}, \quad \frac{\partial^2 z}{\partial x \partial y} = 0, \quad \frac{\partial^2 z}{\partial y^2} = \frac{1}{\sqrt{6}}$$

于是有 $AC - B^2 = \dfrac{1}{6} > 0$，且 $A > 0$，故 $z(-3-\sqrt{6}, -3-\sqrt{6}) = -4 - 2\sqrt{6}$ 为函数的

极小值.

当 $z_2 = -4 + 2\sqrt{6}$ 时，$x = y = \sqrt{6} - 3$，可得

$$\frac{\partial^2 z}{\partial x^2} = \frac{-2}{2z - x - y + 2} = -\frac{1}{\sqrt{6}}, \quad \frac{\partial^2 z}{\partial x \partial y} = 0, \quad \frac{\partial^2 z}{\partial y^2} = -\frac{1}{\sqrt{6}}$$

于是有 $AC - B^2 = \dfrac{1}{6} > 0$，且 $A < 0$，故 $z(\sqrt{6}-3, \sqrt{6}-3) = -4 + 2\sqrt{6}$ 为函数的极大值.

(2) 方程两边分别关于 x, y 求偏导数，得

$$\begin{cases} (2z + xy)\dfrac{\partial z}{\partial x} - 2x + yz - y^2 = 0, \\[2mm] (2z + xy)\dfrac{\partial z}{\partial y} - 2xy + xz = 0. \end{cases} \qquad ②$$

令 $\begin{cases} \dfrac{\partial z}{\partial x} = 0, \\[2mm] \dfrac{\partial z}{\partial y} = 0, \end{cases}$ 得 $z = 2y, x = \dfrac{y^2}{2}$. 代入原方程，可得 $y^2 = 2$. 由此求得驻点为 $(1, -\sqrt{2})$，

$(1, \sqrt{2})$，且 $z(1, -\sqrt{2}) = -2\sqrt{2}$，$z(1, \sqrt{2}) = 2\sqrt{2}$.

方程组 ② 两边分别关于 x, y 求偏导数，得

$$\begin{cases} 2\left(\dfrac{\partial z}{\partial x} + y\right)\dfrac{\partial z}{\partial x} + (2z + xy)\dfrac{\partial^2 z}{\partial x^2} - 2 = 0, \\[3mm] 2\dfrac{\partial z}{\partial x}\dfrac{\partial z}{\partial y} + (2z + xy)\dfrac{\partial^2 z}{\partial x \partial y} + x\dfrac{\partial z}{\partial x} + y\dfrac{\partial z}{\partial y} - 2y + z = 0, \\[3mm] 2\left(\dfrac{\partial z}{\partial y} + x\right)\dfrac{\partial z}{\partial y} + (2z + xy)\dfrac{\partial^2 z}{\partial y^2} - 2x = 0. \end{cases}$$

在 $(1, -\sqrt{2})$ 点处，$A = C = -\dfrac{\sqrt{2}}{5}$，$B = 0$，于是有 $AC - B^2 > 0$，且 $A < 0$，故

$z(1, -\sqrt{2}) = -2\sqrt{2}$ 为极大值；在 $(1, \sqrt{2})$ 点处，$A = C = \dfrac{\sqrt{2}}{5}$，$B = 0$，于是有 $AC - B^2$

> 0，且 $A > 0$，故 $z(1, \sqrt{2}) = 2\sqrt{2}$ 为极小值.

4. 证明：函数 $z = (1 + e^y)\cos x - y e^y$ 有无穷多个极大值，而无极小值.

证　解方程组

$$\begin{cases} z'_x = -(1 + e^y)\sin x = 0, \\ z'_y = e^y(\cos x - 1 - y) = 0, \end{cases}$$

求得驻点为 $(2k\pi, 0)$，$((2k+1)\pi, -2)$ $(k = 0, \pm 1, \pm 2, \cdots)$. 由于

$$\frac{\partial^2 z}{\partial x^2} = -(1+e^y)\cos x, \quad \frac{\partial^2 z}{\partial x \partial y} = -e^y \sin x, \quad \frac{\partial^2 z}{\partial y^2} = e^y(\cos x - 2 - y),$$

在 $(2k\pi, 0)$ 点处，$AC - B^2 = 2 > 0$，且 $A = -2 < 0$，故 $(2k\pi, 0)$ $(k = 0, \pm 1, \pm 2, \cdots)$ 为极大值点，极大值为 $z(2k\pi, 0) = 2$. 在 $((2k+1)\pi, -2)$ 点处，$AC - B^2 = -(1 + e^{-2})e^2 < 0$，故 $((2k+1)\pi, -2)$ 不是极值点.

5. 已知矩形的周长为 $2p$，将它绕其一边旋转而得一旋转体. 问边长各为多少时，旋转体的体积最大？

解 设矩形的边长为 x, y，绕 x 边旋转，得旋转体的体积为 $V = \pi y^2 x$. 令 $F(x, y, \lambda) = \pi x y^2 + \lambda(x + y - p)$，由

$$\begin{cases} F'_x = \pi y^2 + \lambda = 0, \\ F'_y = 2\pi x y + \lambda = 0, \\ F'_\lambda = x + y - p = 0, \end{cases}$$

解得 $\begin{cases} x = \dfrac{p}{3}, \\ y = \dfrac{2p}{3}. \end{cases}$ 此点为唯一驻点，故其即为最大值点，即当 $x = \dfrac{p}{3}$，$y = \dfrac{2p}{3}$ 时旋转体的体积最大.

6. 求抛物线 $y = x^2$ 与直线 $x - y - 2 = 0$ 之间的最短距离.

解 设 (x, y) 为抛物线上的点. 由点到平面的距离公式得 $d^2 = \dfrac{(x-y-2)^2}{2}$. 令 $F(x, y, \lambda) = \dfrac{(x-y-2)^2}{2} + \lambda(y - x^2)$，分别对 x, y, λ 求偏导并令其为 0，得

$$\begin{cases} F'_x = x - y - 2 - 2\lambda x = 0, \\ F'_y = 2 + y - x + \lambda = 0, \\ F'_\lambda = y - x^2 = 0. \end{cases}$$

解得 $x = \dfrac{1}{2}$，$y = \dfrac{1}{4}$，故抛物线 $y = x^2$ 与直线 $x - y - 2 = 0$ 之间的最短距离为

$$d = \frac{|x-y-2|}{\sqrt{2}} \bigg|_{\left(\frac{1}{2}, \frac{1}{4}\right)} = \frac{7\sqrt{2}}{8}.$$

7. 在圆锥 $Rz = h\sqrt{x^2+y^2}$ $(R > 0, h > 0)$ 和平面 $z = h$ 所围成的锥体中内接底面平行于 xOy 面的长方体，求其中体积最大的长方体的体积.

解 由题意，长方体的 4 个顶点在锥面 $Rz = h\sqrt{x^2+y^2}$ 上，设为 $(\pm x, \pm y, z)$，4 个顶点在平面 $z = h$ 上，设为 $(\pm x, \pm y, h)$，则长方体的底面边长为 $2x, 2y$，高为 $h - z$，体积 $V = 4xy(h - z)$. 令

$$F(x,y,z,\lambda) = 4xy(h-z) + \lambda(h^2x^2 + h^2y^2 - R^2z^2),$$

分别对 x,y,z,λ 求偏导并令其为 0，得

$$\begin{cases} F'_x = 4y(h-z) + 2\lambda h^2 x = 0, \\ F'_y = 4x(h-z) + 2\lambda h^2 y = 0, \\ F'_z = -4xy - 2\lambda R^2 z = 0, \\ F'_\lambda = h^2x^2 + h^2y^2 - R^2z^2 = 0, \end{cases}$$

解得 $x = \dfrac{\sqrt{2}}{3}R$，$y = \dfrac{\sqrt{2}}{3}R$，$z = \dfrac{2}{3}h$. 此点为唯一驻点，故其即为最大值点，即圆锥的内接长方体的最大体积为 $\dfrac{8}{27}R^2h$.

8. 求内接于椭圆 $\dfrac{x^2}{a^2} + \dfrac{y^2}{b^2} + \dfrac{z^2}{c^2} = 1$ 的最大长方体的体积. 长方体的各个面平行于坐标面.

解 由题意，长方体的 8 个顶点在椭圆上，设为 $(\pm x, \pm y, \pm z)$，长方体的体积为 $V = 8xyz$. 令 $F(x,y,z,\lambda) = 8xyz + \lambda\left(\dfrac{x^2}{a^2} + \dfrac{y^2}{b^2} + \dfrac{z^2}{c^2} - 1\right)$，分别对 x,y,z,λ 求偏导并令其为 0，得

$$\begin{cases} F'_x = 8yz + \lambda\dfrac{2x}{a^2} = 0, \\ F'_y = 8xyz + \lambda\dfrac{2y}{b^2} = 0, \\ F'_z = 8xy + \lambda\dfrac{2z}{c^2} = 0, \\ F'_\lambda = \dfrac{x^2}{a^2} + \dfrac{y^2}{b^2} + \dfrac{z^2}{c^2} - 1 = 0, \end{cases}$$

解得 $x = \dfrac{\sqrt{3}}{3}a$，$y = \dfrac{\sqrt{3}}{3}b$，$z = \dfrac{\sqrt{3}}{3}c$. 此点为唯一驻点，故其即为最大值点，即椭圆的内接长方体的最大体积为 $\dfrac{8}{9}\sqrt{3}\,abc$.

9. 直圆柱体加正圆锥为顶构成一立体，圆锥的底面半径与圆柱半径相等. 若立体的表面积为 S，试问：立体的尺寸如何时，其体积最大？

解 设圆柱底面半径为 r，高为 h，圆锥高为 H，则立体的体积为 $V = \pi r^2 h + \dfrac{\pi}{3}r^2 H$，立体的表面积为 $S = 2\pi rh + \pi r^2 + \pi r\sqrt{r^2 + H^2}$. 令

$$F = \pi r^2 h + \dfrac{\pi}{3}r^2 H + \lambda(2\pi rh + \pi r^2 + \pi r\sqrt{r^2 + H^2} - S),$$

分别对 r,h,H,λ 求偏导并令其为 0，得

$$\begin{cases} F'_r = 2\pi rh + \dfrac{2\pi r}{3}H + \lambda\left(2\pi h + 2\pi r + \pi\sqrt{r^2+H^2} + \dfrac{\pi r^2}{\sqrt{r^2+H^2}}\right) = 0, \\[2mm] F'_h = \pi r^2 + 2\pi r\lambda = 0, \\[2mm] F'_H = \dfrac{\pi r^2}{3} + \lambda\dfrac{\pi rH}{\sqrt{r^2+H^2}} = 0, \\[2mm] F'_\lambda = 2\pi rh + \pi r^2 + \pi r\sqrt{r^2+H^2} - S = 0, \end{cases}$$

解得 $r = \sqrt{\dfrac{S}{(3+\sqrt5)\pi}}$，$h = \sqrt{\dfrac{2S}{5\pi}}$，$H = 2\sqrt{\dfrac{S}{5(3+\sqrt5)\pi}}$. 此点为唯一驻点，且函数在 D

内取得最大值，故其即为最大值点.

10. 现需制作一个容积为 512 m^3 的长方形容器. 设制作容器时，其侧边的成本为 0.2 元 $/\text{m}^2$，而上、下底的成本为 0.4 元 $/\text{m}^2$. 试确定容器的尺寸，使制作成本最低.

解 设容器的三条棱长分别为 x,y,z，则制作成本为
$$P = 0.2(2xz + 2yz) + 0.4 \cdot 2xy.$$

令 $F(x,y,z,\lambda) = 0.4(xz+yz) + 0.8xy + \lambda(512-xyz)$，分别对 x,y,z,λ 求偏导并令其为 0，得

$$\begin{cases} F'_x = 0.4z + 0.8y - yz\lambda = 0, \\ F'_y = 0.4z + 0.8x - xz\lambda = 0, \\ F'_z = 0.4x + 0.4y - xy\lambda = 0, \\ F'_\lambda = 512 - xyz = 0, \end{cases}$$

解之得 $x = 4\sqrt[3]{4}$，$y = 4\sqrt[3]{4}$，$z = 8\sqrt[3]{4}$. 此点为唯一驻点，故此时制作成本最低.

===== **B** 类=====

1. 求方程 $2x^2 + 2y^2 + z^2 + 8xz - z + 8 = 0$ 所确定的隐函数的极值.

解 $2x^2 + 2y^2 + z^2 + 8xz - z + 8 = 0$ 两边分别关于 x,y 求偏导数，得

$$\begin{cases} 4x + 2z\dfrac{\partial z}{\partial x} + 8z + 8x\dfrac{\partial z}{\partial x} - \dfrac{\partial z}{\partial x} = 0, \\[2mm] 4y + 2z\dfrac{\partial z}{\partial y} + 8x\dfrac{\partial z}{\partial y} - \dfrac{\partial z}{\partial y} = 0. \end{cases} \qquad ①$$

令 $\dfrac{\partial z}{\partial x} = 0$，$\dfrac{\partial z}{\partial y} = 0$，得 $x = -2z$，$y = 0$. 代入原方程得 $7z^2 + z - 8 = 0$，解之得 $z_1 = -\dfrac{8}{7}$，$z_2 = 1$. 当 $z_1 = -\dfrac{8}{7}$ 时，$x = \dfrac{16}{7}$，$y = 0$；当 $z_2 = 1$ 时，$x = -2$，$y = 0$.

对方程组 ① 两边分别关于 x,y 求偏导数，得

$$\begin{cases} 4 + 2\left(\dfrac{\partial z}{\partial x}\right)^2 + 2z\dfrac{\partial^2 z}{\partial x^2} + 16\dfrac{\partial z}{\partial x} + 8x\dfrac{\partial^2 z}{\partial x^2} - \dfrac{\partial^2 z}{\partial x^2} = 0, \\[3mm] 2\dfrac{\partial z}{\partial x}\dfrac{\partial z}{\partial y} + 2z\dfrac{\partial^2 z}{\partial x\partial y} + 8\dfrac{\partial z}{\partial y} + 8x\dfrac{\partial^2 z}{\partial x\partial y} - \dfrac{\partial^2 z}{\partial x\partial y} = 0, \\[3mm] 4 + 2\left(\dfrac{\partial z}{\partial y}\right)^2 + 2z\dfrac{\partial^2 z}{\partial y^2} + 8x\dfrac{\partial^2 z}{\partial y^2} - \dfrac{\partial^2 z}{\partial y^2} = 0. \end{cases}$$

当 $z_1 = -\dfrac{8}{7}$，$x = \dfrac{16}{7}$，$y = 0$ 时，$A = -\dfrac{4}{15}$，$B = 0$，$C = -\dfrac{4}{15}$，$AC - B^2 > 0$，且
$A < 0$，故 $z\left(\dfrac{16}{7}, 0\right) = -\dfrac{8}{7}$ 为极大值.

当 $z_2 = 1$，$x = -2$，$y = 0$ 时，$A = \dfrac{4}{15}$，$B = 0$，$C = \dfrac{4}{15}$，$AC - B^2 > 0$，且 $A > 0$，故 $z(-2, 0) = 1$ 为极小值.

2. 求函数 $f(x, y) = x^2 y(4 - x - y)$ 在直线 $x + y = 6$，$x = 0$，$y = 0$ 所围成的区域 D 的最大值与最小值.

解　解下列方程组

$$\begin{cases} f'_x = 2xy(4 - x - y) - x^2 y = 0, \\ f'_y = x^2(4 - x - y) - x^2 y = 0, \end{cases}$$

得区域内的可能极值点为 $(2, 1)$.

在区域的边界上，当 $x = 0$ 时，$f(0, y) = 0$；当 $y = 0$ 时，$f(x, 0) = 0$；当 $x + y = 6$ 时，$f(x, 6 - x) = g(x) = -2x^2(6 - x)$. 令 $g' = 6x^2 - 24x = 0$，得驻点 $x = 0$，$x = 4$. 当 $x = 0$ 时，$y = 6$；当 $x = 4$ 时，$y = 2$.

比较边界上的驻点、交点及区域内的驻点的函数值，$f(0, 0) = 0$，$f(0, 6) = 0$，$f(6, 0) = 0$，$f(4, 2) = -64$，$f(2, 1) = 4$，可得函数在区域上的最大值为 $f(2, 1) = 4$，最小值为 $f(4, 2) = -64$.

3. 在第一卦限内作曲面 $\dfrac{x^2}{a^2} + \dfrac{y^2}{b^2} + \dfrac{z^2}{c^2} = 1$ 的切平面，使得切平面与三坐标面所围成的四面体的体积最小，求出切点的坐标.

解　设 $M_0(x_0, y_0, z_0)$ 为位于第一卦限曲面上的点，$F = \dfrac{x^2}{a^2} + \dfrac{y^2}{b^2} + \dfrac{z^2}{c^2} - 1$. 由

$$F'_x(M_0) = \frac{2x_0}{a^2}, \quad F'_y(M_0) = \frac{2y_0}{b^2}, \quad F'_z(M_0) = \frac{2z_0}{c^2},$$

可得曲面在此点处的切平面为 $\dfrac{x_0}{a^2}(x - x_0) + \dfrac{y_0}{b^2}(y - y_0) + \dfrac{z_0}{c^2}(z - z_0) = 0$，即

$$\frac{x_0}{a^2}x + \frac{y_0}{b^2}y + \frac{z_0}{c^2}z = 1.$$

故切平面与三坐标面所围的立体的体积为 $V = \dfrac{1}{6}\dfrac{a^2 b^2 c^2}{x_0 y_0 z_0}$. 设

$$L(x, y, z, \lambda) = \frac{1}{6}\frac{a^2 b^2 c^2}{xyz} + \lambda\left(\frac{x^2}{a^2} + \frac{y^2}{b^2} + \frac{z^2}{c^2} - 1\right),$$

分别对 x, y, z, λ 求偏导并令其为 0，得

$$\begin{cases} L'_x = -\dfrac{1}{6}\dfrac{a^2b^2c^2}{x^2yz} + 2\lambda\dfrac{x}{a^2} = 0, \\[3mm] L'_y = -\dfrac{1}{6}\dfrac{a^2b^2c^2}{xy^2z} + 2\lambda\dfrac{y}{b^2} = 0, \\[3mm] L'_z = -\dfrac{1}{6}\dfrac{a^2b^2c^2}{xyz^2} + 2\lambda\dfrac{z}{c^2} = 0, \\[3mm] L'_\lambda = \dfrac{x^2}{a^2} + \dfrac{y^2}{b^2} + \dfrac{z^2}{c^2} - 1 = 0, \end{cases}$$

解得 $x = \dfrac{a}{\sqrt{3}}$, $y = \dfrac{b}{\sqrt{3}}$, $z = \dfrac{c}{\sqrt{3}}$. 此点为唯一的可能极值点, 故此点即为满足要求的点.

4. 分解已知数 a 为 n 个正的因数, 使得它们的倒数和为最小.

解 设分解的 n 个正因数为 $x_1, x_2, \cdots, x_n$. 设

$$F = \sum_{k=1}^{n} \frac{1}{x_k} + \lambda(x_1 x_2 \cdots x_n - a),$$

分别对 $x_1, x_2, \cdots, x_n, \lambda$ 求偏导并令其为 0, 得

$$\begin{cases} F'_{x_k} = -\dfrac{1}{x_k^2} + \lambda x_1 \cdots x_{k-1} x_{k+1} \cdots x_n = 0 \quad (k = 1, 2, \cdots, n), \\[3mm] F'_\lambda = x_1 x_2 \cdots x_n - a = 0. \end{cases}$$

由此式可得 $\dfrac{1}{x_k} = \lambda x_1 x_2 \cdots x_n = \lambda a$, 即 $x_k = \dfrac{1}{\lambda a}$ $(k = 1, 2, \cdots, n)$. 于是 $x_1 = x_2 = \cdots = x_n$, 可得 $x_1 = x_2 = \cdots = x_n = \sqrt[n]{a}$. 故 $\displaystyle\sum_{k=1}^{n} \frac{1}{x_k} = \lambda na = \frac{n}{x_k} = \frac{n}{\sqrt[n]{a}}$ 为最小值.

5. 已知三角形的周长为 $2p$. 求出这样的三角形, 当它绕自己的一边旋转时, 所得的旋转体的体积最大.

解 设三角形的边长为 x, y, z, 绕 x 边旋转, 且 x 边上的高为 h. 因为三角形的面积为 $S = \sqrt{p(p-x)(p-y)(p-z)}$, 且 $S = \dfrac{1}{2}xh$, 所以 $h = \dfrac{2S}{x}$. 故旋转体的体积为

$$V = \frac{\pi}{3}xh^2 = \frac{\pi}{3}x\left(\frac{2S}{x}\right)^2 = \frac{4\pi}{3}\frac{p(p-x)(p-y)(p-z)}{x}.$$

由对数函数的单调性可知, 函数 $g = \ln\dfrac{p(p-x)(p-y)(p-z)}{x}$ 与 V 在同一点取得最大值. 设 $F(x,y,z,\lambda) = \ln\dfrac{p(p-x)(p-y)(p-z)}{x} + \lambda(x+y+z-2p)$, 即

$$F(x,y,z,\lambda) = \ln p + \ln(p-x) + \ln(p-y) + \ln(p-z) - \ln x + \lambda(x+y+z-2p),$$

分别对 x, y, z, λ 求偏导并令其为 0, 得

$$\begin{cases} F'_x = \dfrac{-1}{p-x} - \dfrac{1}{x} + \lambda = 0, \\[3mm] F'_y = \dfrac{-1}{p-y} + \lambda = 0, \\[3mm] F'_z = \dfrac{-1}{p-z} + \lambda = 0, \\[3mm] F'_\lambda = x+y+z-2p = 0, \end{cases}$$

解此方程组得 $x = \dfrac{p}{2}$，$y = \dfrac{3p}{4}$，$z = \dfrac{3p}{4}$. 此点为唯一的极值点，即为最大值点. 故当三角

形的边长分别为 $x = \dfrac{p}{2}$，$y = \dfrac{3p}{4}$，$z = \dfrac{3p}{4}$，且绕边长为 $x = \dfrac{p}{2}$ 的边旋转时所得的旋转

体的体积最大，其值为 $V = \dfrac{\pi}{12} p^3$.

6. 函数 $f(x,y)$ 在点 $M_0(x_0, y_0)$ 有极小值的充分条件是否为此函数沿着过 $M_0(x_0,$ $y_0)$ 点的每一条直线上都有极小值呢？ 研究例子 $f(x,y) = (x - y^2)(2x - y^2)$.

    解 不一定. 如函数 $f(x,y) = (x - y^2)(2x - y^2) = 2x^2 - 3xy^2 + y^4$，考虑其在 $(0,0)$ 处的情形.

    设 $y = kx$，则 $f(x, kx) = g(x) = 2x^2 - 3k^2 x^3 + k^4 x^4$. 令
$$g' = 4x - 9k^2 x^2 + 4k^4 x^3 = 0,$$
得驻点 $x = 0$. 由于 $g'' = 4 - 18k^2 x + 12k^4 x^2$，$g''(0) = 4 > 0$，所以当 $x = 0$，$y = kx \Big|_{x=0} = 0$ 时，函数 f 有极小值 $f(0,0) = 0$. 而当 $x = 0$ 时，沿着 y 轴考查 f，此时 $f(0,$ $y) = y^4$，显然在 $y = 0$ 时，f 有极小值. 故由上面的讨论可知，f 在过 $(0,0)$ 点处的每一条直线上都有极小值 $f(0,0) = 0$. 但此时不能说 f 在 $(0,0)$ 点处取得极小值，如当 $\dfrac{y^2}{2} < x$ $< y^2$ 时，$f(x,y) < 0$.

7. 设有一小山，取它的底所在的面为 xOy 坐标面，其底部所占的区域为
$$D = \{(x,y) \mid x^2 + y^2 - xy = 75\},$$
小山的高度函数为 $h(x,y) = 75 - x^2 - y^2 + xy$. 现欲利用小山开展攀岩活动，则需在山脚寻找一个上山坡度最大的点作为起点. 试确定起点的位置.

    解 由方向导数的几何意义知，方向导数取得最大值处即为坡度最大的地方. 而由梯度的几何意义知，沿梯度方向的方向导数取得最大值. 因
$$\mathbf{grad}\, h(x,y) = (y - 2x, x - 2y),$$
故山坡上任意一点 (x,y) 处的方向导数的最大值为
$$g(x,y) = |\,\mathbf{grad}\, h(x,y)\,| = \sqrt{(y - 2x)^2 + (x - 2y)^2} = \sqrt{5x^2 - 8xy + 5y^2}.$$
在山脚找一个上山坡度最大的点即为在区域 D 的边界线上找出使 $g(x,y)$ 取得最大值的点. 设
$$F(x, y, \lambda) = 5x^2 - 8xy + 5y^2 + \lambda(75 - x^2 - y^2 + xy),$$
分别对 x, y, z, λ 求偏导并令其为 0，得
$$\begin{cases} F'_x = 10x - 8y + \lambda(y - 2x) = 0, & \text{①} \\ F'_y = 10y - 8x + \lambda(x - 2y) = 0, & \text{②} \\ F'_\lambda = 75 - x^2 - y^2 + xy = 0. & \text{③} \end{cases}$$
由 ①，② 解得 $x = -y$ 或 $\lambda = 2$. 若 $\lambda = 2$，由式 ① 得 $x = y$，代入式 ③ 得 $x = \pm 5\sqrt{3}$，$y = \pm 5\sqrt{3}$. 若 $x = -y$，代入式 ③ 得 $x = \pm 5$，$y = \mp 5$. 所以得驻点 $(-5, 5)$，$(5, -5)$，

$(5\sqrt{3},5\sqrt{3}),(-5\sqrt{3},-5\sqrt{3})$.

现比较 $f(x,y) = g^2(x,y) = 5x^2 - 8xy + 5y^2$ 在这些点的函数值,

$$f(-5,5) = f(5,-5) = 450, \quad f(5\sqrt{3},5\sqrt{3}) = f(-5\sqrt{3},-5\sqrt{3}) = 150,$$

因为实际问题存在最大值,而最大值又只可能在以上驻点取到,因此 $g^2(x,y)$ 在点 $(-5,5),(5,-5)$ 取到在 D 的边界上的最大值,即可取 $(-5,5)$ 或 $(5,-5)$ 作为登山的起点.

总习题九

1. 填空题

(1) 函数 $z = \dfrac{\sqrt{4x - y^2}}{\ln(1 - x^2 - y^2)}$ 的定义域是 _____.

(2) 设 $f(x,y) = \dfrac{2xy}{x^2 + y^2}$,则 $f\left(1,\dfrac{y}{x}\right) = $ _____.

(3) 设 $f(x,y) = \dfrac{xy}{x + y}$,则 $\lim\limits_{x \to 0^+, y \to 0^+} f(x,y) = $ _____;$\lim\limits_{x \to 0, y \to 0} f(x,y) = $ _____.

(4) $\lim\limits_{x \to 0, y \to 0} \dfrac{e^x \cos y}{1 + x + y} = $ _____.

(5) 若 $f(x,y,z) = \ln(xy + z)$,则 $f'_x(1,2,0) = $ _____;$f'_y(1,2,0) = $ _____;$f'_z(1,2,0) = $ _____.

(6) 曲面 $z - e^z + 2xy = 3$ 在 $(1,2,0)$ 点处的切平面方程为 _____.

(7) 函数 $u = \ln(x + \sqrt{y^2 + z^2})$ 在 $A(1,0,1)$ 点处沿 A 点指向 $B(3,-2,2)$ 方向的方向导数为 _____.

(8) 设函数 $z = x^y$,则 z 对 y 的偏增量 $\Delta_y z = $ _____;$\lim\limits_{\Delta y \to 0} \dfrac{\Delta_y z}{\Delta y} = $ _____.

(9) 由方程 $xyz + \sqrt{x^2 + y^2 + z^2} = \sqrt{2}$ 所确定的函数 $z = z(x,y)$ 在点 $(1,0,-1)$ 处的全微分 $dz = $ _____.

(10) 设 $f(x,y) = \displaystyle\int_0^{xy} e^{-t^2} dt$,则 $\dfrac{x}{y}\dfrac{\partial^2 f}{\partial x^2} - 2\dfrac{\partial^2 f}{\partial x \partial y} + \dfrac{y}{x}\dfrac{\partial^2 f}{\partial y^2} = $ _____.

(11) 已知 $f(x,y,z) = xy^2z^3(1 - x - 2y - 3z)$,则函数 $f(x,y,z)$ 在第一卦限内的驻点为 _____.

解 (1) 定义域为 $\begin{cases} 4x - y^2 \geqslant 0, \\ 0 < x^2 + y^2 < 1. \end{cases}$

(2) $f\left(1,\dfrac{y}{x}\right) = \dfrac{2xy}{x^2 + y^2}$.

(3) $\lim\limits_{x \to 0^+, y \to 0^+} f(x,y) = 0$;$\lim\limits_{x \to 0, y \to 0} f(x,y)$ 不存在.

(4) $\lim\limits_{x\to 0,\, y\to 0} \dfrac{e^x \cos y}{1+x+y} = 1.$

(5) $f'_x(1,2,0) = 1$; $f'_y(1,2,0) = \dfrac{1}{2}$; $f'_z(1,2,0) = \dfrac{1}{2}.$

(6) 切平面方程为 $2x + y - 4 = 0.$

(7) 方向导数为 $\dfrac{1}{2}.$

(8) $\Delta_y z = x^y(x^{\Delta y} - 1)$; $\lim\limits_{\Delta y \to 0} \dfrac{\Delta_y z}{\Delta y} = x^y \ln x.$

(9) $\mathrm{d}z = \mathrm{d}x - \sqrt{2}\,\mathrm{d}y.$

(10) $\dfrac{x}{y} \dfrac{\partial^2 f}{\partial x^2} - 2 \dfrac{\partial^2 f}{\partial x\, \partial y} + \dfrac{y}{x} \dfrac{\partial^2 f}{\partial y^2} = -2\mathrm{e}^{-x^2 y^2}.$

(11) 驻点为 $\left(\dfrac{1}{7}, \dfrac{1}{7}, \dfrac{1}{7}\right).$

2. 选择题

(1) 二元函数 $f(x,y) = \begin{cases} \dfrac{xy}{x^2+y^2}, & x^2+y^2 \neq 0, \\ 0, & x^2+y^2 = 0 \end{cases}$ 在 $(0,0)$ 点处( ).

A. 连续且偏导数存在   B. 连续但偏导数不存在

C. 不连续但偏导数存在   D. 不连续且偏导数不存在

(2) 考虑二元函数 $f(x,y)$ 的下面 4 条性质:

① $f(x,y)$ 在点 (x_0, y_0) 处连续;

② $f(x,y)$ 在点 (x_0, y_0) 处两个偏导数连续;

③ $f(x,y)$ 在 (x_0, y_0) 点处可微;

④ $f(x,y)$ 在 (x_0, y_0) 处两个偏导数存在.

若用"$P \Rightarrow Q$"表示由性质 P 推出性质 Q,则( ).

A. ②⇒③⇒①   B. ③⇒②⇒①   C. ③⇒④⇒①   D. ③⇒①⇒④

(3) $\lim\limits_{\substack{x\to 0 \\ y\to 0}} \dfrac{3xy}{\sqrt{xy+1}-1} = ($).

A. 3   B. 6   C. 不存在   D. ∞

(4) 函数 $f(x,y) = \sin(x^2 + y)$ 在 $(0,0)$ 点处( ).

A. 无定义   B. 无极限

C. 有极限但不连续   D. 连续

(5) 函数 $f(x,y)$ 在 (x_0, y_0) 处间断,则( ).

A. 函数在该点处一定无定义

B. 函数在该点处极限一定不存在

C. 函数在该点处可能有极限,也可能有定义

D. 函数在该点处一定有极限，也一定有定义，但极限值与函数值不相等

（6）曲面 $z = 4 - x^2 - y^2$ 上 P 点处的切平面平行于平面 $2x + 2y + z = 1$，则 P 点为（　）.

A. $(1, -1, 2)$　　　B. $(1, 1, 2)$　　　C. $(-1, 1, 2)$　　　D. $(-1, -1, 2)$

解（1）由 $\lim\limits_{\substack{x \to 0 \\ y = kx \to 0}} \dfrac{xy}{x^2 + y^2} = \dfrac{k}{1 + k^2}$，可知 $\lim\limits_{\substack{x \to 0 \\ y \to 0}} f(x, y)$ 不存在，因而 $f(x, y)$ 在 $(0, 0)$ 点处不连续，但

$$f'_x(0, 0) = \lim_{x \to 0} \frac{f(x, 0) - f(0, 0)}{x} = 0, \quad f'_y(0, 0) = \lim_{y \to 0} \frac{f(0, y) - f(0, 0)}{y} = 0,$$

故选 C.

（2）依据相关概念即知选 A.

（3）因极限 $\lim\limits_{\substack{x \to 0 \\ y \to 0}} \dfrac{3xy}{\sqrt{xy + 1} - 1} = \lim\limits_{\substack{x \to 0 \\ y \to 0}} \dfrac{3xy(\sqrt{xy + 1} + 1)}{xy} = 6$，故选 B.

（4）因 $\lim\limits_{\substack{x \to 0 \\ y \to 0}} f(x, y) = \lim\limits_{\substack{x \to 0 \\ y \to 0}} \sin(x^2 + y) = 0 = f(0, 0)$，故选 D.

（5）依据相关概念即知选 C.

（6）曲面 $z = 4 - x^2 - y^2$ 上 $P(x, y, z)$ 点处的切平面的法向量为 $(2x, 2y, 1)$，由 $\dfrac{2x}{2} = \dfrac{2y}{2} = \dfrac{1}{1}$ 即知选 B.

3. 求下列极限：

（1）$\lim\limits_{\substack{x \to 0 \\ y \to 0}} \dfrac{xy(x^2 - y^2)}{x^2 + y^2}$;　　　　　　（2）$\lim\limits_{\substack{x \to 3 \\ y \to \infty}} \dfrac{xy - 1}{y + 1}$;

（3）$\lim\limits_{\substack{x \to 0 \\ y \to 0}} \dfrac{3xy}{x^2 + y^2}$;　　　　　　　（4）$\lim\limits_{\substack{x \to +\infty \\ y \to 0}} (x^2 + y^2)e^{-(x+y)}$.

解（1）因为 $\left| \dfrac{x^2 - y^2}{x^2 + y^2} \right| \leqslant 1$, $\lim\limits_{\substack{x \to 0 \\ y \to 0}} xy = 0$，所以 $\lim\limits_{\substack{x \to 0 \\ y \to 0}} \dfrac{xy(x^2 - y^2)}{x^2 + y^2} = 0$.

（2）$\lim\limits_{\substack{x \to 3 \\ y \to \infty}} \dfrac{xy - 1}{y + 1} = \lim\limits_{\substack{x \to 3 \\ y \to \infty}} \dfrac{x - \dfrac{1}{y}}{1 + \dfrac{1}{y}} = 3$.

（3）因 $\lim\limits_{\substack{x \to 0 \\ y = kx \to 0}} \dfrac{3xy}{x^2 + y^2} = \lim\limits_{\substack{x \to 0 \\ y = kx \to 0}} \dfrac{3kx^2}{x^2 + k^2x^2} = \dfrac{3k}{1 + k^2}$，故极限 $\lim\limits_{\substack{x \to 0 \\ y \to 0}} \dfrac{3xy}{x^2 + y^2}$ 不存在.

（4）$\lim\limits_{\substack{x \to +\infty \\ y \to 0}} (x^2 + y^2)e^{-(x+y)} = \lim\limits_{\substack{x \to +\infty \\ y \to 0}} x^2 e^{-x} e^{-y} + \lim\limits_{\substack{x \to +\infty \\ y \to 0}} y^2 e^{-x} e^{-y}$

$$= \lim_{x \to +\infty} x^2 e^{-x} \cdot \lim_{y \to 0} e^{-y} + \lim_{x \to +\infty} e^{-x} \cdot \lim_{y \to 0} y^2 e^{-y} = 0.$$

4. 计算下列各题：

（1）$z = \sqrt{\ln(xy)}$，求 $\dfrac{\partial z}{\partial x}, \dfrac{\partial z}{\partial y}$；

（2）$z = \sin xy + \cos^2 xy$，求 $\dfrac{\partial z}{\partial x}, \dfrac{\partial z}{\partial y}$；

（3）$u = f(x,y,z)$，$\varphi(x^2, e^y, z) = 0$，$y = \sin x$，其中 φ, f 具有一阶连续偏导数，且 $\dfrac{\partial \varphi}{\partial z} \neq 0$，求 $\dfrac{\mathrm{d}u}{\mathrm{d}x}$；

（4）设 $z = z(x,y)$ 有二阶连续偏导数，令 $u = x - ay$，$v = x + ay$，变换方程
$$\frac{\partial^2 z}{\partial y^2} = a^2 \frac{\partial^2 z}{\partial x^2};$$

（5）设函数 $u = f(x,y,z)$ 由方程 $u^2 + y^2 + z^2 - x = 0$ 确定，其中 $z = xy^2 + y\ln y - y$，求 $\dfrac{\partial u}{\partial x}$.

解　（1）$\dfrac{\partial z}{\partial x} = \dfrac{1}{2x\sqrt{\ln(xy)}}$，$\dfrac{\partial z}{\partial y} = \dfrac{1}{2y\sqrt{\ln(xy)}}$.

（2）$\dfrac{\partial z}{\partial x} = y\cos xy - y\sin 2xy$，$\dfrac{\partial z}{\partial y} = x\cos xy - x\sin 2xy$.

（3）由 $y = \sin x$，得 $\dfrac{\mathrm{d}y}{\mathrm{d}x} = \cos x$. 方程 $\varphi(x^2, e^y, z) = 0$ 两端关于 x 求导，得
$$2x\varphi_1' + e^y\cos x \cdot \varphi_2' + \varphi_3' \frac{\mathrm{d}z}{\mathrm{d}x} = 0,$$
于是有 $\dfrac{\mathrm{d}z}{\mathrm{d}x} = -\dfrac{2x\varphi_1' + e^y\cos x \cdot \varphi_2'}{\varphi_3'}$. 故
$$\frac{\mathrm{d}u}{\mathrm{d}x} = f_x' + f_y' \cdot \frac{\mathrm{d}y}{\mathrm{d}x} + f_z' \cdot \frac{\mathrm{d}z}{\mathrm{d}x} = f_x' + \cos x \cdot f_y' - \frac{2x\varphi_1' + e^y\cos x \cdot \varphi_2'}{\varphi_3'} f_z'.$$

（4）因为
$$\frac{\partial z}{\partial x} = \frac{\partial z}{\partial u}\frac{\partial u}{\partial x} + \frac{\partial z}{\partial v}\frac{\partial v}{\partial x} = \frac{\partial z}{\partial u} + \frac{\partial z}{\partial v}, \qquad \frac{\partial z}{\partial y} = \frac{\partial z}{\partial u}\frac{\partial u}{\partial y} + \frac{\partial z}{\partial v}\frac{\partial v}{\partial y} = -a\frac{\partial z}{\partial u} + a\frac{\partial z}{\partial v},$$
$$\frac{\partial^2 z}{\partial x^2} = \frac{\partial^2 z}{\partial u^2} + 2\frac{\partial^2 z}{\partial u \partial v} + \frac{\partial^2 z}{\partial v^2}, \qquad \frac{\partial^2 z}{\partial y^2} = a^2\frac{\partial^2 z}{\partial u^2} - 2a^2\frac{\partial^2 z}{\partial u \partial v} + a^2\frac{\partial^2 z}{\partial v^2},$$
将以上结果代入方程 $\dfrac{\partial^2 z}{\partial y^2} = a^2\dfrac{\partial^2 z}{\partial x^2}$ 并整理得 $\dfrac{\partial^2 z}{\partial u \partial v} = 0$，即经过所给变量替换可将方程 $\dfrac{\partial^2 z}{\partial y^2} = a^2\dfrac{\partial^2 z}{\partial x^2}$ 化简为 $\dfrac{\partial^2 z}{\partial u \partial v} = 0$.

（5）方程 $u^2 + y^2 + z^2 - x = 0$ 两边关于 x 求导，得
$$2u\frac{\partial u}{\partial x} + 2z\frac{\partial z}{\partial x} - 1 = 0.$$
而 $\dfrac{\partial z}{\partial x} = y^2$，故 $\dfrac{\partial u}{\partial x} = \dfrac{1 - 2z\frac{\partial z}{\partial x}}{2u} = \dfrac{1 - 2zy^2}{2u}$.

5. 设 $z = z(x, y)$ 有二阶连续偏导数,且 $x = \mathrm{e}^u \cos v$,$y = \mathrm{e}^u \sin v$,试证:

$$\frac{\partial^2 z}{\partial x^2} + \frac{\partial^2 z}{\partial y^2} = \mathrm{e}^{-2u}\left(\frac{\partial^2 z}{\partial u^2} + \frac{\partial^2 z}{\partial v^2}\right).$$

证 $\quad \dfrac{\partial z}{\partial u} = \dfrac{\partial z}{\partial x}\dfrac{\partial x}{\partial u} + \dfrac{\partial z}{\partial y}\dfrac{\partial y}{\partial u} = \mathrm{e}^u \cos v \, \dfrac{\partial z}{\partial x} + \mathrm{e}^u \sin v \, \dfrac{\partial z}{\partial y},$

$$\frac{\partial z}{\partial v} = \frac{\partial z}{\partial x}\frac{\partial x}{\partial v} + \frac{\partial z}{\partial y}\frac{\partial y}{\partial v} = -\mathrm{e}^u \sin v \, \frac{\partial z}{\partial x} + \mathrm{e}^u \cos v \, \frac{\partial z}{\partial y},$$

$$\frac{\partial^2 z}{\partial u^2} = \mathrm{e}^u \cos v \, \frac{\partial z}{\partial x} + \mathrm{e}^u \sin v \, \frac{\partial z}{\partial y} + (\mathrm{e}^u \cos v)^2 \frac{\partial^2 z}{\partial x^2} + \mathrm{e}^{2u}\sin 2v \, \frac{\partial^2 z}{\partial x \partial y} + (\mathrm{e}^u \sin v)^2 \frac{\partial^2 z}{\partial y^2},$$

$$\frac{\partial^2 z}{\partial v^2} = -\mathrm{e}^u \cos v \, \frac{\partial z}{\partial x} - \mathrm{e}^u \sin v \, \frac{\partial z}{\partial y} + (-\mathrm{e}^u \sin v)^2 \frac{\partial^2 z}{\partial x^2} - \mathrm{e}^{2u}\sin 2v \, \frac{\partial^2 z}{\partial x \partial y} + (\mathrm{e}^u \cos v)^2 \frac{\partial^2 z}{\partial y^2}.$$

两式相加,得 $\dfrac{\partial^2 z}{\partial u^2} + \dfrac{\partial^2 z}{\partial v^2} = \mathrm{e}^{2u}\left(\dfrac{\partial^2 z}{\partial x^2} + \dfrac{\partial^2 z}{\partial y^2}\right)$,即

$$\frac{\partial^2 z}{\partial x^2} + \frac{\partial^2 z}{\partial y^2} = \mathrm{e}^{-2u}\left(\frac{\partial^2 z}{\partial u^2} + \frac{\partial^2 z}{\partial v^2}\right).$$

6. 设 $f(x, y) = \begin{cases} \dfrac{x^2 y^2}{(x^2 + y^2)^{\frac{3}{2}}}, & x^2 + y^2 \neq 0, \\ 0, & x^2 + y^2 = 0. \end{cases}$ 证明:$f(x, y)$ 在 $(0, 0)$ 点处连续且

偏导数存在,但不可微.

证 $\quad$ 因为 $\left| \dfrac{x^2 y^2}{(x^2 + y^2)^{\frac{3}{2}}} \right| \leqslant \dfrac{x^2 y^2}{(2|xy|)^{\frac{3}{2}}} = \dfrac{|xy|}{2\sqrt{2}}$,而 $\lim\limits_{\substack{x \to 0 \\ y \to 0}} \dfrac{|xy|}{2\sqrt{2}} = 0$,故

$$\lim_{\substack{x \to 0 \\ y \to 0}} f(x, y) = \lim_{\substack{x \to 0 \\ y \to 0}} \frac{x^2 y^2}{(x^2 + y^2)^{\frac{3}{2}}} = 0 = f(0, 0),$$

所以 $f(x, y)$ 在 $(0, 0)$ 点处连续. 又

$$f'_x(0, 0) = \lim_{x \to 0} \frac{f(x, 0) - f(0, 0)}{x} = \lim_{x \to 0} \frac{\dfrac{x^2 \cdot 0}{(x^2 + 0)^{\frac{3}{2}}} - 0}{x} = 0,$$

同理可得 $f'_y(0, 0) = 0$,所以 $f(x, y)$ 在 $(0, 0)$ 点处偏导数存在. 但

$$\lim_{\rho \to 0} \frac{\Delta f - f'_x(0, 0)\Delta x - f'_y(0, 0)\Delta y}{\rho}$$

$$= \lim_{\substack{\Delta x \to 0 \\ \Delta y \to 0}} \frac{(\Delta x)^2 (\Delta y)^2}{[(\Delta x)^2 + (\Delta y)^2]^{\frac{5}{2}}} = \lim_{\substack{\Delta x \to 0 \\ \Delta y = \Delta x \to 0}} \frac{(\Delta x)^4}{[2(\Delta x)^2]^{\frac{5}{2}}} \neq 0,$$

所以 $f(x, y)$ 在 $(0, 0)$ 点不可微.

7. 设 $u = xy^2 z^3$,其中 $z = z(x, y)$ 由方程 $F(x - y, y - z, z - x) = 0$ 确定,F 有连续的偏导数,且 $F'_2 \neq F'_3$,求 $\mathrm{d}u$.

解 $\quad$ 方程 $F(x - y, y - z, z - x) = 0$ 两端微分得

$$F'_1 \cdot (\mathrm{d}x - \mathrm{d}y) + F'_2 \cdot (\mathrm{d}y - \mathrm{d}z) + F'_3 \cdot (\mathrm{d}z - \mathrm{d}x) = 0,$$

于是可得 $dz = \dfrac{F_3' - F_1'}{F_3' - F_2'}dx + \dfrac{F_1' - F_2'}{F_3' - F_2'}dy.$ 故

$$du = d(xy^2z^3) = y^2z^3dx + 2xyz^3dy + 3xy^2z^2dz$$

$$= \left(3xy^2z^2\dfrac{F_3' - F_1'}{F_3' - F_2'} + y^2z^3\right)dx + \left(3xy^2z^2\dfrac{F_1' - F_2'}{F_3' - F_2'} + 2xyz^3\right)dy.$$

8. 设方程组 $\begin{cases} x + y + z + z^2 = 0, \\ x + y^2 + z + z^3 = 0, \end{cases}$ 求 $\dfrac{dy}{dx}, \dfrac{dz}{dx}.$

解　方程组两边对 x 求导，得 $\begin{cases} 1 + \dfrac{dy}{dx} + \dfrac{dz}{dx} + 2z\dfrac{dz}{dx} = 0, \\ 1 + 2y\dfrac{dy}{dx} + \dfrac{dz}{dx} + 3z^2\dfrac{dz}{dx} = 0, \end{cases}$　整理得

$$\begin{cases} \dfrac{dy}{dx} + (1 + 2z)\dfrac{dz}{dx} = -1, \\ 2y\dfrac{dy}{dx} + (1 + 3z^2)\dfrac{dz}{dx} = -1. \end{cases}$$

解此关于 $\dfrac{dy}{dx}, \dfrac{dz}{dx}$ 的方程组即得

$$\dfrac{dy}{dx} = \dfrac{2z - 3z^2}{1 + 3z^2 - 2y(1 + 2z)}, \qquad \dfrac{dz}{dx} = \dfrac{2y - 1}{1 + 3z^2 - 2y(1 + 2z)}.$$

9. 已知 x, y, z 为实数，且 $e^x + y^2 + |z| = 3$，求证：$e^x y^2 |z| \leqslant 1.$

证　设 $u = e^x$，$v = y^2$，则 $u > 0$，$v \geqslant 0$，$|z| = 3 - u - v$，且

$$e^x y^2 |z| = 3uv - u^2v - uv^2.$$

设 $f(u,v) = 3uv - u^2v - uv^2.$ 令

$$\begin{cases} f_u' = 3v - 2uv - v^2 = 0, \\ f_v' = 3u - u^2 - 2uv = 0, \end{cases}$$

解此方程组，求得满足条件的唯一驻点为 $(1,1).$ 由于

$$f_{uu}'' = -2v, \qquad f_{uv}'' = 3 - 2u - 2v, \qquad f_{vv}'' = -2u,$$

在点 $(1,1)$ 处，$AC - B^2 = 3 > 0$，且 $A = -2 < 0$，所以 $(1,1)$ 点为极大值点，同时也是最大值点，故 $f(1,1) = 1$ 为最大值，从而 $e^x y |z| \leqslant 1.$

10. 一个槽形容器，长为 H，截面是半径为 R 的半圆，横放在水平地面上，其表面积为定值 s_0，求半径 R 与长 H 的值，使其容积最大.

解　由题意得其容积为 $V = \dfrac{1}{2}\pi R^2 H$，且 $s_0 = \pi R^2 + \pi RH$，故设 $F(R, H, \lambda) = \dfrac{1}{2}\pi R^2 H + \lambda(s_0 - \pi R^2 - \pi RH).$ 令

$$\begin{cases} F'_R = \pi RH - \lambda(2\pi R + \pi H) = 0, \\ F'_H = \dfrac{1}{2}\pi R^2 - \pi R\lambda = 0, \\ F'_\lambda = s_0 - \pi R^2 - \pi RH = 0, \end{cases}$$

解之得 $R = \sqrt{\dfrac{s_0}{3\pi}}$, $H = 2\sqrt{\dfrac{s_0}{3\pi}}$. 其为唯一的极值点, 故可知当容器的尺寸为 $R = \sqrt{\dfrac{s_0}{3\pi}}$,

$H = 2\sqrt{\dfrac{s_0}{3\pi}}$ 时, 所得的容积最大.

11. 设函数 $f(x,y)$ 在 $(0,0)$ 点及其邻域内连续, 且

$$\lim_{\substack{x \to 0 \\ y \to 0}} \frac{f(x,y) - f(0,0)}{x^2 + 1 - x\sin y - \cos^2 y} = A < 0.$$

讨论 $f(x,y)$ 在 $(0,0)$ 点的邻域内是否有极值. 如果有, 是极大值还是极小值?

解 因为 $\lim\limits_{\substack{x \to 0 \\ y \to 0}} \dfrac{f(x,y) - f(0,0)}{x^2 + 1 - x\sin y - \cos^2 y} = A < 0$, 所以由极限的保号性, 存在 $\delta > 0$,

当 $0 < x^2 + y^2 < \delta$ 时, 有

$$\frac{f(x,y) - f(0,0)}{x^2 + 1 - x\sin y - \cos^2 y} = \frac{f(x,y) - f(0,0)}{\left(x - \dfrac{1}{2}\sin y\right)^2 + \dfrac{3}{4}\sin^2 y} < 0.$$

由此可得, 在 $(0,0)$ 点的邻域内, 恒有 $f(x,y) - f(0,0) < 0$, 这说明 $(0,0)$ 点为函数的极大值点.

12. 过直线 $\begin{cases} 10x + 2y - 2z = 27, \\ x + y - z = 0 \end{cases}$ 作曲面 $3x^2 + y^2 - z^2 = 27$ 的切平面, 求切平面的

方程.

解 设切点为 (x_0, y_0, z_0), 曲面在此点处的切平面的法向量为 $\boldsymbol{n} = (3x_0, y_0, -z_0)$, 切平面方程为 $3x_0(x - x_0) + y_0(y - y_0) - z_0(z - z_0) = 0$, 即

$$3x_0 x + y_0 y - z_0 z - 27 = 0.$$

又过直线的平面束方程为 $10x + 2y - 2z - 27 + \lambda(x + y - z) = 0$, 即

$$(10 + \lambda)x + (2 + \lambda)y - (2 + \lambda)z - 27 = 0.$$

因切平面过直线, 点 (x_0, y_0, z_0) 在曲面上, 所以

$$\frac{10 + \lambda}{3x_0} = \frac{2 + \lambda}{y_0} = \frac{-(2 + \lambda)}{-z_0} = \frac{-27}{-27}, \quad 3x_0^2 + y_0^2 - z_0^2 = 27,$$

解此方程组得 $x_0 = 3$, $\lambda = -1$, $y_0 = 1$, $z_0 = 1$ 或 $x_0 = -3$, $\lambda = -19$, $y_0 = -17$, $z_0 = -17$. 故所求切点为 $(3,1,1)$, $(-3,-17,-17)$. 代入切平面方程 $3x_0 x + y_0 y - z_0 z - 27 = 0$, 得满足要求的切平面方程为

$$9x + y - z - 27 = 0 \quad 及 \quad 9x + 17y - 17z - 27 = 0.$$

四、考研真题解析

【例 1】 （2006 年）设

$$f(x,y)=\frac{y}{1+xy}-\frac{1-y\sin\dfrac{\pi x}{y}}{\arctan x},\quad x>0,\ y>0,$$

求 (1) $g(x)=\lim\limits_{y\to+\infty}f(x,y)$；(2) $\lim\limits_{x\to0^+}g(x)$.

解　(1) $g(x)=\lim\limits_{y\to+\infty}f(x,y)=\lim\limits_{y\to+\infty}\left(\dfrac{y}{1+xy}-\dfrac{1-y\sin\dfrac{\pi x}{y}}{\arctan x}\right)$

$$=\lim_{y\to+\infty}\left(\frac{1}{\dfrac{1}{y}+x}-\frac{1-\dfrac{\sin\dfrac{\pi x}{y}}{\dfrac{1}{y}}}{\arctan x}\right)=\frac{1}{x}-\frac{1-\pi x}{\arctan x}.$$

(2) $\lim\limits_{x\to0^+}g(x)=\lim\limits_{x\to0^+}\left(\dfrac{1}{x}-\dfrac{1-\pi x}{\arctan x}\right)=\lim\limits_{x\to0^+}\dfrac{\arctan x-x+\pi x^2}{x\arctan x}$

$$=\lim_{x\to0^+}\frac{\arctan x-x+\pi x^2}{x^2}=\lim_{x\to0^+}\frac{\dfrac{1}{1+x^2}-1+2\pi x}{2x}$$

$$=\lim_{x\to0^+}\frac{-x^2+2\pi x(1+x^2)}{2x(1+x^2)}=\lim_{x\to0^+}\frac{-x+2\pi(1+x^2)}{2(1+x^2)}$$

$$=\pi.$$

【例 2】 （2008 年）已知 $f(x,y)=\mathrm{e}^{\sqrt{x^2+y^4}}$，则（　　）.

A. $f'_x(0,0),f'_y(0,0)$ 都存在

B. $f'_x(0,0)$ 不存在，$f'_y(0,0)$ 存在

C. $f'_x(0,0)$ 存在，$f'_y(0,0)$ 不存在

D. $f'_x(0,0),f'_y(0,0)$ 都不存在

解　由定义，$f'_x(0,0)=\lim\limits_{x\to0}\dfrac{f(x,0)-f(0,0)}{x}=\lim\limits_{x\to0}\dfrac{\mathrm{e}^{|x|}-1}{x}$，而

$$\lim_{x \to 0^+} \frac{e^{|x|} - 1}{x} = \lim_{x \to 0^+} \frac{e^x - 1}{x} = 1, \qquad \lim_{x \to 0^-} \frac{e^{|x|} - 1}{x} = \lim_{x \to 0^-} \frac{e^{-x} - 1}{x} = -1,$$

所以 $f'_x(0,0)$ 不存在.

$$f'_y(0,0) = \lim_{y \to 0} \frac{f(0,y) - f(0,0)}{y} = \lim_{y \to 0} \frac{e^{y^2} - 1}{y} = \lim_{y \to 0} \frac{e^{y^2} - 1}{y^2} \cdot y = 0,$$

所以 $f'_y(0,0)$ 存在. 故选 B.

【例 3】 (2012 年)如果函数 $f(x,y)$ 在 $(0,0)$ 处连续,那么下列命题正确的是( ).

A. 若极限 $\lim\limits_{\substack{x \to 0 \\ y \to 0}} \dfrac{f(x,y)}{|x| + |y|}$ 存在,则 $f(x,y)$ 在 $(0,0)$ 处可微

B. 若极限 $\lim\limits_{\substack{x \to 0 \\ y \to 0}} \dfrac{f(x,y)}{x^2 + y^2}$ 存在,则 $f(x,y)$ 在 $(0,0)$ 处可微

C. 若 $f(x,y)$ 在 $(0,0)$ 处可微,则极限 $\lim\limits_{\substack{x \to 0 \\ y \to 0}} \dfrac{f(x,y)}{|x| + |y|}$ 存在

D. 若 $f(x,y)$ 在 $(0,0)$ 处可微,则极限 $\lim\limits_{\substack{x \to 0 \\ y \to 0}} \dfrac{f(x,y)}{x^2 + y^2}$ 存在

解 若 $\lim\limits_{\substack{x \to 0 \\ y \to 0}} \dfrac{f(x,y)}{x^2 + y^2}$ 存在,又 $f(x,y)$ 在 $(0,0)$ 处连续,则 $f(0,0) = 0$,

$$f'_x(0,0) = \lim_{x \to 0} \frac{f(x,0) - f(0,0)}{x} = \lim_{x \to 0} \frac{f(x,0)}{x^2} \cdot x = 0,$$

$$f'_y(0,0) = \lim_{y \to 0} \frac{f(0,y) - f(0,0)}{y} = \lim_{y \to 0} \frac{f(0,y)}{y^2} \cdot y = 0,$$

$$\lim_{\substack{\Delta x \to 0 \\ \Delta y \to 0}} \frac{f(\Delta x, \Delta y) - f(0,0) - f'_x(0,0)\Delta x - f'_y(0,0)\Delta y}{\sqrt{(\Delta x)^2 + (\Delta y)^2}}$$

$$= \lim_{\substack{\Delta x \to 0 \\ \Delta y \to 0}} \frac{f(\Delta x, \Delta y)}{(\Delta x)^2 + (\Delta y)^2} \cdot \sqrt{(\Delta x)^2 + (\Delta y)^2} = 0,$$

所以 $f(x,y)$ 在 $(0,0)$ 处可微. 故选 B.

也可取反例排除其他选项.

取 $f(x,y) = |x| + |y|$,极限 $\lim\limits_{\substack{x \to 0 \\ y \to 0}} \dfrac{f(x,y)}{|x| + |y|}$ 存在,但 $f(x,y)$ 在 $(0,0)$ 处不可微. 排除 A.

又取 $f(x,y) = x + y$,$f(x,y)$ 在 $(0,0)$ 处连续、偏导数存在、可微,但

极限 $\lim\limits_{\substack{x\to 0\\y\to 0}}\dfrac{f(x,y)}{|x|+|y|}$，$\lim\limits_{\substack{x\to 0\\y\to 0}}\dfrac{f(x,y)}{x^2+y^2}$ 均不存在. 排除 C,D.

【例 4】　(2007 年) 二元函数 $f(x,y)$ 在点 $(0,0)$ 处可微的一个充要条件是(　　).

　A. $\lim\limits_{(x,y)\to(0,0)}(f(x,y)-f(0,0))=0$

　B. $\lim\limits_{x\to 0}\dfrac{f(x,0)-f(0,0)}{x}=0$ 且 $\lim\limits_{y\to 0}\dfrac{f(0,y)-f(0,0)}{y}=0$

　C. $\lim\limits_{(x,y)\to(0,0)}\dfrac{f(x,y)-f(0,0)}{\sqrt{x^2+y^2}}=0$

　D. $\lim\limits_{x\to 0}(f'_x(x,0)-f'_x(0,0))=0$ 且 $\lim\limits_{y\to 0}(f'_y(0,y)-f'_y(0,0))=0$

　解　由 C 即 $\lim\limits_{(x,y)\to(0,0)}\dfrac{f(x,y)-f(0,0)}{\sqrt{x^2+y^2}}=0$ 可得

$$f'_x(0,0)=\lim\limits_{x\to 0}\dfrac{f(x,0)-f(0,0)}{x}=0,$$

$$f'_y(0,0)=\lim\limits_{y\to 0}\dfrac{f(0,y)-f(0,0)}{y}=0,$$

于是

$$\lim\limits_{(x,y)\to(0,0)}\dfrac{f(x,y)-f(0,0)-f'_x(0,0)x-f'_y(0,0)y}{\sqrt{x^2+y^2}}$$

$$=\lim\limits_{(x,y)\to(0,0)}\dfrac{f(x,y)-f(0,0)}{\sqrt{x^2+y^2}}=0,$$

由可微的定义知二元函数 $f(x,y)$ 在点 $(0,0)$ 处可微,因此选 C.

由 A 知 $f(x,y)$ 在 $(0,0)$ 连续,但连续不一定可微;由 B 知 $f(x,y)$ 在 $(0,0)$ 偏导数存在且值为零,但偏导数存在不一定可微;由 D 知 f'_x,f'_y 分别沿 x 轴和 y 轴方向连续,但推不出 f'_x,f'_y 在 $(0,0)$ 处连续,也推不出 $f(x,y)$ 在点 $(0,0)$ 处可微. 所以排除选项 A,B,D.

【例 5】　(2005 年) 设有三元方程 $xy-z\ln y+\mathrm{e}^{xz}=1$,根据隐函数存在定理,存在点 $(0,1,1)$ 的一个邻域,在此邻域内该方程(　　).

　A. 只能确定一个具有连续偏导数的隐函数 $z=z(x,y)$

　B. 可确定两个具有连续偏导数的隐函数 $x=x(y,z)$ 和 $z=z(x,y)$

　C. 可确定两个具有连续偏导数的隐函数 $y=y(x,z)$ 和 $z=z(x,y)$

　D. 可确定两个具有连续偏导数的隐函数 $x=x(y,z)$ 和 $y=y(x,z)$

分析 本题考查隐函数存在定理,只需令 $F(x,y,z)=xy-z\ln y+e^{xz}-1$,分别求出三个偏导数 F_x',F_y',F_z',再考虑在点 $(0,1,1)$ 处哪个偏导数不为 0,则可确定相应的隐函数.

解 令 $F(x,y,z)=xy-z\ln y+e^{xz}-1$,则

$$F_x'=y+e^{xz}z,\quad F_y'=x-\frac{z}{y},\quad F_z'=-\ln y+e^{xz}x,$$

于是 $F_x'(0,1,1)=2$,$F_y'(0,1,1)=-1$,$F_z'(0,1,1)=0$. 由隐函数存在定理知可确定隐函数 $x=x(y,z)$ 和 $y=y(x,z)$. 故选 D.

【例 6】 (2003 年) 已知函数 $f(x,y)$ 在点 $(0,0)$ 的某个邻域内连续,且 $\lim\limits_{\substack{x\to0\\y\to0}}\dfrac{f(x,y)-xy}{(x^2+y^2)^2}=1$,则( ).

A. 点 $(0,0)$ 不是 $f(x,y)$ 的极值点

B. 点 $(0,0)$ 是 $f(x,y)$ 的极大值点

C. 点 $(0,0)$ 是 $f(x,y)$ 的极小值点

D. 根据所给条件无法判断点 $(0,0)$ 是否为 $f(x,y)$ 的极值点

解 由 $f(x,y)$ 的连续性及 $\lim\limits_{\substack{x\to0\\y\to0}}\dfrac{f(x,y)-xy}{(x^2+y^2)^2}=1$ 可知 $f(0,0)=0$,$\dfrac{f(x,y)-xy}{(x^2+y^2)^2}=1+\alpha$,其中 $\lim\limits_{\substack{x\to0\\y\to0}}\alpha=0$,于是

$$f(x,y)=xy+(x^2+y^2)^2+\alpha(x^2+y^2)^2.$$

令 $y=x$,得

$$f(x,x)=x^2+4x^4+4\alpha x^4=x^2+o(x^2).$$

令 $y=-x$,得

$$f(x,-x)=-x^2+4x^4+4\alpha x^4=-x^2+o(x^2).$$

由此可知:$f(x,y)$ 在 $(0,0)$ 点的邻域内始终可正可负,所以点 $(0,0)$ 不是 $f(x,y)$ 的极值点,故选 A.

【例 7】 (2006 年) 设 $f(x,y)$ 与 $\varphi(x,y)$ 均为可微函数,且 $\varphi_y'(x,y)\neq0$,已知 (x_0,y_0) 是 $f(x,y)$ 在约束条件 $\varphi(x,y)=0$ 下的一个极值点,下列选项正确的是( ).

A. 若 $f_x'(x_0,y_0)=0$,则 $f_y'(x_0,y_0)=0$

B. 若 $f_x'(x_0,y_0)=0$,则 $f_y'(x_0,y_0)\neq0$

C. 若 $f_x'(x_0,y_0)\neq0$,则 $f_y'(x_0,y_0)=0$

D. 若 $f'_x(x_0,y_0) \neq 0$, 则 $f'_y(x_0,y_0) \neq 0$

解　作拉格朗日函数 $F(x,y,\lambda) = f(x,y) + \lambda \varphi(x,y)$, 并记对应 x_0,

y_0 的参数 λ 的值为 λ_0, 则 $\begin{cases} F'_x(x_0,y_0,\lambda_0) = 0, \\ F'_y(x_0,y_0,\lambda_0) = 0, \end{cases}$ 即

$$\begin{cases} f'_x(x_0,y_0) + \lambda_0 \varphi'_x(x_0,y_0) = 0, \\ f'_y(x_0,y_0) + \lambda_0 \varphi'_y(x_0,y_0) = 0. \end{cases}$$

消去 λ_0, 得 $f'_x(x_0,y_0)\varphi'_y(x_0,y_0) - f'_y(x_0,y_0)\varphi'_x(x_0,y_0) = 0$, 整理得

$$f'_x(x_0,y_0) = \frac{1}{\varphi'_y(x_0,y_0)} f'_y(x_0,y_0)\varphi'_x(x_0,y_0) \quad (\varphi'_y(x,y) \neq 0).$$

若 $f'_x(x_0,y_0) \neq 0$, 必有 $f'_y(x_0,y_0) \neq 0$. 故选 D.

【例 8】　(2020 年)关于函数 $f(x,y) = \begin{cases} xy, & xy \neq 0 \\ x, & y = 0 \\ y, & x = 0 \end{cases}$, 给出如下结论

① $\left.\dfrac{\partial f}{\partial x}\right|_{(0,0)} = 1$；　　　　② $\left.\dfrac{\partial f}{\partial x \partial y}\right|_{(0,0)} = 1$；

③ $\lim\limits_{(x,y) \to (0,0)} f(x,y) = 0$；　　④ $\lim\limits_{x \to 0}\lim\limits_{y \to 0} f(x,y) = 0$.

其中正确的个数是(　　).

A. 4　　　　　　B. 3　　　　　　C. 2　　　　　　D. 1

解　由 $\lim\limits_{x \to 0} \dfrac{f(x,0) - f(0,0)}{x} = \lim\limits_{x \to 0} \dfrac{x}{x} = 1$, 得 $\left.\dfrac{\partial f}{\partial x}\right|_{(0,0)} = 1$；

当 $xy \neq 0$ 时, $\dfrac{\partial f}{\partial x} = f'_x(x,y) = y$；

当 $y = 0$ 时, $\dfrac{\partial f}{\partial x} = 1$.

当 $x = 0$ 时, $\dfrac{\partial f}{\partial x} = 0$, 因为, $\dfrac{\partial f}{\partial x}$ 在 $y = 0$ 处不连续, 所以, $\dfrac{\partial^2 f}{\partial x \partial y}$ 不存在；

显然 $\lim\limits_{(x,y) \to (0,0)} f(x,y) = 0$.

$$\lim\limits_{x \to 0}\lim\limits_{y \to 0} f(x,y) = 0.$$

故在给出的 4 个结论中有 3 个是正确的, 故选 B.

【例 9】　(2017 年)函数 $f(x,y,z) = x^2 y + z^2$ 在点 $(1,2,0)$ 处沿向量

$\vec{n} = \{1,2,2\}$ 的方向导数为(　　).

A. 12　　　B. 6　　　C. 4　　　D. 2

解　$\dfrac{\partial f}{\partial x} = 2xy, \dfrac{\partial f}{\partial y} = x^2, \dfrac{\partial f}{\partial z} = 2z$

$$\frac{\partial f}{\partial x}\bigg|_{(1,2,0)}=4,\quad \frac{\partial f}{\partial y}\bigg|_{(1,2,0)}=1,\quad \frac{\partial f}{\partial z}\bigg|_{(1,2,0)}=0$$

$$\cos\alpha=\frac{1}{3},\quad \cos\beta=\frac{2}{3},\quad \cos\nu=\frac{2}{3}.$$

所求的方向导数为 $\dfrac{\partial f}{\partial n}\bigg|_{(1,2,0)}=4\times\dfrac{1}{3}+1\times\dfrac{2}{3}-0\times\dfrac{2}{3}=2.$

故选 D.

【例 10】 (2018 年) 过点 $(1,0,0)$,$(0,1,0)$. 且与曲面 $z=x^2+y^2$ 相切的平面为( ).

  (A) $z=0$ 与 $x+y-z=1$ (B) $z=0$ 与 $zx+zy-z=2$

  (C) $x=y$ 与 $x+y-z=1$ (D) $x=y$ 与 $zx+zy-z=2$

  解 设切点为 (x_0,y_0,z_0),切平面为 $2x_0(x-x_0)+2y_0(y-y_0)-(z-z_0)=0$

则 $\begin{cases}z_0=x_0^2+y_0^2\\2x_0(1-x_0)-2y_0^2+z_0=0\\-2x_0+2y_0(1-y_0)+z_0=0.\end{cases}$ 即 $\begin{cases}z_0=x_0^2+y_0^2\\2x_0=z_0\\2y_0=z_0\end{cases}$

从而 $x_0=y_0$ $z_0=2x_0^2$ 于是 $2x_0=2x_0^2$

故 $\begin{cases}x_0=0\\y_0=0\\z_0=0.\end{cases}$ 或 $\begin{cases}x_0=1\\y_0=1\\z_0=2.\end{cases}$

故所求切平面为 $z=0$ 或 $2x+2y-z=2$. 故选 B.

【例 11】 (2022 年) 设函数 $f(t)$ 连续,令 $F(x,y)=\displaystyle\int_6^{x-y}(x-y-t)f(t)\mathrm{d}t$,则

A. $\dfrac{\partial F}{\partial x}=\dfrac{\partial F}{\partial y}$, $\dfrac{\partial^2 F}{\partial x^2}=\dfrac{\partial^2 F}{\partial y^2}$ B. $\dfrac{\partial F}{\partial x}=\dfrac{\partial F}{\partial y}$, $\dfrac{\partial^2 F}{\partial x^2}=-\dfrac{\partial^2 F}{\partial y^2}$

C. $\dfrac{\partial F}{\partial x}=-\dfrac{\partial F}{\partial y}$, $\dfrac{\partial^2 F}{\partial x^2}=\dfrac{\partial^2 F}{\partial y^2}$ D. $\dfrac{\partial F}{\partial x}=-\dfrac{\partial F}{\partial y}$, $\dfrac{\partial^2 F}{\partial x^2}=-\dfrac{\partial^2 F}{\partial y^2}$

  解 由于 $F(x,y)=\displaystyle\int_0^{x-y}(x-y-t)f(t)\mathrm{d}t=(x-y)\int_0^{x-y}f(t)\mathrm{d}t-\int_0^{x-y}tf(t)\mathrm{d}t$,

故

$$\frac{\partial F}{\partial x}=\int_0^{x-y}f(t)\mathrm{d}t+(x-y)f(x-y)-(x-y)f(x-y)=\int_0^{x-y}f(t)\mathrm{d}t$$

$$\frac{\partial F}{\partial y} = -\int_0^{x-y} f(t)\mathrm{d}t - (x-y)f(x-y) + (x-y)f(x-y) = -\int_0^{x-y} f(t)\mathrm{d}t$$

从而　　　　$\dfrac{\partial^2 F}{\partial x^2} = f(x-y)$，$\dfrac{\partial^2 F}{\partial y^2} = -f(x-y)(-1) = f(x-y)$

故选 C.

【例 12】 （2021 年）设函数 $f(x,y)$ 可微，且 $f(x+1,\mathrm{e}^x) = x(x+1)^2$，$f(x,x^2) = 2x^2\ln x$，则 $\mathrm{d}f(1,1) = （\quad）$.

　　A.$\mathrm{d}x + \mathrm{d}y$　　　　　B.$\mathrm{d}x - \mathrm{d}y$　　　　　C.$\mathrm{d}y$　　　　　D.$-\mathrm{d}y$

　　解　$f(x+1,\mathrm{e}^x) = x(x+1)^2$ 两边对 x 求导得

$$f_1'(x+1,\mathrm{e}^x) + f_2'(x+1,\mathrm{e}^x) \cdot \mathrm{e}^x = (x+1)^2 + 2x(x+1).$$

取 $x = 0$ 得 $f_1'(1,1) + f_2'(1,1) = 1$；

$f(x,x^2) = 2x^2\ln x$，两边对 x 求导得

$$f_1'(x,x^2) + f_2'(x,x^2) \cdot 2x = 4x\ln x + 2x,$$

取 $x = 1$ 得　　　　　$f_1'(1,1) + 2f_2'(1,1) = 2$，

解得 $f_1'(1,1) = 0$，$f_2'(1,1) = 1$，故 $\mathrm{d}f(1,1) = \mathrm{d}y$.

故选 C.

【例 13】 （2019 年）设函数 $f(u,v)$ 具有二阶连续偏导数，且 $g(x,y) = xy - f(x+y,x-y)$，求 $\dfrac{\partial^2 g}{\partial x^2} + \dfrac{\partial^2 g}{\partial x \partial y} + \dfrac{\partial^2 g}{\partial y^2}$

　　解　$\dfrac{\partial g}{\partial x} = y - f_1' - f_2'$，$\dfrac{\partial g}{\partial y} = y - f_1' + f_2'$

$$\frac{\partial^2 g}{\partial x^2} = -f_{11}'' - 2f_{12}'' - f_{22}''$$

$$\frac{\partial^2 g}{\partial x \partial y} = 1 - f_{11}'' + f_{12}'' - f_{21}'' + f_{22}'' = 1 - f_{11}'' + f_{22}''$$

$$\frac{\partial^2 g}{\partial y^2} = -f_{11}'' + f_{12}'' + f_{21}'' - f_{22}'' = -f_{11}'' + 2f_{12}'' - f_{22}''$$

故　$\dfrac{\partial^2 g}{\partial x^2} + \dfrac{\partial^2 g}{\partial x \partial y} + \dfrac{\partial^2 g}{\partial y^2} = -f_{11}'' - 2f_{12}'' - f_{22}'' + 1 - f_{11}'' + f_{22}'' - f_{11}'' + 2f_{12}'' - f_{22}''$

$$= 1 - 3f_{11}'' - f_{22}''.$$

【例 14】 （2014 年）设函数 $f(u)$ 二阶连续可导，$z = f(\mathrm{e}^x\cos y)$ 满足 $\dfrac{\partial^2 z}{\partial x^2}$

$+ \dfrac{\partial^2 z}{\partial y^2} = (4z + \mathrm{e}^x\cos y)\mathrm{e}^{2x}$

若 $f(0)=0$, $f'_{(0)}=0$, 求 $f(u)$ 的表达式.

解 $\dfrac{\partial z}{\partial x}=\mathrm{e}^x\cos y\cdot f'$, $\dfrac{\partial z}{\partial y}=-\mathrm{e}^x\sin y\cdot f'$.

$$\frac{\partial^2 z}{\partial x^2}=\mathrm{e}^x\cos y\cdot f'+\mathrm{e}^{2x}\cos^2 y\cdot f'',$$

$$\frac{\partial^2 z}{\partial y^2}=-\mathrm{e}^x\cos y\cdot f'+\mathrm{e}^{2x}\sin^2 y\cdot f''.$$

$$\frac{\partial^2 z}{\partial x^2}+\frac{\partial^2 z}{\partial y^2}=\mathrm{e}^{2x}f''$$

令 $\quad u=\mathrm{e}^x\cos y$, 由 $\dfrac{\partial^2 z}{\partial x^2}+\dfrac{\partial^2 z}{\partial y^2}=(4z+\mathrm{e}^x\cos y)\mathrm{e}^{2x}$ 得

$$f''(u)=4f(u)+u.\quad \text{或}\quad f''(u)-4f(u)=u,$$

解得 $\quad f(u)=c_1\mathrm{e}^{-2u}+c_2\mathrm{e}^{2u}-\dfrac{1}{4}u$,

由 $f(0)=0$, $f'(0)=0$ 得 $\begin{cases} c_1+c_2=0 \\ -2c_1+2c_2-\dfrac{1}{4}=0 \end{cases}$ 解得 $c_1=-\dfrac{1}{16}$,

$c_2=\dfrac{1}{16}$, 故 $f(u)=\dfrac{1}{16}(\mathrm{e}^{2u}-\mathrm{e}^{-2u})-\dfrac{1}{4}u$.

【例 15】 (2019 年) 已知函数 $u(x,y)$ 满足 $2\dfrac{\partial^2 u}{\partial x^2}-2\dfrac{\partial^2 u}{\partial y^2}+3\dfrac{\partial u}{\partial x}+3\dfrac{\partial u}{\partial y}$ $=0$, 求 a,b 的值使得在变换 $u(x,y)=v(x,y)\mathrm{e}^{ax+by}$ 之下, 上述等式可化为函数 $v(x,y)$ 的不含一阶偏导数的等式.

解 $\dfrac{\partial u}{\partial x}=\dfrac{\partial v}{\partial x}\mathrm{e}^{ax+by}+av\mathrm{e}^{ax+by}$, $\dfrac{\partial u}{\partial y}=\dfrac{\partial v}{\partial y}\mathrm{e}^{ax+by}+bv\mathrm{e}^{ax+by}$,

$$\frac{\partial^2 u}{\partial x^2}=\frac{\partial^2 v}{\partial x^2}\mathrm{e}^{ax+by}+2a\frac{\partial v}{\partial x}\mathrm{e}^{ax+by}+a^2 v\mathrm{e}^{ax+by},$$

$$\frac{\partial^2 u}{\partial y^2}=\frac{\partial^2 v}{\partial y^2}\mathrm{e}^{ax+by}+2b\frac{\partial v}{\partial y}\mathrm{e}^{ax+by}+b^2 v\mathrm{e}^{ax+by},$$

代入已知等式得

$$2\frac{\partial^2 v}{\partial x^2}\mathrm{e}^{ax+by}+4a\frac{\partial v}{\partial x}\mathrm{e}^{ax+by}+2a^2 v\mathrm{e}^{ax+by}-2\frac{\partial^2 v}{\partial y^2}\mathrm{e}^{ax+by}-4b\frac{\partial v}{\partial y}\mathrm{e}^{ax+by}$$

$$-2b^2 v\mathrm{e}^{ax+by}+3\frac{\partial u}{\partial x}\mathrm{e}^{ax+by}+3av\mathrm{e}^{ax+by}+3\frac{\partial v}{\partial y}\mathrm{e}^{ax+by}+3bv\mathrm{e}^{ax+by}=0.$$

整理得

$$2\frac{\partial^2 v}{\partial x^2} - 2\frac{\partial^2 v}{\partial y^2} + (4a+3)\frac{\partial v}{\partial x} + (3-4b)\frac{\partial v}{\partial y} + (2a^2 - 2b^2 + 3a + 3b)v = 0$$

由题意得 $\begin{cases} 4a+3=0 \\ 3-4b=0 \end{cases}$　解得　$a=-\dfrac{3}{4}, b=\dfrac{3}{4}.$

【例 16】　（2014 年）设 $z=z(x,y)$ 是由方程 $\mathrm{e}^{2yz}+x+y^2+z=\dfrac{7}{4}$ 确定

的函数，则 $\mathrm{d}z\Big|_{\left(\frac{1}{2},\frac{1}{2}\right)}=$ _____ .

解　**方法一**　当 $x=\dfrac{1}{2}, y=\dfrac{1}{2}$ 时，$\mathrm{e}^z+\dfrac{1}{2}+\dfrac{1}{4}+z=\dfrac{7}{4}$，解得 $z=0.$

$\mathrm{e}^{2yz}+x+y^2+z=\dfrac{7}{4}$ 两边对 x 求偏导，得 $2y\mathrm{e}^{2yz}\dfrac{\partial z}{\partial x}+1+\dfrac{\partial z}{\partial x}=0.$

将 $x=\dfrac{1}{2}, y=\dfrac{1}{2}, z=0$ 代入，得 $\dfrac{\partial z}{\partial x}\Big|_{\left(\frac{1}{2},\frac{1}{2}\right)}=-\dfrac{1}{2}$；

$\mathrm{e}^{2yz}+x+y^2+z=\dfrac{7}{4}$ 两边对 y 求偏导，得

$$\mathrm{e}^{2yz}\left(2z+2y\frac{\partial z}{\partial y}\right)+2y+\frac{\partial z}{\partial y}=0,$$

将 $x=\dfrac{1}{2}, y=\dfrac{1}{2}, z=0$ 代入，得 $\dfrac{\partial z}{\partial y}\Big|_{\left(\frac{1}{2},\frac{1}{2}\right)}=-\dfrac{1}{2}.$

故　　　　　　　$\mathrm{d}z\Big|_{\left(\frac{1}{2},\frac{1}{2}\right)}=-\dfrac{1}{2}\mathrm{d}x-\dfrac{1}{2}\mathrm{d}y.$

方法二　将 $x=\dfrac{1}{2}, y=\dfrac{1}{2}$ 代入 $\mathrm{e}^{2yz}+x+y^2+z=\dfrac{7}{4}$ 中，得 $z=0.$

$\mathrm{e}^{2yz}+x+y^2+z=\dfrac{7}{4}$ 两边求微分，得 $2\mathrm{e}^{2yz}(z\mathrm{d}y+y\mathrm{d}z)+\mathrm{d}x+2y\mathrm{d}y$

$+\mathrm{d}z=0$，

将 $x=\dfrac{1}{2}, y=\dfrac{1}{2}, z=0$ 代入，得 $\mathrm{d}z\Big|_{\left(\frac{1}{2},\frac{1}{2}\right)}=-\dfrac{1}{2}\mathrm{d}x-\dfrac{1}{2}\mathrm{d}y.$

【例 17】　（2015 年）已知函数 $f(x,y)=x+y+xy$，曲线 $C: x^2+y^2+xy=3$，求 $f(x,y)$ 在曲线 C 上的最大方向导数.

解　$f'_x(x,y)=1+y, f'_y=1+x,$

$f(x,y)$ 在点 (x,y) 的方向导数取最大值的方向即梯度的方向，且最大值即梯度的模，

最大值为 $g(x,y)=|\mathrm{grad} f(x,y)|=\sqrt{(x+1)^2+(y+1)^2}.$

令 $F = (x+1)^2 + (y+1)^2 + \lambda(x^2 + y^2 + xy - 3),$

由 $\begin{cases} F'_x = 2(x+1) + 2\lambda x + \lambda y = 0 \\ F'_y = 2(y+1) + 2\lambda y + \lambda x = 0 \\ F'_\lambda = x^2 + y^2 + xy - 3 = 0. \end{cases}$

解得 $\begin{cases} x=1 \\ y=1 \end{cases}$, $\begin{cases} x=-1 \\ y=-1 \end{cases}$, $\begin{cases} x=2 \\ y=-1 \end{cases}$, $\begin{cases} x=-1 \\ y=2 \end{cases}$.

由 $g(1,1) = \sqrt{8}$, $g(-1,-1) = 0$, $g(2,-1) = \sqrt{9} = 3$, $g(-1,2) = \sqrt{9} = 3$ 得方向导数的最大值为 3.

【例 18】 (2015 年) 已知函数 $f(x,y)$ 满足 $f''_{xy}(x,y) = 2(y+1)e^x$, $f'_x(x,0) = (x+1)e^x$, $f(0,y) = y^2 + 2y$

求 $f(x,y)$ 的极值.

解 由 $f''_{xy}(x,y) = 2(y+1)e^x$, 得 $f'_x(x,y) = (y+1)^2 e^x + \varphi(x)$,

则 $f(x,y) = (y+1)^2 e^x + \int_0^x \varphi(x)\mathrm{d}x + C$

由 $f(0,y) = y^2 + 2y$ 得 $(y+1)^2 + C = y^2 + 2y$, 解得 $C = -1$,

即 $f(x,y) = (y+1)^2 e^x + \int_0^x \varphi(x)\mathrm{d}x - 1,$

又由 $f'_x(x,0) = (x+1)e^x$, 得 $e^x + \varphi(x) + (x+1)e^x$, 解得 $\varphi(x) = xe^x$

故 $f(x,y) = (y+1)^2 e^x + (x-1)e^x$

由 $\begin{cases} \dfrac{\partial f}{\partial x} = (y+1)^2 e^x + xe^x = 0 \\ \dfrac{\partial f}{\partial y} = 2(y+1)e^x = 0 \end{cases}$ 得 $\begin{cases} x=0 \\ y=-1. \end{cases}$

由 $\dfrac{\partial^2 f}{\partial x^2} = (y+1)^2 e^x + (x+1)e^x$, $\dfrac{\partial^2 f}{\partial x \partial y} = 2(y+1)e^x$, $\dfrac{\partial^2 f}{\partial y^2} = 2e^x$ 得 $A=1, B=0, C=2.$

因为 $AC - B^2 = 2 > 0$ 且 $A > 0$ 所以 $(0,-1)$ 为极小值点, 极小值为 $f(0,-1) = -1.$

【例 19】 (2021 年) 已知曲线 C: $\begin{cases} x^2 + 2y^2 - z = 6 \\ 4x + 2y + z = 30 \end{cases}$ 求 C 上的点到 xOy 坐标面距离的最大值.

解 设 $M(x,y,z) \in C$, 点 M 到 xOy 坐标面的距离 $d = |z|$.

令 $F = z^2 + \lambda(x^2 + 2y^2 - z - 6) + \mu(4x + 2y + z - 30).$

由 $\begin{cases} F_x = 2\lambda x + 4\mu = 0 \\ F_y = 4\lambda y + 2\mu = 0 \\ F_z = 2z - \lambda + \mu = 0 \\ F_\lambda = x^2 + 2y^2 - z - 6 = 0 \\ F_\mu = 4x + 2y + z - 30 = 0 \end{cases}$ 解得 $\begin{cases} x = 4 \\ y = 1 \\ z = 12 \end{cases}$ 或 $\begin{cases} x = -8 \\ y = -2 \\ z = 66 \end{cases}$

故 C 上的点 $(-8, -2, 66)$ 到 xOy 面的距离最大,最大值为 66.

【例 20】 (2021 年) 求函数 $f(x, y) = 2\ln|x| + \dfrac{(x-1)^2 + y^2}{2x^2}$ 的极值.

解 函数 $f(x, y)$ 的定义域为 $D\{(x, y) \mid x \neq 0\}$

由 $\begin{cases} \dfrac{\partial f}{\partial x} = \dfrac{2}{x} + \dfrac{x - 1 - y^2}{x^3} = 0 \\ \dfrac{2f}{2y} = \dfrac{y}{x^2} = 0 \end{cases}$ 得 $\begin{cases} x = -1 \\ y = 0 \end{cases}$ 或 $\begin{cases} x = \dfrac{1}{2} \\ y = 0, \end{cases}$

$A = \dfrac{\partial^2 f}{\partial x^2} = -\dfrac{2}{x^2} + \dfrac{-2x + 3 + 3y^2}{x^4}$, $B = \dfrac{\partial^2 f}{\partial x \partial y} = -\dfrac{2y}{x^3}$, $C = \dfrac{\partial^2 f}{\partial y^2} = \dfrac{1}{x^2}$,

当 $\begin{cases} x = -1 \\ y = 0 \end{cases}$ 时,$A = 3$, $B = 0$, $C = 1$.

因为 $AC - B^2 > 0$ 且 $A > 0$,所以 $(-1, 0)$ 为极小值点,极小值为 $f(-1, 0) = 2$;

当 $\begin{cases} x = \dfrac{1}{2} \\ y = 0 \end{cases}$ 时,$A = 24$, $B = 0$, $C = 4$.

因为 $AC - B^2 > 0$ 且 $A > 0$,所以 $\left(\dfrac{1}{2}, 0\right)$ 为极小值点,极小值为 $f\left(\dfrac{1}{2}, 0\right) = -2\ln2 + \dfrac{1}{2}$.

【例 21】 (2016 年) 已知函数 $z = z(x, y)$ 由方程 $(x^2 + y^2)z + \ln z + 2(x + y + 1) = 0$ 确定,求 $z = z(x, y)$ 的极值.

解 $(x^2 + y^2)z + \ln z + 2(x + y + 1) = 0$ 两边分别对 x, y 求偏导得

$$\begin{cases} 2xz + (x^2 + y^2) \cdot \dfrac{\partial z}{\partial x} + \dfrac{1}{z} \cdot \dfrac{\partial z}{\partial x} + 2 = 0 \\ 2yz + (x^2 + y^2) \cdot \dfrac{\partial z}{\partial y} + \dfrac{1}{z} \cdot \dfrac{\partial z}{\partial y} + 2 = 0 \end{cases}$$

令 $\dfrac{\partial z}{\partial x} = 0$, $\dfrac{\partial z}{\partial y} = 0$ 得 $x = -\dfrac{1}{z}$, $y = -\dfrac{1}{z}$

代入 $(x^2+y^2)z+\ln z+2(x+y+1)=0$ 中得

$\ln z-\dfrac{2}{z}+2=0$，解得 $z=1$，从而 $\begin{cases}x=-1\\y=-1\end{cases}$.

上面方程组中的两式分别对 x,y 求偏导得

$$\begin{cases}2z+4x\dfrac{\partial z}{\partial x}+(x^2+y^2)\dfrac{\partial^2 z}{\partial x^2}-\dfrac{1}{z^2}\left(\dfrac{\partial z}{\partial x}\right)^2+\dfrac{1}{z}\cdot\dfrac{\partial^2 z}{\partial x^2}=0\\[2mm]2x\dfrac{\partial z}{z y}+2y\dfrac{\partial z}{\partial x}+(x^2+y^2)\dfrac{\partial^2 z}{\partial x\partial y}-\dfrac{1}{z^2}\dfrac{\partial z}{\partial x}\cdot\dfrac{\partial z}{\partial y}+\dfrac{1}{z}\dfrac{\partial^2 z}{\partial x\partial y}=0\\[2mm]2z+4x\dfrac{\partial z}{\partial y}+(x^2+y^2)\dfrac{\partial^2 z}{\partial y^2}-\dfrac{1}{z^2}\left(\dfrac{\partial z}{\partial y}\right)^2+\dfrac{1}{z}\cdot\dfrac{\partial^2 z}{\partial y^2}=0\end{cases}$$

将 $x=-1,y=-1,z=1,\dfrac{\partial z}{\partial x}=0,\dfrac{\partial z}{\partial y}=0$ 代入得

$A=\dfrac{\partial^2 z}{\partial x^2}\Big|_{(-1,1)}=-\dfrac{2}{3},B=\dfrac{\partial^2 z}{\partial x\partial y}\Big|_{(-1,1)}=0,C=\dfrac{\partial^2 z}{\partial y^2}\Big|_{(-1,1)}=-\dfrac{2}{3}$

由 $AC-B^2>0$ 且 $A<0$ 得 $z=z(x,y)$ 的极大值为 $z(-1,-1)=1$.

【例22】 （2005 年）已知函数 $z=f(x,y)$ 的全微分 $\mathrm{d}z=2x\,\mathrm{d}x-2y\,\mathrm{d}y$，并且 $f(1,1)=2$. 求 $f(x,y)$ 在椭圆域 $D=\left\{(x,y)\Big|x^2+\dfrac{y^2}{4}\leqslant 1\right\}$ 上的最大值和最小值.

分析 根据全微分和初始条件可先确定 $f(x,y)$ 的表达式. 而 $f(x,y)$ 在椭圆域上的最大值和最小值，可能在区域的内部达到，也可能在区域的边界上达到，而在边界上的最值问题可转化为求条件极值.

解 由题设知，$\dfrac{\partial f}{\partial x}=2x$，$\dfrac{\partial f}{\partial y}=-2y$，于是 $f(x,y)=x^2+C(y)$，且 $C'(y)=-2y$，从而 $C(y)=-y^2+C$. 又 $f(1,1)=2$，所以 $C=2$，故

$$f(x,y)=x^2-y^2+2.$$

显然，函数 $z=f(x,y)$ 在 D 上有驻点 $(0,0)$. 再考虑边界情况.

作拉格朗日函数：$F(x,y,\lambda)=x^2-y^2+2+\lambda\left(x^2+\dfrac{y^2}{4}-1\right)$，解方程组

$$\begin{cases}F'_x=2x+2\lambda x=2(1+\lambda)x=0,\\[2mm]F'_y=-2y+\dfrac{\lambda y}{2}=-2y+\dfrac{1}{2}\lambda y=0,\\[2mm]F'_\lambda=x^2+\dfrac{y^2}{4}-1=0,\end{cases}$$

得可能极值点

$$x=0,\ y=2;\ x=0,\ y=-2;\ x=1,\ y=0;\ x=-1,\ y=0.$$

比较函数值 $f(0,0)=2$, $f(0,\pm2)=-2$, $f(\pm1,0)=3$, 可知 $z=f(x,y)$ 在区域 $D=\left\{(x,y)\left|x^2+\dfrac{y^2}{4}\leqslant1\right.\right\}$ 内的最大值为 3, 最小值为 -2.

注：当在区域边界上求极值时，也可将 $y^2=4-4x^2$ 代入函数表达式，从而有 $f(x,y)=5x^2-2$, $-1\leqslant x\leqslant1$, 问题转化为一元函数求极值.

第10章 重 积 分

1. 重积分的概念及其性质

■ 二重积分的定义

设 $f(x,y)$ 是定义在有界闭区域 $D \subseteq \mathbf{R}^2$ 上的有界函数,将闭区域 D 任意划分成 n 个小区域 $\Delta\sigma_i (i=1,2,\cdots,n)$,其中 $\Delta\sigma_i (i=1,2,\cdots,n)$ 表示第 i 个小区域,也表示它的面积. 在每个小区域 $\Delta\sigma_i$ 上任取一点 (ξ_i,η_i),作乘积 $f(\xi_i,\eta_i)\Delta\sigma_i (i=1,2,\cdots,n)$,并作和式

$$\sum_{i=1}^{n} f(\xi_i,\eta_i)\Delta\sigma_i.$$

如果当各小区域的直径中的最大者 λ 趋于零时,和式 $\sum_{i=1}^{n} f(\xi_i,\eta_i)\Delta\sigma_i$ 的极限存在,则称函数 $f(x,y)$ 在 D 上可积,称此极限值为函数 $f(x,y)$ 在闭区域 D 上的二重积分,记为 $\iint\limits_{D} f(x,y)\mathrm{d}\sigma$,即

$$\iint\limits_{D} f(x,y)\mathrm{d}\sigma = \lim_{\lambda \to 0} \sum_{i=1}^{n} f(\xi_i,\eta_i)\Delta\sigma_i.$$

其中,$f(x,y)$ 称为被积函数,$f(x,y)\mathrm{d}\sigma$ 称为被积表达式,D 称为积分区域,$\mathrm{d}\sigma$ 称为面积元素,x 与 y 称为积分变量.

二重积分的值与区域 D 的分法及 $\Delta\sigma_i$ 上点 (ξ_i,η_i) 的取法无关,也与积分变量的记号无关,即有

$$\iint\limits_{D} f(x,y)\mathrm{d}\sigma = \iint\limits_{D} f(u,v)\mathrm{d}\sigma = \iint\limits_{D} f(s,t)\mathrm{d}\sigma.$$

　　另外，如果函数 $f(x,y)$ 在有界闭区域 D 上连续或分片连续，则 $f(x,y)$ 在 D 上的二重积分必存在，即 $f(x,y)$ 在 D 上可积.

　　二重积分有与定积分类似的几何意义，即二重积分 $\iint\limits_{D} f(x,y)\mathrm{d}\sigma$ 的值等于以有界闭区域 D 为底、以曲面 $z=f(x,y)$ 为顶的曲顶柱体在 xOy 面上方部分与在 xOy 面下方部分的体积的代数和（规定在 xOy 面上方的柱体体积为正，在 xOy 面下方的柱体体积为负）.

　　■ **二重积分的性质**

　　① $\iint\limits_{D}(af(x,y)+bg(x,y))\mathrm{d}\sigma=a\iint\limits_{D}f(x,y)\mathrm{d}\sigma+b\iint\limits_{D}g(x,y)\mathrm{d}\sigma$ （a,b 是常数）.

　　② 设 D 由 D_1,D_2 组成，且 D_1,D_2 除边界点外无公共点，则

$$\iint\limits_{D}f(x,y)\mathrm{d}\sigma=\iint\limits_{D_1}f(x,y)\mathrm{d}\sigma+\iint\limits_{D_2}f(x,y)\mathrm{d}\sigma.$$

　　③ 如果在 D 上，$f(x,y)\leqslant g(x,y)$，则

$$\iint\limits_{D}f(x,y)\mathrm{d}\sigma\leqslant\iint\limits_{D}g(x,y)\mathrm{d}\sigma.$$

　　④ $\left|\iint\limits_{D}f(x,y)\mathrm{d}\sigma\right|\leqslant\iint\limits_{D}|f(x,y)|\mathrm{d}\sigma.$

　　⑤ **估值定理**　设 $f(x,y)$ 在闭区域 D 上的最大值与最小值分别为 M 和 m，区域 D 的面积为 σ，则有

$$m\sigma\leqslant\iint\limits_{D}f(x,y)\mathrm{d}\sigma\leqslant M\sigma.$$

　　⑥ **积分中值定理**　设函数 $f(x,y)$ 在闭区域 D 上连续，函数 $g(x,y)$ 在 D 上可积且不变号，则在 D 上至少存在一点 (ξ,η)，使得

$$\iint\limits_{D}f(x,y)\cdot g(x,y)\mathrm{d}\sigma=f(\xi,\eta)\iint\limits_{D}g(x,y)\mathrm{d}\sigma.$$

　　特别地，当 $g(x,y)\equiv1$ 时，存在一点 $(\xi,\eta)\in D$，使得

$$\iint\limits_{D}f(x,y)\mathrm{d}\sigma=f(\xi,\eta)\cdot\sigma,$$

其中，σ 为区域 D 的面积.

　　■ **三重积分的定义**

　　依照二重积分的定义可类似定义三重积分，简述为

$$\iiint\limits_{\Omega} f(x,y,z)\mathrm{d}v = \lim_{\lambda \to 0} \sum_{i=1}^{n} f(\xi_i,\eta_i,\zeta_i)\Delta v_i \quad (\lambda = \max_{1\leqslant i\leqslant n}\{d_i\}, d_i \text{ 为 } \Delta\Omega_i \text{ 的直径}),$$

其中,Ω 为积分区域,$f(x,y,z)$ 为被积函数,$\mathrm{d}v$ 为体积元素,x,y,z 为积分变量.

三重积分的性质与二重积分的性质完全类似.

2. 二重积分的计算

■ 二重积分在直角坐标系下的计算公式

在直角坐标系下,面积元素为 $\mathrm{d}\sigma = \mathrm{d}x\,\mathrm{d}y$. 如果平行于某坐标轴的直线穿过区域 D 时,与其边界曲线的交点不多于两个,可将二重积分化为相应的二次积分来计算.

情形 1 如果平行 y 轴的直线穿过区域 D 内部时,与其边界曲线的交点不多于两个,区域 $D = \{(x,y) \mid \varphi_1(x) \leqslant y \leqslant \varphi_2(x), a \leqslant x \leqslant b\}$,则有

$$\iint\limits_{D} f(x,y)\mathrm{d}\sigma = \int_a^b \mathrm{d}x \int_{\varphi_1(x)}^{\varphi_2(x)} f(x,y)\mathrm{d}y.$$

情形 2 如果穿过区域 D 的内部且与 x 轴平行的直线与区域 D 的边界曲线的交点不多于两个,区域 $D = \{(x,y) \mid \psi_1(y) \leqslant x \leqslant \psi_2(y), c \leqslant y \leqslant d\}$,则有

$$\iint\limits_{D} f(x,y)\mathrm{d}\sigma = \int_c^d \mathrm{d}y \int_{\psi_1(y)}^{\psi_2(y)} f(x,y)\mathrm{d}x.$$

如果平行于坐标轴的直线穿过区域 D 内部时,与其边界曲线相交多于两点,可以将 D 分成几个部分区域,使得每个部分区域都满足上述条件,从而可以应用积分对区域的可加性及以上公式计算.

计算二重积分通常可以采用以上两种不同积分次序的二次积分来计算,把一种积分次序的二次积分化为另一种积分次序的二次积分,也就是交换积分次序的问题.

■ 二重积分在极坐标系中的计算法

在极坐标系下,$x = r\cos\theta, y = r\sin\theta$,此时面积元素 $\mathrm{d}\sigma = r\,\mathrm{d}r\,\mathrm{d}\theta$. 二重积分在极坐标系下的表达式为

$$\iint\limits_{D} f(x,y)\mathrm{d}\sigma = \iint\limits_{D} f(r\cos\theta, r\sin\theta)r\,\mathrm{d}r\,\mathrm{d}\theta.$$

将极坐标系下的二重积分化为二次积分来计算.

情形 1 极点不属于区域 D,$D = \{(r,\theta) \mid \varphi_1(\theta) \leqslant r \leqslant \varphi_2(\theta), \alpha \leqslant \theta$

$\leqslant \beta\}$，则有

$$\iint\limits_{D} f(r\cos\theta, r\sin\theta)r\,\mathrm{d}r\,\mathrm{d}\theta = \int_{\alpha}^{\beta}\mathrm{d}\theta\int_{\varphi_1(\theta)}^{\varphi_2(\theta)}f(r\cos\theta, r\sin\theta)r\,\mathrm{d}r.$$

情形 2 极点在区域 D 的边界上(即区域 D 为曲边扇形)，$D = \{(r,\theta) \mid 0 \leqslant r \leqslant \varphi(\theta), \alpha \leqslant \theta \leqslant \beta\}$，则有

$$\iint\limits_{D} f(r\cos\theta, r\sin\theta)r\,\mathrm{d}r\,\mathrm{d}\theta = \int_{\alpha}^{\beta}\mathrm{d}\theta\int_{0}^{\varphi(\theta)}f(r\cos\theta, r\sin\theta)r\,\mathrm{d}r.$$

情形 3 极点在区域 D 的内部，$D = \{(r,\theta) \mid 0 \leqslant r \leqslant \varphi(\theta), 0 \leqslant \theta \leqslant 2\pi\}$，则有

$$\iint\limits_{D} f(r\cos\theta, r\sin\theta)r\,\mathrm{d}r\,\mathrm{d}\theta = \int_{0}^{2\pi}\mathrm{d}\theta\int_{0}^{\varphi(\theta)}f(r\cos\theta, r\sin\theta)r\,\mathrm{d}r.$$

■ **二重积分的换元公式**

设函数 $f(x,y)$ 在 xOy 平面上的有界闭区域 D 上连续，变换

$$\begin{cases} x = x(u,v), \\ y = y(u,v), \end{cases} \quad (u,v) \in D'$$

将 uOv 面上的平面区域 D' 一一对应地映射为 xOy 平面的区域 D，函数 $x = x(u,v)$, $y = y(u,v)$ 在 D' 上有一阶连续偏导数，且 $(u,v) \in D'$ 时，$\dfrac{\partial(x,y)}{\partial(u,v)} \neq 0$，则有二重积分的换元公式

$$\iint\limits_{D} f(x,y)\mathrm{d}\sigma = \iint\limits_{D'} f(x(u,v), y(u,v)) \left| \frac{\partial(x,y)}{\partial(u,v)} \right| \mathrm{d}u\,\mathrm{d}v.$$

■ **二重积分的对称性**

① 若被积函数 $f(x,y)$ 关于变量 x 是奇函数，积分区域 D 关于 y 轴对称，则有 $\iint\limits_{D} f(x,y)\mathrm{d}\sigma = 0$.

若被积函数 $f(x,y)$ 关于变量 y 是奇函数，积分区域 D 关于 x 轴对称，则有 $\iint\limits_{D} f(x,y)\mathrm{d}\sigma = 0$.

② 若被积函数 $f(x,y)$ 关于变量 x 是偶函数，积分区域 D 关于 y 轴对称，则有

$$\iint\limits_{D} f(x,y)\mathrm{d}\sigma = 2\iint\limits_{D_1} f(x,y)\mathrm{d}\sigma,$$

其中，D_1 为 D 位于 y 轴右侧的半区域.

若被积函数 $f(x,y)$ 关于变量 y 是偶函数，积分区域 D 关于 x 轴对称，

则有

$$\iint\limits_{D} f(x,y)\mathrm{d}\sigma = 2\iint\limits_{D_1} f(x,y)\mathrm{d}\sigma,$$

其中,D_1 为 D 位于 x 轴上侧的半区域.

3. 三重积分的计算

■ 三重积分在直角坐标系中的计算法

在直角坐标系下,体积元素为 $\mathrm{d}v = \mathrm{d}x\,\mathrm{d}y\,\mathrm{d}z$. 设平行于 z 轴的直线穿过区域 Ω 的内部时,直线与闭区域 Ω 的边界曲面 Σ 的交点不多于两个. 积分区域 Ω 的表示式为

$$\Omega = \{(x,y,z)\,|\,z_1(x,y)\leqslant z\leqslant z_2(x,y),\ y_1(x)\leqslant y\leqslant y_2(x),\ a\leqslant x\leqslant b\},$$

则有

$$\iiint\limits_{\Omega} f(x,y,z)\mathrm{d}v = \iint\limits_{D_{xy}} \left(\int_{z_1(x,y)}^{z_2(x,y)} f(x,y,z)\mathrm{d}z\right)\mathrm{d}x\,\mathrm{d}y$$

$$= \int_a^b \mathrm{d}x \int_{y_1(x)}^{y_2(x)} \mathrm{d}y \int_{z_1(x,y)}^{z_2(x,y)} f(x,y,z)\mathrm{d}z.$$

这就是把三重积分化为先对 z,再对 y,最后对 x 的三次积分的计算公式.

三重积分化为其他次序的三次积分的形式可类似写出.

■ 利用柱面坐标计算三重积分

在柱面坐标系下,$x = r\cos\theta$,$y = r\sin\theta$,$z = z$ $(0\leqslant r\leqslant +\infty,\ 0\leqslant\theta\leqslant 2\pi,\ -\infty < z < +\infty)$. 体积元素为 $\mathrm{d}v = r\,\mathrm{d}r\,\mathrm{d}\theta\,\mathrm{d}z$,于是,直角坐标系下的三重积分可化为柱面坐标系下的三重积分:

$$\iiint\limits_{\Omega} f(x,y,z)\mathrm{d}v = \iiint\limits_{\Omega} f(r\cos\theta,r\sin\theta,z)r\,\mathrm{d}r\,\mathrm{d}\theta\,\mathrm{d}z.$$

类似于在直角坐标系中把三重积分化为三次积分的方法,柱面坐标系下的三重积分也可以化为对积分变量 r,θ,z 的三次积分来计算. 通常采用的积分次序是先对 z,再对 r,最后对 θ 积分. 若区域 Ω 可表示为

$$\Omega = \{(\theta,r,z)\,|\,\alpha\leqslant\theta\leqslant\beta,\ r_1(\theta)\leqslant r\leqslant r_2(\theta),\ z_1(r,\theta)\leqslant z\leqslant z_2(r,\theta)\},$$

则

$$\iiint\limits_{\Omega} f(x,y,z)\mathrm{d}v = \int_\alpha^\beta \mathrm{d}\theta \int_{r_1(\theta)}^{r_2(\theta)} r\,\mathrm{d}r \int_{z_1(r,\theta)}^{z_2(r,\theta)} f(r\cos\theta,r\sin\theta,z)\mathrm{d}z.$$

■ 利用球面坐标计算三重积分

在球面坐标系下,$x = \rho\sin\varphi\cos\theta$,$y = \rho\sin\varphi\sin\theta$,$z = \rho\cos\varphi$ $(0\leqslant\rho$

$<+\infty$, $0 \leqslant \varphi \leqslant \pi$, $0 \leqslant \theta \leqslant 2\pi$). 体积元素为 $\mathrm{d}v = \rho^2 \sin\varphi \, \mathrm{d}\rho \, \mathrm{d}\varphi \, \mathrm{d}\theta$. 于是直角坐标下的三重积分可化为球面坐标下的三重积分:

$$\iiint\limits_{\Omega} f(x,y,z)\mathrm{d}v = \iiint\limits_{\Omega} f(\rho\sin\varphi\cos\theta, \rho\sin\varphi\sin\theta, \rho\cos\varphi)\rho^2\sin\varphi \, \mathrm{d}\rho \, \mathrm{d}\varphi \, \mathrm{d}\theta.$$

球面坐标系下的三重积分同样化为三次积分来计算,若区域 Ω 可表示为

$$\Omega = \{(\theta,\varphi,\rho) \,|\, \alpha \leqslant \theta \leqslant \beta, \; \varphi_1(\theta) \leqslant \varphi \leqslant \varphi_2(\theta), \; \rho_1(\theta,\varphi) \leqslant \rho \leqslant \rho_2(\theta,\varphi)\},$$

则

$$\iiint\limits_{\Omega} f(x,y,z)\mathrm{d}v = \int_{\alpha}^{\beta} \mathrm{d}\theta \int_{\varphi_1(\theta)}^{\varphi_2(\theta)} \mathrm{d}\varphi \int_{\rho_1(\theta,\varphi)}^{\rho_2(\theta,\varphi)} f(\rho\sin\varphi\cos\theta, \rho\sin\varphi\sin\theta, \rho\cos\varphi)\rho^2\sin\varphi \, \mathrm{d}\rho.$$

■ **三重积分的换元公式**

设函数 $f(x,y,z)$ 在空间有界闭区域 Ω 上连续,定义在 uvw 空间上的函数组

$$\begin{cases} x = x(u,v,w), \\ y = y(u,v,w), & (u,v,w) \in \Omega' \\ z = z(u,v,w), \end{cases}$$

在 Ω' 上有连续偏导数,且将 uvw 中的区域 Ω' 一一对应地变换为 xyz 空间的区域 Ω,若函数组的雅可比行列式 $J = \dfrac{\partial(x,y,z)}{\partial(u,v,w)} \neq 0$,则有三重积分的换元公式

$$\iiint\limits_{\Omega} f(x,y,z)\mathrm{d}v = \iiint\limits_{\Omega'} f(x(u,v,w),y(u,v,w),z(u,v,w))|J|\,\mathrm{d}u\,\mathrm{d}v\,\mathrm{d}w.$$

■ **三重积分的对称性**

若积分区域 Ω 关于 xOy 面是对称的,被积函数 $f(x,y,z)$ 关于 z 是奇函数,则有

$$\iiint\limits_{\Omega} f(x,y,z)\mathrm{d}v = 0.$$

若积分区域 Ω 关于 xOy 面是对称的,被积函数 $f(x,y,z)$ 关于 z 是偶函数,则有

$$\iiint\limits_{\Omega} f(x,y,z)\mathrm{d}v = 2\iiint\limits_{\Omega_1} f(x,y,z)\mathrm{d}v,$$

其中,Ω_1 是区域 Ω 关于 xOy 面对称的且位于 xOy 面上方的部分区域.

其他情形可类似得到.

■ **三重积分的"先二后一"计算法**

通常的三重积分的计算方法,即

$$\iiint\limits_{\Omega}f(x,y,z)\mathrm{d}v=\iint\limits_{D_{xy}}\left(\int_{z_1(x,y)}^{z_2(x,y)}f(x,y,z)\mathrm{d}z\right)\mathrm{d}x\,\mathrm{d}y$$

也称"先一后二"的方法,就是先计算一个定积分,再计算一个二重积分.但在某些情况下,采用下面所谓的"先二后一"计算方法,有时会达到简化计算的目的.

如果积分区域 Ω 夹在平面 $z=c_1$ 与 $z=c_2$ 之间,且平行于 xOy 面的不同平面截此区域 Ω 的截痕是相互平行、形状相同、面积与 z 的取值有关的平面区域 D_z,即 Ω 可表示为 $\Omega=\{(x,y,z)\mid c_1\leqslant z\leqslant c_2,(x,y)\in D_z\}$,则三重积分可化为

$$\iiint\limits_{\Omega}f(x,y,z)\mathrm{d}v=\int_{c_1}^{c_2}\mathrm{d}z\iint\limits_{D_z}f(x,y,z)\mathrm{d}x\,\mathrm{d}y.$$

此种计算三重积分的方法就称为"先二后一"的方法.事实上,当被积函数与 x,y 无关,或 $\iint\limits_{D_z}f(x,y,z)\mathrm{d}x\,\mathrm{d}y$ 易于计算时,采用这种方法,计算过程会较为简便.

4. 关于重积分计算的几个问题

■ 计算重积分的一般步骤

① 根据所给积分域的边界作出草图.

② 根据积分域的形状与被积函数的形式选定坐标系.

③ 按需要求出积分区域边界线的交点坐标.

④ 选择积分次序.

⑤ 确定各层积分限(外层积分限必为常数,各层积分限应是下小上大).

⑥ 计算累次积分.

■ 累次积分的定限方法

(1) 二重积分(以先对 y,再对 x 的积分次序为例)

将积分区域向 x 轴投影,得到积分区域在 x 轴上的投影区间,即 x 的取值区间 $x\in[a,b]$;过此区间内的任一点,作垂直于 x 轴的直线穿过区域内部.直线由下至上穿入积分区域时所交的边界曲线 $y_1=\varphi_1(x)$ 称为"入口线",穿出积分区域时所交的边界曲线 $y_2=\varphi_2(x)$ 称为"出口线".由积分区域的投影区间、"入口线"及"出口线"可得区域内的点所满足的不等式组 $D=\{(x,y)\mid\varphi_1(x)\leqslant y\leqslant\varphi_2(x),a\leqslant x\leqslant b\}$,故

$$\iint\limits_{D} f(x,y)\mathrm{d}\sigma = \int_a^b \mathrm{d}x \int_{\varphi_1(x)}^{\varphi_2(x)} f(x,y)\mathrm{d}y.$$

这就是确定先对 y，后对 x 的二次积分的积分限的方法.

此定限方法有时也简称"穿刺法". 关于先对 x，后对 y 的二次积分的积分限，也用类似的方法来确定.

（2）三重积分（以先对 z，再对 y，最后对 x 的积分次序为例）

三重积分化为累次积分时积分限的确定也可采用类似二重积分定限的"穿刺法". 将积分区域 Ω 向 xOy 面投影，得投影区域 D_{xy}；过 D_{xy} 内的任一点，作垂直于 xOy 面的直线穿过 Ω 的内部. 直线由下至上穿入时与 Ω 的边界曲面 $z=z_1(x,y)$（入口曲面）相交，此即为变量 z 的下限，而穿出时与 Ω 的边界曲面 $z=z_2(x,y)$（出口曲面）相交，此为变量 z 的上限；由投影区域 D_{xy} 采用上述二次积分的定限方法可得 x,y 的积分限，从而积分区域内的点所满足的不等式可表示为

$$\Omega = \{(x,y,z)\,|\,z_1(x,y)\leqslant z\leqslant z_2(x,y),\,y_1(x)\leqslant y\leqslant y_2(x),\,a\leqslant x\leqslant b\},$$

由此可将三重积分化为三次积分.

其他次序的三次积分定限方法与上述方法相类似.

■ **关于选择坐标系与确定积分次序**

选择坐标系及积分次序也是计算重积分的关键，要熟练掌握针对不同特点的积分区域和被积函数，选择合适的坐标系及积分次序的方法.

若积分区域（二重积分）的边界曲线中含有圆弧，或积分区域的边界曲面（三重积分）中含有柱面、旋转抛物面等，且被积函数中含有 $f(x^2+y^2)$ 的形式时，可考虑选用极坐标（二重积分）、柱面坐标（三重积分）.

若积分区域的边界曲面中含有圆锥面，球面，且被积函数为 $f(x^2+y^2+z^2)$ 的形式时，选用球面坐标计算更简便.

确定积分次序的原则是，应先积容易的积分，并能为下步积分创造条件，同时对积分区域 D 的划分，分块数应越少越好.

■ **注意区域分块及应用有关性质**

当被积函数中有绝对值函数，符号函数，取大、取小函数，取整函数等特殊函数时，采用类似分段函数积分的方法，将积分区域划分成若干个子块，使被积函数在每个子块上为一确定的函数，然后利用积分对区域的可加性来计算.

在重积分的计算中，应注意灵活应用其几何、物理意义及对称性等，以便能够简化计算.

二、典型例题分析

【例1】 交换以下积分次序：

(1) $\displaystyle\int_0^1 \mathrm{d}y \int_{\sqrt{y}}^{\sqrt{2-y^2}} f(x,y)\mathrm{d}x$；

(2) $\displaystyle\int_0^{\frac{1}{4}} \mathrm{d}y \int_y^{\sqrt{y}} f(x,y)\mathrm{d}x + \int_{\frac{1}{4}}^{\frac{1}{2}} \mathrm{d}y \int_y^{\frac{1}{2}} f(x,y)\mathrm{d}x$；

(3) $\displaystyle\int_{-1}^0 \mathrm{d}y \int_2^{1-y} f(x,y)\mathrm{d}x$；

(4) $\displaystyle\int_0^{2\pi} \mathrm{d}x \int_0^{\sin x} f(x,y)\mathrm{d}y$.

分析 交换积分次序问题一般来自两个方面，一是要求计算一个给定的累次积分，但因内层积分的被积函数的原函数不为初等函数，导致"积不出来"，故而必须交换积分次序(再进行逐次积分)；二是题目明确要求交换积分次序.

重积分的累次积分(要求积分限下小上大)交换积分次序的一般步骤如下：

(1) 根据所给积分限用不等式表示重积分的积分区域 D.

(2) 作出积分区域 D 的草图.

(3) 依据图形用"穿刺法"确定指定积分次序的积分限.

解 (1) 由题意知

$$D = \{(x,y) \mid \sqrt{y} \leqslant x \leqslant \sqrt{2-y^2}, 0 \leqslant y \leqslant 1\},$$

由此作出区域 D 的图形，如图 10-1 所示.

指定先 y，后 x 的积分次序，由定限法则(穿刺法)可得

$$D_1 = \{(x,y) \mid 0 \leqslant y \leqslant x^2, 0 \leqslant x \leqslant 1\},$$

$$D_2 = \{(x,y) \mid 0 \leqslant y \leqslant \sqrt{2-x^2},$$
$$1 \leqslant x \leqslant \sqrt{2}\},$$

所以

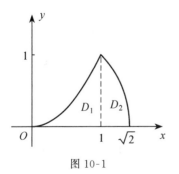

图 10-1

$$\int_0^1 \mathrm{d}y \int_{\sqrt{y}}^{\sqrt{2-y^2}} f(x,y)\mathrm{d}x = \int_0^1 \mathrm{d}x \int_0^{x^2} f(x,y)\mathrm{d}y + \int_1^{\sqrt{2}} \mathrm{d}x \int_0^{\sqrt{2-x^2}} f(x,y)\mathrm{d}y.$$

(2) 由题意知 $D = D_1 + D_2$，其中

$$D_1 = \left\{(x,y) \,\middle|\, 0 \leqslant y \leqslant \frac{1}{4}, \ y \leqslant x \leqslant \sqrt{y}\right\},$$

$$D_2 = \left\{(x,y) \,\middle|\, \frac{1}{4} \leqslant y \leqslant \frac{1}{2}, \ y \leqslant x \leqslant \frac{1}{2}\right\},$$

据此作出区域 D 的图形，如图 10-2 所示.

依题意，将区域 D 表示为

$$D = \left\{(x,y) \,\middle|\, x^2 \leqslant y \leqslant x, \ 0 \leqslant x \leqslant \frac{1}{2}\right\},$$

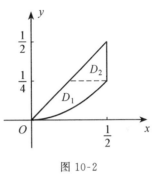

图 10-2

所以

$$\int_0^{\frac{1}{4}} \mathrm{d}y \int_y^{\sqrt{y}} f(x,y)\mathrm{d}x + \int_{\frac{1}{4}}^{\frac{1}{2}} \mathrm{d}y \int_y^{\frac{1}{2}} f(x,y)\mathrm{d}x = \int_0^{\frac{1}{2}} \mathrm{d}x \int_{x^2}^x f(x,y)\mathrm{d}y.$$

(3) 注意此处的二次积分不是二重积分的累次积分(重积分的累次积分要求积分限下小上大)，为此，先作如下处理：

$$\int_{-1}^0 \mathrm{d}y \int_2^{1-y} f(x,y)\mathrm{d}x = -\int_{-1}^0 \mathrm{d}y \int_{1-y}^2 f(x,y)\mathrm{d}x = -\iint\limits_D f(x,y)\mathrm{d}x\,\mathrm{d}y,$$

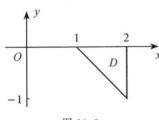

图 10-3

即此时的积分区域为

$$D = \{(x,y) \mid -1 \leqslant y \leqslant 0, \ 1-y \leqslant x \leqslant 2\},$$

积分区域如图 10-3 所示. 由定限法则，可得

$$D = \{(x,y) \mid 1 \leqslant x \leqslant 2, \ 1-x \leqslant y \leqslant 0\},$$

所以

$$\int_{-1}^0 \mathrm{d}y \int_2^{1-y} f(x,y)\mathrm{d}x = -\iint\limits_D f(x,y)\mathrm{d}x\,\mathrm{d}y = -\int_1^2 \mathrm{d}x \int_{1-x}^0 f(x,y)\mathrm{d}y$$

$$= \int_1^2 \mathrm{d}x \int_0^{1-x} f(x,y)\mathrm{d}y.$$

(4) $\displaystyle\int_0^{2\pi} \mathrm{d}x \int_0^{\sin x} f(x,y)\mathrm{d}y = \int_0^{\pi} \mathrm{d}x \int_0^{\sin x} f(x,y)\mathrm{d}y - \int_{\pi}^{2\pi} \mathrm{d}x \int_{\sin x}^0 f(x,y)\mathrm{d}y$

$$= \iint\limits_{D_1} f(x,y)\mathrm{d}x\,\mathrm{d}y - \iint\limits_{D_2} f(x,y)\mathrm{d}x\,\mathrm{d}y,$$

其中，D_1, D_2 如图 10-4 所示，

$$D_1 = \{(x,y) \mid 0 \leqslant y \leqslant \sin x, \ 0 \leqslant x \leqslant \pi\},$$

$$D_2 = \{(x,y) \mid \sin x \leqslant y \leqslant 0, \ \pi \leqslant x \leqslant 2\pi\}.$$

依题意,由穿刺法将 D_1,D_2 分别表示为

$D_1 = \{(x,y) \mid 0 \leqslant y \leqslant 1,\ \arcsin y \leqslant x$
$\leqslant \pi - \arcsin y\}.$

$D_2 = \{(x,y) \mid -1 \leqslant y \leqslant 0,\ \pi - \arcsin y \leqslant$
$x \leqslant 2\pi + \arcsin y\},$

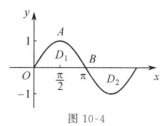

图 10-4

所以

$$\int_0^{2\pi} \mathrm{d}x \int_0^{\sin x} f(x,y)\mathrm{d}y = \int_0^1 \mathrm{d}y \int_{\arcsin y}^{\pi - \arcsin y} f(x,y)\mathrm{d}x - \int_{-1}^0 \mathrm{d}y \int_{\pi - \arcsin y}^{2\pi + \arcsin y} f(x,y)\mathrm{d}x.$$

注意:交换积分次序时被积函数始终不变,因此交换积分次序实质上就是将积分区域由一种不等式表示形式变换成另一种不等式表示形式.

【例 2】 求二重积分 $\iint\limits_{D} y(1 + x\,\mathrm{e}^{\frac{1}{2}(x^2+y^2)})\mathrm{d}x\,\mathrm{d}y$ 的值,其中 D 是由直线 $y = x$,$y = -1$,$x = 1$ 围成的平面区域.

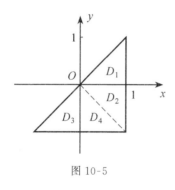

图 10-5

解 积分区域如图 10-5 所示.

考虑到被积函数

$$f(x,y) = y + xy\,\mathrm{e}^{\frac{1}{2}(x^2+y^2)}$$

的特点,在区域 D 中添加辅助线 $y = -x$,于是,4 条直线 $y = x$,$y = -1$,$x = 1$,$y = -x$ 将区域 D 分成 4 个部分 D_1,D_2,D_3,D_4,其中 D_1 与 D_2 关于 x 轴对称,D_3 与 D_4 关于 y 轴对称.由积分区域的对称性,可得

$$\iint\limits_{D} yx\,\mathrm{e}^{\frac{1}{2}(x^2+y^2)}\mathrm{d}x\,\mathrm{d}y = \iint\limits_{D_1+D_2} yx\,\mathrm{e}^{\frac{1}{2}(x^2+y^2)}\mathrm{d}x\,\mathrm{d}y + \iint\limits_{D_3+D_4} yx\,\mathrm{e}^{\frac{1}{2}(x^2+y^2)}\mathrm{d}x\,\mathrm{d}y$$

$$= 0 + 0 = 0,$$

$$\iint\limits_{D} y\,\mathrm{d}x\,\mathrm{d}y = \iint\limits_{D_1+D_2} y\,\mathrm{d}x\,\mathrm{d}y + \iint\limits_{D_3+D_4} y\,\mathrm{d}x\,\mathrm{d}y = 0 + 2\iint\limits_{D_3} y\,\mathrm{d}x\,\mathrm{d}y$$

$$= 2\int_{-1}^0 \mathrm{d}y \int_y^0 y\,\mathrm{d}x = 2\int_{-1}^0 (-y^2)\mathrm{d}y$$

$$= -\frac{2}{3}.$$

所以

$$\iint\limits_{D} y(1 + x\,\mathrm{e}^{\frac{1}{2}(x^2+y^2)})\mathrm{d}x\,\mathrm{d}y = \iint\limits_{D} y\,\mathrm{d}x\,\mathrm{d}y + \iint\limits_{D} yx\,\mathrm{e}^{\frac{1}{2}(x^2+y^2)}\mathrm{d}x\,\mathrm{d}y = -\frac{2}{3}.$$

【例 3】 求 $\iint\limits_{D}(\sqrt{x^2+y^2}+y)\,\mathrm{d}\sigma$，
其中，D 是由圆 $x^2+y^2=4$ 及 $(x+1)^2$
$+y^2=1$ 围成的平面区域.

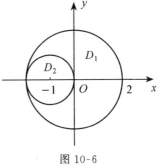

图 10-6

解 区域如图 10-6 所示.

显然积分区域关于 x 轴对称，于
是

$$\iint\limits_{D}y\,\mathrm{d}\sigma=0,$$

$$\iint\limits_{D}\sqrt{x^2+y^2}\,\mathrm{d}\sigma=2\left(\iint\limits_{D_1}\sqrt{x^2+y^2}\,\mathrm{d}\sigma+\iint\limits_{D_2}\sqrt{x^2+y^2}\,\mathrm{d}\sigma\right),$$

其中，

$$D_1=\{(x,y)\mid 0\leqslant x\leqslant 2,\ 0\leqslant y\leqslant\sqrt{1-x^2}\},$$

$$D_2=\{(x,y)\mid -2\leqslant x\leqslant 0,\ \sqrt{-2x-x^2}\leqslant y\leqslant\sqrt{1-x^2}\}.$$

因为区域的边界曲线由圆弧构成，故选用极坐标系. 在极坐标系下，

$$D_1=\left\{(r,\theta)\,\middle|\,0\leqslant\theta\leqslant\frac{\pi}{2},\ 0\leqslant r\leqslant 2\right\},$$

$$D_2=\left\{(r,\theta)\,\middle|\,\frac{\pi}{2}\leqslant\theta\leqslant\pi,\ -2\cos\theta\leqslant r\leqslant 2\right\},$$

所以

$$\iint\limits_{D}(\sqrt{x^2+y^2}+y)\,\mathrm{d}\sigma=\iint\limits_{D}\sqrt{x^2+y^2}\,\mathrm{d}\sigma+\iint\limits_{D}y\,\mathrm{d}\sigma$$

$$=2\left(\iint\limits_{D_1}\sqrt{x^2+y^2}\,\mathrm{d}\sigma+\iint\limits_{D_2}\sqrt{x^2+y^2}\,\mathrm{d}\sigma\right)$$

$$=2\left(\int_0^{\frac{\pi}{2}}\mathrm{d}\theta\int_0^2 r^2\,\mathrm{d}r+\int_{\frac{\pi}{2}}^{\pi}\mathrm{d}\theta\int_{-2\cos\theta}^2 r^2\,\mathrm{d}r\right)$$

$$=2\left[\frac{4\pi}{3}+\frac{8}{3}\int_{\frac{\pi}{2}}^{\pi}(1+\cos^3\theta)\,\mathrm{d}\theta\right]$$

$$=\frac{16\pi}{3}+\frac{16}{3}\int_{\frac{\pi}{2}}^{\pi}\cos^3\theta\,\mathrm{d}\theta$$

$$=\frac{16}{3}\left(\pi-\frac{2}{3}\right).$$

【例 4】 设区域 $D=\{(x,y)\mid x^2+y^2\leqslant 4,\ x\geqslant 0,\ y\geqslant 0\}$，$f(x)$ 为

D 上的正值连续函数，a,b 为常数，则 $\displaystyle\iint\limits_{D} \frac{a\sqrt{f(x)}+b\sqrt{f(y)}}{\sqrt{f(x)}+\sqrt{f(y)}}\mathrm{d}\sigma = ($ $).$

 A. $ab\pi$ B. $\dfrac{ab}{2}\pi$ C. $(a+b)\pi$ D. $\dfrac{a+b}{2}\pi$

解 由轮换对称性，有

$$I = \iint\limits_{D} \frac{a\sqrt{f(x)}+b\sqrt{f(y)}}{\sqrt{f(x)}+\sqrt{f(y)}}\mathrm{d}\sigma = \iint\limits_{D} \frac{a\sqrt{f(y)}+b\sqrt{f(x)}}{\sqrt{f(y)}+\sqrt{f(x)}}\mathrm{d}\sigma$$

$$= \frac{1}{2}\iint\limits_{D}\left(\frac{a\sqrt{f(x)}+b\sqrt{f(y)}}{\sqrt{f(x)}+\sqrt{f(y)}} + \frac{a\sqrt{f(y)}+b\sqrt{f(x)}}{\sqrt{f(y)}+\sqrt{f(x)}} \right)\mathrm{d}\sigma$$

$$= \frac{a+b}{2}\iint\limits_{D}\mathrm{d}\sigma = \frac{a+b}{2}\cdot\frac{1}{4}\pi\cdot 2^2 = \frac{a+b}{2}\pi.$$

故选 D.

 注：被积函数含有抽象函数时，一般考虑用对称性分析. 特别地，当区域 D 关于直线 $y=x$ 对称时，以下等式成立：

$$\iint\limits_{D} f(x,y)\mathrm{d}x\,\mathrm{d}y = \iint\limits_{D} f(y,x)\mathrm{d}x\,\mathrm{d}y = \frac{1}{2}\iint\limits_{D}(f(x,y)+f(y,x))\mathrm{d}x\,\mathrm{d}y.$$

此即所谓的轮换对称性.

【例5】 求二重积分 $\displaystyle\iint\limits_{D}(x^2-y)\mathrm{d}x\,\mathrm{d}y$，其中 D：$x^2+y^2\leqslant 1$.

 解 $\displaystyle\iint\limits_{D}(x^2-y)\mathrm{d}x\,\mathrm{d}y = \frac{1}{2}\iint\limits_{D}(x^2+y^2)\mathrm{d}x\,\mathrm{d}y = \frac{1}{2}\int_0^{2\pi}\mathrm{d}\theta\int_0^1 r^3\,\mathrm{d}r = \frac{\pi}{4}.$

 注：这是一道很简单的计算题，用直角坐标或极坐标直接计算都不难得到结果，但这里应用了对称性和轮换对称性后，解答过程更为简单明了. 面对较复杂的重积分计算题，读者更应注重坐标系、积分次序的合适选取，以及重积分相关性质的灵活应用，以便问题得到简化.

【例6】 设 $f(x)$ 在 $[0,1]$ 上连续，证明：$\displaystyle\int_0^1 \mathrm{e}^{f(x)}\mathrm{d}x\int_0^1 \mathrm{e}^{-f(y)}\mathrm{d}y \geqslant 1.$

 证 记 $D=\{(x,y)\mid 0\leqslant x\leqslant 1,\, 0\leqslant y\leqslant 1\}$. 由轮换对称性，

$$\int_0^1 \mathrm{e}^{f(x)}\mathrm{d}x\int_0^1 \mathrm{e}^{-f(y)}\mathrm{d}y = \iint\limits_{D}\frac{\mathrm{e}^{f(x)}}{\mathrm{e}^{f(y)}}\mathrm{d}x\,\mathrm{d}y = \iint\limits_{D}\frac{\mathrm{e}^{f(y)}}{\mathrm{e}^{f(x)}}\mathrm{d}x\,\mathrm{d}y$$

$$= \frac{1}{2}\iint\limits_{D}\left(\frac{\mathrm{e}^{f(x)}}{\mathrm{e}^{f(y)}} + \frac{\mathrm{e}^{f(y)}}{\mathrm{e}^{f(x)}}\right)\mathrm{d}x\,\mathrm{d}y$$

$$\geqslant \iint\limits_{D}\mathrm{d}x\,\mathrm{d}y = 1.$$

【例 7】 设 $f(x,y) = \begin{cases} x^2 y, & 1 \leqslant x \leqslant 2, 0 \leqslant y \leqslant x, \\ 0, & \text{其他}, \end{cases}$ 求 $\iint\limits_{D} f(x,y)\mathrm{d}x$

$\mathrm{d}y$，其中 $D = \{(x,y) \mid x^2 + y^2 \geqslant 2x\}$.

解 这里积分区域 D 为一无界区域，但被积函数 $f(x,y)$ 仅在 D 内一有界部分区域 D_1 内非零，

$$D_1 = \{(x,y) \mid 1 \leqslant x \leqslant 2, \sqrt{2x - x^2} \leqslant y \leqslant x\},$$

如图 10-7 所示. 故所求积分为

$$\iint\limits_{D} f(x,y)\mathrm{d}x\,\mathrm{d}y = \iint\limits_{D_1} x^2 y\,\mathrm{d}x\,\mathrm{d}y + \iint\limits_{D-D_1} 0 \cdot \mathrm{d}x\,\mathrm{d}y$$

$$= \int_1^2 \mathrm{d}x \int_{\sqrt{2x-x^2}}^{x} x^2 y\,\mathrm{d}y$$

$$= \int_1^2 (x^4 - x^3)\mathrm{d}x$$

$$= \frac{49}{20}.$$

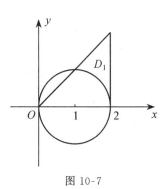

图 10-7

【例 8】 计算二重积分 $\iint\limits_{D} \max\{x^2, y\}\mathrm{d}x\,\mathrm{d}y$，其中

$$D = \{(x,y) \mid 0 \leqslant x \leqslant 1, 0 \leqslant y \leqslant 1\}.$$

解 $\max\{x^2, y\} = \begin{cases} x^2, & x^2 \geqslant y, \\ y, & x^2 < y, \end{cases} (x,y) \in D$. 设

$$D_1 = \{(x,y) \mid 0 \leqslant x \leqslant 1, 0 \leqslant y \leqslant x^2\},$$

$$D_2 = \{(x,y) \mid 0 \leqslant x \leqslant 1, x^2 < y \leqslant 1\},$$

如图 10-8 所示，故

$$\iint\limits_{D} \max\{x^2, y\}\mathrm{d}x\,\mathrm{d}y$$

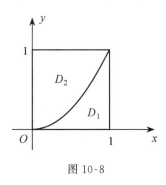

图 10-8

$$= \iint\limits_{D_1} x^2 \mathrm{d}x\,\mathrm{d}y + \iint\limits_{D_2} y\,\mathrm{d}x\,\mathrm{d}y$$

$$= \int_0^1 \mathrm{d}x \int_0^{x^2} x^2 \mathrm{d}y + \int_0^1 \mathrm{d}x \int_{x^2}^1 y\,\mathrm{d}y$$

$$= \frac{3}{5}.$$

【例 9】 设 $D = \{(x,y) \mid x^2 + y^2 \leqslant \sqrt{2}, x \geqslant 0, y \geqslant 0\}$，$[1 + x^2 + y^2]$

表示不超过 $1+x^2+y^2$ 的最大整数. 计算二重积分 $\iint\limits_{D} xy[1+x^2+y^2]\mathrm{d}x\,\mathrm{d}y$.

解法 1 $\iint\limits_{D} xy[1+x^2+y^2]\mathrm{d}x\,\mathrm{d}y = \int_0^{\frac{\pi}{2}}\mathrm{d}\theta\int_0^{\sqrt[4]{2}} r^3\sin\theta\,\cos\theta\,[1+r^2]\mathrm{d}r$

$$= \int_0^{\frac{\pi}{2}}\sin\theta\,\cos\theta\,\mathrm{d}\theta \cdot \int_0^{\sqrt[4]{2}} r^3[1+r^2]\mathrm{d}r$$

$$= \frac{1}{2}\left(\int_0^1 r^3\mathrm{d}r + \int_1^{\sqrt[4]{2}} 2r^3\mathrm{d}r\right) = \frac{3}{8}.$$

解法 2 记 $D_1 = \{(x,y) \mid x^2+y^2 < 1,\ x \geqslant 0,\ y \geqslant 0\}$,

$D_2 = \{(x,y) \mid 1 \leqslant x^2+y^2 \leqslant \sqrt{2},\ x \geqslant 0,\ y \geqslant 0\}$.

当 $(x,y) \in D_1$ 时, $[1+x^2+y^2]=1$; 当 $(x,y) \in D_2$ 时, $[1+x^2+y^2]=2$. 于是

$$\iint\limits_{D} xy[1+x^2+y^2]\mathrm{d}x\,\mathrm{d}y$$

$$= \iint\limits_{D_1} xy\,\mathrm{d}x\,\mathrm{d}y + \iint\limits_{D_2} 2xy\,\mathrm{d}x\,\mathrm{d}y$$

$$= \int_0^{\frac{\pi}{2}}\mathrm{d}\theta\int_0^1 r^3\sin\theta\,\cos\theta\,\mathrm{d}r + \int_0^{\frac{\pi}{2}}\mathrm{d}\theta\int_1^{\sqrt[4]{2}} 2r^3\sin\theta\,\cos\theta\,\mathrm{d}r$$

$$= \frac{1}{8} + \frac{1}{4} = \frac{3}{8}.$$

注:计算如例 7～例 9 这样一类被积函数中含有分段函数,绝对值符号, 取大、取小函数,取整函数等特殊函数的重积分时,一定要注意将积分区域 按被积函数的性质划分成若干子块,确定出每个子块上的被积函数的正确表 达式,再利用积分的可加性来计算.

【例 10】 设闭区域 $D = \{(x,y) \mid x^2+y^2 \leqslant y,\ x \geqslant 0\}$, $f(x,y)$ 为 D 上的连续函数,且 $f(x,y) = \sqrt{1-x^2-y^2} - \dfrac{8}{\pi}\iint\limits_{D} f(u,v)\mathrm{d}u\,\mathrm{d}v$,求 $f(x,y)$.

解 区域 D 在极坐标下表示为 $D = \left\{(r,\theta)\,\middle|\,0 \leqslant \theta \leqslant \dfrac{\pi}{2},\ 0 \leqslant r \leqslant \sin\theta\right\}$,

D 的面积为 $\iint\limits_{D}\mathrm{d}x\,\mathrm{d}y = \dfrac{1}{2} \cdot \pi \cdot \left(\dfrac{1}{2}\right)^2 = \dfrac{\pi}{8}$.

设 $\iint\limits_{D} f(u,v)\mathrm{d}u\,\mathrm{d}v = A$,则有 $f(x,y) = \sqrt{1-x^2-y^2} - \dfrac{8A}{\pi}$,

$$A = \iint\limits_D f(x,y)\mathrm{d}x\,\mathrm{d}y = \iint\limits_D \left(\sqrt{1-x^2-y^2} - \frac{8A}{\pi}\right)\mathrm{d}x\,\mathrm{d}y$$

$$= \iint\limits_D \sqrt{1-x^2-y^2}\,\mathrm{d}x\,\mathrm{d}y - A.$$

于是

$$A = \frac{1}{2}\iint\limits_D \sqrt{1-x^2-y^2}\,\mathrm{d}x\,\mathrm{d}y = \frac{1}{2}\int_0^{\frac{\pi}{2}}\mathrm{d}\theta\int_0^{\sin\theta}\sqrt{1-r^2}\,r\,\mathrm{d}r$$

$$= -\frac{1}{4}\int_0^{\frac{\pi}{2}}\mathrm{d}\theta\int_0^{\sin\theta}\sqrt{1-r^2}\,\mathrm{d}(1-r^2) = -\frac{1}{6}\int_0^{\frac{\pi}{2}}(\cos^3\theta - 1)\mathrm{d}\theta$$

$$= \frac{\pi}{12} - \frac{1}{6}\int_0^{\frac{\pi}{2}}\cos^3\theta\,\mathrm{d}\theta = \frac{\pi}{12} - \frac{1}{6}\cdot\frac{2}{3} = \frac{\pi}{12} - \frac{1}{9}.$$

故 $f(x,y) = \sqrt{1-x^2-y^2} - \frac{8}{\pi}\left(\frac{\pi}{12} - \frac{1}{9}\right) = \sqrt{1-x^2-y^2} - \frac{2}{3} + \frac{8}{9\pi}.$

【例 11】 设 $\Omega = \{(x,y,z)\mid x^2+y^2+z^2 \leqslant 1\}$，则 $\iiint\limits_\Omega z^2\mathrm{d}x\,\mathrm{d}y\,\mathrm{d}z = $ _____.

分析　本题被积函数与变量 x,y 无关，积分区域具有对称性. 结合被积函数与积分区域的特点可知，采用"先二后一"的方法计算会简便些.

解　$\iiint\limits_\Omega z^2\mathrm{d}x\,\mathrm{d}y\,\mathrm{d}z = 2\int_0^1 z^2\mathrm{d}z\iint\limits_{x^2+y^2\leqslant 1-z^2}\mathrm{d}x\,\mathrm{d}y = 2\pi\int_0^1 z^2(1-z^2)\mathrm{d}z = \frac{4}{15}\pi.$

【例 12】 计算三重积分 $\iiint\limits_\Omega (x^2+y^2+z)\mathrm{d}v$，其中 Ω 为曲线 $\begin{cases} y^2 = 2z, \\ x = 0 \end{cases}$ 绕 z 轴旋转一周而成的曲面与平面 $z=4$ 围成的立体.

解　旋转曲面为 $x^2+y^2 = 2z$，曲面与 $z=4$ 所围立体 Ω 为
$$\Omega = \{(x,y,z)\mid x^2+y^2 \leqslant 2z, 0\leqslant z\leqslant 4\}.$$

方法 1　利用柱坐标计算.

在柱坐标系下，由穿刺法可将 Ω 表示为
$$\Omega = \left\{(\theta,r,z)\mid 0\leqslant\theta\leqslant 2\pi, 0\leqslant r\leqslant\sqrt{8}, \frac{r^2}{2}\leqslant z\leqslant 4\right\},$$
于是

$$\iiint\limits_\Omega (x^2+y^2+z)\mathrm{d}v = \int_0^{2\pi}\mathrm{d}\theta\int_0^{\sqrt{8}}r\,\mathrm{d}r\int_{\frac{r^2}{2}}^4 (r^2+z)\mathrm{d}z$$

$$= 2\pi\int_0^{\sqrt{8}}\left(4r^3 - \frac{5}{8}r^5 + 8r\right)\mathrm{d}r$$

$$= 2\pi\left(r^4 - \frac{5}{48}r^6 + 4r^2\right)\Big|_0^{\sqrt{8}} = \frac{256}{3}\pi.$$

方法 2 用"先二后一"方法计算.

用平行于 xOy 面的平面截立体 Ω,所得的截面为

$$D_z = \{(r,\theta) \mid 0 \leqslant r^2 \leqslant 2z, 0 \leqslant \theta \leqslant 2\pi\}.$$

于是,Ω 可表示为

$$\Omega = \{(\theta,r,z) \mid 0 \leqslant z \leqslant 4, 0 \leqslant \theta \leqslant 2\pi, 0 \leqslant r \leqslant \sqrt{2z}\},$$

则

$$\iiint\limits_{\Omega} (x^2 + y^2 + z)\,\mathrm{d}v = \int_0^4 \mathrm{d}z \iint\limits_{D_z} (r^2 + z)r\,\mathrm{d}r\,\mathrm{d}\theta$$

$$= \int_0^4 \mathrm{d}z \int_0^{2\pi} \mathrm{d}\theta \int_0^{\sqrt{2z}} (r^2 + z)r\,\mathrm{d}r$$

$$= 2\pi \int_0^4 \left(\frac{1}{4}r^4 + \frac{z}{2}r^2\right)\bigg|_0^{\sqrt{2z}} \mathrm{d}z$$

$$= 4\pi \int_0^4 z^2\,\mathrm{d}z = \frac{256}{3}\pi.$$

【例 13】 计算 $\displaystyle\iiint\limits_{\Omega} (x+y+z)^2\,\mathrm{d}v$,其中 Ω 由 $z \geqslant x^2 + y^2$ 及 $x^2 + y^2 + z^2 \leqslant 2$ 围成.

分析 本题直接计算较繁,注意到积分区域关于 xOz 面、yOz 面对称,可考虑利用对称性简化计算.

解 因积分区域 Ω 关于 xOz 面、yOz 面对称,被积函数为

$$f(x,y,z) = (x+y+z)^2 = x^2 + y^2 + z^2 + 2xy + 2xz + 2yz,$$

其中,$2xy + 2yz$ 为关于 y 的奇函数,$2xz$ 为关于 x 的奇函数,所以

$$\iiint\limits_{\Omega} (x+y+z)^2\,\mathrm{d}v = \iiint\limits_{\Omega} (x^2 + y^2 + z^2)\,\mathrm{d}v.$$

以下用两种方法计算该积分.

方法 1 选用柱面坐标计算.

区域 Ω 的边界曲面在柱面坐标系下的方程为 $z = r^2$,$z = \sqrt{2 - r^2}$,求得交线为 $z = 1$,$r = 1$,Ω 的投影区域为

$$D = \{(r,\theta) \mid 0 \leqslant \theta \leqslant 2\pi, 0 \leqslant r \leqslant 1\}.$$

于是 $\Omega = \{(r,\theta,z) \mid 0 \leqslant \theta \leqslant 2\pi, 0 \leqslant r \leqslant 1, \sqrt{2-r^2} \leqslant z \leqslant r^2\}$,

$$\iiint\limits_{\Omega} (x+y+z)^2\,\mathrm{d}v = \iiint\limits_{\Omega} (x^2 + y^2 + z^2)\,\mathrm{d}v$$

$$= \int_0^{2\pi} \mathrm{d}\theta \int_0^1 r\,\mathrm{d}r \int_{r^2}^{\sqrt{2-r^2}} (r^2 + z^2)\,\mathrm{d}z$$

$$= 2\pi \int_0^1 \left[\frac{r}{3} (2-r^2)^{\frac{3}{2}} - \frac{1}{3} r^7 + r^3 \sqrt{2-r^2} - r^5 \right] \mathrm{d}r$$

$$= -\frac{5\pi}{12} + \frac{2\pi}{3} \int_0^1 (2-r^2)^{\frac{3}{2}} \mathrm{d}(2-r^2) - 2\pi \int_0^1 (2-r^2)^{\frac{1}{2}} \mathrm{d}(2-r^2)$$

$$= -\frac{5\pi}{12} + \frac{4\pi}{15} (1-4\sqrt{2}) - \frac{4\pi}{3} (1-2\sqrt{2}) = \frac{\pi}{5} \left(8\sqrt{2} - \frac{89}{12} \right).$$

方法 2 采用"先二后一"计算.

记 $\Omega = \Omega_1 + \Omega_2$, 其中

$$\Omega_1 = \{ (r, \theta, z) \mid 0 \leqslant z \leqslant 1, 0 \leqslant \theta \leqslant 2\pi, 0 \leqslant r \leqslant \sqrt{z} \},$$

$$\Omega_2 = \{ (r, \theta, z) \mid 1 \leqslant z \leqslant \sqrt{2}, 0 \leqslant \theta \leqslant 2\pi, 0 \leqslant r \leqslant \sqrt{2-z^2} \}.$$

于是

$$\iiint\limits_{\Omega} (x^2 + y^2 + z^2) \mathrm{d}v$$

$$= \iiint\limits_{\Omega_1} (r^2 + z^2) \mathrm{d}v + \iiint\limits_{\Omega_2} (r^2 + z^2) \mathrm{d}v$$

$$= \int_0^1 \mathrm{d}z \int_0^{2\pi} \mathrm{d}\theta \int_0^{\sqrt{z}} (r^2 + z^2) r \, \mathrm{d}r + \int_1^{\sqrt{2}} \mathrm{d}z \int_0^{2\pi} \mathrm{d}\theta \int_0^{\sqrt{2-z^2}} (r^2 + z^2) r \, \mathrm{d}r$$

$$= 2\pi \int_0^1 \left(\frac{1}{4} r^4 + \frac{z^2}{2} r^2 \right) \Big|_0^{\sqrt{z}} \mathrm{d}z + 2\pi \int_1^{\sqrt{2}} \left(\frac{1}{4} r^4 + \frac{z^2}{2} r^2 \right) \Big|_0^{\sqrt{2-z^2}} \mathrm{d}z$$

$$= 2\pi \int_0^1 \left(\frac{1}{4} z^2 + \frac{1}{2} z^3 \right) \mathrm{d}z + 2\pi \int_1^{\sqrt{2}} \left[\frac{1}{4} (2-z^2)^2 + \frac{z^2}{2} (2-z^2) \right] \mathrm{d}z$$

$$= \frac{\pi}{5} \left(8\sqrt{2} - \frac{89}{12} \right).$$

注: 比较以上两种解法, 方法 2 比方法 1 看起来在定积分的计算上要简便些.

【例 14】 将三重积分 $\iiint\limits_{\Omega} f(x, y, z) \mathrm{d}v$ 化为先对 y, 再对 x, 最后对 z 的三次积分, 其中 Ω 为 $x + y + z = 1$, $x + y = 1$, $x = 0$, $y = 0$ 和 $z = 1$ 围成的闭区域, 函数 $f(x, y, z)$ 在 Ω 上连续.

分析 由于积分区域为空间区域, 因此直接根据积分区域化三重积分为任一指定积分次序的累次积分一般较为困难. 但有时按某一特定的积分次序化累次积分会相对容易, 这时我们可以先按容易的方式化三重积分为累次积分, 然后通过在平面区域上的交换积分次序方法, 一步步转化为任一指定积分次序的累次积分.

解 由题目所述条件知

$$\Omega = \{(x,y,z) \mid 0 \leqslant x \leqslant 1, 0 \leqslant y \leqslant 1-x, 1-x-y \leqslant z \leqslant 1\},$$

从而

$$\iiint\limits_{\Omega} f(x,y,z)\mathrm{d}v = \int_0^1 \mathrm{d}x \int_0^{1-x} \mathrm{d}y \int_{1-x-y}^1 f(x,y,z)\mathrm{d}z.$$

先交换二次积分 $\int_0^{1-x} \mathrm{d}y \int_{1-x-y}^1 f(x,y,z)\mathrm{d}z$ 的积分次序. 为此, 记 $D = \{(y,z) \mid 0 \leqslant y \leqslant 1-x, 1-x-y \leqslant z \leqslant 1\}$, 如图 10-9 所示, 于是

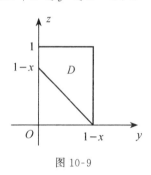

图 10-9

$$\int_0^{1-x} \mathrm{d}y \int_{1-x-y}^1 f(x,y,z)\mathrm{d}z$$
$$= \iint\limits_{D} f(x,y,z)\mathrm{d}y\,\mathrm{d}z$$
$$= \int_0^{1-x} \mathrm{d}z \int_{1-x-z}^{1-x} f(x,y,z)\mathrm{d}y$$
$$+ \int_{1-x}^1 \mathrm{d}z \int_0^{1-x} f(x,y,z)\mathrm{d}y.$$

故

$$\iiint\limits_{\Omega} f(x,y,z)\mathrm{d}v = \int_0^1 \mathrm{d}x \int_0^{1-x} \mathrm{d}z \int_{1-x-z}^{1-x} f(x,y,z)\mathrm{d}y + \int_0^1 \mathrm{d}x \int_{1-x}^1 \mathrm{d}z \int_0^{1-x} f(x,y,z)\mathrm{d}y.$$

再交换积分变量 x 与 z 的次序, 易知(作图过程省去)

$$\{(x,z) \mid 0 \leqslant x \leqslant 1, 0 \leqslant z \leqslant 1-x\} = \{(x,z) \mid 0 \leqslant z \leqslant 1, 0 \leqslant x \leqslant 1-z\},$$
$$\{(x,z) \mid 0 \leqslant x \leqslant 1, 1-x \leqslant z \leqslant 1\} = \{(x,z) \mid 0 \leqslant z \leqslant 1, 1-z \leqslant x \leqslant 1\},$$

所以

$$\iiint\limits_{\Omega} f(x,y,z)\mathrm{d}v = \int_0^1 \mathrm{d}z \int_0^{1-z} \mathrm{d}x \int_{1-x-z}^{1-x} f(x,y,z)\mathrm{d}y + \int_0^1 \mathrm{d}z \int_{1-z}^1 \mathrm{d}x \int_0^{1-x} f(x,y,z)\mathrm{d}y.$$

三、教材习题全解

习题 10-1

=== **A** 类 ===

1. 利用二重积分的性质估计下列积分的值:

(1) $I = \iint\limits_{D} xy(x+y)\mathrm{d}\sigma$, 其中 $D = \{(x,y) \mid 0 \leqslant x \leqslant 2, 0 \leqslant y \leqslant 2\}$;

(2) $I = \iint\limits_{D} (x+y+10)\mathrm{d}\sigma$，其中 $D = \{(x,y) \mid x^2+y^2 \leqslant 4\}$；

(3) $I = \iint\limits_{D} (x^2+4y^2+9)\mathrm{d}\sigma$，其中 $D = \{(x,y) \mid 1 \leqslant x^2+y^2 \leqslant 4\}$；

(4) $I = \iint\limits_{D} \dfrac{1}{100+\cos^2 x+\cos^2 y}\mathrm{d}x\,\mathrm{d}y$，其中 $D = \{(x,y) \mid |x|+|y| \leqslant 10\}$．

解　(1) $f(x,y) = xy(x+y)$，$D = \{(x,y) \mid 0 \leqslant x \leqslant 2, 0 \leqslant y \leqslant 2\}$，由

$$\begin{cases} f'_x = 2xy+y^2 = y(2x+y) = 0, \\ f'_y = x^2+2xy = x(x+2y) = 0, \end{cases}$$

解得 $\begin{cases} x = 0, \\ y = 0. \end{cases}$　故在 D 内无驻点．

在 D 的边界上，$f(0,y) = 0$，$f(x,0) = 0$，$f(x,2) = 2x^2+4x$ 为单调增函数，$f(2,y) = 4y+2y^2$ 亦是单调增函数，故可得在 D 上函数的最大值为 $f(2,2) = 16$，最小值为 $f(0,0) = 0$．而 D 的面积 $S(D) = 4$，所以

$$0 \leqslant I \leqslant 16 \times 4 = 64.$$

(2) $f(x,y) = x+y+10$，$D = \{(x,y) \mid x^2+y^2 \leqslant 4\}$，显然函数在 D 内无驻点，所以函数的最值只能在边界上取得．

在边界上，令 $x = 2\cos t$，$y = 2\sin t$，则 $f(t) = 2\cos t + 2\sin t + 10$．由

$$f'(t) = -2\sin t + 2\cos t = 0,$$

得 $\cos t = \sin t$，驻点为 $t = \dfrac{\pi}{4}$，$t = \dfrac{5\pi}{4}$，对应点的直角坐标为 $(\sqrt{2},\sqrt{2})$，$(-\sqrt{2},-\sqrt{2})$．而

$$f(\sqrt{2},\sqrt{2}) = 10+2\sqrt{2}, \quad f(-\sqrt{2},-\sqrt{2}) = 10-2\sqrt{2}, \quad S(D) = 4\pi,$$

故 $(40-8\sqrt{2})\pi \leqslant I \leqslant (40+8\sqrt{2})\pi$．

(3) $f(x,y) = x^2+4y^2+9$，$D = \{(x,y) \mid 1 \leqslant x^2+y^2 \leqslant 4\}$，在 D 内函数无驻点．

在边界 $x^2+y^2 = 1$ 上，$f(x,y) = x^2+4y^2+9 = 3y^2+10$，因为 $0 \leqslant y^2 \leqslant 1$，所以此时 $10 \leqslant f(x,y) \leqslant 13$．

在边界 $x^2+y^2 = 4$ 上，$f(x,y) = x^2+4y^2+9 = 3y^2+13$，因为 $0 \leqslant y^2 \leqslant 4$，所以此时 $13 \leqslant f(x,y) \leqslant 25$．

故在 D 的边界上，$10 \leqslant f(x,y) \leqslant 25$，而 $S(D) = 3\pi$，因此

$$30\pi \leqslant \iint\limits_{D} (x^2+4y^2+9)\mathrm{d}\sigma \leqslant 75\pi.$$

(4) $f(x,y) = \dfrac{1}{100+\cos^2 x+\cos^2 y}$，于是 $\dfrac{1}{102} \leqslant f(x,y) \leqslant \dfrac{1}{100}$．又 $S(D) = 200$，所以

$$\frac{200}{102} \leqslant \iint\limits_{D} f(x,y)\mathrm{d}\sigma \leqslant \frac{200}{100},$$

即 $\dfrac{100}{51} \leqslant \iint\limits_{D} \dfrac{1}{100+\cos^2 x+\cos^2 y}\mathrm{d}x\,\mathrm{d}y \leqslant 2$．

2. 比较下列各组积分值的大小：

(1) $\iint\limits_{D}\ln(x+y)\,\mathrm{d}\sigma$ 与 $\iint\limits_{D}(\ln(x+y))^2\,\mathrm{d}\sigma$，其中 $D=\{(x,y)\mid 3\leqslant x\leqslant 5,0\leqslant y\leqslant 1\}$；

(2) $\iint\limits_{D}\mathrm{e}^{xy}\,\mathrm{d}\sigma$ 与 $\iint\limits_{D}\mathrm{e}^{2xy}\,\mathrm{d}\sigma$，其中 ① $D=\{(x,y)\mid 0\leqslant x\leqslant 1,0\leqslant y\leqslant 1\}$；② $D=\{(x,y)\mid -1\leqslant x\leqslant 0,0\leqslant y\leqslant 1\}$.

解 (1) 因为 $3\leqslant x+y\leqslant 6$，所以 $\ln(x+y)>1$，故 $\ln(x+y)<(\ln(x+y))^2$，于是

$$\iint\limits_{D}\ln(x+y)\,\mathrm{d}\sigma<\iint\limits_{D}(\ln(x+y))^2\,\mathrm{d}\sigma.$$

(2) ① 因为 $0\leqslant xy\leqslant 1$，所以 $\mathrm{e}^{xy}\leqslant\mathrm{e}^{2xy}$，故 $\iint\limits_{D}\mathrm{e}^{xy}\,\mathrm{d}\sigma\leqslant\iint\limits_{D}\mathrm{e}^{2xy}\,\mathrm{d}\sigma$.

② 因为 $-1\leqslant xy\leqslant 0$，所以 $\mathrm{e}^{xy}\geqslant\mathrm{e}^{2xy}$，故 $\iint\limits_{D}\mathrm{e}^{xy}\,\mathrm{d}\sigma\geqslant\iint\limits_{D}\mathrm{e}^{2xy}\,\mathrm{d}\sigma$.

3. 求解下列各题：

(1) 求极限 $\lim\limits_{r\to 0}\dfrac{1}{r^2}\iint\limits_{D}\mathrm{e}^{x^2-y^2}\cos(x+y)\,\mathrm{d}\sigma$，其中 $D=\{(x,y)\mid x^2+y^2\leqslant r^2\}$；

(2) 设 $f(x,y)$ 为连续函数，求极限 $\lim\limits_{a\to 0^+}\dfrac{1}{a^2}\iint\limits_{D}f(x,y)\,\mathrm{d}\sigma$，其中

$$D=\{(x,y)\mid |x|+|y|\leqslant a\}.$$

解 (1) 由积分中值定理可得，存在点 $(\xi,\eta)\in D$，使得

$$\lim\limits_{r\to 0}\dfrac{1}{r^2}\iint\limits_{D}\mathrm{e}^{x^2-y^2}\cos(x+y)\,\mathrm{d}\sigma=\lim\limits_{r\to 0}\dfrac{\mathrm{e}^{\xi^2-\eta^2}\cos(\xi+\eta)\cdot\pi r^2}{r^2}=\pi.$$

(2) 由积分中值定理可得，存在点 $(\xi,\eta)\in D$，使得

$$\lim\limits_{a\to 0^+}\dfrac{1}{a^2}\iint\limits_{D}f(x,y)\,\mathrm{d}\sigma=\lim\limits_{a\to 0^+}\dfrac{2a^2 f(\xi,\eta)}{a^2}=2f(0,0).$$

4. 判断下列积分的符号：

(1) $\iint\limits_{D}\ln(x^2+y^2)\,\mathrm{d}\sigma$，其中 $D=\{(x,y)\mid |x|+|y|\leqslant 1\}$；

(2) $\iint\limits_{D}xy\,\mathrm{d}\sigma$，其中 $D=\{(x,y)\mid x^2+y^2\leqslant 1\}$；

(3) $\iint\limits_{D}(x-1)\,\mathrm{d}\sigma$，其中 $D=\{(x,y)\mid -1\leqslant x\leqslant 1,-1\leqslant y\leqslant 1\}$；

(4) $\iint\limits_{D}(x+1)\,\mathrm{d}\sigma$，其中 $D=\{(x,y)\mid -1\leqslant x\leqslant 1,-1\leqslant y\leqslant 1\}$.

解 (1) 在 $|x|+|y|\leqslant 1$ 内有 $x^2+y^2\leqslant 1$，故 $\ln(x^2+y^2)\leqslant 0$，所以

$$\iint\limits_{D}\ln(x^2+y^2)\,\mathrm{d}\sigma\leqslant 0.$$

(2) $\iint\limits_{D} xy\,\mathrm{d}\sigma = \iint\limits_{D_1} xy\,\mathrm{d}\sigma + \iint\limits_{D_2} xy\,\mathrm{d}\sigma + \iint\limits_{D_3} xy\,\mathrm{d}\sigma + \iint\limits_{D_4} xy\,\mathrm{d}\sigma$，$D_i\,(i=1,2,3,4)$ 为圆域中位

于第 i 象限的部分. 由几何意义知，$\iint\limits_{D_1} xy\,\mathrm{d}\sigma = \iint\limits_{D_3} xy\,\mathrm{d}\sigma$，且 $\iint\limits_{D_1} xy\,\mathrm{d}\sigma = -\iint\limits_{D_2} xy\,\mathrm{d}\sigma$，$\iint\limits_{D_2} xy\,\mathrm{d}\sigma =$

$\iint\limits_{D_4} xy\,\mathrm{d}\sigma$，故

$$\iint\limits_{D} xy\,\mathrm{d}\sigma = 0.$$

(3) 在 $D = \{(x,y) \mid -1 \leqslant x \leqslant 1, -1 \leqslant y \leqslant 1\}$ 内，$x-1 \leqslant 0$，故可得

$$\iint\limits_{D}(x-1)\,\mathrm{d}\sigma < 0.$$

(4) 在 $D = \{(x,y) \mid -1 \leqslant x \leqslant 1, -1 \leqslant y \leqslant 1\}$ 内，$x+1 \geqslant 0$，故可得

$$\iint\limits_{D}(x+1)\,\mathrm{d}\sigma > 0.$$

=== **B 类** ===

1. 设闭区域 D 在 x 轴和 y 轴上的投影分别为区间 $[a,b]$ 和 $[c,d]$. 设 D 的面积为

$A(D)$，又设点 $(\alpha,\beta) \in D$，证明：$\left| \iint\limits_{D}(x-\alpha)(y-\beta)\,\mathrm{d}\sigma \right| \leqslant |b-a|\,|d-c|A(D)$.

证 利用重积分的保序性和绝对值不等式，有

$$\left| \iint\limits_{D}(x-\alpha)(y-\beta)\,\mathrm{d}\sigma \right| \leqslant \iint\limits_{D}|x-\alpha||y-\beta|\,\mathrm{d}\sigma \leqslant \iint\limits_{D}|b-a||d-c|\,\mathrm{d}\sigma$$
$$\leqslant |b-a||d-c|A(D).$$

2. 判别积分 $\iint\limits_{D}\sqrt[3]{1-x^2-y^2}\,\mathrm{d}\sigma$ 的符号，其中 $D = \{(x,y) \mid x^2+y^2 \leqslant 4\}$.

解 将积分区域 D 分为 $D_1 = \{(x,y) \mid x^2+y^2 \leqslant 1\}$，$D_2 = \{(x,y) \mid 1 \leqslant x^2+y^2$

$\leqslant 3\}$，$D_3 = \{(x,y) \mid 3 \leqslant x^2+y^2 \leqslant 4\}$，则有

$$\iint\limits_{D}\sqrt[3]{1-x^2-y^2}\,\mathrm{d}\sigma = \iint\limits_{D_1}\sqrt[3]{1-x^2-y^2}\,\mathrm{d}\sigma - \iint\limits_{D_2}\sqrt[3]{x^2+y^2-1}\,\mathrm{d}\sigma - \iint\limits_{D_3}\sqrt[3]{x^2+y^2-1}\,\mathrm{d}\sigma$$
$$\leqslant \iint\limits_{D_1}\sqrt[3]{1-x^2-y^2}\,\mathrm{d}\sigma - \iint\limits_{D_3}\sqrt[3]{x^2+y^2-1}\,\mathrm{d}\sigma$$
$$\leqslant \pi - \iint\limits_{D_3}\sqrt[3]{3-1}\,\mathrm{d}\sigma = \pi - \sqrt[3]{2} \cdot (4-3)\pi$$
$$= (1-\sqrt[3]{2})\pi < 0.$$

3. (1) 试证：若 $f(x,y)$ 在平面区域 D 上连续，且 $f(x,y) \geqslant 0$ 但 $f(x,y) \not\equiv 0$，则

$$\iint\limits_{D} f(x,y)\,\mathrm{d}\sigma > 0.$$

(2) 设 $f(x,y)$ 在平面区域 D 上连续且不变号,证明:若 $\iint\limits_{D}f(x,y)\mathrm{d}\sigma=0$,则在 D 上 $f(x,y)\equiv 0$.

(3) 设 $f(x,y)$ 在有界闭区域上连续,若对 D 内的任一子区域 $D_1\subseteq D$,都有 $\iint\limits_{D}f(x,y)\mathrm{d}\sigma=0$,则在区域 D 上,$f(x,y)\equiv 0$.

证 (1) 由题意知,存在 $P_0(x_0,y_0)\in D$,使 $f(x_0,y_0)>0$,故存在 $\delta>0$,对一切 $P(x,y)\in D_1=U(P_0,\delta)\bigcap D$,有 $f(x,y)>\dfrac{1}{2}f(x_0,y_0)>0$,$f(x,y)$ 在 D 上是非负连续的,于是

$$\iint\limits_{D}f(x,y)\mathrm{d}\sigma=\iint\limits_{D_1}f(x,y)\mathrm{d}\sigma+\iint\limits_{D-D_1}f(x,y)\mathrm{d}\sigma\geqslant\frac{1}{2}f(x_0,y_0)S(D_1)>0.$$

(2) 因为 $f(x,y)$ 在平面区域 D 上连续且不变号,故可设 $f(x,y)\geqslant 0$.

用反证法.若 $f(x,y)$ 在 D 上不恒等于零,由(1)的结论可得,此时

$$\iint\limits_{D}f(x,y)\mathrm{d}\sigma>0,$$

与已知条件 $\iint\limits_{D}f(x,y)\mathrm{d}\sigma=0$ 矛盾,故 $\forall (x,y)\in D$,有 $f(x,y)\equiv 0$.

(3) 用反证法.设存在点 $P_0(x_0,y_0)\in D$,使 $f(x_0,y_0)\neq 0$,不妨设 $f(x_0,y_0)<0$,则存在 $\delta>0$,对一切 $P(x,y)\in D_1=U(P_0,\delta)\bigcap D$,有 $f(x,y)\leqslant\dfrac{1}{2}f(x_0,y_0)<0$,此时

$$\iint\limits_{D_1}f(x,y)\mathrm{d}\sigma<\iint\limits_{D_1}\frac{1}{2}f(x_0,y_0)\mathrm{d}\sigma=\frac{1}{2}f(x_0,y_0)S(D_1)<0.$$

这与题设的 D 内的任一子区域 $D_1\subseteq D$,都有 $\iint\limits_{D}f(x,y)\mathrm{d}\sigma=0$ 矛盾,故在 D 上,$f(x,y)\equiv 0$.

习题 10-2

═══ A 类 ═══

1. 设 $f(x,y)$ 在区域 D 上连续.将 $\iint\limits_{D}f(x,y)\mathrm{d}x\,\mathrm{d}y$ 化为 D 上的二次积分(两种次序):

(1) $D=\{(x,y)\mid 0\leqslant y\leqslant 2x,\ 0\leqslant x\leqslant 2y,\ xy\leqslant 2\}$;

(2) $D=\{(x,y)\mid |x|+|y|\leqslant 1\}$;

(3) $D=\{(x,y)\mid 1\leqslant x^2+y^2\leqslant 4\}$;

(4) D 由 $y=\sqrt{2ax-x^2}$,$y=\sqrt{2ax}$,$x=a$ 围成$(a>0)$.

解 (1) $\iint\limits_{D}f(x,y)\mathrm{d}x\,\mathrm{d}y=\displaystyle\int_0^1\mathrm{d}x\int_{\frac{x}{2}}^{2x}f(x,y)\mathrm{d}y+\int_1^2\mathrm{d}x\int_{\frac{x}{2}}^{\frac{2}{x}}f(x,y)\mathrm{d}y$,或

$$\iint\limits_{D} f(x,y)\mathrm{d}x\,\mathrm{d}y = \int_{0}^{1}\mathrm{d}y\int_{\frac{y}{2}}^{2y} f(x,y)\mathrm{d}x + \int_{1}^{2}\mathrm{d}y\int_{\frac{y}{2}}^{\frac{2}{y}} f(x,y)\mathrm{d}x.$$

(2) $\displaystyle\iint\limits_{D} f(x,y)\mathrm{d}x\,\mathrm{d}y = \int_{-1}^{0}\mathrm{d}x\int_{-1-x}^{1+x} f(x,y)\mathrm{d}y + \int_{0}^{1}\mathrm{d}x\int_{x-1}^{1-x} f(x,y)\mathrm{d}y$, 或

$$\iint\limits_{D} f(x,y)\mathrm{d}x\,\mathrm{d}y = \int_{-1}^{0}\mathrm{d}y\int_{-1-y}^{1+y} f(x,y)\mathrm{d}x + \int_{0}^{1}\mathrm{d}y\int_{y-1}^{1-y} f(x,y)\mathrm{d}y.$$

(3) $\displaystyle\iint\limits_{D} f(x,y)\mathrm{d}x\,\mathrm{d}y = \int_{-2}^{-1}\mathrm{d}x\int_{-\sqrt{4-x^2}}^{\sqrt{4-x^2}} f(x,y)\mathrm{d}y + \int_{-1}^{1}\mathrm{d}x\int_{\sqrt{1-x^2}}^{\sqrt{4-x^2}} f(x,y)\mathrm{d}y$

$$+ \int_{-1}^{1}\mathrm{d}x\int_{-\sqrt{4-x^2}}^{-\sqrt{1-x^2}} f(x,y)\mathrm{d}y + \int_{1}^{2}\mathrm{d}x\int_{-\sqrt{4-x^2}}^{\sqrt{4-x^2}} f(x,y)\mathrm{d}y,$$

或

$$\iint\limits_{D} f(x,y)\mathrm{d}x\,\mathrm{d}y = \int_{-2}^{-1}\mathrm{d}y\int_{-\sqrt{4-y^2}}^{\sqrt{4-y^2}} f(x,y)\mathrm{d}x + \int_{-1}^{1}\mathrm{d}y\int_{-\sqrt{4-y^2}}^{-\sqrt{1-y^2}} f(x,y)\mathrm{d}y$$

$$+ \int_{-1}^{1}\mathrm{d}y\int_{\sqrt{1-y^2}}^{\sqrt{4-y^2}} f(x,y)\mathrm{d}x + \int_{1}^{2}\mathrm{d}y\int_{-\sqrt{4-y^2}}^{\sqrt{4-y^2}} f(x,y)\mathrm{d}x.$$

(4) $\displaystyle\iint\limits_{D} f(x,y)\mathrm{d}x\,\mathrm{d}y = \int_{0}^{a}\mathrm{d}x\int_{\sqrt{2ax-x^2}}^{\sqrt{2ax}} f(x,y)\mathrm{d}y$, 或

$$\iint\limits_{D} f(x,y)\mathrm{d}x\,\mathrm{d}y = \int_{0}^{a}\mathrm{d}y\int_{\frac{y^2}{2a}}^{a-\sqrt{a^2-y^2}} f(x,y)\mathrm{d}x + \int_{a}^{\sqrt{2}a}\mathrm{d}y\int_{\frac{y^2}{2a}}^{a} f(x,y)\mathrm{d}x.$$

2. 改变下列二次积分的积分次序：

(1) $\displaystyle\int_{1}^{2}\mathrm{d}x\int_{2-x}^{\sqrt{2x-x^2}} f(x,y)\mathrm{d}y$；

(2) $\displaystyle\int_{-2}^{1}\mathrm{d}y\int_{y^2}^{4} f(x,y)\mathrm{d}x$；

(3) $\displaystyle\int_{-6}^{2}\mathrm{d}x\int_{\frac{x^2}{4}-1}^{2-x} f(x,y)\mathrm{d}y$；

(4) $\displaystyle\int_{0}^{1}\mathrm{d}y\int_{0}^{2y} f(x,y)\mathrm{d}x + \int_{1}^{3}\mathrm{d}y\int_{0}^{3-y} f(x,y)\mathrm{d}x$.

解　(1) 原式 $= \displaystyle\int_{0}^{1}\mathrm{d}y\int_{2-y}^{1+\sqrt{1-y^2}} f(x,y)\mathrm{d}x$.

(2) 原式 $= \displaystyle\int_{0}^{1}\mathrm{d}x\int_{-\sqrt{x}}^{\sqrt{x}} f(x,y)\mathrm{d}y + \int_{1}^{4}\mathrm{d}x\int_{-\sqrt{x}}^{1} f(x,y)\mathrm{d}y$.

(3) 原式 $= \displaystyle\int_{-1}^{0}\mathrm{d}y\int_{-2\sqrt{y+1}}^{2\sqrt{y+1}} f(x,y)\mathrm{d}x + \int_{0}^{8}\mathrm{d}y\int_{-2\sqrt{y+1}}^{2-y} f(x,y)\mathrm{d}x$.

(4) 原式 $= \displaystyle\int_{0}^{2}\mathrm{d}x\int_{\frac{x}{2}}^{3-x} f(x,y)\mathrm{d}y$.

3. 计算下列二重积分：

(1) $\displaystyle\iint\limits_{D} x\sqrt{y}\,\mathrm{d}x\,\mathrm{d}y$，$D$ 为曲线 $y = x^2$，$x = y^2$ 所围的区域；

(2) $\displaystyle\iint\limits_{D} \mathrm{e}^{x+y}\,\mathrm{d}x\,\mathrm{d}y$，$D = \{(x,y)\mid |x| + |y| \leqslant 1\}$；

(3) $\displaystyle\iint\limits_{D} (x^2 + y^2 - x)\mathrm{d}x\,\mathrm{d}y$，其中 D 由 $y = x$，$y = 2x$，$y = 2$ 围成；

(4) $\iint\limits_{D}(2x+3y)^2\,\mathrm{d}x\,\mathrm{d}y$,其中 D 是以 $A(-1,0),B(0,1)$ 和 $C(1,0)$ 为顶点的三角形区域;

(5) $\iint\limits_{D}\dfrac{y}{x^2+y^2}\mathrm{d}x\,\mathrm{d}y$,其中 D 由 $y=x$,$y^2=x$,$y=1$,$y=3$ 围成;

(6) $\iint\limits_{D}|\,y^2-x^3\,|\,\mathrm{d}x\,\mathrm{d}y$,其中 $D=\{(x,y)\mid 0\leqslant x\leqslant 1,-1\leqslant y\leqslant 1\}$.

解 (1) 积分区域为 $D=\{(x,y)\mid y^2\leqslant x\leqslant\sqrt{y},0\leqslant y\leqslant 1\}$,

$$\iint\limits_{D}x\sqrt{y}\,\mathrm{d}x\,\mathrm{d}y=\int_0^1\mathrm{d}y\int_{y^2}^{\sqrt{y}}x\sqrt{y}\,\mathrm{d}x=\frac{6}{55}.$$

(2) 积分区域 $D=D_1+D_2$,其中 $D_1=\{(x,y)\mid -1-x\leqslant y\leqslant 1+x,-1\leqslant x\leqslant 0\}$,$D_2=\{(x,y)\mid x-1\leqslant y\leqslant 1-x,0\leqslant x\leqslant 1\}$,

$$\iint\limits_{D}\mathrm{e}^{x+y}\,\mathrm{d}x\,\mathrm{d}y=\iint\limits_{D_1}\mathrm{e}^{x+y}\,\mathrm{d}x\,\mathrm{d}y+\iint\limits_{D_2}\mathrm{e}^{x+y}\,\mathrm{d}x\,\mathrm{d}y=\int_{-1}^0\mathrm{d}x\int_{-1-x}^{1+x}\mathrm{e}^{x+y}\,\mathrm{d}y+\int_0^1\mathrm{d}x\int_{x-1}^{1-x}\mathrm{e}^{x+y}\,\mathrm{d}y$$

$$=\mathrm{e}-\frac{1}{\mathrm{e}}.$$

(3) 积分区域为 $D=\left\{(x,y)\,\middle|\,\dfrac{y}{2}\leqslant x\leqslant y,0\leqslant y\leqslant 2\right\}$,

$$\iint\limits_{D}(x^2+y^2-x)\mathrm{d}x\,\mathrm{d}y=\int_0^2\mathrm{d}y\int_{\frac{y}{2}}^{y}(x^2+y^2-x)\mathrm{d}x=\frac{13}{6}.$$

(4) 积分区域为 $D=\{(x,y)\mid 1+y\leqslant x\leqslant 1-y,0\leqslant y\leqslant 1\}$,

$$\iint\limits_{D}(2x+3y)^2\mathrm{d}x\,\mathrm{d}y=\int_0^1\mathrm{d}y\int_{y-1}^{1-y}(2x+3y)^2\mathrm{d}x=\frac{13}{6}.$$

(5) 积分区域为 $D=\{(x,y)\mid y\leqslant x\leqslant y^2,1\leqslant y\leqslant 3\}$,

$$\iint\limits_{D}\frac{y}{x^2+y^2}\mathrm{d}x\,\mathrm{d}y=\int_1^3\mathrm{d}y\int_{y}^{y^2}\frac{y}{x^2+y^2}\mathrm{d}x=3\arctan 3-\frac{3\pi}{4}-\frac{1}{2}\ln 5.$$

(6) $\iint\limits_{D}|\,y^2-x^3\,|\,\mathrm{d}x\,\mathrm{d}y=\iint\limits_{D_1}(y^2-x^3)\mathrm{d}x\,\mathrm{d}y+\iint\limits_{D_2}(x^3-y^2)\mathrm{d}x\,\mathrm{d}y$,其中

$$D_1=\{(x,y)\mid -1\leqslant y\leqslant 1,0\leqslant x\leqslant y^{\frac{2}{3}}\},$$

$$D_2=\{(x,y)\mid -1\leqslant y\leqslant 1,y^{\frac{2}{3}}\leqslant x\leqslant 1\},$$

故 $\iint\limits_{D}|\,y^2-x^3\,|\,\mathrm{d}x\,\mathrm{d}y=\int_{-1}^1\mathrm{d}y\int_0^{y^{\frac{2}{3}}}(y^2-x^3)\mathrm{d}x+\int_{-1}^1\mathrm{d}y\int_{y^{\frac{2}{3}}}^1(x^3-y^2)\mathrm{d}x=\dfrac{43}{66}.$

4. 计算下列二次积分:

(1) $\displaystyle\int_0^3\mathrm{d}y\int_{y^2}^9 y\sin x^2\,\mathrm{d}x$;

(2) $\displaystyle\int_0^1\mathrm{d}y\int_{\sqrt{y}}^1\sqrt{2+x^3}\,\mathrm{d}x$;

(3) $\displaystyle\int_0^1\mathrm{d}x\int_x^{\sqrt{x}}\frac{\sin y}{y}\mathrm{d}y$;

(4) $\displaystyle\int_0^1\mathrm{d}x\int_x^1 x^2\mathrm{e}^{-y^2}\,\mathrm{d}y$;

(5) $\displaystyle\int_0^a \mathrm{d}x \int_a^{a+x} (x^2+y^2)\mathrm{d}y + \int_a^{2a} \mathrm{d}x \int_x^{a+x} (x^2+y^2)\mathrm{d}y + \int_{2a}^{3a} \mathrm{d}x \int_x^{3a} (x^2+y^2)\mathrm{d}y$;

(6) $\displaystyle\int_0^1 \mathrm{d}y \int_{\arcsin y}^{\frac{\pi}{2}} \cos x \cdot \sqrt{1+\cos^2 x}\ \mathrm{d}x$.

解 (1) $\displaystyle\int_0^3 \mathrm{d}y \int_{y^2}^9 y \sin x^2 \mathrm{d}x = \int_0^9 \mathrm{d}x \int_0^{\sqrt{x}} y \sin x^2 \mathrm{d}y = \frac{1-\cos 81}{4}$.

(2) $\displaystyle\int_0^1 \mathrm{d}y \int_{\sqrt{y}}^1 \sqrt{2+x^3}\ \mathrm{d}x = \int_0^1 \mathrm{d}x \int_0^{x^2} \sqrt{2+x^3}\ \mathrm{d}y = \frac{2}{9}(\sqrt{27}-\sqrt{8})$.

(3) $\displaystyle\int_0^1 \mathrm{d}x \int_x^{\sqrt{x}} \frac{\sin y}{y}\mathrm{d}y = \int_0^1 \mathrm{d}y \int_{y^2}^y \frac{\sin y}{y}\mathrm{d}x = 1-\sin 1$.

(4) $\displaystyle\int_0^1 \mathrm{d}x \int_x^1 x^2 e^{-y^2}\mathrm{d}y = \int_0^1 \mathrm{d}y \int_0^y x^2 e^{-y^2}\mathrm{d}x = \frac{1}{6}\left(1-\frac{2}{e}\right)$.

(5) $\displaystyle\int_0^a \mathrm{d}x \int_a^{a+x} (x^2+y^2)\mathrm{d}y + \int_a^{2a} \mathrm{d}x \int_x^{a+x} (x^2+y^2)\mathrm{d}y + \int_{2a}^{3a} \mathrm{d}x \int_x^{3a} (x^2+y^2)\mathrm{d}y$

$\qquad = \displaystyle\int_a^{3a} \mathrm{d}y \int_{y-a}^y (x^2+y^2)\mathrm{d}x = 14a^4$.

(6) $\displaystyle\int_0^1 \mathrm{d}y \int_{\arcsin y}^{\frac{\pi}{2}} \cos x \cdot \sqrt{1+\cos^2 x}\ \mathrm{d}x = \int_0^{\frac{\pi}{2}} \mathrm{d}x \int_0^{\sin x} \cos x \cdot \sqrt{1+\cos^2 x}\ \mathrm{d}y = \frac{1}{3}(\sqrt{8}$

$-1)$.

5. 计算由下列曲线所围成的平面图形的面积:

(1) $y = 2x - x^2$ 与 $y = x^2$;

(2) $xy = a^2$ 与 $x+y = \frac{5}{2}a$, 其中 $a > 0$;

(3) $y = \sin x$, $y = \cos x$, $x = 0$ 及 $x = \frac{\pi}{2}$;

(4) $xy = a^2$, $xy = 2a^2$, $y = x$, $y = 2x$ 所围成的位于第一象限的部分.

解 (1) 所求面积为 $A = \displaystyle\int_0^1 \mathrm{d}x \int_{x^2}^{1-(x-1)^2} \mathrm{d}y = \frac{1}{3}$.

(2) 所求面积为 $A = \displaystyle\int_{\frac{a}{2}}^{2a} \mathrm{d}x \int_{\frac{a^2}{x}}^{\frac{5a}{2}-x} \mathrm{d}y = \left(\frac{15}{8} - 2\ln 2\right)a^2$.

(3) 所求面积为 $A = 2\displaystyle\int_0^{\frac{\pi}{4}} \mathrm{d}x \int_{\sin x}^{\cos x} \mathrm{d}y = 2(\sqrt{2}-1)$.

(4) 所求面积为 $A = \displaystyle\int_{\frac{a}{\sqrt{2}}}^a \mathrm{d}x \int_{\frac{a^2}{x}}^{2x} \mathrm{d}y + \int_a^{\sqrt{2}a} \mathrm{d}x \int_x^{\frac{2a^2}{x}} \mathrm{d}y = \frac{a^2}{2}\ln 2$.

6. 求下列曲面所围成的立体的体积:

(1) $x = 0$, $y = 0$, $x+y = 1$ 所围成的立体被平面 $z = 0$ 及 $x^2+y^2 = 6-z$ 所截得的立体;

(2) $z = x^2+y^2$, $y = x^2$, $y = 1$, $z = 0$ 所围成的立体;

(3) $z = x^2+y^2$, $z = 0$, $y^2 = x$, $y^2 = 4x$, $x = 1$ 所围成的立体.

解 (1) 所求体积为 $V = \int_0^1 \mathrm{d}x \int_0^{1-x} (6 - x^2 - y^2)\mathrm{d}y = \dfrac{17}{6}$.

(2) 所求体积为 $V = 2\int_0^1 \mathrm{d}x \int_{x^2}^1 (x^2 + y^2)\mathrm{d}y = \dfrac{88}{105}$.

(3) 所求体积为 $V = 2\int_0^1 \mathrm{d}x \int_{\sqrt{x}}^{2\sqrt{x}} (x^2 + y^2)\mathrm{d}y = \dfrac{256}{105}$.

== **B 类** ==

1. 计算积分 $\iint\limits_D y\,\mathrm{d}x\,\mathrm{d}y$，$D$ 是由曲线 $x = -2$，$y = 0$，$y = 2$ 及曲线 $x = -\sqrt{2y - y^2}$ 围成的区域.

解
$$\iint\limits_D y\,\mathrm{d}x\,\mathrm{d}y = \int_0^2 \mathrm{d}y \int_{-2}^{-\sqrt{2y-y^2}} y\,\mathrm{d}x = \int_0^2 y(2 - \sqrt{2y - y^2})\,\mathrm{d}y$$
$$= 4 - \int_0^2 y\sqrt{1 - (y-1)^2}\,\mathrm{d}y = 4 - \int_{-1}^1 (t+1)\sqrt{1 - t^2}\,\mathrm{d}t$$
$$= 4 - \int_{-1}^1 \sqrt{1 - t^2}\,\mathrm{d}t = 4 - \frac{\pi}{2}.$$

2. 求 $\iint\limits_D x\left(1 + yf(x^2 + y^2)\right)\mathrm{d}x\,\mathrm{d}y$，其中 D 是由 $y = x^3$，$y = 1$，$x = -1$ 围成的区域.

解 添加辅助线 $y = -x^3$，则 $D = D_1 + D_2$，其中
$$D_1 = \{(x,y) \mid -\sqrt[3]{y} \leqslant x \leqslant \sqrt[3]{y},\ 0 \leqslant y \leqslant 1\},$$
$$D_2 = \{(x,y) \mid x^3 \leqslant y \leqslant -x^3,\ -1 \leqslant x \leqslant 0\}.$$
可见 D_1 关于 y 轴对称，而 D_2 关于 x 轴对称，故
$$\iint\limits_D x\left(1 + yf(x^2 + y^2)\right)\mathrm{d}x\,\mathrm{d}y = \iint\limits_D x\,\mathrm{d}x\,\mathrm{d}y + \iint\limits_D xyf(x^2 + y^2)\mathrm{d}x\,\mathrm{d}y$$
$$= \iint\limits_{D_2} x\,\mathrm{d}x\,\mathrm{d}y = 2\int_{-1}^0 \mathrm{d}x \int_0^{x^3} x\,\mathrm{d}y = \frac{2}{5}.$$

3. 设函数 $f(x) > 0$，且是连续函数. 计算二重积分 $\iint\limits_D \dfrac{af(x) + bf(y)}{f(x) + f(y)}\mathrm{d}x\,\mathrm{d}y$，其中 D 为圆域：$x^2 + y^2 \leqslant x + y$.

解 积分区域 D 为圆域：$\left(x - \dfrac{1}{2}\right)^2 + \left(y - \dfrac{1}{2}\right)^2 \leqslant \dfrac{1}{2}$，$D$ 的面积为 $S(D) = \dfrac{\pi}{2}$.
由区域关于 $y = x$ 的对称性，可得
$$\iint\limits_D \frac{af(x) + bf(y)}{f(x) + f(y)}\mathrm{d}x\,\mathrm{d}y = \iint\limits_D \frac{af(y) + bf(x)}{f(y) + f(x)}\mathrm{d}x\,\mathrm{d}y,$$
于是

$$2\iint\limits_{D} \frac{af(x)+bf(y)}{f(x)+f(y)} \,dx\,dy = \iint\limits_{D} \frac{af(x)+bf(y)}{f(x)+f(y)} \,dx\,dy + \iint\limits_{D} \frac{af(y)+bf(x)}{f(y)+f(x)} \,dx\,dy$$

$$= \iint\limits_{D} (a+b) \,dx\,dy = (a+b)S(D) = \frac{a+b}{2}\pi.$$

故 $\iint\limits_{D} \frac{af(x)+bf(y)}{f(x)+f(y)} \,dx\,dy = \dfrac{a+b}{4}\pi.$

4. 计算 $\iint\limits_{D} e^{\max\{x^2,y^2\}} \,dx\,dy$，其中 $D = \{(x,y) \mid 0 \leqslant x \leqslant 1, 0 \leqslant y \leqslant 1\}$.

解 $\iint\limits_{D} e^{\max\{x^2,y^2\}} \,dx\,dy = \iint\limits_{D_1} e^{\max\{x^2,y^2\}} \,dx\,dy + \iint\limits_{D_2} e^{\max\{x^2,y^2\}} \,dx\,dy$，其中

$D_1 = \{(x,y) \mid 0 \leqslant x \leqslant 1, 0 \leqslant y \leqslant x\}$, $\quad D_2 = \{(x,y) \mid 0 \leqslant y \leqslant 1, 0 \leqslant x \leqslant y\}$,

故 $\iint\limits_{D} e^{\max\{x^2,y^2\}} \,dx\,dy = \int_0^1 dx \int_0^x e^{x^2} \,dy + \int_0^1 dy \int_0^y e^{y^2} \,dx = 2\int_0^1 dx \int_0^x e^{x^2} \,dy = e-1.$

5. 计算 $\lim\limits_{x \to 0} \dfrac{\displaystyle\int_0^x du \int_0^{u^2} \arctan(1+t) \,dt}{x(1-\cos x)}$.

解 $\lim\limits_{x \to 0} \dfrac{\displaystyle\int_0^x du \int_0^{u^2} \arctan(1+t) \,dt}{x(1-\cos x)} = \lim\limits_{x \to 0} \dfrac{\displaystyle\int_0^x du \int_0^{u^2} \arctan(1+t) \,dt}{\dfrac{1}{2}x^3}$

$$= \lim\limits_{x \to 0} \dfrac{\displaystyle\int_0^{x^2} \arctan(1+t) \,dt}{\dfrac{3}{2}x^2} = \lim\limits_{x \to 0} \dfrac{2x\arctan(1+x^2)}{3x} = \dfrac{2}{3} \cdot \dfrac{\pi}{4} = \dfrac{\pi}{6}.$$

6. 若 $f(x)$ 在 $[a,b]$ 上连续且恒大于零，证明：$\displaystyle\int_a^b f(x)dx \int_a^b \dfrac{1}{f(x)}dx \geqslant (b-a)^2$.

证 设区域 $D = \{(x,y) \mid a \leqslant y \leqslant b, a \leqslant x \leqslant b\}$. 因为

$$\int_a^b f(x)dx \int_a^b \dfrac{1}{f(x)}dx = \int_a^b f(y)dy \int_a^b \dfrac{1}{f(x)}dx,$$

$$\int_a^b f(x)dx \int_a^b \dfrac{1}{f(x)}dx = \int_a^b f(x)dx \int_a^b \dfrac{1}{f(y)}dy,$$

所以

$$2\int_a^b f(x)dx \int_a^b \dfrac{1}{f(x)}dx = \int_a^b dy \int_a^b \dfrac{f(y)}{f(x)}dx + \int_a^b dx \int_a^b \dfrac{f(x)}{f(y)}dy$$

$$= \iint\limits_{D} \left(\dfrac{f(y)}{f(x)} + \dfrac{f(x)}{f(y)}\right) dx\,dy = \iint\limits_{D} \dfrac{f^2(y)+f^2(x)}{f(x)f(y)} dx\,dy$$

$$\geqslant 2\iint\limits_{D} \dfrac{f(x)f(y)}{f(x)f(y)} dx\,dy = 2\iint\limits_{D} d\sigma = 2(b-a)^2.$$

故 $\displaystyle\int_a^b f(x)dx \int_a^b \dfrac{1}{f(x)}dx \geqslant (b-a)^2.$

7. 设函数 $f(x)$ 和 $g(x)$ 在 $[a,b]$ 上可积，证明：

$$\left(\int_a^b f(x)g(x)\mathrm{d}x\right)^2 \leqslant \int_a^b f^2(x)\mathrm{d}x \int_a^b g^2(x)\mathrm{d}x.$$

证 设区域 $D = \{(x,y) \mid a \leqslant y \leqslant b,\ a \leqslant x \leqslant b\}$，则

$$\left(\int_a^b f(x)g(x)\mathrm{d}x\right)^2 = \int_a^b f(x)g(x)\mathrm{d}x \cdot \int_a^b f(x)g(x)\mathrm{d}x$$

$$= \int_a^b f(x)g(x)\mathrm{d}x \cdot \int_a^b f(y)g(y)\mathrm{d}y$$

$$= \iint\limits_D f(x)g(x)f(y)g(y)\mathrm{d}x\,\mathrm{d}y$$

$$\leqslant \frac{1}{2}\iint\limits_D [(f(x)g(y))^2 + (f(y)g(x))^2]\,\mathrm{d}\sigma$$

$$= \frac{1}{2}\left(\iint\limits_D f^2(x)g^2(y)\mathrm{d}\sigma + \iint\limits_D f^2(y)g^2(x)\mathrm{d}\sigma\right)$$

$$= \iint\limits_D f^2(x)g^2(y)\mathrm{d}\sigma = \int_a^b f^2(x)\mathrm{d}x \int_a^b g^2(y)\mathrm{d}y$$

$$= \int_a^b f^2(x)\mathrm{d}x \int_a^b g^2(x)\mathrm{d}x.$$

8. 设 $f(x,y)$ 连续，且满足 $f(x,y) = xy + \iint\limits_D f(u,v)\mathrm{d}u\,\mathrm{d}v$，其中 D 是 $y = 0$，$y = x^2$，$x = 1$ 所围成的区域，求 $f(x,y)$.

解 设 $\iint\limits_D f(u,v)\mathrm{d}\sigma = A$，则 $f(x,y) = xy + A$，$\iint\limits_D f(x,y)\mathrm{d}\sigma = \iint\limits_D (xy+A)\mathrm{d}\sigma$，

$$A = \int_0^1 \mathrm{d}x \int_0^{x^2} (xy + A)\mathrm{d}y = \frac{1}{12} + \frac{A}{3}.$$

故 $\dfrac{2}{3}A = \dfrac{1}{12}$，$A = \dfrac{1}{8}$. 所以 $f(x,y) = xy + \dfrac{1}{8}$.

9. 设 $a > 0$，$f(x) = g(x) = \begin{cases} a, & 0 \leqslant x \leqslant 1, \\ 0, & \text{其他}. \end{cases}$ 求 $\iint\limits_D f(x)g(y-x)\mathrm{d}x\,\mathrm{d}y$，$D$ 为全平面.

解 $f(x) = g(x) = \begin{cases} a, & 0 \leqslant x \leqslant 1, \\ 0, & \text{其他}, \end{cases}$ $g(y-x) = \begin{cases} a, & 0 \leqslant y - x \leqslant 1, \\ 0, & \text{其他}, \end{cases}$ 故

$$f(x)g(y-x) = \begin{cases} a^2, & (x,y) \in D_1, \\ 0, & \text{其他}, \end{cases}$$

其中，$D_1 = \{(x,y) \mid x \leqslant y \leqslant x+1,\ 0 \leqslant x \leqslant 1\}$. $S(D_1) = 1$，从而有

$$\iint\limits_D f(x)g(y-x)\mathrm{d}x\,\mathrm{d}y = \iint\limits_{D_1} a^2\,\mathrm{d}x\,\mathrm{d}y = a^2.$$

习题 10-3

==**A** 类==

1. 化下列积分为极坐标下的二次积分：

(1) $\displaystyle\int_0^1 \mathrm{d}x \int_{1-x}^{\sqrt{1-x^2}} f(x,y)\mathrm{d}y$；

(2) $\displaystyle\int_0^{2a} \mathrm{d}x \int_{-\sqrt{2ax-x^2}}^{\sqrt{2ax-x^2}} f(x,y)\mathrm{d}y$；

(3) $\displaystyle\int_0^2 \mathrm{d}x \int_x^{3x} f(\sqrt{x^2+y^2})\mathrm{d}y$；

(4) $\displaystyle\int_0^1 \mathrm{d}x \int_0^{x^2} f(x,y)\mathrm{d}y$；

(5) $\displaystyle\int_0^2 \mathrm{d}x \int_{\sqrt{2x-x^2}}^{\sqrt{4x-x^2}} f(x,y)\mathrm{d}y + \int_2^4 \mathrm{d}x \int_0^{\sqrt{4x-x^2}} f(x,y)\mathrm{d}y$；

(6) $\displaystyle\int_0^{\frac{\sqrt{2}}{2}} \mathrm{d}y \int_y^{\sqrt{1-y^2}} f(x,y)\mathrm{d}x$.

解 (1) $\displaystyle\int_0^1 \mathrm{d}x \int_{1-x}^{\sqrt{1-x^2}} f(x,y)\mathrm{d}y = \int_0^{\frac{\pi}{2}} \mathrm{d}\theta \int_{\frac{1}{\cos\theta+\sin\theta}}^{1} f(\rho\cos\theta,\rho\sin\theta)\rho\,\mathrm{d}\rho$.

(2) $\displaystyle\int_0^{2a} \mathrm{d}x \int_{-\sqrt{2ax-x^2}}^{\sqrt{2ax-x^2}} f(x,y)\mathrm{d}y = \int_{-\frac{\pi}{2}}^{\frac{\pi}{2}} \mathrm{d}\theta \int_0^{2a\cos\theta} f(\rho\cos\theta,\rho\sin\theta)\rho\,\mathrm{d}\rho$.

(3) $\displaystyle\int_0^2 \mathrm{d}x \int_x^{3x} f(\sqrt{x^2+y^2})\mathrm{d}y = \int_{\frac{\pi}{4}}^{\frac{\pi}{3}} \mathrm{d}\theta \int_0^{\frac{2}{\cos\theta}} f(\rho)\rho\,\mathrm{d}\rho$.

(4) $\displaystyle\int_0^1 \mathrm{d}x \int_0^{x^2} f(x,y)\mathrm{d}y = \int_0^{\frac{\pi}{4}} \mathrm{d}\theta \int_{\frac{\sin\theta}{\cos^2\theta}}^{\frac{1}{\cos\theta}} f(\rho\cos\theta,\rho\sin\theta)\rho\,\mathrm{d}\rho$.

(5) 原式 $= \displaystyle\int_0^{\frac{\pi}{2}} \mathrm{d}\theta \int_{2\cos\theta}^{4\cos\theta} f(\rho\cos\theta,\rho\sin\theta)\rho\,\mathrm{d}\rho$.

(6) $\displaystyle\int_0^{\frac{\sqrt{2}}{2}} \mathrm{d}y \int_y^{\sqrt{1-y^2}} f(x,y)\mathrm{d}x = \int_0^{\frac{\pi}{4}} \mathrm{d}\theta \int_0^1 f(\rho\cos\theta,\rho\sin\theta)\rho\,\mathrm{d}\rho$.

2. 利用极坐标计算下列各题：

(1) $\displaystyle\iint_D \cos\sqrt{x^2+y^2}\,\mathrm{d}x\,\mathrm{d}y$，$D = \{(x,y) \mid \pi^2 \leqslant x^2+y^2 \leqslant 4\pi^2\}$；

(2) $\displaystyle\iint_D xy\,\mathrm{d}x\,\mathrm{d}y$，$D = \{(x,y) \mid x^2+y^2-2y \leqslant 0,\ y \leqslant x\}$；

(3) $\displaystyle\iint_D (x+y)\,\mathrm{d}x\,\mathrm{d}y$，$D = \{(x,y) \mid x^2+y^2 \leqslant x+y\}$；

(4) $\displaystyle\iint_D \arctan\frac{y}{x}\,\mathrm{d}x\,\mathrm{d}y$，$D = \{(x,y) \mid 1 \leqslant x^2+y^2 \leqslant 4,\ 0 \leqslant y \leqslant x\}$；

(5) $\displaystyle\iint_D |x^2+y^2-2y|\,\mathrm{d}x\,\mathrm{d}y$，$D = \{(x,y) \mid x^2+y^2 \leqslant 4\}$.

解 (1) $\displaystyle\iint_D \cos\sqrt{x^2+y^2}\,\mathrm{d}x\,\mathrm{d}y = \int_0^{2\pi} \mathrm{d}\theta \int_\pi^{2\pi} \cos\rho \cdot \rho\,\mathrm{d}\rho = 4\pi$.

(2) $\iint\limits_{D} xy\mathrm{d}x\,\mathrm{d}y = \int_0^{\frac{\pi}{4}} \mathrm{d}\theta \int_0^{2\sin\theta} \rho^3 \sin\theta\,\cos\theta\,\mathrm{d}\rho = \dfrac{1}{12}.$

(3) $\iint\limits_{D} (x+y)\mathrm{d}x\,\mathrm{d}y = \int_{-\frac{\pi}{4}}^{\frac{3\pi}{4}} \mathrm{d}\theta \int_0^{\cos\theta+\sin\theta} \rho^2(\cos\theta+\sin\theta)\mathrm{d}\rho = \dfrac{1}{3}\int_{-\frac{\pi}{4}}^{\frac{3\pi}{4}} (\cos\theta+\sin\theta)^4\,\mathrm{d}\theta$

$$= \dfrac{4}{3}\int_{-\frac{\pi}{4}}^{\frac{3\pi}{4}} \sin^4\left(\theta+\dfrac{\pi}{4}\right)\,\mathrm{d}\theta = \dfrac{4}{3}\int_0^{\pi} \sin^4 t\,\mathrm{d}t$$

$$= \dfrac{8}{3}\int_0^{\frac{\pi}{2}} \sin^4 t\,\mathrm{d}t = \dfrac{8}{3}\cdot\dfrac{3}{4}\cdot\dfrac{1}{2}\cdot\dfrac{\pi}{2} = \dfrac{\pi}{2}.$$

(4) $\iint\limits_{D} \arctan\dfrac{y}{x}\,\mathrm{d}x\,\mathrm{d}y = \int_0^{\frac{\pi}{4}} \mathrm{d}\theta \int_1^2 \theta\rho\,\mathrm{d}\rho = \dfrac{3\pi^2}{64}.$

(5) 原式 $= \iint\limits_{D_1} (x^2+y^2-2y)\mathrm{d}x\,\mathrm{d}y + \iint\limits_{D_2} (2y-x^2-y^2)\mathrm{d}x\,\mathrm{d}y + \iint\limits_{D_3} (2y-x^2-y^2)\mathrm{d}x$

$\mathrm{d}y$，其中 $D_1 = \{(\rho,\theta) \mid 0\leqslant\rho\leqslant 2\sin\theta, 0\leqslant\theta\leqslant\pi\}$，$D_2 = \{(\rho,\theta) \mid 2\sin\theta\leqslant\rho\leqslant 2, 0\leqslant \theta\leqslant\pi\}$，$D_3 = \{(\rho,\theta) \mid 0\leqslant\rho\leqslant 2, \pi\leqslant\theta\leqslant 2\pi\}$，于是

$$原式 = \int_0^{\pi} \mathrm{d}\theta \int_0^{2\sin\theta} (2\rho\sin\theta-\rho^2)\rho\,\mathrm{d}\rho + \int_0^{\pi} \mathrm{d}\theta \int_{2\sin\theta}^2 (\rho^2-2\rho\sin\theta)\rho\,\mathrm{d}\rho$$

$$+ \int_{\pi}^{2\pi} \mathrm{d}\theta \int_0^2 (\rho^2-2\rho\sin\theta)\rho\,\mathrm{d}\rho$$

$$= \dfrac{\pi}{2} + \left(4\pi-\dfrac{32}{3}+\dfrac{\pi}{2}\right) + \left(4\pi+\dfrac{32}{3}\right) = 9\pi.$$

(注意：利用结论 $\int_0^{\pi} \sin^4 x\,\mathrm{d}x = 2\int_0^{\frac{\pi}{2}} \sin^4 x\,\mathrm{d}x = 2\cdot\dfrac{3}{4}\cdot\dfrac{1}{2}\cdot\dfrac{\pi}{2}$ 简化运算.)

3. 求下列曲线所围成的平面图形的面积：

(1) $(x^2+y^2)^2 = 2ax^3$；　　　　　　　(2) $\rho = a(1-\cos\theta)$；（心形线）

(3) $\rho^2 = 4a^2\sin 2\theta$；（双纽线）　　　(4) $\rho = a\sin 2\theta$.（四叶玫瑰线）

解　(1) 由 $(x^2+y^2)^2 = 2ax^3$，得 $\rho = 2a\cos^3\theta$，$-\dfrac{\pi}{2}\leqslant\theta\leqslant\dfrac{\pi}{2}$. 于是所求面积为

$$S = \iint\limits_{D} \mathrm{d}x\,\mathrm{d}y = \int_{-\frac{\pi}{2}}^{\frac{\pi}{2}} \mathrm{d}\theta \int_0^{2a\cos^3\theta} \rho\,\mathrm{d}\rho = 2a^2\int_{-\frac{\pi}{2}}^{\frac{\pi}{2}} \cos^6\theta\,\mathrm{d}\theta$$

$$= 4a^2\int_0^{\frac{\pi}{2}} \cos^6\theta\,\mathrm{d}\theta = 4a^2\cdot\dfrac{5}{6}\cdot\dfrac{3}{4}\cdot\dfrac{1}{2}\cdot\dfrac{\pi}{2} = \dfrac{5}{8}\pi a^2.$$

(2) 所求面积为 $S = \iint\limits_{D} \mathrm{d}\sigma = 2\int_0^{\pi} \mathrm{d}\theta \int_0^{a(1-\cos\theta)} \rho\,\mathrm{d}\rho = \dfrac{3}{2}\pi a^2.$

(3) 所求面积为 $S = \iint\limits_{D} \mathrm{d}\sigma = 2\int_0^{\frac{\pi}{2}} \mathrm{d}\theta \int_0^{2a\sqrt{\sin 2\theta}} \rho\,\mathrm{d}\rho = 4a^2\int_0^{\frac{\pi}{2}} \sin 2\theta\,\mathrm{d}\theta = 4a^2.$

(4) 所求面积为 $S = \iint\limits_{D} \mathrm{d}\sigma = 4\int_0^{\frac{\pi}{2}} \mathrm{d}\theta \int_0^{a\sin 2\theta} \rho\,\mathrm{d}\rho = \dfrac{\pi}{2}a^2.$

4. 求下列曲面所围成的立体的体积：

(1)　$z = x^2 + 2y^2$ 及 $z = 6 - 2x^2 - y^2$；

(2)　$x^2 + y^2 - 2ax = 0$，$\sqrt{x^2 + y^2} = z$ 及 $z = 0$；

(3)　$z = \sqrt{x^2 + y^2}$ 及 $z = \sqrt{1 - x^2 - y^2}$；

(4)　$az = x^2 + y^2$ 及 $z = 2a - \sqrt{x^2 + y^2}$ $(a > 0)$；

(5)　$z = x^2 + y^2$ 及 $z = x + y$.

解　(1)　两曲面的交线的投影柱面为 $x^2 + y^2 = 2$，故可得立体的投影区域为

$$D = \{ (\rho, \theta) \mid 0 \leqslant \rho \leqslant \sqrt{2}, 0 \leqslant \theta \leqslant 2\pi \},$$

所求立体的体积为

$$V = \iint\limits_{D} (6 - 3x^2 - 3y^2) \, dx \, dy = 3 \int_0^{2\pi} d\theta \int_0^{\sqrt{2}} (2 - \rho^2) \rho \, d\rho = 6\pi.$$

(2)　由题意得立体的投影区域为

$$D = \left\{ (\rho, \theta) \,\middle|\, 0 \leqslant \rho \leqslant 2a\cos\theta, -\frac{\pi}{2} \leqslant \theta \leqslant \frac{\pi}{2} \right\},$$

故所求立体的体积为

$$V = \iint\limits_{D} \sqrt{x^2 + y^2} \, d\sigma = \int_{-\frac{\pi}{2}}^{\frac{\pi}{2}} d\theta \int_0^{2a\cos\theta} \rho^2 \, d\rho = \frac{32}{9} a^3.$$

(3)　两曲面的交线的投影柱面 $x^2 + y^2 = \dfrac{1}{2}$，故可得立体的投影区域为

$$D = \left\{ (\rho, \theta) \,\middle|\, 0 \leqslant \rho \leqslant \frac{1}{\sqrt{2}}, 0 \leqslant \theta \leqslant 2\pi \right\},$$

所求立体的体积为

$$V = \iint\limits_{D} (\sqrt{1 - x^2 - y^2} - \sqrt{x^2 + y^2}) d\sigma = \iint\limits_{D} (\sqrt{1 - \rho^2} - \rho) \rho \, d\rho \, d\theta$$

$$= \int_0^{2\pi} d\theta \int_0^{\frac{1}{\sqrt{2}}} (\sqrt{1 - \rho^2} - \rho) \rho \, d\rho = \frac{\pi}{3} (2 - \sqrt{2}).$$

(4)　由 $\begin{cases} az = x^2 + y^2, \\ z = 2a - \sqrt{x^2 + y^2}, \end{cases}$ 可得$(z - 4a)(z - a) = 0$，故两曲面交线位于平面 $z = a$ 上，两曲面交线的投影柱面为 $x^2 + y^2 = a^2$，即 $\rho = a$. 由此得立体的投影区域为

$$D = \{ (\rho, \theta) \mid 0 \leqslant \rho \leqslant a, 0 \leqslant \theta \leqslant 2\pi \},$$

所求立体的体积为

$$V = \iint\limits_{D} \left(2a - \sqrt{x^2 + y^2} - \frac{x^2 + y^2}{a} \right) d\sigma = \int_0^{2\pi} d\theta \int_0^a \left(2a - \rho - \frac{\rho^2}{a} \right) \rho \, d\rho = \frac{5}{6} \pi a^3.$$

(5)　由 $\begin{cases} z = x^2 + y^2, \\ z = x + y, \end{cases}$ 可得两曲面交线的投影柱面为 $x^2 + y^2 = x + y$，即 $\rho = \cos\theta + \sin\theta$. 由此得立体的投影区域为

$$D = \left\{ (\rho, \theta) \,\middle|\, 0 \leqslant \rho \leqslant \cos\theta + \sin\theta, -\frac{\pi}{4} \leqslant \theta \leqslant \frac{3\pi}{4} \right\},$$

所求立体的体积为

$$V = \iint\limits_{D} (x + y - x^2 - y^2) \, d\sigma = \int_{-\frac{\pi}{4}}^{\frac{3\pi}{4}} d\theta \int_{0}^{\cos\theta + \sin\theta} [\rho(\cos\theta + \sin\theta) - \rho^2] \rho \, d\rho$$

$$= \frac{1}{12} \int_{-\frac{\pi}{4}}^{\frac{3\pi}{4}} (\cos\theta + \sin\theta)^4 \, d\theta = \frac{1}{3} \int_{-\frac{\pi}{4}}^{\frac{3\pi}{4}} \sin^4\left(\theta + \frac{\pi}{4}\right) \, d\theta$$

$$= \frac{1}{3} \int_{0}^{\pi} \sin^4 t \, dt = \frac{2}{3} \int_{0}^{\frac{\pi}{2}} \sin^4 t \, dt = \frac{2}{3} \cdot \frac{3}{4} \cdot \frac{1}{2} \cdot \frac{\pi}{2} = \frac{\pi}{8}.$$

===**B** 类===

1. 作适当的变换,计算下列二重积分:

(1) $\iint\limits_{D} (x + y) \sin(x - y) \, dx \, dy$, $D = \{(x, y) \mid 0 \leqslant x + y \leqslant \pi, 0 \leqslant x - y \leqslant \pi\}$;

(2) $\iint\limits_{D} (y - x) \, dx \, dy$, 其中 D 由直线 $y = x + 1$, $y = x - 3$, $y = -\dfrac{x}{3} + \dfrac{7}{3}$, $y = -\dfrac{x}{3} + \dfrac{5}{3}$ 围成;

(3) $\iint\limits_{D} (x^2 + y^2) \, dx \, dy$, $D = \left\{(x, y) \left| \dfrac{x^2}{a^2} + \dfrac{y^2}{b^2} \leqslant 1 \right.\right\}$ $(a > 0, b > 0)$;

(4) $\iint\limits_{D} \cos \dfrac{x - y}{x + y} \, dx \, dy$, $D = \{(x, y) \mid x + y \leqslant 1, x \geqslant 0, y \geqslant 0\}$;

(5) $\iint\limits_{D} (x^2 + y^2 + 1) \, dx \, dy$, 其中 D 由曲线 $xy = 1$, $xy = 2$, $y = x$, $y = 4x$ $(x > 0, y > 0)$ 围成;

(6) $\iint\limits_{D} (\sqrt{x} + \sqrt{y}) \, dx \, dy$, 其中 D 由曲线 $\sqrt{x} + \sqrt{y} = 1$, $x = 0$, $y = 0$ 围成.

解 (1) 令 $u = x + y$, $v = x - y$, 则 $D' = \{(u, v) \mid 0 \leqslant u \leqslant \pi, 0 \leqslant v \leqslant \pi\}$, $x = \dfrac{1}{2} u + \dfrac{1}{2} v$, $y = \dfrac{1}{2} u - \dfrac{1}{2} v$, 于是可得

$$\iint\limits_{D} (x + y) \sin(x - y) \, dx \, dy = \iint\limits_{D'} u \sin v \left| \begin{vmatrix} \dfrac{1}{2} & \dfrac{1}{2} \\ \dfrac{1}{2} & -\dfrac{1}{2} \end{vmatrix} \right| du \, dv = \frac{1}{2} \int_{0}^{\pi} dv \int_{0}^{\pi} u \sin v \, du = \frac{\pi^2}{2}.$$

(2) 令 $u = x + 3y$, $v = y - x$, 则 $D' = \{(u, v) \mid 5 \leqslant u \leqslant 7, -3 \leqslant v \leqslant 1\}$, $x = \dfrac{1}{4} u - \dfrac{3}{4} v$, $y = \dfrac{1}{4} u + \dfrac{1}{4} v$, 于是可得

$$\iint\limits_{D} (y - x) \, dx \, dy = \iint\limits_{D'} v \left| \begin{vmatrix} \dfrac{1}{4} & -\dfrac{3}{4} \\ \dfrac{1}{4} & \dfrac{1}{4} \end{vmatrix} \right| du \, dv = \frac{1}{4} \int_{-3}^{1} dv \int_{5}^{7} v \, du = -2.$$

(3) 令 $x = a\rho\cos\theta$, $y = b\rho\sin\theta$, 则 $D' = \left\{(\rho, \theta) \left| 0 \leqslant \rho \leqslant 1, 0 \leqslant \theta \leqslant 2\pi \right.\right\}$,

$$\iint\limits_{D}(x^2+y^2)\mathrm{d}x\,\mathrm{d}y=\iint\limits_{D'}(a^2\cos^2\theta+b^2\sin^2\theta)\rho^2\cdot a\,b\rho\,\mathrm{d}\rho\,\mathrm{d}\theta$$

$$=\int_0^{2\pi}\mathrm{d}\theta\int_0^1(a^2\cos^2\theta+b^2\sin^2\theta)\rho^2\cdot a\,b\rho\,\mathrm{d}\rho$$

$$=\frac{a\,b}{4}\int_0^{2\pi}(a^2\cos^2\theta+b^2\sin^2\theta)\mathrm{d}\theta=\frac{\pi}{4}a\,b(a^2+b^2).$$

(4) 令 $u=x+y$，$v=x-y$，则 $x=\dfrac{1}{2}u+\dfrac{1}{2}v$，$y=\dfrac{1}{2}u-\dfrac{1}{2}v$，且

$$D'=\{(u,v)\mid -u\leqslant v\leqslant u,\ 0\leqslant u\leqslant 1\},$$

于是

$$\iint\limits_{D}\cos\frac{x-y}{x+y}\,\mathrm{d}x\,\mathrm{d}y=\iint\limits_{D'}\cos\frac{v}{u}\cdot\left|\begin{vmatrix}\dfrac{1}{2}&\dfrac{1}{2}\\[2mm]\dfrac{1}{2}&-\dfrac{1}{2}\end{vmatrix}\right|\mathrm{d}u\,\mathrm{d}v=\frac{1}{2}\int_0^1\mathrm{d}u\int_{-u}^{u}\cos\frac{v}{u}\,\mathrm{d}v=\frac{1}{2}\sin 1.$$

(5) 令 $u=xy$，$v=\dfrac{y}{x}$，则 $x=\sqrt{\dfrac{u}{v}}$，$y=\sqrt{uv}$，

$$D'=\{(u,v)\mid 1\leqslant u\leqslant 2,\ 1\leqslant v\leqslant 4\},$$

且 $J=\begin{vmatrix}\dfrac{1}{2\sqrt{uv}}&-\dfrac{1}{2}\sqrt{\dfrac{u}{v^3}}\\[3mm]\dfrac{1}{2}\sqrt{\dfrac{v}{u}}&\dfrac{1}{2}\sqrt{\dfrac{u}{v}}\end{vmatrix}=\dfrac{1}{2v}$，于是

$$\iint\limits_{D}(x^2+y^2+1)\mathrm{d}x\,\mathrm{d}y=\iint\limits_{D'}\left(\frac{u}{v}+uv+1\right)\frac{1}{2v}\mathrm{d}u\,\mathrm{d}v=\int_1^2\mathrm{d}u\int_1^4\left(\frac{u}{v}+uv+1\right)\frac{1}{2v}\mathrm{d}v$$

$$=\int_1^2\left(\frac{15}{8}u+\ln 2\right)\mathrm{d}u=\frac{45}{16}+\ln 2.$$

(6) 令 $x=u^2$，$y=v^2$，则 $D'=\{(u,v)\mid 0\leqslant u\leqslant 1,\ 0\leqslant v\leqslant 1-u\}$，$|J|=4u\,v$，于是

$$\iint\limits_{D}(\sqrt{x}+\sqrt{y})\mathrm{d}x\,\mathrm{d}y=\iint\limits_{D'}(u+v)\cdot 4u\,v\,\mathrm{d}u\,\mathrm{d}v=4\int_0^1\mathrm{d}u\int_0^{1-u}(u+v)u\,v\,\mathrm{d}v=\frac{2}{15}.$$

2. 计算 $\displaystyle\iint\limits_{D}\left|\frac{x+y}{\sqrt{2}}-x^2-y^2\right|\mathrm{d}x\,\mathrm{d}y$，$D=\{(x,y)\mid x^2+y^2\leqslant 1\}$。

解法 1 首先将 x 轴、y 轴逆时针旋转 $\dfrac{\pi}{4}$，得 u 轴、v 轴，再利用极坐标计算.

令

$$\begin{cases}x=u\cos\dfrac{\pi}{4}-v\sin\dfrac{\pi}{4}=\dfrac{\sqrt{2}}{2}(u-v),\\[3mm]y=u\sin\dfrac{\pi}{4}+v\cos\dfrac{\pi}{4}=\dfrac{\sqrt{2}}{2}(u+v),\end{cases}$$

则 $D':u^2+v^2\leqslant 1$，且 $|J|=1$，

$$\iint\limits_{D} \left| \frac{x+y}{\sqrt{2}} - x^2 - y^2 \right| \mathrm{d}x\,\mathrm{d}y = \iint\limits_{D'} |u - u^2 - v^2|\,\mathrm{d}u\,\mathrm{d}v.$$

令 $u = \rho\cos\theta,\ v = \rho\sin\theta$，则

$$\iint\limits_{D} \left| \frac{x+y}{\sqrt{2}} - x^2 - y^2 \right| \mathrm{d}x\,\mathrm{d}y = \int_0^{2\pi}\mathrm{d}\theta \int_0^1 |\rho\cos\theta - \rho^2|\,\rho\,\mathrm{d}\rho$$

$$= 2\int_0^{\frac{\pi}{2}}\mathrm{d}\theta \int_0^{\cos\theta}(\rho^2\cos\theta - \rho^3)\mathrm{d}\rho + 2\int_0^{\frac{\pi}{2}}\mathrm{d}\theta \int_{\cos\theta}^1 (\rho^3 - \rho^2\cos\theta)\mathrm{d}\rho + 2\int_{\frac{\pi}{2}}^{\pi}\mathrm{d}\theta\int_0^1 (\rho^2\cos\theta - \rho^3)\mathrm{d}\rho$$

$$= \frac{9}{16}\pi.$$

解法 2　直接利用极坐标计算.

曲线 $\dfrac{x+y}{\sqrt{2}} - x^2 - y^2 = 0$ 的极坐标方程为 $\rho = \dfrac{\cos\theta + \sin\theta}{\sqrt{2}},\ -\dfrac{\pi}{4} \leqslant \theta \leqslant \dfrac{3\pi}{4}$，将积

分区域 D 分为三部分：

$$D_1 = \left\{ (\rho,\theta) \ \middle|\ 0 \leqslant \rho \leqslant \frac{\cos\theta + \sin\theta}{\sqrt{2}},\ -\frac{\pi}{4} \leqslant \theta \leqslant \frac{3\pi}{4} \right\},$$

$$D_2 = \left\{ (\rho,\theta) \ \middle|\ \frac{\cos\theta + \sin\theta}{\sqrt{2}} \leqslant \rho \leqslant 1,\ -\frac{\pi}{4} \leqslant \theta \leqslant \frac{3\pi}{4} \right\},$$

$$D_3 = \left\{ (\rho,\theta) \ \middle|\ 0 \leqslant \rho \leqslant 1,\ \frac{3\pi}{4} \leqslant \theta \leqslant \frac{7\pi}{4} \right\},$$

于是

$$\iint\limits_{D} \left| \frac{x+y}{\sqrt{2}} - x^2 - y^2 \right| \mathrm{d}x\,\mathrm{d}y = \iint\limits_{D} \left| \frac{\rho(\cos\theta + \sin\theta)}{\sqrt{2}} - \rho^2 \right| \rho\,\mathrm{d}\rho\,\mathrm{d}\theta$$

$$= \iint\limits_{D_1} \left[\frac{\rho(\cos\theta + \sin\theta)}{\sqrt{2}} - \rho^2 \right] \rho\,\mathrm{d}\rho\,\mathrm{d}\theta + \iint\limits_{D_2} \left[\rho^2 - \frac{\rho(\cos\theta + \sin\theta)}{\sqrt{2}} \right] \rho\,\mathrm{d}\rho\,\mathrm{d}\theta$$

$$+ \iint\limits_{D_3} \left[\rho^2 - \frac{\rho(\cos\theta + \sin\theta)}{\sqrt{2}} \right] \rho\,\mathrm{d}\rho\,\mathrm{d}\theta$$

$$= \int_{-\frac{\pi}{4}}^{\frac{3\pi}{4}}\mathrm{d}\theta \int_0^{\frac{\cos\theta+\sin\theta}{\sqrt{2}}} \left[\frac{\rho(\cos\theta + \sin\theta)}{\sqrt{2}} - \rho^2 \right] \rho\,\mathrm{d}\rho + \int_{-\frac{\pi}{4}}^{\frac{3\pi}{4}}\mathrm{d}\theta \int_{\frac{\cos\theta+\sin\theta}{\sqrt{2}}}^1 \left[\rho^2 - \frac{\rho(\cos\theta + \sin\theta)}{\sqrt{2}} \right] \rho\,\mathrm{d}\rho$$

$$+ \int_{\frac{3\pi}{4}}^{\frac{7\pi}{4}}\mathrm{d}\theta \int_0^1 \left[\rho^2 - \frac{\rho(\cos\theta + \sin\theta)}{\sqrt{2}} \right] \rho\,\mathrm{d}\rho$$

$$= \frac{9\pi}{16}.$$

3.求下列曲线所围成的区域 D 的面积：

(1) $x + y = a,\ x + y = b,\ y = kx,\ y = mx\ (0 < a < b,\ 0 < k < m)$；

(2) $y^2 = px,\ y^2 = qx,\ xy = a,\ xy = b\ (0 < p < q,\ 0 < a < b)$.

解　(1) 令 $u = x + y,\ v = \dfrac{y}{x}$，则 $D' = \{(u,v) \mid a \leqslant u \leqslant b,\ k \leqslant v \leqslant m\}$，$x =$

$\dfrac{u}{1+v}$，$y = \dfrac{uv}{1+v}$，且 $|J| = \dfrac{u}{(1+v)^2}$，于是所求面积为

$$S = \iint\limits_{D} \mathrm{d}\sigma = \iint\limits_{D'} \frac{u}{(1+v)^2} \mathrm{d}u\,\mathrm{d}v = \int_a^b \mathrm{d}u \int_k^m \frac{u}{(1+v)^2} \mathrm{d}v = \frac{b^2-a^2}{2}\left(\frac{1}{1+k} - \frac{1}{1+m}\right).$$

(2)　令 $u = \dfrac{y^2}{x}$，$v = xy$，则 $D' = \{(u,v) \mid p \leqslant u \leqslant q,\ a \leqslant v \leqslant b\}$，$x = \sqrt[3]{\dfrac{v^2}{u}}$，

$y = \sqrt[3]{uv}$，$|J| = \dfrac{1}{3u}$，于是所求面积为

$$S = \iint\limits_{D} \mathrm{d}\sigma = \iint\limits_{D'} \frac{1}{3u} \mathrm{d}u\,\mathrm{d}v = \frac{1}{3}\int_p^q \mathrm{d}u \int_a^b \frac{1}{u}\mathrm{d}v = \frac{b-a}{3}\ln\frac{q}{p}.$$

4. 设 $f(x,y)$ 在 xOy 面上连续，且 $F(t) = \iint\limits_{D} f(x,y)\mathrm{d}x\,\mathrm{d}y$，其中 D 为 $x^2 + y^2 = t^2$

所围成的区域，求 $\lim\limits_{t \to 0^+} \dfrac{F'(t)}{t}$.

解　因 $F(t) = \iint\limits_{D} f(x,y)\mathrm{d}x\,\mathrm{d}y = \int_0^t \mathrm{d}\rho \int_0^{2\pi} f(\rho\cos\theta, \rho\sin\theta)\rho\,\mathrm{d}\theta$，所以

$$F'(t) = \int_0^{2\pi} t \cdot f(t\cos\theta, t\sin\theta)\mathrm{d}\theta = 2\pi t \cdot f(t\cos\xi, t\sin\xi),$$

从而 $\lim\limits_{t \to 0^+} \dfrac{F'(t)}{t} = \lim\limits_{t \to 0} \dfrac{2\pi t \cdot f(t\cos\xi, t\sin\xi)}{t} = 2\pi f(0,0)$.

5. 设 $f(u)$ 连续，证明：$\iint\limits_{D} f(x-y)\mathrm{d}x\,\mathrm{d}y = \int_{-A}^{A} f(u)(A - |u|)\mathrm{d}u$，其中

$$D = \left\{(x,y) \,\middle|\, |x| \leqslant \frac{A}{2},\ |y| \leqslant \frac{A}{2}\right\}.$$

证法 1　用二重积分的换元法.

令 $u = x + y$，$v = y$，则 $x = u - v$，$y = v$，且 $|J| = 1$，

$$D' = \left\{(u,v) \,\middle|\, -\frac{A}{2} \leqslant v \leqslant u + \frac{A}{2},\ -A \leqslant u \leqslant 0\right\}$$

$$\cup \left\{(u,v) \,\middle|\, u - \frac{A}{2} \leqslant v \leqslant \frac{A}{2},\ 0 \leqslant u \leqslant A\right\},$$

于是

$$\iint\limits_{D} f(x-y)\mathrm{d}x\,\mathrm{d}y = \iint\limits_{D'} f(u)\mathrm{d}u\,\mathrm{d}v = \int_{-A}^{0} \mathrm{d}u \int_{-\frac{A}{2}}^{\frac{A}{2}+u} f(u)\mathrm{d}v + \int_0^A \mathrm{d}u \int_{u-\frac{A}{2}}^{\frac{A}{2}} f(u)\mathrm{d}v$$

$$= \int_{-A}^{0} f(u)(u+A)\mathrm{d}u + \int_0^A f(u)(A-u)\mathrm{d}u$$

$$= \int_{-A}^{A} f(u)(A - |u|)\mathrm{d}u.$$

证法 2　用定积分的换元法并交换一次积分顺序.

$$\iint\limits_{D} f(x-y)\mathrm{d}x\,\mathrm{d}y = \int_{-\frac{A}{2}}^{\frac{A}{2}} \mathrm{d}x \int_{-\frac{A}{2}}^{\frac{A}{2}} f(x-y)\mathrm{d}y = \int_{-\frac{A}{2}}^{\frac{A}{2}} \mathrm{d}x \int_{x-\frac{A}{2}}^{x+\frac{A}{2}} f(t)\mathrm{d}t$$

$$= \int_{-A}^{0} dt \int_{-\frac{A}{2}}^{t+\frac{A}{2}} f(t) dx + \int_{0}^{A} dt \int_{t-\frac{A}{2}}^{\frac{A}{2}} f(t) dx$$

$$= \int_{-A}^{0} f(t)(A+t) dt + \int_{0}^{A} f(t)(A-t) dt$$

$$= \int_{-A}^{A} f(t)(A-|t|) dt = \int_{-A}^{A} f(u)(A-|u|) du.$$

6. (1) 设 $f(x) = \int_{0}^{x} \dfrac{\sin t}{\pi - t} dt$，计算 $\int_{0}^{\pi} f(x) dx$.

(2) 设 $f(u)$ 在 $[0,1]$ 上连续，且 $\int_{0}^{1} f(x) dx = A$，求 $\int_{0}^{1} dx \int_{x}^{1} f(x) f(y) dy$.

解 (1) $\int_{0}^{\pi} f(x) dx = \int_{0}^{\pi} dx \int_{0}^{x} \dfrac{\sin t}{\pi - t} dt = \int_{0}^{\pi} dt \int_{t}^{\pi} \dfrac{\sin t}{\pi - t} dx = \int_{0}^{\pi} \sin t \ dt = 2.$

此题也可用分部积分法计算.

$$\int_{0}^{\pi} f(x) dx = x f(x) \Big|_{0}^{\pi} - \int_{0}^{\pi} x f'(x) dx = \pi \int_{0}^{\pi} \dfrac{\sin t}{\pi - t} dt - \int_{0}^{\pi} x \dfrac{\sin x}{\pi - x} dx$$

$$= \int_{0}^{\pi} (\pi - x) \dfrac{\sin x}{\pi - x} dx = \int_{0}^{\pi} \sin x \ dx = 2.$$

(2) 因为

$$\int_{0}^{1} dx \int_{x}^{1} f(x) f(y) dy = \int_{0}^{1} f(y) dy \int_{0}^{y} f(x) dx = \int_{0}^{1} f(x) dx \int_{0}^{x} f(y) dy = \int_{0}^{1} dx \int_{0}^{x} f(y) f(x) dy,$$

故有

$$\int_{0}^{1} dx \int_{0}^{1} f(x) f(y) dy = \int_{0}^{1} dx \int_{0}^{x} f(y) f(x) dy + \int_{0}^{1} dx \int_{x}^{1} f(y) f(x) dy$$

$$= 2 \int_{0}^{1} dx \int_{x}^{1} f(y) f(x) dy.$$

所以

$$\int_{0}^{1} dx \int_{x}^{1} f(y) f(x) dy = \frac{1}{2} \int_{0}^{1} dx \int_{0}^{1} f(x) f(y) dy = \frac{1}{2} \left(\int_{0}^{1} f(x) dx \right)^{2} = \frac{A^{2}}{2}.$$

7. 计算 $\displaystyle\iint_{D} e^{-(x^2+y^2-\pi)} \sin(x^2 + y^2) \, dx \, dy$，$D = \{(x,y) \mid x^2 + y^2 \leqslant \pi\}$.

解 $\displaystyle\iint_{D} e^{-(x^2+y^2-\pi)} \sin(x^2 + y^2) \, dx \, dy = e^{\pi} \int_{0}^{2\pi} d\theta \int_{0}^{\sqrt{\pi}} e^{-\rho^2} \sin \rho^2 \cdot \rho \, d\rho$

$$= \pi e^{\pi} \int_{0}^{\sqrt{\pi}} e^{-\rho^2} \sin \rho^2 \, d\rho^2 = -\pi e^{\pi} \int_{0}^{\sqrt{\pi}} \sin \rho^2 \, d \, e^{-\rho^2} = \frac{\pi}{2} (1 + e^{\pi}).$$

8. 计算 $\displaystyle\int_{-\infty}^{+\infty} \int_{-\infty}^{+\infty} \min\{x, y\} e^{-x^2-y^2} \, dx \, dy$.

解 $\displaystyle\int_{-\infty}^{+\infty} \int_{-\infty}^{+\infty} \min\{x, y\} e^{-x^2-y^2} \, dx \, dy$

$$= \int_{-\infty}^{+\infty} dy \int_{-\infty}^{y} x \, e^{-x^2-y^2} \, dx + \int_{-\infty}^{+\infty} dx \int_{-\infty}^{x} y \, e^{-x^2-y^2} \, dy$$

$$= 2 \int_{-\infty}^{+\infty} dy \int_{-\infty}^{y} x \, e^{-x^2-y^2} \, dx = 2 \int_{-\infty}^{+\infty} e^{-y^2} \, dy \int_{-\infty}^{y} x \, e^{-x^2} \, dx$$

$$= -\int_{-\infty}^{+\infty} e^{-2y^2}\, dy = -\frac{1}{2}\int_{-\infty}^{+\infty} e^{-\frac{t^2}{2}}\, dt = -\sqrt{\frac{\pi}{2}}.$$

$$\left(注:\ \frac{1}{\sqrt{2\pi}}\int_{-\infty}^{+\infty} e^{-\frac{x^2}{2}}\, dx = 1.\right)$$

习题 10-4

=== **A 类** ===

1. 化三重积分 $\iiint\limits_{\Omega} f(x,y,z)\,dx\,dy\,dz$ 为三次积分：

(1) Ω 由 $z = x^2 + y^2$, $y = x^2$, $y = 1$, $z = 0$ 围成；

(2) Ω 由 $x^2 + y^2 = 4$, $z = 0$, $z = x + y - 10$ 围成；

(3) Ω 由 $z = y$, $z = 0$, $y = \sqrt{1-x^2}$ 围成；

(4) Ω 由 $z = x^2 + 2y^2$, $z = 2 - x^2$ 围成.

解 (1) $\iiint\limits_{\Omega} f(x,y,z)\,dx\,dy\,dz = \int_{-1}^{1} dx \int_{x^2}^{1} dy \int_{0}^{x^2+y^2} f(x,y,z)\,dz.$

(2) $\iiint\limits_{\Omega} f(x,y,z)\,dx\,dy\,dz = \int_{-2}^{2} dx \int_{-\sqrt{4-x^2}}^{\sqrt{4-x^2}} dy \int_{x+y-10}^{0} f(x,y,z)\,dz.$

(3) $\iiint\limits_{\Omega} f(x,y,z)\,dx\,dy\,dz = \int_{-1}^{1} dx \int_{0}^{\sqrt{1-x^2}} dy \int_{0}^{y} f(x,y,z)\,dz.$

(4) $\iiint\limits_{\Omega} f(x,y,z)\,dx\,dy\,dz = \int_{-1}^{1} dx \int_{-\sqrt{1-x^2}}^{\sqrt{1-x^2}} dy \int_{x^2+2y^2}^{2-x^2} f(x,y,z)\,dz.$

2. 计算 $\iiint\limits_{\Omega} \frac{1}{(x+y+z)^3}\,dx\,dy\,dz$, $\Omega = \{(x,y,z) \mid 1 \leqslant x \leqslant 2,\ 1 \leqslant y \leqslant 2,\ 1 \leqslant z \leqslant 2\}$.

解 $\iiint\limits_{\Omega} \frac{1}{(x+y+z)^3}\,dx\,dy\,dz = \int_{1}^{2} dx \int_{1}^{2} dy \int_{1}^{2} \frac{1}{(x+y+z)^3}\,dz = \frac{1}{2}(7\ln 2 - 3\ln 5).$

3. 求 $\iiint\limits_{\Omega} e^{x+y+z}\,dx\,dy\,dz$, Ω 由 $z = -x$, $z = 0$, $y = -x$, $y = 1$ 围成.

解 $\iiint\limits_{\Omega} e^{x+y+z}\,dx\,dy\,dz = \int_{-1}^{0} dx \int_{-x}^{1} dy \int_{0}^{-x} e^{x+y+z}\,dz = 3 - e.$

4. 求 $\iiint\limits_{\Omega} y\cos(x+z)\,dx\,dy\,dz$, Ω 由 $y = \sqrt{x}$, $z = 0$, $y = 0$ 及 $x + z = \frac{\pi}{2}$ 围成.

解 $\iiint\limits_{\Omega} y\cos(x+z)\,dx\,dy\,dz = \int_{0}^{\frac{\pi}{2}} dx \int_{0}^{\sqrt{x}} dy \int_{0}^{\frac{\pi}{2}-x} y\cos(x+z)\,dz = \frac{\pi^2}{16} - \frac{1}{2}.$

5. 求 $\iiint\limits_{\Omega} xy\,\mathrm{d}x\,\mathrm{d}y\,\mathrm{d}z$，$\Omega$ 由 $z=x^2+y^2$，$y^2=x$，$x=1$ 及 $z=0$ 围成.

解 $\iiint\limits_{\Omega} xy\,\mathrm{d}x\,\mathrm{d}y\,\mathrm{d}z = \int_0^1 \mathrm{d}x \int_{-\sqrt{x}}^{\sqrt{x}} \mathrm{d}y \int_0^{x^2+y^2} xy\,\mathrm{d}z = 0.$

6. 求 $\iiint\limits_{\Omega} xy^2z^3\,\mathrm{d}x\,\mathrm{d}y\,\mathrm{d}z$，$\Omega$ 由 $z=xy$，$y=x$，$x=1$ 及 $z=0$ 围成.

解 $\iiint\limits_{\Omega} xy^2z^3\,\mathrm{d}x\,\mathrm{d}y\,\mathrm{d}z = \int_0^1 \mathrm{d}x \int_0^x \mathrm{d}y \int_0^{xy} xy^2z^3\,\mathrm{d}z = \frac{1}{364}.$

7. 求 $\iiint\limits_{\Omega} \mathrm{e}^y\,\mathrm{d}x\,\mathrm{d}y\,\mathrm{d}z$，$\Omega$ 由 $x^2-y^2+z^2=1$，$y=0$，$y=2$ 围成.

解 $\iiint\limits_{\Omega} \mathrm{e}^y\,\mathrm{d}x\,\mathrm{d}y\,\mathrm{d}z = \int_0^2 \mathrm{e}^y\,\mathrm{d}y \iint\limits_{D_{xz}} \mathrm{d}x\,\mathrm{d}z = \int_0^2 \mathrm{e}^y \cdot \pi(1+y^2)\,\mathrm{d}y = 3\pi(\mathrm{e}^2-1).$

8. 计算 $\iiint\limits_{\Omega} y^2\,\mathrm{d}x\,\mathrm{d}y\,\mathrm{d}z$，$\Omega$ 由 $y=x^2-1$，$y=1-x^2$，$z=1$ 及 $z=-1$ 围成.

解 Ω 关于三个坐标面对称，被积函数关于 x,y,z 为偶函数，所以
$$\iiint\limits_{\Omega} y^2\,\mathrm{d}x\,\mathrm{d}y\,\mathrm{d}z = 8\int_0^1 \mathrm{d}x \int_0^{1-x^2} \mathrm{d}y \int_0^1 y^2\,\mathrm{d}z = \frac{128}{105}.$$

9. 计算 $\iiint\limits_{\Omega} (1+x^4)\,\mathrm{d}x\,\mathrm{d}y\,\mathrm{d}z$，$\Omega$ 由 $x^2=y^2+z^2$，$x=1$ 及 $x=2$ 围成.

解 $\iiint\limits_{\Omega} (1+x^4)\,\mathrm{d}x\,\mathrm{d}y\,\mathrm{d}z = \int_1^2 (1+x^4)\,\mathrm{d}x \iint\limits_{D_{yz}} \mathrm{d}y\,\mathrm{d}z = \int_1^2 (1+x^4) \cdot \pi x^2\,\mathrm{d}x = \frac{430}{21}\pi.$

10. 利用三重积分计算曲面所围的立体的体积:

(1) $z=x^2+y^2$，$z=2x^2+2y^2$，$y=x$ 和 $y=x^2$;

(2) $z=x+y$，$z=xy$，$x+y=1$ 及 $x=0$，$y=0$.

解 (1) 所求体积为 $V = \iiint\limits_{\Omega} \mathrm{d}v = \int_0^1 \mathrm{d}x \int_{x^2}^x \mathrm{d}y \int_{x^2+y^2}^{2(x^2+y^2)} \mathrm{d}z = \frac{3}{35}.$

(2) 所求体积为 $V = \iiint\limits_{\Omega} \mathrm{d}v = \int_0^1 \mathrm{d}x \int_0^{1-x} \mathrm{d}y \int_{xy}^{x+y} \mathrm{d}z = \frac{7}{24}.$

=== **B** 类===

1. 改变下列三次积分的积分次序:

(1) $\int_0^1 \mathrm{d}x \int_0^{1-x} \mathrm{d}y \int_0^{x+y} f(x,y,z)\,\mathrm{d}z$; (2) $\int_0^1 \mathrm{d}x \int_0^1 \mathrm{d}y \int_0^{x^2+y^2} f(x,y,z)\,\mathrm{d}z$;

(3) $\int_{-1}^1 \mathrm{d}x \int_{-\sqrt{1-x^2}}^{\sqrt{1-x^2}} \mathrm{d}y \int_{\sqrt{x^2+y^2}}^1 f(x,y,z)\,\mathrm{d}z.$

解 (1) 先对 x，

$$原式 = \int_0^1 dz \int_0^z dy \int_{z-y}^{1-y} f(x,y,z)dx + \int_0^1 dz \int_z^1 dy \int_0^{1-y} f(x,y,z)dx$$

$$= \int_0^1 dy \int_0^y dz \int_0^{1-y} f(x,y,z)dx + \int_0^1 dy \int_y^1 dz \int_{z-y}^{1-y} f(x,y,z)dx.$$

先对 y，

$$原式 = \int_0^1 dz \int_z^1 dx \int_0^{1-x} f(x,y,z)dy + \int_0^1 dz \int_0^z dx \int_{z-x}^{1-x} f(x,y,z)dy$$

$$= \int_0^1 dx \int_0^x dz \int_0^{1-x} f(x,y,z)dy + \int_0^1 dx \int_x^1 dz \int_{z-x}^{1-x} f(x,y,z)dy.$$

（2）先对 x，

$$原式 = \int_0^1 dy \int_0^{y^2} dz \int_0^1 f(x,y,z)dx + \int_0^1 dy \int_{y^2}^{1+y^2} dz \int_{\sqrt{z-y^2}}^1 f(x,y,z)dx$$

$$= \int_0^1 dz \int_{\sqrt{z}}^1 dy \int_0^1 f(x,y,z)dx + \int_0^1 dz \int_0^{\sqrt{z}} dy \int_{\sqrt{z-y^2}}^1 f(x,y,z)dx$$

$$+ \int_1^2 dz \int_{\sqrt{z-1}}^1 dy \int_{\sqrt{z-y^2}}^1 f(x,y,z)dx.$$

先对 y，

$$原式 = \int_0^1 dx \int_0^{x^2} dz \int_0^1 f(x,y,z)dy + \int_0^1 dx \int_{x^2}^{x^2+1} dz \int_{\sqrt{z-x^2}}^1 f(x,y,z)dy$$

$$= \int_0^1 dz \int_{\sqrt{z}}^1 dx \int_0^1 f(x,y,z)dy + \int_0^1 dz \int_0^{\sqrt{z}} dx \int_{\sqrt{z-x^2}}^1 f(x,y,z)dy$$

$$+ \int_1^2 dz \int_{\sqrt{z-1}}^1 dx \int_{\sqrt{z-x^2}}^1 f(x,y,z)dy.$$

（3）先对 x，

$$原式 = \int_{-1}^0 dy \int_{-x}^1 dz \int_{-\sqrt{z^2-y^2}}^{\sqrt{z^2-y^2}} f(x,y,z)dx + \int_0^1 dy \int_y^1 dz \int_{-\sqrt{z^2-y^2}}^{\sqrt{z^2-y^2}} f(x,y,z)dx$$

$$= \int_0^1 dz \int_{-z}^z dy \int_{-\sqrt{z^2-y^2}}^{\sqrt{z^2-y^2}} f(x,y,z)dx.$$

先对 y，

$$原式 = \int_{-1}^0 dx \int_{-x}^1 dz \int_{-\sqrt{z^2-x^2}}^{\sqrt{z^2-x^2}} f(x,y,z)dy + \int_0^1 dx \int_x^1 dz \int_{-\sqrt{z^2-x^2}}^{\sqrt{z^2-x^2}} f(x,y,z)dy$$

$$= \int_0^1 dz \int_{-z}^z dx \int_{-\sqrt{z^2-x^2}}^{\sqrt{z^2-x^2}} f(x,y,z)dy.$$

2. 求 $\iiint\limits_{\Omega} z^2 dx\,dy\,dz$，其中 Ω 为

（1）$x^2 + y^2 + z^2 = 2$ 与 $z = x^2 + y^2$ 围成的含点 $(0,0,1)$ 的部分；

（2）$x^2 + y^2 + z^2 = 2$ 与 $z = x^2 + y^2$ 围成的含点 $(0,0,-1)$ 的部分.

解　（1）$\iiint\limits_{\Omega} z^2 dx\,dy\,dz = \iiint\limits_{\Omega_1} z^2 dx\,dy\,dz + \iiint\limits_{\Omega_2} z^2 dx\,dy\,dz$，其中 Ω_1 为 Ω 中 $z \leqslant 1$ 的部分，Ω_2 为 Ω 中 $z \geqslant 1$ 的部分，故

$$\iiint\limits_{\Omega} z^2 \, \mathrm{d}x \, \mathrm{d}y \, \mathrm{d}z = \int_0^1 z^2 \mathrm{d}z \iint\limits_{x^2+y^2 \leqslant z} \mathrm{d}x \, \mathrm{d}y + \int_1^{\sqrt{2}} z^2 \mathrm{d}z \iint\limits_{x^2+y^2 \leqslant 2-z^2} \mathrm{d}x \, \mathrm{d}y$$

$$= \int_0^1 z^2 \cdot \pi z \, \mathrm{d}z + \int_1^{\sqrt{2}} z^2 \cdot \pi (2-z^2) \mathrm{d}z$$

$$= \left(\frac{8\sqrt{2}}{15} - \frac{13}{60} \right) \pi.$$

(2) 设 Ω_1 为 Ω 中 $z \leqslant 0$ 的部分，Ω_2 为 Ω 中 $z \geqslant 0$ 的部分，故

$$\iiint\limits_{\Omega} z^2 \mathrm{d}x \, \mathrm{d}y \, \mathrm{d}z = \iiint\limits_{\Omega_1} z^2 \mathrm{d}x \, \mathrm{d}y \, \mathrm{d}z + \iiint\limits_{\Omega_2} z^2 \mathrm{d}x \, \mathrm{d}y \, \mathrm{d}z$$

$$= \int_{-\sqrt{2}}^0 z^2 \mathrm{d}z \iint\limits_{x^2+y^2 \leqslant 2-z^2} \mathrm{d}x \, \mathrm{d}y + \int_0^1 z^2 \mathrm{d}z \iint\limits_{z \leqslant x^2+y^2 \leqslant 2-z^2} \mathrm{d}x \, \mathrm{d}y$$

$$= \left(\frac{8\sqrt{2}}{15} + \frac{15}{8} \right) \pi.$$

3. 计算 $\displaystyle\int_0^1 \mathrm{d}x \int_0^{1-x} \mathrm{d}y \int_0^{\frac{y}{2}} \frac{\cos z}{(2z-1)^2} \mathrm{d}z$.

解 $\Omega = \left\{ (x,y,z) \,\middle|\, 0 \leqslant z \leqslant \frac{y}{2}, 0 \leqslant y \leqslant 1-x, 0 \leqslant x \leqslant 1 \right\}$，交换积分次序，

得

$$\int_0^1 \mathrm{d}x \int_0^{1-x} \mathrm{d}y \int_0^{\frac{y}{2}} \frac{\cos z}{(2z-1)^2} \mathrm{d}z = \int_0^{\frac{1}{2}} \frac{\cos z}{(2z-1)^2} \mathrm{d}z \iint\limits_{D_{xy}} \mathrm{d}x \, \mathrm{d}y$$

$$= \int_0^{\frac{1}{2}} \frac{\cos z}{(2z-1)^2} \cdot \frac{1}{2} (1-2z)^2 \mathrm{d}z = \frac{1}{2} \int_0^{\frac{1}{2}} \cos z \, \mathrm{d}z = \frac{1}{2} \sin \frac{1}{2}.$$

4. 证明：$\displaystyle\int_0^x \mathrm{d}v \int_0^v \mathrm{d}u \int_0^u f(t) \mathrm{d}t = \frac{1}{2} \int_0^x (x-t)^2 f(t) \mathrm{d}t$.

证 $\displaystyle\int_0^x \mathrm{d}v \int_0^v \mathrm{d}u \int_0^u f(t) \mathrm{d}t = \int_0^x \mathrm{d}v \int_0^v \mathrm{d}t \int_t^v f(t) \mathrm{d}u = \int_0^x \mathrm{d}v \int_0^v f(t)(v-t) \mathrm{d}t$

$$= \int_0^x \mathrm{d}t \int_t^x f(t)(v-t) \mathrm{d}v = \int_0^x f(t) \cdot \frac{1}{2}(v-t)^2 \bigg|_t^x \mathrm{d}t$$

$$= \frac{1}{2} \int_0^x (x-t)^2 f(t) \mathrm{d}t.$$

5. 设 $f(x)$ 在 $[0,1]$ 上连续，证明：

$$\int_0^1 \mathrm{d}x \int_x^1 \mathrm{d}y \int_x^y f(x)f(y)f(z) \mathrm{d}z = \frac{1}{3!} \left(\int_0^1 f(t) \mathrm{d}t \right)^3.$$

证 因为 $f(x)$ 在 $[0,1]$ 上连续，所以存在函数 $F(x)$，使 $F'(x) = f(x)$，即有 $F(t) = \int_0^t f(x) \mathrm{d}x$，$F(0) = 0$，$F(1) = \int_0^1 f(x) \mathrm{d}x$. 于是

$$\int_0^1 \mathrm{d}x \int_x^1 \mathrm{d}y \int_x^y f(x)f(y)f(z)\mathrm{d}z = \int_0^1 f(x)\mathrm{d}x \int_x^1 f(y)\mathrm{d}y \int_x^y f(z)\mathrm{d}z$$

$$= \int_0^1 f(x)\mathrm{d}x \int_x^1 f(y) \cdot F(z) \Big|_x^y \mathrm{d}y = \int_0^1 f(x)\mathrm{d}x \int_x^1 f(y)(F(y)-F(x))\mathrm{d}y$$

$$= \int_0^1 f(x)\mathrm{d}x \int_x^1 F(y)\mathrm{d}F(y) - \int_0^1 f(x)\mathrm{d}x \int_x^1 f(y)F(x)\mathrm{d}y$$

$$= \int_0^1 f(x) \cdot \frac{1}{2}F^2(y) \Big|_x^1 \mathrm{d}x - \int_0^1 f(x)F(x)F(y)\Big|_x^1 \mathrm{d}x$$

$$= \frac{1}{2}\int_0^1 f(x) \cdot (F^2(1)-F^2(x))\mathrm{d}x - \int_0^1 f(x)F(x)(F(1)-F(x))\mathrm{d}x$$

$$= \frac{1}{2}F^2(1)F(x)\Big|_0^1 - \frac{1}{6}F^3(x)\Big|_0^1 - \frac{1}{2}F(1)F^2(x)\Big|_0^1 + \frac{1}{3}F^3(x)\Big|_0^1$$

$$= \frac{1}{6}F^3(1) = \frac{1}{3!}\left(\int_0^1 f(t)\mathrm{d}t\right)^3.$$

6.(1) 将三重积分 $\int_0^1 \mathrm{d}z \int_0^1 \mathrm{d}x \int_x^1 f(y,1)\mathrm{d}y$ 化为关于变量 y 的单积分.

(2) 将三重积分 $\int_0^1 \mathrm{d}x \int_0^1 \mathrm{d}y \int_0^{x+y} f(z)\mathrm{d}z$ 化为关于变量 z 的单积分.

解　(1) $\int_0^1 \mathrm{d}z \int_0^1 \mathrm{d}x \int_x^1 f(y,1)\mathrm{d}y = \int_0^1 \mathrm{d}z \int_0^1 \mathrm{d}y \int_0^y f(y,1)\mathrm{d}x = \int_0^1 yf(y,1)\mathrm{d}y.$

(2) $\int_0^1 \mathrm{d}x \int_0^1 \mathrm{d}y \int_0^{x+y} f(z)\mathrm{d}z = \int_0^1 \mathrm{d}x \left(\int_0^x \mathrm{d}z \int_0^1 f(z)\mathrm{d}y + \int_x^{x+1} \mathrm{d}z \int_{z-x}^1 f(z)\mathrm{d}y\right)$

$$= \int_0^1 \mathrm{d}x \int_0^x f(z)\mathrm{d}z + \int_0^1 \mathrm{d}x \int_x^{x+1}(1+x-z)f(z)\mathrm{d}z$$

$$= \int_0^1 \mathrm{d}z \int_z^1 f(z)\mathrm{d}x + \int_0^1 \mathrm{d}z \int_0^z (1+x-z)f(z)\mathrm{d}x + \int_1^2 \mathrm{d}z \int_{z-1}^1 (1+x-z)$$
$$f(z)\mathrm{d}x$$

$$= \int_0^1 (1-z)f(z)\mathrm{d}z + \int_0^1 \left(z-\frac{1}{2}z^2\right)f(z)\mathrm{d}z + \int_1^2 \left(2-2z+\frac{1}{2}z^2\right)f(z)\mathrm{d}z$$

$$= \frac{1}{2}\left[\int_0^1 (2-z^2)f(z)\mathrm{d}z + \int_1^2 (2-z)^2 f(z)\mathrm{d}z\right].$$

习题 10-5

=== **A　类** ===

1.选择适当的坐标系计算下列三重积分:

(1) $\iiint\limits_{\Omega}(x^2+y^2+z)\mathrm{d}x\,\mathrm{d}y\,\mathrm{d}z$, 其中 Ω 为曲面 $2z=x^2+y^2$ 及平面 $z=2$ 围成的区域;

(2) $\iiint\limits_{\Omega} e^{-(x^2+y^2)} dx\,dy\,dz$，其中 Ω 为曲面 $x^2 + y^2 = a^2$，$z = a\ (a > 0)$ 及 $z = 0$ 围成的区域；

(3) $\iiint\limits_{\Omega} (x + z) dx\,dy\,dz$，其中 Ω 为曲面 $z = \sqrt{a^2 - x^2 - y^2}$ 及 $z^2 = x^2 + y^2$ 围成的闭区域；

(4) $\iiint\limits_{\Omega} z\,e^{x^2+y^2} dx\,dy\,dz$，其中 Ω 为曲面 $z = \sqrt{x^2 + y^2}$ 及 $z = h\ (h > 0)$ 围成的闭区域；

(5) $\iiint\limits_{\Omega} (x^2 + y^2 + z^2) dx\,dy\,dz$，其中 Ω 为曲面 $x^2 + y^2 + z^2 = 4$ 所围的区域；

(6) $\iiint\limits_{\Omega} \dfrac{\ln(1 + \sqrt{x^2 + y^2})}{x^2 + y^2} dx\,dy\,dz$，其中 Ω 为曲面 $z = x^2 + y^2$，$z = \sqrt{x^2 + y^2}$ 所围的区域；

(7) $\iiint\limits_{\Omega} (x^2 + y^2) dx\,dy\,dz$，$\Omega = \{(x,y,z) \mid a^2 \leqslant x^2 + y^2 + z^2 \leqslant b^2,\ x \geqslant 0,\ y \geqslant 0\}$；

(8) $\iiint\limits_{\Omega} z\sqrt{x^2 + y^2} dx\,dy\,dz$，其中 Ω 为曲面 $y = \sqrt{2x - x^2}$ 及平面 $z = 2$，$z = 0$，$y = 0$ 围成的区域；

(9) $\iiint\limits_{\Omega} \sqrt{x^2 + y^2 + z^2}\,dx\,dy\,dz$，其中 Ω 为曲面 $z = \sqrt{a^2 - x^2 - y^2}$ 及 $z = \sqrt{3x^2 + 3y^2}$ 围成的区域；

(10) $\iiint\limits_{\Omega} \dfrac{\sin\sqrt{x^2 + y^2 + z^2}}{x^2 + y^2 + z^2} dx\,dy\,dz$，其中 $\Omega = \{(x,y,z) \mid 1 \leqslant x^2 + y^2 + z^2 \leqslant 4,\ x \geqslant 0,\ y \geqslant 0\}$．

解 (1) $\iiint\limits_{\Omega} (x^2 + y^2 + z) dx\,dy\,dz = \int_0^{2\pi} d\theta \int_0^2 \rho\,d\rho \int_{\frac{\rho^2}{2}}^2 (\rho^2 + z) dz = \dfrac{32\pi}{3}$．

(2) $\iiint\limits_{\Omega} e^{-(x^2+y^2)} dx\,dy\,dz = \int_0^{2\pi} d\theta \int_0^a \rho\,d\rho \int_0^a e^{-\rho^2} dz = \pi a(1 - e^{-a^2})$．

(3) 因为区域 Ω 关于 yOz 面对称，函数 $f(x,y,z) = x$ 关于 x 为奇函数，所以 $\iiint\limits_{\Omega} x\,dx\,dy\,dz = 0$，故

$$\iiint\limits_{\Omega} (x + z) dx\,dy\,dz = \iiint\limits_{\Omega} z\,dx\,dy\,dz = \int_0^{2\pi} d\theta \int_0^{\frac{\pi}{4}} d\varphi \int_0^a r\cos\varphi \cdot r^2 \sin\varphi\,dr$$

$$= 2\pi \cdot \dfrac{a^4}{4} \cdot \int_0^{\frac{\pi}{4}} \sin\varphi\cos\varphi\,d\varphi = \dfrac{\pi a^4}{8}．$$

(4) $\iiint\limits_{\Omega} z\,e^{x^2+y^2} dx\,dy\,dz = \int_0^{2\pi} d\theta \int_0^h \rho\,d\rho \int_\rho^h z\,e^{\rho^2} dz = \dfrac{\pi}{2}(e^{h^2} - h^2 - 1)$．

(5) $\iiint\limits_{\Omega} (x^2 + y^2 + z^2) dx\,dy\,dz = \int_0^{2\pi} d\theta \int_0^\pi d\varphi \int_0^2 r^2 \cdot r^2 \sin\varphi\,dr = \dfrac{128}{5}\pi$．

(6) $\iiint\limits_{\Omega} \dfrac{\ln(1+\sqrt{x^2+y^2})}{x^2+y^2}\mathrm{d}x\,\mathrm{d}y\,\mathrm{d}z = \displaystyle\int_0^{2\pi}\mathrm{d}\theta\int_0^1\rho\,\mathrm{d}\rho\int_{\rho^2}^{\rho}\dfrac{\ln(1+\rho)}{\rho^2}\mathrm{d}z = \pi\left(4\ln 2 - \dfrac{5}{2}\right).$

(7) $\iiint\limits_{\Omega} (x^2+y^2)\mathrm{d}x\,\mathrm{d}y\,\mathrm{d}z = \displaystyle\int_0^{\frac{\pi}{2}}\mathrm{d}\theta\int_0^{\pi}\mathrm{d}\varphi\int_a^b r^2\sin^2\varphi\cdot r^2\sin\varphi\,\mathrm{d}r = \dfrac{2\pi}{15}(b^5-a^5).$

(8) $\iiint\limits_{\Omega} z\sqrt{x^2+y^2}\,\mathrm{d}x\,\mathrm{d}y\,\mathrm{d}z = \displaystyle\int_0^{\frac{\pi}{2}}\mathrm{d}\theta\int_0^{2\cos\theta}\rho\,\mathrm{d}\rho\int_0^2 z\rho\,\mathrm{d}z = \dfrac{32}{9}.$

(9) $\iiint\limits_{\Omega} \sqrt{x^2+y^2+z^2}\,\mathrm{d}x\,\mathrm{d}y\,\mathrm{d}z = \displaystyle\int_0^{2\pi}\mathrm{d}\theta\int_0^{\frac{\pi}{6}}\mathrm{d}\varphi\int_0^a r\cdot r^2\sin\varphi\,\mathrm{d}r = \dfrac{\pi a^4}{4}(2-\sqrt{3}).$

(10) $\iiint\limits_{\Omega} \dfrac{\sin\sqrt{x^2+y^2+z^2}}{x^2+y^2+z^2}\,\mathrm{d}x\,\mathrm{d}y\,\mathrm{d}z = \displaystyle\int_0^{\frac{\pi}{2}}\mathrm{d}\theta\int_0^{\pi}\mathrm{d}\varphi\int_1^2\dfrac{\sin r}{r^2}\cdot r^2\sin\varphi\,\mathrm{d}r = \pi(\cos 1 -$

$\cos 2).$

2. 利用“先二后一”的方法计算下列三重积分：

(1) $\iiint\limits_{\Omega} z\,\mathrm{d}x\,\mathrm{d}y\,\mathrm{d}z$，其中 Ω 为曲面 $z=\sqrt{2-x^2-y^2}$ 及 $z=x^2+y^2$ 围成的区域；

(2) $\iiint\limits_{\Omega} \dfrac{\mathrm{e}^z}{\sqrt{x^2+y^2}}\mathrm{d}x\,\mathrm{d}y\,\mathrm{d}z$，其中 Ω 由曲面 $z=\sqrt{x^2+y^2}$，$z=1$ 及 $z=2$ 围成；

(3) $\iiint\limits_{\Omega} \mathrm{e}^y\,\mathrm{d}x\,\mathrm{d}y\,\mathrm{d}z$，其中 Ω 由曲面 $x^2-y^2+z^2=1$ 及 $y=0$，$y=2$ 围成；

(4) $\iiint\limits_{\Omega} x\,\mathrm{d}x\,\mathrm{d}y\,\mathrm{d}z$，其中 Ω 由曲面 $x=y^2+z^2$，$x=1$ 及 $x=2$ 围成．

解　(1) 设 Ω_1 为 Ω 中 $z\leqslant 1$ 的部分，Ω_2 为 Ω 中 $z\geqslant 1$ 的部分，

$$\iiint\limits_{\Omega} z\,\mathrm{d}x\,\mathrm{d}y\,\mathrm{d}z = \int_0^1 z\,\mathrm{d}z\iint\limits_{D_1}\mathrm{d}x\,\mathrm{d}y + \int_1^{\sqrt{2}} z\,\mathrm{d}z\iint\limits_{D_2}\mathrm{d}x\,\mathrm{d}y$$

$$= \int_0^1 z\cdot\pi z\,\mathrm{d}z + \int_1^{\sqrt{2}} z\cdot\pi(2-z^2)\,\mathrm{d}z = \dfrac{7\pi}{12}.$$

(2) $\iiint\limits_{\Omega} \dfrac{\mathrm{e}^z}{\sqrt{x^2+y^2}}\mathrm{d}x\,\mathrm{d}y\,\mathrm{d}z = \displaystyle\int_1^2 \mathrm{e}^z\,\mathrm{d}z\iint\limits_D \dfrac{1}{\sqrt{x^2+y^2}}\mathrm{d}x\,\mathrm{d}y = \int_1^2 \mathrm{e}^z\,\mathrm{d}z\iint\limits_D\mathrm{d}\rho\,\mathrm{d}\theta$

$$= \int_1^2 \mathrm{e}^z\,\mathrm{d}z\int_0^{2\pi}\mathrm{d}\theta\int_0^z\mathrm{d}\rho = 2\pi\,\mathrm{e}^2.$$

(3) $\iiint\limits_{\Omega} \mathrm{e}^y\,\mathrm{d}x\,\mathrm{d}y\,\mathrm{d}z = \displaystyle\int_0^2 \mathrm{e}^y\,\mathrm{d}y\iint\limits_D\mathrm{d}x\,\mathrm{d}z = \int_0^2 \mathrm{e}^y\cdot\pi(1+y^2)\,\mathrm{d}y = 3\pi(\mathrm{e}^2-1).$

(4) $\iiint\limits_{\Omega} x\,\mathrm{d}x\,\mathrm{d}y\,\mathrm{d}z = \displaystyle\int_1^2 x\,\mathrm{d}x\iint\limits_D\mathrm{d}y\,\mathrm{d}z = \int_1^2 x\cdot\pi x\,\mathrm{d}x = \dfrac{7}{3}\pi.$

3. 利用三重积分求下列立体的体积：

(1) 曲面 $x^2+y^2+z^2=a^2$，$x^2+y^2+z^2=b^2$ 及 $z=\sqrt{x^2+y^2}$ $(b>a>0)$；

(2) $z=6-x^2-y^2$ 及 $z=\sqrt{x^2+y^2}$；

(3) $x^2 + y^2 + z^2 \leqslant 2az$，$x^2 + y^2 \geqslant z^2$.

解 （1）所求体积为 $V = \iiint\limits_{\Omega} \mathrm{d}v = \int_0^{2\pi} \mathrm{d}\theta \int_0^{\frac{\pi}{4}} \mathrm{d}\varphi \int_a^b r^2 \sin\varphi \, \mathrm{d}r = \dfrac{2 - \sqrt{2}}{3}(b^3 - a^3)\pi$.

（2）所求体积为 $V = \iiint\limits_{\Omega} \mathrm{d}v = \int_0^{2\pi} \mathrm{d}\theta \int_0^2 \rho \, \mathrm{d}\rho \int_\rho^{6-\rho^2} \mathrm{d}z = \dfrac{32}{3}\pi$.

（3）所求体积为 $V = \iiint\limits_{\Omega} \mathrm{d}v = \int_0^{2\pi} \mathrm{d}\theta \int_{\frac{\pi}{4}}^{\frac{\pi}{2}} \mathrm{d}\varphi \int_0^{2a\cos\varphi} r^2 \sin\varphi \, \mathrm{d}r = \dfrac{\pi}{3}a^3$.

4. 曲面 $x^2 + y^2 + az = 4a^2$ 将球体 $x^2 + y^2 + z^2 \leqslant 4az$ 分成两部分，求这两部分的体积比.

解 旋转抛物面 $x^2 + y^2 + az = 4a^2$ 和球面 $x^2 + y^2 + z^2 = 4az$ 在柱面坐标下的方程分别为

$$\rho^2 + az = 4a^2 \quad \text{和} \quad \rho^2 + z^2 = 4az.$$

联立方程求解，得两曲面的交线位于平面 $z = a$ 上，于是两曲面的交线的投影柱面为 $\rho = \sqrt{3}a$. 设 V_1 为含在球内位于抛物面内的部分的体积，V_2 为位于球面与抛物面之间的部分的体积，则 $V_1 + V_2 = V_{球}$，而 $V_{球} = \dfrac{32}{3}\pi a^3$，

$$V_1 = \iiint\limits_{\Omega} \mathrm{d}v = \int_0^{2\pi} \mathrm{d}\theta \int_0^{\sqrt{3}a} \rho \, \mathrm{d}\rho \int_{2a-\sqrt{4a^2-\rho^2}}^{\frac{1}{a}(4a^2-\rho^2)} \mathrm{d}z = \dfrac{37}{6}\pi a^3,$$

故 $V_2 = V_{球} - V_1 = \dfrac{27}{6}\pi a^3$，从而 $V_1 : V_2 = 37 : 27$.

5. 设 Ω 为球面 $x^2 + y^2 + z^2 = 1$ 围成的空间区域. 试证：

$$\iiint\limits_{\Omega} f(z)\mathrm{d}x\,\mathrm{d}y\,\mathrm{d}z = \pi \int_{-1}^1 f(z)(1 - z^2)\mathrm{d}z.$$

证 $\iiint\limits_{\Omega} f(z)\mathrm{d}x\,\mathrm{d}y\,\mathrm{d}z = \int_{-1}^1 f(z)\mathrm{d}z \iint\limits_{D} \mathrm{d}x\,\mathrm{d}y = \pi \int_{-1}^1 f(z)(1 - z^2)\mathrm{d}z$.

6. 设 $f(x)$ 为连续函数，$F(t) = \iiint\limits_{\Omega} f(x^2 + y^2 + z^2)\mathrm{d}v$，$\Omega$ 为 $x^2 + y^2 + z^2 = t^2$ $(t > 0)$ 所围区域，求 $F'(t)$.

解 $F(t) = \iiint\limits_{\Omega} f(x^2 + y^2 + z^2)\mathrm{d}v = \int_0^{2\pi} \mathrm{d}\theta \int_0^{\pi} \sin\varphi \, \mathrm{d}\varphi \int_0^t f(r^2)r^2 \mathrm{d}r = 4\pi \int_0^t f(r^2)r^2 \mathrm{d}r$，$F'(t) = 4\pi t^2 f(t^2)$.

══ B 类 ══

1. 求 $\iiint\limits_{\Omega} |z| \mathrm{d}x\,\mathrm{d}y\,\mathrm{d}z$，其中 Ω 为 $x^2 + y^2 + z^2 \leqslant a^2$.

解 设 Ω_1 为 Ω 中 $z \geqslant 0$ 的部分，则有

$$\iiint\limits_{\Omega} |z| \, dx \, dy \, dz = 2\iiint\limits_{\Omega_1} z \, dx \, dy \, dz = 2\int_0^{2\pi} d\theta \int_0^{\frac{\pi}{2}} d\varphi \int_0^a r^3 \cos\varphi \, \sin\varphi \, dr = \frac{\pi a^4}{2}.$$

2. 求 $\iiint\limits_{\Omega} e^{|z|} \, dx \, dy \, dz$，其中 Ω 为 $x^2 + y^2 + z^2 \leqslant 1$.

解　设 Ω_1 为 Ω 中 $z \leqslant 0$ 的部分，Ω_2 为 Ω 中 $z \geqslant 0$ 的部分，则有

$$\iiint\limits_{\Omega} e^{|z|} \, dx \, dy \, dz = \iiint\limits_{\Omega_1} e^{-z} \, dx \, dy \, dz + \iiint\limits_{\Omega_2} e^z \, dx \, dy \, dz = \int_{-1}^0 e^{-z} \, dz \iint\limits_D d\sigma + \int_0^1 e^z \, dz \iint\limits_D d\sigma$$

$$= \int_{-1}^0 e^{-z} \cdot \pi(1 - z^2) \, dz + \int_0^1 e^z \cdot \pi(1 - z^2) \, dz$$

$$= 2\pi \int_0^1 e^z \cdot (1 - z^2) \, dz = 2\pi.$$

3. 求 $\iiint\limits_{\Omega} \left| \sqrt{x^2 + y^2 + z^2} - 1 \right| \, dx \, dy \, dz$，其中 Ω 为 $z = \sqrt{x^2 + y^2}$ 及 $z = 1$ 所围区域.

解　添加辅助面 $\Sigma_1 : x^2 + y^2 + z^2 = 1$. 设 Ω_1 为球面与锥面 Σ_1 围成区域的体积，Ω_2 为位于球面与锥面 Σ_1 及平面之间的部分的体积，则

$$\iiint\limits_{\Omega} \left| \sqrt{x^2 + y^2 + z^2} - 1 \right| \, dx \, dy \, dz$$

$$= \iiint\limits_{\Omega_1} (1 - \sqrt{x^2 + y^2 + z^2}) \, dx \, dy \, dz + \iiint\limits_{\Omega_2} (\sqrt{x^2 + y^2 + z^2} - 1) \, dx \, dy \, dz$$

$$= \int_0^{2\pi} d\theta \int_0^{\frac{\pi}{4}} d\varphi \int_0^1 (1 - r) r^2 \sin\varphi \, dr + \int_0^{2\pi} d\theta \int_0^{\frac{\pi}{4}} d\varphi \int_1^{\frac{1}{\cos\varphi}} (1 - r) r^2 \sin\varphi \, dr$$

$$= \left(\frac{1}{6} - \frac{\sqrt{2}}{12} \right)\pi + \left(\frac{1}{3} - \frac{\sqrt{2}}{4} \right)\pi = \left(\frac{1}{2} - \frac{\sqrt{2}}{3} \right)\pi.$$

4. 求 $\iiint\limits_{\Omega} (x^2 + y^2) \, dx \, dy \, dz$，其中 Ω 为平面曲线 $\begin{cases} (x-b)^2 + z^2 = a^2, \\ y = 0 \end{cases}$ 绕 x 轴旋转一周而成的旋转面.

解　旋转面方程为 $(x - b)^2 + y^2 + z^2 = a^2$. 令 $x - b = u$，则在 uyz 坐标系下的区域为 $\Omega_1 : u^2 + y^2 + z^2 \leqslant a^2$，故

$$\iiint\limits_{\Omega} (x^2 + y^2) \, dx \, dy \, dz = \iiint\limits_{\Omega_1} [(u + b)^2 + y^2] \, du \, dy \, dz,$$

即

$$\iiint\limits_{\Omega} (x^2 + y^2) \, dx \, dy \, dz = \int_{-a}^a dz \int_0^{2\pi} d\theta \int_0^{\sqrt{a^2 - z^2}} (\rho^2 + 2b\rho \cos\theta + b^2) \rho \, d\rho$$

$$= \int_{-a}^a dz \int_0^{2\pi} \left[\frac{1}{4} (a^2 - z^2)^2 + \frac{2b}{3} \cos\theta \cdot \sqrt{(a^2 - z^2)^3} + \frac{b^2}{2} (a^2 - z^2) \right] d\theta$$

$$= 2\pi \int_{-a}^a \left[\frac{1}{4} (a^2 - z^2)^2 + \frac{b^2}{2} (a^2 - z^2) \right] dz = \frac{4\pi a^3}{15} (2a^2 + 5b^2).$$

5. 利用三重积分的换元法计算：

(1) $\iiint\limits_{\Omega}(y-z)\arctan z \, \mathrm{d}v$，其中 Ω 由曲面 $x^2+\dfrac{1}{2}(y-z)^2=R^2$ 及 $z=0$, $z=h$

$(h>0)$ 围成；

(2) $\iiint\limits_{\Omega}x^2\,\mathrm{d}x\,\mathrm{d}y\,\mathrm{d}z$，其中 Ω 由曲面 $\sqrt{z}=y$, $\sqrt{z}=2y$, $z=x$, $z=2x$ 及 $z=h$ $(h>$

$0)$ 围成.

解 (1) 令 $x=u$, $y-z=\sqrt{2}\,v$, $z=w$, 则 $\dfrac{\partial(x,y,z)}{\partial(u,v,w)}=\sqrt{2}$, 在 uvw 坐标下的 Ω'

由曲面 $u^2+v^2=R^2$, $w=0$, $w=h$ 围成，故有

$$\iiint\limits_{\Omega}(y-z)\arctan z \, \mathrm{d}x\,\mathrm{d}y\,\mathrm{d}z=\iiint\limits_{\Omega'}\sqrt{2}\,v\arctan w\cdot\sqrt{2}\,\mathrm{d}u\,\mathrm{d}v\,\mathrm{d}w=2\iiint\limits_{\Omega'}v\arctan w\,\mathrm{d}u\,\mathrm{d}v\,\mathrm{d}w.$$

因为 Ω' 关于 uOw 面对称，而函数 $f(u,v,w)=v\arctan w$ 关于 v 为奇函数，故

$$\iiint\limits_{\Omega}(y-z)\arctan z \, \mathrm{d}x\,\mathrm{d}y\,\mathrm{d}z=2\iiint\limits_{\Omega'}v\arctan w\,\mathrm{d}u\,\mathrm{d}v\,\mathrm{d}w=0.$$

(2) 令 $u=\dfrac{z}{y^2}$, $v=\dfrac{z}{x}$, $w=z$, 于是 $x=\dfrac{w}{v}$, $y=\sqrt{\dfrac{w}{u}}$, $z=w$, $\dfrac{\partial(x,y,z)}{\partial(u,v,w)}=$

$\dfrac{-\sqrt{w^3}}{2v^2\sqrt{u^3}}$, 且 $\Omega'=\{(u,v,w)\mid 1\leqslant u\leqslant 4,1\leqslant v\leqslant 2,0\leqslant w\leqslant h\}$, 故

$$\iiint\limits_{\Omega}x^2\,\mathrm{d}x\,\mathrm{d}y\,\mathrm{d}z=\int_1^4\mathrm{d}u\int_1^2\mathrm{d}v\int_0^h\dfrac{w^2}{v^2}\cdot\dfrac{\sqrt{w^3}}{2v^2\sqrt{u^3}}\,\mathrm{d}w=\dfrac{7\sqrt{h^9}}{216}.$$

6. 求曲面 $az=a^2-x^2-y^2$, $z=a-x-y$ 及三坐标面所围的立体的体积.

解 所求体积为

$$V=\int_0^a\mathrm{d}x\int_0^{\sqrt{a^2-x^2}}\mathrm{d}y\int_0^{\frac{a^2-x^2-y^2}{a}}\mathrm{d}z-\int_0^a\mathrm{d}x\int_0^{a-x}\mathrm{d}y\int_0^{a-x-y}\mathrm{d}z=\dfrac{a^3}{24}(3\pi-4).$$

7. 证明：曲面 $z=x^2+y^2+1$ 上任一点处的切平面与曲面 $z=x^2+y^2$ 所围的立体的体积为常数.

证 设曲面 $z=x^2+y^2+1$ 上的点为 $M_0(x_0,y_0,z_0)$. 过此点的切平面方程为 $2x_0(x-x_0)+2y_0(y-y_0)-(z-z_0)=0$, 即

$$2x_0x+2y_0y-z-z_0+2=0,$$

可求得切平面与曲面 $z=x^2+y^2$ 的交线的投影柱面为 $(x-x_0)^2+(y-y_0)^2=1$. 故所求体积为

$$V=\iint\limits_{D_{xy}}\mathrm{d}x\,\mathrm{d}y\int_{x^2+y^2}^{2x_0x+2y_0y-z_0+2}\mathrm{d}z=\iint\limits_{D_{xy}}[1-(x-x_0)^2-(y-y_0)^2]\,\mathrm{d}x\,\mathrm{d}y$$

$$=\int_0^{2\pi}\mathrm{d}\theta\int_0^1(1-\rho^2)\rho\,\mathrm{d}\rho=\dfrac{\pi}{2}.$$

8. 设 $f(x)$ 是连续函数, $F(t) = \iiint\limits_{\Omega}(z^2 + f(x^2+y^2))\mathrm{d}v$, 其中 $\Omega = \{(x,y,z) \mid x^2 + y^2 \leqslant t^2, 0 \leqslant z \leqslant h\}$ $(h > 0, t > 0)$, 求 $\lim\limits_{t \to 0^+} \dfrac{F(t)}{t^2}$.

解　$F(t) = \iiint\limits_{\Omega}(z^2 + f(x^2+y^2))\mathrm{d}v = \int_0^h z^2 \mathrm{d}z \iint\limits_D \mathrm{d}x\,\mathrm{d}y + \int_0^{2\pi}\mathrm{d}\theta\int_0^t \rho\,\mathrm{d}\rho\int_0^h f(\rho^2)\mathrm{d}z$

$$= \int_0^h z^2 \cdot \pi t^2 \mathrm{d}z + 2\pi h\int_0^t \rho f(\rho^2)\mathrm{d}\rho = \frac{1}{3}\pi h^3 t^2 + 2\pi h\int_0^t \rho f(\rho^2)\mathrm{d}\rho,$$

$$\lim_{t \to 0^+} \frac{F(t)}{t^2} = \lim_{t \to 0^+} \frac{\dfrac{2}{3}\pi h^3 t + 2\pi h \cdot t f(t^2)}{2t} = \lim_{t \to 0^+}\left(\frac{1}{3}\pi h^3 + \pi h f(t^2)\right) = \frac{1}{3}\pi h^3 + \pi h f(0).$$

9. 设函数 $f(x)$ 是连续函数且恒大于零,

$$F(t) = \frac{\displaystyle\iiint\limits_{\Omega}f(x^2+y^2+z^2)\mathrm{d}x\,\mathrm{d}y\,\mathrm{d}z}{\displaystyle\iint\limits_D f(x^2+y^2)\mathrm{d}x\,\mathrm{d}y}, \qquad G(t) = \frac{\displaystyle\iint\limits_D f(x^2+y^2)\mathrm{d}x\,\mathrm{d}y}{\displaystyle\int_{-t}^t f(x^2)\mathrm{d}x},$$

其中, $\Omega = \{(x,y,z) \mid x^2 + y^2 + z^2 \leqslant t^2\}$, $D = \{(x,y) \mid x^2 + y^2 \leqslant t^2\}$.

(1) 讨论 $F(t)$ 在 $[0, +\infty)$ 内的单调性.

(2) 证明: 当 $t > 0$ 时, $F(t) > \dfrac{2}{\pi}G(t)$.

解　(1) $F(t) = \dfrac{\displaystyle\iiint\limits_{\Omega}f(x^2+y^2+z^2)\mathrm{d}x\,\mathrm{d}y\,\mathrm{d}z}{\displaystyle\iint\limits_D f(x^2+y^2)\mathrm{d}x\,\mathrm{d}y} = \dfrac{\displaystyle\int_0^{2\pi}\mathrm{d}\theta\int_0^{\pi}\mathrm{d}\varphi\int_0^t r^2\sin\varphi\, f(r^2)\mathrm{d}r}{\displaystyle\int_0^{2\pi}\mathrm{d}\theta\int_0^t \rho f(\rho^2)\mathrm{d}\rho}$

$$= \frac{4\pi\displaystyle\int_0^t r^2 f(r^2)\mathrm{d}r}{2\pi\displaystyle\int_0^t \rho f(\rho^2)\mathrm{d}\rho} = \frac{2\displaystyle\int_0^t r^2 f(r^2)\mathrm{d}r}{\displaystyle\int_0^t r f(r^2)\mathrm{d}r},$$

$$F'(t) = 2\frac{t^2 f(t^2)\displaystyle\int_0^t r f(r^2)\mathrm{d}r - t f(t^2)\displaystyle\int_0^t r^2 f(r^2)\mathrm{d}r}{\left(\displaystyle\int_0^t r f(r^2)\mathrm{d}r\right)^2} = 2\frac{t f(t^2)\displaystyle\int_0^t r(t-r)f(r^2)\mathrm{d}r}{\left(\displaystyle\int_0^t r f(r^2)\mathrm{d}r\right)^2}.$$

因为 $f(t) > 0$, $t > 0$, $t - r > 0$, 所以 $\displaystyle\int_0^t r(t-r)f(r^2)\mathrm{d}r > 0$, 从而 $F'(t) > 0$, 故 $F(t)$ 在 $[0, +\infty)$ 内单调增加.

(2) $G(t) = \dfrac{\displaystyle\iint\limits_D f(x^2+y^2)\mathrm{d}x\,\mathrm{d}y}{\displaystyle\int_{-t}^t f(x^2)\mathrm{d}x} = \dfrac{\displaystyle\int_0^{2\pi}\mathrm{d}\theta\int_0^t f(\rho^2)\rho\,\mathrm{d}\rho}{\displaystyle\int_{-t}^t f(x^2)\mathrm{d}x} = \dfrac{\pi\displaystyle\int_0^t f(\rho^2)\rho\,\mathrm{d}\rho}{\displaystyle\int_0^t f(x^2)\mathrm{d}x}$

$$= \frac{\pi\displaystyle\int_0^t f(r^2)r\,\mathrm{d}r}{\displaystyle\int_0^t f(r^2)\mathrm{d}r},$$

于是

$$F(t) - \frac{2}{\pi}G(t) = \frac{2\int_0^t r^2 f(r^2)\mathrm{d}r}{\int_0^t rf(r^2)\mathrm{d}r} - \frac{2\int_0^t rf(r^2)\mathrm{d}r}{\int_0^t f(r^2)\mathrm{d}r}$$

$$= 2\frac{\int_0^t r^2 f(r^2)\mathrm{d}r \cdot \int_0^t f(r^2)\mathrm{d}r - \left(\int_0^t rf(r^2)\mathrm{d}r\right)^2}{\int_0^t rf(r^2)\mathrm{d}r \cdot \int_0^t f(r^2)\mathrm{d}r}.$$

令 $g(t) = \int_0^t r^2 f(r^2)\mathrm{d}r \cdot \int_0^t f(r^2)\mathrm{d}r - \left(\int_0^t rf(r^2)\mathrm{d}r\right)^2$，则

$$g'(t) = f(t^2)\int_0^t f(r^2)r^2\mathrm{d}r + f(t^2)t^2\int_0^t f(r^2)\mathrm{d}r - 2tf(t^2)\int_0^t rf(r^2)\mathrm{d}r$$

$$= f(t^2)\int_0^t (r^2 f(r^2) + t^2 f(r^2) - 2trf(r^2))\mathrm{d}r$$

$$= f(t^2)\int_0^t f(r^2)(t-r)^2\mathrm{d}r > 0.$$

因为 $g'(t) > 0$，故 $g(t)$ 在 $(0, +\infty)$ 内单调增加，即 $t > 0$ 时，$g(t) > g(0) = 0$，而 $\int_0^t f(r^2)\mathrm{d}r > 0$，$\int_0^t rf(r^2)\mathrm{d}r > 0$，所以 $F(t) - \frac{2}{\pi}G(t) > 0$，即 $F(t) > \frac{2}{\pi}G(t)$.

总习题十

1. 填空题

(1) 变换累次积分次序：

① $\displaystyle\int_0^1 \mathrm{d}x \int_{x-1}^{\sqrt{1-x^2}} f(x,y)\mathrm{d}y = $ _____；

② $\displaystyle\int_0^1 \mathrm{d}x \int_{-\sqrt{x}}^{\sqrt{x}} f(x,y)\mathrm{d}y + \int_1^4 \mathrm{d}x \int_{x-2}^{\sqrt{x}} f(x,y)\mathrm{d}y = $ _____.

(2) 将二次积分 $\displaystyle\int_0^1 \mathrm{d}y \int_{-y}^{\sqrt{2y-y^2}} f(x,y)\mathrm{d}x$ 化为极坐标系下的二次积分：_____.

(3) 设区域 $D = \left\{(x,y) \,\middle|\, -1 \leqslant x \leqslant \sin y, -\dfrac{\pi}{2} \leqslant y \leqslant \dfrac{\pi}{2}\right\}$，则 $\displaystyle\iint_D x(\sin y - 1)\mathrm{d}\sigma = $

_____.

(4) 曲面 $z = x^2 + 2y^2$ 与 $z = 2 - x^2$ 所围的立体的体积为 _____.

(5) $\displaystyle\int_0^1 \mathrm{d}y \int_{\arcsin y}^{\pi - \arcsin y} x\,\mathrm{d}x = $ _____.

(6) $\displaystyle\iint_{x^2+y^2\leqslant 1} (2x+y)^2 \mathrm{d}x\,\mathrm{d}y = $ _____.

(7) 设 $I = \displaystyle\iiint_\Omega f(\sqrt{x^2+y^2+z^2})\mathrm{d}v$，其中 Ω 为曲面 $z = \sqrt{3(x^2+y^2)}$，$x^2 + y^2 - y = 0$ 及平面 $z = 0$ 围成的区域. 将 I 化为累次积分，则在直角坐标系下，$I = $ _____；

在柱面坐标系下，$I = $ _____.

(8) 设 Ω 为曲面 $z = x^2 + y^2$ 和 $z = \sqrt{x^2 + y^2}$ 围成的闭区域，$f(x,y,z)$ 在 Ω 上连续，将 $I = \iiint\limits_{\Omega} f(x,y,z)\mathrm{d}v$ 化为三次积分，则在直角坐标系下，$I = $ _____；在柱面坐标系下，$I = $ _____；在球面坐标系下，$I = $ _____.

(9) 设 Ω 为球 $x^2 + y^2 + z^2 \leqslant 1$，则 $\iiint\limits_{\Omega} \dfrac{z \ln(x^2 + y^2 + z^2 + 1)}{x^2 + y^2 + z^2 + 1} \mathrm{d}v = $ _____.

(10) ① 若积分 $\iiint\limits_{x^2+y^2+z^2 \leqslant R^2} f(x^2 + y^2 + z^2)\mathrm{d}v$ 可化为定积分 $\int_0^R \varphi(x)\mathrm{d}x$，则 $\varphi(x)$ = _____.

② 若积分 $\iiint\limits_{x^2+y^2+z^2 \leqslant R^2} f(z)\mathrm{d}v$ 可化为定积分 $\int_{-R}^R \varphi(x)\mathrm{d}x$，则 $\varphi(x) = $ _____.

③ 设 $\Omega = \{(x,y,z) \mid \sqrt{x^2 + y^2} \leqslant z \leqslant 2 - x^2 - y^2\}$，积分 $I = \iiint\limits_{\Omega} f(z)\mathrm{d}v$ 可化为定积分 $\int_0^2 \varphi(x)\mathrm{d}x$ 的形式，则 $\varphi(x) = $ _____.

解 (1) ① $\int_0^1 \mathrm{d}x \int_{x-1}^{\sqrt{1-x^2}} f(x,y)\mathrm{d}y = \int_{-1}^0 \mathrm{d}y \int_0^{y+1} f(x,y)\mathrm{d}x + \int_0^1 \mathrm{d}y \int_0^{\sqrt{1-y^2}} f(x,y)\mathrm{d}x$.

② $\int_0^1 \mathrm{d}x \int_{-\sqrt{x}}^{\sqrt{x}} f(x,y)\mathrm{d}y + \int_1^4 \mathrm{d}x \int_{x-2}^{\sqrt{x}} f(x,y)\mathrm{d}y = \int_{-1}^2 \mathrm{d}y \int_{y^2}^{y+2} f(x,y)\mathrm{d}x$.

(2) 填 $\int_0^{\frac{\pi}{4}} \mathrm{d}\theta \int_0^{2\sin\theta} \rho f(\rho\cos\theta, \rho\sin\theta)\mathrm{d}\rho + \int_{\frac{\pi}{4}}^{\frac{3\pi}{4}} \mathrm{d}\theta \int_0^{\frac{1}{\sin\theta}} \rho f(\rho\cos\theta, \rho\sin\theta)\mathrm{d}\rho$.

(3) $\iint\limits_D x(\sin y - 1)\mathrm{d}\sigma = \int_{-\frac{\pi}{2}}^{\frac{\pi}{2}} (\sin y - 1)\mathrm{d}y \int_{-1}^{\sin y} x\,\mathrm{d}x = \dfrac{1}{2} \int_{-\frac{\pi}{2}}^{\frac{\pi}{2}} (\sin y - 1)(\sin^2 y - 1)\mathrm{d}y = \dfrac{\pi}{4}$.

(4) 所围立体的体积为 $V = \iint\limits_D (2 - 2x^2 - 2y^2)\mathrm{d}x\,\mathrm{d}y = 2\int_0^{2\pi} \mathrm{d}\theta \int_0^1 (1 - \rho^2)\rho\,\mathrm{d}\rho = \pi$.

(5) $\int_0^1 \mathrm{d}y \int_{\arcsin y}^{\pi - \arcsin y} x\,\mathrm{d}x = \int_0^\pi x\,\mathrm{d}x \int_0^{\sin x} \mathrm{d}y = \int_0^\pi x\sin x\,\mathrm{d}x = \pi$.

(6) $\iint\limits_{x^2+y^2 \leqslant 1} (2x + y)^2 \mathrm{d}x\,\mathrm{d}y = \int_0^{2\pi} \mathrm{d}\theta \int_0^1 (2\rho\cos\theta + \rho\sin\theta)^2 \rho\,\mathrm{d}\rho = \dfrac{5\pi}{4}$.

(7) 在直角坐标系下，$I = \int_0^1 \mathrm{d}y \int_{-\sqrt{y-y^2}}^{\sqrt{y-y^2}} \mathrm{d}x \int_0^{\sqrt{3(x^2+y^2)}} f(\sqrt{x^2 + y^2 + z^2})\mathrm{d}z$；

在柱面坐标系下，$I = \int_0^\pi \mathrm{d}\theta \int_0^{\sin\theta} \rho\,\mathrm{d}\rho \int_0^{\sqrt{3}\rho} f(\sqrt{\rho^2 + z^2})\mathrm{d}z$.

(8) 在直角坐标系下，$I = \int_{-1}^1 \mathrm{d}x \int_{-\sqrt{1-x^2}}^{\sqrt{1-x^2}} \mathrm{d}y \int_{x^2+y^2}^{\sqrt{x^2+y^2}} f(x,y,z)\mathrm{d}z$；

在柱面坐标系下，$I = \int_0^{2\pi} \mathrm{d}\theta \int_0^1 \rho\,\mathrm{d}\rho \int_{\rho^2}^{\rho} f(\rho\cos\theta, \rho\sin\theta, z)\mathrm{d}z$；

在球面坐标系下，$I = \int_0^{2\pi} \mathrm{d}\theta \int_{\frac{\pi}{4}}^{\frac{\pi}{2}} \mathrm{d}\varphi \int_0^{\frac{\cos\varphi}{\sin^2\varphi}} r^2 \sin\varphi\, f(r\cos\theta\sin\varphi, r\sin\theta\sin\varphi, r\cos\varphi)\mathrm{d}r$.

(9) Ω 关于 xOy 面对称，被积函数关于 z 是奇函数，故

$$\iiint\limits_{\Omega} \frac{z\ln(x^2+y^2+z^2+1)}{x^2+y^2+z^2+1}\mathrm{d}v = 0.$$

(10) ① $\displaystyle\iiint\limits_{x^2+y^2+z^2\leqslant R^2} f(x^2+y^2+z^2)\mathrm{d}v = \int_0^{2\pi}\mathrm{d}\theta\int_0^{\pi}\mathrm{d}\varphi\int_0^R f(r^2)\cdot r^2\sin\varphi\,\mathrm{d}r$

$$= 4\pi\int_0^R r^2 f(r^2)\mathrm{d}r = \int_0^R 4\pi x^2 f(x^2)\mathrm{d}x,$$

故 $\varphi(x) = 4\pi x^2 f(x^2).$

② $\displaystyle\iiint\limits_{x^2+y^2+z^2\leqslant R^2} f(z)\mathrm{d}v = \int_{-R}^R f(z)\mathrm{d}z\iint\limits_{D_z}\mathrm{d}x\,\mathrm{d}y = \int_{-R}^R \pi(R^2-z^2)f(z)\mathrm{d}z$，故

$$\varphi(x) = \pi(R^2-x^2)f(x).$$

③ $\displaystyle\iiint\limits_{\Omega} f(z)\mathrm{d}v = \int_0^1 f(z)\mathrm{d}z\iint\limits_{D_{1z}}\mathrm{d}x\,\mathrm{d}y + \int_1^2 f(z)\mathrm{d}z\iint\limits_{D_{2z}}\mathrm{d}x\,\mathrm{d}y$

$$= \int_0^1 \pi z^2\cdot f(z)\mathrm{d}z + \int_1^2 \pi(2-z)\cdot f(z)\mathrm{d}z,$$

故 $\varphi(x) = \begin{cases} \pi x^2 f(x), & 0\leqslant x\leqslant 1, \\ \pi(2-x)f(x), & 1\leqslant x\leqslant 2. \end{cases}$

2. 选择题

(1) 设 D_1 是以 $(-1,1)$ 为中心点的正方形，D_2 是 D_1 的内切圆，D_3 是 D_1 的外接圆，$f(x,y) = e^{2y-x^2-y^2-2x}$，记 I_1, I_2, I_3 分别为 $f(x,y)$ 在 D_1, D_2, D_3 上的二重积分，则它们满足的不等式是(　　).

A. $I_1\leqslant I_2\leqslant I_3$ 　　B. $I_2\leqslant I_1\leqslant I_3$ 　　C. $I_3\leqslant I_2\leqslant I_1$ 　　D. $I_3\leqslant I_1\leqslant I_2$

(2) 将极坐标下的二次积分 $I = \displaystyle\int_{\frac{\pi}{4}}^{\frac{\pi}{2}}\mathrm{d}\theta\int_0^{2\sin\theta}\rho f(\rho\sin\theta,\rho\cos\theta)\mathrm{d}\rho$ 化为直角坐标下的二次积分，则 $I = ($　　$).$

A. $\displaystyle\int_0^1\mathrm{d}x\int_x^{\sqrt{1-x^2}}f(x,y)\mathrm{d}y$ 　　　　　　　　B. $\displaystyle\int_0^1\mathrm{d}x\int_{1-\sqrt{1-x^2}}^x f(x,y)\mathrm{d}y$

C. $\displaystyle\int_0^1\mathrm{d}y\int_0^y f(x,y)\mathrm{d}x + \int_1^2\mathrm{d}y\int_0^{\sqrt{2y-y^2}}f(x,y)\mathrm{d}x$ D. $\displaystyle\int_0^1\mathrm{d}y\int_y^{\sqrt{2y-y^2}}f(x,y)\mathrm{d}x$

(3) 在极坐标下与二次积分 $\displaystyle\int_{-R}^0\mathrm{d}x\int_{-\sqrt{R^2-x^2}}^{\sqrt{R^2-x^2}}f(x,y)\mathrm{d}y$ 相等的是(　　).

A. $\displaystyle\int_0^{\pi}\mathrm{d}\theta\int_{-R}^R\rho f(\rho\sin\theta,\rho\cos\theta)\mathrm{d}\rho$ 　　　　B. $\displaystyle\int_{\frac{\pi}{2}}^{\frac{3\pi}{2}}\mathrm{d}\theta\int_{-R}^R\rho f(\rho\sin\theta,\rho\cos\theta)\mathrm{d}\rho$

C. $\displaystyle\int_0^{\pi}\mathrm{d}\theta\int_0^R\rho f(\rho\sin\theta,\rho\cos\theta)\mathrm{d}\rho$ 　　　　D. $\displaystyle\int_{\frac{\pi}{2}}^{\frac{3\pi}{2}}\mathrm{d}\theta\int_0^R\rho f(\rho\sin\theta,\rho\cos\theta)\mathrm{d}\rho$

(4) 设区域 $D = \{(x,y)\mid x^2+y^2\leqslant 1\}$，$f(x,y)$ 在 D 上连续，则 $\displaystyle\iint\limits_D f(\sqrt{x^2+y^2})\mathrm{d}\sigma = ($　　$).$

A. $2\pi\displaystyle\int_0^1\rho f(\rho)\mathrm{d}\rho$ 　　B. $4\pi\displaystyle\int_0^1\rho f(\rho)\mathrm{d}\rho$ 　　C. $2\pi\displaystyle\int_0^1 f(\rho^2)\mathrm{d}\rho$

(5) 设 $\Omega_1 = \{(x,y,z) \mid x^2 + y^2 + z^2 \leqslant R^2, z \geqslant 0\}$，$\Omega_2$ 为 Ω_1 位于第一卦限的部分，则（　　）.

A. $\displaystyle\iiint\limits_{\Omega_1} x \, \mathrm{d}v = 4 \iiint\limits_{\Omega_2} x \, \mathrm{d}v$　　　　　　　　　　B. $\displaystyle\iiint\limits_{\Omega_1} y \, \mathrm{d}v = 4 \iiint\limits_{\Omega_2} y \, \mathrm{d}v$

C. $\displaystyle\iiint\limits_{\Omega_1} z \, \mathrm{d}v = 4 \iiint\limits_{\Omega_2} z \, \mathrm{d}v$　　　　　　　　　　D. $\displaystyle\iiint\limits_{\Omega_1} xyz \, \mathrm{d}v = 4 \iiint\limits_{\Omega_2} xyz \, \mathrm{d}v$

(6) 设函数 $f(u)$ 有连续导数，且 $f(0) = 0$，则 $\displaystyle\lim_{t \to 0} \frac{1}{\pi t^4} \iiint\limits_{\Omega} f(\sqrt{x^2 + y^2 + z^2}) \mathrm{d}v =$
（　　），其中 $\Omega = \{(x,y,z) \mid x^2 + y^2 + z^2 \leqslant t^2\}$.

A. $f(0)$　　　　　　B. $f'(0)$　　　　　　C. $\dfrac{1}{\pi} f'(0)$　　　　　　D. $\dfrac{2}{\pi} f'(0)$

解　(1) 选 B. (2) 选 C. (3) 选 D. (4) 选 A. (5) 选 C. (6) 选 B.

3. 计算下列二重积分：

(1) $\displaystyle\iint\limits_{D} (x - y)^2 \sin^2(x + y) \, \mathrm{d}x \, \mathrm{d}y$，其中 D 为以 $(\pi, 0), (2\pi, \pi), (\pi, 2\pi), (0, \pi)$ 为顶点的平行四边形；

(2) $\displaystyle\iint\limits_{D} \sqrt{\frac{1 - x^2 - y^2}{1 + x^2 + y^2}} \, \mathrm{d}\sigma$，其中 $D = \{(x,y) \mid x^2 + y^2 \leqslant 1\}$；

(3) $\displaystyle\iint\limits_{D} |x^2 + y^2 - 4| \, \mathrm{d}\sigma$，其中 $D = \{(x,y) \mid x^2 + y^2 \leqslant 9\}$；

(4) $\displaystyle\iint\limits_{D} x^2 y \cos xy^2 \, \mathrm{d}x \, \mathrm{d}y$，其中 $D = \left\{(x,y) \,\middle|\, 0 \leqslant x \leqslant \frac{\pi}{2}, 0 \leqslant y \leqslant 2\right\}$；

(5) $\displaystyle\iint\limits_{D} xy^3 \mathrm{e}^{x^2 + y^2} \, \mathrm{d}\sigma$，其中 D 是由曲线 $y = x$，$y = -x$，$x = 1$ 围成的区域；

(6) $\displaystyle\iint\limits_{D} \min\left\{\sqrt{\frac{3}{16} - x^2 - y^2}, 2(x^2 + y^2)\right\} \mathrm{d}\sigma$，其中 $D = \left\{(x,y) \,\middle|\, x^2 + y^2 \leqslant \frac{3}{16}\right\}$；

(7) $\displaystyle\iint\limits_{D} \frac{x}{y + 1} \mathrm{d}\sigma$，$D$ 是由 $y = x^2 + 1$，$y = 2x$，$x = 0$ 围成的区域；

(8) $\displaystyle\iint\limits_{D} (x + y) \mathrm{d}\sigma$，其中 D 是由 $y^2 = 2x$，$x + y = 4$ 及 $x + y = 12$ 围成的区域.

解　(1) 令 $u = x - y$，$v = x + y$，则 $x = \dfrac{1}{2}u + \dfrac{1}{2}v$，$y = -\dfrac{1}{2}u + \dfrac{1}{2}v$，于是
$|J| = \dfrac{1}{2}$，$D' = \{(u,v) \mid -\pi \leqslant u \leqslant \pi, \pi \leqslant v \leqslant 3\pi\}$，从而

$$\iint\limits_{D} (x - y)^2 \sin^2(x + y) \, \mathrm{d}x \, \mathrm{d}y = \iint\limits_{D'} u^2 \sin^2 v \cdot \frac{1}{2} \mathrm{d}u \, \mathrm{d}v = \frac{1}{2} \int_{-\pi}^{\pi} \mathrm{d}u \int_{\pi}^{3\pi} u^2 \sin^2 v \, \mathrm{d}v = \frac{\pi^4}{3}.$$

(2) 利用极坐标计算，$\displaystyle\iint\limits_{D} \sqrt{\frac{1 - x^2 - y^2}{1 + x^2 + y^2}} \, \mathrm{d}\sigma = \int_0^{2\pi} \mathrm{d}\theta \int_0^1 \sqrt{\frac{1 - \rho^2}{1 + \rho^2}} \rho \, \mathrm{d}\rho = \frac{\pi^2}{2} - \pi.$

(3) $\iint\limits_{D}|x^2+y^2-4|\,d\sigma = \iint\limits_{x^2+y^2\leqslant4}(4-x^2+y^2)\,d\sigma + \iint\limits_{4\leqslant x^2+y^2\leqslant9}(x^2+y^2-4)\,d\sigma$

$$= \int_0^{2\pi}d\theta\int_0^2(4-\rho^2)\rho\,d\rho + \int_0^{2\pi}d\theta\int_2^3(\rho^2-4)\rho\,d\rho = \frac{41}{2}\pi.$$

(4) $\iint\limits_{D}x^2y\cos xy^2\,dx\,dy = \int_0^{\frac{\pi}{2}}dx\int_0^2 x^2y\cos xy^2\,dy = \int_0^{\frac{\pi}{2}}x\,dx\int_0^2\frac{1}{2}\cos xy^2\,d(xy^2)$

$$= \frac{1}{2}\int_0^{\frac{\pi}{2}}x\sin4x\,dx = -\frac{\pi}{16}.$$

(5) 因为积分区域关于 x 轴对称,而被积函数 $f(x,y)=xy^3e^{x^2+y^2}$ 关于变量 y 为奇函数,所以$\iint\limits_{D}xy^3e^{x^2+y^2}\,d\sigma = 0$.

(6) 令 $\sqrt{\frac{3}{16}-x^2-y^2}=2(x^2+y^2)$,可得 $x^2+y^2=\frac{1}{8}$,于是

$$\iint\limits_{D}\min\left\{\sqrt{\frac{3}{16}-x^2-y^2},2(x^2+y^2)\right\}d\sigma = \iint\limits_{D_1}2(x^2+y^2)\,d\sigma + \iint\limits_{D_2}\sqrt{\frac{3}{16}-x^2-y^2}\,d\sigma,$$

其中,$D_1=\left\{(x,y)\Big|x^2+y^2\leqslant\frac{1}{8}\right\}$,$D_2=\left\{(x,y)\Big|\frac{1}{8}\leqslant x^2+y^2\leqslant\frac{3}{16}\right\}$. 而

$$\iint\limits_{D_1}2(x^2+y^2)\,d\sigma = 2\int_0^{2\pi}d\theta\int_0^{\frac{1}{\sqrt{8}}}\rho^3\,d\rho = \frac{\pi}{64},$$

$$\iint\limits_{D_2}\sqrt{\frac{3}{16}-x^2-y^2}\,d\sigma = \int_0^{2\pi}d\theta\int_{\frac{1}{\sqrt{8}}}^{\frac{\sqrt{3}}{4}}\sqrt{\frac{3}{16}-\rho^2}\cdot\rho\,d\rho = \frac{\pi}{96},$$

故$\iint\limits_{D}\min\left\{\sqrt{\frac{3}{16}-x^2-y^2},2(x^2+y^2)\right\}d\sigma = \frac{\pi}{64}+\frac{\pi}{96}=\frac{5\pi}{192}.$

(7) $\iint\limits_{D}\frac{x}{y+1}\,d\sigma = \int_0^1dy\int_0^{\frac{y}{2}}\frac{x}{y+1}\,dx + \int_1^2dy\int_{\sqrt{y-1}}^{\frac{y}{2}}\frac{x}{y+1}\,dx$

$$= \frac{1}{8}\int_0^1\frac{y^2}{y+1}\,dy + \frac{1}{2}\int_1^2\left[\frac{y^2}{4(y+1)}-\frac{y-1}{y+1}\right]dy = \frac{9}{8}\ln3-\ln2-\frac{1}{2};$$

或

$$\iint\limits_{D}\frac{x}{y+1}\,d\sigma = \int_0^1 x\,dx\int_{2x}^{x^2+1}\frac{1}{y+1}\,dy = \int_0^1 x(\ln(x^2+2)-\ln(2x+1))\,dx$$

$$= \frac{9}{8}\ln3-\ln2-\frac{1}{2}.$$

(8) $\iint\limits_{D}(x+y)\,d\sigma = \int_{-6}^4dy\int_{\frac{y^2}{2}}^{12-y}(x+y)\,dx - \int_{-4}^2dy\int_{\frac{y^2}{2}}^{4-y}(x+y)\,dx = 543\frac{11}{15}$; 或

$$\iint\limits_{D}(x+y)\,d\sigma = \int_0^8dx\int_{4-x}^{\sqrt{2x}}(x+y)\,dy + \int_8^{18}dx\int_{-\sqrt{2x}}^{12-x}(x+y)\,dy = 543\frac{11}{15}.$$

4. 计算下列各题:

(1) $\int_1^2dx\int_{\sqrt{x}}^x\sin\frac{\pi x}{2y}\,dy + \int_2^4dx\int_{\sqrt{x}}^2\sin\frac{\pi x}{2y}\,dy$;

(2) $\int_{-\sqrt{2}}^{0} \mathrm{d}x \int_{-x}^{\sqrt{4-x^2}} (x^2 + y^2)\mathrm{d}y + \int_{0}^{2} \mathrm{d}x \int_{\sqrt{2x-x^2}}^{\sqrt{4-x^2}} (x^2 + y^2)\mathrm{d}y$;

(3) $\int_{0}^{1} \mathrm{d}x \int_{0}^{1-x} \mathrm{d}z \int_{0}^{1-x-z} (1-y)\mathrm{e}^{-(1-y-z)^2} \mathrm{d}y$;

(4) $\int_{-1}^{1} \mathrm{d}x \int_{0}^{\sqrt{1-x^2}} \mathrm{d}y \int_{1}^{1+\sqrt{1-x^2-y^2}} \dfrac{\mathrm{d}z}{\sqrt{x^2+y^2+z^2}}$.

解 (1) 先交换积分顺序再进行计算,

$$原式 = \int_{1}^{2} \mathrm{d}y \int_{y}^{y^2} \sin \frac{\pi x}{2y} \mathrm{d}x = -\frac{2}{\pi} \int_{1}^{2} y\left(\cos \frac{\pi y}{2} - \cos \frac{\pi}{2}\right) \mathrm{d}y = \frac{4}{\pi^3}(2+\pi).$$

(2) 用极坐标计算此积分,

$$原式 = \int_{0}^{\frac{\pi}{2}} \mathrm{d}\theta \int_{2\cos\theta}^{2} r^2 \cdot r \mathrm{d}r + \int_{\frac{\pi}{2}}^{\frac{3\pi}{4}} \mathrm{d}\theta \int_{0}^{2} r^2 \cdot r \mathrm{d}r = \frac{9\pi}{4}.$$

(3) 交换积分顺序,先对 x 积分,再对 z 积分,最后对 y 积分即可求得结果,

$$\int_{0}^{1} \mathrm{d}x \int_{0}^{1-x} \mathrm{d}z \int_{0}^{1-x-z} (1-y)\mathrm{e}^{-(1-y-z)^2} \mathrm{d}y = \int_{0}^{1} \mathrm{d}y \int_{0}^{1-y} \mathrm{d}z \int_{0}^{1-y-z} (1-y)\mathrm{e}^{-(1-y-z)^2} \mathrm{d}x$$

$$= \int_{0}^{1} \mathrm{d}y \int_{0}^{1-y} (1-y)(1-y-z)\mathrm{e}^{-(1-y-z)^2} \mathrm{d}z = \frac{1}{2} \int_{0}^{1} (1-y)\left[1 - \mathrm{e}^{-(1-y)^2}\right] \mathrm{d}y$$

$$= \frac{1}{2} \int_{0}^{1} (1-y)\mathrm{d}y - \frac{1}{2} \int_{0}^{1} (1-y)\mathrm{e}^{-(1-y)^2} \mathrm{d}y = \frac{1}{4\mathrm{e}}.$$

(4) 令 $x = r\sin\varphi\cos\theta$, $y = r\sin\varphi\sin\theta$, $z = 1 + r\cos\varphi$, 则

$$原式 = \int_{0}^{\pi} \mathrm{d}\theta \int_{0}^{1} \mathrm{d}r \int_{0}^{\frac{\pi}{2}} \frac{1}{\sqrt{r^2 + 2r\cos\varphi + 1}} \cdot r^2 \sin\varphi \mathrm{d}\varphi$$

$$= \pi \int_{0}^{1} r(r + 1 - \sqrt{r^2+1})\mathrm{d}r = \frac{\pi}{6}(7 - 4\sqrt{2}).$$

5. 若 Ω 是由锥面 $z^2 = 3(x^2 + y^2)$ 和球面 $x^2 + y^2 + z^2 \leqslant 16$ 所围成的位于锥面内部的那部分区域,将三重积分 $\iiint\limits_{\Omega} f(x,y,z)\mathrm{d}v$ 分别化为直角坐标系下、柱面坐标系下、球面坐标系下的三次积分.

解 直角坐标系下,

$$\iiint\limits_{\Omega} f(x,y,z)\mathrm{d}v = \int_{-2}^{2} \mathrm{d}x \int_{-\sqrt{4-x^2}}^{\sqrt{4-x^2}} \mathrm{d}y \int_{\sqrt{3(x^2+y^2)}}^{\sqrt{16-x^2-y^2}} f(x,y,z)\mathrm{d}z$$

$$+ \int_{-2}^{2} \mathrm{d}x \int_{-\sqrt{4-x^2}}^{\sqrt{4-x^2}} \mathrm{d}y \int_{-\sqrt{16-x^2-y^2}}^{-\sqrt{3(x^2+y^2)}} f(x,y,z)\mathrm{d}z.$$

柱面坐标系下,

$$\iiint\limits_{\Omega} f(x,y,z)\mathrm{d}v = \int_{0}^{2\pi} \mathrm{d}\theta \int_{0}^{2} \rho \mathrm{d}\rho \int_{\sqrt{3}\rho}^{\sqrt{16-\rho^2}} f(\rho\cos\theta, \rho\sin\theta, z)\mathrm{d}z$$

$$+ \int_{0}^{2\pi} \mathrm{d}\theta \int_{0}^{2} \rho \mathrm{d}\rho \int_{-\sqrt{16-\rho^2}}^{-\sqrt{3}\rho} f(\rho\cos\theta, \rho\sin\theta, z)\mathrm{d}z.$$

球面坐标系下,

$$\iiint\limits_{\Omega} f(x,y,z)\,\mathrm{d}v = \int_0^{2\pi}\mathrm{d}\theta\int_0^{\frac{\pi}{6}}\mathrm{d}\varphi\int_0^4 r^2\sin\varphi\ f(r\cos\theta\ \sin\varphi,r\sin\theta\ \sin\varphi,r\cos\varphi)\mathrm{d}r$$

$$+\int_0^{2\pi}\mathrm{d}\theta\int_{\frac{5\pi}{6}}^{\pi}\mathrm{d}\varphi\int_0^4 r^2\sin\varphi\ f(r\cos\theta\ \sin\varphi,r\sin\theta\ \sin\varphi,r\cos\varphi)\mathrm{d}r.$$

6. 选择适当的坐标系计算下列三重积分：

(1) $\displaystyle\iiint\limits_{\Omega}\sqrt{x^2+y^2}\,\mathrm{d}v$，其中 Ω 是由 $x^2+y^2=z^2$ 及 $z=1$ 围成的区域；

(2) $\displaystyle\iiint\limits_{\Omega}\sqrt{x^2+y^2+z^2}\,\mathrm{d}v$，其中 Ω 为 $x^2+y^2+z^2\leqslant z$；

(3) $\displaystyle\iiint\limits_{\Omega}x\,\mathrm{e}^{\frac{x^2+y^2+z^2}{a^2}}\,\mathrm{d}v$，$\Omega$ 为曲面 $x^2+y^2+z^2=a^2$ 中位于第一卦限的部分区域；

(4) $\displaystyle\iiint\limits_{\Omega}z(x^2+y^2)\,\mathrm{d}v$，$\Omega$ 为曲面 $x^2+y^2=z$，$z=1$ 及 $z=4$ 所围成的区域；

(5) $\displaystyle\iiint\limits_{\Omega}|xyz|\,\mathrm{d}v$，其中区域 Ω 为 $\dfrac{x^2}{a^2}+\dfrac{y^2}{b^2}+\dfrac{z^2}{c^2}\leqslant 1$.

解 （1）利用柱面坐标计算此积分，

$$\iiint\limits_{\Omega}\sqrt{x^2+y^2}\,\mathrm{d}v = \int_0^{2\pi}\mathrm{d}\theta\int_0^1\rho\,\mathrm{d}\rho\int_{\rho}^1\rho\,\mathrm{d}z = \frac{\pi}{6}.$$

（2）利用球面坐标计算此积分，

$$\iiint\limits_{\Omega}\sqrt{x^2+y^2+z^2}\,\mathrm{d}v = \int_0^{2\pi}\mathrm{d}\theta\int_0^{\frac{\pi}{2}}\mathrm{d}\varphi\int_0^{\cos\varphi}r^3\sin\varphi\,\mathrm{d}r = \frac{\pi}{10}.$$

（3）利用球面坐标 $x=r\cos\varphi$，$y=r\cos\theta\ \sin\varphi$，$z=r\sin\theta\ \sin\varphi$ 计算此积分，

$$\iiint\limits_{\Omega}x\,\mathrm{e}^{\frac{x^2+y^2+z^2}{a^2}}\,\mathrm{d}v = \int_0^{\frac{\pi}{2}}\mathrm{d}\theta\int_0^{\frac{\pi}{2}}\mathrm{d}\varphi\int_0^a r\cos\varphi\ \mathrm{e}^{\left(\frac{r}{a}\right)^2}r^2\sin\varphi\,\mathrm{d}r = \frac{\pi a^4}{8}.$$

（4）利用"先二后一"的方法计算此积分，

$$\iiint\limits_{\Omega}z(x^2+y^2)\,\mathrm{d}v = \int_1^4 z\,\mathrm{d}z\int_0^{2\pi}\mathrm{d}\theta\int_0^{\sqrt{z}}\rho^3\,\mathrm{d}\rho = \frac{255}{8}\pi.$$

（5）利用广义球面坐标计算此积分. 令

$$x=ar\cos\theta\ \sin\varphi,\quad y=br\sin\theta\ \sin\varphi,\quad z=cr\cos\varphi,$$

则 $|J|=abcr^2\sin\varphi$，$\displaystyle\iiint\limits_{\Omega}|xyz|\,\mathrm{d}v = 8\iiint\limits_{\Omega_1}xyz\,\mathrm{d}v$，其中 Ω_1 为 Ω 位于第一卦限的部分，于是

$$\iiint\limits_{\Omega_1}xyz\,\mathrm{d}v = \int_0^{\frac{\pi}{2}}\mathrm{d}\theta\int_0^{\frac{\pi}{2}}\mathrm{d}\varphi\int_0^1 abcr^3\cos\theta\ \sin\theta\ \sin^2\varphi\ \cos\varphi\cdot abcr^2\sin\varphi\,\mathrm{d}r = \frac{(abc)^2}{48}.$$

故 $\displaystyle\iiint\limits_{\Omega}|xyz|\,\mathrm{d}v = 8\iiint\limits_{\Omega_1}xyz\,\mathrm{d}v = \frac{a^2b^2c^2}{6}.$

7. 设 $f(x)$ 是 $[0,1]$ 上的连续函数，$f(x)>0$ 且单调减. 证明：

$$\frac{\int_0^1 x f^2(x)\mathrm{d}x}{\int_0^1 x f(x)\mathrm{d}x} \leqslant \frac{\int_0^1 f^2(x)\mathrm{d}x}{\int_0^1 f(x)\mathrm{d}x}.$$

证 将所需证明的式子变形为

$$\int_0^1 x f^2(x)\mathrm{d}x \cdot \int_0^1 f(y)\mathrm{d}y \leqslant \int_0^1 f^2(y)\mathrm{d}y \cdot \int_0^1 x f(x)\mathrm{d}x,$$

即要证:

$$\int_0^1 x f^2(x)\mathrm{d}x \cdot \int_0^1 f(y)\mathrm{d}y - \int_0^1 f^2(y)\mathrm{d}y \cdot \int_0^1 x f(x)\mathrm{d}x \leqslant 0.$$

设 $D = \{(x,y) \mid 0 \leqslant y \leqslant 1, 0 \leqslant x \leqslant 1\}$,则有

$$\int_0^1 x f^2(x)\mathrm{d}x \cdot \int_0^1 f(y)\mathrm{d}y - \int_0^1 f^2(y)\mathrm{d}y \cdot \int_0^1 x f(x)\mathrm{d}x$$

$$= \iint\limits_D x f^2(x) f(y)\mathrm{d}x\,\mathrm{d}y - \iint\limits_D f^2(y) x f(x)\mathrm{d}x\,\mathrm{d}y$$

$$= \iint\limits_D x f(x) f(y)(f(x) - f(y))\mathrm{d}x\,\mathrm{d}y$$

$$= \iint\limits_D y f(y) f(x)(f(y) - f(x))\mathrm{d}x\,\mathrm{d}y$$

$$= \frac{1}{2}\iint\limits_D f(y) f(x)(x - y)(f(x) - f(y))\mathrm{d}x\,\mathrm{d}y.$$

因为 $f(x)$ 单调减且 $f(x) > 0$,所以 $(x - y)(f(x) - f(y)) \leqslant 0$,从而

$$\frac{1}{2}\iint\limits_D f(y) f(x)(x - y)(f(x) - f(y))\mathrm{d}x\,\mathrm{d}y \leqslant 0.$$

故

$$\frac{\int_0^1 x f^2(x)\mathrm{d}x}{\int_0^1 x f(x)\mathrm{d}x} \leqslant \frac{\int_0^1 f^2(x)\mathrm{d}x}{\int_0^1 f(x)\mathrm{d}x}.$$

8. 三个有相同半径 a 的正圆柱,其对称轴两两正交,求它们相贯所得的立体的体积.

解 建立坐标系,使三个圆柱面的方程分别为

$$x^2 + y^2 = a^2, \quad x^2 + z^2 = a^2, \quad y^2 + z^2 = a^2.$$

由图形的对称性即得所求体积为 $V = 8V_1$,其中 V_1 为所求立体在第一卦限部分的体积. 立体在第一卦限部分又关于平面 $y = x$ 对称,而对应于 $y \leqslant x$ 的那一部分用不等式可表示为

$$\Omega_1 = \left\{ 0 \leqslant x \leqslant \frac{\sqrt{2}}{2}a, 0 \leqslant y \leqslant x, 0 \leqslant z \leqslant \sqrt{a^2 - x^2} \right\}$$

$$\cup \left\{ \frac{\sqrt{2}}{2}a \leqslant x \leqslant a, 0 \leqslant y \leqslant \sqrt{a^2 - x^2}, 0 \leqslant z \leqslant \sqrt{a^2 - x^2} \right\},$$

故所求立体的体积为

$$V = 8V_1 = 8 \cdot 2 \iiint\limits_{\Omega_1} \mathrm{d}v$$

$$= 16\left(\int_0^{\frac{\sqrt{2}}{2}a} \mathrm{d}x \int_0^x \mathrm{d}y \int_0^{\sqrt{a^2-x^2}} \mathrm{d}z + \int_{\frac{\sqrt{2}}{2}a}^a \mathrm{d}x \int_0^{\sqrt{a^2-x^2}} \mathrm{d}y \int_0^{\sqrt{a^2-x^2}} \mathrm{d}z\right)$$

$$= 16 \cdot \frac{2-\sqrt{2}}{2}a^3 = 8(2-\sqrt{2})a^3.$$

四、考研真题解析

【例1】 (2019 年) 已知平面区域 $D = \{(x,y) \mid |x|+|y| \leqslant \frac{\pi}{2}\}$, 记

$I_1 = \iint\limits_D \sqrt{x^2+y^2}\, \mathrm{d}x\,\mathrm{d}y$, $I_2 = \iint\limits_D \sin\sqrt{x^2+y^2}\, \mathrm{d}x\,\mathrm{d}y$, $I_3 = \iint\limits_D (1-\cos$

$\sqrt{x^2+y^2})\mathrm{d}x\,\mathrm{d}y$, 则( ).

(A) $I_3 < I_2 < I_1$ (B) $I_2 < I_1 < I_3$

(C) $I_1 < I_2 < I_3$ (D) $I_2 < I_3 < I_1$

解 由 $t \geqslant 0$ 时 $\sin t \leqslant t$ 得 $\sin\sqrt{x^2+y^2} \leqslant \sqrt{x^2+y^2}$, 从而 $I_2 < I_1$

又 $1 - \cos\sqrt{x^2+y^2} = 2\sin^2\dfrac{\sqrt{x^2+y^2}}{2} = 2\sin\dfrac{\sqrt{x^2+y^2}}{2}\sin\dfrac{\sqrt{x^2+y^2}}{2}$

$\sin\sqrt{x^2+y^2} = 2\sin\dfrac{\sqrt{x^2+y^2}}{2} \cdot \cos\dfrac{\sqrt{x^2+y^2}}{2}$

由 $x^2+y^2 \leqslant \left(\dfrac{\pi}{2}\right)^2$ 得, $\dfrac{\sqrt{x^2+y^2}}{2} \in \left[0,\dfrac{\pi}{4}\right]$, 从而 $\sin\dfrac{\sqrt{x^2+y^2}}{2} \leqslant \cos$

$\dfrac{\sqrt{x^2+y^2}}{2}$

于是 $\sin\sqrt{x^2+y^2} \geqslant 1-\cos\sqrt{x^2+y^2}$, 故 $I_3 < I_2$

应选 A.

【例2】 (2015 年) 设 $D = \{(x,y) \mid x^2+y^2 \leqslant 2x, x^2+y^2 \leqslant 2y\}$, 函数

$f(x,y)$ 在 D 上连续, 则 $\iint\limits_D f(x,y)\mathrm{d}x\,\mathrm{d}y = ($ $)$

A. $\displaystyle\int_0^{\frac{\pi}{4}}\mathrm{d}\theta\int_0^{2\cos\theta}f(r\cos\theta,r\sin\theta)r\,\mathrm{d}r+\int_{\frac{\pi}{4}}^{\frac{\pi}{2}}\mathrm{d}\theta\int_0^{2\sin\theta}f(r\cos\theta,r\sin\theta)r\,\mathrm{d}r$

B. $\displaystyle\int_0^{\frac{\pi}{4}}\mathrm{d}\theta\int_0^{2\sin\theta}f(r\cos\theta,r\sin\theta)r\,\mathrm{d}r+\int_{\frac{\pi}{4}}^{\frac{\pi}{2}}\mathrm{d}\theta\int_0^{2\cos\theta}f(r\cos\theta,r\sin\theta)r\,\mathrm{d}r$

C. $\displaystyle2\int_0^1\mathrm{d}x\int_{1-\sqrt{1-x^2}}^{x}f(x,y)\mathrm{d}y$

D. $\displaystyle2\int_0^1\mathrm{d}x\int_{x}^{\sqrt{2x-x^2}}f(x,y)\mathrm{d}y$

解　区域 D 如图所示，将 D 划分为：

$D_1=\{(r,\theta)\mid 0\leqslant\theta\leqslant\dfrac{\pi}{4},\ 0\leqslant r\leqslant$

$2\sin\theta\}$,

$D_2=\{(r,\theta)\mid\dfrac{\pi}{4}\leqslant\theta\leqslant\dfrac{\pi}{2},\ 0\leqslant r\leqslant$

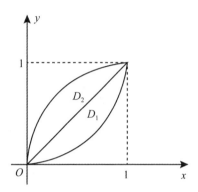

$2\cos\theta\}$,

$$\iint\limits_D f(x,y)\mathrm{d}x\,\mathrm{d}y=\int_0^{\frac{\pi}{4}}\mathrm{d}\theta\int_0^{\frac{\pi}{2}\sin\theta}f(r\cos\theta,r\sin\theta)r\,\mathrm{d}r+\int_{\frac{\pi}{4}}^{\frac{\pi}{2}}\mathrm{d}\theta\int_0^{2\cos\theta}f(r\cos\theta,$$

$r\sin\theta)r\,\mathrm{d}r$

故选 B.

【例 3】（2019 年）已知函数 $f(x)=x\displaystyle\int_1^x\dfrac{\sin t^2}{t}\mathrm{d}t$，则 $\displaystyle\int_0^1 f(x)\mathrm{d}x=$

_____.

解　$\displaystyle\int_0^1 f(x)\mathrm{d}x=\int_0^1 x\,\mathrm{d}x\int_1^x\dfrac{\sin t^2}{t}\mathrm{d}t$

$\displaystyle=-\int_0^1 x\,\mathrm{d}x\int_x^1\dfrac{\sin t^2}{t}\mathrm{d}t$

$\displaystyle=-\int_0^1\mathrm{d}t\int_0^t\dfrac{\sin t^2}{t}\cdot x\,\mathrm{d}x$

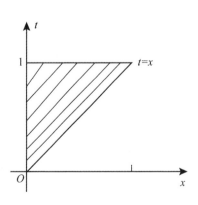

$\displaystyle=-\int_0^1\dfrac{\sin t^2}{t}\mathrm{d}t\int_0^t x\,\mathrm{d}x$

$\displaystyle=-\int_0^1\dfrac{\sin t^2}{t}\cdot\dfrac{1}{2}t^2\,\mathrm{d}t$

$\displaystyle=-\dfrac{1}{2}\int_0^1 t\sin t^2\,\mathrm{d}t=-\dfrac{1}{4}\int_0^1\sin t\,\mathrm{d}t$

$\displaystyle=\dfrac{1}{4}\cos t\Big|_0^1=\dfrac{\cos1-1}{4}$.

【例4】 (2019年)已知平面区域 $D=\{(x,y)\mid \mid x\mid \leqslant y, (x^2+y^2)^3 \leqslant y^4\}$ 计算二重积分 $\displaystyle\iint\limits_D \frac{x+y}{\sqrt{x^2+y^2}}\mathrm{d}x\,\mathrm{d}y$.

解 由对称性得 $\displaystyle\iint\limits_D \frac{x+y}{\sqrt{x^2+y^2}}\mathrm{d}x\,\mathrm{d}y=\iint\limits_D \frac{y}{\sqrt{x^2+y^2}}\mathrm{d}x\,\mathrm{d}y$,

令 $\begin{cases} x=r\cos\theta \\ y=r\sin\theta \end{cases}$, $\left(\dfrac{\pi}{4}\leqslant \theta \leqslant \dfrac{3\pi}{4}, 0\leqslant r\leqslant \sin^2\theta\right)$ 则

$$\iint\limits_D \frac{x+y}{\sqrt{x^2+y^2}}\mathrm{d}x\,\mathrm{d}y=\int_{\frac{\pi}{4}}^{\frac{3\pi}{4}}\mathrm{d}\theta\int_0^{\sin^2\theta}r\sin\theta\,\mathrm{d}r=\frac{1}{2}\int_{\frac{\pi}{4}}^{\frac{3\pi}{4}}\sin^5\theta\,\mathrm{d}\theta$$

$$=-\frac{1}{2}\int_{\frac{\pi}{4}}^{\frac{3\pi}{4}}(1-\cos^2\theta)^2\,\mathrm{d}\cos\theta$$

$$\xlongequal{\cos\theta=t}-\frac{1}{2}\int_{\frac{\sqrt{2}}{2}}^{-\frac{\sqrt{2}}{2}}(1-t^2)^2\,\mathrm{d}t$$

$$=\int_0^{\frac{\sqrt{2}}{2}}(1-t^2)^2\,\mathrm{d}t=\int_0^{\frac{\sqrt{2}}{2}}(1-2t^2+t^4)\,\mathrm{d}t$$

$$=\frac{\sqrt{2}}{2}-\frac{2}{3}\times\frac{\sqrt{2}}{4}+\frac{1}{5}\times\frac{\sqrt{2}}{8}=\frac{43}{120}\sqrt{2}.$$

【例5】 (2014年)设平面区域 $D=\{x,y\}\mid 1\leqslant x^2+y^2\leqslant 4, x\geqslant 0,$ $y\geqslant 0\}$, 计算 $\displaystyle\iint\limits_D \frac{x\sin(\pi\sqrt{x^2+y^2})}{x+y}\mathrm{d}x\,\mathrm{d}y$

解 方法一 由对称性, 得

$$I=\iint\limits_D \frac{x\sin(\pi\sqrt{x^2+y^2})}{x+y}\mathrm{d}x\,\mathrm{d}y=\iint\limits_D \frac{y\sin(\pi\sqrt{x^2+y^2})}{x+y}\mathrm{d}x\,\mathrm{d}y,$$

于是

$$I=\frac{1}{2}\left[\iint\limits_D \frac{x\sin(\pi\sqrt{x^2+y^2})}{x+y}\mathrm{d}x\,\mathrm{d}y+\iint\limits_D \frac{y\sin(\pi\sqrt{x^2+y^2})}{x+y}\mathrm{d}x\,\mathrm{d}y\right]$$

$$=\frac{1}{2}\iint\limits_D \sin(\pi\sqrt{x^2+y^2})\mathrm{d}x\,\mathrm{d}y=\frac{1}{2}\int_0^{\frac{\pi}{2}}\mathrm{d}\theta\int_1^2 r\sin\pi r\,\mathrm{d}r$$

$$=\frac{1}{4}\int_1^2 \pi r\sin\pi r\,\mathrm{d}(\pi r)=\frac{1}{4\pi}\int_\pi^{2\pi}t\sin t\,\mathrm{d}t=-\frac{1}{4\pi}\int_\pi^{2\pi}t\,\mathrm{d}\cos t$$

$$=-\frac{1}{4\pi}t\cos t\,\Big|_\pi^{2\pi}+\frac{1}{4\pi}\int_\pi^{2\pi}\cos t\,\mathrm{d}t=-\frac{3}{4}$$

方法二　$I = \iint\limits_{D} \dfrac{x \sin(\pi\sqrt{x^2+y^2})}{x+y} dx\, dy = \displaystyle\int_0^{\frac{\pi}{2}} \dfrac{\cos\theta}{\cos\theta+\sin\theta} \int_1^2 r\sin\pi r\, dr$

因为　　　　$\displaystyle\int_0^{\frac{\pi}{2}} \dfrac{\cos\theta}{\cos\theta+\sin\theta} d\theta = \int_0^{\frac{\pi}{2}} \dfrac{\sin\theta}{\cos\theta+\sin\theta} d\theta$

所以　　　　$\displaystyle\int_0^{\frac{\pi}{2}} \dfrac{\cos\theta}{\cos\theta+\sin\theta} d\theta = \dfrac{1}{2}\int_0^{\frac{\pi}{2}} \dfrac{\cos\theta+\sin\theta}{\cos\theta+\sin\theta} d\theta = \dfrac{\pi}{4}$

又　　　　　$\displaystyle\int_1^2 r\sin\pi r\, dr = \dfrac{1}{\pi^2}\int_\pi^{2\pi} t\sin t\, dt = -\dfrac{1}{\pi^2}\int_\pi^{2\pi} t\, d\cos t$

$$= -\dfrac{1}{\pi^2} t\cos t \Big|_\pi^{2\pi} + \dfrac{1}{\pi^2}\int_\pi^{2\pi} \cos t\, dt = -\dfrac{3}{\pi}$$

所以　　　　$I = \iint\limits_{D} \dfrac{x\sin(\pi\sqrt{x^2+y^2})}{x+y} dx\, dy = -\dfrac{3}{4}.$

【例 6】　（2015 年）计算二重积分 $\iint\limits_{D} x(x+y) dx\, dy$，其中 $D = \{(x,y) \mid x^2+y^2 \leqslant 2, y \geqslant x^2\}$.

解　由 $\begin{cases} x^2+y^2=2 \\ y=x^2 \end{cases}$，得 $\begin{cases} x=-1 \\ y=1, \end{cases}$

$\begin{cases} x=1 \\ y=1 \end{cases}$

令 $D_1 = \{(x,y) \mid 0 \leqslant x \leqslant 1, x^2 \leqslant y \leqslant \sqrt{2-x^2}\}$

因为区域 D 关于 y 轴对称，所以

$$\iint\limits_{D} x(x+y) dx\, dy = \iint\limits_{D} x^2 dx\, dy.$$

故　　　$I = \iint\limits_{D} x(x+y) dx\, dy = 2\iint\limits_{D_1} x^2 dx\, dy$

$$= 2\int_0^1 x^2 dx \int_{x^2}^{\sqrt{2-x^2}} dy = 2\int_0^1 x^2\sqrt{2-x^2}\, dx - 2\int_0^1 x^4 dx$$

$$\xlongequal{x=\sqrt{2}\sin t} 2\int_0^{\frac{\pi}{4}} 2\sin^2 t \cdot \sqrt{2}\cos t \cdot \sqrt{2}\cos t\, dt - \dfrac{2}{5}$$

$$= 8\int_0^{\frac{\pi}{4}} \sin^2 t \cdot \cos^2 t\, dt - \dfrac{2}{5} = 2\int_0^{\frac{\pi}{4}} \sin^2 2t\, dt - \dfrac{2}{5}$$

$$= \int_0^{\frac{\pi}{2}} \sin^2 t\, dt - \dfrac{2}{5} = \dfrac{1}{2} \times \dfrac{\pi}{2} - \dfrac{2}{5} = \dfrac{\pi}{4} - \dfrac{2}{5}.$$

【例7】 (2016年)设 D 是由直线 $y=1$，$y=x$，$y=-x$ 围成的有界区域,计算二重积分 $\iint\limits_{D}\dfrac{x^2-xy-y^2}{x^2+y^2}\mathrm{d}x\,\mathrm{d}y$.

解 由奇偶性得

$$\iint\limits_{D}\frac{x^2-xy-y^2}{x^2+y^2}\mathrm{d}x\,\mathrm{d}y=\iint\limits_{D}\frac{x^2-y^2}{x^2+y^2}\mathrm{d}x\,\mathrm{d}y$$

方法一 令 $\begin{cases}x=r\cos\theta\\ y=r\sin\theta\end{cases}$,

$\left(\dfrac{\pi}{4}\leqslant\theta\leqslant\dfrac{3\pi}{4},\ 0\leqslant r\csc\theta\right)$

则 $\qquad\iint\limits_{D}\dfrac{x^2-y^2}{x^2+y^2}\mathrm{d}x\,\mathrm{d}y$

$$=\int_{\frac{\pi}{4}}^{\frac{3\pi}{4}}\mathrm{d}\theta\int_{0}^{\csc\theta}r(\cos^2\theta-\sin^2\theta)\mathrm{d}r$$

$$=\frac{1}{2}\int_{\frac{\pi}{4}}^{\frac{3\pi}{4}}\frac{\cos^2\theta-\sin^2\theta}{\sin^2\theta}\mathrm{d}\theta=\frac{1}{2}\int_{\frac{\pi}{4}}^{\frac{3\pi}{4}}(\csc^2\theta-2)\mathrm{d}\theta$$

$$=\frac{1}{2}\left(-\cot\theta\,\Big|_{\frac{\pi}{4}}^{\frac{3\pi}{4}}-\pi\right)=1-\frac{\pi}{2}$$

方法二 $\qquad\iint\limits_{D}\dfrac{x^2-xy-y^2}{x^2+y^2}\mathrm{d}x\,\mathrm{d}y=\iint\limits_{D}\dfrac{x^2-y^2}{x^2+y^2}\mathrm{d}x\,\mathrm{d}y$

$$=\iint\limits_{D}\mathrm{d}x\,\mathrm{d}y-2\iint\limits_{D}\frac{y^2}{x^2+y^2}\mathrm{d}x\,\mathrm{d}y$$

$$=1-4\int_{0}^{1}y^2\mathrm{d}y\int_{0}^{y}\frac{\mathrm{d}x}{x^2+y^2}=1-4\int_{0}^{1}\left(y\arctan\frac{x}{y}\,\Big|_{0}^{y}\right)\mathrm{d}y$$

$$=1-\pi\int_{0}^{1}y\,\mathrm{d}y=1-\frac{\pi}{2}.$$

【例8】 (2015年)设 Ω 是由平面 $x+y+z=1$ 与三个坐标平面所围成的空间区域,则 $\iiint\limits_{\Omega}(x+2y+3z)\mathrm{d}x\,\mathrm{d}y\,\mathrm{d}z=$ _____.

解 方法一 由对称性得

$$\iiint\limits_{\Omega}(x+2y+3z)\mathrm{d}v=6\iiint\limits_{\Omega}z\,\mathrm{d}v=6\int_{0}^{1}\mathrm{d}x\int_{0}^{1-x}\mathrm{d}y\int_{0}^{1-x-y}z\,\mathrm{d}z$$

$$=3\int_{0}^{1}\mathrm{d}x\int_{0}^{1-x}(1-x-y)^2\mathrm{d}y=\int_{0}^{1}(1-x)^3\mathrm{d}x$$

$$= -\frac{(1-x)^4}{4}\Big|_0^1 = \frac{1}{4}.$$

方法二　$\Omega:\begin{cases} 0 \leqslant x \leqslant 1 \\ 0 \leqslant y \leqslant 1-x \\ 0 \leqslant z \leqslant 1-x-y \end{cases}$

$$\iiint\limits_{\Omega}(x+2y+3z)\mathrm{d}v = \int_0^1 \mathrm{d}x \int_0^{1-x} \mathrm{d}y \int_0^{1-x-y}(x+2y+3z)\mathrm{d}z$$

$$= \int_0^1 \mathrm{d}x \int_0^{1-x}\Big[(x+2y)(1-x-y)+\frac{3}{2}(1-x-y)^2\Big]\mathrm{d}y$$

$$= \frac{1}{4}.$$

【例 9】　（2017 年）已知平面区域 $D = \{(x,y) \mid x^2+y^2 \leqslant 2y\}$，计算二重积分 $\displaystyle\iint\limits_D (x+1)^2 \mathrm{d}x\,\mathrm{d}y$

解　由对称性与奇偶性得

$$\iint\limits_D (x+1)^2 \mathrm{d}x\,\mathrm{d}y = \iint\limits_D (x^2+2x+1)\mathrm{d}x\,\mathrm{d}y = \iint\limits_D x^2 \mathrm{d}x\,\mathrm{d}y + \iint\limits_D \mathrm{d}x\,\mathrm{d}y$$

显然　　　　　　　　　　　　　$\displaystyle\iint\limits_D \mathrm{d}x\,\mathrm{d}y = \pi.$

令 $\begin{cases} x = r\cos\theta \\ y = r\sin\theta \end{cases}$　$(0 \leqslant \theta \leqslant \pi, 0 \leqslant r \leqslant 2\sin\theta)$，则

$$\iint\limits_D x^2 \mathrm{d}x\,\mathrm{d}y = \int_0^\pi \mathrm{d}\theta \int_0^{2\sin\theta} r^3 \cos^2\theta\,\mathrm{d}r = \int_0^\pi 4\cos^2\theta\sin^4\theta\,\mathrm{d}\theta$$

$$= 8\int_0^{\frac{\pi}{2}} \cos^2\theta\sin^4\theta\,\mathrm{d}\theta = 8\Big(\int_0^{\frac{\pi}{2}}\sin^4\theta\,\mathrm{d}\theta - \int_0^{\frac{\pi}{2}}\sin^6\theta\,\mathrm{d}\theta\Big)$$

$$= 8\Big(\frac{3}{4}\times\frac{1}{2}\times\frac{\pi}{2} - \frac{5}{6}\times\frac{3}{4}\times\frac{1}{2}\times\frac{\pi}{2}\Big) = \frac{\pi}{4}.$$

故 $\displaystyle\iint\limits_D (x+1)^2 \mathrm{d}x\,\mathrm{d}y = \frac{5\pi}{4}.$

【例 10】　（2017 年）计算积分 $\displaystyle\iint\limits_D \frac{y^3}{(1+x^2+y^4)^2}\mathrm{d}x\,\mathrm{d}y$，其中 D 是第一象限中以曲线 $y=\sqrt{x}$ 与 x 轴为边界的无界区域.

解　$\displaystyle\iint\limits_D \frac{y^3}{(1+x^2+y^4)^2}\mathrm{d}x\,\mathrm{d}y = \int_0^{+\infty}\mathrm{d}x\int_0^{\sqrt{x}}\frac{y^3}{(1+x^2+y^4)^2}\mathrm{d}y$

$$= \frac{1}{2} \int_0^{+\infty} dx \int_0^{\sqrt{x}} \frac{y^2}{(1+x^2+y^4)^2} dy^2$$

$$= \frac{1}{2} \int_0^{+\infty} dx \int_0^x \frac{y}{(1+x^2+y^2)^2} dy$$

$$= \frac{1}{4} \int_0^{+\infty} \left(\frac{1}{1+x^2} - \frac{1}{1+2x^2} \right) dx$$

$$= \frac{1}{4} \left(\int_0^{+\infty} \frac{1}{1+x^2} dx - \int_0^{+\infty} \frac{1}{1+2x^2} dx \right)$$

$$= \frac{1}{4} \left[\arctan x \Big|_0^{+\infty} - \frac{1}{\sqrt{2}} \int_0^{+\infty} \frac{1}{1+(\sqrt{2}\,x)^2} d(\sqrt{2}\,x) \right]$$

$$= \frac{1}{4} \left(\frac{\pi}{2} - \frac{1}{\sqrt{2}} \cdot \frac{\pi}{2} \right) = \frac{\pi}{8} \left(1 - \frac{1}{\sqrt{2}} \right).$$

【例11】 (2018年)设平面区域 D 由曲线 $\begin{cases} x = t - \sin t \\ y = 1 - \cos t \end{cases}$, $(0 \leqslant t \leqslant 2\pi)$ 与 x 轴围成,计算二重积分 $\iint\limits_D (x + 2y) dx\, dy$.

解 设积分区域 D 为: $\{(x,y) \mid 0 \leqslant x \leqslant 2\pi, 0 \leqslant y \leqslant g(x)\}$,则

$$\iint\limits_D (x + 2y) dx\, dy = \int_0^{2\pi} dx \int_0^{g(x)} (x + 2y) dy$$

$$= \int_0^{2\pi} \left[x g(x) + g^2(x) \right] dx$$

$$= \int_0^{2\pi} \left[(t - \sin t)(1 - \cos t) + (1 - \cos t)^2 \right] (1 - \cos t) dt$$

$$= \int_0^{2\pi} (t - \sin t)(1 - \cos t)^2 dt + \int_0^{2\pi} (1 - \cos t)^3 dt$$

$$= \int_0^{2\pi} (t - 2t \cos t + t \cos^2 t) dt + 5\pi$$

$$= 3\pi^2 + 5\pi.$$

【例12】 (2018年)设平面区域 D 由曲线 $y = \sqrt{3(1 - x^2)}$ 与直线 $y = \sqrt{3}\,x$ 及 y 轴围成,计算二重积分 $\iint\limits_D x^2 dx\, dy$.

解 积分区域如右图阴影部分所示,且曲线与直线的交点为 $\left(\frac{1}{\sqrt{2}}, \frac{\sqrt{3}}{\sqrt{2}} \right)$,

则

$$\iint\limits_{D}x^{2}\,\mathrm{d}x\,\mathrm{d}y=\int_{0}^{\frac{\sqrt2}{2}}\mathrm{d}x\int_{\sqrt3 x}^{\sqrt{3(1-x^2)}}x^{2}\,\mathrm{d}y$$

$$=\sqrt3\int_{0}^{\frac{\sqrt2}{2}}x^{2}(\sqrt{1-x^{2}}-x)\,\mathrm{d}x$$

$$=\sqrt3\left(\int_{0}^{\frac{\sqrt2}{2}}x^{2}\sqrt{1-x^{2}}\,\mathrm{d}x-\int_{0}^{\frac{\sqrt2}{2}}x^{3}\,\mathrm{d}x\right)$$

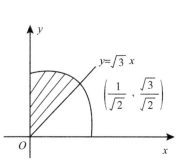

其中,$\displaystyle\int_{0}^{\frac{\sqrt2}{2}}x^{2}\sqrt{1-x^{2}}\,\mathrm{d}x\xlongequal{x=\sin t}\int_{0}^{\frac{\pi}{4}}\sin^{2}t\;\cdot$

$$\cos t\,\mathrm{d}\sin t=\frac{1}{4}\int_{0}^{\frac{\pi}{4}}\sin^{2}2t\,\mathrm{d}t$$

$$=\frac{1}{8}\int_{0}^{\frac{\pi}{2}}\sin^{2}t\,\mathrm{d}t=\frac{1}{8}\times\frac{1}{2}\times\frac{\pi}{2}=\frac{\pi}{32}$$

$$\int_{0}^{\frac{\sqrt2}{2}}x^{3}\,\mathrm{d}x=\frac{x^{4}}{4}\Big|_{0}^{\frac{\sqrt2}{2}}=\frac{1}{16}$$

所以　　　　　$$\iint\limits_{D}x^{2}\,\mathrm{d}x\,\mathrm{d}y=\sqrt3\left(\frac{\pi}{32}-\frac{1}{16}\right)=\frac{\sqrt3(\pi-2)}{32}$$

【例 13】 (2020 年)平面区域 D 由直线 $x=1$, $x=2$, $y=x$ 与 x 轴围成,

计算$\displaystyle\iint\limits_{D}\frac{\sqrt{x^{2}+y^{2}}}{x}\,\mathrm{d}x\,\mathrm{d}y$.

解　令$\begin{cases}x=r\cos\theta\\y=r\sin\theta\end{cases}$ $\left(0\leqslant\theta\leqslant\dfrac{\pi}{4}\quad \sec\theta\leqslant r\leqslant 2\sec\theta\right)$,则

$$\iint\limits_{D}\frac{\sqrt{x^{2}+y^{2}}}{x}\,\mathrm{d}x\,\mathrm{d}y=\int_{0}^{\frac{\pi}{4}}\mathrm{d}\theta\int_{\sec\theta}^{2\sec\theta}r\sec\theta\,\mathrm{d}r=\int_{0}^{\frac{\pi}{4}}\sec\theta\int_{\sec\theta}^{2\sec\theta}r\,\mathrm{d}r$$

$$=\frac{3}{2}\int_{0}^{\frac{\pi}{4}}\sec^{3}\theta\,\mathrm{d}\theta$$

由 $\displaystyle I=\int_{0}^{\frac{\pi}{4}}\sec^{3}\theta=\int_{0}^{\frac{\pi}{4}}\sec\theta\,\mathrm{d}\tan\theta=\sec\theta\cdot\tan\theta\Big|_{0}^{\frac{\pi}{4}}-\int_{0}^{\frac{\pi}{4}}\sec\theta\cdot\tan^{2}\theta\,\mathrm{d}\theta$

$$=\sqrt2-\int_{0}^{\frac{\pi}{4}}(\sec^{2}\theta-1)\sec\theta\,\mathrm{d}\theta=\sqrt2-I+\ln|\sec\theta+\tan\theta|\;\Big|_{0}^{\frac{\pi}{4}}$$

$$=\sqrt2-I+\ln(1+\sqrt2)\;得$$

$$\int_{0}^{\frac{\pi}{4}}\sec^{3}\theta\,\mathrm{d}\theta=\frac{1}{2}\big[\sqrt2+\ln(1+\sqrt2)\big]$$

故 $\iint\limits_{D}\dfrac{\sqrt{x^2+y^2}}{x}\mathrm{d}x\,\mathrm{d}y=\dfrac{3}{4}\left[\sqrt{2}+\ln(1+\sqrt{2})\right]$

【例 14】 (2020 年) 设 $D=\{(x,y)\mid x^2+y^2\leqslant 1,\ y\geqslant 0\}$，连续函数 $f(x,y)$ 满足 $f(x,y)=y\sqrt{1-x^2}+x\iint\limits_{D}f(x,y)\mathrm{d}x\,\mathrm{d}y$，求 $\iint\limits_{D}xf(x,y)\mathrm{d}x\,\mathrm{d}y$.

解 令 $\iint\limits_{D}f(x,y)\mathrm{d}x\,\mathrm{d}y=A$，则 $f(x,y)=y\sqrt{1-x^2}+Ax$.

等式两边在区域 D 上二重积分得

$$A=\iint\limits_{D}(y\sqrt{1-x^2}+Ax)\mathrm{d}x\,\mathrm{d}y=\iint\limits_{D}y\sqrt{1-x^2}\,\mathrm{d}x\,\mathrm{d}y$$

$$=2\int_{0}^{1}\sqrt{1-x^2}\,\mathrm{d}x\int_{0}^{\sqrt{1-x^2}}y\,\mathrm{d}y$$

$$=\int_{0}^{1}(1-x^2)^{\frac{3}{2}}\,\mathrm{d}x\xxlongequal{x=\sin t}\int_{0}^{\frac{\pi}{2}}\cos^4 t\,\mathrm{d}t=\dfrac{3}{4}\cdot\dfrac{1}{2}\cdot\dfrac{\pi}{2}=\dfrac{3\pi}{16}.$$

从而 $\qquad\qquad f(x,y)=y\sqrt{1-x^2}+\dfrac{3\pi x}{16}$，

于是 $\iint\limits_{D}xf(x,y)\mathrm{d}x\,\mathrm{d}y=\iint\limits_{D}xy\sqrt{1-x^2}\,\mathrm{d}x\,\mathrm{d}y+\dfrac{3\pi}{16}\iint\limits_{D}x^2\mathrm{d}x\,\mathrm{d}y$

$$=\dfrac{3\pi}{16}\iint\limits_{D}x^2\mathrm{d}x\,\mathrm{d}y=\dfrac{3\pi}{8}\int_{0}^{1}x^2\mathrm{d}x\int_{0}^{\sqrt{1-x^2}}\mathrm{d}y=\dfrac{3\pi}{8}\int_{0}^{1}x^2\sqrt{1-x^2}\,\mathrm{d}x$$

$$\xxlongequal{x=\sin t}\dfrac{3\pi}{8}\int_{0}^{\frac{\pi}{2}}\sin^2 t\cos^2 t\,\mathrm{d}t=\dfrac{3\pi}{8}\int_{0}^{\frac{\pi}{2}}\sin^2 t(1-\sin^2 t)\,\mathrm{d}t$$

$$=\dfrac{3\pi}{8}\left(\dfrac{1}{2}\cdot\dfrac{\pi}{2}-\dfrac{3}{4}\cdot\dfrac{1}{2}\cdot\dfrac{\pi}{2}\right)=\dfrac{3\pi^2}{128}$$

【例 15】 (2021 年) 设有界区域 D 是圆 $x^2+y^2=1$ 和直线 $y=x$ 以及 x 轴在第一象限围成的部分，计算二重积分 $\iint\limits_{D}\mathrm{e}^{(x+y)^2}(x^2-y^2)\mathrm{d}x\,\mathrm{d}y$.

解 令 $\begin{cases}x=r\cos\theta \\ y=r\sin\theta\end{cases}$，$\left(0\leqslant\theta\leqslant\dfrac{\pi}{4},\ 0\leqslant r\leqslant 1\right)$，则

$$\iint\limits_{D}\mathrm{e}^{(x+y)^2}(x^2-y^2)\mathrm{d}x\,\mathrm{d}y=\int_{0}^{\frac{\pi}{4}}\mathrm{d}\theta\int_{0}^{1}r\mathrm{e}^{r^2}\cdot\mathrm{e}^{r^2\sin 2\theta}\cdot r^2\cos 2\theta\,\mathrm{d}r$$

$$=\dfrac{1}{2}\int_{0}^{\frac{\pi}{4}}\mathrm{d}\theta\int_{0}^{1}\mathrm{e}^{r^2}\cdot\mathrm{e}^{r^2\sin 2\theta}\cdot r^2\cos 2\theta\,\mathrm{d}(r^2)$$

$$= \frac{1}{2} \int_0^{\frac{\pi}{4}} \mathrm{d}\theta \int_0^1 \mathrm{e}^t \cdot \mathrm{e}^{t\sin2\theta} t \ \cos2\theta \, \mathrm{d}t$$

$$= \frac{1}{4} \int_0^1 \mathrm{e}^t \, \mathrm{d}t \int_0^{\frac{\pi}{4}} \mathrm{e}^{t\sin2\theta} \, \mathrm{d}(t\sin2\theta) = \frac{1}{4} \int_0^1 \mathrm{e}^t \left(\mathrm{e}^{t\sin2\theta} \Big|_0^{\frac{\pi}{4}} \right) \mathrm{d}t$$

$$= \frac{1}{4} \int_0^1 \mathrm{e}^t (\mathrm{e}^t - 1) \mathrm{d}t = \frac{1}{4} \left(\frac{1}{2} \mathrm{e}^{2t} \Big|_0^1 - \mathrm{e}^t \Big|_0^1 \right)$$

$$= \frac{1}{4} \left(\frac{\mathrm{e}^2}{2} - \frac{1}{2} - \mathrm{e} + 1 \right) = \frac{(\mathrm{e}-1)^2}{8}.$$

【例 16】 （2010 年）设 $\Omega = \{(x,y,z) \mid x^2 + y^2 \leqslant z \leqslant 1\}$，则 Ω 的形心的竖坐标 $\overline{z} = $ _____.

解 采用"先二后一"的方法来计算较为简便.

$$\overline{z} = \frac{\iiint\limits_{\Omega} z \, \mathrm{d}x \, \mathrm{d}y \, \mathrm{d}z}{\iiint\limits_{\Omega} \mathrm{d}x \, \mathrm{d}y \, \mathrm{d}z} = \frac{\displaystyle\int_0^1 z \, \mathrm{d}z \iint\limits_{x^2+y^2\leqslant z} \mathrm{d}x \, \mathrm{d}y}{\displaystyle\int_0^1 \mathrm{d}z \iint\limits_{x^2+y^2\leqslant z} \mathrm{d}x \, \mathrm{d}y} = \frac{\pi \displaystyle\int_0^1 z^2 \, \mathrm{d}z}{\pi \displaystyle\int_0^1 z \, \mathrm{d}z} = \frac{2}{3}.$$

【例 17】 （1997 年）计算 $I = \iiint\limits_{\Omega} (x^2 + y^2) \, \mathrm{d}v$，其中 Ω 为平面曲线 $\begin{cases} y^2 = 2z, \\ x = 0 \end{cases}$ 绕 z 轴旋转一周形成曲面与平面 $z = 8$ 所围成的区域.

解 旋转曲面为 $z = \frac{1}{2}(x^2 + y^2)$，积分区域 $\Omega: x^2 + y^2 \leqslant 4^2$，$\frac{x^2+y^2}{2} \leqslant z \leqslant 8.$ 选用柱面坐标计算，

$$I = \int_0^{2\pi} \mathrm{d}\theta \int_0^4 r \, \mathrm{d}r \int_{\frac{r^2}{2}}^8 r^2 \, \mathrm{d}z = 2\pi \int_0^4 r^3 \left(8 - \frac{r^2}{2} \right) \mathrm{d}r = \frac{10\sqrt{2}}{9}.$$

【例 18】 （2000 年）设有一半径为 R 的球体，P_0 是此球的表面上的一个定点，球体上任一点的密度与该点到 P_0 的距离的平方成正比（比例常数 $k > 0$），求球体的重心.

解 设球心在原点，球面方程为 $x^2 + y^2 + z^2 = R^2$，P_0 的坐标为 $(0,0,-R)$，则密度函数为 $\rho = k[x^2 + y^2 + (z+R)^2]$. 利用球体的对称性，可得球体 Ω 的重心坐标 $(\overline{x}, \overline{y}, \overline{z})$ 满足 $\overline{x} = \overline{y} = 0$，而

$$\overline{z} = \frac{\iiint\limits_{\Omega} z \cdot k[x^2 + y^2 + (z+R)^2] \mathrm{d}v}{\iiint\limits_{\Omega} k[x^2 + y^2 + (z+R)^2] \mathrm{d}v}.$$

由于

$$\iiint\limits_{\Omega} [x^2 + y^2 + (z+R)^2] \mathrm{d}v = \iiint\limits_{\Omega} (x^2 + y^2 + z^2) \mathrm{d}v + \iiint\limits_{\Omega} R^2 \mathrm{d}v = \frac{32}{15}\pi R^5,$$

$$\iiint\limits_{\Omega} z \cdot [x^2 + y^2 + (z+R)^2] \mathrm{d}v = 2R \iiint\limits_{\Omega} z^2 \mathrm{d}v = \frac{8}{15}\pi R^6,$$

所以

$$\bar{z} = \frac{\displaystyle\iiint\limits_{\Omega} z \cdot k [x^2 + y^2 + (z+R)^2] \mathrm{d}v}{\displaystyle\iiint\limits_{\Omega} k [x^2 + y^2 + (z+R)^2] \mathrm{d}v} = \frac{R}{4}.$$

故球体的重心为 $\left(0, 0, \dfrac{R}{4}\right)$.

第11章　曲线积分与曲面积分

1. 对弧长的曲线积分

■ 定义

设 L 为 xOy 平面上的光滑曲线，$f(x,y)$ 为定义在 L 上的有界函数. 将曲线 L 任意分成 n 段 $\overparen{M_0M_1}$，$\overparen{M_1M_2}$，$\cdots$，$\overparen{M_{n-1}M_n}$，每段弧长记为 $\Delta s_i (i=1,2,\cdots,n)$，在 $\overparen{M_{i-1}M_i}$ 上任取一点 (ξ_i,η_i)，作乘积

$$f(\xi_i,\eta_i)\Delta s_i \quad (i=1,2,\cdots,n),$$

再作和式

$$\sum_{i=1}^{n} f(\xi_i,\eta_i)\Delta s_i.$$

如果不论 L 如何分割，也不论 (ξ_i,η_i) 如何选取，极限

$$\lim_{\lambda \to 0}\sum_{i=1}^{n} f(\xi_i,\eta_i)\Delta s_i \quad (\lambda = \max_{1\leqslant i\leqslant n}\{\Delta s_i\})$$

总存在且唯一，则称该极限为函数 $f(x,y)$ 在曲线 L 上对弧长的曲线积分（也称为第一类曲线积分），记为 $\int_L f(x,y)\mathrm{d}s$，即

$$\int_L f(x,y)\mathrm{d}s = \lim_{\lambda \to 0}\sum_{i=1}^{n} f(\xi_i,\eta_i)\Delta s_i,$$

并称 $f(x,y)\mathrm{d}s$ 为积分表达式，L 为积分曲线，$\mathrm{d}s$ 为弧元素（或弧微分）.

■ 性质

线性性　若 α,β 为常数，则

$$\int_L (\alpha f(x,y) + \beta g(x,y)) \mathrm{d}s = \alpha \int_L f(x,y) \mathrm{d}s + \beta \int_L g(x,y) \mathrm{d}s.$$

积分区域可加性 若分段光滑曲线 L 由两段曲线 L_1, L_2 组成,则

$$\int_L f(x,y) \mathrm{d}s = \int_{L_1} f(x,y) \mathrm{d}s + \int_{L_2} f(x,y) \mathrm{d}s.$$

单调性 若在 L 上 $f(x,y) \leqslant g(x,y)$,则

$$\int_L f(x,y) \mathrm{d}s \leqslant \int_L g(x,y) \mathrm{d}s.$$

绝对可积性 若 $f(x,y)$ 可积,则 $|f(x,y)|$ 可积,且有

$$\left| \int_L f(x,y) \mathrm{d}s \right| \leqslant \int_L |f(x,y)| \mathrm{d}s.$$

积分中值定理 若 $f(x,y)$ 在 L 上连续,则存在 $(\xi,\eta) \in L$,使得

$$\int_L f(x,y) \mathrm{d}s = f(\xi,\eta)s \quad (\text{这里 } s \text{ 为 } L \text{ 的弧长}).$$

特别,$\int_L \mathrm{d}s = s$,即被积函数为 1 时,对弧长的曲线积分等于积分曲线 L 的弧长.

■ **计算方法**

设 xOy 平面上的曲线 L 的参数方程为

$$\begin{cases} x = x(t), \\ y = y(t), \end{cases} \quad t \in [\alpha,\beta],$$

$x'(t), y'(t)$ 在 $[\alpha,\beta]$ 上连续,且 $(x'(t))^2 + (y'(t))^2 \neq 0$,$f(x,y)$ 在 L 上连续,则 $\int_L f(x,y) \mathrm{d}s$ 存在且有

$$\int_L f(x,y) \mathrm{d}s = \int_\alpha^\beta f(x(t),y(t)) \sqrt{x'^2(t) + y'^2(t)} \, \mathrm{d}t.$$

2. 对坐标的曲线积分

■ **定 义**

设 L 为一段光滑的有向曲线,$\boldsymbol{F}(x,y) = P(x,y)\boldsymbol{i} + Q(x,y)\boldsymbol{j}$ 为定义在 L 上的有界函数(即 $|\boldsymbol{F}(x,y)|$ 在 L 上有界),$\boldsymbol{e}_\tau(x,y)$ 为 L 上 (x,y) 处的与有向曲线方向一致的单位切向量. 如果

$$\int_L \boldsymbol{F}(x,y) \cdot \boldsymbol{e}_\tau(x,y) \mathrm{d}s$$

存在,则称该积分为向量值函数 $\boldsymbol{F}(x,y)$ 在有向曲线弧 L 上的积分,也称为

第二类曲线积分，记为 $\int_L \boldsymbol{F}(x,y) \cdot \mathrm{d}\boldsymbol{r}$，即

$$\int_L \boldsymbol{F}(x,y) \cdot \mathrm{d}\boldsymbol{r} = \int_L \boldsymbol{F}(x,y) \cdot \boldsymbol{e}_\tau(x,y)\mathrm{d}s.$$

■ 性质

方向性 $\displaystyle\int_L \boldsymbol{F}(x,y) \cdot \mathrm{d}\boldsymbol{r} = -\int_{L^-} \boldsymbol{F}(x,y) \cdot \mathrm{d}\boldsymbol{r}$，其中 L^- 表示 L 的相反方向.

注：该性质在物理上是直观的，位移反向则功相差一个符号. 该性质也反映了对弧长曲线积分与对坐标的曲线积分的显著差别，对弧长曲线积分不考虑曲线的方向.

线性性　设 α, β 为常数，则

$$\int_L (\alpha \boldsymbol{F}(x,y) + \beta \boldsymbol{G}(x,y)) \cdot \mathrm{d}\boldsymbol{r} = \alpha \int_L \boldsymbol{F}(x,y) \cdot \mathrm{d}\boldsymbol{r} + \beta \int_L \boldsymbol{G}(x,y) \cdot \mathrm{d}\boldsymbol{r}.$$

积分区域可加性　$\displaystyle\int_L \boldsymbol{F}(x,y) \cdot \mathrm{d}\boldsymbol{r} = \int_{L_1} \boldsymbol{F}(x,y) \cdot \mathrm{d}\boldsymbol{r} + \int_{L_2} \boldsymbol{F}(x,y) \cdot \mathrm{d}\boldsymbol{r}$，
其中，$L = L_1 \bigcup L_2$，$L_1 \bigcap L_2 = \varnothing$（或 L_1 与 L_2 最多边界点相交）.

■ 计算方法

设平面有向曲线 $\widehat{AB}$ 的方程为 $\begin{cases} x = x(t), \\ y = y(t). \end{cases}$ $t: \alpha \to \beta$ 表示曲线的定向起点为 $A(x(\alpha), y(\alpha))$，终点为 $B(x(\beta), y(\beta))$，$x'(t), y'(t)$ 连续且 $x'^2(t) + y'^2(t) \neq 0$，$P(x,y)$ 与 $Q(x,y)$ 在 $\widehat{AB}$ 上连续，则

$$\int_{\widehat{AB}} P(x,y)\mathrm{d}x + Q(x,y)\mathrm{d}y$$

$$= \int_\alpha^\beta (P(x(t),y(t))x'(t) + Q(x(t),y(t))y'(t))\mathrm{d}t.$$

3. 格林公式

设平面闭区域 D 的边界 ∂D 为分段光滑曲线，$P(x,y), Q(x,y)$ 在 D 上有连续偏导数，则有

$$\oint_{\partial D} P\mathrm{d}x + Q\mathrm{d}y = \iint_D \left(\frac{\partial Q}{\partial x} - \frac{\partial P}{\partial y}\right) \mathrm{d}x\,\mathrm{d}y,$$

其中，∂D 关于 D 为正向.

4. 曲线积分与路线无关问题

设 D 为平面单连通区域，$P(x,y)$，$Q(x,y)$ 在 D 上有连续偏导数，则以下命题等价：

① 对 D 内任一闭曲线 L，有 $\oint_L P\mathrm{d}x + Q\mathrm{d}y = 0$；

② 对任一全部含在 D 内的曲线 $\overset{\frown}{AB}$，积分 $\int_{\overset{\frown}{AB}} P\mathrm{d}x + Q\mathrm{d}y$ 仅与起点 A、终点 B 有关，而与曲线形状无关；

③ D 内存在可微函数 u，使 $\mathrm{d}u = P\mathrm{d}x + Q\mathrm{d}y$；

④ $\dfrac{\partial Q}{\partial x} = \dfrac{\partial P}{\partial y}$ 在 D 内各点成立.

5. 对面积的曲面积分

■ 定义

设曲面 S 是光滑的，$f(x,y,z)$ 为定义在 S 上的有界函数. 将 S 任意分为 n 个小块 $\Delta S_1, \Delta S_2, \cdots, \Delta S_n$（其面积也用这些符号表示），在每个小块 ΔS_i 上任取一点 (ξ_i, η_i, ζ_i)，作乘积 $f(\xi_i, \eta_i, \zeta_i)\Delta S_i (i=1,2,\cdots,n)$，再作和式

$$\sum_{i=1}^{n} f(\xi_i, \eta_i, \zeta_i)\Delta S_i.$$

若不管 S 如何分法及 (ξ_i, η_i, ζ_i) 如何取法，极限

$$\lim_{\lambda \to 0} \sum_{i=1}^{n} f(\xi_i, \eta_i, \zeta_i)\Delta S_i \quad (\text{其中} \lambda = \max_{1 \leqslant i \leqslant n} \{\Delta S_i \text{ 的直径}\})$$

总存在且唯一，则称该极限为 $f(x,y,z)$ 在曲面 S 上对面积的曲面积分（也称为第一类曲面积分），记为 $\iint\limits_{S} f(x,y,z)\mathrm{d}S$，即

$$\iint\limits_{S} f(x,y,z)\mathrm{d}S = \lim_{\lambda \to 0} \sum_{i=1}^{n} f(\xi_i, \eta_i, \zeta_i)\Delta S_i,$$

其中，$f(x,y,z)$ 称为被积函数，S 称为积分曲面，$\mathrm{d}S$ 称为面积元素.

■ 性质

线性性 $\iint\limits_{S}(\alpha f(x,y,z) + \beta g(x,y,z))\mathrm{d}S = \alpha \iint\limits_{S} f(x,y,z)\mathrm{d}S + \beta \iint\limits_{S} g(x,y,z)\mathrm{d}S$，其中 α, β 为常数.

积分区域可加性 设 $S=S_1\bigcup S_2$，其中曲面 S_1,S_2 至多仅在边界相交，则有

$$\iint\limits_S f(x,y,z)\mathrm{d}S=\iint\limits_{S_1} f(x,y,z)\mathrm{d}S+\iint\limits_{S_2} f(x,y,z)\mathrm{d}S.$$

单调性 设 $f(x,y,z)\leqslant g(x,y,z)$，则

$$\iint\limits_S f(x,y,z)\mathrm{d}S\leqslant\iint\limits_S g(x,y,z)\mathrm{d}S.$$

积分中值定理 设 $f(x,y,z)$ 在 S 上连续，则在 S 上至少存在一点 (ξ,η,ζ) 使得下式成立：

$$\iint\limits_S f(x,y,x)\mathrm{d}S=f(\xi,\eta,\zeta)\cdot S \quad(\text{右端 }S\text{ 表示曲面 }S\text{ 的面积}).$$

■ 计算方法

曲面面积的计算 设 S 为光滑曲面，其方程为 $z=f(x,y)$，$(x,y)\in D$，则其面积为

$$S=\iint\limits_D \sqrt{1+f_x'^2+f_y'^2}\,\mathrm{d}S.$$

积分的计算 设曲面 S 的方程为 $z=z(x,y)$，$(x,y)\in D_{xy}$（D_{xy} 为曲面 S 在 xOy 面上的投影），$z(x,y)$ 在 D_{xy} 上连续可微，则有计算公式：

$$\iint\limits_S f(x,y,z)\mathrm{d}S=\iint\limits_{D_{xy}} f(x,y,z(x,y))\sqrt{1+z_x'^2+z_y'^2}\,\mathrm{d}x\,\mathrm{d}y.$$

6. 对坐标的曲面积分

■ 定义

设 S 为光滑的有向曲面，

$$\boldsymbol{F}(x,y,z)=P(x,y,z)\boldsymbol{i}+Q(x,y,z)\boldsymbol{j}+R(x,y,z)\boldsymbol{k}$$

为定义在 S 上的有界函数，$\boldsymbol{e}_n(x,y,z)$ 为 S 上 (x,y,z) 处的单位法向量. 如果

$$\int_S \boldsymbol{F}(x,y,z)\cdot\boldsymbol{e}_n(x,y,z)\mathrm{d}S$$

存在，则称此积分为向量值函数 $\boldsymbol{F}(x,y,z)$ 在定向曲面 S 上的积分，也称为第二类曲面积分，记为 $\iint\limits_S \boldsymbol{F}(x,y,z)\cdot\mathrm{d}\boldsymbol{S}$，即

$$\iint\limits_S \boldsymbol{F}(x,y,z)\cdot\mathrm{d}\boldsymbol{S}=\iint\limits_S \boldsymbol{F}(x,y,z)\cdot\boldsymbol{e}_n(x,y,z)\mathrm{d}S.$$

■ 性 质

方向性 $\iint\limits_{S^-}\boldsymbol{F}(x,y,z)\cdot\mathrm{d}\boldsymbol{S}=-\iint\limits_{S}\boldsymbol{F}(x,y,z)\cdot\mathrm{d}\boldsymbol{S}$ (S^-表示与 S 取相反侧).

线性性 $\iint\limits_{S}(\alpha\,\boldsymbol{F}(x,y,z)+\beta\,\boldsymbol{G}(x,y,z))\cdot\mathrm{d}\boldsymbol{S}=\alpha\iint\limits_{S}\boldsymbol{F}(x,y,z)\cdot\mathrm{d}\boldsymbol{S}+$
$\beta\iint\limits_{S}\boldsymbol{G}(x,y,z)\cdot\mathrm{d}\boldsymbol{S}$ (α,β 为常数).

积分曲面可加性 设 $S=S_1\bigcup S_2$, S_1 与 S_2 最多仅边界相交, 则

$$\iint\limits_{S}\boldsymbol{F}(x,y,z)\cdot\mathrm{d}\boldsymbol{S}=\iint\limits_{S_1}\boldsymbol{F}(x,y,z)\cdot\mathrm{d}\boldsymbol{S}+\iint\limits_{S_2}\boldsymbol{F}(x,y,z)\cdot\mathrm{d}\boldsymbol{S}.$$

■ 计 算 方 法

设光滑有向曲面 S 的方程可表示为 $z=z(x,y)$, $(x,y)\in D_{xy}$, D_{xy} 为 S 在 xOy 面上的投影, $P(x,y,z),Q(x,y,z),R(x,y,z)$ 在 S 上连续, 则有计算公式:

$$\iint\limits_{S}P(x,y,z)\mathrm{d}y\,\mathrm{d}z+Q(x,y,z)\mathrm{d}z\,\mathrm{d}x+R(x,y,z)\mathrm{d}x\,\mathrm{d}y$$

$$=\pm\iint\limits_{D_{xy}}\bigl[P(x,y,z(x,y))(-z'_x)\mathrm{d}x\,\mathrm{d}y+Q(x,y,z(x,y))(-z'_y)\mathrm{d}x\,\mathrm{d}y$$

$$+R(x,y,z(x,y))\mathrm{d}x\,\mathrm{d}y\bigr],$$

右端二重积分前"±"号的选取与定向曲面法向量 $\pm(-z'_x,-z'_y,1)$ 中的"±"号选取一致, 具体说即是, 当曲面取上侧时法向量指向上, 取"+"号; 曲面取下侧时法向量指向下, 取"−"号.

特别,

$$\iint\limits_{S}R(x,y,z)\mathrm{d}x\,\mathrm{d}y=\pm\iint\limits_{D_{xy}}R(x,y,z(x,y))\mathrm{d}x\,\mathrm{d}y,$$

S 取上侧时右端积分前取"+"号, S 取下侧时右端积分前取"−"号.

同理, 若 S: $y=y(z,x)$, $(z,x)\in D_{zx}$, 则有公式:

$$\iint\limits_{S}P(x,y,z)\mathrm{d}y\,\mathrm{d}z+Q(x,y,z)\mathrm{d}z\,\mathrm{d}x+R(x,y,z)\mathrm{d}x\,\mathrm{d}y$$

$$=\pm\iint\limits_{D_{zx}}\bigl[P(x,y(z,x),z)(-y'_x)\mathrm{d}z\,\mathrm{d}x+Q(x,y(z,x),z)\mathrm{d}z\,\mathrm{d}x$$

$$+R(x,y(z,x),z)(-y'_z)\mathrm{d}z\,\mathrm{d}x\bigr],$$

右端二重积分前"±"的选取与法向量 $\pm(-y_x',1,-y_z')$ 中"±"号的选取一致,即曲面取右侧时取"+"号,取左侧时取"—"号.

特别,

$$\iint\limits_{S} Q(x,y,z)\mathrm{d}z\,\mathrm{d}x = \pm \iint\limits_{D_{zx}} Q(x,y(z,x),z)\mathrm{d}z\,\mathrm{d}x,$$

S 取右侧时右端积分前取"+"号,S 取左侧时右端积分前取"—"号.

若 $S: x = x(y,z)$,$(y,z) \in D_{yz}$,则有计算公式:

$$\iint\limits_{S} P(x,y,z)\mathrm{d}y\,\mathrm{d}z + Q(x,y,z)\mathrm{d}z\,\mathrm{d}x + R(x,y,z)\mathrm{d}x\,\mathrm{d}y$$

$$= \pm \iint\limits_{D_{yz}} \big[P(x(y,z),y,z)\mathrm{d}y\,\mathrm{d}z + Q(x(y,z),y,z)(-x_y')\mathrm{d}y\,\mathrm{d}z$$

$$+ R(x(y,z),y,z)(-x_z')\mathrm{d}y\,\mathrm{d}z \big],$$

右端"±"的选取与法向量 $\pm(1,-x_y',-x_z')$ 中"±"号的选取一致,即曲面取前侧时取"+"号,取后侧时取"—"号.

特别,

$$\iint\limits_{S} P(x,y,z)\mathrm{d}y\,\mathrm{d}z = \pm \iint\limits_{D_{yz}} P(x(y,z),y,z)\mathrm{d}y\,\mathrm{d}z,$$

S 取前侧时右端积分前取"+"号,S 取后侧时右端积分前取"—"号.

7. 高斯公式与斯托克斯公式

■ **高斯公式**

设 $P(x,y,z),Q(x,y,z),R(x,y,z)$ 在有界闭区域 V 上连续,且有连续偏导数 P_x',Q_y',R_z',则有公式

$$\oiint\limits_{\partial V} P\,\mathrm{d}y\,\mathrm{d}z + Q\,\mathrm{d}z\,\mathrm{d}x + R\,\mathrm{d}x\,\mathrm{d}y = \iiint\limits_{V} \left(\frac{\partial P}{\partial x} + \frac{\partial Q}{\partial y} + \frac{\partial R}{\partial z} \right) \mathrm{d}x\,\mathrm{d}y\,\mathrm{d}z,$$

这里 ∂V 为 V 的边界曲面外侧.

■ **斯托克斯公式**

设 $P(x,y,z),Q(x,y,z),R(x,y,z)$ 在分片光滑曲面 S 上有连续偏导数,则有

$$\oint_{\partial S} P \, \mathrm{d}x + Q \, \mathrm{d}y + R \, \mathrm{d}z$$

$$= \iint_S \left(\frac{\partial R}{\partial y} - \frac{\partial Q}{\partial z} \right) \mathrm{d}y \, \mathrm{d}z + \left(\frac{\partial P}{\partial z} - \frac{\partial R}{\partial x} \right) \mathrm{d}z \, \mathrm{d}x$$

$$+ \left(\frac{\partial Q}{\partial x} - \frac{\partial P}{\partial y} \right) \mathrm{d}x \, \mathrm{d}y,$$

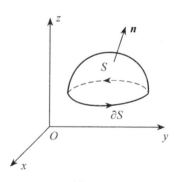

图 11-1

∂S 为 S 的正向边界(如图 11-1 所示,即右手除大拇指外四指沿 ∂S 方向绕行时,大拇指的指向与 S 上法向量的指向相同).

二、典型例题分析

【例 1】 计算 $\oint_L |y| \, \mathrm{d}s$,其中 L 是双纽线

$$(x^2 + y^2)^2 = a^2 (x^2 - y^2) \quad (a > 0).$$

解 利用极坐标计算. L 的极坐标方程为 $\rho^2 = a^2 \cos 2\theta$,即

$$\rho = a \sqrt{\cos 2\theta}, \quad -\frac{\pi}{4} \leqslant \theta \leqslant \frac{\pi}{4} \text{ 或 } \frac{3}{4}\pi \leqslant \theta \leqslant \frac{5}{4}\pi,$$

进而可得 L 的参数方程为 $\begin{cases} x = a \cos\theta \sqrt{\cos 2\theta}, \\ y = a \sin\theta \sqrt{\cos 2\theta}. \end{cases}$ 而

$$\mathrm{d}s = \sqrt{\rho^2 + \rho'^2} \, \mathrm{d}\theta = \frac{a}{\sqrt{\cos 2\theta}} \, \mathrm{d}\theta,$$

把 L 在第一象限部分记为 L_1,利用对称性,可得

$$\oint_L |y| \, \mathrm{d}s = 4 \int_{L_1} y \, \mathrm{d}s = 4 \int_0^{\frac{\pi}{4}} a^2 \sin\theta \, \mathrm{d}\theta = 4a^2 \left(1 - \frac{\sqrt{2}}{2} \right).$$

【例 2】 已知 $\dfrac{(x + ay)\mathrm{d}x + y\,\mathrm{d}y}{(x + y)^2}$ 为某二元函数的全微分,求 a.

解 $P = \dfrac{x + ay}{(x + y)^2}$,$Q = \dfrac{y}{(x + y)^2}$,由 $\dfrac{\partial P}{\partial y} = \dfrac{\partial Q}{\partial x}$,得

$$(a - 2)x + (2 - a)y = 0,$$

所以 $a = 2$.

【例 3】 设 $Q(x, y)$ 有一阶连续偏导数, 积分 $\int_L 2xy\,\mathrm{d}x + Q(x, y)\,\mathrm{d}y$ 与路径无关, 并对任意 t 有

$$\int_{(0,0)}^{(t,1)} 2xy\,\mathrm{d}x + Q(x, y)\,\mathrm{d}y = \int_{(0,0)}^{(1,t)} 2xy\,\mathrm{d}x + Q(x, y)\,\mathrm{d}y,$$

求 $Q(x, y)$.

解　由 $\dfrac{\partial Q}{\partial x} = \dfrac{\partial P}{\partial y}$, 得 $\dfrac{\partial Q}{\partial x} = 2x$, 所以 $Q = x^2 + \varphi(y)$. 于是

$$\int_{(0,0)}^{(t,1)} 2xy\,\mathrm{d}x + Q(x, y)\,\mathrm{d}y = \int_{(0,0)}^{(t,1)} 2xy\,\mathrm{d}x + (x^2 + \varphi(y))\,\mathrm{d}y$$

$$= \int_0^1 (t^2 + \varphi(y))\,\mathrm{d}y = t^2 + \int_0^1 \varphi(y)\,\mathrm{d}y,$$

$$\int_{(0,0)}^{(1,t)} 2xy\,\mathrm{d}x + Q(x, y)\,\mathrm{d}y = \int_{(0,0)}^{(1,t)} 2xy\,\mathrm{d}x + (x^2 + \varphi(y))\,\mathrm{d}y$$

$$= \int_0^t (1 + \varphi(y))\,\mathrm{d}y = t + \int_0^t \varphi(y)\,\mathrm{d}y,$$

即 $t^2 + \displaystyle\int_0^1 \varphi(y)\,\mathrm{d}y = t + \int_0^t \varphi(y)\,\mathrm{d}y$. 两边对 t 求导得 $2t = 1 + \varphi(t)$, 所以

$$\varphi(t) = 2t - 1.$$

故 $Q = x^2 + 2y - 1$.

【例 4】 计算 $I = \displaystyle\oint_C \dfrac{-y\,\mathrm{d}x + x\,\mathrm{d}y}{4x^2 + y^2}$, 其中 C 是不经过原点的任一光滑的简单闭曲线正向.

解　令 $P = \dfrac{-y}{4x^2 + y^2}$, $Q = \dfrac{x}{4x^2 + y^2}$, 则 $\dfrac{\partial P}{\partial y} = \dfrac{-4x^2 + y^2}{(4x^2 + y^2)^2} = \dfrac{\partial Q}{\partial x}$.

当 C 不包含围原点时, 由格林公式得

$$I = \iint_D \left(\frac{\partial Q}{\partial x} - \frac{\partial P}{\partial y} \right) \mathrm{d}x\,\mathrm{d}y = 0.$$

当 C 包含原点时, 有

$$I = \oint_{4x^2 + y^2 = r} \frac{-y\,\mathrm{d}x + x\,\mathrm{d}y}{4x^2 + y^2} = \frac{1}{r} \oint_{4x^2 + y^2 = r} -y\,\mathrm{d}x + x\,\mathrm{d}y$$

$$= \frac{1}{r} \iint_D (1 + 1)\,\mathrm{d}x\,\mathrm{d}y = \frac{2}{r} \cdot \frac{r}{2}\pi = \pi.$$

【例 5】 计算 $I = \oint_C (z-y)\mathrm{d}x + (x-z)\mathrm{d}y + (x-y)\mathrm{d}z$，其中 C 是曲

线 $\begin{cases} x^2 + y^2 = 1, \\ x - y + z = 2 \end{cases}$ 从 z 轴正向往下看去，C 的方向是顺时针方向.

解法 1 令 $\begin{cases} x = \cos\theta, \\ y = \sin\theta, \end{cases}$ 则 $z = 2 - x + y = 2 - \cos\theta + \sin\theta$，所以

$$I = \int_{2\pi}^0 \big[(2 - \cos\theta)(-\sin\theta) + (2\cos\theta - 2 - \sin\theta)\cos\theta$$
$$+ (\cos\theta - \sin\theta)(\sin\theta + \cos\theta) \big]\mathrm{d}\theta$$
$$= \int_0^{2\pi} (2\sin\theta + 2\cos\theta - 2\cos 2\theta - 1)\mathrm{d}\theta = -2\pi.$$

解法 2 由 Stokes 公式得

$$I = \iint\limits_S (-1+1)\mathrm{d}y\,\mathrm{d}z + (1-1)\mathrm{d}z\,\mathrm{d}x + (1+1)\mathrm{d}x\,\mathrm{d}y$$
$$= 2\iint\limits_S \mathrm{d}x\,\mathrm{d}y = -2\iint\limits_{D_{xy}} \mathrm{d}x\,\mathrm{d}y = -2\pi,$$

其中，D_{xy} 是 S 在 xOy 面上的投影区域.

【例 6】 设 C 是光滑的有向曲线，其弧长为 L，$P(x,y,z)$，$Q(x,y,z)$，$R(x,y,z)$ 是在 C 上连续的函数，$M = \max\limits_{(x,y,z)\in C} \sqrt{P^2 + Q^2 + R^2}$. 证明：

$$\left| \int_C P\,\mathrm{d}x + Q\,\mathrm{d}y + R\,\mathrm{d}z \right| \leqslant ML.$$

证法 1 $\left| \int_C P\,\mathrm{d}x + Q\,\mathrm{d}y + R\,\mathrm{d}z \right| = \left| \int_C (P\cos\alpha + Q\cos\beta + R\cos\gamma)\mathrm{d}s \right|$

$$\leqslant \int_C |(P,Q,R)\cdot(\cos\alpha,\cos\beta,\cos\gamma)|\,\mathrm{d}s$$
$$\leqslant \int_C \sqrt{P^2 + Q^2 + R^2}\,\mathrm{d}s \leqslant ML.$$

证法 2 设 $C: \begin{cases} x = \varphi(t), \\ y = \psi(t), \ t: \alpha \to \beta, \\ z = \omega(t), \end{cases}$ 则

$$\left| \int_C P\,\mathrm{d}x + Q\,\mathrm{d}y + R\,\mathrm{d}z \right|$$
$$= \left| \int_\alpha^\beta \big[P(\varphi(t),\psi(t),\omega(t))\varphi'(t)\mathrm{d}t + Q(\varphi(t),\psi(t),\omega(t))\psi'(t)\mathrm{d}t \right.$$
$$\left. + R(\varphi(t),\psi(t),\omega(t))\omega'(t)\mathrm{d}t \big] \right|$$

$$\leqslant \int_\alpha^\beta |P\varphi' + Q\psi' + R\omega'| \, \mathrm{d}t$$

$$\leqslant \int_\alpha^\beta \sqrt{P^2 + Q^2 + R^2} \cdot \sqrt{\varphi'^2 + \psi'^2 + \omega'^2} \, \mathrm{d}t$$

$$\leqslant M \int_\alpha^\beta \sqrt{\varphi'^2 + \psi'^2 + \omega'^2} \, \mathrm{d}t = ML.$$

【例 7】 计算 $\displaystyle\iint_S |xyz| \, \mathrm{d}S$，其中 S 为曲面 $z = x^2 + y^2 \ (0 \leqslant z \leqslant 1)$.

解 $z = x^2 + y^2$ 关于 x, y 都为偶函数，且被积函数 $f(x, y, z) = |xyz|$ 关于 xOz 和 yOz 坐标面对称，因此，只要计算 $\displaystyle\iint_S |xyz| \, \mathrm{d}S$ 在第一卦限部分的值，再乘以 4 倍即可.

设 S 在第一卦限的部分为 S_1，则

$$\iint_S |xyz| \, \mathrm{d}S = 4 \iint_{S_1} xyz \, \mathrm{d}S = 4 \iint_{x^2+y^2 \leqslant 1} xy(x^2 + y^2) \sqrt{1 + 4x^2 + 4y^2} \, \mathrm{d}x \, \mathrm{d}y$$

$$= 4 \int_0^{\frac{\pi}{2}} \sin\theta \cos\theta \, \mathrm{d}\theta \int_0^1 r^5 \sqrt{1 + 4r^2} \, \mathrm{d}r = 2 \int_0^1 r^5 \sqrt{1 + 4r^2} \, \mathrm{d}r$$

$$\xrightarrow{u = \sqrt{1+4r^2}} 2 \int_1^{\sqrt{5}} \left(\frac{u^2 - 1}{4}\right)^2 u \cdot \frac{1}{4} u \, \mathrm{d}u$$

$$= \frac{1}{32} \int_1^{\sqrt{5}} (u^2 - 1)^2 u^2 \, \mathrm{d}u = \frac{125\sqrt{5} - 1}{420}.$$

【例 8】 设 S 为椭球面 $\dfrac{x^2}{2} + \dfrac{y^2}{2} + z^2 = 1$ 的上半部分（即 $z \geqslant 0$），点 $P(x, y, z) \in S$，π 为 S 在 P 处的切平面，$\rho(x, y, z)$ 为点 $O(0, 0, 0)$ 到平面 π 的距离，求 $I = \displaystyle\iint_S \dfrac{z}{\rho(x, y, z)} \, \mathrm{d}S$.

解 π 的法向量为 $\boldsymbol{n} = (x, y, 2z)$，$\pi$ 的方程为

$$x(X - x) + y(Y - y) + 2z(Z - z) = 0,$$

即 $\dfrac{xX}{2} + \dfrac{yY}{2} + zZ = 1$，所以 $\rho(x, y, z) = \dfrac{1}{\sqrt{\dfrac{x^2}{4} + \dfrac{y^2}{4} + z^2}}$. 而 S：$z = \sqrt{1 - \dfrac{x^2}{2} - \dfrac{y^2}{2}}$，所以

$$I = \iint\limits_{S} \frac{z}{1 / \sqrt{\dfrac{x^2}{4} + \dfrac{y^2}{4} + z^2}} \, \mathrm{d}S = \iint\limits_{S} z \sqrt{\dfrac{x^2}{4} + \dfrac{y^2}{4} + z^2} \, \mathrm{d}S$$

$$= \iint\limits_{S} \sqrt{1 - \dfrac{x^2}{2} - \dfrac{y^2}{2}} \sqrt{1 - \dfrac{x^2}{4} - \dfrac{y^2}{4}} \, \mathrm{d}S.$$

因为 $\mathrm{d}S = \dfrac{\sqrt{4 - x^2 - y^2}}{2\sqrt{1 - \dfrac{x^2}{2} - \dfrac{y^2}{2}}} \, \mathrm{d}x \, \mathrm{d}y$，所以

$$I = \iint\limits_{D_{xy}} \frac{1}{2} \sqrt{1 - \dfrac{x^2}{4} - \dfrac{y^2}{4}} \sqrt{4 - x^2 - y^2} \, \mathrm{d}x \, \mathrm{d}y$$

$$= \frac{1}{4} \iint\limits_{D_{xy}} (4 - x^2 - y^2) \, \mathrm{d}x \, \mathrm{d}y$$

$$= \frac{1}{4} \int_0^{2\pi} \mathrm{d}\theta \int_0^{\sqrt{2}} (4 - \rho^2) \rho \, \mathrm{d}\rho = \frac{3}{2}\pi.$$

【例 9】 设 S 为球面 $x^2 + y^2 + z^2 - 2ax - 2ay - 2az + a^2 = 0 \ (a > 0$ 为常数)，计算：$I = \oiint\limits_{S} (x + y + z - \sqrt{3}a) \mathrm{d}S.$

解法 1 $S: (x-a)^2 + (y-a)^2 + (z-a)^2 = 2a^2$，化为参数方程得

$$S: \begin{cases} x = a + \sqrt{2}a \sin\varphi \cos\theta, \\ y = a + \sqrt{2}a \sin\varphi \sin\theta, \\ z = a + \sqrt{2}a \cos\varphi, \end{cases} \quad 0 \leqslant \theta \leqslant 2\pi, 0 \leqslant \varphi \leqslant \pi.$$

而

$$\mathrm{d}S = \sqrt{\left(\frac{\partial(y,z)}{\partial(\varphi,\theta)}\right)^2 + \left(\frac{\partial(z,x)}{\partial(\varphi,\theta)}\right)^2 + \left(\frac{\partial(x,y)}{\partial(\varphi,\theta)}\right)^2} \, \mathrm{d}\varphi \, \mathrm{d}\theta = 2a^2 \sin\varphi \, \mathrm{d}\theta \, \mathrm{d}\varphi,$$

所以

$$\oiint\limits_{S} z \, \mathrm{d}S = \iint\limits_{D_{\theta\varphi}} (a + \sqrt{2}a \cos\varphi) \cdot 2a^2 \sin\varphi \, \mathrm{d}\theta \, \mathrm{d}\varphi$$

$$= \int_0^{2\pi} \mathrm{d}\theta \int_0^{\pi} (a + \sqrt{2}a \cos\varphi) \cdot 2a^2 \sin\varphi \, \mathrm{d}\varphi = 8\pi a^3.$$

故 $I = 3\oiint\limits_{S} z \, \mathrm{d}S - \sqrt{3}a \oiint\limits_{S} \mathrm{d}S = 24\pi a^3 - \sqrt{3}a \cdot 8\pi a^2 = 8(3 - \sqrt{3})\pi a^3.$

解法 2 令 $X = x - a$，$Y = y - a$，$Z = z - a$，则 $S: X^2 + Y^2 + Z^2 = 2a^2$，

$$I = \oiint\limits_{S} (3a + X + Y + Z - \sqrt{3}\,a)\,\mathrm{d}S$$

$$= (3a - \sqrt{3}\,a)\oiint\limits_{S}\mathrm{d}S + 0 + 0 + 0 = 8(3 - \sqrt{3})\pi a^3.$$

【例 10】　设半径为 R 的球面 Σ 的球心在定球面 $x^2 + y^2 + z^2 = a^2$ $(a > 0)$ 上，问当 R 取何值时，球面 Σ 在定球面内部的那部分面积最小？

解　Σ 的方程为 $x^2 + y^2 + (z - a)^2 = R^2$，交线 C 在 xOy 面上的投影为

$$\begin{cases} x^2 + y^2 = \dfrac{R^2}{4a^2}(4a^2 - R^2), \\ z = 0, \end{cases}$$

Σ 在定球面内的部分的方程为 $z = a - \sqrt{R^2 - x^2 - y^2}$，所以，这部分面积为

$$S(R) = \iint\limits_{D_{xy}} \sqrt{1 + z_x'^2 + z_y'^2}\,\mathrm{d}x\,\mathrm{d}y = \iint\limits_{D_{xy}} \frac{R}{\sqrt{R^2 - x^2 - y^2}}\mathrm{d}x\,\mathrm{d}y$$

$$= 2\pi R^2 - \frac{1}{a}\pi R^3 \quad (0 < R < 2a).$$

由 $S'(R) = 4\pi R - \dfrac{3\pi}{a}R^2 = 0$，得 $R = 0$（舍去），$R = \dfrac{4}{3}a$. 又

$$S''\left(\frac{4}{3}a\right) = \left(4\pi - \frac{6\pi}{a}R\right)\bigg|_{R = \frac{4}{3}a} = -4\pi < 0,$$

所以 $R = \dfrac{4}{3}a$ 为所求.

【例 11】　设 Σ 是球面 $x^2 + y^2 + z^2 = R^2$ 的外表面，求曲面积分

$$I = \oiint\limits_{\Sigma} \frac{x\,\mathrm{d}y\,\mathrm{d}z + y\,\mathrm{d}z\,\mathrm{d}x + z\,\mathrm{d}x\,\mathrm{d}y}{(x^2 + y^2 + z^2)^{\frac{3}{2}}}.$$

解　$I = \dfrac{1}{R^3}\oiint\limits_{\Sigma} x\,\mathrm{d}y\,\mathrm{d}z + y\,\mathrm{d}z\,\mathrm{d}x + z\,\mathrm{d}x\,\mathrm{d}y = \dfrac{1}{R^3}\iiint\limits_{V}(1+1+1)\mathrm{d}x\,\mathrm{d}y\,\mathrm{d}z$

$$= 3\frac{1}{R^3}\iiint\limits_{V}\mathrm{d}V = \frac{3}{R^3}\frac{4\pi}{3}R^3 = 4\pi.$$

【例 12】　计算 $I = \iint\limits_{\Sigma} \dfrac{ax\,\mathrm{d}y\,\mathrm{d}z + (z+a)^2\,\mathrm{d}x\,\mathrm{d}y}{\sqrt{x^2 + y^2 + z^2}}$，其中 Σ 为下半球面 $z = -\sqrt{a^2 - x^2 - y^2}$ 的上侧，a 为正常数.

解　因为在 Σ 上 $x^2 + y^2 + z^2 = a^2$，所以

$$I = \frac{1}{a} \iint\limits_{\Sigma} ax \, \mathrm{d}y \, \mathrm{d}z + (z+a)^2 \, \mathrm{d}x \, \mathrm{d}y.$$

在 xOy 面上添加一块圆盘 S：$x^2 + y^2 \leqslant a^2$，且取下侧，根据高斯公式有

$$I = \frac{1}{a} \left(\oiint\limits_{\Sigma+S} - \iint\limits_{S} \right) = \frac{1}{a} \left[-\iiint\limits_{V} (3a + 2z) \mathrm{d}V + \iint\limits_{D_{xy}} a^2 \, \mathrm{d}x \, \mathrm{d}y \right] = -\frac{\pi}{2} a^3.$$

三、教材习题全解

习题 11-1

=== **A 类** ===

1．用对弧长曲线积分的定义证明性质 3（单调性）.

证 因为 $f(x,y) \leqslant g(x,y)$，所以 $f(\xi_i, \eta_i)\Delta s_i \leqslant g(\xi_i, \eta_i)\Delta s_i$，于是

$$\sum_{i=1}^{n} f(\xi_i, \eta_i)\Delta s_i \leqslant \sum_{i=1}^{n} g(\xi_i, \eta_i)\Delta s_i,$$

故 $\lim\limits_{\lambda \to 0} \sum\limits_{i=1}^{n} f(\xi_i, \eta_i)\Delta s_i \leqslant \lim\limits_{\lambda \to 0} \sum\limits_{i=1}^{n} g(\xi_i, \eta_i)\Delta s_i$，即 $\int_L f(x,y)\mathrm{d}s \leqslant \int_L g(x,y)\mathrm{d}s.$

2．计算下列对弧长的曲线积分：

(1) $\displaystyle\int_L y \, \mathrm{d}s$，$L$：$y^2 = 2x$ 由点 $(0,0)$ 到点 $(2,2)$ 的弧段；

(2) $\displaystyle\int_L (x+y)\mathrm{d}s$，$L$：顶点为 $(0,0),(1,0),(0,1)$ 的三角形边界；

(3) $\displaystyle\int_L (x^2+y^2)^n \mathrm{d}s$，$L$：$x^2 + y^2 = a^2 \ (a > 0)$；

(4) $\displaystyle\int_L (x^2+y^2)\mathrm{d}s$，$L$：$y = -\sqrt{1-x^2}$；

(5) $\displaystyle\int_\Gamma (x^2+y^2)z \, \mathrm{d}s$，$\Gamma$：圆锥螺线 $x = t\cos t$，$y = t\sin t$，$z = t \ (0 \leqslant t \leqslant 2\pi)$，相应于 t 从 0 变到 1 的一段弧；

(6) $\displaystyle\int_\Gamma x^2 \mathrm{d}s$，$\Gamma$：圆周 $x^2 + y^2 + z^2 = R^2$，$x + y + z = 0$；

(7) $\displaystyle\int_\Gamma x^2 yz \, \mathrm{d}s$，其中 Γ 为折线 $ABCD$，A,B,C,D 的坐标依次为 $(0,0,0),(0,0,2)$，

$(1,0,2),(1,3,2).$

解 (1) $\displaystyle\int_L y\,ds = \int_0^2 y\,\sqrt{1+y^2}\,dy = \frac{1}{2}\int_0^2 \sqrt{1+y^2}\,d(1+y^2)$

$$= \frac{1}{2}\cdot\frac{2}{3}(1+y^2)^{\frac{3}{2}}\Big|_0^2 = \frac{1}{2}(5\sqrt{5}-1).$$

(2) 原式 $= \left(\displaystyle\int_{AB}+\int_{BC}+\int_{CA}\right)(x+y)\,ds$ (其中 $A(0,0),B(1,0),C(0,1)$)

$$= \int_0^1 x\,dx + \int_0^1 [x+(1-x)]\sqrt{2}\,dx + \int_0^1 y\,dy = \frac{1}{2}+\sqrt{2}+\frac{1}{2} = 1+\sqrt{2}.$$

(3) 令 $x = a\cos t$, $y = \sin t$, 则

$$原式 = \int_0^{2\pi}(a^2\cos^2 t + a^2\sin^2 t)^n\sqrt{(-a\sin t)^2 + (a\cos t)^2}\,dt$$

$$= \int_0^{2\pi}a^{2n+1}\,dt = 2\pi a^{2n+1}.$$

(4) 令 $x = \cos t$, $y = \sin t$, $\pi \leqslant t \leqslant 2\pi$, 则

$$原式 = \int_\pi^{2\pi}1\cdot\sqrt{(-\sin t)^2 + \cos^2 t}\,dt = \pi.$$

(5) 因为 $x_t' = \cos t - t\sin t$, $y_t' = \sin t + t\cos t$, $z_t' = 1$, 所以

$$ds = \sqrt{x_t'^2 + y_t'^2}\,dt = \sqrt{(\cos t - t\sin t)^2 + (\sin t + t\cos t)^2 + 1}\,dt$$

$$= \sqrt{2+t^2}\,dt,$$

$$原式 = \int_0^1(t^2\cos^2 t + t^2\sin^2 t)t\sqrt{2+t^2}\,dt = \int_0^1 t^3\sqrt{2+t^2}\,dt$$

$$= \frac{1}{2}\int_0^1 t^2\sqrt{2+t^2}\,dt^2 = \frac{1}{2}\int_0^1(t^2+2)\sqrt{2+t^2}\,dt^2 - \frac{1}{2}\int_0^1 2\sqrt{2+t^2}\,dt^2$$

$$= \frac{1}{2}\cdot\frac{2}{5}(2+t^2)^{\frac{5}{2}}\Big|_0^1 - \frac{2}{3}(2+t^2)^{\frac{3}{2}}\Big|_0^1 = \frac{8\sqrt{2}}{15} - \frac{\sqrt{3}}{5}.$$

(6) 根据对称性得 $\displaystyle\int_\Gamma x^2\,ds = \int_\Gamma y^2\,ds = \int_\Gamma z^2\,ds$, 所以

$$\int_\Gamma x^2\,ds = \frac{1}{3}\int_\Gamma(x^2+y^2+z^2)\,ds = \frac{1}{3}\int_\Gamma R^2\,ds = \frac{1}{3}R^2\cdot 2R\pi = \frac{2}{3}R^3\pi.$$

(7) 由图 11-2 可知,

$\overline{AB}$: $x = 0$, $y = 0$, $z = t$, $0 \leqslant t \leqslant 2$,

$\quad ds = \sqrt{0+0+1}\,dt = dt$,

$\overline{BC}$: $x = t$, $y = 0$, $z = 2$, $0 \leqslant t \leqslant 1$,

$\quad ds = \sqrt{1+0+0}\,dt = dt$,

$\overline{CD}$: $x = 1$, $y = t$, $z = 2$, $0 \leqslant t \leqslant 3$,

$\quad ds = \sqrt{0+1+0}\,dt = dt$,

所以 $\displaystyle\int_\Gamma x^2 yz\,ds = \int_0^2 0dt + \int_0^1 0dt + \int_0^3 2t\,dt = t^2\Big|_0^3 =$

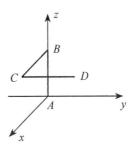

图 11-2

9.

3. 计算 $\int_L x \,\mathrm{d}s$ 和 $\int_L |x| \,\mathrm{d}s$，$L: x^2 + y^2 = a^2$，$y \geqslant 0$.

解 $L: \begin{cases} x = a\cos t, \\ y = a\sin t, \end{cases} 0 \leqslant t \leqslant \pi$，故

$$\int_L x \,\mathrm{d}s = \int_0^\pi a\cos t \, a\,\mathrm{d}t = a^2 \sin t \Big|_0^\pi = 0,$$

$$\int_L |x| \,\mathrm{d}s = \int_0^\pi |a\cos t| \, a\,\mathrm{d}t = a^2 \int_0^{\frac{\pi}{2}} \cos t \,\mathrm{d}t - a^2 \int_{\frac{\pi}{2}}^\pi \cos t \,\mathrm{d}t = 2a^2.$$

4. 试导出用极坐标方程 $\rho = \rho(\theta)$ $(\alpha \leqslant \theta \leqslant \beta)$ 表示的曲线 L 的线积分计算公式：

$$\int_L f(x,y)\mathrm{d}s = \int_\alpha^\beta f(\rho(\theta)\cos\theta, \rho(\theta)\sin\theta) \sqrt{\rho^2(\theta) + \rho'^2(\theta)} \,\mathrm{d}\theta.$$

解 由 $\begin{cases} x = \rho(\theta)\cos\theta, \\ y = \rho(\theta)\sin\theta, \end{cases}$ 得 $\begin{cases} x'(\theta) = \rho'\cos\theta - \rho\sin\theta, \\ y'(\theta) = \rho'\sin\theta + \rho\cos\theta, \end{cases}$ 于是

$$\mathrm{d}s = \sqrt{x'(\theta)^2 + y'(\theta)^2} \,\mathrm{d}\theta = \sqrt{\rho'^2 + \rho^2} \,\mathrm{d}\theta.$$

所以 $\int_L f(x,y)\mathrm{d}s = \int_\alpha^\beta f(\rho(\theta)\cos\theta, \rho(\theta)\sin\theta) \sqrt{\rho^2(\theta) + \rho'^2(\theta)} \,\mathrm{d}\theta.$

5. 求曲线 $x = a$，$y = at$，$z = \dfrac{1}{2}at^2$ $(0 \leqslant t \leqslant 1, a > 0)$ 的质量，设其线密度为 $\mu = \sqrt{\dfrac{2z}{a}}$.

解 曲线的质量为

$$m = \int_L \mu \,\mathrm{d}s = \int_L \sqrt{\frac{2z}{a}} \,\mathrm{d}s = \int_0^1 \sqrt{\frac{2}{a} \cdot \frac{1}{2}at^2} \sqrt{x_t'^2 + y_t'^2 + z_t'^2} \,\mathrm{d}t$$

$$= \int_0^1 t \sqrt{a^2 + a^2 t^2} \,\mathrm{d}t = \frac{a}{2} \int_0^1 \sqrt{1 + t^2} \,\mathrm{d}(1 + t^2)$$

$$= \frac{a}{3}(2\sqrt{2} - 1).$$

===== **B 类** =====

1. 计算 $\int_L x \,\mathrm{d}s$，L 为对数螺线 $\rho = a\,\mathrm{e}^{k\theta}$ $(k > 0)$ 在圆 $\rho = a$ 内的部分.

解 因为 $\rho = a\,\mathrm{e}^{k\theta}$，$\rho_\theta = ka\,\mathrm{e}^{k\theta}$，所以 $\mathrm{d}s = a\,\mathrm{e}^{k\theta} \sqrt{1 + k^2} \,\mathrm{d}\theta$ $(-\infty < \theta < 0)$，故

$$I = \int_{-\infty}^0 a\,\mathrm{e}^{k\theta}\cos\theta \cdot a\,\mathrm{e}^{k\theta} \sqrt{1 + k^2} \,\mathrm{d}\theta = a^2 \sqrt{1 + k^2} \int_{-\infty}^0 \cos\theta \,\mathrm{e}^{2k\theta} \,\mathrm{d}\theta \quad (\text{分部积分})$$

$$= a^2 \sqrt{1 + k^2} \, \frac{2k\cos\theta + \sin\theta}{1 + 4k^2} \mathrm{e}^{2k\theta} \Big|_{-\infty}^0 = \frac{2ka^2}{1 + 4k^2} \sqrt{1 + k^2}.$$

2. 证明积分中值定理：若函数 f 在光滑曲线 $L: x = x(t)$，$y = y(t)$，$t \in [\alpha, \beta]$ 上连续，则存在点 $(\xi, \eta) \in L$，使得 $\int_L f(x,y)\mathrm{d}s = f(\xi, \eta)s$，其中 s 为 L 的弧长.

证 $\displaystyle\int_L f(x,y)\mathrm{d}s = \int_a^\beta f(x(t),y(t))\ \sqrt{x'(t)^2+y'(t)^2}\,\mathrm{d}t$ （由定积分中值定理）

$\displaystyle\qquad\qquad = f(x(\gamma),y(\gamma))\int_a^\beta \sqrt{x'(t)^2+y'(t)^2}\,\mathrm{d}t = f(\xi,\eta)s.$

习题 11-2

=== **A** 类===

1. 设 L 为 xOy 面内 x 轴上从点 $(a,0)$ 到点 $(b,0)$ 的一段直线，证明：

$$\int_L P(x,y)\mathrm{d}x = \int_a^b P(x,0)\mathrm{d}x.$$

证 把 x 看成参数，将 $\displaystyle\int_L P(x,y)\mathrm{d}x$ 化为以 x 为积分变量的定积分，由于在 L 上，$y\equiv 0$，X 从 a 变到 b，所以

$$\int_L P(x,y)\mathrm{d}x = \int_a^b P(x,0)\mathrm{d}x.$$

2. 计算下列对坐标的曲线积分：

(1) $\displaystyle\oint_L \frac{(x+y)\mathrm{d}x-(x-y)\mathrm{d}y}{x^2+y^2}$，其中 L 为圆周 $x^2+y^2=a^2$（按逆时针方向绕行）；

(2) $\displaystyle\int_\Gamma x\,\mathrm{d}x+y\,\mathrm{d}y+(x+y-1)\mathrm{d}z$，其中 Γ 是从点 $(1,1,1)$ 到点 $(2,3,4)$ 的一段直线；

(3) $\displaystyle\oint_\Gamma y\,\mathrm{d}x+z\,\mathrm{d}y+x\,\mathrm{d}z$，其中 Γ 为螺旋线段：

$$x=a\cos t,\ y=a\sin t,\ z=bt\quad (0\leqslant t\leqslant 2\pi,\ a>0,\ b>0);$$

(4) $\displaystyle\oint_\Gamma \mathrm{d}x-\mathrm{d}y+y\,\mathrm{d}z$，其中 Γ 为有向闭折线 $ABCA$，这里的 A,B,C 依次为点 $(1,0,$
$0),(0,1,0),(0,0,1)$；

(5) $\displaystyle\int_L (x^2-2xy)\mathrm{d}x+(y^2-2xy)\mathrm{d}y$，其中 L 是抛物线 $y=x^2$ 上从点 $(-1,1)$ 到点 $(1,1)$ 的一段弧；

(6) $\displaystyle\oint_L (2xy-2y)\mathrm{d}x+(x^2-4x)\mathrm{d}y$，其中 L 为正向圆周 $x^2+y^2=9$.

解 (1) $L: x=a\cos t,\ y=a\sin t,\ t:0\to 2\pi$，所以，

$$\text{原式} = \frac{1}{a^2}\int_0^{2\pi}(a\cos t+a\sin t)\mathrm{d}(a\cos t)-(a\cos t-a\sin t)\mathrm{d}(a\sin t)$$

$$= \frac{1}{a^2}\int_0^{2\pi}\left[(a\cos t+a\sin t)(-a\sin t)-(a\cos t-a\sin t)(a\cos t)\right]\mathrm{d}t$$

$$= \frac{1}{a^2}\int_0^{2\pi}(-a^2)\mathrm{d}t = -2\pi.$$

(2) Γ：$x=1+t$，$y=1+2t$，$z=1+3t$，t：$0\rightarrow1$，$dx=dt$，$dy=2dt$，$dz=3dt$，代入

$$原式=\int_0^1[(1+t)+2(1+2t)+3(1+t+1+2t-1)]dt$$

$$=\int_0^1(6+14t)dt=6+7=13.$$

(3) $$原式=\int_0^{2\pi}[a\sin t\cdot(-a\sin t)+bta\cos t+ab\cos t]dt$$

$$=\int_0^{2\pi}(-a^2\sin^2t+abt\cos t+ab\cos t)dt$$

$$=-a^2\int_0^{2\pi}\frac{1-\cos2t}{2}dt+ab\int_0^{2\pi}t\cos t\ dt+ab\int_0^{2\pi}\cos t\ dt$$

$$=-a^2\left(\frac{1}{2}-\frac{1}{4}\sin2t\right)\Big|_0^{2\pi}+ab(t\sin t+\cos t)\Big|_0^{2\pi}+ab\sin t\Big|_0^{2\pi}$$

$$=-\pi a^2+0+0=-\pi a^2.$$

(4) $\Gamma=\overline{AB}+\overline{BC}+\overline{CA}$，如图 11-3，

$\overline{AB}$：$x+y=1$，$z=0$，$dy=-dx$，

$\overline{BC}$：$y+z=1$，$x=0$，$dz=-dy$，

$\overline{CA}$：$z+x=1$，$y=0$，$dz=-dx$，

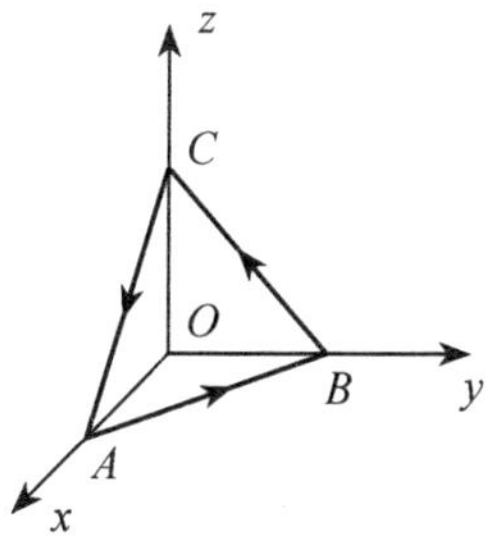

$$原式=\left(\int_{AB}+\int_{BC}+\int_{CA}\right)(dx-dy+y\,dz)$$

$$=\int_{AB}(dx-dy)+\int_{BC}(-dy+y\,dz)$$

$$+\int_{CA}(dx-y\,dz)$$

$$=\int_1^0(1+1)dx+\int_1^0(-1-y)dy+\int_1^0(-1+0)dz$$

$$=-2+\frac{3}{2}+1=\frac{1}{2}.$$

图 11-3

(5) $y=x^2$，$dy=2x\,dx$，x：$-1\rightarrow1$，

$$原式=\int_{-1}^1[(x^2-2x^3)+(x^4-2x^3)2x]dx=\int_{-1}^1(2x^5-4x^4-2x^3+x^2)dx$$

$$=2\int_0^1(x^2-4x^4)dx=2\left(\frac{1}{2}-\frac{4}{5}\right)=-\frac{14}{15}.$$

(6) L：$x=3\cos t$，$y=3\sin t$，t：$0\rightarrow2\pi$，

$$原式=\int_0^{2\pi}[(2\cdot3\cos t\cdot3\sin t-6\sin t)(-3\sin t)+(9\cos^2t-12\cos t)\cdot3\cos t]dt$$

$$=\int_0^{2\pi}(-54\sin^2t\cos t+18\sin^2t+27\cos^3t-36\cos^2t)dt$$

$$=0+9\int_0^{2\pi}(1-\cos2t)dt+27\int_0^{2\pi}(1-\sin^2t)d\sin t-18\int_0^{2\pi}(1+\cos2t)dt$$

$$=(18\pi-0)+27(0-0)-18(2\pi+0)=-18\pi.$$

3. 计算下列线积分：

(1) $\oint_{\Gamma} (y^2-z^2)\mathrm{d}x + (z^2-x^2)\mathrm{d}y + (x^2-y^2)\mathrm{d}z$，$\Gamma$ 为球面 $x^2+y^2+z^2=R^2$ 在第一卦限部分的边界曲线，方向与球面在第一卦限的外法线方向构成右手系；

(2) $\oint_{L} \dfrac{\mathrm{d}x+\mathrm{d}y}{|x|+|y|}$，其中 L 是以 $A(2,0),B(0,2),C(-2,0),D(0,-2)$ 为顶点的正向正方形闭路.

解 (1) 如图 11-4，设 $\Gamma = C_1 + C_2 + C_3$，则

$$原式 = \left(\int_{C_1} + \int_{C_2} + \int_{C_3}\right)(y^2-z^2)\mathrm{d}x + (z^2-x^2)\mathrm{d}y + (x^2-y^2)\mathrm{d}z.$$

而

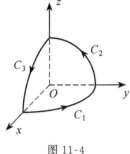

图 11-4

$$\int_{C_1}(y^2-z^2)\mathrm{d}x + (z^2-x^2)\mathrm{d}y + (x^2-y^2)\mathrm{d}z$$
$$= \int_0^{\frac{\pi}{2}} R^2 \sin^2 t \cdot R\, \mathrm{d}\cos t = -\frac{4}{3}R^3,$$

同理，

$$\int_{C_2}(y^2-z^2)\mathrm{d}x + (z^2-x^2)\mathrm{d}y + (x^2-y^2)\mathrm{d}z$$
$$= \int_{C_3}(y^2-z^2)\mathrm{d}x + (z^2-x^2)\mathrm{d}y + (x^2-y^2)\mathrm{d}z$$
$$= -\frac{4}{3}R^3,$$

所以，原式 $= -4R^3$.

(2) 正方形各边的方程分别为 AB：$y=2-x$，BC：$y=2+x$，CD：$y=-2-x$，DA：$y=-2+x$，于是

$$\oint \frac{\mathrm{d}x+\mathrm{d}y}{|x|+|y|} = \int_{AB}\frac{\mathrm{d}x+\mathrm{d}y}{x+y} + \int_{BC}\frac{\mathrm{d}x+\mathrm{d}y}{-x+y} + \int_{CD}\frac{\mathrm{d}x+\mathrm{d}y}{-x-y} + \int_{DA}\frac{\mathrm{d}x+\mathrm{d}y}{x-y}$$
$$= \int_2^0 \frac{1-1}{2}\mathrm{d}x + \int_0^{-2}\frac{2}{2}\mathrm{d}x + \int_{-2}^0 \frac{1-1}{2}\mathrm{d}x + \int_0^2 \frac{2}{2}\mathrm{d}x = 0.$$

4. 计算 $\int_L (x+y)\mathrm{d}x + (y-x)\mathrm{d}y$，其中 L 是：

(1) 抛物线 $y^2=x$ 上从点 $(1,1)$ 到点 $(4,2)$ 的一段弧；

(2) 从点 $(1,1)$ 到点 $(4,2)$ 的直线段；

(3) 先沿直线从点 $(1,1)$ 到点 $(1,2)$，然后再沿直线到点 $(4,2)$ 的折线；

(4) 曲线 $x=2t^2+t+1$，$y=t^2+1$ 上从点 $(1,1)$ 到点 $(4,2)$ 的一段弧.

解 (1) L：$x=y^2$，$y: 1\to 2$，

$$原式 = \int_1^2 [(y^2+y)\cdot 2y + (y-y^2)\cdot 1]\mathrm{d}y$$
$$= \int_1^2 (2y^3+y^2+y)\mathrm{d}y = \left(\frac{1}{2}y^4 + \frac{1}{3}y^3 + \frac{1}{2}y^2\right)\Big|_1^2$$
$$= \frac{16}{2} + \frac{8}{3} + \frac{4}{2} - \frac{1}{2} - \frac{1}{3} - \frac{1}{2} = \frac{34}{3}.$$

(2) $x = 3y - 2$, $y: 1 \to 2$,

$$\text{原式} = \int_1^2 [(3y - 2 + y) \cdot 3 + (ky - 3y + 2)] dy$$

$$= \int_1^2 (10y - 4) dy = (5y^2 - 4y) \Big|_1^2 = 11.$$

(3) $L_1: x = 1$, $y: 1 \to 2$, $dx = 0$, $L_2: y = 2$, $x: 1 \to 4$, $dy = 0$,

$$\text{原式} = \left(\int_{L_1} + \int_{L_2} \right)(x + y) dx + (y - x) dy$$

$$= \int_1^2 (y - 1) dy + \int_1^4 (x + 2) dx$$

$$= \left(\frac{y^2}{2} - y \right) \Big|_1^2 + \left(\frac{x^2}{2} + 2x \right) \Big|_1^4 = 14.$$

(4) 由 $\begin{cases} 2t^2 + t + 1 = 1, \\ t^2 + 1 = 1, \end{cases}$ 得 $t = 0$; 由 $\begin{cases} 2t^2 + t + 1 = 4, \\ t^2 + 1 = 2, \end{cases}$ 得 $t = 1$. 所以,

$$\text{原式} = \int_0^1 [(3t^2 + t + 2)(4t + 1) + (-t^2 - t) \cdot 2t] dt$$

$$= \int_0^1 (10t^3 + 5t^2 + 9t + 2) dt$$

$$= \left(\frac{5}{2} t^4 + \frac{5}{3} t^3 + \frac{9}{2} t^2 + 2t \right) \Big|_0^1 = \frac{32}{3}.$$

5. 计算曲线积分 $\oint_\Gamma (z - y) dx + (x - z) dy + (x - y) dz$, 其中 Γ 是曲线 $\begin{cases} x^2 + y^2 = 1, \\ x - y + z = 2 \end{cases}$ 从 z 轴正向往 z 轴负向看 Γ 的方向是顺时针的.

解 $\Gamma: x = \cos t$, $y = \sin t$, $z = 2 - \cos t + \sin t$, $t: 2\pi \to 0$,

$$\text{原式} = -\int_{2\pi}^0 [(2 - \cos t) \sin t + (2 - 2\cos t + \sin t) \cos t - (\cos t - \sin t)(\sin t + \cos t)] dt$$

$$= \int_0^{2\pi} [2(\sin t + \cos t) - 2\cos 2t - 1] dt = 0 - \int_0^{2\pi} dt = -2\pi.$$

6. 在过点 $O(0,0)$ 和 $A(\pi,0)$ 的曲线族 $y = a \sin x$ $(a > 0)$ 中, 求一条曲线 L, 使沿该曲线从 O 到 A 的积分 $\int_L (1 + y^3) dx + (2x + y) dy$ 的值最小.

解 令 $I(a) = \int_L (1 + y^3) dx + (2x + y) dy$, 则

$$I(a) = \int_L [1 + a^3 \sin^3 x + (2x + a\sin x)a\cos x] dx = \pi - 4a + 4 \frac{a^3}{3}.$$

令 $I'(a) = -4 + 4a^2 = 0$, 得 $a = 1$ (舍去 $a = -1$), 它是 $I(a)$ 在 $(0, +\infty)$ 内的唯一驻点. 又 $I''(a) = 8 > 0$, 故此驻点是极小值点, 也是最小值点. 因此所求曲线为

$$y = \sin x \quad (0 \leqslant x \leqslant \pi).$$

7. 设力 $\boldsymbol{F} = (y - x^2, z - y^2, x - z^2)$, 今有一质点沿曲线 $x = t$, $y = t^2$, $z = t^3$,

$0 \leqslant t \leqslant 1$ 自点 $A(0,0,0)$ 移动至点 $B(1,1,1)$，求 F 所做的功.

解 $W = \displaystyle\int_{AB} F \cdot \mathrm{d}r = \int_{AB} (y-x^2)\mathrm{d}x + (z-y^2)\mathrm{d}y + (x-z^2)\mathrm{d}z$

$$= \int_0^1 \left[(t^2-t^2) + (t^3-t^4)2t + (t-t^6)3t^2 \right]\mathrm{d}t$$

$$= \int_0^1 (2t^4 - 2t^5 + 3t^3 - 3t^8)\mathrm{d}t = \frac{2}{5} - \frac{2}{6} + \frac{3}{4} - \frac{3}{9} = \frac{29}{60}.$$

8. 设 z 轴与重力的方向一致，求质量为 m 的质点从位置 (x_1,y_1,z_1) 沿直线移到 (x_2,y_2,z_2) 时重力所做的功.

解 $F = (0,0,mg)$，所以

$$W = \int_{M_1M_2} 0\mathrm{d}x + 0\mathrm{d}y + mg\,\mathrm{d}z = mg\int_{z_1}^{z_2} \mathrm{d}z = mg(z_2-z_1).$$

9. 把对坐标的曲线积分 $\displaystyle\int_L P(x,y)\mathrm{d}x + Q(x,y)\mathrm{d}y$ 化成对弧长的曲线积分，其中 L 为

(1) 在 xOy 面内沿直线从点 $(0,0)$ 到点 $(1,1)$；

(2) 沿抛物线 $y=x^2$ 从点 $(0,0)$ 到点 $(1,1)$；

(3) 沿上半圆周 $x^2+y^2=2x$ 从点 $(0,0)$ 到点 $(1,1)$.

解 (1) L 的方向余弦 $\cos\alpha = \cos\beta = \cos\dfrac{\pi}{4} = \dfrac{1}{\sqrt 2}$，则

$$\int_L P(x,y)\mathrm{d}x + Q(x,y)\mathrm{d}y = \int_L (P(x,y)\cos\alpha + Q(x,y)\cos\beta)\mathrm{d}s$$

$$= \int_L \frac{P(x,y)+Q(x,y)}{\sqrt 2}\mathrm{d}s.$$

(2) $\mathrm{d}s = \sqrt{1+(2x)^2}\,\mathrm{d}x$, $\cos\alpha = \dfrac{\mathrm{d}x}{\mathrm{d}s} = \dfrac{1}{(1+4x^2)^{\frac12}}$,

$$\cos\beta = \sin\alpha = \left(1-\frac{1}{1+4x^2}\right)^{\frac12} = \frac{2x}{(1+4x^2)^{\frac12}},$$

所以

$$\int_L P\mathrm{d}x + Q\mathrm{d}y = \int_L (P\cos\alpha + Q\cos\beta)\mathrm{d}s = \int_L \frac{P(x,y)+2xQ(x,y)}{(1+4x^2)^{\frac12}}\mathrm{d}s.$$

(3) $\mathrm{d}s = \left[1+\frac{(1-x)^2}{2x-x^2}\right]^{\frac12} = \frac{1}{\sqrt{2x-x^2}}\mathrm{d}x$,

$$\cos\alpha = \frac{\mathrm{d}x}{\mathrm{d}s} = \sqrt{2x-x^2}, \quad \cos\beta = \sin\alpha = \sqrt{1-2x+x^2} = 1-x,$$

所以

$$\int_L P\mathrm{d}x + Q\mathrm{d}y = \int_L (P\cos\alpha + Q\cos\beta)\mathrm{d}s = \int_L \left[\sqrt{2x-x^2}\,P(x,y) + (1-x)Q(x,y)\right]\mathrm{d}s.$$

10. 设 Γ 为曲线 $x = t$，$y = t^2$，$z = t^3$ 上相应于 t 从 0 变到 1 的曲线弧. 把对坐标的曲线积分 $\int_{\Gamma} P\,\mathrm{d}x + Q\,\mathrm{d}y + R\,\mathrm{d}z$ 化为对弧长的曲线积分.

解 由 $x = t$，$y = t^2$，$z = t^3$ 得 $\mathrm{d}x = \mathrm{d}t$，$\mathrm{d}y = 2t\,\mathrm{d}t = 2x\,\mathrm{d}t$，$\mathrm{d}z = 3t^2\,\mathrm{d}t = 3y\,\mathrm{d}t$，$\mathrm{d}s = \sqrt{(\mathrm{d}x)^2 + (\mathrm{d}y)^2 + (\mathrm{d}z)^2} = \sqrt{1 + 4x^2 + 9y^2}\,\mathrm{d}t$，于是

$$\cos\alpha = \frac{\mathrm{d}x}{\mathrm{d}s} = \frac{1}{(1 + 4x^2 + 9y^2)^{\frac{1}{2}}}, \quad \cos\beta = \frac{\mathrm{d}y}{\mathrm{d}s} = \frac{2x}{(1 + 4x^2 + 9y^2)^{\frac{1}{2}}},$$

$$\cos\gamma = \frac{\mathrm{d}z}{\mathrm{d}s} = \frac{3y}{(1 + 4x^2 + 9y^2)^{\frac{1}{2}}},$$

故 $\int_{\Gamma} P\,\mathrm{d}x + Q\,\mathrm{d}y + R\,\mathrm{d}z = \int_{\Gamma}(P\cos\alpha + Q\cos\beta + R\cos\gamma)\,\mathrm{d}s = \int_{\Gamma}\dfrac{P + 2xQ + 3yR}{(1 + 4x^2 + 9y^2)^{\frac{1}{2}}}\,\mathrm{d}s.$

== **B 类** ==

1. 证明下列线积分的估计式：$\left|\int_{L} P\,\mathrm{d}x + Q\,\mathrm{d}y\right| \leqslant sM$，其中 s 为积分路径 L 的弧长，M 为函数 $\sqrt{P^2 + Q^2}$ 在 L 上的最大值.

证 $\int_{L} P\,\mathrm{d}x + Q\,\mathrm{d}y = \int_{L} P\cos\alpha\ \mathrm{d}s + Q\cos\beta\ \mathrm{d}s$

$$= \lim_{d \to 0}\sum_{i=1}^{n}(P(\xi_i, \eta_i)\cos\alpha(\xi_i, \eta_i) + Q(\xi_i, \eta_i)\cos\beta(\xi_i, \eta_i))\Delta s_i,$$

而

$$|P(\xi_i, \eta_i)\cos\alpha(\xi_i, \eta_i) + Q(\xi_i, \eta_i)\cos\beta(\xi_i, \eta_i)|$$
$$\leqslant \sqrt{P^2(\xi_i, \eta_i) + Q^2(\xi_i, \eta_i)}\ \sqrt{\cos^2\alpha + \cos^2\beta}$$
$$= \sqrt{P^2(\xi_i, \eta_i) + Q^2(\xi_i, \eta_i)} \leqslant M,$$

所以 $\left|\int_{L} P\,\mathrm{d}x + Q\,\mathrm{d}y\right| \leqslant \lim_{d \to 0}\sum_{i=1}^{n} M\Delta s_i = MS.$

2. 设位于点 $(0,1)$ 的质点 A 对质点 M 的引力大小为 $\dfrac{k}{r^2}$（$k > 0$ 为常数，r 为质点 A 到 M 之间的距离），质点 M 沿曲线 $y = \sqrt{2x - x^2}$ 自 $B(2,0)$ 运动到 $O(0,0)$，求在此运动过程中质点 A 对质点 M 的引力所做的功.

解 $W = \int_{\overset{\frown}{AB}} \boldsymbol{F} \cdot \mathrm{d}\boldsymbol{r}$，$\mathrm{d}\boldsymbol{r} = (\mathrm{d}x, \mathrm{d}y)$，记 M 的坐标为 (x, y, z)，则 $\overrightarrow{MA} = (0 - x, 1 - y) = (-x, 1 - y)$，$r = |\overrightarrow{MA}| = \sqrt{x^2 + (1 - y)^2}$，于是

$$\boldsymbol{F} = \frac{k}{r^2} \cdot \frac{\overrightarrow{MA}}{r} = \frac{k}{r^3}(-x, 1 - y) \quad (\text{方向与 } \overrightarrow{MA} \text{ 一致}),$$

所以 $W = \int_{\overset{\frown}{BO}} \dfrac{k}{r^3}[-x\,\mathrm{d}x + (1 - y)\,\mathrm{d}y] = k\left(1 - \dfrac{1}{\sqrt{5}}\right).$

习题 **11-3**

══ **A 类** ══

1. 利用格林公式计算下列曲线积分：

(1) $\oint_L (x+y)\mathrm{d}x - (x-y)\mathrm{d}y$，$L：\dfrac{x^2}{a^2}+\dfrac{y^2}{b^2}=1$，取逆时针方向；

(2) $\oint_L xy^2\mathrm{d}x - x^2y\mathrm{d}y$，其中 L 为圆周 $x^2+y^2=a^2$，取逆时针方向；

(3) $\oint_L \dfrac{x\,\mathrm{d}y - y\,\mathrm{d}x}{4x^2+y^2}$，其中 L 是以点 $(1,0)$ 为中心、R 为半径的圆周 $(R>1)$，取逆时针方向；

(4) $\int_L (x+y)^2\mathrm{d}x - (x^2+y^2)\mathrm{d}y$，其中 L 是以 $A(1,1),B(3,2),C(2,5)$ 为顶点的三角形；

(5) $\int_L \mathrm{e}^x[\cos y\,\mathrm{d}x + (y-\sin y)\mathrm{d}y]$，$L：y=\sin x$ 从 $(0,0)$ 到 $(\pi,0)$ 的一段；

(6) $\int_{AB} (\mathrm{e}^x\sin y - my)\mathrm{d}x + (\mathrm{e}^x\cos y - m)\mathrm{d}y$，其中 m 为常数，AB 为由 $(a,0)$ 到 $(0,0)$ 经过圆 $x^2+y^2=ax$ 上半部的路线（其中 a 为正数）.

解 (1) $P=x+y$，$Q=-(x-y)$，$\dfrac{\partial Q}{\partial x}-\dfrac{\partial P}{\partial y}=-2$，所以

$$原式 = \iint\limits_D -2\mathrm{d}x\,\mathrm{d}y = -2\iint\limits_D \mathrm{d}x\,\mathrm{d}y = -2\pi ab.$$

(2) 设 $D=\{(x,y)\mid x^2+y^2\leqslant a^2\}$，则

$$原式 = \iint\limits_D \left(\frac{\partial(-x^2y)}{\partial x} - \frac{\partial(-xy^2)}{\partial x}\right)\mathrm{d}x\,\mathrm{d}y = \iint\limits_D(-2xy - 2xy)\mathrm{d}x\,\mathrm{d}y$$

$$= -4\iint\limits_D xy\,\mathrm{d}x\,\mathrm{d}y = 0.$$

(3) $P=\dfrac{-y}{4x^2+y^2}$，$Q=\dfrac{x}{4x^2+y^2}$，$\dfrac{\partial P}{\partial x}=\dfrac{y^2-4x^2}{(4x^2+y^2)^2}=\dfrac{\partial Q}{\partial x}$，$(x,y)\neq(0,0)$. 作足够小的椭圆

$$C：\begin{cases} x=\dfrac{\delta}{2}\cos\theta, \\[2mm] y=\delta\sin\theta \end{cases} \quad (\theta\in[0,2\pi]，C\ 取逆时针方向),$$

于是由格林公式有 $\oint_{L+C^-}\dfrac{x\,\mathrm{d}y - y\,\mathrm{d}x}{4x^2+y^2}=0$，故

$$\oint_L \frac{x\,\mathrm{d}y - y\,\mathrm{d}x}{4x^2+y^2} = \oint_C \frac{x\,\mathrm{d}y - y\,\mathrm{d}x}{4x^2+y^2}$$

$$= \int_0^{2\pi} \frac{\frac{1}{2}\delta^2}{\delta^2}\mathrm{d}\theta = \pi.$$

(4) 如图 11-5,设 $D=D_1\cup D_2$,而 AB:$y=\frac{1}{2}(x+1)$,BC:$y=-3x+11$,CA:$y=4x-3$,于是,

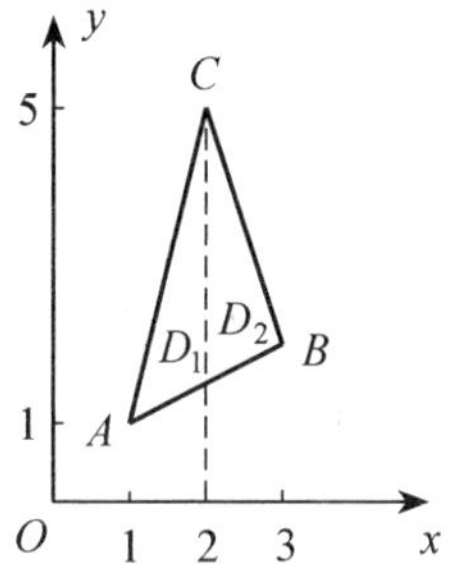

图 11-5

$$
\begin{aligned}
\text{原式}&=\iint_D(-4x-2y)\mathrm{d}x\,\mathrm{d}y\\
&=\iint_{D_1}(-4x-2y)\mathrm{d}x\,\mathrm{d}y+\iint_{D_2}(-4x-2y)\mathrm{d}x\,\mathrm{d}y\\
&=\int_1^2\mathrm{d}x\int_{\frac{1}{2}(x+1)}^{4x-3}(-4x-2y)\mathrm{d}y\\
&\quad+\int_2^3\mathrm{d}x\int_{\frac{1}{2}(x+1)}^{-3x+11}(-4x-2y)\mathrm{d}y\\
&=\int_1^2\left(-\frac{119}{4}x^2+\frac{77}{2}x-\frac{35}{4}\right)\mathrm{d}x+\int_2^3\left(\frac{21}{4}x^2+\frac{49}{2}x-\frac{483}{4}\right)\mathrm{d}x\\
&=-\frac{245}{12}-\frac{105}{4}=-46\,\frac{2}{3}.
\end{aligned}
$$

(5) $P=\mathrm{e}^x\cos y$,$Q=\mathrm{e}^x(y-\sin y)$,$\frac{\partial Q}{\partial x}-\frac{\partial P}{\partial y}=\mathrm{e}^x(y-\sin y)+\mathrm{e}^x\sin y=\mathrm{e}^x y$,则

$$
\begin{aligned}
\text{原式}&=\iint_D\mathrm{e}^x y\,\mathrm{d}x\,\mathrm{d}y=\int_0^\pi\mathrm{d}x\int_0^{\sin x}\mathrm{e}^x y\,\mathrm{d}y=\int_0^\pi\mathrm{e}^x\ \frac{1}{2}\sin^2 x\ \mathrm{d}x\\
&=\frac{1}{2}\int_0^\pi\mathrm{e}^x\ \frac{1-\cos 2x}{2}\mathrm{d}x=\frac{1}{5}(\mathrm{e}^\pi-1).
\end{aligned}
$$

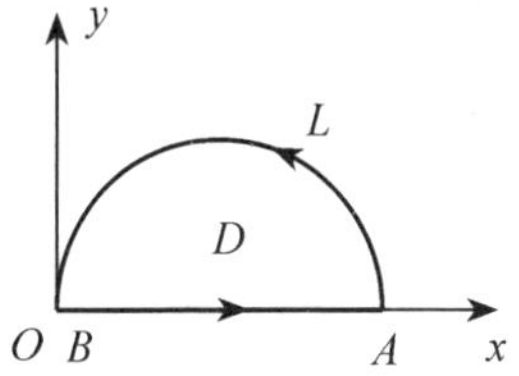

图 11-6

(6) 如图 11-6,添加线段 BA,构成封闭曲线,由格林公式得

$$
\begin{aligned}
&\oint_L(\mathrm{e}^x\sin y-my)\mathrm{d}x+(\mathrm{e}^x\cos y-m)\mathrm{d}y\\
&=\iint_D m\,\mathrm{d}x\,\mathrm{d}y=\frac{m\pi a^2}{8}.
\end{aligned}
$$

又

$$
\begin{aligned}
&\oint_L(\mathrm{e}^x\sin y-my)\mathrm{d}x+(\mathrm{e}^x\cos y-m)\mathrm{d}y\\
&=\left(\int_{AB'}+\int_{BA}\right)(\mathrm{e}^x\sin y-my)\mathrm{d}x+(\mathrm{e}^x\cos y-m)\mathrm{d}y,
\end{aligned}
$$

而$\int_{BA}(\mathrm{e}^x\sin y-my)\mathrm{d}x+(\mathrm{e}^x\cos y-m)\mathrm{d}y=0$,故可得

$$
\begin{aligned}
&\int_{AB'}(\mathrm{e}^x\sin y-my)\mathrm{d}x+(\mathrm{e}^x\cos y-m)\mathrm{d}y\\
&=\left(\oint_L-\int_{BA}\right)(\mathrm{e}^x\sin y-my)\mathrm{d}x+(\mathrm{e}^x\cos y-m)\mathrm{d}y=\frac{m}{8}\pi a^2.
\end{aligned}
$$

2. 利用曲线积分,求下列曲线所围成图形的面积:

(1) 星形线 $x=a\cos^3 t$,$y=a\sin^3 t$;

(2) 双扭线 $(x^2 + y^2)^2 = a^2(x^2 - y^2)$.

解　(1) 取格林公式中的 $P = -y$，$Q = 0$，再利用星形线的对称性可得所求面积为

$$A = 4A_1 = 4\oint(-y)\mathrm{d}x = -4\int_0^{\frac{\pi}{2}} a\sin^3 t \cdot 3a\cos^2 t \cdot (-\sin t)\mathrm{d}t$$

$$= 12a^2 \int_0^{\frac{\pi}{2}} \sin^4 t\ \cos^2 t\ \mathrm{d}t = 12a^2 \int_0^{\frac{\pi}{2}} (\sin^4 t - \sin^6 t)\mathrm{d}t = \frac{3}{8}\pi a^2.$$

(2) 利用极坐标 $x = \rho\cos\theta$，$y = \rho\sin\theta$ 得双扭线方程为 $\rho^2 = a^2\cos 2\theta$，故

$$x = a\cos\theta\ \sqrt{\cos 2\theta}, \quad y = a\sin\theta\ \sqrt{\cos 2\theta}.$$

从而 $x\,\mathrm{d}y - y\,\mathrm{d}x = a^2\cos 2\theta\ \mathrm{d}\theta$，所以所求面积为

$$A = 4 \cdot \frac{1}{2}\oint_L x\,\mathrm{d}y - y\,\mathrm{d}x = 2\int_0^{\frac{\pi}{4}} a^2\cos 2\theta\ \mathrm{d}\theta = a^2.$$

3. 证明：若 L 为平面上分段光滑的简单闭曲线，l 为任意固定的方向，则

$$\oint_L \cos(\widehat{l,n})\ \mathrm{d}s = 0,$$

式中 n 为 L 的法向量，方向朝外.

证　如图 11-7，以 τ 表示 L 的正向，则 $(\widehat{l,n}) = (\widehat{l,x}) - (\widehat{n,x})$，

$$\cos(\widehat{l,n}) = \cos(\widehat{l,x})\cos(\widehat{n,x}) + \sin(\widehat{l,x})\ \sin(\widehat{n,x}),$$

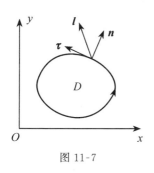

图 11-7

而

$$\sin(\widehat{n,x}) = \sin\left((\widehat{l,x}) - \frac{\pi}{2}\right) = -\cos(\widehat{l,x}),$$

$$\cos(\widehat{n,x}) = \cos\left((\widehat{l,x}) - \frac{\pi}{2}\right) = \sin(\widehat{l,x}),$$

$$\cos(\widehat{l,x}) = \frac{\mathrm{d}x}{\mathrm{d}s}, \quad \sin(\widehat{l,x}) = \frac{\mathrm{d}y}{\mathrm{d}s},$$

所以

$$\cos(\widehat{l,n})\ \mathrm{d}s = \cos(\widehat{l,x})\ \mathrm{d}y - \sin(\widehat{l,x})\ \mathrm{d}x.$$

由格林公式有

$$\oint_L \cos(\widehat{l,n})\ \mathrm{d}s = \oint_L (-\sin(\widehat{l,x}))\mathrm{d}x + \cos(\widehat{l,x})\ \mathrm{d}y = \iint_D 0\mathrm{d}x\ \mathrm{d}y = 0.$$

4. 证明下列曲线积分与路径无关，并计算积分值：

(1) $\displaystyle\int_{(1,1)}^{(2,3)} (x+y)\mathrm{d}x + (x-y)\mathrm{d}y$；

(2) $\displaystyle\int_{(1,0)}^{(2,1)} (2xy - y^4 + 3)\mathrm{d}x + (x^2 - 4xy^3)\mathrm{d}y$；

(3) $\displaystyle\int_{(2,1)}^{(1,2)} \frac{y\,\mathrm{d}x - x\,\mathrm{d}y}{x^2}$，沿在右半平面的路径；

(4) $\displaystyle\int_{(1,0)}^{(6,8)} \frac{x\,\mathrm{d}x + y\,\mathrm{d}y}{\sqrt{x^2 + y^2}}$，沿不通过原点的路径.

解 （1） $P = x + y$，$Q = x - y$，而

$$\frac{\partial P}{\partial y} = 1,\ \frac{\partial Q}{\partial x} = 1 \Rightarrow \frac{\partial P}{\partial y} = \frac{\partial Q}{\partial x},$$

所以在 xOy 面内，积分与路径无关. 选取积分路径为从 $(1,1) \to (2,1) \to (2,3)$ 的折线，则

$$原式 = \int_1^2 (x+1)\mathrm{d}x + \int_1^3 (2-y)\mathrm{d}y$$

$$= \left(\frac{x^2}{2} + x\right)\Big|_1^2 + \left(2y - \frac{y^2}{2}\right)\Big|_1^3 = \frac{5}{2}.$$

（2） $P = 2xy - y^4 + 3$，$Q = x^2 - 4xy^3$，$\dfrac{\partial P}{\partial y} = 2x - 4y^3$，$\dfrac{\partial Q}{\partial x} = 2x - 4y^3$，于是 $\dfrac{\partial P}{\partial y} = \dfrac{\partial Q}{\partial x}$，故在整个 xOy 面内积分与路径无关. 选取路径为从 $(1,0) \to (2,0) \to (2,1)$ 的折线，则

$$原式 = \int_1^2 3\mathrm{d}x + \int_0^1 (4 - 8y^3)\mathrm{d}y = 3 + (4y - 2y^4)\Big|_0^1 = 5.$$

（3） 令 $P = \dfrac{y}{x^2}$，$Q = -\dfrac{1}{x}$，则有 $\dfrac{\partial P}{\partial y} = \dfrac{\partial Q}{\partial x} = \dfrac{1}{x^2}$，所以积分与路径无关，且是从 $(2,1)$ 到 $(1,2)$ 的路径，故

$$\int_{(2,1)}^{(1,2)} \frac{y\,\mathrm{d}x - x\,\mathrm{d}y}{x^2} = \int_{(2,1)}^{(1,2)} \mathrm{d}\left(-\frac{y}{x}\right) = -\frac{y}{x}\Big|_{(2,1)}^{(1,2)} = -\frac{3}{2}.$$

（4） 因为 $\dfrac{\partial P}{\partial y} = \dfrac{-xy}{(x^2+y^2)^{\frac{3}{2}}} = \dfrac{\partial Q}{\partial x}$，所以积分与路径无关. 设 L 为折线 $L_1 + L_2$，L_1：$y = 0,\ 1 \leqslant x \leqslant 6$；$L_2$：$x = 6,\ 0 \leqslant y \leqslant 8$，则

$$原式 = \int_1^6 \frac{x\,\mathrm{d}x}{x} + \int_0^8 \frac{y\,\mathrm{d}y}{\sqrt{6^2 + y^2}} = \int_1^6 \mathrm{d}x + \frac{1}{2}\int_0^8 (6^2 + y^2)^{-\frac{1}{2}}\,\mathrm{d}y^2$$

$$= 5 + \sqrt{6^2 + y^2}\,\Big|_0^8 = 5 + (10 - 6) = 9.$$

5. 验证下列 $P(x,y)\mathrm{d}x + Q(x,y)\mathrm{d}y$ 在整个 xOy 平面内是某一函数的全微分，并求这样的一个 $u(x,y)$：

（1） $(x + 2y)\mathrm{d}x + (2x + y)\mathrm{d}y$；

（2） $(2x\cos y + y^2\cos x)\mathrm{d}x + (2y\sin x - x^2\sin y)\mathrm{d}y$.

证 （1） 因为 $\dfrac{\partial Q}{\partial x} = 2 = \dfrac{\partial P}{\partial y}$，所以 $(x+2y)\mathrm{d}x + (2x+y)\mathrm{d}y$ 是某个定义在整个 xOy 面内的函数的全微分，

$$u(x,y) = \int_{(0,0)}^{(x,y)} (x+2y)\mathrm{d}x + (2x+y)\mathrm{d}y = \int_0^x x\,\mathrm{d}x + \int_0^y (2x+y)\mathrm{d}y$$

$$= \frac{x^2}{2} + \left(2xy + \frac{y^2}{2}\right)\Big|_0^y = \frac{x^2}{2} + 2xy + \frac{y^2}{2}.$$

（2） 因为 $\dfrac{\partial Q}{\partial x} = 2y\cos x - 2x\sin y = \dfrac{\partial P}{\partial y}$，所以原表达式是某个 $u(x,y)$ 的全微分，

$$u(x,y) = \int_0^x 2x \, dx + \int_0^y (2y \sin x - x^2 \sin y) dy = y^2 \sin x + x^2 \cos y.$$

6. 为了使线积分 $\int_L F(x,y)(y\,dx + x\,dy)$ 与积分路径无关,则可微函数 $F(x,y)$ 应满足怎样的条件?

解 令 $P = yF(x,y)$,$Q = xF(x,y)$,由于

$$\frac{\partial Q}{\partial x} = F(x,y) + xF'_x(x,y), \qquad \frac{\partial P}{\partial y} = F(x,y) + yF'_y(x,y),$$

要使积分与路径无关,则有 $xF'_x(x,y) = yF'_y(x,y)$.

7*. 判别下列方程中哪些是全微分方程,对于全微分方程求出它的通解:

(1) $(3x^2 + 6xy^2)dx + (6x^2y + 4y^2)dy = 0$;

(2) $(a^2 - 2xy - y^2)dx - (x+y)^2 dy = 0$;

(3) $(x \cos y + \cos x)y' - y \sin x + \sin y = 0$;

(4) $e^y dx + (x e^y - 2y)dy = 0$;

(5) $(x^2 - y)dx - x \, dy = 0$;

(6) $y(x - 2y)dx - x^2 dy = 0$;

(7) $(1 + e^{2\theta})d\rho + 2\rho e^{2\theta} d\theta = 0$;

(8) $(x^2 + y^2)dx + xy \, dy = 0$.

解 (1) 由 $\frac{\partial P}{\partial y} = (3x^2 + 6xy^2)'_y = 12xy$,$\frac{\partial Q}{\partial x} = (6x^2y + 4y^2)'_x = 12xy$,知方程是全微分方程,

$$u(x,y) = \int_0^x 3x^2 dx + \int_0^y (6x^2y + 4y^2)dy = x^3 + 3x^2y^2 + \frac{4}{3}y^3,$$

$x^3 + 3x^2y^2 + \frac{4}{3}y^3 = C$ 为其通解.

(2) $\frac{\partial P}{\partial y} = -2x - 2y$,$\frac{\partial Q}{\partial x} = -2(x+y)$,$\frac{\partial P}{\partial y} = \frac{\partial Q}{\partial x}$,所以方程是全微分方程,

$$u(x,y) = \int_0^x (a^2 - 2xy - y^2)dx + \int_0^y (-y^2)dy = a^2x - x^2y - \frac{1}{3}y^3,$$

通解为 $a^2x - x^2y - xy^2 - \frac{1}{3}y^3 = C$.

(3) 方程变形为 $(\sin y - y \sin x)dx + (x \cos y + \cos x)dy = 0$. 由

$$\frac{\partial P}{\partial y} = \cos y - \sin x, \qquad \frac{\partial Q}{\partial x} = \cos y - \sin x,$$

知方程是全微分方程,

$$u(x,y) = \int_0^x 0\,dx + \int_0^y (x \cos y + \cos x)dy = (x \sin y + y \cos x)\Big|_0^y$$

$$= x \sin y + y \cos x,$$

所以 $y \cos x + x \sin y = C$ 为其通解.

(4) $\dfrac{\partial P}{\partial y} = \mathrm{e}^y$，$\dfrac{\partial Q}{\partial x} = \mathrm{e}^y$，所以方程是全微分方程，

$$u(x,y) = \int_0^y -2y\,\mathrm{d}y + \int_0^x \mathrm{e}^y\,\mathrm{d}x = -y^2 + x\,\mathrm{e}^y,$$

故 $x\,\mathrm{e}^y - y^2 = C$ 为其通解.

(5) $\dfrac{\partial P}{\partial y} = -1$，$\dfrac{\partial Q}{\partial x} = -1$，$\dfrac{\partial P}{\partial y} = \dfrac{\partial Q}{\partial x}$，所以方程是全微分方程，

$$u(x,y) = \int_0^x (x^2 - y)\,\mathrm{d}x + \int_0^y 0\,\mathrm{d}y = \frac{1}{3}x^3 - xy,$$

故通解为 $\dfrac{1}{3}x^3 - xy = C$.

(6) $\dfrac{\partial P}{\partial y} = x - 2y - 2y = x - 4y$，$\dfrac{\partial Q}{\partial x} = -2x$，$\dfrac{\partial P}{\partial y} \neq \dfrac{\partial Q}{\partial x}$，所以方程不是全微分方程.

(7) $\dfrac{\partial P}{\partial \theta} = 2\mathrm{e}^{2\theta}$，$\dfrac{\partial \theta}{\partial \rho} = 2\mathrm{e}^{2\theta}$，所以方程是全微分方程，

$$u(\rho,\theta) = \int_0^\rho 2\,\mathrm{d}\rho + \int_0^\theta 2\rho\,\mathrm{e}^{2\theta}\,\mathrm{d}\theta = 2\rho + \rho\,\mathrm{e}^{2\theta} - \rho = \rho + \rho\,\mathrm{e}^{2\theta},$$

故通解为 $\rho(\mathrm{e}^{2\theta} + 1) = C$.

(8) 因为 $\dfrac{\partial P}{\partial y} = 2y$，$\dfrac{\partial Q}{\partial x} = y$，$\dfrac{\partial P}{\partial y} \neq \dfrac{\partial Q}{\partial x}$，所以方程不是全微分方程.

$$====\ \mathbf{B}\ \ 类 ====$$

1. 设函数 $Q(x,y)$ 在 xOy 平面上具有一阶连续偏导数，曲线积分 $\displaystyle\int_L 2xy\,\mathrm{d}x + Q(x,y)\,\mathrm{d}y$ 与路径无关，并且对任意 t 恒有

$$\int_{(0,0)}^{(t,1)} 2xy\,\mathrm{d}x + Q(x,y)\,\mathrm{d}y = \int_{(0,0)}^{(1,t)} 2xy\,\mathrm{d}y + Q(x,y)\,\mathrm{d}y,$$

求 $Q(x,y)$.

解 由题设积分与路径无关，有

$$\frac{\partial Q}{\partial x} = \frac{\partial(2xy)}{\partial y} = 2x \Rightarrow Q(x,y) = x^2 + C(y).$$

代入题设等式并取折线 $(0,0) \to (t,0) \to (t,1)$ 计算，得

$$左式 = 0 + \int_0^1 Q(x,y)\,\mathrm{d}y = \int_0^1 (t^2 + C(y))\,\mathrm{d}y = t^2 + \int_0^1 C(y)\,\mathrm{d}y.$$

又

$$右式 = \int_{(0,0)}^{(1,0)} + \int_{(1,0)}^{(1,t)} 2xy\,\mathrm{d}y + Q(x,y)\,\mathrm{d}y = 0 + \int_0^t (1^2 + C(y))\,\mathrm{d}y = t + \int_0^t C(y)\,\mathrm{d}y,$$

由左式 = 右式，得

$$t^2 + \int_0^1 C(y)\,\mathrm{d}y = t + \int_0^t C(y)\,\mathrm{d}y.$$

求导得 $2t = 1 + C(t)$，即 $C(t) = 2t - 1$．故 $Q(x,y) = x^2 + 2y - 1$．

2. 求 $I = \displaystyle\int_L (\mathrm{e}^x \sin y - b(x+y))\mathrm{d}x + (\mathrm{e}^x \cos y - ax)\mathrm{d}y$，其中 a,b 为正的常数，L 为从点 $A(2a,0)$ 沿曲线 $y = \sqrt{2ax - x^2}$ 到点 $O(0,0)$ 的弧．

解 $\displaystyle I = \int_L \mathrm{d}(\mathrm{e}^x \sin y) - \int_L b(x+y)\mathrm{d}x + ax\,\mathrm{d}y$

$\displaystyle \qquad = (\mathrm{e}^x \sin y)\,\Big|_{(2a,0)}^{(0,0)} - \int_L b(x+y)\mathrm{d}x + ax\,\mathrm{d}y$

$\displaystyle \qquad = 0 - \iint\limits_D (a-b)\mathrm{d}x\,\mathrm{d}y + \int_0^{2a} bx\,\mathrm{d}x = \frac{1}{2}(b-a)\pi a^2 + 2a^2 b$

$\displaystyle \qquad = \left(\frac{\pi}{2} + 2\right)a^2 b - \frac{\pi a^3}{2}.$

3. 设函数 $f(u)$ 有一阶连续导数，证明：对任何光滑封闭曲线 L，有
$$\oint_L f(xy)(y\,\mathrm{d}x + x\,\mathrm{d}y) = 0.$$

证 令 $P = f(xy)y$，$Q = f(xy)x$，则有
$$\frac{\partial P}{\partial y} = \frac{\partial Q}{\partial x} = f(xy) + xyf'(xy).$$

由格林公式，对任何光滑封闭曲线 L 有
$$\oint_L f(xy)(y\,\mathrm{d}x + x\,\mathrm{d}y) = \iint\limits_D \left(\frac{\partial Q}{\partial x} - \frac{\partial P}{\partial y}\right)\mathrm{d}x\,\mathrm{d}y = 0.$$

4. 把格林公式写成以下形式：
$$\iint\limits_D \left(\frac{\partial P}{\partial x} + \frac{\partial Q}{\partial y}\right)\mathrm{d}x\,\mathrm{d}y = \oint_{\partial D}(P\cos(\widehat{x,\boldsymbol{n}}) + Q\sin(\widehat{x,\boldsymbol{n}}))\mathrm{d}s,$$

其中，$(\widehat{x,\boldsymbol{n}})$ 为正 x 轴到 ∂D 的外法线向量 $\boldsymbol{n}$ 的转角．

解 如图 11-8，
$$-\cos\alpha\,\mathrm{d}s = \sin(\widehat{x,\boldsymbol{n}})\,\mathrm{d}s,$$
$$\sin\alpha\,\mathrm{d}s = \cos(\widehat{x,\boldsymbol{n}})\,\mathrm{d}s,$$

所以

$\displaystyle \oint_{\partial D}(P\cos(\widehat{x,\boldsymbol{n}}) + Q\sin(\widehat{x,\boldsymbol{n}}))\mathrm{d}s$

$\displaystyle = \oint_{\partial D} P\sin\alpha\,\mathrm{d}s - Q\cos\alpha\,\mathrm{d}s$

$\displaystyle = \oint_{\partial D} P\cos\beta\,\mathrm{d}s - Q\cos\alpha\,\mathrm{d}s$

$\displaystyle = \oint_{\partial D} P\,\mathrm{d}y - Q\,\mathrm{d}x$

$\displaystyle = \iint\limits_D \left(\frac{\partial P}{\partial x} + \frac{\partial Q}{\partial y}\right)\mathrm{d}x\,\mathrm{d}y.$

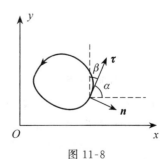

图 11-8

5. 设 $u(x,y)$, $v(x,y)$ 是具有二阶连续偏导数的函数,并设 $\Delta u \equiv \dfrac{\partial^2 u}{\partial x^2} + \dfrac{\partial^2 u}{\partial y^2}$. 证明:

(1) $\displaystyle\iint\limits_D \Delta u \, \mathrm{d}\sigma = \oint_{\partial D} \frac{\partial u}{\partial \boldsymbol{n}} \mathrm{d}s$;

(2) $\displaystyle\iint\limits_D (u \Delta v - v \Delta u) \mathrm{d}\sigma = -\int_{\partial D} \left(v \frac{\partial u}{\partial \boldsymbol{n}} - u \frac{\partial v}{\partial \boldsymbol{n}} \right) \mathrm{d}s$,

其中, $\dfrac{\partial u}{\partial \boldsymbol{n}}$, $\dfrac{\partial v}{\partial \boldsymbol{n}}$ 分别表示 u 和 v 沿 ∂D 的外法线方向的导数.

证 (1) 因为 $\dfrac{\partial u}{\partial \boldsymbol{n}} = \dfrac{\partial u}{\partial x}\cos(\widehat{\boldsymbol{n},x}) + \dfrac{\partial u}{\partial y}\sin(\widehat{\boldsymbol{n},x})$, 而 $\cos(\widehat{\boldsymbol{n},x}) = \dfrac{\mathrm{d}y}{\mathrm{d}s}$, $\sin(\widehat{\boldsymbol{n},x}) =$

$-\dfrac{\mathrm{d}x}{\mathrm{d}s}$, 由格林公式得

$$\oint_{\partial D} \frac{\partial u}{\partial \boldsymbol{n}} \mathrm{d}s = \oint_{\partial D} \frac{\partial u}{\partial x} \mathrm{d}y - \frac{\partial u}{\partial y} \mathrm{d}x = \iint\limits_D \left(\frac{\partial^2 u}{\partial x^2} + \frac{\partial^2 u}{\partial y^2} \right) \mathrm{d}x\,\mathrm{d}y = \iint\limits_D \Delta u \, \mathrm{d}\sigma.$$

(2) 由(1)知

$$\oint_{\partial D} v \frac{\partial u}{\partial \boldsymbol{n}} \mathrm{d}s = \oint_{\partial D} v \left(\frac{\partial u}{\partial x}\cos(\widehat{\boldsymbol{n},x}) + \frac{\partial u}{\partial y}\sin(\widehat{\boldsymbol{n},x}) \right) \mathrm{d}s$$

$$= \oint_{\partial D} v \frac{\partial u}{\partial x} \mathrm{d}y - v \frac{\partial u}{\partial y} \mathrm{d}x = \iint\limits_D \left[\frac{\partial}{\partial x}\left(v \frac{\partial u}{\partial x} \right) - \frac{\partial}{\partial y}\left(-v \frac{\partial u}{\partial y} \right) \right] \mathrm{d}x\,\mathrm{d}y$$

$$= \iint\limits_D \left(\frac{\partial u}{\partial x}\frac{\partial v}{\partial x} + \frac{\partial u}{\partial y}\frac{\partial v}{\partial y} \right) \mathrm{d}x\,\mathrm{d}y + \iint\limits_D v \Delta u \, \mathrm{d}x\,\mathrm{d}y.$$

同理,得

$$\oint_{\partial D} u \frac{\partial v}{\partial \boldsymbol{n}} \mathrm{d}s = \oint_{\partial D} u \frac{\partial v}{\partial x} \mathrm{d}y - u \frac{\partial v}{\partial y} \mathrm{d}x = \iint\limits_D \left[\frac{\partial}{\partial x}\left(u \frac{\partial v}{\partial x} \right) - \frac{\partial}{\partial y}\left(-u \frac{\partial v}{\partial y} \right) \right] \mathrm{d}x\,\mathrm{d}y$$

$$= \iint\limits_D \left(\frac{\partial v}{\partial x}\frac{\partial u}{\partial x} + \frac{\partial v}{\partial y}\frac{\partial u}{\partial y} \right) \mathrm{d}x\,\mathrm{d}y + \iint\limits_D u \Delta v \, \mathrm{d}x\,\mathrm{d}y.$$

两式相减得 $\displaystyle\oint_{\partial D} \left(v \frac{\partial u}{\partial \boldsymbol{n}} - u \frac{\partial v}{\partial \boldsymbol{n}} \right) \mathrm{d}s = \iint\limits_D (v \Delta u - u \Delta v) \mathrm{d}x\,\mathrm{d}y.$

习题 11-4

═══ **A 类** ═══

1. 求下列曲面的面积:

(1) 锥面 $z = \sqrt{x^2 + y^2}$ 被柱面 $z^2 = 2x$ 所割下部分;

(2) 两个直交圆柱面 $x^2 + y^2 = R^2$ 及 $x^2 + z^2 = R^2$ 所围立体的表面;

(3) 曲面 $az = xy$ 包含在圆柱 $x^2 + y^2 = a^2$ 内的部分;

(4)* 曲面 $x = u\cos v$, $y = u\sin v$, $z = v$ ($0 \leqslant u \leqslant 1$, $0 \leqslant v \leqslant \pi$).

解 (1) 由 $z^2 = x^2 + y^2$, $z^2 = 2x$, 得 $x^2 + y^2 = 2x$, 故锥面 $z = \sqrt{x^2 + y^2}$ 被柱面 $z^2 = 2x$ 所割下部分在 xOy 面的投影为 $D: x^2 + y^2 \leqslant 2x$. 由

$$\frac{\partial z}{\partial x} = \frac{x}{\sqrt{x^2 + y^2}}, \quad \frac{\partial z}{\partial y} = \frac{y}{\sqrt{x^2 + y^2}},$$

得

$$\left[1 + \left(\frac{\partial z}{\partial x} \right)^2 + \left(\frac{\partial z}{\partial y} \right)^2 \right]^{\frac{1}{2}} = \left(1 + \frac{x^2}{x^2 + y^2} + \frac{y^2}{x^2 + y^2} \right)^{\frac{1}{2}} = \sqrt{2},$$

故所求面积为

$$A = \iint\limits_{D} \sqrt{2}\, \mathrm{d}x\, \mathrm{d}y = 2 \int_0^{\frac{\pi}{2}} \mathrm{d}\theta \int_0^{2\cos\theta} \sqrt{2}\, \rho\, \mathrm{d}\rho = 4\sqrt{2} \int_0^{\frac{\pi}{2}} \cos^2\theta\, \mathrm{d}\theta = \sqrt{2}\, \pi.$$

(2) 由对称性, 所围立体的表面积等于第一卦限中位于圆柱面 $x^2 + z^2 = R^2$ 上的部分的面积的 16 倍, 这部分的曲面方程为 $z = \sqrt{R^2 - x^2}$, 故所求面积为

$$A = 16 \iint\limits_{D} \sqrt{1 + 6z_x'^2 + z_y'^2}\, \mathrm{d}x\, \mathrm{d}y = 16 \iint\limits_{D} \sqrt{1 + \left(\frac{-x}{\sqrt{R^2 - x^2}} \right)^2 + 0^2}\, \mathrm{d}x\, \mathrm{d}y$$

$$= 16 \iint\limits_{D} \frac{R}{\sqrt{R^2 - x^2}} \mathrm{d}x\, \mathrm{d}y = 16 \int_0^R \mathrm{d}x \int_0^{\sqrt{R^2 - x^2}} \frac{R}{\sqrt{R^2 - x^2}} \mathrm{d}y$$

$$= 16 \int_0^R \left(\frac{R}{\sqrt{R^2 - x^2}} y \right) \bigg|_0^{\sqrt{R^2 - x^2}} \mathrm{d}x = 16 \int_0^R R\, \mathrm{d}x = 16R^2.$$

(3) 所求面积为

$$A = \iint\limits_{x^2 + y^2 \leqslant a^2} \sqrt{1 + \left(\frac{y}{a} \right)^2 + \left(\frac{x}{a} \right)^2}\, \mathrm{d}x\, \mathrm{d}y = \iint\limits_{x^2 + y^2} \sqrt{\frac{a^2 + (x^2 + y^2)}{a^2}}\, \mathrm{d}x\, \mathrm{d}y$$

$$= \frac{1}{a} \iint\limits_{x^2 + y^2} \sqrt{a^2 + x^2 + y^2}\, \mathrm{d}x\, \mathrm{d}y = \frac{4}{a} \int_0^{\frac{\pi}{2}} \mathrm{d}\theta \int_0^a \rho \sqrt{a^2 + \rho^2}\, \mathrm{d}\rho$$

$$= \frac{2\pi a^2}{3} (2\sqrt{2} - 1).$$

(4)* 由于

$$\frac{\partial(x,y)}{\partial(u,v)} = \begin{vmatrix} \dfrac{\partial x}{\partial u} & \dfrac{\partial x}{\partial v} \\ \dfrac{\partial y}{\partial u} & \dfrac{\partial y}{\partial v} \end{vmatrix} = \begin{vmatrix} \cos v & -u \sin v \\ \sin v & u \cos v \end{vmatrix} = u,$$

$$\frac{\partial(y,z)}{\partial(u,v)} = \begin{vmatrix} \dfrac{\partial y}{\partial u} & \dfrac{\partial y}{\partial v} \\ \dfrac{\partial z}{\partial u} & \dfrac{\partial z}{\partial v} \end{vmatrix} = \begin{vmatrix} \sin v & u \cos v \\ 0 & 1 \end{vmatrix} = \sin v,$$

$$\frac{\partial(z,x)}{\partial(u,v)} = \begin{vmatrix} \dfrac{\partial z}{\partial u} & \dfrac{\partial z}{\partial v} \\ \dfrac{\partial x}{\partial u} & \dfrac{\partial x}{\partial v} \end{vmatrix} = \begin{vmatrix} 0 & 1 \\ \cos v & -u \sin v \end{vmatrix} = -\cos v,$$

所以
$$ds = \sqrt{\left(\frac{\partial(y,z)}{\partial(u,v)}\right)^2 + \left(\frac{\partial(z,x)}{\partial(u,v)}\right)^2 + \left(\frac{\partial(x,y)}{\partial(u,v)}\right)^2}\, dx\, dy = \sqrt{1+u^2}\, du\, dv,$$
所求面积为
$$A = \iint_D ds = \iint_D \sqrt{1+u^2}\, du\, dv = \int_0^1 \sqrt{1+u^2}\, du \int_0^\pi dv$$
$$= \pi \int_0^1 \sqrt{1+u^2}\, du = \frac{\pi}{2}(\sqrt{2} + \ln(1+\sqrt{2})).$$

2. 计算曲面积分 $\iint_S f(x,y,z)dS$，其中 S 为曲面 $z = 2-(x^2+y^2)$ 在 xOy 面上方的部分，$f(x,y,z)$ 分别如下：

(1) $f(x,y,z) = 1$；　　　　(2) $f(x,y,z) = x^2+y^2$.

解 (1) 抛物面 $z = 2-(x^2+y^2)$ 与 xOy 面的交线是 xOy 面上的圆 $x^2+y^2 = 2$，因而曲面 S 在 xOy 面的投影区域为 $D_{xy}: x^2+y^2 \leqslant 2$. 而
$$dS = \sqrt{1+z_x'^2+z_y'^2}\, dx\, dy = \sqrt{1+4x^2+4y^2}\, dx\, dy,$$
所以
$$\iint_S f(x,y,z)dS = \iint_{D_{xy}} \sqrt{1+4x^2+4y^2}\, dx\, dy = \int_0^{2\pi} d\theta \int_0^{\sqrt{2}} \sqrt{1+4\rho^2}\, \rho\, d\rho$$
$$= 2\pi \cdot \frac{1}{12}(1+4\rho^2)^{\frac{3}{2}}\Big|_0^{\sqrt{2}} = \frac{13}{3}\pi.$$

(2) $\iint_S f(x,y,z)dS = \iint_{D_{xy}} (x^2+y^2)\sqrt{1+4x^2+4y^2}\, dx\, dy = \int_0^{2\pi} d\theta \int_0^{\sqrt{2}} \rho^2\sqrt{1+4\rho^2}\, \rho\, d\rho$
$$= \frac{\pi}{16} \int_0^{\sqrt{2}} [(4\rho^2+1)-1]\sqrt{1+4\rho^2}\, d(4\rho^2+1) = \frac{149}{30}\pi.$$

3. 计算 $\oiint_S (x^2+y^2)dS$，其中 S 为 $z = \sqrt{x^2+y^2}$ 及 $z = 1$ 所围成的区域的整个边界曲面.

解 由 $S_1: z = 1\ (x^2+y^2 \leqslant 1)$，得 $dS = dx\, dy$，$D_{xy}: x^2+y^2 \leqslant 1$. 由 $S_2: z = (x^2+y^2)^{\frac{1}{2}}\ (0 \leqslant z \leqslant 1)$，得
$$dS = \left(1 + \frac{x^2}{x^2+y^2} + \frac{y^2}{x^2+y^2}\right)^{\frac{1}{2}} dx\, dy = \sqrt{2}\, dx\, dy, \quad D_{xy}: x^2+y^2 \leqslant 1.$$
于是
$$\iint_{S_1} (x^2+y^2)dS = \iint_{D_{xy}} (x^2+y^2)dx\, dy = \int_0^{2\pi} d\theta \int_0^1 \rho^3 d\rho = 2\pi \cdot \frac{1}{4} = \frac{\pi}{2},$$
$$\iint_{S_2} (x^2+y^2)dS = \iint_{D_{xy}} (x^2+y^2)\sqrt{2}\, dx\, dy = \sqrt{2}\int_0^{2\pi} d\theta \int_0^1 \rho^3 d\rho$$
$$= \sqrt{2}\cdot 2\pi \cdot \frac{1}{4} = \frac{\sqrt{2}\,\pi}{2}.$$

所以 $\iint\limits_{S}(x^2+y^2)\mathrm{d}S = \left(\iint\limits_{S_1}+\iint\limits_{S_2}\right)(x^2+y^2)\mathrm{d}S = \dfrac{\pi}{2}+\dfrac{\sqrt{2}}{2}\pi = \dfrac{1+\sqrt{2}}{2}\pi.$

4. 计算下列曲面积分：

(1) $\iint\limits_{S}\left(2x+\dfrac{4}{3}y+z\right)\mathrm{d}S$，其中 S 为平面 $\dfrac{x}{2}+\dfrac{y}{3}+\dfrac{z}{4}=1$ 在第一卦限的部分；

(2) $\iint\limits_{S}(x+y+z)\mathrm{d}S$，$S: x^2+y^2+z^2=a^2$ 上 $z\geqslant h\ (0<h<a)$ 的部分；

(3) $\iint\limits_{S}(xy+yz+zx)\mathrm{d}S$，$S: z=\sqrt{x^2+y^2}$ 被柱面 $x^2+y^2=2ax$ 所截得的有限部分；

(4) $\iint\limits_{S}\dfrac{\mathrm{d}S}{r^2}$，$S: x^2+y^2=R^2$ 界于平面 $z=0$ 及 $z=H$ 之间部分，r 为 S 上的点到原点的距离；

(5) $\iint\limits_{S}\dfrac{\mathrm{d}S}{(1+x+y)^2}$，$S$ 为四面体 $x+y+z\leqslant 1$，$x\geqslant 0$，$y\geqslant 0$，$z\geqslant 0$ 的边界曲面；

(6) $\iint\limits_{S}z\,\mathrm{d}S$，其中 S 为锥面 $z=\sqrt{x^2+y^2}$ 在柱面 $x^2+y^2\leqslant 2x$ 内的部分.

解 (1) $z=4-2x-\dfrac{4}{3}y$，如图 11-9，

$$\mathrm{d}S=\sqrt{1+(-2)^2+\left(-\dfrac{4}{3}\right)^2}\,\mathrm{d}x\,\mathrm{d}y$$

$$=\dfrac{\sqrt{61}}{3}\mathrm{d}x\,\mathrm{d}y,$$

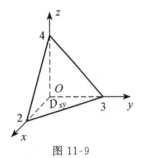

图 11-9

于是

$$\iint\limits_{S}\left(2x+\dfrac{4}{3}y+z\right)\mathrm{d}S=\iint\limits_{D_{xy}}4\cdot\dfrac{\sqrt{61}}{3}\mathrm{d}x\,\mathrm{d}y=\dfrac{4\sqrt{61}}{3}\iint\limits_{D_{xy}}\mathrm{d}x\,\mathrm{d}y$$

$$=\dfrac{4\sqrt{61}}{3}\times\dfrac{1}{2}\times 2\times 3=4\sqrt{61}.$$

(2) 球面 $x^2+y^2+z^2=a^2$ 与平面 $z=h$ 的交线是平面 $z=h$ 上的圆 $x^2+y^2=a^2-h^2$，因而 S 在 xOy 面上的投影区域 D_{xy} 是 $x^2+y^2\leqslant a^2-h^2$，在 S 上，$z=\sqrt{a^2-x^2-y^2}$，

$$\mathrm{d}S=\sqrt{1+\left(\dfrac{-2x}{2\sqrt{a^2-x^2-y^2}}\right)^2+\left(\dfrac{-2y}{2\sqrt{a^2-x^2-y^2}}\right)^2}\,\mathrm{d}x\,\mathrm{d}y$$

$$=\dfrac{a}{\sqrt{a^2-x^2-y^2}}\mathrm{d}x\,\mathrm{d}y,$$

所以

$$原式 = \iint\limits_{D_{xy}} (x + y + \sqrt{a^2 - x^2 - y^2}) \cdot \frac{a}{\sqrt{a^2 - x^2 - y^2}} \, dx \, dy$$

$$= a \int_0^{2\pi} d\theta \int_0^{\sqrt{a^2-h^2}} \left[\frac{\rho^2 (\cos\theta + \sin\theta)}{\sqrt{a^2 - \rho^2}} + \rho \right] d\rho = \pi (a^3 - ah^2).$$

(3) $z = \sqrt{x^2 + y^2}$, $dS = \left(1 + \dfrac{x^2}{x^2 + y^2} + \dfrac{y^2}{x^2 + y^2} \right)^{\frac{1}{2}} dx \, dy = \sqrt{2} \, dx \, dy$, $D_{xy}: x^2 + y^2 \leqslant 2ax$，所以

$$原式 = \sqrt{2} \iint\limits_{D_{xy}} \left[xy + (x + y)(x^2 + y^2)^{\frac{1}{2}} \right] dx \, dy$$

$$= \sqrt{2} \int_{-\frac{\pi}{2}}^{\frac{\pi}{2}} d\theta \int_0^{2a\cos\theta} \left[\rho^2 \sin\theta \cos\theta + \rho^2 (\cos\theta + \sin\theta) \right] \rho \, d\rho$$

$$= 8\sqrt{2} 3 a^4 \int_0^{\frac{\pi}{2}} \cos^5 \theta \, d\theta = 8 \cdot \sqrt{2} a^4 \cdot \frac{4}{5} \cdot \frac{2}{3} = \frac{64}{15} \sqrt{2} a^4.$$

(4) 因为 S 在 xOy 面上的投影为一圆周，所以取在 yOz 面上投影区域：$-R \leqslant y \leqslant R$，$0 \leqslant z \leqslant H$，曲面 $x = \sqrt{R^2 - y^2}$，故

$$ds = \sqrt{1 + x_y'^2 + x_z'^2} \, dy \, dz = \frac{R}{\sqrt{R^2 - y^2}} dy \, dz,$$

而 $r^2 = x^2 + y^2 + z^2 = R^2 + z^2$，利用对称性则有

$$\iint\limits_S \frac{ds}{r^2} = 4 \int_0^R dy \int_0^H \frac{R}{\sqrt{R^2 - y^2}} \cdot \frac{1}{R^2 + z^2} dz = 4R \int_0^R \frac{1}{\sqrt{R^2 - y^2}} dy \int_0^H \frac{1}{R^2 + z^2} dz$$

$$= 4R \arcsin \frac{y}{R} \Big|_0^R \cdot \frac{1}{R} \arctan \frac{z}{R} \Big|_0^H = 2\pi \arctan \frac{H}{R}.$$

(5) 曲面 S 由四部分组成，分别为 $S_1: x + y + z = 1$，$x > 0$，$y > 0$，$z > 0$；$S_2: x = 0$；$S_3: y = 0$；$S_4: z = 0$，于是

$$原式 = \sqrt{3} \int_0^1 dx \int_0^{1-x} \frac{dy}{(1 + x + y)^2} + \int_0^1 dy \int_0^{1-x} \frac{dz}{(1 + y)^2}$$

$$+ \int_0^1 dx \int_0^{1-x} \frac{dz}{1 + x^2} + \int_0^1 dx \int_0^{1-x} \frac{dy}{(1 + x + y)^2}$$

$$= (\sqrt{3} + 1) \int_0^1 dx \int_0^{1-x} \frac{dy}{(1 + x + y)^2} + 2 \int_0^1 dx \int_0^{1-x} \frac{dz}{(1 + x)^2}$$

$$= (\sqrt{3} + 1) \left(\ln 2 - \frac{1}{2} \right) + 2(1 - \ln 2)$$

$$= \frac{3 - \sqrt{3}}{2} + (\sqrt{3} - 1) \ln 2.$$

(6) S 在 xOy 面上的投影区域为 $D: (x - 1)^2 + y^2 \leqslant 1$ $(z = 0)$，此圆周的极坐标方程为 $\rho = 2\cos\theta$，$dS = \sqrt{1 + z_x'^2 + z_y'^2} \, dx \, dy = \sqrt{2} \, dx \, dy$，所以

$$\text{原式} = \iint\limits_{D} \sqrt{x^2 + y^2} \cdot \sqrt{2}\, dx\, dy = \sqrt{2} \int_{-\frac{\pi}{2}}^{\frac{\pi}{2}} d\theta \int_{0}^{2\cos\theta} \rho^2\, d\rho$$

$$= \frac{16}{3}\sqrt{2} \int_{0}^{\frac{\pi}{2}} \cos^3\theta\, d\theta = \frac{16}{3}\sqrt{2} \cdot \frac{2}{3 \cdot 1} = \frac{32}{9}\sqrt{2}.$$

5. 求抛物面壳 $z = \dfrac{1}{2}(x^2 + y^2)$ $(0 \leqslant z \leqslant 1)$ 的质量，此壳的面密度为 $\rho = z$.

解　$z = \dfrac{1}{2}(x^2 + y^2)$, $z'_x = x$, $z'_y = y$, 则 $dS = (1 + x^2 + y^2)^{\frac{1}{2}}\, dx\, dy$. 而 D_{xy}: $x^2 + y^2 \leqslant 2$, 所以

$$M = \iint\limits_{S} z\, dS = \iint\limits_{D_{xy}} \frac{1}{2}(x^2 + y^2)(1 + x^2 + y^2)^{\frac{1}{2}}\, dx\, dy$$

$$= \int_{0}^{2\pi} d\theta \int_{0}^{\sqrt{2}} \frac{1}{2}\rho^2(1 + \rho^2)^{\frac{1}{2}}\rho\, d\rho = 2\pi \int_{0}^{2} \frac{1}{4}u(1 + u)^{\frac{1}{2}}\, dy$$

$$= \frac{\pi}{2}\left[\frac{2}{3}u(1 + u)^{\frac{3}{2}} \Big|_{0}^{2} - \frac{2}{3}\int_{0}^{2}(1 + u)^{\frac{3}{2}}\, du \right] = \frac{2\pi}{15}(6\sqrt{3} + 1).$$

═══ **B** 类 ═══

1. 求平面 $x + y = 1$ 上被坐标面与曲面 $z = xy$ 截下的在第一卦限部分的面积.

解　L: $x + y = 1$ $(0 \leqslant x \leqslant 1)$, 所求面积为

$$A = \int_{L} xy\, ds = \int_{0}^{1} x(1 - x)\sqrt{2}\, dx = \sqrt{2} \int_{0}^{1} x(1 - x)\, dx$$

$$= \sqrt{2}\left(\frac{x^2}{2} - \frac{x^3}{3} \right)\Big|_{0}^{1} = \frac{\sqrt{2}}{6}.$$

2. 设半径为 R 的球面 S 的球心在定球面 $x^2 + y^2 + z^2 = a^2$ $(a > 0)$ 上, 问当 R 为何值时, 球面 S 在定球面内部的部分面积最大?

解　将球心取在 $(0, 0, a)$, 先求出 S 在定球面内的面积 $A(R)$, 再求极值.

S: $x^2 + y^2 + (z - a)^2 = R^2$, S 在定球面内部的方程为 $z = a - \sqrt{R^2 - x^2 - y^2}$,

$$A(R) = \iint\limits_{D_{xy}} \sqrt{1 + z'^2_x + z'^2_y}\, dx\, dy = \iint\limits_{D_{xy}} \frac{R\, dx\, dy}{\sqrt{R^2 - x^2 - y^2}},$$

其中, D_{xy} 为 $x^2 + y^2 = \dfrac{R^2}{4a^2}(4a^2 - R^2)$ 与 $z = 0$ 所围的区域, 所以

$$A(R) = \int_{0}^{2\pi} d\theta \int_{0}^{\frac{R}{2a}\sqrt{4a^2 - R^2}} \frac{R\rho}{\sqrt{R^2 - \rho^2}}\, d\rho = 2\pi R^2 - \frac{\pi R^3}{a}.$$

令 $A'(R) = 4\pi R - \dfrac{3\pi R^2}{a} = 0$, 得 $R = \dfrac{4}{3}a$ $(R = 0$ 舍去$)$. 又

$$A''(R) = 4\pi - \frac{6\pi R}{a}, \quad A''\left(\frac{4}{3}a \right) = -4\pi < 0,$$

所以 $A(R)$ 在唯一驻点 $R = \dfrac{4a}{3}$ 处取极大值,也是最大值,即当 $R = \dfrac{4a}{3}$ 时,S 在定球面内部的部分面积最大.

3. 设 S 为椭球面 $\dfrac{x^2}{2} + \dfrac{y^2}{2} + z^2 = 1$ 的上半部分,点 $P(x,y,z) \in S$,π 为 S 在点 P 处的切平面,$\rho(x,y,z)$ 为点 $O(0,0,0)$ 到平面 π 的距离,求 $\displaystyle\iint\limits_{S} \dfrac{z}{\rho(x,y,z)} \mathrm{d}S$.

解 设 (X,Y,Z) 是平面 π 上任一点,则平面 π 的方程为
$$x(X-x) + y(Y-y) + 2z(Z-z) = 0,$$
即 $\dfrac{xX}{2} + \dfrac{yY}{2} + zZ = 1.$ 于是
$$\rho(x,y,z) = \frac{|-1|}{\sqrt{\left(\dfrac{x}{2}\right)^2 + \left(\dfrac{y}{2}\right)^2 + z^2}} = \left(\frac{x^2}{4} + \frac{y^2}{4} + z^2\right)^{-\frac{1}{2}}.$$

由于 S 在 xOy 平面上的投影为圆域 $D: x^2 + y^2 \leqslant 2\ (z=0)$,故可用极坐标计算,因
$$\mathrm{d}S = \sqrt{1 + {z'_x}^2 + {z'_y}^2}\, \mathrm{d}\sigma$$
$$= \sqrt{1 + \left[\frac{-x}{2\sqrt{1 - \left(\dfrac{x^2}{2} + \dfrac{y^2}{2}\right)}}\right]^2 + \left[\frac{-y}{2\sqrt{1 - \left(\dfrac{x^2}{2} + \dfrac{y^2}{2}\right)}}\right]^2}\, \mathrm{d}\sigma$$
$$= \frac{\sqrt{4 - x^2 - y^2}}{2\sqrt{1 - \left(\dfrac{x^2}{2} + \dfrac{y^2}{2}\right)}}\, \mathrm{d}\sigma,$$

所以
$$\iint\limits_{S} \frac{z}{\rho(x,y,z)}\, \mathrm{d}S = \frac{1}{4}\iint\limits_{D} (4 - x^2 - y^2)\, \mathrm{d}\sigma = \frac{1}{4}\int_0^{2\pi} \mathrm{d}\theta \int_0^{\sqrt{2}} (4 - \rho^2)\rho\, \mathrm{d}\rho = \frac{3}{2}\pi.$$

4. 计算曲面积分 $\displaystyle\iint\limits_{S} z^2\, \mathrm{d}S$,$S$ 为圆锥面的一部分:$x = r\cos\varphi\,\sin\alpha$,$y = r\sin\varphi\,\sin\alpha$,$z = r\cos\alpha\ (0 \leqslant r \leqslant a,\ 0 \leqslant \varphi \leqslant 2\pi)$,$\alpha$ 为常数 $\left(0 < \alpha < \dfrac{\pi}{2}\right)$.

解 由于
$$E = \cos^2\varphi\,\sin^2\alpha + \sin^2\varphi\,\sin^2\alpha + \cos^2\alpha = 1,$$
$$G = r^2\cos^2\varphi\,\sin^2\alpha + r^2\sin^2\varphi\,\sin^2\alpha = r^2\sin^2\alpha,$$
$$F = (\cos\varphi\,\sin\alpha)(-r\sin\varphi\,\sin\alpha) + \sin\varphi\,\sin\alpha\,(r\cos\varphi\,\sin\alpha) = 0,$$
故得 $\sqrt{EG - F^2} = r\sin\alpha$,于是
$$\iint\limits_{S} z^2\, \mathrm{d}S = \int_0^{2\pi} \mathrm{d}\varphi \int_0^a r^2\cos\alpha \cdot r\sin\alpha\, \mathrm{d}r = \frac{\pi a^4}{2}\sin\alpha\,\cos^2\alpha.$$

习题 11-5

═══ **A 类** ═══

1. 计算下列对坐标的曲面积分：

(1) $\iint\limits_{S} x^2 y^2 z \, dx \, dy$，其中 S 是球面 $x^2 + y^2 + z^2 = R^2$ 的下半部分的下侧；

(2) $\iint\limits_{S} z \, dx \, dy + x \, dy \, dz + y \, dz \, dx$，其中 S 是柱面 $x^2 + y^2 = 1$ 被平面 $z = 0$ 及 $z = 3$ 所截得的在第一卦限内的部分的前侧；

(3) $\oiint\limits_{S} xz \, dx \, dy + xy \, dy \, dz + yz \, dz \, dx$，其中 S 是平面 $x = 0$，$y = 0$，$z = 0$，$x + y + z = 1$ 所围成的空间区域的整个边界曲面的外侧；

(4) $\iint\limits_{S} (x + y) dy \, dz + (y + z) dz \, dx + (z + x) dx \, dy$，其中 S 是以原点为中心、边长为 2 的正立方体表面的外侧；

(5) $\iint\limits_{S} yz \, dz \, dx$，其中 S 是球面 $x^2 + y^2 + z^2 = 1$ 的上半部分的外侧；

(6) $\iint\limits_{S} x^2 \, dy \, dz + y^2 \, dz \, dx + z^2 \, dx \, dy$，其中 S 是球面 $(x - a)^2 + (y - b)^2 + (z - c)^2 = R^2$ 的外侧；

(7) $\iint\limits_{S} x \, dy \, dz + y \, dz \, dx + z \, dx \, dy$，其中 S 为球面 $x^2 + y^2 + z^2 = a^2$ 的外侧；

(8) $\iint\limits_{S} (y - z) dy \, dz + (z - x) dz \, dx + (x - y) dx \, dy$，其中 S 为锥面 $x^2 + y^2 = z^2$ $(0 \leqslant z \leqslant h)$ 的外侧；

(9) $\iint\limits_{S} \dfrac{x \, dy \, dz + z^2 \, dx \, dy}{x^2 + y^2 + z^2}$，其中 S 是由曲面 $x^2 + y^2 = R^2$ 及两平面 $z = R$，$z = -R$ $(R > 0)$ 所围成立体表面的外侧；

(10) $\iint\limits_{S} (2x + z) dy \, dz + z \, dx \, dy$，其中 S 为有向曲面 $z = x^2 + y^2$ $(0 \leqslant z \leqslant 1)$，其法向量与 z 轴正向的夹角为锐角.

解 (1) 因为 $S: z = -\sqrt{R^2 - x^2 - y^2}$，$S$ 在 xOy 面上的投影区域 D_{xy} 为 $x^2 + y^2 \leqslant R^2$，所以

$$原式 = -\iint\limits_{D_{xy}} x^2 y^2 (-\sqrt{R^2 - x^2 - y^2}) \, dx \, dy$$

$$= -\int_0^{2\pi} d\theta \int_0^R \rho^4 \cos^2\theta \, \sin^2\theta \, (-\sqrt{R^2 - \rho^2}) \rho \, d\rho$$

$$= -\frac{1}{8}\int_0^{2\pi}\sin^2 2\theta\ \mathrm{d}\theta\int_0^R \left[(\rho^2-R^2)+R^2\right]^2\ \sqrt{R^2-\rho^2}\ \mathrm{d}(R^2-\rho^2)$$

$$= -\frac{1}{16}\left(\theta-\frac{\sin 4\theta}{4}\right)\Big|_0^{2\pi}\left[\frac{2}{3}R^4(R^2-\rho^2)^{\frac{3}{2}}-\frac{4}{5}R^2(R^2-\rho^2)^{\frac{5}{2}}+\frac{2}{7}(R^2-\rho^2)^{\frac{7}{2}}\right]\Big|_0^R$$

$$= \frac{2}{105}\pi R^7.$$

(2) 因为 S 在 xOy 面的投影 D_{xy} 为一段弧,面积为 0,所以 $\iint\limits_S z\,\mathrm{d}x\,\mathrm{d}y = 0$. 又 $D_{yz} =$
$\{(y,z)\mid 0\leqslant y\leqslant 1,\,0\leqslant z\leqslant 3\}$, $D_{zx} = \{(z,x)\mid 0\leqslant z\leqslant 3,\,0\leqslant x\leqslant 1\}$,所以,

$$原式 = \iint\limits_{D_{yz}}(1-y^2)^{\frac{1}{2}}\,\mathrm{d}y\,\mathrm{d}z + \iint\limits_{D_{zx}}(1-x^2)^{\frac{1}{2}}\,\mathrm{d}z\,\mathrm{d}x$$

$$= \int_0^3\mathrm{d}z\int_0^1(1-y^2)^{\frac{1}{2}}\,\mathrm{d}y + \int_0^3\mathrm{d}z\int_0^1(1-x^2)^{\frac{1}{2}}\,\mathrm{d}x$$

$$= 2\cdot 3\left[\frac{y}{2}(1-y^2)^{\frac{1}{2}}+\frac{1}{2}\arcsin y\right]\Big|_0^1$$

$$= 6\cdot\frac{1}{2}\cdot\frac{\pi}{2} = \frac{3}{2}\pi.$$

(3) 如图 11-10,由积分的可加性,

$$\oiint\limits_S xz\,\mathrm{d}x\,\mathrm{d}y = \left(\iint\limits_{S_1}+\iint\limits_{S_2}+\iint\limits_{S_3}+\iint\limits_{S_4}\right)xz\,\mathrm{d}x\,\mathrm{d}y$$

$$= 0+0+0+\iint\limits_{D_{xy}}x(1-x-y)\,\mathrm{d}x\,\mathrm{d}y$$

$$= \int_0^1 x\,\mathrm{d}x\int_0^{1-x}(1-x-y)\,\mathrm{d}y$$

$$= \frac{1}{24}.$$

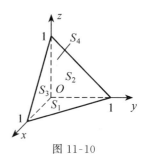

图 11-10

由积分变量的对称性知,$\oiint\limits_S xy\,\mathrm{d}y\,\mathrm{d}z = \oiint\limits_S yz\,\mathrm{d}z\,\mathrm{d}x = \frac{1}{24}$. 所以,原式 $= 3\cdot\frac{1}{24} = \frac{1}{8}$.

(4) 由 x,y,z 的对称性,且

$$\iint\limits_S(x+y)\,\mathrm{d}y\,\mathrm{d}z = \int_{-1}^1\mathrm{d}y\int_{-1}^1(1+y)\,\mathrm{d}x - \int_{-1}^1\mathrm{d}y\int_{-1}^1(-1+y)\,\mathrm{d}z$$

$$= 2\int_{-1}^1(1+y)\,\mathrm{d}y - 2\int_{-1}^1(-1+y)\,\mathrm{d}y = 8,$$

得原式 $= 3\times 8 = 24$.

(5) 记 S_1: $y = \sqrt{1-x^2-z^2}$, $z\geqslant 0$; S_2: $y = -\sqrt{1-x^2-z^2}$, $z\geqslant 0$. 由此

$$\iint\limits_S yz\,\mathrm{d}z\,\mathrm{d}x = \iint\limits_{S_1}yz\,\mathrm{d}z\,\mathrm{d}x + \iint\limits_{S_2}yz\,\mathrm{d}z\,\mathrm{d}x$$

$$= \iint\limits_{D_{xy}}z\,\sqrt{1-x^2-z^2}\,\mathrm{d}z\,\mathrm{d}x - \iint\limits_{D_{xz}}z(-\sqrt{1-x^2-z^2})\,\mathrm{d}z\,\mathrm{d}x.$$

令 $x = \cos\theta\,\sin\varphi$, $y = \sin\theta\,\sin\varphi$, $0\leqslant\varphi\leqslant\frac{\pi}{2}$, $0\leqslant\theta\leqslant 2\pi$, 故

$$\iint\limits_{S} yz \, dz \, dx = \int_{0}^{\frac{\pi}{2}} d\varphi \int_{0}^{2\pi} \sin^{2}\theta \, \sin\varphi \, \cos\varphi \, d\theta = \frac{1}{4}\pi.$$

（6）由对称，知 $\iint\limits_{S} x^{2} \, dy \, dz = \iint\limits_{S} y^{2} \, dz \, dx = \iint\limits_{S} z^{2} \, dx \, dy.$ S 在 xOy 面的投影区域为

$D_{xy}: (x-a)^{2}+(y-b)^{2} \leqslant R^{2}$，且 $z = c \pm \sqrt{R^{2}-(x-a)^{2}-(y-b)^{2}}$，则

$$\iint\limits_{S} z^{2} \, dx \, dy = \iint\limits_{D_{xy}} [c + \sqrt{R^{2}-(x-a)^{2}-(y-b)^{2}}] \, dx \, dy$$

$$- \iint\limits_{D_{xy}} [c - \sqrt{R^{2}-(x-a)^{2}-(y-b)^{2}}] \, dx \, dy$$

$$= 4c \int_{0}^{2\pi} d\varphi \int_{0}^{R} \sqrt{R^{2}-r^{2}} \, dr = \frac{8}{3}\pi R^{3} c.$$

故原式 $= \dfrac{8}{3}\pi R^{3}(a+b+c).$

（7）根据对称性，只要计算 $\iint\limits_{S} z \, dx \, dy$. 注意到上半球面 $z = \sqrt{a^{2}-x^{2}-y^{2}}$ 应取上

侧，下半球面 $z = -\sqrt{a^{2}-x^{2}-y^{2}}$ 应取下侧，则有

$$\iint\limits_{S} z \, dx \, dy = \iint\limits_{x^{2}+y^{2} \leqslant a^{2}} \sqrt{a^{2}-x^{2}-y^{2}} \, dx \, dy - \iint\limits_{x^{2}+y^{2} \leqslant a^{2}} (-\sqrt{a^{2}-x^{2}-y^{2}}) \, dx \, dy$$

$$= 2 \iint\limits_{x^{2}+y^{2} \leqslant a^{2}} \sqrt{a^{2}-x^{2}-y^{2}} \, dx \, dy$$

$$= 2 \int_{0}^{2\pi} d\theta \int_{0}^{a} \rho \sqrt{a^{2}-\rho^{2}} \, d\rho = \frac{4}{3}\pi a^{3}.$$

于是，原式 $= 3 \cdot \dfrac{4}{3}\pi a^{3} = 4\pi a^{3}.$

（8）记曲面 S 在各坐标面的投影域分别为 S_{xy}, S_{yz}, S_{zx}，于是

$$原式 = \iint\limits_{S} (y-z) \, dy \, dz + \iint\limits_{S} (z-x) \, dz \, dx + \iint\limits_{S} (x-y) \, dx \, dy$$

$$= \left[\iint\limits_{S_{yz}} (y-z) \, dy \, dz - \iint\limits_{S_{yz}} (y-z) \, dy \, dz \right]$$

$$+ \left[\iint\limits_{S_{zx}} (z-x) \, dx \, dz - \iint\limits_{S_{zx}} (z-x) \, dx \, dz \right]$$

$$+ \left[\iint\limits_{S_{xy}} (x-y) \, dx \, dy - \iint\limits_{S_{xy}} (x-y) \, dx \, dy \right]$$

$$= 0+0+0 = 0.$$

（9）记 S_{1}, S_{2}, S_{3} 分别是 S 的上底面、下底面与侧面，则 $S_{1}, S_{2} \perp yOz$ 面，有

$$\iint\limits_{S_{1}} \frac{x \, dy \, dz}{x^{2}+y^{2}+z^{2}} = \iint\limits_{S_{2}} \frac{x \, dy \, dz}{x^{2}+y^{2}+z^{2}} = 0.$$

又记 S_{1}, S_{2} 在 xOy 面上的投影域为 D_{xy}，则

$$\iint\limits_{S_{1}+S_{2}} \frac{z^{2} \, dx \, dy}{x^{2}+y^{2}+z^{2}} = \iint\limits_{D_{xy}} \frac{R^{2} \, dx \, dy}{x^{2}+y^{2}+R^{2}} - \iint\limits_{D_{xy}} \frac{R^{2} \, dx \, dy}{x^{2}+y^{2}+R^{2}} = 0,$$

$$\iint\limits_{S_3} \frac{z^2\,\mathrm{d}x\,\mathrm{d}y}{x^2+y^2+z^2}=0.$$

记 S_3 在 yOz 面上的投影域为 D_{yz}，则

$$\iint\limits_{S_3}\frac{x\,\mathrm{d}y\,\mathrm{d}z}{x^2+y^2+z^2}=\iint\limits_{D_{yz}}\frac{\sqrt{R^2-y^2}}{R^2+z^2}\mathrm{d}y\,\mathrm{d}z-\iint\limits_{D_{yz}}\frac{-\sqrt{R^2-y^2}}{R^2+z^2}\mathrm{d}y\,\mathrm{d}z$$

$$=2\int_{-R}^{R}\sqrt{R^2-y^2}\,\mathrm{d}y\int_{-R}^{R}\frac{\mathrm{d}z}{R^2+z^2}=\frac{1}{2}\pi^2 R.$$

所以，原式 $=0+\dfrac{\pi^2 R}{2}=\dfrac{\pi^2 R}{2}$.

（10）用合一投影法解，这里 $z'_x=2x$，$z'_y=2y$，

$$原式=\iint\limits_{S}[(2x+z)(-2x)+z]\mathrm{d}x\,\mathrm{d}y=\iint\limits_{S}(z-2xz-4x^2)\mathrm{d}x\,\mathrm{d}y$$

$$=\iint\limits_{D}[x^2+y^2-2x(x^2+y^2)-4x^2]\mathrm{d}x\,\mathrm{d}y\quad(D\text{ 为 }S\text{ 在 }xOy\text{ 面上的投影})$$

$$=\int_0^{2\pi}\mathrm{d}\varphi\int_0^1(\rho^2-2\rho^3\cos\varphi-4\rho^2\cos^2\varphi)\rho\,\mathrm{d}\rho=-\frac{\pi}{2}.$$

2. 把对坐标的曲面积分

$$\iint\limits_{S}P(x,y,z)\mathrm{d}y\,\mathrm{d}z+Q(x,y,z)\mathrm{d}z\,\mathrm{d}x+R(x,y,z)\mathrm{d}x\,\mathrm{d}y$$

化成对面积的曲面积分，其中：

（1）S 是平面 $3x+2y+2\sqrt{3}z=6$ 在第一卦限部分的上侧；

（2）S 是抛物面 $z=8-(x^2+y^2)$ 在 xOy 面上方部分的上侧.

解（1）平面上侧的法向量为 $\boldsymbol{n}=(3,2,2\sqrt{3})$，其方向余弦为 $\cos\alpha=\dfrac{3}{5}$，$\cos\beta=\dfrac{2}{5}$，$\cos\gamma=\dfrac{2\sqrt{3}}{5}$，于是

$$\iint\limits_{S}P\,\mathrm{d}y\,\mathrm{d}z+Q\,\mathrm{d}z\,\mathrm{d}x+R\,\mathrm{d}x\,\mathrm{d}y=\iint\limits_{S}(P\cos\alpha+Q\cos\beta+R\cos\gamma)\mathrm{d}S$$

$$=\iint\limits_{S}\left(\frac{3}{5}P+\frac{2}{5}Q+\frac{2\sqrt{3}}{5}R\right)\mathrm{d}S.$$

（2）S 的法向量取为 $\boldsymbol{n}=(2x,2y,1)$，其方向余弦为

$$\cos\alpha=\frac{2x}{\sqrt{1+4x^2+4y^2}},\quad\cos\beta=\frac{2y}{\sqrt{1+4x^2+4y^2}},\quad\cos\gamma=\frac{1}{\sqrt{1+4x^2+4y^2}},$$

于是，

$$原式=\iint\limits_{S}(\cos\alpha+Q\cos\beta+R\cos\gamma)\mathrm{d}S=\iint\limits_{S}\frac{2xP+2yQ+R}{\sqrt{1+4x^2+4y^2}}\mathrm{d}S.$$

═══ **B** 类 ═══

1. 计算面积分 $\oiint\limits_{S} z\,\mathrm{d}x\,\mathrm{d}y$，$S$ 为椭球面 $\dfrac{x^2}{a^2}+\dfrac{y^2}{b^2}+\dfrac{z^2}{c^2}=1$ 的外侧.

解　原式 $=\displaystyle\iint\limits_{D_{xy}} c\sqrt{1-\dfrac{x^2}{a^2}-\dfrac{y^2}{b^2}}\,\mathrm{d}x\,\mathrm{d}y-\iint\limits_{D_{xy}} -c\sqrt{1-\dfrac{x^2}{a^2}-\dfrac{y^2}{b^2}}\,\mathrm{d}x\,\mathrm{d}y$

$$=2c\int_0^{2\pi}\mathrm{d}\theta\int_0^1 ab\sqrt{1-r^2}\,\mathrm{d}r=4\pi abc\cdot\dfrac{1}{2}\cdot\dfrac{2}{3}(1-r^2)^{\frac{3}{2}}\Big|_0^1=\dfrac{4}{3}\pi abc.$$

2. 计算 $I=\displaystyle\iint\limits_{S} f(x)\mathrm{d}y\,\mathrm{d}z+g(y)\mathrm{d}z\,\mathrm{d}x+h(z)\mathrm{d}x\,\mathrm{d}y$，其中 S 是平行六面体$(0\leqslant x\leqslant a,0\leqslant y\leqslant b,0\leqslant z\leqslant c)$ 的表面外侧，$f(x),g(y),h(z)$ 为 S 上的连续函数.

解　设平行六面体在 yOz,zOx,xOy 平面上的投影区域分别为 D_{yz},D_{zx},D_{xy}，则

$$\iint\limits_{S} h(z)\mathrm{d}x\,\mathrm{d}y=\iint\limits_{D_{xy}}(h(c)-h(0))\mathrm{d}x\,\mathrm{d}y=(h(c)-h(0))ab.$$

又由 x,y,z 的对称性，得

$$I=\iint\limits_{D_{yz}}(f(a)-f(0))\mathrm{d}y\,\mathrm{d}z+\iint\limits_{D_{xy}}(h(c)-h(0))\mathrm{d}x\,\mathrm{d}y+\iint\limits_{D_{zx}}(g(b)-g(0))\mathrm{d}z\,\mathrm{d}x$$
$$=(f(a)-f(0))bc+(g(b)-g(0))ca+(h(c)-h(0))ab.$$

习题 11-6

═══ **A** 类 ═══

1. 利用高斯公式计算曲面积分：

(1) $\oiint\limits_{S} x^2\mathrm{d}y\,\mathrm{d}z+y^2\mathrm{d}z\,\mathrm{d}x+z^2\mathrm{d}x\,\mathrm{d}y$，其中 S 为立体 $0\leqslant x\leqslant a,0\leqslant y\leqslant a,0\leqslant z\leqslant a$ 的表面外侧；

(2) $\oiint\limits_{S} x^3\mathrm{d}y\,\mathrm{d}z+y^3\mathrm{d}z\,\mathrm{d}x+z^3\mathrm{d}x\,\mathrm{d}y$，其中 S 为球面 $x^2+y^2+z^2=a^2$ 的外侧；

(3) $\oiint\limits_{S} xz^2\mathrm{d}y\,\mathrm{d}z+(x^2y-z^3)\mathrm{d}z\,\mathrm{d}x+(2xy+y^2z)\mathrm{d}x\,\mathrm{d}y$，其中 S 为上半球体 $x^2+y^2\leqslant a^2,0\leqslant z\leqslant\sqrt{a^2-x^2-y^2}$ 的表面外侧；

(4) $\oiint\limits_{S}(x^2\cos\alpha+y^2\cos\beta+z^2\cos\gamma)\mathrm{d}S$，$S$ 为锥体 $x^2+y^2\leqslant z^2,0\leqslant z\leqslant h$ 的表面，$\cos\alpha,\cos\beta,\cos\gamma$ 为此曲面外法线方向余弦；

(5) $\displaystyle\iint\limits_{S} x\,\mathrm{d}y\,\mathrm{d}z+y\,\mathrm{d}z\,\mathrm{d}x+z\,\mathrm{d}x\,\mathrm{d}y$，其中 S 是上半球面 $z=\sqrt{a^2-x^2-y^2}$ 的外侧；

(6) $\displaystyle\iint\limits_{S} yz\,\mathrm{d}z\,\mathrm{d}x + 2\mathrm{d}x\,\mathrm{d}y$，其中 S 是球面 $x^2 + y^2 + z^2 = 4$ 外侧在 $z \geqslant 0$ 的部分；

(7) $\displaystyle\iint\limits_{S}(x^3 + az^2)\mathrm{d}y\,\mathrm{d}z + (y^3 + ax^2)\mathrm{d}z\,\mathrm{d}x + (z^3 + ay^2)\mathrm{d}x\,\mathrm{d}y$，其中 S 为上半球面 $z = \sqrt{a^2 - x^2 - y^2}$ 的上侧；

(8) $\displaystyle\oiint\limits_{S} 2xz\,\mathrm{d}y\,\mathrm{d}z + yz\,\mathrm{d}z\,\mathrm{d}x - z^2\,\mathrm{d}x\,\mathrm{d}y$，其中 S 是由曲面 $z = \sqrt{x^2 + y^2}$ 与 $z = \sqrt{2 - x^2 - y^2}$ 所围立体的表面外侧；

(9) $\displaystyle\iint\limits_{S} \frac{ax\,\mathrm{d}y\,\mathrm{d}z + (z+a)^2\,\mathrm{d}x\,\mathrm{d}y}{(x^2 + y^2 + z^2)^{\frac{1}{2}}}$，其中 S 为下半球面 $z = -\sqrt{a^2 - x^2 - y^2}$ 的上侧，a 为大于 0 的常数.

解 (1) 原式 $= \displaystyle\iiint\limits_{V} 2(x+y+z)\mathrm{d}V = 2\int_0^a \mathrm{d}x \int_0^a \mathrm{d}y \int_0^a (x+y+z)\mathrm{d}z$

$$= 2\int_0^a \mathrm{d}x \int_0^a \left(ax + ay + \frac{a^2}{2}\right)\mathrm{d}y = 2\int_0^a \left(a^2 x + \frac{a^3}{2} + \frac{a^3}{2}\right)\mathrm{d}x = 3a^4.$$

(2) 原式 $= \displaystyle\iiint\limits_{V} 3(x^2 + y^2 + z^2)\mathrm{d}V = 3\int_0^{2\pi}\mathrm{d}\theta \int_0^{\pi}\sin\varphi\,\mathrm{d}\varphi \int_0^a r^2 r^2\,\mathrm{d}r$

$$= 3 \cdot 2\pi \cdot 2 \cdot \frac{1}{5}a^5 = \frac{12\pi a^5}{5}.$$

(3) 原式 $= \displaystyle\iiint\limits_{V}(z^2 + x^2 + y^2)\mathrm{d}V = \int_0^{2\pi}\mathrm{d}\theta \int_0^{\frac{\pi}{2}}\sin\varphi\,\mathrm{d}\varphi \int_0^a r^2 r^2\,\mathrm{d}r$

$$= 2\pi(-\cos\varphi)\Big|_0^{\frac{\pi}{2}} \cdot \frac{1}{5}a^5 = \frac{2\pi}{5}a^5.$$

(4) 原式 $= 2\displaystyle\iiint\limits_{V}(x+y+z)\mathrm{d}x\,\mathrm{d}y\,\mathrm{d}z = 2\int_0^{2\pi}\mathrm{d}\varphi \int_0^h r\,\mathrm{d}r \int_0^h [r(\cos\varphi + \sin\varphi) + z]\mathrm{d}z$

$$= 2\pi\int_0^h (r^2 - r^3)\mathrm{d}r = \frac{1}{2}\pi h^4.$$

(5) 对原曲面添加 $S_1 : x^2 + y^2 \leqslant a^2$，$z = 0$，使其构成一个封闭曲面，且取下侧为正面，则

$$原式 = \left(\oiint\limits_{S+S_1} - \iint\limits_{S_1}\right) x\,\mathrm{d}y\,\mathrm{d}z + y\,\mathrm{d}z\,\mathrm{d}x + z\,\mathrm{d}x\,\mathrm{d}y$$

$$= 3\iiint\limits_{V}\mathrm{d}x\,\mathrm{d}y\,\mathrm{d}z - 0 = 3 \cdot \frac{2}{3}\pi a^3 = 2\pi a^3.$$

(6) 先作封闭化处理，添加平面 S_1(取下侧)：$x^2 + y^2 \leqslant 4$ $(z = 0)$，$S_1 + S_2$ 所围成的区域记为 V，则

$$原式 = \iiint\limits_{V} z\,\mathrm{d}x\,\mathrm{d}y\,\mathrm{d}z - \iint\limits_{S_1} yz\,\mathrm{d}z\,\mathrm{d}x + 2\mathrm{d}x\,\mathrm{d}y$$

$$= \int_0^{2\pi}\mathrm{d}\theta \int_0^{\frac{\pi}{2}}\mathrm{d}\varphi \int_0^2 r\cos\varphi \cdot r^2\sin\varphi\,\mathrm{d}r + 2\iint\limits_{x^2+y^2\leqslant 4}\mathrm{d}x\,\mathrm{d}y$$

$$= 2\pi \cdot \frac{2^4}{4} \cdot \frac{1}{2} \sin^2 \varphi \Big|_0^{\frac{\pi}{2}} + 2 \cdot \pi \cdot 2^2 = 4\pi + 8\pi = 12\pi.$$

(7) 添加平面 $S_1 : x^2 + y^2 \leqslant a^2$ $(z = 0)$，取下侧，记 $S + S_1$ 所围的区域为 V，则有

$$\text{原式} = 3\iiint (x^2 + y^2 + z^2)\mathrm{d}V - \iint\limits_{S_1} a y^2 \mathrm{d}x\,\mathrm{d}y - 0$$

$$= 3\int_0^{2\pi} \mathrm{d}\theta \int_0^{\frac{\pi}{2}} \mathrm{d}\varphi \int_0^a r^2 \cdot r^2 \sin\varphi\,\mathrm{d}r + a \iint\limits_{x^2 + y^2 \leqslant a^2} y^2 \mathrm{d}x\,\mathrm{d}y$$

$$= 6\pi \cdot \frac{a^5}{5} \cos\varphi \Big|_{\frac{\pi}{2}}^0 + a \int_0^{2\pi} \mathrm{d}\theta \int_0^a \rho^2 \sin^2\theta \cdot \rho\,\mathrm{d}\rho = \frac{29}{20}\pi a^5.$$

(8) 设 S 所围区域为 V，则

$$\text{原式} = \iiint\limits_V (2z + z - 2z)\mathrm{d}V = \int_0^{2\pi} \mathrm{d}\theta \int_0^{\frac{\pi}{4}} \mathrm{d}\varphi \int_0^{\sqrt{2}} r\cos\varphi \cdot r^2 \sin\varphi\,\mathrm{d}r$$

$$= 2\pi \cdot \frac{1}{4} \cdot 4 \cdot \frac{1}{2} \sin^2\varphi \Big|_0^{\frac{\pi}{4}} = \frac{\pi}{2}.$$

(9) 添加平面 $S_1 : x^2 + y^2 \leqslant a^2$ $(z = 0)$（取下侧），它的投影区域为 D，记 $S + S_1$ 所围成的区域为 V，则

$$\text{原式} = \frac{1}{a}\iint\limits_S a z\,\mathrm{d}y\,\mathrm{d}z + (z + a)^2 \mathrm{d}x\,\mathrm{d}y = \frac{1}{a}\left[-\iiint\limits_V (3a + 2z)\mathrm{d}V + \iint\limits_D a^2 \mathrm{d}x\,\mathrm{d}y \right]$$

$$= \frac{1}{a}\left(\pi a^4 - 3a \cdot \frac{2}{3}\pi a^3 - 2\int_0^{2\pi} \mathrm{d}\theta \int_0^a \rho\,\mathrm{d}\rho \int_{-\sqrt{a^2 - \rho^2}}^0 z\,\mathrm{d}z \right)$$

$$= -\pi a^3 - \frac{4\pi}{a}\int_0^a \rho\left[-\frac{1}{2}(a^2 - \rho^2) \right]\mathrm{d}\rho = -\frac{\pi}{2}a^3.$$

2. 计算曲面积分

$$I = \iint\limits_S x(8y + 1)\mathrm{d}y\,\mathrm{d}z + 2(1 - y^2)\mathrm{d}z\,\mathrm{d}x - 4yz\,\mathrm{d}x\,\mathrm{d}y,$$

其中，S 是由曲线 $\begin{cases} z = \sqrt{y - 1}, \\ x = 0,\ 1 \leqslant y \leqslant 3 \end{cases}$ 绕 y 轴旋转一周而成的曲面，其法向量与 y 轴正向的夹角恒大于 $\frac{\pi}{2}$.

解　曲面 S 为 $y = 1 + x^2 + z^2$ $(1 \leqslant y \leqslant 3)$，添加一平面 $S_1 : x^2 + z^2 \leqslant 2$ $(y = 3)$，则 $S + S_1$ 为封闭曲面，取外侧，记所围区域为 V，于是

$$I = \iiint\limits_V (8y + 1 - 4y - 4y)\mathrm{d}V - \iint\limits_{S_1} x(8y + 1)\mathrm{d}y\,\mathrm{d}z + 2(1 - y^2)\mathrm{d}z\,\mathrm{d}x - 4yz\,\mathrm{d}x\,\mathrm{d}y$$

$$= \iiint\limits_V \mathrm{d}V - 0 - \iint\limits_{S_1} 2(1 - y^2)\mathrm{d}z\,\mathrm{d}x + 0 = \pi\int_1^3 (y - 1)\mathrm{d}y + 2\iint\limits_{D_{xz}} (3^2 - 1)\mathrm{d}x\,\mathrm{d}z$$

$$= \pi\left(\frac{1}{2}y^2 - y \right)\Big|_1^3 + 16 \cdot \pi \cdot 2 = 34\pi.$$

===B 类===

1. 证明：若 S 为封闭曲面，l 为任何固定方向，则 $\oiint\limits_{S} \cos(\overset{\frown}{\boldsymbol{n},\boldsymbol{l}})\,\mathrm{d}S = 0$，其中 $\boldsymbol{n}$ 为曲面 S 的外法线方向.

证 设 $\boldsymbol{n} = (\cos\alpha, \cos\beta, \cos\gamma)$，$\boldsymbol{l} = (a, b, c)$，则有 $\cos(\overset{\frown}{\boldsymbol{n},\boldsymbol{l}}) = a\cos\alpha + b\cos\beta + c\cos\gamma$. 所以

$$\oiint\limits_{S} \cos(\overset{\frown}{\boldsymbol{n},\boldsymbol{l}})\,\mathrm{d}S = \oiint\limits_{S}(a\cos\alpha + b\cos\beta + c\cos\gamma)\mathrm{d}S = \oiint\limits_{S} a\,\mathrm{d}y\,\mathrm{d}z + b\,\mathrm{d}z\,\mathrm{d}x + c\,\mathrm{d}x\,\mathrm{d}y$$

$$= \iiint\limits_{V}\left(\frac{\partial P}{\partial x} + \frac{\partial Q}{\partial y} + \frac{\partial R}{\partial z}\right)\mathrm{d}x\,\mathrm{d}y\,\mathrm{d}z = \iiint\limits_{V} 0\,\mathrm{d}x\,\mathrm{d}y\,\mathrm{d}z = 0.$$

2. 证明：公式

$$\iiint\limits_{V} \frac{\mathrm{d}x\,\mathrm{d}y\,\mathrm{d}z}{r} = \frac{1}{2}\oiint\limits_{S}\cos(\overset{\frown}{\boldsymbol{r},\boldsymbol{n}})\,\mathrm{d}S,$$

其中，S 是包围 V 的曲面，$\boldsymbol{n}$ 为 S 的外法线方向，$r = \sqrt{x^2 + y^2 + z^2}$，$\boldsymbol{r} = (x, y, z)$.

证 $\cos(\overset{\frown}{\boldsymbol{r},\boldsymbol{n}}) = \cos(\overset{\frown}{\boldsymbol{r},x})\cos(\overset{\frown}{\boldsymbol{n},x}) + \cos(\overset{\frown}{\boldsymbol{r},y})\cos(\overset{\frown}{\boldsymbol{n},y}) + \cos(\overset{\frown}{\boldsymbol{r},z})\cos(\overset{\frown}{\boldsymbol{n},z})$，且

$$\cos(\overset{\frown}{\boldsymbol{r},x}) = \frac{x}{r}, \quad \cos(\overset{\frown}{\boldsymbol{r},y}) = \frac{y}{r}, \quad \cos(\overset{\frown}{\boldsymbol{r},z}) = \frac{z}{r},$$

于是

$$\oiint\limits_{S}\cos(\overset{\frown}{\boldsymbol{r},\boldsymbol{n}})\,\mathrm{d}S = \oiint\limits_{S}\frac{1}{r}(x\cos(\overset{\frown}{\boldsymbol{n},x}) + y\cos(\overset{\frown}{\boldsymbol{n},y}) + z\cos(\overset{\frown}{\boldsymbol{n},z}))\mathrm{d}S$$

$$= \oiint\limits_{S}\frac{x}{r}\mathrm{d}y\,\mathrm{d}z + \frac{y}{r}\mathrm{d}z\,\mathrm{d}x + \frac{z}{r}\mathrm{d}x\,\mathrm{d}y$$

$$= \iiint\limits_{V}\left[\frac{\partial}{\partial x}\left(\frac{x}{r}\right) + \frac{\partial}{\partial y}\left(\frac{y}{r}\right) + \frac{\partial}{\partial z}\left(\frac{z}{r}\right)\right]\mathrm{d}x\,\mathrm{d}y\,\mathrm{d}z$$

$$= 2\iiint\limits_{V}\frac{1}{r}\mathrm{d}x\,\mathrm{d}y\,\mathrm{d}z.$$

3. 设 $u(x, y, z)$ 是三维调和函数，即 u 有连续二阶偏导数，且满足

$$\frac{\partial^2 u}{\partial x^2} + \frac{\partial^2 u}{\partial y^2} + \frac{\partial^2 u}{\partial z^2} = 0.$$

又设 S 为光滑闭曲面取外侧，S 所围区域为 V，证明：

(1) $\oiint\limits_{S} u\frac{\partial u}{\partial \boldsymbol{n}}\mathrm{d}S = \iiint\limits_{V}(u_x'^2 + u_y'^2 + u_z'^2)\mathrm{d}V$，其中 $\dfrac{\partial u}{\partial \boldsymbol{n}}$ 为 u 沿 S 的外法线方向的方向导数；

(2) 若 $u(x, y, z)$ 在 S 上恒为零，则 $u(x, y, z)$ 在区域 V 上也恒为零.

证 (1) $\oiint\limits_{S} u\frac{\partial u}{\partial \boldsymbol{n}}\mathrm{d}S = \oiint\limits_{S}\left(u\frac{\partial u}{\partial x}\cos\alpha + u\frac{\partial u}{\partial y}\cos\beta + u\frac{\partial u}{\partial z}\cos\gamma\right)\mathrm{d}S$

$$= \iiint\limits_V \left[\frac{\partial}{\partial x}\left(u\frac{\partial u}{\partial x}\right) + \frac{\partial}{\partial y}\left(u\frac{\partial u}{\partial y}\right) + \frac{\partial}{\partial z}\left(u\frac{\partial u}{\partial z}\right) \right] \mathrm{d}x\,\mathrm{d}y\,\mathrm{d}z$$

$$= \iiint\limits_V u\left(\frac{\partial^2 u}{\partial x^2} + \frac{\partial^2 u}{\partial y^2} + \frac{\partial^2 u}{\partial z^2}\right)\mathrm{d}x\,\mathrm{d}y\,\mathrm{d}z$$

$$+ \iiint\limits_V \left[\left(\frac{\partial u}{\partial x}\right)^2 + \left(\frac{\partial u}{\partial y}\right)^2 + \left(\frac{\partial u}{\partial z}\right)^2\right]\mathrm{d}x\,\mathrm{d}y\,\mathrm{d}z$$

$$= \iiint\limits_V (u_x'^2 + u_y'^2 + u_z'^2)\mathrm{d}V.$$

（2）由（1）知，若 $u(x,y,z)$ 在 S 上恒为 0，则 $\iiint\limits_V (u_x'^2 + u_y'^2 + u_z'^2)\mathrm{d}V = 0$，所以

$$\frac{\partial u}{\partial x} \equiv \frac{\partial u}{\partial y} \equiv \frac{\partial u}{\partial z} \equiv 0,$$

即在 V 上 $u \equiv$ 常数. 但在 S 上 $u = 0$，故在 V 上 $u = 0$.

习题 11-7

═══ A 类 ═══

1. 利用斯托克斯公式，计算下列曲线积分：

（1）$\oint_\Gamma y\,\mathrm{d}x + z\,\mathrm{d}y + x\,\mathrm{d}z$，其中 Γ 为圆周 $x^2 + y^2 + z^2 = a^2$，$x + y + z = 0$，若从 x 轴正向看去，这圆周取逆时针方向；

（2）$\oint_L (y^2 + z^2)\mathrm{d}x + (x^2 + z^2)\mathrm{d}y + (x^2 + y^2)\mathrm{d}z$，其中 L 为 $x + y + z = 1$ 与三坐标面的交线，它的方向与法向量 $\boldsymbol{n} = (1,1,1)$ 符合右手螺旋法则；

（3）$\oint_L (z-y)\mathrm{d}x + (x-z)\mathrm{d}y + (y-x)\mathrm{d}z$，其中 L 为以 $A(a,0,0),B(0,a,0),C(0,0,a)$ 为顶点的三角形沿 $ABCA$ 的方向.

解（1）取 S 为平面 $x + y + z = 0$ 被 Γ 所围成的部分的上侧，S 的法向量为 $\boldsymbol{n} = (1,1,1)$，其方向余弦为 $\cos\alpha = \dfrac{1}{\sqrt{3}}$，$\cos\beta = \dfrac{1}{\sqrt{3}}$，$\cos\gamma = \dfrac{1}{\sqrt{3}}$，于是

$$原式 = \iint\limits_S \begin{vmatrix} \dfrac{1}{\sqrt{3}} & \dfrac{1}{\sqrt{3}} & \dfrac{1}{\sqrt{3}} \\[2mm] \dfrac{\partial}{\partial x} & \dfrac{\partial}{\partial y} & \dfrac{\partial}{\partial z} \\[2mm] y & z & x \end{vmatrix} \mathrm{d}S = \iint\limits_S \left(-\frac{1}{\sqrt{3}} - \frac{1}{\sqrt{3}} - \frac{1}{\sqrt{3}}\right)\mathrm{d}S = -\sqrt{3}\iint\limits_S \mathrm{d}S = -\sqrt{3}\,\pi a^2.$$

（2）$原式 = \iint\limits_S \begin{vmatrix} \mathrm{d}y\,\mathrm{d}z & \mathrm{d}z\,\mathrm{d}x & \mathrm{d}x\,\mathrm{d}y \\[2mm] \dfrac{\partial}{\partial x} & \dfrac{\partial}{\partial y} & \dfrac{\partial}{\partial z} \\[2mm] y^2 + z^2 & x^2 + z^2 & x^2 + y^2 \end{vmatrix}$

$$= 2\iint\limits_{S} (y-z) \mathrm{d}y \, \mathrm{d}z + (z-x) \mathrm{d}z \, \mathrm{d}x + (x-y) \mathrm{d}x \, \mathrm{d}y.$$

而

$$\iint\limits_{S} (y-z) \mathrm{d}y \, \mathrm{d}z = \int_0^1 \mathrm{d}y \int_0^{1-y} (y-z) \mathrm{d}z = \int_0^1 \left[y(1-y) - \frac{1}{2}(1-y^2) \right] \mathrm{d}y$$

$$= \int_0^1 \left(2y - \frac{3}{2}y^2 - \frac{1}{2} \right) \mathrm{d}y = 0,$$

由积分的对称性知

$$\iint\limits_{S} (z-x) \mathrm{d}z \, \mathrm{d}x = \iint\limits_{S} (x-y) \mathrm{d}x \, \mathrm{d}y = \iint\limits_{S} (y-z) \mathrm{d}y \, \mathrm{d}z = 0,$$

故原式 $= 0$.

$$(3) \quad 原式 = \iint\limits_{S} \begin{vmatrix} \mathrm{d}y \, \mathrm{d}z & \mathrm{d}z \, \mathrm{d}x & \mathrm{d}x \, \mathrm{d}y \\ \dfrac{\partial}{\partial x} & \dfrac{\partial}{\partial y} & \dfrac{\partial}{\partial z} \\ z-y & x-z & y-x \end{vmatrix} = 2\iint\limits_{S} \mathrm{d}y \, \mathrm{d}z + \mathrm{d}z \, \mathrm{d}x + \mathrm{d}x \, \mathrm{d}y$$

$$= 6 \int_0^1 \mathrm{d}x \int_0^{a-x} \mathrm{d}y = 3a^2.$$

2. 利用斯托克斯公式把曲面积分 $\iint\limits_{S} \mathrm{rot}\,\boldsymbol{A} \cdot \boldsymbol{n} \, \mathrm{d}S$ 化为曲线积分,并计算积分值,其中 $\boldsymbol{A} = (y-z)\boldsymbol{i} + yz\boldsymbol{j} - xz\boldsymbol{k}$, S 为立方体 $\{(x,y,z) \mid 0 \leqslant x \leqslant 2, 0 \leqslant y \leqslant 2, 0 \leqslant z \leqslant 2\}$ 的表面外侧去掉 xOy 面上的那个底面, $\boldsymbol{n} = (\cos\alpha, \cos\beta, \cos\gamma)$ 是 S 的单位法向量.

解 根据斯托克斯公式, S 的边界 Γ 应取逆时针方向, Γ 是 xOy 上如图 11-11 所示的正方形, 在 Γ 上, $z \equiv 0$, 于是

$$\iint\limits_{S} \mathrm{rot}\,\boldsymbol{A} \cdot \boldsymbol{n} \, \mathrm{d}S = \oint_{\Gamma} P \mathrm{d}x + Q \mathrm{d}y + R \mathrm{d}z$$

$$= \oint_{\Gamma} (y-z) \mathrm{d}x + yz \mathrm{d}y + (-xz) \mathrm{d}z$$

$$= \oint_{\Gamma} y \mathrm{d}x = \int_2^0 2\mathrm{d}x = 2x \Big|_2^0 = -4.$$

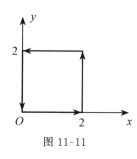

图 11-11

=== **B 类** ===

1. 若 L 是平面 $x\cos\alpha + y\cos\beta + z\cos\gamma - p = 0$ 上的闭曲线, 它所包围区域的面积为 S, 求 $\oint_{L} \begin{vmatrix} \mathrm{d}x & \mathrm{d}y & \mathrm{d}z \\ \cos\alpha & \cos\beta & \cos\gamma \\ x & y & z \end{vmatrix}$, 其中 L 依正向进行.

解 设 $P = z\cos\beta - y\cos\gamma$, $Q = x\cos\gamma - z\cos\alpha$, $R = y\cos\alpha - x\cos\beta$, 则

$$\oint_{L} \begin{vmatrix} \mathrm{d}x & \mathrm{d}y & \mathrm{d}z \\ \cos\alpha & \cos\beta & \cos\gamma \\ x & y & z \end{vmatrix}$$

$$= \oint_L (z\cos\beta - y\cos\gamma)dx + (x\cos\gamma - z\cos\alpha)dy + (y\cos\alpha - x\cos\beta)dz$$

$$= \iint_S \begin{vmatrix} dy\,dz & dz\,dx & dx\,dy \\ \dfrac{\partial}{\partial x} & \dfrac{\partial}{\partial y} & \dfrac{\partial}{\partial z} \\ z\cos\beta - y\cos\gamma & x\cos\gamma - z\cos\alpha & y\cos\alpha - x\cos\beta \end{vmatrix}$$

$$= 2\iint_S \cos\alpha\,dy\,dz + \cos\beta\,dz\,dx + \cos\gamma\,dx\,dy$$

$$= 2\iint_S (\cos^2\alpha + \cos^2\beta + \cos^2\gamma)dS = 2\iint_S dS = 2S.$$

习题 11-8

══ A　类 ══

1. 计算：

(1) $(x\,dx + y\,dy) \wedge (z\,dz - z\,dx)$;

(2) $(dx + dy + dz) \wedge (x\,dx \wedge dy + y\,dy \wedge dz)$.

解　(1) 原式 $= xz\,dx \wedge dz + yz\,dy \wedge dz - yz\,dy \wedge dx$

$\qquad\qquad = yz\,dy \wedge dz - xz\,dz \wedge dx + yz\,dx \wedge dy$.

(2) 原式 $= y\,dx \wedge dy \wedge dz + x\,dz \wedge dx \wedge dy = (y + x)dx \wedge dy \wedge dz$.

2. 计算 $d\omega$，设

(1) $\omega = xy + yz + zx$;

(2) $\omega = xy\,dx + x^2\,dy$;

(3) $\omega = xy^2\,dy \wedge dz - xz^2\,dx \wedge dy$;

(4) $\omega = xy\,dy \wedge dz + yz\,dz \wedge dx + zx\,dx \wedge dy$.

解　(1) $d\omega = (y + z)dx + (x + z)dy + (y + x)dz$.

(2) $d\omega = d(xy) \wedge dx + d(x^2) \wedge dy = (y\,dx + x\,dy) \wedge dx + 2x\,dx \wedge dy$

$\qquad = x\,dy \wedge dx + 2x\,dx \wedge dy = (2x - x)dx \wedge dy$

$\qquad = x\,dx \wedge dy$.

(3) $d\omega = d(xy^2) \wedge dy \wedge dz - d(xz^2) \wedge dx \wedge dy$

$\qquad = (y^2\,dx + 2xy\,dy) \wedge dy \wedge dz - (z^2\,dx + 2xz\,dz) \wedge dx \wedge dy$

$\qquad = y^2\,dx \wedge dy \wedge dz - 2xz\,dz \wedge dx \wedge dy$

$\qquad = (y^2 - 2xz)dx \wedge dy \wedge dz$.

(4) $d\omega = d(xy) \wedge dy \wedge dz + d(yz) \wedge dz \wedge dx + d(zx) \wedge dx \wedge dy$

$\qquad = (y\,dx + x\,dy) \wedge dy \wedge dz + (z\,dy + y\,dz) \wedge dz \wedge dx$

$\qquad\quad + (z\,dx + x\,dz) \wedge dx \wedge dy$

$$= y \, dx \wedge dy \wedge dz + z \, dy \wedge dz \wedge dx + x \, dz \wedge dx \wedge dy$$

$$= (y + z + x) dx \wedge dy \wedge dz.$$

3. 设外微分式 ω 有二阶连续偏导数，证明：$d(d\omega) = 0$.

证 设 $\omega = f(x, y, z)$，则 $d\omega = f'_x \, dx + f'_y \, dy + f'_z \, dz$，

$$d(d\omega) = df'_x \wedge dx + df'_y \wedge dy + df'_z \wedge dz$$

$$= (f''_{xx} \, dx \wedge dx + f''_{xy} \, dy \wedge dx + f''_{xz} \, dz \wedge dx)$$

$$+ (f''_{yx} \, dx \wedge dy + f''_{yy} \, dy \wedge dy + f''_{yz} \, dz \wedge dy)$$

$$+ (f''_{zx} \, dx + f''_{zy} \, dy + f''_{zz} \, dz) \wedge dz$$

$$= 0.$$

===**B** 类===

1. 设 $f_i(x, y, z)$ 是 $\mathbf{R}^3$ 中三个数量函数，df_i 是它们的微分($i = 1, 2, 3$)，求证：

$$df_1 \wedge df_2 \wedge df_3 = \frac{\partial(f_1, f_2, f_3)}{\partial(x, y, z)} dx \wedge dy \wedge dz.$$

证 $df_1 \wedge df_2 \wedge df_3$

$$= (f'_{1x} \, dx + f'_{1y} \, dy + f'_{1z} \, dz) \wedge (f'_{2x} \, dx + f'_{2y} \, dy + f'_{2z} \, dz)$$

$$\wedge (f'_{3x} \, dx + f'_{3y} \, dy + f'_{3z} \, dz)$$

$$= (f'_{1x} f'_{2y} \, dx \wedge dy + f'_{1x} f'_{2z} \, dx \wedge dz + f'_{1y} f'_{2x} \, dy \wedge dx + f'_{1y} f'_{2z} \, dy \wedge dz$$

$$+ f'_{1z} f'_{2x} \, dz \wedge dx + f'_{1z} f'_{2y} \, dz \wedge dy) \wedge (f'_{3x} \, dx + f'_{3y} \, dy + f'_{3z} \, dz)$$

$$= [(f'_{1y} f'_{2z} - f'_{1z} f'_{2y}) dy \wedge dz + (f'_{1z} f'_{2x} - f'_{1x} f'_{2z}) dz \wedge dx$$

$$+ (f'_{1x} f'_{2y} - f'_{1y} f'_{2x}) dx \wedge dy] \wedge (f'_{3x} \, dx + f'_{3y} \, dy + f'_{3z} \, dz)$$

$$= f'_{3x} (f'_{1y} f'_{2z} - f'_{1z} f'_{2y}) dy \wedge dz \wedge dx + f'_{3y} (f'_{1z} f'_{2x} - f'_{1x} f'_{2z}) dz \wedge dx \wedge dy$$

$$+ f'_{3z} (f'_{1x} f'_{2y} - f'_{1y} f'_{2x}) dx \wedge dy \wedge dz$$

$$= \frac{\partial(f'_1, f'_2, f'_3)}{\partial(x, y, z)} dx \wedge dy \wedge dz.$$

习题 11-9

===**A** 类===

1. 求由下列曲线所围成的均匀薄板的质心坐标：

(1) $ay = x^2$, $x + y = 2a$ $(a > 0)$；

(2) $\rho = a \cos\theta$, $\rho = b \cos\theta$ $(0 < a < b)$；

(3) $\rho = a(1 + \cos\theta)$ $(a > 0)$.

解 (1) 可设均匀薄板的密度为 μ，则

$$m = \iint_D \mu \, \mathrm{d}\sigma = \int_{-2a}^{a} \mathrm{d}x \int_{\frac{x^2}{a}}^{2a-x} \mu \, \mathrm{d}y = \mu \int_{-2a}^{a} \left(2a - x - \frac{x^2}{a} \right) \mathrm{d}x$$

$$= \mu \left(2ax - \frac{x^2}{2} - \frac{x^3}{3a} \right) \Big|_{-2a}^{a} = \frac{9}{2}\mu a^2,$$

$$m_y = \iint_D \mu x \, \mathrm{d}\sigma = \mu \int_{-2a}^{a} x \, \mathrm{d}x \int_{\frac{x^2}{a}}^{2a-x} \mathrm{d}y$$

$$= \mu \int_{-2a}^{a} \left(2ax - x^2 - \frac{x^3}{a} \right) \mathrm{d}x = -\frac{9}{4}\mu a^3,$$

$$m_x = \iint_D \mu y \, \mathrm{d}\sigma = \mu \int_{-2a}^{a} x \, \mathrm{d}x \int_{\frac{x^2}{a}}^{2a-x} y \, \mathrm{d}y = \frac{36}{5}\mu a^3.$$

所以质心坐标为 $\overline{x} = \dfrac{m_y}{m} = -\dfrac{a}{2}$，$\overline{y} = \dfrac{m_x}{m} = \dfrac{8}{5}a$.

（2）由对称性知，$\overline{y} = 0$，

$$m = \iint_D \mu \, \mathrm{d}x \, \mathrm{d}y = 2\mu \int_0^{\frac{\pi}{2}} \mathrm{d}\theta \int_{a\cos\theta}^{b\cos\theta} \rho \, \mathrm{d}\rho$$

$$= \mu \int_0^{\frac{\pi}{2}} (b^2 - a^2) \cos^2\theta \, \mathrm{d}\theta = \frac{\pi\mu}{4}(b^2 - a^2),$$

$$m_y = \iint_D \mu x \, \mathrm{d}x \, \mathrm{d}y = 2\mu \int_0^{\frac{\pi}{2}} \mathrm{d}\theta \int_{a\cos\theta}^{b\cos\theta} \rho \cos\theta \cdot \rho \, \mathrm{d}\rho$$

$$= \frac{2\mu}{3} \int_0^{\frac{\pi}{2}} (b^3 - a^3) \cos^4\theta \, \mathrm{d}\theta = \frac{\pi\mu}{8}(b^3 - a^3),$$

所以 $\overline{x} = \dfrac{m_y}{m} = \dfrac{a^2 + ab + b^2}{2(a+b)}$，所求质心是 $\left(\dfrac{a^2 + b^2 + ab}{2(a+b)}, 0 \right)$.

（3）图形为心脏线内部，故

$$m = \iint_D \mu \, \mathrm{d}\sigma = 2\mu \int_0^{\pi} \mathrm{d}\theta \int_0^{a(1+\cos\theta)} \rho \, \mathrm{d}\rho = \mu a^2 \int_0^{\pi} (1+\cos\theta)^2 \, \mathrm{d}\theta$$

$$= \mu a^2 \left(\pi + 2\int_0^{\pi} \cos\theta \, \mathrm{d}\theta + \int_0^{\pi} \cos^2\theta \, \mathrm{d}\theta \right) = \frac{3}{2}\pi\mu a^2,$$

$$m_y = \iint_D \mu x \, \mathrm{d}\sigma = 2\mu \int_0^{\pi} \mathrm{d}\theta \int_0^{a(1+\cos\theta)} \rho \cos\theta \cdot \rho \, \mathrm{d}\rho$$

$$= \frac{2}{3}\mu a^3 \int_0^{\pi} (1+\cos\theta)^3 \cos\theta \, \mathrm{d}\theta$$

$$= \frac{2}{3}\mu a^3 \left[\int_0^{\pi} (1+\cos\theta)^4 \, \mathrm{d}\theta - \int_0^{\pi} (1+\cos\theta)^3 \, \mathrm{d}\theta \right]$$

$$= \frac{2}{3}\mu a^3 \left[\int_0^{\pi} \left(2\cos^2\frac{\theta}{2} \right)^4 \mathrm{d}\theta - \int_0^{\pi} \left(2\cos^2\frac{\theta}{2} \right)^3 \mathrm{d}\theta \right]$$

$$= \frac{2}{3}\mu a^3 \left(32\int_0^{\frac{\pi}{2}} \cos^8 t \, \mathrm{d}t - 16\int_0^{\frac{\pi}{2}} \cos^6 t \, \mathrm{d}t \right)$$

$$= \frac{2}{3}\mu a^3 \left(32 \cdot \frac{35}{256}\pi - 16 \cdot \frac{15}{32}\pi\right) = \frac{10}{8}\pi\mu a^3.$$

于是 $\overline{x} = \frac{m_y}{m} = \frac{5}{6}a$，由对称性知 $\overline{y} = 0$，用极坐标可表示为 $\rho = \frac{5}{6}a$，$\theta = 0$.

2. 求下列均匀曲线弧的质心坐标：

(1) 半径为 a，中心角为 2α 的圆弧；

(2) 心脏线 $\rho = a(1+\cos\theta)$，$0 \leqslant \theta \leqslant 2\pi$.

解 (1) 由对称性可知，$\overline{x} = 0$，$\begin{cases} x = a\cos\theta, \\ y = a\sin\theta, \end{cases} \frac{\pi}{2} - \alpha \leqslant \theta \leqslant \frac{\pi}{2} + \alpha$，$ds = $

$\sqrt{x'^2(\theta) + y'^2(\theta)}\, d\theta = a\, d\theta$，故 $\displaystyle\int_L ds = \frac{2a}{2\pi} \cdot 2\pi a = 2a\alpha$. 而

$$\int_L y\, ds = \int_{\frac{\pi}{2}-\alpha}^{\frac{\pi}{2}+\alpha} a\sin\theta \cdot a\, d\theta = a^2(-\cos\theta)\Big|_{\frac{\pi}{2}-\alpha}^{\frac{\pi}{2}+\alpha} = 2a^2\sin\alpha,$$

故 $\overline{y} = \dfrac{2a^2\sin\alpha}{2a\alpha} = \dfrac{a\sin\alpha}{\alpha}$，即曲线弧质心为 $\left(0, \dfrac{a\sin\alpha}{a}\right)$.

(2) 由对称性知 $\overline{y} = 0$，

$$ds = \sqrt{\rho^2 + \rho'^2}\, d\theta = \sqrt{a^2(1+\cos\theta)^2 + a^2\sin^2\theta}\, d\theta = \sqrt{2}a\sqrt{1+\cos\theta}\, d\theta,$$

故

$$\int_L ds = \int_0^{2\pi} \sqrt{\rho^2 + \rho'^2}\, d\theta = \int_0^{2\pi} \sqrt{2}a\sqrt{1+\cos\theta}\, d\theta$$

$$= \sqrt{2}a\int_0^{2\pi} \sqrt{2}\left|\cos\frac{\theta}{2}\right|\, d\theta = 2a \cdot 2\int_0^{\pi} \cos\frac{\theta}{2}\, d\theta = 8a,$$

$$\int_L x\, ds = \int_0^{2\pi} a(1+\cos\theta) \cdot \cos\theta\sqrt{2a^2(1+\cos\theta)}\, d\theta$$

$$= \int_0^{2\pi} a \cdot 2\cos^2\frac{\theta}{2} \cdot \cos\theta \cdot 2a\left|\cos\frac{\theta}{2}\right|\, d\theta$$

$$= 4a^2\int_0^{2\pi} \cos^2\frac{\theta}{2}\left(2\cos^2\frac{\theta}{2} - 1\right) \cdot \left|\cos\frac{\theta}{2}\right|\, d\theta$$

$$= 8a^2\int_0^{\pi} \left(2\cos^5\frac{\theta}{2} - \cos^3\frac{\theta}{2}\right)\, d\theta = \frac{16}{5}a^2.$$

所以 $\overline{x} = \dfrac{\displaystyle\int_L x\, ds}{\displaystyle\int_L ds} = \dfrac{\frac{16}{5}a^2}{8a} = \dfrac{2}{5}a$，质心为 $\left(\dfrac{2}{5}a, 0\right)$.

3. 求边界为下列曲面的均匀物体的质心：

(1) $z = c\sqrt{1 - \dfrac{x^2}{a^2} - \dfrac{y^2}{b^2}}$，$z = 0$ $(a > 0, b > 0, c > 0)$；

(2) $z = x^2 + y^2$，$x + y = a$，$x = 0$，$y = 0$，$z = 0$ $(a > 0)$.

解 (1) 设密度为 μ，这是上半椭球体. 由对称性知，$\overline{x} = \overline{y} = 0$，

$$m = \int_0^{2\pi} d\theta \int_0^{\frac{\pi}{2}} d\varphi \int_0^1 abc\mu r^2 \sin\varphi \, dr = 2\pi abc\mu \int_0^{\frac{\pi}{2}} \sin\varphi \cdot \frac{1}{3} d\varphi = \frac{2}{3}\pi abc\mu,$$

$$m_{xy} = \int_0^{2\pi} d\theta \int_0^{\frac{\pi}{2}} d\varphi \int_0^1 abc\mu cr\cos\varphi \, r^2 \sin\varphi \, dr = 2\pi abc^2\mu \int_0^{\frac{\pi}{2}} \cos\varphi \sin\varphi \frac{1}{4} d\varphi$$

$$= \frac{1}{4}\pi abc^2\mu,$$

所以 $\bar{z} = \dfrac{m_{xy}}{m} = \dfrac{3}{8}c$，即 $(\bar{x}, \bar{y}, \bar{z}) = \left(0, 0, \dfrac{3}{8}c\right)$.

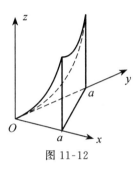

图 11-12

（2）这里是旋转抛物面被平面 $x + y = a$ 和三个坐标面所围成的立体，如图 11-12，则

$$m = \int_0^a dx \int_0^{a-x} dy \int_0^{x^2+y^2} \mu \, dz$$

$$= \mu \int_0^a dx \int_0^{a-x} (x^2 + y^2) dy$$

$$= \mu \int_0^a \left[x^2 a - x^3 + \frac{1}{3}(a-x)^3 \right] dx$$

$$= \frac{\mu}{6} a^4,$$

$$m_{xy} = \int_0^a dx \int_0^{a-x} dy \int_0^{x^2+y^2} \mu z \, dz = \mu \int_0^a dx \int_0^{a-x} \frac{1}{2}(x^2+y^2)^2 dy$$

$$= \frac{\mu}{2} \int_0^a \left[x^4 a - x^5 + \frac{2}{3}x^2(a-x)^3 + \frac{(a-x)^5}{5} \right] dx = \frac{\mu}{2} \cdot \frac{7}{90} a^6,$$

$$m_{xz} = \int_0^a dx \int_0^{a-x} dy \int_0^{x^2+y^2} \mu y \, dz = \mu \int_0^a dx \int_0^{a-x} y(x^2+y^2) dy$$

$$= \mu \int_0^a \left[\frac{x^2}{2}(a-x)^2 - \frac{(a-x)^4}{4} \right] dx = \frac{1}{15}\mu a^5.$$

由对称性知 $m_{yz} = \dfrac{1}{15}\mu a^5$，故

$$\bar{z} = \frac{m_{xy}}{m} = \frac{7}{30}a^2, \quad \bar{y} = \frac{m_{xz}}{m} = \frac{2}{5}a, \quad \bar{x} = \frac{m_{yz}}{m} = \frac{2}{5}a,$$

即 $(\bar{x}, \bar{y}, \bar{z}) = \left(\dfrac{2}{5}a, \dfrac{2}{5}a, \dfrac{7}{30}a^2\right)$.

4. 设有一物质曲线 Γ，在点 (x, y, z) 处它的线密度为 $\mu(x, y, z)$，用第一类曲线积分分别表示：

（1）该该物质曲线关于 x 轴与 y 轴的转动惯量；

（2）该物质曲线对位于线外点 $M_0(x_0, y_0, z_0)$ 处的单位质点的引力.

解　（1）$dI_x = (y^2 + z^2)\mu(x,y,z)ds$，$dI_y = (x^2 + z^2)\mu(x,y,z)ds$，故

$$I_x = \int_\Gamma (y^2 + z^2)\mu(x,y,z)ds, \quad I_y = \int_\Gamma (x^2 + z^2)\mu(x,y,z)ds.$$

（2）设引力为 $\boldsymbol{F} = (F_x, F_y, F_z)$，则

$$dF_x = \frac{k\mu(x,y,z)ds}{r^2} \cdot \frac{x-x_0}{r} = \frac{k\mu(x,y,z)(x-x_0)ds}{r^3},$$

$$dF_y = \frac{k\mu(x,y,z)ds}{r^2} \cdot \frac{y-y_0}{r} = \frac{k\mu(x,y,z)(y-y_0)}{r^3}ds,$$

$$dF_z = \frac{k\mu(x,y,z)ds}{r^2} \cdot \frac{z-z_0}{r} = \frac{k\mu(x,y,z)(z-z_0)}{r^3}ds,$$

其中,r 为曲线上点 (x,y,z) 到 M_0 的距离,且 $r=\sqrt{(x-x_0)^2+(y-y_0)^2+(z-z_0)^2}$,故

$$F_x = \int_\Gamma \frac{k\mu(x,y,z)(x-x_0)}{r^3}ds, \quad F_y = \int_\Gamma \frac{k\mu(x,y,z)(y-y_0)}{r^3}ds,$$

$$F_z = \int_\Gamma \frac{k\mu(x,y,z)(z-z_0)}{r^3}ds.$$

5. 设螺旋形弹簧一圈的方程为 $x=a\cos t, ky=a\sin t, z=bt$ $(0 \leqslant t \leqslant 2\pi)$,它的线密度 $\mu(x,y,z)=x^2+y^2+z^2$,求:

(1) 它关于 z 轴的转动惯量 I_z;

(2) 它的质心.

解 (1) $I_z = \int_L (x^2+y^2)\mu(x,y,z)ds = \int_L (x^2+y^2)(x^2+y^2+z^2)ds$

$$= a^2 \int_L (x^2+y^2+z^2)ds,$$

$$ds = \sqrt{x'^2(t)+y'^2(t)+z'^2(t)}\, dt = \sqrt{a^2\sin^2 t+a^2\cos^2 t+b^2}\, dt = \sqrt{a^2+b^2}\, dt,$$

故

$$\int_L (x^2+y^2+z^2)ds = \int_0^{2\pi} (a^2+b^2 t^2)\sqrt{a^2+b^2}\, dt = \sqrt{a^2+b^2}\left(a^2 t+\frac{b^2}{3}t^3\right)\Big|_0^{2\pi}$$

$$= \sqrt{a^2+b^2}\left(2\pi a^2+\frac{8\pi^3 b^2}{3}\right) = \frac{2\pi}{3}\sqrt{a^2+b^2}(3a^2+4\pi^2 b^2).$$

令 $M = \frac{2\pi}{3}\sqrt{a^2+b^2}(3a^2+4\pi^2 b^2)$ 为弹簧质量,故

$$I_z = a^2 \int_L (x^2+y^2+z^2)ds = a^2 M.$$

(2) $\bar{x} = \dfrac{\displaystyle\int_L x\mu(x,y,z)ds}{\displaystyle\int_L \mu(x,y,z)ds}$, $\bar{y} = \dfrac{\displaystyle\int_L y\mu(x,y,z)ds}{\displaystyle\int_L \mu(x,y,z)ds}$, $\bar{z} = \dfrac{\displaystyle\int_L z\mu(x,y,z)ds}{\displaystyle\int_L \mu(x,y,z)ds}$, 而

$$\int_L x\mu\, ds = \int_L a\cos t\sqrt{a^2+b^2}(a^2+b^2 t^2)dt$$

$$= \int_0^{2\pi} a^3\cos t\sqrt{a^2+b^2}\, dt + \int_0^{2\pi} ab^2 t^2\cos t\sqrt{a^2+b^2}\, dt$$

$$= 0 + a^2 b^2\sqrt{a^2+b^2}\int_0^{2\pi} t^2\cos t\, dt = 4\pi \cdot a^2 b^2\sqrt{a^2+b^2},$$

故 $\overline{x} = \dfrac{4\pi a^2 b^2}{M} \sqrt{a^2 + b^2} = \dfrac{6ab^2}{3a^2 + 4\pi^2 b^2}$. 因

$$\int_L y\mu\,\mathrm{d}s = \int_0^{2\pi} a\sin t \cdot \sqrt{a^2 + b^2}(a^2 + b^2 t^2)\mathrm{d}t$$

$$= \int_0^{2\pi} a\sin t \sqrt{a^2 + b^2}\,a^2\,\mathrm{d}t + \int_0^{2\pi} a\sin t \sqrt{a^2 + b^2}\,b^2 t^2\,\mathrm{d}t$$

$$= 0 + ab^2 \sqrt{a^2 + b^2} \int_0^{2\pi} t^2\sin t\,\mathrm{d}t = -4\pi^2 ab^2 \sqrt{a^2 + b^2},$$

故 $\overline{y} = \dfrac{-4\pi ab^2 \sqrt{a^2 + b^2}}{M} = \dfrac{-6ab^2\pi}{3a^2 + 4\pi^2 b^2}$. 因

$$\int_L z\mu\,\mathrm{d}s = \int_0^{2\pi} bt \cdot \sqrt{a^2 + b^2}(a^2 + b^2 t^2)\mathrm{d}t = b\sqrt{a^2 + b^2}\int_0^{2\pi}(ta^2 + b^2 t^2)\mathrm{d}t$$

$$= 2\pi^2 b \sqrt{a^2 + b^2}(a^2 + 2\pi^2 b^2),$$

故 $\overline{z} = \dfrac{\int_L z\mu\,\mathrm{d}s}{M} = \dfrac{3\pi b(a^2 + 2\pi^2 b^2)}{3a^2 + 4\pi^2 b^2}$.

所以质心为 $\left(\dfrac{6ab^2}{3a^2 + 4\pi^2 b^2}, \dfrac{6ab^2\pi}{3a^2 + 4\pi^2 b^2}, \dfrac{3b\pi(a^2 + 2\pi^2 b^2)}{3a^2 + 4\pi^2 b^2} \right)$.

6. 设面密度为常数 μ 的匀质半圆环形薄片占有闭区域

$$D = \{(x,y,0) \mid R_1 \leqslant \sqrt{x^2 + y^2} \leqslant R_2, x \geqslant 0\},$$

求它对位于 z 轴上点 $M_0(0,0,a)$ $(a > 0)$ 处单位质量的质点的引力 $\boldsymbol{F}$.

解 设 $\boldsymbol{F} = (F_x, F_y, F_z)$, 有

$$F_x = k\iint_D \dfrac{\mu x}{(x^2 + y^2 + a^2)^{\frac{3}{2}}}\mathrm{d}\sigma = k\int_{-\frac{\pi}{2}}^{\frac{\pi}{2}}\mathrm{d}\theta \int_{R_1}^{R_2} \dfrac{\mu\rho\cos\theta}{(\rho^2 + a^2)^{\frac{3}{2}}}\rho\,\mathrm{d}\rho$$

$$= k\mu\int_{-\frac{\pi}{2}}^{\frac{\pi}{2}}\cos\theta\,\mathrm{d}\theta \int_{R_1}^{R_2} \dfrac{\rho^2\,\mathrm{d}\rho}{(\rho^2 + a^2)^{\frac{3}{2}}}.$$

令 $\rho = a\tan t$, $\mathrm{d}\rho = a\sec^2 t\,\mathrm{d}t$, 则

$$F_x = 2k\mu\int_{\arctan\frac{R_1}{a}}^{\arctan\frac{R_2}{a}} \dfrac{a^2\tan^2 t}{a^3\sec^3 t} a\sec^2 t\,\mathrm{d}t = 2k\mu\int_{\arctan\frac{R_1}{a}}^{\arctan\frac{R_2}{a}}(\sec t - \cos t)\mathrm{d}t$$

$$= 2k\mu(\ln(\sec t + \tan t) - \sin t)\,\Big|_{\arctan\frac{R_1}{a}}^{\arctan\frac{R_2}{a}}$$

$$= 2k\mu\left(\ln\dfrac{\sqrt{R_2^2 + a^2} + R_2}{\sqrt{R_1^2 + a^2} + R_1} - \dfrac{R_2}{\sqrt{R_2^2 + a^2}} + \dfrac{R_1}{\sqrt{R_1^2 + a^2}} \right),$$

$$F_y = 0,$$

$$F_z = -ka\iint_D \dfrac{\mu\,\mathrm{d}\sigma}{(x^2 + y^2 + a^2)^{\frac{3}{2}}} = -ka\mu\int_{-\frac{\pi}{2}}^{\frac{\pi}{2}}\mathrm{d}\theta\int_{R_1}^{R_2}\dfrac{\rho\,\mathrm{d}\rho}{(\rho^2 + a^2)^{\frac{3}{2}}}$$

$$= \dfrac{\pi ka\mu}{(\rho^2 + a^2)^{\frac{1}{2}}}\,\Big|_{R_1}^{R_2} = \pi ka\mu\left(\dfrac{1}{\sqrt{R_2^2 + a^2}} - \dfrac{1}{\sqrt{R_1^2 + a^2}} \right).$$

故 $\boldsymbol{F} = \left(2k\mu \left(\ln \dfrac{\sqrt{R_2^2 + a^2} + R_2}{\sqrt{R_1^2 + a^2} + R_1} - \dfrac{R_2}{\sqrt{R_2^2 + a^2}} + \dfrac{R_1}{\sqrt{R_1^2 + a^2}} \right), 0, \pi k a\mu \left(\dfrac{1}{\sqrt{R_2^2 + a^2}} - \dfrac{1}{\sqrt{R_1^2 + a^2}} \right) \right).$

7. 设均匀柱体密度为 μ, 占有闭区域 $\Omega = \{(x,y,z) \mid x^2 + y^2 \leqslant R^2, 0 \leqslant z \leqslant h\}$, 求它对位于点 $M_0(0,0,a)\ (a > h)$ 处的单位质量的质点引力.

解 由对称性知 $F_x = F_y = 0$,

$$F_z = \iiint\limits_{\Omega} k\mu \frac{a-z}{[x^2 + y^2 + (a-z)^2]^{\frac{3}{2}}} \mathrm{d}V$$

$$= k\mu \int_0^h (a-z)\mathrm{d}z \iint\limits_{x^2+y^2 \leqslant k^2} \frac{\mathrm{d}x\,\mathrm{d}y}{[x^2 + y^2 + (a-z)^2]^{\frac{3}{2}}}$$

$$= k\mu \int_0^h (a-z)\mathrm{d}z \int_0^{2\pi}\mathrm{d}\theta \int_0^R \frac{\rho\,\mathrm{d}\rho}{[\rho^2 + (a-z)^2]^{\frac{3}{2}}}$$

$$= 2\pi k\mu \int_0^h (a-z)\left[\frac{1}{a-z} - \frac{1}{\sqrt{R^2 + (a-z)^2}} \right]\mathrm{d}z$$

$$= 2\pi k\mu \int_0^h \left\{ 1 - \frac{a-z}{[k^2 + (a-z)^2]^{\frac{1}{2}}} \right\}\mathrm{d}z = 2\pi k\mu\left[z + \sqrt{R^2 + (a-z)^2} \right]\Big|_0^h$$

$$= 2\pi k\mu\left[h + \sqrt{R^2 + (a-h)^2} - \sqrt{R^2 + a^2} \right].$$

8. 设一物质曲面 S, 其面密度为 $\mu(x,y,z)$, 试用第一类曲面积分表达:

(1) 曲面对三个坐标轴的转动惯量;

(2) 曲面对位于 S 外一点 (x_0, y_0, z_0) 处的单位质点的引力.

解 (1) $\mathrm{d}I_x = (y^2 + z^2)\mu(x,y,z)\mathrm{d}S$, $\mathrm{d}I_y = (x^2 + z^2)\mu(x,y,z)\mathrm{d}S$, $\mathrm{d}I_z = (x^2 + y^2)\mu(x,y,z)\mathrm{d}S$, 故

$$I_x = \iint\limits_{S}(y^2 + z^2)\mu(x,y,z)\mathrm{d}S, \quad I_y = \iint\limits_{S}(x^2 + z^2)\mu(x,y,z)\mathrm{d}S,$$

$$I_z = \iint\limits_{S}(x^2 + y^2)\mu(x,y,z)\mathrm{d}S.$$

(2) 将 $\mathrm{d}S$ 看成一质点, 坐标为 (x,y,z), 则此质点到 (x_0, y_0, z_0) 的距离为 $r = \sqrt{(x-x_0)^2 + (y-y_0)^2 + (z-z_0)^2}$, 而

$$\mathrm{d}F_x = \frac{k\mu(x,y,z)\mathrm{d}S}{r^2} \cdot \frac{x-x_0}{r}, \quad \mathrm{d}F_y = \frac{k\mu(x,y,z)\mathrm{d}S}{r^2} \cdot \frac{y-y_0}{r},$$

$$\mathrm{d}F_z = \frac{k\mu(x,y,z)\mathrm{d}S}{r^2} \cdot \frac{z-z_0}{r},$$

所以

$$F_x = \iint\limits_{S} \frac{k\mu(x,y,z)(x-x_0)}{r^3}\mathrm{d}S, \quad F_y = \iint\limits_{S} \frac{k\mu(x,y,z)(y-y_0)}{r^3}\mathrm{d}S,$$

$$F_z = \iint\limits_{S} \frac{k\mu(x,y,z)(z-z_0)}{r^3}\mathrm{d}S.$$

9. 求密度为常数 μ 的均匀半球壳 $z = \sqrt{a^2 - x^2 - y^2}$ 的质心坐标及对于 z 轴的转动惯量.

解　(1) 设质心坐标为 $(\overline{x}, \overline{y}, \overline{z})$. 由对称性知 $\overline{x} = \overline{y} = 0$,

$$\overline{z} = \frac{\iint\limits_{S}\mu z\,\mathrm{d}S}{\iint\limits_{S}\mu\,\mathrm{d}S} = \frac{\iint\limits_{S}\mu z\,\mathrm{d}S}{M},$$

$M = \mu \cdot 2\pi a^2 = 2\pi\mu a^2$, S 在 xOy 面上投影为 $D = \{(x,y) \mid x^2 + y^2 \leqslant a^2\}$, 且

$$z'_x = -\frac{x}{\sqrt{a^2 - x^2 - y^2}} = -\frac{x}{z}, \quad z'_y = -\frac{y}{\sqrt{a^2 - x^2 - y^2}} = -\frac{y}{z},$$

故 $\mathrm{d}S = \sqrt{1 + z_x'^2 + z_y'^2}\,\mathrm{d}\sigma = \sqrt{1 + \dfrac{x^2 + y^2}{z^2}}\,\mathrm{d}x\,\mathrm{d}y = \dfrac{a}{z}\mathrm{d}x\,\mathrm{d}y = \dfrac{a}{\sqrt{a^2 - \rho^2}}\rho\,\mathrm{d}\rho\,\mathrm{d}\theta$,

$$\overline{z} = \frac{1}{M}\iint\limits_{S}\mu\,\sqrt{a^2 - x^2 - y^2}\,\mathrm{d}S = \frac{\mu}{M}\iint\limits_{D}\sqrt{a^2 - \rho^2}\cdot\frac{a\rho}{\sqrt{a^2 - \rho^2}}\mathrm{d}\rho\,\mathrm{d}\theta$$

$$= \frac{a\mu}{M}\iint\limits_{D}\rho\,\mathrm{d}\rho\,\mathrm{d}\theta = \frac{a\mu}{M}\int_0^{2\pi}\mathrm{d}\theta\int_0^a\rho\,\mathrm{d}\rho = \frac{a\mu}{M}2\pi\frac{1}{2}a^2$$

$$= \frac{\pi\mu a^3}{M} = \frac{\mu\pi a^3}{2\mu\pi a^2} = \frac{a}{2},$$

即球壳的质心为 $\left(0, 0, \dfrac{a}{2}\right)$.

(2) 由于 $\mathrm{d}I_z = (x^2 + y^2)\mu\,\mathrm{d}S$, 所以

$$I_z = \iint\limits_{S}(x^2 + y^2)\mu\,\mathrm{d}S = \mu\int_0^{2\pi}\mathrm{d}\theta\int_0^a\rho^2\cdot\frac{a\rho}{\sqrt{a^2 - \rho^2}}\mathrm{d}\rho = 2\pi a\mu\int_0^a\frac{\rho^3}{\sqrt{a^2 - \rho^2}}\mathrm{d}\rho$$

$$= -2\pi a\mu\cdot\frac{1}{2}\int_0^a\frac{a^2 - \rho^2}{\sqrt{a^2 - \rho^2}}\mathrm{d}\rho^2 + \pi a\mu\int_0^a\frac{a^2}{\sqrt{a^2 - \rho^2}}\mathrm{d}\rho^2$$

$$= -\frac{2}{3}\pi a^4\mu + 2\pi a^4\mu = \frac{4}{3}\pi a^4\mu.$$

10. 设 $f(x,y,z) = x^2 + 2y^2 + 3z^2 + xy + 3x - 2y - 6z$, 求 $\mathbf{grad}f(0,0,0)$ 及 $\mathbf{grad}f(1,1,1)$.

解　$\dfrac{\partial f}{\partial x} = 2x + y + 3, \dfrac{\partial f}{\partial y} = 4y + x - 2, \dfrac{\partial f}{\partial z} = 6z - 6,$

$$\frac{\partial f}{\partial x}\bigg|_{(0,0,0)} = 3, \quad \frac{\partial f}{\partial y}\bigg|_{(0,0,0)} = -2, \quad \frac{\partial f}{\partial z}\bigg|_{(0,0,0)} = -6,$$

$$\frac{\partial f}{\partial x}\bigg|_{(1,1,1)} = 6, \quad \frac{\partial f}{\partial y}\bigg|_{(1,1,1)} = 3, \quad \frac{\partial f}{\partial z}\bigg|_{(1,1,1)} = 0,$$

又 $\mathbf{grad}\, f(x,y,z) = \left(\dfrac{\partial f}{\partial x}, \dfrac{\partial f}{\partial y}, \dfrac{\partial f}{\partial x}\right)$，所以

$$\mathbf{grad}\, f(0,0,0) = (3,-2,-6), \quad \mathbf{grad}\, f(1,1,1) = (6,3,0).$$

11. 设 $u(x,y), v(x,y)$ 都有连续偏导数,证明:

(1) $\nabla(au + bv) = a\,\nabla u + b\,\nabla v$,其中 a,b 为常数;

(2) $\nabla(uv) = u\,\nabla v + v\,\nabla u$;

(3) $\nabla\left(\dfrac{u}{v}\right) = \dfrac{v\,\nabla u - u\,\nabla v}{v^2}$;

(4) $\nabla(u^n) = nu^{n-1}\,\nabla u$,其中 n 是正整数.

证 (1) $\nabla(au+bv) = \left(\dfrac{\partial}{\partial x}(au+bv), \dfrac{\partial}{\partial y}(au+bv)\right) = (au'_x + bv'_x, au'_y + bv'_y)$

$$= (au'_x, au'_y) + (bv'_x, bv'_y) = a(u'_x, u'_y) + b(v'_x, v'_y)$$

$$= a\,\nabla u + b\,\nabla v.$$

(2) $\nabla(uv) = \left(\dfrac{\partial}{\partial x}(uv), \dfrac{\partial}{\partial y}(uv)\right) = (uv'_x + u'_x v, uv'_y + u'_y v)$

$$= (uv'_x, uv'_y) + (vu'_x, vu'_y) = u(v'_x, v'_y) + v(u'_x, u'_y)$$

$$= v\,\nabla u + u\,\nabla v.$$

(3) $\nabla\left(\dfrac{u}{v}\right) = \left(\dfrac{\partial \frac{u}{v}}{\partial x}, \dfrac{\partial \frac{u}{v}}{\partial y}\right) = \left(\dfrac{u'_x v - uv'_x}{v^2}, \dfrac{u'_y v - uv'_y}{v^2}\right)$

$$= \left(\dfrac{u'_x}{v}, \dfrac{u'_y}{v}\right) - \left(\dfrac{uv'_x}{v^2}, \dfrac{uv'_y}{v^2}\right) = \dfrac{1}{v}(u'_x, u'_y) - \dfrac{u}{v^2}(v'_x, v'_y)$$

$$= \dfrac{v\,\nabla u - u\,\nabla v}{v^2}.$$

(4) $\nabla(u^n) = \left(\dfrac{\partial u^n}{\partial x}, \dfrac{\partial u^n}{\partial y}\right) = (nu^{n-1}u'_x, nu^{n-1}u'_y) = nu^{n-1}\,\nabla u.$

12. 求下列向量场 $\mathbf{A}$ 的散度:

(1) $\mathbf{A} = xy\mathbf{i} + \cos xy\,\mathbf{j} + \cos xz\,\mathbf{k}$;

(2) $\mathbf{A} = \nabla r, r = \sqrt{x^2 + y^2 + z^2}$.

解 (1) $P = xy, Q = \cos xy, R = \cos xz$,故 $P'_x = y, Q'_y = -x\sin xy, R'_z = -x\sin xz$,所以

$$\mathrm{div}\,\mathbf{A} = P'_x + Q'_y + R'_z = y - x\sin xy - x\sin xz.$$

(2) $\dfrac{\partial r}{\partial x} = \dfrac{x}{\sqrt{x^2+y^2+z^2}} = \dfrac{x}{r}$,同理得 $\dfrac{\partial r}{\partial y} = \dfrac{y}{r}, \dfrac{\partial r}{\partial z} = \dfrac{z}{r}$,故 $\mathbf{A} = \dfrac{x}{r}\mathbf{i} + \dfrac{y}{r}\mathbf{j} + \dfrac{z}{r}\mathbf{k}$,

于是

$$P = \frac{x}{r} = \frac{x}{\sqrt{x^2 + y^2 + z^2}}, \quad Q = \frac{y}{\sqrt{x^2 + y^2 + z^2}}, \quad R = \frac{z}{\sqrt{x^2 + y^2 + z^2}}.$$

故 $P'_x = \dfrac{y^2 + z^2}{r^3}$，$Q'_y = \dfrac{z^2 + x^2}{r^3}$，$R'_z = \dfrac{x^2 + y^2}{r^3}$，所以

$$\mathrm{div}\,\boldsymbol{A} = P'_x + Q'_y + R'_z = \frac{1}{r^3}(y^2 + z^2 + z^2 + x^2 + x^2 + y^2)$$

$$= \frac{2(x^2 + y^2 + z^2)}{r^3} = \frac{2}{r}.$$

13. 求下列向量场 $\boldsymbol{A}$ 沿定向闭曲线 Γ 的环流量：

(1) $\boldsymbol{A} = -y\boldsymbol{i} + x\boldsymbol{j} + c\boldsymbol{k}$（$c$ 为常数），Γ 为圆周 $x^2 + y^2 = 1$，$z = 0$，从 z 轴正向看去，Γ 取逆时针方向；

(2) $\boldsymbol{A} = 3y\boldsymbol{i} - xz\boldsymbol{j} + yz^2\boldsymbol{k}$，$\Gamma$ 为圆周 $x^2 + y^2 = 4$，$z = 1$，从 z 轴正向看去，Γ 取逆时针方向.

解 (1) 设曲面 S 为 Γ 所张的曲面 $\begin{cases} x^2 + y^2 \leqslant 1, \\ z = 0 \end{cases}$，取上侧，它在 xOy 面投影区域 $D = \{(x, y) \mid x^2 + y^2 \leqslant 1\}$，则所求流量为

$$\oint_\Gamma \boldsymbol{A} \cdot \mathrm{d}\boldsymbol{r} = \oint_\Gamma -y\,\mathrm{d}x + x\,\mathrm{d}y + c\,\mathrm{d}z = \iint_S \begin{vmatrix} \mathrm{d}y\,\mathrm{d}z & \mathrm{d}z\,\mathrm{d}x & \mathrm{d}x\,\mathrm{d}y \\ \dfrac{\partial}{\partial x} & \dfrac{\partial}{\partial y} & \dfrac{\partial}{\partial z} \\ -y & x & c \end{vmatrix}$$

$$= \iint_S 0\,\mathrm{d}y\,\mathrm{d}z + 0\,\mathrm{d}z\,\mathrm{d}x + 2\,\mathrm{d}x\,\mathrm{d}y = \iint_S 2\,\mathrm{d}x\,\mathrm{d}y$$

$$= 2\iint_{D_{xy}} \mathrm{d}x\,\mathrm{d}y = 2 \cdot \pi.$$

(2) 曲面 S 为 Γ 张成的图形即为 S：$\begin{cases} x^2 + y^2 \leqslant 4, \\ z = 1 \end{cases}$，取上侧，

$$\oint_\Gamma \boldsymbol{A} \cdot \mathrm{d}\boldsymbol{r} = \oint_\Gamma 3y\,\mathrm{d}x - xz\,\mathrm{d}y + yz^2\,\mathrm{d}z = \iint_S \begin{vmatrix} \mathrm{d}y\,\mathrm{d}z & \mathrm{d}z\,\mathrm{d}x & \mathrm{d}x\,\mathrm{d}y \\ \dfrac{\partial}{\partial x} & \dfrac{\partial}{\partial y} & \dfrac{\partial}{\partial z} \\ 3y & -xz & yz^2 \end{vmatrix}$$

$$= \iint_S (z^2 + x)\,\mathrm{d}y\,\mathrm{d}z - (z + 3)\,\mathrm{d}x\,\mathrm{d}y = 0 - \iint_D (1 + 3)\,\mathrm{d}x\,\mathrm{d}y$$

$$= -4\iint_D \mathrm{d}x\,\mathrm{d}y = -4\pi \cdot 4 = -16\pi.$$

14. 求下列向量场 $\boldsymbol{A}$ 的旋度：$\boldsymbol{A} = x^2\sin y\,\boldsymbol{i} + y^2\sin z\,\boldsymbol{j} + z^2\sin x\,\boldsymbol{k}$.

解 $\operatorname{rot}\boldsymbol{A} = \begin{vmatrix} \boldsymbol{i} & \boldsymbol{j} & \boldsymbol{k} \\ \dfrac{\partial}{\partial x} & \dfrac{\partial}{\partial y} & \dfrac{\partial}{\partial z} \\ x^2\sin y & y^2\sin z & z^2\sin x \end{vmatrix}$

$$= \begin{vmatrix} \dfrac{\partial}{\partial y} & \dfrac{\partial}{\partial z} \\ y^2\sin z & z^2\sin x \end{vmatrix}\boldsymbol{i} + \begin{vmatrix} \dfrac{\partial}{\partial z} & \dfrac{\partial}{\partial x} \\ z^2\sin x & x^2\sin y \end{vmatrix}\boldsymbol{j} + \begin{vmatrix} \dfrac{\partial}{\partial x} & \dfrac{\partial}{\partial y} \\ x^2\sin y & y^2\sin z \end{vmatrix}\boldsymbol{k}$$

$$= -y^2\cos z\,\boldsymbol{i} - z^2\cos x\,\boldsymbol{j} - x^2\cos y\,\boldsymbol{k}.$$

=== **B** 类 ===

1. 在某一生产过程中要在半圆形的直边上添上一个边与直径等长的矩形,使整个平面图形的质心落在圆心上,试求矩形的另一边长.

解   取坐标系如图 11-13 所示,设半径为 R,另一边长为 b,坐标原点在圆心,直径与 x 轴重合,质量是均匀的,面密度为 μ,则要求 $\overline{x} = \overline{y} = 0$. 因为 $\overline{y} = 0$,所以,由 $\overline{y} =$

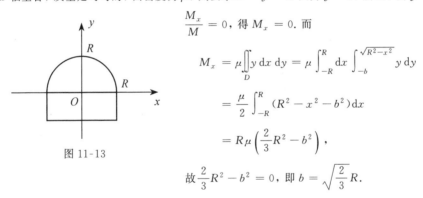

图 11-13

$\dfrac{M_x}{M} = 0$,得 $M_x = 0$. 而

$$M_x = \mu\iint\limits_{D} y\,\mathrm{d}x\,\mathrm{d}y = \mu\int_{-R}^{R}\mathrm{d}x\int_{-b}^{\sqrt{R^2-x^2}}y\,\mathrm{d}y$$

$$= \frac{\mu}{2}\int_{-R}^{R}(R^2-x^2-b^2)\,\mathrm{d}x$$

$$= R\mu\left(\frac{2}{3}R^2-b^2\right),$$

故 $\dfrac{2}{3}R^2 - b^2 = 0$,即 $b = \sqrt{\dfrac{2}{3}}R$.

2. 求质量均匀分布、半径为 R 的球面对距球心为 $a\ (a > R)$ 处的单位质量的质点 A 的引力.

解   设引力 $\boldsymbol{F} = (F_x, F_y, F_z)$,显然有 $F_x = F_y = 0$,而

$$F_z = \iint\limits_{S}\frac{\mu(z-a)}{[x^2+y^2+(a-z)^2]^{\frac{3}{2}}}\mathrm{d}S.$$

用极坐标代换有 $x = R\sin\varphi\cos\theta$,$y = R\sin\varphi\sin\theta$,$z = R\cos\varphi$,$\mathrm{d}S = R^2\sin\varphi\,\mathrm{d}\theta\,\mathrm{d}\varphi$,$r = \sqrt{R^2+a^2-2Ra\cos\varphi}$,于是

$$F_z = \mu\int_0^{2\pi}\mathrm{d}\theta\int_0^{\pi}\frac{(R\cos\varphi-a)R^2\sin\varphi}{(R^2+a^2-2Ra\cos\varphi)^{\frac{3}{2}}}\mathrm{d}\varphi$$

$$= 2\mu\pi R^2\int_0^{\pi}\frac{(R\cos\varphi-a)\sin\varphi}{(R^2+a^2-2aR\cos\varphi)^{\frac{3}{2}}}\mathrm{d}\varphi.$$

令 $R^2+a^2-2Ra\cos\varphi = t^2$,则 $\sin\varphi\,\mathrm{d}\varphi = \dfrac{t}{Ra}\mathrm{d}t$,$\cos\varphi\,\mathrm{d}\varphi = \dfrac{t^2-R^2-a^2}{-2a}$,

$$F_z = \frac{\mu \pi R}{a^2} \int_{R-a}^{R+a} \left(\frac{R^2 - a^2}{t^2} - 1 \right) \mathrm{d}t = \frac{\mu \pi R}{a^2} \left[-(R^2 - a^2) \frac{1}{t} - t \right] \Big|_{R-a}^{R+a} = -\frac{4\pi\mu}{a^2} R^2.$$

3. 证明等式：$I_l = I_{\bar{l}} + Md^2$，其中 I_l 为物体对 l 轴的转动惯量，$I_{\bar{l}}$ 为物体对通过其质心且与 l 轴平行的 $\bar{l}$ 轴的转动惯量，d 为两轴间的距离，M 是物体的质量.

证　以质心为坐标原点 O，z 轴与 $\bar{l}$ 重合，l 与 xOy 平面的交点为 $(\xi, \eta, 0)$，如图 11-14 所示，则

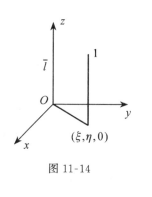

图 11-14

$$
\begin{aligned}
I_l &= \iiint\limits_V \left[(x - \xi)^2 + (y - \eta)^2 \right] \mu \, \mathrm{d}V \\
&= \iiint\limits_V (x^2 + y^2) \mu \, \mathrm{d}V + (\xi^2 + \eta^2) \iiint\limits_V \mu \, \mathrm{d}V \\
&\quad - 2\xi \iiint\limits_V x\mu \, \mathrm{d}V - 2\eta \iiint\limits_V y\mu \, \mathrm{d}V.
\end{aligned}
\tag{①}
$$

由于重心在原点，故 $\bar{x} = \bar{y} = 0$，即

$$\bar{x} = \frac{1}{M} \iiint\limits_V x\mu \, \mathrm{d}V = 0, \quad \bar{y} = \frac{1}{M} \iiint\limits_V y\mu \, \mathrm{d}V = 0,$$

并且 $M = \iiint\limits_V \mu \, \mathrm{d}V$，$d^2 = \xi^2 + \eta^2$. 代入 ① 式得 $I_l = I_{\bar{l}} + Md^2$.

4. 利用 Stokes 公式把曲面积分 $\iint\limits_S \mathrm{rot}\, \boldsymbol{A} \cdot \boldsymbol{n} \, \mathrm{d}S$ 化为曲线积分，并计算积分值，其中 $\boldsymbol{A} = (y - x)\boldsymbol{i} + yz\boldsymbol{j} - xz\boldsymbol{k}$，$S$ 为立方体 $\{(x, y, z) \mid 0 \leqslant x \leqslant 2, 0 \leqslant y \leqslant 2, 0 \leqslant z \leqslant 2\}$ 的表面外侧去掉 xOy 面上的那个底面，$\boldsymbol{n}$ 是 S 的单位法向量.

解
$$
\begin{aligned}
\iint\limits_S \mathrm{rot}\, \boldsymbol{A} \cdot \boldsymbol{n} \, \mathrm{d}S &= \oint_\Gamma (y - x)\mathrm{d}x + yz \, \mathrm{d}y + (-xz)\mathrm{d}z = \oint_\Gamma y \, \mathrm{d}x + 0 + 0 \\
&= \oint_\Gamma y \, \mathrm{d}x = \iint\limits_D (-1)\mathrm{d}x \, \mathrm{d}y = -2 \times 2 = -4.
\end{aligned}
$$

5. 证明：$\nabla \cdot (\boldsymbol{A} \times \boldsymbol{B}) = \boldsymbol{B} \cdot (\nabla \times \boldsymbol{A}) - \boldsymbol{A} \cdot (\nabla \times \boldsymbol{B})$.

证　令 $\boldsymbol{A} = (A_1, A_2, A_3)$，$\boldsymbol{B} = (B_1, B_2, B_3)$，则有

$$\boldsymbol{A} \times \boldsymbol{B} = \begin{vmatrix} \boldsymbol{i} & \boldsymbol{j} & \boldsymbol{k} \\ A_1 & A_2 & A_3 \\ B_1 & B_2 & B_3 \end{vmatrix} = (A_2 B_3 - A_3 B_2)\boldsymbol{i} + (A_3 B_1 - A_1 B_3)\boldsymbol{j} + (A_1 B_2 - B_1 A_2)\boldsymbol{k},$$

$$
\begin{aligned}
\nabla \cdot (\boldsymbol{A} \times \boldsymbol{B}) &= \frac{\partial}{\partial x}(A_2 B_3 - A_3 B_2) + \frac{\partial}{\partial y}(A_3 B_1 - A_1 B_3) + \frac{\partial}{\partial z}(A_1 B_2 - A_1 B_2) \\
&= (A_{2x} B_3 + A_2 B_{3x} - A_{3x} B_2 - A_3 B_{2x}) + (A_{2y} B_1 + A_3 B_{1y} - A_{1y} B_3 - A_1 B_{3y}) \\
&\quad + (A_{1z} B_2 + A_1 B_{2z} - A_2 B_{1z} - A_{2z} B_1) \\
&= A_1 (B_{2z} - B_{3y}) + A_2 (B_{3x} - B_{1z}) + A_3 (B_{1y} - B_{2x}) + B_1 (A_{3y} - A_{2z})
\end{aligned}
$$

$$+ B_2(A_{1z} - A_{3x}) + B_3(A_{2x} - A_{1y}).$$

又因为

$$\nabla \times \boldsymbol{A} = \begin{vmatrix} \boldsymbol{i} & \boldsymbol{j} & \boldsymbol{k} \\ \dfrac{\partial}{\partial x} & \dfrac{\partial}{\partial y} & \dfrac{\partial}{\partial z} \\ A_1 & A_2 & A_3 \end{vmatrix} = (A_{3y} - A_{2z}, A_{1z} - A_{3x}, A_{2x} - A_{1y}),$$

$$\nabla \times \boldsymbol{B} = \begin{vmatrix} \boldsymbol{i} & \boldsymbol{j} & \boldsymbol{k} \\ \dfrac{\partial}{\partial x} & \dfrac{\partial}{\partial y} & \dfrac{\partial}{\partial z} \\ B_1 & B_2 & B_3 \end{vmatrix} = (B_{3y} - B_{2z}, B_{1z} - B_{3x}, B_{2x} - B_{1y}),$$

故

$$\begin{aligned}
\boldsymbol{B} \cdot (\nabla \times \boldsymbol{A}) - \boldsymbol{A} \cdot (\nabla \times \boldsymbol{B}) &= (B_1, B_2, B_3)(A_{3y} - A_{2z}, A_{1z} - A_{3x}, A_{2x} - A_{1y}) \\
&\quad - (A_1, A_2, A_3)(B_{3y} - B_{2z}, B_{1z} - B_{3x}, B_{2x} - B_{1y}) \\
&= B_1(A_{3y} - A_{2z}) + B_2(A_{1z} - A_{3x}) + B_3(A_{2x} - A_{1y}) \\
&\quad + A_1(B_{2z} - B_{3y}) + A_2(B_{3x} - B_{1z}) + A_3(B_{1y} - B_{2x}) \\
&= \nabla \cdot (\boldsymbol{A} \times \boldsymbol{B}).
\end{aligned}$$

总习题十一

1. 填空题

(1) 设 L 为 $x^2 + y^2 = a^2$ 在第一象限内的部分,则 $\displaystyle\int_L e^{\sqrt{x^2 + y^2}} \, dx = $ _____.

(2) 设 L 为抛物线 $y = x^2$ 上从点 $(0,0)$ 到点 $(2,4)$ 的一段弧,则 $\displaystyle\int_L (x^2 - y^2) \, dx = $ _____.

(3) 设 S 是球面 $x^2 + y^2 + z^2 = a^2$ $(z \geqslant 0)$,则 $\displaystyle\iint_S \frac{dS}{\sqrt{x^2 + y^2 + z^2}} = $ _____.

(4) 设 S 是球面 $x^2 + y^2 + z^2 = 1$ 的外侧,则 $\displaystyle\iint_S x^2 \, dy \, dz = $ _____.

(5) 设 l 为椭圆 $\dfrac{x^2}{4} + \dfrac{y^2}{3} = 1$,其周长记为 a,则 $\displaystyle\oint_l (2xy + 3x^2 + 4y^2) \, ds = $ _____.

(6) 密度为 1 的旋转抛物体:$x^2 + y^2 \leqslant z \leqslant 1$(记为 Ω)绕 z 轴的转动惯量 $I = $ _____.

(7) 设 $\boldsymbol{r} = x\boldsymbol{i} + y\boldsymbol{j} + z\boldsymbol{k}$,则 $\operatorname{rot} \boldsymbol{r} = $ _____.

(8) 数量场 $u = \ln\sqrt{x^2 + y^2 + z^2}$ 的 $\operatorname{div}(\operatorname{\mathbf{grad}} u) = $ _____.

(9) 向量场 $\boldsymbol{u}(x,y,z) = xy^2\boldsymbol{i} + y e^z\boldsymbol{j} + x\ln(1+z^2)\boldsymbol{k}$ 在点 $P(1,1,0)$ 处的散度 div

$u =$ _____.

解 (1) $\displaystyle\int_L \mathrm{e}^{\sqrt{x^2+y^2}}\,\mathrm{d}x = \frac{\pi}{2}a\,\mathrm{e}^a$.

(2) $\displaystyle\int_L (x^2 - y^2)\,\mathrm{d}x = -\frac{56}{15}$.

(3) $\displaystyle\iint_S \frac{\mathrm{d}S}{\sqrt{x^2+y^2+z^2}} = 2\pi a$.

(4) $\displaystyle\iint_S x^2\,\mathrm{d}y\,\mathrm{d}z = 0$.

(5) $\displaystyle\oint_l (2xy + 3x^2 + 4y^2)\,\mathrm{d}s = 12a$.

(6) $I = \dfrac{\pi}{6}$.

(7) $\operatorname{rot}\boldsymbol{r} = 0$.

(8) $\operatorname{div}(\operatorname{\mathbf{grad}} u) = \dfrac{1}{x^2+y^2+z^2}$.

(9) $\operatorname{div}\boldsymbol{u} = 2$.

2. 选择题

(1) L 为从点 $A(0,0)$ 到点 $B(4,3)$ 的直线，则 $\displaystyle\int_L (x-y)\,\mathrm{d}s = ($ $)$.

A. $\displaystyle\int_0^4 \left(x - \frac{3}{4}x\right)\mathrm{d}x$ B. $\displaystyle\int_0^4 \left(x - \frac{3}{4}x\right)\sqrt{1+\frac{9}{16}}\,\mathrm{d}x$

C. $\displaystyle\int_0^3 \left(\frac{4}{3}y - y\right)\mathrm{d}y$ D. $\displaystyle\int_0^3 \left(\frac{4}{3}y - y\right)\sqrt{1+\frac{9}{16}}\,\mathrm{d}y$

(2) 对于格林公式，$\displaystyle\oint_{\partial D} P\,\mathrm{d}x + Q\,\mathrm{d}y = \iint_D \left(\frac{\partial Q}{\partial x} - \frac{\partial P}{\partial y}\right)\mathrm{d}x\,\mathrm{d}y$，下列说法正确的是
$($ $)$.

A. ∂D 取逆时针方向，函数 P,Q 在闭区域 D 上存在一阶偏导数且 $\dfrac{\partial Q}{\partial x} = \dfrac{\partial P}{\partial y}$

B. ∂D 取顺时针方向，函数 P,Q 在闭区域 D 上存在一阶偏导数且 $\dfrac{\partial Q}{\partial x} = \dfrac{\partial P}{\partial y}$

C. ∂D 取逆时针方向，函数 P,Q 在闭区域 D 上存在连续一阶偏导数

D. ∂D 取顺时针方向，函数 P,Q 在闭区域 D 上存在连续一阶偏导数

(3) 设 $I = \displaystyle\iint_S (x+y)\,\mathrm{d}y\,\mathrm{d}z + (y+z)\,\mathrm{d}z\,\mathrm{d}x + (z+x)\,\mathrm{d}x\,\mathrm{d}y$，其中 S 为曲面 $z = x^2 + y^2$ $(0 \leqslant z \leqslant 1)$ 的下侧，则 I 之值为$($ $)$.

A. $\dfrac{\pi}{2}$ B. $\dfrac{\pi}{3}$ C. $\dfrac{\pi}{4}$ D. $\dfrac{\pi}{5}$

(4) 设 $S: x^2 + y^2 + z^2 = a^2$ $(z \geqslant 0)$，S_1 为 S 在第一卦限中的部分，则有$($ $)$.

A. $\iint\limits_{S} x \, dS = 4\iint\limits_{S_1} x \, dS$ \qquad\qquad B. $\iint\limits_{S} y \, dS = 4\iint\limits_{S_1} x \, dS$

C. $\iint\limits_{S} z \, dS = 4\iint\limits_{S_1} x \, dS$ \qquad\qquad D. $\iint\limits_{S} xyz \, dS = 4\iint\limits_{S_1} xyz \, dS$

(5) 已知 $\dfrac{(x+ay)dx + y\,dy}{(x+y)^2}$ 为某函数的全微分，则 a 等于(　　).

A. -1 \qquad\qquad B. 0 \qquad\qquad C. 1 \qquad\qquad D. 2

解 (1) 选 B. (2) 选 C. (3) 选 A. (4) 选 C. (5) 选 D.

3. 求 $\oint_L \dfrac{y\,dx - (x-1)dy}{(x-1)^2 + y^2}$，其中

(1) L 为圆周 $x^2 + y^2 - 2y = 0$ 的正向；

(2) L 为椭圆 $4x^2 + y^2 - 8x = 0$ 的正向.

解 $P = \dfrac{y}{(x-1)^2 + y^2}$，$Q = \dfrac{-(x-1)}{(x-1)^2 + y^2}$，$\dfrac{\partial P}{\partial y} = \dfrac{(x-1)^2 - y^2}{[(x-1)^2 + y^2]^2} = \dfrac{\partial Q}{\partial x}$.

(1) L 为圆周 $x^2 + (y-1)^2 = 1$ 不包含点 $(1,0)$，所以

$$\text{原式} = \iint\limits_{D}\left(\frac{\partial Q}{\partial x} - \frac{\partial P}{\partial y}\right) dx\,dy = 0.$$

(2) L 为椭圆 $(x-1)^2 + \dfrac{1}{4}y^2 = 1$ 包含点 $(1,0)$，以点 $(1,0)$ 为圆心、半径为充分小的正数作圆周 Γ，使 Γ 全部含于 L 内，并取 Γ 为顺时针方向，设 D 为 L 与 Γ 所围区域，则由格林公式可得

$$\int_{L+\Gamma} \frac{y\,dx - (x-1)dy}{(x-1)^2 + y^2} = \iint\limits_{D}\left(\frac{\partial Q}{\partial x} - \frac{\partial P}{\partial y}\right) dx\,dy = 0.$$

以 Γ^- 表示 Γ 反向的圆周，设 $x = 1 + \delta\cos\theta$，$y = \delta\sin\theta$，则

$$I = \int_L \frac{y\,dx - (x-1)dy}{(x-1)^2 + y^2} = -\int_\Gamma \frac{y\,dx - (x-1)dy}{(x-1)^2 + y^2} = \int_{\Gamma^-} \frac{y\,dx - (x-1)dy}{(x-1)^2 + y^2}$$

$$= \int_0^{2\pi} -\frac{\delta^2\sin^2\theta + \delta^2\cos^2\theta}{\delta^2} d\theta = -2\pi.$$

4. 设曲线积分 $\int_L xy^2\,dx + y\varphi(x)dy$ 与路径无关，其中 $\varphi(x)$ 具有连续的导函数，且 $\varphi(0) = 0$，计算 $\int_{(0,0)}^{(1,1)} xy^2\,dx + y\varphi(x)dy$ 的值.

解 设 $P = xy^2$，$Q = y\varphi(x)$，由 $\dfrac{\partial P}{\partial y} = \dfrac{\partial Q}{\partial x}$，得 $2xy = y\varphi'(x)$，即 $\varphi(x) = x^2 + C$. 由 $\varphi(0) = 0$，得 $C = 0$，故 $\varphi(x) = x^2$. 所以

$$\int_{(0,0)}^{(1,1)} xy^2\,dx + y\varphi(x)dy = \int_{(0,0)}^{(1,1)} xy^2\,dx + x^2 y\,dy.$$

沿直线 $y = x$ 从点 $(0,0)$ 到点 $(1,1)$ 积分得

$$\int_{(0,0)}^{(1,1)} xy^2 \,\mathrm{d}x + y\varphi(x)\,\mathrm{d}y = \int_0^1 2x^3 \,\mathrm{d}x = \frac{1}{2}.$$

5. 求曲面积分 $I = \iint\limits_{S} yz\,\mathrm{d}z\,\mathrm{d}x + 2\,\mathrm{d}x\,\mathrm{d}y$，其中 S 是球面 $x^2+y^2+z^2=4$ 外侧在 $z \geqslant$ 0 的部分.

解　取 S_1：$\begin{cases} x^2+y^2 \leqslant 4, \\ z = 0, \end{cases}$ 其法向量与 z 轴负向相同. 设 S 和 S_1 所围成的区域为 V，则由 Gauss 公式有

$$I + \iint\limits_{S_1} yz\,\mathrm{d}z\,\mathrm{d}x + 2\,\mathrm{d}x\,\mathrm{d}y = \iiint\limits_{V} z\,\mathrm{d}x\,\mathrm{d}y\,\mathrm{d}z.$$

而 $\iint\limits_{S_1} yz\,\mathrm{d}z\,\mathrm{d}x = 0$，$\iint\limits_{S_1} 2\,\mathrm{d}x\,\mathrm{d}y = -2\iint\limits_{x^2+y^2 \leqslant 4} \mathrm{d}x\,\mathrm{d}y = -8\pi$，

$$\iiint\limits_{V} z\,\mathrm{d}x\,\mathrm{d}y\,\mathrm{d}z = \int_0^{2\pi}\mathrm{d}\theta \int_0^{\frac{\pi}{2}} \sin\varphi\,\mathrm{d}\varphi \int_0^2 r\cos\varphi \cdot r^2\,\mathrm{d}r = 4\pi,$$

所以 $I = 4\pi + 8\pi = 12\pi$.

6. 设空间区域 V 由曲面 $z = a^2 - x^2 - y^2$ 与平面 $z = 0$ 围成，其中 a 为正常数，记 V 表面的外侧为 ∂V，V 的体积仍为 V. 试证明：

$$\oiint\limits_{\partial V} x^2 yz^2\,\mathrm{d}y\,\mathrm{d}z - xy^2z^2\,\mathrm{d}z\,\mathrm{d}x + z(1+xyz)\,\mathrm{d}x\,\mathrm{d}y = V.$$

证　由 Gauss 公式知，

$$\oiint\limits_{\partial V} x^2 yz^2\,\mathrm{d}y\,\mathrm{d}z - xy^2z^2\,\mathrm{d}z\,\mathrm{d}x + 2(1+xyz)\,\mathrm{d}x\,\mathrm{d}y$$

$$= \iiint\limits_{V} (1+2xyz)\,\mathrm{d}x\,\mathrm{d}y\,\mathrm{d}z = V + 2\iiint\limits_{V} xyz\,\mathrm{d}x\,\mathrm{d}y\,\mathrm{d}z = V.$$

7. 求 $I = \oint_L y^2\,\mathrm{d}x + z^2\,\mathrm{d}y + x^2\,\mathrm{d}z$，其中 L 是曲线 $\begin{cases} x^2+y^2+z^2 = R^2, \\ x^2+y^2 = Rx \end{cases}$ $(R > 0,$ $z \geqslant 0)$ 从 x 轴的正方向看去为逆时针方向.

解　由斯托克斯公式，得

$$I = \iint\limits_{S} \begin{vmatrix} \mathrm{d}y\,\mathrm{d}z & \mathrm{d}z\,\mathrm{d}x & \mathrm{d}x\,\mathrm{d}y \\ \dfrac{\partial}{\partial x} & \dfrac{\partial}{\partial y} & \dfrac{\partial}{\partial z} \\ y^2 & z^2 & x^2 \end{vmatrix} = -2\iint\limits_{S} z\,\mathrm{d}y\,\mathrm{d}z + x\,\mathrm{d}z\,\mathrm{d}x + y\,\mathrm{d}x\,\mathrm{d}y$$

$$= -2\iint\limits_{D_{xy}} \left(x + \frac{xy}{\sqrt{R^2-x^2-y^2}} + y \right)\mathrm{d}x\,\mathrm{d}y,$$

其中，D_{xy}：$x^2+y^2 \leqslant Rx$，$x \geqslant 0$. 由对称性知，$\iint\limits_{D_{xy}} \left(\dfrac{xy}{\sqrt{R^2-x^2-y^2}} + y \right)\mathrm{d}x\,\mathrm{d}y = 0$，

所以

$$I = -2 \iint\limits_{D_{xy}} dx\,dy = -2 \int_{-\frac{\pi}{2}}^{\frac{\pi}{2}} d\theta \int_0^{R\cos\theta} \rho^2 \cos\theta\,d\rho = -\frac{2}{3} \int_{-\frac{\pi}{2}}^{\frac{\pi}{2}} R^3 \cos^4\theta\,d\theta = -\frac{1}{4}\pi R^3.$$

8. 求证：$\oiint\limits_S |x+y+z-3a|\,dS \leqslant 4\sqrt{3}\,\pi a^3$，$S$ 的方程为

$$(x-a)^2 + (y-a)^2 + (z-a)^2 = a^2 \quad (a > 0).$$

证 先求函数 $u = x+y+z-3a$ 在条件 $(x-a)^2 + (y-a)^2 + (z-a)^2 = a^2$ 下的极值. 设

$$F = x+y+z-3a + \lambda\left[(x-a)^2 + (y-a)^2 + (z-a)^2 - a^2\right].$$

令 $\begin{cases} F_x' = 0, \\ F_y' = 0, \\ F_z' = 0, \\ F_\lambda' = 0, \end{cases}$ 得 $\begin{cases} 1 + 2\lambda(x-a) = 0, \\ 1 + 2\lambda(y-a) = 0, \\ 1 + 2\lambda(z-a) = 0, \\ (x-a)^2 + (y-a)^2 + (z-a)^2 = a^2. \end{cases}$ 解得

$$x - a = \pm\frac{a}{\sqrt{3}} = y - a = z - a.$$

所以 $u_{max} = \dfrac{3a}{\sqrt{3}} = \sqrt{3}\,a$，故 $|x+y+z-3a| \leqslant \sqrt{3}\,a$，即

$$\oiint\limits_S |x+y+z-3a|\,dS \leqslant \sqrt{3}\,a \oiint\limits_S dS = \sqrt{3}\,a \cdot 4\pi a^2 = 4\pi\sqrt{3}\,a^3.$$

9. 设位于点 $(0,1)$ 的质点 A 对质点 M 的引力大小为 $\dfrac{k}{r^2}$（$k > 0$ 为常数，r 为质点 A 与 M 之间的距离），质点 M 沿曲线 $y = \sqrt{2x - x^2}$ 自 $B(2,0)$ 运动到 $O(0,0)$，求在此过程中质点 A 对质点 M 的引力所做的功.

解 如图 11-15，$\overrightarrow{BA} = (0-x, 1-y)$，

$$r = |\overrightarrow{MA}| = \sqrt{x^2 + (1-y)^2},$$

引力的 $\boldsymbol{F}$ 方向与 $\overrightarrow{MA}$ 一致，故 $\boldsymbol{F} = \dfrac{k}{r^3}(-x, 1-y)$. 从而引力所做的功为

$$W = \int_{BMO} \frac{k}{r^3}[-x\,dx + (1-y)dy].$$

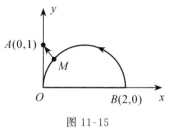

图 11-15

设 $P = -\dfrac{kx}{r^3}$，$Q = \dfrac{k(1-y)}{r^3}$，则

$$\frac{\partial Q}{\partial x} = k(1-y)(-3)r^{-4} \cdot \frac{x}{r} = -3k\frac{x(1-y)}{r^5},$$

$$\frac{\partial P}{\partial y} = -kx(-3)r^{-4} \cdot \frac{-(1-y)}{r} = -3k\frac{x(1-y)}{r^5},$$

所以 $\dfrac{\partial Q}{\partial x} = \dfrac{\partial P}{\partial y}$，从而 W 与路径无关，故

$$W = \int_{BO} P\,\mathrm{d}x + Q\,\mathrm{d}y = \int_2^0 - k\,\frac{x}{(1+x^2)^{\frac{3}{2}}}\mathrm{d}x = k\left(1 - \frac{1}{\sqrt{5}}\right).$$

10. 在变力 $\boldsymbol{F} = yz\boldsymbol{i} + zx\boldsymbol{j} + xy\boldsymbol{k}$ 的作用下，质点由原点沿直线运动到椭球面 $\dfrac{x^2}{a^2} + \dfrac{y^2}{b^2} + \dfrac{z^2}{c^2} = 1$ 上第一卦限的点 $M(\xi, \eta, \zeta)$，问 ξ, η, ζ 取何值时，力 $\boldsymbol{F}$ 所做的功 W 最大？并求出 W 的最大值.

解 直线段 OM：$x = \xi t$，$y = \eta t$，$z = \zeta t$，t 从 0 至 1，功 W 为

$$W = \int_{OM} yz\,\mathrm{d}x + zx\,\mathrm{d}y + xy\,\mathrm{d}z = \int_0^1 3\xi\eta\zeta t^2\,\mathrm{d}t = \xi\eta\zeta.$$

下面求 $W = \xi\eta\zeta$ 在条件 $\dfrac{\xi^2}{a^2} + \dfrac{\eta^2}{b^2} + \dfrac{\zeta^2}{c^2} = 1$ $(\xi \geqslant 0,\ \eta \geqslant 0,\ \zeta \geqslant 0)$ 下的最大值. 设

$$F(\xi, \eta, \zeta) = \xi\eta\zeta + \lambda\left(1 - \frac{\xi^2}{a^2} - \frac{\eta^2}{b^2} - \frac{\zeta^2}{c^2}\right).$$

令 $\begin{cases} F'_\xi = 0, \\ F'_\eta = 0, \\ F'_\zeta = 0, \\ F'_\lambda = 0, \end{cases}$ 得 $\begin{cases} \eta\zeta = \dfrac{2\lambda}{a^2}\xi, \\ \xi\zeta = \dfrac{2\lambda}{b^2}\eta, \\ \xi\eta = \dfrac{2\lambda}{c^2}\zeta, \\ \dfrac{\xi^2}{a^2} + \dfrac{\eta^2}{b^2} + \dfrac{\zeta^2}{c^2} = 1. \end{cases}$ 从而 $\dfrac{\xi^2}{a^2} = \dfrac{\eta^2}{b^2} = \dfrac{\zeta^2}{c^2}$，即得 $\dfrac{\xi^2}{a^2} = \dfrac{\eta^2}{b^2} = \dfrac{\zeta^2}{c^2} = \dfrac{1}{3}$. 于是

$\xi = \dfrac{a}{\sqrt{3}}$，$\eta = \dfrac{b}{\sqrt{3}}$，$\zeta = \dfrac{c}{\sqrt{3}}$. 由问题的实际意义知，$W_{\max} = \dfrac{\sqrt{3}}{9}abc$.

四、考研真题解析

【例 1】 (2018 年) 设 L 为球面 $x^2 + y^2 + z^2 = 1$ 与平面 $x + y + z = 0$ 的交线，则 $\oint_L xy\,\mathrm{d}s = $ _____.

解 利用第一类曲线积分的对称性

$$\oint_L xy\,\mathrm{d}s = \frac{1}{3}\oint_L (xy + yz + xz)\,\mathrm{d}s$$

$$= \frac{1}{6} \oint_L [(x+y+z)^2 - (x^2+y^2+z^2)] \mathrm{d}s$$

$$= -\frac{1}{6} \oint_L \mathrm{d}s = -\frac{\pi}{3}$$

【例2】 (2008年)计算曲线积分 $\int_L \sin 2x \, \mathrm{d}x + 2(x^2-1)\mathrm{d}y$,其中 L 是曲线 $y = \sin x$ 上从点 $(0,0)$ 到 $(\pi,0)$ 的一段.

解 $\int_L \sin 2x \, \mathrm{d}x + 2(x^2-1)y \mathrm{d}y = \int_0^\pi [\sin 2x + 2(x^2-1)\sin x \, \cos x] \mathrm{d}x$

$$= \int_0^\pi x^2 \sin 2x \, \mathrm{d}x = -\frac{x^2}{2} \cos 2x \Big|_0^\pi + \int_0^\pi x \cos 2x \, \mathrm{d}x$$

$$= -\frac{\pi^2}{2} + \frac{x}{2} \sin 2x \Big|_0^\pi - \frac{1}{2} \int_0^\pi \sin 2x \, \mathrm{d}x = -\frac{\pi^2}{2}.$$

【例3】 (2012年)已知 L 是第一象限中从点 $(0,0)$ 沿圆周 $x^2+y^2=2x$ 到点 $(2,0)$,再沿圆周 $x^2+y^2=4$ 到点 $(0,2)$ 的曲线段,计算曲线积分 $I = \int_L 3x^2 y \mathrm{d}x + (x^3+x-2y)\mathrm{d}y$.

解 设点 $O(0,0)$,$A(2,0)$,$B(0,2)$,补充线段 $\overline{BO}$ 且设由曲线弧 $\overset{\frown}{OA}$,$\overset{\frown}{AB}$,$\overline{BO}$ 围成的平面区域为 D,则由 Graen 公式有

$$I = \int_L 3x^2 y \mathrm{d}x + (x^3+x-2y)\mathrm{d}y$$

$$= \int_{L+\overline{BO}} 3x^2 y \mathrm{d}x + (x^3+x-2y)\mathrm{d}y - \int_{\overline{BO}} 3x^2 y \mathrm{d}x + (x^3+x-2y)\mathrm{d}y$$

$$= \iint_D (3x^2 - 3x^2 + 1)\mathrm{d}x \mathrm{d}y - \int_2^0 (-2y)\mathrm{d}y$$

$$= \frac{1}{4} \cdot \pi \cdot 2^2 - \frac{1}{2} \cdot \pi \cdot 1^2 + y^2 \big|_2^0 = \frac{\pi}{2} - 4$$

【例4】 (2003年)已知平面区域 $D = \{(x,y) \mid 0 \leqslant x \leqslant \pi, 0 \leqslant y \leqslant \pi\}$,$L$ 为 D 的正向边界,试证:

(1) $\oint_L x \, \mathrm{e}^{\sin y} \mathrm{d}y - y \, \mathrm{e}^{-\sin x} \mathrm{d}x = \oint_L x \, \mathrm{e}^{-\sin y} \mathrm{d}y - y \, \mathrm{e}^{\sin x} \mathrm{d}x$;

(2) $\int_L x \, \mathrm{e}^{\sin y} \mathrm{d}y - y \, \mathrm{e}^{-\sin x} \mathrm{d}x \geqslant 2\pi^2$.

证 (1) 由格林公式,有

$$左边 = \iint\limits_{D}\left[\frac{\partial}{\partial x}(x\,\mathrm{e}^{\sin y}) - \frac{\partial}{\partial y}(-y\,\mathrm{e}^{-\sin x})\right]\mathrm{d}x\,\mathrm{d}y = \iint\limits_{D}(\mathrm{e}^{\sin y} + \mathrm{e}^{-\sin x})\mathrm{d}x\,\mathrm{d}y,$$

$$右边 = \iint\limits_{D}\left[\frac{\partial}{\partial x}(x\,\mathrm{e}^{-\sin y}) - \frac{\partial}{\partial y}(-y\,\mathrm{e}^{\sin x})\right]\mathrm{d}x\,\mathrm{d}y = \iint\limits_{D}(\mathrm{e}^{-\sin y} + \mathrm{e}^{\sin x})\mathrm{d}x\,\mathrm{d}y.$$

由于区域 D 关于 $y = x$ 对称，得

$$\iint\limits_{D}(\mathrm{e}^{\sin y} + \mathrm{e}^{-\sin x})\mathrm{d}x\,\mathrm{d}y \xlongequal{x\,与\,y\,互换} \iint\limits_{D}(\mathrm{e}^{\sin x} + \mathrm{e}^{-\sin y})\mathrm{d}x\,\mathrm{d}y.$$

因此 $\oint_L x\,\mathrm{e}^{\sin y}\mathrm{d}y - y\,\mathrm{e}^{-\sin x}\mathrm{d}x = \oint_L x\,\mathrm{e}^{-\sin y}\mathrm{d}y - y\,\mathrm{e}^{\sin x}\mathrm{d}x.$

(2) 由(1)的结论，有

$$\int_L x\,\mathrm{e}^{\sin y}\mathrm{d}y - y\,\mathrm{e}^{-\sin x}\mathrm{d}x = \iint\limits_{D}(\mathrm{e}^{\sin y} + \mathrm{e}^{-\sin x})\mathrm{d}x\,\mathrm{d}y = \iint\limits_{D}(\mathrm{e}^{\sin y} + \mathrm{e}^{-\sin y})\mathrm{d}x\,\mathrm{d}y$$

$$\geqslant \iint\limits_{D} 2\sqrt{\mathrm{e}^{\sin y}\cdot\mathrm{e}^{-\sin y}}\,\mathrm{d}x\,\mathrm{d}y$$

$$= \iint\limits_{D} 2\mathrm{d}x\,\mathrm{d}y = 2\pi^2.$$

【例5】（2020 年）计算曲线积分 $I = \int_L \dfrac{4x-y}{4x^2+y^2}\mathrm{d}x + \dfrac{x+y}{4x^2+y^2}\mathrm{d}y$，其中 L 为 $x^2+y^2=2$，方向为逆时针方向.

解　取 $L_1: 4x^2+y^2=\varepsilon^2$（$\varepsilon^2$ 足够小），方向为顺时针方向.

则 $I = \oint_{L+L_1}\dfrac{4x-y}{4x^2+y^2}\mathrm{d}x + \dfrac{x+y}{4x^2+y^2}\mathrm{d}y - \oint_{L_1}\dfrac{4x-y}{4x^2+y^2}\mathrm{d}x + \dfrac{x+y}{4x^2+y^2}\mathrm{d}y$

令 $P = \dfrac{4x-y}{4x^2+y^2}$，$Q = \dfrac{x+y}{4x^2+y^2}$

计算得　　$\dfrac{\partial Q}{\partial x} = \dfrac{\partial P}{\partial y} = \dfrac{-4x^2-8xy+y^2}{(4x^2+y^2)^2}$

所以 $I = 0 - \dfrac{1}{\varepsilon^2}\oint_{L_1}(4x-y)\mathrm{d}x + (x+y)\mathrm{d}y$

$$= \dfrac{1}{\varepsilon^2}\iint\limits_{D_1} 2\mathrm{d}x\,\mathrm{d}y\;(由格林公式，D_1 = \{(x,y)\mid 4x^2+y^2\leqslant\varepsilon^2\}$$

所以　　　　　　$I = \dfrac{2}{\varepsilon^2}\cdot\dfrac{\varepsilon^2\pi}{2} = \pi.$

【例6】（2014 年）设 L 是柱面 $x^2+y^2=1$ 与平面 $y+z=0$ 的交线，从

z 轴正向往 z 轴负向看去为逆时针方向,则曲线积分 $\oint_L z\,\mathrm{d}x + y\,\mathrm{d}z =$ _____.

解 L 的参数方程为 $\begin{cases} x = \cos\theta \\ y = \sin\theta \\ z = -\sin\theta \end{cases}$ θ 从 0 到 2π,则

$$\oint_L z\,\mathrm{d}x + y\,\mathrm{d}z = \int_0^{2\pi} (\sin^2\theta - \sin\theta\cos\theta)\,\mathrm{d}\theta = \pi$$

【例 7】 (2010 年) 设 P 为椭球面 S:$x^2 + y^2 + z^2 - yz = 1$ 上的动点. 若 S 在点 P 处的切平面与 xOy 面垂直,求点 P 的轨迹 C,并计算曲面积分

$$I = \iint\limits_{\Sigma} \frac{(x + \sqrt{3})\,|y - 2z|}{\sqrt{4 + y^2 + z^2 - 4yz}}\,\mathrm{d}S,$$

其中,Σ 是椭球面 S 位于曲线 C 上方的部分.

解 椭球面 S 上点 $P(x, y, z)$ 处的法向量是 $\boldsymbol{n} = (2x, 2y - z, 2z - y)$,点 P 处的切平面与 xOy 面垂直的充要条件是 $\boldsymbol{n} \cdot \boldsymbol{k} = 0$ ($\boldsymbol{k} = (0, 0, 1)$),即 $2z - y = 0$,所以点 P 的轨迹 C 的方程为 $\begin{cases} 2z - y = 0, \\ x^2 + y^2 + z^2 - yz = 1, \end{cases}$ 即

$$\begin{cases} 2z - y = 0, \\ x^2 + \dfrac{3}{4}y^2 = 1. \end{cases}$$

取 $D = \left\{ (x, y) \,\middle|\, x^2 + \dfrac{3}{4}y^2 \leqslant 1 \right\}$,记 Σ 的方程为 $z = z(x, y)$,$(x, y) \in D$,由于

$$\sqrt{1 + \left(\frac{\partial z}{\partial x}\right)^2 + \left(\frac{\partial z}{\partial y}\right)^2} = \sqrt{1 + \left(\frac{2x}{y - 2z}\right)^2 + \left(\frac{2y - z}{y - 2z}\right)^2}$$

$$= \frac{\sqrt{4 + y^2 + z^2 - 4yz}}{|y - 2z|},$$

所以

$$I = \iint \frac{(x + \sqrt{3})\,|y - 2z|}{\sqrt{4 + y^2 + z^2 - 4yz}} \sqrt{1 + \left(\frac{\partial z}{\partial x}\right)^2 + \left(\frac{\partial z}{\partial y}\right)^2}\,\mathrm{d}x\,\mathrm{d}y$$

$$= \iint\limits_{D} (x + \sqrt{3})\,\mathrm{d}x\,\mathrm{d}y = \sqrt{3}\iint\limits_{D}\mathrm{d}x\,\mathrm{d}y = 2\pi.$$

【例 8】 (2009 年) 计算曲面积分

$$I = \oiint\limits_{\Sigma} \frac{x\,\mathrm{d}y\,\mathrm{d}z + y\,\mathrm{d}z\,\mathrm{d}x + z\,\mathrm{d}x\,\mathrm{d}y}{(x^2 + y^2 + z^2)^{\frac{3}{2}}},$$

其中，Σ 是曲面 $2x^2 + 2y^2 + z^2 = 4$ 的外侧.

解　取 Σ_1：$x^2 + y^2 + z^2 = 1$ 的外侧，Ω 为 Σ 与 Σ_1 之间的部分.

$$I = \oiint\limits_{\Sigma} \frac{x\,\mathrm{d}y\,\mathrm{d}z + y\,\mathrm{d}z\,\mathrm{d}x + z\,\mathrm{d}x\,\mathrm{d}y}{(x^2 + y^2 + z^2)^{\frac{3}{2}}} = \oiint\limits_{\Sigma - \Sigma_1} \frac{x\,\mathrm{d}y\,\mathrm{d}z + y\,\mathrm{d}z\,\mathrm{d}x + z\,\mathrm{d}x\,\mathrm{d}y}{(x^2 + y^2 + z^2)^{\frac{3}{2}}}$$

$$+ \oiint\limits_{\Sigma_1} \frac{x\,\mathrm{d}y\,\mathrm{d}z + y\,\mathrm{d}z\,\mathrm{d}x + z\,\mathrm{d}x\,\mathrm{d}y}{(x^2 + y^2 + z^2)^{\frac{3}{2}}}.$$

根据高斯公式，

$$\oiint\limits_{\Sigma - \Sigma_1} \frac{x\,\mathrm{d}y\,\mathrm{d}z + y\,\mathrm{d}z\,\mathrm{d}x + z\,\mathrm{d}x\,\mathrm{d}y}{(x^2 + y^2 + z^2)^{\frac{3}{2}}} = \iiint\limits_{\Omega} 0\,\mathrm{d}x\,\mathrm{d}y\,\mathrm{d}z = 0,$$

$$\oiint\limits_{\Sigma_1} \frac{x\,\mathrm{d}y\,\mathrm{d}z + y\,\mathrm{d}z\,\mathrm{d}x + z\,\mathrm{d}x\,\mathrm{d}y}{(x^2 + y^2 + z^2)^{\frac{3}{2}}} = \oiint\limits_{\Sigma_1} x\,\mathrm{d}y\,\mathrm{d}z + y\,\mathrm{d}z\,\mathrm{d}x + z\,\mathrm{d}x\,\mathrm{d}y$$

$$= \iiint\limits_{x^2+y^2+z^2 \leqslant 1} 3\,\mathrm{d}x\,\mathrm{d}y\,\mathrm{d}z = 4\pi.$$

所以 $I = 4\pi$.

【例 9】（2018 年）设 Σ 是曲面 $x = \sqrt{1 - 3y^2 - 3z^2}$ 的前侧，计算曲面积分 $I = \iint\limits_{\Sigma} x\,\mathrm{d}y\,\mathrm{d}z + (y^3 + 2)\mathrm{d}z\,\mathrm{d}x + z^3\,\mathrm{d}x\,\mathrm{d}y$

解　补曲面 Σ_1：$\begin{cases} x = 0 \\ 3y^2 + 3z^2 \leqslant 1 \end{cases}$ 取后侧.

则

$$I = \iint\limits_{\Sigma + \Sigma_1} x\,\mathrm{d}y\,\mathrm{d}z + (y^3 + 2)\mathrm{d}z\,\mathrm{d}x + z^3\,\mathrm{d}x\,\mathrm{d}y$$

$$- \iint\limits_{\Sigma_1} x\,\mathrm{d}y\,\mathrm{d}z + (y^3 + 2)\mathrm{d}z\,\mathrm{d}x + z^3\,\mathrm{d}x\,\mathrm{d}y$$

由高斯公式

$$\iint\limits_{\Sigma + \Sigma_1} x\,\mathrm{d}y\,\mathrm{d}z + (y^3 + 2)\mathrm{d}z\,\mathrm{d}x + z^3\,\mathrm{d}x\,\mathrm{d}y$$

$$= \iiint\limits_{\Omega} (1 + 3y^2 + 3z^2)\mathrm{d}x\,\mathrm{d}y\,\mathrm{d}z = \iiint\limits_{\Omega} \mathrm{d}x\,\mathrm{d}y\,\mathrm{d}z + 3\iiint\limits_{\Omega} (y^2 + z^2)\mathrm{d}x\,\mathrm{d}y\,\mathrm{d}z$$

$$= \frac{1}{2} \times \frac{4}{3}\pi \times 1 \times \frac{\sqrt{3}}{3} \times \frac{\sqrt{3}}{3} + 3 \iint\limits_{3y^2+3z^2 \leqslant 1} (y^2 + z^2)\sqrt{1 - 3y^2 - 3z^2}\,\mathrm{d}y\,\mathrm{d}z$$

$$= \frac{2}{9}\pi + 3\int_0^{2\pi}d\theta\int_0^{\frac{1}{\sqrt{3}}} r^2\sqrt{1-3r^2}\,r\,dr = \frac{2}{9}\pi + \frac{4}{45}\pi = \frac{14}{45}\pi$$

【例 10】 （2014 年）设 Σ 为曲面 $z = x^2 + y^2 (z \leqslant 1)$ 的上侧，计算曲面积分

$$I = \iint\limits_{\Sigma} (x-1)^3 \,dy\,dz + (y-1)^3\,dz\,dx + (z-1)\,dx\,dy$$

解 补充 Σ_1：平面 $z=1$ 被 $z=x^2+y^2$ 所截有限部分下侧，由高斯公式有

$$I = \oiint\limits_{\Sigma+\Sigma_1} (x-1)^3\,dy\,dz + (y-1)^3\,dz\,dx + (z-1)\,dx\,dy$$

$$- \oiint\limits_{\Sigma_1} (x-1)^3\,dy\,dz + (y-1)^3\,dz\,dx + (z-1)\,dx\,dy$$

$$= -\iiint\limits_{\Omega} [3(x-1)^2 + 3(y-1)^2 + 1]\,dx\,dy\,dz - \iint\limits_{\Sigma_1}(z-1)\,dx\,dy$$

$$= -3\iiint\limits_{\Omega}(x^2+y^2)\,dx\,dy\,dz + 6\iiint\limits_{\Omega} x\,dx\,dy\,dz + 6\iiint\limits_{\Omega} y\,dx\,dy\,dz$$

$$- 7\iiint\limits_{\Omega}dx\,dy\,dz - \iint\limits_{\Sigma_1} o\,dx\,dy$$

Σ 和 Σ_1 所围立体为 Ω，Ω 关于 yOz 面 zOx 面对称，则

$$\iiint\limits_{\Omega} x\,dx\,dy\,dz = \iiint\limits_{\Omega} y\,dx\,dy\,dz = 0$$

而

$$\iiint\limits_{\Omega}(x^2+y^2)\,dx\,dy\,dz = \iint\limits_{x^2+y^2\leqslant 1}(x^2+y^2)\,dx\,dy\int_{x^2+y^2}^1 dz$$

$$= \int_0^{2\pi}d\theta\int_0^1 r^2(1-r^2)r\,dr$$

$$= 2\pi\left(\frac{1}{4}r^4 - \frac{1}{6}r^6\right)\Big|_0^1 = 2\pi\left(\frac{1}{4}-\frac{1}{6}\right) = \frac{\pi}{6}$$

$$\iiint\limits_{\Omega}dx\,dy\,dz = \int_0^1 dz\iint\limits_{x^2+y^2\leqslant z}dx\,dy = \int_0^1 \pi z\,dz = \frac{\pi}{2}$$

所以 $\iint\limits_{\Sigma}(x-1)^3\,dy\,dz + (y-1)^3\,dz\,dx + (z-1)\,dx\,dy = -4\pi$

【例 11】 （2020 年）设 $\sum$ 为曲面 $z = \sqrt{x^2+y^2}(1 \leqslant x^2+y^2 \leqslant 4)$ 下侧，$f(x)$ 为连续函数，计算

$$I = \iint\limits_{\Sigma}[xf(xy)+2x-y]\,dy\,dz + [yf(xy)+2y+x]\,dz\,dx + [zf(xy)$$

$+z]\mathrm{d}x\,\mathrm{d}y$

解 $z'_x=\dfrac{x}{\sqrt{x^2+y^2}}$，$z'_y=\dfrac{y}{\sqrt{x^2+y^2}}$

$$I=\iint\limits_{D}\Big[\frac{x[xf(xy)+2x-y]}{\sqrt{x^2+y^2}}+\frac{y[yf(xy)+2y+x]}{\sqrt{x^2+y^2}}-$$

$$\sqrt{x^2+y^2}\,f(x,y)-\sqrt{x^2+y^2}\,\Big]\mathrm{d}x\,\mathrm{d}y$$

$$=\iint\limits_{D}\sqrt{x^2+y^2}\,\mathrm{d}x\,\mathrm{d}y\quad(D:1\leqslant x^2+y^2\leqslant 4)$$

$$=\int_0^{2\pi}\mathrm{d}\theta\int_1^2 r\,r\,\mathrm{d}r=\frac{14}{3}\pi.$$

【例 12】 （1998 年）计算

$$I=\iint\limits_{\Sigma}\frac{a\,x\,\mathrm{d}y\,\mathrm{d}z+(a+z)^2\,\mathrm{d}x\,\mathrm{d}y}{(x^2+y^2+z^2)^{\frac{1}{2}}},$$

其中，Σ 为下半球面 $z=-\sqrt{a^2-x^2-y^2}$ 的上侧，a 为大于零的常数.

解 添加辅助面 Σ_1：$z=0$，$x^2+y^2\leqslant a^2$，法向量朝下，Σ 与 Σ_1 围成区域 Ω，Σ 与 Σ_1 的法向量是 Ω 的内法向. 利用高斯公式，得

$$I+\iint\limits_{\Sigma_1}x\,\mathrm{d}y\,\mathrm{d}z+\frac{1}{a}(a+z)^2\,\mathrm{d}x\,\mathrm{d}y=-\iiint\limits_{\Omega}\Big(3+\frac{2}{a}z\Big)\mathrm{d}V. \qquad ①$$

利用球坐标变换求右端的三重积分. 在球坐标下，Ω：$0\leqslant\theta\leqslant 2\pi$，$\dfrac{\pi}{2}\leqslant\varphi\leqslant\pi$，$0\leqslant\rho\leqslant a$，于是

$$\iiint\limits_{\Omega}\Big(3+\frac{2}{a}z\Big)\mathrm{d}V=3\cdot\frac{2}{3}\pi a^3+\frac{2}{a}\int_0^{2\pi}\mathrm{d}\theta\int_{\frac{\pi}{2}}^{\pi}\mathrm{d}\varphi\int_0^a\rho\cos\varphi\,\rho^2\sin\varphi\,\mathrm{d}\rho$$

$$=2\pi a^3+\frac{2}{a}\cdot 2\pi\int_{\frac{\pi}{2}}^{\pi}\sin\varphi\,\mathrm{d}\sin\varphi\cdot\int_0^a\rho^3\,\mathrm{d}\rho$$

$$=2\pi a^3+\frac{4\pi}{a}\Big(-\frac{1}{2}\Big)\cdot\frac{a^4}{4}$$

$$=2\pi a^3-\frac{1}{2}\pi a^3=\frac{3}{2}\pi a^3.$$

而用"先二后一"的顺序计算三重积分，有

$$I_1=\iiint\limits_{\Omega}\Big(3+\frac{2}{a}z\Big)\mathrm{d}V=3\cdot\frac{2}{3}\pi a^3+\int_{-a}^0\mathrm{d}z\iint\limits_{D_z}\frac{2}{a}z\,\mathrm{d}x\,\mathrm{d}y,$$

其中，D_z：$x^2+y^2\leqslant a^2-z^2$，面积 $S_z=\pi(a^2-z^2)$. 于是

$$I_1 = 2\pi a^3 + \frac{2}{a} \int_{-a}^{0} z\pi(a^2 - z^2)\,\mathrm{d}z$$

$$= 2\pi a^3 - \frac{2}{a}\pi\left(\frac{1}{2}a^4 - \frac{1}{4}a^4\right) = \frac{3}{2}\pi a^3.$$

因 Σ_1 与 yz 平面垂直，Σ_1 上 $z = 0$，所以 ① 式左端的面积分为

$$\iint\limits_{\Sigma_1} x\,\mathrm{d}y\,\mathrm{d}z + \frac{1}{a}(a+z)^2\,\mathrm{d}x\,\mathrm{d}y = 0 + \iint\limits_{\Sigma_1} a\,\mathrm{d}x\,\mathrm{d}y = -a\iint\limits_{D_{xy}}\mathrm{d}x\,\mathrm{d}y = -\pi a^3,$$

其中，$D_{xy}: z = 0,\ x^2 + y^2 \leqslant a^2$. 因此 $I = -\dfrac{3}{2}\pi a^3 + \pi a^3 = -\dfrac{\pi}{2}a^3$.

【例 13】 （2016 年）设有界区域 Ω 由平面 $2x + y + 2z = 2$ 与三个坐标平面围成，Σ 为 Ω 整个表面的外侧，计算曲面积分 $I = \iint\limits_{\Sigma}(x^2+1)\,\mathrm{d}y\,\mathrm{d}z - 2y\,\mathrm{d}z\,\mathrm{d}x + 3z\,\mathrm{d}x\,\mathrm{d}y$.

解 由高斯公式得：

$$I = \iiint\limits_{\Omega}(2x - 2 + 3)\,\mathrm{d}x\,\mathrm{d}y\,\mathrm{d}z = \iiint\limits_{\Omega}(2x + 1)\,\mathrm{d}x\,\mathrm{d}y\,\mathrm{d}z$$

$$= \int_0^1 \mathrm{d}x \iint\limits_{D_x}(2x+1)\,\mathrm{d}y\,\mathrm{d}z = \int_0^1(2x+1)\,\mathrm{d}x\iint\limits_{D_x}\mathrm{d}y\,\mathrm{d}z$$

$$= \int_0^1(2x+1)\cdot\frac{1}{2}\cdot 2(1-x)^2\,\mathrm{d}x = \int_0^1(2x^3 - 3x^2 + 1)\,\mathrm{d}x = \frac{1}{2}$$

【例 14】 （2004 年）计算曲面积分

$$I = \iint\limits_{\Sigma} 2x^3\,\mathrm{d}y\,\mathrm{d}z + 2y^3\,\mathrm{d}z\,\mathrm{d}x + 3(z^2 - 1)\,\mathrm{d}x\,\mathrm{d}y,$$

其中，Σ 是曲面 $z = 1 - x^2 - y^2\ (z \geqslant 0)$ 的上侧.

解 利用高斯公式计算. 因 Σ 不封闭，添加辅助面 $\Sigma_1: z = 0,\ x^2 + y^2 \leqslant 1$（它是 xy 平面上的圆域，记为 D），法向量朝下. Σ 与 Σ_1 围成区域 Ω，边界取外法向. 在 Ω 上利用高斯公式，得

$$J = \iint\limits_{\Sigma \cup \Sigma_1} 2x^3\,\mathrm{d}y\,\mathrm{d}z + 2y^3\,\mathrm{d}z\,\mathrm{d}x + 3(z^2 - 1)\,\mathrm{d}x\,\mathrm{d}y$$

$$= \iiint\limits_{\Omega} 6(x^2 + y^2 + z)\,\mathrm{d}x\,\mathrm{d}y\,\mathrm{d}z.$$

作柱坐标变换：$x = r\cos\theta,\ y = r\sin\theta,\ z = z$，则 $\Omega: 0 \leqslant \theta \leqslant 2\pi,\ 0 \leqslant r \leqslant 1,\ 0 \leqslant z \leqslant 1 - r^2$，

$$J = 6\int_0^{2\pi} \mathrm{d}\theta \int_0^{1-r^2} (r^2+z)r\,\mathrm{d}z = 12\pi \cdot \int_0^1 \left[r^3(1-r^2)+\frac{1}{2}r(1-r^2)^2\right]\mathrm{d}r$$

$$= 12\pi \cdot \int_0^1 \frac{1}{2}(r-r^5)\mathrm{d}r = 2\pi.$$

又

$$J_1 = \iint\limits_{\Sigma_1} 2x^3\,\mathrm{d}y\,\mathrm{d}z + 2y^3\,\mathrm{d}z\,\mathrm{d}x + 3(z^2-1)\mathrm{d}x\,\mathrm{d}y$$

$$= \iint\limits_{\Sigma_1} -3\mathrm{d}x\,\mathrm{d}y = -\iint\limits_{D} -3\mathrm{d}x\,\mathrm{d}y = 3\pi,$$

因此，$I = J - J_1 = 2\pi - 3\pi = -\pi.$

【例 15】　(2019 年) 设 Σ 为曲面 $x^2 + y^2 + 4z^2 = 4(z \geqslant 0)$ 的上侧,则

$$\iint\limits_{\Sigma} \sqrt{4-x^2-4z^2}\,\mathrm{d}x\,\mathrm{d}y = \underline{\qquad}.$$

解　曲面 Σ 在 xOy 面上的投影为 $D = \{(x,y) \mid x^2 + y^2 \leqslant 4\}$,代入曲面方程化简得:

$$\iint\limits_{\Sigma} \sqrt{4-x^2-4z^2}\,\mathrm{d}x\,\mathrm{d}y = \iint\limits_{D} |y|\,\mathrm{d}x\,\mathrm{d}y = 2\int_0^\pi \mathrm{d}\theta \int_0^2 r\sin\theta \cdot r\,\mathrm{d}r = \frac{32}{2}.$$

【例 16】　(1989 年) 向量场 $\boldsymbol{u}(x,y,z) = xy^2\boldsymbol{i} + y\mathrm{e}^z\boldsymbol{j} + x\ln(1+z^2)\boldsymbol{k}$ 在点 $P(1,1,0)$ 处的散度 $\operatorname{div}\boldsymbol{u} = \underline{\qquad}.$

解　直接由散度计算公式,得

$$(\operatorname{div}\boldsymbol{u})\big|_P = \left[\frac{\partial}{\partial x}(xy^2) + \frac{\partial}{\partial y}(y\mathrm{e}^z) + \frac{\partial}{\partial z}(x\ln(1+z^2))\right]\Bigg|_P$$

$$= \left(y^2 + \mathrm{e}^z + x \cdot \frac{2z}{1+z^2}\right)\Bigg|_{(1,1,0)} = 1 + 1 = 2.$$

【例 17】　(2001 年) 设 $r = \sqrt{x^2+y^2+z^2}$, 则 $\operatorname{div}(\mathbf{grad}\,r)\big|_{(1,-2,2)} = \underline{\qquad}.$

解　$\mathbf{grad}\,r = \left(\dfrac{\partial r}{\partial x}, \dfrac{\partial r}{\partial y}, \dfrac{\partial r}{\partial z}\right) = \left(\dfrac{x}{r}, \dfrac{y}{r}, \dfrac{z}{r}\right)$, 而

$$\operatorname{div}(\mathbf{grad}\,r) = \frac{\partial}{\partial x}\left(\frac{x}{r}\right) + \frac{\partial}{\partial y}\left(\frac{y}{r}\right) + \frac{\partial}{\partial z}\left(\frac{z}{r}\right)$$

$$= \left(\frac{1}{r} - \frac{x^2}{r^3}\right) + \left(\frac{1}{r} - \frac{y^2}{r^3}\right) + \left(\frac{1}{r} - \frac{z^2}{r^3}\right)$$

$$= \frac{3}{r} - \frac{x^2+y^2+z^2}{r^3} = \frac{2}{r}.$$

所以 $\operatorname{div}(\mathbf{grad}\,r)\big|_{(1,-2,2)}=\dfrac{2}{r}\big|_{(1,-2,2)}=\dfrac{2}{3}$.

【例 18】 (2006 年) 设在上半平面 $D=\{(x,y)\mid y>0\}$ 内,函数 $f(x,y)$ 具有连续偏导数,且对任意 $t>0$ 都有 $f(tx,ty)=t^{-2}f(x,y)$. 证明:对 D 内的任意分段光滑的有向简单闭曲线 L,都有

$$\oint_L yf(x,y)\mathrm{d}x-xf(x,y)\mathrm{d}y=0.$$

证 D 内任意分段光滑有向简单闭曲线 L 所围区域记为 D_0,不妨设 L 取正向,$D_0\subset D$,则由格林公式得

$$\oint_L yf(x,y)\mathrm{d}x-xf(x,y)\mathrm{d}y=\iint\left[\frac{\partial}{\partial x}(-xf(x,y))-\frac{\partial}{\partial y}(yf(x,y))\right]\mathrm{d}\sigma$$

$$=-\iint_{D_0}(xf_x'(x,y)+yf_y'(x,y)+2f(x,y))\mathrm{d}\sigma. \qquad (*)$$

方程 $f(tx,ty)=t^{-2}f(x,y)$ 两边对 t 求导,由复合函数求导法则得

$$xf_1'(tx,ty)+yf_2'(tx,ty)=-2t^{-3}f(x,y).$$

令 $t=1$ 得

$$xf_x'(x,y)+yf_y'(x,y)+2f(x,y)=0\quad((x,y)\in D),$$

代入($*$)式即得

$$\oint_L yf(x,y)\mathrm{d}x-xf(x,y)\mathrm{d}y=0.$$

【例 19】 (1998 年) 确定常数 λ,使在右半平面 $x>0$ 上的向量

$$\mathbf{A}(x,y)=2xy(x^4+y^2)^\lambda\mathbf{i}-x^2(x^4+y^2)^\lambda\mathbf{j}$$

为某二元函数 $u(x,y)$ 的梯度,并求 $u(x,y)$.

解 令 $P(x,y)=2xy(x^4+y^4)^\lambda$,$Q(x,y)=-x^2(x^4+y^2)^\lambda$,则 $\mathbf{A}(x,y)=(P(x,y),Q(x,y))$ 在单连通区域右半平面 $x>0$ 上为某二元函数 $u(x,y)$ 的梯度当且仅当 $P\mathrm{d}x+Q\mathrm{d}y$ 在 $x>0$ 上存在原函数 $u(x,y)$,此即

$$\frac{\partial Q}{\partial x}=\frac{\partial P}{\partial y},\quad x>0. \qquad ①$$

由 ① 得

$$-2x(x^4+y^2)^\lambda-\lambda x^2(x^4+y^2)^{\lambda-1}\cdot 4x^3$$

$$=2x(x^4+y^2)^\lambda+2\lambda xy(x^4+y^2)^{\lambda-1}\cdot 2y,$$

即 $4x(x^4+y^2)^\lambda(1+\lambda)=0$,解得 $\lambda=-1$. 取 $\lambda=-1$,则

$$P\,\mathrm{d}x + Q\,\mathrm{d}y = \frac{2xy\,\mathrm{d}x - x^2\,\mathrm{d}y}{x^4 + y^2} = \frac{y\,\mathrm{d}x^2 - x^2\,\mathrm{d}y}{x^4\left[1 + \left(\frac{y}{x^2}\right)^2\right]} = \frac{-\mathrm{d}\left(\frac{y}{x^2}\right)}{1 + \left(\frac{y}{x^2}\right)^2}$$

$$= -\mathrm{d}\left(\arctan\frac{y}{x^2}\right).$$

因此 $u(x,y) = -\arctan\dfrac{y}{x^2} + C$，其中 C 为任意常数．

【例 20】 （2002 年）设函数 $f(x)$ 在 $(-\infty, +\infty)$ 内具有一阶连续导数，L 是上半平面 $(y>0)$ 内的有向分段光滑曲线，其起点为 (a,b)，终点为 (c,d)，记

$$I = \int_L \frac{1}{y}(1 + y^2 f(xy))\,\mathrm{d}x + \frac{x}{y^2}(y^2 f(xy) - 1)\,\mathrm{d}y.$$

（1） 证明：曲线积分 I 与路径无关．

（2） 当 $ab = cd$ 时，求 I 的值．

证 （1） 将 I 表示为 $I = \int_L P\,\mathrm{d}x + Q\,\mathrm{d}y$. 因上半平面 $y>0$ 是单连通区域，又

$$\frac{\partial P}{\partial y} = \frac{\partial}{\partial y}\left(\frac{1}{y} + yf(xy)\right) = -\frac{1}{y^2} + f(xy) + xyf'(xy),$$

$$\frac{\partial Q}{\partial x} = \frac{\partial}{\partial x}\left(xf(xy) - \frac{x}{y^2}\right) = f(xy) + xyf'(xy) - \frac{1}{y^2},$$

即 $\dfrac{\partial P}{\partial y} = \dfrac{\partial Q}{\partial x}$ $(y>0)$，所以积分 I 当 $y>0$ 时与路径无关．

解 （2） 由于 I 与路径无关，取特殊的一条路径：由 (a,b) 到 (c,b) 再到 (c,d) 的折线段（见图 11-16），得

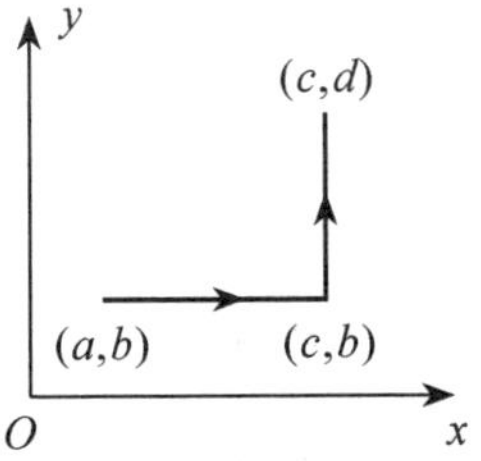

$$I = \int_a^c P(x,b)\,\mathrm{d}x + \int_b^d Q(c,y)\,\mathrm{d}y$$

$$= \int_a^c \left(\frac{1}{b} + bf(bx)\right)\mathrm{d}x + \int_b^d \left(cf(cy) - \frac{c}{y^2}\right)\mathrm{d}y$$

$$= \frac{c-a}{b} + \int_{ab}^{cb} f(t)\,\mathrm{d}t + \int_{bc}^{cd} f(t)\,\mathrm{d}t + \frac{c}{y}\bigg|_b^d$$

$$= \frac{c-a}{b} + \frac{c}{d} - \frac{c}{b} = \frac{c}{d} - \frac{a}{b}.$$

图 11-16

【例 21】 （2005 年）设函数 $\varphi(y)$ 具有连续导数，在围绕原点的任意分

段光滑简单闭曲线 L 上，曲线积分 $\oint_L \dfrac{\varphi(y)\mathrm{d}x + 2xy\,\mathrm{d}y}{2x^2 + y^4}$ 的值恒为同一常数.

(1) 证明：对右半平面 $x > 0$ 内的任意分段光滑简单闭曲线 C，有

$$\oint_C \frac{\varphi(y)\mathrm{d}x + 2xy\,\mathrm{d}y}{2x^2 + y^4} = 0.$$

(2) 求函数 $\varphi(y)$ 的表达式.

证 (1) 在右半平面 $x > 0$ 内任取两点 A, B，以 A 为起点、B 为终点任

作两条分段光滑曲线 L_1 与 L_2，记 $P = \dfrac{\varphi(y)}{2x^2 + y^4}$，$Q = \dfrac{2xy}{2x^2 + y^4}$. 要证

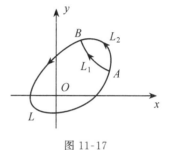

$$\int_{L_1} P\,\mathrm{d}x + Q\,\mathrm{d}y = \int_{L_2} P\,\mathrm{d}x + Q\,\mathrm{d}y.$$

以 B 为起点作另一曲线 L 绕过原点与 A 连
接，如图 11-17，按题意，

$$\int_{L \cup L_1} P\,\mathrm{d}x + Q\,\mathrm{d}y = \int_{L \cup L_2} P\,\mathrm{d}x + Q\,\mathrm{d}y,$$

即

$$\int_{L_1} P\,\mathrm{d}x + Q\,\mathrm{d}y = \int_{L_2} P\,\mathrm{d}x + Q\,\mathrm{d}y.$$

图 11-17

$\displaystyle\int_L P\,\mathrm{d}x + Q\,\mathrm{d}y$ 在右半平面与路径无关，故 $\displaystyle\oint_C P\,\mathrm{d}x + Q\,\mathrm{d}y = 0$，其中 C 为右半
平面内任意分段光滑闭曲线.

解 (2) 右半平面 $\Pi_右 (x > 0)$ 是单连通区域，在 $\Pi_右$ 上对任意分段光
滑闭曲线 C，有

$$\oint_C P\,\mathrm{d}x + Q\,\mathrm{d}y = 0 \Leftrightarrow \frac{\partial Q}{\partial x} = \frac{\partial P}{\partial y} \quad ((x,y) \in \Pi_右).$$

现计算有

$$\frac{\partial Q}{\partial x} = \frac{2y^5 - 4x^2 y}{(2x^2 + y^4)^2}, \qquad \frac{\partial P}{\partial y} = \frac{\varphi'(y)(2x^2 + y^4) - 4y^3 \varphi(y)}{(2x^2 + y^4)^2},$$

在 $\Pi_右$ 上，

$$\frac{\partial Q}{\partial x} = \frac{\partial P}{\partial y} \Leftrightarrow 2y^5 - 4x^2 y = \varphi'(y)(2x^2 + y^4) - 4y^3 \varphi(y)$$

$$\Leftrightarrow 2y^5 + 4y^3 \varphi(y) - y^4 \varphi'(y) = 2x^2(\varphi'(y) + 2y)$$

$$\Leftrightarrow 2y^5 + 4y^3 \varphi(y) - y^4 \varphi'(y) = 0 \text{ 且 } \varphi'(y) + 2y = 0,$$

由此求得 $\varphi(y) = -y^2$. 此时相应的 $\dfrac{\partial Q}{\partial x} = \dfrac{\partial P}{\partial y}$ 在全平面除原点外均成立. 因此

由格林公式知，对任意分段光滑闭曲线 L，$\int_L P\,\mathrm{d}x + Q\,\mathrm{d}y$ 均为常量，故最后求得 $\varphi(y) = -y^2$.

【例 22】　（2001 年）设有一高度为 $h(t)$（t 为时间）的雪堆在融化过程中，其侧面满足方程 $z = h(t) - \dfrac{2(x^2 + y^2)}{h(t)}$（设长度单位为 cm，时间单位为小时）. 已知体积减少的速率与侧面积成正比（比例系数为 0.9），问高度为 130 cm 的雪堆全部融化需要多少小时？

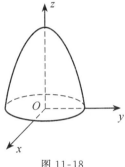

图 11-18

解　设 t 时刻雪堆的体积为 $V(t)$，侧面积为 $S(t)$，t 时刻雪堆形状如图 11-18 所示.

先求 $S(t)$ 与 $V(t)$. 侧面方程是

$$z = h(t) - \frac{2(x^2 + y^2)}{h(t)}, \quad (x, y) \in D_{xy},$$

其中 $D_{xy}: x^2 + y^2 \leqslant \dfrac{h^2(t)}{2}$. 于是

$$\frac{\partial z}{\partial x} = -\frac{4x}{h(t)}, \quad \frac{\partial z}{\partial y} = -\frac{4y}{h(t)},$$

$$S(t) = \iint_{D_{xy}} \sqrt{1 + \left(\frac{\partial z}{\partial x}\right)^2 + \left(\frac{\partial z}{\partial y}\right)^2}\,\mathrm{d}x\,\mathrm{d}y$$

$$= \iint_{D_{xy}} \frac{\sqrt{h^2(t) + 16(x^2 + y^2)}}{h(t)}\,\mathrm{d}x\,\mathrm{d}y.$$

作极坐标变换：$x = r\cos\theta$，$y = r\sin\theta$，则 $D_{xy}: 0 \leqslant \theta \leqslant 2\pi$，$0 \leqslant r \leqslant \dfrac{1}{\sqrt{2}}h(t)$，

$$S(t) = \frac{1}{h(t)} \int_0^{2\pi} \mathrm{d}\theta \int_0^{\frac{1}{\sqrt{2}}h(t)} \sqrt{h^2(t) + 16r^2}\, r\,\mathrm{d}r$$

$$= \frac{2\pi}{h(t)} \cdot \frac{1}{48} (h^2(t) + 16r^2)^{\frac{3}{2}} \Big|_0^{\frac{1}{\sqrt{2}}h(t)} = \frac{13\pi}{12} h^2(t).$$

用先二后一的积分顺序求三重积分 $V(t) = \int_0^{h(t)} \mathrm{d}z \iint_{D_z} \mathrm{d}x\,\mathrm{d}y$，其中 D_z：$\dfrac{2(x^2 + y^2)}{h(t)} \leqslant h(t) - z(t)$，即 $x^2 + y^2 \leqslant \dfrac{1}{2}(h^2(t) - h(t)z)$.

$$V(t) = \int_0^{h(t)} \frac{\pi}{2}(h^2(t) - h(t)z)\,\mathrm{d}z = \frac{\pi}{2}\left(h^3(t) - \frac{1}{2}h^3(t)\right) = \frac{\pi}{4}h^3(t).$$

再按题意列出微分方程与初始条件. 体积减少的速度是 $-\dfrac{\mathrm{d}V}{\mathrm{d}t}$, 它与侧面积成正比(比例系数为 0.9), 即

$$\frac{\mathrm{d}V}{\mathrm{d}t} = -0.9S.$$

将 $V(t)$ 与 $S(t)$ 的表达式代入, 得 $\dfrac{\pi}{4}3h^2(t)\dfrac{\mathrm{d}h}{\mathrm{d}t} = -0.9\dfrac{13\pi}{12}h^2(t)$, 即

$$\frac{\mathrm{d}h}{\mathrm{d}t} = -\frac{13}{10}, \qquad\qquad ①$$

$$h(0) = 130. \qquad\qquad ②$$

最后, 解 ① 得 $h(t) = -\dfrac{13}{10}t + C$. 由 ② 得 $C = 130$, 即

$$h(t) = -\frac{13}{10}t + 130.$$

令 $h(t) = 0$, 得 $t = 100$. 因此, 高度为 130 cm 的雪堆全部融化所需时间为 100 小时.

【例23】 (1990 年)质点 P 沿着以 AB 为直径的半圆周, 从点 $A(1,2)$ 运动到点 $B(3,4)$ 的过程中受变力 $\boldsymbol{F}$ 作用(见图11-19), $\boldsymbol{F}$ 的大小等于点 P 与原点 O 之间的距离, 其方向垂直于线段 OP 且与 y 轴正向的夹角小于 $\dfrac{\pi}{2}$. 求变力 $\boldsymbol{F}$ 对质点 P 所做的功.

解 先求作用于 $P(x,y)$ 点的力 $\boldsymbol{F}$. 按题意,

$$|\boldsymbol{F}| = |\overrightarrow{OP}| = \sqrt{x^2 + y^2},$$

与 $\overrightarrow{OP} = (x,y)$ 垂直的向量是 $\pm(-y,x)$, 其中与 y 轴正向成锐角的是 $(-y,x)$, 于是

$$\frac{\boldsymbol{F}}{|\boldsymbol{F}|} = \frac{(-y,x)}{\sqrt{x^2 + y^2}},$$

故 $\boldsymbol{F} = (-y,x)$.

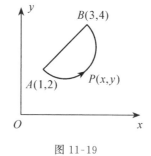

图 11-19

再求 $\boldsymbol{F}$ 对质点 P 所做的功的表达式.

$$W = \int_{\widehat{AB}} \boldsymbol{F} \cdot \mathrm{d}\boldsymbol{S} = \int_{\widehat{AB}} -y\,\mathrm{d}x + x\,\mathrm{d}y.$$

最后, 计算曲线积分. 添加辅助线 $\overline{BA}$: $y = x+1$, $x \in [3,1]$, 则

$$\int_{\overline{BA}} -y\,\mathrm{d}x + x\,\mathrm{d}y = \int_3^1 [-(x+1)+x]\mathrm{d}x = \int_3^1 (-1)\mathrm{d}x = 2.$$

在 $\overline{BA}$ 与 $\widehat{AB}$ 所围成的区域 D 上利用格林公式, 得

$$\int_{\widehat{AB}\cup\overline{BA}}(-y)\mathrm{d}x + x\,\mathrm{d}y = \iint_{D}2\mathrm{d}x\,\mathrm{d}y.$$

因此 $W = 2\cdot\dfrac{1}{2}(\sqrt{2})^2\pi - 2 = 2(\pi-1)$. 这里 D 是半圆, 半径为 $\sqrt{2}$.

第12章* 含参变量积分

1. 含参变量的常义积分

以下记 $D = [a,b] \times [c,d] = \{(x,y) \mid a \leqslant x \leqslant b, c \leqslant y \leqslant d\}$.

■ 定义

设 $f(x,y)$ 在矩形区域 $[a,b] \times [c,d]$ 上连续，则对任一固定的 $y \in [c,d]$ 积分 $\int_a^b f(x,y)\mathrm{d}x$ 存在，并确定了 y 的一个函数，记为

$$I(y) = \int_a^b f(x,y)\mathrm{d}x, \quad c \leqslant y \leqslant d,$$

称上式中的积分为含参变量的积分，y 称为参变量.

同理，称 $I(x) = \int_c^d f(x,y)\mathrm{d}y$ 为含参变量 x 的积分，它是自变量 x 的函数.

■ 性质

连续性 如果 $f(x,y)$ 在矩形 $D = [a,b] \times [c,d]$ 上连续，那么函数

$$I(y) = \int_a^b f(x,y)\mathrm{d}x, \quad c \leqslant y \leqslant d$$

在 $[c,d]$ 上也连续.

可导性 如果 $f(x,y)$ 及偏导数 $\dfrac{\partial f(x,y)}{\partial y}$ 都在 $D = [a,b] \times [c,d]$ 上连续，那么 $I(y) = \int_a^b f(x,y)\mathrm{d}x$ 在 $[c,d]$ 上可微分，且有

$$I'(y) = \frac{\mathrm{d}}{\mathrm{d}y}\int_a^b f(x,y)\mathrm{d}x = \int_a^b \frac{\partial f(x,y)}{\partial y}\mathrm{d}x.$$

积分次序交换性 如果 $f(x,y)$ 在 $D=[a,b]\times[c,d]$ 上连续，则

$$\int_c^d \mathrm{d}y \int_a^b f(x,y)\mathrm{d}x = \int_a^b \mathrm{d}x \int_c^d f(x,y)\mathrm{d}y.$$

含参变量积分求导法 若 $f(x,y)$ 与 $f_y'(x,y)$ 都在 $D=[a,b]\times[c,d]$ 上连续，$a(y),b(y)$ 的值域均在 $[a,b]$ 中，且它们都在 $[c,d]$ 上可导，则 $I(y)=\int_{a(y)}^{b(y)} f(x,y)\mathrm{d}x$ 在 $[c,d]$ 上可导，且有

$$I'(y)=\int_{a(y)}^{b(y)} f_y'(x,y)\mathrm{d}x + f(b(y),y)b'(y) - f(a(y),y)a'(y).$$

2. 含参变量的广义积分

■ 定义

① 形如 $\int_a^{+\infty} f(x,y)\mathrm{d}x$ 的积分称为含参变量 y 的广义积分. 若 $\forall y \in [c,d]$，极限 $\lim\limits_{b \to +\infty} \int_a^b f(x,y)\mathrm{d}x$ 存在，那么就称含参变量 y 的广义积分 $\int_a^{+\infty} f(x,y)\mathrm{d}x$ 在 $[c,d]$ 上收敛.

相应地，可定义 $\int_{-\infty}^b f(x,y)\mathrm{d}x$ 及 $\int_{-\infty}^{+\infty} f(x,y)\mathrm{d}x$ 的收敛性.

显然，若 $\int_a^{+\infty} f(x,y)\mathrm{d}x$ 在 $[c,d]$ 上收敛，则它的值给出了一个定义在 $[c,d]$ 上的函数 $I(y)=\int_a^{+\infty} f(x,y)\mathrm{d}x$.

② 设 f 在 $D=[a,+\infty)\times[c,d]$ 上连续，并且 $\forall y \in [c,d]$，$\int_a^{+\infty} f(x,y)\mathrm{d}x$ 收敛. 若 $\forall \varepsilon > 0$，$\exists B(\varepsilon) > 0$，使得当 $b > B(\varepsilon)$ 时，$\forall y \in [c,d]$ 都有

$$\left| \int_b^{+\infty} f(x,y)\mathrm{d}x \right| < \varepsilon,$$

则称 $\int_a^{+\infty} f(x,y)\mathrm{d}x$ 关于 y 在 $[c,d]$ 上一致收敛.

3. 一致收敛的常用判别法

■ 比较判别法定理

设 $f(x,y)$ 在 $D=[a,+\infty)\times[c,d]$ 上连续，且

$$|f(x,y)| \leqslant F(x), \quad \forall y \in [c,d].$$

若 $\int_a^{+\infty} F(x)\mathrm{d}x$ 收敛，则 $\int_a^{+\infty} f(x,y)\mathrm{d}x$ 关于 y 在 $[c,d]$ 上一致收敛.

■ **性质**

连续性 设 $f(x,y)$ 在 $[a,+\infty) \times [c,d]$ 上连续，且 $I(y) = \int_a^{+\infty} f(x,y)\mathrm{d}x$ 关于 y 在 $[c,d]$ 上一致收敛，则 $I(y)$ 在 $[c,d]$ 上连续，即 $\forall y_0 \in [c,d]$，有

$$\lim_{y \to y_0} \int_a^{+\infty} f(x,y)\mathrm{d}x = \int_a^{+\infty} \lim_{y \to y_0} f(x,y)\mathrm{d}x = \int_a^{+\infty} f(x,y_0)\mathrm{d}x.$$

可微性 设 $f(x,y)$ 与 $f_y'(x,y)$ 均在 $[a,+\infty) \times [c,d]$ 上连续，且 $I(y) = \int_a^{+\infty} f(x,y)\mathrm{d}x$ 在 $[c,d]$ 上收敛，$\int_a^{+\infty} f_y'(x,y)\mathrm{d}x$ 关于 y 在 $[c,d]$ 上一致收敛，则 $I(y)$ 在 $[c,d]$ 上有连续的导数，且有

$$\frac{\mathrm{d}}{\mathrm{d}y} \int_a^{+\infty} f(x,y)\mathrm{d}x = \int_a^{+\infty} f_y'(x,y)\mathrm{d}x.$$

可积性 设 $f(x,y)$ 在 $[a,+\infty) \times [c,d]$ 上连续，且 $I(y) = \int_a^{+\infty} f(x,y)\mathrm{d}x$ 关于 y 在 $[c,d]$ 上一致收敛，则 $I(y)$ 在 $[c,d]$ 上可积，且有

$$\int_c^d \mathrm{d}y \int_a^{+\infty} f(x,y)\mathrm{d}x = \int_a^{+\infty} \mathrm{d}x \int_c^d f(x,y)\mathrm{d}y.$$

4. Γ 函数与 B 函数

■ **Γ 函数及其性质**

函数

$$\Gamma(a) = \int_0^{+\infty} x^{a-1} \mathrm{e}^{-x} \mathrm{d}x \quad (a > 0)$$

称为 Γ 函数(或读作 Gamma 函数).

Γ 函数具有下面一些性质：

性质 1 $\Gamma(a)$ 在定义域 $(0,+\infty)$ 内连续，且有各阶连续导数.

性质 2 对任意 $a > 0$，$\Gamma(a) > 0$，且 $\Gamma(1) = 1$.

性质 3 递推公式：$\Gamma(a+1) = a\Gamma(a)$ $(a > 0)$.

性质 4 $\ln \Gamma(a)$ 是 $(0,+\infty)$ 上的下凸函数.

■ **B 函数及其性质**

函数

$$B(a,b) = \int_0^1 x^{a-1}(1-x)^{b-1}\mathrm{d}x \quad (a > 0, b > 0)$$

称为 B 函数(或读作 Beta 函数),可证明它的定义域为 $D = \{(a,b) \mid a > 0, b > 0\}$.

Γ 函数与 B 函数之间有如下关系:

$$B(a,b) = \frac{\Gamma(a)\Gamma(b)}{\Gamma(a+b)}.$$

性质 5　$B(a,b)$ 在定义域 $a > 0, b > 0$ 内连续,且有任意阶连续偏导数.

性质 6　对称性: $B(a,b) = B(b,a)$.

性质 7　递推公式:

$$B(a,b) = \frac{b-1}{a+b-1}B(a,b-1) \quad (a > 0, b > 1),$$

$$B(a,b) = \frac{a-1}{a+b-1}B(a-1,b) \quad (a > 1, b > 0).$$

二、典型例题分析

【例 1】　讨论 $\int_0^1 x^{p-1}\ln^2 x \, \mathrm{d}x$ 在 $p \geqslant p_0 > 0$ 中的一致收敛性.

解　当 $p \geqslant p_0 > 0$ 时,积分以 $x = 0$ 为唯一瑕点. 由于当 $x \in (0,1)$ 时,

$$\left| x^{p-1}\ln^2 x \right| \leqslant \frac{\ln^2 x}{x^{1-p_0}},$$

而瑕积分 $\int_0^1 \frac{\ln^2 x}{x^{1-p_0}}\mathrm{d}x$ 是收敛的,故由 M 判别法知,积分在 $p \geqslant p_0 > 0$ 上是一致收敛的.

【例 2】　设 $f(x)$ 是 $[0,1]$ 上的正值连续函数,讨论 $F(y) = \int_0^1 \frac{yf(x)}{x^2 + y^2}\mathrm{d}x$ 的连续性.

解　因为 $\frac{yf(x)}{x^2 + y^2}$ 当 $y \neq 0$ 时在 $[0,1]$ 上连续,所以当 $y \neq 0$ 时,$F(y)$

连续. 当 $y=0$ 时, $F(0)=0$. 但当 $y>0$ 时, 由 $f(x)$ 的连续性, $f(x)$ 必有最小值 m, 使

$$F(y) > m \int_0^1 \frac{y \, dx}{x^2+y^2} = m \arctan \frac{1}{y}.$$

而 $\lim\limits_{y \to 0^+} m \arctan \dfrac{1}{y} = m \cdot \dfrac{\pi}{2} > m$, 从而存在 $\delta > 0$, 当 $0 < y < \delta$ 时, 有

$$m \arctan \frac{1}{y} > m,$$

即 $F(y) > m$, 所以 $F(y)$ 在 $y=0$ 处间断.

【例 3】 计算积分 $I = \displaystyle\int_0^1 \frac{\ln(1+x)}{1+x^2} dx$.

解 令 $I(\alpha) = \displaystyle\int_0^1 \frac{\ln(1+\alpha x)}{1+x^2} dx$, 则 $I = I(1)$, $I(0) = 0$, 且

$$f(x,\alpha) = \frac{\ln(1+\alpha x)}{1+x^2} \quad \text{及} \quad f'_\alpha(x,\alpha) = \frac{x}{(1+x^2)(1+\alpha x)}$$

在 $[0,1;0,1]$ 上连续, 满足积分号下求导数的条件, 故

$$I'(\alpha) = \int_0^1 \frac{x}{(1+x^2)(1+\alpha x)} dx = \frac{1}{1+\alpha^2} \left(-\ln(1+\alpha) + \frac{1}{2}\ln 2 + \frac{\pi \alpha}{4} \right).$$

在 $[0,1]$ 上积分此式, 得

$$\int_0^1 I'(\alpha) d\alpha = -\int_0^1 \frac{\ln(1+\alpha)}{1+\alpha^2} d\alpha + \frac{1}{2}\ln 2 \cdot \arctan \alpha \Big|_0^1 + \frac{\pi}{8}\ln(1+\alpha^2) \Big|_0^1$$

$$= \frac{\pi}{4}\ln 2 - I(1).$$

但 $\displaystyle\int_0^1 I'(\alpha) d\alpha = I(1) - I(0) = I(1)$, 故 $I \equiv I(1) = \dfrac{\pi}{8}\ln 2$.

【例 4】 设 $F(t) = \displaystyle\int_0^{t^2} dx \int_{x-t}^{x+t} \sin(x^2+y^2-t^2) \, dy$, 求 $F'(t)$.

解 令 $f(x,t) = \displaystyle\int_{x-t}^{x+t} \sin(x^2+y^2-t^2) \, dy$, 其中 x,t 为参变量. 由含参变量积分的求导公式, 得

$$F'(t) = 2t \int_{t^2-t}^{t^2+t} \sin(t^4+y^2-t^2) \, dy + \int_0^{t^2} \left(\frac{\partial}{\partial t} \int_{x-t}^{x+t} \sin(x^2+y^2-t^2) \, dy \right) dx.$$

而

$$\frac{\partial}{\partial t} \int_{x-t}^{x+t} \sin(x^2 + y^2 - t^2) \, \mathrm{d}y$$

$$= \sin(x^2 + (x+t)^2 - t^2) - (-1)\sin(x^2 + (x-t)^2 - t^2)$$

$$+ \int_{x-t}^{x+t} (-2t)\cos(x^2 + y^2 - t^2) \, \mathrm{d}y$$

$$= 2\sin 2x^2 \cos 2xt - 2t \int_{x-t}^{x+t} \cos(x^2 + y^2 - t^2) \, \mathrm{d}y,$$

故

$$F'(t) = 2t \int_{t^2-t}^{t^2+t} \sin(t^4 + y^2 - t^2) \, \mathrm{d}y + 2 \int_0^{t^2} \sin 2x^2 \cos 2xt \, \mathrm{d}x$$

$$- 2t \int_0^{t^2} \mathrm{d}x \int_{x-t}^{x+t} \cos(x^2 + y^2 - t^2) \, \mathrm{d}y.$$

【例 5】 求下列函数的二阶导数:

$$F(x) = \int_0^x (x+y) f(y) \mathrm{d}y,$$

其中, f 为可微函数.

解 $F'(x) = 2xf(x) + \int_0^x f(y)\mathrm{d}y,$

$$F''(x) = 2f(x) + 2xf'(x) + f(x) = 3f(x) + 2xf'(x).$$

【例 6】 计算 $I(x) = \int_0^{\frac{\pi}{2}} \ln(\sin^2\theta + x^2\cos^2\theta) \, \mathrm{d}\theta, \quad 0 < x < +\infty.$

解 令 $f(x,\theta) = \ln(\sin^2\theta + x^2\cos^2\theta)$. $\forall x_0 \in (0,+\infty)$, $f(x,\theta)$ 在 $\left[\frac{1}{2}x_0, 2x_0\right] \times \left[0, \frac{\pi}{2}\right]$ 上连续, 且

$$f'_x(x,\theta) = \frac{2x\cos^2\theta}{\sin^2\theta + x^2\cos^2\theta}$$

也在 $\left[\frac{1}{2}x_0, 2x_0\right] \times \left[0, \frac{\pi}{2}\right]$ 上连续, 应用积分号下求导的性质, 可得 $\forall x \in (0, +\infty)$,

$$I'(x) = \int_0^{\frac{\pi}{2}} \frac{2x\cos^2\theta}{\sin^2\theta + x^2\cos^2\theta}\mathrm{d}\theta = 2x\int_0^{\frac{\pi}{2}} \frac{\mathrm{d}\theta}{x^2 + \tan^2\theta} \quad (\diamondsuit \tan\theta = t)$$

$$= 2x\int_0^{+\infty} \frac{1}{x^2 + t^2} \cdot \frac{1}{1 + t^2}\mathrm{d}t$$

$$= \frac{2x}{x^2 - 1}\int_0^{+\infty} \left(\frac{1}{1 + t^2} - \frac{1}{x^2 + t^2}\right)\mathrm{d}t \quad (x \neq 1)$$

$$= \frac{2x}{x^2-1}\left(\frac{\pi}{2}-\frac{1}{x}\frac{\pi}{2}\right) = \frac{\pi}{1+x}.$$

积分得

$$I(x) = \pi \ln(1+x) + C \quad (x \neq 1).$$

由 $I(x)$ 的连续性知，上述表达式对 $x=1$ 也成立. 在原式中令 $x=1$，则 $I(1)=0$，从而 $C=-\pi\ln 2$. 最后得到 $I(x) = \pi\ln\dfrac{1+x}{2}$.

【例 7】 求 $I(\alpha) = \displaystyle\int_0^{\frac{\pi}{2}} \ln\frac{1+\alpha\cos x}{1-\alpha\cos x} \cdot \frac{1}{\cos x}\mathrm{d}x$，$|\alpha| < 1$.

解 由于

$$\lim_{x\to\frac{\pi}{2}}\ln\frac{1+\alpha\cos x}{1-\alpha\cos x}\cdot\frac{1}{\cos x} = \lim_{x\to\frac{\pi}{2}}\left(\frac{\ln(1+\alpha\cos x)}{\cos x}-\frac{\ln(1-\alpha\cos x)}{\cos x}\right) = 2\alpha,$$

于是 $x=\dfrac{\pi}{2}$ 不是瑕点. 又

$$\frac{\ln(1+\alpha\cos x)}{\cos x} - \frac{\ln(1-\alpha\cos x)}{\cos x} = \int_{-\alpha}^{\alpha}\frac{\mathrm{d}y}{1+y\cos x},$$

令 $f(x,y) = \dfrac{1}{1+y\cos x}$，$\forall\alpha\in(-1,1)$，$f(x,y)$ 在 $\left[0,\dfrac{\pi}{2}\right]\times[-\alpha,\alpha]$ 上连续，利用交换积分次序性质，

$$I(\alpha) = \int_{-\alpha}^{\alpha}\mathrm{d}y\int_0^{\frac{\pi}{2}}\frac{\mathrm{d}x}{1+y\cos x}$$

$$= \int_{-\alpha}^{\alpha}\frac{2}{\sqrt{1-y^2}}\arctan\left(\sqrt{\frac{1-y}{1+y}}\tan\frac{x}{2}\right)\Bigg|_0^{\frac{\pi}{2}}\mathrm{d}y$$

$$= \int_{-\alpha}^{\alpha}\frac{2}{\sqrt{1-y^2}}\arctan\sqrt{\frac{1-y}{1+y}}\,\mathrm{d}y$$

$$= \int_0^{\alpha}\frac{2}{\sqrt{1-y^2}}\left(\arctan\sqrt{\frac{1-y}{1+y}}+\arctan\sqrt{\frac{1+y}{1-y}}\right)\mathrm{d}y$$

$$= \pi\int_0^{\alpha}\frac{\mathrm{d}y}{\sqrt{1-y^2}} = \pi\arcsin\alpha.$$

【例 8】 证明：$F(\alpha) = \displaystyle\int_0^{+\infty}\frac{x\,\mathrm{d}x}{2+x^{\alpha}}$ 在 $(2,+\infty)$ 上连续.

证 $\forall\varepsilon>0$，当 $\alpha\in[2+\varepsilon,+\infty)$ 时，有

$$\left|\frac{x}{2+x^{\alpha}}\right| \leqslant \frac{1}{x^{1+\varepsilon}}, \quad x \in [1, +\infty).$$

由 M 判别法知，$\displaystyle\int_1^{+\infty} \frac{x}{2+x^{\alpha}} \mathrm{d}x$ 关于 $\alpha \in [2+\varepsilon, +\infty)$ 是一致收敛的. 由此以及一致收敛的定义知，$\displaystyle\int_0^{+\infty} \frac{x}{2+x^{\alpha}} \mathrm{d}x$ 关于 $\alpha \in [2+\varepsilon, +\infty)$ 也是一致收敛的. 于是 $F(\alpha)$ 在 $[2+\varepsilon, +\infty)$ 上连续. 由 ε 的任意性知 $F(\alpha)$ 在 $(2, +\infty)$ 上连续.

【例 9】 计算积分 $\displaystyle\int_0^{+\infty} \frac{\mathrm{e}^{-a^2 x^2} - \mathrm{e}^{-b^2 x^2}}{x^2} \mathrm{d}x$.

解 利用分部积分，有

$$\int_0^{+\infty} \frac{\mathrm{e}^{-a^2 x^2} - \mathrm{e}^{-b^2 x^2}}{x^2} \mathrm{d}x = -\int_0^{+\infty} (\mathrm{e}^{-a^2 x^2} - \mathrm{e}^{-b^2 x^2}) \, \mathrm{d}\left(\frac{1}{x}\right)$$

$$= \frac{\mathrm{e}^{-a^2 x^2} - \mathrm{e}^{-b^2 x^2}}{x} \Big|_0^{+\infty} + 2\int_0^{+\infty} (b^2 \mathrm{e}^{-b^2 x^2} - a^2 \mathrm{e}^{-a^2 x^2}) \, \mathrm{d}x$$

$$= \sqrt{\pi}(b - a).$$

【例 10】 证明：$\mathrm{B}\left(\dfrac{1}{3}, \dfrac{1}{2}\right) = \dfrac{\sqrt{3}}{2\pi} \dfrac{\left(\Gamma\left(\dfrac{1}{3}\right)\right)^3}{3\sqrt{2}}$.

证 利用 B 函数与 Γ 函数的性质，有

$$\mathrm{B}\left(\frac{1}{3}, \frac{1}{2}\right) = \frac{\Gamma\left(\dfrac{1}{3}\right)\Gamma\left(\dfrac{1}{2}\right)}{\Gamma\left(\dfrac{1}{3} + \dfrac{1}{2}\right)},$$

而 $\Gamma\left(\dfrac{1}{2}\right) = \sqrt{2}$，$\Gamma\left(\dfrac{2}{3}\right) = \dfrac{1}{\sqrt{\pi} \cdot \sqrt[3]{2}} \Gamma\left(\dfrac{1}{3}\right)\Gamma\left(\dfrac{1}{3} + \dfrac{1}{2}\right)$，

$$\Gamma\left(\frac{2}{3}\right)\Gamma\left(\frac{1}{3}\right) = \Gamma\left(1 - \frac{1}{3}\right)\Gamma\left(\frac{1}{3}\right) = \frac{\pi}{\sin\dfrac{\pi}{3}} = \frac{2}{\sqrt{3}}\pi,$$

即得 $\mathrm{B}\left(\dfrac{1}{3}, \dfrac{1}{2}\right) = \dfrac{\left(\Gamma\left(\dfrac{1}{3}\right)\right)^2}{\sqrt[3]{2}\,\Gamma\left(\dfrac{2}{3}\right)} = \dfrac{\sqrt{3}}{2\pi} \dfrac{\left(\Gamma\left(\dfrac{1}{3}\right)\right)^3}{\sqrt[3]{2}}$.

三、教材习题全解

习题 12-1

=== **A　类** ===

1. 求下列含参变量的积分所确定的函数的极限:

(1) $\displaystyle\lim_{x\to0}\int_x^{1+x}\frac{\mathrm{d}y}{1+x^2+y^2}$;　　　　(2) $\displaystyle\lim_{x\to0}\int_{-1}^1\sqrt{x^2+y^2}\,\mathrm{d}y$;

(3) $\displaystyle\lim_{x\to0}\int_0^2 y^2\cos xy\,\mathrm{d}y$.

解　(1) 设 $\varphi(x)=\displaystyle\int_x^{1+x}\frac{\mathrm{d}y}{1+x^2+y^2}$. 因 x,$1+x$ 连续,所以当 $-\infty<x<+\infty$ 时,$\varphi(x)$ 是连续的. 故

$$\lim_{x\to0}\varphi(x)=\varphi(0)=\int_0^1\frac{\mathrm{d}y}{1+y^2}=(\arctan y)\,\Big|_0^1=\frac{\pi}{4}.$$

(2) 设 $\varphi(x)=\displaystyle\int_{-1}^1\sqrt{x^2+y^2}\,\mathrm{d}y$. 显然 $\varphi(x)$ 是 $-\infty<x<+\infty$ 上的连续函数,于是

$$\lim_{x\to0}\int_{-1}^1\sqrt{x^2+y^2}\,\mathrm{d}y=\varphi(0)=\int_{-1}^1|y|\,\mathrm{d}y=2\int_0^1 y\,\mathrm{d}y=1.$$

(3) 设 $\varphi(x)=\displaystyle\int_0^2 y^2\cos xy\,\mathrm{d}y$. 显然在 $-\infty<x<+\infty$ 上,$\varphi(x)$ 为连续函数,于是

$$\lim_{x\to0}\int_0^2 y^2\cos xy\,\mathrm{d}y=\varphi(0)=\int_0^2 y^2\,\mathrm{d}y=\frac{1}{3}y^3\,\Big|_0^2=\frac{8}{3}.$$

2. 求下列函数的导数:

(1) $\varphi(x)=\displaystyle\int_0^x\frac{\ln(1+xy)}{y}\mathrm{d}y$;　　　　(2) $\varphi(x)=\displaystyle\int_x^{x^2}\mathrm{e}^{-xy^2}\,\mathrm{d}y$;

(3) $\varphi(y)=\displaystyle\int_{a+y}^{b+y}\frac{\sin xy}{x}\mathrm{d}x$.

解　(1) $\varphi'(x)=\displaystyle\int_0^x\frac{1}{1+xy}\mathrm{d}y+\frac{\ln(1+x^2)}{x}=\frac{1}{x}\ln(1+xy)\,\Big|_0^x+\frac{\ln(1+x^2)}{x}$

$$=\frac{1}{x}\ln(1+x^2)+\frac{1}{x}\ln(1+x^2)=\frac{2}{x}\ln(1+x^2).$$

(2) $\varphi'(x) = \displaystyle\int_x^{x^2} \dfrac{\partial(e^{-xy^2})}{\partial x}dy + e^{-x \cdot (x^2)^2} \cdot 2x - e^{-x \cdot x^2} \cdot 1$

$\qquad\quad = -\displaystyle\int_x^{x^2} y^2 e^{-xy^2}dy + e^{-x^5} \cdot 2x - e^{-x^3}.$

(3) $\varphi'(y) = \dfrac{\sin y(b+y)}{b+y} - \dfrac{\sin y(a+y)}{a+y} + \displaystyle\int_{a+y}^{b+y} \cos xy\, dx$

$\qquad\quad = \left(\dfrac{1}{y} + \dfrac{1}{b+y}\right)\sin y(b+y) - \left(\dfrac{1}{y} + \dfrac{1}{a+y}\right)\sin y(a+y).$

3. 应用积分号下微分法或积分号下积分法，计算下列积分：

(1) $I = \displaystyle\int_0^{\frac{\pi}{2}} \ln(\cos^2 x + a^2 \sin^2 x)\, dx \quad (a > 0);$

(2) $\displaystyle\int_0^1 \sin\left(\ln\dfrac{1}{x}\right)\dfrac{x^b - x^a}{\ln x}dx \quad (b > a > 0);$

(3) $\displaystyle\int_0^1 \cos\left(\ln\dfrac{1}{x}\right)\dfrac{x^b - x^a}{\ln x}dx \quad (b > a > 0);$

(4) $\displaystyle\int_0^{\pi} \ln(1 - 2a\cos x + a^2)\, dx, \quad |a| < 1.$

解 (1) 设 $\varphi(a) = \displaystyle\int_0^{\frac{\pi}{2}} \ln(\cos^2 x + a^2 \sin^2 x)\, dx$，则有

$$\varphi'(a) = \int_0^{\frac{\pi}{2}} \dfrac{2a\sin^2 x}{a^2\sin^2 x + \cos^2 x}dx \xlongequal{t = \tan x} \dfrac{2}{a}\int_0^{+\infty}\dfrac{t^2\, dt}{(t^2+1)\left(t^2 + \dfrac{1}{a^2}\right)}$$

$$= \dfrac{2}{a}\int\left[\dfrac{a^2}{a^2-1}\cdot\dfrac{1}{1+t^2} - \dfrac{1}{a^2-1}\cdot\dfrac{1}{t^2 + \left(\dfrac{1}{a}\right)^2}\right]dt$$

$$= \dfrac{2}{a}\left(\dfrac{a^2}{a^2-1}\arctan t - \dfrac{a}{a^2-1}\arctan t\right)\Bigg|_0^{+\infty} = \dfrac{\pi}{a+1}.$$

所以

$$\varphi(a) = \int\dfrac{\pi}{a+1}da = \pi\ln(a+1) + C.$$

因 $\varphi(1) = 0$，故 $C = -\pi\ln 2$，$\varphi(a) = \pi(\ln(a+1) - \ln 2)$，即

$$I = \pi(\ln(a+1) - \ln 2) = \pi\ln\dfrac{a+1}{2}.$$

(2) 由于 $\dfrac{x^b - x^a}{\ln x} = \displaystyle\int_a^b x^y dy$，则原积分 $= \displaystyle\int_0^1\left(\int_a^b \sin\left(\ln\dfrac{1}{x}\right)x^y dy\right)dx$. 令

$$f(x,y) = \begin{cases} \sin\left(\ln\dfrac{1}{x}\right)x^y, & 0 < x \leqslant 1, \\ 0, & x = 0, \end{cases}$$

则 $f(x,y)$ 在 $R = [0,1]\times[a,b]$ 上连续，所以由含参变量正常积分的可积性定理，有

$$\int_0^1 \left(\int_a^b \sin\left(\ln\frac{1}{x}\right) x^y \, \mathrm{d}y \right) \mathrm{d}x = \int_a^b \mathrm{d}y \int_0^1 \sin\left(\ln\frac{1}{x}\right) x^y \, \mathrm{d}y$$

$$= \int_a^b \mathrm{d}y \int_0^{+\infty} \mathrm{e}^{-(y+1)t} \sin t \, \mathrm{d}t = \int_a^b \frac{1}{1+(1+y)^2} \mathrm{d}y$$

$$= \arctan(1+b) - \arctan(1+a).$$

(3) 原式 $= \int_0^1 \mathrm{d}x \int_a^b x^y \cos\left(\ln\frac{1}{x}\right) \mathrm{d}y = \int_a^b \mathrm{d}y \int_0^1 x^y \cos\left(\ln\frac{1}{x}\right) \mathrm{d}x.$ 令

$$g(x,y) = \begin{cases} x^y \cos\left(\ln\dfrac{1}{x}\right), & 0 < x \leqslant 1, \\ 0, & x = 0, \end{cases}$$

则 $g(x,y)$ 在 $R = [0,1] \times [a,b]$ 上连续,有

$$\int_0^1 \mathrm{d}x \int_a^b x^y \cos\left(\ln\frac{1}{x}\right) \mathrm{d}y = \int_a^b \mathrm{d}y \int_0^1 \cos\left(\ln\frac{1}{x}\right) \mathrm{d}x = \int_a^b \frac{1+y}{1+(1+y)^2} \mathrm{d}y$$

$$= \frac{1}{2} \ln \frac{(b+1)^2+1}{(a+1)^2+1}.$$

(4) 设 $I(a) = \int_0^\pi \ln(1 - 2a\cos x + a^2) \, \mathrm{d}x.$ 因为

$$1 - 2a\cos x + a^2 \geqslant 1 - 2|a| + a^2 = (1-|a|)^2 \geqslant 0,$$

故 $\ln(1 - 2a\cos x + a^2)$ 为连续函数且有连续导数,从而可在积分号下求导数,

$$I'(a) = \int_0^\pi \frac{-2\cos x + 2a}{1 - 2a\cos x + a^2} \mathrm{d}x = \frac{1}{a} \int_0^\pi \left(1 + \frac{a^2-1}{1-2a\cos x+a^2}\right) \mathrm{d}x$$

$$= \frac{\pi}{a} - \frac{1-a^2}{a} \int_0^\pi \frac{\mathrm{d}x}{(1+a^2) - 2a\cos x}$$

$$= \frac{\pi}{a} - \frac{1-a^2}{a(1+a^2)} \int_0^\pi \frac{\mathrm{d}x}{1 + \left(\dfrac{-2a}{1+a^2}\right)\cos x}$$

$$= \frac{\pi}{a} - \frac{2}{a} \arctan\left(\frac{1+a}{1-a} \tan\frac{x}{2}\right) \Big|_0^\pi = \frac{\pi}{a} - \frac{2}{a} \cdot \frac{\pi}{2} = 0.$$

于是 $I(a) = C$(常数). 但 $I(0) = 0$,故 $C = 0$,从而 $I(a) = 0$.

=== **B** 类===

1. 应用对参数的微分法,求下列积分:

$$\int_0^{\frac{\pi}{2}} \ln(a^2\sin^2 x + b^2\cos^2 x) \, \mathrm{d}x \quad (a^2 + b^2 \neq 0).$$

解 若 $|a| = 0$,则 $|b| > 0$,所以

$$原式 = \int_0^{\frac{\pi}{2}} \ln(b^2\cos^2 x) \, \mathrm{d}x = \pi \ln \frac{|b|}{2}.$$

若 $|b| = 0$,则 $|a| > 0$,有

$$原式 = \int_0^{\frac{\pi}{2}} \ln(a^2\sin^2 x) \, \mathrm{d}x = \pi \ln \frac{|a|}{2}.$$

若 $|ab| \neq 0$，令 $I(b) = \int_0^{\frac{\pi}{2}} \ln(a^2 \sin^2 x + b^2 \cos^2 x)\,\mathrm{d}x$，由已知可得

$$I'(b) = \int_0^{\frac{\pi}{2}} \frac{1}{1 + \left(\dfrac{a}{b}\tan x\right)^2}\,\mathrm{d}x = \frac{\pi}{|a| + |b|}.$$

从而 $I(b) = \int_0^b I'(t)\mathrm{d}t + I(0)$. 又 $I(0) = \int_0^{\frac{\pi}{2}} \ln(a^2 \sin^2 x)\,\mathrm{d}x = \pi \ln \dfrac{|a|}{2}$，所以

$$I(b) = \int_0^{|b|} \frac{\pi}{|a| + t}\mathrm{d}t + \pi \ln \frac{|a|}{2} = \pi \ln \frac{|a| + |b|}{2}.$$

故当 $a^2 + b^2 \neq 0$ 时，有原式 $= \pi \ln \dfrac{|a| + |b|}{2}$.

2. 设 f 为可微函数，试求下列函数 F 的二阶导数：

(1) $F(x) = \displaystyle\int_0^x (x + y)f(y)\mathrm{d}y$;

(2) $F(x) = \displaystyle\int_a^b f(y)|x - y|\mathrm{d}y \quad (a < b)$.

解 (1) $F(x) = x\displaystyle\int_0^x f(y)\mathrm{d}y + \int_0^x yf(y)\mathrm{d}y$, $F'(x) = \displaystyle\int_0^x f(y)\mathrm{d}y + 2xf(x)$,

$$F''(x) = f(x) + 2f(x) + 2xf'(x) = 3f(x) + 2xf'(x).$$

(2) 若 $x \in (a,b)$，则 $F(x) = \displaystyle\int_a^x (x - y)f(y)\mathrm{d}y + \int_x^b (y - x)f(y)\mathrm{d}y$,

$$F'(x) = \int_a^x \frac{\partial}{\partial x}[(x - y)f(y)]\mathrm{d}y - \int_b^x \frac{\partial}{\partial x}[(y - x)f(y)]\mathrm{d}y$$

$$= \int_a^x f(y)\mathrm{d}y + \int_b^x f(y)\mathrm{d}y,$$

$$F''(x) = f(x) + f(x) = 2f(x).$$

若 $x \notin (a,b)$，不妨设 $x \leqslant a$，则 $F(x) = \displaystyle\int_a^b (y - x)f(y)\mathrm{d}y$,

$$F'(x) = \int_a^b \frac{\partial}{\partial x}[(y - x)f(y)]\mathrm{d}y = -\int_a^b f(y)\mathrm{d}y, \quad F''(x) = 0.$$

同理，对于 $x \geqslant b$，也有 $F''(x) = 0$.

故 $F''(x) = \begin{cases} 2f(x), & x \in (a,b), \\ 0, & x \notin (a,b). \end{cases}$

习题 12-2

=== **A** 类 ===

1. 讨论下列含参变量反常积分在指定区间内的一致收敛性：

(1) $\displaystyle\int_0^{+\infty} \mathrm{e}^{-ax}\sin x\,\mathrm{d}x \quad (0 < a_0 \leqslant a < +\infty)$;

(2) $\displaystyle\int_{1}^{+\infty} x^{b} \mathrm{e}^{-x} \mathrm{d}x \quad (a \leqslant b \leqslant c)$;

(3) $\displaystyle\int_{-\infty}^{+\infty} \frac{\cos a x}{1+x^{2}} \mathrm{d}x \quad (-\infty < a < +\infty)$.

解 (1) 因为当 $0 < a_{0} \leqslant +\infty$ 时,$|\mathrm{e}^{-ax} \sin x| \leqslant \mathrm{e}^{-a_{0}x}$,而 $\displaystyle\int_{0}^{+\infty} \mathrm{e}^{-a_{0}x} \mathrm{d}x = \frac{1}{a_{0}}$ 收敛,

所以积分 $\displaystyle\int_{0}^{+\infty} \mathrm{e}^{-ax} \sin x \ \mathrm{d}x$ 在区间 $0 < a_{0} \leqslant a < +\infty$ 上一致收敛.

(2) 因为当 $a \leqslant b \leqslant c$ 时,$0 < x^{b} \mathrm{e}^{-x} \leqslant x^{c} \mathrm{e}^{-x} \ (x > 1)$,而

$$\lim_{x \to +\infty} x^{2} x^{c} \mathrm{e}^{-x} = \lim_{x \to +\infty} \frac{x^{c+2}}{\mathrm{e}^{x}} = 0,$$

所以 $\displaystyle\int_{1}^{+\infty} x^{c} \mathrm{e}^{-x} \mathrm{d}x$ 收敛,从而积分 $\displaystyle\int_{1}^{+\infty} x^{b} \mathrm{e}^{-x} \mathrm{d}x$ 在区间 $a \leqslant b \leqslant c$ 上一致收敛.

(3) 因为 $\left| \dfrac{\cos a x}{1+x^{2}} \right| \leqslant \dfrac{1}{1+x^{2}}$,而 $\displaystyle\int_{-\infty}^{+\infty} \frac{1}{1+x^{2}} \mathrm{d}x = \pi$ 收敛,所以积分 $\displaystyle\int_{-\infty}^{+\infty} \frac{\cos a x}{1+x^{2}} \mathrm{d}x$

在 $-\infty < a < +\infty$ 上一致收敛.

2.计算下列积分:

(1) $\displaystyle\int_{0}^{+\infty} \frac{\mathrm{e}^{-ax^{2}} - \mathrm{e}^{-\beta x^{2}}}{x} \mathrm{d}x \quad (\alpha > 0, \beta > 0)$;

(2) $\displaystyle\int_{0}^{+\infty} \frac{\mathrm{e}^{-ax} - \mathrm{e}^{-bx}}{x} \mathrm{d}x \quad (a > 0, b > 0)$.

解 (1) 设 $\alpha < \beta$,则

$$\frac{\mathrm{e}^{-ax^{2}} - \mathrm{e}^{-\beta x^{2}}}{x} = \int_{a}^{\beta} x \ \mathrm{e}^{-yx^{2}} \mathrm{d}y.$$

由于积分 $\displaystyle\int_{0}^{+\infty} x \ \mathrm{e}^{-yx^{2}} \mathrm{d}x$ 当 $a \leqslant y \leqslant \beta$ 时一致收敛(因为 $0 \leqslant x \ \mathrm{e}^{-yx^{2}} \leqslant x \ \mathrm{e}^{-ax^{2}}$ 而

$\displaystyle\int_{0}^{+\infty} x \ \mathrm{e}^{-ax^{2}} \mathrm{d}x$ 收敛),所以可以交换积分顺序,即

$$\int_{0}^{+\infty} \frac{\mathrm{e}^{-ax^{2}} - \mathrm{e}^{-\beta x^{2}}}{x} \mathrm{d}x = \int_{0}^{+\infty} \mathrm{d}x \int_{a}^{\beta} x \ \mathrm{e}^{-yx^{2}} \mathrm{d}y = \int_{a}^{\beta} \mathrm{d}y \int_{0}^{+\infty} x \ \mathrm{e}^{-yx^{2}} \mathrm{d}x$$

$$= \int_{a}^{\beta} \frac{1}{2y} \mathrm{d}y = \frac{1}{2} \ln \frac{\beta}{a}.$$

(2) 设 $a < b$。由于 e^{-xy} 在区域 $x > 0$,$a \leqslant y \leqslant b$ 上连续,$0 \leqslant \mathrm{e}^{-xy} \leqslant \mathrm{e}^{-ax}$,而

$\displaystyle\int_{0}^{+\infty} \mathrm{e}^{-ax} \mathrm{d}x$ 收敛,有 $\displaystyle\int_{0}^{+\infty} \mathrm{e}^{-yx} \mathrm{d}x$ 一致收敛。利用 $\dfrac{\mathrm{e}^{-ax} - \mathrm{e}^{-bx}}{x} = \displaystyle\int_{a}^{b} \mathrm{e}^{-xy} \mathrm{d}y$ 可以交换积分顺

序,所以

$$\int_{0}^{+\infty} \frac{\mathrm{e}^{-ax} - \mathrm{e}^{-bx}}{x} \mathrm{d}x = \int_{0}^{+\infty} \mathrm{d}x \int_{a}^{b} \mathrm{e}^{-xy} \mathrm{d}y = \int_{a}^{d} \mathrm{d}y \int_{0}^{+\infty} \mathrm{e}^{-xy} \mathrm{d}x$$

$$= \int_{a}^{b} \frac{1}{y} \mathrm{d}y = \ln \frac{b}{a}.$$

习题 12-3

===**A** 类===

1. 利用欧拉积分计算下列积分：

(1) $\displaystyle\int_0^1 \sqrt{x-x^2}\,\mathrm{d}x$；

(2) $\displaystyle\int_0^a x^2\sqrt{a^2-x^2}\,\mathrm{d}x$ $(a>0)$；

(3) $\displaystyle\int_0^{\frac{\pi}{2}} \sin^{2n}\theta\,\mathrm{d}\theta$ （n 为自然数）；

(4) $\displaystyle\int_0^{+\infty} x^{2n}\mathrm{e}^{-x^2}\,\mathrm{d}x$ （n 为自然数）；

(5) $\displaystyle\int_0^1 \left(\ln\frac{1}{x}\right)^p\,\mathrm{d}x$ $(p>-1)$；

(6) $\displaystyle\int_0^{\frac{\pi}{2}} \sin^6 x\,\cos^4 x\,\mathrm{d}x$；

(7) $\displaystyle\int_0^1 \frac{\mathrm{d}x}{\sqrt{1-x^4}}$；

(8) $\displaystyle\int_0^{+\infty} \frac{\mathrm{d}x}{1+x^3}$；

(9) $\displaystyle\int_0^{+\infty} \frac{x^2\,\mathrm{d}x}{1+x^4}$；

(10) $\displaystyle\int_0^{+\infty} x^m\mathrm{e}^{-ax^n}\,\mathrm{d}x$ $(m,n,a>0)$.

解 (1) 原式 $=\displaystyle\int_0^1 x^{\frac{1}{2}}(1-x)^{\frac{1}{2}}\,\mathrm{d}x = \mathrm{B}\left(\frac{3}{2},\frac{3}{2}\right)=\frac{\Gamma^2\left(\dfrac{3}{2}\right)}{\Gamma(3)}$

$\qquad\qquad = \dfrac{1}{8}\Gamma^2\left(\dfrac{1}{2}\right)=\dfrac{\pi}{8}$.

(2) 原式 $= a^4\displaystyle\int_0^a \left(\frac{x}{a}\right)^2\sqrt{1-\left(\frac{x}{a}\right)^2}\,\mathrm{d}\left(\frac{x}{a}\right)=a^4\int_0^1 u^2(1-u^2)^{\frac{1}{2}}\,\mathrm{d}u$

$\qquad\quad = \dfrac{a^4}{2}\displaystyle\int_0^1 u(1-u^2)^{\frac{1}{2}}\,\mathrm{d}(u^2)=\dfrac{a^4}{2}\int_0^1 t^{\frac{1}{2}}(1-t)^{\frac{1}{2}}\,\mathrm{d}t$

$\qquad\quad = \dfrac{a^4}{2}\mathrm{B}\left(\dfrac{3}{2},\dfrac{3}{2}\right)=\dfrac{\pi a^4}{16}$.

(3) 原式 $=\displaystyle\int_0^{\frac{\pi}{2}} \cos^{2-\frac{1}{2}-1}\theta\,\sin^{(2n+1)-1}\theta\,\mathrm{d}\theta = \frac{1}{2}\mathrm{B}\left(\frac{1}{2},n+\frac{1}{2}\right)$

$\qquad = \dfrac{1}{2}\dfrac{\Gamma\left(\dfrac{1}{2}\right)\Gamma\left(n+\dfrac{1}{2}\right)}{\Gamma(n+1)}=\dfrac{\sqrt{\pi}\,(2n-1)!!\,\sqrt{\pi}}{2\cdot n!\,2^n}=\dfrac{(2n-1)!!}{(2n)!!}\cdot\dfrac{\pi}{2}$.

(4) 原式 $= \dfrac{1}{2}\displaystyle\int_0^{+\infty} x^{2n-1}\mathrm{e}^{-x^2}\,\mathrm{d}(x^2)=\dfrac{1}{2}\int_0^{+\infty} t^{\frac{2n-1}{2}}\mathrm{e}^{-t}\,\mathrm{d}t=\dfrac{1}{2}\Gamma\left(\dfrac{2n+1}{2}\right)$

$\qquad\quad = \dfrac{1}{2}\cdot\dfrac{1\cdot 3\cdots\cdot(2n-1)}{2^n}\sqrt{\pi}=\dfrac{(2n-1)!!}{2^{n+1}}\sqrt{\pi}$.

(5) 令 $t=\ln\dfrac{1}{x}$，则有 $x=\mathrm{e}^{-t}$，$\mathrm{d}x=-\mathrm{e}^{-t}\,\mathrm{d}t$，

$\qquad\qquad \displaystyle\int_0^1 \left(\ln\frac{1}{x}\right)^p\,\mathrm{d}x = \int_0^{+\infty} t^p\mathrm{e}^{-t}\,\mathrm{d}t=\Gamma(p+1)$.

(6) 令 $t=\sin x$，则原式 $=\displaystyle\int_0^1 t^6(1-t^2)^{\frac{3}{2}}\,\mathrm{d}t$. 再令 $t=\sqrt{u}$，即得

$$\text{原式} = \frac{1}{2} \int_0^1 u^{\frac{5}{2}} (1-u)^{\frac{3}{2}} \, du = \frac{1}{2} B\left(\frac{7}{2}, \frac{5}{2}\right) = \frac{1}{2} \cdot \frac{\Gamma\left(\frac{7}{2}\right) \Gamma\left(\frac{5}{2}\right)}{\Gamma(6)}$$

$$= \frac{1}{2} \cdot \frac{\dfrac{5}{2} \cdot \dfrac{3}{2} \cdot \dfrac{1}{2} \cdot \sqrt{\pi} \cdot \dfrac{3}{2} \cdot \dfrac{1}{2} \cdot \sqrt{\pi}}{5!} = \frac{3\pi}{512}.$$

(7) 设 $x^4 = t$，得

$$\text{原式} = \frac{1}{4} \int_0^1 t^{\frac{1}{4} - 1} (1-t)^{-\frac{1}{2}} \, dt = \frac{1}{4} B\left(\frac{1}{4}, 1 - \frac{1}{2}\right).$$

(8) 设 $x^3 = t$，则 $\displaystyle\int_0^{+\infty} \frac{dx}{1+x^3} = \frac{1}{3} \int_0^{+\infty} \frac{t^{-\frac{2}{3}}}{1+t} dt$. 再令 $\dfrac{t}{1+t} = u$，即得

$$\int_0^{+\infty} \frac{dx}{1+x^3} = \frac{1}{3} \int_0^1 u^{-\frac{2}{3}} (1-u)^{-\frac{1}{3}} \, du = \frac{1}{3} B\left(\frac{1}{3}, \frac{2}{3}\right)$$

$$= \frac{1}{3} \frac{\Gamma\left(\frac{1}{3}\right) \Gamma\left(\frac{2}{3}\right)}{\Gamma(1)} = \frac{1}{3} \cdot \frac{\pi}{\sin \dfrac{\pi}{3}} = \frac{2\pi}{3\sqrt{3}}.$$

(9) 设 $x^4 = t$，则

$$\text{原式} = \frac{1}{4} \int_0^1 u^{-\frac{1}{4}} (1-u)^{-\frac{3}{4}} \, du = \frac{1}{4} B\left(\frac{3}{4}, \frac{1}{4}\right)$$

$$= \frac{1}{4} \frac{\Gamma\left(\frac{3}{4}\right) \Gamma\left(\frac{1}{4}\right)}{\Gamma(1)} = \frac{1}{4} \cdot \frac{\pi}{\sin \dfrac{\pi}{4}} = \frac{\pi}{2\sqrt{2}}.$$

(10) 令 $t = ax^n$，则

$$\text{原式} = \int_0^{+\infty} \left(\frac{t}{a}\right)^{\frac{m}{n}} e^{-t} \frac{1}{n} \frac{1}{a} \left(\frac{t}{a}\right)^{\frac{1}{n} - 1} \, dt$$

$$= \frac{1}{n} a^{-\frac{(m+1)}{n}} \Gamma\left(\frac{m+1}{n}\right).$$

2. 证明下式：$\displaystyle\lim_{n \to \infty} \int_0^{+\infty} e^{-x^n} \, dx = 1$.

证 $\displaystyle\int_0^{+\infty} e^{-x^n} \, dx = \int_0^{+\infty} \frac{1}{n} t^{\frac{1}{n} - 1} e^{-t} \, dt = \frac{1}{n} \Gamma\left(\frac{1}{n}\right)$，所以

$$\lim_{n \to \infty} \int_0^{+\infty} e^{-x^n} \, dx = \lim_{n \to \infty} \frac{1}{n} \Gamma\left(\frac{1}{n}\right) = \lim_{n \to \infty} \Gamma\left(\frac{1}{n} + 1\right) = \Gamma(1) = 1.$$

3. 证明：$\Gamma\left(\dfrac{2k+1}{2}\right) = \dfrac{1 \cdot 3 \cdot 5 \cdot \cdots \cdot (2k-1) \sqrt{\pi}}{2^k}$，其中 k 为自然数.

证 $\Gamma\left(\dfrac{2k+1}{2}\right) = \Gamma\left(\left(k - \dfrac{1}{2}\right) + 1\right) = \left(k - \dfrac{1}{2}\right) \Gamma\left(k - \dfrac{1}{2}\right)$

$$= \left(k - \frac{1}{2}\right) \Gamma\left(\left(k - \frac{3}{2}\right) + 1\right)$$

$$= \left(k - \frac{1}{2}\right) \Gamma\left(k - \frac{3}{2}\right) \Gamma\left(k - \frac{3}{2}\right)$$

$$= \cdots = \left(k - \frac{1}{2}\right)\left(k - \frac{3}{2}\right) \cdots \frac{3}{2} \cdot \frac{1}{2} \Gamma\left(\frac{1}{2}\right)$$

$$= \frac{1 \cdot 3 \cdot \cdots \cdot (2k - 1)\sqrt{\pi}}{2^k}.$$

第13章 无穷级数

一、主 要 内 容

---

1. 常数项无穷级数

■ 常数项无穷级数的基本概念

给定一个数列$\{u_n\}$，由它构成的表达式

$$u_1 + u_2 + \cdots + u_n + \cdots$$

称为常数项无穷级数，简称级数，其中u_n称为级数的通项（一般项）. 级数通常又记为$\sum\limits_{n=1}^{\infty} u_n$，亦即$\sum\limits_{n=1}^{\infty} u_n = u_1 + u_2 + \cdots + u_n + \cdots$. 而

$$S_n = \sum_{k=1}^{n} u_k = u_1 + u_2 + \cdots + u_n$$

称为常数项无穷级数$\sum\limits_{n=1}^{\infty} u_n$的部分和.

如果当n无限增大时级数$\sum\limits_{n=1}^{\infty} u_n$的部分和数列$\{S_n\}$有极限$S$，即

$$\lim_{n \to \infty} S_n = S,$$

则称级数$\sum\limits_{n=1}^{\infty} u_n$收敛，此时极限$S$称为此级数的和，并记为

$$S = u_1 + u_2 + u_3 + \cdots + u_n + \cdots = \sum_{n=1}^{\infty} u_n.$$

如果$\{S_n\}$无极限，则称级数$\sum\limits_{n=1}^{\infty} u_n$发散.

■ 无穷级数的基本性质

性质 1　级数中去掉或加上有限多项后不改变级数的收敛性.

性质 2　① 若级数 $\sum\limits_{n=1}^{\infty} u_n$ 收敛，其和为 S，则对任意常数 k，级数 $\sum\limits_{n=1}^{\infty} k u_n$ 也收敛，且其和为 kS.

② 设级数 $\sum\limits_{n=1}^{\infty} u_n$，$\sum\limits_{n=1}^{\infty} v_n$ 分别收敛于 S 与 σ，即 $\sum\limits_{n=1}^{\infty} u_n = S$，$\sum\limits_{n=1}^{\infty} v_n = \sigma$，则级数 $\sum\limits_{n=1}^{\infty} (u_n \pm v_n)$ 也收敛，且其和为 $S \pm \sigma$.

③ 若级数 $\sum\limits_{n=1}^{\infty} u_n$ 发散，$\sum\limits_{n=1}^{\infty} v_n$ 收敛，则级数 $\sum\limits_{n=1}^{\infty} (u_n \pm v_n)$ 必发散.

性质 3　① 将收敛级数的项任意加括号之后所成新级数仍收敛，且其和不变.

② 如果级数加括号之后所形成的级数发散，则原级数发散.

性质 4　① 级数收敛的必要条件是它的一般项趋于零，即 $\lim\limits_{n\to\infty} u_n = 0$.

② 如果级数的一般项 u_n 不趋于零，即 $\lim\limits_{n\to\infty} u_n \neq 0$，则此级数发散.

■ 常用级数

① 当 $|q| < 1$ 时，几何级数 $\sum\limits_{k=0}^{\infty} a q^k$ 收敛且收敛于 $\dfrac{a}{1-q}$；当 $|q| \geqslant 1$ 时，几何级数 $\sum\limits_{k=0}^{\infty} a q^k$ 发散.

② 调和级数 $\sum\limits_{n=1}^{\infty} \dfrac{1}{n}$ 发散.

③ 当 $p > 1$ 时，p-级数 $\sum\limits_{k=0}^{\infty} \dfrac{1}{n^p}$ $(a \neq 0)$ 收敛；当 $0 < p \leqslant 1$ 时，p-级数 $\sum\limits_{k=0}^{\infty} \dfrac{1}{n^p}$ $(a \neq 0)$ 发散.

■ Cauchy 收敛原理

级数 $\sum\limits_{n=1}^{\infty} u_n$ 收敛的充分必要条件是：$\forall \varepsilon > 0$，$\exists N \in \mathbf{Z}^+$，使得当 $n > N$ 时，$\forall p \in \mathbf{N}_+$，总有 $\left| \sum\limits_{k=n+1}^{n+p} u_k \right| < \varepsilon$.

2. 正项级数的审敛法

■ 基本定理

正项级数 $\sum\limits_{n=1}^{\infty} u_n$ 收敛的充分必要条件是它的部分和数列 $\{S_n\}$ 有界.

■ 比较审敛法及其极限形式

法则 1(比较审敛法) 对两个正项级数 $\sum\limits_{n=1}^{\infty} u_n$, $\sum\limits_{n=1}^{\infty} v_n$,

① 若 $u_n \leqslant v_n (n = 1, 2, \cdots)$,且级数 $\sum\limits_{n=1}^{\infty} v_n$ 收敛,则级数 $\sum\limits_{n=1}^{\infty} u_n$ 收敛;或

当 n 大于某一确定数 N 时,都有 $u_n \leqslant v_n$,且级数 $\sum\limits_{n=1}^{\infty} v_n$ 收敛,则级数 $\sum\limits_{n=1}^{\infty} u_n$ 收敛;

② 若级数 $\sum\limits_{n=1}^{\infty} v_n$ 发散,且有 $u_n \geqslant v_n (n = 1, 2, \cdots)$,则级数 $\sum\limits_{n=1}^{\infty} u_n$ 发散;

或当 n 大于某一确定数 N 时,都有 $u_n \geqslant v_n$,且级数 $\sum\limits_{n=1}^{\infty} v_n$ 发散,则级数 $\sum\limits_{n=1}^{\infty} u_n$ 发散.

法则 2(比较审敛法的极限形式) 设级数 $\sum\limits_{n=1}^{\infty} u_n$, $\sum\limits_{n=1}^{\infty} v_n$ 均为正项级数,若存在 $N \in \mathbf{Z}^+$,当 $n > N$ 时,$v_n > 0$,且 $\lim\limits_{n \to \infty} \dfrac{u_n}{v_n} = \lambda$,则

① 当 $0 < \lambda < +\infty$ 时,两级数有相同的收敛性;

② 当 $\lambda = 0$ 时,若级数 $\sum\limits_{n=1}^{\infty} v_n$ 收敛,则级数 $\sum\limits_{n=1}^{\infty} u_n$ 收敛;

③ 当 $\lambda = +\infty$ 时,若级数 $\sum\limits_{n=1}^{\infty} v_n$ 发散,则级数 $\sum\limits_{n=1}^{\infty} u_n$ 发散.

■ 比值审敛法(D'Alembert 判别法)

设级数 $\sum\limits_{n=1}^{\infty} u_n$ 为正项级数,如果

$$\lim_{n \to \infty} \frac{u_{n+1}}{u_n} = \rho,$$

则当 $\rho < 1$ 时，级数收敛；当 $\rho > 1$ 时，级数发散；当 $\rho = 1$ 时，级数的敛散性不定.

■ 根值审敛法（Cauchy 判别法）

设级数 $\sum\limits_{n=1}^{\infty} u_n$ 为正项级数，如果

$$\lim_{n \to \infty} \sqrt[n]{u_n} = \rho,$$

则当 $\rho < 1$ 时，级数收敛；当 $\rho > 1$ 时，级数发散；当 $\rho = 1$ 时，级数的敛散性不定.

■ 积分审敛法

设级数 $\sum\limits_{n=1}^{\infty} u_n$ 为正项级数，若存在 $[1, +\infty)$ 内单调减少的非负连续函数 $f(x)$，使得 $u_n = f(n)$，则级数 $\sum\limits_{n=1}^{\infty} u_n$ 与广义积分 $\int_1^{+\infty} f(x)\mathrm{d}x$ 的收敛性相同.

3. 任意项级数的收敛性

■ 交错级数及其审敛法

莱布尼兹审敛法　如果交错级数 $\sum\limits_{n=1}^{\infty} (-1)^{n-1} u_n$ 满足如下条件：

① $u_n \geqslant u_{n+1}$ $(n = 1, 2, \cdots)$；

② $\lim\limits_{n \to \infty} u_n = 0$，

则级数 $\sum\limits_{n=1}^{\infty} (-1)^{n-1} u_n$ 收敛，且其和 $S \leqslant u_1$；其余项 r_n 的绝对值 $|r_n| \leqslant u_{n+1}$.

■ 绝对收敛与条件收敛

对任意项级数 $\sum\limits_{n=1}^{\infty} u_n$，如果正项级数 $\sum\limits_{n=1}^{\infty} |u_n|$ 收敛，则称级数 $\sum\limits_{n=1}^{\infty} u_n$ 绝对收敛；如果级数 $\sum\limits_{n=1}^{\infty} |u_n|$ 发散，而级数 $\sum\limits_{n=1}^{\infty} u_n$ 收敛，则称级数 $\sum\limits_{n=1}^{\infty} u_n$ 条件收敛.

若级数 $\sum\limits_{n=1}^{\infty} |u_n|$ 收敛，则级数 $\sum\limits_{n=1}^{\infty} u_n$ 必收敛.

性质 1 绝对收敛级数的更序级数仍然绝对收敛，且其和不变.

性质 2 如果级数 $\sum\limits_{n=1}^{\infty} u_n$ 与 $\sum\limits_{n=1}^{\infty} v_n$ 都绝对收敛，它们的和分别是 S 与 σ，则其 Cauchy 乘积也是绝对收敛的，且其和为 $S\sigma$.

4. 函数项级数

■ 函数项级数的基本概念与性质

设有定义在集合 $D \subseteq \mathbf{R}$ 上的一列函数（称为函数列）：

$$u_1(x), u_2(x), \cdots, u_n(x), \cdots,$$

将此函数列的各项用加号连接起来所得到的表达式

$$u_1(x) + u_2(x) + \cdots + u_n(x) + \cdots \quad \text{或} \quad \sum_{n=1}^{\infty} u_n(x)$$

称为函数项级数，$u_n(x)$ 称为它的通项，前 n 项之和 $S_n(x) = \sum\limits_{k=1}^{n} u_k(x)$ 称为它的部分和.

设 $\{f_n(x)\}$ 是定义在集合 $D \subseteq \mathbf{R}$ 上的一个函数列，若对于某个 $x_0 \in D$，$\{f_n(x_0)\}$ 收敛，则称点 x_0 是函数列 $\{f_n(x)\}$ 的一个收敛点，由收敛点的全体所构成的集合称为 $\{f_n(x)\}$ 的收敛域. 若 $\forall x \in D$，函数列 $\{f_n(x)\}$ 都收敛，则称 $\{f_n(x)\}$ 在 D 上处处收敛（或逐点收敛）. 这时 D 上每一点 x 都有 $\{f_n(x)\}$ 的一个极限值与之相对应，由此对应法则就确定一个 D 上的函数，称此函数为函数列 $\{f_n(x)\}$ 的极限函数，记为

$$f(x) = \lim_{n \to \infty} f_n(x), \ x \in D \quad \text{或} \quad f_n(x) \to f(x) \ (n \to \infty), \ x \in D.$$

若 $x_0 \in D$ 是级数 $\sum\limits_{n=1}^{\infty} u_n(x)$ 的部分和函数列 $\{S_n(x)\}$ 的收敛点，则称 x_0 是此级数的收敛点；若 $x_0 \in D$ 不是 $\{S_n(x)\}$ 的收敛点，则称 x_0 是级数的发散点. 由收敛点的全体所构成的集合称为该级数的收敛域. 若 $\forall x \in D$，级数都收敛，则称该级数在 D 上处处收敛（或逐点收敛）. 这时称级数的部分和函数列 $\{S_n(x)\}$ 当 n 趋于无穷时的极限函数为级数 $\sum\limits_{n=1}^{\infty} u_n(x)$ 的和函数（简称和），记为

$$S(x) = u_1(x) + u_2(x) + \cdots + u_n(x) + \cdots,$$

即和函数 $S(x) = \lim\limits_{n \to \infty} S_n(x), \ x \in D.$

■ 函数项级数的一致收敛性

（1） 函数列的一致收敛性的概念

设 $\{f_n(x)\}$ 是定义在 $D \subseteq \mathbf{R}$ 上的一个函数列，如果存在一个 $D \subseteq \mathbf{R}$ 上的函数 $f(x)$，满足：$\forall \varepsilon > 0$，$\exists N(\varepsilon) \in \mathbf{Z}^+$，使得 $\forall n > N$，$\forall x \in D$，总有

$$|f_n(x) - f(x)| < \varepsilon,$$

则称函数列 $\{f_n(x)\}$ 在 D 上一致收敛于 $f(x)$，其中 $N(\varepsilon)$ 仅与 ε 有关而与 x 无关.

（2） 函数项级数的一致收敛性的概念

若函数项级数 $\displaystyle\sum_{n=1}^{\infty} u_n(x)$ 的部分和函数列 $\{S_n(x)\}$ 在 D 上一致收敛于 $S(x)$，即 $\forall \varepsilon > 0$，$\exists N(\varepsilon) \in \mathbf{Z}^+$，使得 $\forall n > N$，$\forall x \in D$，总有

$$|S_n(x) - S(x)| < \varepsilon,$$

则称该级数在 D 上一致收敛于 $S(x)$.

函数项级数 $\displaystyle\sum_{n=1}^{\infty} u_n(x)$ 在 D 上一致收敛于函数 $S(x)$ 的充分必要条件是

$$\lim_{n \to \infty} \sup_{x \in D} |S_n(x) - S(x)| = 0.$$

（3） Cauchy 一致收敛原理

级数 $\displaystyle\sum_{n=1}^{\infty} u_n(x)$ 的部分和函数列 $\{S_n(x)\}$ 在 D 上一致收敛于函数 $S(x)$ 的充分必要条件是：$\forall \varepsilon > 0$，$\exists N(\varepsilon) \in \mathbf{Z}^+$，$\forall n, p \in \mathbf{Z}^+$，当 $n > N(\varepsilon)$ 时，$\forall x \in D$，总有

$$\left| \sum_{k=n+1}^{n+p} u_k(x) \right| < \varepsilon.$$

推论 若级数 $\displaystyle\sum_{n=1}^{\infty} u_n(x)$ 在 D 上一致收敛，则函数列 $\{u_n(x)\}$ 在 D 上一致收敛于 0.

（4） Weierstrass 判别法

如果存在收敛的正项级数 $\displaystyle\sum_{n=1}^{\infty} M_n$，使得在 D 上总有

$$|u_n(x)| \leqslant M_n, \quad n = 1, 2, \cdots,$$

则级数 $\displaystyle\sum_{n=1}^{\infty} u_n(x)$ 在 D 上一致收敛.

(5) 一致收敛级数的分析性质

性质 1(连续性) 若 $u_n(x)$ $(n=1,2,\cdots)$ 在 D 上连续,函数项级数

$\sum\limits_{n=1}^{\infty} u_n(x)$ 在 D 上一致收敛于函数 $S(x)$,则其和函数 $S(x)$ 在 D 上连续.

性质 2(可积性) 若 $u_n(x)$ $(n=1,2,\cdots)$ 在 $[a,b]$ 上连续,函数项级数

$\sum\limits_{n=1}^{\infty} u_n(x)$ 在 $[a,b]$ 上一致收敛于函数 $S(x)$,则其和函数 $S(x)$ 在 $[a,b]$ 上

可积,且 $\forall x \in [a,b]$,有

$$\int_a^x S(t)\mathrm{d}t = \int_a^x \left(\sum_{n=1}^{\infty} u_n(t) \right) \mathrm{d}t = \sum_{n=1}^{\infty} \int_a^x u_n(t)\mathrm{d}t,$$

又 $\sum\limits_{n=1}^{\infty} \int_a^x u_n(t)\mathrm{d}t$ 在 $[a,b]$ 上一致收敛于 $\int_a^x S(t)\mathrm{d}t$.

性质 3(可微性) 设函数 $u_n(x)$ $(n=1,2,\cdots)$ 在 D 上有连续导数,若级

数 $\sum\limits_{n=1}^{\infty} u_n(x)$ 在 D 上处处收敛于函数 $S(x)$,级数 $\sum\limits_{n=1}^{\infty} u_n'(x)$ 在 D 上一致收敛

于函数 $\sigma(x)$,则其和函数 $S(x)$ 在 D 上有连续导数,且

$$S'(x) = \left(\sum_{n=1}^{\infty} u_n(x) \right)' = \sum_{n=1}^{\infty} u_n'(x) = \sigma(x).$$

5. 幂级数

■ **幂级数及其收敛性**

(1) 幂级数
形如

$$\sum_{n=1}^{\infty} a_n(x-x_0)^n = a_0 + a_1(x-x_0) + a_2(x-x_0)^2 + \cdots + a_n(x-x_0)^n + \cdots$$

的函数项级数称为 $x-x_0$ 的幂级数,简称幂级数,其中 x_0 是某个定数,常数 $a_0, a_1, a_2, \cdots, a_n, \cdots$ 称为幂级数的系数.

若 $x_0 = 0$,则幂级数为

$$\sum_{n=1}^{\infty} a_n x^n = a_0 + a_1 x + a_2 x^2 + \cdots + a_n x^n + \cdots.$$

(2) 幂级数的收敛域

阿贝尔(Abel)定理 对幂级数 $\sum\limits_{n=0}^{\infty} a_n x^n$,若 $x=x_0$ $(x_0 \neq 0)$ 时幂级数收

敛,则对适合不等式 $|x| < |x_0|$ 的一切 x 该幂级数绝对收敛;若 $x=$

x_0 ($x_0 \neq 0$) 时幂级数发散，则对适合不等式 $|x| > |x_0|$ 的一切 x 该幂级数发散.

幂级数的收敛半径、收敛区间、收敛域 幂级数 $\sum\limits_{n=1}^{\infty} a_n x^n$ 的收敛域 K 是以原点为中心的一个区间，即若记 $R = \sup\{x \mid x \in K\}$，则 $0 \leqslant R \leqslant +\infty$，且当 $|x| < R$ 时，$\sum\limits_{n=1}^{\infty} a_n x^n$ 绝对收敛；当 $|x| > R$ 时，$\sum\limits_{n=1}^{\infty} a_n x^n$ 发散；当 $x = \pm R$ 时，$\sum\limits_{n=1}^{\infty} a_n x^n$ 可能收敛，也可能发散. 此处的 R 称为 $\sum\limits_{n=1}^{\infty} a_n x^n$ 的收敛半径，开区间 $(-R, R)$ 称为 $\sum\limits_{n=1}^{\infty} a_n x^n$ 的收敛区间. 当收敛域是单点集时，规定它的收敛半径 $R = 0$；当收敛域是 $(-\infty, +\infty)$ 时，规定它的收敛半径 $R = +\infty$.

求幂级数的收敛半径的公式 对幂级数 $\sum\limits_{n=1}^{\infty} a_n x^n$，若 $a_n \neq 0$，且 $\lim\limits_{n \to \infty} \left| \dfrac{a_{n+1}}{a_n} \right| = \rho$，$\rho$ 为有限数或为 $+\infty$，则其收敛半径为

$$R = \begin{cases} \dfrac{1}{\rho}, & 0 < \rho < +\infty, \\ +\infty, & \rho = 0, \\ 0, & \rho = +\infty. \end{cases}$$

■ **幂级数的运算**

（1）幂级数的四则运算性质

设幂级数 $\sum\limits_{n=1}^{\infty} a_n x^n$ 及 $\sum\limits_{n=1}^{\infty} b_n x^n$ 的收敛半径分别为 R_1 与 R_2，记 $R = \min\{R_1, R_2\}$，则在 $(-R, R)$ 上有

① 级数 $\alpha \sum\limits_{n=1}^{\infty} a_n x^n + \beta \sum\limits_{n=1}^{\infty} b_n x^n$ 收敛，且

$$\alpha \sum_{n=1}^{\infty} a_n x^n + \beta \sum_{n=1}^{\infty} b_n x^n = \sum_{n=1}^{\infty} (\alpha a_n + \beta b_n) x^n \quad (\alpha, \beta \in \mathbf{R});$$

② 它们的乘积级数收敛，且

$$\left(\sum_{n=1}^{\infty} a_n x^n \right) \left(\sum_{n=1}^{\infty} b_n x^n \right) = \sum_{n=1}^{\infty} c_n x^n,$$

其中，$c_n = a_0 b_n + a_1 b_{n-1} + \cdots + a_{n-1} b_1 + a_n b_0$.

(2) 幂级数的分析性质

内闭一致收敛性 设幂级数 $\sum\limits_{n=0}^{\infty} a_n x^n$ 的收敛半径为 R，$0 < R \leqslant +\infty$，则它在区间 $(-R, R)$ 内的任一闭子区间 $[a, b]$ 上一致收敛.

幂级数的分析性质 设幂级数 $\sum\limits_{n=0}^{\infty} a_n x^n$ 的和函数为 $S(x)$，收敛半径为 R，则有

① **连续性** $S(x)$ 在收敛区间 $(-R, R)$（或 $(-R, R]$，$[-R, R)$）内连续，即对于 $(-R, R)$（或 $(-R, R]$，$[-R, R)$）中的任一点 x_0，有

$$\lim_{x \to x_0} \sum_{n=0}^{\infty} a_n x^n = \sum_{n=0}^{\infty} a_n x_0^n ;$$

② **可微性** $S(x)$ 在收敛区间 $(-R, R)$ 内可导，且有逐项求导公式：

$$S'(x) = \Big(\sum_{n=0}^{\infty} a_n x^n \Big)' = \sum_{n=0}^{\infty} (a_n x^n)' = \sum_{n=1}^{\infty} n a_n x^{n-1} , \quad |x| < R ;$$

③ **可积性** $S(x)$ 在收敛区间 $(-R, R)$ 内可积，且有逐项求积公式：

$$\int_0^x S(t) \mathrm{d}t = \int_0^x \Big(\sum_{n=0}^{\infty} a_n t^n \Big) \mathrm{d}t = \sum_{n=0}^{\infty} \int_0^x a_n t^n \mathrm{d}t = \sum_{n=0}^{\infty} \frac{a_n}{n+1} x^{n+1} , \quad |x| < R .$$

■ **函数展开成幂级数**

(1) 函数展开成幂级数 $\sum\limits_{n=0}^{\infty} a_n x^n$ 的条件

定理 设函数 $f(x)$ 在区间 $(x_0 - R, x_0 + R)$ 内存在任意阶导数，则 $f(x)$ 在 $(x_0 - R, x_0 + R)$ 内能展开成泰勒级数的充分必要条件是

$$\lim_{n \to \infty} R_n(x) = 0, \quad x \in (x_0 - R, x_0 + R).$$

推论 设函数 $f(x)$ 在区间 $(x_0 - R, x_0 + R)$ 内存在任意阶导数，如果存在常数 $M > 0$，使得对于任意的 $x \in (x_0 - R, x_0 + R)$ 及一切充分大的正整数 n，都有

$$|f^{(n)}(x)| \leqslant M,$$

则 $f(x)$ 能在 $(x_0 - R, x_0 + R)$ 内展开成泰勒级数.

(2) 函数展开成幂级数 $\sum\limits_{n=0}^{\infty} a_n x^n$ 的方法

直接法 若 $f(x)$ 在 $x = 0$ 处存在各阶导数，则依此进行如下 4 步：
① 求出 $f(0), f'(0), f''(0), \cdots, f^{(n)}(0)$ 的值；
② 形式地作出幂级数 $\sum\limits_{n=0}^{\infty} \frac{1}{n!} f^{(n)}(0) x^n$，并求出其收敛半径 R；

③ 验证 $f(x)$ 是否满足可展开的条件,即验证在收敛区间 $(-R,R)$ 内是否满足

$$\lim_{n\to\infty} R_n(x) = \lim_{n\to\infty} \frac{f^{(n+1)}(\xi)}{(n+1)!} x^{n+1} = 0 \quad (|\xi| < |x|);$$

④ 当 $0 < R < +\infty$ 时,检查所得的幂级数在收敛区间 $(-R,R)$ 的端点 $\pm R$ 处的收敛性,并根据检查所得的结论判别展开式 $f(x) = \sum\limits_{n=0}^{\infty} \frac{1}{n!} f^{(n)}(0) x^n$ 对 $x = R$(或 $x = -R$)是否成立.

间接法 根据函数展开为幂级数的唯一性,利用某些已知函数的展开式并结合幂级数的运算性质,如四则运算、逐项求导、逐项积分及变量替换,将所给函数展开成幂级数.

(3) 重要函数的幂级数的展开式

① $e^x = \sum\limits_{n=0}^{\infty} \frac{x^n}{n!} = 1 + \frac{x}{1!} + \frac{x^2}{2!} + \cdots + \frac{x^n}{n!} + \cdots, \quad x \in (-\infty, +\infty).$

② $\sin x = \sum\limits_{n=1}^{\infty} (-1)^{n-1} \frac{x^{2n-1}}{(2n-1)!}$

$\qquad = \frac{x}{1!} - \frac{x^3}{3!} + \frac{x^5}{5!} - \cdots + (-1)^{n-1} \frac{x^{2n-1}}{(2n-1)!} + \cdots,$

$\qquad\qquad\qquad\qquad x \in (-\infty, +\infty).$

③ $\cos x = \sum\limits_{n=0}^{\infty} (-1)^n \frac{x^{2n}}{(2n)!}$

$\qquad = 1 - \frac{x^2}{2!} + \frac{x^4}{4!} - \cdots + (-1)^n \frac{x^{2n}}{(2n)!} + \cdots, \quad x \in (-\infty, +\infty).$

④ $\ln(1+x) = \sum\limits_{n=0}^{\infty} (-1)^{n-1} \frac{x^n}{n}$

$\qquad = x - \frac{x^2}{2} + \frac{x^3}{3} - \cdots + (-1)^{n-1} \frac{x^n}{n} + \cdots, \quad x \in (-1,1].$

⑤ $(1+x)^\alpha = \sum\limits_{n=0}^{\infty} \frac{\alpha(\alpha-1)\cdots(\alpha-n+1)}{n!} x^n$

$\qquad = 1 + \alpha x + \frac{\alpha(\alpha-1)}{2!} x^2 + \cdots + \frac{\alpha(\alpha-1)\cdots(\alpha-n+1)}{n!} x^n + \cdots,$

$\qquad\qquad\qquad\qquad x \in (-1,1).$

在区间 $(-1,1)$ 的端点上述展开式是否成立,要看指数 α 的取值而定.

特别,$\dfrac{1}{1-x} = \sum\limits_{n=0}^{\infty} x^n = 1 + x + x^2 + \cdots + x^n + \cdots.$

(4)* Euler 公式

$$e^{ix} = \cos x + i \sin x, \quad \cos x = \frac{e^{ix} + e^{-ix}}{2}, \quad \sin x = \frac{e^{ix} - e^{-ix}}{2i}.$$

6. 傅里叶(Fourier) 级数

■ 周期为 2π 的函数 $f(x)$ 的傅里叶级数

(1) 傅里叶系数公式(Euler-Fourier 公式)

$$\begin{cases} a_n = \dfrac{1}{\pi} \displaystyle\int_{-\pi}^{\pi} f(x) \cos nx \ dx \quad (n = 0, 1, 2, \cdots), \\ b_n = \dfrac{1}{\pi} \displaystyle\int_{-\pi}^{\pi} f(x) \sin nx \ dx \quad (n = 1, 2, 3, \cdots). \end{cases}$$

(2) 函数 $f(x)$ 的傅里叶级数

$$f(x) \sim \frac{a_0}{2} + \sum_{n=1}^{\infty} (a_n \cos nx + b_n \sin nx),$$

其中,$a_0, a_n, b_n, \cdots$ 由 Euler-Fourier 公式确定.

■ 函数展开成傅里叶级数

(1) 收敛定理(狄利克雷充分条件)

设 $f(x)$ 是周期为 2π 的周期函数,如果它满足:

① 在一个周期内连续或只有有限个第一类间断点;

② 在一个周期内至多有有限个极值点,

则 $f(x)$ 的傅里叶级数收敛,并且

(i) 当 x 是 $f(x)$ 的连续点时,级数收敛于 $f(x)$;

(ii) 当 x 是 $f(x)$ 的间断点时,级数收敛于 $\dfrac{1}{2}(f(x-0) + f(x+0))$.

(2) 周期为 2π 的周期函数 $f(x)$ 展开成傅里叶级数的方法

① 由 Euler-Fourier 公式求出 $f(x)$ 的傅里叶系数 $a_0, a_n, b_n, \cdots$.

② 形式地作出傅里叶级数

$$f(x) \sim \frac{a_0}{2} + \sum_{n=1}^{\infty} (a_n \cos nx + b_n \sin nx).$$

③ 根据收敛定理判别所作出的傅里叶级数的收敛性,并指出 $f(x)$ 的傅里叶级数展开式成立的范围.

(3) 只在 $[-\pi, \pi]$ 上有定义的函数 $f(x)$ 展开成傅里叶级数的方法

① 在 $[-\pi, \pi)$ 或 $(-\pi, \pi]$ 外补充函数 $f(x)$ 的定义,使它被拓广成周期为 2π 的周期函数 $\varphi(x)$,按这种方式拓广函数定义域的过程称为周期延拓.

② 将 $\varphi(x)$ 展开成傅里叶级数.

③ 限制 $x \in (-\pi, \pi)$，此时 $\varphi(x) \equiv f(x)$，这样便得到 $f(x)$ 的傅里叶级数展开式. 根据收敛定理，该级数在区间端点 $x = \pm\pi$ 处收敛于

$$\frac{1}{2}(f(\pi - 0) + f(-\pi + 0)).$$

（4）正弦级数和余弦级数

① 当函数 $f(x)$ 是奇函数时，其傅里叶级数为正弦级数 $\sum_{n=1}^{\infty} b_n \sin nx$，其中

$$b_n = \frac{2}{\pi} \int_0^{\pi} f(x) \sin nx \, \mathrm{d}x \quad (n = 1, 2, \cdots).$$

② 当函数 $f(x)$ 是偶函数时，其傅里叶级数为余弦级数 $\frac{a_0}{2} + \sum_{n=1}^{\infty} a_n \cos nx$，其中

$$a_n = \frac{2}{\pi} \int_0^{\pi} f(x) \cos nx \, \mathrm{d}x \quad (n = 0, 1, 2, \cdots).$$

$f(x)$ 展开成正弦级数或余弦级数的方法与（2），（3）类似.

■ **一般周期函数 $f(x)$ 的傅里叶级数**

（1）傅里叶系数公式（Euler-Fourier 公式）

$$\begin{cases} a_n = \dfrac{1}{l} \displaystyle\int_{-l}^{l} f(x) \cos \dfrac{n\pi x}{l} \, \mathrm{d}x, & n = 0, 1, 2, \cdots, \\ b_n = \dfrac{1}{l} \displaystyle\int_{-l}^{l} f(x) \sin \dfrac{n\pi x}{l} \, \mathrm{d}x, & n = 1, 2, \cdots. \end{cases}$$

（2）函数 $f(x)$ 的傅里叶级数展开式

定理 设周期为 $2l$ 的周期函数 $f(x)$ 满足收敛定理的条件，则它的傅里叶级数展开式为

$$f(x) = \frac{a_0}{2} + \sum_{n=1}^{\infty} a_n \cos \frac{n\pi x}{l} + b_n \sin \frac{n\pi x}{l},$$

其中，系数 a_n, b_n 分别为

$$a_n = \frac{1}{l} \int_{-l}^{l} f(x) \cos \frac{n\pi x}{l} \, \mathrm{d}x, \quad n = 0, 1, 2, \cdots,$$

$$b_n = \frac{1}{l} \int_{-l}^{l} f(x) \sin \frac{n\pi x}{l} \, \mathrm{d}x, \quad n = 1, 2, \cdots.$$

■ **傅里叶级数的复数形式***

周期为 $2l$ 的周期函数 $f(x)$ 的傅里叶级数的复数形式为

$$f(x) \sim \sum_{-\infty}^{\infty} c_n \mathrm{e}^{\mathrm{i}\frac{n\pi x}{l}},$$

其中, $c_n = \dfrac{1}{2l} \displaystyle\int_{-l}^{l} f(x) \mathrm{e}^{-\mathrm{i}\frac{n\pi x}{l}} \mathrm{d}x$ $(n = 0, \pm 1, \pm 2, \cdots)$.

二、典型例题分析

【例1】 判别下列级数的收敛性,当级数收敛时求其和.

(1) $\displaystyle\sum_{n=1}^{\infty} (\sqrt[2n+1]{a} - \sqrt[2n-1]{a})$ $(a > 0)$; (2) $\displaystyle\sum_{n=1}^{\infty} \arctan \dfrac{2}{8n^2 - 4n - 1}$;

(3) $\displaystyle\sum_{n=1}^{\infty} \sin \dfrac{n\pi}{6}$; (4) $\displaystyle\sum_{n=1}^{\infty} \dfrac{1}{(3n-2)(3n+1)}$.

解 (1) 因为

$$S_n = (\sqrt[3]{a} - a) + (\sqrt[5]{a} - \sqrt[3]{a}) + \cdots + (\sqrt[2n+1]{a} - \sqrt[2n-1]{a}) = \sqrt[2n+1]{a} - a,$$

当 $n \to \infty$ 时, $S_n \to 1 - a$, 故该级数收敛.

(2) 由三角公式 $\tan(\alpha - \beta) = \dfrac{\tan\alpha - \tan\beta}{1 + \tan\alpha \tan\beta}$, 令 $\tan\alpha = x$, $\tan\beta = y$,

则 $\alpha = \arctan x$, $\beta = \arctan y$, 于是

$$\arctan \frac{x - y}{1 + xy} = \arctan x - \arctan y,$$

所以有

$$\arctan \frac{2}{8n^2 - 4n - 1} = \arctan \frac{4}{16n^2 - 8n - 2} = \arctan \frac{(4n+1) - (4n-3)}{1 + (4n+1)(4n-3)}$$

$$= \arctan(4n+1) - \arctan(4n-3).$$

因此

$$S_n = \sum_{k=1}^{n} \arctan \frac{2}{8k^2 - 4k - 1} = \sum_{k=1}^{n} (\arctan(4n+1) - \arctan(4n-3))$$

$$= \arctan(4n+1) - \arctan 1.$$

故

$$\lim_{n\to\infty} S_n = \lim_{n\to\infty} (\arctan(4n+1) - \arctan 1) = \frac{\pi}{2} - \frac{\pi}{4} = \frac{\pi}{4},$$

即级数收敛,且其和为 $\dfrac{\pi}{4}$.

（3） 由 $-\sin x \sin y = \cos(x+y) - \cos(x-y)$，而

$$S_n = \sum_{k=1}^n \sin \frac{k\pi}{6} = \sin \frac{\pi}{6} + \sin \frac{2\pi}{6} + \cdots + \sin \frac{n\pi}{6},$$

又 $\sin \dfrac{k\pi}{6} = \dfrac{1}{2\sin \dfrac{\pi}{12}} \left(\cos(2k-1)\dfrac{\pi}{12} - \cos(2k+1)\dfrac{\pi}{12} \right)$，$k=1,2,\cdots,n$，并

相加，得

$$S_n = \sum_{k=1}^n \sin \frac{k\pi}{6} = \frac{1}{2\sin \dfrac{\pi}{12}} \left[\left(\cos\frac{\pi}{12} - \cos\frac{3\pi}{12}\right) + \left(\cos\frac{3\pi}{12} - \cos\frac{5\pi}{12}\right) + \cdots \right.$$

$$\left. + \left(\cos(2n-1)\frac{\pi}{12} - \cos(2n+1)\frac{\pi}{12}\right) \right]$$

$$= \frac{1}{2\sin \dfrac{\pi}{12}} \left(\cos\frac{\pi}{12} - \cos(2n+1)\frac{\pi}{12} \right),$$

且 $\lim\limits_{n\to\infty} \cos(2n+1)\dfrac{\pi}{12}$ 极限不存在，所以 $\lim\limits_{n\to\infty} S_n$ 不存在，故级数 $\sum\limits_{n=1}^{\infty} \sin\dfrac{n\pi}{6}$ 发散.

（4） $S_n = \dfrac{1}{1 \cdot 4} + \dfrac{1}{4 \cdot 7} + \dfrac{1}{7 \cdot 10} + \cdots + \dfrac{1}{(3n-2)(3n+1)}$

$$= \frac{1}{3}\left[\left(1 - \frac{1}{4}\right) + \left(\frac{1}{4} - \frac{1}{7}\right) + \cdots + \left(\frac{1}{3n-2} - \frac{1}{3n+1}\right) \right]$$

$$= \frac{1}{3}\left(1 - \frac{1}{3n+1}\right).$$

当 $n \to \infty$ 时，$S_n \to \dfrac{1}{3}$，故该级数收敛，且 $\sum\limits_{n=1}^{\infty} \dfrac{1}{(3n-2)(3n+1)} = \dfrac{1}{3}$.

【例2】 判定下列正项级数的敛散性：

（1） $\sum\limits_{n=1}^{\infty} \dfrac{(\sin 2n)^2}{6^n}$；

（2） $\sum\limits_{n=1}^{\infty} \ln \dfrac{3^n + 2^n + 1}{3^n - 2^n + 1}$；

（3） $\sum\limits_{n=1}^{\infty} \dfrac{(n!)^2}{(3n)!}$；

（4） $\sum\limits_{n=1}^{\infty} \dfrac{\left(\dfrac{n+2}{n}\right)^{n^2}}{2^n}$；

（5） $\sum\limits_{n=1}^{\infty} \left(\dfrac{1}{n} - \sin\dfrac{1}{n}\right)$；

（6） $\sum\limits_{n=1}^{\infty} \dfrac{1}{(n+1)\ln(n+1)}$.

解 （1） $u_n = \dfrac{(\sin 2n)^2}{6^n} \leqslant \dfrac{1}{6^n}$，而 $\sum\limits_{n=1}^{\infty} \dfrac{1}{6^n}$ 为公比 $q = \dfrac{1}{6} < 1$ 的等比级数，

该级数收敛. 由比较判别法，故级数 $\sum\limits_{n=1}^{\infty} \dfrac{(\sin 2n)^2}{6^n}$ 也收敛.

（2）　$u_n = \ln\dfrac{3^n + 2^n + 1}{3^n - 2^n + 1} = \ln\left(1 + \dfrac{2^{n+1}}{3^n - 2^n + 1}\right) \sim \dfrac{2^{n+1}}{3^n - 2^n + 1}$

$$= \dfrac{2}{\left(\dfrac{3}{2}\right)^n - 1 + \left(\dfrac{1}{2}\right)^n} \sim \dfrac{2}{\left(\dfrac{3}{2}\right)^n} = 2\left(\dfrac{2}{3}\right)^n.$$

取 $v_n = \left(\dfrac{2}{3}\right)^n$，而级数 $\displaystyle\sum_{n=1}^{\infty}\left(\dfrac{2}{3}\right)^n$ 收敛，$\displaystyle\lim_{n\to\infty}\dfrac{u_n}{v_n} = 2$，由比值审敛法，可知

级数 $\displaystyle\sum_{n=1}^{\infty}\ln\dfrac{3^n + 2^n + 1}{3^n - 2^n + 1}$ 收敛.

（3）　因为 $u_n = \dfrac{(n!)^2}{(3n)!}$，而

$$\lim_{n\to\infty}\dfrac{u_{n+1}}{u_n} = \lim_{n\to\infty}\dfrac{[(n+1)!]^2}{[3(n+1)]!} \cdot \dfrac{3n!}{(n!)^2}$$

$$= \lim_{n\to\infty}\dfrac{(n+1)^2}{(3n+1)(3n+2)(3n+3)} = 0 < 1,$$

由比值判别法知，该级数收敛.

（4）　因为

$$\lim_{n\to\infty}\sqrt[n]{u_n} = \lim_{n\to\infty}\sqrt[n]{\dfrac{\left(\dfrac{n+2}{n}\right)^{n^2}}{2^n}} = \lim_{n\to\infty}\dfrac{\left(1 + \dfrac{2}{n}\right)^n}{2}$$

$$= \lim_{n\to\infty}\dfrac{1}{2}\left(1 + \dfrac{2}{n}\right)^n = \dfrac{e^2}{2} > 1,$$

故该级数发散.

（5）　因为 $u_n = \dfrac{1}{n} - \sin\dfrac{1}{n}$，而

$$\lim_{n\to\infty}\dfrac{\dfrac{1}{n} - \sin\dfrac{1}{n}}{\dfrac{1}{n^2}} = \lim_{n\to\infty}\dfrac{\dfrac{1}{n} - \dfrac{1}{n} + \dfrac{3!}{n^3} + o\left(\dfrac{1}{n^3}\right)}{\dfrac{1}{n^2}} = 0,$$

由比较判别法知，该级数收敛.

（6）　设 $f(x) = \dfrac{1}{(x+1)\ln(x+1)}$，则显然 $f(x)$ 当 $x > 1$ 时非负且连续. 因

$$f'(x) = -\dfrac{\ln(x+1) + 1}{[(x+1)\ln(x+1)]^2} < 0 \quad (x > 1),$$

故当 $x > 1$ 时 $f(x)$ 单调减少. 因为

$$\int_1^{+\infty} \frac{1}{(x+1)\ln(x+1)} \mathrm{d}x = \int_1^{+\infty} \frac{1}{\ln(x+1)} \mathrm{d}\ln(x+1)$$

$$= \ln(\ln(x+1)) \Big|_1^{+\infty} = \infty,$$

所以,由积分判别法知 $\sum\limits_{n=1}^{\infty} \frac{1}{(n+1)\ln(n+1)}$ 发散.

【例 3】 判定下列级数的敛散性:

(1) $\sum\limits_{n=1}^{\infty} \frac{2+(-1)^n}{2^n}$;   (2) $\sum\limits_{n=1}^{\infty} (-1)^{n-1} \ln \frac{n+1}{n}$;

(3) $\sum\limits_{n=1}^{\infty} \frac{n \cos^2 \frac{n\pi}{3}}{2^n}$;   (4) $\sum\limits_{n=1}^{\infty} (-1)^n \frac{1}{n+a}$.

解 （1) **方法 1** 利用极限的夹逼定理及根值判别法.

因为 $\frac{1}{2^n} \leqslant \frac{2+(-1)^n}{2^n} \leqslant \frac{3}{2^n}$,所以 $\sqrt[n]{\frac{1}{2^n}} \leqslant \sqrt[n]{\frac{2+(-1)^n}{2^n}} \leqslant \sqrt[n]{\frac{3}{2^n}}$,即

$$\frac{1}{2} \leqslant \sqrt[n]{u_n} \leqslant \frac{\sqrt[n]{3}}{2}.$$

由极限的夹逼定理, $\lim\limits_{n\to\infty} \sqrt[n]{u_n} = \frac{1}{2} < 1$,级数 $\sum\limits_{n=1}^{\infty} \frac{2+(-1)^n}{2^n}$ 收敛.

方法 2 利用级数的基本性质.

$$\sum_{n=1}^{\infty} \frac{2+(-1)^n}{2^n} = \sum_{n=1}^{\infty} \frac{1}{2^{n-1}} + \sum_{n=1}^{\infty} \frac{(-1)^n}{2^n},$$

上式右端是两个 $q = \frac{1}{2}$ （$|q| < 1$）的几何级数,都是收敛级数,故级数

$\sum\limits_{n=1}^{\infty} \frac{2+(-1)^n}{2^n}$ 收敛.

方法 3 利用比较判别法.

$$0 < \frac{2+(-1)^n}{2^n} \leqslant \frac{3}{2^n},$$

而级数 $\sum\limits_{n=1}^{\infty} \frac{3}{2^n}$ 收敛,故级数 $\sum\limits_{n=1}^{\infty} \frac{2+(-1)^n}{2^n}$ 收敛.

（2) $u_n = (-1)^{n-1} \ln \frac{n+1}{n}$,显然 $\sum\limits_{n=1}^{\infty} u_n$ 为交错级数,且

$$|u_n| = \ln \frac{n+1}{n} > \ln \frac{n+2}{n+1} = |u_{n+1}|, \quad \lim_{n\to\infty} u_n = 0,$$

由莱布尼兹判别法知,级数 $\sum\limits_{n=1}^{\infty}(-1)^{n-1}\ln\dfrac{n+1}{n}$ 收敛.

又因为

$$\sum_{n=1}^{\infty}|u_n|=\sum_{n=1}^{\infty}\ln\frac{n+1}{n}=\sum_{n=1}^{\infty}\ln\left(1+\frac{1}{n}\right),\quad \lim_{n\to\infty}\frac{\ln\left(1+\dfrac{1}{n}\right)}{\dfrac{1}{n}}=1,$$

而 $\sum\limits_{n=1}^{\infty}\dfrac{1}{n}$ 发散,故 $\sum\limits_{n=1}^{\infty}|u_n|$ 发散,即级数 $\sum\limits_{n=1}^{\infty}(-1)^{n-1}\ln\dfrac{n+1}{n}$ 条件收敛.

(3) 因为 $u_n=\dfrac{n\cos^2\dfrac{n\pi}{3}}{2^n}$,而 $\dfrac{n\cos^2\dfrac{n\pi}{3}}{2^n}\leqslant\dfrac{n}{2^n}$,$\lim\limits_{n\to\infty}\sqrt[n]{\dfrac{n}{2^n}}=\dfrac{1}{2}<1$,由根

值判别法知,级数 $\sum\limits_{n=1}^{\infty}\dfrac{n}{2^n}$ 收敛. 再由比较收敛法知,级数 $\sum\limits_{n=1}^{\infty}\dfrac{n\cos^2\dfrac{n\pi}{3}}{2^n}$ 收敛.

(4) 因 $u_n=(-1)^n\dfrac{1}{n+a}$,显然 $\sum\limits_{n=1}^{\infty}u_n$ 为交错级数,且

$$|u_n|=\frac{1}{n+a}>\frac{1}{(n+1)+a}=|u_{n+1}|,\quad \lim_{n\to\infty}u_n=0,$$

故级数 $\sum\limits_{n=1}^{\infty}(-1)^n\dfrac{1}{n+a}$ 收敛.

又因为 $\sum\limits_{n=1}^{\infty}|u_n|=\sum\limits_{n=1}^{\infty}\dfrac{1}{n+a}$,$\lim\limits_{n\to\infty}\dfrac{\dfrac{1}{n+a}}{\dfrac{1}{n}}=1$,而 $\sum\limits_{n=1}^{\infty}\dfrac{1}{n}$ 发 散,故

$\sum\limits_{n=1}^{\infty}|u_n|$ 发散,级数 $\sum\limits_{n=1}^{\infty}(-1)^n\dfrac{1}{n+a}$ 条件收敛.

【例4】 判别级数下列的敛散性.

(1) $\sum\limits_{n=1}^{\infty}\dfrac{n\,\mathrm{e}^n}{1+n^2\mathrm{e}^{-n}+2n^3\mathrm{e}^n}$;　　(2) $\sum\limits_{n=1}^{\infty}\int_0^{\frac{1}{n}}\dfrac{x^a}{\sqrt{1+x^2}}\mathrm{d}x$ $(\alpha>-1)$;

(3) $\sum\limits_{n=1}^{\infty}\dfrac{n^3[\sqrt{2}+(-1)^n]^n}{3^n}$;　　(4) $\sum\limits_{n=3}^{\infty}\left(\dfrac{1}{n}-\ln\dfrac{n+1}{n}\right)$.

解 (1) $\dfrac{n\,\mathrm{e}^n}{1+n^2\mathrm{e}^{-n}+2n^3\mathrm{e}^n}=\dfrac{n}{\mathrm{e}^{-n}+n^2\mathrm{e}^{-2n}+2n^3}\sim\dfrac{1}{2n^2}$ $(n\to\infty)$,这

是因为

$$\lim_{n \to \infty} \frac{\dfrac{n\,e^n}{1+n^2 e^{-n}+2n^3 e^n}}{\dfrac{1}{2n^2}} = \lim_{n \to \infty} \frac{1}{\dfrac{1}{2n^3 e^n}+\dfrac{1}{2n\,e^{2n}}+1} = 1.$$

而 $\displaystyle\sum_{n=1}^{\infty} \frac{1}{2n^2}$ 收敛，所以级数 $\displaystyle\sum_{n=1}^{\infty} \frac{n\,e^n}{1+n^2 e^{-n}+2n^3 e^n}$ 收敛.

（2）因为

$$\int_0^{\frac{1}{n}} \frac{x^\alpha}{\sqrt{1+x^2}}\,\mathrm{d}x \geqslant \int_0^{\frac{1}{n}} \frac{x^\alpha}{\sqrt{1+\left(\dfrac{1}{n}\right)^2}}\,\mathrm{d}x = \frac{1}{(\alpha+1)\sqrt{1+\left(\dfrac{1}{n}\right)^2}} \cdot \left(\frac{1}{n}\right)^{\alpha+1}$$

$$\geqslant \frac{1}{(1+\alpha)\sqrt{2}}\left(\frac{1}{n}\right)^{\alpha+1},$$

又

$$\int_0^{\frac{1}{n}} \frac{x^\alpha}{\sqrt{1+x^2}}\,\mathrm{d}x \leqslant \int_0^{\frac{1}{n}} x^\alpha\,\mathrm{d}x = \frac{1}{(\alpha+1)}\left(\frac{1}{n}\right)^{\alpha+1},$$

所以级数 $\displaystyle\sum_{n=1}^{\infty} \int_0^{\frac{1}{n}} \frac{x^\alpha}{\sqrt{1+x^2}}\,\mathrm{d}x$ 与 $\displaystyle\sum_{n=1}^{\infty} \left(\frac{1}{n}\right)^{\alpha+1}$ 同时收敛，同时发散，故级数

$\displaystyle\sum_{n=1}^{\infty} \int_0^{\frac{1}{n}} \frac{x^\alpha}{\sqrt{1+x^2}}\,\mathrm{d}x$ 在 $\alpha>0$ 时收敛，在 $-1<\alpha<0$ 时发散.

（3）因为

$$u_n = \frac{n^3\left[\sqrt{2}+(-1)^n\right]^n}{3^n} \leqslant \frac{n^3(\sqrt{2}+1)^n}{3^n},$$

由比值判别法易知，级数 $\displaystyle\sum_{n=1}^{\infty} \frac{n^3(\sqrt{2}+1)^n}{3^n}$ 收敛，故级数 $\displaystyle\sum_{n=1}^{\infty} \frac{n^3\left[\sqrt{2}+(-1)^n\right]^n}{3^n}$ 收敛.

（4）当 $-1<x<+\infty$ 且 $x \neq 0$ 时，$\ln(x+1)<x$，由此得到 $\ln\dfrac{n+1}{n}$

$=\ln\left(1+\dfrac{1}{n}\right)<\dfrac{1}{n}$ 及 $\ln\dfrac{n+1}{n}=-\ln\left(\dfrac{n}{n+1}\right)=-\ln\left(1-\dfrac{1}{n+1}\right)>\dfrac{1}{n+1}$，故

$$0 < \frac{1}{n}-\ln\frac{n+1}{n} < \frac{1}{n}-\frac{1}{n+1} = \frac{1}{n(n+1)}.$$

而级数 $\displaystyle\sum_{n=1}^{\infty} \frac{1}{n(n+1)}$ 收敛，由正项级数比较判别法知，级数 $\displaystyle\sum_{n=3}^{\infty} \left(\frac{1}{n}-\ln\frac{n+1}{n}\right)$

收敛.

【例 5】 设 $\lim\limits_{n\to\infty} n^\lambda(\ln(1+n)-\ln n)v_n=3\,(\lambda>0)$，试讨论正项级数 $\sum\limits_{n=1}^{\infty}v_n$ 的收敛性.

解 $\lim\limits_{n\to\infty} n^\lambda(\ln(1+n)-\ln n)v_n=\lim\limits_{n\to\infty} n^\lambda\ln\left(1+\dfrac{1}{n}\right)v_n=\lim\limits_{n\to\infty} n^{\lambda-1}v_n$

$$=\lim\limits_{n\to\infty}\dfrac{v_n}{\dfrac{1}{n^{\lambda-1}}}=3,$$

故当 $\lambda-1>1$，即 $\lambda>2$ 时，级数 $\sum\limits_{n=1}^{\infty}v_n$ 收敛；当 $\lambda-1\leqslant1$，即 $\lambda\leqslant2$ 时，级数 $\sum\limits_{n=1}^{\infty}v_n$ 发散.

【例 6】 设 $\sum\limits_{n=1}^{\infty}u_n$ 为正项级数，且满足 (1) $\sum\limits_{k=1}^{n}(u_k-u_n)$ 对 n 有界；(2) $\{u_n\}$ 单调下降且 $\lim\limits_{n\to\infty}u_n=0$，证明：正项级数 $\sum\limits_{n=1}^{\infty}u_n$ 收敛.

证 因为 $\sum\limits_{k=1}^{n}(u_k-u_n)$ 对 n 有界，所以存在 $M>0$，对任意给定的 $N\in\mathbf{Z}^+$，由 $\{u_n\}$ 单调下降且 $\lim\limits_{n\to\infty}u_n=0$，当 $n>N$ 时，有

$$\sum\limits_{k=1}^{n}u_k=\sum\limits_{k=1}^{n}(u_k-a_N)+na_N\leqslant\sum\limits_{k=1}^{N}(u_k-a_N)+na_N\leqslant M+na_N.$$

令 $N\to+\infty$ 得 $\sum\limits_{k=1}^{n}u_k\leqslant M$，由正项级数收敛基本定理知正项级数 $\sum\limits_{n=1}^{\infty}u_n$ 收敛.

【例 7】 设级数 $\sum\limits_{n=1}^{\infty}u_n$ 绝对收敛，证明：级数 $\sum\limits_{n=1}^{\infty}u_n(u_1+u_2+\cdots+u_n)$ 绝对收敛.

证 由题设级数 $\sum\limits_{n=1}^{\infty}u_n$ 绝对收敛，知级数 $\sum\limits_{n=1}^{\infty}u_n$ 收敛，不妨设其和为 $S=\sum\limits_{n=1}^{\infty}u_n$，则 $|S|=\sum\limits_{n=1}^{\infty}|u_n|$. 而

$$\lim\limits_{n\to\infty}\dfrac{|u_n(u_1+u_2+\cdots+u_n)|}{|u_n|}=\lim\limits_{n\to\infty}|u_1+u_2+\cdots+u_n|=|S|<+\infty,$$

由比较判别法知级数 $\sum\limits_{n=1}^{\infty} u_n (u_1 + u_2 + \cdots + u_n)$ 绝对收敛.

【例8】 设 $f(x)$ 在 $x = 0$ 的某一邻域内具有二阶连续导数,且 $\lim\limits_{x \to 0} \dfrac{f(x)}{x}$ $= 0$. 试证明:级数 $\sum\limits_{n=1}^{\infty} \sqrt{n} f\left(\dfrac{1}{n}\right)$ 绝对收敛.

证 由 $\lim\limits_{x \to 0} \dfrac{f(x)}{x} = 0$,知 $f(0) = 0$,且 $f'(0) = \lim\limits_{x \to 0} \dfrac{f(x) - f(0)}{x - 0} = 0$. 因为

$$\lim_{n \to \infty} \left| \frac{n f\left(\dfrac{1}{n}\right)}{\dfrac{1}{n^{\frac{3}{2}}}} \right| = \lim_{n \to \infty} \left| \frac{f\left(\dfrac{1}{n}\right)}{\dfrac{1}{n^2}} \right| = \lim_{x \to 0} \frac{f(x)}{x^2} = \lim_{x \to 0} \frac{f'(x)}{2x} = \frac{1}{2} f''(0),$$

又 $\sum\limits_{n=1}^{\infty} \dfrac{1}{n^{\frac{3}{2}}}$ 收敛,所以 $\sum\limits_{n=1}^{\infty} \sqrt{n} f\left(\dfrac{1}{n}\right)$ 绝对收敛.

【例9】 判断级数 $\sum\limits_{n=1}^{\infty} u_n$ 的敛散性,已知其一般项 u_n 与部分和有如下关系:

$$2S_n^2 = 2u_n S_n - u_n \quad (n \geqslant 2), \quad \text{且 } u_1 = 2.$$

解 由 $2S_n^2 = 2u_n S_n - u_n (n \geqslant 2)$,有

$$2S_n(S_n - u_n) = -u_n \Leftrightarrow 2S_n S_{n-1} = -(S_n - S_{n-1}) \Leftrightarrow S_n = \frac{S_{n-1}}{1 + 2S_{n-1}}.$$

而 $S_1 = u_1 = 2 \Rightarrow S_2 = \dfrac{2}{5}$, $S_3 = \dfrac{2}{9}$,且假设 $S_{n-1} = \dfrac{2}{1 + 4(n-2)}$,可推得

$$S_n = \frac{\dfrac{2}{1 + 4(n-2)}}{1 + \dfrac{2 \cdot 2}{1 + 4(n-2)}} = \frac{2}{1 + 4(n-1)},$$

因此 $S_n = \dfrac{2}{1 + 4(n-1)}$. 由于 $\lim\limits_{n \to \infty} S_n = \lim\limits_{n \to \infty} \dfrac{2}{1 + 4(n-1)} = 0$,故级数收敛.

【例10】 设 $a_1 = 2$, $a_{n+1} = \dfrac{1}{2}\left(a_n + \dfrac{1}{a_n}\right)$ $(n = 1, 2, \cdots)$. 证明:

(1) $\lim\limits_{n \to \infty} a_n$ 存在;   (2) 级数 $\sum\limits_{n=1}^{\infty} \left(\dfrac{a_n}{a_{n+1}} - 1\right)$ 收敛.

证 (1) 因为 $a_{n+1} = \dfrac{1}{2}\left(a_n + \dfrac{1}{a_n}\right) \geqslant \sqrt{a_n \cdot \dfrac{1}{a_n}} = 1$,

$$a_{n+1} - a_n = \frac{1}{2}\left(a_n + \frac{1}{a_n}\right) - a_n = \frac{1 - a_n^2}{2a_n} \leqslant 0,$$

所以 $\{a_n\}$ 是单调减少有下界的数列,故 $\lim\limits_{n \to \infty} a_n$ 存在.

(2) 由(1)知

$$0 \leqslant \frac{a_n}{a_{n+1}} - 1 = \frac{a_n - a_{n+1}}{a_{n+1}} \leqslant a_n - a_{n+1}.$$

记 $S_n = \sum\limits_{k=1}^{n}(a_k - a_{k+1}) = a_1 - a_{n+1}$,因 $\lim\limits_{n \to \infty} a_{n+1}$ 存在,故 $\lim\limits_{n \to \infty} S_n$ 存在,所以

$\sum\limits_{n=1}^{\infty}(a_n - a_{n+1})$ 收敛. 由比较审敛法知 $\sum\limits_{n=1}^{\infty}\left(\frac{a_n}{a_{n+1}} - 1\right)$ 收敛.

【例 11】 试证:若 $\{a_n\}$ 是单调增加的正数数列,则级数
$\sum\limits_{n=1}^{\infty}\left(1 - \frac{a_n}{a_{n+1}}\right)$ 收敛的充要条件是数列 $\{a_n\}$ 有界.

证 充分性. 由于 $\{a_n\}$ 单调增加,则

$$0 \leqslant 1 - \frac{a_n}{a_{n+1}} = \frac{a_{n+1} - a_n}{a_{n+1}} \leqslant \frac{a_{n+1} - a_n}{a_1}.$$

而级数 $\sum\limits_{n=1}^{\infty}(a_{n+1} - a_n)$ 的部分和为 $S_n = a_{n+1} - a_1$,由于 $\{a_n\}$ 有界,故

$\lim\limits_{n \to \infty} a_{n+1}$ 存在,从而 $\lim\limits_{n \to \infty} S_n$ 存在,于是 $\sum\limits_{n=1}^{\infty}(a_{n+1} - a_n)$ 收敛. 因此

$\sum\limits_{n=1}^{\infty}\left(1 - \frac{a_n}{a_{n+1}}\right)$ 收敛.

必要性. 用反证法(级数 $\sum\limits_{n=1}^{\infty}\left(1 - \frac{a_n}{a_{n+1}}\right)$ 收敛,数列 $\{a_n\}$ 必有界),若不

然,即数列 $\{a_n\}$ 无界,则对任何 n 有 $N > n$ 使 $a_n > 2a_n$,于是

$$S_{N-1} - S_n = \sum\limits_{k=n}^{N-1}\left(1 - \frac{a_k}{a_{k+1}}\right) \geqslant \frac{a_N - a_n}{a_n} \geqslant \frac{1}{2}.$$

由柯西收敛准则知 $\{S_n\}$ 发散,从而级数 $\sum\limits_{n=1}^{\infty}\left(1 - \frac{a_n}{a_{n+1}}\right)$ 发散,矛盾,故 $\{a_n\}$

有界.

【例 12】 设函数 $f(x)$ 满足

(1) $f(x)$ 在 $[0, +\infty)$ 上单调增加;

(2) $\lim\limits_{x \to \infty} f(x) = A$;

(3) $f''(x) < 0, x \in [0, +\infty)$,

证明：(1) 级数 $\sum\limits_{n=1}^{\infty} (f(n+1) - f(n))$ 收敛；(2) 级数 $\sum\limits_{n=1}^{\infty} f'(n)$ 收敛.

证 (1) 因 $\lim\limits_{x \to \infty} f(x) = A$，由海涅定理知 $\lim\limits_{n \to \infty} f(n) = A$，而

$$S_n = \sum_{k=1}^{n} (f(n+1) - f(n))$$

$$= f(2) - f(1) + f(3) - f(2) + \cdots + f(n+1) - f(n)$$

$$= f(n+1) - f(1),$$

所以有 $\lim\limits_{n \to \infty} S_n = A - f(1)$. 由级数收敛定义知级数 $\sum\limits_{n=1}^{\infty} (f(n+1) - f(n))$ 收敛.

(2) 因 $f(x)$ 在 $[0, +\infty)$ 上单调增加，所以有 $f'(x) \geqslant 0$. 又由 $f''(x) < 0$ 知 $f'(x)$ 单调减，故由拉格朗日中值定理得

$$f(n+1) - f(n) = f'(\xi_n) \geqslant f'(n+1) \geqslant 0 \quad (n < \xi_n < n+1).$$

由正项级数比较判别法知，级数 $\sum\limits_{n=1}^{\infty} f'(n)$ 收敛.

【例 13】 若 $\lim\limits_{n \to \infty} (n^{2n \sin\frac{1}{n}} \cdot a_n) = 1$，则级数 $\sum\limits_{n=1}^{\infty} a_n$ 是否收敛？试证之.

证 由已知条件知 $\lim\limits_{n \to \infty} \dfrac{a_n}{n^{-2n \sin\frac{1}{n}}} = 1$，而

$$0 < n^{-2n \sin\frac{1}{n}} = n^{-2\frac{\sin n^{-1}}{n^{-1}}} \leqslant (n^{-2})^{\frac{3}{4}} \quad (n \text{ 充分大}),$$

由比较判别法知，级数 $\sum\limits_{n=1}^{\infty} n^{-2n \sin\frac{1}{n}}$ 收敛. 再由比较判别法知级数 $\sum\limits_{n=1}^{\infty} a_n$ 收敛.

【例 14】 设级数 $\sum\limits_{n=1}^{\infty} u_n (u_n > 0)$ 发散，又 $S_n = u_1 + u_2 + \cdots + u_n$，证明：

(1) $\sum\limits_{n=1}^{\infty} \dfrac{u_n}{S_n}$ 发散；　　　　(2) $\sum\limits_{n=1}^{\infty} \dfrac{u_n}{S_n^2}$ 收敛.

证 (1) $u_n > 0$，故 $\{S_n\}$ 单调增，所以

$$\sum_{k=n+1}^{n+p} \frac{u_k}{S_k} \geqslant \frac{1}{S_{n+p}} \sum_{k=n+1}^{n+p} u_k = \frac{S_{n+p} - S_n}{S_{n+p}} = 1 - \frac{S_n}{S_{n+p}}.$$

因级数 $\sum\limits_{n=1}^{\infty} u_n$ 发散，故 $\lim\limits_{n \to \infty} S_n = \infty$，所以对任意的 n，当 p 充分大时，有

$\dfrac{S_n}{S_{n+p}} < \dfrac{1}{2}$. 于是 $\displaystyle\sum_{k=n}^{n+p} \dfrac{u_k}{S_k} > \dfrac{1}{2}$,由柯西准则知,$\displaystyle\sum_{n=1}^{\infty} \dfrac{u_n}{S_n}$ 发散.

(2) 由题设知,

$$\sum_{k=2}^{n} \frac{u_k}{S_k^2} \leqslant \sum_{k=2}^{n} \frac{S_k - S_{k-1}}{S_k S_{k-1}} = \sum_{k=2}^{n} \left(\frac{1}{S_{k-1}} - \frac{1}{S_k} \right) = \frac{1}{S_1} - \frac{1}{S_n} < \frac{1}{u_1},$$

故部分和 $\displaystyle\sum_{k=1}^{n} \dfrac{u_k}{S_k^2}$ 有界,所以 $\displaystyle\sum_{n=1}^{\infty} \dfrac{u_n}{S_n^2}$ 收敛.

【例 15】 证明:

(1) $\{x^n\}$ 在 $[0,1]$ 上不一致收敛;

(2) 若函数 $f(x)$ 在 $[0,1]$ 上连续,且 $f(1)=0$,则 $\{f(x)x^n\}$ 在 $[0,1]$ 上一致收敛.

证 (1) 因为 $\{x^n\}$ 的极限函数为

$$g(x) = \begin{cases} 0, & x \in [0,1), \\ 1, & x = 1, \end{cases}$$

而函数 $g(x)$ 不连续,由一致收敛性质知 $\{x_n\}$ 在 $[0,1]$ 上不一致收敛.

(2) 因为 $f(x)$ 在 $x=1$ 点连续,所以 $\forall \varepsilon > 0$,$\exists \delta > 0$,当 $|x-1| < \delta$ 时,有

$$|f(x) - f(1)| = |f(x)| < \varepsilon.$$

而 $f(x)x^n$ 在 $[0, 1-\delta]$ 上一致收敛于 0,即对上述 $\varepsilon > 0$,$\exists N > 0$,当 $n > N$ 时,对 $x \in [0, 1-\delta]$,有

$$|f(x)x^n - 0| < \varepsilon.$$

故 $n > N$ 时,$\forall x \in [0,1]$,有 $|f(x)x^n - 0| < \varepsilon$,即 $\{f(x)x^n\}$ 在 $[0,1]$ 上一致收敛.

【例 16】 证明:级数 $\displaystyle\sum_{n=0}^{\infty} \dfrac{1}{n} \left[e^x - \left(1 + \dfrac{x}{n}\right)^n \right]$ 在 $(0, +\infty)$ 上非一致收敛;在任何有限区间 $[a, b]$ 上一致收敛.

证 记 $u_n(x) = \dfrac{1}{n} \left[e^x - \left(1 + \dfrac{x}{n}\right)^n \right]$,取 $x_n = n$,则

$$\lim_{n \to \infty} u_n(x_n) = \frac{1}{n}(e^n - 2^n) = +\infty,$$

即 $\{u_n(x)\}$ 不一致收敛于零.由 Cauchy 一致收敛准则知 $\displaystyle\sum_{n=0}^{\infty} \dfrac{1}{n} \left[e^x - \left(1 + \dfrac{x}{n}\right)^n \right]$ 在 $(0, +\infty)$ 上非一致收敛.

设 $|a|$，$|b| \leqslant M$，当 n 充分大时，有

$$u_n(x) = \frac{1}{n}\left[e^x - \left(1 + \frac{x}{n}\right)^n\right] \leqslant \frac{x^2}{n^2}e^x \leqslant \frac{M^2}{n^2}e^M.$$

由 Weierstyrass 判别法知级数 $\sum\limits_{n=0}^{\infty} \frac{1}{n}\left[e^x - \left(1 + \frac{x}{n}\right)^n\right]$ 在任何有限区间 $[a,$

$b]$ 上一致收敛.

【例 17】 求级数 $\sum\limits_{k=1}^{\infty} \dfrac{k+2}{k! + (k+1)! + (k+2)!}$ 的和.

解　$\sum\limits_{k=1}^{\infty} \dfrac{k+2}{k! + (k+1)! + (k+2)!}$

$$= \sum_{k=1}^{\infty} \frac{k+2}{k! + k!(k+1) + k!(k+1)(k+2)}$$

$$= \sum_{k=1}^{\infty} \frac{1}{k!(k+2)!} = \sum_{k=1}^{\infty}\left(\frac{1}{(k+1)!} - \frac{1}{(k+2)!}\right) = \frac{1}{2}.$$

【例 18】 求幂级数 $\sum\limits_{n=1}^{\infty} \dfrac{\ln(1+n)}{n}x^{n-1}$ 的收敛域.

解　由

$$\lim_{n\to\infty}\left|\frac{a_{n+1}}{a_n}\right| = \lim_{n\to\infty}\frac{\ln(n+2)}{n+1} \cdot \frac{n}{\ln(n+1)} = \lim_{n\to\infty}\frac{n}{n+1} \cdot \frac{\ln n + \ln\left(1+\dfrac{2}{n}\right)}{\ln n + \ln\left(1+\dfrac{1}{n}\right)} = 1,$$

得 $R = 1$.

当 $x = 1$ 时，原级数为 $\sum\limits_{n=1}^{\infty} \dfrac{\ln(1+n)}{n}$，发散 $\left(因 \dfrac{\ln(1+n)}{n} > \dfrac{1}{n}\right)$.

当 $x = -1$ 时，原级数为 $\sum\limits_{n=1}^{\infty}(-1)^n \dfrac{\ln(1+n)}{n}$，是交错级数，且满足

$$\lim_{n\to\infty}u_n = \lim_{n\to\infty}\frac{\ln(1+n)}{n} = 0.$$

设 $f(x) = \dfrac{\ln(1+x)}{x}$，$x \geqslant 2$，则 $f'(x) = \dfrac{\dfrac{x}{1+x} - \ln(1+x)}{x^2}$. 当 $x \geqslant 2$，

$\dfrac{x}{1+x} < 1$，$\ln(1+x) > 1$，故 $f'(x) < 0$，$f(x)$ 单调减少，从而

$$u_n = \frac{\ln(1+n)}{n} > \frac{\ln(2+n)}{n+1} = u_{n+1}.$$

故 $\displaystyle\sum_{n=1}^{\infty}(-1)^n\frac{\ln(1+n)}{n}$ 收敛.

因此原级数的收敛域为 $[-1,1)$.

【例 19】 对 p 讨论幂级数 $\displaystyle\sum_{n=2}^{\infty}\frac{x^n}{n^p\ln n}$ 的收敛域.

解 设 $a_n=\dfrac{x^n}{n^p\ln n}$. 因为

$$\lim_{n\to\infty}\left|\frac{a_{n+1}}{a_n}\right|=\lim_{n\to\infty}\frac{\dfrac{1}{(n+1)^p\ln(n+1)}}{\dfrac{1}{n^p\ln n}}=\lim_{n\to\infty}\left(\frac{1}{1+\dfrac{1}{n}}\right)^p\frac{\ln n}{\ln(1+n)}$$

$$=\lim_{n\to\infty}\frac{\ln n}{\ln(1+n)}=1\quad\left(\text{由于}\lim_{x\to+\infty}\frac{\ln x}{\ln(1+x)}=1\right),$$

所以 $R=1$.

当 $p<0$ 时,有

$$\lim_{n\to\infty}\frac{1}{n^p\ln n}=\lim_{n\to\infty}\frac{n^{-p}}{\ln n}=+\infty\quad(\text{因}\lim_{x\to+\infty}\frac{x^{-p}}{\ln x}=\lim_{x\to+\infty}(-p)x^{-p}=+\infty).$$

若 $x=\pm1$,则 $\displaystyle\lim_{n\to\infty}|a_n|=\lim_{n\to\infty}\frac{1}{n^p\ln n}=+\infty$,级数发散.因此原级数的收敛域为 $(-1,1)$.

当 $0<p<1$ 时,若 $x=1$,则

$$\lim_{n\to\infty}\frac{a_n}{\dfrac{1}{n}}=\lim_{n\to\infty}\frac{n}{n^p\ln n}=\lim_{n\to\infty}\frac{n^{1-p}}{\ln n}=+\infty,$$

故级数发散.若 $x=-1$,则级数为交错级数 $\displaystyle\sum_{n=2}^{\infty}\frac{(-1)^n}{n^p\ln n}$,而

$$\frac{1}{(n+1)^p\ln(n+1)}<\frac{1}{n^p\ln n},\quad\text{且}\lim_{n\to\infty}\frac{1}{n^p\ln n}=0,$$

故级数收敛.因此原级数的收敛域为 $[-1,1)$.

当 $p>1$ 时,若 $x=\pm1$,则 $|a_n|=\dfrac{1}{n^p\ln n}<\dfrac{1}{n^p\ln 2}$,而 $\dfrac{1}{\ln 2}\displaystyle\sum_{n=2}^{\infty}\frac{1}{n^p}$ 当 $p>1$ 时收敛,故级数绝对收敛.因此原级数的收敛域为 $[-1,1]$.

【例 20】 设 $u_0=0$,$u_1=1$,$u_{n+1}=au_n+bu_{n-1}$ $(n=1,2,\cdots)$,其中 a, b 为实常数.又设 $f(x)=\displaystyle\sum_{n=0}^{\infty}\frac{u_n}{n!}x^n$.

(1) 试导出 $f(x)$ 满足的微分方程.

(2) 证明：$f(x) = -\mathrm{e}^{ax} f(-x)$.

解 (1) 由 $f(x) = \sum\limits_{n=0}^{\infty} \dfrac{u_n}{n!} x^n$，得

$$f'(x) = \sum_{n=0}^{\infty} \left(\frac{u_n}{n!} x^n \right)' = \sum_{n=1}^{\infty} \frac{u_n}{(n-1)!} x^{n-1} = \sum_{n=0}^{\infty} \frac{u_{n+1}}{n!} x^n,$$

$$f''(x) = \sum_{n=0}^{\infty} \left(\frac{u_{n+1}}{n!} x^n \right)' = \sum_{n=1}^{\infty} \frac{u_{n+1}}{(n-1)!} x^{n-1} = \sum_{n=0}^{\infty} \frac{u_{n+2}}{n!} x^n.$$

由 $u_{n+1} = a u_n + b u_{n-1}$，得

$$f''(x) = \sum_{n=0}^{\infty} \frac{u_{n+2}}{n!} x^n = \sum_{n=0}^{\infty} \frac{a u_{n+1} + b u_n}{n!} x^n = a \sum_{n=0}^{\infty} \frac{u_{n+1}}{n!} x^n + b \sum_{n=0}^{\infty} \frac{u_n}{n!} x^n$$

$$= a f'(x) + b f(x).$$

又 $u_0 = 0$，$u_1 = 1$，得 $f(0) = u_0 = 0$，$f'(0) = u_1 = 1$，所以 $f(x)$ 满足的微分方程为

$$\begin{cases} f''(x) = a f'(x) + b f(x), \\ f(0) = 0, \quad f'(0) = 1. \end{cases} \tag{$*$}$$

证 (2) 令 $g(x) = -\mathrm{e}^{ax} f(-x)$，则 $g'(x) = -a\mathrm{e}^{ax} f(-x) + \mathrm{e}^{ax} f'(-x)$，以及

$$g''(x) = -a^2 \mathrm{e}^{ax} f(-x) + 2a \mathrm{e}^{ax} f'(-x) - \mathrm{e}^{ax} f''(-x)$$

$$= -a^2 \mathrm{e}^{ax} f(-x) + 2a \mathrm{e}^{ax} f'(-x) - \mathrm{e}^{ax} (a f'(x) + b f(x))$$

$$= -a^2 \mathrm{e}^{ax} f(-x) + a \mathrm{e}^{ax} f'(-x) - b \mathrm{e}^{ax} f(x)$$

$$= a g'(x) + b g(x).$$

又 $g(0) = -f(0) = 0$，$g'(0) = -a f(0) + f'(0) = 1$，故 $g(x)$ 是微分方程 $(*)$ 的唯一解，即 $g(x) = f(x)$. 所以有 $f(x) = -\mathrm{e}^{ax} f(-x)$.

【**例 21**】 确定幂级数 $\sum\limits_{n=1}^{\infty} (-1)^{n-1} \dfrac{x^{2n+1}}{(2n)^2 - 1}$ 的收敛域，并求其和函数.

解 $\lim\limits_{n\to\infty} \sqrt[n]{|a_n|} = \lim\limits_{n\to\infty} \sqrt[2n+1]{\dfrac{1}{4n^2-1}} = \lim\limits_{n\to\infty} \sqrt[2n+1]{\dfrac{1}{2n-1}} \lim\limits_{n\to\infty} \sqrt[2n+1]{\dfrac{1}{2n+1}}$

$$= 1 \times 1 = 1,$$

故收敛半径 $R = 1$.

当 $x = \pm 1$ 时，幂级数分别为 $\sum\limits_{n=1}^{\infty} \dfrac{1}{4n^2-1}$ 与 $-\sum\limits_{n=1}^{\infty} \dfrac{1}{4n^2-1}$，易知它们都收敛. 故此幂级数的收敛域为 $[-1, 1]$.

因为当 $x = \pm 1$ 时级数收敛,故它在 $x = 1$ 处左连续,而在 $x = -1$ 处右连续.

当 $|x| \leqslant 1$ 时,设 $f(x) = \sum\limits_{n=1}^{\infty} (-1)^{n-1} \dfrac{x^{2n+1}}{(2n)^2 - 1}$,则

$$f'(x) = \left[\sum_{n=1}^{\infty} (-1)^{n-1} \frac{x^{2n+1}}{(2n-1)(2n+1)} \right]' = \sum_{n=1}^{\infty} (-1)^{n-1} \frac{x^{2n}}{2n-1}$$

$$= x \sum_{n=1}^{\infty} (-1)^{n-1} \frac{x^{2n-1}}{2n-1} = x \arctan x \quad (|x| \leqslant 1).$$

故 $f(x) = \displaystyle\int_0^x f'(t)\mathrm{d}t = \int_0^x t \arctan t \ \mathrm{d}t = \dfrac{1}{2} \left[(1+x^2)\arctan x - x \right]$ $(|x| \leqslant 1)$.

【例 22】 已知 $\sum\limits_{n=1}^{\infty} \dfrac{1}{n^2} = \dfrac{\pi^2}{6}$,求级数 $\sum\limits_{n=1}^{\infty} \dfrac{1}{n^2 (n+1)^2 (n+2)^2}$ 的和.

解 令

$$\frac{1}{n^2 (n+1)^2 (n+2)^2} = \frac{A}{n} + \frac{B}{n^2} + \frac{C}{n+1} + \frac{D}{(n+1)^2} + \frac{E}{n+2} + \frac{F}{(n+2)^2},$$

可得 $A = -\dfrac{3}{4}$,$B = \dfrac{1}{4}$,$C = 0$,$D = 1$,$E = \dfrac{3}{4}$,$F = \dfrac{1}{4}$. 故

$$\sum_{n=1}^{\infty} \frac{1}{n^2 (n+1)^2 (n+2)^2}$$

$$= \frac{1}{4} \sum_{n=1}^{\infty} \frac{1}{n^2} + \sum_{n=1}^{\infty} \frac{1}{(n+1)^2} + \frac{1}{4} \sum_{n=1}^{\infty} \frac{1}{(n+2)^2} - \frac{3}{4} \sum_{n=1}^{\infty} \left(\frac{1}{n} - \frac{1}{n+2} \right)$$

$$= \frac{1}{4} \cdot \frac{\pi^2}{6} + \left(\frac{\pi^2}{6} - 1 \right) + \frac{1}{4} \left(\frac{\pi^2}{6} - 1 - \frac{1}{4} \right)$$

$$- \frac{3}{4} \lim_{n \to \infty} \left(1 + \frac{1}{2} - \frac{1}{n+1} - \frac{1}{n+2} \right)$$

$$= \frac{\pi^2}{4} - \frac{39}{16}.$$

【例 23】 如果函数 $\dfrac{1}{(1-ax)(1-bx)}$ 可展开成 x 的幂级数

$$C_0 + C_1 x + C_2 x^2 + C_3 x^3 + \cdots,$$

证明:函数 $\dfrac{1 + abx}{(1-abx)(1-a^2 x)(1-b^2 x)}$ 可展开成 x 的幂级数

$$C_0^2 + C_1^2 x + C_2^2 x^2 + C_3^2 x^3 + \cdots.$$

证 首先求系数.利用部分分式,并假设 $a \neq b$,有

$$\frac{1}{(1-ax)(1-bx)}=\frac{1}{b-a}\left(\frac{-a}{1-ax}+\frac{b}{1-bx}\right)$$

$$=\frac{1}{b-a}\left(-a\sum_{n=0}^{\infty}a^{n}x^{n}+b\sum_{n=0}^{\infty}b^{n}x^{n}\right).$$

因此 $C_n=\dfrac{b^{n+1}-a^{n+1}}{b-a}$. 故有

$$\sum_{n=0}^{\infty}C_{n}^{2}x^{n}=\sum_{n=0}^{\infty}\left(\frac{b^{n+1}-a^{n+1}}{b-a}\right)^{2}x^{n}$$

$$=\frac{1}{(b-a)^{2}}\left(a^{2}\sum_{n=0}^{\infty}a^{2n}x^{n}-2ab\sum_{n=0}^{\infty}a^{n}b^{n}x^{n}+b^{2}\sum_{n=0}^{\infty}b^{2n}x^{n}\right)$$

$$=\frac{1}{(b-a)^{2}}\left(\frac{a^{2}}{1-a^{2}x}-\frac{2ab}{1-abx}+\frac{b^{2}}{1-b^{2}x}\right)$$

$$=\frac{1+abx}{(1-abx)(1-a^{2}x)(1-b^{2}x)}.$$

当 $a=b$ 时,则有 $\dfrac{1}{(1-ax)(1-bx)}=\dfrac{1}{(1-ax)^{2}}=\sum_{n=0}^{\infty}(n+1)a^{n}x^{n}$. 此

时 $C_n=(n+1)a^n$,故有

$$\sum_{n=0}^{\infty}C_{n}^{2}x^{n}=\sum_{n=0}^{\infty}\left[(n+1)a^{n}\right]^{2}x^{n}=\sum_{n=0}^{\infty}(1+2n+n^{2})a^{2n}x^{n}$$

$$=\sum_{n=0}^{\infty}(n+1)(n+2)a^{2n}x^{n}-\sum_{n=0}^{\infty}(n+1)a^{2n}x^{n}$$

$$=\frac{2}{(1-a^{2}x)^{3}}-\frac{1}{(1-a^{2}x)^{2}}=\frac{1+a^{2}x}{(1-a^{2}x)^{3}}.$$

【例 24】 将函数 $f(x)=\arctan\dfrac{1-2x}{1+2x}$ 展开成 x 的幂级数,并求级数

$\sum\limits_{n=0}^{\infty}\dfrac{(-1)^{n}}{2n+1}$ 的和.

解 幂级数展开有直接法与间接法,一般考查间接法展开,即通过适当的恒等变形、求导或积分等转化为可利用已知幂级数展开的情形. 本题可先求导,再利用函数 $\dfrac{1}{1-x}$ 的幂级数展开 $\dfrac{1}{1-x}=1+x+x^{2}+\cdots+x^{n}+\cdots$ 即可,然后取 x 为某特殊值,得所求级数的和.

因为

$$f'(x)=-\frac{2}{1+4x^{2}}=-2\sum_{n=0}^{\infty}(-1)^{n}4^{n}x^{2n},\quad x\in\left(-\frac{1}{2},\frac{1}{2}\right),$$

又 $f(0) = \dfrac{\pi}{4}$,所以

$$f(x) = f(0) + \int_0^x f'(t)\mathrm{d}t = \frac{\pi}{4} - 2\int_0^x \Big[\sum_{n=0}^{\infty} (-1)^n 4^n t^{2n}\Big]\mathrm{d}t$$

$$= \frac{\pi}{4} - 2\sum_{n=0}^{\infty} \frac{(-1)^n 4^n}{2n+1} x^{2n+1}, \quad x \in \Big(-\frac{1}{2}, \frac{1}{2}\Big).$$

因为级数 $\displaystyle\sum_{n=0}^{\infty} \frac{(-1)^n}{2n+1}$ 为交错级数,满足莱布尼兹定理的条件,故收敛. 函数

$f(x)$ 在 $x = \dfrac{1}{2}$ 处连续,所以

$$f(x) = \frac{\pi}{4} - 2\sum_{n=0}^{\infty} \frac{(-1)^n 4^n}{2n+1} x^{2n+1}, \quad x \in \Big(-\frac{1}{2}, \frac{1}{2}\Big].$$

令 $x = \dfrac{1}{2}$,得

$$f\Big(\frac{1}{2}\Big) = \frac{\pi}{4} - 2\sum_{n=0}^{\infty} \Big[\frac{(-1)4^n}{2n+1} \cdot \frac{1}{2^{2n+1}}\Big] = \frac{\pi}{4} - \sum_{n=0}^{\infty} \frac{(-1)^n}{2n+1}.$$

再由 $f\Big(\dfrac{1}{2}\Big) = 0$,得 $\displaystyle\sum_{n=0}^{\infty} \frac{(-1)^n}{2n+1} = \frac{\pi}{4} - f\Big(\frac{1}{2}\Big) = \frac{\pi}{4}$.

【例 25】 求 $\dfrac{1 + \dfrac{\pi^4}{4! \cdot 2^4} + \dfrac{\pi^8}{8! \cdot 2^8} + \dfrac{\pi^{12}}{12! \cdot 2^{12}} + \cdots}{\dfrac{1}{8} + \dfrac{\pi^4}{6! \cdot 2^6} + \dfrac{\pi^8}{10! \cdot 2^{10}} + \dfrac{\pi^{12}}{14! \cdot 2^{14}} + \cdots}$ 的值.

解 设原式的分子为 p,分母为 q. 因

$$\cos x = \sum_{n=0}^{\infty} \frac{(-1)^n}{(2n)!} x^{2n}$$

$$= 1 - \frac{x^2}{2!} + \frac{x^4}{4!} - \cdots + (-1)^n \frac{x^{2n}}{(2n)!} + \cdots, \quad x \in (-\infty, +\infty),$$

所以

$$p - \pi^2 q = 1 - \frac{\pi^2}{8} + \frac{\pi^4}{4! \cdot 2^4} - \frac{\pi^6}{6! \cdot 2^6} + \frac{\pi^8}{8! \cdot 2^8} - \frac{\pi^{10}}{10! \cdot 2^{10}}$$

$$+ \frac{\pi^{12}}{12! \cdot 2^{12}} - \frac{\pi^{14}}{14! \cdot 2^{14}} + \cdots$$

$$= \cos\frac{\pi}{2} = 0,$$

故原式 $= \dfrac{p}{q} = \pi^2$.

【例 26】 求级数 $\sum\limits_{n=1}^{\infty} \arctan \dfrac{1}{2n^2}$ 的和.

解 设 $u_n = \arctan \dfrac{1}{2n^2}$, 则

$$\tan(u_1 + u_2) = \tan\left(\arctan \frac{1}{2} + \arctan \frac{1}{8}\right) = \frac{\dfrac{1}{2} + \dfrac{1}{8}}{1 - \dfrac{1}{2} \cdot \dfrac{1}{8}} = \frac{2}{3},$$

$$\tan(u_1 + u_2 + u_3) = \tan((u_1 + u_2) + u_3) = \tan\left(\arctan \frac{2}{3} + \arctan \frac{1}{18}\right) = \frac{3}{4}.$$

令 $\tan S_n = \dfrac{n}{n+1}$, 则

$$\tan(S_n + u_{n+1}) = \tan\left(\arctan \frac{n}{n+1} + \arctan \frac{1}{2(n+1)^2}\right)$$

$$= \frac{\dfrac{n}{n+1} + \dfrac{1}{2(n+1)^2}}{1 - \dfrac{n}{n+1} \cdot \dfrac{1}{2(n+1)^2}} = \frac{n+1}{n+2}.$$

故 $S_n = \arctan \dfrac{n}{n+1}$, $\sum\limits_{n=1}^{\infty} \arctan \dfrac{1}{2n^2} = \lim\limits_{n\to\infty} S_n = \lim\limits_{n\to\infty} \arctan \dfrac{n}{n+1} = \dfrac{\pi}{4}$.

【例 27】 将周期函数 $f(x) = \begin{cases} -1, & x \in [-\pi, 0), \\ 1, & x \in [0, \pi) \end{cases}$ 展开成傅里叶级

数, 并据此求周期函数 $f_1(x) = \begin{cases} a, & x \in [-\pi, 0), \\ b, & x \in [0, \pi) \end{cases}$ 的傅里叶级数.

解 因为 $f(x)$ 是奇函数, 所以 $a_n = 0$, $n = 0, 1, 2, \cdots$,

$$b_n = \frac{2}{\pi} \int_0^{\pi} \sin nx \, \mathrm{d}x = \frac{2}{n\pi}[1 + (-1)^{n+1}], \quad n = 1, 2, \cdots,$$

于是

$$\frac{4}{\pi} \sum_{n=1}^{\infty} \frac{1}{2n+1} \sin(2n+1)x = \begin{cases} -1, & -\pi < x < 0, \\ 0, & x = \pm\pi, 0, \\ 1, & 0 < x < \pi. \end{cases}$$

故 $f(x) = \dfrac{4}{\pi} \sum\limits_{n=1}^{\infty} \dfrac{1}{2n+1} \sin(2n+1)x$, $-\infty < x < +\infty$, $x \neq n\pi$.

又 $f_1(x) = \begin{cases} a = \dfrac{a-b}{2} + \dfrac{a+b}{2}, & x \in [-\pi, 0), \\ b = \dfrac{b-a}{2} + \dfrac{a+b}{2}, & x \in [0, \pi), \end{cases}$

$$\frac{2}{b-a}\left(f_1(x)-\frac{a+b}{2}\right)=\begin{cases} -1, & x\in[-\pi,0), \\ 1, & x\in[0,\pi), \end{cases}$$

即 $f_1(x)=\dfrac{a+b}{2}-\dfrac{a-b}{2}f(x)$，故

$$f_1(x)=\frac{a+b}{2}-\frac{a-b}{2}\frac{4}{\pi}\sum_{n=1}^{\infty}\frac{1}{2n+1}\sin(2n+1)x,$$
$$-\infty<x<+\infty,\ x\neq n\pi.$$

【例 28】 将函数 $f(x)=2+|x|\ (-1\leqslant x\leqslant 1)$ 展开成以 2 为周期的傅里叶级数,并用之求级数 $\displaystyle\sum_{n=1}^{\infty}\frac{1}{n^2}$ 的和.

解 因为 $f(x)$ 是 $[-1,1]$ 上的偶函数,所以有

$$a_0=2\int_0^1(2+x)\mathrm{d}x=5,$$
$$a_n=2\int_0^1(2+x)\cos\pi x\ \mathrm{d}x=\frac{2(\cos n\pi-1)}{n^2\pi^2}\quad(n=1,2,\cdots),$$
$$b_n=0\quad(n=1,2,\cdots).$$

利用收敛定理,有

$$2+|x|=\frac{5}{2}+\sum_{n=1}^{\infty}\frac{2(\cos n\pi-1)}{n^2\pi^2}\cos n\pi x=\frac{5}{2}-\frac{4}{\pi^2}\sum_{n=0}^{\infty}\frac{\cos(2n+1)\pi x}{(2n+1)^2}.$$

在上式两端令 $x=0$,得 $2=\dfrac{5}{2}-\dfrac{4}{\pi^2}\displaystyle\sum_{n=0}^{\infty}\frac{1}{(2n+1)^2}$, 即

$$\sum_{n=0}^{\infty}\frac{1}{(2n+1)^2}=\frac{\pi^2}{8}.$$

又

$$\sum_{n=1}^{\infty}\frac{1}{n^2}=\sum_{n=0}^{\infty}\frac{1}{(2n+1)^2}+\sum_{n=1}^{\infty}\frac{1}{(2n)^2}=\frac{\pi^2}{8}+\frac{1}{4}\sum_{n=1}^{\infty}\frac{1}{n^2},$$

由此可得 $\displaystyle\sum_{n=1}^{\infty}\frac{1}{n^2}=\frac{\pi^2}{6}$.

【例 29】 证明:对于 $0<x<\pi$, 总有

$$\sin x+\frac{1}{3}\sin 3x+\frac{1}{5}\sin 5x+\frac{1}{7}\sin 7x+\cdots=1-\frac{1}{3}+\frac{1}{5}-\frac{1}{7}+\cdots.$$

证 易知交错级数 $1-\dfrac{1}{3}+\dfrac{1}{5}-\dfrac{1}{7}+\cdots$ 条件收敛,设它的收敛和为 A.
易知 $A\neq 0$. 将 $f(x)=A$ 展开成正弦级数,有

$$A = f(x) = \frac{4A}{\pi}\left(\sin x + \frac{1}{3}\sin 3x + \frac{1}{5}\sin 5x + \frac{1}{7}\sin 7x + \cdots\right) \quad (0 < x < \pi),$$

即

$$\frac{\pi}{4} = \sin x + \frac{1}{3}\sin 3x + \frac{1}{5}\sin 5x + \frac{1}{7}\sin 7x + \cdots \quad (0 < x < \pi).$$

令 $x = \frac{\pi}{2}$ 代入上式，得 $\frac{\pi}{4} = 1 - \frac{1}{3} + \frac{1}{5} - \frac{1}{7} + \cdots$. 故在 $(0, \pi)$ 上总有

$$\sin x + \frac{1}{3}\sin 3x + \frac{1}{5}\sin 5x + \frac{1}{7}\sin 7x + \cdots = 1 - \frac{1}{3} + \frac{1}{5} - \frac{1}{7} + \cdots.$$

三、教材习题全解

习题 13-1

=== **A** 类 ===

1. 根据级数收敛与发散的定义判别下列级数的收敛性，并求出其中收敛级数的和：

(1) $\displaystyle\sum_{n=1}^{\infty}(-1)^n \frac{e^n}{5^n}$;　　(2) $\displaystyle\sum_{n=1}^{\infty}\frac{1}{(5n-4)(5n+1)}$;　(3) $\displaystyle\sum_{n=1}^{\infty}\left(\frac{1}{2^n}+\frac{1}{3^n}\right)$;

(4) $\displaystyle\sum_{n=1}^{\infty}\frac{1}{n(n+1)(n+2)}$;　(5) $\displaystyle\sum_{n=1}^{\infty}\frac{n}{(n+1)!}$;　　　(6) $\displaystyle\sum_{n=1}^{\infty}\frac{1}{5n}$.

解 (1) $\displaystyle\sum_{n=1}^{\infty}(-1)^n \frac{e^n}{5^n} = \sum_{n=1}^{\infty}\left(-\frac{e}{5}\right)^n$ 为几何级数，公比 $q = -\frac{e}{5}$，$|q| < 1$，故

$\displaystyle\sum_{n=1}^{\infty}(-1)^n \frac{e^n}{5^n}$ 收敛，且其和为 $S = \dfrac{-\dfrac{e}{5}}{1-\left(-\dfrac{e}{5}\right)} = -\dfrac{e}{5+e}$.

(2) 原级数的部分和为

$$S_n = \sum_{k=1}^{n}\frac{1}{(5k-4)(5k+1)} = \frac{1}{5}\sum_{k=1}^{n}\left(\frac{1}{5k-4}-\frac{1}{5k+1}\right) = \frac{1}{5}\left(1-\frac{1}{5n+1}\right),$$

而 $\displaystyle\lim_{n\to\infty}S_n = \lim_{n\to\infty}\frac{1}{5}\left(1-\frac{1}{5n+1}\right) = \frac{1}{5}$，故 $\displaystyle\sum_{n=1}^{\infty}\frac{1}{(5n-4)(5n+1)}$ 收敛，其和为 $\frac{1}{5}$.

(3) 原级数的部分和为

$$S_n = \sum_{k=1}^{n}\left(\frac{1}{2^k}+\frac{1}{3^k}\right) = \sum_{k=1}^{n}\frac{1}{2^k}+\sum_{k=1}^{n}\frac{1}{3^k} = \frac{\frac{1}{2}\left[1-\left(\frac{1}{2}\right)^{n-1}\right]}{1-\frac{1}{2}}+\frac{\frac{1}{3}\left[1-\left(\frac{1}{3}\right)^{n-1}\right]}{1-\frac{1}{3}}$$

$$= \left[1-\left(\frac{1}{2}\right)^{n-1}\right]+\frac{1}{2}\left[1-\left(\frac{1}{3}\right)^{n-1}\right],$$

而 $\lim\limits_{n\to\infty}S_n = \lim\limits_{n\to\infty}\left\{\left[1-\left(\frac{1}{2}\right)^{n-1}\right]+\frac{1}{2}\left[1-\left(\frac{1}{3}\right)^{n-1}\right]\right\} = \frac{3}{2}$, 故 $\sum\limits_{n=1}^{\infty}\left(\frac{1}{2^n}+\frac{1}{3^n}\right)$ 收敛,

且和为 $\frac{3}{2}$.

(4) 原级数的部分和为

$$S_n = \sum_{k=1}^{n}\frac{1}{k(k+1)(k+2)} = \sum_{k=1}^{n}\frac{1}{2}\left[\frac{1}{k(k+1)}-\frac{1}{(k+1)(k+2)}\right]$$

$$= \frac{1}{2}\sum_{k=1}^{n}\left[\left(\frac{1}{k}-\frac{1}{k+1}\right)-\left(\frac{1}{k+1}-\frac{1}{k+2}\right)\right]$$

$$= \frac{1}{2}\left[\left(1-\frac{1}{n+1}\right)-\left(\frac{1}{2}-\frac{1}{n+2}\right)\right],$$

而 $\lim\limits_{n\to\infty}S_n = \lim\limits_{n\to\infty}\frac{1}{2}\left[\left(1-\frac{1}{n+1}\right)-\left(\frac{1}{2}-\frac{1}{n+2}\right)\right] = \frac{1}{4}$, 故 $\sum\limits_{n=1}^{\infty}\frac{1}{n(n+1)(n+2)}$ 收敛,

其和为 $\frac{1}{4}$.

(5) 原级数的部分和为

$$S_n = \sum_{k=1}^{n}\frac{k}{(k+1)!} = \sum_{k=1}^{n}\frac{(k+1)-1}{(k+1)!} = \sum_{k=1}^{n}\left(\frac{1}{k!}-\frac{1}{(k+1)!}\right) = 1-\frac{1}{(n+1)!},$$

而 $\lim\limits_{n\to\infty}S_n = \lim\limits_{n\to\infty}\left(1-\frac{1}{(n+1)!}\right) = 1$, 故 $\sum\limits_{n=1}^{\infty}\frac{n}{(n+1)!}$ 收敛,且其和为 1.

(6) $\sum\limits_{n=1}^{\infty}\frac{1}{5n} = \frac{1}{5}\sum\limits_{n=1}^{\infty}\frac{1}{n}$, 而 $\sum\limits_{n=1}^{\infty}\frac{1}{n}$ 发散, 故 $\sum\limits_{n=1}^{\infty}\frac{1}{5n}$ 发散.

2. 利用级数的性质判断下列级数的收敛性:

(1) $\sum\limits_{n=1}^{\infty}\left(\frac{1}{n}-\frac{1}{2^n}\right)$;　　　　　　(2) $\sum\limits_{n=1}^{\infty}n^2\ln\left(1+\frac{x}{n^2}\right)$.

解 (1) 因为 $\sum\limits_{n=1}^{\infty}\frac{1}{n}$ 发散, $\sum\limits_{n=1}^{\infty}\frac{1}{2^n}$ 收敛, 故两者之差所得级数 $\sum\limits_{n=1}^{\infty}\left(\frac{1}{n}-\frac{1}{2^n}\right)$ 发散.

(2) 当 $x\neq 0$ 时, $\lim\limits_{n\to\infty}n^2\ln\left(1+\frac{x}{n^2}\right) = \lim\limits_{n\to\infty}\dfrac{\ln\left(1+\dfrac{x}{n^2}\right)}{\dfrac{1}{n^2}} = x\neq 0$, 故 $\sum\limits_{n=1}^{\infty}n^2\ln\left(1+\frac{x}{n^2}\right)$

发散.

当 $x = 0$ 时，有 $n^2 \ln\left(1 + \dfrac{x}{n^2}\right) = 0$，且 $\displaystyle\sum_{n=1}^{\infty} n^2 \ln\left(1 + \dfrac{x}{n^2}\right) = \displaystyle\sum_{n=1}^{\infty} 0 = 0$，所以

$\displaystyle\sum_{n=1}^{\infty} n^2 \ln\left(1 + \dfrac{x}{n^2}\right)$ 收敛.

3. 若级数 $\displaystyle\sum_{n=1}^{\infty} a_n (a_n \geqslant 0)$ 收敛，试讨论下列级数的收敛性：

$$\sum_{n=1}^{\infty} \sqrt{a_n}, \quad \sum_{n=1}^{\infty} c a_n, \quad \sum_{n=1}^{\infty} (a_n + c)^2, \quad \sum_{n=1}^{\infty} (a_n + c).$$

解　若 $\displaystyle\sum_{n=1}^{\infty} a_n (a_n \geqslant 0)$ 收敛，则 $\displaystyle\sum_{n=1}^{\infty} c a_n$ 收敛. 但 $\displaystyle\sum_{n=1}^{\infty} \sqrt{a_n}$ 不一定收敛. 如 $\displaystyle\sum_{n=1}^{\infty} \dfrac{1}{n^2}$ 收

敛，但 $\displaystyle\sum_{n=1}^{\infty} \sqrt{\dfrac{1}{n^2}} = \displaystyle\sum_{n=1}^{\infty} \dfrac{1}{n}$ 发散. 当 $c \neq 0$ 时，

$$\sum_{n=1}^{\infty} (a_n + c)^2 = \sum_{n=1}^{\infty} a_n^2 + 2c \sum_{n=1}^{\infty} a_n + \sum_{n=1}^{\infty} c^2.$$

因 $\displaystyle\sum_{n=1}^{\infty} a_n (a_n \geqslant 0)$ 收敛，所以 $\displaystyle\sum_{n=1}^{\infty} a_n^2, 2c \displaystyle\sum_{n=1}^{\infty} a_n$ 收敛. 而 $\displaystyle\sum_{n=1}^{\infty} c^2$ 的部分和 $S_n = nc^2$，且 $\displaystyle\lim_{n \to \infty} S_n$

$= +\infty$，故 $\displaystyle\sum_{n=1}^{\infty} c^2$ 发散. 因此级数 $\displaystyle\sum_{n=1}^{\infty} (a_n + c)^2$ 发散. 又级数

$$\sum_{n=1}^{\infty} (a_n + c) = \sum_{n=1}^{\infty} a_n + \sum_{n=1}^{\infty} c,$$

而 $\displaystyle\sum_{n=1}^{\infty} a_n$ 收敛，$\displaystyle\sum_{n=1}^{\infty} c$ 发散，故级数 $\displaystyle\sum_{n=1}^{\infty} (a_n + c)$ 发散.

4. 应用 Cauchy 收敛准则，讨论下列级数的收敛性：

(1) $\displaystyle\sum_{n=1}^{\infty} \dfrac{\sin 2^n}{2^n}$;　　　　　　　　(2) $\displaystyle\sum_{n=1}^{\infty} \dfrac{(-1)^n}{n}$.

解　(1) 由于

$$\left| \sum_{k=n+1}^{n+p} \frac{\sin 2^n}{2^n} \right| < \frac{1}{2^{n+1}} + \frac{1}{2^{n+2}} + \cdots + \frac{1}{2^{n+p}} < \frac{1}{2^{n+1}} \cdot \frac{1}{1 - \dfrac{1}{2}} = \frac{1}{2^n} \to 0 \quad (n \to \infty),$$

所以 $\forall \varepsilon > 0, \exists N \in \mathbf{Z}^+$，使得当 $n > N$ 时，$\forall p \in \mathbf{N}_+$，总有

$$\left| \sum_{k=n+1}^{n+p} \frac{\sin 2^n}{2^n} \right| = \left| \frac{\sin 2^{n+1}}{2^{n+1}} + \frac{\sin 2^{n+2}}{2^{n+2}} + \cdots + \frac{\sin 2^{n+p}}{2^{n+p}} \right| < \frac{1}{2^n} < \varepsilon.$$

故原级数收敛.

(2) $\forall \varepsilon > 0$，取 $N = \left[\dfrac{1}{\varepsilon}\right] + 1$，当 $n > N$ 时，对任意自然数 p 都有

$$\left| \frac{1}{n+1} - \frac{1}{n+2} + \cdots + (-1)^{p+1} \frac{1}{n+p} \right|$$

$$= \frac{1}{n+1} - \frac{1}{n+2} + \cdots + (-1)^{p+1} \frac{1}{n+p}$$

$$= \frac{1}{n+1} - \left[\frac{1}{n+2} - \frac{1}{n+3} + \cdots + (-1)^{p} \frac{1}{n+p} \right]$$

$$< \frac{1}{n+1} < \frac{1}{n} < \varepsilon,$$

故原级数收敛.

5. 若 $\sum\limits_{n=1}^{\infty} a_n$ 及 $\sum\limits_{n=1}^{\infty} c_n$ 都收敛, $a_n \leqslant b_n \leqslant c_n$, 证明: $\sum\limits_{n=1}^{\infty} b_n$ 收敛.

证　方法 1　由于 $\sum\limits_{n=1}^{\infty} a_n$ 及 $\sum\limits_{n=1}^{\infty} c_n$ 都收敛, 故正项级数 $\sum\limits_{n=1}^{\infty} (c_n - a_n)$ 收敛. 又 $c_n - b_n$

$\geqslant b_n - a_n \geqslant 0$, 所以正项级数 $\sum\limits_{n=1}^{\infty} (b_n - a_n)$ 收敛. 又 $\sum\limits_{n=1}^{\infty} b_n = \sum\limits_{n=1}^{\infty} (b_n - a_n) + \sum\limits_{n=1}^{\infty} a_n$, 所

以 $\sum\limits_{n=1}^{\infty} b_n$ 收敛.

方法 2　由于 $\sum\limits_{n=1}^{\infty} a_n$ 及 $\sum\limits_{n=1}^{\infty} c_n$ 都收敛, 则 $\forall \varepsilon > 0$, $\exists N_1 \in \mathbf{N}$, $\forall n > N_1$, $\forall p \in \mathbf{N}$,

有 $\left| \sum\limits_{k=n+1}^{n+p} a_k \right| < \varepsilon$, 且 $\exists N_2 \in \mathbf{N}$, $\forall n > N_2$, $\forall p \in \mathbf{N}$, 有 $\left| \sum\limits_{k=n+1}^{n+p} c_k \right| < \varepsilon$. 于是 $\exists N_3 =$

$\max\{N_1, N_2\} \in \mathbf{N}$, $\forall n > N_3$, $\forall p \in \mathbf{N}$, 有

$$-\varepsilon < \sum\limits_{k=n+1}^{n+p} a_k < \varepsilon, \quad -\varepsilon < \sum\limits_{k=n+1}^{n+p} c_k < \varepsilon.$$

因此 $-\varepsilon < \sum\limits_{k=n+1}^{n+p} a_k \leqslant \sum\limits_{k=n+1}^{n+p} b_k \leqslant \sum\limits_{k=n+1}^{n+p} c_k < \varepsilon$, 即 $\left| \sum\limits_{k=n+1}^{n+p} b_k \right| < \varepsilon$, 故 $\sum\limits_{n=1}^{\infty} b_k$ 收敛.

6. 若数列 $\{b_n\}$ 有 $\lim\limits_{n \to \infty} b_n = +\infty$,

(1) 证明: 级数 $\sum\limits_{n=1}^{\infty} (b_{n+1} - b_n)$ 发散;

(2) 证明: 当 $b_n \neq 0$ 时, 级数 $\sum\limits_{n=1}^{\infty} \left(\frac{1}{b_n} - \frac{1}{b_{n+1}} \right)$ 收敛, 并求其和.

证　(1) 由于 $\lim\limits_{n \to \infty} \sum\limits_{k=1}^{n} (b_{k+1} - b_k) = \lim\limits_{n \to \infty} (b_{n+1} - b_1) = +\infty$, 故 $\sum\limits_{n=1}^{\infty} (b_{n+1} - b_n)$ 发散.

(2) 当 $b_n \neq 0$ 时, $\lim\limits_{n \to \infty} \sum\limits_{k=1}^{n} \left(\frac{1}{b_k} - \frac{1}{b_{k+1}} \right) = \lim\limits_{n \to \infty} \left(\frac{1}{b_1} - \frac{1}{b_{n+1}} \right) = \frac{1}{b_1}$, 故 $\sum\limits_{n=1}^{\infty} \left(\frac{1}{b_n} - \frac{1}{b_{n+1}} \right)$

收敛, 且其和为 $\frac{1}{b_1}$.

$$=\!\!\!=\text{B} \quad \text{类}=\!\!\!=$$

1. 根据级数收敛与发散的定义判别下列级数的收敛性，并求出其中收敛级数的和：

(1) $\sum\limits_{n=1}^{\infty}\ln\dfrac{n^2-1}{n^2}$;   (2) $\sum\limits_{n=1}^{\infty}\dfrac{2n-1}{2^n}$.

解 (1) 因 $\ln\dfrac{n^2-1}{n^2}=\ln(n-1)+\ln(n+1)-2\ln n$，故原级数的部分和

$$S_n=(\ln 1+\ln 3-2\ln 2)+(\ln 2+\ln 4-2\ln 3)+(\ln 3+\ln 5-2\ln 4)+\cdots$$
$$+(\ln n+\ln(n+2)-2\ln(n+1))$$
$$=0-\ln 2+\ln(n+2)-\ln(n+1)=\ln\dfrac{n+2}{2(n+1)}.$$

而 $\lim\limits_{n\to\infty}S_n=\lim\limits_{n\to\infty}\ln\dfrac{n+2}{2(n+1)}=\ln\dfrac{1}{2}+\ln 1=\ln\dfrac{1}{2}$，故 $\sum\limits_{n=1}^{\infty}\ln\dfrac{n^2-1}{n^2}$ 收敛，且其和为 $\ln\dfrac{1}{2}$.

(2) 由于原级数的部分和 S_n 满足

$$S_n-\dfrac{1}{2}S_n=\left(\dfrac{1}{2}+\dfrac{3}{2^2}+\dfrac{5}{2^3}+\dfrac{7}{2^4}+\cdots+\dfrac{2n-1}{2^n}\right)$$
$$-\left(\dfrac{1}{2^2}+\dfrac{3}{2^3}+\dfrac{5}{2^4}+\dfrac{7}{2^5}+\cdots+\dfrac{2n-3}{2^n}+\dfrac{2n-1}{2^{n+1}}\right),$$

即 $\dfrac{1}{2}S_n=\dfrac{1}{2}+\dfrac{1}{2}+\dfrac{1}{2^2}+\cdots+\dfrac{1}{2^{n-1}}-\dfrac{2n-1}{2^{n+1}}$，故有

$$S_n=2\left[\dfrac{1}{2}+\left(\dfrac{1}{2}+\dfrac{1}{2^2}+\cdots+\dfrac{1}{2^{n-1}}\right)-\dfrac{2n-1}{2^{n+1}}\right]$$
$$=1+\dfrac{1-\left(\dfrac{1}{2}\right)^{n-1}}{1-\dfrac{1}{2}}-\dfrac{2n-1}{2^n}=3-\left(\dfrac{1}{2}\right)^{n-2}-\dfrac{2n-1}{2^n}.$$

而 $\lim\limits_{n\to\infty}S_n=\lim\limits_{n\to\infty}\left[3-\left(\dfrac{1}{2}\right)^{n-2}-\dfrac{2n-1}{2^n}\right]=3$，故 $\sum\limits_{n=1}^{\infty}\dfrac{2n-1}{2^n}$ 收敛，且其和为 3.

2. 若数列 $\{na_n\}$ 与级数 $\sum\limits_{n=1}^{\infty}n(a_n-a_{n-1})$ 收敛，证明 $\sum\limits_{n=1}^{\infty}a_n$ 收敛.

证 设 $\sum\limits_{n=1}^{\infty}a_n$ 与 $\sum\limits_{n=1}^{\infty}n(a_n-a_{n-1})$ 的部分和数列分别为 $\{S_n\},\{T_n\}$，则

$$T_n=\sum_{k=1}^{n}k(a_k-a_{k-1})=-a_0-a_1-a_2-\cdots-a_{n-1}+na_n=-S_{n-1}+na_n.$$

因为 $\{na_n\}$, $\sum\limits_{n=1}^{\infty}n(a_n-a_{n-1})$ 收敛，即 $\lim\limits_{n\to\infty}na_n$，$\lim\limits_{n\to\infty}T_n$ 存在，不妨设 $\lim\limits_{n\to\infty}na_n=a$，$\lim\limits_{n\to\infty}T_n$ $=T$，所以有 $\lim\limits_{n\to\infty}S_{n-1}=\lim\limits_{n\to\infty}(na_n-T_n)=\lim\limits_{n\to\infty}(na_n)-\lim\limits_{n\to\infty}T_n=a-T$. 故 $\sum\limits_{n=1}^{\infty}a_n$ 收敛.

3. 设 $\sum\limits_{n=1}^{\infty}a_n$ 收敛，证明 $\sum\limits_{n=1}^{\infty}(a_n+a_{n+1})$ 也收敛，但其逆不真. 又若 $a_n>0$，则逆命题

也成立.

证 由 $\sum\limits_{n=1}^{\infty} a_n$ 收敛,知其部分和数列 $\{S_n\}$ 收敛,设 $\lim\limits_{n \to \infty} S_n = S$. 设 $\sum\limits_{n=1}^{\infty} (a_n + a_{n+1})$ 的

部分和数列为 $\{T_n\}$,因

$$T_n = (a_1 + a_2 + \cdots + a_n) + (a_2 + a_3 + \cdots + a_{n+1}) = S_n + S_{n+1} - a_1,$$

而 $\lim\limits_{n \to \infty} T_n = \lim\limits_{n \to \infty} (S_n + S_{n+1} - a_1) = 2S - a_1$,故 $\sum\limits_{n=1}^{\infty} (a_n + a_{n+1})$ 收敛.

其逆不真. 事实上,级数 $\sum\limits_{n=1}^{\infty} a_n = \sum\limits_{n=1}^{\infty} (-1)^n$ 发散,但由于 $a_n + a_{n+1} = 0$, $\sum\limits_{n=1}^{\infty} (a_n + a_{n+1})$

却收敛.

又若 $a_n > 0$,由于 $a_n \leqslant a_n + a_{n+1}$,且 $\sum\limits_{n=1}^{\infty} (a_n + a_{n+1})$ 收敛,则 $\sum\limits_{n=1}^{\infty} a_n$ 收敛.

4. 证明:若级数 $\sum\limits_{k=1}^{\infty} u_{2k-1}$ 与 $\sum\limits_{k=1}^{\infty} u_{2k}$ 都收敛于 S,则 $\sum\limits_{n=1}^{\infty} u_n$ 收敛.

证 设 $\sum\limits_{n=1}^{\infty} u_n$ 的前 $2n$ 项与前 $2n-1$ 项部分和数列分别为 $\{S_{2n}\}$,$\{S_{2n-1}\}$. 由于

$\sum\limits_{n=1}^{\infty} u_{2k-1}$ 与 $\sum\limits_{n=1}^{\infty} u_{2k}$ 都收敛于 S,故数列 $\{S_{2n}\}$,$\{S_{2n-1}\}$ 都收敛于 S. 因此,$\sum\limits_{n=1}^{\infty} u_n$ 的部分和

数列 $\{S_n\}$ 收敛于 S. 故 $\sum\limits_{n=1}^{\infty} u_n$ 收敛.

5. 试求在第 i 点钟到第 $i+1$ 点钟的什么时间,时钟上的分针恰好与时针重合.

解 从第 i $(i=1,2,\cdots,11)$ 点钟开始,当分针走到1时,时针走到 $i + \dfrac{i}{12}$;当分针走

到 $i + \dfrac{i}{12}$ 时,时针走到 $i + \dfrac{i}{12} + \dfrac{i}{12} \cdot \dfrac{i}{12}$. 依此类推,分针要追上时针共需时间:

$$\frac{i}{12} + \frac{i}{12} \cdot \frac{i}{12} + \frac{i}{12} \cdot \frac{i}{12} \cdot \frac{i}{12} + \cdots = \lim_{n \to \infty} i \cdot \frac{\dfrac{1}{12} \left[1 - \left(\dfrac{1}{12} \right)^n \right]}{1 - \dfrac{1}{12}} = \frac{i}{11}.$$

故在 $i + \dfrac{i}{11}$ $(i=1,2,\cdots,11)$ 点钟,分针恰好与时针重合.

习题 13-2

═══ A 类 ═══

1. 用比较审敛法判别下列级数的收敛性:

(1) $\sum\limits_{n=1}^{\infty} \dfrac{1}{3n+5}$;

(2) $\sum\limits_{n=1}^{\infty} \dfrac{2}{2^n + 5}$;

(3) $\displaystyle\sum_{n=1}^{\infty} 2^n \sin \frac{\pi}{3^n}$；

(4) $\displaystyle\sum_{n=1}^{\infty} \ln\left(1 + \frac{1}{n^2}\right)$；

(5) $\displaystyle\sum_{n=2}^{\infty} \left(1 - \cos \frac{a}{n}\right) \ (a \neq 0)$；

(6) $\displaystyle\sum_{n=2}^{\infty} \frac{1}{(\ln n)^{\ln n}}$；

(7) $\displaystyle\sum_{n=2}^{\infty} \frac{a^n}{1 + a^{2n}} \ (a > 0)$；

(8) $\displaystyle\sum_{n=1}^{\infty} \frac{1}{n \sqrt[n]{n}}$；

(9) $\displaystyle\sum_{n=2}^{\infty} \frac{\arctan n}{n \sqrt{n}}$.

解 (1) 当 $n \geqslant 5$ 时，$\dfrac{1}{3n+5} \geqslant \dfrac{1}{3n+n} = \dfrac{1}{4n} > 0$，而 $\displaystyle\sum_{n=1}^{\infty} \frac{1}{4n}$ 发散，故 $\displaystyle\sum_{n=1}^{\infty} \frac{1}{3n+5}$ 发散.

(2) $0 < \dfrac{2}{2^n+5} < \dfrac{2}{2^n} = \dfrac{1}{2^{n-1}}$. 而 $\displaystyle\sum_{n=1}^{\infty} \frac{1}{2^{n-1}}$ 收敛，故 $\displaystyle\sum_{n=1}^{\infty} \frac{2}{2^n+5}$ 收敛.

(3) 因为 $2^n \sin \dfrac{\pi}{3^n} \sim \pi \left(\dfrac{2}{3}\right)^n \ (n \to \infty)$，而 $\displaystyle\sum_{n=1}^{\infty} \pi \left(\frac{2}{3}\right)^n$ 收敛，故 $\displaystyle\sum_{n=1}^{\infty} 2^n \sin \frac{\pi}{3^n}$ 收敛.

(4) 因为 $\ln\left(1 + \dfrac{1}{n^2}\right) \sim \dfrac{1}{n^2} \ (n \to \infty)$，而 $\displaystyle\sum_{n=1}^{\infty} \frac{1}{n^2}$ 收敛，故 $\displaystyle\sum_{n=1}^{\infty} \ln\left(1 + \frac{1}{n^2}\right)$ 收敛.

(5) 因为 $\left(1 - \cos \dfrac{a}{n}\right) \sim \dfrac{1}{2}\left(\dfrac{a}{n}\right)^2 \ (n \to \infty)$，而 $\dfrac{1}{2} \displaystyle\sum_{n=1}^{\infty} \left(\frac{a}{n}\right)^2$ 收敛，故 $\displaystyle\sum_{n=2}^{\infty} \left(1 - \cos \frac{a}{n}\right) \ (a \neq 0)$ 收敛.

(6) 因为当 $n > e^2$ 时，有 $\dfrac{1}{(\ln n)^{\ln n}} = \dfrac{1}{n^{\ln \ln n}} < \dfrac{1}{n^2}$，而 $\displaystyle\sum_{n=1}^{\infty} \frac{1}{n^2}$ 收敛，故 $\displaystyle\sum_{n=2}^{\infty} \frac{1}{(\ln n)^{\ln n}}$ 收敛.

(7) 当 $a = 1$ 时，$\displaystyle\sum_{n=2}^{\infty} \frac{a^n}{1 + a^{2n}} = \sum_{n=2}^{\infty} \frac{1}{2}$ 发散.

当 $a > 1$ 时，$\dfrac{a^n}{1 + a^{2n}} = \dfrac{1}{a^{-n} + a^n} < \dfrac{1}{a^n}$，而 $\displaystyle\sum_{n=2}^{\infty} \frac{1}{a^n}$ 收敛，故 $\displaystyle\sum_{n=2}^{\infty} \frac{a^n}{1 + a^{2n}}$ 收敛.

当 $0 < a < 1$ 时，令 $b = \dfrac{1}{a}$，则 $b > 1$，$\dfrac{a^n}{1 + a^{2n}} = \dfrac{a^{-n}}{a^{-2n} + 1} = \dfrac{b^n}{1 + b^{2n}}$. 由上面已证结论知 $\displaystyle\sum_{n=2}^{\infty} \frac{b^n}{1 + b^{2n}}$ 收敛，从而 $\displaystyle\sum_{n=2}^{\infty} \frac{a^n}{1 + a^{2n}}$ 收敛.

综合上述结论，$\displaystyle\sum_{n=2}^{\infty} \frac{a^n}{1 + a^{2n}} \ (a > 0)$ 当 $a \neq 1$ 时收敛，当 $a = 1$ 时发散.

(8) 因为 $\displaystyle\lim_{n \to \infty} \frac{\dfrac{1}{n \sqrt[n]{n}}}{\dfrac{1}{n}} = \lim_{n \to \infty} \frac{1}{\sqrt[n]{n}} = 1$，所以 $\dfrac{1}{n \sqrt[n]{n}} \sim \dfrac{1}{n} \ (n \to \infty)$. 而调和级数 $\displaystyle\sum_{n=1}^{\infty} \frac{1}{n}$ 发散，故 $\displaystyle\sum_{n=1}^{\infty} \frac{1}{n \sqrt[n]{n}}$ 发散.

(9) 因为 $\lim\limits_{n\to+\infty} \dfrac{\frac{\arctan n}{n\sqrt{n}}}{\frac{1}{n\sqrt{n}}} = \lim\limits_{n\to+\infty}\arctan n = \dfrac{\pi}{2}$，而 $\sum\limits_{n=2}^{\infty}\dfrac{1}{n\sqrt{n}}$ 收敛，故 $\sum\limits_{n=2}^{\infty}\dfrac{\arctan n}{n\sqrt{n}}$ 收敛.

2. 用比值审敛法或根值审敛法判别下列级数的收敛性：

(1) $\sum\limits_{n=1}^{\infty}\dfrac{2^n+3^n}{n!}$；

(2) $\sum\limits_{n=1}^{\infty}\dfrac{n!}{4^n}$；

(3) $\sum\limits_{n=1}^{\infty}n^2\sin\dfrac{\pi}{2^n}$；

(4) $\sum\limits_{n=1}^{\infty}(\sqrt{2}-1)^n$；

(5) $\sum\limits_{n=1}^{\infty}\dfrac{1}{2^n}\tan\dfrac{\pi}{2n}$；

(6) $\sum\limits_{n=1}^{\infty}\left(2n\sin\dfrac{1}{n}\right)^{\frac{n}{2}}$；

(7) $\sum\limits_{n=1}^{\infty}\dfrac{1}{n^{100}}\left(2+\dfrac{1}{n}\right)^n$；

(8) $\sum\limits_{n=1}^{\infty}\left(\dfrac{b}{a_n}\right)^n$，其中 $a_n\to a$，a_n,b,a 均为正数.

解 (1) 因为 $\lim\limits_{n\to\infty}\dfrac{u_{n+1}}{u_n} = \lim\limits_{n\to\infty}\dfrac{\frac{2^{n+1}}{(n+1)!}}{\frac{2^n}{n!}} = \lim\limits_{n\to\infty}\dfrac{2}{n} = 0$，故 $\sum\limits_{n=1}^{\infty}\dfrac{2^n}{n!}$ 收敛. 类似地，可

知 $\sum\limits_{n=1}^{\infty}\dfrac{3^n}{n!}$ 收敛. 故 $\sum\limits_{n=1}^{\infty}\dfrac{2^n+3^n}{n!}$ 收敛.

(2) 因为 $\lim\limits_{n\to\infty}\dfrac{u_{n+1}}{u_n} = \lim\limits_{n\to\infty}\dfrac{\frac{(n+1)!}{4^{n+1}}}{\frac{n!}{4^n}} = \dfrac{1}{4}\lim\limits_{n\to\infty}(n+1) = +\infty > 1$，故 $\sum\limits_{n=1}^{\infty}\dfrac{n!}{4^n}$ 发散.

(3) 因为 $\lim\limits_{n\to\infty}\dfrac{u_{n+1}}{u_n} = \lim\limits_{n\to\infty}\dfrac{(n+1)^2\sin\frac{\pi}{2^{n+1}}}{n^2\sin\frac{\pi}{2^n}} = \lim\limits_{n\to\infty}\dfrac{\left(1+\frac{1}{n}\right)^2\sin\frac{\pi}{2^{n+1}}}{\sin\frac{\pi}{2^n}} = \dfrac{1}{2} < 1$，故

$\sum\limits_{n=1}^{\infty}n^2\sin\dfrac{\pi}{2^n}$ 收敛.

(4) 因为 $\lim\limits_{n\to\infty}\sqrt[n]{u_n} = \lim\limits_{n\to\infty}\sqrt[n]{(\sqrt[n]{2}-1)^n} = \lim\limits_{n\to\infty}(\sqrt[n]{2}-1) = 0 < 1$，故 $\sum\limits_{n=1}^{\infty}(\sqrt{2}-1)^n$ 收敛.

(5) 因为 $\lim\limits_{n\to\infty}\dfrac{u_{n+1}}{u_n} = \lim\limits_{n\to\infty}\dfrac{\frac{1}{2^{n+1}}\tan\frac{\pi}{2(n+1)}}{\frac{1}{2^n}\tan\frac{\pi}{2n}} = \lim\limits_{n\to\infty}\dfrac{1}{2}\dfrac{\tan\frac{\pi}{2(n+1)}}{\tan\frac{\pi}{2n}} = \dfrac{1}{2} < 1$，故

$\sum\limits_{n=1}^{\infty}\dfrac{1}{2^n}\tan\dfrac{\pi}{2n}$ 收敛.

(6) 因为 $\lim\limits_{n\to\infty}\sqrt[n]{u_n} = \lim\limits_{n\to\infty}\left(2n\sin\dfrac{1}{n}\right)^{\frac{1}{2}} = \lim\limits_{n\to\infty}\left(2\cdot\dfrac{\sin\frac{1}{n}}{\frac{1}{n}}\right)^{\frac{1}{2}} = \sqrt{2} > 1$，故

$\sum\limits_{n=1}^{\infty}\left(2n\sin\dfrac{1}{n}\right)^{\frac{n}{2}}$ 发散.

（7）因为

$$\lim_{n\to\infty}\frac{u_{n+1}}{u_n}=\lim_{n\to\infty}\frac{\dfrac{1}{(n+1)^{100}}\left(2+\dfrac{1}{n+1}\right)^{n+1}}{\dfrac{1}{n^{100}}\left(2+\dfrac{1}{n}\right)^{n}}=\lim_{n\to\infty}\left(\frac{n}{n+1}\right)^{100}\cdot\frac{2^{n+1}\left[1+\dfrac{1}{2(n+1)}\right]^{n+1}}{2^{n}\left(1+\dfrac{1}{2n}\right)^{n}}$$

$$=1\cdot2\cdot\frac{\mathrm{e}^2}{\mathrm{e}^2}=2>1,$$

故 $\sum\limits_{n=1}^{\infty}\dfrac{1}{n^{100}}\left(2+\dfrac{1}{n}\right)^{n}$ 发散.

（8）因为

$$\lim_{n\to\infty}\sqrt[n]{u_n}=\lim_{n\to\infty}\sqrt[n]{\left(\frac{b}{a_n}\right)^{n}}=\lim_{n\to\infty}\frac{b}{a_n}=\frac{b}{a},$$

当 $b<a$，即 $\dfrac{b}{a}<1$ 时，$\sum\limits_{n=1}^{\infty}\left(\dfrac{b}{a_n}\right)^{n}$ 收敛；当 $b>a$，即 $\dfrac{b}{a}>1$ 时，$\sum\limits_{n=1}^{\infty}\left(\dfrac{b}{a_n}\right)^{n}$ 发散；当

$b=a$，即 $\dfrac{b}{a}=1$ 时，$\sum\limits_{n=1}^{\infty}\left(\dfrac{b}{a_n}\right)^{n}$ 可能收敛也可能发散.

3. 用适当的方法判别下列级数的收敛性：

（1）$\sum\limits_{n=1}^{\infty}\dfrac{n^2+1}{(n+1)(n+2)(n+3)}$；　　　（2）$\sum\limits_{n=1}^{\infty}\dfrac{\sqrt{n}}{n^2-\ln n}$；

（3）$\sum\limits_{n=1}^{\infty}\dfrac{1}{\sqrt{n+1}}\ln\dfrac{n+2}{n}$；　　　（4）$\sum\limits_{n=1}^{\infty}\dfrac{\sqrt{n+2}-\sqrt{n-2}}{n^{\alpha}}$ $(\alpha\in\mathbf{R})$；

（5）$\sum\limits_{n=1}^{\infty}n^{\alpha}\beta^{n}$ $(\alpha\in\mathbf{R},\beta\in\mathbf{R}$，且 $\beta>0)$.

解　（1）因为 $\lim\limits_{n\to\infty}\dfrac{\dfrac{n^2+1}{(n+1)(n+2)(n+3)}}{\dfrac{1}{n}}=\lim\limits_{n\to\infty}\dfrac{n^3+n}{(n+1)(n+2)(n+3)}=1$，而调和

级数 $\sum\limits_{n=1}^{\infty}\dfrac{1}{n}$ 发散，故 $\sum\limits_{n=1}^{\infty}\dfrac{n^2+1}{(n+1)(n+2)(n+3)}$ 发散.

（2）因为 $\lim\limits_{n\to\infty}\dfrac{\dfrac{\sqrt{n}}{n^2-\ln n}}{\dfrac{1}{n^{\frac{3}{2}}}}=\lim\limits_{n\to\infty}\dfrac{n^2}{n^2-\ln n}=\lim\limits_{n\to\infty}\dfrac{1}{1-\dfrac{\ln n}{n^2}}=1$，而 $\sum\limits_{n=1}^{\infty}\dfrac{1}{n^{\frac{3}{2}}}$ 收敛，故

$\sum\limits_{n=1}^{\infty}\dfrac{\sqrt{n}}{n^2-\ln n}$ 收敛.

（3）因为 $\dfrac{1}{\sqrt{n+1}}\ln\dfrac{n+2}{n}=\dfrac{1}{\sqrt{n+1}}\ln\left(1+\dfrac{2}{n}\right)\sim\dfrac{2}{n\sqrt{n+1}}\sim\dfrac{2}{n^{\frac{3}{2}}}$，而 $\sum\limits_{n=1}^{\infty}\dfrac{1}{n^{\frac{3}{2}}}$ 收敛，

故 $\displaystyle\sum_{n=1}^{\infty} \frac{1}{\sqrt{n+1}} \ln \frac{n+2}{n}$ 收敛.

(4) 由于

$$\sum_{n=1}^{\infty} \frac{\sqrt{n+2}-\sqrt{n-2}}{n^{\alpha}} = \sum_{n=1}^{\infty} \frac{1}{n^{\alpha}(\sqrt{n+2}+\sqrt{n-2})} \quad (\alpha \in \mathbf{R}),$$

$$\frac{\dfrac{1}{n^{\alpha}(\sqrt{n+2}-\sqrt{n-2})}}{\dfrac{1}{n^{p}}} = \frac{n^{p-\alpha}}{\sqrt{n+2}-\sqrt{n-2}} \quad (p>0),$$

当 $p = \alpha + \dfrac{1}{2}$ 时, $\dfrac{1}{n^{\alpha}(\sqrt{n+2}-\sqrt{n-2})}$ 与 $\dfrac{1}{n^{p}}$ 是同阶无穷小, 因此, 当 $p = \alpha + \dfrac{1}{2} >$

1 即 $\alpha > \dfrac{1}{2}$ 时, 原级数收敛; 当 $p = \alpha + \dfrac{1}{2} \leqslant 1$ 即 $-\dfrac{1}{2} < \alpha \leqslant \dfrac{1}{2}$ 时, 原级数发散; 当

$\alpha \leqslant -\dfrac{1}{2}$ 时,

$$\lim_{n \to \infty} \frac{1}{n^{\alpha}(\sqrt{n+2}+\sqrt{n-2})} = \lim_{n \to \infty} \frac{n^{-\alpha}}{\sqrt{n+2}+\sqrt{n-2}} \neq 0,$$

原级数发散. 故当 $\alpha > \dfrac{1}{2}$ 时, 原级数收敛; 当 $\alpha \leqslant \dfrac{1}{2}$ 时, 原级数发散.

(5) 因为 $\displaystyle\lim_{n \to \infty} \frac{u_{n+1}}{u_n} = \lim_{n \to \infty} \frac{(n+1)^{\alpha}\beta^{n+1}}{n^{\alpha}\beta^n} = \lim_{n \to \infty} \left(1 + \frac{1}{n}\right)^{\alpha}\beta = \beta$, 故当 $0 < \beta < 1$, α

取任意值时, 原级数收敛; 当 $\beta > 1$, α 取任意值时, 原级数发散.

当 $\beta = 1$ 时, 原级数为 $\displaystyle\sum_{n=1}^{\infty} n^{\alpha}$, 若 $\alpha \geqslant 0$, 则原级数发散; 若 $-1 \leqslant \alpha < 0$, 则原级数

为 $\displaystyle\sum_{n=1}^{\infty} \frac{1}{n^{-\alpha}}$ $(-\alpha \leqslant 1)$, 故发散; 若 $\alpha < -1$, 则原级数为 $\displaystyle\sum_{n=1}^{\infty} \frac{1}{n^{-\alpha}}$ $(-\alpha > 1)$, 故收敛.

4. 设 $a_n > 0$, 证明:

(1) 若 $\dfrac{a_{n+1}}{a_n} \leqslant \lambda < 1$ (或 $\sqrt[n]{a_n} \leqslant \lambda < 1$), 则 $\displaystyle\sum_{n=1}^{\infty} a_n$ 收敛;

(2) 若 $\dfrac{a_{n+1}}{a_n} \geqslant 1$ (或 $\sqrt[n]{a_n} \geqslant 1$), 则 $\displaystyle\sum_{n=1}^{\infty} a_n$ 发散.

证 由 $a_n > 0$ 知, 级数 $\displaystyle\sum_{n=1}^{\infty} a_n$ 为正项级数.

(1) 因为 $\dfrac{a_{n+1}}{a_n} \leqslant \lambda < 1$, 即 $a_{n+1} \leqslant \lambda a_n \leqslant \cdots \leqslant \lambda^n a_1 (n \geqslant 1)$, 而 $\displaystyle\sum_{n=1}^{\infty} \lambda^n a_1$ 为收敛的

几何级数, 故 $\displaystyle\sum_{n=1}^{\infty} a_n$ 收敛.

若 $\sqrt[n]{a_n} \leqslant \lambda < 1$, 则 $a_n \leqslant \lambda^n < 1$, 而 $\displaystyle\sum_{n=1}^{\infty} \lambda^n$ 收敛, 故 $\displaystyle\sum_{n=1}^{\infty} a_n$ 收敛.

(2) 因 $\dfrac{a_{n+1}}{a_n} \geqslant 1$, 即 $a_{n+1} \geqslant a_n > 0$, 故 $\lim\limits_{n\to\infty} a_n \neq 0$. 因此 $\sum\limits_{n=1}^{\infty} a_n$ 发散.

若 $\sqrt[n]{a_n} \geqslant 1$, 则 $\lim\limits_{n\to\infty} a_n \neq 0$, 故 $\sum\limits_{n=1}^{\infty} a_n$ 发散.

5. 设 $a_n \geqslant 0 \,(n=1,2,\cdots)$, 且数列 $\{na_n\}$ 有界, 证明 $\sum\limits_{n=1}^{\infty} a_n^2$ 收敛.

证 因数列 $\{na_n\}$ 为有界数列, 且 $a_n \geqslant 0$, 所以 $\forall n \in \mathbf{Z}^+, \exists M > 0$, 使得 $0 \leqslant na_n$ $\leqslant M$, 即 $0 \leqslant a_n \leqslant \dfrac{M}{n}$. 从而有 $0 \leqslant a_n^2 \leqslant \dfrac{M^2}{n^2}$. 而 $\sum\limits_{n=1}^{\infty} \dfrac{M^2}{n^2}$ 收敛, 故 $\sum\limits_{n=1}^{\infty} a_n^2$ 收敛.

6. 设 $a_n \geqslant 0 \,(n=1,2,\cdots)$, 且级数 $\sum\limits_{n=1}^{\infty} a_n$ 收敛, 证明:

(1) 级数 $\sum\limits_{n=1}^{\infty} \sqrt{a_n a_{n+1}}$ 收敛;   (2) 级数 $\sum\limits_{n=1}^{\infty} \dfrac{\sqrt{a_n}}{n}$ 收敛.

证 由题设 $a_n \geqslant 0 \,(n=1,2,\cdots)$ 知, 级数 $\sum\limits_{n=1}^{\infty} a_n$ 为正项级数.

(1) $\sqrt{a_n a_{n+1}} \leqslant \dfrac{a_n + a_{n+1}}{2}$, 而 $\sum\limits_{n=1}^{\infty} a_n$ 收敛, 故 $\sum\limits_{n=1}^{\infty} \dfrac{a_n + a_{n+1}}{2}$ 收敛, 因此 $\sum\limits_{n=1}^{\infty}$ $\sqrt{a_n a_{n+1}}$ 收敛.

(2) 因为 $\dfrac{\sqrt{a_n}}{n} = \sqrt{\dfrac{a_n}{n^2}} \leqslant \dfrac{1}{2}\left(a_n + \dfrac{1}{n^2}\right)$, 而 $\sum\limits_{n=1}^{\infty} a_n, \sum\limits_{n=1}^{\infty} \dfrac{1}{n^2}$ 收敛, 故 $\sum\limits_{n=1}^{\infty} \dfrac{\sqrt{a_n}}{n}$ 收敛.

====== **B** 类 ======

1. 设 $a_n > 0, b_n > 0$, 且 $\dfrac{a_{n+1}}{a_n} \leqslant \dfrac{b_{n+1}}{b_n}$, 证明:

(1) 若 $\sum\limits_{n=1}^{\infty} b_n$ 收敛, 则 $\sum\limits_{n=1}^{\infty} a_n$ 收敛;   (2) 若 $\sum\limits_{n=1}^{\infty} a_n$ 发散, 则 $\sum\limits_{n=1}^{\infty} b_n$ 发散.

证 由题设 $a_n > 0, b_n > 0$ 知, $\sum\limits_{n=1}^{\infty} b_n, \sum\limits_{n=1}^{\infty} a_n$ 均为正项级数.

(1) 因为 $\dfrac{a_{n+1}}{a_n} \leqslant \dfrac{b_{n+1}}{b_n}$, 从而有 $\dfrac{a_{n+1}}{b_{n+1}} \leqslant \dfrac{a_n}{b_n}, \dfrac{a_n}{b_n} \leqslant \dfrac{a_{n-1}}{b_{n-1}}, \cdots$, 故

$$\dfrac{a_{n+1}}{b_{n+1}} \leqslant \dfrac{a_n}{b_n} \leqslant \dfrac{a_{n-1}}{b_{n-1}} \leqslant \cdots \leqslant \dfrac{a_1}{b_1},$$

即 $a_{n+1} \leqslant \dfrac{a_1}{b_1} b_{n+1}$. 若 $\sum\limits_{n=1}^{\infty} b_n$ 收敛, 则 $\sum\limits_{n=1}^{\infty} a_n$ 收敛.

(2) 因为 $\dfrac{a_{n+1}}{a_n} \leqslant \dfrac{b_{n+1}}{b_n}$, 从而有 $\dfrac{b_{n+1}}{a_{n+1}} \geqslant \dfrac{b_n}{a_n}, \dfrac{b_n}{a_n} \geqslant \dfrac{b_{n-1}}{a_{n-1}}, \cdots$, 故

$$\dfrac{b_{n+1}}{a_{n+1}} \geqslant \dfrac{b_n}{a_n} \geqslant \dfrac{b_{n-1}}{a_{n-1}} \geqslant \cdots \geqslant \dfrac{b_1}{a_1},$$

即 $b_{n+1} \geqslant \dfrac{b_1}{a_1} a_{n+1}$. 若 $\displaystyle\sum_{n=1}^{\infty} a_n$ 发散,则 $\displaystyle\sum_{n=1}^{\infty} b_n$ 发散.

2. 设 $a_n > 0$,且 $\displaystyle\lim_{n\to\infty} \dfrac{-\ln a_n}{\ln n} = q$,证明:

(1) 若 $q > 1$,则级数 $\displaystyle\sum_{n=1}^{\infty} a_n$ 收敛;　　(2) 若 $q < 1$,则级数 $\displaystyle\sum_{n=1}^{\infty} a_n$ 发散.

证　因 $a_n > 0$,故 $\displaystyle\sum_{n=1}^{\infty} a_n$ 为正项级数. 由 $\displaystyle\lim_{n\to\infty} \dfrac{-\ln a_n}{\ln n} = q$,知 $\forall \varepsilon > 0$,$\exists N \in \mathbf{Z}^+$,使得当 $n > N$ 时,有 $q - \varepsilon < \dfrac{-\ln a_n}{\ln n} < q + \varepsilon$.

(1) $q > 1$ 时,由 ε 的任意性,可取 ε,使 $r_1 = q - \varepsilon > 1$,$\exists N_1 \in \mathbf{Z}^+$($N_1 \geqslant 3$),当 $n > N_1$ 时,有 $\dfrac{-\ln a_n}{\ln n} > r_1 = q - \varepsilon > 1$,从而有 $a_n < \dfrac{1}{n^{r_1}}$. 因 p- 级数 $\displaystyle\sum_{n=1}^{\infty} \dfrac{1}{n^{r_1}}$ 收敛,故 $\displaystyle\sum_{n=1}^{\infty} a_n$ 收敛.

(2) $q < 1$ 时,由 ε 的任意性,可取 ε,使 $r_2 = q + \varepsilon < 1$,$\exists N_2 \in \mathbf{Z}^+$($N_2 \geqslant 3$),当 $n > N_2$ 时,有 $\dfrac{-\ln a_n}{\ln n} < r_2 = q + \varepsilon < 1$,从而有 $a_n > \dfrac{1}{n^{r_2}}$. 因 p- 级数 $\displaystyle\sum_{n=1}^{\infty} \dfrac{1}{n^{r_2}}$ 发散,故 $\displaystyle\sum_{n=1}^{\infty} a_n$ 发散.

3. 判别下列级数的收敛性:

(1) $\displaystyle\sum_{n=1}^{\infty} \int_0^{\frac{1}{n}} \dfrac{\sqrt{x}}{1+x^2} \mathrm{d}x$;　　　　(2) $\displaystyle\sum_{n=1}^{\infty} \dfrac{n^3 [\sqrt{2} + (-1)^n]^n}{3^n}$;

(3) $\displaystyle\sum_{n=1}^{\infty} \dfrac{\ln n}{n^{1+a}}$　$(a > 0)$;　　　　(4) $\displaystyle\sum_{n=1}^{\infty} \dfrac{1}{3^{\sqrt{n}}}$;

(5) $\displaystyle\sum_{n=1}^{\infty} \dfrac{1}{n\, (\ln n)^p\, (\ln \ln n)^q}$.

解　(1) 因为 $0 \leqslant \displaystyle\int_0^{\frac{1}{n}} \dfrac{\sqrt{x}}{1+x^2} \mathrm{d}x \leqslant \int_0^{\frac{1}{n}} \sqrt{x}\, \mathrm{d}x = \dfrac{2}{3} \dfrac{1}{n^{\frac{3}{2}}}$,而 p- 级数 $\displaystyle\sum_{n=1}^{\infty} \dfrac{2}{3} \dfrac{1}{n^{\frac{3}{2}}}$ 收敛,故 $\displaystyle\sum_{n=1}^{\infty} \int_0^{\frac{1}{n}} \dfrac{\sqrt{x}}{1+x^2} \mathrm{d}x$ 收敛.

(2) $0 \leqslant \dfrac{n^3 [\sqrt{2} + (-1)^n]^n}{3^n} \leqslant \dfrac{n^3 (\sqrt{2}+1)^n}{3^n}$. 因

$$\lim_{n\to\infty} \sqrt[n]{\dfrac{n^3 (\sqrt{2}+1)^n}{3^n}} = \lim_{n\to\infty} \dfrac{\sqrt{2}+1}{3} n^{\frac{3}{n}} = \dfrac{\sqrt{2}+1}{3} < 1,$$

故 $\displaystyle\sum_{n=1}^{\infty} \dfrac{n^3 (\sqrt{2}+1)^n}{3^n}$ 收敛. 因此 $\displaystyle\sum_{n=1}^{\infty} \dfrac{n^3 [\sqrt{2} + (-1)^n]^n}{3^n}$ 收敛.

(3) 对于 $0 < r < \alpha$, 有 $\lim\limits_{n \to \infty} \dfrac{\dfrac{\ln n}{n^{1+\alpha}}}{\dfrac{1}{n^{1+r}}} = \lim\limits_{n \to \infty} \dfrac{\ln n}{n^{\alpha-r}} = 0$, 而 p- 级数 $\sum\limits_{n=1}^{\infty} \dfrac{1}{n^{1+\gamma}}$ 收敛, 故 $\sum\limits_{n=1}^{\infty}$

$\dfrac{\ln n}{n^{1+\alpha}}$ 收敛.

(4) 因为 $\dfrac{1}{3^{\sqrt{n}}} < \dfrac{1}{3^{\ln n}} < \dfrac{1}{n^p}$ $(1 < p < \ln 3)$, 而 p- 级数 $\sum\limits_{n=1}^{\infty} \dfrac{1}{n^p}$ 收敛, 故 $\sum\limits_{n=1}^{\infty} \dfrac{1}{3^{\sqrt{n}}}$ 收敛.

(5) 设 $f(x) = \dfrac{1}{x(\ln x)^p (\ln \ln x)^q}$, 则 $f(x)$ 在 $(3, +\infty)$ 内非负且单调减.

当 $p = 1$ 时,

$$\int_3^{+\infty} \frac{1}{x(\ln x)^p (\ln \ln x)^q} \mathrm{d}x = \int_{\ln \ln 3}^{+\infty} \frac{1}{u^q} \mathrm{d}u.$$

$\int_{\ln \ln 3}^{+\infty} \dfrac{1}{u^q} \mathrm{d}u$ 当 $q > 1$ 时收敛, 当 $q \leqslant 1$ 时发散. 故 $\sum\limits_{n=1}^{\infty} \dfrac{1}{n(\ln n)^p (\ln \ln n)^q}$ 当 $p = 1, q > 1$

时收敛; 当 $p = 1, q \leqslant 1$ 时发散.

当 $p \neq 1$ 时,

$$\int_3^{+\infty} \frac{1}{x(\ln x)^p (\ln \ln x)^q} \mathrm{d}x = \int_{\ln \ln 3}^{+\infty} \frac{1}{\mathrm{e}^{(p-1)u} u^q} \mathrm{d}u.$$

对任意 q, 当 $p - 1 > 0$ 时, 取 $t > 1$, 有 $\lim\limits_{u \to \infty} u^t \dfrac{1}{\mathrm{e}^{(p-1)u} u^q} = 0$, 积分 $\int_{\ln \ln 3}^{+\infty} \dfrac{1}{\mathrm{e}^{(p-1)u} u^q} \mathrm{d}u$ 收

敛; 对任意 q, 当 $p - 1 < 0$ 时, 取 $t < 1$, 有 $\lim\limits_{u \to +\infty} u^t \dfrac{1}{\mathrm{e}^{(p-1)u} u^q} = +\infty$, 积分 $\int_{\ln \ln 3}^{+\infty} \dfrac{1}{\mathrm{e}^{(p-1)u} u^q} \mathrm{d}u$

发散. 故对任意 q 时, 当 $p > 1$ 时, $\sum\limits_{n=1}^{\infty} \dfrac{1}{n(\ln n)^p (\ln \ln n)^q}$ 收敛; 当 $p < 1$ 时,

$\sum\limits_{n=1}^{\infty} \dfrac{1}{n(\ln n)^p (\ln \ln n)^q}$ 发散.

4. 求下列极限:

(1) $\lim\limits_{n \to \infty} \dfrac{(2n)!}{a^{n!}}$ $(a > 1)$;   (2) $\lim\limits_{n \to \infty} \left[\dfrac{1}{(n+1)^p} + \dfrac{1}{(n+2)^p} + \cdots + \dfrac{1}{(2n)^p} \right]$ $(p > 1)$.

解 (1) 因为 $\lim\limits_{n \to \infty} \dfrac{u_{n+1}}{u_n} = \lim\limits_{n \to \infty} \dfrac{\dfrac{(2(n+1))!}{a^{(n+1)!}}}{\dfrac{(2n)!}{a^{n!}}} = \lim\limits_{n \to \infty} \dfrac{(2n+1)(2n+2)}{a^{n \cdot n!}} = 0$, 故

$\sum\limits_{n=1}^{\infty} \dfrac{(2n)!}{a^{n!}}$ 收敛, 于是 $\lim\limits_{n \to \infty} \dfrac{(2n)!}{a^{n!}} = 0$.

(2) 因为 p- 级数 $\sum\limits_{n=1}^{\infty} \dfrac{1}{n^p}$ $(p > 1)$ 收敛, 由 Cauchy 收敛原理知, $\forall \varepsilon > 0, \exists N \in \mathbf{Z}^+$,

当 $n > N$ 时, 有 $\left| \sum\limits_{k=1}^{2n} \dfrac{1}{k^p} - \sum\limits_{k=1}^{n} \dfrac{1}{k^p} \right| < \varepsilon$, 故 $\lim\limits_{n \to \infty} \left[\dfrac{1}{(n+1)^p} + \dfrac{1}{(n+2)^p} + \cdots + \dfrac{1}{(2n)^p} \right] = 0$.

习题 13-3

═══ **A 类** ═══

1. 判别下列级数是否收敛, 如果收敛, 是绝对收敛还是条件收敛:

(1) $\displaystyle\sum_{n=1}^{\infty} \frac{(-1)^{n+1}}{\sqrt{n+1}}$;

(2) $\displaystyle\sum_{n=1}^{\infty} (-1)^{n+1} \sin\frac{1}{n}$;

(3) $\displaystyle\sum_{n=1}^{\infty} (-1)^{n} \frac{n}{2n+1}$;

(4) $\displaystyle\sum_{n=1}^{\infty} (-1)^{n} \frac{n}{2^{n}}$;

(5) $\displaystyle\sum_{n=1}^{\infty} \frac{1}{n} \sin\frac{n\pi}{2}$;

(6) $\displaystyle\sum_{n=1}^{\infty} (-1)^{n} \left(1 - \cos\frac{1}{n}\right)$;

(7) $\displaystyle\sum_{n=1}^{\infty} (-1)^{n} \frac{1}{\sqrt[n]{n}}$;

(8) $\displaystyle\sum_{n=1}^{\infty} (-1)^{n+1} \frac{\ln\left(2 + \frac{1}{n}\right)}{\sqrt{9n^{2} - 4}}$;

(9) $\displaystyle\sum_{n=1}^{\infty} \left[(-1)^{n} \frac{n}{n^{2}+1} - \frac{1}{n^{2}+1}\right]$;

(10) $\displaystyle\sum_{n=1}^{\infty} (-1)^{n-1} (\sqrt[n]{a} - 1) \quad (a > 0, a \neq 1)$.

解 (1) $\displaystyle\sum_{n=1}^{\infty} \left|\frac{(-1)^{n+1}}{\sqrt{n+1}}\right| = \sum_{n=1}^{\infty} \frac{1}{\sqrt{n+1}}$. 因 $\dfrac{1}{\sqrt{n+1}} > \dfrac{1}{\sqrt{n+n}} = \dfrac{1}{\sqrt{2}} \cdot \dfrac{1}{n^{\frac{1}{2}}}$, 而 p- 级

数 $\displaystyle\sum_{n=1}^{\infty} \frac{1}{n^{\frac{1}{2}}} \left(p = \frac{1}{2} < 1\right)$ 发散, 故 $\displaystyle\sum_{n=1}^{\infty} \frac{1}{\sqrt{n+1}}$ 发散. 于是 $\displaystyle\sum_{n=1}^{\infty} \left|\frac{(-1)^{n+1}}{\sqrt{n+1}}\right|$ 发散. 又原级数

是交错级数, 且 $\displaystyle\lim_{n\to\infty} \frac{1}{\sqrt{n+1}} = 0$, $\dfrac{1}{\sqrt{n+1}} < \dfrac{1}{\sqrt{n}}$, 故 $\displaystyle\sum_{n=1}^{\infty} \frac{(-1)^{n+1}}{\sqrt{n+1}}$ 收敛, 为条件收敛.

(2) 因为 $\displaystyle\lim_{n\to\infty} \sin\frac{1}{n} = 0$, 且 $\sin\dfrac{1}{n+1} < \sin\dfrac{1}{n}$, 故 $\displaystyle\sum_{n=1}^{\infty} (-1)^{n+1} \sin\frac{1}{n}$ 收敛.

$$\sum_{n=1}^{\infty} \left|(-1)^{n+1} \sin\frac{1}{n}\right| = \sum_{n=1}^{\infty} \sin\frac{1}{n}.$$ 因 $\displaystyle\lim_{n\to\infty} \frac{\sin\dfrac{1}{n}}{\dfrac{1}{n}} = 1$, 而调和级数 $\displaystyle\sum_{n=1}^{\infty} \frac{1}{n}$ 发散, 故

$\displaystyle\sum_{n=1}^{\infty} \sin\frac{1}{n}$ 发散. 于是 $\displaystyle\sum_{n=1}^{\infty} \left|(-1)^{n+1} \sin\frac{1}{n}\right|$ 发散, 因此 $\displaystyle\sum_{n=1}^{\infty} (-1)^{n} \sin\frac{1}{n}$ 条件收敛.

(3) 因为 $\displaystyle\lim_{n\to\infty} \frac{n}{2n+1} = \frac{1}{2}$, 所以 $\displaystyle\lim_{n\to\infty} (-1)^{n} \frac{n}{2n+1}$ 不存在, 故 $\displaystyle\sum_{n=1}^{\infty} (-1)^{n} \frac{n}{2n+1}$ 发

散.

(4) $\displaystyle\sum_{n=1}^{\infty} \left|(-1)^{n} \frac{n}{2^{n}}\right| = \sum_{n=1}^{\infty} \frac{n}{2^{n}}$. 因 $\displaystyle\lim_{n\to\infty} \sqrt[n]{\frac{n}{2^{n}}} = \lim_{n\to\infty} \frac{\sqrt[n]{n}}{2} = \frac{1}{2} < 1$, 故 $\displaystyle\sum_{n=1}^{\infty} \frac{n}{2^{n}}$ 收敛.

于是 $\displaystyle\sum_{n=1}^{\infty} \left|(-1)^{n} \frac{n}{2^{n}}\right|$ 收敛, $\displaystyle\sum_{n=1}^{\infty} (-1)^{n} \frac{n}{2^{n}}$ 绝对收敛.

(5) $\displaystyle\sum_{n=1}^{\infty}\frac{1}{n}\sin\frac{n\pi}{2}=\frac{1}{1}-\frac{1}{3}+\frac{1}{5}-\frac{1}{7}+\cdots+(-1)^{n-1}\frac{1}{2n-1}+\cdots$，可知 $\displaystyle\sum_{n=1}^{\infty}\frac{1}{n}\sin\frac{n\pi}{2}$

为交错级数，其通项为 $(-1)^{n-1}u_n=(-1)^{n-1}\frac{1}{2n-1}$，而 $\displaystyle\lim_{n\to\infty}u_n=\lim_{n\to\infty}\frac{1}{2n-1}=0,\ u_{n+1}$

$<u_n$，故 $\displaystyle\sum_{n=1}^{\infty}\frac{1}{n}\sin\frac{n\pi}{2}$ 收敛. 而 $\displaystyle\sum_{n=1}^{\infty}\left|\frac{1}{n}\sin\frac{n\pi}{2}\right|=\sum_{n=1}^{\infty}\frac{1}{2n-1}$ 发散，故 $\displaystyle\sum_{n=1}^{\infty}\frac{1}{n}\sin\frac{n\pi}{2}$ 条件

收敛.

(6) $\displaystyle\sum_{n=1}^{\infty}\left|(-1)^n\left(1-\cos\frac{1}{n}\right)\right|=\sum_{n=1}^{\infty}\left(1-\cos\frac{1}{n}\right)$. 因为 $1-\cos\frac{1}{n}=2\sin^2\frac{1}{2n}$，

$\displaystyle\lim_{n\to\infty}\frac{2\sin^2\frac{1}{2n}}{\left(\frac{1}{2n}\right)^2}=2$，而 p- 级数 $\displaystyle\sum_{n=1}^{\infty}\left(\frac{1}{2n}\right)^2=\frac{1}{4}\sum_{n=1}^{\infty}\frac{1}{n^2}$ 收敛，故 $\displaystyle\sum_{n=1}^{\infty}\left(1-\cos\frac{1}{n}\right)$ 收敛. 于

是 $\displaystyle\sum_{n=1}^{\infty}(-1)^n\left(1-\cos\frac{1}{n}\right)$ 绝对收敛.

(7) 由 $\displaystyle\lim_{n\to\infty}\frac{1}{\sqrt[n]{n}}=1$，知 $\displaystyle\lim_{n\to\infty}(-1)^n\frac{1}{\sqrt[n]{n}}$ 不存在，故 $\displaystyle\sum_{n=1}^{\infty}(-1)^n\frac{1}{\sqrt[n]{n}}$ 发散.

(8) $\displaystyle\sum_{n=1}^{\infty}\left|(-1)^{n+1}\frac{\ln\left(2+\frac{1}{n}\right)}{\sqrt{9n^2-4}}\right|=\sum_{n=1}^{\infty}\frac{\ln\left(2+\frac{1}{n}\right)}{\sqrt{9n^2-4}}$. 因为

$$\lim_{n\to\infty}\frac{\dfrac{\ln\left(2+\frac{1}{n}\right)}{\sqrt{9n^2-4}}}{\dfrac{1}{n}}=\lim_{n\to\infty}\frac{\dfrac{\ln 2+\ln\left(1+\frac{1}{2n}\right)}{\sqrt{9n^2-4}}}{\dfrac{1}{n}}=\frac{\ln 2}{3}+0=\frac{\ln 2}{3},$$

而调和级数 $\displaystyle\sum_{n=1}^{\infty}\frac{1}{n}$ 发散，故 $\displaystyle\sum_{n=1}^{\infty}\frac{\ln\left(2+\frac{1}{n}\right)}{\sqrt{9n^2-4}}$ 发散. 于是 $\displaystyle\sum_{n=1}^{\infty}\left|(-1)^{n+1}\frac{\ln\left(2+\frac{1}{n}\right)}{\sqrt{9n^2-4}}\right|$ 发散.

又 $\displaystyle\lim_{n\to\infty}\frac{\ln\left(2+\frac{1}{n}\right)}{\sqrt{9n^2-4}}=0$，且

$$\frac{\dfrac{\ln\left(2+\frac{1}{n+1}\right)}{\sqrt{9(n+1)^2-4}}}{\dfrac{\ln\left(2+\frac{1}{n}\right)}{\sqrt{9n^2-4}}}=\frac{\ln\left(2+\frac{1}{n+1}\right)}{\sqrt{(3n+1)(3n+5)}}\cdot\frac{\sqrt{(3n-2)(3n+2)}}{\ln\left(2+\frac{1}{n}\right)}$$

$$=\frac{\sqrt{(3n-2)(3n+2)}}{\sqrt{(3n+1)(3n+5)}}\cdot\frac{\ln\left(2+\frac{1}{n+1}\right)}{\ln\left(2+\frac{1}{n}\right)}<1,$$

即 $\dfrac{\ln\left(2+\dfrac{1}{n+1}\right)}{\sqrt{9(n+1)^2-4}} < \dfrac{\ln\left(2+\dfrac{1}{n}\right)}{\sqrt{9n^2-4}}$，故 $\displaystyle\sum_{n=1}^{\infty}(-1)^{n+1}\dfrac{\ln\left(2+\dfrac{1}{n}\right)}{\sqrt{9n^2-4}}$ 收敛，为条件收敛.

(9) $\displaystyle\sum_{n=1}^{\infty}\left[(-1)^n\dfrac{n}{n^2+1}-\dfrac{1}{n^2+1}\right]=\sum_{n=1}^{\infty}(-1)^n\dfrac{n}{n^2+1}-\sum_{n=1}^{\infty}\dfrac{1}{n^2+1}.$

对于级数 $\displaystyle\sum_{n=1}^{\infty}(-1)^n u_n = \sum_{n=1}^{\infty}(-1)^n\dfrac{n}{n^2+1}$，有

$$\lim_{n\to\infty}u_n=\lim_{n\to\infty}\dfrac{n}{n^2+1}=\lim_{n\to\infty}\dfrac{1}{n+\dfrac{1}{n}}=0,$$

而 $u_{n+1}=\dfrac{n+1}{(n+1)^2+1}<\dfrac{n}{n^2+1}=u_n$，故交错级数 $\displaystyle\sum_{n=1}^{\infty}(-1)^n\dfrac{n}{n^2+1}$ 收敛. 又

$$\sum_{n=1}^{\infty}\left|(-1)^n\dfrac{n}{n^2+1}\right|=\sum_{n=1}^{\infty}\dfrac{n}{n^2+1},\quad \dfrac{n}{n^2+1}>\dfrac{n}{n^2+n^2}=\dfrac{1}{2}\cdot\dfrac{1}{n},$$

而 $\displaystyle\sum_{n=1}^{\infty}\dfrac{1}{n}$ 发散，故 $\displaystyle\sum_{n=1}^{\infty}\left|(-1)^n\dfrac{n}{n^2+1}\right|$ 发散. 所以 $\displaystyle\sum_{n=1}^{\infty}(-1)^n\dfrac{n}{n^2+1}$ 条件收敛.

对于级数 $\displaystyle\sum_{n=1}^{\infty}v_n=\sum_{n=1}^{\infty}\dfrac{1}{n^2+1}$，有 $v_n=\dfrac{1}{n^2+1}<\dfrac{1}{n^2}$，而 p-级数 $\displaystyle\sum_{n=1}^{\infty}\dfrac{1}{n^2}$ 收敛，故 $\displaystyle\sum_{n=1}^{\infty}\dfrac{1}{n^2+1}$ 绝对收敛.

综上讨论知，$\displaystyle\sum_{n=1}^{\infty}\left[(-1)^n\dfrac{n}{n^2+1}-\dfrac{1}{n^2+1}\right]$ 收敛. 因为

$$\left|(-1)^n\dfrac{n}{n^2+1}-\dfrac{1}{n^2+1}\right|\geqslant\dfrac{n}{n^2+1}-\dfrac{1}{n^2+1},$$

由已证知，$\displaystyle\sum_{n=1}^{\infty}\dfrac{n}{n^2+1}$ 发散，$\displaystyle\sum_{n=1}^{\infty}\dfrac{1}{n^2+1}$ 收敛，从而正项级数 $\displaystyle\sum_{n=1}^{\infty}\left(\dfrac{n}{n^2+1}-\dfrac{1}{n^2+1}\right)$ 发散，所以 $\displaystyle\sum_{n=1}^{\infty}\left|(-1)^n\dfrac{n}{n^2+1}-\dfrac{1}{n^2+1}\right|$ 发散. 故 $\displaystyle\sum_{n=1}^{\infty}\left[(-1)^n\dfrac{n}{n^2+1}-\dfrac{1}{n^2+1}\right]$ 条件收敛.

(10) $\displaystyle\sum_{n=1}^{\infty}\left|(-1)^{n-1}(\sqrt[n]{a}-1)\right|=\sum_{n=1}^{\infty}\left|\sqrt[n]{a}-1\right|\ (a>0,a\neq1)$. 因为

$$\lim_{n\to\infty}\dfrac{\sqrt[n]{a}-1}{\dfrac{1}{n}\ln a}=\lim_{n\to\infty}\dfrac{\mathrm{e}^{\frac{1}{n}\ln a}-1}{\dfrac{1}{n}\ln a}=1,$$

而 $\displaystyle\sum_{n=1}^{\infty}\dfrac{1}{n}\ln a$ 发散，故 $\displaystyle\sum_{n=1}^{\infty}(\sqrt[n]{a}-1)$ 发散，于是 $\displaystyle\sum_{n=1}^{\infty}\left|\sqrt[n]{a}-1\right|$ 发散，$\displaystyle\sum_{n=1}^{\infty}\left|(-1)^{n-1}(\sqrt[n]{a}-1)\right|$ 发散.

对于 $\displaystyle\sum_{n=1}^{\infty}(-1)^{n-1}u_n=\sum_{n=1}^{\infty}(-1)^{n-1}(\sqrt[n]{a}-1)$，当 $a>1$ 时，设 $f(x)=a^{\frac{1}{x}}-1\ (x>0)$，由于 $f'(x)=-\dfrac{1}{x^2}a^{\frac{1}{x}}\ln a<0$，故 $f(x)$ 单调减，因此

$$u_{n+1} = a^{\frac{1}{n+1}} - 1 < u_n = a^{\frac{1}{n}} - 1.$$

又 $\lim\limits_{n \to \infty} u_n = \lim\limits_{n \to \infty}(\sqrt[n]{a} - 1) = 0$，故原级数收敛，为条件收敛.

当 $a < 1$ 时，类似地可证 $\sum\limits_{n=1}^{\infty}(-1)^{n-1}(1 - \sqrt[n]{a})$ 收敛，从而 $\sum\limits_{n=1}^{\infty}(-1)^{n-1}(\sqrt[n]{a} - 1) =$

$-\sum\limits_{n=1}^{\infty}(-1)^{n-1}(1 - \sqrt[n]{a})$ 收敛，为条件收敛.

2. 设 $a_n^+ = \dfrac{1}{2}(a_n + |a_n|)$，$a_n^- = \dfrac{1}{2}(a_n - |a_n|)$，证明：

(1) 级数 $\sum\limits_{n=1}^{\infty} a_n$ 绝对收敛的充分必要条件是级数 $\sum\limits_{n=1}^{\infty} a_n^+$ 与 $\sum\limits_{n=1}^{\infty} a_n^-$ 都收敛；

(2) 级数 $\sum\limits_{n=1}^{\infty} a_n$ 条件收敛的必要条件是级数 $\sum\limits_{n=1}^{\infty} a_n^+$ 与 $\sum\limits_{n=1}^{\infty} a_n^-$ 都发散.

证 (1) $\sum\limits_{n=1}^{\infty} a_n = \sum\limits_{n=1}^{\infty}(a_n^+ + a_n^-) = \sum\limits_{n=1}^{\infty} a_n^+ + \sum\limits_{n=1}^{\infty} a_n^-$.

充分性. 当 $\sum\limits_{n=1}^{\infty} a_n^+$ 与 $\sum\limits_{n=1}^{\infty} a_n^-$ 都收敛时，$\sum\limits_{n=1}^{\infty}(-a_n^-)$ 也收敛，于是绝对值级数

$$\sum\limits_{n=1}^{\infty} |a_n| = \sum\limits_{n=1}^{\infty} a_n^+ + \sum\limits_{n=1}^{\infty}(-a_n^-) \tag{$*$}$$

也收敛，即原级数 $\sum\limits_{n=1}^{\infty} a_n$ 绝对收敛.

必要性. 当 $\sum\limits_{n=1}^{\infty} a_n$ 绝对收敛时，可用反证法证明 $\sum\limits_{n=1}^{\infty} a_n^+$ 与 $\sum\limits_{n=1}^{\infty} a_n^-$ 必同时收敛.

(ⅰ) 假若 $\sum\limits_{n=1}^{\infty} a_n^+$ 与 $\sum\limits_{n=1}^{\infty} a_n^-$ 中有一个发散而另一个收敛，由 ($*$) 式知，$\sum\limits_{n=1}^{\infty} |a_n|$ 必发散(否则只须移项，得到矛盾)，这与 $\sum\limits_{n=1}^{\infty} a_n$ 绝对收敛的假设相矛盾，所以此情况不可能发生.

(ⅱ) 假若 $\sum\limits_{n=1}^{\infty} a_n^+$ 与 $\sum\limits_{n=1}^{\infty} a_n^-$ 同时都发散，由于 $\sum\limits_{n=1}^{\infty} a_n^+$ 与 $\sum\limits_{n=1}^{\infty}(-a_n^-)$ 都是正项级数，根据基本审敛法，它们的部分和 S_n^+ 与 S_n^- 都无界，从而 $\sum\limits_{n=1}^{\infty} |a_n|$ 的部分和 $S_{2n} = S_n^+ + S_n^-$ 也无界，于是正项级数 $\sum\limits_{n=1}^{\infty} |a_n|$ 发散，这与 $\sum\limits_{n=1}^{\infty} a_n$ 绝对收敛的题设相矛盾，故这种情形也不可能.

综合(ⅰ)和(ⅱ)，$\sum\limits_{n=1}^{\infty} a_n^+$ 与 $\sum\limits_{n=1}^{\infty} a_n^-$ 必同时收敛.

(2) 仍用反证法证之. 假若 $\sum\limits_{n=1}^{\infty} a_n^+$ 与 $\sum\limits_{n=1}^{\infty} a_n^-$ 不是同时发散，只有如下两种情形：

（ⅰ）$\sum\limits_{n=1}^{\infty}a_n^+$ 与 $\sum\limits_{n=1}^{\infty}a_n^-$ 同时收敛，这时 $\sum\limits_{n=1}^{\infty}(-a_n^-)$ 也收敛，由（＊）式知 $\sum\limits_{n=1}^{\infty}|a_n|$ 必收敛，这与 $\sum\limits_{n=1}^{\infty}a_n$ 条件收敛的题设相矛盾.

（ⅱ）$\sum\limits_{n=1}^{\infty}a_n^+$ 与 $\sum\limits_{n=1}^{\infty}a_n^-$ 只有一个收敛而另一个发散，为确定起见，不妨设 $\sum\limits_{n=1}^{\infty}a_n^+$ 收敛，而 $\sum\limits_{n=1}^{\infty}a_n^-$ 发散，这时 $\sum\limits_{n=1}^{\infty}(-a_n^-)$ 也必发散，则正项级数 $\sum\limits_{n=1}^{\infty}a_n^+$ 的部分和 S_n^+ 有界，而 $\sum\limits_{n=1}^{\infty}(-a_n^-)$ 及 $\sum\limits_{n=1}^{\infty}a_n^-$ 的部分和 S_n^- 与 $(-S_n^-)$ 都无界，从而 $\sum\limits_{n=1}^{\infty}a_n$ 的部分和 $S_{2n}=S_n^++(-S_n^-)$ 也无界，从而极限 $\lim\limits_{n\to\infty}S_{2n}$ 不存在，于是 $\sum\limits_{n=1}^{\infty}a_n$ 发散，这也与 $\sum\limits_{n=1}^{\infty}a_n$ 条件收敛相矛盾.

综合（ⅰ）和（ⅱ）知 $\sum\limits_{n=1}^{\infty}a_n^+$ 与 $\sum\limits_{n=1}^{\infty}a_n^-$ 必同时发散.

3. 设级数 $\sum\limits_{n=1}^{\infty}(u_n-u_{n-1})$ 收敛，又 $\sum\limits_{n=1}^{\infty}v_n$ 是收敛的正项级数，证明：$\sum\limits_{n=1}^{\infty}u_nv_n$ 绝对收敛.

证 设 $S=\sum\limits_{n=1}^{\infty}(u_n-u_{n-1})$，则 $S=\lim\limits_{n\to\infty}u_n-u_1$，即 $\{u_n\}$ 收敛，从而存在 $M>0$，使得 $|u_n|\leqslant M$，进而

$$|u_nv_n|\leqslant Mv_n.$$

因正项级数 $\sum\limits_{n=1}^{\infty}v_n$ 收敛，从而正项级数 $\sum\limits_{n=1}^{\infty}Mv_n$ 收敛，于是由正项级数的比较审敛法，可知 $\sum\limits_{n=1}^{\infty}|u_nv_n|$ 收敛，即 $\sum\limits_{n=1}^{\infty}u_nv_n$ 绝对收敛.

4. 设级数 $\sum\limits_{n=1}^{\infty}(-1)^{n-1}u_n\ (u_n>0)$ 条件收敛，证明：级数 $\sum\limits_{n=1}^{\infty}u_{2n-1}$ 发散.

证 由于 $\sum\limits_{n=1}^{\infty}(-1)^{n-1}u_n\ (u_n>0)$ 条件收敛，因此 $\sum\limits_{n=1}^{\infty}\dfrac{1}{2}(-1)^{n-1}u_n$ 收敛，$\sum\limits_{n=1}^{\infty}\dfrac{1}{2}u_n$ 发散，故 $\sum\limits_{n=1}^{\infty}u_{2n-1}=\sum\limits_{n=1}^{\infty}\dfrac{1}{2}[u_n+(-1)^{n-1}u_n]$ 发散.

═══ **B 类** ═══

1. 判别下列级数的敛散性：

（1）$\sum\limits_{n=1}^{\infty}\dfrac{(-1)^n}{n^{p+\frac{1}{n}}}$；

（2）$\sum\limits_{n=1}^{\infty}(-1)^n\dfrac{(2n-1)!!}{(2n)!!}$；

（3）$a-\dfrac{b}{2}+\dfrac{a}{3}-\dfrac{b}{4}+\cdots+\dfrac{a}{2n-1}-\dfrac{b}{2n}+\cdots\ (a^2+b^2\neq0).$

解 (1) 当 $p \leqslant 0$ 时，$\lim\limits_{n \to \infty} \dfrac{(-1)^n}{n^{p+\frac{1}{n}}} = \lim\limits_{n \to \infty}(-1)^n n^{-\left(p+\frac{1}{n}\right)} \neq 0$，故 $\sum\limits_{n=1}^{\infty} \dfrac{(-1)^n}{n^{p+\frac{1}{n}}}$ 发散.

$\left| \dfrac{(-1)^n}{n^{p+\frac{1}{n}}} \right| \sim \dfrac{1}{n^p}$. 当 $p > 1$ 时，$\sum\limits_{n=1}^{\infty} \dfrac{1}{n^p}$ 收敛，于是 $\sum\limits_{n=1}^{\infty} \left| \dfrac{(-1)^n}{n^{p+\frac{1}{n}}} \right|$ 收敛，故 $\sum\limits_{n=1}^{\infty} \dfrac{(-1)^n}{n^{p+\frac{1}{n}}}$

绝对收敛. 当 $0 < p \leqslant 1$ 时，$\sum\limits_{n=1}^{\infty} \dfrac{1}{n^p}$ 发散，于是 $\sum\limits_{n=1}^{\infty} \dfrac{(-1)^n}{n^{p+\frac{1}{n}}}$ 非绝对收敛. 令 $u_n = \dfrac{1}{n^{p+\frac{1}{n}}}$，则

$$\frac{u_{n+1}}{u_n} = \frac{\dfrac{1}{(n+1)^{p+\frac{1}{n+1}}}}{\dfrac{1}{n^{p+\frac{1}{n}}}} = \frac{n^{\frac{1}{n}}}{\left(1+\dfrac{1}{n}\right)^p (n+1)^{\frac{1}{n+1}}} < \frac{n^{\frac{1}{n}}}{\left(1+\dfrac{1}{n}\right)^p n^{\frac{1}{n+1}}} = \frac{n^{\frac{1}{n(n+1)}}}{\left(1+\dfrac{1}{n}\right)^p}.$$

由于 $\lim\limits_{n \to \infty}\left(1+\dfrac{1}{n}\right)^{np} = \mathrm{e}^p$，$\lim\limits_{n \to \infty} n^{\frac{1}{n}} = 1$，$\lim\limits_{n \to \infty} n^{\frac{1}{n+1}} = 1$，故当 n 充分大时，$\left(1+\dfrac{1}{n}\right)^{np} >$

$n^{\frac{1}{n+1}}$，即 $\left(1+\dfrac{1}{n}\right)^p > n^{\frac{1}{n(n+1)}}$，所以 $u_{n+1} < u_n$（n 充分大以后）. 又 $\lim\limits_{n \to \infty} u_n = \lim\limits_{n \to \infty} \dfrac{1}{n^{p+\frac{1}{n}}} =$

0，故 $\sum\limits_{n=1}^{\infty} \dfrac{(-1)^n}{n^{p+\frac{1}{n}}}$ 收敛，为条件收敛.

(2) 先证不等式：$\forall n \in \mathbf{Z}^+$，且 $n \geqslant 2$，有 $\dfrac{1}{2\sqrt{n}} < \dfrac{(2n-1)!!}{(2n)!!} < \dfrac{1}{\sqrt{2n+1}}$.

事实上，由于

$$\frac{(2n-1)!!}{(2n)!!} = \frac{1 \cdot 3 \cdots \cdot (2n-1)}{2 \cdot 4 \cdots \cdot 2n} = \frac{1}{\dfrac{2 \cdot 4 \cdots \cdot (2n-2)}{3 \cdot 5 \cdots \cdot (2n-1)}} \cdot \frac{1}{2n}$$

$$> \frac{1}{\dfrac{3}{4} \cdot \dfrac{5}{6} \cdots \cdot \dfrac{2n-1}{2n}} \cdot \frac{1}{2n} = \frac{1}{\dfrac{1 \cdot 3 \cdots \cdot (2n-1)}{2 \cdot 4 \cdots \cdot 2n}} \cdot \frac{1}{4n}$$

$$= \frac{1}{\dfrac{(2n-1)!!}{2n!!}} \cdot \frac{1}{4n},$$

所以有 $\dfrac{1}{2\sqrt{n}} < \dfrac{(2n-1)!!}{(2n)!!}$. 另外，由 $a^2 + b^2 > 2ab$（$a \neq b$），知

$$(2k-1) + (2k+1) > 2\sqrt{(2k+1)(2k-1)},$$

所以有 $1 \cdot 3 < 2^2$，$3 \cdot 5 < 4^2$，$\cdots$，$(2n-1)(2n+1) < (2n)^2$，于是

$$1 \cdot 3^2 \cdot 5^2 \cdots \cdot (2n-1)^2 (2n+1) < 2^2 \cdot 4^2 \cdots \cdot (2n)^2.$$

所以 $1 \cdot 3 \cdots \cdot (2n-1)\sqrt{2n+1} < 2 \cdot 4 \cdots \cdot 2n$，即 $\dfrac{(2n-1)!!}{(2n)!!} < \dfrac{1}{\sqrt{2n+1}}$，故有

$$\frac{1}{2\sqrt{n}} < \frac{(2n-1)!!}{(2n)!!} < \frac{1}{\sqrt{2n+1}}.$$

由夹逼法则，因 $\dfrac{1}{\sqrt{2n+1}} \to 0$，$\dfrac{1}{\sqrt{2n}} \to 0$（$n \to \infty$），故有 $\dfrac{(2n-1)!!}{(2n)!!} \to 0$（$n \to \infty$）. 又

$$\frac{u_{n+1}}{u_n} = \frac{\dfrac{(2n+1)!!}{(2n+2)!!}}{\dfrac{(2n-1)!!}{(2n)!!}} = \frac{2n+1}{2n+2} < 1,$$

所以 $u_{n+1} < u_n$. 故 $\sum\limits_{n=1}^{\infty}(-1)^n\dfrac{(2n-1)!!}{(2n)!!}$ 收敛. 而 $\sum\limits_{n=1}^{\infty}\dfrac{1}{2\sqrt{n}}$ 发散, 所以 $\sum\limits_{n=1}^{\infty}\dfrac{(2n-1)!!}{(2n)!!}$

发散, 故 $\sum\limits_{n=1}^{\infty}(-1)^n\dfrac{(2n-1)!!}{(2n)!!}$ 条件收敛.

(3) 当 $a = b$ 时, 原级数为

$$a\left(1 - \frac{1}{2} + \frac{1}{3} - \frac{1}{4} + \cdots + \frac{1}{2n-1} - \frac{1}{2n} + \cdots\right),$$

是一交错级数. 显然它满足莱布尼兹准则的条件, 故收敛.

当 $a \neq b$ 时, 由级数 $a - \dfrac{a}{2} + \dfrac{a}{3} - \dfrac{a}{4} + \cdots + \dfrac{a}{2n-1} - \dfrac{a}{2n} + \cdots$ 收敛, 对其加括号所

得级数 $\left(a - \dfrac{a}{2}\right) + \left(\dfrac{a}{3} - \dfrac{a}{4}\right) + \cdots + \left(\dfrac{a}{2n-1} - \dfrac{a}{2n}\right) + \cdots$ 也收敛. 而级数 $\dfrac{a-b}{2} + \dfrac{a-b}{4}$

$+ \cdots + \dfrac{a-b}{2n} + \cdots$ 发散, 故这两个级数之和

$$\left[\left(a - \frac{a}{2}\right) + \frac{a-b}{2}\right] + \left[\left(\frac{a}{3} - \frac{a}{4}\right) + \frac{a-b}{4}\right] + \cdots + \left[\left(\frac{a}{2n-1} - \frac{a}{2n}\right) + \frac{a-b}{2n}\right] + \cdots$$

发散, 即原级数 $a - \dfrac{b}{2} + \dfrac{a}{3} - \dfrac{b}{4} + \cdots + \dfrac{a}{2n-1} - \dfrac{b}{2n} + \cdots$ 发散.

2. 设级数 $\sum\limits_{n=1}^{\infty} u_n$ 为收敛的正项级数, 证明: 级数 $\sum\limits_{n=1}^{\infty}(-1)^n\left(n\tan\dfrac{1}{n}\right)u_{2n}$ 绝对收敛.

证 因为 $\lim\limits_{n\to\infty} n\tan\dfrac{1}{n} = 1$, 故存在 $M > 0$, 使得当 n 充分大时, 有 $\left|n\tan\dfrac{1}{n}\right| \leqslant M$. 从

而, 当 n 充分大时, 有

$$\left|\left(n\tan\frac{1}{n}\right)u_{2n}\right| \leqslant Mu_{2n}.$$

由于正项级数 $\sum\limits_{n=1}^{\infty} u_n$ 收敛, 故 $\sum\limits_{n=1}^{\infty}\left|\left(n\tan\dfrac{1}{n}\right)u_{2n}\right|$ 收敛, 即 $\sum\limits_{n=1}^{\infty}(-1)^n\left(n\tan\dfrac{1}{n}\right)u_{2n}$ 绝对

收敛.

3. 设函数 $f(x)$ 在 $x = 0$ 的某一邻域内具有二阶连续导数, 且 $f(0) = 0$, $f'(0) = 0$,

证明: 级数 $\sum\limits_{n=1}^{\infty}\sqrt{n}\,f\left(\dfrac{1}{n}\right)$ 绝对收敛.

证 由条件,

$$f\left(\frac{1}{n}\right) = f(0) + f'(0)\frac{1}{n} + \frac{1}{2!}f''(\xi)\left(\frac{1}{n}\right)^2 = \frac{1}{2!}f''(\xi)\left(\frac{1}{n}\right)^2, \quad \xi \text{ 在 } 0 \text{ 与 } \frac{1}{n} \text{ 之间},$$

因此 $\left|\sqrt{n}\,f\left(\dfrac{1}{n}\right)\right| = \left|\dfrac{1}{2!}f''(\xi)\dfrac{1}{n^{\frac{3}{2}}}\right|$. 又因为 $f''(x)$ 在 $x = 0$ 的某一邻域内连续, 故

$$\lim_{n \to \infty} \frac{\left| \sqrt{n} f\left(\dfrac{1}{n}\right) \right|}{\dfrac{1}{n^{\frac{3}{2}}}} = \frac{1}{2!} \lim_{n \to \infty} \frac{|f''(\xi)| \dfrac{1}{n^{\frac{3}{2}}}}{\dfrac{1}{n^{\frac{3}{2}}}} = \frac{1}{2!} |f''(0)|.$$

由于 p- 级数 $\displaystyle\sum_{n=1}^{\infty} \frac{1}{n^{\frac{3}{2}}}$ 收敛，故 $\displaystyle\sum_{n=1}^{\infty} \left| \sqrt{n} f\left(\frac{1}{n}\right) \right|$ 收敛，即 $\displaystyle\sum_{n=1}^{\infty} \sqrt{n} f\left(\frac{1}{n}\right)$ 绝对收敛.

4. 利用 Cauchy 乘积证明：$\left(\displaystyle\sum_{n=0}^{\infty} \frac{a^n}{n!}\right)\left(\displaystyle\sum_{n=0}^{\infty} \frac{b^n}{n!}\right) = \displaystyle\sum_{n=0}^{\infty} \frac{(a+b)^n}{n!}.$

证 先证左边两个级数的绝对收敛性. 对级数 $\displaystyle\sum_{n=0}^{\infty} u_n = \displaystyle\sum_{n=0}^{\infty} \frac{a^n}{n!}$，有

$$\lim_{n \to \infty} \left| \frac{u_{n+1}}{u_n} \right| = \lim_{n \to \infty} \frac{\dfrac{|a|^{n+1}}{(n+1)!}}{\dfrac{|a|^n}{n!}} = \lim_{n \to \infty} \frac{|a|}{n+1} = 0 < 1,$$

所以 $\displaystyle\sum_{n=0}^{\infty} \left| \frac{a^n}{n!} \right|$ 收敛，$\displaystyle\sum_{n=0}^{\infty} \frac{a^n}{n!}$ 绝对收敛. 同理可证 $\displaystyle\sum_{n=0}^{\infty} \frac{b^n}{n!}$ 也绝对收敛. 于是可按 Cauchy 乘积（对角线顺序）排列它们的乘积项，其通项为

$$c_n = \frac{a^n}{n!} + \frac{a^{n-1}}{(n-1)!} \frac{b}{1!} + \frac{a^{n-2}}{(n-2)!} \frac{b}{2!} + \cdots + \frac{b^n}{n!}$$

$$= \frac{1}{n!}(C_n^0 a^n + C_n^1 a^{n-1} b + C_n^2 a^{n-2} b^2 + \cdots + C_n^n b^n)$$

$$= \frac{1}{n!}(a+b)^n, \quad n = 0, 1, 2, \cdots.$$

所以 $\left(\displaystyle\sum_{n=0}^{\infty} \frac{a^n}{n!}\right)\left(\displaystyle\sum_{n=0}^{\infty} \frac{b^n}{n!}\right) = \displaystyle\sum_{n=0}^{\infty} \frac{(a+b)^n}{n!}.$

习题 13-4

=== **A 类** ===

1. 证明：$\{f_n(x)\} = \left\{\dfrac{nx}{1+n^2 x^2}\right\}$ 在 $(0, +\infty)$ 上处处收敛，但非一致收敛.

证 由于 $\displaystyle\lim_{n \to \infty} \frac{nx}{1+n^2 x^2} = 0$，$x \in (0, +\infty)$，故 $\{f_n(x)\} = \left\{\dfrac{nx}{1+n^2 x^2}\right\}$ 在 $(0, +\infty)$

上处处收敛于 0. 取 $\varepsilon_0 = \dfrac{1}{4}$，对 $x_n = \dfrac{2}{n} \in (0, +\infty)$ $(\forall n \in \mathbf{Z}^+)$，有

$$|f_n(x_n) - 0| = \left| \frac{nx_n}{1+n^2 x_n^2} - 0 \right| = \left| \frac{nx_n}{1+n^2 x_n^2} \right| \geqslant \frac{nx_n}{2n^2 x_n^2} = \frac{1}{2nx_n} = \frac{1}{4}.$$

因此 $\{f_n(x)\} = \left\{\dfrac{nx}{1+n^2 x^2}\right\}$ 在 $(0, +\infty)$ 上非一致收敛.

2. 证明: 若函数列 $\{f_n(x)\}$ 在 D 上一致收敛于 $f(x)$, 则 $\{|f_n(x)|\}$ 在 D 上一致收敛于 $|f(x)|$.

证 由题设条件 $\{f_n(x)\}$ 在 D 上一致收敛于 $f(x)$, 知 $\forall \varepsilon > 0$, $\exists N(\varepsilon) \in \mathbf{Z}^+$, 使得 $\forall n > N$, $\forall x \in D$, 总有

$$|f_n(x) - f(x)| < \varepsilon.$$

又 $\forall x \in D$, $\left| |f_n(x)| - |f(x)| \right| \leqslant |f_n(x) - f(x)|$, 故对于上述任意的 $\varepsilon > 0$, $\exists N(\varepsilon) \in \mathbf{Z}^+$, 使得 $\forall n > N$, $\forall x \in D$, 总有

$$\left| |f_n(x)| - |f(x)| \right| \leqslant |f_n(x) - f(x)| < \varepsilon,$$

即 $\{|f_n(x)|\}$ 在 D 上一致收敛于 $|f(x)|$.

3. 若函数列 $\{f_n(x)\}$ 在 D 上一致收敛于 $f(x)$, $\{g_n(x)\}$ 在 D 上一致收敛于 $g(x)$, 则 $\{f_n(x) \pm g_n(x)\}$ 在 D 上一致收敛于 $f(x) \pm g(x)$.

证 由题设条件 $\{f_n(x)\}$, $\{g_n(x)\}$ 在 D 上一致收敛于 $f(x)$, 知 $\forall \varepsilon > 0$, $\exists N(\varepsilon) \in \mathbf{Z}^+$, 使得 $\forall n > N$, $\forall x \in D$, 总有

$$|f_n(x) - f(x)| < \frac{\varepsilon}{2}, \quad |g_n(x) - g(x)| < \frac{\varepsilon}{2}.$$

故对于上述任意的 $\varepsilon > 0$, $\forall x \in D$, 有

$$|(f_n(x) + g_n(x)) - (f(x) + g(x))| \leqslant |f_n(x) - f(x)| + |g_n(x) - g(x)|$$
$$< \frac{\varepsilon}{2} + \frac{\varepsilon}{2} = \varepsilon,$$
$$|(f_n(x) - g_n(x)) - (f(x) - g(x))| \leqslant |f_n(x) - f(x)| + |g_n(x) - g(x)|$$
$$< \frac{\varepsilon}{2} + \frac{\varepsilon}{2} = \varepsilon,$$

即 $\{f_n(x) \pm g_n(x)\}$ 在 D 上一致收敛于 $f(x) \pm g(x)$.

4. 证明定理 4.2 的推论 4.1: 若级数 $\sum\limits_{n=1}^{\infty} u_n(x)$ 在 D 上一致收敛, 则函数列 $\{u_n(x)\}$ 在 D 上一致收敛于 0.

证 因为级数 $\sum\limits_{n=1}^{\infty} u_n(x)$ 在 D 上一致收敛, 由定理 4.2, $\forall \varepsilon > 0$, $\exists N(\varepsilon) \in \mathbf{Z}^+$, $\forall n, p \in \mathbf{Z}^+$, 当 $n > N(\varepsilon)$ 时, $\forall x \in D$, 总有

$$\left| \sum_{k=n+1}^{n+p} u_k(x) \right| < \varepsilon.$$

因此, $\forall \varepsilon > 0$, $\exists N(\varepsilon) \in \mathbf{Z}^+$, $\forall n \in \mathbf{Z}^+$, $p = 2 \in \mathbf{Z}^+$, 当 $n > N(\varepsilon)$ 时, $\forall x \in D$, 总有

$$\left| \sum_{k=n+1}^{n+2} u_k(x) \right| < \varepsilon,$$

即 $\forall \varepsilon > 0$, $\exists N(\varepsilon) \in \mathbf{Z}^+$, $\forall n \in \mathbf{Z}^+$, 当 $n > N(\varepsilon)$ 时, $\forall x \in D$, 总有 $|u_{n+1}(x)| < \varepsilon$, 故函数列 $\{u_{n+1}(x)\}$ 即 $\{u_n(x)\}$ 在 D 上一致收敛于 0.

5.讨论下列级数在给定区间上的一致收敛性:

(1) $\dfrac{1}{1+x} + \sum\limits_{n=1}^{\infty} \dfrac{1}{(x+n-1)(x+n)}$, $x \in [0,1]$;

(2) $\sum\limits_{n=1}^{\infty} \dfrac{1}{1+n^2 x}$, $x \in (0,+\infty)$;

(3) $\sum\limits_{n=1}^{\infty} \dfrac{\sin nx}{\sqrt[3]{n^4+x^4}}$, $x \in (-\infty,+\infty)$;

(4) $\sum\limits_{n=1}^{\infty} \dfrac{n}{x^n}$, $|x| > r \geqslant 1$;

(5) $\sum\limits_{n=1}^{\infty} (1-x)x^n$, $x \in [0,1]$;

(6) $\sum\limits_{n=1}^{\infty} x^3 \mathrm{e}^{-nx}$, $x \in [0,+\infty)$;

(7) $\sum\limits_{n=1}^{\infty} \sqrt{n} \cdot 2^{-nx}$, ① $x \in [\delta,+\infty)$ $(\delta > 0)$; ② $x \in (0,+\infty)$;

解 (1) 因为

$$\left| \frac{1}{(x+n-1)(x+n)} \right| \leqslant \frac{1}{(x+n-1)^2} \leqslant \frac{1}{(n-1)^2} \quad (\forall x \in [0,1]),$$

$\sum\limits_{n=1}^{\infty} \dfrac{1}{(n-1)^2}$ 为收敛的正项级数,由 M 判别法,知 $\dfrac{1}{1+x} + \sum\limits_{n=1}^{\infty} \dfrac{1}{(x+n-1)(x+n)}$ 在 $[0,1]$ 上一致收敛.

(2) 因为 $\dfrac{1}{1+n^2 x} < \dfrac{1}{n^2 x}$, $x \in (0,+\infty)$,正项级数 $\sum\limits_{n=1}^{\infty} \dfrac{1}{n^2 x}$ $(x \in (0,+\infty))$ 收敛,

故 $\sum\limits_{n=1}^{\infty} \dfrac{1}{1+n^2 x}$ 在 $(0,+\infty)$ 上处处收敛. 取 $\varepsilon_0 = \dfrac{1}{4}$,$\forall n \in \mathbf{N}_+$,取点 $x_n = \dfrac{1}{n^2} \in (0,+\infty)$,则

$$\left| \frac{1}{1+n^2 x_n} \right| = \frac{1}{2} \geqslant \varepsilon_0,$$

故 $\sum\limits_{n=1}^{\infty} \dfrac{1}{1+n^2 x}$ 在 $(0,+\infty)$ 上非一致收敛.

(3) 当 $x \in (-\infty,+\infty)$ 时,$\left| \dfrac{\sin nx}{\sqrt[3]{n^4+x^4}} \right| \leqslant \dfrac{1}{\sqrt[3]{n^4}}$,而 $\sum\limits_{n=1}^{\infty} \dfrac{1}{\sqrt[3]{n^4}}$ 为收敛的正项级数,

由 M 判别法,故 $\sum\limits_{n=1}^{\infty} \dfrac{\sin nx}{\sqrt[3]{n^4+x^4}}$ 在 $(-\infty,+\infty)$ 上一致收敛.

(4) 由题设条件知,当 $r > 1$ 时,$\dfrac{n}{x^n} \leqslant \dfrac{n}{r^n}$,$\lim\limits_{n\to\infty} \dfrac{\sqrt[n]{n}}{r} = \dfrac{1}{r} < 1$,故 $\sum\limits_{n=1}^{\infty} \dfrac{n}{r^n}$ 收敛. 由 M 判别法,知 $\sum\limits_{n=1}^{\infty} \dfrac{n}{x^n}$ 当 $|x| \geqslant r > 1$ 时一致收敛.

当 $r = 1$, $|x| = r$ 时, 正项级数 $\sum\limits_{n=1}^{\infty} \dfrac{n}{x^n} = \sum\limits_{n=1}^{\infty} n$ 发散, 故 $\sum\limits_{n=1}^{\infty} \dfrac{n}{x^n}$ 当 $|x| = 1$ 时非一致收敛.

(5) 级数的前 $n+1$ 项和 $S_n(x) = \sum\limits_{k=0}^{n} (1-x)x^k = x - x^{n+2}$, 于是

$$\lim_{n \to \infty} S_n(x) = \begin{cases} x, & 0 \leqslant x < 1, \\ 0, & x = 1, \end{cases}$$

故 $\sum\limits_{n=1}^{\infty} (1-x)x^n$ 在 $[0,1]$ 上收敛于 $S(x) = \begin{cases} x, & 0 \leqslant x < 1, \\ 0, & x = 1. \end{cases}$

但取 $\varepsilon_0 = \dfrac{1}{4}$, $\forall n \in \mathbf{N}_+$, 取 $x_n = \dfrac{1}{\sqrt[n+2]{2}} \in [0,1]$, 有

$$|S_n(x_n) - S(x_n)| = \left| S_n\left(\dfrac{1}{\sqrt[n+2]{2}}\right) - S\left(\dfrac{1}{\sqrt[n+2]{2}}\right) \right| = \left| \left(\dfrac{1}{\sqrt[n+2]{2}} - \dfrac{1}{2}\right) - \dfrac{1}{\sqrt[n+2]{2}} \right| = \dfrac{1}{2} > \varepsilon_0 = \dfrac{1}{4},$$

故 $\sum\limits_{n=1}^{\infty} (1-x)x^n$ 在 $[0,1]$ 上非一致收敛.

(6) 当 $x \in (0, +\infty)$ 时, 由泰勒公式,

$$\mathrm{e}^{nx} = 1 + nx + \dfrac{n^2 x^2}{2!} + \dfrac{n^3 x^3}{3!} + \dfrac{\mathrm{e}^{n\theta x}}{4!} n^4 x^4 > \dfrac{n^3 x^3}{3!} = \dfrac{n^3 x^3}{6},$$

所以有 $x^3 \mathrm{e}^{-nx} < x^3 \dfrac{6}{n^3 x^3} = \dfrac{6}{n^3}$. 而 p-级数 $\sum\limits_{n=1}^{\infty} \dfrac{6}{n^3}$ 收敛, 由 M 判别法知, $\sum\limits_{n=1}^{\infty} x^3 \mathrm{e}^{-nx}$ 在 $[0, +\infty)$ 上一致收敛.

(7) ① 因为 $|\sqrt{n} \cdot 2^{-nx}| \leqslant \sqrt{n} \cdot 2^{-n\delta}$, $x \in [\delta, +\infty)$ $(\delta > 0)$, 而几何级数 $\sum\limits_{n=1}^{\infty} \sqrt{n} \cdot 2^{-n\delta}$ 收敛, 由 M 判别法, 知 $\sum\limits_{n=1}^{\infty} \sqrt{n} \cdot 2^{-nx}$ 在 $[\delta, +\infty)$ 上一致收敛.

② 因 $x \in (0, +\infty)$, 有 $\lim\limits_{n \to \infty} \dfrac{\sqrt{n+1} \cdot 2^{-(n+1)x}}{\sqrt{n} \cdot 2^{-nx}} = \dfrac{1}{2^x} < 1$, 故正项级数 $\sum\limits_{n=1}^{\infty} \sqrt{n} \cdot 2^{-nx}$ 收敛, 即它在 $(0, +\infty)$ 上处处收敛. 取 $\varepsilon_0 = \dfrac{1}{2}$, $\forall n \in \mathbf{N}_+$, 取点 $x_n = \dfrac{1}{n} \in (0, +\infty)$ $(\forall n \in \mathbf{N}_+)$, 则

$$|\sqrt{n} \cdot 2^{-nx_n}| = \sqrt{n} \cdot 2^{-1} > \dfrac{1}{2},$$

故数列 $\{\sqrt{n} \cdot 2^{-nx_n}\}$ 在 $(0, +\infty)$ 上不一致收敛于零. 从而 $\sum\limits_{n=1}^{\infty} \sqrt{n} \cdot 2^{-nx}$ 在 $(0, +\infty)$ 上非一致收敛.

6. 证明: 级数 $\sum\limits_{n=1}^{\infty} x^n \ln x$ 在 $(0,1]$ 上不一致收敛.

证 原函数项级数的前 n 项和

$$S_n(x) = \begin{cases} \sum\limits_{k=1}^{n} x^k \ln x = \dfrac{x \ln x \,(1-x^n)}{1-x}, & x \in (0,1), \\ 0, & x = 1, \end{cases}$$

于是 $\lim\limits_{n\to\infty} S_n(x) = \lim\limits_{n\to\infty} \dfrac{x \ln x \,(1-x^n)}{1-x} = \dfrac{x \ln x}{1-x}$, $x \in (0,1)$, 以及 $\lim\limits_{n\to\infty} S_n(1) = \lim\limits_{n\to\infty} 0 = 0$. 故原级数在 $(0,1]$ 上收敛于

$$S(x) = \begin{cases} \dfrac{x \ln x}{1-x}, & 0 < x < 1, \\ 0 & x = 1. \end{cases}$$

但 $\lim\limits_{x\to 1^-} S(x) = \lim\limits_{x\to 1^-} \dfrac{x \ln x}{1-x} = -1 \neq S(1)$, 故 $S(x)$ 在 $x=1$ 处间断, 由一致收敛函数项级数的性质知, 原级数在 $(0,1]$ 上不一致收敛.

7. 证明: 级数 $\sum\limits_{n=0}^{\infty} x^n$ 在 $[-q,q]$ $(0 < q < 1)$ 上一致收敛, 且有

(1) $\ln(1+x) = x - \dfrac{x^2}{2} + \dfrac{x^3}{3} - \cdots + (-1)^n \dfrac{x^{n+1}}{n+1} + \cdots$, $|x| < 1$;

(2) $\dfrac{1}{(1-x)^2} = 1 + 2x + 3x^2 + \cdots + (n+1)x^n + \cdots$, $|x| < 1$.

证 当 $x \in [-q,q]$ $(0 < q < 1)$ 时, 有 $|x|^n \leqslant q^n$ $(0 < q < 1)$, 而几何级数 $\sum\limits_{n=0}^{\infty} q^n$ 收敛, 由 M 判别法知, $\sum\limits_{n=0}^{\infty} x^n$ 与 $\sum\limits_{n=0}^{\infty} (-1)^n x^n$ 均在 $[-q,q]$ 上一致收敛, 且

$$\sum_{n=0}^{\infty} x^n = \frac{1}{1-x}, \qquad \sum_{n=0}^{\infty} (-1)^n x^n = \frac{1}{1+x}.$$

(1) 将 $\sum\limits_{n=0}^{\infty} (-1)^n x^n = \dfrac{1}{1+x}$ 两边同时积分, 得 $\displaystyle\int_0^x \dfrac{1}{1+t} dt = \sum_{n=0}^{\infty} \int_0^x (-1)^n t^n dt$, 即

$$\ln(1+x) = x - \frac{x^2}{2} + \frac{x^3}{3} - \cdots + (-1)^n \frac{x^{n+1}}{n+1} + \cdots, \qquad |x| < 1.$$

(2) 将 $\sum\limits_{n=0}^{\infty} x^n = \dfrac{1}{1-x}$ $(|x| < 1)$ 两边同时求导, 得

$$\frac{\mathrm{d}}{\mathrm{d}x}\left(\frac{1}{1-x}\right) = \frac{\mathrm{d}}{\mathrm{d}x}\sum_{n=0}^{\infty} x^n = \sum_{n=0}^{\infty} \frac{\mathrm{d}(x^n)}{\mathrm{d}x},$$

即 $\dfrac{1}{(1-x)^2} = 1 + 2x + 3x^2 + \cdots + (n+1)x^n + \cdots$, $|x| < 1$.

8. 证明: $f(x) = \sum\limits_{n=1}^{\infty} \dfrac{\cos nx}{n^4}$ 在区间 $(-\infty, +\infty)$ 上有二阶连续导函数, 并且计算 $f''(x)$.

证 因为 $\left| \dfrac{\cos nx}{n^4} \right| \leqslant \dfrac{1}{n^4}$, 而 p - 级数 $\sum\limits_{n=1}^{\infty} \dfrac{1}{n^4}$ 收敛, 由 M 判别法知, $\sum\limits_{n=1}^{\infty} \dfrac{\cos nx}{n^4}$ 在

$(-\infty,+\infty)$ 上一致收敛. 再由一致收敛函数项级数的性质，知 $f(x) = \sum\limits_{n=1}^{\infty} \dfrac{\cos nx}{n^4}$ 在 $(-\infty,+\infty)$ 上有一阶连续导数，且

$$f'(x) = \left(\sum_{n=1}^{\infty} \frac{\cos nx}{n^4}\right)' = \sum_{n=1}^{\infty}\left(\frac{\cos nx}{n^4}\right)' = \sum_{n=1}^{\infty} \frac{-\sin nx}{n^3}.$$

又 $f'(x) = \sum\limits_{n=1}^{\infty} \dfrac{-\sin nx}{n^3}$ 也在 $(-\infty,+\infty)$ 上一致收敛，故它在 $(-\infty,+\infty)$ 上也有一阶连续导数，且

$$(f'(x))' = \left(\sum_{n=1}^{\infty} \frac{-\sin nx}{n^3}\right)' = \sum_{n=1}^{\infty}\left(-\frac{\cos nx}{n^2}\right),$$

即 $f''(x) = \sum\limits_{n=1}^{\infty}\left(-\dfrac{\cos nx}{n^2}\right)$.

9. 设 $S(x) = \sum\limits_{n=1}^{\infty} n\,\mathrm{e}^{-nx}$, $x > 0$, 计算积分 $\int_{\ln 2}^{\ln 3} S(x)\,\mathrm{d}x$.

解 方法 1 由于 $(n\,\mathrm{e}^{-nx})' = -n^2\,\mathrm{e}^{-nx} < 0$, 当 $x \in [\ln 2, \ln 3]$ 时，有 $n\,\mathrm{e}^{-nx} \leqslant n\,\mathrm{e}^{-n\ln 2}$. 对级数 $\sum\limits_{n=1}^{\infty} n\,\mathrm{e}^{-n\ln 2}$, 有 $\lim\limits_{n\to\infty} \sqrt[n]{n\,\mathrm{e}^{-n\ln 2}} = \lim\limits_{n\to\infty} \dfrac{\sqrt[n]{n}}{\mathrm{e}^{\ln 2}} = \dfrac{1}{2} < 1$, 故 $\sum\limits_{n=1}^{\infty} n\,\mathrm{e}^{-n\ln 2}$ 收敛. 由 M 判别法知，$\sum\limits_{n=1}^{\infty} n\,\mathrm{e}^{-nx}$ 在 $[\ln 2, \ln 3]$ 上一致收敛. 每一项 $n\,\mathrm{e}^{-nx}$ 在 $[\ln 2, \ln 3]$ 上连续，由一致收敛函数项级数的性质，将 $S(x) = \sum\limits_{n=1}^{\infty} n\,\mathrm{e}^{-nx}$ $(x > 0)$ 在 $[\ln 2, \ln 3]$ 上积分，得

$$\int_{\ln 2}^{\ln 3} S(x)\,\mathrm{d}x = \sum_{n=1}^{\infty} \int_{\ln 2}^{\ln 3} n\,\mathrm{e}^{-nx}\,\mathrm{d}x = \sum_{n=1}^{\infty}\left(\frac{1}{2^n} - \frac{1}{3^n}\right) = \frac{1}{2}.$$

方法 2 由泰勒级数知 $\mathrm{e}^{nx} = 1 + nx + \dfrac{n^2 x^2}{2} + \dfrac{n^3 x^3}{6} + \cdots > \dfrac{n^3 x^3}{6}$, 于是

$$\left| n\,\mathrm{e}^{-nx} \right| < \frac{n}{\dfrac{n^3 x^3}{6}} = \frac{6}{n^2 x^3}.$$

当 $x \in [\ln 2, \ln 3]$ 时，有 $\left| n\,\mathrm{e}^{-nx} \right| < \dfrac{6}{n^2 x^3} < \dfrac{6}{(\ln 2)^3}\dfrac{1}{n^2}$. 而 $\sum\limits_{n=1}^{\infty} \dfrac{6}{(\ln 2)^3}\dfrac{1}{n^2}$ 收敛，由 M 判别法知，级数 $\sum\limits_{n=1}^{\infty} n\,\mathrm{e}^{-nx}$ 在 $[\ln 2, \ln 3]$ 上一致收敛. 每一项 $n\,\mathrm{e}^{-nx}$ 在 $[\ln 2, \ln 3]$ 上连续，由一致收敛函数项级数的性质，有

$$\int_{\ln 2}^{\ln 3} S(x)\,\mathrm{d}x = \sum_{n=1}^{\infty} \int_{\ln 2}^{\ln 3} n\,\mathrm{e}^{-nx}\,\mathrm{d}x = \sum_{n=1}^{\infty}\left[-\int_{\ln 2}^{\ln 3} \mathrm{e}^{-nx}\,\mathrm{d}(-nx)\right]$$

$$= \sum_{n=1}^{\infty}\left(-\mathrm{e}^{-nx}\,\Big|_{\ln 2}^{\ln 3}\right) = \sum_{n=1}^{\infty}\left(\frac{1}{2^n} - \frac{1}{3^n}\right) = \frac{1}{2}.$$

10. 若函数项级数 $\sum\limits_{n=1}^{\infty} u_n(x)$ 在 $D \subseteq \mathbf{R}$ 上处处收敛于 $S(x)$，且在 D 上一致收敛，证明：该级数在 D 上必一致收敛于 $S(x)$.

证 若 $\sum\limits_{n=1}^{\infty} u_n(x)$ 在 $D \subseteq \mathbf{R}$ 上一致收敛于 $S^*(x)$，则 $\sum\limits_{n=1}^{\infty} u_n(x)$ 在 D 上处处收敛于 $S^*(x)$，故 $S^*(x) = S(x)$.

11. 证明：(函数列的 Cauchy 一致收敛原理) 函数列 $\{f_n(x)\}$ 在 D 上一致收敛于函数 $f(x)$ 的一个充分必要条件是，$\forall \varepsilon > 0$，$\exists N(\varepsilon) \in \mathbf{N}_+$，$\forall n, p \in \mathbf{N}_+$，当 $n > N(\varepsilon)$ 时，$\forall x \in D$，总有 $|f_{n+p}(x) - f_n(x)| < \varepsilon$.

证 若函数列 $\{f_n(x)\}$ 在 D 上一致收敛于 $f(x)$，则 $\forall \varepsilon > 0$，$\exists N(\varepsilon) \in \mathbf{Z}^+$，使得当 $n, p \in \mathbf{N}_+$，且 $n > N$ 时，$\forall x \in D$，总有 $|f_n(x) - f(x)| < \dfrac{\varepsilon}{2}$，$|f_{n+p}(x) - f(x)| < \dfrac{\varepsilon}{2}$. 从而

$$|f_{n+p}(x) - f_n(x)| < |f_n(x) - f(x)| + |f_{n+p}(x) - f(x)| < \frac{\varepsilon}{2} + \frac{\varepsilon}{2} = \varepsilon.$$

反之，若函数列 $\{f_n(x)\}$ 在 D 上满足：$\forall \varepsilon > 0$，$\exists N(\varepsilon) \in \mathbf{N}_+$，$\forall n, p \in \mathbf{N}_+$，当 $n > N(\varepsilon)$ 时，$\forall x \in D$，总有

$$|f_{n+p}(x) - f_n(x)| < \varepsilon,$$

则由函数列的 Cauchy 收敛原理，$\{f_n(x)\}$ 在 D 上处处收敛于函数 $f(x)$. 在充分条件的不等式中固定 n，让 $p \to \infty$，则上述充分条件成为：$\forall \varepsilon > 0$，$\exists N(\varepsilon) \in \mathbf{N}_+$，$\forall n \in \mathbf{N}_+$，当 $n > N(\varepsilon)$ 时，$\forall x \in D$，总有 $|f(x) - f_n(x)| < \varepsilon$. 故 $\{f_n(x)\}$ 在 D 上一致收敛于函数 $f(x)$.

===== **B 类** =====

1. 对函数列 $\{f_n(x)\}$ 写出与定理 4.4、定理 4.5、定理 4.6 相应的定理，并证明之.

定理 4.4′（连续性） 若 $f_n(x)(n = 1, 2, \cdots)$ 在 D 上连续，函数列 $\{f_n(x)\}$ 在 D 上一致收敛于函数 $f(x)$，则函数 $f(x)$ 在 D 上连续.

证 要证 $f(x)$ 在 D 上连续，需证 $f(x)$ 在任意一点 $x_0 \in D$ 处连续，即证 $\forall \varepsilon > 0$，$\exists \delta > 0$，使得当 $x \in U(x_0, \delta) \bigcap D$ 时，总有 $|f(x) - f(x_0)| < \varepsilon$.

首先，注意到

$$
\begin{aligned}
|f(x) - f(x_0)| &= |f(x) - f_n(x) + f_n(x) - f_n(x_0) + f_n(x_0) - f(x_0)| \\
&\leqslant |f(x) - f_n(x)| + |f_n(x) - f_n(x_0)| \\
&\quad + |f_n(x_0) - f(x_0)|, \tag{①}
\end{aligned}
$$

因为 $\{f_n(x)\}$ 在 D 上一致收敛于函数 $f(x)$，由定义，$\forall \varepsilon > 0$，$\exists N(\varepsilon) \in \mathbf{Z}^+$，$\forall n > N$，$\forall x \in D$，总有

$$|f(x) - f_n(x)| < \frac{\varepsilon}{3}. \tag{②}$$

因而,对任意的 $x_0 \in D$,也有

$$|f_n(x_0) - f(x_0)| < \frac{\varepsilon}{3}. \qquad ③$$

由于 $f_n(x)$ 在 D 上连续,故对于上述 $\varepsilon > 0$,必 $\exists \delta > 0$,使得 $\forall x \in U(x_0, \delta) \bigcap D$,有

$$|f_n(x) - f_n(x_0)| < \frac{\varepsilon}{3}. \qquad ④$$

综合 ②,③,④,对任意的 $x_0 \in D$,只要 $x \in U(x_0, \delta) \bigcap D$,就有

$$|f(x) - f(x_0)| < \frac{\varepsilon}{3} + \frac{\varepsilon}{3} + \frac{\varepsilon}{3} = \varepsilon.$$

故得证.

定理 4.5′(可积性) 若 $f_n(x)$ $(n = 1, 2, \cdots)$ 在 $[a, b]$ 上连续,函数列 $\{f_n(x)\}$ 在 D 上一致收敛于函数 $f(x)$,则 $f(x)$ 在 $[a, b]$ 上可积,且 $\forall x \in [a, b]$,有

$$\int_a^x f(t)dt = \int_a^x \lim_{n \to \infty} f_n(t)dt = \lim_{n \to \infty} \int_a^x f_n(t)dt. \qquad ⑤$$

证 由条件及定理 4.4′,$f(x)$ 在 $[a, b]$ 上连续,因而在 $[a, b]$ 上可积.现证明 ⑤ 式.

因为函数列 $\{f_n(x)\}$ 在 $[a, b]$ 上一致收敛于函数 $f(x)$,故对任意的 $\varepsilon > 0$,存在 $N = N(\varepsilon)$,当 $n > N$ 时,对任意的 $x \in [a, b]$,有 $|f_n(x) - f(x)| < \frac{\varepsilon}{b - a}$,从而

$$\left| \int_a^x f(t)dt - \int_a^x f_n(t)dt \right| \leqslant \int_a^x |f(t) - f_n(t)|dt < \frac{\varepsilon}{b - a}(b - a) = \varepsilon.$$

故 $\lim\limits_{n \to \infty} \int_a^x f_n(t)dt = \int_a^x \lim\limits_{n \to \infty} f_n(t)dt = \int_a^x f(t)dt.$

定理 4.6′(可微性) 设函数列 $f_n(x)$ $(n = 1, 2, \cdots)$ 在 D 上有连续导数,在 D 上处处收敛于函数 $f(x)$,函数列 $f_n'(x)$ $(n = 1, 2, \cdots)$ 在 D 上一致收敛于 $g(x)$,则 $f(x)$ 在 D 上有连续导数,且

$$\frac{d}{dx}\left(\lim_{n \to \infty} f_n(x) \right) = \lim_{n \to \infty} \frac{d}{dx} f_n(x). \qquad ⑥$$

证 设 x_0 是 $f_n(x)$ $(n = 1, 2, \cdots)$ 在 D 上的收敛点.由条件,$\forall x \in D$,总有

$$f_n(x) = f_n(x_0) + \int_{x_0}^x f'(t)dt.$$

由定理 4.5′,

$$\lim_{n \to \infty} \int_{x_0}^x f_n'(t)dt = \int_{x_0}^x \lim_{n \to \infty} f_n'(t)dt = \int_{x_0}^x g(t)dt.$$

又 $\lim\limits_{n \to \infty} f_n(x_0) = f(x_0)$,从而有 $\lim\limits_{n \to \infty} f_n(x) = f(x_0) + \int_{x_0}^x g(t)dt$,即

$$f(x) = f(x_0) + \int_{x_0}^x g(t)dt.$$

由 $g(x)$ 的连续性与微积分学基本定理,$f(x)$ 有连续导数,且 $f'(x) = g(x)$.这就是关系式 ⑥.

2. 若级数 $\sum\limits_{n=1}^{\infty} u_n(x)$ 在 (a, b) 内的任一闭子区间上一致收敛,则称级数 $\sum\limits_{n=1}^{\infty} u_n(x)$ 在

(a,b) 上内闭一致收敛. 证明: 若级数 $\sum\limits_{n=1}^{\infty} u_n(x)$ 在 (a,b) 上内闭一致收敛, 则它在 (a,b) 内处处收敛.

证 $\forall x_0 \in (a,b)$, $\exists [\alpha,\beta] \subseteq (a,b)$, 使 $x_0 \in [\alpha,\beta]$. 由条件, $\sum\limits_{n=1}^{\infty} u_n(x)$ 在 $[\alpha,\beta]$ 上一致收敛, 从而 $\sum\limits_{n=1}^{\infty} u_n(x)$ 在 $[\alpha,\beta]$ 上处处收敛, 因此在 x_0 处收敛. 由 x_0 的任意性, $\sum\limits_{n=1}^{\infty} u_n(x)$ 在 (a,b) 内处处收敛.

3. 设级数为 $\sum\limits_{n=1}^{\infty} \left(x + \dfrac{1}{n} \right)^n$, 证明:

(1) 该级数的收敛域为 $(-1,1)$;　　　　(2) 该级数在 $(-1,1)$ 内内闭一致收敛;

(3) 该级数的和函数在 $(-1,1)$ 内连续.

证 (1) $\lim\limits_{n\to\infty} \sqrt[n]{\left| \left(x + \dfrac{1}{n} \right)^n \right|} = |x|$, 当 $|x| < 1$ 时, 原级数绝对收敛; 当 $|x| > 1$ 时, $\lim\limits_{n\to\infty} \left(x + \dfrac{1}{n} \right)^n = \infty$, 原级数发散; 当 $|x| = 1$ 时, $\lim\limits_{n\to\infty} \left(1 + \dfrac{1}{n} \right)^n = e \neq 0$, 原级数发散. 故原级数的收敛域为 $(-1,1)$.

(2) $\forall \delta \in (0,1)$, 当 $|x| \leqslant 1 - \delta$ 时, 由于 $\left(x + \dfrac{1}{n} \right)^n \leqslant \left(1 - \delta + \dfrac{1}{n} \right)^n$, 而 $\sum\limits_{n=1}^{\infty} \left(1 - \delta + \dfrac{1}{n} \right)^n$ 收敛, 知 $\sum\limits_{n=1}^{\infty} \left(x + \dfrac{1}{n} \right)^n$ 在 $[\delta-1, 1-\delta]$ 上一致收敛. 由 δ $(0 < \delta < 1)$ 的任意性, $[\delta-1, 1-\delta] \subseteq (-1,1)$, 故 $\sum\limits_{n=1}^{\infty} \left(x + \dfrac{1}{n} \right)^n$ 在 $(-1,1)$ 内内闭一致收敛.

(3) $\forall x_0 \in (-1,1)$, 取 δ $(0 < \delta < 1)$, 由 (2) 知 $\sum\limits_{n=1}^{\infty} \left(x + \dfrac{1}{n} \right)^n$ 在 $[-1+\delta, 1-\delta]$ 上一致收敛, 故 $\sum\limits_{n=1}^{\infty} \left(x + \dfrac{1}{n} \right)^n$ 的和函数 $S(x)$ 在 $[-1+\delta, 1-\delta]$ 上连续, 因此 $S(x)$ 在点 x_0 处连续. 由 x_0 的任意性, $S(x)$ 在 $(-1,1)$ 内连续.

4. 若 $u_0(x)$ 在 $[a,b]$ 上可积, $u_n(x) = \displaystyle\int_a^x u_{n-1}(t)\mathrm{d}t$, $n = 1,2,\cdots$, 试证: $\sum\limits_{n=1}^{\infty} u_n(x)$ 在 $[a,b]$ 上一致收敛.

证 由条件, $u_0(x)$ 在 $[a,b]$ 上有界, 即存在 $M > 0$, 使得 $|u_0(x)| \leqslant M$. 因此 $\forall x \in [a,b]$, 有

$$|u_1(x)| = \left| \int_a^x u_0(t)\mathrm{d}t \right| \leqslant \int_a^x |u_0(t)|\mathrm{d}t = M(x-a),$$

$$|u_2(x)| = \left| \int_a^x u_1(t)\mathrm{d}t \right| \leqslant \int_a^x |u_1(t)|\mathrm{d}t \leqslant \int_a^x M(t-a)\mathrm{d}t$$

$$\leqslant \int_a^b M(t-a)\mathrm{d}t = \frac{M(b-a)^2}{2},$$

$$|u_3(x)| = \left|\int_a^x u_2(t)\mathrm{d}t\right| \leqslant \int_a^x |u_2(t)|\,\mathrm{d}t = \int_a^x \frac{M(t-a)^2}{2}\mathrm{d}t$$

$$\leqslant \int_a^b \frac{M(t-a)^2}{2}\mathrm{d}t = \frac{M(b-a)^3}{3!},$$

$$\cdots.$$

一般地,有

$$|u_n(x)| \leqslant \int_a^x \frac{M}{(n-1)!}(t-a)^{n-1}\mathrm{d}t \leqslant \frac{M}{n!}(b-a)^n.$$

又 $\displaystyle\sum_{n=1}^{\infty} \frac{M}{n!}(b-a)^n$ 收敛,由 M 判别法,故 $\displaystyle\sum_{n=1}^{\infty} u_n(x)$ 在 $[a,b]$ 上一致收敛.

5. 如果 $\forall n \in \mathbf{Z}^+$,$u_n(x)$ 在 $[a,b]$ 上是单调函数,且级数 $\displaystyle\sum_{n=1}^{\infty} u_n(x)$ 在 $[a,b]$ 的端点处绝对收敛,证明:它在 $[a,b]$ 上绝对一致收敛(绝对值级数一致收敛).

证 不妨设 $u_n(x)$ 单增,则 $u_n(a) \leqslant u_n(x) \leqslant u_n(b)$. 令 $M_n = \max\{|u_n(a)|, |u_n(b)|\}$,则

$$|u_n(x)| \leqslant M_n \leqslant |u_n(a)| + |u_n(b)|.$$

又 $\displaystyle\sum_{n=1}^{\infty}(|u_n(a)| + |u_n(b)|)$ 收敛,由 M 判别法,故 $\displaystyle\sum_{n=1}^{\infty}|u_n(x)|$ 在 $[a,b]$ 上一致收敛.

习题 13-5

=== **A** 类===

1. 设幂级数 $\displaystyle\sum_{n=0}^{\infty} a_n x^n$ 的收敛半径为 R,试问 $\displaystyle\sum_{n=0}^{\infty} a_n x^{kn+m}$ 的收敛半径为多少? 其中 k,m 都是给定的正整数.

解 由于

$$\lim_{n\to\infty} \frac{|a_{n+1}x^{k(n+1)+m}|}{|a_n x^{kn+m}|} = \lim_{n\to\infty}\frac{|a_{n+1}|}{|a_n|}|x|^k = \frac{1}{R}\cdot|x|^k \quad (R\neq 0), \qquad ①$$

当 $\dfrac{1}{R}\cdot|x|^k < 1$,即 $|x| < \sqrt[k]{R}$ 时,由比值审敛法知,级数 $\displaystyle\sum_{n=0}^{\infty} a_n x^{kn+m}$ 绝对收敛;当

$\dfrac{1}{R}\cdot|x|^k > 1$,即 $|x| > \sqrt[k]{R}$ 时,由 ① 式知,当 n 充分大以后,有

$$|a_{n+1}x^{k(n+1)+m}| > |a_n x^{kn+m}| > 0,$$

可见,$\displaystyle\sum_{n=0}^{\infty} a_n x^{kn+m}$ 的通项当 $n \to \infty$ 时越来越大,极限不为零,故由比值审敛法知,

$\displaystyle\sum_{n=0}^{\infty} a_n x^{kn+m}$ 发散.

又易知 $R = 0$ 时，级数 $\sum\limits_{n=0}^{\infty} a_n x^{kn+m}$ 的收敛半径也为 $0 = \sqrt[k]{R}$；当 $R = +\infty$ 时，级数

$\sum\limits_{n=0}^{\infty} a_n x^{kn+m}$ 的收敛半径也为 $+\infty = \sqrt[k]{R}$. 故级数 $\sum\limits_{n=0}^{\infty} a_n x^n$ 的收敛半径为 $\sqrt[k]{R}$.

2. 求下列幂级数的收敛区间与收敛域：

(1) $\sum\limits_{n=1}^{\infty} (n+1) x^n$；

(2) $\sum\limits_{n=1}^{\infty} \dfrac{n^2}{n!} x^n$；

(3) $\sum\limits_{n=1}^{\infty} \dfrac{x^n}{(2n)!!}$；

(4) $\sum\limits_{n=1}^{\infty} \dfrac{(-1)^n}{\ln n} (x-1)^n$；

(5) $\sum\limits_{n=1}^{\infty} \left[\dfrac{1}{2^n} + (-2)^n \right] (x+1)^n$；

(6) $\sum\limits_{n=1}^{\infty} \dfrac{n!}{n^n} x^{2n-1}$；

(7) $\sum\limits_{n=1}^{\infty} \dfrac{x^{n^2}}{2^n}$；

(8) $\sum\limits_{n=1}^{\infty} \left(1 + \dfrac{1}{2} + \cdots + \dfrac{1}{n} \right) x^n$.

解　(1) 由收敛半径公式知，级数的收敛半径为 $R = \lim\limits_{n \to \infty} \dfrac{|a_n|}{|a_{n+1}|} = \lim\limits_{n \to \infty} \dfrac{n+1}{n+2} = 1$，

因此收敛区间为 $(-1, 1)$.

又易见，当 $x = 1$ 时，级数 $\sum\limits_{n=1}^{\infty} (n+1)$ 发散；当 $x = -1$ 时，级数 $\sum\limits_{n=1}^{\infty} (-1)^n (n+1)$

也发散，所以，幂级数 $\sum\limits_{n=1}^{\infty} (n+1) x^n$ 的收敛域也 $(-1, 1)$.

(2) 由收敛半径公式知，级数的收敛半径为

$$R = \lim_{n \to \infty} \frac{|a_n|}{|a_{n+1}|} = \lim_{n \to \infty} \frac{\dfrac{n^2}{n!}}{\dfrac{(n+1)^2}{(n+1)!}} = \lim_{n \to \infty} \left[\frac{n^2}{(n+1)^2} \cdot \frac{n+1}{1} \right] = +\infty,$$

故幂级数 $\sum\limits_{n=1}^{\infty} \dfrac{n^2}{n!} x^n$ 的收敛区间与收敛域均为 $(-\infty, +\infty)$.

(3) 由收敛半径公式知，级数的收敛半径为

$$R = \lim_{n \to \infty} \frac{|a_n|}{|a_{n+1}|} = \lim_{n \to \infty} \left| \frac{\dfrac{1}{2^n n!}}{\dfrac{1}{2^{n+1}(n+1)!}} \right| = \lim_{n \to \infty} [2(n+1)] = +\infty,$$

故幂级数 $\sum\limits_{n=1}^{\infty} \dfrac{x^n}{(2n)!!}$ 的收敛区间与收敛域均为 $(-\infty, +\infty)$.

(4) 因为 $\lim\limits_{x \to +\infty} \dfrac{\ln(x+1)}{\ln x} = \lim\limits_{x \to +\infty} \dfrac{x}{x+1} = 1$，由归结原理知 $\lim\limits_{n \to \infty} \dfrac{\ln(n+1)}{\ln n} = 1$. 由

收敛半径公式知，级数的收敛半径为 $R = \lim\limits_{n \to \infty} \dfrac{|a_n|}{|a_{n+1}|} = \lim\limits_{n \to \infty} \dfrac{\ln(n+1)}{\ln n} = 1$，幂级数

$\sum\limits_{n=1}^{\infty} \dfrac{(-1)^n}{\ln n} (x-1)^n$ 的收敛区间为 $(-1, 1)$.

当 $x = 0$ 时，级数为 $\sum\limits_{n=1}^{\infty} \dfrac{1}{\ln n}$，由 $\ln n < \sqrt{n}\ (n > 1)$，知 $\dfrac{1}{\ln n} > \dfrac{1}{\sqrt{n}}$，而正项级数 $\sum\limits_{n=1}^{\infty}$ $\dfrac{1}{\sqrt{n}}$ 发散，所以正项级数 $\sum\limits_{n=1}^{\infty} \dfrac{1}{\ln n}$ 发散. 当 $x = 2$ 时，级数为 $\sum\limits_{n=1}^{\infty} (-1)^n \dfrac{1}{\ln n}$，由于 $\left\{\dfrac{1}{\ln n}\right\}$ 单调减，又 $\dfrac{1}{\ln n} \to 0\ (n \to \infty)$，故交错级数 $\sum\limits_{n=1}^{\infty} (-1)^n \dfrac{1}{\ln n}$ 收敛，幂级数 $\sum\limits_{n=1}^{\infty} \dfrac{(-1)^n}{\ln n}(x-1)^n$ 的收敛域为 $(0,2]$.

(5) 幂级数 $\sum\limits_{n=1}^{\infty} \dfrac{1}{2^n}(x+1)^n$ 的收敛半径 $R_1 = \lim\limits_{n\to\infty} \dfrac{|a_n|}{|a_{n+1}|} = \lim\limits_{n\to\infty} \sum\limits_{n=1}^{\infty} \dfrac{\frac{1}{2^n}}{\frac{1}{2^{n+1}}} = 2$，而

$\sum\limits_{n=1}^{\infty} (-2)^n (x+1)^n$ 的收敛半径 $R_2 = \lim\limits_{n\to\infty} \dfrac{|b_n|}{|b_{n+1}|} = \lim\limits_{n\to\infty} \sum\limits_{n=1}^{\infty} \dfrac{(-2)^n}{(-2)^{n+1}} = \dfrac{1}{2}$，故幂级数

$\sum\limits_{n=1}^{\infty} \left[\dfrac{1}{2^n} + (-2)^n\right](x+1)^n$ 的收敛半径为 $R = \min\{R_1, R_2\} = \dfrac{1}{2}$，收敛区间为

$\left(-\dfrac{3}{2}, -\dfrac{1}{2}\right)$.

当 $x = -\dfrac{3}{2}$ 时，级数为 $\sum\limits_{n=1}^{\infty} \left[\dfrac{1}{2^n} + (-2)^n\right]\left(-\dfrac{3}{2}\right)^n$，发散. 当 $x = -\dfrac{1}{2}$ 时，级数为

$\sum\limits_{n=1}^{\infty} \left[\dfrac{1}{2^n} + (-2)^n\right]\left(-\dfrac{3}{2}\right)^n$，发散. 故幂级数 $\sum\limits_{n=1}^{\infty} \left[\dfrac{1}{2^n} + (-2)^n\right](x+1)^n$ 的收敛域为

$\left(-\dfrac{3}{2}, -\dfrac{1}{2}\right)$.

(6) 由阿贝尔定理，因

$$\lim\limits_{n\to\infty} \left|\dfrac{u_{n+1}(x)}{u_n(x)}\right| = \lim\limits_{n\to\infty} \left|\dfrac{\frac{(n+1)!}{(n+1)^n}x^{2n+1}}{\frac{n!}{n^n}x^{2n-1}}\right| = \lim\limits_{n\to\infty} \left(\dfrac{n}{n+1}\right)^n |x|^2 = \dfrac{1}{e}|x|^2,$$

当 $|x| < \sqrt{e}$ 时，$\lim\limits_{n\to\infty} \left|\dfrac{u_{n+1}(x)}{u_n(x)}\right| < \dfrac{1}{e}(\sqrt{e})^2 = 1$，故幂级数 $\sum\limits_{n=1}^{\infty} \dfrac{n!}{n^n} x^{2n-1}$ 绝对收敛；当 $|x| > \sqrt{e}$ 时，由 $\lim\limits_{n\to\infty} \left|\dfrac{u_{n+1}(x)}{u_n(x)}\right| > \dfrac{1}{e}(\sqrt{e})^2 = 1$，当 n 充分大以后，有 $|u_{n+1}(x)| > |u_n(x)|$，于是 $\lim\limits_{n\to\infty} u_n(x) \neq 0$，故幂级数 $\sum\limits_{n=1}^{\infty} \dfrac{n!}{n^n} x^{2n-1}$ 发散. 所以幂级数的收敛半径为 $R = \sqrt{e}$，收敛区间为 $(-\sqrt{e}, \sqrt{e})$.

当 $x = \sqrt{e}$ 时，级数为 $\dfrac{1}{\sqrt{e}} \sum\limits_{n=1}^{\infty} n! \left(\dfrac{e}{n}\right)^n = \dfrac{1}{\sqrt{e}} \sum\limits_{n=1}^{\infty} v_n$，由 $\dfrac{v_{n+1}}{v_n} = \dfrac{e}{\left(1 + \frac{1}{n}\right)^n} > 1$，知

$\lim\limits_{n\to\infty} v_n \neq 0$，故级数发散. 当 $x = -\sqrt{e}$ 时，由上述讨论，也可得到级数发散. 所以幂级数

$\sum\limits_{n=1}^{\infty} \dfrac{n!}{n^n} x^{2n-1}$ 的收敛域为 $(-\sqrt{e}, \sqrt{e})$.

（7）记 $u_n = \dfrac{x^{n^2}}{2^n}$，因为

$$\lim_{n\to\infty} \frac{|u_{n+1}|}{|u_n|} = \lim_{n\to\infty} \frac{|x^{2n+1}|}{2} = \begin{cases} 0, & |x| < 1, \\ \dfrac{1}{2}, & |x| = 1, \\ +\infty, & |x| > 1, \end{cases}$$

所以级数的收敛半径 $R = 1$，收敛区间为 $(-1, 1)$.

当 $x = 1$ 时，级数为收敛的几何级数 $\sum\limits_{n=1}^{\infty} \dfrac{1}{2^n}$，当 $x = -1$ 时，级数为绝对收敛的几何

级数 $\sum\limits_{n=1}^{\infty} \dfrac{(-1)^{n^2}}{2^n}$，因此，幂级数 $\sum\limits_{n=1}^{\infty} \dfrac{n!}{n^n} x^{2n-1}$ 的收敛域为 $[-1, 1]$.

（8）**方法 1**　记 $a_n = 1 + \dfrac{1}{2} + \cdots + \dfrac{1}{n}$. 由于 a_n 为调和级数的部分和，利用第 3 章

中已得到不等式 $\ln(1+x) < x$ $(x > 0)$，因此有 $\dfrac{1}{n} > \ln\left(1 + \dfrac{1}{n}\right)$. 又 $\ln\left(1 + \dfrac{1}{n}\right) =$

$\ln(n+1) - \ln n$，所以有

$$a_n = 1 + \frac{1}{2} + \cdots + \frac{1}{n} > \ln 2 + (\ln 3 - \ln 2) + \cdots + (\ln(n+1) - \ln n) = \ln(n+1).$$

由于 $\lim\limits_{n\to\infty} \ln(n+1) = +\infty$，故 $\lim\limits_{n\to\infty} a_n = +\infty$. 又收敛半径

$$R = \lim_{n\to\infty} \frac{|a_n|}{|a_{n+1}|} = \lim_{n\to\infty} \frac{1 + \dfrac{1}{2} + \cdots + \dfrac{1}{n}}{1 + \dfrac{1}{2} + \cdots + \dfrac{1}{n} + \dfrac{1}{n+1}} = \lim_{n\to\infty} \frac{1}{1 + \dfrac{\dfrac{1}{n+1}}{1 + \dfrac{1}{2} + \cdots + \dfrac{1}{n}}},$$

而 $\dfrac{1}{n(1+n)} \leqslant \dfrac{\dfrac{1}{n+1}}{1 + \dfrac{1}{2} + \cdots + \dfrac{1}{n}} \leqslant \dfrac{1}{n+1}$，所以 $R = \dfrac{1}{1+0} = 1$. 故级数的收敛半径 $R =$

1，收敛区间为 $(-1, 1)$.

当 $x = 1$ 时，级数为 $\sum\limits_{n=1}^{\infty}\left(1 + \dfrac{1}{2} + \cdots + \dfrac{1}{n}\right)$，因 $\lim\limits_{n\to\infty}\left(1 + \dfrac{1}{2} + \cdots + \dfrac{1}{n}\right) = +\infty$，故级数

发散. 当 $x = -1$ 时，级数为 $\sum\limits_{n=1}^{\infty}\left(1 + \dfrac{1}{2} + \cdots + \dfrac{1}{n}\right)(-1)^n$，因 $\lim\limits_{n\to\infty}\left(1 + \dfrac{1}{2} + \cdots + \dfrac{1}{n}\right)(-1)^n =$

∞，故级数也发散. 因此，幂级数 $\sum\limits_{n=1}^{\infty}\left(1 + \dfrac{1}{2} + \cdots + \dfrac{1}{n}\right)x^n$ 的收敛域为 $(-1, 1)$.

方法 2　同样记 $a_n = 1 + \dfrac{1}{2} + \cdots + \dfrac{1}{n}$. 由于 a_n 为调和级数的部分和，考虑曲线 $y =$

$\dfrac{1}{x}$ 与直线 $x = n$，$x = n + 1$ 及 x 轴所围成的曲边梯形的面积 $\displaystyle\int_n^{n+1} \dfrac{1}{x} dx$，因为 $\dfrac{1}{n} >$

$\int_n^{n+1} \frac{1}{x} \mathrm{d}x = \ln(n+1) - \ln n$，所以

$$a_n = 1 + \frac{1}{2} + \frac{1}{3} + \cdots + \frac{1}{n} > (\ln 2 - \ln 1) + (\ln 3 - \ln 2) + \cdots + (\ln(n+1) - \ln n)$$

$$= \ln(n+1) \to \infty \quad (n \to \infty).$$

下面解法同方法 1.

3. 若幂级数 $\sum\limits_{n=0}^{\infty} a_n x^n$ 在 $x = -R$ $(R > 0)$ 处条件收敛，试求 $\sum\limits_{n=1}^{\infty} n a_n x^{n-1}$ 与 $\sum\limits_{n=0}^{\infty} \frac{a_n}{n+1} x^{n+1}$ 的收敛半径.

解 由于 $\sum\limits_{n=0}^{\infty} a_n x^n$ 在 $x = -R$ 处条件收敛，则 $\sum\limits_{n=0}^{\infty} a_n x^n$ 的收敛半径为 R，根据幂级数的分析性质，$\sum\limits_{n=1}^{\infty} n a_n x^{n-1}$ 与 $\sum\limits_{n=0}^{\infty} \frac{a_n}{n+1} x^{n+1}$ 的收敛半径均为 R.

4. 求下列幂级数在各自收敛域上的和函数：

(1) $\sum\limits_{n=1}^{\infty} n x^{n-1}$；   (2) $\sum\limits_{n=0}^{\infty} (n+1)(n+2) x^n$；

(3) $\sum\limits_{n=1}^{\infty} \frac{x^{n+1}}{n(n+1)}$；   (4) $\sum\limits_{n=0}^{\infty} (2n+1) x^n$.

解 (1) 由于 $\dfrac{1}{1-x} = \sum\limits_{n=0}^{\infty} x^n = 1 + x + x^2 + \cdots + x^n + \cdots$ $(|x| < 1)$，对 $\sum\limits_{n=1}^{\infty} n x^{n-1}$ 逐项积分，得

$$\int_0^x \sum_{n=1}^{\infty} n x^{n-1} \mathrm{d}x = \sum_{n=1}^{\infty} \int_0^x n x^{n-1} \mathrm{d}x = \sum_{n=1}^{\infty} x^n = \frac{x}{1-x}.$$

故 $\sum\limits_{n=1}^{\infty} n x^{n-1} = \left(\dfrac{x}{1-x}\right)' = \dfrac{1}{(1-x)^2}$ $(-1 < x < 1)$.

(2) 对级数 $\sum\limits_{n=0}^{\infty} (n+1)(n+2) x^n$ 两次逐项积分，得

$$\int_0^x \left[\sum_{n=0}^{\infty} (n+1)(n+2) t^n \right] \mathrm{d}t = \sum_{n=0}^{\infty} \int_0^x (n+1)(n+2) t^n \mathrm{d}t = \sum_{n=0}^{\infty} (n+2) x^{n+1},$$

$$\int_0^x \left[\sum_{n=0}^{\infty} (n+2) t^{n+1} \right] \mathrm{d}t = \sum_{n=0}^{\infty} \int_0^x (n+2) t^{n+1} \mathrm{d}t = \sum_{n=0}^{\infty} x^{n+2}.$$

而 $\sum\limits_{n=0}^{\infty} x^{n+2} = \dfrac{x^2}{1-x}$ $(|x| < 1)$，于是

$$\sum_{n=0}^{\infty} (n+1)(n+2) x^n = \left(\frac{x^2}{1-x}\right)'' = \left[\frac{1}{(1-x)^2} - 1\right]' = \frac{2}{(1-x)^3} \quad (|x| < 1).$$

(3) 记 $S(x) = \sum\limits_{n=1}^{\infty} \dfrac{x^{n+1}}{n(n+1)}$. 逐项求导，得 $S'(x) = \sum\limits_{n=1}^{\infty} \dfrac{x^n}{n}$，

$$S''(x) = \sum_{n=1}^{\infty} x^{n-1} = \sum_{n=0}^{\infty} x^n = \frac{1}{1-x} \quad (|x| < 1).$$

再逐项积分两次，得 $S'(x) = \int_0^x \frac{\mathrm{d}x}{1-x} = -\ln(1-x)\Big|_0^x = -\ln(1-x),$

$$S(x) = -\int_0^x \ln(1-t)\mathrm{d}t = -\left[(t\ln(1-t))\Big|_0^x + \int_0^x \frac{t}{1-t}\mathrm{d}t\right]$$

$$= (1-x)\ln(1-x) + x \quad (|x| < 1).$$

当 $x = 1$ 时，级数为 $\sum_{n=1}^{\infty} \frac{1}{n(n+1)}$，因为

$$S_n = \left(1 - \frac{1}{2}\right) + \left(\frac{1}{2} - \frac{1}{3}\right) + \cdots + \left(\frac{1}{n} - \frac{1}{n+1}\right) = 1 - \frac{1}{n+1} \to 1 \quad (n \to \infty),$$

所以此时级数收敛于 1. 当 $x = -1$ 时，级数为 $\sum_{n=1}^{\infty} \frac{(-1)^{n+1}}{n(n+1)}$，因为 $\frac{1}{n(n+1)} < \frac{1}{n^2}$，可见

这时级数绝对收敛.

由和函数的连续性，综合之，得

$$S(x) = \begin{cases} (1-x)\ln(1-x) + x, & -1 \leqslant x < 1, \\ 1, & x = 1. \end{cases}$$

(4) $\sum_{n=0}^{\infty} (2n+1)x^n = \sum_{n=0}^{\infty} 2nx^n + \sum_{n=0}^{\infty} x^n.$ 由于

$$\int_0^x \sum_{n=1}^{\infty} nx^{n-1} \mathrm{d}x = \sum_{n=1}^{\infty} \int_0^x nx^{n-1}\mathrm{d}x = \sum_{n=1}^{\infty} x^n = \frac{x}{1-x},$$

所以 $\sum_{n=1}^{\infty} nx^{n-1} = \left(\frac{x}{1-x}\right)' = \frac{1}{(1-x)^2} \ (-1 < x < 1)$，于是

$$\sum_{n=0}^{\infty} 2nx^n = \sum_{n=1}^{\infty} 2nx^n = 2x\sum_{n=0}^{\infty} nx^{n-1} = \frac{2x}{(1-x)^2} \quad (-1 < x < 1).$$

而 $\sum_{n=0}^{\infty} x^n = \frac{1}{1-x} \ (-1 < x < 1)$，故

$$\sum_{n=0}^{\infty} (2n+1)x^n = \frac{2x}{(1-x)^2} + \frac{1}{1-x} \quad (-1 < x < 1).$$

5. 设 $f(x) = \sum_{n=0}^{\infty} \frac{x^n}{n!}.$

(1) 证明：$f(x)$ 满足微分方程 $f(x) = f'(x) \ (-\infty < x < +\infty)$.

(2) 证明：$f(x) = \mathrm{e}^x$.

(3) 求幂级数 $\sum_{n=0}^{\infty} \frac{x^{2n}}{(2n)!}$ 的和函数.

证 (1) 先求题设幂级数的收敛区间 I. 因为收敛半径

$$R = \lim_{n \to \infty} \frac{|a_n|}{|a_{n+1}|} = \lim_{n \to \infty} \frac{(n+1)!}{n!} = +\infty,$$

所以 I 为 $(-\infty, +\infty)$. 幂级数在 I 内可逐项微分，得

$$f'(x) = \left(\sum_{n=0}^{\infty} \frac{x^n}{n!}\right)' = \sum_{n=0}^{\infty} \left(\frac{x^n}{n!}\right)' = \sum_{n=1}^{\infty} \frac{x^{n-1}}{(n-1)!} = \sum_{n=0}^{\infty} \frac{x^n}{n!} = f(x) \quad (x \in \mathbf{R}).$$

(2) 记 $y = f(x)$,由(1)有 $y' = y$,$\dfrac{\mathrm{d}y}{y} = \mathrm{d}x$,$\ln|y| = x + \ln|C|$,故 $y = C\mathrm{e}^x$.

当 $x = 0$ 时,由题设,应有

$$f(0) = y(0) = 1 + \left(\sum_{n=1}^{\infty} \frac{x^n}{n!}\right)'\bigg|_{x=0} = 1.$$

将初值条件 $y(0) = 1$ 代入 $y = C\mathrm{e}^x$,得 $C = 1$,所以 $y = f(x) = \mathrm{e}^x$.

(3) 由于

$$\mathrm{e}^x = \sum_{m=0}^{\infty} \frac{x^m}{m!} = \sum_{n=0}^{\infty} \left[\frac{x^{2n}}{(2n)!} + \frac{x^{2n-1}}{(2n-1)!}\right] = \sum_{n=0}^{\infty} \frac{x^{2n}}{(2n)!} + \sum_{n=1}^{\infty} \frac{x^{2n-1}}{(2n-1)!}, \qquad ①$$

$$\mathrm{e}^{-x} = \sum_{m=0}^{\infty} \frac{(-1)^m x^m}{m!} = \sum_{n=0}^{\infty} \left[\frac{x^{2n}}{(2n)!} + \frac{(-1)^{2n-1} x^{2n-1}}{(2n-1)!}\right]$$

$$= \sum_{n=0}^{\infty} \frac{x^{2n}}{(2n)!} - \sum_{n=1}^{\infty} \frac{x^{2n-1}}{(2n-1)!}, \qquad ②$$

① + ②,得 $\mathrm{e}^x + \mathrm{e}^{-x} = 2\sum_{n=0}^{\infty} \dfrac{x^{2n}}{(2n)!}$,即 $\sum_{n=0}^{\infty} \dfrac{x^{2n}}{(2n)!} = \dfrac{1}{2}(\mathrm{e}^x + \mathrm{e}^{-x})$.

6. 利用幂级数求下列常数项级数的和:

(1) $\displaystyle\sum_{n=1}^{\infty} \frac{1}{(2n-1) \cdot 2^{n-1}}$;

(2) $\displaystyle\sum_{n=1}^{\infty} \frac{n^2}{n!}$;

(3) $\displaystyle\sum_{n=3}^{\infty} \frac{1}{(n-2)n \cdot 2^n}$;

(4) $\displaystyle\sum_{n=1}^{\infty} \frac{n(n+1)}{2^{n+1}}$.

解 (1) $\displaystyle\sum_{n=1}^{\infty} \frac{1}{(2n-1) \cdot 2^{n-1}} = \sum_{n=1}^{\infty} \frac{1}{2n-1}\left(\frac{1}{\sqrt{2}}\right)^{2n-2} = \sqrt{2}\sum_{n=1}^{\infty} \frac{1}{2n-1}\left(\frac{1}{\sqrt{2}}\right)^{2n-1}$. 可

以证明 $\displaystyle\sum_{n=1}^{\infty} \frac{1}{2n-1} x^{2n-1}$ 的收敛域为 $[-1,1)$. 由于

$$\sum_{n=1}^{\infty} \frac{1}{2n-1} x^{2n-1} = \sum_{n=1}^{\infty} \int_0^x t^{2n-2}\,\mathrm{d}t = \int_0^x \sum_{n=1}^{\infty} t^{2n-2}\,\mathrm{d}t = \int_0^x \frac{1}{1-t^2}\,\mathrm{d}t = \frac{1}{2}\ln\frac{1+x}{1-x},$$

故 $\displaystyle\sum_{n=1}^{\infty} \frac{1}{(2n-1) \cdot 2^{n-1}} = \sqrt{2}\sum_{n=1}^{\infty} \frac{1}{2n-1}\left(\frac{1}{\sqrt{2}}\right)^{2n-1} = \sqrt{2} \cdot \frac{1}{2}\ln\dfrac{1+\dfrac{1}{\sqrt{2}}}{1-\dfrac{1}{\sqrt{2}}} = \sqrt{2}\ln(\sqrt{2}+1).$

(2) $\displaystyle\sum_{n=1}^{\infty} \frac{n^2}{n!} = \sum_{n=1}^{\infty} \frac{n}{(n-1)!} = \sum_{n=1}^{\infty} \frac{n-1+1}{(n-1)!} = \sum_{n=2}^{\infty} \frac{1}{(n-2)!} + \sum_{n=1}^{\infty} \frac{1}{(n-1)!}$

$$= \sum_{m=0}^{\infty} \frac{1}{m!} + \sum_{l=0}^{\infty} \frac{1}{l!} = 2\sum_{m=0}^{\infty} \frac{1}{m!} = 2\mathrm{e}.$$

(3) $\displaystyle\sum_{n=3}^{\infty} \frac{1}{(n-2)n \cdot 2^n} = \sum_{n=3}^{\infty} \left[\frac{1}{(n-2) \cdot 2^{n+1}} - \frac{1}{n \cdot 2^{n+1}}\right]$

$$= \frac{1}{2} \sum_{n=3}^{\infty} \left[\frac{1}{(n-2) \cdot 2^n} - \frac{1}{n \cdot 2^n} \right].$$

由 $\sum_{n=0}^{\infty} x^n = \frac{1}{1-x}$ $(-1 < x < 1)$，两边逐项积分得

$$-\ln(1-x) = \sum_{n=0}^{\infty} \frac{1}{n+1} x^{n+1} = \sum_{n=1}^{\infty} \frac{1}{n} x^n \quad (-1 < x < 1).$$

令 $x = \frac{1}{2}$，有 $\sum_{n=1}^{\infty} \frac{1}{n \cdot 2^n} = -\ln\left(1 - \frac{1}{2}\right) = \ln 2$，于是

$$\sum_{n=3}^{\infty} \frac{1}{n \cdot 2^n} = \ln 2 - \frac{1}{2} - \frac{1}{2^3}.$$

由 $\sum_{n=3}^{\infty} \frac{1}{n-2} x^n = x^2 \sum_{n=1}^{\infty} \frac{1}{m} x^m = x^2 (-\ln(1-x))$ $(-1 < x < 1)$，得

$$\sum_{n=3}^{\infty} \frac{1}{(n-2) \cdot 2^n} = \left(\frac{1}{2}\right)^2 \left(-\ln\left(1 - \frac{1}{2}\right)\right) = \frac{1}{4} \ln 2.$$

故

$$\sum_{n=3}^{\infty} \frac{1}{(n-2)n \cdot 2^n} = \frac{1}{2} \left[\sum_{n=3}^{\infty} \frac{1}{(n-2) \cdot 2^n} - \sum_{n=3}^{\infty} \frac{1}{n \cdot 2^n} \right]$$

$$= \frac{1}{2} \left[\frac{1}{4} \ln 2 - \left(\ln 2 - \frac{1}{2} - \frac{1}{2^3} \right) \right] = \frac{5}{16} - \frac{3}{8} \ln 2.$$

(4) $\sum_{n=1}^{\infty} n(n+1) x^{n-1} = \sum_{m=0}^{\infty} (m+1)(m+2) x^m$. 由本节第 4 题(2) 的结论，有

$$\sum_{m=0}^{\infty} (m+1)(m+2) x^m = \frac{2}{(1-x)^3} \quad (-1 < x < 1).$$

令 $x = \frac{1}{2}$，则 $\sum_{n=1}^{\infty} \frac{n(n+1)}{2^{n-1}} = \frac{2}{\left(1 - \frac{1}{2}\right)^3} = 16$，故 $\sum_{n=1}^{\infty} \frac{n(n+1)}{2^{n+1}} = \frac{1}{4} \sum_{n=1}^{\infty} \frac{n(n+1)}{2^{n-1}} =$

4.

7. (1) 证明：设 $S(x) = \sum_{n=0}^{\infty} a_n x^n$ 当 $|x| < R$ 时成立，则当 $\sum_{n=0}^{\infty} \frac{a_n}{n+1} R^{n+1}$ 收敛时，

不论 $\sum_{n=0}^{\infty} a_n R^n$ 是否收敛，都有 $\int_0^R S(x) dx = \sum_{n=0}^{\infty} \frac{a_n}{n+1} R^{n+1}$ 成立.

(2) 证明：$\int_0^1 \frac{1}{1+x} dx = \ln 2 = \sum_{n=0}^{\infty} (-1)^n \frac{1}{n+1}$.

证 (1) 根据

$$\int_0^x S(t) dt = \sum_{n=0}^{\infty} \int_0^x a_n t^n dt = \sum_{n=0}^{\infty} \frac{a_n}{n+1} x^{n+1}, \quad x \in (-R, R),$$

而 $\sum_{n=0}^{\infty} \frac{a_n}{n+1} R^{n+1}$ 收敛，因此 $\sum_{n=0}^{\infty} \frac{a_n}{n+1} x^{n+1}$ 的和函数 $F(x)$ 在 $x = R$ 处左连续，有

$$\lim_{x \to R^-} F(x) = \sum_{n=0}^{\infty} \frac{a_n}{n+1} R^{n+1},$$

即 $\displaystyle\int_0^R S(x)\,\mathrm{d}x = \lim_{x \to R^-} \int_0^x S(x)\,\mathrm{d}x = \sum_{n=0}^{\infty} \frac{a_n}{n+1} R^{n+1}.$

(2) $f(x) = \displaystyle\sum_{n=1}^{\infty} (-1)^{n-1} x^{n-1} = \frac{1}{1+x}$ ($|x| < 1$),于是

$$S(x) = \int_0^x \frac{1}{1+t}\,\mathrm{d}t = \int_0^x \left[\sum_{n=1}^{\infty} (-1)^{n-1} t^{n-1}\right]\mathrm{d}t = \sum_{n=1}^{\infty} \int_0^x (-1)^{n-1} t^{n-1}\,\mathrm{d}t$$

$$= \sum_{n=1}^{\infty} (-1)^{n-1} \frac{1}{n} x^n \quad (|x| < 1),$$

$$S(x) = \int_0^x \frac{1}{1+t}\,\mathrm{d}t = \ln(1+x) \quad (|x| < 1).$$

但 $\displaystyle\sum_{n=1}^{\infty} (-1)^{n-1} \frac{1}{n}$ 收敛,设 $\displaystyle\sum_{n=1}^{\infty} (-1)^{n-1} \frac{1}{n}$ 收敛于 $S(1)$,$S(x)$ 在 $x = 1$ 处左连续,故 $\displaystyle\lim_{x \to 1^-} S(x) = S(1)$,即

$$S(1) = \sum_{n=1}^{\infty} (-1)^{n-1} \frac{1}{n} = \lim_{x \to 1^-} S(x) = \lim_{x \to 1^-} \ln(1+x) = \ln 2,$$

亦即 $\displaystyle\int_0^1 \frac{1}{1+x}\,\mathrm{d}x = \ln 2 = \sum_{n=0}^{\infty} (-1)^n \frac{1}{n+1}.$

==**B** 类==

1.设幂级数 $\displaystyle\sum_{n=0}^{\infty} a_n x^n$ 的收敛区间为 $(-R, R)$,半径为 R,$0 < R < +\infty$,且它在 $x = -R$ 处绝对收敛,则它在区间 $[-R, R]$ 上一致收敛.

证 由题设条件知,$\displaystyle\sum_{n=0}^{\infty} a_n x^n$ 在 $x = R$ 处也绝对收敛.又 $|a_n x^n| \leqslant |a_n| R^n$ ($x \in [-R, R]$),$\displaystyle\sum_{n=1}^{\infty} |a_n| R^n$ 收敛,根据 M 判别法,$\displaystyle\sum_{n=0}^{\infty} a_n x^n$ 在 $[-R, R]$ 上一致收敛.

2.证明:如果正项级数 $\displaystyle\sum_{n=0}^{\infty} a_n$ 收敛,则 $f(x) = \displaystyle\sum_{n=0}^{\infty} a_n x^n$ 在 $(-1, 1)$ 内连续.

证 $\forall x_0 \in (-1, 1)$,$|a_n x_0^n| = a_n |x_0^n| \leqslant a_n$.由 $\displaystyle\sum_{n=0}^{\infty} a_n$ 收敛,知 $\displaystyle\sum_{n=0}^{\infty} a_n x^n$ 在 $[-|x_0|, |x_0|]$ 上绝对一致收敛,$f(x) = \displaystyle\sum_{n=0}^{\infty} a_n x^n$ 在 $[-|x_0|, |x_0|]$ 上连续.由 x_0 的任意性,$f(x) = \displaystyle\sum_{n=0}^{\infty} a_n x^n$ 在 $(-1, 1)$ 内连续.

习题 **13-6**

====**A 类**====

1. 将下列函数展开成 x 的幂级数，并指出展开式成立的区间：

(1) $\sinh x = \dfrac{e^x - e^{-x}}{2}$；

(2) $\sin^2 x$；

(3) $\dfrac{1}{4+x^2}$；

(4) $\dfrac{1}{(1+x)^2}$；

(5) $(1+x)e^{-x}$；

(6) $\dfrac{1}{x^2-5x+6}$；

(7) $\ln(1-3x+2x^2)$；

(8) $\dfrac{1}{\sqrt{1-x^2}}$；

(9) $\arcsin x$；

(10) $\ln(x+\sqrt{1+x^2})$.

解 (1) 由于 $e^x = \displaystyle\sum_{n=0}^{\infty} \dfrac{x_n}{n!}$ $(-\infty < x < +\infty)$，$e^{-x} = \displaystyle\sum_{n=0}^{\infty} \dfrac{(-x)^n}{n!}$，$x \in (-\infty, \infty)$，

故

$$\sinh x = \frac{e^x - e^{-x}}{2} = \frac{1}{2}\left[\sum_{n=0}^{\infty} \frac{x^n}{n!} - \sum_{n=0}^{\infty} \frac{(-x)^n}{n!}\right]$$

$$= \frac{1}{2}\sum_{n=0}^{\infty}[1-(-1)^n]\frac{x^n}{n!} = \sum_{n=1}^{\infty} \frac{x^{2n-1}}{(2n-1)!} \quad (x \in \mathbf{R}).$$

(2) 由于 $\cos x = \displaystyle\sum_{n=0}^{\infty}(-1)^n \dfrac{x^{2n}}{(2n)!}$ $(-\infty < x < +\infty)$，故

$$\sin^2 x = \frac{1}{2}(1-\cos 2x) = \frac{1}{2} - \frac{1}{2}\cos 2x = \frac{1}{2} - \frac{1}{2}\sum_{n=0}^{\infty}(-1)^n \frac{2^{2n}x^{2n}}{(2n)!}$$

$$= \sum_{n=1}^{\infty}(-1)^{n-1}\frac{2^{2n-1}x^{2n}}{(2n)!} \quad (x \in \mathbf{R}).$$

(3) 由于 $\dfrac{1}{1-x} = \displaystyle\sum_{n=0}^{\infty} x^n$ $(-1 < x < 1)$，故

$$\frac{1}{4+x^2} = \frac{1}{4} \cdot \frac{1}{1-\left(-\dfrac{x^2}{4}\right)} = \frac{1}{4}\sum_{n=0}^{\infty}\left(-\frac{x^2}{4}\right)^n \quad \left(\left|-\frac{x^2}{4}\right| < 1, \text{即} |x| < 2\right).$$

(4) 由 $\dfrac{1}{1+x} = \dfrac{1}{1-(-x)} = \displaystyle\sum_{n=0}^{\infty}(-x)^n$ $(|x| < 1)$，可得

$$\left(\frac{1}{1+x}\right)' = \sum_{n=1}^{\infty} n(-1)^n x^{n-1} \quad (|x| < 1).$$

又 $\left(\dfrac{1}{1+x}\right)' = -\dfrac{1}{(1+x)^2}$，故 $\dfrac{1}{(1+x)^2} = \displaystyle\sum_{n=1}^{\infty}(-1)^{n-1}nx^{n-1}$ $(|x| < 1)$.

(5) 由于 $e^{-x} = \sum\limits_{n=0}^{\infty} \dfrac{(-x)^n}{n!}$ $(x \in (-\infty, +\infty))$，故

$$(1+x)e^{-x} = \sum_{n=0}^{\infty}(-1)^n \frac{x^n}{n!} + \sum_{n=0}^{\infty}(-1)^n \frac{x^{n+1}}{n!}$$

$$= 1 + \sum_{n=0}^{\infty}(-1)^n\left(\frac{1}{n!} - \frac{1}{(n+1)!}\right)x^{n+1}, \quad x \in (-\infty, +\infty),$$

即 $(1+x)e^{-x} = 1 + \sum\limits_{n=1}^{\infty}(-1)^n \dfrac{n}{(n+1)!}x^{n+1}$，$x \in (-\infty, +\infty)$.

(6) 由于 $\dfrac{1}{1+x} = \sum\limits_{n=0}^{\infty}(-1)^n x^n$ $(-1 < x < 1)$，故

$$\frac{1}{x^2 - 5x + 6} = \frac{1}{(x-3)(x-2)} = \frac{1}{x-3} - \frac{1}{x-2} = \frac{1}{2} \cdot \frac{1}{1 - \dfrac{x}{2}} - \frac{1}{3} \cdot \frac{1}{1 - \dfrac{x}{3}}$$

$$= \frac{1}{2}\sum_{n=0}^{\infty}\left(\frac{x}{2}\right)^n - \frac{1}{3}\sum_{n=0}^{\infty}\left(\frac{x}{3}\right)^n \quad \left(\left|\frac{x}{2}\right| < 1, \left|\frac{x}{3}\right| < 1\right)$$

$$= \sum_{n=0}^{\infty}\left(\frac{1}{2^{n+1}} - \frac{1}{3^{n+1}}\right)x^n \quad (|x| < 2).$$

(7) 由 $\ln(1-x) = \sum\limits_{n=1}^{\infty}(-1)^{n-1}\dfrac{(-x)^n}{n} = -\sum\limits_{n=1}^{\infty}\dfrac{x^n}{n}$ $(-1 \leqslant x < 1)$，得

$$\ln(1-2x) = \sum_{n=1}^{\infty}(-1)^{n-1}\frac{(-2x)^n}{n} = -\sum_{n=1}^{\infty}\frac{2^n x^n}{n} \quad \left(-\frac{1}{2} \leqslant x < \frac{1}{2}\right).$$

故

$$\ln(1 - 3x + 2x^2) = \ln((1-x)(1-2x)) = \ln(1-x) + \ln(1-2x)$$

$$= \left(-\sum_{n=1}^{\infty}\frac{x^n}{n}\right) + \left(-\sum_{n=1}^{\infty}\frac{2^n x^n}{n}\right)$$

$$= -\sum_{n=1}^{\infty}\frac{2^n + 1}{n}x^n \quad \left(-\frac{1}{2} \leqslant x < \frac{1}{2}\right).$$

(8) 由于 $(1+x)^\alpha = \sum\limits_{n=0}^{\infty}\dfrac{\alpha(\alpha-1)\cdots(\alpha-n+1)}{n!}x^n$ $(-1 < x < 1)$，故

$$\frac{1}{\sqrt{1-x^2}} = (1-x^2)^{-\frac{1}{2}} = 1 + \left(-\frac{1}{2}\right)(-x^2) + \frac{1}{2!}\left(-\frac{1}{2}\right)\left(-\frac{3}{2}\right)(-x^2)^2 + \cdots$$

$$+ \frac{1}{n!}\left(-\frac{1}{2}\right)\left(-\frac{3}{2}\right)\cdots\left(-\frac{1}{2} - n + 1\right)(-x^2)^n + \cdots$$

$$= 1 + \frac{1}{2}x^2 + \frac{1 \cdot 3}{2 \cdot 4}x^4 + \cdots + \frac{(2n-1)!!}{(2n)!!}x^{2n} + \cdots$$

$$= 1 + \sum_{n=1}^{\infty}\frac{(2n-1)!!}{(2n)!!}x^{2n}, \quad x \in (-1, 1).$$

(9) 应用上题的结果，有

$$\arcsin x = \int_0^x \frac{1}{\sqrt{1-t^2}}dt = \int_0^x \left(1 + \sum_{n=1}^{\infty}\frac{(2n-1)!!}{(2n)!!}t^{2n}\right)dt$$

$$= x + \sum_{n=1}^{\infty} \frac{(2n-1)!!}{(2n)!!(2n+1)} x^{2n+1}, \quad |x| < 1.$$

又由于 $\dfrac{(2n-1)!!}{(2n)!!(2n+1)} < \dfrac{1}{(2n+1)^{\frac{3}{2}}}$，而 $\displaystyle\sum_{n=1}^{\infty} \dfrac{1}{(2n+1)^{\frac{3}{2}}}$ 收敛，故 $\displaystyle\sum_{n=1}^{\infty} \dfrac{(2n-1)!!}{(2n)!!(2n+1)}$

收敛. 因此，当 $x=1$ 与 $x=-1$ 时，级数 $x + \displaystyle\sum_{n=1}^{\infty} \dfrac{(2n-1)!!}{(2n)!!(2n+1)} x^{2n+1}$ 均收敛.

从而有 $\arcsin x = x + \displaystyle\sum_{n=1}^{\infty} \dfrac{(2n-1)!!}{(2n)!!(2n+1)} x^{2n+1}, \ x \in [-1,1].$

(10) $\dfrac{1}{\sqrt{1+x^2}} = 1 + \left(-\dfrac{1}{2}\right) x^2 + \dfrac{1}{2!} \left(-\dfrac{1}{2}\right) \left(-\dfrac{3}{2}\right) (x^2)^2 + \cdots$

$$+ \dfrac{1}{n!} \left(-\dfrac{1}{2}\right) \left(-\dfrac{3}{2}\right) \cdots \left(-\dfrac{1}{2}-n+1\right) (x^2)^n + \cdots$$

$$= 1 + \sum_{n=1}^{\infty} (-1)^n \dfrac{(2n-1)!!}{(2n)!!} x^{2n}, \quad x \in (-1,1).$$

又可证明，当 $x=1$ 与 $x=-1$ 时，级数 $= 1 + \displaystyle\sum_{n=1}^{\infty} (-1)^n \dfrac{(2n-1)!!}{(2n)!!} x^{2n}$ 均收敛. 故

$$\dfrac{1}{\sqrt{1+x^2}} = 1 + \sum_{n=1}^{\infty} (-1)^n \dfrac{(2n-1)!!}{(2n)!!} x^{2n}, \quad x \in [-1,1].$$

从而

$$\ln(x + \sqrt{1+x^2}) = \ln(x + \sqrt{1+x^2}) - \ln 1 = \int_0^x (\ln(x + \sqrt{1+x^2}))' dt$$

$$= \int_0^x \dfrac{1}{\sqrt{1+t^2}} dt = \int_0^x \left[1 + \sum_{n=1}^{\infty} (-1)^n \dfrac{(2n-1)!!}{(2n)!!} t^{2n} \right] dt$$

$$= x + \sum_{n=1}^{\infty} \int_0^x (-1)^n \dfrac{(2n-1)!!}{(2n)!!} t^{2n} dt$$

$$= x + \sum_{n=1}^{\infty} \dfrac{(-1)^n (2n-1)!!}{(2n)!!(2n+1)} x^{2n+1}, \quad x \in (-1,1).$$

又可证明，当 $x=1$ 与 $x=-1$ 时，级数 $x + \displaystyle\sum_{n=1}^{\infty} \dfrac{(-1)^n (2n-1)!!}{(2n)!!(2n+1)} x^{2n+1}$ 均收敛.

故 $\ln(x + \sqrt{1+x^2}) = x + \displaystyle\sum_{n=1}^{\infty} \dfrac{(-1)^n (2n-1)!!}{(2n)!!(2n+1)} x^{2n+1}, \ x \in [-1,1].$

2. 将下列函数在给定点 x_0 处展开成 $x - x_0$ 的幂级数，并指出展开式成立的区间：

(1) $\sqrt{x}$，$x_0 = 1$;　　　　　　(2) $\ln x$，$x_0 = 1$;

(3) $\dfrac{1}{x^2 + 3x + 2}$，$x_0 = -4$;　　(4) $\ln(3x - x^2)$，$x_0 = 1$.

(5) $\cos x$，$x_0 = -\dfrac{\pi}{3}$.

解 (1) $\sqrt{x} = [1 + (x-1)]^{-\frac{1}{2}}$

$$= 1 + \frac{1}{2}(x-1) + \frac{1}{2!} \frac{1}{2} \left(\frac{-1}{2}\right)(x-1)^2 + \cdots$$

$$+ \frac{1}{n!} \frac{1}{2} \left(\frac{-1}{2}\right)\left(-\frac{3}{2}\right)\cdots\left(\frac{1}{2} - n + 1\right)(x-1)^n + \cdots$$

$$= 1 + \frac{1}{2}(x-1) + \frac{1}{2!} \frac{-1}{2^2}(x-1)^2 + \cdots$$

$$+ \frac{1}{n!} \frac{(-1)(-3)\cdots(-2n+3)^n}{2^n} + \cdots$$

$$= 1 + \frac{1}{2}(x-1) + \frac{-1}{2 \cdot 4}(x-1)^2 + \cdots$$

$$+ \frac{(-1)^{n-1}(2n-3)!!}{(2n)!!}(x-1)^n + \cdots, \quad x-1 \in (-1,1).$$

易证明上述级数在 $x=0$ 与 $x=2$ 处也收敛,因此上述展开式成立的区间是$[0,2]$.

(2) $\ln x = \ln(1+(x-1)) = \sum\limits_{n=1}^{\infty}(-1)^{n-1}\dfrac{(x-1)^n}{n}, -1 < x-1 \leqslant 1$ 即 $0 < x \leqslant 2$.

(3) $\dfrac{1}{x^2+3x+2} = \dfrac{1}{(x+1)(x+2)} = \dfrac{1}{x+1} - \dfrac{1}{x+2}$

$$= \frac{1}{-3+(x+4)} - \frac{1}{-2+(x+4)}$$

$$= \frac{1}{2} \cdot \frac{1}{1 - \dfrac{x+4}{2}} - \frac{1}{3} \cdot \frac{1}{1 - \dfrac{x+4}{3}}.$$

而

$$\frac{1}{1 - \dfrac{x+4}{3}} = 1 + \frac{x+4}{3} + \left(\frac{x+4}{3}\right)^2 + \cdots + \left(\frac{x+4}{3}\right)^n + \cdots, \quad \left|\frac{x+4}{3}\right| < 1,$$

$$\frac{1}{1 - \dfrac{x+4}{2}} = 1 + \frac{x+4}{2} + \left(\frac{x+4}{2}\right)^2 + \cdots + \left(\frac{x+4}{2}\right)^n + \cdots, \quad \left|\frac{x+4}{2}\right| < 1,$$

因此,有

$$\frac{1}{x^2+3x+2} = \frac{1}{2}\sum\limits_{n=0}^{\infty}\left(\frac{x+4}{2}\right)^n - \frac{1}{3}\sum\limits_{n=0}^{\infty}\left(\frac{x+4}{3}\right)^n$$

$$= \sum\limits_{n=0}^{\infty}\left(\frac{1}{2^{n+1}} - \frac{1}{3^{n+1}}\right)(x+4)^n, \quad -6 < x < -2.$$

(4) $\ln(3x-x^2) = \ln x + \ln(3-x)$, 而

$$\ln x = \ln(1+(x-1)) = \sum\limits_{n=1}^{\infty}(-1)^{n-1}\frac{(x-1)^n}{n}$$

$$(-1 < x-1 \leqslant 1, \text{即} 0 < x \leqslant 2),$$

$$\ln(3-x) = \ln(2-(x-1)) = \ln 2 + \ln\left(1 - \frac{x-1}{2}\right)$$

$$= \ln 2 + \sum\limits_{n=1}^{\infty}(-1)^{n-1}\frac{1}{n}\left(-\frac{x-1}{2}\right)^n$$

$$= \ln 2 - \frac{1}{2^n} \sum_{n=1}^{\infty} \frac{1}{n} (x-1)^n \quad \left(-1 < \frac{x-1}{2} \leqslant 1, \text{即} -1 < x \leqslant 3 \right),$$

故 $\ln(3x - x^2) = \ln x + \ln(3-x) = \ln 2 + \sum_{n=1}^{\infty} \left[(-1)^{n-1} - \frac{1}{2^n} \right] \frac{(x-1)^n}{n}, \ 0 < x \leqslant 2.$

(5) $\cos x = \cos \left(\left(x + \frac{\pi}{3} \right) - \frac{\pi}{3} \right) = \frac{1}{2} \cos \left(x + \frac{\pi}{3} \right) + \frac{\sqrt{3}}{2} \sin \left(x + \frac{\pi}{3} \right)$ ，而

$$\cos \left(x + \frac{\pi}{3} \right) = 1 - \frac{1}{2!} \left(x + \frac{\pi}{3} \right)^2 + \frac{1}{4!} \left(x + \frac{\pi}{3} \right)^4 - \cdots$$
$$+ (-1)^n \frac{1}{(2n)!} \left(x - \frac{\pi}{3} \right)^{2n} + \cdots, \quad x \in (-\infty, +\infty),$$

$$\sin \left(x + \frac{\pi}{3} \right) = \left(x + \frac{\pi}{3} \right) - \frac{1}{3!} \left(x + \frac{\pi}{3} \right)^3 + \frac{1}{5!} \left(x + \frac{\pi}{3} \right)^5 - \cdots$$
$$+ (-1)^{n-1} \frac{1}{(2n-1)!} \left(x + \frac{\pi}{3} \right)^{2n-1} + \cdots, \quad x \in (-\infty, +\infty),$$

因此，有

$$\cos x = \frac{1}{2} \cos \left(x + \frac{\pi}{3} \right) + \frac{\sqrt{3}}{2} \sin \left(x + \frac{\pi}{3} \right)$$

$$= \frac{1}{2} \sum_{n=0}^{\infty} \frac{\left(x + \frac{\pi}{3} \right)^{2n}}{(2n)!} + \frac{\sqrt{3}}{2} \sum_{n=1}^{\infty} \frac{\left(x + \frac{\pi}{3} \right)^{2n-1}}{(2n-1)!}$$

$$= \frac{1}{2} \sum_{n=0}^{\infty} (-1)^n \left[\frac{\left(x + \frac{\pi}{3} \right)^{2n}}{(2n)!} + \sqrt{3} \frac{\left(x + \frac{\pi}{3} \right)^{2n+1}}{(2n+1)!} \right], \quad x \in (-\infty, +\infty).$$

3. 设 $R > 0$，若 $\sum\limits_{n=0}^{\infty} a_n x^n$ 与 $\sum\limits_{n=0}^{\infty} b_n x^n$ 在 $(-R, R)$ 内有相同的和函数，则 $a_n = b_n$，$n = 0, 1, 2, \cdots$.

证 设 $\sum\limits_{n=0}^{\infty} a_n x^n$ 与 $\sum\limits_{n=0}^{\infty} b_n x^n$ 在 $(-R, R)$ 内的和函数为 $S(x)$，即

$$\sum_{n=0}^{\infty} a_n x^n = S(x), \quad \sum_{n=0}^{\infty} b_n x^n = S(x), \quad x \in (-R, R).$$

从而在 $(-R, R)$ 内，$\sum\limits_{n=0}^{\infty} (a_n - b_n) x^n$ 收敛，且有

$$\sum_{n=0}^{\infty} (a_n - b_n) x^n = \sum_{n=0}^{\infty} a_n x^n - \sum_{n=0}^{\infty} b_n x^n = S(x) - S(x) = 0.$$

故 $a_n - b_n = 0$，或 $a_n = b_n$，$n = 0, 1, 2, \cdots$.

4. 利用函数的幂级数展开式求下列各数的近似值（误差不超过 0.000 1）：

(1) $\ln 3$；　　　　　　　　(2) $\cos 2°$.

解 (1) 由于

$$\ln(1+x) = x - \frac{x^2}{2} + \frac{x^3}{3} - \cdots + (-1)^{n-1}\frac{x^n}{n} + \cdots, \quad x \in (-1,1],$$

$$\ln(1-x) = -x - \frac{x^2}{2} - \frac{x^3}{3} - \cdots - \frac{x^n}{n} - \cdots, \quad x \in [-1,1),$$

所以 $\ln\dfrac{1+x}{1-x} = 2\left(x + \dfrac{x^3}{3} + \dfrac{x^5}{5} + \cdots + \dfrac{x^{2n-1}}{2n-1} + \cdots\right), x \in (-1,1).$ 于是

$$\ln 3 = \frac{1 + \frac{1}{2}}{1 - \frac{1}{2}} = 2\left[\frac{1}{2} + \frac{1}{3 \cdot 2^3} + \frac{1}{5 \cdot 2^5} + \cdots + \frac{1}{(2n-1) \cdot 2^{2n-1}} + \cdots\right],$$

截断误差

$$\begin{aligned}
|r_n| &= 2\left[\frac{1}{(2n+1) \cdot 2^{2n+1}} + \frac{1}{(2n+3) \cdot 2^{2n+3}} + \cdots\right] \\
&= 2\frac{1}{(2n+1) \cdot 2^{2n+1}}\left[1 + \frac{1}{(2n+3) \cdot 2^2} + \cdots\right] \\
&< \frac{1}{(2n+1) \cdot 2^{2n}}\left(1 + \frac{1}{2^2} + \frac{1}{2^4} + \cdots\right) \\
&= \frac{1}{(2n+1) \cdot 2^{2n}} \cdot \frac{1}{1 - \frac{1}{4}} = \frac{1}{3(2n+1) \cdot 2^{2n-2}}.
\end{aligned}$$

试算 $|r_6| < \dfrac{1}{3 \times 13 \times 2^{10}} \approx 0.000\,025 = 2.5 \times 10^{-5}$,所以取 $n = 6$,此时截断误差 $|r_n| < 10^{-4}$. 故

$$\ln 3 \approx 2\left(\frac{1}{2} + \frac{1}{3 \times 2^3} + \frac{1}{5 \times 2^5} + \frac{1}{7 \times 2^7} + \frac{1}{9 \times 2^9} + \frac{1}{11 \times 2^{11}}\right) = 1.098\,58 \approx 1.098\,6.$$

(2) 由于

$$\cos 2° = \cos\frac{2\pi}{180} = \cos\frac{\pi}{90} = 1 - \frac{1}{2!}\left(\frac{\pi}{90}\right)^2 + \frac{1}{4!}\left(\frac{\pi}{90}\right)^4 - \cdots + (-1)^n\frac{1}{(2n)!}\left(\frac{\pi}{90}\right)^{2n} + \cdots,$$

右边是一交错级数,其误差满足 $|r_n| \leqslant u_{n+1}$. 试算,

$$|r_1| \leqslant \frac{1}{2!}\left(\frac{\pi}{90}\right)^2 \approx 6.1 \times 10^{-4}, \quad |r_2| \leqslant \frac{1}{4!}\left(\frac{\pi}{90}\right)^4 \approx 6.186 \times 10^{-8},$$

故 $|r_2| < 10^{-4}$. 所以取 $n = 2$,截断误差 $|r_n| < 10^{-4}$,

$$\cos 2° = \cos\frac{\pi}{90} \approx 1 - \frac{1}{2!}\left(\frac{\pi}{90}\right)^2 \approx 1 - 0.000\,61 \approx 0.999\,4.$$

5. 利用被积函数的幂级数展开式求下列定积分的近似值(误差不超过 0.000 1):

(1) $\displaystyle\int_0^{0.5} \frac{1}{1+x^4}\mathrm{d}x$; (2) $\displaystyle\int_0^{0.5} \frac{\arctan x}{x}\mathrm{d}x$.

解 (1) $\displaystyle\int_0^{0.5} \frac{1}{1+x^4}\mathrm{d}x = \int_0^{0.5}[1 - x^4 + x^8 + \cdots + (-1)^n x^{4n} + \cdots]\mathrm{d}x$

$$= \left[x - \frac{x^5}{5} + \frac{x^9}{9} - \frac{x^{13}}{13} + \cdots + (-1)^n\frac{x^{4n+1}}{4n+1} + \cdots\right]\Bigg|_0^1$$

$$= \frac{1}{2} - \frac{1}{5} \cdot \frac{1}{2^5} + \frac{1}{9} \cdot \frac{1}{2^9} - \frac{1}{13} \cdot \frac{1}{2^{13}} + \cdots.$$

由于 $\frac{1}{5} \cdot \frac{1}{2^5} \approx 0.006\,25$，$\frac{1}{9} \cdot \frac{1}{2^9} \approx 0.000\,28$，$\frac{1}{13} \cdot \frac{1}{2^{13}} \approx 0.000\,009$，故

$$\int_0^{0.5} \frac{1}{1+x^4} \mathrm{d}x \approx \frac{1}{2} - \frac{1}{5} \cdot \frac{1}{2^5} + \frac{1}{9} \cdot \frac{1}{2^9} \approx 0.5 - 0.006\,25 + 0.000\,002\,8$$

$$= 0.494\,03 \approx 0.494\,0.$$

（2）由于

$$\arctan x = \int_0^x \frac{1}{1+x^2} \mathrm{d}x = \int_0^x [1 - x^2 + x^4 + \cdots + (-1)^n x^{2n} + \cdots] \mathrm{d}x$$

$$= x - \frac{x^3}{3} + \frac{x^5}{5} - \cdots \quad (\,|\,x\,| < 1),$$

$$\int_0^{0.5} \frac{\arctan x}{x} \mathrm{d}x = \int_0^{0.5} \frac{1}{x} \left(x - \frac{x^3}{3} + \frac{x^5}{5} - \cdots \right) \mathrm{d}x$$

$$= \int_0^{0.5} \left[1 - \frac{x^2}{3} + \frac{x^4}{5} - \cdots + (-1)^n \frac{x^{2n}}{2n+1} + \cdots \right] \mathrm{d}x$$

$$= \left[x - \frac{x^3}{9} + \frac{x^5}{25} - \frac{x^7}{49} + \cdots + (-1)^{n-1} \frac{x^{2n+1}}{(2n+1)^2} + \cdots \right] \Big|_0^{0.5}$$

$$= \frac{1}{2} - \frac{1}{9} \cdot \frac{1}{2^3} + \frac{1}{25} \cdot \frac{1}{2^5} - \frac{1}{49} \cdot \frac{1}{2^7} + \cdots,$$

右边是一交错级数，其误差满足 $|\,r_n\,| \leqslant u_{n+1}$. 试算，

$$|\,r_1\,| \leqslant \frac{1}{9} \cdot \frac{1}{2^3} \approx 0.013\,9, \quad |\,r_2\,| \leqslant \frac{1}{25} \cdot \frac{1}{2^5} \approx 0.001\,3, \quad |\,r_3\,| \leqslant \frac{1}{49} \cdot \frac{1}{2^7} \approx 0.000\,2.$$

所以取 $n = 2$，此时截断误差 $|\,r_n\,| < 10^{-4}$. 故

$$\int_0^{0.5} \frac{\arctan x}{x} \mathrm{d}x \approx \frac{1}{2} - \frac{1}{9} \cdot \frac{1}{2^3} + \frac{1}{25} \cdot \frac{1}{2^5} = 0.5 - 0.013\,9 + 0.001\,3$$

$$= 0.487\,4 \approx 0.487.$$

6. 利用欧拉公式将函数 $\mathrm{e}^x \cos x$ 展开成 x 的幂级数.

解 $\mathrm{e}^x \cos x = \mathrm{e}^x \operatorname{Re} \mathrm{e}^{\mathrm{i}x} = \operatorname{Re} \mathrm{e}^{(1+\mathrm{i})x} = \operatorname{Re} \mathrm{e}^{\sqrt{2}\left(\cos\frac{\pi}{4} + \mathrm{i}\sin\frac{\pi}{4}\right)x}$

$$= \operatorname{Re} \sum_{n=0}^{\infty} \frac{1}{n!} \left[\sqrt{2} \left(\cos\frac{\pi}{4} + \mathrm{i}\sin\frac{\pi}{4} \right) x \right]^n$$

$$= \operatorname{Re} \sum_{n=0}^{\infty} \frac{2^{\frac{n}{2}}}{n!} \left(\cos\frac{n\pi}{4} + \mathrm{i}\sin\frac{n\pi}{4} \right) x^n = \sum_{n=0}^{\infty} \frac{2^{\frac{n}{2}}}{n!} \left(\cos\frac{n\pi}{4} \right) x^n.$$

7. 用幂级数求解下列微分方程的初值问题：

（1）$y'' + y\cos x = 0$，$y\big|_{x=0} = 1$，$y'\big|_{x=0} = 0$；

（2）$y'' + xy' + y = 0$，$y\big|_{x=0} = 1$，$y'\big|_{x=0} = 1$.

解 （1）这里 $Q(x) = \cos x$ 在整个数轴上都可展成 x 的幂级数，可设该方程有幂

级数解 $y = \sum\limits_{n=0}^{\infty} a_n x^n$，则 $y' = \sum\limits_{n=1}^{\infty} n a_n x^{n-1}$，$y'' = \sum\limits_{n=2}^{\infty} n(n-1)a_n x^{n-2}$. 代入初始条件得 $a_0 = 1$，$a_1 = 0$，所以

$$y = 1 + \sum_{n=2}^{\infty} a_n x^n, \quad y' = \sum_{n=2}^{\infty} n a_n x^{n-1}.$$

又 $\cos x = 1 - \dfrac{x^2}{2!} + \dfrac{x^4}{4!} - \dfrac{x^6}{6!} + \cdots$，代入原始方程，得

$$\sum_{n=2}^{\infty} n(n-1)a_n x^{n-2} + \left(1 + \sum_{n=2}^{\infty} a_n x^n\right)\left(1 - \frac{x^2}{2!} + \frac{x^4}{4!} - \frac{x^6}{6!} + \cdots\right) = 0.$$

由幂级数的柯西乘法规则展开、合并同类项，并比较两边的系数，可得

$$a_2 = -\frac{1}{2!}, \ a_3 = 0, \ a_4 = -\frac{2}{4!}, \ a_5 = 0, \ a_6 = -\frac{9}{6!}, \ a_7 = 0, \ a_8 = -\frac{55}{8!}, \ \cdots.$$

故所求特解为 $y = 1 - \dfrac{1}{2!}x^2 - \dfrac{2}{4!}x^4 - \dfrac{9}{6!}x^6 - \dfrac{55}{8!}x^8 - \cdots$.

(2) 这里 $P(x) = x$，$Q(x) = 1$ 满足定理的条件，设此方程的幂级数解为 $y = \sum\limits_{n=0}^{\infty} a_n x^n$，逐项求导，得

$$y' = \sum_{n=1}^{\infty} n a_n x^{n-1}, \quad y'' = \sum_{n=2}^{\infty} n(n-1)a_n x^{n-2}.$$

代入原方程，得 $\sum\limits_{n=2}^{\infty} n(n-1)a_n x^{n-2} + x \sum\limits_{n=1}^{\infty} n a_n x^{n-1} + \sum\limits_{n=0}^{\infty} a_n x^n = 0$，即

$$(a_0 + 2a_2) + \sum_{n=1}^{\infty} [(n+2)(n+1)a_{n+2} + n a_n + a_n] x^n = 0.$$

比较系数，得 $a_2 = -\dfrac{a_0}{2}$，$a_{n+2} = -\dfrac{a_n}{n+2}$ $(n \geqslant 1)$. 记 $a_0 = C_1$，$a_1 = C_2$，则

$$a_2 = -\frac{C_1}{2}, \ a_3 = -\frac{C_2}{3}, \ a_4 = -\frac{C_1}{2 \cdot 4}, \ a_5 = -\frac{C_2}{3 \cdot 5}, \ \cdots,$$

$$a_{2n} = -\frac{(-1)^n C_1}{2 \cdot 4 \cdot \cdots \cdot 2n}, \ a_{2n+1} = -\frac{(-1)^n C_2}{1 \cdot 3 \cdot 5 \cdot \cdots \cdot (2n+1)}, \ \cdots.$$

因此

$$y = \sum_{n=0}^{\infty} a_{2n} x^{2n} + \sum_{n=0}^{\infty} a_{2n+1} x^{2n+1} = C_1 \sum_{n=0}^{\infty} \frac{(-1)^n}{(2n)!} x^{2n} + C_2 \sum_{n=0}^{\infty} \frac{(-1)^n}{(2n+1)!!} x^{2n+1}$$

$$= C_1 \sum_{n=0}^{\infty} \frac{1}{n!} \left(-\frac{x^2}{2}\right)^n + C_2 \sum_{n=0}^{\infty} \frac{(-1)^n}{(2n+1)!!} x^{2n+1}$$

$$= C_1 \mathrm{e}^{-\frac{x^2}{2}} + C_2 \sum_{n=1}^{\infty} \frac{(-1)^{n-1}}{(2n-1)!!} x^{2n-1}.$$

代入初值条件 $y(0) = 1$，$y'(0) = 1$，得 $C_1 = 1$，$C_2 = 1$，故

$$y = \sum_{n=0}^{\infty} \frac{1}{n!} \left(-\frac{x^2}{2}\right)^n + \sum_{n=0}^{\infty} \frac{(-1)^n}{(2n+1)!!} x^{2n+1} = \mathrm{e}^{-\frac{x^2}{2}} + \sum_{n=1}^{\infty} \frac{(-1)^{n-1}}{(2n-1)!!} x^{2n-1}.$$

====**B 类**====

1. 证明：如果幂级数 $\sum\limits_{n=0}^{\infty} a_n (x-x_0)^n$ 的和函数在 x_0 的某个邻域内恒等于 0，则它的所有系数 a_n 都等于 0.

证　由题设条件，$0 \equiv f(x) = \sum\limits_{n=0}^{\infty} a_n (x-x_0)^n \ (x \in U(x_0))$，则 $f(x) = \sum\limits_{n=0}^{\infty} a_n (x-x_0)^n$ 在 $U(x_0)$ 内的任意阶导数都等于零. 但

$$f(x) = \sum_{n=0}^{\infty} a_n (x-x_0)^n = \sum_{n=0}^{\infty} \frac{f^{(n)}(x_0)}{n!} (x-x_0)^n,$$

故 $a_n = \dfrac{f^{(n)}(x_0)}{n!} = 0 \ (n=0,1,2,\cdots)$.

习题 13-7

====**A 类**====

1. 证明：函数系 $\{\sin\omega t, \sin 2\omega t, \cdots, \sin n\omega t, \cdots\}$ 是区间 $\left[0, \dfrac{2\pi}{\omega}\right]$ 上正交的三角函数系.

证　因为

$$\int_0^{\frac{2\pi}{\omega}} \sin m\omega t \sin n\omega t \, dx = \frac{1}{2} \int_0^{\frac{2\pi}{\omega}} (\cos(m-n)\omega t - \cos(m+n)\omega t)) dt$$

$$= \frac{1}{2} \left(\frac{\sin(m-n)\omega t}{(m-n)\omega} - \frac{\sin(m+n)\omega t}{(m+n)\omega} \right) \Bigg|_0^{\frac{2\pi}{\omega}}$$

$$= 0 \quad (m,n=1,2,3,\cdots, m \neq n),$$

由正交定义知，函数系 $\{\sin\omega t, \sin 2\omega t, \cdots, \sin n\omega t, \cdots\}$ 是区间 $\left[0, \dfrac{2\pi}{\omega}\right]$ 上正交的三角函数系.

2. 设 $S(x)$ 是周期为 2π 的函数 $f(x)$ 的和函数，$f(x)$ 在一个周期内的表达式为
$$f(x) = \begin{cases} 0, & 2 < |x| \leqslant \pi, \\ x, & |x| \leqslant 2. \end{cases}$$
试求 $S(x)$ 在 $[-\pi,\pi]$ 上的表达式.

解　$f(x) = \begin{cases} 0, & 2 < |x| \leqslant \pi, \\ x, & |x| \leqslant 2 \end{cases}$ 在 $[-\pi,\pi]$ 上的间断点为 $x=-2$ 与 $x=2$. 由定理 7.1，$S(x)$ 在 $[-\pi,\pi]$ 上的连续点处即 $x \neq -2$ 与 $x \neq 2$ 处收敛于 $f(x)$ 本身，在 $x=-2$ 与 $x=2$ 处分别收敛于 $\dfrac{f(-2-0)+f(-2+0)}{2} = -1$ 与 $\dfrac{f(2-0)+f(2+0)}{2} = 1$. 所以，有

$$S(x) = \begin{cases} -1, & x = -2, \\ x, & |x| < 2, \\ 1, & x = 2, \\ 0, & 2 < |x| \leqslant \pi. \end{cases}$$

3. 下列周期函数 $f(x)$（已给出它在$[-\pi,\pi]$上的表达式）以 2π 为周期，试将 $f(x)$ 展开成傅里叶级数：

(1) $f(x) = 3x^2 + 1 \ (-\pi \leqslant x < \pi)$;

(2) $f(x) = e^{2x} \ (-\pi \leqslant x < \pi)$;

(3) $f(x) = \begin{cases} bx, & -\pi \leqslant x < 0, \\ ax, & 0 \leqslant x < \pi \end{cases}$ （a,b 为常数，且 $a > b > 0$）.

解 (1) 由傅里叶级数系数公式，得

$$a_0 = \frac{1}{\pi} \int_{-\pi}^{\pi} (3x^2 + 1) dx = \frac{2}{\pi} \int_0^{\pi} (3x^2 + 1) dx = \frac{2}{\pi} (x^3 + x) \Big|_0^{\pi} = 2(\pi^2 + 1),$$

$$a_n = \frac{1}{\pi} \int_{-\pi}^{\pi} (3x^2 + 1) \cos nx \, dx = \frac{2}{\pi} \int_0^{\pi} (3x^2 + 1) \cos nx \, dx$$

$$= \frac{2}{n\pi} \left[(3x^2 + 1) \sin nx \Big|_0^{\pi} - 6 \int_0^{\pi} x \sin nx \, dx \right]$$

$$= \frac{12}{n^2\pi} \int_0^{\pi} x \, d\cos nx = \frac{12}{n^2\pi} \left[(x \cos nx) \Big|_0^{\pi} - \int_0^{\pi} \cos nx \, dx \right]$$

$$= \frac{12}{n^2\pi} (-1)^n \pi = \frac{12}{n^2} (-1)^n,$$

$$b_n = \frac{1}{\pi} \int_{-\pi}^{\pi} (3x^2 + 1) \sin nx \, dx = 0.$$

又 $f(x) = 3x^2 + 1$ 在$[-\pi,\pi)$上连续，因此由定理 7.1，有

$$f(x) = \pi^2 + 1 + 12 \sum_{n=1}^{\infty} \frac{(-1)^n}{n^2} \cos nx \quad (-\infty < x < \infty).$$

(2) 由傅里叶级数系数公式，得

$$a_0 = \frac{1}{\pi} \int_{-\pi}^{\pi} e^{2x} dx = \frac{1}{2\pi} e^{2x} \Big|_{-\pi}^{\pi} = \frac{e^{2\pi} - e^{-2\pi}}{2\pi},$$

$$a_n = \frac{1}{\pi} \int_{-\pi}^{\pi} e^{2x} \cos nx \, dx = \frac{1}{2\pi} \int_{-\pi}^{\pi} \cos nx \, d(e^{2x})$$

$$= \frac{1}{2\pi} \left(e^{2x} \cos nx \Big|_{-\pi}^{\pi} + n \int_{-\pi}^{\pi} e^{2x} \sin nx \, dx \right)$$

$$= \frac{(-1)^n (e^{2\pi} - e^{-2\pi})}{2\pi} + \frac{n}{4\pi} \int_{-\pi}^{\pi} \sin nx \, d(e^{2x})$$

$$= \frac{(-1)^n (e^{2\pi} - e^{-2\pi})}{2\pi} + \frac{n}{4\pi} \left[(e^{2x} \sin nx) \Big|_{-\pi}^{\pi} - n \int_{-\pi}^{\pi} e^{2x} \cos nx \, dx \right]$$

$$= -\frac{n^2}{4\pi} \int_{-\pi}^{\pi} e^{2x} \cos nx \, dx + \frac{(-1)^n (e^{2\pi} - e^{-2\pi})}{2\pi}.$$

移项, 得 $a_n = \dfrac{2(-1)^n}{n^2+4} \cdot \dfrac{e^{2\pi} - e^{-2\pi}}{\pi}$.

$$b_n = \frac{1}{\pi}\int_{-\pi}^{\pi} e^{2x}\sin nx\ dx = \frac{1}{\pi}\frac{e^{2x}}{n^2+4}(2\sin nx - n\cos nx)\Big|_{-\pi}^{\pi}$$

$$= \frac{(-1)^{n+1}}{n^2+4}\cdot\frac{e^{2\pi}-e^{-2\pi}}{\pi}.$$

又 $f(x) = e^{2x}$ 在 $[-\pi, \pi)$ 上连续, 但 $f(-\pi+0) = e^{-2\pi} \neq f(\pi-0) = e^{2\pi}$, 因此

$$e^{2x} = \frac{e^{2\pi}-e^{-2\pi}}{\pi}\left[\frac{1}{4} + \sum_{n=1}^{\infty}\frac{(-1)^{n+1}}{n^2+4}(2\cos nx - n\sin nx)\right]\quad(-\pi < x < \pi).$$

当 $x = \pm\pi$ 时, $f(x) = e^{2x}$ 的傅里叶级数收敛于

$$\frac{1}{2}(f(-\pi+0)+f(\pi-0)) = \frac{e^{2\pi}+e^{-2\pi}}{2},$$

即 $\dfrac{e^{2\pi}+e^{-2\pi}}{2} = \dfrac{e^{2\pi}-e^{-2\pi}}{\pi}\left[\dfrac{1}{4} + \sum_{n=1}^{\infty}\dfrac{(-1)^{n+1}}{n^2+4}(2\cos nx - n\sin nx)\right]\ (x = \pm\pi).$

(3) 由傅里叶级数系数公式, 得

$$a_0 = \frac{1}{\pi}\left(\int_{-\pi}^{0} bx\,dx + \int_{0}^{\pi} ax\,dx\right) = \frac{1}{2\pi}\left(bx^2\Big|_{-\pi}^{0} + ax^2\Big|_{0}^{\pi}\right) = \frac{\pi}{2}(a-b),$$

$$a_n = \frac{1}{\pi}\left(\int_{-\pi}^{0} bx\cos nx\,dx + \int_{0}^{\pi} ax\cos nx\,dx\right)$$

$$= \frac{b}{\pi}\left(\frac{x}{n}\sin nx + \frac{1}{n^2}\cos nx\right)\Big|_{-\pi}^{0} + \frac{a}{\pi}\left(\frac{x}{n}\sin nx + \frac{1}{n^2}\cos nx\right)\Big|_{0}^{\pi}$$

$$= \frac{1}{n^2\pi}(b-a)(1-\cos n\pi) = \frac{b-a}{n^2\pi}[1-(-1)^n],$$

$$b_n = \frac{1}{\pi}\left(\int_{-\pi}^{0} bx\sin nx\,dx + \int_{0}^{\pi} ax\sin nx\,dx\right)$$

$$= \frac{b}{\pi}\left(-\frac{x}{n}\cos nx + \frac{1}{n^2}\sin nx\right)\Big|_{-\pi}^{0} + \frac{a}{\pi}\left(-\frac{x}{n}\cos nx + \frac{1}{n^2}\sin nx\right)\Big|_{0}^{\pi}$$

$$= \frac{b}{\pi}\left(-\frac{\pi}{n}\cos n\pi\right) + \frac{a}{\pi}\left(-\frac{\pi}{n}\cos n\pi\right) = (-1)^{n+1}\frac{a+b}{n}.$$

又 $f(x)$ 在 $[-\pi, \pi)$ 上连续, 但 $f(-\pi+0) = -b\pi \neq f(\pi-0) = a\pi$, 因此

$$f(x) = \frac{a-b}{4}\pi + \sum_{n=1}^{\infty}\left\{\frac{[1-(-1)^n](b-a)}{n^2\pi}\cos nx + \frac{(-1)^{n-1}(a+b)}{n}\sin nx\right\}$$

$$(x \neq (2n+1)\pi,\ n = 0, \pm1, \pm2, \cdots).$$

当 $x = \pm\pi$ 时, $f(x) = e^{2x}$ 的傅里叶级数收敛于

$$\frac{1}{2}(f(-\pi+0)+f(\pi-0)) = \frac{(a-b)\pi}{2},$$

即 $\dfrac{a-b}{4}\pi = \sum_{n=1}^{\infty}\left\{\dfrac{[1-(-1)^n](b-a)}{n^2\pi}\cos nx + \dfrac{(-1)^{n-1}(a+b)}{n}\sin nx\right\}\ (x = \pm\pi).$

4. 将下列函数展开成傅里叶级数:

(1) $f(x) = 2\sin\dfrac{x}{3}$ $(-\pi \leqslant x \leqslant \pi)$;

(2) $f(x) = \mathrm{e}^x + 1$ $(-\pi \leqslant x < \pi)$;

(3) $f(x) = \begin{cases} 0, & -\pi \leqslant x < 0, \\ 1, & 0 \leqslant x < \pi. \end{cases}$

解 (1) 先将函数延拓成周期为 2π 的函数,不妨把延拓后的函数在区间 $[-\pi,\pi]$ 上仍记为 $f(x)$. 易见 $f(x)$ 为奇函数,从而 $a_n = 0$ $(n = 0,1,2,\cdots)$,

$$b_n = \frac{2}{\pi}\int_{-\pi}^{\pi}\sin\frac{x}{3}\sin nx\ \mathrm{d}x = \frac{2}{\pi}\int_0^{\pi}\left[\cos\left(\frac{1}{3}-n\right)x - \cos\left(\frac{1}{3}+n\right)x\right]\mathrm{d}x$$

$$= \frac{2}{\pi}\left(\frac{\sin\left(n-\frac{1}{3}\right)x}{n-\frac{1}{3}}\bigg|_0^{\pi} - \frac{\sin\left(n+\frac{1}{3}\right)x}{n+\frac{1}{3}}\bigg|_0^{\pi}\right)$$

$$= \frac{2}{\pi}\left[\frac{\sin\left(n-\frac{1}{3}\right)\pi}{n-\frac{1}{3}} - \frac{\sin\left(n+\frac{1}{3}\right)\pi}{n+\frac{1}{3}}\right] = \frac{6}{\pi}\left(\frac{-\cos n\pi \cdot \frac{\sqrt{3}}{2}}{3n-1} - \frac{\cos n\pi \cdot \frac{\sqrt{3}}{2}}{3n+1}\right)$$

$$= (-1)^{n+1}\frac{18\sqrt{3}}{\pi}\frac{n}{9n^2-1}\quad (-\pi < x < \pi).$$

$f(x)$ 在 $(-\pi,\pi)$ 内连续,在端点处间断,所以

$$f(x) = \frac{18\sqrt{3}}{\pi}\sum_{n=1}^{\infty}(-1)^{n-1}\frac{n\sin nx}{9n^2-1}\quad (-\pi < x < \pi).$$

当 $x = \pm\pi$ 时,右边级数收敛于 0,即 $0 = \dfrac{18\sqrt{3}}{\pi}\displaystyle\sum_{n=1}^{\infty}(-1)^{n-1}\dfrac{n\sin nx}{9n^2-1}$ $(x=\pm\pi)$.

(2) 先将函数延拓成周期为 2π 的函数,不妨把延拓后的函数在区间 $[-\pi,\pi]$ 上仍记为 $f(x)$.

$$a_0 = \frac{1}{\pi}\int_{-\pi}^{\pi}(\mathrm{e}^x+1)\mathrm{d}x = 2 + \frac{\mathrm{e}^{\pi}-\mathrm{e}^{-\pi}}{2\pi},$$

$$a_n = \frac{1}{\pi}\int_{-\pi}^{\pi}(\mathrm{e}^x+1)\cos nx\ \mathrm{d}x = \frac{\mathrm{e}^x}{\pi(1+n^2)}(\cos nx + n\sin nx)\bigg|_{-\pi}^{\pi}$$

$$= \frac{(-1)^n(\mathrm{e}^{\pi}-\mathrm{e}^{-\pi})}{\pi(1+n^2)},$$

$$b_n = \frac{1}{\pi}\int_{-\pi}^{\pi}(\mathrm{e}^x+1)\sin nx\ \mathrm{d}x = \frac{\mathrm{e}^x}{\pi(1+n^2)}(\sin nx - n\cos nx)\bigg|_{-\pi}^{\pi}$$

$$= \frac{(-1)^{n+1}n(\mathrm{e}^{\pi}-\mathrm{e}^{-\pi})}{\pi(1+n^2)}.$$

又 $f(x) = \mathrm{e}^x + 1$ 在 $[-\pi,\pi)$ 上连续,但 $f(-\pi+0) = \mathrm{e}^{-x}+1 \neq f(\pi-0) = \mathrm{e}^x + 1$,因此

$$f(x) = 1 + \frac{\mathrm{e}^{2\pi}+\mathrm{e}^{-2\pi}}{2\pi} + \frac{\mathrm{e}^{2\pi}+\mathrm{e}^{-2\pi}}{\pi}\sum_{n=1}^{\infty}\frac{(-1)^n}{n^2+1}(\cos nx - n\sin nx)\quad (-\pi < x < \pi).$$

当 $x = \pm\pi$ 时,$f(x) = \mathrm{e}^x + 1$ 的傅里叶级数收敛于

$$\frac{1}{2}(f(-\pi+0)+f(\pi-0))=1+\frac{e^{\pi}+e^{-\pi}}{2},$$

即 $\dfrac{e^{\pi}+e^{-\pi}}{2}=\dfrac{e^{2\pi}+e^{-2\pi}}{2\pi}+\dfrac{e^{2\pi}+e^{-2\pi}}{\pi}\sum\limits_{n=1}^{\infty}\dfrac{(-1)^n}{n^2+1}(\cos nx-n\sin nx)\ (x=\pm\pi).$

(3) 先将函数延拓成周期为 2π 的函数，不妨把延拓后的函数在区间 $[-\pi,\pi]$ 上仍记为 $f(x)$.

$$a_0=\frac{1}{\pi}\left(\int_{-\pi}^0 0\,\mathrm{d}x+\int_0^{\pi}1\,\mathrm{d}x\right)=1,$$

$$a_n=\frac{1}{\pi}\left(\int_{-\pi}^0 0\cos nx\,\mathrm{d}x+\int_0^{\pi}1\cos nx\,\mathrm{d}x\right)=\frac{1}{\pi}\left(0+\frac{1}{n}\sin nx\ \Big|_0^{\pi}\right)=0,$$

$$b_n=\frac{1}{\pi}\left(\int_{-\pi}^0 0\sin nx\,\mathrm{d}x+\int_0^{\pi}1\sin nx\,\mathrm{d}x\right)=\frac{1}{\pi}\left(-\frac{1}{n}\cos nx\ \Big|_0^{\pi}\right)$$

$$=-\frac{1}{n\pi}[(-1)^n-1]=\begin{cases}0,&n=2k,\\[2mm]\dfrac{2}{n\pi},&n=2k-1,\end{cases}\quad k\in\mathbf{N}_+.$$

又 $f(x)$ 在 $(-\pi,0)\bigcup(0,\pi)$ 上连续，在 $x=-\pi$，$x=0$，$x=\pi$ 处间断，因此

$$f(x)=\frac{1}{2}+\frac{2}{\pi}\sum_{n=1}^{\infty}\frac{1}{2n-1}\sin(2n-1)x\quad(0<|x|<\pi).$$

在 $x=-\pi$，$x=0$，$x=\pi$ 处 $f(x)$ 的傅里叶级数收敛于

$$\frac{1}{2}(f(-\pi+0)+f(\pi-0))=\frac{1}{2},$$

即 $0=\dfrac{2}{\pi}\sum\limits_{n=1}^{\infty}\dfrac{1}{2n-1}\sin(2n-1)x\ (x=-\pi,\ x=0,\ x=\pi).$

5. 将下列函数展开成指定的傅里叶级数：

(1) $f(x)=\dfrac{\pi-x}{2}\ (0\leqslant x\leqslant\pi)$，正弦级数；

(2) $f(x)=\begin{cases}0,&0\leqslant x<\dfrac{\pi}{2},\\[2mm]\pi-x,&\dfrac{\pi}{2}\leqslant x\leqslant\pi,\end{cases}$ 余弦级数；

(3) $f(x)=2x^2\ (-\pi\leqslant x<\pi)$，正弦级数和余弦级数.

解 (1) 将函数作奇延拓，成为 $[-\pi,\pi]$ 上的奇函数 $f^*(x)$，则

$$a_n=0\quad(n=0,1,2,\cdots),$$

$$b_n=\frac{2}{\pi}\int_0^{\pi}\frac{\pi-x}{2}\sin nx\,\mathrm{d}x=\frac{2}{\pi}\left(\frac{x-\pi}{2n}\cos nx-\frac{1}{2n^2}\sin nx\right)\Big|_0^{\pi}=\frac{1}{n}\quad(n\in\mathbf{N}_+).$$

又延拓后的函数在 $(0,\pi]$ 上连续，在 $x=0$ 处间断，因此

$$\frac{\pi-x}{2}=\sum_{n=1}^{\infty}\frac{\sin nx}{n}\quad(0<x\leqslant\pi).$$

在 $x=0$ 处 $f(x)$ 的傅里叶级数收敛于

$$\frac{1}{2}(f^*(0+0)+f^*(0-0))=\frac{1}{2}(f(0+0)+f^*(0-0))=\frac{1}{2}\left(\frac{\pi}{2}-\frac{\pi}{2}\right)=0.$$

(2) 将函数作偶延拓，成为 $[-\pi,\pi]$ 上的偶函数 $f^*(x)$，则

$$b_n=0\quad(n=1,2,\cdots),$$

$$a_0=\frac{2}{\pi}\int_0^\pi f(x)\mathrm{d}x=\frac{2}{\pi}\int_{\frac{\pi}{2}}^\pi(\pi-x)\mathrm{d}x=\frac{\pi}{4},$$

$$a_n=\frac{2}{\pi}\int_0^\pi f(x)\cos nx\ \mathrm{d}x=\frac{2}{\pi}\int_{\frac{\pi}{2}}^\pi(\pi-x)\cos nx\ \mathrm{d}x$$

$$=-\frac{1}{n}\sin\frac{n\pi}{2}-\frac{2}{n^2\pi}\left[(-1)^n-\cos\frac{n\pi}{2}\right]\quad(n\in\mathbf{N}_+).$$

又延拓后的函数在 $\left(0,\frac{\pi}{2}\right)\cup\left(\frac{\pi}{2},\pi\right)$ 上连续，在 $x=\frac{\pi}{2}$ 处间断，因此

$$f(x)=\frac{\pi}{8}-\sum_{n=1}^\infty\left\{-\frac{1}{n}\sin\frac{n\pi}{2}-\frac{2}{n^2\pi}\left[(-1)^n-\cos\frac{n\pi}{2}\right]\right\}\cos nx,$$

$$x\in\left(0,\frac{\pi}{2}\right)\cup\left(\frac{\pi}{2},\pi\right).$$

在 $x=\frac{\pi}{2}$ 处 $f(x)$ 的傅里叶级数收敛于

$$\frac{1}{2}\left(f\left(\frac{\pi}{2}+0\right)+f^*\left(\frac{\pi}{2}-0\right)\right)=\frac{1}{2}\left(\frac{\pi}{2}+0\right)=\frac{\pi}{4}.$$

(3) 将函数作奇延拓，成为 $[-\pi,\pi]$ 上的奇函数 $f^*(x)$，则

$$a_n=0\quad(n=0,1,2,\cdots),$$

$$b_n=\frac{2}{\pi}\int_0^\pi 2x^2\sin nx\ \mathrm{d}x=\frac{4}{\pi}\left(\frac{x^2}{n}\cos nx\ \Big|_0^\pi-2\cdot\frac{1}{n}\int_0^\pi x\cos nx\ \mathrm{d}x\right)$$

$$=(-1)^{n+1}\frac{4\pi}{n}+\frac{8}{n^2\pi}\left(x\sin x\ \Big|_0^\pi-\frac{1}{n}\cos x\ \Big|_0^\pi\right)$$

$$=\frac{4}{\pi}\sum_{n=1}^\infty\left[-\frac{2}{n^3}+(-1)^n\left(\frac{2}{n^3}-\frac{\pi^2}{n}\right)\right]\quad(n=1,2,\cdots).$$

又延拓后的函数在 $[0,\pi)$ 上连续，因此

$$f(x)=\sum_{n=1}^\infty\left\{(-1)^{n+1}\frac{4\pi}{n}\cos nx+\frac{8}{n^3\pi}[(-1)^n-1]\right\}\sin nx$$

$$=\frac{4}{\pi}\sum_{n=1}^\infty\left[-\frac{2}{n^3}+(-1)^n\left(\frac{2}{n^3}-\frac{\pi^2}{n}\right)\right]\sin nx\quad(0\leqslant x<\pi).$$

在 $x=\pi$ 处，$f(x)$ 的傅里叶级数收敛于

$$\frac{1}{2}(f^*(\pi+0)+f^*(\pi-0))=\frac{1}{2}(f^*(\pi+0)+f(\pi-0))=\frac{1}{2}(-2\pi^2+2\pi^2)=0.$$

将函数作偶延拓，成为 $[-\pi,\pi]$ 上的偶函数 $f^*(x)$，则

$$b_n=0\ (n=1,2,\cdots),\quad a_0=\frac{2}{\pi}\int_0^\pi 2x^2\mathrm{d}x=\frac{4\pi^2}{3},$$

$$a_n = \frac{2}{\pi}\int_0^\pi 2x^2\cos nx\ \mathrm{d}x = \frac{4}{\pi}\left(\frac{x^2}{n}\sin nx\ \Big|_0^\pi + \frac{2}{\pi}\int_0^\pi \frac{1}{n}x\ \mathrm{d}\cos nx\right)$$

$$= \frac{8}{n^2\pi}x\cos nx\ \Big|_0^\pi - \frac{1}{n}\sin nx\ \Big|_0^\pi = \frac{(-1)^n \cdot 8}{n^2}\quad (n=1,2,\cdots).$$

又延拓后的函数 $f^*(x)$ 在 $[0,\pi]$ 上连续，因此

$$f(x) = \frac{2\pi^2}{3} + 8\sum_{n=1}^\infty \frac{(-1)^n}{n^2\pi}\cos nx \quad (0\leqslant x\leqslant\pi).$$

===**B** 类===

1. 设周期函数 $f(x)$ 的周期为 2π，证明：

(1) 如果 $f(x-\pi)=-f(x)$，则 $f(x)$ 的傅里叶系数
$$a_0=0,\ a_{2k}=0,\ b_{2k}=0\quad (k=1,2,\cdots);$$

(2) 如果 $f(x-\pi)=f(x)$，则 $f(x)$ 的傅里叶系数
$$a_{2k+1}=0,\ b_{2k+1}=0\quad (k=0,1,2,\cdots).$$

证 (1) 由傅里叶级数系数公式，得

$$a_0 = \frac{1}{\pi}\left(\int_{-\pi}^0 f(x)\mathrm{d}x + \int_0^\pi f(x)\mathrm{d}x\right) = \frac{1}{\pi}\left(\int_{-\pi}^0 f(x)\mathrm{d}x - \int_0^\pi f(x-\pi)\mathrm{d}x\right)$$

$$\xrightarrow{x-\pi=u} \frac{1}{\pi}\left(\int_{-\pi}^0 f(x)\mathrm{d}x - \int_{-\pi}^0 f(u)\mathrm{d}u\right)=0,$$

$$a_{2k} = \frac{1}{\pi}\left(\int_{-\pi}^0 f(x)\cos 2kx\ \mathrm{d}x + \int_0^\pi f(x)\cos 2kx\ \mathrm{d}x\right)$$

$$= \frac{1}{\pi}\left(\int_{-\pi}^0 f(x)\cos 2kx\ \mathrm{d}x - \int_0^\pi f(x-\pi)\cos 2kx\ \mathrm{d}x\right)$$

$$\xrightarrow{x-\pi=u} \frac{1}{\pi}\left(\int_{-\pi}^0 f(x)\cos 2kx\ \mathrm{d}x - \int_{-\pi}^0 f(u)\cos 2ku\ \mathrm{d}u\right)$$

$$= 0\quad (k=1,2,\cdots),$$

$$b_{2k} = \frac{1}{\pi}\left(\int_{-\pi}^0 f(x)\sin 2kx\ \mathrm{d}x + \int_0^\pi f(x)\sin 2kx\ \mathrm{d}x\right)$$

$$= \frac{1}{\pi}\left(\int_{-\pi}^0 f(x)\sin 2kx\ \mathrm{d}x - \int_0^\pi f(x-\pi)\sin 2kx\ \mathrm{d}x\right)$$

$$\xrightarrow{x-\pi=u} \frac{1}{\pi}\left(\int_{-\pi}^0 f(x)\sin 2kx\ \mathrm{d}x - \int_{-\pi}^0 f(u)\sin 2ku\ \mathrm{d}u\right)$$

$$= 0\quad (k=1,2,\cdots).$$

(2) 由傅里叶级数系数公式，得

$$a_{2k+1} = \frac{1}{\pi}\left(\int_{-\pi}^0 f(x)\cos(2k+1)x\ \mathrm{d}x + \int_0^\pi f(x)\cos(2k+1)x\ \mathrm{d}x\right)$$

$$= \frac{1}{\pi}\left(\int_{-\pi}^0 f(x)\cos(2k+1)x\ \mathrm{d}x + \int_0^\pi f(x-\pi)\cos(2k+1)x\ \mathrm{d}x\right)$$

$$\xrightarrow{x-\pi=u} \frac{1}{\pi}\left(\int_{-\pi}^0 f(x)\cos(2k+1)x\ \mathrm{d}x - \int_{-\pi}^0 f(u)\cos(2k+1)u\ \mathrm{d}u\right)$$

$$= 0 \quad (k = 1,2,\cdots),$$

$$b_{2k+1} = \frac{1}{\pi} \left(\int_{-\pi}^{0} f(x) \sin(2k+1)x \; \mathrm{d}x + \int_{0}^{\pi} f(x) \sin(2k+1)x \; \mathrm{d}x \right)$$

$$= \frac{1}{\pi} \left(\int_{-\pi}^{0} f(x) \sin(2k+1)x \; \mathrm{d}x + \int_{0}^{\pi} f(x-\pi) \sin(2k+1)x \; \mathrm{d}x \right)$$

$$\xrightarrow{x - \pi = u} \frac{1}{\pi} \left(\int_{-\pi}^{0} f(x) \sin(2k+1)x \; \mathrm{d}x - \int_{-\pi}^{0} f(u) \sin(2k+1)u \; \mathrm{d}u \right)$$

$$= 0 \quad (k = 1,2,\cdots).$$

习题 13-8

══ A 类 ══

1. 将下列周期函数(已给出函数在一个周期内的表达式)展开成傅里叶级数:

(1) $f(x) = 1 - x^2 \quad \left(-\dfrac{1}{2} \leqslant x < \dfrac{1}{2} \right)$;

(2) $f(x) = x(l-x) \quad (-l \leqslant x < l)$;

(3) $f(x) = \begin{cases} 2x+1, & -3 \leqslant x < 0, \\ 1, & 0 \leqslant x < 3; \end{cases}$

(4) $f(x) = \begin{cases} \cos\dfrac{\pi x}{l}, & |x| \leqslant \dfrac{l}{2}, \\ 0, & \dfrac{l}{2} < |x| \leqslant l. \end{cases}$

解 (1) 由傅里叶级数系数公式,得

$$a_0 = \frac{1}{\frac{1}{2}} \int_{-\frac{1}{2}}^{\frac{1}{2}} (1-x^2) \mathrm{d}x = 4 \int_{0}^{\frac{1}{2}} (1-x^2) \mathrm{d}x = \frac{11}{6},$$

$$a_n = 4 \int_{0}^{\frac{1}{2}} (1-x^2) \cos\frac{n\pi x}{\frac{1}{2}} \; \mathrm{d}x = 4 \int_{0}^{\frac{1}{2}} (1-x^2) \cos 2n\pi x \; \mathrm{d}x$$

$$= 4 \left(\frac{1-x^2}{2n\pi} \sin 2n\pi x \; \Big|_{0}^{\frac{1}{2}} - \frac{2}{4n^2\pi^2} \int_{0}^{\frac{1}{2}} x \; \mathrm{d}\cos 2n\pi x \right)$$

$$= -\frac{2}{n^2\pi^2} \left(x \cos 2n\pi x \; \Big|_{0}^{\frac{1}{2}} - \frac{1}{2n\pi} \sin 2n\pi x \; \Big|_{0}^{\frac{1}{2}} \right)$$

$$= (-1)^{n+1} \frac{1}{n^2\pi^2} \quad (n = 1,2,\cdots).$$

由于 $f(x)$ 是偶函数,所以 $b_n = 0$. 又 $f(x)$ 在 $(-\infty, +\infty)$ 内连续,因此

$$1 - x^2 = \frac{11}{12} + \frac{1}{\pi^2} \sum_{n=1}^{\infty} \frac{(-1)^{n+1}}{n^2} \cos 2n\pi x, \quad x \in (-\infty, +\infty).$$

(2) 由傅里叶级数系数公式,得

$$a_0 = \frac{1}{l}\int_{-l}^{l} x(l-x)\,dx = \frac{1}{l}\left(\int_{-l}^{l} lx\,dx - \int_{-l}^{l} x^2\,dx\right)$$

$$= 0 - \frac{2}{l}\int_0^l x^2\,dx = -\frac{1}{l}\cdot\frac{2}{3}x^3\Big|_0^l = \frac{2}{3}l^3.$$

由 $\int_{-l}^{l} x\cos\frac{n\pi x}{l}\,dx = 0$，以及

$$\int_{-l}^{l} x^2\cos\frac{n\pi x}{l}\,dx = 2\int_0^l x^2\cos\frac{n\pi x}{l}\,dx = 2\left(x^2\frac{l}{n\pi}\sin\frac{n\pi x}{l}\Big|_0^l - \frac{2l}{n\pi}\int_0^l x\sin\frac{n\pi x}{l}\,dx\right)$$

$$= 2\left\{0 - \frac{2l}{n\pi}\left[x\left(-\frac{l}{n\pi}\right)\cos\frac{n\pi x}{l}\Big|_0^l + \frac{l}{n\pi}\int_0^l\cos\frac{n\pi x}{l}\,dx\right]\right\}$$

$$= -\frac{4l}{n\pi}\left[\left(-\frac{l^2}{n\pi}\right)(-1)^n + \frac{l^2}{n^2\pi^2}\sin\frac{n\pi x}{l}\Big|_0^l\right] = (-1)^n\frac{4l^3}{n^2\pi^2},$$

得到

$$a_n = \frac{1}{l}\int_{-l}^{l} x(l-x)\cos\frac{n\pi x}{l}\,dx = \frac{1}{l}\left[\int_{-l}^{l} lx\cos\frac{n\pi x}{l}\,dx - \int_{-l}^{l} x^2\cos\frac{n\pi x}{l}\,dx\right]$$

$$= \frac{1}{l}\left[0 - (-1)^n\frac{4l^3}{n^2\pi^2}\right] = (-1)^{n+1}\frac{4l^2}{n^2\pi^2}.$$

由 $\int_{-l}^{l} x^2\sin\frac{n\pi x}{l}\,dx = 0$，以及

$$\int_{-l}^{l} lx\sin\frac{n\pi x}{l}\,dx = 2l\left[x\left(-\frac{l}{n\pi}\right)\cos\frac{n\pi x}{l}\Big|_0^l + \frac{l}{n\pi}\int_0^l\cos\frac{n\pi x}{l}\,dx\right]$$

$$= 2l\left[\frac{l^2}{n\pi}(-1)^n + \frac{l}{n\pi}\sin\frac{n\pi x}{l}\Big|_0^l\right] = (-1)^n\frac{2l^3}{n\pi},$$

得到

$$b_n = \frac{1}{l}\int_{-l}^{l} x(l-x)\sin\frac{n\pi x}{l}\,dx = \frac{1}{l}\left(\int_{-l}^{l} lx\sin\frac{n\pi x}{l}\,dx - \int_{-l}^{l} x^2\sin\frac{n\pi x}{l}\,dx\right)$$

$$= \frac{1}{l}\left[(-1)^n\frac{l^3}{n\pi} - 0\right] = (-1)^{n+1}\frac{2l^2}{n^2\pi^2}.$$

又 $f(x)$ 在 $(-\infty,+\infty)$ 内的间断点为 $x = (2k+1)l\ (k\in\mathbf{Z})$，因此

$$f(x) = -\frac{1}{3}l^2 + \frac{2l^2}{\pi}\sum_{n=1}^{\infty}(-1)^{n+1}\left(\frac{2}{n^2\pi}\cos\frac{n\pi x}{l} + \frac{1}{n}\sin\frac{n\pi x}{l}\right),$$

$$x \neq (2k+1)l\ (k\in\mathbf{Z}).$$

在间断点 $x = (2k+1)l\ (k\in\mathbf{Z})$ 处，$f(x)$ 的傅里叶级数收敛于

$$\frac{1}{2}(f(-l+0)+f(l-0)) = \frac{1}{2}(-2l^2+0) = -l^2.$$

（3）由傅里叶级数系数公式，得

$$a_0 = \frac{1}{3}\left(\int_{-3}^{0}(2x+1)\,dx + \int_0^3 1\,dx\right) = -1,$$

$$a_n = \frac{1}{3}\left[\int_{-3}^{0}(2x+1)\cos\frac{n\pi x}{3}\,dx + \int_0^3\cos\frac{n\pi x}{3}\,dx\right]$$

$$= \frac{1}{3} \left[(2x+1) \frac{3}{n\pi} \sin \frac{n\pi x}{3} \Big|_{-3}^{0} - \frac{6}{n\pi} \int_{-3}^{0} \sin \frac{n\pi x}{3} \, dx + \frac{3}{n\pi} \sin \frac{n\pi x}{3} \Big|_{0}^{3} \right]$$

$$= \frac{6}{n^2 \pi^2} [1 - (-1)^n] \quad (n = 1, 2, \cdots),$$

$$b_n = \frac{1}{3} \left[\int_{-3}^{0} (2x+1) \sin \frac{n\pi x}{3} \, dx + \int_{0}^{3} \sin \frac{n\pi x}{3} \, dx \right]$$

$$= \frac{1}{3} \left[(2x+1) \left(-\frac{3}{n\pi} \right) \cos \frac{n\pi x}{3} \Big|_{-3}^{0} - \frac{6}{n\pi} \int_{-3}^{0} \cos \frac{n\pi x}{3} \, dx - \frac{3}{n\pi} \cos \frac{n\pi x}{3} \Big|_{0}^{3} \right]$$

$$= \frac{6}{n\pi} (-1)^{n+1} \quad (n = 1, 2, \cdots).$$

又 $f(x)$ 在 $(-\infty, +\infty)$ 内的间断点为 $x = 3(2k+1) \ (k \in \mathbf{Z})$，因此

$$f(x) = -\frac{1}{2} + \sum_{n=1}^{\infty} \left\{ \frac{6}{n^2 \pi^2} [1 - (-1)^n] \cos \frac{n\pi x}{3} + (-1)^{n+1} \frac{6}{n\pi} \sin \frac{n\pi x}{3} \right\},$$

$$x \neq 3(2k+1) \ (k = 0, \pm 1, \pm 2, \cdots).$$

在间断点 $x = 3(2k+1) \ (k \in \mathbf{Z})$ 处，$f(x)$ 的傅里叶级数收敛于

$$\frac{1}{2} (f(-3+0) + f(3-0)) = \frac{1}{2}(-5+1) = -2.$$

(4) 由于 $f(x)$ 是偶函数，所以 $b_n = 0 \ (n = 1, 2, \cdots)$,

$$a_0 = \frac{1}{\frac{l}{2}} \int_{0}^{\frac{l}{2}} \cos \frac{\pi x}{l} \, dx - \frac{1}{\frac{l}{2}} \int_{\frac{l}{2}}^{l} 0 \, dx = \frac{1}{\pi},$$

$$a_n = \frac{1}{\frac{l}{2}} \left(\int_{0}^{\frac{l}{2}} \cos \frac{\pi x}{l} \cos \frac{n\pi x}{l} \, dx - \int_{\frac{l}{2}}^{l} 0 \, dx \right)$$

$$= \frac{1}{l} \left[\int_{0}^{\frac{l}{2}} \left(\cos \frac{(1-n)\pi x}{l} + \cos \frac{(1+n)\pi x}{l} \right) dx \right]$$

$$= \frac{1}{l} \left[\frac{l}{(1-n)\pi} \sin \frac{(1-n)\pi x}{l} + \frac{l}{(1+n)\pi} \sin \frac{(1+n)\pi x}{l} \right] \Big|_{0}^{\frac{l}{2}} \quad (n \neq 1)$$

$$= \frac{1}{\pi} \left(\frac{1}{n-1} \sin \frac{(n-1)\pi}{2} + \frac{1}{n+1} \sin \frac{(n+1)\pi}{2} \right)$$

$$= \frac{1}{\pi} \left[\frac{(-1)^{k+1}}{2k-1} + \frac{(-1)^k}{2k+1} \right] = \frac{(-1)^k}{\pi} \cdot \frac{-2}{4k^2-1},$$

$$a_1 = \frac{1}{\frac{l}{2}} \left[\int_{0}^{\frac{l}{2}} \left(\cos \frac{\pi x}{l} \right)^2 dx - \int_{\frac{l}{2}}^{l} 0 \, dx \right] = \frac{1}{l} \int_{0}^{\frac{l}{2}} \left(1 + \cos \frac{2\pi x}{l} \right) dx = \frac{1}{2}.$$

又 $f(x)$ 在 $[-l, l]$ 上连续，故 $f(x)$ 在 $(-\infty, +\infty)$ 内连续，因此

$$f(x) = \frac{1}{\pi} + \frac{1}{2} \cos \frac{\pi x}{l} - \frac{2}{\pi} \sum_{n=1}^{\infty} \frac{(-1)^n}{4n^2-1} \cos \frac{2n\pi x}{l} \quad (-\infty < x < +\infty).$$

2. 将函数 $f(x) = \begin{cases} \dfrac{px}{2}, & 0 \leqslant x < \dfrac{l}{2}, \\[3mm] \dfrac{p(l-x)}{2}, & \dfrac{l}{2} \leqslant x \leqslant l \end{cases}$ 展开成正弦级数.

解 设已作奇延拓和周期延拓,成为 $[-\pi,\pi]$ 上的奇函数 $f^*(x)$,则 $f^*(x)$ 可展开成正弦级数,有 $a_n = 0 \ (n = 0,1,2,\cdots)$,以及

$$b_n = \frac{2}{l} \int_0^l f^*(x) \sin \frac{n\pi x}{l} \, \mathrm{d}x = \frac{2}{l} \int_0^l f(x) \sin \frac{n\pi x}{l} \, \mathrm{d}x$$

$$= \frac{2}{l} \left[\int_0^{\frac{l}{2}} \frac{px}{2} \sin \frac{n\pi x}{l} \, \mathrm{d}x + \int_{\frac{l}{2}}^l \frac{p(l-x)}{2} \sin \frac{n\pi x}{l} \, \mathrm{d}x \right].$$

由

$$\int_{\frac{l}{2}}^l \frac{p(l-x)}{2} \sin \frac{n\pi x}{l} \, \mathrm{d}x \xrightarrow{t = l - x} \int_{\frac{l}{2}}^0 \frac{pt}{2} \sin \frac{n\pi(l-t)}{l} (-\mathrm{d}t)$$

$$= (-1)^{n+1} \int_0^{\frac{l}{2}} \frac{pt}{2} \sin \frac{n\pi t}{l} \, \mathrm{d}t,$$

得

$$b_n = \frac{2}{l} \left[\int_0^{\frac{l}{2}} \frac{px}{2} \sin \frac{n\pi x}{l} \, \mathrm{d}x + (-1)^{n+1} \int_0^{\frac{l}{2}} \frac{pt}{2} \sin \frac{n\pi t}{l} \, \mathrm{d}t \right]$$

$$= \begin{cases} 0, & n = 2,4,6,\cdots, \\ \dfrac{4p}{2l} \displaystyle\int_0^{\frac{l}{2}} x \sin \dfrac{n\pi x}{l} \, \mathrm{d}x, & n = 1,3,5,\cdots \end{cases} = \begin{cases} 0, & n = 2,4,6,\cdots, \\ \dfrac{2pl}{n^2\pi^2} \sin \dfrac{n\pi}{2}, & n = 1,3,5,\cdots. \end{cases}$$

由于 $f^*(x)$ 在 $(-\infty, +\infty)$ 内连续,故 $f(x)$ 在 $[0,l]$ 上可展开成傅里叶级数,即

$$f(x) = \frac{2pl}{\pi^2} \sum_{n=1}^{\infty} \frac{(-1)^{n-1}}{(2n-1)^2} \sin \frac{(2n-1)\pi x}{l} \quad (0 \leqslant x \leqslant l).$$

3. 将函数 $f(x) = \begin{cases} x, & 0 \leqslant x < \dfrac{l}{2}, \\[3mm] l-x, & \dfrac{l}{2} \leqslant x < l \end{cases}$ 分别展开成正弦级数和余弦级数.

解 设已作奇延拓和周期延拓,则可展开成正弦级数,其 $a_n = 0 \ (n = 0,1,2,\cdots)$,而

$$b_n = \frac{2}{l} \left[\int_0^{\frac{l}{2}} x \sin \frac{n\pi x}{l} \, \mathrm{d}x + \int_{\frac{l}{2}}^l (l-x) \sin \frac{n\pi x}{l} \, \mathrm{d}x \right] \quad (n = 1,2,\cdots)$$

$$= -\frac{2}{l} \left[\frac{l}{n\pi} \left(x \cos \frac{n\pi x}{l} \right) \Big|_0^{\frac{l}{2}} - \frac{l^2}{n^2\pi^2} \sin \frac{n\pi x}{l} \Big|_0^{\frac{l}{2}} \right]$$

$$\quad -\frac{2}{l} \left[\frac{l}{n\pi} (l-x) \cos \frac{n\pi x}{l} \Big|_{\frac{l}{2}}^l + \frac{l^2}{n^2\pi^2} \sin \frac{n\pi x}{l} \Big|_{\frac{l}{2}}^l \right]$$

$$= \frac{4l}{n^2\pi^2} \sin \frac{n\pi}{2} = \begin{cases} \dfrac{4l}{(2k-1)^2\pi^2} (-1)^{k-1}, & n = 2k-1, \\[3mm] 0, & n = 2k. \end{cases}$$

又 $f(x)$ 作了上述延拓后在 $[0,l]$ 上连续,所以

$$f(x) = \frac{4l}{\pi^2} \sum_{n=1}^{\infty} \frac{(-1)^{k-1}}{(2k-1)^2} \sin\frac{n\pi x}{l} \quad (0 \leqslant x \leqslant l).$$

设已作偶延拓和周期延拓,则可展开成余弦级数,其 $b_n = 0$ $(n=1,2,\cdots)$. 类似地,

$$a_n = \frac{2}{l}\left[\int_0^{\frac{l}{2}} x\cos\frac{n\pi x}{l}\,\mathrm{d}x + \int_{\frac{l}{2}}^l (l-x)\sin\frac{n\pi x}{l}\,\mathrm{d}x\right]$$

$$= \frac{2l}{\pi^2}\left[\frac{1}{n^2}\left(2\cos\frac{n\pi}{2} - 1 - (-1)^n\right)\right] \quad (n \neq 0,\, n \in \mathbf{N}^*),$$

而 $a_0 = \frac{2}{l}\left[\int_0^{\frac{l}{2}} x\,\mathrm{d}x + \int_{\frac{l}{2}}^l (l-x)\,\mathrm{d}x\right] = \frac{l}{2}$. 又 $f(x)$ 作上述延拓后在 $[0,l]$ 上连续,所以

$$f(x) = \frac{l}{4} + \frac{2l}{\pi^2} \sum_{n=1}^{\infty} \frac{1}{n^2}\left[2\cos\frac{n\pi}{2} - 1 - (-1)^n\right]\cos\frac{n\pi x}{l} \quad (x \in [0,l]).$$

══ **B　类** ══

1. 将函数 $f(x) = 2 + |x|$ $(-1 \leqslant x \leqslant 1)$ 展开成傅里叶级数,并求级数 $\sum\limits_{n=1}^{\infty} \frac{1}{n^2}$ 的和.

解　将 $f(x)$ 作偶延拓和周期延拓,得函数 $f^*(x)$,则可将 $f(x)$ 展开成余弦级数,

$$b_n = 0 \quad (n=1,2,3,\cdots),$$

$$a_0 = \frac{2}{1}\int_0^1 f(x)\mathrm{d}x = 2\int_0^1 (2+|x|)\mathrm{d}x = 2\left(2x + \frac{x^2}{2}\right)\Big|_0^1 = 5,$$

$$a_n = \frac{2}{1}\int_0^1 f(x)\cos n\pi x\,\mathrm{d}x = 2\int_0^1 (2+|x|)\cos n\pi x\,\mathrm{d}x$$

$$= 4\int_0^1 \cos n\pi x\,\mathrm{d}x + 2\int_0^1 x\cos n\pi x\,\mathrm{d}x$$

$$= 4\cdot\frac{1}{n\pi}\sin n\pi x\,\Big|_0^1 + 2\left[\left(x\cdot\frac{1}{n\pi}\sin n\pi x\right)\Big|_0^1 - \frac{1}{n\pi}\int_0^1 \sin n\pi x\,\mathrm{d}x\right]$$

$$= 0 + 2\left(0 + \frac{1}{n^2\pi^2}\cos n\pi x\,\Big|_0^1\right) = \frac{2}{n^2\pi^2}[(-1)^n - 1]$$

$$= \begin{cases} 0, & n=2,4,6,\cdots, \\ \dfrac{-4}{n^2\pi^2}, & n=1,3,5,\cdots \end{cases} \quad (n=1,2,3,\cdots).$$

又 $f^*(x)$ 在 $(-\infty,+\infty)$ 内连续,因此

$$2 + |x| = \frac{5}{2} - \frac{4}{\pi^2}\sum_{n=0}^{\infty}\frac{\cos(2n+1)\pi x}{(2n+1)^2} \quad (-1 \leqslant x \leqslant 1).$$

令 $x = 0$ 代入上述展开式,可得到 $2 = \frac{5}{2} - \frac{4}{\pi^2}\sum\limits_{n=0}^{\infty}\frac{1}{(2n+1)^2}$. 从而有

$$\sum_{n=0}^{\infty}\frac{1}{(2n+1)^2} = \frac{\pi^2}{8}.$$

若记 $\sigma = 1 + \dfrac{1}{2^2} + \dfrac{1}{3^2} + \dfrac{1}{4^2} + \cdots$，$\sigma_1 = 1 + \dfrac{1}{3^2} + \dfrac{1}{5^2} + \cdots$，$\sigma_2 = \dfrac{1}{2^2} + \dfrac{1}{4^2} + \dfrac{1}{6^2} + \cdots$，因

$$\sigma_2 = \frac{1}{4}\left(1 + \frac{1}{2^2} + \frac{1}{3^2} + \cdots\right) = \frac{1}{4}\sigma,$$

则 $\sigma = \sigma_1 + \sigma_2 = \sigma_1 + \dfrac{1}{4}\sigma$，于是 $\sigma = \dfrac{4}{3}\sigma_1 = \dfrac{4}{3}\cdot\dfrac{\pi^2}{8} = \dfrac{\pi^2}{6}$.

2. 证明：在 $[0,\pi]$ 上有 $x(\pi - x) = \dfrac{\pi^2}{6} - \displaystyle\sum_{n=1}^{\infty}\dfrac{\cos 2nx}{n^2}$，并由此证明：$\displaystyle\sum_{n=1}^{\infty}\dfrac{(-1)^{n-1}}{n^2} = \dfrac{\pi^2}{12}$.

证 将 $f(x) = x(\pi - x)$ 作偶延拓和周期延拓，得函数 $f^*(x)$，则可将 $f(x)$ 展开成余弦级数，$b_n = 0$ $(n = 1,2,\cdots)$，

$$a_0 = \frac{2}{\pi}\int_0^{\pi}x(\pi - x)\mathrm{d}x = \frac{2}{\pi}\left(\frac{\pi}{2}x^2\,\Big|_0^{\pi} - \frac{1}{3}x^3\,\Big|_0^{\pi}\right)$$

$$= \frac{2}{\pi}\left(\frac{\pi^3}{2} - \frac{1}{3}\pi^3\right) = \frac{1}{3}\pi^2,$$

$$a_n = \frac{2}{\pi}\int_0^{\pi}x(\pi - x)\cos nx\ \mathrm{d}x$$

$$= \frac{2}{\pi}\left[x(\pi - x)\frac{1}{n}\sin nx\,\Big|_0^{\pi} - \frac{1}{n}\int_0^{\pi}(\pi - 2x)\sin nx\ \mathrm{d}x\right]$$

$$= -\frac{2}{n\pi}\int_0^{\pi}(\pi - 2x)\sin nx\ \mathrm{d}x$$

$$= -\frac{2}{n\pi}\left[-\pi\frac{\cos nx}{n}\,\Big|_0^{\pi} - 2\left(-x\frac{\cos nx}{n}\,\Big|_0^{\pi} + \int_0^{\pi}\frac{\cos nx}{n}\mathrm{d}x\right)\right]$$

$$= -\frac{2}{n\pi}\left(-\frac{\pi\cos n\pi}{n} + \frac{\pi}{n} + \frac{2\pi\cos n\pi}{n}\,\Big|_0^{\pi} + \frac{\sin nx}{n}\,\Big|_0^{\pi}\right)$$

$$= -\frac{2}{n^2}\left[(-1)^{n+1} + 1 + 2(-1)^n\right] = -\frac{2}{n^2}\left[1 + (-1)^n\right]$$

$$= \begin{cases} 0, & n = 1,3,5,\cdots, \\ -\dfrac{4}{n^2}, & n = 2,4,6,\cdots. \end{cases}$$

又 $f^*(x)$ 在 $(-\infty, +\infty)$ 内连续，因此在 $[0,\pi]$ 上有

$$f(x) = x(\pi - x) = \frac{\pi^2}{6} - \sum_{n=1}^{\infty}\frac{4}{(2n)^2}\cos 2nx = \frac{\pi^2}{6} - \sum_{n=1}^{\infty}\frac{1}{n^2}\cos 2nx \quad (n = 1,2,\cdots).$$

令 $x = \dfrac{\pi}{2}$，代入上式得

$$f\left(\frac{\pi}{2}\right) = \frac{\pi}{2}\left(\pi - \frac{\pi}{2}\right) = \frac{\pi^2}{6} - \sum_{n=1}^{\infty}\frac{1}{n^2}\cos n\pi,$$

即 $\dfrac{\pi^2}{4} = \dfrac{\pi^2}{6} + \displaystyle\sum_{n=1}^{\infty}\dfrac{(-1)^{n-1}}{n^2}$，故 $\displaystyle\sum_{n=1}^{\infty}\dfrac{(-1)^{n-1}}{n^2} = \dfrac{\pi^2}{12}$.

3. 将函数 $f(x) = \arcsin(\sin x)$ 展开成傅里叶级数.

解 $f(x)$ 是周期为 2π 的连续周期函数，又 $f(x)$ 是 $(-\pi,\pi)$ 内的奇函数，因此 $a_0 = 0$，$a_n = 0$ $(n = 1,2,\cdots)$，

$$b_n = \frac{2}{\pi}\int_0^\pi \arcsin(\sin x)\,\sin nx\,\mathrm{d}x = \frac{2}{\pi}\left[\int_0^{\frac{\pi}{2}} x \sin nx\,\mathrm{d}x + \int_{\frac{\pi}{2}}^\pi (\pi - x)\sin nx\,\mathrm{d}x\right]$$

$$= \frac{2}{\pi}\left[-\frac{x\cos nx}{n}\Big|_0^{\frac{\pi}{2}} + \frac{1}{n}\int_0^{\frac{\pi}{2}}\cos nx\,\mathrm{d}x - \frac{(\pi - x)\cos nx}{n}\Big|_{\frac{\pi}{2}}^\pi - \frac{1}{n}\int_{\frac{\pi}{2}}^\pi \cos nx\,\mathrm{d}x\right]$$

$$= \frac{2}{\pi}\left(\frac{1}{n^2}\sin nx\Big|_0^{\frac{\pi}{2}} - \frac{1}{n^2}\sin nx\Big|_{\frac{\pi}{2}}^\pi\right) = \frac{4}{n^2\pi}\sin\frac{n\pi}{2}$$

$$= \begin{cases} 0, & k = 2,4,6,\cdots, \\ (-1)^{k-1}\dfrac{4}{\pi(2k-1)^2}, & k = 1,3,5,\cdots. \end{cases}$$

故 $f(x) = \dfrac{4}{\pi}\displaystyle\sum_{n=1}^\infty \frac{(-1)^{n-1}}{(2n-1)^2}\sin(2n-1)x$ $(-\infty < x < +\infty)$.

习题 13-9

=== **A** 类 ===

1. 将下列函数展开成复数形式的傅里叶级数：

(1) 锯齿波 $f(t) = \dfrac{h}{T}t$ $(0 \leqslant x < T)$，周期为 T；

(2) 全波整流波 $f(t) = |E\sin\omega t|$，$t \in \left[-\dfrac{\pi}{\omega}, \dfrac{\pi}{\omega}\right]$，周期为 $\dfrac{2\pi}{\omega}$.

解 (1) $c_0 = \dfrac{1}{T}\displaystyle\int_0^T \frac{h}{T}t\,\mathrm{d}t = \frac{h}{T^2}\int_0^T t\,\mathrm{d}t = \frac{h}{T^2}\cdot\frac{t^2}{2}\Big|_0^T = \frac{h}{2}$,

$$c_n = \frac{1}{T}\int_0^T \frac{h}{T}t\,\mathrm{e}^{-\mathrm{i}n\omega t}\,\mathrm{d}t = \frac{h}{T^2}\int_0^T t\,\mathrm{e}^{-\mathrm{i}n\omega t}\,\mathrm{d}t$$

$$= \frac{h}{T^2}\int_0^T t(\cos n\omega t - \mathrm{i}\sin n\omega t)\,\mathrm{d}t \quad \left(\omega = \frac{2\pi}{T}\right)$$

$$= \frac{h}{T^2}\left[\left(\frac{1}{n\omega}t\sin n\omega t\Big|_0^t - \frac{1}{n\omega}\int_0^T \sin n\omega t\,\mathrm{d}t\right)\right.$$

$$\left. - \mathrm{i}\left(-\frac{1}{n\omega}t\cos n\omega t\Big|_0^t + \frac{1}{n\omega}\int_0^T \cos n\omega t\,\mathrm{d}t\right)\right]$$

$$= \frac{h}{T^2}\left[\left(0 + \frac{1}{n^2\omega^2}\cos n\omega t\Big|_0^t\right) - \mathrm{i}\left(-\frac{1}{n\omega}t\cos n\omega t\Big|_0^t + \frac{1}{n^2\omega^2}\sin n\omega t\Big|_0^t\right)\right]$$

$$= \frac{h}{T^2}\left[0 + \frac{1}{n^2\omega^2}(\cos 2n\pi - 1) + \mathrm{i}\left(\frac{1}{n\omega}T\cos 2n\pi - 0\right)\right]$$

$$= \frac{h}{T^2}\frac{T^2}{2n\pi}\mathrm{i} = \frac{h}{2n\pi}\mathrm{i} \quad (n = \pm 1, \pm 2, \pm 3, \cdots).$$

又 $f(t)$ 在 $(-\infty, +\infty)$ 内的间断点为 $t = kT$ $(k \in \mathbf{Z})$，因此

$$f(t) = \frac{h}{2} + \sum_{\substack{n=-\infty \\ n \neq 0}}^{+\infty} \frac{h\mathrm{i}}{2n\pi} \mathrm{e}^{\mathrm{i}n\omega t} \quad \left(\omega = \frac{2\pi}{T}, -\infty < t < +\infty, t \neq kT \ (k \in \mathbf{Z}) \right).$$

在 $t = kT$ $(k \in \mathbf{Z})$ 处，上式右边级数收敛于

$$\frac{1}{2}(f(0+0) + f(T-0)) = \frac{1}{2}(0 + h) = \frac{h}{2}.$$

(2) $\quad c_0 = \frac{1}{2 \cdot \frac{\pi}{\omega}} \int_{-\frac{\pi}{\omega}}^{\frac{\pi}{\omega}} |E \sin \omega t|\, \mathrm{d}t = \frac{\omega}{2\pi} \cdot 2 \int_0^{\frac{\pi}{\omega}} E \sin \omega t\, \mathrm{d}t$

$$= \frac{\omega E}{\pi} \left(-\frac{\cos \omega t}{\omega} \right) \Big|_0^{\frac{\pi}{\omega}} = \frac{2E}{\pi},$$

$$c_n = \frac{1}{2 \cdot \frac{\pi}{\omega}} \int_{-\frac{\pi}{\omega}}^{\frac{\pi}{\omega}} |E \sin \omega t|\, \mathrm{e}^{-\mathrm{i}n\omega t}\, \mathrm{d}t = \frac{\omega E}{\pi} \int_0^{\frac{\pi}{\omega}} \sin \omega t\, \mathrm{e}^{-\mathrm{i}n\omega t}\, \mathrm{d}t.$$

当 $n \neq \pm 1$ 时，上式可化为

$$c_n = \frac{\omega E}{2\pi \mathrm{i}} \int_0^{\frac{\pi}{\omega}} \left[\mathrm{e}^{-\mathrm{i}(n-1)t} - \mathrm{e}^{-\mathrm{i}(n+1)t} \right] \mathrm{d}t = \frac{E}{2\pi} \left[\frac{\mathrm{e}^{-\mathrm{i}(n-1)t}}{n-1} \Big|_0^{\frac{\pi}{\omega}} + \frac{\mathrm{e}^{-\mathrm{i}(n+1)t}}{n+1} \Big|_0^{\frac{\pi}{\omega}} \right]$$

$$= \frac{E}{2\pi} \left[\frac{1}{n-1} (\cos(n-1)\pi - \mathrm{i}\sin(n-1)\pi - 1) \right.$$

$$\left. - \frac{1}{n+1} (\cos(n+1)\pi - \mathrm{i}\sin(n+1)\pi - 1) \right]$$

$$= \frac{E}{\pi} \cdot \frac{(-1)^{n-1} - 1}{n^2 - 1} = \begin{cases} 0, & n = 2k+1, \\ -\dfrac{E}{\pi} \cdot \dfrac{2}{(2k)^2 - 1}, & n = 2k \end{cases}$$

$(k = \pm 1, \pm 2, \cdots)$. 而

$$c_{\pm 1} = \frac{\omega E}{\pi} \int_0^{\frac{\pi}{\omega}} \sin \omega t\, \mathrm{e}^{\mp \mathrm{i}n\omega t}\, \mathrm{d}t = \frac{\omega E}{2\pi} \int_0^{\frac{\pi}{\omega}} (\sin \omega t \cos \omega t \mp \mathrm{i}\sin^2 \omega t)\, \mathrm{d}t$$

$$= \frac{\omega E}{\pi} \left[-\frac{\cos 2\omega t}{4\omega} \Big|_0^{\frac{\pi}{\omega}} \mp \mathrm{i} \left(\frac{t}{2} - \frac{\sin 2\omega t}{4\omega} \right) \Big|_0^{\frac{\pi}{\omega}} \right] = \mp \frac{E\mathrm{i}}{2}.$$

又 $f(t)$ 在 $(-\infty, +\infty)$ 内连续，因此

$$f(t) = \frac{2E}{\pi} + E \sin \omega t - \frac{2E}{\pi} \sum_{\substack{n=-\infty \\ n \neq 0, \pm 1}}^{+\infty} \frac{1}{4n^2 - 1} \mathrm{e}^{\mathrm{i}2n\omega t} \quad (-\infty < t < +\infty).$$

2. 设周期函数 $f(x) = \begin{cases} 1, & -\pi < x \leqslant 0, \\ -1, & 0 < x \leqslant \pi \end{cases}$ 的周期为 2π. 将其展开成复数形式的

傅里叶级数，并求其和函数.

解 $\quad c_0 = \frac{1}{2\pi} \int_{-\pi}^{\pi} f(x)\, \mathrm{d}x = \frac{1}{2\pi} \left[\int_{-\pi}^0 1\, \mathrm{d}x + \int_0^{\pi} (-1)\, \mathrm{d}x \right] = 0,$

$$c_n = \frac{1}{2\pi} \int_{-\pi}^{\pi} f(x) \mathrm{e}^{-\mathrm{i}n\pi x}\, \mathrm{d}x = \frac{1}{2\pi} \left[\int_{-\pi}^0 \mathrm{e}^{-\mathrm{i}n\pi x}\, \mathrm{d}x + \int_0^{\pi} (-1)\mathrm{e}^{-\mathrm{i}n\pi x}\, \mathrm{d}x \right]$$

$$= \frac{1}{2\pi}\left(-\frac{1}{\mathrm{i}n}\,\mathrm{e}^{-\mathrm{i}nx}\,\Big|_{-\pi}^{0} + \frac{1}{\mathrm{i}n}\,\mathrm{e}^{-\mathrm{i}nx}\,\Big|_{0}^{\pi}\right)$$

$$= \frac{1}{2n\pi\mathrm{i}}[1-(\cos n\pi - \mathrm{i}\sin n\pi)+(\cos n\pi - \mathrm{i}\sin n\pi)-1]$$

$$= \frac{1}{n\pi\mathrm{i}}[(-1)^n-1] = \begin{cases} 0, & n=2,4,6,\cdots, \\ \dfrac{-2}{n\pi\mathrm{i}}, & n=1,3,5,\cdots. \end{cases}$$

又 $f(x)$ 在 $(-\infty,+\infty)$ 内的间断点为 $x=k\pi\ (k\in \mathbf{Z})$，因此

$$f(x) = -\sum_{\substack{n=-\infty \\ n\neq 0}}^{+\infty} \frac{2}{(2n-1)\mathrm{i}\pi}\,\mathrm{e}^{\mathrm{i}(2n-1)x} \quad (-\infty < x < +\infty,\ x\neq k\pi,\ k\in \mathbf{Z}).$$

由第 13 章定理 7.1，$f(x)$ 的傅里叶级数的和函数为

$$S(x) = \begin{cases} 1, & (2k-1)\pi < x < 2k\pi, \\ 0, & x=(2k-1)\pi, 2k\pi, (2k+1)\pi, \quad (k=0,\pm1,\pm2,\cdots). \\ -1, & 2k\pi < x < (2k+1)\pi \end{cases}$$

3. 设 $u(t)$ 是周期为 T 的周期函数，已知其傅里叶级数的复数形式为

$$u(t) = \frac{h\tau}{T} + \frac{h}{\pi}\sum_{n=-\infty}^{+\infty} \frac{1}{n}\sin\frac{n\pi\tau}{T}\,\frac{\mathrm{i}h}{2n\pi}\,\mathrm{e}^{\mathrm{i}\frac{2n\pi t}{T}} \quad (-\infty < t < +\infty),$$

试写出 $u(t)$ 的傅里叶级数的实数形式(三角形式).

解 $c_n = \dfrac{h}{n\pi}\sin\dfrac{n\pi\tau}{T}\ (n=\pm1,\pm2,\pm3,\cdots)$. 由 $c_n = \dfrac{a_n-\mathrm{i}b_n}{2}$，$c_{-n} = \dfrac{a_n+\mathrm{i}b_n}{2}\ (n=1,2,3,\cdots)$，得 $a_n = c_n+c_{-n} = c_n = \dfrac{2h}{n\pi}\sin\dfrac{n\pi\tau}{T}\ (n=1,2,3,\cdots)$，$b_n = \mathrm{i}(c_n-c_{-n}) = 0\ (n=1,2,3,\cdots)$，故

$$u(t) = \frac{h\tau}{T} + \frac{2h}{\pi}\sum_{n=1}^{\infty} \frac{1}{n}\sin\frac{n\pi\tau}{T}\cos\frac{2n\pi t}{T} \quad (-\infty < t < +\infty).$$

总习题十三

1. 选择题

(1) 设常数 $a>0$，则级数 $\sum\limits_{n=1}^{\infty}(-1)^n\dfrac{a+n}{n^2}$ ( ).

A. 发散   B. 绝对收敛   C. 条件收敛   D. 收敛性与 a 的值有关

(2) 下列命题中正确的是( ).

A. 若 $u_n < v_n\ (n=1,2,3,\cdots)$，则 $\sum\limits_{n=1}^{\infty}u_n \leqslant \sum\limits_{n=1}^{\infty}v_n$

B. 若 $u_n < v_n\ (n=1,2,3,\cdots)$，且 $\sum\limits_{n=1}^{\infty}v_n$ 收敛，则 $\sum\limits_{n=1}^{\infty}u_n$ 收敛

C. 若 $\lim\limits_{n\to\infty}\dfrac{u_n}{v_n}=1$，且 $\sum\limits_{n=1}^{\infty}v_n$ 收敛，则 $\sum\limits_{n=1}^{\infty}u_n$ 收敛

D. 若 $w_n < u_n < v_n$ $(n = 1, 2, 3, \cdots)$，且 $\sum\limits_{n=1}^{\infty} w_n$ 与 $\sum\limits_{n=1}^{\infty} v_n$ 均收敛，则 $\sum\limits_{n=1}^{\infty} u_n$ 收敛

(3) 设 $\sum\limits_{n=1}^{\infty} a_n$ 为正项级数，下列结论中正确的是（　　）.

A. 若 $\lim\limits_{n \to \infty} n a_n = 0$，则级数 $\sum\limits_{n=1}^{\infty} a_n$ 收敛

B. 若存在非零常数 λ，使得 $\lim\limits_{n \to \infty} n a_n = \lambda$，则级数 $\sum\limits_{n=1}^{\infty} a_n$ 发散

C. 若级数 $\sum\limits_{n=1}^{\infty} a_n$ 收敛，则 $\lim\limits_{n \to \infty} n^2 a_n = 0$

D. 若级数 $\sum\limits_{n=1}^{\infty} a_n$ 发散，则存在非零常数 λ，使得 $\lim\limits_{n \to \infty} n a_n = \lambda$

(4) 设 $p_n = \dfrac{a_n + |a_n|}{2}$，$q_n = \dfrac{a_n - |a_n|}{2}$，$n = 1, 2, \cdots$，则下列命题正确的是（　　）.

A. 若 $\sum\limits_{n=1}^{\infty} a_n$ 条件收敛，则 $\sum\limits_{n=1}^{\infty} p_n$ 与 $\sum\limits_{n=1}^{\infty} q_n$ 都收敛

B. 若 $\sum\limits_{n=1}^{\infty} a_n$ 绝对收敛，则 $\sum\limits_{n=1}^{\infty} p_n$ 与 $\sum\limits_{n=1}^{\infty} q_n$ 都收敛

C. 若 $\sum\limits_{n=1}^{\infty} a_n$ 条件收敛，则 $\sum\limits_{n=1}^{\infty} p_n$ 与 $\sum\limits_{n=1}^{\infty} q_n$ 敛散性都不定

D. 若 $\sum\limits_{n=1}^{\infty} a_n$ 绝对收敛，则 $\sum\limits_{n=1}^{\infty} p_n$ 与 $\sum\limits_{n=1}^{\infty} q_n$ 敛散性都不定

(5) 设

$$f(x) = \begin{cases} x, & 0 \leqslant x < \dfrac{1}{2}, \\ 2 - x, & \dfrac{1}{2} \leqslant x < 1, \end{cases} \quad S(x) = \dfrac{a_0}{2} + \sum_{n=1}^{\infty} a_n \cos n\pi x, \quad x \in \mathbf{R},$$

其中，$a_n = 2\displaystyle\int_0^1 f(x) \cos n\pi x \, \mathrm{d}x$，$n = 1, 2, 3, \cdots$，则 $S\left(-\dfrac{7}{2}\right)$ 等于（　　）.

A. $\dfrac{3}{2}$ 　　　　B. $-\dfrac{3}{2}$ 　　　　C. 1 　　　　D. -1

解 （1）选 C. 由 $\sum\limits_{n=1}^{\infty} \dfrac{a}{n^2}$ 收敛，$\sum\limits_{n=1}^{\infty} \dfrac{n}{n^2} = \sum\limits_{n=1}^{\infty} \dfrac{1}{n}$ 发散，得 $\sum\limits_{n=1}^{\infty} \left| (-1)^n \dfrac{a+n}{n^2} \right| =$

$\sum\limits_{n=1}^{\infty} \dfrac{a+n}{n^2}$ 发散，即 $\sum\limits_{n=1}^{\infty} (-1)^n \dfrac{a+n}{n^2}$ 非绝对收敛. 而 $\sum\limits_{n=1}^{\infty} (-1)^n \dfrac{a}{n^2}$ 绝对收敛，交错级数

$\sum\limits_{n=1}^{\infty} (-1)^n \dfrac{n}{n^2} = \sum\limits_{n=1}^{\infty} (-1)^n \dfrac{1}{n}$ 收敛，故 $\sum\limits_{n=1}^{\infty} (-1)^n \dfrac{a+n}{n^2}$ 收敛，且为条件收敛.

（2）选 D. 由于 $\sum\limits_{n=1}^{\infty} w_n$ 及 $\sum\limits_{n=1}^{\infty} v_n$ 都收敛，故正项级数 $\sum\limits_{n=1}^{\infty} (v_n - w_n)$ 收敛. 又 $v_n - w_n$

$\geqslant v_n - u_n \geqslant 0$，则正项级数 $\sum\limits_{n=1}^{\infty}(v_n - u_n)$ 收敛，故 $\sum\limits_{n=1}^{\infty}u_n = \sum\limits_{n=1}^{\infty}v_n - \sum\limits_{n=1}^{\infty}(v_n - u_n)$ 收敛.

(3) 选 B. 若存在非零常数 λ，使得 $\lim\limits_{n\to\infty}na_n = \lambda$，则有 $\lim\limits_{n\to\infty}\dfrac{a_n}{\frac{1}{n}} = \lambda > 0$. 因为 $\sum\limits_{n=1}^{\infty}\dfrac{1}{n}$

发散，故 $\sum\limits_{n=1}^{\infty}a_n$ 发散.

(4) 选 B. 若 $\sum\limits_{n=1}^{\infty}a_n$ 绝对收敛，则 $\sum\limits_{n=1}^{\infty}|a_n|$, $\sum\limits_{n=1}^{\infty}a_n$ 收敛，故 $\sum\limits_{n=1}^{\infty}p_n = \sum\limits_{n=1}^{\infty}\dfrac{a_n + |a_n|}{2}$,

$\sum\limits_{n=1}^{\infty}q_n = \sum\limits_{n=1}^{\infty}\dfrac{a_n - |a_n|}{2}$ 都收敛.

(5) 选 C. 由条件，即 $f(x)$ 的傅里叶级数为余弦级数及 $f(x)$ 与 a_n 的表达式知，$f(x)$ 是周期函数，周期 $T = 2$. 因此

$$S\left(\frac{1}{2} + kT\right) = S\left(\frac{1}{2} + 2k\right) = S\left(\frac{1}{2}\right) = \frac{f\left(\frac{1}{2} - 0\right) + f\left(\frac{1}{2} + 0\right)}{2} = \frac{\frac{1}{2} + \frac{3}{2}}{2}$$
$$= 1 \quad (k \in \mathbf{Z}).$$

故 $S\left(-\dfrac{7}{2}\right) = S\left(\dfrac{1}{2} + 2\times(-4)\right) = S\left(\dfrac{1}{2}\right) = 1$.

2. 判别下列级数的敛散性：

(1) $\sum\limits_{n=1}^{\infty}e^{-\sqrt{n}}$; (2) $\sum\limits_{n=1}^{\infty}\left(\dfrac{1}{\sqrt{n}-1} - \dfrac{1}{\sqrt{n}} - \dfrac{1}{n}\right)$.

(3) $\sum\limits_{n=1}^{\infty}\dfrac{n^{n-1}}{(2n^2 + \ln n + 1)^{\frac{n+1}{2}}}$; (4) $\sum\limits_{n=1}^{\infty}\dfrac{1 + a^n}{1 + b^n}$ $(a > 0, b > 0)$.

解 (1) 由 e^x 的 Maclaurin 级数展开式，

$$e^{\sqrt{n}} = 1 + \sqrt{n} + \frac{1}{2!}(\sqrt{n})^2 + \frac{1}{3!}(\sqrt{n})^3 + \frac{1}{4!}(\sqrt{n})^4 + \cdots \geqslant \frac{1}{4!}(\sqrt{n})^4 = \frac{n^2}{24},$$

即 $e^{-\sqrt{n}} \leqslant \dfrac{24}{n^2}$，故 $\sum\limits_{n=1}^{\infty}e^{-\sqrt{n}}$ 收敛.

(2) 先化简. 由 $(1+x)^a$ 的 Maclaurin 级数展开式，

$$\frac{1}{\sqrt{n}-1} = \frac{1}{\sqrt{n}}\left(1 - \frac{1}{\sqrt{n}}\right)^{-1} = \frac{1}{\sqrt{n}}\left[1 + \frac{1}{\sqrt{n}} + \left(\frac{1}{\sqrt{n}}\right)^2 + o\left(\frac{1}{n}\right)\right]$$
$$= \frac{1}{\sqrt{n}} + \frac{1}{n} + \frac{1}{n^{\frac{3}{2}}} + o\left(\frac{1}{n^{\frac{3}{2}}}\right),$$

于是 $\dfrac{1}{\sqrt{n}-1} - \dfrac{1}{\sqrt{n}} - \dfrac{1}{n} = \dfrac{1}{n^{\frac{3}{2}}} + o\left(\dfrac{1}{n^{\frac{3}{2}}}\right) \sim \dfrac{1}{n^{\frac{3}{2}}}$ $(n\to\infty)$. 故 $\sum\limits_{n=1}^{\infty}\left(\dfrac{1}{\sqrt{n}-1} - \dfrac{1}{\sqrt{n}} - \dfrac{1}{n}\right)$ 收敛.

(3) 由于 $\dfrac{n^{n-1}}{(2n^2 + \ln n + 1)^{\frac{n+1}{2}}} \leqslant \dfrac{n^{n-1}}{(n^2)^{\frac{n+1}{2}}} = \dfrac{1}{n^2}$，故 $\sum\limits_{n=1}^{\infty}\dfrac{n^{n-1}}{(2n^2 + \ln n + 1)^{\frac{n+1}{2}}}$ 收敛.

(4) 当 $b > a > 0$ 且 $a > 1$ 时，$\dfrac{1+a^n}{1+b^n} < \dfrac{2a^n}{b^n} = 2\left(\dfrac{a}{b}\right)^n$. 由几何级数 $\displaystyle\sum_{n=1}^{\infty}\left(\dfrac{a}{b}\right)^n$ 收

敛，知 $\displaystyle\sum_{n=1}^{\infty} \dfrac{1+a^n}{1+b^n}$ 收敛.

当 $b > 1 \geqslant a > 0$ 时，$\dfrac{1+a^n}{1+b^n} < \dfrac{2}{b^n} = 2\left(\dfrac{1}{b}\right)^n$. 同理，可知 $\displaystyle\sum_{n=1}^{\infty} \dfrac{1+a^n}{1+b^n}$ 收敛.

综合知，当 $b > a > 0$ 且 $b > 1$ 时，级数 $\displaystyle\sum_{n=1}^{\infty} \dfrac{1+a^n}{1+b^n}$ 收敛.

当 $b > a > 0$ 且 $b \leqslant 1$ 时，$\dfrac{1+a^n}{1+b^n} \geqslant \dfrac{1}{2} + \dfrac{a^n}{2}$，$\displaystyle\lim_{n\to\infty} \dfrac{1+a^n}{1+b^n} \geqslant \dfrac{1}{2}$，$\displaystyle\lim_{n\to\infty} \dfrac{1+a^n}{1+b^n} \neq 0$，

故 $\displaystyle\sum_{n=1}^{\infty} \dfrac{1+a^n}{1+b^n}$ 发散.

当 $0 < b \leqslant a$ 时，$\dfrac{1+a^n}{1+b^n} \geqslant \dfrac{1+b^n}{1+b^n} = 1$. 由于 $\displaystyle\sum_{n=1}^{\infty} 1 = +\infty$ 发散，故 $\displaystyle\sum_{n=1}^{\infty} \dfrac{1+a^n}{1+b^n}$ 发散.

综上所述，当且仅当 $b > a > 0$ 且 $b > 1$ 时，$\displaystyle\sum_{n=1}^{\infty} \dfrac{1+a^n}{1+b^n}$ 收敛（其他各种情形，

$\displaystyle\sum_{n=1}^{\infty} \dfrac{1+a^n}{1+b^n}$ 均发散）.

3. 讨论下列级数是否收敛，如果收敛，是条件收敛还是绝对收敛：

(1) $\displaystyle\sum_{n=1}^{\infty} (-1)^{n-1} \dfrac{1}{n - \ln n}$；

(2) $\displaystyle\sum_{n=1}^{\infty} (-1)^{n+1} \dfrac{\ln\left(2 + \dfrac{1}{n}\right)}{\sqrt{(3n-2)(3n+2)}}$；

(3) $\displaystyle\sum_{n=1}^{\infty} \ln\left(1 + \dfrac{(-1)^n}{n^p}\right)$ $(p > 0)$；

(4) $\displaystyle\sum_{n=1}^{\infty} \sin(\pi\sqrt{n^2 + a^2})$（$a$ 为常数）.

解 (1) 因为

$$\lim_{n\to\infty} \dfrac{\dfrac{1}{n-\ln n}}{\dfrac{1}{n}} = \lim_{n\to\infty} \dfrac{n}{n-\ln n} = \lim_{n\to\infty} \dfrac{1}{1 - \dfrac{\ln n}{n}} = 1 \quad \left(\text{由} \lim_{x\to\infty} \dfrac{\ln x}{x} = 0，\text{有} \lim_{n\to\infty} \dfrac{\ln n}{n} = 0\right),$$

又调和级数 $\displaystyle\sum_{n=1}^{\infty} \dfrac{1}{n}$ 发散，所以级数 $\displaystyle\sum_{n=1}^{\infty} \left|(-1)^{n-1} \dfrac{1}{n-\ln n}\right| = \displaystyle\sum_{n=1}^{\infty} \dfrac{1}{n-\ln n}$ 发散.

设 $f(x) = \dfrac{1}{x-\ln x}$ $(x > 1)$. 由于

$$f'(x) = \left(\dfrac{1}{x-\ln x}\right)' = \dfrac{1-x}{x(x-\ln x)^2} < 0 \quad (x > 1),$$

故 $f(x) = \dfrac{1}{x-\ln x}$ $(x > 1)$ 单调减，而 $\displaystyle\lim_{x\to+\infty} \dfrac{1}{x-\ln x} = \lim_{x\to+\infty} \dfrac{1}{x} \cdot \dfrac{1}{1 - \dfrac{\ln x}{x}} = 0$，因此

$\left\{\dfrac{1}{n-\ln n}\right\}$ 单调减，且 $\displaystyle\lim_{n\to\infty} \dfrac{1}{n-\ln n} = 0$. 由莱布尼兹准则，交错级数 $\displaystyle\sum_{n=1}^{\infty} (-1)^{n-1} \dfrac{1}{n-\ln n}$

收敛,为条件收敛.

(2) 由 $|u_n| = \dfrac{\ln\left(2+\dfrac{1}{n}\right)}{\sqrt{(3n-2)(3n+2)}} \sim \dfrac{\ln 2}{3n}$ $(n \to \infty)$,知

$$\sum_{n=1}^{\infty}\left|(-1)^{n+1}\frac{\ln\left(2+\dfrac{1}{n}\right)}{\sqrt{(3n-2)(3n+2)}}\right| = \sum_{n=1}^{\infty}\frac{\ln\left(2+\dfrac{1}{n}\right)}{\sqrt{(3n-2)(3n+2)}}$$

发散,即 $\displaystyle\sum_{n=1}^{\infty}(-1)^{n+1}\dfrac{\ln\left(2+\dfrac{1}{n}\right)}{\sqrt{(3n-2)(3n+2)}}$ 非绝对收敛.

又由 $|u_n| = \dfrac{\ln\left(2+\dfrac{1}{n}\right)}{\sqrt{(3n-2)(3n+2)}} \to 0$ $(n \to \infty)$,且

$$\frac{|u_{n+1}|}{|u_n|} = \frac{\ln\left(2+\dfrac{1}{n+1}\right)}{\sqrt{(3n+1)(3n+5)}} \cdot \frac{\sqrt{(3n-2)(3n+2)}}{\ln\left(2+\dfrac{1}{n}\right)}$$

$$= \sqrt{\frac{(3n-2)}{(3n+1)}} \cdot \sqrt{\frac{(3n+2)}{(3n+5)}} \cdot \frac{\ln\left(2+\dfrac{1}{n+1}\right)}{\ln\left(2+\dfrac{1}{n}\right)} < 1,$$

可知 $|u_n|$ 单调减少,所以级数 $\displaystyle\sum_{n=1}^{\infty}(-1)^{n+1}\dfrac{\ln\left(2+\dfrac{1}{n}\right)}{\sqrt{(3n-2)(3n+2)}}$ 收敛,为条件收敛.

(3) 由泰勒公式,有

$$\left|\ln\left(1+\frac{(-1)^n}{n^p}\right)\right| = \frac{(-1)^n}{n^p} - \frac{1}{2}\left[\frac{(-1)^n}{n^p}\right]^2 + o\left(\left[\frac{(-1)^n}{n^p}\right]^2\right)$$

$$= \frac{(-1)^n}{n^p} - \left(\frac{1}{2}\cdot\frac{1}{n^{2p}} + o\left(\frac{1}{n^{2p}}\right)\right).$$

由 $v_n = \dfrac{1}{2}\cdot\dfrac{1}{n^{2p}} + o\left(\dfrac{1}{n^{2p}}\right) \sim \dfrac{1}{2n^{2p}}$,可知 $\displaystyle\sum_{n=1}^{\infty}v_n = \sum_{n=1}^{\infty}\left(\frac{1}{2n^{2p}} + o\left(\frac{1}{n^{2p}}\right)\right)$ 与 $\displaystyle\sum_{n=1}^{\infty}\frac{1}{n^{2p}}$ 的敛散性相同.

当 $p > 1$ 时, $\displaystyle\sum_{n=1}^{\infty}\frac{(-1)^n}{n^p}$ 绝对收敛, $\displaystyle\sum_{n=1}^{\infty}v^n$ 绝对收敛,故 $\displaystyle\sum_{n=1}^{\infty}\ln\left(1+\frac{(-1)^n}{n^p}\right) = \sum_{n=1}^{\infty}\left(\frac{(-1)^n}{n^p} - v_n\right)$ 绝对收敛.

当 $\dfrac{1}{2} < p \leqslant 1$ 时, $\displaystyle\sum_{n=1}^{\infty}\frac{(-1)^n}{n^p}$ 条件收敛, $\displaystyle\sum_{n=1}^{\infty}v^n$ 绝对收敛,故 $\displaystyle\sum_{n=1}^{\infty}\ln\left(1+\frac{(-1)^n}{n^p}\right)$ 条件收敛.

当 $0 < p \leqslant \dfrac{1}{2}$ 时, $\displaystyle\sum_{n=1}^{\infty}\frac{(-1)^n}{n^p}$ 条件收敛, $\displaystyle\sum_{n=1}^{\infty}v^n$ 发散,故 $\displaystyle\sum_{n=1}^{\infty}\ln\left(1+\frac{(-1)^n}{n^p}\right)$ 发散.

(4) 由于

$$\sin(\pi\sqrt{n^2+a^2})=\sin(n\pi+(\sqrt{n^2+a^2}-n)\pi)=(-1)^n\sin((\sqrt{n^2+a^2}-n)\pi)$$

$$=(-1)^n\sin\frac{a^2\pi}{\sqrt{n^2+a^2}+n},$$

而 $\sin\dfrac{a^2\pi}{\sqrt{n^2+a^2}+n}$ 单调递减趋于 0, 故 $\displaystyle\sum_{n=1}^{\infty}\sin(\pi\sqrt{n^2+a^2})$ 收敛. 又由

$$\left|\sin(\pi\sqrt{n^2+a^2})\right|=\left|\sin\frac{a^2\pi}{\sqrt{n^2+a^2}+n}\right|\sim\frac{a^2\pi}{\sqrt{n^2+a^2}+n}\sim\frac{a^2\pi}{2n}\quad(n\to\infty),$$

知 $\displaystyle\sum_{n=1}^{\infty}\sin(\pi\sqrt{n^2+a^2})$ 非绝对收敛, 故它为条件收敛.

4. 设 $a_1=2$, $a_{n+1}=\dfrac{1}{2}\left(a_n+\dfrac{1}{a_n}\right)$ $(n=1,2,3,\cdots)$, 证明:

(1) $\lim\limits_{n\to\infty}a_n$ 存在; (2) 级数 $\displaystyle\sum_{n=1}^{\infty}\left(\dfrac{a_n}{a_{n+1}}-1\right)$ 收敛.

证 (1) 首先, 由 $a_n>0$ $(n=1,2,\cdots)$, 得

$$a_{n+1}=\frac{1}{2}\left(a_n+\frac{1}{a_n}\right)\geqslant\frac{1}{2}\cdot2\sqrt{a_n\cdot\frac{1}{a_n}}=1\quad(n=1,2,\cdots).$$

其次,

$$\frac{a_{n+1}}{a_n}=\frac{1}{2}\left(1+\frac{1}{a_n^2}\right)\leqslant\frac{1}{2}(1+1)=1\quad(n=1,2,\cdots).$$

因此数列 $\{a_n\}$ 单调减有下界, 故 $\lim\limits_{n\to\infty}a_n=a$ 存在.

(2) 由数列 $\{a_n\}$ 单调减, 知 $\dfrac{a_n}{a_{n+1}}-1=\dfrac{a_n-a_{n+1}}{a_{n+1}}\geqslant0$, 故级数 $\displaystyle\sum_{n=1}^{\infty}\left(\dfrac{a_n}{a_{n+1}}-1\right)$ 是正

项级数. 注意到 $a_n\geqslant1$, 得 $0\leqslant\dfrac{a_n-a_{n+1}}{a_{n+1}}\leqslant a_n-a_{n+1}$. 而正项级数 $\displaystyle\sum_{n=1}^{\infty}(a_n-a_{n+1})$ 的部

分和数列 $S_n=\displaystyle\sum_{k=1}^{n}(a_k-a_{k+1})=a_1-a_{n+1}$,

$$\lim_{n\to\infty}S_n=\lim_{n\to\infty}(a_1-a_{n+1})=a_1-\lim_{n\to\infty}a_{n+1}=a_1-a,$$

故级数 $\displaystyle\sum_{n=1}^{\infty}(a_n-a_{n+1})$ 收敛, 从而级数 $\displaystyle\sum_{n=1}^{\infty}\left(\dfrac{a_n}{a_{n+1}}-1\right)$ 收敛.

5. 设正项数列 $\{a_n\}$ 单调减少, 且 $\displaystyle\sum_{n=1}^{\infty}(-1)^n a_n$ 发散, 试讨论级数 $\displaystyle\sum_{n=1}^{\infty}\left(\dfrac{1}{a_n+1}\right)^n$ 的敛

散性.

证 由数列 $\{a_n\}$ 单调减少且 $a_n\geqslant0$ $(n=1,2,\cdots)$, 知 $\lim\limits_{n\to\infty}a_n=a$ 存在且 $a\geqslant0$. 再

由 $\displaystyle\sum_{n=1}^{\infty}(-1)^n a_n$ 发散可知 $a>0$ (否则由莱布尼兹准则, 级数 $\displaystyle\sum_{n=1}^{\infty}(-1)^n a_n$ 收敛). 因此,

$$\lim_{n \to \infty} \sqrt[n]{\left(\frac{1}{a_n+1}\right)^n} = \lim_{n \to \infty} \frac{1}{a_n+1} = \frac{1}{a+1} < 1.$$

由根值审敛法，$\displaystyle\sum_{n=1}^{\infty}\left(\frac{1}{a_n+1}\right)^n$ 收敛.

6. 设 $a_n = \displaystyle\int_0^{\frac{\pi}{4}} \tan^n x \, dx$，试证：对任意的常数 $\lambda > 0$，级数 $\displaystyle\sum_{n=1}^{\infty} \frac{a^n}{n^{\lambda}}$ 收敛.

证 首先，$a_n = \displaystyle\int_0^{\frac{\pi}{4}} \tan^n x \, dx > 0 \ (n=1,2,3,\cdots)$. 其次，

$$a_n = \int_0^{\frac{\pi}{4}} \tan^n x \, dx \xlongequal{t=\tan x} \int_0^1 \frac{t^n}{1+t^2} dt \leqslant \int_0^1 t^n dt = \frac{1}{n+1} < \frac{1}{n} \quad (n=1,2,3,\cdots).$$

于是有 $0 < \dfrac{a_n}{n^{\lambda}} < \dfrac{1}{n^{1+\lambda}}$. 由于 $\displaystyle\sum_{n=1}^{\infty} \frac{1}{n^{1+\lambda}}$ 收敛，故 $\displaystyle\sum_{n=1}^{\infty} \frac{a^n}{n^{\lambda}}$ 收敛.

7. 将函数 $f(x) = \dfrac{x}{2+x-x^2}$ 展开成 x 的幂级数.

解 设 $\dfrac{1}{(2-x)(1+x)} = \dfrac{A}{2-x} + \dfrac{B}{1+x}$，则 $A(1+x) + B(2-x) = 1$. 令 $x=2$，得 $A = \dfrac{1}{3}$；令 $x=-1$，得 $B = \dfrac{1}{3}$. 于是

$$\frac{1}{(2-x)(1+x)} = \frac{1}{3} \cdot \frac{1}{1+x} + \frac{1}{3} \cdot \frac{1}{2-x} = \frac{1}{3} \cdot \frac{1}{1+x} + \frac{1}{6} \cdot \frac{1}{1-\dfrac{x}{2}}$$

$$= \frac{1}{3} \sum_{n=0}^{\infty} (-1)^n x^n + \frac{1}{6} \sum_{n=0}^{\infty} \left(\frac{x}{2}\right)^n$$

$$= \sum_{n=0}^{\infty} \frac{1}{3} \left[\frac{1}{2^{n+1}} + (-1)^{n+1}\right] x^n \quad (|x| < 1).$$

因此

$$f(x) = \frac{x}{2+x-x^2} = x \sum_{n=0}^{\infty} \frac{1}{3} \left[\frac{1}{2^n} + (-1)^{n+1}\right] x^n$$

$$= \sum_{n=0}^{\infty} \frac{1}{3} \left[\frac{1}{2^n} + (-1)^{n+1}\right] x^{n+1} \quad (|x| < 1).$$

8. 求幂级数 $\displaystyle\sum_{n=1}^{\infty}\left(\frac{1}{2n+1} - 1\right) x^{2n}$ 在区间 $(-1,1)$ 内的和函数 $S(x)$.

解 设 $\displaystyle\sum_{n=1}^{\infty}\left(\frac{1}{2n+1} - 1\right) x^{2n} = S(x)$ 以及

$$\sum_{n=1}^{\infty} \frac{1}{2n+1} x^{2n} = S_1(x), \quad \sum_{n=1}^{\infty} x^{2n} = S_2(x) \quad (x \in (-1,1)).$$

于是 $S_2(x) = \displaystyle\sum_{n=1}^{\infty} x^{2n} = \dfrac{1}{1-x^2} - 1 = \dfrac{x^2}{1-x^2}$. 由于

$$\frac{\mathrm{d}}{\mathrm{d}x}(xS_1(x)) = \frac{\mathrm{d}}{\mathrm{d}x}\left(\sum_{n=1}^{\infty}\frac{1}{2n+1}x^{2n+1}\right) = \sum_{n=1}^{\infty}\frac{\mathrm{d}}{\mathrm{d}x}\left(\frac{1}{2n+1}x^{2n+1}\right) = \sum_{n=1}^{\infty}x^{2n} = \frac{x^2}{1-x^2},$$

所以 $xS_1(x) = \int_0^x \frac{t^2}{1-t^2}\mathrm{d}t = -x + \frac{1}{2}\ln\frac{1+x}{1-x}$，即

$$S_1(x) = -1 + \frac{1}{2x}\ln\frac{1+x}{1-x} \quad (-1 < x < 0 \text{ 及 } 0 < x < 1).$$

因此

$$S(x) = S_1(x) - S_2(x) = S_1(x) = -1 + \frac{1}{2x}\ln\frac{1+x}{1-x} - \frac{x^2}{1-x^2}$$

$$= \frac{1}{2x}\ln\frac{1+x}{1-x} - \frac{1}{1-x^2} \quad (-1 < x < 0 \text{ 及 } 0 < x < 1).$$

当 $x = 0$ 时，$S(x) = 0$. 故

$$S(x) = \begin{cases} \dfrac{1}{2x}\ln\dfrac{1+x}{1-x} - \dfrac{1}{1-x^2}, & -1 < x < 0, 0 < x < 1, \\ 0, & x = 0. \end{cases}$$

9. 求级数 $\displaystyle\sum_{n=2}^{\infty}\frac{1}{(n^2-1)\cdot 2^n}$ 的和.

解 $\displaystyle\sum_{n=2}^{\infty}\frac{1}{(n^2-1)\cdot 2^n} = \sum_{n=2}^{\infty}\frac{1}{2^{n+1}}\left(\frac{1}{n-1} - \frac{1}{n+1}\right) = \sum_{n=2}^{\infty}\frac{1}{2^{n+1}(n-1)} - \sum_{n=2}^{\infty}\frac{1}{2^{n+1}(n+1)}.$

由常见函数的幂级数展开式 $\ln(1+x) = \displaystyle\sum_{n=1}^{\infty}(-1)^{n-1}\frac{1}{n}x^n \quad (-1 < x \leqslant 1)$，有

$$\sum_{n=2}^{\infty}\frac{1}{2^{n+1}(n-1)} = \sum_{m=1}^{\infty}\frac{1}{2^{m+2}m} = -\frac{1}{4}\sum_{m=1}^{\infty}\frac{(-1)^{m-1}}{m}\left(-\frac{1}{2}\right)^m$$

$$= -\frac{1}{4}\ln\left(1-\frac{1}{2}\right) = \frac{1}{4}\ln 2,$$

$$\sum_{n=2}^{\infty}\frac{1}{2^{n+1}(n+1)} = \sum_{m=3}^{\infty}\frac{1}{2^m m} = -\sum_{m=3}^{\infty}\frac{(-1)^{m-1}}{m}\left(-\frac{1}{2}\right)^m$$

$$= -\sum_{m=1}^{\infty}\frac{(-1)^{m-1}}{m}\left(-\frac{1}{2}\right)^m - \frac{1}{2} - \frac{1}{2}\left(-\frac{1}{2}\right)^2$$

$$= -\ln\left(1-\frac{1}{2}\right) - \frac{1}{2} - \frac{1}{8} = \ln 2 - \frac{5}{8}.$$

因此

$$\sum_{n=2}^{\infty}\frac{1}{(n^2-1)\cdot 2^n} = \sum_{n=2}^{\infty}\frac{1}{2^{n+1}(n-1)} - \sum_{n=2}^{\infty}\frac{1}{2^{n+1}(n+1)}$$

$$= \frac{1}{4}\ln 2 - \left(\ln 2 - \frac{5}{8}\right) = \frac{5}{8} - \frac{3}{4}\ln 2.$$

10. 将函数 $f(x) = \arctan\dfrac{1-2x}{1+2x}$ 展开成 x 的幂级数，并求级数 $\displaystyle\sum_{n=0}^{\infty}\frac{(-1)^n}{2n+1}$ 的和.

解 因 $f'(x) = -\dfrac{2}{1+4x^2} = -2\sum\limits_{n=0}^{\infty}(-1)^n 4^n x^{2n}$, $x \in \left(-\dfrac{1}{2},\dfrac{1}{2}\right)$. 又 $f(0) = \dfrac{\pi}{4}$,

故

$$f(x) = f(0) + \int_0^x f'(t)\mathrm{d}t = \frac{\pi}{4} - 2\int_0^x\left[\sum_{n=0}^{\infty}(-1)^n 4^n t^{2n}\right]\mathrm{d}t$$

$$= \frac{\pi}{4} - 2\sum_{n=0}^{\infty}\frac{(-1)^n 4^n}{2n+1}x^{2n+1}, \quad x \in \left(-\frac{1}{2},\frac{1}{2}\right).$$

又由于级数 $\sum\limits_{n=0}^{\infty}\dfrac{(-1)^n}{2n+1}$ 收敛, 函数 $f(x)$ 在 $x = \dfrac{1}{2}$ 处连续, 所以

$$f(x) = \frac{\pi}{4} - 2\sum_{n=0}^{\infty}\frac{(-1)^n 4^n}{2n+1}x^{2n+1}, \quad x \in \left(-\frac{1}{2},\frac{1}{2}\right].$$

令 $x = \dfrac{1}{2}$, 得

$$f\left(\frac{1}{2}\right) = \frac{\pi}{4} - 2\sum_{n=0}^{\infty}\left[\frac{(-1)4^n}{2n+1}\cdot\frac{1}{2^{2n+1}}\right] = \frac{\pi}{4} - \sum_{n=0}^{\infty}\frac{(-1)^n}{2n+1}.$$

再由 $f\left(\dfrac{1}{2}\right) = 0$, 得 $\sum\limits_{n=0}^{\infty}\dfrac{(-1)^n}{2n+1} = \dfrac{\pi}{4} - f\left(\dfrac{1}{2}\right) = \dfrac{\pi}{4}.$

11. 求幂级数 $1 + \sum\limits_{n=1}^{\infty}(-1)^n\dfrac{x^{2n}}{2n}$ ($|x| < 1$) 的和函数 $f(x)$ 及其极值.

解 $f'(x) = \sum\limits_{n=1}^{\infty}(-1)^n x^{2n-1} = -\dfrac{x}{1+x^2}$, 两边从 0 到 x 积分, 得

$$f(x) - f(0) = -\int_0^x\frac{t}{1+t^2}\mathrm{d}t = -\frac{1}{2}\ln(1+x^2).$$

由 $f(0) = 1$, 得

$$f(x) = 1 - \frac{1}{2}\ln(1+x^2) \quad (|x| < 1).$$

令 $f'(x) = 0$, 求得唯一驻点 $x = 0$. 由于 $f''(x) = -\dfrac{1-x^2}{(1+x^2)^2}$, $f''(0) = -1 < 0$, 可见 $f(x)$ 在 $x = 0$ 处取得极大值, 且极大值为 $f(0) = 1$.

12. 设银行存款的年利率为 $r = 5\%$, 并依年复利计算. 某基金会希望通过存款 A 万元来实现第 1 年提取 19 万元, 第 2 年提取 28 万元 …… 第 n 年提取 $10+9n$ 万元, 并按此规律一直提取下去, 问 A 至少应为多少万元?

解 设 A_n 为用于第 n 年提取 $10+9n$ 万元的贴现值, 则 $A_n = (1+r)^{-n}(10+9n)$. 于是

$$A = \sum_{n=1}^{\infty}A_n = \sum_{n=1}^{\infty}(1+r)^{-n}(10+9n) = 10\sum_{n=1}^{\infty}\frac{1}{(1+r)^n} + \sum_{n=1}^{\infty}\frac{9n}{(1+r)^n}$$

$$= 200 + 9\sum_{n=1}^{\infty}\frac{n}{(1+r)^n}.$$

设 $S(x) = \sum\limits_{n=1}^{\infty} nx^n \ (x \in (-1,1))$. 由于

$$S(x) = x\left(\sum_{n=1}^{\infty} x^n\right)' = x\left(\frac{x}{1-x}\right)' = \frac{x}{(1-x)^2} \quad (x \in (-1,1)),$$

所以

$$\sum_{n=1}^{\infty} \frac{n}{(1+r)^n} = S\left(\frac{1}{1+r}\right) = S\left(\frac{1}{1.05}\right) = \frac{\frac{1}{1.05}}{\left(1-\frac{1}{1.05}\right)^2} = 420.$$

故 $A = 200 + 9\sum\limits_{n=1}^{\infty} \frac{n}{(1+r)^n} = 200 + 9 \times 420 = 3\,980$，即至少应存入 $3\,980$ 万元.

13. 设有幂级数 $1 + \dfrac{x^3}{3!} + \dfrac{x^4}{6!} + \dfrac{x^9}{9!} + \cdots + \dfrac{x^{3n}}{(3n)!} + \cdots$.

(1) 证明：此幂级数的收敛区间是 $(-\infty, +\infty)$.

(2) 设此幂级数的和函数为 $y = y(x) \ (-\infty < x < +\infty)$，求 $y + y' + y''$.

(3) 用初等函数表示 $y(x)$.

证 (1) 令 $t = x^3$，则原级数为 $1 + \dfrac{t}{3!} + \dfrac{t^2}{6!} + \cdots + \dfrac{t^n}{(3n)!} + \cdots$. 由于

$$\lim_{n \to \infty} \frac{\dfrac{1}{[3(n+1)]!}}{\dfrac{1}{(3n)!}} = \lim_{n \to \infty} \frac{1}{(3n+1)(3n+2)(3n+3)} = 0,$$

故当 $t \in (-\infty, +\infty)$ 即 $x \in (-\infty, +\infty)$ 时原级数收敛，亦即原级数的收敛区间是 $(-\infty, +\infty)$.

解 (2) 对 $y(x) = \sum\limits_{n=0}^{\infty} \dfrac{x^{3n}}{(3n)!}$ 在其收敛区间内可以逐项求导任意次，这里逐项求导两次，

$$y'(x) = \sum_{n=1}^{\infty} \frac{x^{3n-1}}{(3n-1)!}, \quad y''(x) = \sum_{n=1}^{\infty} \frac{x^{3n-2}}{(3n-2)!}, \quad x \in (-\infty, +\infty).$$

于是

$$\begin{aligned}
y + y' + y'' &= \sum_{n=0}^{\infty} \frac{x^{3n}}{(3n)!} + \sum_{n=1}^{\infty} \frac{x^{3n-1}}{(3n-1)!} + \sum_{n=1}^{\infty} \frac{x^{3n-2}}{(3n-2)!} \\
&= 1 + \sum_{n=1}^{\infty} \left(\frac{x^{3n-2}}{(3n-2)!} + \frac{x^{3n-1}}{(3n-1)!} + \frac{x^{3n}}{(3n)!}\right) \\
&= 1 + \left(x + \frac{x^2}{2!} + \frac{x^3}{3!}\right) + \left(\frac{x^4}{4!} + \frac{x^5}{5!} + \frac{x^6}{6!}\right) + \cdots \\
&= 1 + x + \frac{x^2}{2!} + \frac{x^3}{3!} + \frac{x^4}{4!} + \frac{x^5}{5!} + \frac{x^6}{6!} + \cdots = e^x, \quad x \in (-\infty, +\infty).
\end{aligned}$$

(3) 幂级数 $\sum\limits_{n=0}^{\infty} \dfrac{x^{3n}}{(3n)!}$ 的和函数 $y(x)$ 满足微分方程 $y + y' + y'' = e^x$，且易得到

$y(0) = 1$，$y'(0) = 0$，因此求 $y(x)$ 就是求解初值问题:

$$\begin{cases} y + y' + y'' = e^x, & ① \\ y(0) = 1, & ② \\ y'(0) = 0. & ③ \end{cases}$$

方程 ① 的相应齐次方程的特征方程为 $\lambda^2 + \lambda + 1 = 0$，求得特征根 $\lambda_{1,2} = -\dfrac{1}{2} \pm \dfrac{\sqrt{3}}{2}i$，则其相应齐次方程的通解为

$$Y = e^{-\frac{1}{2}x}\left(C_1 \cos \frac{\sqrt{3}}{2}x + C_2 \sin \frac{\sqrt{3}}{2}x\right).$$

设 ① 的一个特解为 $y^* = Ae^x$. 代入 ① 得，左边为 $y^* + y^{*'} + y^{*''} = 3Ae^x$，右边为 e^x，即 $3Ae^x = e^x$，故 $A = \dfrac{1}{3}$. 从而 ① 的通解为

$$y = e^{-\frac{1}{2}x}\left(C_1 \cos \frac{\sqrt{3}}{2}x + C_2 \sin \frac{\sqrt{3}}{2}x\right) + \frac{1}{3}e^x.$$

令 $x = 0$，由初始条件 $y(0) = 1$，$y'(0) = 0$，得

$$\begin{cases} 1 = C_1 + \dfrac{1}{3}, \\ 0 = -\dfrac{1}{2}C_1 + \dfrac{\sqrt{3}}{2}C_2 + \dfrac{1}{3}. \end{cases}$$

解得 $C_1 = \dfrac{2}{3}$，$C_2 = 0$. 因此 $y(x) = \dfrac{2}{3}e^{-\frac{1}{2}x}\cos\dfrac{\sqrt{3}}{2}x + \dfrac{1}{3}e^x$.

14. 证明:

(1) $\displaystyle\sum_{n=1}^{\infty}(-1)^{n-1}\frac{\cos nx}{n^2} = \frac{\pi^2 - 3x^2}{12}$，$-\pi \leqslant x \leqslant \pi$;

(2) $\displaystyle\sum_{n=1}^{\infty}\frac{\cos nx}{n^2} = \frac{3x^2 - 6\pi x + 2\pi^2}{12}$，$0 \leqslant x \leqslant 2\pi$.

证 (1) 先求 $f(x) = x^2$ 在 $[-\pi, \pi]$ 上的傅里叶展开式. 由于 $f(x)$ 是偶函数，故 $b_n = 0$. 而 $a_0 = \dfrac{2}{\pi}\displaystyle\int_0^{\pi}x^2\,dx = \dfrac{2}{3}\pi^2$，

$$a_n = \frac{2}{\pi}\int_0^{\pi}x^2\cos nx\,dx = \frac{2}{n\pi}\int_0^{\pi}x^2\,d\sin nx$$

$$= \frac{2}{n\pi}\left(x^2\sin nx\,\Big|_0^{\pi} - 2\int_0^{\pi}x\sin nx\,dx\right) = \frac{4}{n^2\pi}\int_0^{\pi}x\,d\cos nx$$

$$= \frac{4}{n^2\pi}\left[x\cos nx\,\Big|_0^{\pi} - \frac{1}{n}\sin nx\,\Big|_0^{\pi}\right) = (-1)^n\frac{4}{n^2},$$

所以

$$x^2 = \frac{\pi^2}{3} + \sum_{n=1}^{\infty}(-1)^n\frac{4}{n^2}\cos nx, \quad x \in [-\pi, \pi],$$

其中，由 $f = x^2 \in C[-\pi, \pi]$ 且 $f(-\pi) = f(\pi) = \pi^2$，知 $x \in [-\pi, \pi]$. 从而

$$\sum_{n=1}^{\infty} (-1)^{n-1} \cos \frac{nx}{n^2} = \frac{1}{4}\left(\frac{\pi^2}{3} - x^2\right) = \frac{\pi^2 - 3x^2}{12}, \quad x \in [-\pi, \pi].$$

(2) 先将 $f(x) = x$ 与 $g(x) = x^2$ 在 $[0, 2\pi]$ 上展开成余弦级数,从右边往左边证之.

$f(x)$ 是奇函数,作偶延拓并以 $T = 2l = 4\pi$ 作为周期延拓成 f_1,且在 $[-2\pi, 2\pi]$ 上展开成傅里叶级数,则 $b_n = 0$, $a_0 = \frac{2}{2\pi}\int_0^{2\pi} x\, dx = 2\pi$,

$$a_n = \frac{2}{2\pi}\int_0^{2\pi} x \cos \frac{n\pi x}{2\pi}\, dx = \frac{2}{n\pi}\left(x \sin \frac{nx}{2}\,\Big|_0^{2\pi} - \int_0^{2\pi} \sin \frac{nx}{2}\, dx\right)$$

$$= \frac{4}{n^2\pi}\cos \frac{nx}{2}\,\Big|_0^{2\pi} = \frac{4}{n^2\pi}[(-1)^n - 1].$$

由 $f_1 \in C[-2\pi, 2\pi]$ 及 $f_1(2\pi) = f_1(-2\pi) = 2\pi$,得

$$f = f_1 = x = \pi - \frac{8}{\pi}\sum_{n=1}^{\infty}\left[\frac{1}{(2n-1)^2}\cos \frac{(2n-1)x}{2}\right], \quad x \in [0, 2\pi].$$

$g(x) = x^2$ 是偶函数,在 $[0, 2\pi]$ 上的傅里叶系数 $b'_n = 0$,

$$a'_0 = \frac{2}{2\pi}\int_0^{2\pi} x^2\, dx = \frac{8}{3}\pi^2,$$

$$a'_n = \frac{2}{2\pi}\int_0^{2\pi} x^2 \cos \frac{n\pi x}{2\pi}\, dx = \frac{2}{n\pi}\left(x^2 \sin \frac{nx}{2}\,\Big|_0^{2\pi} - \int_0^{2\pi} 2x \sin \frac{nx}{2}\, dx\right)$$

$$= \frac{8}{n^2\pi}\int_0^{2\pi} x\, d\cos \frac{nx}{2} = \frac{8}{n^2\pi}\left(x \cos \frac{nx}{2}\,\Big|_0^{2\pi} - \int_0^{2\pi} d\sin \frac{nx}{2}\cdot\frac{2}{n}\right)$$

$$= \frac{16}{n^2}(-1)^n.$$

于是 $g(x) = x^2 = \frac{4}{3}\pi^2 + 16\sum_{n=1}^{\infty}(-1)^n \frac{1}{n^2}\cos \frac{nx}{2}$, $x \in [0, 2\pi]$.

因此

$$\frac{3x^2 - 6\pi x + 2\pi^2}{12} = \frac{1}{4}x^2 - \frac{\pi}{2}x + \frac{\pi^2}{6}$$

$$= \frac{\pi^2}{3} + 4\sum_{n=1}^{\infty}\frac{(-1)^n}{n^2}\cos \frac{nx}{2} - \frac{\pi^2}{2} + 4\sum_{n=1}^{\infty}\frac{1}{(2n-1)^2}\cos \frac{(2n-1)x}{2} + \frac{\pi^2}{6}$$

$$= 4\sum_{n=1}^{\infty}\frac{1}{(2n)^2}\cos \frac{2nx}{2} = \sum_{n=1}^{\infty}\frac{\cos nx}{n^2} = 左边.$$

15. 以边长为 1 的等边三角形作为基础,第一步,将每边三等分,以每边的中间一段为底各向外作一个小的等边三角形,然后将这三个小等边三角形的底边删除. 第二步,在第一步得到的多边形的每条边上重复第一步,如此无限次地继续下去,最后得到的曲线就称为雪花曲线,如图 13-1.

(1) 令 s_n, l_n 和 p_n 分别代表第 n 个多边形的边数、每边的长和周长. 求出 s_n, l_n 和 p_n 的表达式,并证明:当 $n \to \infty$ 时,$p_n \to \infty$.

(2) 求出雪花曲线所围图形的面积.

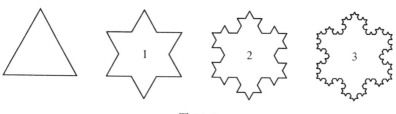

图 13-1

解 (1) 如图 13-1,$s_0 = 3$,$s_1 = 3 \cdot 4$,$s_2 = 3 \cdot 4^2$,$\cdots$,$s_n = 3 \cdot 4^n$. 设 $l_0 = 1$,则 $l_1 = \dfrac{1}{3}$,$l_2 = \left(\dfrac{1}{3}\right)^2$,$\cdots$,$l_n = \dfrac{1}{3^n}$. 由 $p_n = s_n \cdot l_n$,得

$$p_0 = 3, \quad p_1 = 3 \cdot 4 \cdot \frac{1}{3} = 4, \quad \cdots, \quad p_n = 3 \cdot 4^n \cdot \frac{1}{3^n} = \frac{4^n}{3^{n-1}}.$$

于是 $\lim\limits_{n \to \infty} p_n = \lim\limits_{n \to \infty} \dfrac{4^n}{3^{n-1}} = +\infty$.

(2) 设所求图形的面积为 A. 记第 k 个多边形的面积为 $A_k (k = 0,1,2,\cdots)$,则 $\{A_k\}$ 为一等差数列,且

$$A_0 = \frac{1}{2} \cdot l_0^2 \cdot \sin 60° = \frac{\sqrt{3}}{4}, \quad A_1 = A_0 + s_0 \cdot l_1^2 \cdot \frac{\sqrt{3}}{4},$$

$$A_2 = A_1 + s_1 \cdot l_2^2 \cdot \frac{\sqrt{3}}{4}, \quad \cdots, \quad A_n = A_{n-1} + s_{n-1} \cdot l_n^2 \cdot \frac{\sqrt{3}}{4},$$

公差

$$d = A_k - A_{k-1} = 3 \cdot 4^{n-1} \cdot \left(\frac{1}{3^n}\right)^2 \cdot \frac{\sqrt{3}}{4} = \frac{3\sqrt{3}}{16}\left(\frac{4}{9}\right)^n.$$

于是 $A_n = A_0 + \sum\limits_{k=1}^{\infty} \dfrac{3\sqrt{3}}{16}\left(\dfrac{4}{9}\right)^k$,故

$$A = \lim_{n \to \infty} A_n = A_0 + \sum_{n=1}^{\infty} \frac{3\sqrt{3}}{16}\left(\frac{4}{9}\right)^n = \frac{\sqrt{3}}{4} + \frac{3\sqrt{3}}{16}\left(\frac{1}{1 - \frac{4}{9}} - 1\right)$$

$$= \frac{\sqrt{3}}{4}\left(1 + \frac{3}{5}\right) = \frac{2\sqrt{3}}{5}.$$

16. 证明下列不等式:

(1) $0 < \sin x - x + \dfrac{x^3}{6} < \dfrac{x^5}{120} \quad \left(0 < x < \dfrac{\pi}{2}\right)$;

(2) $\mathrm{e} - \left(1 + \dfrac{1}{n}\right)^n < \dfrac{\mathrm{e}}{2n+1} \quad (n \geqslant 1)$;

(3) $\oint_L x\,\mathrm{e}^{\sin y}\,\mathrm{d}y - y\,\mathrm{e}^{-\sin x}\,\mathrm{d}x \geqslant \dfrac{5}{2}\pi^2$,其中 L 为平面区域 $D = \{(x,y) \mid 0 \leqslant x \leqslant \pi,$ $0 \leqslant y \leqslant \pi\}$ 的正向边界.

证 (1) 选取函数 $f(x) = \sin x$, $x_0 = 0$, 则 $f(x)$ 在 $x_0 = 0$ 处可展为幂级数:

$$\sin x = x - \frac{x^3}{3!} + \frac{x^5}{5!} - \cdots + (-1)^{n-1}\frac{x^{2n-1}}{(2n-1)!} + \cdots.$$

因为当 $0 < x < \dfrac{\pi}{2}$ 时, $\dfrac{x^{2n+1}}{(2n+1)!} < \dfrac{x^{2n-1}}{(2n-1)!}$ $(n \geqslant 1)$, 并且 $\lim\limits_{n\to\infty}\dfrac{x^{2n-1}}{(2n-1)!} = 0$, 故由交错级数的莱布尼兹审敛法则知, $R_n(x) \leqslant \dfrac{x^{2n+1}}{(2n+1)!}$, 从而 $R_2(x) < \dfrac{x^5}{5!}$, $R_3(x) > -\dfrac{x^7}{7!}$, 且

$$R_2(x) < \frac{x^5}{5!} - \frac{x^7}{7!} + \frac{x^9}{9!} - \cdots = \frac{x^5}{5!} + R_3(x) > \frac{x^5}{5!} - \frac{x^7}{7!} > 0,$$

因此, 当 $0 < x < \dfrac{\pi}{2}$ 时,

$$0 < \sin x - x + \frac{x^3}{6} = R_2(x) < \frac{x^5}{5!} = \frac{x^5}{120} \quad \left(0 < x < \frac{\pi}{2}\right).$$

(2) 所证不等式即为 $\mathrm{e} < \dfrac{2n+1}{2n}\left(1 + \dfrac{1}{n}\right)^n$ $(n \geqslant 1)$, 或者

$$1 < n\ln\left(1 + \frac{1}{n}\right) + \ln\left(1 + \frac{1}{2n}\right) \quad (n \geqslant 1).$$

由于

$$f(x) = \frac{1}{x}\ln(1+x) + \ln\left(1 + \frac{x}{2}\right) \quad (0 < x \leqslant 1)$$

$$= \sum_{n=1}^{\infty}\frac{(-x)^{n-1}}{n} + \sum_{n=1}^{\infty}\frac{(-1)^{n-2}}{n \cdot 2^n}x^n$$

$$> \sum_{n=1}^{6}\frac{(-x)^{n-1}}{n} + \sum_{n=1}^{4}\frac{(-1)^{n-2}}{n \cdot 2^n}x^n$$

$$= 1 + \frac{5}{24}(1-x)x^2 + \left(\frac{1}{5} - \frac{1}{64}\right)x^4 - \frac{1}{6}x^5$$

$$> 1 + \frac{x^2}{6}\left(\frac{5}{4} + x^2\right)(1-x) \geqslant 1,$$

取 $x = \dfrac{1}{n}$, 则 $f\left(\dfrac{1}{n}\right) > 1$, 即 $n\ln\left(1 + \dfrac{1}{n}\right) + \ln\left(1 + \dfrac{1}{2n}\right) > 1$, 故有

$$\mathrm{e} - \left(1 + \frac{1}{n}\right)^n < \frac{\mathrm{e}}{2n+1} \quad (n \geqslant 1).$$

(3) **方法 1** 由于 $\mathrm{e}^t + \mathrm{e}^{-t} = 2\sum\limits_{n=0}^{\infty}\dfrac{t^{2n}}{(2n)!} \geqslant 2 + t^2$, 故 $\mathrm{e}^{\sin x} + \mathrm{e}^{-\sin x} \geqslant 2 + \sin^2 x$, 所以

$$\oint_L x\,\mathrm{e}^{\sin y}\,\mathrm{d}y - y\,\mathrm{e}^{-\sin x}\,\mathrm{d}x = \pi\int_0^{\pi}(\mathrm{e}^{\sin x} + \mathrm{e}^{-\sin x})\,\mathrm{d}x \geqslant \frac{5}{2}\pi^2.$$

方法 2 由于 $\mathrm{e}^t + \mathrm{e}^{-t} = 2\sum\limits_{n=0}^{\infty}\dfrac{t^{2n}}{(2n)!} \geqslant 2 + t^2$, 故 $\mathrm{e}^{\sin x} + \mathrm{e}^{-\sin x} \geqslant 2 + \sin^2 x$, 所以

$$\oint_L x\,\mathrm{e}^{\sin y}\,\mathrm{d}y - y\,\mathrm{e}^{-\sin x}\,\mathrm{d}x = \iint\limits_D (\mathrm{e}^{\sin y} + \mathrm{e}^{-\sin x})\,\mathrm{d}\sigma = \iint\limits_D (\mathrm{e}^{\sin x} + \mathrm{e}^{-\sin x})\,\mathrm{d}\sigma \geqslant \frac{5}{2}\pi^2.$$

四、考研真题解析

【例1】 (2021年)设 $u_n(x)=\mathrm{e}^{-nx}+\dfrac{1}{n(n+1)}x^{n+1}$ $(n=1,2,\cdots)$，求级数 $\displaystyle\sum_{n=1}^{\infty}u_n(x)$ 的收敛域及和函数.

解 设 $s(x)=\displaystyle\sum_{n=1}^{\infty}u_n(x)=\sum_{n=1}^{\infty}\mathrm{e}^{-nx}+\sum_{n=1}^{\infty}\dfrac{1}{n(n+1)}x^{n+1}=s_1(x)+s_2(x)$

由 $s_1(x)=\displaystyle\sum_{n=1}^{\infty}\mathrm{e}^{-nx}$ ，依据级数收敛的必要条件知，当 $\mathrm{e}^{-x}<1,x>0$ 时，级数收敛，

此时 $$s_1(x)=\sum_{n=1}^{\infty}\mathrm{e}^{-nx}=\dfrac{\mathrm{e}^{-x}}{1-\mathrm{e}^{-x}}\quad x>0$$

由 $s_2(x)=\displaystyle\sum_{n=1}^{\infty}\dfrac{1}{n(n+1)}x^{n+1}$ ，由半径公式得 $R=\lim\limits_{n\to\infty}\dfrac{\dfrac{1}{n(n+1)}}{\dfrac{1}{(n+2)(n+1)}}=1$

故幂级数的收敛区间为 $(-1,1)$

当 $x=\pm1$ 时，当 $n\to\infty$ 时，$\dfrac{1}{n(n+1)}(\pm1)^{n+1}\sim\dfrac{1}{n^2}$，且 $\displaystyle\sum_{n=1}^{\infty}\dfrac{1}{n^2}$ 收敛，

故级数 $\displaystyle\sum_{n=1}^{\infty}\dfrac{1}{n(n+1)}(\pm1)^{n+1}$ 收敛，故级数 $\displaystyle\sum_{n=1}^{\infty}\dfrac{1}{n(n+1)}x^{n+1}$ 的收敛域为 $[-1,1]$

故级数 $\displaystyle\sum_{n=1}^{\infty}u_n(x)$ 的收敛域为 $(0,1]$，由 $-\ln(1-x)=\displaystyle\sum_{n=1}^{\infty}\dfrac{1}{n}x^{n+1}$ 故有

$$s_2(x)=\sum_{n=1}^{\infty}\dfrac{1}{n(n+1)}x^{n+1}=\sum_{n=1}^{\infty}\dfrac{1}{n}x^{n+1}-\sum_{n=1}^{\infty}\dfrac{1}{n+1}x^{n+1}$$
$$=-x\ln(1-x)-[-\ln(1-x)-x]$$
$$=(1-x)\ln(1-x)+x\quad x\in(0,1)$$

或 由 $s_2'(x)=\displaystyle\sum_{n=1}^{\infty}\dfrac{1}{n}x^n,\ s_2''(x)=\sum_{n=1}^{\infty}x^{n-1}=\dfrac{1}{1-x}$，有

$$s'_2(x) = \int s''_2(x)\mathrm{d}x = \int \frac{1}{1-x}\mathrm{d}x = -\ln(1-x)$$

$$s_2(x) = \int s'_2(x)\mathrm{d}x = -\int \ln(1-x)\mathrm{d}x$$

$$= (1-x)\ln(1-x) + x \quad x \in (0,1)$$

当 $x = 1$ 时，$s_2(1) = \sum_{n=1}^{\infty} \frac{1}{n(n+1)} = \sum_{n=1}^{\infty} \left(\frac{1}{n} - \frac{1}{n+1}\right) = 1$

所以 $s(x) = s_1(x) + s_2(x) = \sum_{n=1}^{\infty} \mathrm{e}^{-nx} + \sum_{n=1}^{\infty} \frac{1}{n(n+1)} x^{n+1}$

$$= \frac{\mathrm{e}^{-x}}{1-\mathrm{e}^{-x}} + (1-x)\ln(1-x) + x \quad x \in (0,1)$$

$$s(1) = s_1(1) + s_2(1) = \sum_{n=1}^{\infty} \mathrm{e}^{-n} + \sum_{n=1}^{\infty} \frac{1}{n(n+1)} = \frac{\mathrm{e}^{-1}}{1-\mathrm{e}^{-1}} + 1 = \frac{\mathrm{e}}{\mathrm{e}-1}$$

总之，$s(x) = \begin{cases} \dfrac{\mathrm{e}^{-x}}{1-\mathrm{e}^{-x}} + (1-x)\ln(1-x) + x & x \in (0,1) \\[3mm] \dfrac{\mathrm{e}}{\mathrm{e}-1} & x = 1 \end{cases}$

【例 2】 （2020 年）设数列 $\{a_n\}$ 满足 $a_1 = 1, (n+1)a_{n+1} = \left(n + \dfrac{1}{2}\right) a_n$，

证明当 $x \in [-1,1)$ 时，幂级数 $\displaystyle\sum_{n=1}^{\infty} a_n x^n$ 收敛，并求其和函数.

证明　　由幂级数收敛半径公式有 $R = \lim\limits_{n \to \infty} \left| \dfrac{a_n}{a_{n+1}} \right| = \lim\limits_{n \to \infty} \dfrac{n + \dfrac{1}{2}}{n+1} = 1$ 所

以幂级数的收敛区间为 $(-1,1)$，又 $a_1 = 1, (n+1)a_{n+1} = \left(n + \dfrac{1}{2}\right) a_n$ 知 a_0

$= 2$，

且　　$a_n = \dfrac{n - \dfrac{1}{2}}{n} a_{n-1} = \dfrac{2n-1}{2n} a_{n-1} = \dfrac{2n-1}{2n} \dfrac{2n-3}{2n-2} a_{n-2}$

$$= \cdots = \frac{(2n-1)!!}{2n!!} a_1 = \frac{(2n-1)!!}{2n!!}$$

由 $1 \cdot 3^2 \cdot 5^2 \cdots (2n-1)^2 (2n+1) < 2^2 \cdot 4^2 \cdots \cdot (2n)^2$，故有

$$1 \cdot 3 \cdot 5 \cdots (2n-1) \sqrt{2n+1} < 2 \cdot 4 \cdots \cdot (2n),$$

即　　$0 < a_n = \dfrac{1 \cdot 3 \cdot 5 \cdots (2n-1)}{2 \cdot 4 \cdots \cdot (2n)} < \dfrac{1}{\sqrt{2n+1}}$

所以 $\lim_{n \to \infty} a_n = 0$，令 $s(x) = \sum_{n=1}^{\infty} a_n x^n$，又由莱布尼兹判别法，当 $x = -1$

时，级数 $\sum_{n=1}^{\infty} (-1)^n a_n$ 收敛.

而 $a_n = \dfrac{1 \cdot 3 \cdot 5 \cdots (2n-1)}{2 \cdot 4 \cdots \cdot (2n)} > \dfrac{3 \cdot 5 \cdots (2n-1)}{3 \cdot 5 \cdots (2n-1) \cdot 2n} = \dfrac{1}{2n}$，由比较判别法

知，当 $x = 1$ 时，级数 $\sum_{n=1}^{\infty} a_n$ 发散.

故幂级数的收敛域为 $x \in [-1, 1)$，即当 $x \in [-1, 1)$ 时，幂级数

$\sum_{n=1}^{\infty} a_n x^n$ 收敛.

由 $s'(x) = \sum_{n=1}^{\infty} a_n n x^{n-1}$，又 $(n+1) a_{n+1} = \left(n + \dfrac{1}{2}\right) a_n$，故有

$$s'(x) = \sum_{n=1}^{\infty} a_n n x^{n-1} = \sum_{n=0}^{\infty} (n+1) a_{n+1} x^n = \sum_{n=0}^{\infty} \left(n + \frac{1}{2}\right) a_n x^n$$

$$= x \sum_{n=1}^{\infty} a_n n x^{n-1} + \frac{1}{2} \sum_{n=0}^{\infty} a_n x^n = x \sum_{n=1}^{\infty} a_n n x^{n-1} + \frac{1}{2} \sum_{n=1}^{\infty} a_n x^n + a_0$$

$$= x s'(x) + \frac{1}{2} s(x) + 1$$

即有微分方程 $(1-x) s'(x) - \dfrac{1}{2} s(x) - 1 = 0$，

由一阶线性非齐次微分方程求解公式，得

$$s(x) = e^{\frac{1}{2} \int \frac{1}{1-x} dx} \left(-\int e^{-\frac{1}{2} \int \frac{1}{1-x} dx} dx + c\right) = \frac{1}{\sqrt{1-x}} \left(-2 (1-x)^{\frac{1}{2}} + c\right)$$

由 $s(0) = 0$，得 $c = 2$，所以有 $s(x) = \dfrac{2}{\sqrt{1-x}} - 2 \quad x \in [-1, 1)$

或 微分方程 $s'(x) = x s'(x) + \dfrac{1}{2} s(x) + 1$ 变形为 $(1-x) s'(x) = \dfrac{1}{2} (s(x) + 2)$

故有 $\dfrac{s'(x)}{s(x) + 2} = \dfrac{1}{2(1-x)}$，两边积分得 $\ln(s(x) + 2) = \ln c (1-x)^{-\frac{1}{2}}$

即 $s(x) + 2 = c (1-x)^{-\frac{1}{2}}$，由 $s(0) = 0$，得 $c = 2$，所以有 $s(x) = \dfrac{2}{\sqrt{1-x}} - 2$

$x \in [-1, 1)$

【例 3】 （2019 年）设 $\{u_n\}$ 是单调增加的有界数列，则下列级数中收敛的是（ ）

A. $\displaystyle\sum_{n=1}^{\infty} \frac{u_n}{n}$ 　　　　　B. $\displaystyle\sum_{n=1}^{\infty} (-1)^n \frac{1}{u_n}$

C. $\displaystyle\sum_{n=1}^{\infty} \left(1 - \frac{u_n}{u_{n+1}}\right)$ 　　　D. $\displaystyle\sum_{n=1}^{\infty} (u_{n+1}^2 - u_n^2)$

解 由于 $\{u_n\}$ 是单调增加的有界数列，故有单调有界原理知，$\lim\limits_{n\to\infty} u_n = u \neq 0$

所以级数通项 $\dfrac{u_n}{n} \sim \dfrac{u}{n}$，而级数 $\displaystyle\sum_{n=1}^{\infty} \frac{u}{n}$ 发散，故知级数 $\displaystyle\sum_{n=1}^{\infty} \frac{u_n}{n}$ 发散.

或 取 $u_n = \dfrac{n-1}{n}$，则 $\{u_n\}$ 是单调增加的有界数列，而 $\dfrac{u_n}{n} = \dfrac{\frac{n-1}{n}}{n} = \dfrac{n-1}{n^2}$

由于 $\lim\limits_{n\to\infty} \dfrac{\frac{u_n}{n}}{\frac{1}{n}} = \lim\limits_{n\to\infty} \dfrac{n^2-n}{n^2} = 1$，由比较判别法极限形式知，级数 $\displaystyle\sum_{n=1}^{\infty} \frac{u_n}{n}$ 发散.

又 $\lim\limits_{n\to\infty} \dfrac{1}{u_n} = \dfrac{1}{u} \neq 0$，由级数收敛的必要条件知，级数 $\displaystyle\sum_{n=1}^{\infty} (-1)^n \frac{1}{u_n}$ 发散.

或 取 $u_n = \dfrac{n-1}{n}$，则 $\{u_n\}$ 是单调增加的有界数列，而 $\dfrac{1}{u_n} = \dfrac{n}{n-1}$

由于 $\lim\limits_{n\to\infty} \dfrac{1}{u_n} = \lim\limits_{n\to\infty} \dfrac{n}{n-1} = 1 \neq 0$，由级数收敛的必要条件知，级数 $\displaystyle\sum_{n=1}^{\infty} (-1)^n \frac{1}{u_n}$ 发散.

又取 $u_n = \dfrac{-1}{n}$，则 $\{u_n\}$ 是单调增加的有界数列，而 $1 - \dfrac{u_n}{u_{n+1}} = 1 - \dfrac{\frac{-1}{n}}{\frac{-1}{n+1}} = -\dfrac{1}{n}$ 故级数 $\displaystyle\sum_{n=1}^{\infty} (1 - \frac{u_n}{u_{n+1}})$ 发散.

由 $s_n = \displaystyle\sum_{k=1}^{n} (u_{k+1}^2 - u_k^2) = u_{n+1}^2 - u_1^2$，又 $\{u_n\}$ 是单调增加的有界数列，故由单调有界原理知，$\lim\limits_{n\to\infty} u_n = u \neq 0$，故 $\lim\limits_{n\to\infty} s_n = u^2 - u_1^2$，故级数 $\displaystyle\sum_{n=1}^{\infty} (u_{n+1}^2 - u_n^2)$ 收敛.

或 由 $\{u_n\}$ 是单调增加的有界数列，故有单调有界原理知，$\lim\limits_{n\to\infty} u_n = u$，

故存在定常数 $M > 0$,$\forall n, u_n \leqslant M$,从而 $u_{k+1}^2 - u_k^2 = (u_{n+1} + u_n)(u_{n+1} - u_n) \leqslant 2M(u_{n+1} - u_n)$ 且 $u_{n+1}^2 - u_n^2 \geqslant 0$ 又正项级数的部分和

$$s_n = \sum_{k=1}^{n} (u_{k+1}^2 - u_k^2) \leqslant 2M \sum_{k=1}^{n} (u_{k+1} - u_k) = 2M(u_{n+1} - u_1) \leqslant 2Mu_{n+1}$$

$\rightarrow 2Mu$,由正项级数收敛的基本定理知,级数 $\sum_{n=1}^{\infty} (u_{n+1}^2 - u_n^2)$ 收敛,故选 D.

【例 4】 (2017 年)(Ⅰ)已知函数 $f(x) = \dfrac{1}{1+x^2}$,则 $f^{(3)}(0) = $ _____.

(Ⅱ)幂级数 $\sum_{n=1}^{\infty} (-1)^{n-1} n x^{n-1}$ 在区间 $(-1,1)$ 内的和函数 $S(x) = $

_____.

解 (Ⅰ)因为 $f(x) = \dfrac{1}{1+x^2} = 1 - x^2 + x^4 - x^6 + \cdots$

$$= \sum_{n=0}^{\infty} (-x^2)^n = \sum_{n=0}^{\infty} (-1)^n x$$

又 $\qquad f'''(x) = \sum_{n=0}^{\infty} (-1)^n 2n(2n-1)(2n-2) x^{2n-3}$

将 $x = 0$ 代入,故有 $f'''(0) = 0$

(Ⅱ) $\qquad s(x) = \sum_{n=1}^{\infty} (-1)^{n-1} n x^{n-1} = \left[\sum_{n=1}^{\infty} (-1)^{n-1} x^n \right]'$

$$= \left[\frac{x}{1+x} \right]' = \frac{1}{(1+x)^2}$$

【例 5】 (2016 年)已知函数 $f(x)$ 可导,且 $f(0) = 1, 0 < f'(x) < \dfrac{1}{2}$,设数列 $\{x_n\}$ 满足 $x_{n+1} = f(x_n) (n=1,2,\cdots)$,证明(Ⅰ)级数 $\sum_{n=1}^{\infty} (x_{n+1} - x_n)$ 绝对收敛;(Ⅱ) $\lim_{n \to \infty} x_n$ 存在且 $0 < \lim_{n \to \infty} x_n < 2$.

证明 (Ⅰ)由 Lagrange 中值定理可知

$$|x_{n+1} - x_n| = |f(x_n) - f(x_{n-1})| = |f'(\xi_n)| \cdot |x_n - x_{n-1}|$$

其中,ξ_n 在 x_n 与 x_{n-1} 之间. 由于 $0 < f'(x) < \dfrac{1}{2}$,故有 $|x_{n+1} - x_n| < \dfrac{1}{2} |x_n - x_{n-1}|$,

同理可知, $\qquad |x_{n+1} - x_n| < \dfrac{1}{2^{n-1}} |x_2 - x_1|$

由级数 $\sum_{n=1}^{\infty} \frac{1}{2^{n-1}} |x_2 - x_1|$ 收敛,所以级数 $\sum_{n=1}^{\infty} (x_{n+1} - x_n)$ 绝对收敛.

(Ⅱ)**方法一** 由于级数 $\sum_{n=1}^{\infty} (x_{n+1} - x_n)$ 收敛,所以其部分和数列

$S_n = x_{n+1} - x_n + x_n - x_{n-1} + \cdots + x_2 - x_1 = x_{n+1} - x_1$ 收敛,即 $\lim_{n\to\infty} (x_{n+1} - x_1)$ 存在,

所以 $\lim_{n\to\infty} x_n$ 存在.设 $\lim_{n\to\infty} x_n = a$,由 $x_{n+1} = f(x_n)\ (n=1,2,\cdots)$,故 $\lim_{n\to\infty} x_{n+1} = \lim_{n\to\infty} f(x_n)$,即有 $a = f(a)$.令 $g(x) = f(x) - x$,由 $f(0) = 1$,$0 < f'(x) < \frac{1}{2}$,所以 $g(0) = 1 > 0$,

$$g(2) = f(2) - 2 = f(0) + f'(\xi)(2-0) - 2 < f(0) + \frac{1}{2}(2-0) - 2 < 0,$$

由零点值定理知,函数 $g(x)$ 在 $(0,2)$ 上有零点,又 $g'(x) = f'(x) - 1 < 0$,故 $g(x)$ 在 $(-\infty, +\infty)$ 内唯一的零点在 $(0,2)$ 上.故 $0 < a < 2$,由保号性知 $0 < \lim_{n\to\infty} x_n < 2$.

方法二 由于级数 $\sum_{n=1}^{\infty} (x_{n+1} - x_n)$ 收敛,所以其部分和数列

$S_n = x_{n+1} - x_n + x_n - x_{n-1} + \cdots + x_2 - x_1 = x_{n+1} - x_1$ 收敛,即 $\lim_{n\to\infty} (x_{n+1} - x_1)$ 存在,

所以 $\lim_{n\to\infty} x_n$ 存在,设 $\lim_{n\to\infty} x_n = a$,又 $x_{n+1} = f(x_n)\ (n=1,2,\cdots)$,

故 $\qquad x_{n+1} = f(x_n) - f(0) + 1 = f'(\xi)x_n + 1 \qquad (1)$

a) 由 $0 < f'(x) < \frac{1}{2}$,有

$$x_{n+1} = f'(\xi)x_n + 1 < \frac{1}{2}x_n + 1 \qquad (2)$$

(2) 式两边求极限,由极限保序性知 $a < \frac{1}{2}a + 1$,即 $a < 2$;

b) 若 $a = 0$,则由 (1) 式得 $0 = 1$,矛盾;

c) 若 $a < 0$,则由 (1) 式得 $a(1 - f'(\xi)) = 1$,而 $0 < f'(x) < \frac{1}{2}$,等式矛盾.

综上讨论知 $0 < a < 2$

【例 6】 (2015 年) 若级数 $\sum_{n=1}^{\infty} a_n$ 条件收敛,则 $x = \sqrt{3}$ 与 $x = 3$ 依次为幂

级数 $\sum\limits_{n=1}^{\infty} na_n (x-1)^n$ 的 (　　)

A. 收敛点,收敛点　　　　　　　B. 收敛点,发散点

C. 发散点,收敛点　　　　　　　D. 发散点,发散点

解　因为 $\sum\limits_{n=1}^{\infty} a_n$ 条件收敛,即 $x=2$ 为幂级数 $\sum\limits_{n=1}^{\infty} a_n (x-1)^n$ 的条件收

敛点,所以 $\sum\limits_{n=1}^{\infty} a_n (x-1)^n$ 的收敛半径为1,收敛区间为$(0,2)$.而幂级数逐项

求导不改变收敛区间,故 $\sum\limits_{n=1}^{\infty} na_n (x-1)^n$ 的收敛区间还是$(0,2)$.因而 $x=\sqrt{3}$

与 $x=3$ 依次为幂级数 $\sum\limits_{n=1}^{\infty} na_n (x-1)^n$ 的收敛点,发散点.故选 B.

【例 7】　(2014 年)设数列 $\{a_n\}$,$\{b_n\}$ 满足 $0 < a_n < \dfrac{\pi}{2}$,$0 < b_n < \dfrac{\pi}{2}$,

$\cos a_n - a_n = \cos b_n$,且级数 $\sum\limits_{n=1}^{\infty} b_n$ 收敛.(Ⅰ)证明:$\lim\limits_{n\to\infty} a_n = 0$;(Ⅱ)证明:级

数 $\sum\limits_{n=1}^{\infty} \dfrac{a_n}{b_n}$ 收敛.

证明:(Ⅰ)方法一　由级数 $\sum\limits_{n=1}^{\infty} b_n$ 收敛知 $\lim\limits_{n\to\infty} b_n = 0$,令 $\lim\limits_{n\to\infty} a_n = a$,在等

式

$\cos a_n - a_n = \cos b_n$ 两边取极限得 $\cos a - a = 1$,令 $\varphi(x) = 1 - \cos x + x$,

$\varphi(0) = 0$,因为 $\varphi'(x) = \sin x + 1 \geqslant 0$,所以 $\varphi(x)$ 单调增加,由 $\varphi(x) = 0$,

即 $1 - \cos x + x = 0 \Rightarrow x = 0$,故 $\lim\limits_{n\to\infty} a_n = a = 0$,

方法二　由 $\cos a_n - a_n = \cos b_n$ 得 $\cos a_n - \cos b_n = a_n$,又 $0 < a_n <$

$\dfrac{\pi}{2}$,$0 < b_n < \dfrac{\pi}{2}$,

故有 $a_n = \cos a_n - \cos b_n > 0$,从而 $0 < a_n < b_n < \dfrac{\pi}{2}$,因为级数 $\sum\limits_{n=1}^{\infty} b_n$

收敛,所以级数 $\sum\limits_{n=1}^{\infty} a_n$ 收敛,故有 $\lim\limits_{n\to\infty} a_n = 0$

方法三　因为 $0 \leqslant \dfrac{a_n}{b_n} = \dfrac{\cos a_n - \cos b_n}{b_n} \leqslant \dfrac{1 - \cos b_n}{b_n}$,又因为级数 $\sum\limits_{n=1}^{\infty} b_n$

收敛，所以 $\lim\limits_{n\to\infty}b_n=0$，又 $\lim\limits_{n\to\infty}\dfrac{1-\cos b_n}{b_n}=\lim\limits_{n\to\infty}\dfrac{\frac{1}{2}b_n^2}{b_n}=0$，由夹逼准则，可得

$\lim\limits_{n\to\infty}\dfrac{a_n}{b_n}=0$，因此 $\lim\limits_{n\to\infty}a_n=0$

（Ⅱ）**证明：方法一**　由 $\cos a_n-a_n=\cos b_n$，

而 $\dfrac{a_n}{b_n}=\dfrac{\cos a_n-\cos b_n}{b_n}=-\dfrac{2\sin\left(\dfrac{a_n+b_n}{2}\right)\sin\left(\dfrac{a_n-b_n}{2}\right)}{b_n}\sim\dfrac{b_n^2-a_n^2}{2b_n}$

因为 $0<a_n<\dfrac{\pi}{2}$，$0<b_n<\dfrac{\pi}{2}$，$0\leqslant\dfrac{b_n^2-a_n^2}{2b_n}\leqslant\dfrac{b_n}{2}$，级数 $\sum\limits_{n=1}^{\infty}b_n$ 收敛，

所以 级数 $\sum\limits_{n=1}^{\infty}\dfrac{b_n^2-a_n^2}{2b_n}$ 收敛，由比较判别法知级数 $\sum\limits_{n=1}^{\infty}\dfrac{a_n}{b_n}$ 收敛.

方法二　由 $\lim\limits_{n\to\infty}\dfrac{\dfrac{1-\cos b_n}{b_n}}{b_n}=\dfrac{1}{2}$，级数 $\sum\limits_{n=1}^{\infty}b_n$ 收敛，由比较判别法知级数

$\sum\limits_{n=1}^{\infty}\dfrac{1-\cos b_n}{b_n}$ 收敛，而 $\dfrac{a_n}{b_n}=\dfrac{\cos a_n-\cos b_n}{b_n}\leqslant\dfrac{1-\cos b_n}{b_n}$，所以级数 $\sum\limits_{n=1}^{\infty}\dfrac{a_n}{b_n}$ 收敛.

【例 8】　（2013 年）设 $f(x)=\left|x-\dfrac{1}{2}\right|$，$b_n=2\displaystyle\int_0^1 f(x)\sin n\pi x\,\mathrm{d}x$ $(n=1,2,\cdots)$，令

$$s(x)=\sum_{n=1}^{\infty}b_n\sin n\pi x，\ 则\ s\left(-\dfrac{9}{2}\right)=(\qquad).$$

A. $\dfrac{3}{4}$　　　　B. $\dfrac{1}{4}$　　　　C. $-\dfrac{1}{4}$　　　　D. $-\dfrac{3}{4}$

解　由 $f(x)=\left|x-\dfrac{1}{2}\right|=\begin{cases}\dfrac{1}{2}-x,&x\in\left[0,\dfrac{1}{2}\right],\\[2mm]x-\dfrac{1}{2},&x\notin\left[0,\dfrac{1}{2}\right]\end{cases}$ 将 $f(x)$ 作奇延

拓，得周期为 2 的周期函数 $F(x)$，而周期函数 $F(x)$ 在点 $x=-\dfrac{9}{4}$ 处函数

$F(x)$ 连续，有

$$F\left(-\dfrac{9}{4}\right)=F\left(-\dfrac{1}{4}\right)=-F\left(\dfrac{1}{4}\right)=-f\left(\dfrac{1}{4}\right)=-\dfrac{1}{4}$$

【例9】 (2013年)设数列函数 $\{a_n\}$ 满足条件：$a_0=3$, $a_1=1$, $a_{n-2}-n(n-1)a_n=0$ $(n\geqslant 2)$, $s(x)$ 是幂级数 $\sum\limits_{n=0}^{\infty}a_n x^n$ 的和函数.(1)证明：$s''(x)-s(x)=0$；(2)求 $s(x)$ 的表达式.

(1) **证明**：$s(x)=\sum\limits_{n=0}^{\infty}a_n x^n$, $s'(x)=\sum\limits_{n=1}^{\infty}na_n x^{n-1}$,

$$s''(x)=\sum_{n=2}^{\infty}n(n-1)a_n x^{n-2}=\sum_{n=0}^{\infty}(n+2)(n+1)a_{n+2}x^n$$

$$s''(x)-s(x)=s''(x)=\sum_{n=0}^{\infty}((n+2)(n+1)a_{n+2}-a_n)x^n$$

又 $a_0=3$, $a_1=1$, $n(n-1)a_n-a_{n-2}=0$ $(n\geqslant 2)$,

所以 $a_0=3$, $a_1=1$, $(n+2)(n+1)a_{n+2}-a_n=0$ $(n\geqslant 0)$

故有 $s''(x)-s(x)=0$, $s(0)=a_0=3$, $s'(0)=a_1=1$

(2) **解** 微分方程 $s''(x)-s(x)=0$ 的特征方程为 $r^2-1=0$

解得 $r_1=-1$, $r_2=1$, 所以 $s(x)=c_1 e^x+c_2 e^{-x}$

由 $s''(x)-s(x)=0$, $s(0)=a_0=3$, $s'(0)=a_1=1$, 得到 $c_1+c_2=3$, $c_1-c_2=1$

解得 $c_1=2$, $c_2=1$, 故有 $s(x)=2e^x+e^{-x}$

【例10】 (2012年)设 $a_n>0$ $(n=1,2,3,\cdots)$, $S_n=a_1+a_2+\cdots+a_n$, 则数列 $\{S_n\}$ 有界是数列 $\{a_n\}$ 收敛的(　　).

A. 充分必要条件　　　　　　B. 充分非必要条件

C. 必要非充分条件　　　　　D. 非充分也非必要条件

解 应选B. 由于 $\{S_n\}$ 单增, 所以当 $\{S_n\}$ 有界时, 必有 $\{S_n\}$ 收敛, 从而

$$\lim_{n\to\infty}a_n=\lim_{n\to\infty}(S_n-S_{n-1})=0,$$

即 $\{a_n\}$ 收敛.

但当 $\{a_n\}$ 收敛时, 数列 $\{S_n\}$ 不一定有界. 例如 $a_n=1$ 是收敛的数列, 但数列 $\{S_n\}$ 却无界. 故数列 $\{S_n\}$ 有界是数列 $\{a_n\}$ 收敛的充分非必要条件.

【例11】 (2012 年) 已知级数 $\sum\limits_{n=1}^{\infty}(-1)^n\sqrt{n}\sin\dfrac{1}{n^\alpha}$ 绝对收敛, 级数 $\sum\limits_{n=1}^{\infty}(-1)^n\dfrac{1}{n^{2-\alpha}}$ 条件收敛, 则(　　).

A. $0<\alpha\leqslant\dfrac{1}{2}$　　B. $\dfrac{1}{2}<\alpha\leqslant 1$　　C. $1<\alpha\leqslant\dfrac{3}{2}$　　D. $\dfrac{3}{2}<\alpha<2$

解　选 D. 由题设知，级数 $\sum\limits_{n=1}^{\infty}\left|(-1)^{n}\sqrt{n}\ \sin\dfrac{1}{n^{\alpha}}\right|=\sum\limits_{n=1}^{\infty}\sqrt{n}\ \sin\dfrac{1}{n^{\alpha}}\ (\alpha>0)$

收敛. 而

$$\sin\frac{1}{n^{\alpha}}\sim\frac{1}{n^{\alpha}}\ (n\rightarrow\infty),\quad \sqrt{n}\ \sin\frac{1}{n^{\alpha}}\sim\frac{1}{n^{\alpha-\frac{1}{2}}}\ (n\rightarrow\infty),$$

由 p-级数收敛的条件知 $\alpha-\dfrac{1}{2}>1$，即 $\alpha>\dfrac{3}{2}$. 由级数 $\sum\limits_{n=1}^{\infty}(-1)^{n}\dfrac{1}{n^{2-\alpha}}$ 条件

收敛，由 p-级数条件收敛的条件知 $0<2-\alpha\leqslant1$，即 $1\leqslant\alpha<2$，故有

$\dfrac{3}{2}<\alpha<2$.

【例 12】　（2012 年）求幂级数 $\sum\limits_{n=0}^{\infty}\dfrac{4n^{2}+4n+3}{2n+1}x^{2n}$ 的收敛域及和函数.

解　记 $a_{n}=\dfrac{4n^{2}+4n+3}{2n+1}$，由幂级数收敛半径公式有

$$R=\lim_{n\rightarrow\infty}\left|\frac{a_{n}}{a_{n+1}}\right|=\lim_{n\rightarrow\infty}\left|\frac{2n+3}{4\ (n+1)^{2}+4(n+1)+3}\cdot\frac{4n^{2}4n+3}{2n+1}\right|=1,$$

所以幂级数的收敛区间为 $(-1,1)$.

因为 $\lim\limits_{n\rightarrow\infty}\dfrac{\dfrac{4n^{2}+4n+3}{2n+1}}{\dfrac{1}{2n+1}}=\infty$，所以数项级数 $\sum\limits_{n=0}^{\infty}\dfrac{4n^{2}+4n+3}{2n+1}$ 发散，而当

$x=\pm1$ 时，有数项级数 $\sum\limits_{n=0}^{\infty}\dfrac{4n^{2}+4n+3}{2n+1}$，故幂级数在 $x=\pm1$ 时发散，即有

幂级数的收敛域为 $(-1,1)$.

再

$$S(x)=\sum_{n=0}^{\infty}\frac{4n^{2}+4n+3}{2n+1}x^{2n}=\sum_{n=0}^{\infty}\frac{(2n+1)^{2}+2}{2n+1}x^{2n}$$

$$=\sum_{n=0}^{\infty}\left(2n+1+\frac{2}{2n+1}\right)x^{2n}$$

$$=\sum_{n=0}^{\infty}(2n+1)x^{2n}+\sum_{n=0}^{\infty}\frac{2}{2n+1}x^{2n}$$

$$=S_{1}(x)+S_{2}(x),$$

又 $S_{1}(0)=1$，$S_{2}(0)=1$，所以 $S(0)=S_{1}(0)+S_{2}(0)=3$，而

$$S_{1}(x)=\sum_{n=0}^{\infty}(2n+1)x^{2n}=\left(\sum_{n=0}^{\infty}x^{2n+1}\right)'=\left(\frac{x}{1-x^{2}}\right)'=\frac{1+x^{2}}{(1-x^{2})^{2}},$$

$$S_2(x) = 2\sum_{n=0}^{\infty}\frac{1}{2n+1}x^{2n} = \frac{2}{x}\sum_{n=0}^{\infty}\frac{1}{2n+1}x^{2n+1} = \frac{2}{x}\int_0^x\left(\sum_{n=0}^{\infty}t^{2n}\right)\mathrm{d}t$$

$$= \frac{2}{x}\int_0^x\frac{1}{1-t^2}\mathrm{d}t = \frac{1}{x}\ln\frac{1+x}{1-x} \quad (|x|<1),$$

故有 $S(x) = \begin{cases} 3, & x=0, \\ \dfrac{1+x^2}{(1-x^2)^2} + \dfrac{1}{x}\ln\dfrac{1+x}{1-x}, & x\neq 0, -1<x<1. \end{cases}$

【例13】 (2011年)设数列 $\{a_n\}$ 单调减少,$\lim\limits_{n\to\infty}a_n=0$,$S_n=\sum\limits_{k=1}^{n}a_k(n=1,2,\cdots)$ 无界,则幂级数 $\sum\limits_{n=1}^{\infty}a_n(x-1)^n$ 的收敛域为( ).

A. $(-1,1]$ B. $[-1,1)$ C. $[0,2)$ D. $(0,2)$

解 选C. 因为数列 $\{a_n\}$ 单调减少,且 $\lim\limits_{n\to\infty}a_n=0$,由莱布尼兹审敛法知,交错级数 $\sum\limits_{n=1}^{\infty}(-1)^na_n$ 收敛,即幂级数 $\sum\limits_{n=1}^{\infty}a_n(x-1)^n$ 在 $x=0$ 处条件收敛. 又因为 $S_n=\sum\limits_{k=1}^{n}a_k(n=1,2,\cdots)$ 无界,所以幂级数 $\sum\limits_{n=1}^{\infty}a_n(x-1)^n$ 在 $x=2$ 处条件收敛发散. 故幂级数 $\sum\limits_{n=1}^{\infty}a_n(x-1)^n$ 的收敛域为 $[0,2)$.

【例14】 (2011年)设有数列 $\{u_n\}$,则下列命题正确的是( ).

A. 若 $\sum\limits_{n=1}^{\infty}u_n$ 收敛,则 $\sum\limits_{n=1}^{\infty}(u_{2n-1}+u_{2n})$ 收敛

B. 若 $\sum\limits_{n=1}^{\infty}(u_{2n-1}+u_{2n})$ 收敛,则 $\sum\limits_{n=1}^{\infty}u_n$ 收敛

C. 若 $\sum\limits_{n=1}^{\infty}u_n$ 收敛,则 $\sum\limits_{n=1}^{\infty}(u_{2n-1}-u_{2n})$ 收敛

D. 若 $\sum\limits_{n=1}^{\infty}(u_{2n-1}-u_{2n})$ 收敛,则 $\sum\limits_{n=1}^{\infty}u_n$ 收敛

解 选A. 由于级数 $\sum\limits_{n=1}^{\infty}(u_{2n-1}+u_{2n})$ 是级数 $\sum\limits_{n=1}^{\infty}u_n$ 经过加括号所构成的,由收敛级数的性质:当 $\sum\limits_{n=1}^{\infty}u_n$ 收敛时,$\sum\limits_{n=1}^{\infty}(u_{2n-1}+u_{2n})$ 也收敛. 故选项A正确,其余选项均不正确.

例如，取 $u_n=(-1)^{n-1}$，则有 $\sum_{n=1}^{\infty}(u_{2n-1}+u_{2n})=\sum_{n=1}^{\infty}(1-1)$，级数收敛；

但 $\sum_{n=1}^{\infty}u_n=\sum_{n=1}^{\infty}(-1)^{n-1}$ 发散，所以选项 B 不正确.

取 $u_n=(-1)^{n-1}\dfrac{1}{n}$，级数 $\sum_{n=1}^{\infty}u_n=\sum_{n=1}^{\infty}(-1)^{n-1}\dfrac{1}{n}$ 收敛，但级数

$$\sum_{n=1}^{\infty}(u_{2n-1}-u_{2n})=\sum_{n=1}^{\infty}\left(\frac{1}{2n-1}+\frac{1}{2n}\right)=\sum_{n=1}^{\infty}\frac{4n-1}{2n(2n-1)}$$

发散 $\left(\dfrac{4n-1}{2n(2n-1)}>\dfrac{4n-2}{2n(2n-1)}=\dfrac{1}{n}\right)$，故选项 C 也不正确.

取 $u_n=\dfrac{1}{n}$，则级数

$$\sum_{n=1}^{\infty}(u_{2n-1}-u_{2n})=\sum_{n=1}^{\infty}\left(\frac{1}{2n-1}-\frac{1}{2n}\right)=\sum_{n=1}^{\infty}\frac{1}{2n(2n-1)}$$

收敛，而级数 $\sum_{n=1}^{\infty}u_n=\sum_{n=1}^{\infty}\dfrac{1}{n}$ 是发散的，故选项 D 不正确.

【例 15】 （2009 年）设有两个数列 $\{a_n\},\{b_n\}$，若 $\lim_{n\to\infty}a_n=0$，则（　　）.

A. 当 $\sum_{n=1}^{\infty}b_n$ 收敛时，$\sum_{n=1}^{\infty}a_nb_n$ 收敛

B. 当 $\sum_{n=1}^{\infty}b_n$ 发散时，$\sum_{n=1}^{\infty}a_nb_n$ 发散

C. 当 $\sum_{n=1}^{\infty}|b_n|$ 收敛时，$\sum_{n=1}^{\infty}a_n^2b_n^2$ 收敛

D. 当 $\sum_{n=1}^{\infty}|b_n|$ 发散时，$\sum_{n=1}^{\infty}a_n^2b_n^2$ 发散

解 选 C. 因为级数 $\sum_{n=1}^{\infty}|b_n|$ 收敛，所以 $\lim_{n\to\infty}|b_n|=0$，又由 $\lim_{n\to\infty}a_n=0$，所以存在 $N>0$，当 $n>N$ 时，有 $|a_n|<1$，$|b_n|<1$，从而有 $0\leqslant a_n^2b_n^2\leqslant|b_n|$，由正项级数比较判别法知 $\sum_{n=1}^{\infty}a_n^2b_n^2$ 收敛.

本题也可用排除法. 取 $a_n=b_n=\dfrac{(-1)^n}{\sqrt{n}}$，可排除 A,D 选项；取 $a_n=\dfrac{(-1)^n}{\sqrt{n}}$，$b_n=1$，可排除选项 D.

【例 16】 (2009 年) 设 a_n 为曲线 $y = x^n$ 与 $y = x^{n+1}(n = 1, 2, \cdots)$ 所围成的区域的面积，记 $S_1 = \sum\limits_{n=0}^{\infty} a_n$, $S_2 = \sum\limits_{n=0}^{\infty} a_{2n-1}$，求 S_1 与 S_2 的值.

解 曲线 $y = x^n$ 与 $y = x^{n+1}$ 的交点为 $(0,0), (1,1)$，所围成的区域的面积

$$a_n = \int_0^1 (x^n - x^{n+1}) \mathrm{d}x = \frac{1}{n+1} - \frac{1}{n+2}.$$

下面对 S_1 求法有下列三种方法.

方法 1 $S_1 = \sum\limits_{n=1}^{\infty} a_n = \sum\limits_{n=1}^{\infty} \left(\frac{1}{n+1} - \frac{1}{n+2} \right) = \lim\limits_{n \to \infty} \sum\limits_{k=1}^{n} \left(\frac{1}{k+1} - \frac{1}{k+2} \right)$

$$= \lim\limits_{n \to \infty} \left(\frac{1}{2} - \frac{1}{n+2} \right) = \frac{1}{2}.$$

方法 2 记 $S_1(x) = \sum\limits_{n=1}^{\infty} \left(\frac{x^{n+1}}{n+1} - \frac{x^{n+2}}{n+2} \right)$，则

$$S_1{}'(x) = \sum\limits_{n=1}^{\infty} (x^n - x^{n+1}) = x, \quad S_1(x) = S_1(0) + \int_0^x t \, \mathrm{d}t = \frac{1}{2} x^2,$$

所以有 $S_1 = S_1(1) = \frac{1}{2}$.

方法 3 由题意得 $a_n = \int_0^1 (x^n - x^{n+1}) \mathrm{d}x$，则 $S_1 = \sum\limits_{n=1}^{\infty} a_n$ 的前 n 项和为

$$S_{1,n} = \sum\limits_{k=1}^{n} \int_0^1 (x^n - x^{n+1}) \mathrm{d}x = \int_0^1 \sum\limits_{k=1}^{n} (x^k - x^{k+1}) \mathrm{d}x$$

$$= \int_0^1 (x - x^{n+1}) \mathrm{d}x = \frac{1}{2} - \frac{1}{n+2},$$

所以 $S_1 = \lim\limits_{n \to \infty} S_{1,n} = \lim\limits_{n \to \infty} \left(\frac{1}{2} - \frac{1}{n+2} \right) = \frac{1}{2}$.

下面对 S_2 求法有下列 4 种方法.

方法 1 $S_2 = \sum\limits_{n=1}^{\infty} a_{2n-1} = \sum\limits_{n=1}^{\infty} \left(\frac{1}{2n} - \frac{1}{2n+1} \right) = \sum\limits_{n=2}^{\infty} (-1)^n \frac{1}{n}$.

考查幂级数 $\sum\limits_{n=1}^{\infty} (-1)^n \frac{1}{n} x^n$，收敛域为 $(-1, 1]$，和函数 $S(x) = -\ln(1+x)$，

幂级数 $\sum\limits_{n=2}^{\infty} (-1)^n \frac{1}{n} x^n$ 的和函数 $F(x) = x - \ln(1+x)$，

$$S_2 = \sum\limits_{n=1}^{\infty} a_{2n-1} = \sum\limits_{n=2}^{\infty} (-1)^n \frac{1}{n} = F(1) = 1 - \ln 2.$$

方法 2 $S_2 = \sum\limits_{n=1}^{\infty} a_{2n-1} = \sum\limits_{n=1}^{\infty} \left(\frac{1}{2n} - \frac{1}{2n+1} \right)$. 令

$$S_2(x) = \sum_{n=1}^{\infty} \left(\frac{x^{2n}}{2n} - \frac{x^{2n+1}}{2n+1} \right) \quad (-1 < x \leqslant 1),$$

则 $S_2{}'(x) = \sum_{n=1}^{\infty} (x^{2n-1} - x^{2n}) = \dfrac{x}{1+x}$ $(-1 < x \leqslant 1)$，所以

$$S_2(x) = S_2(0) + \int_0^x \frac{t}{1+t} dt = x - \ln(1+x),$$

从而 $S_2 = S_2(1) = 1 - \ln 2$.

方法 3　$S_2 = \sum_{n=1}^{\infty} \left(\dfrac{1}{2n} - \dfrac{1}{2n+1} \right) = \sum_{n=1}^{\infty} \dfrac{1}{2n(2n+1)}$. 令 $S_2(x) =$

$\sum_{n=1}^{\infty} \dfrac{x^{2n+1}}{2n(2n+1)}$，则 $S_2{}'(x) = \sum_{n=1}^{\infty} \dfrac{x^{2n}}{2n}$，$S_2{}''(x) = \sum_{n=1}^{\infty} x^{2n-1} = \dfrac{x}{1-x^2}$，所以

$$S_2{}'(x) = S_2{}'(0) + \int_0^x \frac{t}{1-t^2} dt = -\frac{1}{2} \ln(1-x^2),$$

$$S_2(x) = S_2(0) + \int_0^x \left(-\frac{1}{2} \ln(1-t^2) \right) dt$$

$$= -\frac{x}{2} \ln(1-x^2) + x - \frac{1}{2} \ln \frac{1+x}{1-x}$$

$$= \frac{1}{2}(1-x) \ln(1-x) - \frac{x}{2} \ln(1+x) + x - \frac{1}{2} \ln(1+x),$$

从而 $S_2 = S_2(1) = \lim_{x \to 1^-} S_2(x) = 1 - \ln 2$.

方法 4　因为 $S_2 = \sum_{n=1}^{\infty} a_{2n-1}$ 的前 n 项和

$$S_{2,n} = \sum_{k=1}^{n} \int_0^1 (x^{2k-1} - x^{2k}) dx = \int_0^1 \sum_{k=1}^{n} (x^{2k-1} - x^{2k}) dx$$

$$= \int_0^1 \frac{x(1-x^{2n})}{1+x} dx = (x - \ln(1+x)) \Big|_0^1 - \int_0^1 \frac{x^{2n+1}}{1+x} dx$$

$$= 1 - \ln 2 - \int_0^1 \frac{x^{n+1}}{1+x} dx,$$

$0 < \int_0^1 \dfrac{x^{2n+1}}{1+x} dx < \int_0^1 x^{2n+1} dx = \dfrac{1}{2n+2}$，所以 $S_2 = \lim_{n \to \infty} S_{2,n} = 1 - \ln 2$.

【例 17】　(2008 年) 已知幂级数 $\sum_{n=0}^{\infty} a_n (x+2)^n$ 在 $x=0$ 处收敛，在 $x = -4$ 处发散，则幂级数 $\sum_{n=0}^{\infty} a_n (x-3)^n$ 的收敛域为 _____.

解 应填$(1,5]$. 由题意知，$\sum\limits_{n=0}^{\infty} a_n (x+2)^n$ 是在 $x_0 = -2$ 处的幂级数，且在 $x=0$ 处收敛，在 $x=-4$ 处发散，所以其收敛半径为2，收敛域为$(-4,0]$，即 $\sum\limits_{n=0}^{\infty} a_n (x+2)^n$ 只在 $-2 < x \leqslant 2$ 收敛，所以幂级数 $\sum\limits_{n=0}^{\infty} a_n x^n$ 的收敛域为$(-2,2]$，因此幂级数 $\sum\limits_{n=0}^{\infty} a_n (x-3)^n$ 也只在 $-2 < x-3 \leqslant 2$ 收敛，故幂级数 $\sum\limits_{n=0}^{\infty} a_n (x-3)^n$ 的收敛域为$(1,5]$.

【例18】 (2008年) 将函数 $f(x) = 1 - x^2 \ (0 \leqslant x \leqslant \pi)$ 展开成余弦级数，并求级数 $\sum\limits_{n=1}^{\infty} \dfrac{(-1)^{n-1}}{n^2}$ 的和.

解 将 $f(x)$ 作偶周期延拓，则有 $b_n = 0$，$n = 1, 2, \cdots$，

$$a_0 = \frac{2}{\pi} \int_0^\pi (1 - x^2) \mathrm{d}x = 2\left(1 - \frac{\pi^2}{3}\right),$$

$$a_n = \frac{2}{\pi} \int_0^\pi f(x) \cos nx \ \mathrm{d}x,$$

$$= \frac{2}{\pi}\left(\int_0^\pi \cos nx \ \mathrm{d}x - \int_0^\pi x^2 \cos nx \ \mathrm{d}x\right),$$

$$= \frac{2}{\pi}\left(0 - \int_0^\pi x^2 \cos nx \ \mathrm{d}x\right) = \frac{-2}{\pi}\left(\frac{x^2 \sin nx}{n}\bigg|_0^\pi - \int_0^\pi \frac{2x \sin nx}{n}\mathrm{d}x\right),$$

$$= \frac{2}{\pi} \frac{2\pi(-1)^{n-1}}{n^2} = \frac{4(-1)^{n-1}}{n^2} \quad (n = 1, 2, \cdots),$$

所以

$$f(x) = 1 - x^2 = \frac{a_0}{2} + \sum_{n=1}^{\infty} a_n \cos nx = 1 - \frac{\pi^2}{3}$$

$$+ 4 \sum_{n=1}^{\infty} \frac{(-1)^{n-1}}{n^2} \cos nx \quad (0 \leqslant x \leqslant \pi).$$

令 $x = 0$，有 $f(0) = 1 - \dfrac{\pi^2}{3} + 4 \sum\limits_{n=1}^{\infty} \dfrac{(-1)^{n-1}}{n^2}$，又 $f(0) = 1$，所以

$$\sum_{n=1}^{\infty} \frac{(-1)^{n-1}}{n^2} = \frac{\pi^2}{12}.$$

【例19】 (2007年) 设幂级数 $\sum\limits_{n=0}^{\infty} a_n x^n$ 在 $(-\infty, +\infty)$ 内收敛，其和函

数 $y(x)$ 满足 $y'' - 2xy' - 4y = 0$，$y(0) = 0$，$y'(0) = 1$.

(1) 证明：$a_{n+2} = \dfrac{2}{n+1} a_n$，$n = 1, 2, \cdots$.

(2) 求 $y(x)$ 的表达式.

证 (1) 记 $y(x) = \sum\limits_{n=0}^{\infty} a_n x^n$，则

$$y' = \sum_{n=1}^{\infty} n a_n x^{n-1}, \quad y'' = \sum_{n=2}^{\infty} n(n-1) a_n x^{n-2}.$$

代入微分方程 $y'' - 2xy' - 4y = 0$，有

$$\sum_{n=2}^{\infty} n(n-1) a_n x^{n-2} - 2 \sum_{n=1}^{\infty} n a_n x^n - 4 \sum_{n=0}^{\infty} a_n x^n = 0,$$

即 $\sum\limits_{n=0}^{\infty} (n+2)(n+1) a_{n+2} x^n - 2 \sum\limits_{n=0}^{\infty} n a_n x^n - 4 \sum\limits_{n=0}^{\infty} a_n x^n = 0$，故有

$$(n+2)(n+1) a_{n+2} - 2n a_n - 4 a_n = 0,$$

即 $a_{n+2} = \dfrac{2}{n+1} a_n$，$n = 1, 2, \cdots$.

解 (2) 由初始条件 $y(0) = 0$，$y'(0) = 1$ 知，$a_0 = 0$，$a_1 = 1$. 于是根据

递推关系式 $a_{n+2} = \dfrac{2}{n+1} a_n$，有 $a_{2n} = 0$，$a_{2n+1} = \dfrac{1}{n!}$. 故

$$y(x) = \sum_{n=0}^{\infty} a_n x^n = \sum_{n=0}^{\infty} a_{2n+1} x^{2n+1} = \sum_{n=0}^{\infty} \frac{1}{n!} x^{2n+1}$$

$$= x \sum_{n=0}^{\infty} \frac{1}{n!} (x^2)^n = x e^{x^2}.$$

【例 20】 （2007 年）将函数 $f(x) = \dfrac{1}{x^2 - 3x - 4}$ 展开成 $x - 1$ 的幂级数，

并指出其收敛区间.

解 $f(x) = \dfrac{1}{x^2 - 3x - 4} = \dfrac{1}{(x-4)(x+1)} = \dfrac{1}{5} \left(\dfrac{1}{x-4} - \dfrac{1}{x+1} \right)$

$$= \frac{1}{-15} \frac{1}{1 - \dfrac{x-1}{3}} - \frac{1}{10} \frac{1}{1 + \dfrac{x-1}{2}}$$

$$= -\frac{1}{15} \sum_{n=0}^{\infty} \left(\frac{x-1}{3} \right)^n - \frac{1}{10} \sum_{n=0}^{\infty} (-1)^n \frac{(x-1)^n}{2^n}$$

$$= -\frac{1}{5} \sum_{n=0}^{\infty} \left(\frac{1}{3^{n+1}} + \frac{(-1)^n}{2^{n+1}} \right) (x-1)^n,$$

其中,第一个幂级数的收敛区间为 $|x-1|<3$,第二个幂级数的收敛区间为 $|x-1|<2$,故幂级数的收敛区间为 $|x-1|<2$,即 $-1<x<3$.

【例 21】 (2006 年) 若级数 $\sum\limits_{n=1}^{\infty} a_n$ 收敛,则级数( ).

A. $\sum\limits_{n=1}^{\infty} |a_n|$ 收敛   B. $\sum\limits_{n=1}^{\infty} (-1)^n a_n$ 收敛

C. $\sum\limits_{n=1}^{\infty} a_n a_{n+1}$ 收敛   D. $\sum\limits_{n=1}^{\infty} \dfrac{a_n + a_{n+1}}{2}$ 收敛

解 选 D. 由 $\sum\limits_{n=1}^{\infty} a_n$ 收敛知 $\sum\limits_{n=1}^{\infty} a_{n+1}$ 收敛,所以级数 $\sum\limits_{n=1}^{\infty} \dfrac{a_n + a_{n+1}}{2}$ 收敛,故选 D.

或利用排除法. 取 $a_n = (-1)^n \dfrac{1}{n}$,则可排除选项 A,B. 取 $a_n = (-1)^n \dfrac{1}{\sqrt{n}}$,则可排除选项 C. 故 D 选项正确.

【例 22】 (2006 年) 求幂级数 $\sum\limits_{n=1}^{\infty} \dfrac{(-1)^{n-1} x^{2n+1}}{n(2n-1)}$ 的收敛域及和函数 $S(x)$.

解 记 $u_n(x) = \dfrac{(-1)^{n-1} x^{2n+1}}{n(2n-1)}$,则

$$\lim_{n\to\infty} \left| \frac{u_{n+1}(x)}{u_n(x)} \right| = \lim_{n\to\infty} \left| \frac{\dfrac{(-1)^n x^{2n+3}}{(n+1)(2n+1)}}{\dfrac{(-1)^{n-1} x^{2n+1}}{n(2n-1)}} \right| = |x|^2.$$

所以当 $|x|^2<1$,即 $|x|<1$ 时,所给幂级数收敛;当 $|x|>1$ 时,所给幂级数发散;当 $x=\pm1$ 时,所给幂级数为 $\dfrac{(-1)^{n-1}}{n(2n-1)}$,$\dfrac{(-1)^n}{n(2n-1)}$,均收敛,故所给幂级数的收敛域为 $[-1,1]$.

在 $(-1,1)$ 内,

$$S(x) = \sum_{n=1}^{\infty} \frac{(-1)^{n-1} x^{2n+1}}{n(2n-1)} = 2x \sum_{n=1}^{\infty} \frac{(-1)^{n-1} x^{2n}}{(2n-1)(2n)} = 2x S_1(x),$$

而 $S_1{}'(x) = \sum\limits_{n=1}^{\infty} \dfrac{(-1)^{n-1} x^{2n-1}}{2n-1}$,$S_1{}''(x) = \sum\limits_{n=1}^{\infty} (-1)^{n-1} x^{2n-2} = \dfrac{1}{1+x^2}$,所以

$$S_1{}'(x) - S_1{}'(0) = \int_0^x S_1{}''(t) \mathrm{d}t = \int_0^x \frac{1}{1+t^2} \mathrm{d}t = \arctan x.$$

又 $S_1'(0)=0$，于是 $S_1'(x)=\arctan x$. 同理

$$S_1(x)-S_1(0)=\int_0^x S_1'(t)\mathrm{d}t=\int_0^x \arctan t\ \mathrm{d}t$$

$$=t\arctan t\Big|_0^x-\int_0^x \frac{t}{1+t^2}\mathrm{d}t$$

$$=x\arctan x-\frac{1}{2}\ln(1+x^2).$$

又 $S_1(0)=0$，所以 $S_1(x)=x\arctan x-\dfrac{1}{2}\ln(1+x^2)$.

故 $S(x)=2x^2\arctan x-x\ln(1+x^2)$，$x\in(-1,1)$.

由于所给幂级数在 $x=\pm 1$ 处都收敛，且 $S(x)=2x^2\arctan x-x\ln(1+x^2)$ 在 $x=\pm 1$ 处都连续，所以 $S(x)$ 当 $x=\pm 1$ 时成立，即

$$S(x)=2x^2\arctan x-x\ln(1+x^2),\quad x\in[-1,1].$$

【例 23】　(2004 年) 设级数 $\dfrac{x^4}{2\cdot 4}+\dfrac{x^6}{2\cdot 4\cdot 6}+\dfrac{x^8}{2\cdot 4\cdot 6\cdot 8}+\cdots$　$(-\infty<x<+\infty)$ 的和函数为 $S(x)$，求：

（1）$S(x)$ 所满足的一阶微分方程；

（2）$S(x)$ 的表达式.

解　（1）$S(x)=\dfrac{x^4}{2\cdot 4}+\dfrac{x^6}{2\cdot 4\cdot 6}+\dfrac{x^8}{2\cdot 4\cdot 6\cdot 8}+\cdots$，易见 $S(0)=0$，且幂级数的收敛域为 $(-\infty,+\infty)$，对于 $x\in(-\infty,+\infty)$ 有

$$S'(x)=\frac{x^3}{2}+\frac{x^5}{2\cdot 4}+\frac{x^7}{2\cdot 4\cdot 6}+\cdots$$

$$=x\left(\frac{x^2}{2}+\frac{x^4}{2\cdot 4}+\frac{x^6}{2\cdot 4\cdot 6}+\cdots\right)=x\left(\frac{x^2}{2}+S(x)\right).$$

因此 $S(x)$ 是初值问题 $y'=xy+\dfrac{x^3}{2}$，$y(0)=0$ 的解.

（2）方程 $y'=xy+\dfrac{x^3}{2}$ 的通解为

$$y=\mathrm{e}^{\int x\,\mathrm{d}x}\left(\int \frac{x^3}{2}\mathrm{e}^{-\int x\,\mathrm{d}x}\,\mathrm{d}x+C\right)=-\frac{x^2}{2}-1+C\mathrm{e}^{\frac{x^2}{2}}.$$

由初始条件 $y(0)=0$，得 $C=1$. 故 $y=-\dfrac{x^2}{2}+\mathrm{e}^{\frac{x^2}{2}}-1$，因此和函数

$$S(x)=-\frac{x^2}{2}+\mathrm{e}^{\frac{x^2}{2}}-1.$$

【例 24】 (2004 年) 设有方程 $x^n + nx - 1 = 0$, 其中 n 为正整数. 证明: 此方程存在唯一正实根 x_n, 并证明当 $\alpha > 1$ 时, 级数 $\sum\limits_{n=1}^{\infty} x_n^{\alpha}$ 收敛.

证 记 $f_n(x) = x^n + nx - 1$. 由 $f_n(0) = -1 < 0$, $f_n(1) = n > 0$, 以及连续函数的介值定理知, 方程 $x^n + nx - 1 = 0$ 存在正实数根 $x_n \in (0, 1)$.

当 $x > 0$ 时, $f_n'(x) = nx^{n-1} + n > 0$, 可见 $f_n(x)$ 在 $[0, +\infty)$ 上单调增加, 故方程 $x^n + nx - 1 = 0$ 存在唯一正实数根 x_n.

由 $x_n^n + nx_n - 1 = 0$ 与 $x_n > 0$ 知 $0 < x_n = \dfrac{1 - x_n^n}{n} < \dfrac{1}{n}$, 故当 $\alpha > 1$ 时, $0 < x_n^{\alpha} < \left(\dfrac{1}{n}\right)^{\alpha}$. 而正项级数 $\sum\limits_{n=1}^{\infty} \dfrac{1}{n^{\alpha}}$ 收敛, 所以当 $\alpha > 1$ 时, 级数 $\sum\limits_{n=1}^{\infty} x_n^{\alpha}$ 收敛.

【例 25】 (2002 年) (1) 验证函数
$$y(x) = 1 + \frac{x^3}{3!} + \frac{x^6}{6!} + \frac{x^9}{9!} + \cdots + \frac{x^{3n}}{(3n)!} + \cdots \quad (-\infty < x < +\infty)$$
满足微分方程 $y'' + y' + y = e^x$.

(2) 利用(1)的结果求幂级数 $\sum\limits_{n=0}^{\infty} \dfrac{x^{3n}}{(3n)!}$ 的和函数.

解 (1) 由幂级数 $y(x) = 1 + \dfrac{x^3}{3!} + \dfrac{x^6}{6!} + \dfrac{x^9}{9!} + \cdots + \dfrac{x^{3n}}{(3n)!} + \cdots$ 在其收敛域 $(-\infty < x < +\infty)$ 内可逐项求导数, 所以有
$$y'(x) = \frac{x^2}{2!} + \frac{x^5}{5!} + \frac{x^8}{8!} + \cdots + \frac{x^{3n-1}}{(3n-1)!} + \cdots,$$
$$y''(x) = x + \frac{x^4}{4!} + \frac{x^7}{7!} + \cdots + \frac{x^{3n-2}}{(3n-2)!} + \cdots,$$
故有 $y'' + y' + y = 1 + x + \dfrac{x^2}{2!} + \dfrac{x^3}{3!} + \cdots + \dfrac{x^n}{n!} + \cdots = e^x \ (-\infty < x < +\infty)$.

(2) 微分方程 $y'' + y' + y = e^x$ 对应的齐次方程为 $y'' + y' + y = 0$, 其特征方程为 $r^2 + r + 1 = 0$, 解得特征值为 $r_{1,2} = -\dfrac{1}{2} \pm \dfrac{\sqrt{3}}{2}i$, 所以其次微分方程的通解为
$$Y = e^{-\frac{x}{2}}\left(C_1 \cos \frac{\sqrt{3}}{2}x + C_2 \sin \frac{\sqrt{3}}{2}x\right).$$

设非齐次微分方程的特解为 $y^* = Ae^x$, 将 y^* 代入微分方程 $y'' + y' + y = e^x$ 得 $A = \dfrac{1}{3}$, 故有微分方程 $y'' + y' + y = e^x$ 的特解 $y^* = \dfrac{1}{3}e^x$, 因此微分方程 $y'' + y' + y = e^x$ 的通解为

$$y = Y + y^* = \mathrm{e}^{-\frac{x}{2}} \left(C_1 \cos \frac{\sqrt{3}}{2} x + C_2 \sin \frac{\sqrt{3}}{2} x \right) + \frac{1}{3} \mathrm{e}^x.$$

当 $x = 0$ 时，有

$$\begin{cases} 1 = y(0) = C_1 + \dfrac{1}{3}, \\ 0 = y'(0) = -\dfrac{1}{2} C_1 + \dfrac{\sqrt{3}}{2} + C_2 + \dfrac{1}{3}, \end{cases}$$

解得 $C_1 = \dfrac{2}{3}$，$C_2 = 0$. 于是幂级数 $\displaystyle\sum_{n=0}^{\infty} \dfrac{x^{3n}}{(3n)!}$ 的和函数为

$$y = \frac{2}{3} \mathrm{e}^{-\frac{x}{2}} \cos \frac{\sqrt{3}}{2} x + \frac{1}{3} \mathrm{e}^x \quad (-\infty, +\infty).$$

【例 26】 （2001 年）已知 $f_n{}'(x)$ 满足 $f_n{}'(x) = f_n(x) + x^{n-1} \mathrm{e}^x$（$n$ 为正整数），且 $f_n(1) = \dfrac{\mathrm{e}}{n}$，求函数项级数 $\displaystyle\sum_{n=1}^{\infty} f_n(x)$ 之和.

解 由已知条件可知 $f_n(x)$ 满足一阶线性微分方程 $f_n{}'(x) - f_n(x) = x^{n-1} \mathrm{e}^x$，其通解为

$$f_n(x) = \mathrm{e}^x \left(\frac{x^n}{n} + C \right).$$

由条件 $f_n(1) = \dfrac{\mathrm{e}}{n}$，得 $C = 0$，故 $f_n(x) = \dfrac{x^n \mathrm{e}^n}{n}$. 从而

$$\sum_{n=1}^{\infty} f_n(x) = \sum_{n=1}^{\infty} \frac{x^n \mathrm{e}^x}{n} = \mathrm{e}^x \sum_{n=1}^{\infty} \frac{x^n}{n}.$$

记 $S(x) = \displaystyle\sum_{n=1}^{\infty} \dfrac{x^n}{n}$，其收敛域为 $[0, 1)$，且 $S(0) = 0$，当 $x \in (-1, 1)$ 时，有

$$S'(x) = \sum_{n=1}^{\infty} x^{n-1} = \frac{1}{1-x}, \quad \text{故}$$

$$S(x) = S(0) + \int_0^x S'(t)\mathrm{d}t = \int_0^x \frac{1}{1-t} \mathrm{d}t = -\ln(1-x).$$

由 $S(x)$ 与 $-\ln(1-x)$ 在 $x = -1$ 的连续性知，上述和函数公式在 $x = -1$ 处也成立. 于是，当 $-1 \leqslant x < 1$ 时，有

$$\sum_{n=1}^{\infty} f_n(x) = \mathrm{e}^x S(x) = -\mathrm{e}^x \ln(1-x).$$

【例 27】 （2001 年）设

$$f(x) = \begin{cases} \dfrac{1+x^2}{x} \arctan x, & x \neq 0, \\ 1, & x = 0. \end{cases}$$

试将 $f(x)$ 展开成 x 的幂级数,并求级数 $\sum\limits_{n=1}^{\infty}\dfrac{(-1)^n}{1-4n^2}$ 的和.

解 因 $(\arctan x)'=\dfrac{1}{1+x^2}=\sum\limits_{n=0}^{\infty}(-1)^n x^{2n}$,$x\in[-1,1]$,故

$$\arctan x=\int_0^x(\arctan x)'\mathrm{d}x=\sum_{n=0}^{\infty}(-1)^n\int_0^x t^{2n}\mathrm{d}t$$

$$=\sum_{n=0}^{\infty}\frac{(-1)^n}{2n+1}x^{2n+1},\quad x\in[-1,1].$$

将上式两边同乘 $\dfrac{1+x^2}{x}$,得

$$\frac{1+x^2}{x}\arctan x=(1+x^2)\sum_{n=0}^{\infty}\frac{(-1)^n}{2n+1}x^{2n}$$

$$=\sum_{n=0}^{\infty}\frac{(-1)^n}{2n+1}x^{2n}+\sum_{n=0}^{\infty}\frac{(-1)^n}{2n+1}x^{2n+2}$$

$$=\sum_{n=0}^{\infty}\frac{(-1)^n}{2n+1}x^{2n}+\sum_{n=1}^{\infty}\frac{(-1)^{n-1}}{2n-1}x^{2n}$$

$$=1+\sum_{n=1}^{\infty}(-1)^n\left(\frac{1}{2n+1}-\frac{1}{2n-1}\right)x^{2n}$$

$$=1+\sum_{n=1}^{\infty}\frac{2(-1)^n}{1-4n^2}x^{2n},\quad x\in[-1,1],\ x\neq0.$$

在上式令 $x=0$ 时取值为1,于是

$$f(x)=1+\sum_{n=1}^{\infty}\frac{2(-1)^n}{1-4n^2}x^{2n},\quad x\in[-1,1],\ x\neq0.$$

令 $x=1$ 时,$\sum\limits_{n=1}^{\infty}\dfrac{(-1)^n}{1-4n^2}=\dfrac{1}{2}(f(1)-1)=\dfrac{1}{2}\left(2\times\dfrac{\pi}{4}-1\right)=\dfrac{\pi}{4}-\dfrac{1}{2}$.

【例28】 (2000年) 设 $I_n=\displaystyle\int_0^{\frac{\pi}{4}}\sin^n x\ \mathrm{d}(\sin x)$,$n=0,1,2,\cdots$,求 $\sum\limits_{n=0}^{\infty}I_n$.

解 由 $I_n=\displaystyle\int_0^{\frac{\pi}{4}}\sin^n x\ \mathrm{d}(\sin x)=\dfrac{1}{n+1}(\sin x)^{n+1}\Big|_0^{\frac{\pi}{4}}=\dfrac{1}{n+1}\left(\dfrac{\sqrt2}{2}\right)^{n+1}$,有

$$\sum_{n=0}^{\infty}I_n=\sum_{n=0}^{\infty}\frac{1}{n+1}\left(\frac{\sqrt2}{2}\right)^{n+1}.$$

令 $S(x)=\displaystyle\sum_{n=0}^{\infty}\dfrac{1}{n+1}x^{n+1}$,因其收敛半径 $R=1$,且 $S(0)=0$,故在 $(-1,1)$ 内

有 $S'(x) = \sum\limits_{n=0}^{\infty} x^n = \dfrac{1}{1-x}$. 于是

$$S(x) = S(0) + \int_0^x \frac{1}{1-t} \mathrm{d}t = -\ln(1-x), \quad -1 < x < 1.$$

令 $x = \dfrac{\sqrt{2}}{2} \in (-1,1)$, 即得

$$S\left(\frac{\sqrt{2}}{2}\right) = \sum_{n=0}^{\infty} \frac{1}{n+1} \left(\frac{\sqrt{2}}{2}\right)^{n+1} = -\ln\left(1 - \frac{\sqrt{2}}{2}\right) = \ln(2+\sqrt{2}).$$

从而 $\sum\limits_{n=0}^{\infty} I_n = S\left(\dfrac{\sqrt{2}}{2}\right) = \ln(2+\sqrt{2})$.

【例 29】 (2000 年) 求幂级数 $\sum\limits_{n=1}^{\infty} \dfrac{1}{3^n + (-2)^n} \dfrac{x^n}{n}$ 的收敛区域, 并讨论该区间端点处的收敛性.

解 因为

$$R = \lim_{n\to\infty} \frac{|a_n|}{|a_{n+1}|} = \lim_{n\to\infty} \frac{[3^{n+1} + (-2)^{n+1}](n+1)}{[3^n + (-2)^n]n}$$

$$= \lim_{n\to\infty} \frac{3\left[1 + \left(-\dfrac{2}{3}\right)^{n+1}\right](n+1)}{\left[1 + \left(-\dfrac{2}{3}\right)^n\right]n} = 3,$$

故收敛区间为 $(-3,3)$.

当 $x = 3$ 时, 由 $\dfrac{3^n}{3^n + (-2)^n} \dfrac{1}{n} > \dfrac{1}{2n}$, 而 $\sum\limits_{n=1}^{\infty} \dfrac{1}{n}$ 发散, 所以幂级数

$\sum\limits_{n=1}^{\infty} \dfrac{1}{3^n + (-2)^n} \dfrac{x^n}{n}$ 在点 $x = 3$ 处发散. 当 $x = -3$ 时, 由于

$$\frac{(-3)^n}{3^n + (-2)^n} \frac{1}{n} = (-1)^n \frac{1}{n} - \frac{2^n}{3^n + (-2)^n} \frac{1}{n},$$

而 $\lim\limits_{n\to\infty} \dfrac{\dfrac{2^n}{3^n + (-2)^n} \dfrac{1}{n}}{\dfrac{2^n}{3^n}} = 0$, 且级数 $\sum\limits_{n=1}^{\infty} \dfrac{2^n}{3^n}$ 收敛, 故级数 $\sum\limits_{n=1}^{\infty} \dfrac{2^n}{3^n + (-2)^n} \dfrac{1}{n}$ 收

敛. 又级数 $\sum\limits_{n=1}^{\infty} (-1)^n \dfrac{1}{n}$ 收敛, 所以幂级数 $\sum\limits_{n=1}^{\infty} \dfrac{1}{3^n + (-2)^n} \dfrac{x^n}{n}$ 在 $x = -3$ 处

收敛.

【例 30】 (1999 年) 设 $a_n = \int_0^{\frac{\pi}{4}} \tan^n x \, \mathrm{d}x$.

(1) 求 $\sum_{n=1}^{\infty} \frac{1}{n}(a_n + a_{n+2})$ 的值.

(2) 试证: 对任意的常数 $\lambda > 0$, 级数 $\sum_{n=1}^{\infty} \frac{a_n}{n^\lambda}$ 收敛.

解 (1) 因为

$$\frac{1}{n}(a_n + a_{n+2}) = \frac{1}{n}\int_0^{\frac{\pi}{4}} \tan^n x \,(1+\tan^2 x)\mathrm{d}x = \frac{1}{n}\int_0^{\frac{\pi}{4}} \tan^n x \, \sec^2 x \, \mathrm{d}x$$

$$\xlongequal{t=\tan x} \frac{1}{n}\int_0^1 t^n \mathrm{d}t = \frac{1}{n(n+1)},$$

又由部分和数列

$$S_n = \sum_{k=1}^n \frac{1}{k}(a_k + a_{k+2}) = \sum_{k=1}^n \frac{1}{k(k+1)} = 1 - \frac{1}{n+1},$$

因此 $\lim\limits_{n\to\infty} S_n = 1$, 故有 $\sum_{n=1}^{\infty} \frac{1}{n}(a_n + a_{n+2}) = 1$.

证 (2) 先估计 a_n 的值, 因为

$$a_n = \int_0^{\frac{\pi}{4}} \tan^n x \, \mathrm{d}x = \int_0^1 \frac{t^n}{1+t^2}\mathrm{d}t < \int_0^1 t^n \mathrm{d}t = \frac{1}{n+1},$$

所以 $\frac{a_n}{n^\lambda} < \frac{1}{n^\lambda(n+1)} < \frac{1}{n^{\lambda+1}}$. 由于 $\lambda + 1 > 1$, 所以 $\sum_{n=1}^{\infty} \frac{1}{n^{\lambda+1}}$ 收敛, 故知级数 $\sum_{n=1}^{\infty} \frac{a_n}{n^\lambda}$ 收敛.

【例 31】 (1999 年) 设正项数列 $\{a_n\}$ 单调减少, 且 $\sum_{n=1}^{\infty}(-1)^n a_n$ 发散, 试问级数 $\sum_{n=1}^{\infty}\left(\frac{1}{a_n+1}\right)^n$ 是否收敛? 并说明理由.

解 由正项数列 $\{a_n\}$ 单调减少知, 极限 $\lim\limits_{n\to\infty} a_n$ 存在, 记为 a, 则 $a_n \geqslant a$ 且 $a \geqslant 0$. 又 $\sum_{n=1}^{\infty}(-1)^n a_n$ 发散, 根据莱布尼兹级数交错判别法知, 必有 $a > 0$ (否则级数 $\sum_{n=1}^{\infty}(-1)^n a_n$ 收敛). 又正项级数 $\{a_n\}$ 单调减少, 有

$$\left(\frac{1}{a_n+1}\right)^n \leqslant \left(\frac{1}{a+1}\right)^n,$$

而 $\dfrac{1}{a+1}<1$，级数 $\displaystyle\sum_{n=1}^{\infty}\left(\dfrac{1}{a+1}\right)^{n}$ 收敛，根据比较判别法知级数 $\displaystyle\sum_{n=1}^{\infty}\left(\dfrac{1}{a_n+1}\right)^{n}$ 也收敛.

【例 32】 （1999 年）设有两条抛物线 $y=nx^2+\dfrac{1}{n}$ 和 $y=(n+1)x^2+\dfrac{1}{n+1}$，记它们交点的横坐标的绝对值为 a_n.

（1） 求这两条抛物线所围成的平面图形的面积 S_n.

（2） 求级数 $\displaystyle\sum_{n=1}^{\infty}\dfrac{S_n}{a_n}$ 的和.

解 解联立方程组

$$\begin{cases} y=nx^2+\dfrac{1}{n}, \\ y=(n+1)x^2+\dfrac{1}{n+1}, \end{cases}$$

得 $x^2=\dfrac{1}{n}-\dfrac{1}{n+1}=\dfrac{1}{n(n+1)}$. 从而 $a_n=\dfrac{1}{\sqrt{n(n+1)}}$. 因图形关于 y 轴对称，所以

$$\begin{aligned} S_n &= 2\int_0^{a_n}\left[nx^2+\dfrac{1}{n}-(n+1)x^2-\dfrac{1}{n+1}\right]\mathrm{d}x \\ &= 2\int_0^{a_n}\left[\dfrac{1}{n(n+1)}-x^2\right]\mathrm{d}x=\dfrac{4}{3}\dfrac{1}{n(n+1)\sqrt{n(n+1)}}. \end{aligned}$$

因此 $\dfrac{S_n}{a_n}=\dfrac{4}{3}\dfrac{1}{n(n+1)}=\dfrac{4}{3}\left(\dfrac{1}{n}-\dfrac{1}{n(n+1)}\right)$. 从而

$$\sum_{n=1}^{\infty}\dfrac{S_n}{a_n}=\lim_{n\to\infty}\sum_{k=1}^{n}\dfrac{S_k}{a_k}=\lim_{n\to\infty}\dfrac{4}{3}\left(1-\dfrac{1}{n+1}\right)=\dfrac{4}{3}.$$

【例 33】 （1997 年）从点 $P_1(0,1)$ 作 x 轴的垂线，交抛物线 $y=x^2$ 于点 $Q_1(1,1)$；再从 Q_1 作这条抛物线的切线与 x 轴交于 P_2，然后又从 P_2 作 x 轴的垂线，交抛物线于点 Q_2，依次重复上述过程得到一系列的点 $P_1,Q_1;P_2,Q_2;\cdots;P_n,Q_n;\cdots$（如图 13-2）.

（1） 求 $\overline{OP_n}$.

（2） 求级数 $\overline{Q_1P_1}+\overline{Q_2P_2}+\cdots+\overline{Q_nP_n}+\cdots$ 的和，其中 $n\ (n\geqslant 1)$ 为自然数，记号 $\overline{M_1M_2}$ 表示点 M_1 与 M_2 之间的距离.

解 (1) 由 $y=x^2$，得 $y'=2x$. 对于任意 a $(0<a\leqslant 1)$，抛物线 $y=x^2$ 在点 (a,a^2) 处的切线方程为

$$y-a^2=2a(x-a),$$

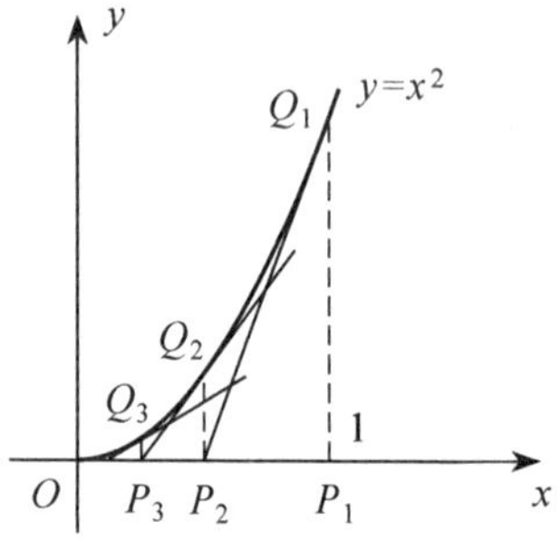

图 13-2

且该切线与 x 轴的交点为 $\left(\dfrac{a}{2},0\right)$，故由 $\overline{OP_1}=1$ 可见

$$\overline{OP_2}=\frac{1}{2}\,\overline{OP_1}=\frac{1}{2},$$

$$\overline{OP_3}=\frac{1}{2}\,\overline{OP_2}=\frac{1}{2}\cdot\frac{1}{2}=\frac{1}{2^2},$$

$$\cdots,$$

$$\overline{OP_n}=\frac{1}{2^{n-1}}.$$

(2) 由于 $\overline{Q_nP_n}=(\overline{OP_n})^2=\left(\dfrac{1}{2}\right)^{2n-2}=\dfrac{1}{4^{n-1}}$，可见

$$\sum_{n=1}^{\infty}\overline{Q_nP_n}=\sum_{n=1}^{\infty}\frac{1}{4^{n-1}}=\sum_{m=0}^{\infty}\left(\frac{1}{4}\right)^m.$$

利用几何级数求和公式 $\displaystyle\sum_{n=0}^{\infty}x^n=\dfrac{1}{1-x}$（$|x|<1$），即得

$$\sum_{n=1}^{\infty}\overline{Q_nP_n}=\sum_{m=0}^{\infty}\left(\frac{1}{4}\right)^m=\frac{1}{1-\dfrac{1}{4}}=\frac{4}{3}.$$

【例 34】 (1991 年) 将函数 $f(x)=2+|x|$ $(-1\leqslant x\leqslant 1)$ 展开成以 2 为周期的傅里叶级数，并由此求级数 $\displaystyle\sum_{n=1}^{\infty}\dfrac{1}{n^2}$ 的和.

解 由于 $f(x)=2+|x|$ $(-1\leqslant x\leqslant 1)$ 为偶函数，所以

$$a_0=2\int_0^1(2+x)\,\mathrm{d}x=5,$$

$$a_n=2\int_0^1(2+x)\cos n\pi x\,\mathrm{d}x=2\int_0^1 x\cos n\pi x\,\mathrm{d}x$$

$$=\frac{2(\cos n\pi-1)}{n^2\pi^2}\quad(n=1,2,\cdots),$$

$$b_n=0\quad(n=1,2,\cdots).$$

因为题设函数在区间 $[-1,1]$ 上满足收敛定理的条件，故

$$2+|x|=\frac{5}{2}+\sum_{n=1}^{\infty}\frac{2(\cos n\pi-1)}{n^2\pi^2}\cos n\pi x=\frac{5}{2}-\frac{4}{\pi^2}\sum_{k=0}^{\infty}\frac{\cos(2k+1)\pi x}{(2k+1)^2}.$$

当 $x=0$ 时，有 $2=\dfrac{5}{2}-\dfrac{4}{\pi^2}\displaystyle\sum_{k=0}^{\infty}\dfrac{1}{(2k+1)^2}$，从而 $\displaystyle\sum_{k=0}^{\infty}\dfrac{1}{(2k+1)^2}=\dfrac{\pi^2}{8}$. 故

$$\sum_{n=1}^{\infty}\frac{1}{n^2}=\frac{4}{3}\sum_{k=0}^{\infty}\frac{1}{(2k+1)^2}=\frac{\pi^2}{6}.$$